2022中国水利学术大会论文集

第六分册

中国水利学会 编

黄河水利出版社

内 容 提 要

本书是以“科技助力新阶段水利高质量发展”为主题的2022中国水利学术大会（中国水利学会2022学术年会）论文合辑，积极围绕当年水利工作热点、难点、焦点和水利科技前沿问题，重点聚焦水资源短缺、水生态损害、水环境污染和洪涝灾害频繁等新老水问题，主要分为国家水网、水生态、水文等板块，对促进我国水问题解决、推动水利科技创新、展示水利科技工作者才华和成果有重要意义。

本书可供广大水利科技工作者和大专院校师生交流学习和参考。

图书在版编目（CIP）数据

2022中国水利学术大会论文集：全七册/中国水利学会编．—郑州：黄河水利出版社，2022.12

ISBN 978-7-5509-3480-1

Ⅰ．①2… Ⅱ．①中… Ⅲ．①水利建设-学术会议-文集 Ⅳ．①TV-53

中国版本图书馆CIP数据核字（2022）第246440号

策划编辑：杨雯惠 电话：0371-66020903 E-mail：yangwenhui923@163.com

出 版 社：黄河水利出版社 网址：www.yrcp.com

地址：河南省郑州市顺河路黄委会综合楼14层 邮政编码：450003

发行单位：黄河水利出版社

发行部电话：0371-66026940、66020550、66028024、66022620（传真）

E-mail：hhslcbs@126.com

承印单位：广东虎彩云印刷有限公司

开本：889 mm×1 194 mm 1/16

印张：261（总）

字数：8 268千字（总）

版次：2022年12月第1版 印次：2022年12月第1次印刷

定价：1 200.00元（全七册）

《2022中国水利学术大会论文集》

编 委 会

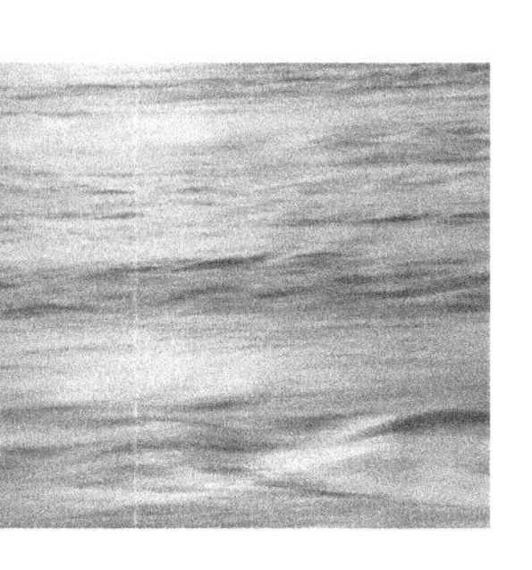

前言 Preface

学术交流是学会立会之本。作为我国历史上第一个全国性水利学术团体，90多年来，中国水利学会始终秉持“联络水利工程同志、研究水利学术、促进水利建设”的初心，团结广大水利科技工作者砥砺奋进、勇攀高峰，为我国治水事业发展提供了重要科技支撑。自2000年创立年会制度以来，中国水利学会20余年如一日，始终认真贯彻党中央、国务院方针政策，落实水利部和中国科协决策部署，紧密围绕水利中心工作，针对当年水利工作热点、难点、焦点和水利科技前沿问题、工程技术难题，邀请院士、专家、代表和科技工作者展开深层次的交流研讨。中国水利学术年会已成为促进我国水问题解决、推动水利科技创新、展示水利科技工作者才华和成果的良好交流平台，为服务水利科技工作者、服务学会会员、推动水利学科建设与发展做出了积极贡献。

2022中国水利学术大会（中国水利学会2022学术年会）以习近平新时代中国特色社会主义思想为指导，认真贯彻落实党的二十大精神，紧紧围绕“节水优先、空间均衡、系统治理、两手发力”的治水思路，以“科技助力新阶段水利高质量发展”为主题，聚焦国家水网、水灾害防御、智慧水利、地下水超采治理等问题，设置1个主会场和水灾害、国家水网、重大引调水工程、智慧水利·数字孪生等20个分会场。

2022中国水利学术大会论文征集通知发出后，受到了广大会员和水利科技工作者的广泛关注，共收到来自有关政府部门、科研院所、大专院校、水利设计、施工、管理等单位科技工作者的论文共1 000余篇。为保证本次大会入选论文的质量，大会积极组织相关领域的专家对稿件进行了评审，共评选出669篇主题相符、水平较高的论文入选论文集。按照大会各分会场主题，本论文集共分7册予以出版。

本论文集的汇总工作由中国水利学会秘书处牵头，各分会场协助完成。论文集的编辑出版也得到了黄河水利出版社的大力支持和帮助，参与评审、编辑的专家和工作人员克服了时间紧、任务重等困难，付出了辛苦和汗水，在此一并表示感谢！同时，对所有应征投稿的科技工作者表示诚挚的谢意！

由于编辑出版论文集的工作量大、时间紧，且编者水平有限，不足之处，欢迎广大作者和读者批评指正。

中国水利学会

2022 年 12 月 12 日

目录 Contents

前言

检验检测

检验检测

大坝安全监测仪器安装埋设与基准值的确定

戚　登　李国栋　郭珍玉

（中国水利水电第十一工程局有限公司，河南郑州　450000）

摘　要： 坦桑尼亚水电站共设计布置多种类型安全监测仪器、设备。本文论述了安全监测仪器电缆线连接方法、安全监测仪器安装流程以及确定各类型仪器基准值的原则，可供类似工程借鉴。

关键词： 大坝；安全监测；基准值；数据分析

1　前言

朱利叶斯·尼雷尔水电站位于坦桑尼亚东南部的鲁菲吉河上，距达累斯萨拉姆市约 350 km，距出海口约 230 km。工程坝址以上控制流域面积 15.8 万 km^2。多年平均流量 887.6 m^3/s，多年平均径流量 279 亿 m^3。枢纽工程建筑物主要由一座 131 m 高的碾压混凝土重力主坝、1 座 22 m 高的碾压混凝土自由溢流堰及 3 座 5~12 m 高的土石副坝组成。泄水建筑物包含坝顶 7 孔溢流表孔、2 个中孔、2 个底孔及垭口辅助溢洪道。引水系统由进水口、压力隧洞、调压井及压力钢管组成。发电厂房为岸边式地面厂房，厂内安装 9 台单机容量 235 MW 的立轴混流式水轮机组。

主体坝内部共设计布置多种监测仪器，如渗压计、温度计、测缝计、锚索测力计、多向应变计组、无应力计等不同用途和不同种类的监测仪器，以监测坝体处于不同阶段时的状态。

本文详细介绍了监测仪器电缆线连接方法，不同种类仪器的安装步骤、注意事项，以及基准值确定的原则。

2　安全监测仪器电缆线连接工艺流程及操作要点

2.1　电缆线连接工艺流程

电缆线连接工艺共分为长度计算、电缆分割及电缆线连接三个步骤。

2.2　电缆线连接

仪器电缆线连接尽量在室内进行，方便而易于保证连接质量，且电缆芯线在 100 m 内无接头。具体操作步骤如下：

（1）首先剥制电缆外皮，在去除芯线铜丝氧化物时要小心，不要将芯线铜丝折断，并使各芯线接头在保持总体长度一致的情况下，呈台阶式错落开来。在电缆外皮需要连接的部位用锉刀拉毛（拉毛长度可根据实际调整），这样能使大热缩管热缩后，更好地与电缆紧密结合。

（2）将大、小热缩管分别套在不同的芯线及电缆外皮上面，其次将各芯线铜丝呈扇形展开，将颜色相同的芯线进行交叉连接并拧紧，使芯线表面尽量光滑无毛刺，避免扎破小热缩管。

（3）用焊锡膏均匀地涂抹在各芯线的铜丝上面，随后用电烙铁并辅以焊锡丝焊接各芯线。各芯线焊接完毕后，要及时用读数仪读取仪器数据，以检查焊接质量。

（4）各芯线焊接完毕后，将小热缩管依次套在焊接部位，加温使其热缩。热缩时，应从中部向两端均匀加热，排尽内部空气，使小热缩管均匀地收缩，并紧密地与芯线结合。

作者简介： 戚登（1989—），男，工程师，主要从事大坝安全监测仪器施工技术与数据分析工作。

（5）芯线热缩完毕后，在其外部缠高压绝缘胶带及热熔胶带，并将预先套在电缆上的大热缩管移至芯线位置加温热缩。随后在大热缩管外部再次缠高压绝缘胶带，目的是更好地防止外水进入电缆内部，对芯线造成损害。

（6）接线结束后，立即测取读数和各芯线间的电阻，并在电缆线外皮上张贴设计与仪器出厂编号，每 20 m 张贴一个。

电缆线连接示意图如图 1 所示。

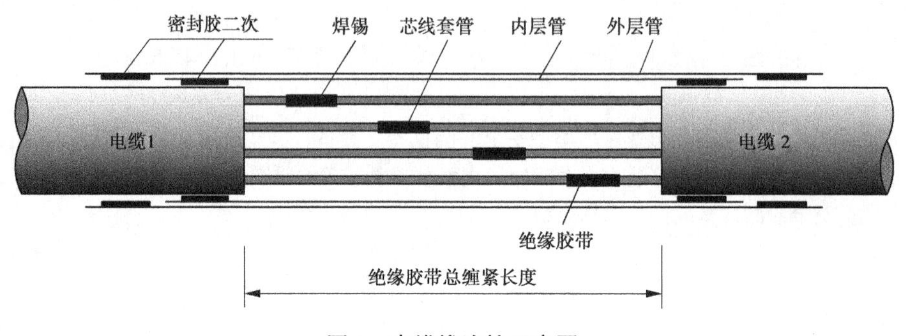

图 1 电缆线连接示意图

3 安全监测仪器安装流程及基准值的确定

安全监测仪器安装流程如图 2 所示。

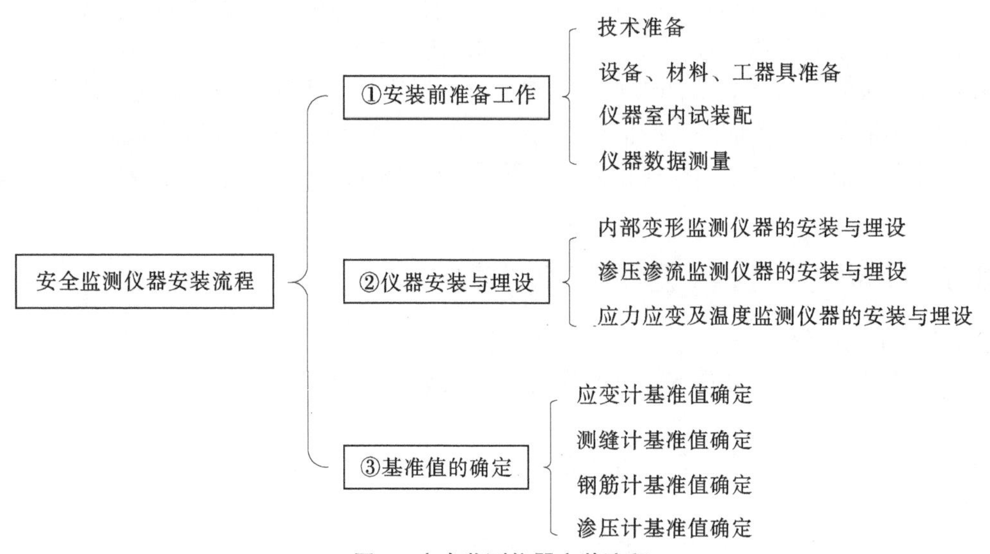

图 2 安全监测仪器安装流程

3.1 安装前准备工作

仪器正式安装埋设前，需做好技术、设备、材料、工器具等一系列准备工作。

3.1.1 技术准备

（1）熟悉设计图纸、招标与合同文件中载明的技术要求、相应技术规范的要求。

（2）对从业人员进行技术交底和培训，掌握工程监测目的、方法和注意事项。

（3）熟悉施工总进度计划和安全监测进度计划，了解现场施工进度情况，对可能影响工期的环节分析研究，提出对策。

（4）技术资料准备与报批。

（5）仪器设备的检查情况，包括仪器设备的数量、质量、资料（使用说明书、合格证、出厂标定资料、检验测试资料）、读数检查等。

3.1.2　设备、材料、工器具的准备

各种用于安装仪器所要用到的大型设备以及辅助材料、小型工器具、零配件等。

3.1.3　仪器室内试装配

许多仪器需要在室内进行试装配，在室内熟悉仪器的安装程序，在现场按照试装配的程序进行。如多点位移计、岩石变位计安装前，在室内进行护管、传力杆的连接，传力杆和传感器的连接，传感器的量程调整等。多向测缝计安装前，室内进行万向杆、传感器、支座的连接等。

仪器安装埋设前的准备工作要做充分，要遵循两个原则："能先做不后做；能在室内完成的，不在室外完成"，减少室外的工作量。

3.1.4　仪器数据测量

对每支仪器的数据进行测量，包括正常测值、绝缘电阻、各芯线电阻，以便出现故障时进行比对。

3.2　仪器安装与埋设

安全监测仪器分内部变形监测、渗压渗流监测、应力应变及温度等多种类型。

3.2.1　内部变形监测仪器的安装与埋设

为适应温度变化和地基不均匀沉降，混凝土大坝或混凝土面板一般均设有接缝，其接缝的开合度与位错（接缝上下或左右剪切错动）通常需要安装埋设测缝计对其进行监测，以了解水工建筑物伸缩缝的开合度、错动及其发展情况，分析对工程安全的影响。根据不同介质的变形，测缝计可安装在混凝土与岩石面之间、混凝土与混凝土面之间。

（1）混凝土与基岩面之间的测缝计。对于埋设在基岩与混凝土接触面的测缝计，在岩体中钻孔，孔径和孔深要满足设计要求。在孔内填满有微膨胀性的水泥砂浆，将带有加长杆的套筒挤入孔中，筒口与孔口齐平。在仪器螺纹口涂上机油，然后将仪器放入筒内，与内部的螺栓连接后拧紧。向外侧拉伸测缝计，配合读数仪将量程调整到全量程的1/3处。调整完毕后，用卡环固定测缝计外露端，安装结束。

（2）碾压混凝土与常态混凝土之间的测缝计。位于碾压混凝土与常态混凝土的结合面上的测缝计，即仪器一端在碾压混凝土内，另一端置于常态混凝土内，埋设仪器时既要考虑碾压的影响，又要避免浇筑常态混凝土振捣时的干扰，而且仪器周边又不宜再附加保护设施。因此，必须在埋设方法上做细致安排。在混凝土浇筑到仪器埋设高程以上30~40 cm后，再在测点位置挖深约40 cm的深槽，把仪器置于槽底两种混凝土交界处，分别回填相应混凝土。

3.2.2　渗压渗流监测仪器的安装与埋设

埋设前按设计要求接长电缆，将渗压计在水中浸泡24 h以上，使其达到饱和状态，再将传感器放进装有干净的饱和细砂袋中，防止水泥浆或黏土细颗粒进入渗压计内部，影响测值。

在设计指定位置挖坑，坑深约0.4 m，采用砂包裹体的方法，将渗压计在坑内就地埋设。砂包裹体由中粗砂组成，并以水饱和。然后采用薄层辅料，专门压实的方法，按设计回填原开挖料。埋设后的渗压计，仪器以上的填方安全覆盖厚度不小于1 m。

渗压计埋设完成后，按设计要求走向敷设电缆。为防止沿电缆走向渗水，电缆应尽可能分散敷设，必要时设立止水环。在过接缝时，宜套管（钢或塑料）保护。在变形较大地段，宜弯曲敷设，使电缆留有变形余地，以防止变形过大而拉断。

3.2.3　应力应变及温度监测仪器的安装与埋设

（1）碾压混凝土中应变计组的埋设。可采取两种坑埋方式，一种是在测点处预置80 cm×80 cm×30 cm的预留盒，待第二层碾压后取出预留盒，造成一个80 cm×80 cm×60 cm的预留坑；另一种方式是在碾压过的混凝土表面现挖一个深60 cm、底部为70 cm×70 cm的坑。将已装在支座支杆上的应变计组慢慢放入挖好的坑内并定位，所有应变计应严格控制方向，埋设仪器的角度误差应不超过1°，用相同的碾压混凝土料（剔除粒径大于80 mm的骨料）人工回填覆盖，加适量水泥浆，采用小型振捣棒细心捣实。测点处周边 2 m 范围不得强力振捣，该处上层混凝土仍为人工填筑，用小型振捣棒捣实。

埋设仪器在回填碾压混凝土和碾压过程中，应不断监测仪器变化，判明仪器受振动碾压后的工作状态，仪器引出电缆，集中绑好，开凿电缆沟水平敷设，电缆在沟内放松成 S 形延伸，在电缆上面覆盖混凝土的厚度应大于 15 cm，回填碾压混凝土时要剔除 40 mm 以上的大骨料，避免沿电缆埋设方向形成渗水途径。

（2）无应力计。无应力计是装设于无应力计筒内的应变计，埋设在相同环境的应变计（组）旁（约 1 m），用于扣除应变计的非应力应变，也可用于研究混凝土的自生体积变形等材料特性。内外筒之间的缝隙填充木屑或橡皮，内筒内壁刷 5 mm 厚沥青隔离层。

对在碾压混凝土中埋设无应力计，在混凝土浇筑到预定高程并平仓后，在测点挖 50~60 cm 深坑，将仪器放入筒内，随后向筒内及坑内回填混凝土。

仪器安装结束后，要在安装区域设警示设施，防止大型车辆碾压该区域。

（3）钢板计（小应变计）。钢板计的夹具与钢板焊接时应采用模具定位。夹具焊接后，应冷却至常温后再安装仪器。仪器表面应设保护盖。

将专用夹具焊接在压力钢管外表面，夹具应有足够的刚度，保证仪器不受弯。

对仪器预压以扩大受拉量程，然后将仪器安装在专用夹具上。

仪器外盖上保护铁盒，盒周边与压力钢管接触处点焊，盒内充填沥青等防水材料以防仪器受外水压力或灌浆压力的损害。

（4）钢筋计。钢筋计应与钢筋保持在同一轴线上，按钢筋直径选配相应规格的钢筋计，将仪器两端的连接杆分别与钢筋焊接在一起，焊接采用对焊或坡口焊。焊接时为防止钢筋计温度过高，应在焊接点与仪器之间缠上湿毛巾并不断浇水，保证仪器的温度不超过 60 ℃。焊接完成待仪器冷却后，检查钢筋计的测值是否正常。不得在焊缝处浇水，以免影响焊接质量。

安装、绑扎带钢筋计的钢筋时，应将仪器电缆的引出点朝下。

混凝土入仓时应远离仪器，振捣时振捣器至少距离钢筋计 0.5 m，振捣器不得直接插在带钢筋计的钢筋上。

（5）温度计。温度计埋设包括大坝混凝土内的温度计、坝基内的基岩温度计、库水温度计等，安装方法较为简单。

大坝混凝土内温度计埋设方法如下：埋设时，待浇筑到设计高程并平仓后，在仪器埋设部位挖槽，将仪器置入，用混凝土覆盖，仪器周围人工回填剔除粒径 80 mm 以上骨料的混凝土。

3.3 基准值的确定

各类监测仪器的成果均为相对值，所以每支仪器必须取得基准值。基准值是仪器安装埋设后，开始工作前的监测值。

基准值的确定是日后监测环节中的重中之重，确定的适当与否将直接影响以后数据分析的正确性，甚至会误导评估建筑物是否处于安全运行状态。因此，基准值不得随意确定，必须考虑仪器安装埋设的位置、所测介质的特性、仪器的性能及环境因素等。

从初期数次监测及考虑以后一系列变化或稳定情况后才能确定基准值的数值，须注意不得选取由于监测误差而引起突变的测值。

3.3.1 应变计基准值的确定

在混凝土内，确定应变计基准值的主要原则是考虑弹性上的平衡，对于九向应变计组，四组三个直角应变的和相差不超过 15~25 个微应变时，可认为已经达到平衡状态；四向和五向应变计组相差范围不超过 10 个微应变；单项应变计应该与同层附近的应变计组达到平衡的时间相同。此时埋设点的温度也达到均匀时的测值，即可确定为基准值。如果测混凝土的膨胀变形，可以用混凝土初凝时的测值作为基准值。

单支应变计和无应力计的初始值确定，是研究混凝土在应力作用下的应变变化，应当在仪器埋设后即进行连续观测。当混凝土达到初凝时，应变计开始随着混凝土凝结发生应变，并与邻近埋设的无应力计应变不同步时，其测值作为基准值。

对于埋入混凝土内的仪器，一般取埋入后 24 h 的测值为基准值。

3.3.2 测缝计基准值的确定

测缝计的主要目的是测量施工缝、大体积混凝土施工接缝或者不同介质间缝隙变化。基准值的确定应当排除混凝土本身变形对缝宽的影响，所以应当用混凝土或者水泥浆终凝时的测值作为测缝计的基准值。在测缝计安装后开始测量数据，当混凝土接近终凝时应加密观测，取稳定测值作为测缝计的基准值。

3.3.3 钢筋计基准值的确定

钢筋计的基准值可根据使用处的结构而定，一般取混凝土或者砂浆终凝后，钢筋和钢筋计能够跟随其周围材质变形时的测值作为基准值，一般取 24 h 后的测值作为基准值。

钢筋计需要精确监测钢筋应力变化时，应取钢筋应力为 0 时的测值，即钢筋计没有受力时的测值为基准值。

3.3.4 渗压计基准值的确定

渗压计埋设前，将透水石浸泡在水中，使透水石达到饱和状态。将安装过透水石的渗压计浸泡在水中，水位以刚好漫过渗压计为宜，浸泡 24 h 后拿出渗压计，测量数据，即为基准值。

4 结论

（1）电缆线连接，其使用的工器具均为常用品，无须额外配置，节省成本，并且操作简单、可靠，也可保证质量。

（2）安装在不同介质内的监测仪器，如测缝计和应变计组等，应根据安装的介质和环境，制订详细的安装方案和仪器、电缆线的保护措施，并提前准备相应的工器具，也可先在室内进行模拟安装，熟悉流程，这样一来可避免在仪器正式安装时出现纰漏。在仪器安装完成后，对电缆线的保护将会是日后工作中的重点之一，所以应在电缆线敷设路径上设置警示标识，若周边有其他作业，应安排人员值班，定时测量仪器数据，以确保仪器的工作状态。电缆线敷设在钢筋混凝土内部的，应跟随钢筋的走向敷设在钢筋下部并绑扎；敷设在碾压混凝土或土方表面的，应挖电缆沟，电缆在沟内呈 S 形布置，防止有较大变形或碾压机具作业时破坏电缆线。

（3）仪器的基准值是通过仪器安装埋设的位置、所测介质的特性、仪器的性能、环境，以及从初期数次观测和考虑以后一系列变化或稳定情况等一系列因素来确定的。此方法更符合实际施工情况，有助于分析监测数据，便于推广，值得借鉴。

参考文献

[1] 中华人民共和国国家能源局. 混凝土坝安全监测技术规范：DL/T 5178—2016［S］.

[2] 李珍照. 大坝安全监测［M］. 北京：中国电力出版社，1997.

物探技术在西藏拉洛水利枢纽工程质量检测中的应用研究

袁　伟[1,2]　徐　涛[1,2]

（1. 长江地球物理探测（武汉）有限公司，湖北武汉　430010；
2. 长江勘测规划设计研究有限责任公司，湖北武汉　430010）

摘　要： 拉洛水利枢纽工程是西藏水利史上投资最大的水利工程，其大坝坝址位于海拔 4 300 m 的日喀则市拉洛乡，高寒缺氧、昼夜温差大，施工难度大，对工程质量控制提出了更高要求。通过拉洛工程高寒低温条件下的大坝填筑碾压、基础灌浆、隧洞混凝土衬砌等重点建(构)筑物的质量检测，获取了高寒低温条件下地球物理参数响应特征，研究了高寒低温特殊气候下的物探技术参数、观测数据采集方式特点，提出了适应高原环境的检测方案。应用附加质量法、地质雷达、超声横波反射成像、高清钻孔录像等综合物探技术，及时指导精准处理工程中隐蔽质量问题的目的，研究成果对同类型高原水利工程质量检测具有借鉴意义。

关键词： 高原水利工程；低温环境施工质量；物探检测；附加质量法

1　引言

拉洛水利枢纽工程位于海拔 4 050～4 300 m 地区，极端最低气温 -23.9 ℃，多年平均降雨量 310～330 mm，最大冻土深 101 cm，高寒缺氧。拉洛水利枢纽包括沥青混凝土心墙坝、泄洪发电隧洞、溢洪道、拉洛电站、鱼道、引水发电系统等[1]。综合利用工程物探检测技术[2-5] 作为拉洛水利枢纽工程质量控制和验收鉴定的重要手段，通过科学设计、统筹布置，解决了高寒缺氧环境下的主体工程大坝填筑、灌浆施工及混凝土工程施工质量控制问题。

目前国内高原水利水电工程的研究重点多倾向于高寒低温条件下大坝填筑技术、灌浆工艺、隧洞混凝土衬砌等施工工艺方法，但对高寒低温条件下施工工艺效果系统检测研究评价相对较少。如冬季施工对拌和水温、水泥浆液温度应严格控制，对灌浆水管、水泵等设备及施工场地均应做好保温措施，确保大坝基础固结灌浆的质量[6-8]。通过研究探索合理措施保证了浆液拌和水温、灌浆水管与水泵及施工场地的适宜温度，采用合理的灌浆流程与工艺，顺利完成了灌浆。经钻孔检查，岩芯采取率达到 90% 以上，物探测试均满足设计要求，灌浆效果良好[9]。

本文开展工作的意义在于，结合拉洛工程地质与地球物理条件，充分考虑高寒低温对物探技术参数的影响，对比研究常规与高寒低温条件下物探检测技术的异同点。合理运用综合物探技术，及时调整控制检测技术参数，对采取抗低温技术措施后工程质量及时形成检测响应数据，指导施工工艺方法的完善改进，提高工程施工质量。

2　物探工作概况

物探检测是水利水电工程质量控制的重要技术手段，贯穿于工程建设勘察、施工、运维的各个阶

作者简介： 袁伟（1986—），男，工程师，硕士，主要从事工程地球物理探测技术应用研究。
通讯作者： 徐涛（1985—），男，高级工程师，硕士，主要从事工程地球物理探测技术应用研究。

段[2-5]。拉洛水利枢纽工程的大坝基础稳定性、渗控工程效果、隧洞衬砌质量是拉洛工程建设三大质量控制重点。各部位检测对象、范围、目的、及可利用的物性参数均不同，在检测方法的选择上也不尽相同（见图1）。拉洛工程采用的物探方法技术主要包括附加质量法、声波测试、钻孔电视测试、地质雷达检测、超声横波成像法等。

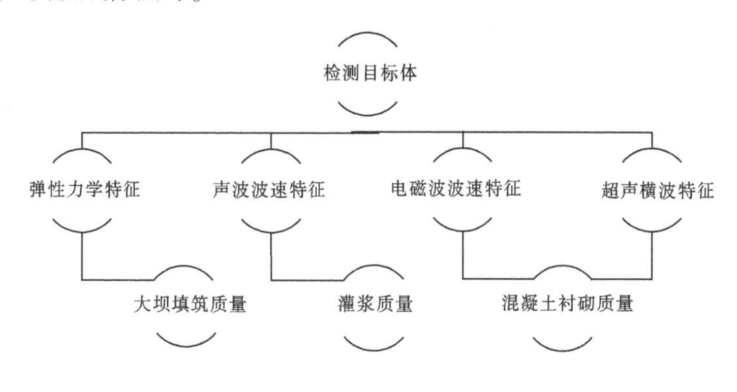

图1　物探技术方法选择流程

2.1　大坝填筑质量检测

大坝填筑质量控制的重点是堆石体密度，检测方法主要是采用附加质量法、坑测法。

坑测法是通过挖坑、称重、量体积来获取堆石体密度，但该方法有损、低效，无法大范围抽样检测，难以全面、有效地反映大坝填筑质量。

附加质量法原理是以单自由度弹性体系为理论模型，在堆石（土）体上附加多级刚性质量体，通过人工激震测得参振体的自振频率，得到参振体的动刚度和参振质量，再计算出堆石体密度的一种原位无损检测方法（见图2）。拉洛工程大坝设计为沥青心墙土石坝，坝壳料、过渡料、排水料等填筑料为河道开采砂砾石土，粒径以细颗粒为主，均一性较好，填筑层碾压完成后可以近似为黏弹性体，具备附加质量法检测条件。

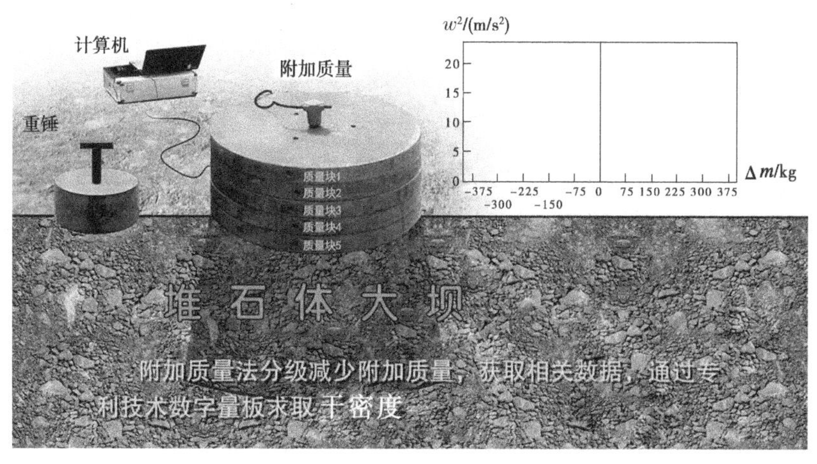

图2　附加质量法检测原理示意图

2.2　灌浆质量物探检测方法

拉洛主体工程灌浆包括基础固结灌浆与防渗帷幕灌浆。固结灌浆所涉及部位主要为厂房、大坝基础，帷幕灌浆主要为大坝防渗帷幕，检测方法采用声波测试与钻孔电视检测。

基础固结灌浆质量检测的物理基础是存在裂隙时岩体波速较低，裂隙充填后波速值提高，通过测试岩体灌浆后波速提高值来评价灌浆效果；通过钻孔电视观测裂隙充填状况来评价固结灌浆质量。防渗帷幕灌浆质量检测以压水试验为主，声波、钻孔电视为辅，主要检查大坝防渗帷幕是否形成，透水率是否满足设计要求。

2.3 隧洞衬砌质量检测方法

对已施工隧洞衬砌结构进行检测，及时发现质量问题并进行处理，避免重大安全事故发生尤为重要[5]。拉洛水利枢纽工程隧洞混凝土衬砌质量检测方法包括雷达检测与超声横波检测。

雷达检测的原理是电磁波在介质中传播遇介质电性性质变化时会产生反射，例如隧洞衬砌与围岩之间存在脱空或接触不密实时的混凝土-空气反射界面，混凝土内部存在钢筋时混凝土-钢筋反射界面等[5]。

混凝土超声横波反射成像原理就是超声横波在混凝土中传播时遇到了有波阻抗差异的目标体时，如钢筋、水体、空洞或欠密实区域等，就会产生强反射。通过接收反射回来的横波信息来判断衬砌结构中是否存在脱空、欠密实等异常，结合隧洞设计施工结构，综合判断混凝土衬砌结构的质量情况[10-14]（见图3）。

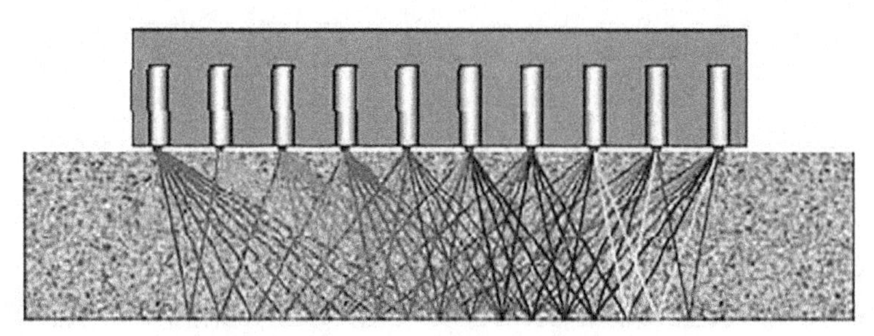

图3　横波全波束路径示意图

3　大坝填筑质量快速无损检测

3.1　高寒低温检测技术参数研究

相对于常规施工条件，拉洛工程大坝填筑碾压施工现场处于干燥、强风、低温等环境，早晚温差大、水分散失大、结冰等因素易造成现场含水量偏离最佳含水量、堆石体力学性质改变而达不到最佳压实效果。这种情况下，采用常规技术参数会造成测试信号不稳定，测试结果相对误差偏大。在分析气候环境规律和细颗粒砂砾石料源特点的基础上，进行了大量试验统计分析，研究不同类型质量块、重锤等检测参数受影响情况，最终在测试技术参数上选取了信号质量好、稳定性较强的 75 kg 质量块、50 kg 重锤及 1.2 m 偏移距。确保了锤击测试信号频谱图主频清晰、频差一致性好，激发测试信号主频清晰稳定。

3.2　坑测对比试验

在正式填筑碾压前，开展了大坝填筑碾压试验。通过开展不同碾压厚度、碾压遍数、洒水量试验，综合分析了不同参数下检测波形响应特征，归类总结了各类条件下附加质量法测试首频波动范围、各级频差特点，进行了不同碾压条件下的相对误差分析。综合以上各项分析成果，构建了适应拉洛大坝填筑质量检测的附加质量法数字量板。

本次试验测试参数如下：层厚 60 cm、80 cm、100 cm；洒水量 10%、15%、20%；碾压遍数 6 遍、8 遍、10 遍。各碾压试验层均选取对比测试点，图 4 为附加质量法与坑测法对比试验，图 5 为大坝填筑试验现场快速检测频谱图、波形图。所采集的频谱信号稳定，相关性系数较高。

从表 1 可以看出，对比测试点地基刚度 K 范围为 51.3~69.9，与参振质量 M_0 范围为 368~631，均在已构建数字量板边界值范围内。统计对比测试的 17 个测点，相对于坑测法附加质量法测试的干密度值相对误差最大值为 1.36%，平均相对误差为 0.43%。说明高寒低温条件所采用的质量块、重锤等技术参数能较好地应用于高寒低温条件下大坝填筑检测工作，且取得了良好的测试效果。

图 4　附加质量法与坑测法比对试验

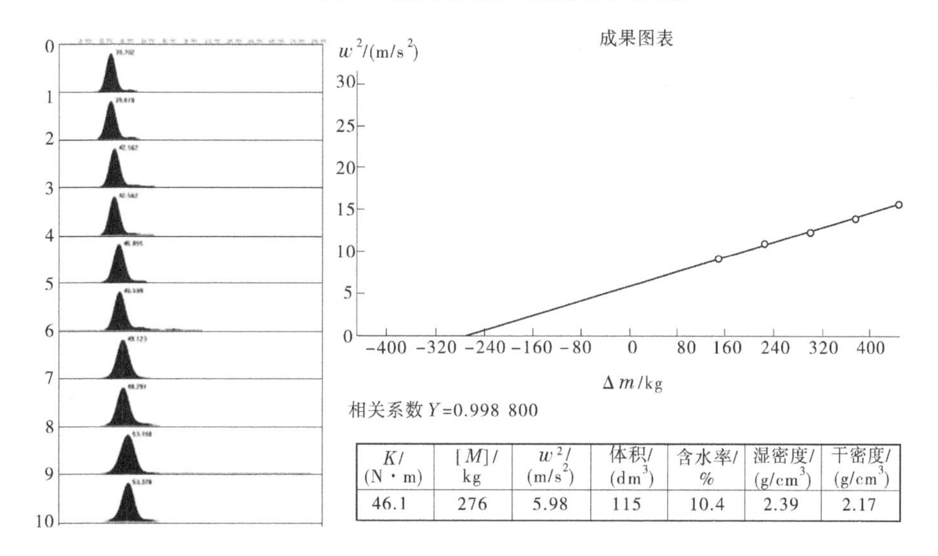

K/(N·m)	[*M*]/kg	w^2/(m/s^2)	体积/(dm^3)	含水率/%	湿密度/(g/cm^3)	干密度/(g/cm^3)
46.1	276	5.98	115	10.4	2.39	2.17

图 5　附加质量法检测现场测试成果

表 1　坑测法与附加质量法对比试验成果

工序	*K*	M_0	含水率/%	坑测值 $\rho_{干1}$/(g/cm^3)	坑测值 $\rho_{湿}$/(g/cm^3)	附加质量法 $\rho_{干2}$/(g/cm^3)
60 cm-6 遍-001	66.0	411	5.9	2.16	2.30	2.17
60 cm-6 遍-002	65.7	464	6.2	2.17	2.31	2.17
60 cm-8 遍-001	68.0	501	5.5	2.20	2.33	2.19
60 cm-8 遍-002	65.0	473	4.3	2.21	2.31	2.21
60 cm-10 遍-001	69.9	509	4.7	2.23	2.34	2.24
60 cm-10 遍-002	65.3	496	5.5	2.23	2.36	2.22
80 cm-6 遍-001	68.2	504	6.6	2.13	2.28	2.15

续表 1

工序	K	M_0	含水率/%	坑测值 $\rho_{干1}$/(g/cm³)	坑测值 $\rho_{湿}$/(g/cm³)	附加质量法 $\rho_{干2}$/(g/cm³)
80 cm-6 遍-002	60.6	501	6.2	2.14	2.28	2.15
80 cm-8 遍-001	54.5	368	5.7	2.18	2.31	2.17
80 cm-8 遍-002	64.1	496	5.5	2.18	2.30	2.19
80 cm-10 遍-001	51.3	398	5.6	2.20	2.33	2.23
80 cm-10 遍-002	69.8	631	5.5	2.21	2.34	2.21
100 cm-8 遍-001	61.7	494	6.2	2.13	2.27	2.14
100 cm-10 遍-001	57.1	440	6.1	2.19	2.33	2.18
100 cm-10 遍-002	67.8	579	6.3	2.18	2.33	2.17
100 cm-12 遍-001	48.7	382	5.9	2.22	2.35	2.21
100 cm-12 遍-002	65.5	555	6.1	2.22	2.37	2.22

3.3 实际应用成果分析

拉洛工程大坝填筑历时 15 个月，附加质量法检测时间跨度长，经历了冬季施工时段，共完成 1 119 个测点。其中 1 105 个测点均一次性检测合格，初检合格率为 98.7%。经与坑测数据对比分析，附加质量法检测相对误差在 3%以内的数据占比超过 95%。填筑过程中检测不合格测点均进行了现场补碾，确保补碾合格后再进行上层填筑。

4 主体工程灌浆质量检测

4.1 高寒低温检测技术参数选取

考虑拉洛特殊高寒环境，部分固结帷幕灌浆施工部位施工时间段处于冬季，低温条件下的混凝土强度、水泥浆的流动性、强度成长等性能受到限制。这些特性的变化反映到声波测试参数上体现为波速变化。

在根据试验测试情况来确定合适的质量评定标准时，代表性低温时段、代表性岩层的选择、试验检测孔的布置、试验温度记录、低温灌浆施工工艺、灌前灌后波速值测定、低温条件下钻孔电视检测清晰度保证、检测进度匹配试验施工进度等是试验期的重点工作。

4.2 实际应用成果分析

为研究冬季低温条件对固结灌浆施工质量影响，选取基岩均为弱风化板岩的拉洛厂房基础（12 月施工）与廊道基础（6 月施工）作为试验对象。从表 2、表 3 可以看出，拉洛厂房固结灌浆灌后声波值相对灌前平均提高 3.3%，提高值范围为 3.0%~3.9%；拉洛廊道固结灌浆灌后声波值相对灌前平均提高 4.8%，提高值范围为 3.3%~7.4%。试验表明，相对于夏季施工的拉洛廊道，采用抗冻措施后拉洛厂房固结灌浆效果对岩体裂隙封闭、整体性提高偏低。

表 2 拉洛厂房固结灌浆单孔声波测试成果

灌浆单元	围岩类别	孔深/m	孔数(前/后)	灌浆前平均 v_p/(m/s)	灌浆后平均 v_p/(m/s)	提高率/%
1DY	Ⅳ	6	3/2	3 587	3 700	3.1
2DY	Ⅳ	6	3/2	3 538	3 652	3.2
3DY	Ⅳ	6	3/3	3 458	3 594	3.9
4DY	Ⅳ	6	3/3	3 529	3 636	3.0

表 3　拉洛廊道固结灌浆单孔声波测试成果

灌浆单元	围岩类别	孔深/m	孔数（前/后）	灌浆前平均 v_P/(m/s)	灌浆后平均 v_P/(m/s)	提高率/%
LD2	Ⅳ	6	3/3	3 411	3 529	3.5
LD4	Ⅳ	6	2/2	3 488	3 644	4.5
LD6	Ⅳ	6	3/3	3 409	3 579	5.0
LD8	Ⅳ	6	3/3	3 232	3 431	6.2
LD10	Ⅳ	6	3/3	3 352	3 513	4.8
LD12	Ⅳ	6	3/3	3 295	3 490	5.9
LD14	Ⅳ	6	3/3	3 165	3 400	7.4
LD16	Ⅳ	6	3/3	3 604	3 751	4.1
LD18	Ⅳ	6	3/3	3 665	3 799	3.7
LD20	Ⅳ	6	3/3	3 505	3 619	3.3

5　隧洞混凝土衬砌质量检测

5.1　高寒低温对技术参数影响与检测重点

隧洞衬砌回填灌浆孔多为按一定规则间隔布置，存在施工中断、通道封闭、温度影响等各种原因造成的局部洞段回填不密实等情况。高寒低温条件下隧洞顶拱与左右拱肩区域为脱空、回填不密实易发多发部位。在衬砌质量检测测线布置时，将顶拱区域作为重点检测部位（见图 6）。

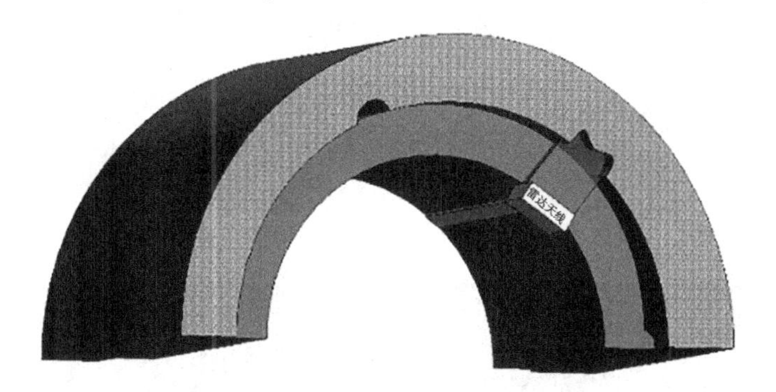

图 6　隧洞衬砌质量雷达检测测线布置示意图

本次检测的德罗隧洞、那隆隧洞、贝琼隧洞引水隧洞围岩以页岩为主。拉洛工程隧洞混凝土厚度为 30~85 cm，现场测试参数选取需综合考虑高寒低温条件下灌浆效果减弱以及检测深度和精度要求。经现场多参数对比检测试验，选取抗干扰能力强，适应性强兼顾探测深度与精度的检测方法，即地质雷达-超声横波反射成像综合检测法。雷达天线选择 400 M 天线，采样点距 0.2 m；超声横波频率选定为 25 kHz，横向移动步距 0.2 m。

5.2　实际应用成果分析

图 7 为隧洞衬砌渗水通道地质雷达检测成果图，相对于超声横波检测，水渗流通道雷达反射波同相轴能量强，形成的渗流通道反射清晰可辨，渗水通道在雷达波图形上的反射特征表现为“V”分支，与隧洞现场渗流现象吻合。

图 8 为隧洞超声横波检测成果图，在超声横波反射图像上钢筋点状反射能量较强，可以看出钢筋呈等间隔(0.2 m)分布，第一层钢筋与第二层钢筋反射信号明显，同样钢筋保护层厚度与混凝土衬砌

厚度波形特征明显。

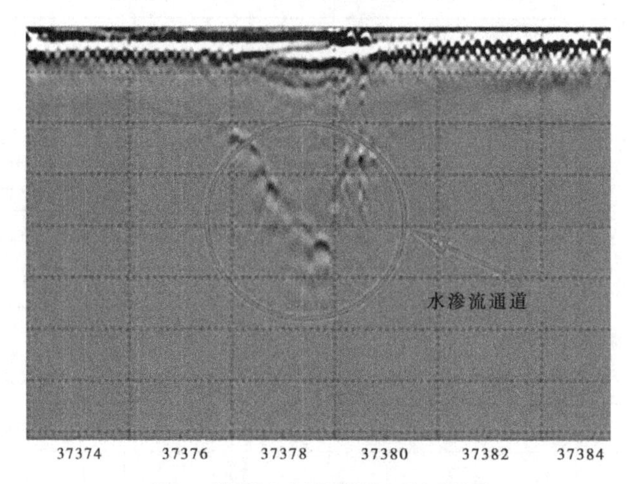

图 7　隧洞渗水通道雷达检测成果

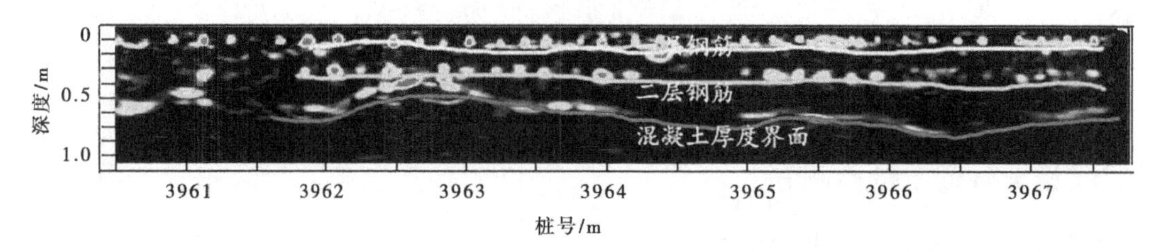

图 8　隧洞混凝土衬砌厚度和第一、二层钢筋成果

图 9 为同一洞段雷达检测与超声横波检测联合对比图，从图 9 中可以看出两种方法对混凝土厚度 40~50 cm 界面反射信号均较强。隧洞混凝土衬砌内部钢筋较密集时对雷达波信号影响较大，而超声横波法受密集钢筋影响较小，对混凝土厚度界面、钢筋、脱空等异常部位响应更为清晰明显。

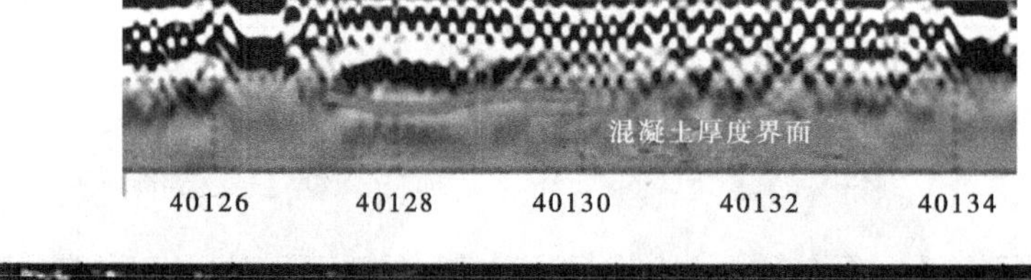

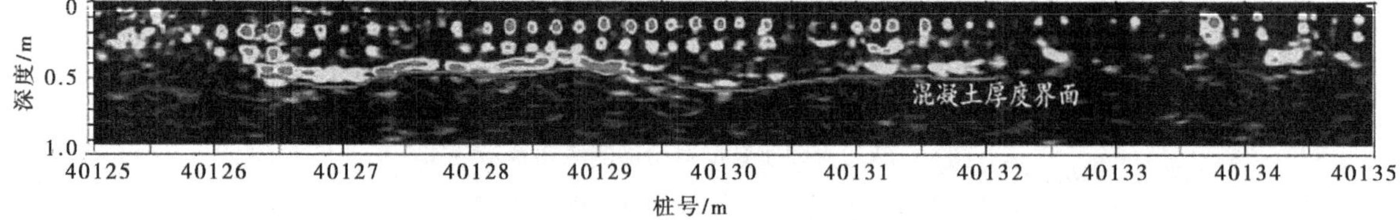

图 9　同一洞段（40125~40135）顶拱雷达检测与超声横波检测对比

6　结论

（1）通过物探技术在拉洛工程质量检测中的应用研究，总结出高寒低温条件对物探检测技术参数的影响，提出要充分考虑检测时间和气候变化，选择温度影响小的检测方法，如影像类方法；技术参数方面在满足精度前提下尽量选择低频信号，以更好地适应高海拔低温检测环境。

（2）物探检测方法基于物性参数的差异，在高原工程质量检测过程中，应充分调查各对象地质地球物理条件、环境影响因素，结合物探检测技术方法特点，在进行技术参数论证试验的前提下，采用综合检测方法实现了对各工程部位质量准确评价。

（3）目前国内高寒低温条件下水利工程质量检测系统研究相对偏少，为更好服务于高原水利工程建设，全时段全过程施工期质量检测、运行期隐蔽质量问题检测等可研究的方向和课题还有很多，如开展时移地球物理监测，对高原工程质量控制研究具有重要意义。

参考文献

[1] 熊泽斌，陈志康，于习军．浅析拉洛水利枢纽及配套灌区工程总布置［J］．中国水利，2016（20）：29-33.

[2] 张建清．工程物探检测方法技术应用及展望［J］．地球物理学进展，2016，31（4）：1867-1878.

[3] 张建清，陈敏，蔡加兴，等．综合物探检测技术在乌东德水电站建设中的应用［J］．人民长江，2014，45（20）：59-63.

[4] 张建清．三峡工程施工期中的主要地球物理问题［J］．物探化探计算技术，1999，21（3）：193-198.

[5] 徐涛，曾永军，张建清，等．物探技术在隧洞衬砌质量检测中的应用［J］．水利技术监督，2019（4）：43-46.

[6] 陈云，唐茂颖，胡志刚，等．高寒高海拔地区堆石坝心墙沥青混凝土碾压试验研究［J］．水利水电快报，2022，43（4）：106-112.

[7] 张永奎，黄扬一，马发明，等．碾压式沥青混凝土心墙坝在西藏高海拔地区应用探析［J］．东北水利水电，2020，38（4）：14-17.

[8] 赵建刚，杨震中．西藏高寒地区冬季固结灌浆施工技术［J］．水电与新能源，2019（12）：25-29，36.

[9] 杨大鸿，翁锐，陈立成．高寒地区厂房基础无盖重固结灌浆施工技术［J］．水电与新能源，2019（12）：68-71.

[10] 谭显江，张志杰，等．水利水电工程施工期工程质量物探检测技术系统性应用分析［J］．水利水电快报，2022，43（2）：40-46.

[11] 陈志刚，杜晓凡，古小梦，等．综合物探方法在水工隧洞衬砌质量检测中的应用［J］．四川水力发电，2021，40（4）：103-107.

[12] 刘东坤，吴勇，等．地质雷达在隧道工程探测中的干扰波形特征分析［J］．现代隧道技术，2017（3）：32-36，57.

[13] 问晓东，谢穆武．城市隐患排查中典型地质雷达干扰图像实例分析［J］．湖南水利水电，2018，4（12）：36-39.

[14] 刘兆勇，张磊，袁翠祥，等．超声横波三维成像技术对混凝土内钢筋反应假异常的辨识［J］．水运工程，2021，12（589）：84-88.

激光雷达测量系统在水库安全检测中的应用

涂从刚　毋新房　王志颖

（水利部水工金属结构质量检验测试中心，河南郑州　450044）

摘　要： 甘肃白杨河水库进水塔交通桥2#桥墩发生倾斜变形，部分桥体已从桥墩支撑台处滑落，存在极大安全风险，由于无法判断桥墩倾斜原因，管理单位迫切需要了解目前桥墩的变形状况以及后续通过监测获取桥体的沉降、水平位移、挠度和倾斜等变形信息，以便研究更好的检修方案。为此，采用由目前世界先进的Leica MS60全站扫描仪构成的激光雷达测量系统进行桥墩变形测量及后续变形监测方案的设计。结果表明，测量结果可靠，变形监测方案经济可行且予以实施。

关键词： 水库；倾斜变形；激光雷达测量系统；变形测量；变形监测

1　引言

白杨河水库位于甘肃省玉门市，水库进水塔交通桥为梁式混凝土结构，共计4个桥墩3跨，每跨长16 m，桥体一端与坝体岸坡相连，另一端与水库的进水塔相连，为坝体岸坡与进水塔的主要通道。管理单位在巡视过程中发现该交通桥2#桥墩发生倾斜变形，部分桥体已从桥墩支撑台处滑落，存在极大的安全风险。该桥墩在水上部分约3 m，水下部分约20 m，由于无法判断桥墩倾斜原因，管理单位迫切需要了解目前桥墩的变形量以及后续通过监测获取桥体的沉降、水平位移、挠度和倾斜等变形信息，以便研究更好的检修方案。

为此，根据现场勘查结果拟用目前世界先进的Leica MS60全站扫描仪，搭配HDS标靶和Spatial Analyzer分析软件共同构成激光雷达测量系统，对桥墩的倾斜变形量进行测量，同时设计变形监测方案实时监测桥墩的变形情况。

2　Leica MS60全站扫描仪

Leica MS60全站扫描仪，作为全站仪拥有0.5″级别的常规测角精度以及ATR自动测角精度；作为扫描仪MS60具有1 000点/s的扫描速度以及最高0.6 mm的扫描精度，测量精度高，测量范围广，兼具全站仪和扫描仪双重优势。通过全站仪功能设站，测量的点云数据无须拼接，避免了拼接的精度损失，且操作简单并能自动扫描，无论白天或者夜晚都能高效精准地获取被测物体表面信息，极大地减轻了作业人员的负担，点数量相较全站仪方式更为密集，计算精度也更有保障，已在地铁、隧道、高铁等精密测量和监测扫描中多次应用。完全适合本次交通桥墩变形测量及变形监测的需要。

3　桥墩变形测量方案

与管理方共同现场勘查后，最终确立以与进水塔相邻的1#桥墩的左侧墩面为基准面，测量并分析2#桥墩的变形状态。利用Leica MS60全站扫描仪配合反射片，通过自由设站，分别获取2#桥墩顶

基金项目： 水利部修购项目“便携式大型三维数字测量仪购置”（项目代码126216318000200003）。

作者简介： 涂从刚（1983—），男，高级工程师，主要从事水利水电工程金属结构检测技术与研究工作。

通信作者： 毋新房（1971—），男，教授级高级工程师，总工程师，主要从事水利水电工程金属结构检测技术与研究工作。

部在水平方向和垂直方向的变形状态。测量设站如图 1 所示。

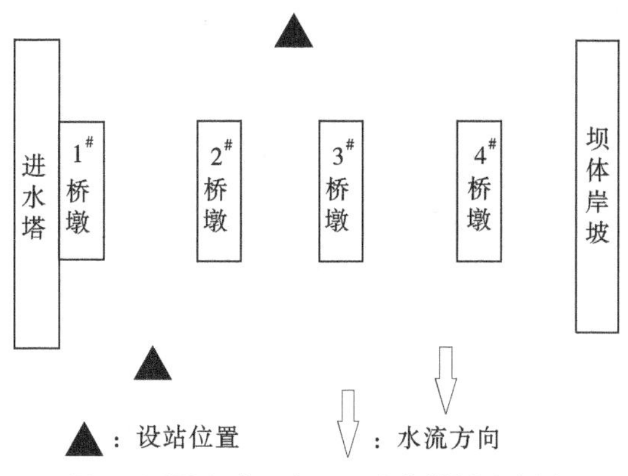

图 1　测量设站示意图（进水塔侧为左侧）

在进行水平方向观测时，由于天气寒冷、墩面粗糙等原因，桥墩面无法粘贴反射片，且桥墩施工中墩面混凝土的平整度低于无棱镜的精度，因此采用无棱镜测量获取桥墩在水平方向的倾斜变形量。测量桥墩垂直方向的变形时，通过人工放置 HDS 标靶的方式获取桥墩面顶部的高程来分析垂直变形状态。

3.1　桥墩水平方向测量方案

根据现场情况，需要两站即可完成水平方向倾斜的测量。现场测量如图 2 所示。

图 2　现场测量示意图

第一站测量时，将 Leica MS60 全站扫描仪架设在进水塔与 2#桥墩之间下游位置，获取 2#桥墩顶部右侧面的变形状态，基于无棱镜模式分别观测基准面和 2#桥墩顶部右侧面。在基准面上观测 18 个点，在 2#桥墩顶部右侧面上观测 34 个点。

第二站测量时，将 Leica MS60 全站扫描仪架设在 2#桥墩与 3#桥墩之间上游，获取 2#桥墩顶部左侧面的变形状态。在基准面上观测 14 个点，在 2#桥墩顶部左侧面上观测 27 个点。

3.2　桥墩高程方向测量方案

因为无棱镜测量无法满足墩顶的测量需求，于是采用在墩顶人工安置 HDS 反射片的方式进行测量，获取 4 个桥墩顶部在同一高程基准下的高程。4 个桥墩共计布设 13 个高程测量点，以仪器中心为高程基准，分别双面观测，获取桥墩顶部的高程值，然后分析桥墩高程方向变形状况，测试点位布置如图 3 所示。

4　桥墩变形测量结果分析

由于现场无法确保选取的基准面与 2#桥墩侧面边缘位置的完全一一对应关系，且桥墩侧面边缘

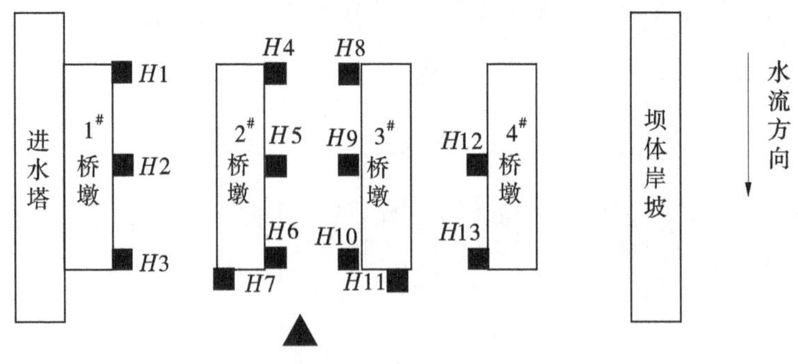

图 3　高程测量部位布点示意图（进水塔侧为左侧）

位置混凝土面平整度较差，因此数据处理时，通过直接拟合平面计算倾斜度和计算点到基准面水平距离这两种方式，获取 2#桥墩的变形情况。

4.1　水平方向变形分析

根据 2#桥墩左、右侧面的测量结果，分别拟合平面，计算平面与铅锤面的夹角，以此表示 2#桥墩的倾斜，计算分析结果显示，2#桥墩最大倾斜达到 2.0°。具体数据处理分析结果如表 1 所示。

表 1　2#桥墩左、右侧面的平面度及倾角

位置	平面度 RMS /mm	倾角/（°）
2#墩左侧面	1.7	2.0
2#墩右侧面	1.2	1.8

第一站中，将基准面上观测的 18 个点拟合平面，拟合过程中，综合拟合图形面积最大和拟合 RMS 最小的原则，获取拟合的基准面，分别计算 2#桥墩右侧面四周的 4 个点到拟合基准面的距离，数据处理分析结果如表 2 所示。

表 2　2#桥墩右侧面边缘点到基准面的距离

位置	距离/mm
上游侧最上方	16 506
下游侧最上方	16 487
上游侧最下方	16 489
下游侧最下方	16 469

同理，第二站中，将基准面上观测的 14 个点拟合平面，获取拟合的基准面，分别计算 2#墩左侧面边缘的 4 个点到拟合基准面的距离，数据处理分析结果如表 3 所示。

表 3　2#桥墩左侧面边缘点到基准面的距离

位置	距离/mm
上游侧最上方	15 013
下游侧最上方	14 985
上游侧最下方	14 990
下游侧最下方	14 963

综合两站平面距离数据计算分析结果，2#桥墩上部支撑台相对进水塔向外倾斜，最大倾斜量 23

mm；桥墩上游侧相对下游侧向外倾斜，最大倾斜量 28 mm。

另外，对选取的 1#桥墩左侧面的基准面进行复核，两次设站同一基准面拟合情况基本吻合，如表 4 所示。

表 4　两站基准面拟合情况

位置	拟合的 RMS/mm	倾角/（°）
第一站基准面	0.5	0.1
第二站基准面	0.4	0.1

4.2　高程方向变形分析

根据数据分析处理结果，2#桥墩下游侧顶面高程明显高于上游侧顶面高程，高程相对差值 41.2 mm；左侧高程明显高于右侧高程，高程相对差值 21.5 mm；其余 3 个桥墩的高程值基本相同。4 个桥墩同一基准下的高程值如表 5 所示。

表 5　4 个桥墩的墩顶高程值

桥墩号	点号	高程值/mm	位置
1#	$H1$	3 102.8	1#上游右侧
	$H2$	3 099.6	1#中间右侧
	$H3$	3 098.0	1#下游右侧
2#	$H4$	3 074.5	2#上游右侧
	$H5$	3 095.8	2#中间右侧
	$H6$	3 115.7	2#下游右侧
	$H7$	3 137.2	2#下游左侧
3#	$H8$	3 101.3	3#上游左侧
	$H9$	3 100.2	3#中间左侧
	$H10$	3 100.5	3#下游左侧
	$H11$	3 103.4	3#下游右侧
4#	$H12$	3 099.8	4#中间左侧
	$H13$	3 103.2	4#下游左侧

5　变形监测方案

5.1　总体思路

按照水库管理方要求，监测目的是获取桥体的沉降、水平位移、挠度和倾斜等变形信息，综合考虑桥体规格、监测成本，主要监测方式选定为基于高精度全站扫描仪（测角精度 0.5″、测距精度优于 1 mm+$1.5\times10^{-6}D$）的三维整体变形监测。根据全站仪三维整体的监测方式，本方案中的基准点为三维整体基准点，不区分沉降基准点和位移基准点；工作基准点和监测点同样不加区分。根据监测的内容和设备整体功能考虑，采用 Leica MS60 进行变形监测。

5.2　变形监测网的建立

根据现场勘查结果，桥体变形监测网应由基准点和监测点构成，基准点是为桥体变形监测而布设的稳定的、长期保存的测量点，在原有基准点的基础上新布设 2 个基准点，编号为 RP1 和 RP2，高度尽可能接近桥墩顶部，RP1 和 RP2 可以同时观测到全部监测点，监测点初步确定为 14 个，分别位于桥墩顶部四周，变形监测网概略示意图如图 4 所示。

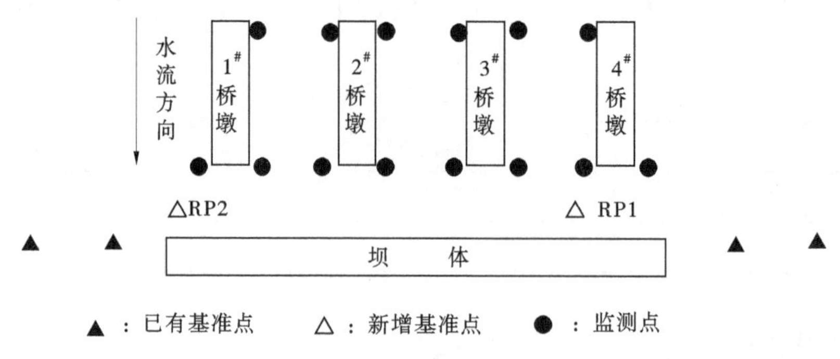

图 4 桥体变形监测网示意图

根据规范要求，基准点应浇筑观测墩，观测墩浇筑前，首先从原地面向下挖至冻土线 0.5 m 以下；然后用直径为 30 cm 的 PVC 管进行一期混凝土浇筑，浇筑高度尽量与桥体中心平齐，一期混凝土浇筑半月后，进行二期混凝土浇筑，并将观测墩顶部的强制对中标志整平，以此完成观测墩的浇筑。

变形监测点布设在桥体上既能反映桥体变形情况又便于观测的位置，拟利用膨胀螺栓固定 L 形小棱镜在桥体的相应监测点位上。

待基准点 RP1 和 RP2 布设完成后，可利用二等导线测量法获取其在已有基准网下的平面坐标，利用二等水准观测获取其在高程系统下的高程值。根据已有基准点的三维坐标和新增基准点 RP1 和 RP2 坐标，可建立桥体变形监测基准网。

获得基准点 RP1 和 RP2 坐标后，可对其进行适当的坐标变换，使其 X 坐标指向桥体中轴线方向，Y 坐标指向与桥体中轴线的垂直方向，Z 坐标指向铅垂向上方向。

5.3 变形数据获取及质量评价

基准网建立后，在对桥体进行变形监测时，将监测仪器和棱镜分别架设在基准点 RP1 和 RP2 上，进行温度、气压和大气湿度改正后，在监测仪器中输入该点坐标、仪器高和棱镜高，并后视一个基准点，进行设站定向。仪器设站定向完成后，对可视范围内的其他基准点或工作基准点进行检验，其中平面限差为±0.5 mm，高程限差为±0.5 mm。

检验完成后，对距仪器 150 m 之内的监测点小棱镜进行观测。每个小棱镜观测时，瞄准目标两次，每次瞄准时，盘左盘右双面读数观测，获取其三维坐标。将监测仪器移动至其他基准点，重复上述步骤，直到完成对所有变形监测点的观测，以完成桥体在该阶段的变形观测。

根据全站仪测距测角误差，如式（1）所示，可得监测点的平面点位精度 σ_s 和高程点位精度 σ_h

$$\begin{cases}\sigma_s = \sqrt{\cos^2 E \times \sigma_D^2 + D^2 \times \sigma_E^2} \\ \sigma_h = \sqrt{\sin^2 E \times \sigma_D^2 + D^2 \cos^2 E \times \sigma_D^2}\end{cases} \tag{1}$$

式中：σ_D 为全站仪的标称测距误差（$1+1.5\times10^{-6}D$），mm；σ_E 为全站仪的标称测角误差，为±0.5″；D 为观测的斜距；E 为观测的垂直角。

模拟现场情况，以 Leica MS60（测角精度 0.5″、测距精度 1 mm+$1.5\times10^{-6}D$）为例，对于较远的桥体监测点，D 为 200 m，E 为 5°，基于 Leica MS60 的测距、测角误差和式（1），可得对该点监测时，不考虑基准点误差，获取的平面精度为 0.9 mm，高程精度为 0.8 mm，完全满足桥墩变形的监测需要。

5.4 变形数据分析与处理

桥体变形监测网建立后，需确立变形监测的频率，建议每个月对监测点进行一次变形观测，每半年对工作基准点的坐标进行复核，以工作基准点到最近的两个基准点的斜距值偏差不超过 0.5 mm 作为该点是否稳定的依据；每一年利用平均间隙法，对基准网和工作基准点进行稳定性分析。

获得两期监测点的监测数据后，其坐标差值可直观显示桥体的变形方向与大小，其中 X 坐标差值表示在轴线方向的变形量，Y 坐标差值表示在垂直轴线方向的变形量，Z 坐标差值表示沉降。同时，根据监测点的距离，可以计算桥体的挠度和倾斜等变形信息。

当获得多期监测数据后，可计算其变形速率，并结合桥体相关因素，进行变形时序的变形分析及预报。其中，变形分析主要考虑桥体变形随季节、水位等因素的变化关系，或者桥体的变形是否存在周期性影响因素。变形预报主要利用已有监测时序的自相关特性，对未来 2~3 期的变形量进行预报。

5.5 监测建议

（1）在监测基准点和变形监测点布设时，布设完监测基准网后，可先在桥体的关键区域布设变形监测点，然后根据变形监测点和监测基准点，确定工作基准点的位置。

（2）观测监测点时，垂直角的大小是影响观测方法的主要因素。如因现场原因，在基准点架设仪器后，某监测点斜距大于 500 m 且垂直角大于 5°，则应对监测点高程方向的坐标进行球气差改正。

（3）监测网点的变形监测的频次可实际情况进行调节，但每年不得少于 6 次，如暴雨、水位剧烈变化时，宜增加监测次数。

（4）RP1 和 RP2 两基准点间的距离精确求测后，之后不同水位观测时，通过比较 RP1 和 RP2 之间的观测距离与精确求解的距离，可大致计算出水位、气温等对测距的影响，在进行水面观测基准点时，可以提高监测点的精度。

6 结论与展望

通过测量结果分析，白杨河水库进水塔交通桥 2#桥墩倾斜度达到 2°，桥墩上部支撑台相对进水塔向外倾斜，最大倾斜量 23 mm，桥墩上游侧相对下右侧向外倾斜，最大倾斜量 28 mm；2#桥墩下游顶面高程明显高于上游侧顶面高程，高程相对差值 41.2 mm，左侧高程明显高于右侧高程，高程相对差值 21.5 mm。

根据现场勘查结果，基于激光雷达测量系统的变形监测方案经济可行且已予以实施，具有工程实用价值。同时，对于全站仪单点测量无法完成的监测项目，如桥体整体变形状态、桥体某关键部位的变形状态等，可补充基于扫描测量或摄影测量的变形监测，后续将进一步研究与应用。

参考文献

[1] 李广云，李宗春．工业测量系统原理与应用［M］．北京：测绘出版社，2011.

[2] 李广云，范百兴．精密工程测量技术及其发展［J］．测绘学报，2017，46（10）：1742-1751.

[3] 亢甲杰，张福民，曲兴华．激光雷达坐标测量系统的测角误差分析［J］．激光技术，2016，40（6）：834-839.

[4] 李国玉．工程测绘中激光雷达测量技术的应用［J］．住宅与房地产，2020（2）：244.

[5] 朱峻可，李丽娟，林雪竹．激光雷达测量系统的现场精度评价方法［J］．长春理工大学学报，2021，44（1）：28-35.

[6] 李辉，刘巍，张洋，等．激光跟踪仪多基站转站精度模型与误差补偿［J］．光学精密工程，2019，27（4）：771-783.

[7] 赵子越，甘晓川，马骊群．一种基于多距离约束的高精度组网方法［J］．制造业自动化，2018，40（10）：26-30.

浅谈水环境检测机构实验室安全风险管控的措施与建议

杨 磊 马丽萍

（黄河水利委员会宁蒙水文水资源局，内蒙古包头 014030）

摘 要：本文从水环境检测机构实验室安全风险点出发，对水环境检测机构实验室存在的可能安全风险点进行甄别与分类，根据风险程度、类别提出防控措施。从管控措施和防控措施出发，将实验室安全风险点的识别与防控措施纳入实验室安全管理体系中，同时对水环境检测机构的安全防控规范管理提出合理化建议，以达到不断提高实验室的管理水平，持续保持实验室安全的目标。

关键词：水环境检测机构；实验室安全；风险管控

1 安全风险识别

1.1 安全风险点分类

水检测机构实验室管理人员和实验工作人员对风险点的识别是实验室安全管理体系的重要组成部分。根据不同检测项目在检测过程中涉及的风险点，尤其是无机毒理学指标、重金属、有机物等项目中使用的化学试剂、水、电、气等的风险点识别是实验室安全管理体系中重要的工作内容之一。因此，要结合本实验室实际情况按照高风险、中风险、低风险三类风险程度对风险点进行分类甄别，根据不同类别和危险等级进行区分管理，制定相应的管控措施。通常情况下，水环境检测机构实验室涉及的风险点主要有危险化学品（高风险点）、强酸强碱（高风险点）、气电路（中风险点）、水路（低风险点）（见表1）。

表1 主要安全风险点

风险等级	安全风险点名称	危险点	后果
高风险	易制毒试剂	购置、储存、使用与管理	中毒
	危险剧毒品		
	剧毒标准物质		
	强酸强碱		腐蚀
中风险	气路	使用、储存	爆炸
	电路	使用	着火/爆炸
低风险	水路	使用	淹没

1.2 检测活动风险点

水环境检测机构可根据自身检测能力和检测范围对在检测活动中产生的安全风险点进行识别。风险点的识别应尽可能全面覆盖所在实验室内的所有检测方法与检测项目，实验室可根据图1细化检测项目，制定风险点在本实验室占比，并制作相关警示标志进行悬挂，以起到不断提醒警示的作用。

作者简介：杨磊（1982—），男，工程师，主要从事水环境检验检测工作。

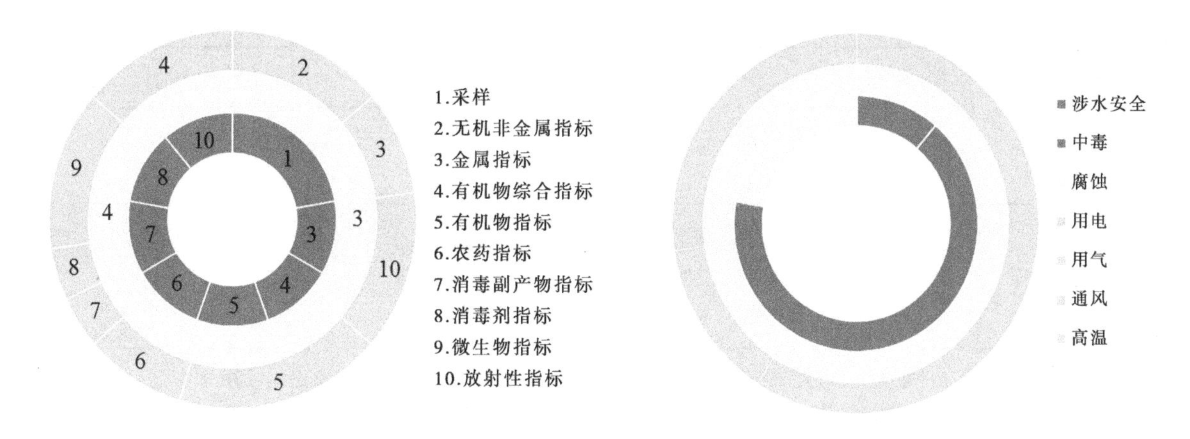

图1 水环境监测实验室检测活动安全风险点

2 风险防控点的识别

2.1 高风险防控点的识别

（1）采样环节。

采样工作是水环境检测工作中的一项基础性工作，也是水环境检测的重要环节。涉及采样器皿的准备、保存剂的制备、样品的保存及运输等，每一个环节均容易受到采样断面的地理状况、气候状况、人员、运输工具等因素的影响，由于采样工作一部分工作是在野外进行的，不可控因素较多，因此需制定详细的管控措施（见表2）。

表2 采样风险防控点

序号	环节	具体要求
1	准备阶段	（1）采样器具及保存剂要符合规范要求，根据采样断面的实际情况进行制作、采购； （2）严格按照操作规范进行使用、保管安全防护用品； （3）进行外业采样工作的采样人员须经培训并考核合格，无特殊原因不得随意更换采样人员，更换采样人员需持证上岗； （4）提前关注采样断面的气象和断面状况
2	实施阶段	（1）不得擅自变更采样断面、采样位置、采样时间等； （2）气象、断面、采样器皿、试剂等发生突变时及时汇报实时情况并做好详细记录； （3）因故不能到达采样断面时，应及时反馈情况并做好详细记录
3	保存阶段	（1）按规范对水样进行保存处理； （2）添加保存剂时做好试剂相关登记信息（名称、用量、取用人员等）； （3）采样器皿清点清楚装车安全完好运回

（2）实验室环境。

一般情况下，实验室环境主要会涉及实验室功能区划分、仪器布局、温湿度条件等，不同区域要求不同，防控措施也会随着风险点的不同制定不同的防控措施，因此结合本实验室实际制定行之有效的实验室环境防控措施，达到防控目的（见表3）。

表 3　实验室环境风险防控点

序号	环节	具体要求
1	设计	（1）满足检测功能区划分要求，保证人员和仪器安全、布局合理设计； （2）便于使用
2	管理	（1）日常查看房屋结构是否出现缺陷； （2）温湿度出现异常及时处理； （3）仪器设备用电、水、气出现异常及时处理
3	使用	对相关人员进行岗前培训，能够保证实验室内所有设施、设备正确使用

（3）危险化学品。

危险化学品的管控应按照《危险化学品安全管理条例》与《易制毒化学品管理条例》的规定执行，根据危险化学品的分类进行分类管理。危险化学品主要分为易制毒化学品、剧毒化学品和标准物质。按照危险化学品的性质和相互间化学反应存放、管理、使用、处置等进行危险等级划分并做重点防控措施（见表 4）。

表 4　实验室环境风险防控点

序号	环节	具体要求
1	存放	化学品应分类、按不同性质储存，存放场所应符合有关安全规定，有相应的通风、防潮、遮光、防火、防盗等设施
2	管理	（1）出入库建立台账； （2）剧毒物品和放射性物品，分别存放在保险柜内，应按照规定实行“五双”制度（双人保管、双人收发、双人领用、双本账、双人双锁）管理
3	使用	（1）配制好溶液必须有标签，且标签包括溶液名称、过期时间等信息； （2）在通风橱内操作有毒有机溶剂或腐蚀性试剂的制备，防止中毒、爆炸等事故发生； （3）强酸、强碱具有强烈腐蚀性，应做好个人安全防护措施，穿工作服并佩戴防护眼镜； （4）做好“四防”：防毒，防爆，防火，防灼烧
4	处置	（1）集中收集，委托给有资质的单位进行集中处置； （2）收集废液处理的所有资料与记录

2.2　中风险防控点的识别

（1）实验室气路。

水环境检测机构实验室涉及的气路以部分大型仪器为主，用气类型以氮气、氢气、氧气、氩气、乙炔等为主，使用过程中稀有气体存在易燃易爆的特点，因此在气路使用中涉及的风险防控点制定行之有效的管控措施成为规避风险、安全使用气体成为重点（见表 5）。

（2）实验室电路。

水环境检测过程中，仪器设备、实验过程等环节离不开电，因此电路的布设和实验用电等环节均存在风险点，这些风险点易被忽视引发安全事故。因此，如何安全用电是必须重视的风险防控点，对电路的防控需做细、做实（见表 6）。

表 5　气路风险防控点

序号	环节	具体要求
1	设计	（1）根据实验室仪器、化学试剂的摆放进行气路的安全、合理设计； （2）以便于人员操作进行设计； （3）远离易引起气体爆炸的危险源； （4）易燃易爆气体与惰性气体分别设计，气路专用
2	管理	（1）专人管理，专人负责维护、维修工作； （2）做好安全预案
3	使用	人员需进行岗前培训，持证上岗，确保气路得到正确使用

表 6　电路风险防控点

序号	环节	具体要求
1	设计	（1）根据实验室仪器、化学试剂的摆放进行电路的安全设计； （2）能够满足检测任务需求； （3）以便于人员操作进行设计； （4）远离易引起气体爆炸的危险源
2	管理	（1）专人管理，专人负责维护、维修工作； （2）做好安全预案
3	使用	人员需进行岗前培训，持证上岗，确保电路使用正确

2.3　低风险防控点的识别

（1）实验室用水。

水环境检测实验过程中会使用大量的水，包括自来水、蒸馏水、无二氧化碳水等，这些水经过使用有些可以直接排入下水管道，有些需要化学、物理处理方可排入管道（特殊性质废水必须经严格化学降解或经专业废污水处理机构进行处理），因此对水路的设计、下水管道的要求与民用有所不同，需满足实验室特殊要求。使用过程中也需按照规范进行使用，以防发生安全事故（见表 7）。

表 7　用水风险防控点

序号	环节	具体要求
1	设计	（1）给排水设计合理，排水管道耐酸碱腐蚀，地面应有地漏； （2）供水水压、水质、水量等应能满足正常使用； （3）总阀门应安装在易操作的显著位置
2	管理	（1）专人管理，专人负责维护、维修工作； （2）做好安全预案
3	使用	（1）按照正常实验用水操作； （2）发现出现问题及时汇报、处理

（2）实验室通风。

水环境检测过程中，待测水样的制备、化学试剂的配制、检测过程等环节都会产生大量的有害气体和有腐蚀性气体，为保证实验室人员安全和仪器的精密度，需对废气进行排放，因此通风设备对于水环境检测机构极其重要。通风设备如何合理布设、检测人员如何正确使用成为风险防控应该注意的点（见表 8）。

表 8　通风风险防控点

序号	环节	具体要求
1	设计	（1）通风系统的设计应能满足实验室检测工作要求； （2）通风效率、功率能够满足实验室检测工作要求； （3）便于维护与维修
2	管理	（1）专人管理，专人负责维护、维修工作； （2）做好安全预案
3	使用	（1）按照正常实验通风要求操作； （2）发现出现问题及时汇报、处理

2.4　风险防控措施

风险防控点识别后应当根据实际情况制定并实施风险防控措施。实验室制定风险防控措施一般可以从人员培训、安全检查、日常监督、安全标识、应急演练等方面进行，通过这些措施可以有效地将风险降到最低，保证实验室人员、设施安全，提高检测质量（见表 9）。

表 9　风险防控措施

序号	环节	具体措施
1	人员培训	实验室应定期对人员进行安全培训，对新进职工应首先进行安全培训后，方能从事检测活动，安全培训内容应包括（但不限于）： （1）实验室安全基础知识及注意事项：实验室安全基础常识，一般化学品的危害及正确操作； （2）实验室安全管理规定：本单位关于安全管理内务及严谨操作的管理规定； （3）实验室安全操作规程：从事检测人员应具备的正确的安全操作，防止误操作带来的隐患； （4）危险化学品的使用和防护：危险化学品的特性及在使用过程中采取的正确防护措施； （5）消防基础知识：有关人员也应掌握消防器材的正确使用方法，定期检查，及时更换过期、失效的消防器材； （6）紧急救护知识
2	安全检查	实验室应定期组织开展安全检查，由安全员定期检查安全设施的完好性，定期进行安全隐患的排查。对于检查过程中发现的问题应予以记录，及时处理。同时将检查发现的问题及隐患进行汇总后上报
3	日常监督	在日常的检验检测活动中，实验室的全体人员都可随时发现安全隐患和问题，及时处理。质量监督员在监督检测工作的同时，发现检测过程中存在安全隐患，应及时处理

续表 9

序号	环节	具体措施
4	安全标识	（1）安全禁止标志：实验室应在明令禁止的场所从事不正当行为的，应粘贴安全禁止标识，如禁止吸烟； （2）安全警告标志：实验室应在存在安全风险的试剂高温处粘贴安全警示标识，如当心爆炸、当心触电、注意安全等标识； （3）安全指令标志：实验室应必须强制进行某些操作时，在操作区内应粘贴安全指令标志，如必须戴安全帽、必须戴防护手套等； （4）安全提示标志：实验室应根据每个实验室特点配备相应的安全设施和消防器材，并粘贴醒目的提示标志，在实验室的楼道中，也应设置紧急出口提示标志，在洗眼器处等也应设置提示标志
5	应急演练	实验室应定期/不定期地开展安全应急演练，以提高安全应急处置能力，应急演练应包括（但不限于）： （1）消防应急演练：对实验室配备的消防器材，要开展相关应急演练，提高全员对消防知识的学习，以应对突发事件； （2）受伤类应急演练：如火灼、酸灼、高温灼烧、中毒等应急演练，可模拟在试验操作过程中，检测人员皮肤受到酸碱的灼烧，按照正确的操作来处理，通过实际操作提高全员防止试验误操作的意识； （3）自然灾害类应急演练，如地震、水灾类的应急演练，实验室也应开展地震等自然灾害类的应急演练，以提高防范未知自然灾害的意识

3 建议

（1）水环境监测实验室能够正确、准确地识别出安全风险点，对重点高风险点特别要强化防控意识，加强管理，对低风险点强化监督管理。

（2）根据实际不断完善实验室安全管理体系，将安全管理体系作为实验室管理体系的重点内容，结合工作实际也可单独形成实验室安全管理体系。通过不断提高管理体系的运行能力，形成组织体系与风险防控措施两大管理手段，持续提高实验室管理水平。

（3）因地制宜、因人制宜制定符合本实验室实际的防控措施。从实验室的建设初期开始，从本实验室检测能力、检测需求、人员素质、实验室功能区划分出发，尽可能早发现、早解决安全风险点，保证本实验室检测生产安全、人身安全，切不能照抄其他实验室。

参考文献

[1] 洪颖，陈梦莹，曹蓉，等．检测实验室赔偿机制的探索与启示［J］．实验室研究与探索，2012，1（1）：4.
[2] 蒋海洋，可燕．开放性实验室规范化管理的探索［J］．实验室研究与探索，2012（9）：156-159.
[3] 陈军，钱玉山，章萍．实验室检验服务中的风险因素与防范措施［J］．能源环境保护，2010（6）：47-50.
[4] 魏强，武桂珍，侯培森．实验室生物安全风险评估的现状与发展［J］．中华预防医学杂志，2007（6）：447-448.

高密度电法探测影响因素模拟研究

杨　林[1]　杨　静[2]　郭玉鑫[1]

（1. 江河工程检验检测有限公司，河南郑州　450000；
2. 郑州市规划勘测设计研究院，河南郑州　450000）

摘　要：高密度电法探测分辨率受到多种因素影响，通过水池模拟试验研究了高密度电法探测中异常体的深径比、空间方位、周围环境等因素对分辨率的影响。研究结果表明，异常体的深径比对高密度电法探测分辨率影响明显，随着目标异常体埋深的增大，深径比变大，探测效果变差。竖直产状的异常体更容易获得较好的探测效果，越趋向于水平产状，异常放大现象越明显，探测效果越差。与高阻异常体相比，低阻异常体的探测分辨率受空间方位的不利影响更大。异常体周围环境对探测分辨率有明显影响，高阻体可对低阻体产生屏蔽，且高阻体对低阻体影响较大，而低阻体对高阻体影响不大。当高低阻体间距增大时，屏蔽现象趋弱。

关键词：高密度电法；分辨率；影响因素

传统隐患检测方法主要有人工锥探和机械钻探法等，该类方法虽有着明显、直观的优点，但也存在着局部性和破坏性，难以准确地评估工程质量。随着科学技术水平的不断发展，高效、快速、无损检测的方式日益完善，显示出其优势，高密度电阻率法即是常采用的一种[1]。高密度电阻率法的基本原理是以岩土体导电性差异为基准的一种测量方法[2]。地壳中不同类型的岩层、矿体及各种特殊地质物理构造而形成的物质，有着不同的导电性、导磁性等电化学特征。通过这些特性及其空间分布的规律和时序特征，进而能够推断出矿体地质结构的赋存状况（尺寸、外形、方位、产状与埋藏深度）及其物性参数等，进而实现探测目的[3-4]。高密度电阻率法作为直流电法的一类，也是一种阵列探测方式。野外勘探测试时，只需将所有的电极（几十根或上百根）放在测点上面，并通过程控电极变换控制器和微机工程电测仪，就可以进行数据自动和高速采集[5-6]。本课题对隐患探测中影响高密度电阻率法探测分辨率的因素进行研究，主要研究因素为异常体的深径比、空间方位、周围环境等。根据已有工作，选择管状异常体进行深径比、周围环境影响因素的分析，选择板状异常体进行空间方位影响因素的分析。深径比、空间方位、周围环境三个影响因素均采用水池模拟试验进行研究。

1　试验方案

在实验室水池放置隐患模拟物进行模拟堤防隐患电测试验。此次模拟试验设计的堤防水池模型（5 m×4 m×3 m），平均水深3 m，在模拟试验中，管形高阻体采用PVC材料模拟，管形低阻体采用黄铜实心管模拟，板形高阻体采用玻璃材质模拟，板形低阻体则选用金属模拟。采用施伦伯格装置进行测试，测线位于异常体的正上方。模拟异常体和侧线置于水池模型中部，以减小水池两端边界对测试结果的影响。每条测线采用60根电极，电极距0.05 m，测量时间0.4 s。电极采用截面0.4 mm^2 的实心铜导线制作。

采用美国AGI公司研制的Super Sting R8分布式高密度电法仪，其主要的技术指标包括：测量电压区间：±10 V；测量电压分辨率：30 nV；输出电流：1 mA~2 A；输出功率：200 W；输入通道：8通道；增益范围：自动增益；电阻率测量循环时间：0.5 s，1 s，2 s，4 s，8 s；噪音压制：100 dB，

作者简介：杨林（1987—），男，高级工程师，博士研究生，主要从事水利工程检验检测技术研究与应用工作。

f>20 Hz；数据存储：自动存储；内存容量：30 000 测量数据点；数据传输：RS-232C；显示：LCD；外电源：12 V 或 2×12 V DC；质量：10.7 kg；体积：184 mm×406 mm×273 mm。

2　试验结果与分析

2.1　异常体的深径比对探测分辨率的影响

2.1.1　高阻体

采用 PVC 管模拟高阻管状异常体，PVC 管尺寸：长度 2 m，直径 2 cm，顶部埋深分别取 6 cm、12 cm、18 cm、30 cm。研究高阻管状异常体深度变化（深径比变化）对探测分辨率的影响规律。反演结果如图 1~图 4 所示。

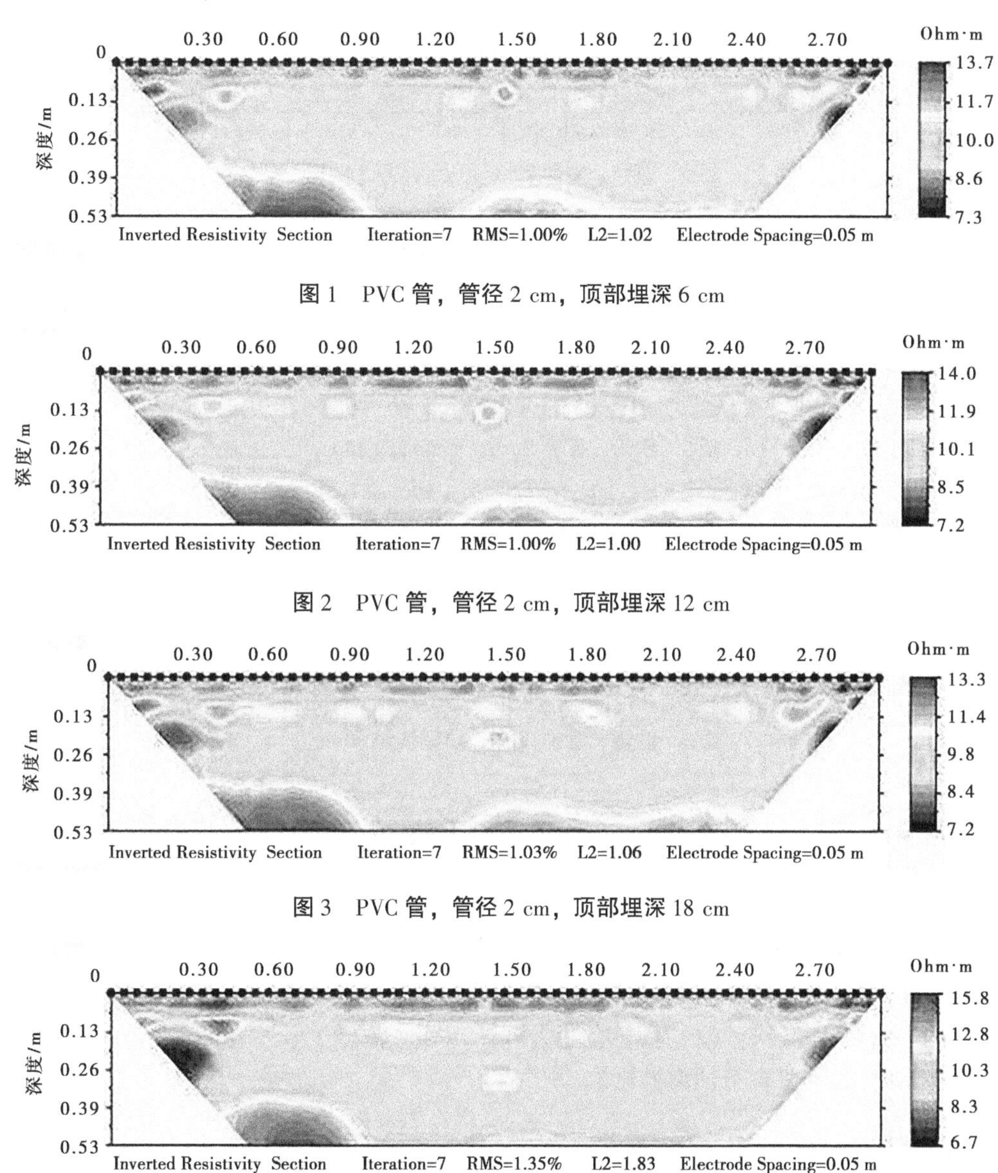

图 1　PVC 管，管径 2 cm，顶部埋深 6 cm

图 2　PVC 管，管径 2 cm，顶部埋深 12 cm

图 3　PVC 管，管径 2 cm，顶部埋深 18 cm

图 4　PVC 管，管径 2 cm，顶部埋深 30 cm

2.1.2　低阻体

采用铁管模拟低阻洞状异常体，铁管尺寸：长 2 m，直径 2 cm，顶部埋深分别取 6 cm、12 cm、18 cm、30 cm。研究低阻洞状异常体深度变化（即深径比变化）对探测分辨率的影响规律。反演结果如图 5~图 8 所示。

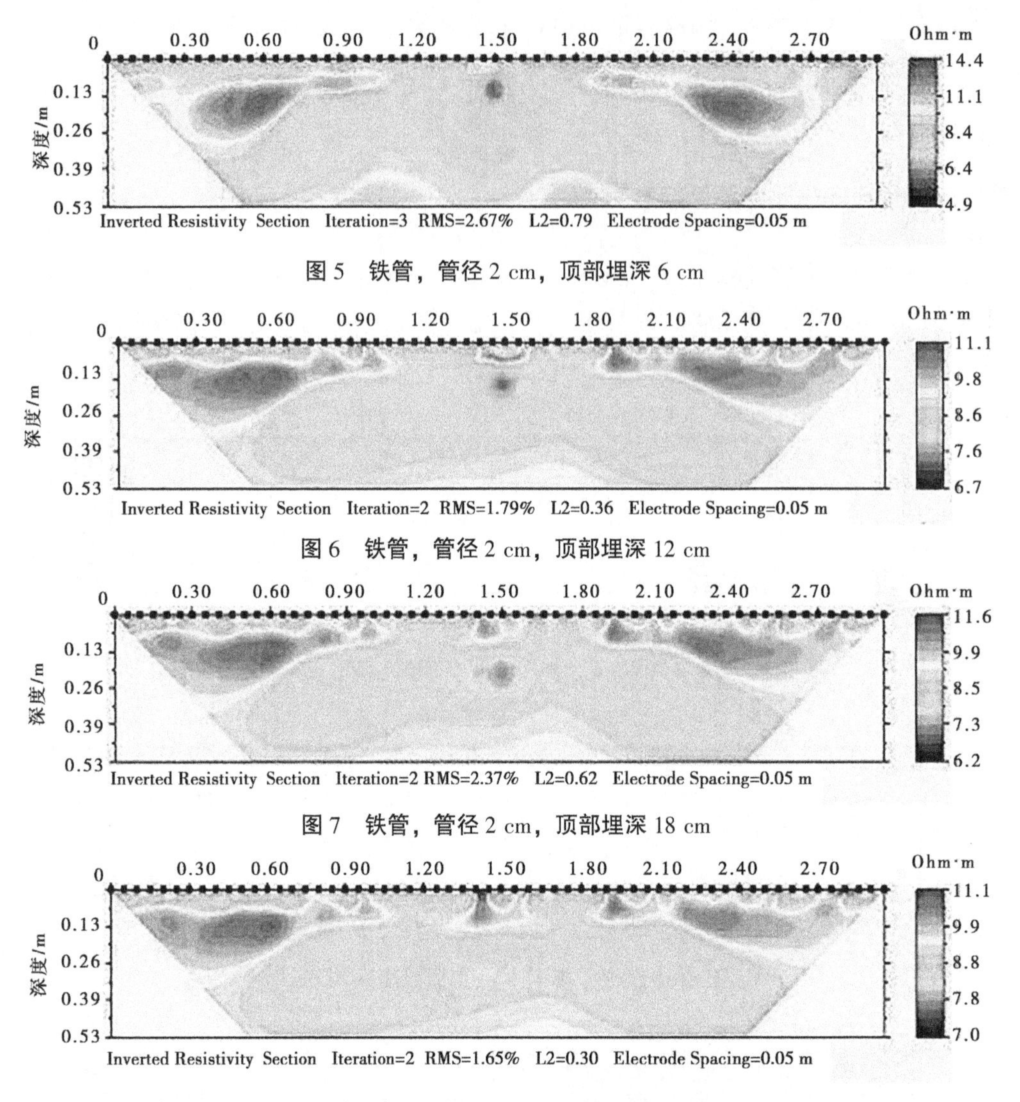

图 5 铁管，管径 2 cm，顶部埋深 6 cm

图 6 铁管，管径 2 cm，顶部埋深 12 cm

图 7 铁管，管径 2 cm，顶部埋深 18 cm

图 8 铁管，管径 2 cm，顶部埋深 30 cm

2.1.3 结果分析

由于受试验条件限制，试验所用水池存在一定的干扰物，反映在反演图中表现为红色、黄色与蓝色的块状区域。但这些干扰物对试验不构成太大影响，只选取目标异常体的部分进行分析。从反演结果可见，随着目标异常体埋深的增大，深径比变大，探测的分辨率变小，探测效果变差。当深径比达到 15∶1时，几乎没有探测效果。同时，反演结果显示，装置对某些干扰物的探测效果比较明显，从图中可以明显地看到，虽然某些干扰物可能埋深更深，可是其尺寸较大，而深径比较小，探测效果反而比较明显。这一现象也证明深径比对电法探测效果的影响比较大。

2.2 异常体的空间方位对探测分辨率的影响

2.2.1 高阻体

采用玻璃板模拟高阻板状（层状）异常体，玻璃板尺寸：长 10 cm×宽 10 cm×厚 2 cm。分别设置不同的空间角度：直立、倾斜 45°、水平，埋深 25 cm。研究高阻板状异常体角度变化对电阻率曲线的影响规律。反演结果如图 9~图 11 所示。

2.2.2 低阻体

采用金属板模拟低阻板状（层状）异常体，金属板尺寸：长 100 cm×宽 10 cm×厚 1 cm。分别设置不同的空间角度：直立、倾斜 45°、水平，埋深 25 cm。研究低阻板状异常体角度变化对电阻率曲线的影响规律。反演结果如图 12~图 14 所示。

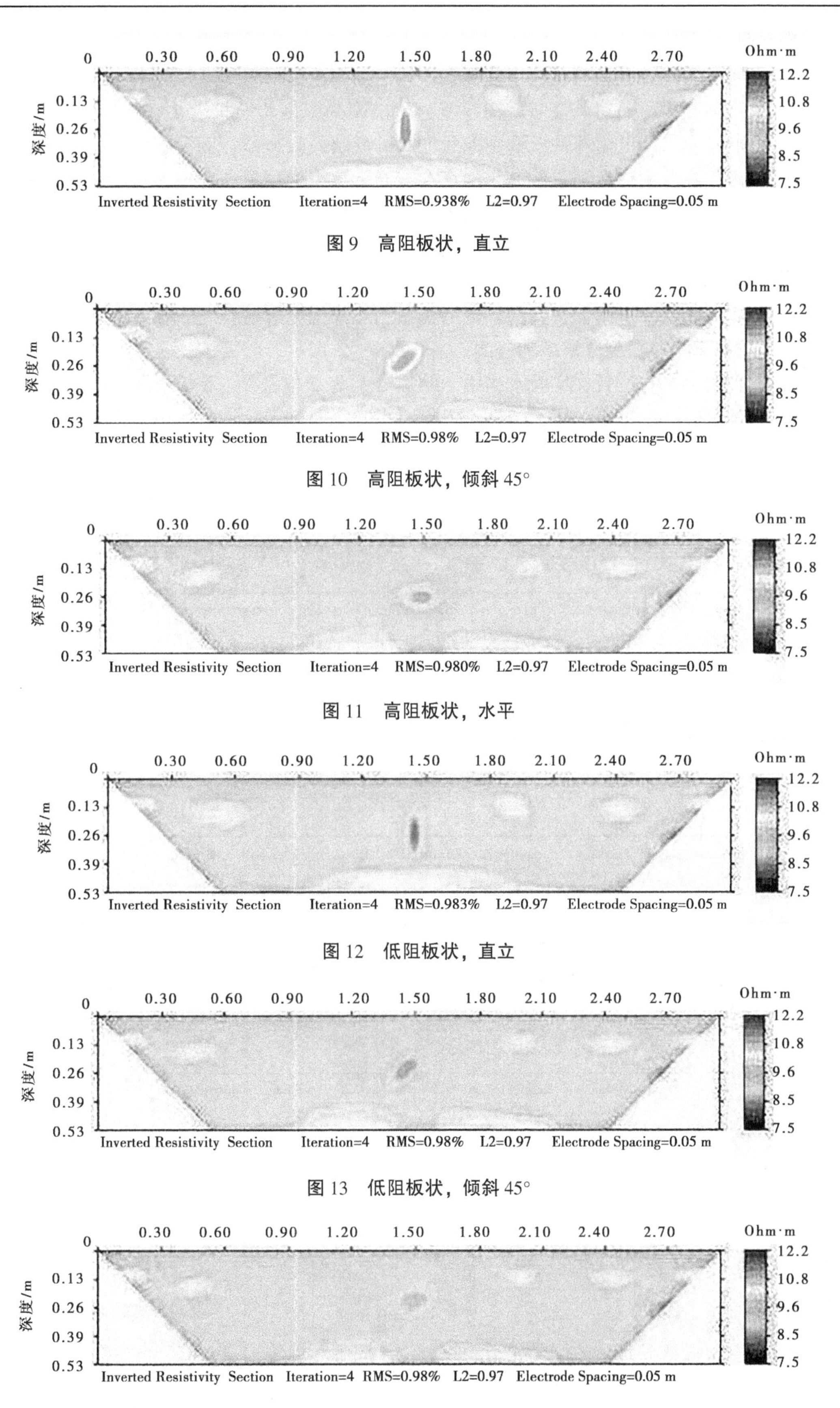

图 9 高阻板状，直立

图 10 高阻板状，倾斜 45°

图 11 高阻板状，水平

图 12 低阻板状，直立

图 13 低阻板状，倾斜 45°

图 14 低阻板状，水平

2.2.3 结果分析

从反演结果可以看出，在地质状况下是竖直产状时，不论是低阻体还是高阻体，通过高密度电法都能获得清晰的反演图像，而对其反演后图像所显示出来的厚度均会扩大 1~3 倍，对长度的反映则较为准确；在产状呈倾斜时低阻体的反演图像对产状的反映效果较差，而高阻体的反演图像对产状的反映相对较为清晰，高低阻体反演成像结果均存在有异常放大的现象；对于地质体产状平行于测面的情况，高密度电法对高低阻体测试结果能反映出异常体的存在，但反映效果不明显，难以很好地表现出异常体的产状。以上结果表明，目标异常体空间方位不同会对探测分辨率造成一定的差异。总体来说，竖直产状的异常体更容易获得较好的探测结果，异常体产状越趋向于水平，则探测效果变得越不明显。与高阻异常体相比，低阻异常体的探测分辨率相对来说更容易受到空间方位的影响。

2.3 异常体的周围环境对探测分辨率的影响

将高阻体与低阻体平行放置在实验水槽中，距离分别为 2 倍极距、4 倍极距、6 倍极距，分别对其组合隐患进行测试。反演结果如图 15~图 17 所示。

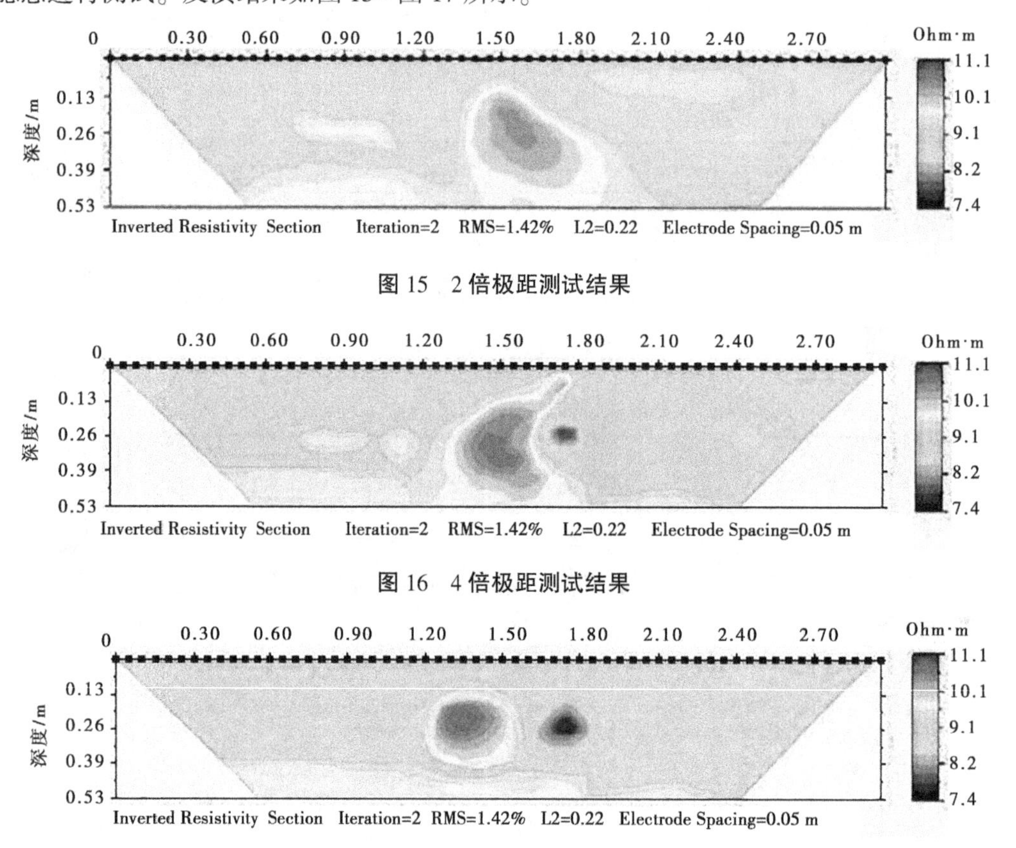

图 15 2 倍极距测试结果

图 16 4 倍极距测试结果

图 17 6 倍极距测试结果

从反演结果可知，当高阻体与低阻体两者相距低于 2 倍极距时，由于高阻体形成的电场基本覆盖了低阻体形成的电场，会产生明显的高阻屏蔽现象，使反演图像中无法获得低阻体的图像。当高阻体与低阻体相距超过 6 倍极距时，这种屏蔽现象基本消失。

3 结论

通过试验研究了探测异常体的深径比、空间方位、周围环境等因素对高密度电法探测分辨率的影响，得出如下结论：

（1）异常体的深径比对高密度电法探测分辨率影响明显，随着目标异常体埋深的增大，深径比变大，探测的分辨率变小，探测效果变差。

（2）竖直产状的异常体更易获得较好的探测效果，越趋向于水平产状，异常放大现象越明显，探测效果越差。与高阻异常体相比，低阻异常体的探测分辨率受空间方位的不利影响更大。

（3）异常体周围环境对探测分辨率有明显影响，高阻体可对低阻体产生屏蔽，高阻体对低阻体影响较大，而低阻体对高阻体影响不大。当高低阻体间距增大时，屏蔽现象趋弱。

参考文献

［1］杨震中．综合物探方法在堤防隐患探测中的应用研究［D］．长沙：中南大学，2007.
［2］王兴泰．工程与环境物探新方法新技术［M］．北京：地质出版社，1996：112-127.
［3］刘国兴．电法勘探原理与方法［M］．北京：地质出版社，2005：54-59.
［4］邓超文，周孝宇．高密度电法的原理及工程应用［J］．西部探矿工程，2006（增刊）：278-279.
［5］董浩斌，王传雷．高密度电法的发展与应用［J］．地学前缘，2003，10（1）：171-175.
［6］杨发杰，巨妙兰，刘全德．高密度电阻率探测方法及其应用［J］．矿产与地质，2004，18（4）：356-361.

水质监测用标准物质的应用现状及发展趋势

倪 洁 张盼伟 吴文强 刘晓茹 万晓红

（中国水利水电科学研究院，北京 100038）

摘 要：本文概述了水质监测在水资源管理、地下水管理、饮水安全、河湖生态环境治理等方面的重要性。介绍了目前我国水质监测用标准物质的现状及发展前景，结合最新的水质监测标准，总结归纳了水质监测中所需用的标准物质，进而为水质监测领域了解标准物质提供参考。

关键词：水质监测；标准物质

水是生存之本、文明之源、生态之基，是中华民族永续发展的重要基石，水安全涉及国家长治久安。随着我国社会经济的快速发展和人们生活水平的不断提高，人们对优美水环境的需求日益增长，对饮水安全的需求越来越高，水质监测在保障水安全方面发挥着重要作用。标准物质作为水质检验工作中的重要工具，在保证水质监测数据的准确可靠、量值统一和可溯源性中起到了关键作用，在水质监测的质量控制等领域发挥着不可或缺的作用。

1 水质监测工作的重要性

1.1 水质监测的主要内容

水质监测是水治理工作中的重要内容之一，准确、及时、全面地反映水质现状及发展趋势，为水资源管理、地下水管理、饮水安全、河湖生态环境治理等提供科学依据。水质监测主要内容包括地表水环境质量、地下水质量、生活饮用水、废污水及大气降水等。

根据《地表水环境质量标准》（GB 3838—2002）[1]，地表水环境质量标准包含 24 个基本项目（感官性状及一般化学指标）、5 个集中式生活饮用水地表水源地补充项目（硫酸盐、氯化物、硝酸盐、铁、锰）和 80 个特定项目（三氯甲烷、四氯化碳等有机化合物和有毒物质）。根据应实现的水域功能类别进行地表水环境质量评价。根据《地下水环境质量标准》（GB/T 14848—2017）[2]，地下水质量指标包含 39 个常规指标（感官性状及一般化学指标、微生物学、毒理学、放射性）和 54 个非常规指标（毒理学）。根据《生活饮用水卫生标准》（GB 5749—2022）[3]，生活饮用水水质监测指标包含 43 个常规指标（感官性状及一般化学指标、微生物学、毒理学、放射性、消毒剂），54 个扩展指标（感官性状及一般化学指标、微生物学、毒理学），55 个水质参考指标。根据《污水综合排放标准》（GB 8978—1996）[4]，按性质及控制方式分为两类，第一类污染物包含 13 个指标，第二类污染物包含 75 个指标。

1.2 水质监测在水资源管理中的应用

在水资源的调度和配置过程中，需要及时了解水资源质量的状况。水质监测是进行水资源保护研究工作的基础，对水质状况进行连续跟踪监测，可以准确、及时、全面地反映水环境质量现状及发展趋势。水质监测为政府合理开发、优化配置、全面节约、高效利用、有效保护和综合治理水资源提供了科学依据。

作者简介：倪洁（1986—），女，工程师，硕士，研究方向为水质监测。

通信作者：吴文强（1977—），男，正高级工程师，研究方向为水质监测。

1.3 水质监测在地下水管理中的应用

2021 年 12 月 1 日实施的《地下水管理条例》[6] 中规定，化学品生产企业以及工业集聚区、矿山开采区、尾矿库、危险废物处置场、垃圾填埋场等的运营、管理单位，建设地下水监测井进行水质监测。多层地下水的含水层水质差异大的，应当分层开采；对已受污染的潜水和承压水，不得混合开采。人工回灌补给地下水，应当符合相关的水质标准，不得使地下水水质恶化；农业生产经营者等有关单位和个人应当科学、合理地使用农药、肥料等农业投入品，农田灌溉用水应当符合相关水质标准，防止地下水污染。

1.4 水质监测在饮水安全中的应用

随着农村饮水安全保障工作的推进，开展农村饮用水水质监测已成为一项重要工作。2021 年 9 月 22 日，水利部印发《全国“十四五”农村供水保障规划》[7]，提到要强化水质保障。健全完善水质检测制度，进一步提升农村供水标准和质量。《安徽省农村供水保障规划（2020—2025）》[8] 中提到，千吨万人供水工程单独或联合设立水质化验室或通过委托第三方检测等方式开展日常水质检测。加强县级农村供水水质检测中心建设，县级农村供水水质检测中心应具备 42 项常规指标检测能力，根据需要配备相应的检测设施设备和具有相应专业基础知识与实际检测能力的水质检测人员。

1.5 水质监测在河湖生态环境治理中的应用

对进入江河、湖泊、水库、海洋等地表水体的污染物质及渗透到地下水中的污染物质进行常规监测，以掌握水质现状及其发展趋势，为河湖生态环境治理提供基础数据。针对突发性水污染事件进行快速反应和跟踪监测的水污染应急监测，为分析判断事故原因、危害及采取对策提供依据。

2 水质监测中标准物质的应用现状

2.1 标准物质概述

根据原国家质检总局 2016 年发布的《标准物质通用术语和定义》（JJF 1005—2016）[9]，标准物质（Reference Material，RM）被定义为具有足够均匀和稳定特性的物质，其特性适用于测量或标称特性检查中的预期用途；有证标准物质（Certified Reference Material，CRM）被定义为附有由权威机构发布的文件，提供使用有效程序获得的具有不确定度和溯源性的一个或多个特性值的标准物质。标准物质是计量体系的重要组成部分，是化学、生物等专业领域统一量值、开展量值传递溯源的主要载体，也是国家重要的战略资源，发挥着“测量砝码”的重要作用。

2.2 标准物质在水质监测中的作用

标准物质作为分析测量行业中的重要测量手段，在质量控制等领域起着不可或缺的作用，标准物质能储存和传递特性量值信息，一种标准物质具有一个或多个确定的特性量值，且其特性量值被确定后在有效期内都会被储存在有证标准物质中，当标准物质从一地发送到另一地使用时，其携带的特性量值会被传递，因此标准物质能使测量值实现在时间和空间上的传递。标准物质还能保证测量的溯源性，水监测实验室应对检测仪器进行控制和校准，以保证测量和检验工作的溯源性[10]。

2.3 水质监测中所需用的标准物质

总结归纳并统计《地表水环境质量标准》（GB 3838—2002）、《地下水环境质量标准》（GB/T 14848—2017）、《生活饮用水卫生标准》（GB 5749—2022）、《污水综合排放标准》（GB 8978—1996），这 4 个有关水质监测的检测指标有 237 种，所涉及的标准物质也与之对应。按照检验项目不同可分为感官性状及无机指标、元素类、有机及有毒化合物、有机农药、抗生素、消毒剂、微生物、放射性指标及其他，见表 1。

表 1　水质监测所需用的标准物质

分类	标准物质名称
感官性状及无机指标	色度、浑浊度、pH 值、悬浮物（SS）、总硬度、溶解性总固体、高锰酸盐指数、化学需氧量（COD）、五日生化需氧量（BOD_5）、氨氮（以 N 计）、总磷、总氮、阴离子表面活性剂、氯化物、氟化物、氰化物、硫化物、硫酸盐、硝酸盐、亚硝酸盐（以 N 计）、磷酸盐（以 P 计）、碘化物、亚氯酸盐、氯酸盐、高氯酸盐、溴酸盐、氯化氰（以 CN^- 计）、碘乙酸
元素类	钠、铝、总铬、铬（六价）、锰、铁、钴、镍、铜、锌、砷、硒、钼、银、汞、铅、铍、硼、锑、镉、钡、钒、铊、钛
有机及有毒化合物	挥发酚、石油类、动植物油、二氯甲烷、一氯二溴甲烷、一溴二氯甲烷、三氯甲烷、三溴甲烷、四氯化碳、1，2-二氯乙烷、1，2-二溴乙烷、1，1，1-三氯乙烷、1，1，2-三氯乙烷、1，2-二氯丙烷、环氧氯丙烷、五氯丙烷、氯乙烯、1，1-二氯乙烯、1，2-二氯乙烯、三氯乙烯、四氯乙烯、氯丁二烯、六氯丁二烯、苯乙烯、甲醛、乙醛、丙烯醛、戊二醛、三氯乙醛、二氯乙酸、三氯乙酸、丙烯酸、环烷酸、全氟辛酸、全氟辛烷磺酸、苯、甲苯、乙苯、邻-二甲苯、对-二甲苯、间-二甲苯、异丙苯、氯苯、1，2-二氯苯、1，4-二氯苯、三氯苯、四氯苯、六氯苯、硝基苯、二硝基苯、2，4-二硝基甲苯、2，4，6-三硝基甲苯、硝基氯苯、2，4-二硝基氯苯、对-硝基氯苯、苯酚、间-甲酚、2，4-二氯苯酚、2，4，6-三氯苯酚、五氯酚、五氯酚钠、β-萘酚、苯胺、联苯胺、丙烯酰胺、丙烯腈、邻苯二甲酸二正丁酯、邻苯二甲酸二（2-乙基己基）酯、邻苯二甲酸二甲酯、邻苯二甲酸二乙酯、邻苯二甲酸二丁酯、邻苯二甲酸二辛酯、二（2-乙基己基）已二酸酯、水合肼、四乙基铅、吡啶、松节油、苦味酸、丁基黄原酸、甲基汞、烷基汞、微囊藻毒素-LR、黄磷、2-甲基异莰醇、土臭素、萘、蒽、荧蒽、苯并［b］荧蒽、苯并（a）芘、二噁英（2，3，7，8-四氯二苯并对二噁英）、二甲基二硫醚、二甲基三硫醚、苯甲醚、亚硝基二甲胺
有机农药	百菌清、甲萘威、溴氰菊酯、莠去津、滴滴涕、林丹、环氧七氯、七氯、灭草松、呋喃丹、草甘膦、乙草胺、丁草胺、除草醚、克百威、涕灭威、2-甲-4-氯、2，4-D、六六六（总量）、敌敌畏、速灭磷、内吸磷、灭线磷、治螟磷、甲拌磷、特丁硫磷、二嗪磷、地虫硫磷、异稻瘟净、乐果、氯唑磷、甲基毒死蜱、磷胺、甲基对硫磷、毒死蜱、杀螟硫磷、马拉硫磷、对硫磷、溴硫磷、甲基异柳磷、水胺硫磷、稻丰散、丙溴磷、苯线磷、三唑磷、蝇毒磷、敌百虫、甲基硫菌灵、氯化乙基汞、稻瘟灵、氟乐灵、甲霜灵、西草净、乙酰甲胺磷、双酚 A
抗生素及其他药物	青霉素、链霉素、土霉素、四环素、洁霉素、金霉素、庆大霉素、维生素 C、氯霉素、新诺明、维生素 B1、安乃近、非那西汀、呋喃唑酮、咖啡因
消毒剂	活性氯、游离氯、总氯、总余氯、臭氧、二氧化氯
微生物	总大肠菌群、粪大肠菌群、大肠埃希式、菌落总数、肠球菌、产气荚膜梭状芽孢杆菌、贾第鞭毛虫、隐孢子虫
放射性指标及其他	总 α 放射性、总 β 放射性、铀、镭-226、石棉、总有机碳（TOC）

2.4　水质监测用标准物质存在的问题

2.4.1　标准物质的种类不全

随着科技的进步及人们认识的不断更新，水中的新型污染物由于易于生物富集，即使低浓度也会影响到人类健康，目前已得到广泛关注。新型污染物种类繁多，包括药物、个人护理品、微塑料、消毒副产物、内分泌干扰物、环境激素、农药等，涉及的行业较多，大多没有相关环境管理政策法规或排放标准，也未有相应的标准物质。水中微生物指标、放射性指标等标准物质依赖于进口，国内还未有科研生产机构生产相关有证标准物质。

2.4.2 标准物质研发管理体系不完善

标准物质作为一种特殊的商品，起到“测量砝码”的作用，因此其质量控制至关重要。我国能够生产水监测用标准物质的单位，如水利部水环境监测评价研究中心、中国计量科学研究院、生态环境部标准样品研究所、国家有色金属及电子材料分析测试中心、农业农村部环境保护科研监测所等，各家都在生产水监测用标准物质，但没有统一的质量标准及管理体系。且除了这几家大机构，还有些小单位也在做低水平研制生产工作。

3 水质监测中标准物质的发展趋势

3.1 水质监测标准物质体系的完善

随着水质检测标准的更新，标准物质的配备也要紧跟而上，因此需要我国相关部门能够加强水中标准物质的顶层设计，在科研方面和人才方面加大投入，以国家战略性需求为导向，加强标准物质前沿、关键、共性技术研究，组织开展基准方法、高准确度测量方法以及复杂基质量值等定值技术研究，支持标准物质制备技术、守值定值技术、质量控制技术研究，探索标准物质数字化前沿性研究，同时与国内外相关的领域开展合作，推动高端标准物质产品和原料国产替代，支撑和保障相关领域量值传递溯源体系稳定可靠、自主可控，完善我国水环境监测标准物质体系。

3.2 水质监测方法的持续改进

随着新型污染物的不断发现及现代分析仪器的应用，水质监测的方法及标准亦在不断更新中。如张盼伟[11]基于超高效液相色谱-串联三重四极杆质谱联用技术，建立了水和沉积物中药品和个人护理品（PPCPs）的检测方法。高博[12]通过显微拉曼成像光谱法、傅里叶变换显微红外光谱法、傅里叶变换红外光谱法测定地表水中微塑料的含量，并组织起草我国第一个有关微塑料测定的团体标准《地表水中微塑料的测定》（征求意见稿）。2022 年 4 月 1 日新实施的《水质 9 种烷基酚类化合物和双酚 A 的测定 固相萃取/高效液相色谱法》（HJ 1192—2021）[13]规范水中 9 种烷基酚类化合物和双酚 A 测定方法。《水质 28 种有机磷农药的测定 气相色谱-质谱法》（HJ 1189—2021）[14]，规范水中敌敌畏、速灭磷、内吸磷等 28 种有机磷农药的测定方法。2022 年 4 月 15 日发布的《水质 6 种邻苯二甲酸酯类化合物的测定 液相色谱-三重四极杆质谱法》（HJ 1242—2022）[15]，规范水中邻苯二甲酸酯类化合物的测定方法。

3.3 标准物质生产管理的规范化

为进一步加强标准物质建设和管理，提升标准物质供给质量和效益，夯实高质量发展的测量基础，2021 年 12 月 7 日，国家市场监管总局发布了《关于加强标准物质建设和管理的指导意见》[16]，指出健全标准物质管理工作机制，优化标准物质体系，提升研制生产机构管理水平。引导标准物质研制生产机构采用先进的管理方法，切实履行质量安全主体责任，开展质量风险分析排查，提升研制生产过程控制、安全生产、质量追溯等能力，建立符合相关要求的全员、全方位、全生命周期管理体系。国家市场监管总局对标准物质管理的重视，鼓励标准物质研发生产机构建立测量管理体系并通过相关认证，促进先进技术和能力的转化应用，树立一批管理先进、技术创新、运行规范的示范典型。

4 结语

标准物质是水质检验工作中的重要工具，规范使用标准物质以提高水质检验检测机构的技术水平，为水安全提供重要技术支持与保障。因此，创新完善水质监测中标准物质的管理机制，优化标准物质体系，提高标准物质的技术水平、创新能力和国际竞争力，提升标准物质供给能力和质量，该项工作任重而道远。

参考文献

[1] 国家环保总局，国家质量监督检验检疫总局．地表水环境质量标准：GB 3838—2002 [S]．

[2] 国家质量监督检验检疫总局、国家标准化管理委员会．地下水环境质量标准：GB/T 14848—2017 [S]．

[3] 国家市场监管总局，国家标准化管理委员会．生活饮用水卫生标准：GB 5749—2022 [S]．

[4] 国家环保总局．污水综合排放标准：GB 8978—1996 [S]．1996.

[5] 国家发展改革委，水利部．“十四五”水安全保障规划 [Z]．2022-01-11.

[6] 水利部．地下水管理条例 [Z]．2021-12-07.

[7] 水利部．全国“十四五”农村供水保障规划 [Z]．2021-09-15.

[8] 安徽省水利厅．安徽省农村供水保障规划（2020—2025）[Z]．2020-07-11.

[9] 国家质量监督检验检疫总局．标准物质通用术语和定义：JJF 1005—2016 [S]．

[10] 丁文静，沈漪，陈祝康，等．探讨食品药品检验系统实验室质量监督措施的有效利用 [J]．中国药事，2017，31（8）：899-903.

[11] 张盼伟．海河流域典型水体中 PPCPs 的环境行为及潜在风险研究 [D]．北京：中国水利水电科学研究院，2018.

[12] 中国水利企业协会．中国质量检验协会．地表水中微塑料的测定（征求意见稿）：T/CWEC—2021 [S]．

[13] 生态环境部．水质 9 种烷基酚类化合物和双酚 A 的测定 固相萃取/高效液相色谱法：HJ 1192—2021 [S]．

[14] 生态环境部．水质 28 种有机磷农药的测定 气相色谱-质谱法：HJ 1189—2021 [S]．

[15] 生态环境部．水质 6 种邻苯二甲酸酯类化合物的测定 液相色谱-三重四极杆质谱法：HJ 1242—2022 [S]．

[16] 国家市场监督管理总局．关于加强标准物质建设和管理的指导意见 [Z]．2021-12-07.

基于改进的水污染指数建立头道松花江流域水质评价优化模型

王彬彬[1]　王媛媛[2]

（1. 吉林省水文水资源局，吉林长春　130000；
2. 长春市林业科学研究院，吉林长春　130000）

摘　要：本研究利用2015—2020年头道松花江流域干流及其主要支流共24个断面7项水质参数的逐月监测数据，采用改进的水污染指数（IWPI）、逐步回归及自动线性模型分析，构建头道松花江流域水质评价优化模型（IWPImin）。结果表明，建立的IWPImin水质评价模型选取了化学需氧量、氨氮、总氮、总磷4个关键参数，模型的稳定性好，性能优异。在改进的水污染指数计算中引入熵权赋权的模型，其决定系数（R^2）最高（0.95），均方根误差（RMSE）最低（1.81），模型在水质评价中表现更优，同时提高了水质评价效率。研究结果可为流域的水资源管理和水环境研究提供科学依据。

关键词：头道松花江流域；改进的水污染指数；水质评价模型

1　引言

河流是参与水循环的主要载体，影响地球上生物的生存及自然生态环境的协调发展[1-2]，然而日益恶化的水环境正在威胁人类健康和经济发展[3]。客观准确且快速简便地评价河流水质状况，对制定环境保护和资源管理政策至关重要[4-5]。而明确流域水环境的关键污染因子，构建适合流域特点的高效水质评价模型，是便捷明晰水质演变过程的有效工具。有效的水质评价方法研究一直备受专家学者的关注[6-8]，其中污染最重参数的浓度常被认为是水质评价结果中的决定因素，而不同污染物对水质的影响不易量化区分，因此有必要利用科学的权重对评价方法进行优化。熵权法是一种精度较高的客观赋权法，它主要是根据指标的变异程度来确定权重的，反映了信息无序化程度的特征[9]。Li等[10]的研究提出了将熵权法与水污染指数（WPI）相结合的改进水污染指数（IWPI）。作为单一的无量纲项值，IWPI不仅直观地描述了水的整体性质，还有利于各污染物对水质影响程度的比较。

以往的水质评价一般包含较多的参数，导致分析过程烦琐、干扰增加，从而影响水质评价结果[11]，而许多研究选择了化学需氧量、溶解氧等生化参数，以及总磷、总氮等营养参数来判定河流水质[12-14]。因此，在本研究中选择部分生化和营养参数参与水污染指数计算，使结果更加实用和精确。此外，在水质评价中运用逐步线性回归分析既可以找出显著性影响因子、减少监测参数，又可以建立预测模型，有利于在水污染治理过程中提出有针对性的实施方案[15]。同时，自动线性模型可以根据数据的特点，自动选择因变量中最重要且最佳自变量，舍弃重要性较小或不重要的自变量，该方法的使用有助于对模型结果进行验证[16-17]。

基金项目：国家重点研发计划（2017YFD0601103）。

作者简介：王彬彬（1986—），女，工程师，研究方向为水环境与水生态。

通信作者：王媛媛（1992—），女，工程师，研究方向为生态学。

松花江南源流域位于吉林省东南部，地处长白山国家级自然保护区，在我国生物多样性保护及生态系统稳定方面具有重要地位[18]，同时流域内部分河流为当地人们提供生产生活用水，其水质状况直接影响用水安全，头道松花江是流域的主要源流，其水环境需要引起重视[14]。目前，对头道松花江流域的研究主要集中在水文、生态环境等方面[19-20]，对水质及其评价模型的研究较少。因此，对头道松花江流域的水环境状况进行研究是十分必要的。本研究通过2015—2020年头道松花江流域24个断面7个水质参数的监测评价结果，研究IWPImin（对所选的参数赋权计算得出结果）模型中影响水质的关键参数，并通过与传统WPImin（以最大污染参数的指数值作为评价结果）模型的比较，明确IWPImin模型的有效性并在此基础上建立流域的水质评价优化模型。为头道松花江流域水资源的利用和管理提供理论依据，为应对河流水污染风险防控，保障河流水环境健康发展提供科学参考。

2 研究区概况与研究方法

2.1 研究区概况

头道松花江发源于吉林省长白山脉抚松漫江镇望天鹅峰东北坡，是松花江南源流域的主要源流之一，位于东经127°13′~127°54′，北纬41°38′~42°42′，流经白山市的抚松县、靖宇县、江源区和临江市，总河长244.8 km，流域面积8 231 km^2。流域属温带大陆性季风气候区，春季干燥多风，夏季温热多雨，秋季凉爽晴朗，冬季寒冷漫长[21]。一般11月开始封冻，至翌年4月开化，封冻期长达130~160 d。降水主要集中在6—9月，约占全年总降水量的70%。区域水系发育，河网密布，参考相关研究及水文资料，将头道松花江流域划分为上游（头道松花江近源段、老黑河支流、漫江）、中游（锦江支流、石头河支流、汤河支流、松江河支流）和下游（头道松花江下、头道花园河支流、珠子河支流、那尔轰河支流、白山水库1）进行研究。

2.2 水样采集及测定

2015年1月至2020年12月，对头道松花江流域干流及其主要支流的24个水质监测断面进行逐月的水样采集及监测，每个河段有两个代表断面（见图1）。采样日期一般选择在多云或晴朗的天气进行，以尽量减少降雨对水样代表性及数据结果的影响。野外水样采集应面向河流上游并保证自然水流状态下进行，在水面下0.5 m处采集水样（封冻时在冰下0.5 m处），尽量不扰动水流与底部沉积物，以保证样品代表性。用于测定五日生化需氧量的水样收集在500 mL的棕色玻璃瓶中，以防止光照的影响，测定其他水质参数的水样收集并分别储存在一个500 mL清洁的玻璃瓶和聚乙烯瓶中。采集的所有水样立即转运到实验室并在24 h内进行分析。此外，在部分监测断面采集空白样品和重复样品作为对照，以确保分析结果的准确性。根据《地表水环境质量标准》（GB 3838—2002），综合考虑流域水质状况及各种限制因素，选取溶解氧（DO）、高锰酸盐指数（PI）、化学需氧量（COD_{Cr}）、五日生化需氧量（BOD_5）、氨氮（NH_3-N）、总磷（TP）、总氮（TN）7个典型水质参数进行。

2.3 改进的水污染指数计算方法

计算各个参数的水污染指数的方法[22]如下：

$$WPI(i) = WPI_l(i) + \frac{C(i) - C_l(i)}{C_h(i) - C_l(i)} \times 20 \tag{1}$$

其中，$C(i)$为第i个参数的监测浓度值；$C_l(i)$和$C_h(i)$分别为第i个参数等级的下限和上限，$C_l(i)<C(i) \leqslant C_h(i)$ [for DO, $C_h(i)<C(i) \leqslant C_l(i)$]；$WPl(i)$是第$i$个参数WPI的下限值，$i=1,2,\cdots,n$。此外，当两个等级的标准值相同时，计算是基于较低得分值的区间插值。

以往的研究都是基于最大隶属度原则，得到这部分相应的水污染指数评价等级如下：

$$WPI = \max[WPI(i)] \tag{2}$$

在本研究中，我们使用Li[23]提出的IWPI如下：

$$IWPI = \sum_{i=1}^{n} w_i \cdot WPI(i) \tag{3}$$

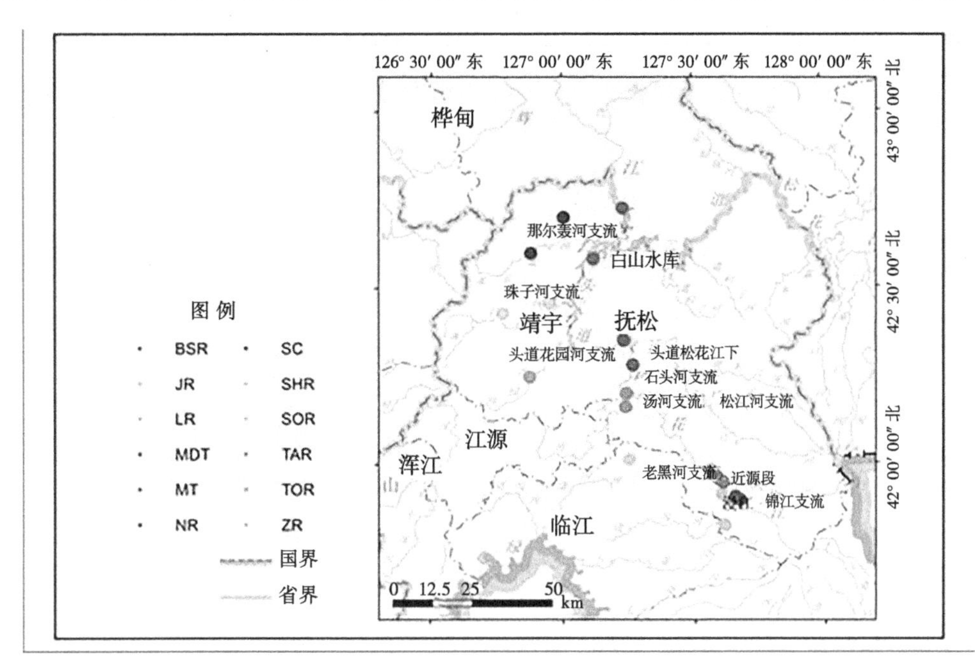

图 1　头道松花江流域采样点位置

其中，w_i 为第 i 个参数的权重，是采用熵权法计算的[24]，计算步骤如下：

$$w_i = \frac{1 - H_i}{n - \sum_{i=1}^{n} H_i} \tag{4}$$

其中，$H_i = -\frac{1}{\ln m}\sum_{j=1}^{m} f_{ij}\ln f_{ij}$，$i = 1, 2, \cdots, n$；$f_{ij} = \frac{r_{ij}}{\sum_{j=1}^{m} r_{ij}}$；$r_{ij} = \frac{x_{ij} - \min|x_{ij}|}{\max|x_{ij}| - \min|x_{ij}|}$

式中：x_{ij} 表示 m 个评价等级的 n 个参数的水质评价矩阵（即 j 个评价等级下 i 个参数的数据，$i=1, 2, \cdots, n$；$j=1, 2, \cdots, m$）；r_{ij} 为第 i 个评价参数的 j 级水质标准化数据矩阵；f_{ij} 是 r_{ij} 的标准化值在整个评价系列中的比例，若 $f_{ij}=0$，$f_{ij}\ln f_{ij}=0$；H_i 为第 i 个评价参数的熵值；w_i 为第 i 个参数的权重值，满足 $\sum_{i=1}^{n} w_i = 1 (0 \leqslant w_i \leqslant 1)$。

3　结果与分析

3.1　流域水环境污染因子的筛选

基于流域水质状况的自动线性模型结果表明，影响头道松花江流域上、中、下游整体水质状况的最重要参数是总氮，其次是化学需氧量、氨氮和总磷，前 4 个参数的重要值之和在上游和中游均达到了 0.86 以上，在下游达到 0.77 以上（见图 2）。

3.2　流域水环境评价模型的建立

3.2.1　最优模型的选择

基于数据集的逐步回归结果表明，化学需氧量对头道松花江流域整体水质状况 IWPI 的贡献最大（模型 1，$R^2=0.654$，$P<0.0001$，见表 1）。之后，选取总氮和氨氮这两个参数分别引入回归模型，方程的 R^2 值均表现出显著的提高，从 0.654 提高到了 0.845，最后达到了 0.922。然而将总磷、高锰酸盐指数、溶解氧、五日生化需氧量这 4 个参数引入模型中时，模型的性能仅略有提高（见表 1）。因此，确定化学需氧量、总氮和氨氮参数作为头道松花江流域水环境质量评价的关键参数引入到 WPImin（以最大污染参数的指数值作为评价结果）和 IWPImin（对所选的参数赋权计算得出结果）模型里，同时也考虑了引入总磷、高锰酸盐指数、溶解氧和五日生化需氧量对模型的影响。

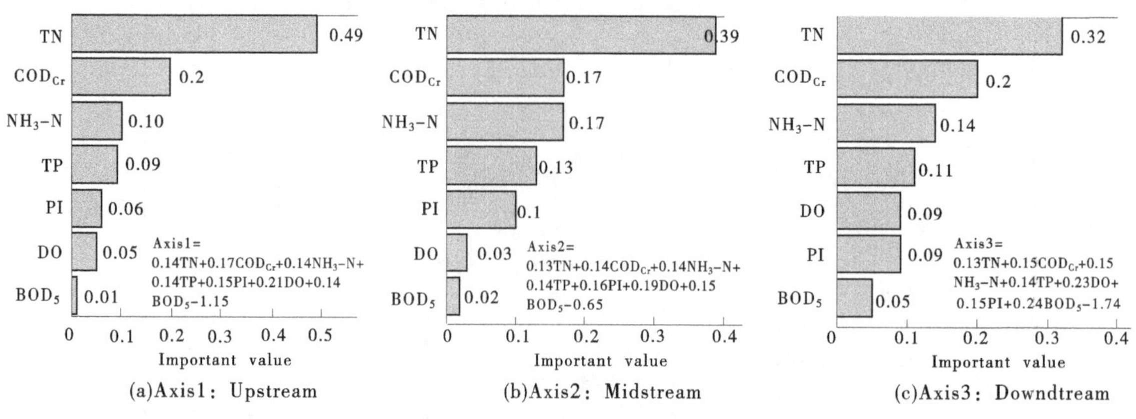

图 2 基于自动线性模型分析的影响头道松花江流域上、中、下游水质状况的关键因素

表 1 基于数据集利用逐步回归选择 IWPImin 模型的参数（n=1 728）

序号	线性模型	R^2	P
1	20. 455+0. 361COD_{Cr}	0. 654	< 0. 001
2	5. 178+0. 316COD_{Cr}+0. 200TN	0. 845	< 0. 001
3	5. 573+0. 247COD_{Cr}+0. 211NH_3-N+0. 159TN	0. 922	< 0. 001
4	3. 198+0. 247COD_{Cr}+0. 162NH_3-N+0. 161TP+0. 144TN	0. 952	< 0. 001
5	1. 604+0. 181PI+0. 150COD_{Cr}+0. 155NH_3-N+0. 155TP+0. 135TN	0. 979	< 0. 001
6	0. 215+0. 155DO+0. 157PI+0. 144COD_{Cr}+0. 150NH_3-N+0. 144TP+0. 139TN	0. 990	< 0. 001
7	-0. 003+0. 165DO+0. 145PI+0. 141COD_{Cr}+0. 135BOD_5+0. 135NH_3-N+0. 139TP+0. 136TN	1. 000	< 0. 001

综合评估 R^2、RMSE 和 P 值，选择最适合头道松花江流域的水质评价模型。结果表明，所选参数均可提高 WPImin 和 IWPImin 模型的 R^2 值，且较低的 RMSE 值表明，随着参数的增加，两种模型的稳定性和预测能力都有所提高。另外从表 2 中可以看出，IWPImin 模型的 R^2 值随着参数的变化一直稳定保持在 0. 90 以上，且其在模型 wi3 中的值显著高于模型 m3；此外 RMSE 值也一直保持较低数值，这也表明，考虑权重计算的 IWPImin 模型其稳定性比仅考虑最大污染因子的 WPImin 模型表现得更好（见表 2）。此外，IWPImin 各组模型的适应度比较表明，由于 IWPImin-wi2 模型的 R^2 最高，RMSE 最低，因此该模型被认为是最稳定的模型（见表 2）。

表 2 基于数据集利用逐步回归的 WPImin 和 IWPImin 模型参数选择结果（n=1 728）

参数	WPI min-m（最大隶属度）				IWPI min-wi（赋权）			
	Models	R^2	RMSE	P	Models	R^2	RMSE	P
COD_{Cr}，NH_3-N，TN	m1	0. 99	1. 57	<0. 001	wi1	0. 92	2. 31	<0. 001
COD_{Cr}，NH_3-N，TN，TP	m2	0. 99	1. 56	<0. 001	wi2	0. 95	1. 81	<0. 001
COD_{Cr}，NH_3-N，TP，PI	m3	0. 19	16. 42	<0. 001	wi3	0. 90	2. 56	<0. 001
COD_{Cr}，NH_3-N，TN，PI	m4	0. 99	1. 56	<0. 001	wi4	0. 95	1. 83	<0. 001

基于数据集将 IWPI 分别与 WPImin 和 IWPImin 的拟合结果进行比较，结果表明，IWPImin-wi2 模型的性能最好，拥有最高的 R^2 值（0. 95），以及最低的 RMSE 值（1. 81）［见图 3（b）］。另外，基于测试数据集的对比也证明，在使用相同的参数时，考虑权重的 IWPImin 模型的表现均优于只考虑最大污染因子的模型，这也与数据集的结果一致（见图 3）。

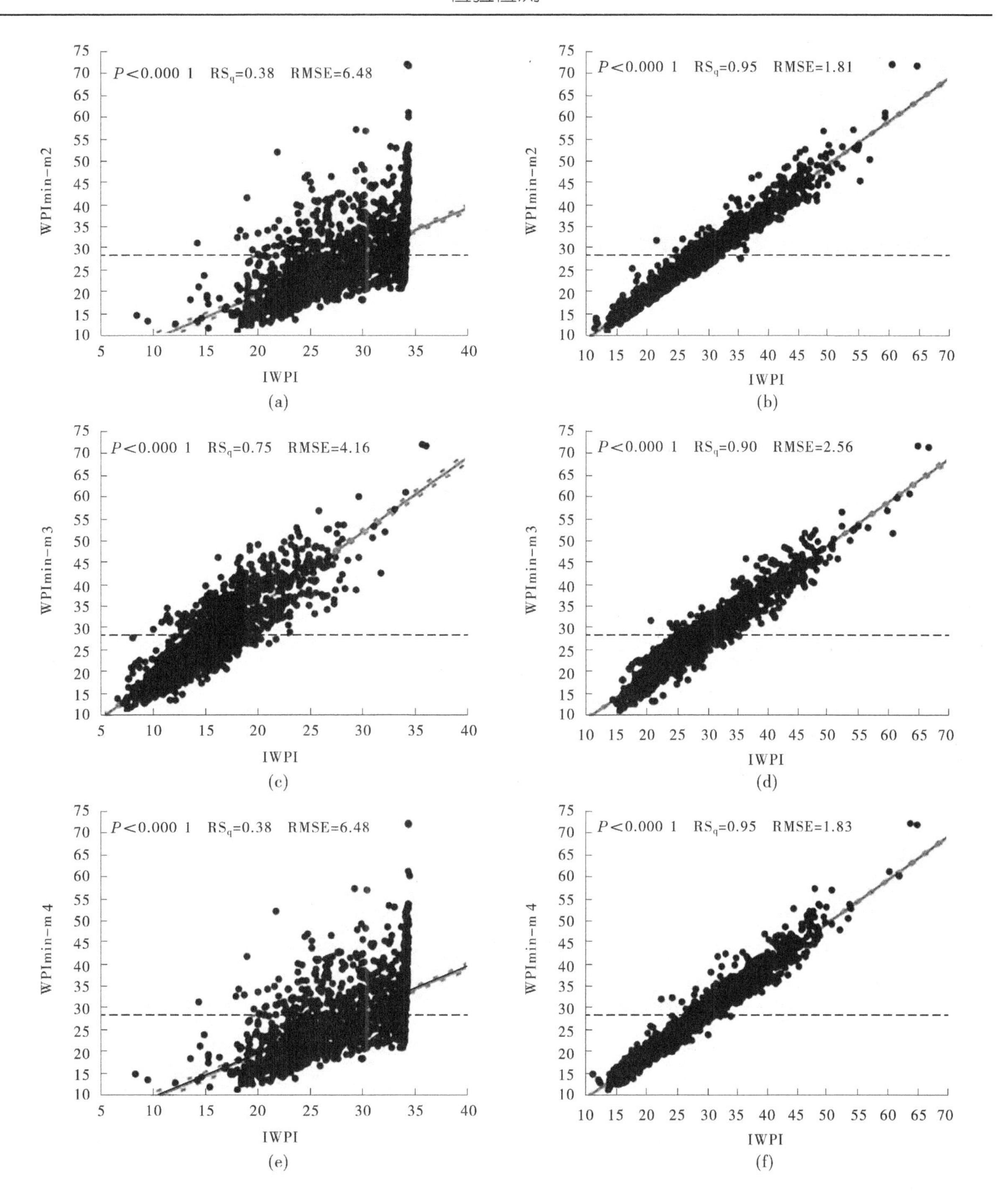

图 3 基于测试数据集比较 IWPI 与 WPImin 和 IWPImin 模型的结果

（注：模型中使用的不同参数见表 2）

3.2.2 基于自动线性模型的最优模型验证

利用自动线性模型对头道松花江流域的水质参数及水质状况进行分析，结果表明，总氮、化学需氧量、氨氮和总磷是影响 IWPI 结果最重要的参数，其他因素的影响可以忽略［重要值小于 0.1，见图 4（b）］。由上述四个参数组成的主分量可以很好地模拟 IWPI 和 IWPImin［$R^2 > 0.95$，见图 4（a）］。

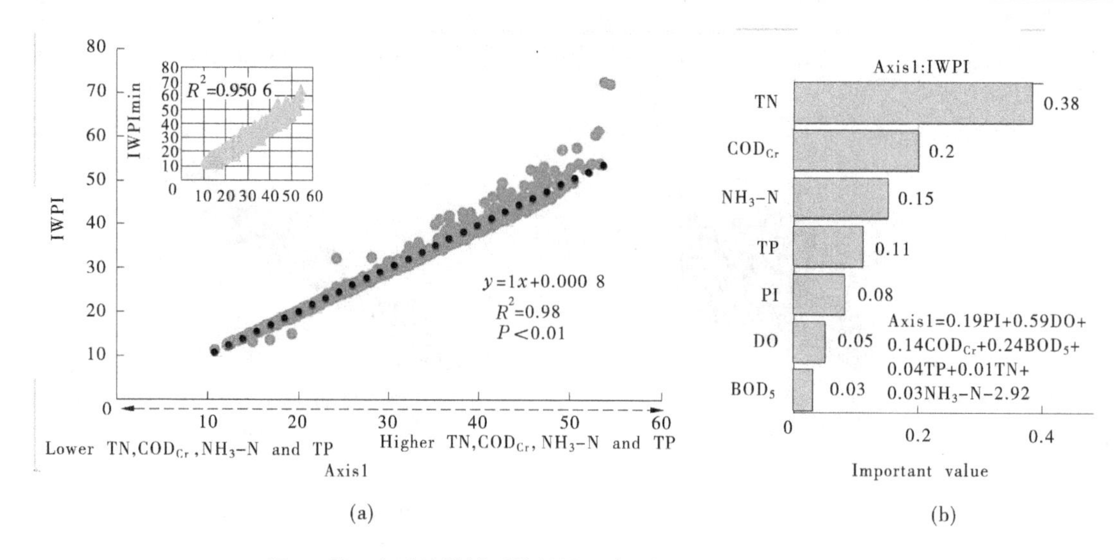

图 4　基于自动线性模型的关键因素对 IWPI 和线性拟合的影响

4　结论

本研究在头道松花江流域建立了由化学需氧量、总氮、氨氮和总磷四个关键水质参数组成的 IWPImin 模型，模型的稳定性好，性能优异，模型结果能够很好地反映头道松花江流域的水质状况。另外，熵权引入减少了以往研究中权重受到研究人员主观判断的影响，不仅提高了模型的整体性能，也提高了水质评价的效率，节约了参数测量的成本。同时，使用逐步回归、线性拟合和自动线性模型等多种分析方法结合使分析结果更可靠。今后，可利用这些统计划分方法进行更为复杂的耦合关系解析，研究结果也可为流域的水资源管理和水环境研究提供科学依据，为区域的用水安全研究做出贡献。

参考文献

[1] TODD A S, MANNING A H, VERPLANCK P L, et al. Climate-change-driven deterioration of water quality in a mineralized watershed [J] . Environ Sci Technol, 2012, 46 (17): 9324-9332.

[2] SILVA D, RODRIGUES C, DIAS F C, et al. A multibiomarker approach in the caged neotropical fish to assess the environment health in a river of central Brazilian Cerrado [J] . Science of The Total Environment, 2021.

[3] ELETTA O A A. Water quality monitoring and assessment in a developing country [M] //VOUDOURIS D. Water Quality Monitoring and Assessment. Croatia: InTech, 2012: 481-494.

[4] CHEN N, SU R, CAO W. Application of the Set Pair analysis method to evaluation of shallow groundwater quality based on entropy weight [J] . Journal of Arid Land Resources and Environment, 2013, 27 (6): 30-34.

[5] BEHMEL S, DAMOUR M, LUDWIG R, et al. Water quality monitoring strategies - A review and future perspectives [J]. Science of the total environment, 2016, 571: 1312-1329.

[6] DEBELS P, FIGUEROA R, URRUTIA R, et al. Evaluation of Water Quality in the Chillán River (Central Chile) Using Physicochemical Parameters and a Modified Water Quality Index [J] . Environmental Monitoring and Assessment, 2005, 110 (1): 301-322.

[7] SHAMSHIRBAND S, JAFARI NODOUSHAN E, ADOLF J E, et al. Ensemble models with uncertainty analysis for multi-day ahead forecasting of chlorophyll a concentration in coastal waters [J] . Engineering Applications of Computational Fluid Mechanics, 2018, 13 (1): 91-101.

[8] TIYASHA, TUNG T M, YASEEN Z M. A survey on river water quality modelling using artificial intelligence models: 2000—2020 [J] . Journal of Hydrology, 2020, 585.

[9] KUMAR R, SINGH S, BILGA P S, et al. Revealing the Benefits of Entropy Weights Method for Multi-Objective Optimiza-

tion in Machining Operations: A Critical Review [J] . Journal of Materials Research and Technology, 2021, 10 (9) .
[10] YUN-PAI L I, ZHOU W B, LIU L, et al. Water Quality Evaluation of Yanhe River Based on the improved Variable Fuzzy Sets [J] . Yellow River, 2014.
[11] 罗海江，朱建平，蒋火华．我国河流水质评价污染因子选择方案探讨 [J] ．中国环境监测，2002 (4): 51-55.
[12] NAVEEDULLAH N, HASHMI M Z, YU C, et al. Water Quality Characterization of the Siling Reservoir (Zhejiang, China) Using Water Quality Index [J] . CLEAN - Soil, Air, Water, 2016, 44 (5): 553-562.
[13] AVIGLIANO E, SCHENONE N. Water quality in Atlantic rainforest mountain rivers (South America): quality indices assessment, nutrients distribution, and consumption effect [J] . Environ Sci Pollut Res Int, 2016, 23 (15): 15063-15075.
[14] ZHAI Y, XIA X, YANG G, et al. Trend, seasonality and relationships of aquatic environmental quality indicators and implications: An experience from Songhua River, NE China [J] . Ecological Engineering, 2020, 145.
[15] 王志良．水质统计理论及方法 [M] ．北京：中国水利水电出版社，2013.
[16] WANG Y, CHENG J, ZHANG N, et al. Automatic and linearized modeling of energy hub and its flexibility analysis [J]. Applied Energy, 2018, 211: 705-714.
[17] WANG Y, YU J, XIAO L, et al. Dominant Species Abundance, Vertical Structure and Plant Diversity Response to Nature Forest Protection in Northeastern China: Conservation Effects and Implications [J] . Forests, 2020, 11 (3): 295.
[18] 许晓鸿，刘明义，孙传生，等．第二松花江源头区生态可持续发展对策研究 [J] ．水土保持研究，2007 (3): 55-56.
[19] 石代军，黄绪海．头道松花江流域水文特征浅析 [J] ．吉林水利，2010 (6): 70-71.
[20] 陈伟强，高春山，康学会，等．头道松花江鱼类群落结构及多样性研究 [J] ．环境生态学，2021，3 (3): 19-25.
[21] PAN J, TANG L. Distributed hydrological simulation and runoff variation analysis for the upper basin of Songhua River [J]. Journal of Hydroelectric Engineering, 2013, 32 (5): 58-69.
[22] 刘琰，郑丙辉，付青，等．水污染指数法在河流水质评价中的应用研究 [J] ．中国环境监测，2013，29 (3): 49-55.
[23] LI Y, ZHOU W, LIU L, et al. Water Quality Evaluation of Yanhe River Based on the improved Variable Fuzzy Sets [J]. Yellow River, 2014, 36 (4): 59-62.
[24] ZOU Z, SUN J, REN G. Study and Application on the Entropy method for Determination of Weight of evaluating indicators in Fuzzy Synthetic Evaluation for Water Quality Assessment [J] . Acta Scientiae Circumstantiae, 2005, 25 (4): 552-556.

环境DNA监测PCR实验室的风险识别与控制

刘俊鹏　屈　亮　高宏昭　胡　畔

（中国南水北调集团中线有限公司天津分公司，天津　300393）

摘　要：本文通过构建PDCA动态循环风险管控模式，将风险思维引入环境DNA监测PCR实验室，为PCR实验室的风险管理提供参考依据。首先，对用于环境DNA监测的PCR实验室部分典型风险进行识别、分析和评价。然后，针对识别出的风险事件制定应对措施，旨在降低风险事件造成的后果和发生率，将风险控制在可接受或可容忍的范围内。

关键词：环境DNA；PCR实验室；风险识别；风险评估；风险应对

1　引言

聚合酶链式反应（PCR）是体外扩增特定DNA片段的分子生物学技术。目前，PCR技术已广泛应用于病原微生物检验、环境DNA监测、食品检疫、基因工程等领域。风险管理是PCR实验室管理的核心之一[1]，新冠肺炎疫情的出现促进了荧光定量PCR核酸检测技术的迭代，但国内对PCR实验室的风险管理尚需加强。PCR实验室区别于物理或化学实验室，其风险具有隐蔽性、传染性和不确定性。PCR实验室主要有两类风险：生物安全风险和核酸污染风险。前者属于安全风险，危害人和环境；后者属于质量风险，影响检测结果。重视PCR实验室的风险识别和控制，构建完善的PDCA循环[2]、完善的风险管理制度，开展风险管理的培训和考核，建立风险应对机制，都是降低风险的主要措施[3]。本文以环境DNA监测的PCR实验室为例探讨风险识别和控制的核心步骤：建立环境、风险评估和风险应对。

2　建立环境

风险识别和控制的全流程如图1所示，其中建立环境、风险评估和风险应对是关键环节。首先是建立环境，明确导致风险的内部因素和外部因素。PCR实验室风险的内部因素主要涉及人员、设备设施、环境条件、试剂耗材、标准方法、样品等，外部因素主要涉及法律法规、客户要求等。实验室应尽可能将所有导致风险的内外部因素予以明确，及时准确地识别和应对各类风险，降低风险后果严重程度或发生频率，将风险控制在可接受的范围内。

同时，在建立环境的过程中，初步确定风险管理的方针、范围和风险准则，并通过后续的风险评估过程进一步完善。将风险潜在的后果用严重度表示，将风险发生的可能性用频度表示，并进行分级，建立风险等级表。

3　风险评估

风险评估是风险识别和控制过程中的核心部分，包括风险识别、风险分析和风险评价的全过程。下面从人、机、料、法、环、测等方面对环境DNA监测的PCR实验室的部分典型风险进行识别、分析和评价。

作者简介：刘俊鹏（1986—），男，高级工程师，主要研究方向为水质检测。

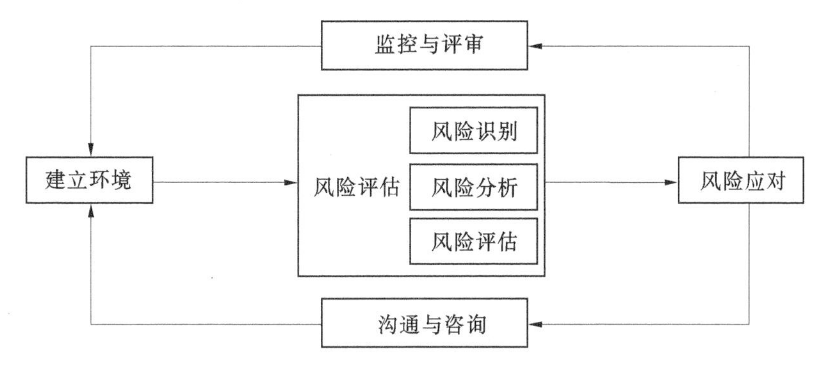

图1 风险识别与控制流程

3.1 风险识别

风险识别是发现、承认和描述风险的过程，包括但不仅限于对风险源、风险事件、风险原因和潜在后果的识别。PCR 实验室在风险识别时，应列出全面的风险清单，下面仅就部分典型风险进行识别。

3.1.1 人员资质

（1）PCR 检测人员无生物学背景，或上岗前未接受严格的生物安全和技术方面的培训，不熟悉检测方法及操作规范，有核酸污染的风险，影响检测结果，甚至有生物安全风险。

（2）外部人员进入实验室参观、清洁、维修或检校仪器的过程有污染检测环境的风险。

3.1.2 仪器设备

（1）使用离心设备时没有做好平衡，可能出现离心管破裂、离心管盖脱落的情况，离心腔有被核酸污染的风险。

（2）未按照生物安全柜操作规程进行操作、维护与检测，其防护屏障效果可能会降低，甚至失去安全防护效果，有生物安全风险。

（3）未按照高压灭菌器操作规程进行操作、维护，其灭菌效果可能会降低，存在灭菌不彻底，引起核酸污染的隐患。

3.1.3 试剂耗材

（1）试剂的制备、分装和扩增反应混合液的制备，以及离心管、枪头等消耗品的储存和准备过程，有被核酸污染的风险。

（2）消毒产品无生产许可证、过期、配制方法或浓度不正确、种类选择不合理，将会导致消毒效果降低、对皮肤造成刺激等问题。

3.1.4 标准方法

采用国家标准、行业标准之外的其他未经确认的实验方法，或在使用国家标准、行业标准之前未进行方法验证，操作时可能存在生物安全风险或影响检测结果。

3.1.5 环境条件

（1）PCR 实验室环境分区在物理空间上未完全独立。空调和排风系统未能实现各功能房间空气压力梯度，未能保证空气流通为单一方向，有核酸交叉污染风险。

（2）废弃物处理室未进行常规监控，样品未经高压处理或含有感染性的核酸扩增产物处理方式不当，有生物安全风险和核酸污染的风险。

（3）排水设施设备管道意外破裂、排水管道阻塞均可能导致感染性物质溢出，有感染实验人员和污染环境的风险。

3.1.6 检测过程

（1）核酸提取过程中标本裂解或其他实验过程中产生大量气溶胶，造成核酸污染。

（2）荧光 PCR 检测时液体溅出污染设备表面或工作台面，样本交叉污染造成假阳性。

3.1.7 样品

（1）采样操作不规范，样本滴洒或溅出，造成样品间交叉污染。样品中若存在某种病原微生物，检测人员有被感染的可能，存在生物安全风险。

（2）运输过程中容器密封不严，容器意外破损，可能产生交叉污染，也可能感染样本接收人员。

（3）样品不能及时检测，置于冰箱内保存，若保存不当或突然断电，有样本无法正常检测的风险。

3.1.8 管理体系

质量手册、程序文件、作业指导书和操作规程都是确保 PCR 实验室安全的主要文件。如果组织结构不健全、设置不合理，体系与实际工作不匹配，以及部门职责不清等，都可能带来风险。

3.2 风险分析

风险分析的过程是理解风险本质和确定风险等级的过程，为风险评价和风险应对决策提供基础，确定风险等级是为达到风险分级管控的目的。PCR 实验室在识别检测活动中存在的风险因素时，可以运用定性、半定量或定量的统计分析方法确定风险的严重度和频度，进而确定风险控制的优先顺序和风险应对措施，最终达到降低风险的目的。

本文将采取定性分析方法，对“3.1 风险识别”环节中所列举的风险事件进行分析，对风险事件逐项进行赋分（其中将风险的严重度分为 3 个等级，较轻赋 1 分、一般赋 2 分、严重赋 3 分，将风险的频度分为 3 个等级，较低赋 1 分、一般赋 2 分、很高赋 3 分），进而确定风险等级。

没有生物安全方面的影响，对环境造成核酸污染影响较小的风险事件的严重度定义为较轻；生物安全方面影响较小，对环境造成核酸污染并影响检测结果的风险事件的严重度定义为一般；有生物安全方面影响，对环境造成核酸污染影响检测结果且引起社会影响的风险事件的严重度定义为严重。几乎不可能发生或难以发生被定义为较低频度；偶然发生或可能发生被定义为一般频度；频繁发生的被定义为很高频度。根据上述赋分原则，对风险识别的 17 个风险事件进行赋分，如表 1 所示。

表 1 风险分析过程

风险事件	严重度	频度
3.1.1（1）检测人员无生物相关背景	2	1
3.1.1（2）外来人员参观等因素	1	2
3.1.2（1）离心过程不规范	1	1
3.1.2（2）生物安全柜操作不当	2	1
3.1.2（3）高压灭菌锅操作不当	2	1
3.1.3（1）试剂、耗材被核酸污染	1	1
3.1.3（2）消毒品效果差	1	1
3.1.4 标准方法未验证或未确认	2	1
3.1.5（1）环境分区空气压力梯度不恰当	3	1
3.1.5（2）废弃物处理方式不当	3	1
3.1.5（3）排水管路意外破裂	2	1
3.1.6（1）样品提取过程产生气溶胶	1	3
3.1.6（2）荧光 PCR 检测过程交叉污染	1	2
3.1.7（1）采样操作不规范	1	1
3.1.7（2）运输过程密封不严	1	1
3.1.7（3）样品保存不当	1	1
3.1.8 文件规定不合理、职责不清	3	1

3.3 风险评价

风险评价是将风险分析结果与风险准则相比较，以决定风险大小是否可接受的或可容忍的过程。以风险发生的频度为横坐标，后果的严重度为纵坐标，作风险容忍限和接受限示意图。风险容忍限和接受限由实验室根据实际情况确定，实验室承受风险的能力越强，则容忍限越高。实验室风险承受能力与工作类型和性质、造成经济损失的接受度、接触感染性环境的可能性、应急预案是否健全等多种因素有关。

风险容忍限和接受限确定后，示意图被分为接受区、应对区和规避区 3 个区域。根据风险分析过程对严重度和频度的综合赋分，将风险识别过程的风险事件代入图中，确定每个风险事件所在的区域。在接受限以下的风险事件在接受区，由于风险水平很低，无须采取应对措施；对容忍限以上的风险事件在规避区，风险不能被容忍，应立刻停止活动，强制规避风险；对接受限以上、容忍限以下的风险事件在应对区，应制定各种降低风险的应对措施，并进行成本效益分析，再确定风险是否可接受。

将上述 17 个风险事件代入图 2 中，结果表明 17 个风险事件中有 6 个风险事件可以接受，11 个风险事件需采取应对措施，没有不可容忍的风险事件。

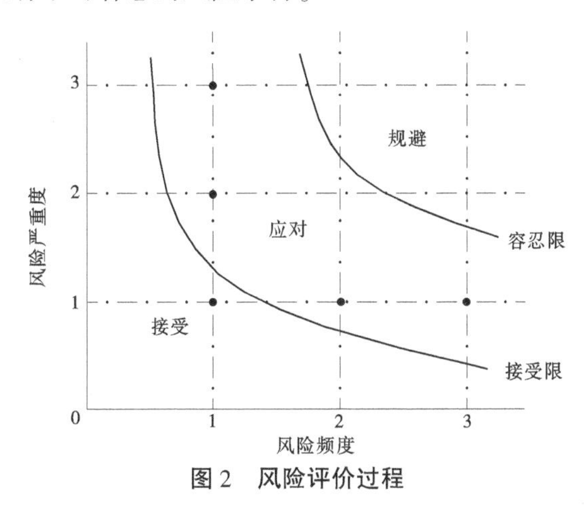

图 2　风险评价过程

4　风险应对

风险应对是改变风险的过程，是采取措施将风险严重度或频度降低的过程。通过以上风险评估的结果可以看出，对风险严重度较低、发生频率较小的风险事件可以接受，对风险后果严重或发生频率很高的风险事件采取规避策略。风险应对的过程关键是要对接受限以上、容忍限以下的风险事件制定应对措施，以达到降低风险的目的。针对上述环境 DNA 监测的 PCR 实验室的 11 个风险事件可制定如下措施：

（1）人员资质方面。实验室合理配备有生物学背景的检测人员，新进人员由经验丰富人员带教并监督，检测技术人员经过上岗培训并考核合格后，持证上岗。此外，实验室严格管理外部人员出入实验室，非检测人员、后勤保障人员、参观人员等进出实验室经过审批，进实验室前进行消毒。

（2）仪器设备方面。操作人员上岗前进行生物安全柜的操作、维护培训，使用后进行消毒，定期请有资质的服务机构对生物安全柜的风速、尘埃粒子、紫外线强度等关键指标进行校准。实验室采用下排式高压灭菌器，防止气溶胶污染，定期维护，进行灭菌效果监测，确保高压灭菌器性能正常。

（3）标准方法方面。实验室尽量采用国家标准、行业标准，在使用前进行充分的方法验证。如使用新的或变更的标准，重新进行验证。如需使用非标方法，应做方法确认。

（4）环境条件方面。实验室在建设初期要合理分区，保证送风和排风系统的风量以及严密性，实现空气压力梯度，避免交叉感染。实验产生的所有废弃物，无论有无感染性，均于 121 ℃高压灭菌

15~20 min 后运出。实验废水排入污水池进行消毒处理后排放，同时定期检查实验室给排水管道各界面的密封性，及时发现相关隐患。

（5）检测过程方面。检测人员在实验前按照要求做好个人防护，在加样移液操作时均需在生物安全柜内进行。检测人员在核酸提取及 PCR 扩增时，要做到动作轻缓，小心操作；倘若有液体溅出，应立即进行消毒处理，避免产生气溶胶。

（6）管理体系方面。定期开展对管理体系的评审，发现问题及时修订、完善，以确保风险管理体系持续有效地运行。

5 结语

综上所述，对于 PCR 实验室最大的风险就是忽视风险，总结 PCR 实验室风险识别和控制的经验及教训，主要体会如下：

（1）由于 PCR 实验室对人员和环境的要求很高，这点区别于物理或化学实验室，PCR 实验室的风险识别重点应放在人员资质和环境条件上。PCR 实验室应合理配置检测人员的资历结构，要有生物学背景且实践经验丰富的人员。实验室在初期设计阶段就要做好环境条件方面的风险识别，做好前期规划后再施工。

（2）PCR 实验室的风险是随着环境条件或其他因素变化的，风险的严重度和发生频度均是变化的。而且风险之间存在联系，某一风险频度提高，其他风险可能也会变化。例如，当监测区域受到病原微生物污染时，检测人员的取样、前处理、检测和废弃物消杀等过程的生物安全风险就大大增加。另外，病原 DNA 可能存在潜伏期，风险造成的影响可能是滞后的，所以应对措施的监控是非常重要的。

（3）风险评估过程应全员参与，每名检测人员对各自实验过程的细节最熟悉，最有可能识别出风险源。实验室管理层可以通过绩效考核、奖励机制等鼓励措施调动检测人员在风险识别方面的积极性。

（4）风险分析过程应全员参与，每名检测人员对风险后果的严重度和发生频度赋分具有主观性，所以应全员参与风险分析赋分过程，以免造成偏颇。

（5）风险识别的时机应分为定期和适时，在内部审核之后管理评审之前应对现有风险事件的严重度和频度进行重新识别，日常实验过程中应随时识别风险源，养成风险意识，尽早发现风险，采取应对措施。

（6）实验室在制定应对风险和机遇的措施程序时，应明确每个岗位的职责，具体到人，做到职责清晰；程序文件应具有可行性，并在运行程序的过程中做到持续改进。程序文件的落实尤为重要，否则风险识别和控制将会变成一纸空文，无法起到预防作用。

（7）风险识别与控制流程中的主流程为建立环境、风险评估和风险应对，但监测评审和沟通咨询同样重要。监测评审可以评估应对措施的有效性，判定是否制定新的应对措施，沟通咨询是与利益相关方对话的有效渠道。

参考文献

[1] 王雷，李春雨. 生物安全实验室风险管理分析［J］. 中国食品卫生杂志，2010（6）：524-527.
[2] 张敏，李智. PDCA 循环在医学实验室风险管理中的应用［J］. 检测医学，2016，2（31）：144-146.
[3] 柯家骥，闵宝乾. 检测实验室风险评估与防范［J］. 中国检验检测，2011（3）：43-45.

某水电站趾板灌浆试验区岩体变形特性研究

艾　凯　张新辉

（长江科学院 水利部岩土力学与工程重点实验室，湖北武汉　430010）

摘　要：某水电站工程趾板地基岩体由三叠系须家河组砂页岩组成，岩石软硬相间，风化卸荷程度各异，各类岩石的风化特征和可灌性均不同。针对上述特点，进行了灌浆试验，根据钻孔弹模测试结果以及其他测试资料，分析了各种岩体的变形特性、工程利用性和处理方法。为进一步的灌浆设计提供依据。研究成果对提高岩体现场变形试验的准确性及代表性具有较好的参考价值。

关键词：趾板；地基岩体；钻孔变形；灌浆试验

1　前言

某水利枢纽工程位于岷江上游映秀至都江堰河段，大坝为156 m高的面板堆石坝，坝前设有趾板与防渗帷幕进行防渗。趾板是一种防渗结构，它对地基的承载和变形要求较低，不能满足条件的岩体可以通过工程措施得到解决。而岩体的可灌性是直接决定趾板地基可否利用的最重要因素，不具可灌性的岩体不能形成防渗帷幕，起不到应有的防渗效果。因此，趾板地基岩体可灌性是问题关键。本文利用工程中进行的有限灌浆试验，对比分析灌浆前后岩体的力学参数差异，并结合测孔的灌浆量、声波波速值等其他资料，来分析不同岩体的工程利用性和处理方法是很有意义的。

为了确定岩体变形规律和变形特征，现场采用原位测试方法。岩体原位变形一般有钻孔变形法、承压板变形法。其中钻孔变形试验可以测试深部岩体的变形模量，其测试结果受爆破松动和开挖卸荷等扰动影响很小，测试方便快捷。因此，针对该工程大坝趾板灌浆试验区岩体采用钻孔变形方法。

2　弹模原理

灌浆前后岩体的变形参数采用钻孔弹模法测得。钻孔弹模法与常规岩石室内试验和现场承压板试验相比的主要优点是可以快速测定具有一定深度的岩体（包括裂隙岩体）的原位变弹模值，已逐渐成为现场岩体弹模测试的方法之一。采用钻孔弹模法测量岩体弹性模量的原理是：通过弹模仪内部的千斤顶，给钻孔孔壁施加一对径向对称的条带压力，同时通过位移传感器测量钻孔加压后的径向变形，并根据弹性理论计算岩体的弹性模量。该方法已由国际岩石力学学会正式推荐。计算公式如下：

$$E = A \cdot H \cdot D \cdot T(\beta,\ \nu) \cdot \Delta P/\Delta D \tag{1}$$

式中：A为岩体三维效应系数；H为弹模仪压力修正系数；D为钻孔直径；T（β，ν）为孔壁-承压板接触角β和岩石泊松比ν确定的系数；ΔP和ΔD分别为荷载增量及对应的径向位移增量，$\Delta P/\Delta D$为加载曲线的斜率。

本次测试采用长江科学院研制的CJBE75-Ⅱ型刚性弹模仪，其最大工作压力可达70 MPa，最大位移量程为6 mm，位移计灵敏度达0.001 28 mm。经过多次测试的检验，表明性能稳定，测值不需

基金项目：云南省重大科技专项计划项目（202002AF080003，202102AF080001），中央级公益性科研院所基本科研业务费项目（CKSF2021462/YT）。

作者简介：艾凯（1979—），男，高级工程师，主要从事水利水电工程岩石力学研究工作。

通信作者：张新辉（1988—），男，工程师，主要从事水利水电工程岩石力学研究工作。

任何修正，结果可靠。

在实际测试过程中，由于承压板曲率和钻孔孔壁曲率不可能完全相同，在加载的初始阶段，承压板和孔壁曲率不匹配，曲线平缓，反映出模量低，这一方面是由于裂隙压密，但对微风化和新鲜岩石而言，更主要的是尚未达到全接触。依据岩体与钻孔千斤顶之间荷载板的硬度和以往经验，施加一定的预压力，以保证弧形承压板与孔壁完全接触。考虑孔壁附近裂隙压密效应对变形的影响，变形模量为剔除承压板耦合过程中的变形量部分后，所对应实际地应力水平处的曲线段割线模量；弹性模量为相应点的切线模量。

3 测试应用

工程区位于龙门山断裂构造带中南段，北川—映秀与灌县—安县断裂带之间，属构造相对稳定区。坝区属中低山构造剥蚀地形，岷江在坝区形成 180°转弯的河曲，使右岸形成一长约 1 000 m、底宽 400~650 m 三面临空的单薄条形山脊向斜结构，断层、层间剪切破碎带及裂隙极为发育，风化卸荷等物理作用十分强烈，强卸荷发育深度 25~55 m。坝区基岩为三叠系须家河组的一套湖相含煤砂页岩地层，趾板横跨向斜核部，地层组成共分 15 个层，每个层底部为含煤中砂岩，向上递变为细砂岩、粉砂岩，顶上为煤质页岩。

该工程大坝趾板横跨沙金坝向斜核部，地基岩体由一套三叠系须家河组砂页岩互层地层组成。据统计，沿趾板线砂岩约占 39%，粉砂岩约占 48%，煤质页岩约占 13%，煤质页岩多形成层间剪切破碎带，软弱岩石所占比例较大。可见，趾板地基岩体的质量总体较差。

为了测试大坝趾板区岩体的灌浆性能，在与岩体条件相似的大坝左岸坝肩 817 m 平台进行灌浆试验。灌浆试验孔的布置以及灌浆程序均按照大坝趾板灌浆要求进行，见图 1。灌浆孔共分两排，第一排为浅帷幕灌浆孔，孔深 61. 2 m；第二排为深帷幕灌浆孔，孔深 102 m，孔距 2 m，排距 1. 5 m，呈梅花形布置，分三序施工。试验孔总计 10 孔，其中 WS1-1、WS1-2、WS2-1、WS2-2 四孔位于粉砂岩区，其余 6 个孔位于层间剪切破碎带煤质页岩区。灌浆前在 WS1-2、WS1-4 两个三序孔中进行了钻孔变形测试，灌浆后在检查孔 WSJ-1、WSJ-2、WSJ-3 中进行了钻孔变形测试，并根据测试成果进行了对比分析。

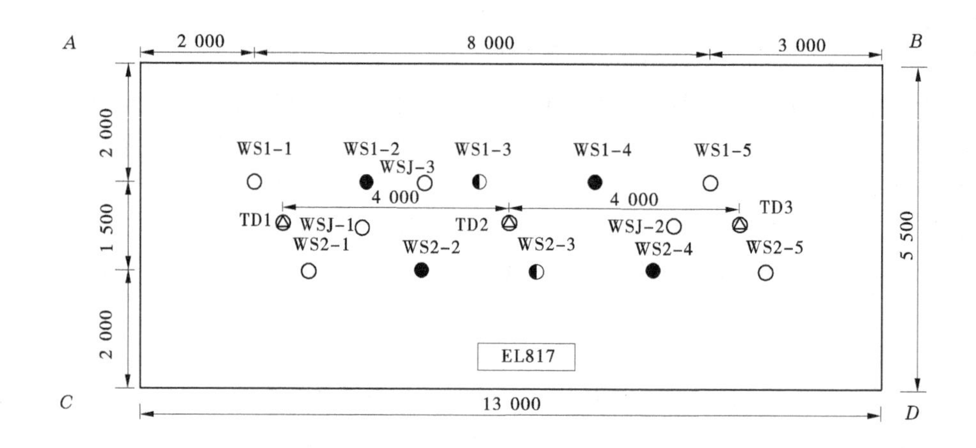

说明：
1.图例：○ 一序孔；◐ 二序孔；● 三序孔；◬ 抬动孔。
2.第一排为浅帷幕灌浆孔，孔深61.6 m;第二排为深帷幕灌浆孔。
3.长度单位：mm。

	N	E
A	5 909.72 m	4 118.05 m
B	5 909.72 m	4 123.65 m
C	5 922.72 m	4 118.05 m
D	5 922.72 m	4 123.55 m

图 1 灌浆试验孔布置

4 测试结果

灌浆检查孔岩芯揭示：WSJ-1 岩芯采取率 94%，含水泥浆脉和水泥结石 23 处，其中陡倾角裂隙 9 处占 39%；WSJ-2 岩芯采取率 87%，含水泥浆脉和水泥结石 17 处，其中陡倾角裂隙 10 处占 59%；WSJ-3 岩芯采取率 85%，含水泥浆脉和水泥结石 25 处，均在陡倾角裂隙中。

从压力-变形曲线（见图 2）可以看出，在灌前孔，WS1-2、WS1-4 孔的测试曲线卸压段的残余变形一般比灌浆后的检查孔要大，也说明水泥浆液已经充填了裂隙等结构面。

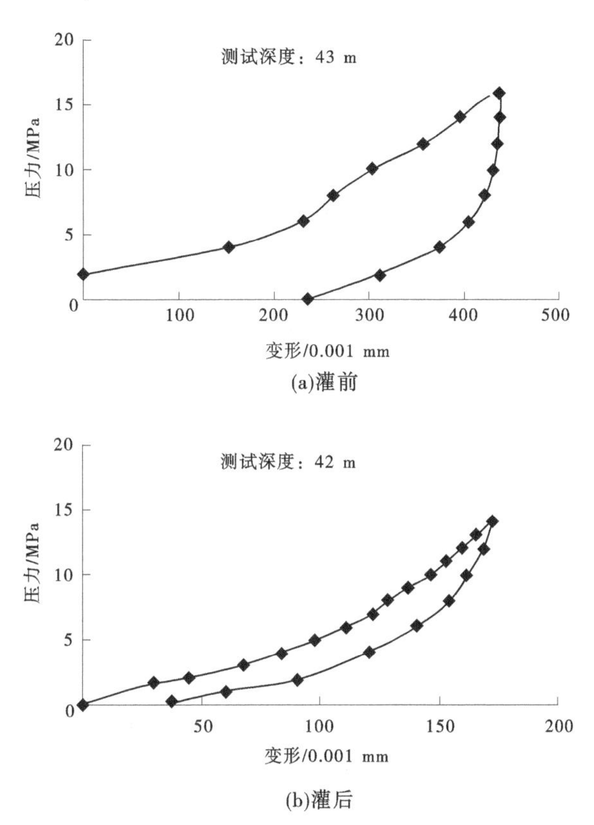

图 2 典型测试压力-变形曲线

WS1-2 孔中岩体变形模量均值为 5.4 GPa，WS1-4 孔岩体变形模量平均值为 5.1 GPa，下部中细砂岩的变形模量均值为 6.1 GPa。灌浆后，在 WSJ-1 孔中，中细砂岩的变形模量最大可达 17.4 GPa，平均值为 9.2 GPa。而砾岩部位由于成孔质量稍差，测得的变形模量不高，均值仅 3.8 GPa，粉砂岩的变形模量均值为 1.5 GPa。WSJ-2 孔中，粉砂岩的变形模量均值为 1.9 GPa，中细砂岩变形模量均值为 8.5 GPa。WSJ-3 孔中，粉砂岩的变形模量均值为 3.8 GPa，中细砂岩变形模量均值为 5.2 GPa。

由此可见，灌浆对提高 WSJ-1 和 WSJ-2 两孔变形模量的作用比较明显。但 WSJ-3 孔的灌浆效果要低于 WSJ-1 孔和 WSJ-2 孔，原因可能是 WSJ-1 和 WSJ-2 两孔位于灌浆区域的中心，而 WSJ-3 孔相对要偏离中心一些。

综合统计灌浆试验后岩体变形模量测试成果表明：砂岩变形模量平均值为 12.5 GPa，粉砂岩平均值为 2.5 GPa，煤质页岩平均值为 0.9 GPa，破碎带平均值为 0.3 GPa。煤质页岩和破碎带固结灌浆后变形模量仍较小。具体统计见表 1。在进行钻孔弹模的同时，还进行了声波测试和压水试验，声波测试结果见表 1。压水试验表明：灌前岩体透水率>100 Lu 的大漏水段占 30.8%，经过 3 序灌浆后，各类岩体的透水率均满足小于 3 Lu 的设计要求，表明弱风化岩体具有较好的可灌性，经帷幕灌浆后能满足防渗要求。各灌浆孔压力试验的单位吸水量与其单位耗灰量总体一致，基本上是吸水量大的耗灰量也大；反之亦然，不吸水的孔也不耗灰。可以认为，对此地质条件进行水泥灌浆处理是可行的。

表 1　灌浆试验前后岩体参数一览表

岩性	灌浆量/（kg/m）	变形模量			声波值		
		灌前/GPa	灌后/GPa	提高值/%	灌前/（km/s）	灌后/（km/s）	提高值/%
砂岩	141	6.1~12.4	8.2~15.9	16~32	2.8~3.5	3.6~4.5	10~25
粉砂岩	215	0.5~3.2	0.6~5.6	21~35	2.0~2.8	2.5~3.5	20~30
煤质页岩	94	0.4~0.9	0.6~1.2	9~31	1.8~2.5	2.2~3.0	10~20
破碎带	78	0.2~0.5	0.2~0.6	12~33	1.6~2.0	1.8~2.4	10~20

5　结果分析

该工程岩体为一套软硬相间的砂页岩组成，砂岩强度较高，粉砂岩次之，泥质粉砂岩、煤质页岩等属于软岩类。依据上述成果，结合钻孔地质资料，可以对岩体类型进行分级。在分级时考虑岩性、岩体结构类型、风化程度和结构面状态等因素，每个因素视其特点的不同，又可分为 3~5 个级别指标，从而采用定性与定量相结合的方法建立起了趾板地基岩体质量单因素等级标准。地基岩体的状况由各因素的细分结果相互组合来表示，根据岩体的可灌性和趾板对地基的处理要求，将趾板地基分为Ⅱ、Ⅲ 、Ⅳ 、Ⅴ级。各级岩体特征如下：

（1）Ⅱ级。由微风化-新鲜的中厚-厚层砂岩组成，岩体的可灌性较好，经常规工程处理即可利用。

（2）Ⅲ级。由弱风化下段的砂岩、微风化-新鲜的粉砂岩组成，裂隙中仅充填少量泥膜，岩体具可灌性，经过工程措施处理后即可满足工程要求。

（3）Ⅳ级。由新鲜的泥质粉砂岩、煤质页岩等组成，裂隙闭合或充填少量次生泥膜，具可灌性，但此类岩石承载力和变形模量均较低，地基需经过置换或加固等处理，经过处理后亦可满足工程要求。由部分弱风化上段的砂岩组成，裂隙闭合或充填少量次生泥膜，对趾板受力不大的上部而言，岩石的承载力和变形模量基本满足要求，虽可灌性稍差，可采用下游混凝土铺盖加大渗径等设计手段来解决。

（4）Ⅴ级。由强风化-弱风化上段充填夹泥的砂岩，强风化粉砂岩和弱风化-强风化的泥质粉砂岩、煤质页岩组成，岩体表现为强卸荷特征，普遍充填次生夹泥，承载力低，可灌性差，不能作为地基岩体利用。

6　结语

运用钻孔弹模法结合声波波速等其他测试对比分析趾板灌浆试验区不同类型岩体的参数变化，可以看出：影响建基面岩体质量的因素是多方面的，包括岩性、岩体结构类型、风化程度、结构面中充填夹泥状态等。各类岩体可利用的程度和标准亦不尽相同，从工程利用和处理角度出发，可将趾板地摹岩体划分成Ⅱ~Ⅴ级，其中的Ⅱ~Ⅳ级岩体经过工程措施处理后是可以利用的，Ⅴ级岩体不能作为地基岩体。

参考文献

[1] Ljunggren C，Chang Yanting，Janson T，et al. An overview of rock stress measurement methods [J]. International Journal of Rock Mechanics & Mining Sciences，2003（40）：975-989.

[2] International Society of Rock Mechanics. Suggested Method for Deformability Determination Using a Stiff Dilatometer [J]. Intern. Journ. Rock Mech. Mining Sci. & Geomech. Abstr.，1996，33：735-741.

[3] Goodman R E, Van T K, Heuse F E. Measurement of Rock deformability In Boreholes [M]. In Proc. of the 10th U. S. Symp. on Rock Mechanics, 523-555, Austin, Texas, 1968.
[4] 尹健民，胡立民，罗超文，等. 田湾核电站基岩变形参数测试与分析 [J]. 长江科学院院报，2004，19 (2)：58-61.
[5] 罗超文，龚壁新，刘元坤，等. 钻孔弹模计及在灌浆效果检测中的应用 [M] //工程岩石力学. 武汉：武汉工业大学出版社，1988：118-121.
[6] 李光煜，周佰海. 测定岩体变形特性的 BJ-110 钻孔弹模计 [J]. 岩石力学与工程学报，1991，13 (4)：12-23.
[7] 尹健民，罗超文，等. 现场钻孔弹模检测岩体变形特征岩土力学研究与过程实践 [M]. 郑州：黄河水利出版社，1998.
[8] 朱杰兵，景锋，尹健民. 灌浆前后岩体弹模的检测 [J]. 长江科学院院报，2001，18 (4)：58-61.
[9] 尹健民，艾凯，刘元坤，等. 钻孔弹模法评价小湾水电站坝基岩体卸荷特征 [J]. 长江科学院院报，2006，23 (4)：44-46.
[10] 李绰芬，李光煜. 如何确定核岛地基动态杨氏模量 [J]. 岩石力学与工程学报，1998，17 (2)：207-215.

掺水化热抑制剂对大体积混凝土影响的试验研究

张　波[1]　覃事河[2]　王金辉[1]　陈志超[2]　张　勇[1]

（1. 中国电建集团西北勘测设计研究院有限公司，陕西西安　710000；
2. 国能大渡河金川水电建设有限公司，四川阿坝州　624100）

摘　要：大体积混凝土的优点颇多，但在施工和使用过程中易出现裂缝，其裂缝控制是工程应用中的技术难题。大体积混凝土产生裂缝的原因很多，绝大部分是由于混凝土水化热引起的温度应力及收缩作用超过了混凝土的抗拉强度而产生的。本文重点研究了混凝土水化热抑制剂对大体积混凝土的影响。

关键词：水化热抑制剂；大体积混凝土；温度裂缝；试验研究

1　前言

随着我国水利水电事业的发展，水利工程建设规模越来越大，大体积混凝土应用更加广泛，已建工程中，很多混凝土大坝出现了不同程度、不同形式的裂缝，这是一个相当普遍的现象。在大体积混凝土施工中，温度变化对结构的应力状态具有显著的影响，大体积混凝土常常出现温度裂缝，影响结构的整体性和耐久性。

1.1　温度变化产生的裂缝

混凝土中产生温度裂缝的原因比较复杂，主要是混凝土温度发生变化时会在内部或表面产生拉应力，由于混凝土本身是一种脆性和不均匀性的材料，当拉应力大于混凝土的抗拉能力时，即会出现裂缝。混凝土温度裂缝产生的原因如下：

（1）混凝土硬化时的温度裂缝。

在混凝土硬化期间会释放出大量的水化热，混凝土内部温度不断升高，体积膨胀，在表面引起拉应力，由于此时混凝土强度较低，很容易形成裂缝；硬化后期由最高温度冷却到运转时期的稳定温度的降温过程中，体积收缩，由于受到基础本身或已固化混凝土的约束，又会在混凝土内部形成相当大的拉应力，尤其是大的体积混凝土，有时这种温度应力可超过其他外荷载所引起的应力，往往形成裂缝，大体积混凝土甚至会形成贯通裂缝。

（2）混凝土表面温度变化形成温度裂缝。

在正常使用条件下，当混凝土硬化基本结束后，内部温度便达到基本稳定（变化很小或变化较慢），但表面温度可能发生较大、较快的变化（如养护不周、时干时湿、气温的变化、夏季高温后的雨淋等），导致混凝土表面引起很大的拉应力，由于表面形变受到内部混凝土的约束，往往会导致裂缝。

（3）水泥水化温升引起大体积混凝土温变。

大体积混凝土的密度和比热通常不变，故水化绝热温升主要取决于水泥用量和水泥水化热。由于水泥水化反应生成大量的热，混凝土内部的温度逐步升高，这种温度升高现象发生在混凝土刚刚浇筑几个小时或几天龄期内，然后逐步冷却，最终与周围环境温度达成一致。如果冷却发生在2~3 d龄期，这时混凝土的抗拉强度很低，随着混凝土冷却收缩，就很容易产生张力开裂。

作者简介：张波（1987—），男，工程师，从事水利水电工程实验工作。

1.2 水化热抑制剂的特点

水化热抑制剂，是针对降低大体积、高强度等级混凝土内部水化温度而研发的一种新型混凝土外加剂。水化热抑制剂与传统缓凝剂相比最显著的区别是：缓凝剂对削弱放热速率和温度峰值并无明显作用；水化热抑制剂能大幅缓解水泥水化集中放热程度，降低温峰，显著降低混凝土结构的温度开裂风险。水化热抑制剂的特点如下：

（1）温降效果明显。

水化热抑制剂应用于混凝土结构中，能有效调控水泥矿物的水化进程及早期放热量，不影响水泥水化中早期反应的铝酸三钙，对混凝土凝结时间与早期强度影响较小，将早期与铝酸三钙同步反应的硅酸三钙反应速率进行有效的调控，防止二者同时集中反应，避免热量蓄积，降低混凝土早期水化温峰。

（2）温控性能可调控。

可根据使用环境条件（地区、气温、湿度等）不同、混凝土结构尺寸不同，设计产品不同配比和掺量，调控混凝土内部水化历程和中心最高温度，满足不同施工条件的各类工程，防控混凝土早期温度裂缝，提高结构物的耐久性。

（3）适应性良好。

水化热抑制剂的掺入不影响混凝土力学性能，掺量低，与不同地区水泥、混凝土适应性良好，对混凝土施工性能具有改善作用，且能一定程度提高混凝土中后期强度，提高混凝土耐久性，如抗碳化性能、氯离子渗透性能等，延长建筑物使用寿命。

（4）应用效果显著。

在不改变混凝土原材料及施工工艺的情况下，通过添加外加剂的方式来调控混凝土水化温升，施工工艺简单；可与其他的混凝土降温措施有机结合，更好地降低混凝土内部温度。

为了探究水化热抑制剂对大体积混凝土的影响，本文采用外掺不同掺量抑制剂的方案，制备了不同掺量抑制剂的混凝土，进行了水化热抑制剂对大体积混凝土影响的试验研究。

2 原材料

混凝土水化热抑制剂配合比试验原材料采用P·MH42.5中热硅酸盐水泥、Ⅱ级粉煤灰、PCA-Ⅰ聚羧酸高性能减水剂、GYQ-Ⅰ引气剂、人工砂石骨料，经检验，以上原材料检测结果均符合相关标准的要求。原材料主要性能指标见表1~表5。

表1 水泥的主要性能指标

检测项目		P·MH42.5中热硅酸盐水泥	
		GB 200—2003标准要求	实测值
比表面积/（m^2/kg）		≥250	330
标准稠度用水量/%		—	24.4
安定性（雷氏夹法）/mm		≤5.0	2.0
凝结时间/min	初凝	≥60	181
	终凝	≤720	213
抗折强度/MPa	3 d	≥3.0	4.4
	7 d	≥4.5	5.0
	28 d	≥6.5	7.2
抗压强度/MPa	3 d	≥12.0	25.6
	7 d	≥22.0	32.0
	28 d	≥42.5	52.0

表 2　粉煤灰的主要性能指标

检测项目	DL/T 5055—2007 标准要求			实测值
	Ⅰ	Ⅱ	Ⅲ	
细度（45 μm 方孔筛筛余）/%	≤12.0	≤20.0	≤45.0	3.7
需水量比/%	≤95	≤105	≤115	99
含水量/%	≤1.0			0.1
烧失量/%	≤5.0	≤8.0	≤15.0	3.56
粉煤灰等级评定				Ⅱ

表 3　外加剂的主要性能指标

检测项目		PCA-Ⅰ聚羧酸高性能减水剂（缓凝型）		GYQ-Ⅰ引气剂	
		DL/T 5100—2014 标准要求	实测值	DL/T 5100—2014 标准要求	实测值
减水率/%		≥25	26.9	≥6.0	6.7
泌水率比/%		≤70	57	≤70	54
含气量/%		≤2.5	2.1	4.5~5.5	5.0
1 h 经时变化量	坍落度/mm	≤60	17	—	—
	含气量/%	—	—	-1.5~+1.5	+0.9
凝结时间之差/min	初凝	>+90	108	-90~+120	+22
	终凝	—	108		-8
抗压强度比/%	3 d	—	—	≥90	93
	7 d	≥140	187	≥90	107
	28 d	≥130	168	≥85	116
收缩率比/%	28 d	≤110	106	≤125	106
相对耐久性/%		—	—	≥80	85.3

表 4　细骨料的主要性能指标

检测项目	人工砂（0~5 mm）	
	DL/T 5144—2015 标准要求	实测值
细度模数	宜 2.4~2.8	2.82
0.16 mm 及以下颗粒含量/%	6~18	8.8
表观密度/（kg/m³）	≥2 500	2 670
吸水率/%	—	1.24
云母含量/%	≤2	0
坚固性/%	≤8（有抗冻要求）	5
泥块含量/%	不允许	0
有机质含量	不允许	浅于标准色

表 5　粗骨料的主要性能指标

检测项目	DL/T 5144—2015 人工碎石标准要求	实测值	
		小石（5~20 mm）	中石（20~40 mm）
含泥量/%	（D_{20}、D_{40} 粒径）≤1.0	0.6	0.4
泥块含量/%	不允许	0	0
有机质含量	浅于标准色	浅于标准色	—
坚固性/%	（有抗冻要求的混凝土）≤5	1	0
表观密度/（kg/m³）	≥2 550	2 690	2 700
吸水率/%	≤2.5	1.01	0.63
针片状颗粒含量/%	≤15	6	4
超径含量/%	<5	3	2
逊径含量/%	<10	5	7
各级粒径的中径筛余/%	40~70	53	59
压碎指标值/%	≤16	11	—

3　试验方案及配合比

试验采用某工程大坝用的原材料，按照表 6 中的 4 种方案进行试验，为保证抗压强度有可比性，4 种方案的水胶比保持一致。对混凝土的温升值、抗压强度进行对比试验。试验选用某工程大坝施工配合比，设计技术指标为 C_{90}25W8F100 富浆二级配，混凝土试验配合比见表 7。

表 6　试验方案

方案	试验组
方案Ⅰ	不掺（基准配合比）
方案Ⅱ	外掺抑制剂 1%，其他组分不变
方案Ⅲ	外掺抑制剂 1%，取代 5%水泥为砂石
方案Ⅳ	外掺抑制剂 1%，取代 10%水泥为砂石

表 7　混凝土试验配合比

方案	水胶比	材料用量/（kg/m³）								
		水	水泥	粉煤灰	砂	小石	中石	减水剂	引气剂	抑制剂（1%）
方案Ⅰ	0.47	135	187	100	696	500	753	1.722	0.028 7	—
方案Ⅱ	0.47	135	187	100	696	500	753	1.722	0.028 7	2.87
方案Ⅲ	0.47	132	178（−9）	100	700（+4）	505（+5）	753	1.722	0.028 7	2.78
方案Ⅳ	0.47	126	168（−19）	100	704（+8）	511（+11）	753	1.722	0.028 7	2.68

4 试验制备

测试混凝土的温升值主要试验方法如下：

（1）模具。

模具尺寸为 450 mm×450 mm×450 mm，模具材料选用 XPS 挤塑式聚苯乙烯保温板，为保证前期的保温效果，侧面与底面均采用 4 层保温（共计 80 mm 厚）。

（2）混凝土浇筑。

混凝土采用 100 L 强制式搅拌机拌和，混凝土出机后测试坍落度与含气量，然后浇筑至模具内，并采用振捣棒振捣密实。同时成型混凝土抗压强度试件，抗压强度试件龄期为 28 d、90 d。

（3）测温点布置。

每个试件布置两个测温点，一个位于试件中心（简称“中心”），一个位于中心点与模具垂直边的中点（简称“中边”）。

（4）温度传感器。

使用前对温度传感器进行校核，确认温度传感器正常后使用。温度传感器在混凝土浇筑时，按照预先设定好的测温点预埋入混凝土中。

（5）测温过程。

混凝土浇筑完成并预埋温度传感器后，在模具顶部加盖一层 80 mm 厚的保温板，开始测温。前 24 h，每小时测读一次数据，24~48 h，每 2 h 测读一次数据。48 h 后，根据混凝土温度变化情况，以两次测读数据之差不超过 1 ℃为数据采集间隔。考虑到与混凝土衬砌工程实际相结合，在 24 h 脱模的情况，为了尽可能模拟脱模后半绝热的散热条件，在 24 h 后，将顶部盖板揭开进行散热，1 个面散热，其他 5 个面保温。测温历时共 7 d，测温过程中，室温保持在（20±1）℃范围内。

5 混凝土试验结果分析

5.1 混凝土拌和物性能

各方案混凝土拌和物性能如表 8 所示。

表 8 混凝土拌和物性能

方案	设计坍落度/mm	坍落度/mm	设计含气量/%	含气量/%
方案Ⅰ	70~90	71	4.0~6.0	4.6
方案Ⅱ	70~90	169	4.0~6.0	3.3
方案Ⅲ	70~90	145	4.0~6.0	5.1
方案Ⅳ	70~90	155	4.0~6.0	3.1

试验结果表明：由于水化热抑制剂有一定的减水效果，因此掺水化热抑制剂的混凝土坍落度有所提高，混凝土含气量在 3.0%~5.0%范围。

5.2 温度变化曲线

将每个方案的两个测温点的数据进行平均，绘制温度随时间变化的曲线，如图 1 所示。

试验结果表明：掺水化热抑制剂混凝土与不掺水化热抑制剂混凝土均在 24 h 左右达到温峰值，掺抑制剂混凝土温度峰值（方案Ⅱ、方案Ⅲ、方案Ⅳ）比不掺（方案Ⅰ）混凝土温度峰值分别低 13.1 ℃、12.6 ℃、13.4 ℃。说明水化热抑制剂对混凝土的温升起到了显著的抑制作用，在 24 h 时，混凝土温升值可降低约 13 ℃。

5.3 混凝土抗压强度

混凝土各龄期抗压强度试验结果如表 9 所示。

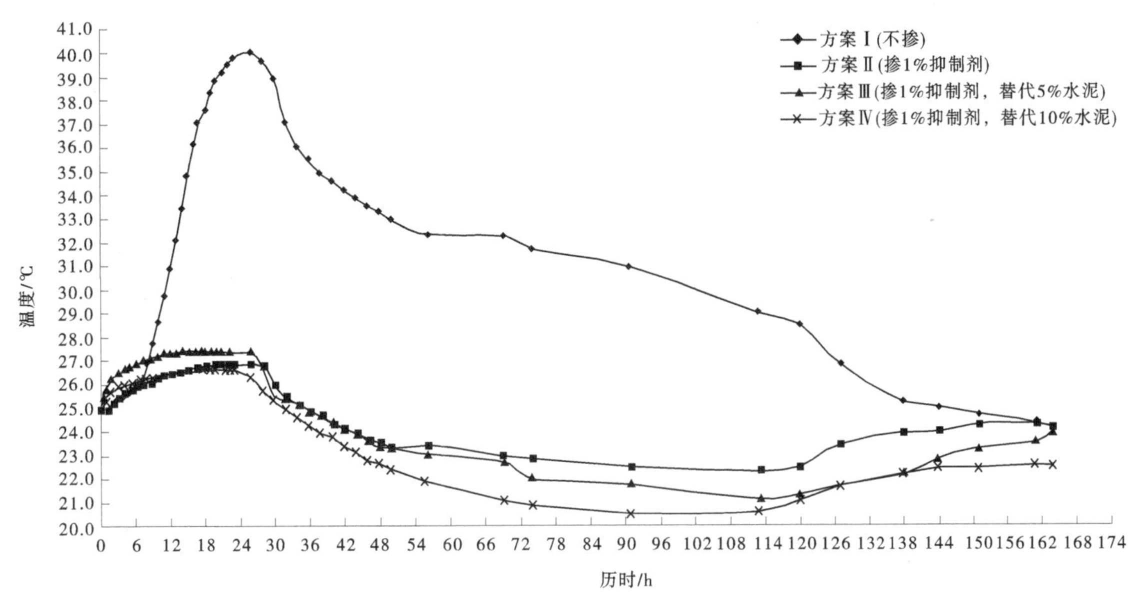

图1 水化热抑制剂温度变化曲线

表9 混凝土抗压强度试验结果

方案	各龄期抗压强度/MPa			各龄期单位水泥贡献的抗压强度/MPa		
	7 d	28 d	90 d	7 d	28 d	90 d
方案Ⅰ	16.4	26.6	37.5	0.088	0.142	0.201
方案Ⅱ	10.4	30.0	39.9	0.056	0.160	0.213
方案Ⅲ	14.1	28.5	35.9	0.079	0.160	0.202
方案Ⅳ	4.9	23.4	35.4	0.029	0.139	0.211

试验结果表明：

掺水化热抑制剂混凝土7 d抗压强度（方案Ⅱ、方案Ⅲ、方案Ⅳ）比不掺（方案Ⅰ）混凝土7 d抗压强度低6.0 MPa、2.3 MPa、11.5 MPa。掺水化热抑制剂混凝土28 d抗压强度（方案Ⅱ、方案Ⅲ、方案Ⅳ）与不掺（方案Ⅰ）混凝土28 d抗压强度之比分别为63%、86%、30%。

掺水化热抑制剂混凝土28 d抗压强度（方案Ⅱ、方案Ⅲ）比不掺（方案Ⅰ）混凝土28 d抗压强度高3.4 MPa、1.9 MPa；掺水化热抑制剂混凝土28 d抗压强度（方案Ⅳ）比不掺（方案Ⅰ）混凝土28 d抗压强度低3.2 MPa。掺水化热抑制剂混凝土28 d抗压强度（方案Ⅱ、方案Ⅲ、方案Ⅳ）与不掺（方案Ⅰ）混凝土28 d抗压强度之比分别为113%、107%、88%。

掺水化热抑制剂混凝土90 d抗压强度（方案Ⅱ）比不掺（方案Ⅰ）混凝土90 d抗压强度高2.4 MPa；掺水化热抑制剂混凝土90 d抗压强度（方案Ⅲ、方案Ⅳ）比不掺（方案Ⅰ）混凝土90 d抗压强度低1.6 MPa、2.1 MPa。掺水化热抑制剂混凝土90 d抗压强度（方案Ⅱ、方案Ⅲ、方案Ⅳ）与不掺（方案Ⅰ）混凝土90 d抗压强度之比分别为106%、96%、94%。

将各方案的抗压强度除以其配合比水泥用量，得到各龄期单位水泥贡献的抗压强度。从单位水泥贡献的抗压强度来看，7 d龄期时，方案Ⅱ、方案Ⅲ和方案Ⅳ的单位水泥贡献强度均低于方案Ⅰ；28 d龄期时，方案Ⅱ和方案Ⅲ的单位水泥贡献强度高于方案Ⅰ，方案Ⅳ略低于方案Ⅰ；90 d龄期时，方案Ⅱ、方案Ⅲ和方案Ⅳ的单位水泥贡献强度均高于方案Ⅰ。说明在掺入水化热抑制剂后，当水泥用量降低量小于10%时，混凝土的单位水泥贡献强度几乎不受影响，当水泥用量降低量超过10%时，混凝土7 d和28 d单位水泥贡献强度会有所降低，但到90 d龄期时，混凝土的单位水泥贡献强度会赶上不掺水化热抑制剂的单位水泥贡献强度。

6 结论

工程施工中应注意避免产生温度裂缝，一旦出现温度裂缝，尤其是贯穿裂缝后，要恢复结构的整体性是十分困难的，因此施工中应以预防裂缝的发生为主。通过模拟研究实际生产中不同掺量的水化热抑制剂对大体积混凝土绝热温升、最高温度、力学性能及工作性能的影响，试验结果表明：

（1）由于水化热抑制剂有一定的减水效果，因此掺水化热抑制剂的混凝土坍落度有所提高，在应用中也可适当地减少减水剂用量。

（2）与不掺（方案Ⅰ）试件对比，3 种水化热抑制剂不同掺量条件下都能在一定程度上降低混凝土的绝热温升。

（3）因水化热抑制剂中缓凝成分过多，随水化热抑制剂掺量增加，致使混凝土早期强度偏低，但 28 d 及 90 d 强度稍有增长，比不掺（方案Ⅰ）后期强度接近。这说明采用水化热抑制剂能较好地降低混凝土早期放热量，延长其放热过程，从而降低混凝土内部温度，减小大体积混凝土内外温差，以达到减少混凝土早期温度收缩裂缝的目的。

参考文献

[1] 国家能源局．水工混凝土试验规程：DL/T 5150—2017［S］．北京：中国电力出版社，2018.
[2] 吴翠娥，刘虎，李磊，等．水化热抑制剂对膨胀砂浆早期性能的影响［J］．商品混凝土，2015，(10)：27-29.
[3] 郑睿．混凝土材料对大体积混凝土裂缝的影响及控制措施［J］．长江职工大学学报，2003（2）：34-36.
[4] 尹楠．大体积混凝土温度裂缝的成因分析与防治措施［J］．淮南职业技术学院学报，2007（1）：41-43.

多波束测深技术在冲坑检测中的应用

常　衍　邓　恒

（珠江水利委员会珠江水利科学研究院，广东广州　510611）

摘　要：某水利枢纽经过长期运营，在水力因素和河床地质的综合作用下，下游近坝段河道很容易形成冲坑，传统的冲坑范围界定常采用人工巡查和逐点测量的方式，分辨率和测深精度较低，利用多波束测深技术进行全覆盖测量，对水下高精度点云数据进行三维建模，可以全面直观地反映冲坑现状，利用多波束测深系统得到了冲坑水下三维地形图，根据剖面的地形变化，为该水利枢纽冲坑的稳定性评价和发展演化提供了可靠的数据资料，对类似坝后冲坑的现状测量和加固修复具有一定的借鉴意义。

关键词：水利枢纽；多波束；水下检测；冲坑

1　引言

早期的水下地形测量采用测绳、测杆等，测量精度不高。后来基于回波测探技术的单波束测深仪大大提高了水深测量的精度，由原来的点测量发展为断面式线测量。多波束测深技术则是基于声波探测技术的新一代水下地形测量技术，一次照射能够获得几百个水深信息，相对于单波束测量，其测量精度和效率更高，在库容测量、水库淤积测量、河道勘测等方面应用广泛[1-4]。通过在水工建筑物运行期间对下游近坝段河道的水下地形进行多波束测量，可准确掌握河道底部及两岸边坡的冲刷破坏程度，并快速提出针对性的处理方案，以防止冲刷破坏对水工建筑物的安全运行产生不利影响。

2　多波束测深技术

2.1　多波束测深原理

多波束测深系统的工作原理（见图1）与单波束测深仪的工作原理基本一致，都是利用声波的反射原理来进行测量的。与单波束测深仪不同的是，多波束测深系统的信号发射和接收是由 n 个成一定角度分布的指向性正交的两组换能器来完成的。发射阵平行船纵向（龙骨）排列，并呈两侧对称向正下方发射扇形脉冲声波。接收阵沿船横向（垂直龙骨）排列。在垂直于测量船航向的方向上，通过

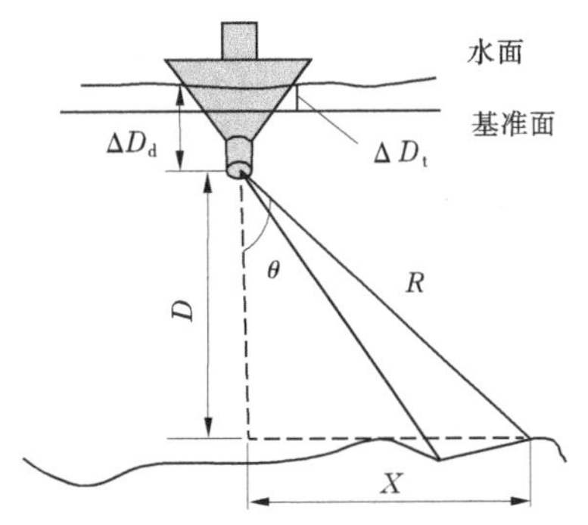

图1　多波束探测系统工作原理

作者简介：常衍（1986—），男，高级工程师，主要从事测绘、工程安全监测检测等工作。

波束形成技术在若干个预成波束角方向上形成若干个波束，根据各角度声波到达的时间或相位就可以分别测量出每个波束对应点的水深值。若干个测量周期组合起来就形成了一条以测量船航迹为中心线的带状水深图，因此多波束测深系统也被称为条带测[5]。

假设 c 为平均声速、t 为声波在水中传播的双程时间，则：

$$R = \frac{1}{2}ct \tag{1}$$

根据几何关系，D、X 计算式分别为：

$$D = R\cos\theta \tag{2}$$

$$X = R\sin\theta \tag{3}$$

在多波束测深中，除需进行换能器吃水改正外，还应进行水位改正，最终水深 H 计算公式为：

$$H = D + \Delta D_d + \Delta D_t \tag{4}$$

式中：ΔD_d 为换能器吃水改正值；ΔD_t 为水位改正值；R 为声波在水中传播的斜距；D、X 分别为波束点相对于换能器位置的深度和水平距离；θ 为夹角。

通过接收连续的高密度波束点位置信息，获取大坝下游及坝底的地形数据。对地形数据进行对比分析，找出异常变化区域，从而研判大坝下游出水口近坝段河道冲刷现状。

2.2　多波束系统构成

多波束测深系统是一种大型组合设备，除其系统本身外，还包括定位、姿态传感器、声速剖面仪、数据采集工作站和绘图仪等配套设备。随着技术和工艺的不断提高，多波束系统越来越向着小型化、便携化趋势发展。本文测量采用的设备为 SeaBat T20-P 双探头多波束声呐系统，该多波束声呐系统组成见图 2。换能器固定安装了 ResonSVP70 实时表面声速测量仪，可以实时进行表层声速改正，使测量精度进一度提高。该型多波束系统体积小、质量小，方便安装和拆卸，适用于河道水下测量、疏浚工程测量等。

SeaBat T20-P 双探头多波束声呐系统工作频率为 400 kHz，波束数 512，水下多波束测深系统可以发射 128°×1°的扇面波束，反射信号经换能器接收，通过波束形成器形成每个波束的宽度是 1° × 0.5°，系统的接收扇面角为 256° × 0.5°，最大频率达 50 Hz，最大测深 300 m。利用该设备可对大坝下游河道冲坑进行精细扫测，获取高分辨率水下地形数据。

2.3　现场应用要求

应根据现场踏勘情况选取适合测量的小吨位船只，复核业主提供的地形成果图，查清测区淤积和水位变化情况，避免在浅水区域出现船身碰撞，从而影响仪器使用安全。

现场以测量船为多波束探测系统的载体，安装多波束测深系统的探头支架，在安装中固定支架使船体和支架成为一个整体，让探头的接收和发射位置能够更好地反映船体姿态。尽量垂直固定探头的支杆，使发射探头与船中央轴线保持平行。同时安装多波束探测系统换能器、表面声速仪、姿态仪及 GPS 天线，各项设备安装须确保设备与船体摇晃一致。测量船体坐标系统定义船右舷方向为 X 轴正方向，船头方向为 Y 轴正方向，垂直向上为 Z 轴正方向。分别量取 GPS 天线、姿态仪、换能器相对于参考点（三维运动传感器中心点）的位置关系，往返各量一次，取其中值，并在仪器中完成设置。

完成设备调试后，依据设定的测线实施全覆盖测量，并选择适合进行仪器校准的地区测量。多波束水下探测线沿等深线布置，探测工作船平行于等深线行进至坝前进行全覆盖扫测，相邻测线覆盖范围重合至少 20%，实测过程中，如果局部因水底起伏较大而测线达不到全覆盖，应加密测线，对于重点部位进行多次覆盖扫测。

但多波束是由构成的复杂多元系统，设备安装过程中容易发生安装位置精准度不够、数据采集过程中设备松动等问题，因此在利用多波束测深进行水下数据采集时会产生各种误差，其中粗差和系统误差对数据质量影响较为严重。为降低误差对数据质量的影响，提高测量精度，需进行误差测试。

影响水深精度的因素主要有多波束本身的测深误差 m_1、潮汐改正误差 m_2、换能器静态吃水改正

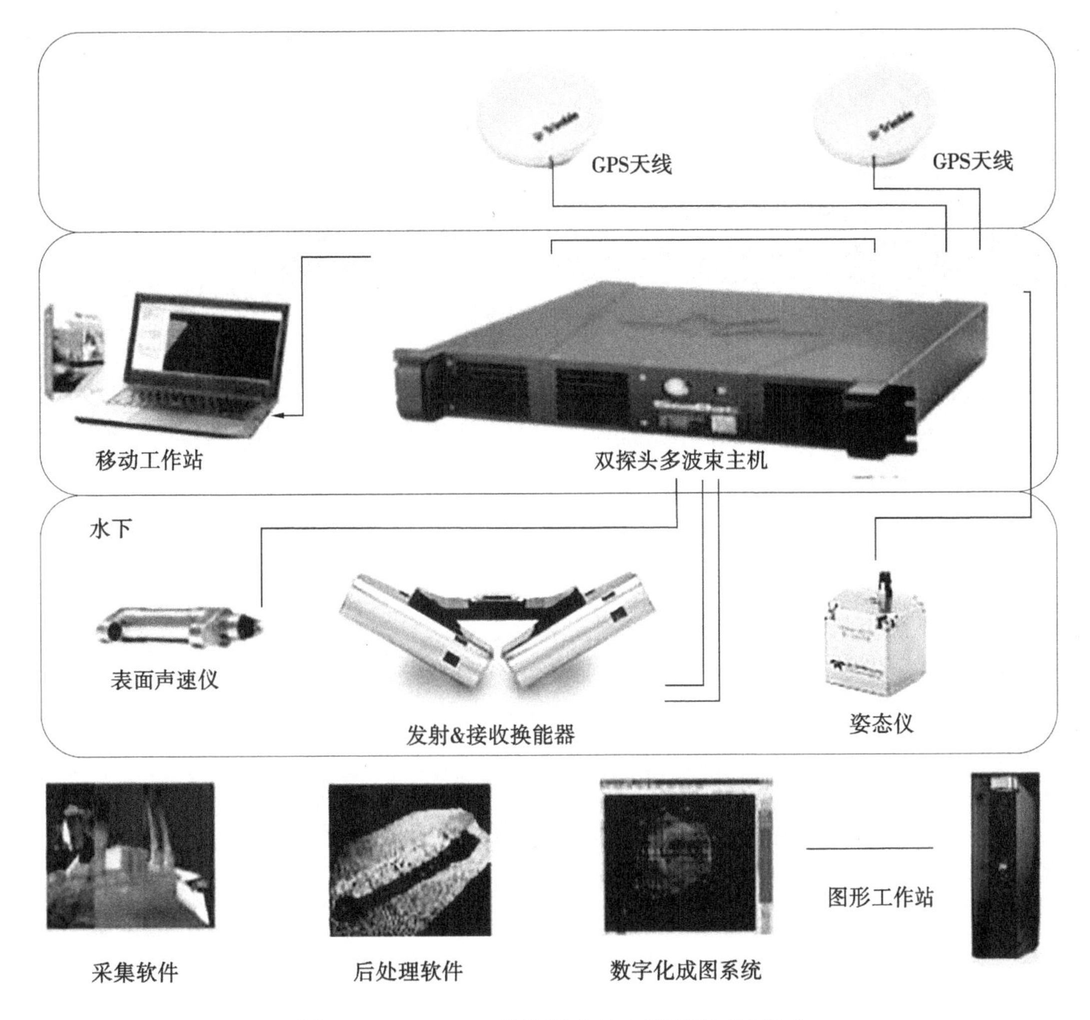

图 2 SeaBat T20-P 双探头多波束测深仪系统组成

误差 m_3、船舶姿态补偿横摇改正误差 m_4、船舶姿态升沉的改正误差 m_5、声速剖面改正误差 m_6等。根据误差传播定律，则水深测量的总误差为：

$$m_{水深}=\sqrt{m_1^2+m_2^2+m_3^2+m_4^2+m_5^2+m_6^2} \tag{5}$$

由设备性能可知，水下多波束测深系统的测深误差为 0.01 m；潮汐改正误差可控制在 0.05 m；换能器吃水改正误差（含动吃水）可控制在 0.05 m；船舶姿态补偿横摇改正误差为 0.05°，则 0.05°引起的边缘处的最大深度误差为 $m_z=H\tan\theta=0.017$ m；船舶姿态升沉的改正误差为 0.05 m。声速测量误差对深度的影响：若水深为 20 m，则声音到达水底所用时间为 20 m ÷（1 500 m/s）= 0.013 s；若声速测量误差为 0.06 m / s，则引起的深度误差小于 0.001 m。

因此，在深度不超过 20 m 的河道进行多波束测量时，由式（5）计算可得水深测量最大误差 $m_{水深}$为 0.089 m，满足《水运工程测量规范》（JTS 131—2012）第 8 节水深测量中，测深点的高程中误差限制的相关要求，即水深小于等于 20 m 时，高程中误差小于±0.2 m。

3 测量应用及成果

广东省北江某水利枢纽大坝下游主河道水下冲坑测量，采用多波束探测系统。现场实施过程中采用多波束探测系统进行水下覆盖检测，使用横断面分析、冲刷坑面积法等对大坝下游水下地形成果进行分析。横断面分析法和冲刷坑面积变化可直接反映出局部岸段近岸河床冲淤变化的横向分布关系。

由图 3 可知，三维点云数据观测该冲坑面积较大，河道中间区域出现了较为陡峭的深坑，呈现“两侧高、中间低”，且根据测量数据可知，测区范围内最大高差为 12 m，下游主河道水底两侧整体

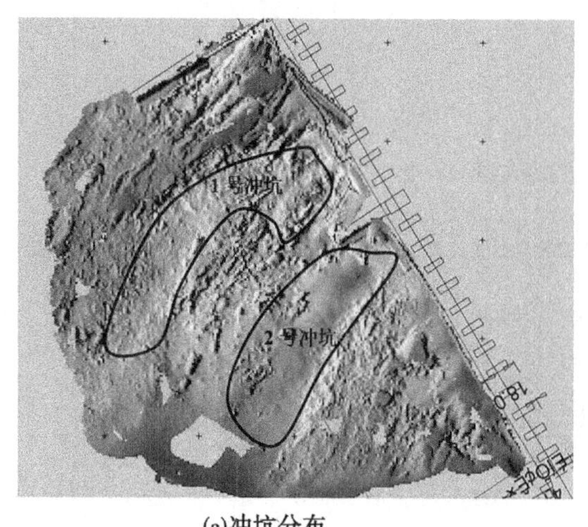

(a)冲坑分布

(b)水下剖面线分布

图 3　大坝下游河道水下地形多波束探测成果

呈现淤积的特点。水下检测发现河道中部有明显冲坑（图 3 中的 1 号和 2 号），其中，1 号冲坑沿上下游方向呈“梭形”，位于（坝横）0+040 至（坝横）0+080，（坝纵）0+015 至（坝纵）0+200；2 号冲坑呈“椭圆形”，位于（坝横）0+90 至（坝横）0+130，（坝纵）0+010 至（坝纵）0+180。水下检测范围内，实测水底高程介于 12. 3～23. 3 m，其中高程最低约 12. 3 m，位于下游距离下游坝面 32 m 河道中部。

为获得大坝下游河道冲坑的准确数据的信息，利用网格划分取样统计分析各冲坑长度、宽度、面积参数，如表 1 所示。表 1 中反映出 1 号冲坑和 2 号冲坑两者总面积相差不大，但 1 号冲坑深度较深，主要由于该冲坑所对应的坝段为日常放水口，受水流冲刷影响，1 号冲坑高程相对 2 号冲坑较低。

表 1　冲坑特性参数信息分析成果

名称	位置	长度/m	宽度/m	面积/m^2	平均深度/m
1 号冲坑	（坝横）0+040 至（坝横）0+080 （坝纵）0+015 至（坝纵）0+200	175	45	5 371. 43	15. 4
2 号冲坑	（坝横）0+090 至（坝横）0+130 （坝纵）0+010 至（坝纵）0+180	170	60	5 304. 92	16. 8

同时通过对检测范围垂直河道剖切 3 个横剖面进行典型测线地貌分析，横剖面的剖面间隔 30 m，图 4 为水下地貌横剖面线，可知，剖面对应的 1 号冲坑相较 2 号冲坑深度较大，故本次主要对 1 号冲坑对应的剖面进行分析。图 4 中近坝段 1#剖面所对应 1 号冲坑水底最低高程为 12. 31 m，最高 21. 64 m，高差 9. 33 m；近坝段 2#剖面所对应 1 号冲坑水底最低高程为 15. 44 m，最高 20. 40 m，高差 4. 96 m；近坝段 3#剖面所对应 1 号冲坑水底最低高程为 14. 19 m，最高 20. 28 m，高差 6. 09 m。除 1#剖面因靠近大坝日常放水口，冲痕较为明显，高差较大外，其他剖面变化相对较为平缓，同时亦未发现冲坑向四周淘刷形成的倒悬，后期需要加强水下及周边巡视检查。

4　结论与展望

多波束测深技术相较于单波束具有精度高、可视范围广、定位准确等优点，在较复杂水下地形测量、检测等领域具有良好的应用效果，具体表现在以下几方面：

（1）对于对波束测量得到的高精度、高分辨率水下点云数据进行三维展示，可以直观、完整地展现冲坑的现状。

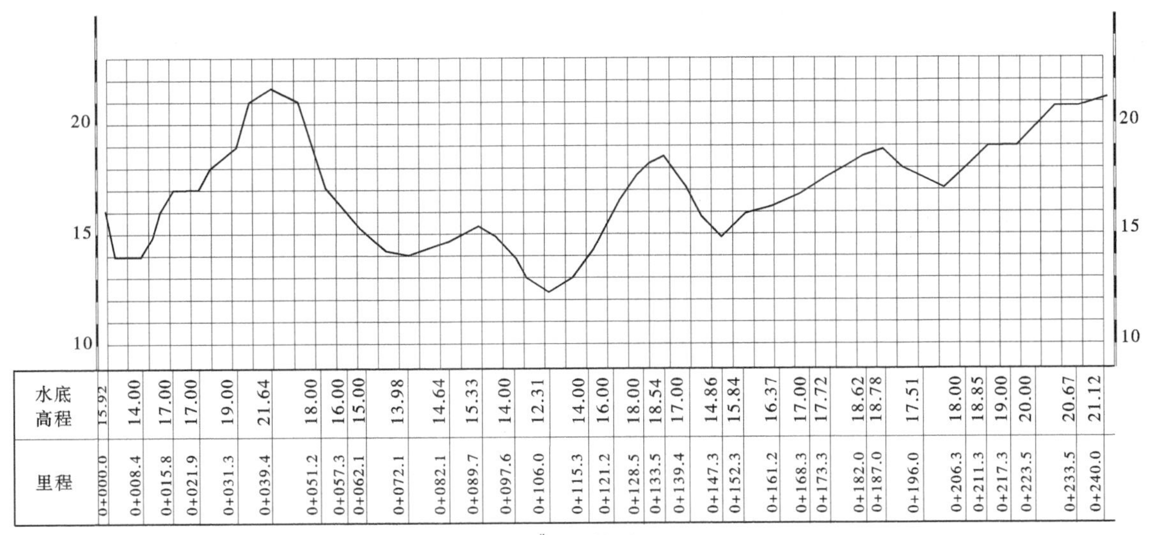

(a)1#水下横剖面

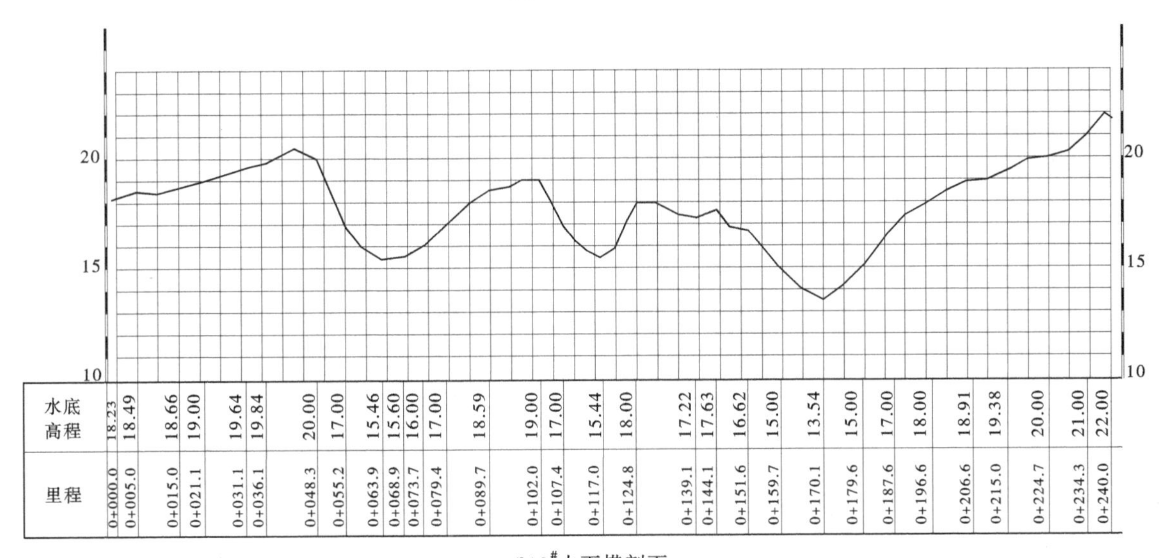

(b)2#水下横剖面

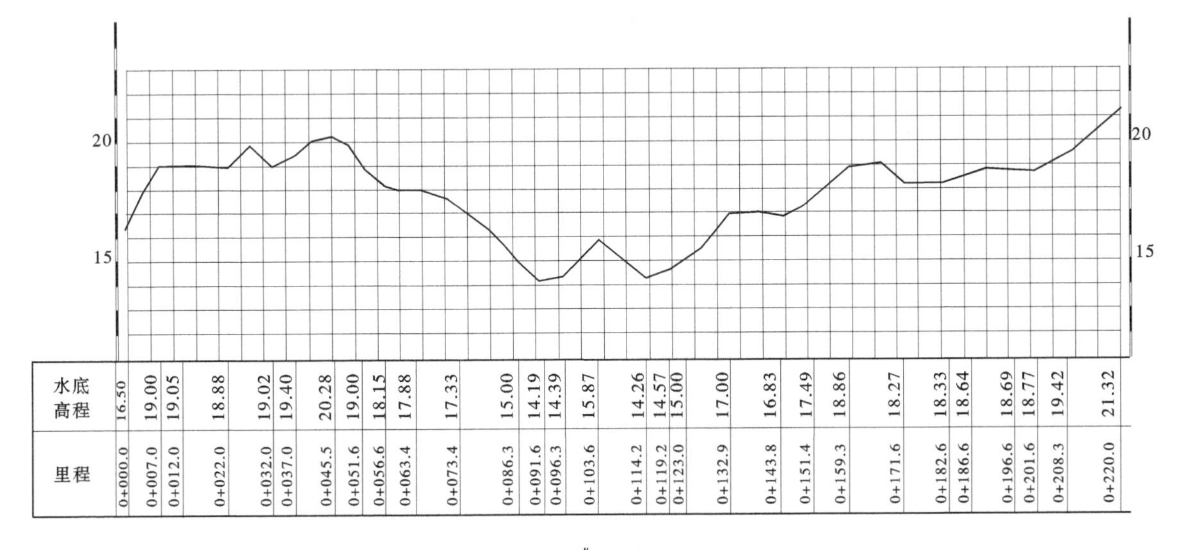

(c)3#水下横剖面

图 4　水下地貌横剖面线

（2）多波束测深技术对冲坑进行全面覆盖扫测，能精确地得到冲坑最低点位置和高程，判断冲坑稳定性更加准确。

（3）利用多波束侧扫功能，能够检查冲坑与下游近坝段和岸坡是否被淘刷形成倒悬、掏空等现象。

通过在该水利枢纽运行期大坝下游河道水下地形冲坑检测中引入多波束探测技术，有效采集坝趾至大坝下游冲刷范围内河床及坡脚的现状地形点云图数据，并经过软件运行分析获得地形等深线图、典型测线地貌图、冲坑特性参数等数据成果，为水利枢纽后期运行策略制定和安全隐患排除提供详实的资料依据。同时，多波束测深技术对水下地形测绘全面清晰，对冲刷区域淘蚀范围及深度判断准确可靠，可为类似水下隐蔽工程全面精确检测提供技术支持。

参考文献

[1] 华朝峰．水电站河道冲刷破坏水下多波束测深检测分析［J］．中国水能及电气化，2022，205（4）：42-47.

[2] 李钦荣．多波束测深系统在长江河道监测中的应用［J］．水利信息化，2021（2）：51-54.

[3] 孙红亮，胡清龙，袁琼，等．多波束测深方法对坝下泄洪消能建筑物冲刷破坏的检测［J］．水利水电科技进展，2018，38（3）：76-80.

[4] 张运鑫，赵卫丽，王群．多波束水下扫测水底地形测量方法研究［J］．测绘与空间地理信息，2022，45（1）：302-304.

[5] 刘森波，丁继胜，冯义楷，等．便携式多波束系统在消力池冲刷检测中的应用［J］．人民黄河，2022，44（7）：128-131.

基于密度梯度柱法的土工膜密度测定

郑依铭　方远远

（上海勘测设计研究院有限公司，上海　200434）

摘　要：本文针对土工膜密度的测定方法进行探讨，讨论了密度梯度柱法测定土工膜密度的操作方法与消除误差方法。通过测定多种土工膜材料的密度并与浸渍法对比，验证了密度梯度柱法精度高、效率高、适用性强的特点，为水利工程防渗防水材料的检验检测提供技术支持。

关键词：密度梯度柱；土工膜；配液；精度

1　引言

土工膜是一类由高聚物制成的具有防渗和防水功能的材料，在水利工程中得到了广泛应用。土工膜材料的密度既反映了自身结晶状态和超分子结构特点，也与强度、延展率、低温柔性等应用性能密切相关[1]。然而，材料体积边界的不确定性使精确测定土工膜的密度成为一项挑战。Lindestrøm-Lang[2] 在1937年首次提出了密度梯度的概念，在后人不断改进和应用[3-4] 中形成了标准的密度测试方法——密度梯度柱法。相比于浸渍法、比重瓶法和滴定法等密度测定方法，密度梯度柱法具有精度高、效率高、易于维护的特点[5]，是一种重要的测试手段。

现有标准 GB/T 1033.2[6]、ASTM D1505-03[7] 和 ISO 1183-2[8] 对密度梯度柱法均有记载，但相关内容的描述不够详尽，操作步骤缺少定量属性。鉴于此，本文详细介绍了密度梯度柱法在测量土工膜密度方面的操作应用，归纳了造成密度偏差的因素和解决方法。此外，利用配制的密度柱快速测定各类土工膜密度，并与浸渍法进行了对比。

2　试验部分

2.1　材料与仪器

材料：不同聚合度、厚度和表面平整度的土工膜，从土工膜上取细小颗粒状试样。

试剂：无水乙醇；去离子水。

仪器：MS300 磁力搅拌器；JJLDA-102 密度梯度设备；浮子打捞装备。

2.2　密度柱的制备

密度梯度柱法是利用从底部到顶部密度均匀降低的密度柱溶液和其中已知密度的浮子测定材料密度的方法。其关键在于配制出线性、均匀、密度梯度合适的密度梯度柱，常用方法是 GB/T 1033.2 中的“a 法”（见图1），即配制出两瓶密度相差较大的轻液和重液，将其连通后一边混合一边匀速注入梯度管中，最终获得从下至上密度逐渐降低的密度梯度溶液。但该法缺少试验环境、浮子密度、配液比例、搅拌速度、注液速度等参数的描述，故在此详细介绍。

2.2.1　试验环境

环境温度是密度梯度柱法高精度的前置条件。密度柱中溶液的温度需精准控制在（23±0.1）℃，以保证密度曲线的准确性和稳定性。同时，土工膜的密度受温度变化影响较大，同一温度下测量也能

作者简介：郑依铭（1998—），男，助理工程师，主要从事土工合成材料检验检测与研究工作。

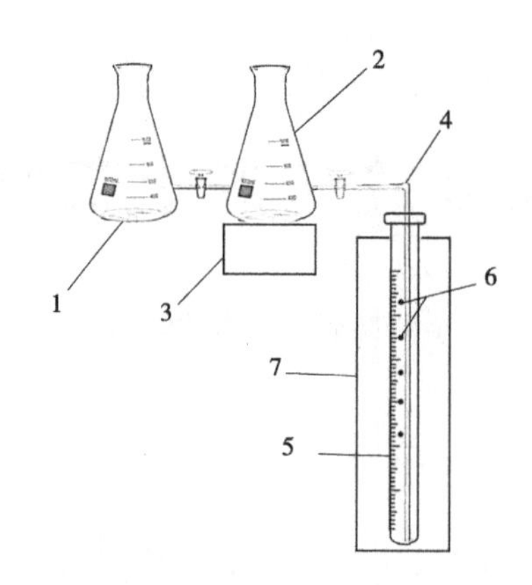

1—重液瓶；2—轻液瓶；3—磁力搅拌器；4—橡胶管或玻璃管；
5—密度梯度柱；6—玻璃浮子；7—恒温装置。

图1　密度梯度柱"a"法示意图

获得可比对的结果。若有条件，实验室环境也应保持（23±2）℃的温度。大幅度的振动如晃动、搅拌、移动等动作必须避免，因为会改变梯度柱的密度曲线。溶液的污染如杂质、油渍也应注意，这会导致密度数据不准确。

2.2.2　浮子选择

浮子的密度和数量应根据检测材料进行选择。本次试验材料为常用的 LLDPE（线性低密度聚乙烯）土工膜和 HDPE（高密度聚乙烯）土工膜[9]，前者密度在 0.92~0.94 g/cm^3，后者在 0.94~0.96 g/cm^3，基于此，选择密度为 0.92 g/cm^3、0.93 g/cm^3、0.94 g/cm^3、0.95 g/cm^3、0.96 g/cm^3 的 5 颗浮子。常规密度柱高度为 80 cm，要使密度梯度柱的测定精度达到 0.000 1 g/cm^3，每颗浮子间距离应至少为 100 mm，采用更大的间距能更充分利用密度柱的刻度获得更精准的密度数据。浮子在试验前须用去离子水充分浸润，避免细小气泡的产生。此外，浮子在试验前必须检定和校准。

2.2.3　配液

根据测试材料的密度范围，密度柱内溶液密度应满足最小密度低于 0.92 g/cm^3、最大密度高于 0.96 g/cm^3 的条件。据此选择乙醇/水的溶液体系配制轻液和重液，轻液密度为 0.91 g/cm^3，重液密度为 0.97 g/cm^3。试剂配比按式（1）计算：

$$\frac{V_{乙醇}}{V_{水}}=\frac{\rho_{水}-\rho}{\rho-\rho_{乙醇}} \tag{1}$$

式中：$V_{乙醇}$和 $V_{水}$ 分别为乙醇和纯水的体积，mL；ρ、$\rho_{乙醇}$和 $\rho_{水}$ 分别为目标溶液、乙醇和纯水的密度，g/cm^3。

计算得轻液中乙醇和水的比例为 1∶1.3，重液中乙醇和水的比例为 1∶6。按比例在烧杯中倒入试剂并利用磁力搅拌器混合均匀，然后投入浮子测试密度。由于溶液配制过程中会大量生热，故待温度平衡至 23 ℃后使浮子完全静止至少 15 min 才能使用。将制备好的轻液和重液各 800 mL 倒入两个锥形瓶中，确保重液瓶和轻液瓶底部处于同一水平线，瓶内的溶液体积相同、液面等高，如图 2（a）所示。

在实际操作中，我们观察到按理论配比制备的密度柱内易发生浮子沉底的现象，这意味着溶液密度偏低。这种误差可能是两方面原因造成的：一方面是锥形瓶间的管道体积未计算在内，重液占据管道体积使混合的重液减少，导致密度偏低；另一方面是锥形瓶的出液口离底部有一定距离[10]，导致最后应流入密度柱的重液留在了锥形瓶内。通过降低轻液密度和提高重液密度，并以浮子在密度梯度柱的分布作为判定标准，能消除误差，获得理想的密度梯度。

熟悉试验操作后可以采用简便而灵活的配液步骤。配制轻液时，首先将乙醇与水按约 1∶1的比例加入烧杯并混合均匀，然后把 0.92 g/cm^3 的浮子放入烧杯中。若浮子漂浮，通过混入适当的乙醇使浮子快速沉底；若浮子沉底，先混入适当的水使浮子漂浮，再混入乙醇使其快速沉底。在配制重液时，首先在烧杯中加入适量的水，再放入 0.96 g/cm^3 的浮子。在水中混入适当的乙醇使浮子沉底，再混入少量水使其快速上浮。采取该步骤配液时，应减缓加入试剂的速度，使温度稳定在 23℃附近。

2.2.4 注液

注液系统由阀门与橡胶管或毛细玻璃管组成，注液管的下端触碰密度柱的底部，使低密度的溶液能在密度柱中逐渐上浮。如何消除注液管中的气泡是值得关注的问题，因为气泡会使溶液流速忽快忽慢，进而导致密度分布不匀，过大的气泡甚至会堵塞注液管。试验证明，在注液前排出容器和管道内空气能有效避免该问题。一方面，在配制好溶液后可将锥形瓶倾斜，驱除连接管中的空气。另一方面，在搅拌前打开轻液瓶阀门，使溶液充满橡胶管排除空气再关闭阀门也能排出空气。此时容易忽视的事情是排出空气后两锥形瓶中液面会存在高度差，应补充轻液使液面等高。

注液开始前，先打开两锥形瓶之间的阀门，并开启磁力搅拌器，搅拌速度为 100~150 r/min。然后打开轻液瓶的阀门开始注液，通过旋转阀门调整注液速度。注液速度理论上与密度梯度无关，但快的注液速度对密度柱冲击大，易破坏形成的密度梯度。实际操作中，保持 100 mL/min 或更低的流速，约半个小时能配制出密度梯度均匀的溶液。注液过程中轻液瓶和重液瓶中溶液的高度同步下降，溶液在轻液瓶中混合使得密度逐渐增加。密度柱缓慢升高，密度逐渐增大，先注入的轻密度溶液会浮动到后注入的重密度溶液上方，呈现连续变化的梯度密度。注液完成后，将浮子投入密度柱内等待其静止，若均匀分布在其中，则密度呈线性均匀分布。配制好的密度梯度柱可连续使用数周。

2.3 密度测试

按上述方法配制出密度呈线性均匀的密度柱溶液，如图 2（b）所示。将试样依次投入密度柱内，待试样完全静止后读取试样位置所对应梯度柱的刻度，如图 2（c）所示。可按内插法式（2）计算试样密度；也可绘制密度柱内浮子的密度-高度曲线[1]，根据标准曲线计算试样密度。测试结束后，用打捞装置轻轻捞起试样和浮子，再将浮子投入梯度柱中储存。

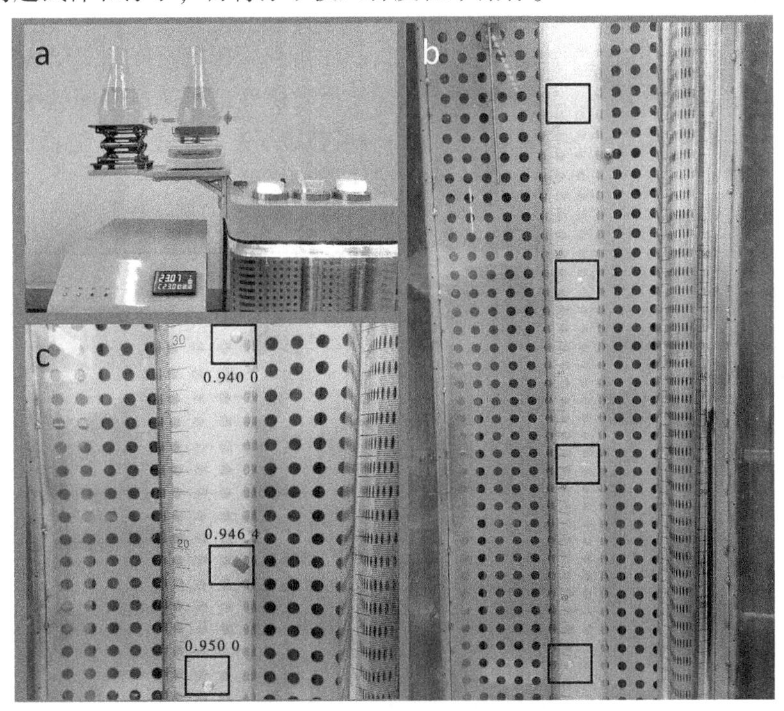

图 2 梯度密度柱装置实物

$$\rho_x = \frac{(x-y)\times(\rho_y-\rho_z)}{y-z} \tag{2}$$

式中：x 为试样对应刻度，cm；y 和 z 分别为紧邻试样上端和下端两个浮子的对应刻度，cm；ρ_x 为试样密度，g/cm^3；ρ_y 和 ρ_z 分别为紧邻试样上端和下端两个浮子的密度，g/cm^3。

3 结果与分析

根据浮子密度和对应刻度进行线性拟合，拟合的密度-高度曲线如图 3 所示，拟合方程见式（3）。拟合方程的检验统计值 F 的置信区间 P 值为 $7.63\times10^{-6}<0.001$，相关系数 $R^2=0.999$，表明浮子密度有很强的线性关系，即密度柱内溶液的密度呈均匀的线性排列，可精准测量土工膜材料的密度。

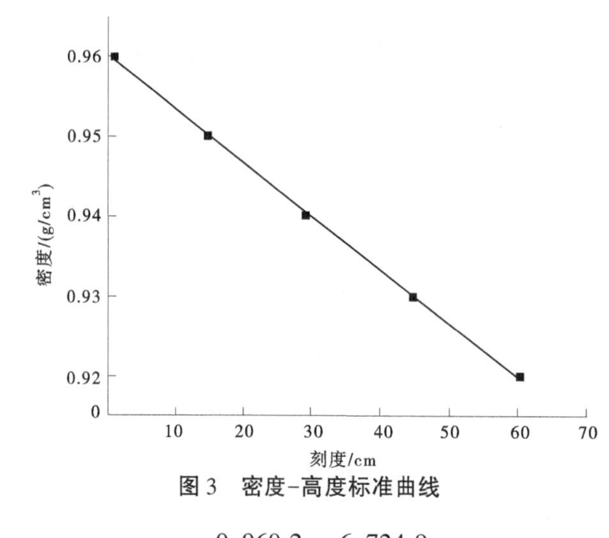

图 3 密度-高度标准曲线

$$y = 0.9602 - 6.7249x \tag{3}$$

通过标准曲线计算的不同土工膜的密度数据如表 1 所示，将其与浸渍法测定的密度进行对比。对于表面光滑的土工膜，密度梯度法和浸渍法测定的密度接近；对于表面粗糙的土工膜，两种方法测定的密度相差甚远，且浸渍法得到的结果显著偏低。我们注意到采用浸渍法测定糙面土工膜密度时，其不易被水浸润，有大量气泡附着在土工膜表面，这导致密度测量结果偏低。而密度梯度法采用的溶液体系密度低，意味着溶液内部分子间距离更大，分子间吸引力更小，表现出更低的表面张力。因此，溶液更容易浸润土工膜，不易产生气泡，测定的结果更精确。

表 1 土工膜密度比对

试样	密度/（g/cm^3）	
	密度梯度法	浸渍法
1.5 mmHDPE 双光面膜	0.946 0	0.950
2 mmHDPE 双光面膜	0.946 4	0.947
1.5 mmHDPE 双糙面膜	0.942 8	0.865
2 mmHDPE 双糙面膜	0.942 5	0.867
2 mmLLDPE 双糙面膜	0.930 5	0.856

4 结语

采用密度梯度柱法测定土工膜密度，应注意把握环境温度和选择合适的浮子，在配液和注液过程不能简单依靠理论计算，须关注重液和轻液的配比与注液速度。经试验证明，密度梯度柱法在测定不同类型土工膜时均有良好的适用性，测试精度高、速度快，具有很高的应用价值 。但实践中也发现该方法存在配液麻烦、样品干扰、溶液挥发变质等改进空间，这需要自动化装备和标准化溶液等技术的推动。

参考文献

[1] 贺金娴．密度梯度柱法测定高聚物的密度［J］．塑料工业，1981（6）：32-35，19.

[2] LINDERSTRØM-LANG K. Dilatometric ultra-micro-estimation of peptidase Activity［J］. Nature，1937，139（3521）：210-230.

[3] WOOLSON E A，AXLEY J H. Clay separation and identification by a density gradient procedure［J］. Soil Science Society of America Journal，1969，33（1）：46.

[4] ORR R S，WEISS L C，MOORE H B，et al. Density of modified cottons determined with a gradient column［J］. Textile Research Journal，1955，25（7）：592-600.

[5] 芦齐．密度梯度柱法测定聚乙烯树脂密度［J］．当代化工，2021，50（1）：80-84，89.

[6] 非泡沫塑料密度的测定 第 2 部分：密度梯度柱法：GB/T 1033. 2—2010［S］.

[7] Standard test method for density of plastics by the density-gradient technique ASTM D1505-03：［S］.

[8] Plastics-methods for determining the density of non-cellular plastics-part 2：density gradient column method：ISO 1183. 2［S］.

[9] HAMMONDS R L，STEPHENS C P，WILLS A，et al. Behavior of polyethylene in a variable temperature density gradient column［J］. Polymer Testing，2013，32（7）：1209-1219.

[10] 李至钧．密度梯度柱配制方法的改进［J］．中国塑料，2004（9）：83-85.

水工金属结构闸门联接螺栓轴向应力测量方法对比研究

李东风 程胜金 林立旗

（水利部水工金属结构质量检验测试中心，河南郑州 450044）

摘 要： 为了研究闸门联接螺栓轴向应力测量难题，采用了电阻应变片法和声弹性效应超声波法对螺栓轴向应力的测量进行了试验对比分析，提出了一种新的基于两种测量方法的绝对误差和相对误差的分析方法，超声波法的测量绝对误差最小为 0.5 MPa，相对误差范围在 0.2%~4.8%。结果表明，相较于应变片法，超声波法具有更高的检测精度、更小的测量误差，集成化和检测效率高，在实际工程应用中具有很好的经济效益和更广泛的应用前景。

关键词： 电阻应变片；超声波；螺栓；应力；载荷；误差

1 引言

水工钢闸门在水工建筑物中非常重要，是最主要的挡水结构，通常用于蓄水发电、水流量调节、控制水位、灌溉防洪等。在水工金属结构中，钢闸门的种类也有很多种，常见的有人字形钢闸门、平面型钢闸门、弧形钢闸门等。最近几十年我国在建的和已建成的大中型水利枢纽中几乎均采用了弧形闸门[1]。弧形闸门在结构上虽然有它的优势，但在一些大中型的水利工程中依然存在严重的安全问题。在实际工程应用中，设计者往往只重视弧形闸门结构设计的安全性，忽视了运行过程中受到人为或外界环境的影响因素，科学合理地分析影响弧形闸门安全运行的因素是非常必要的[2]。

本文针对四川某电站中孔弧形闸门（见图 1）联接螺栓进行了分析研究。该中孔弧形闸门为两扇通过高强螺栓联接拼接而成，闸门在运行过程中受水动力的影响而产生振动，受力复杂，对螺栓联接要求也比较高，因此螺栓的质量好坏、松紧程度、轴向应力大小将直接影响到整个水利工程的安全性[3-4]。

图 1 中孔弧形闸门

基金项目： 水利部水工金属结构质量检验测试中心 2021 年度技术创新研究项目；中央级科学事业单位修缮购置专项资金项目（1261421610477）。

作者简介： 李东风（1979—），男，高级工程师，主要从事水工金属结构无损检测技术的研究与应用工作。

通信作者： 程胜金（1990—），男，工程师，主要从事水工金属结构无损检测技术的研究与应用工作。

2 常见螺栓应力测量方法

目前螺栓轴向应力的测量方法有很多，应用最为广泛的几种方法有扭矩法、X射线衍射法、电阻应变片法、声弹性效应超声波测量法。下面对每种方法的优缺点进行简单介绍，重点对电阻应变片法和声弹性效应超声波进行试验对比分析研究。

（1）扭矩法。弧形闸门在实际安装过程中多采用扭矩法来控制螺栓的轴向应力或预紧力。操作者通过控制拧紧的力矩来控制螺栓的轴向应力，这种方法操作简单、实用性强，但是由于螺帽与构件结合面的摩擦系数的离散性，该方法无法精准地控制螺栓的轴向应力[5]。

（2）X射线衍射法。X射线衍射法也是一种常见的应力测试方法，当螺栓受力时，X射线穿过变形的金属晶格时产生衍射现象，通过衍射角的变化来计算螺栓的应力。这种测量方法精度非常高[6]，但X射线的穿透范围有限，一般仅用于测量螺栓的表层应力。

（3）电阻应变片法。电阻应变片是一种将材料应变转化为电阻变化的传感器，测量之前先将应变片沿着螺栓轴向方向紧密地粘贴在其光杆部位，或者在螺栓头部打一个竖直的盲孔放入应变针[5]。螺栓在受力之后长度会发生变化，应变片也会随之发生变形，通过测量应变片电阻的变化即可计算出螺栓应力的大小。

（4）声弹性效应超声波测量法。当固体物质受到某一方向的作用力时，超声波传播速度会随力的大小而发生变化，这就是声弹性效应。螺栓受力时，超声波在螺栓内的传播速度发生变化，相对应的传播时间也会发生变化，通过测量超声波渡越的时间差，来间接获取螺栓的轴向应力。超声波法测量螺栓轴向应力具有精度高、设备便携、检测效率高等优点，目前在工程应用上很常见[7]。

3 螺栓轴向应力测量方法对比分析

选择与四川某电站中孔弧形闸门联接螺栓同型号规格的螺栓，其型号为M30 8.8S，公称直径30 mm，弹性模量 $E=2.06\times10^5$ MPa，螺栓光杆部位应力面积为706.5 mm^2。螺纹部位应力面积为561 mm^2 试验设备分别采用“无线静态应变测试系统”和“DAKOTA ULTRASONICS MAX II型螺栓应力测试仪”。

MAX II型超声波应力测试仪测量螺栓轴向应力技术是基于超声纵波声速与螺栓应力线性相关的声弹性原理。超声波检测螺栓预紧力技术是基于超声纵波声速与螺栓应力线性相关的声弹性原理。当超声波沿螺栓轴向传播时，其声速随着作用于螺栓上应力的增加而减小，两者呈线性关系。当应力施加到螺栓上时，超声波声速发生变化的同时，螺栓发生弹性变形被拉长，造成超声波从螺栓的头部进入，在尾部反射并返回的渡越时间增加。通过超声波螺栓测量仪检测超声纵波在有无声时情况下的渡越螺栓的声时差即可间接计算得到螺栓的轴向应力，它的工作原理如图2所示。该仪器具有0.000 1 mm高分辨率，测量范围：2.54~2 540 cm，试验精度能够控制在5%之内。

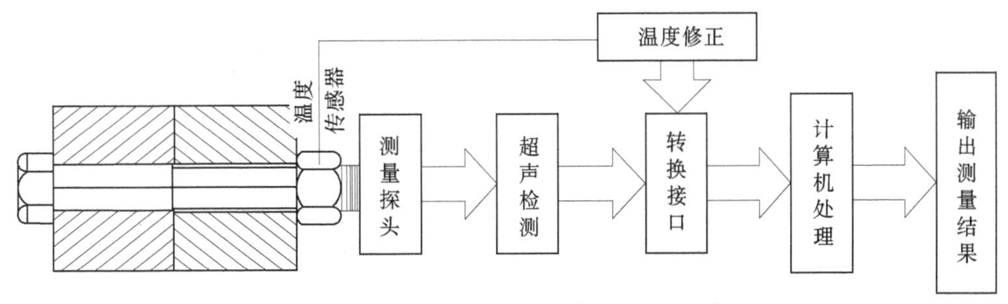

图2 MAX Ⅱ螺栓应力测试仪工作原理示意图

3.1 试验方法步骤

（1）电阻应变片测量法，试验流程如图3所示。

(a)打磨螺栓贴片位置

(b)贴电阻应变片

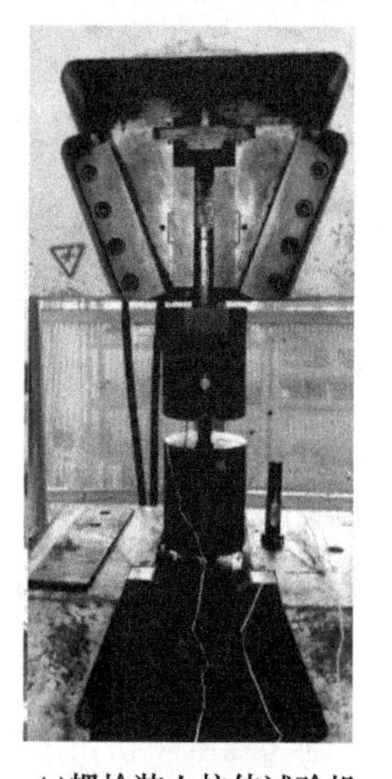

(c)螺栓装上拉伸试验机

(d)试验进行中

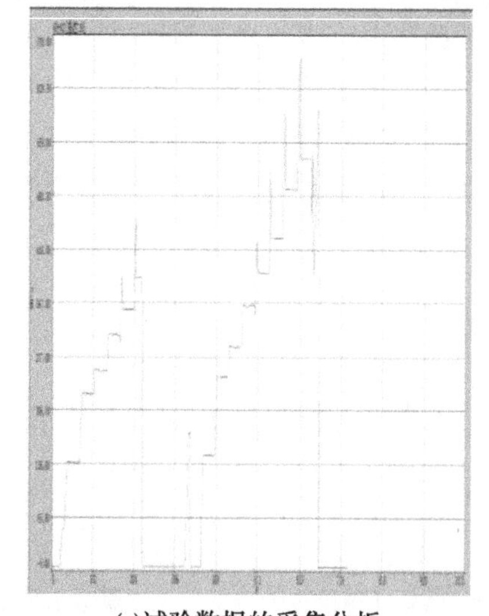

(e)试验数据的采集分析

图 3　电阻应变片螺栓应力试验流程

第 1 步：将待测螺栓的光杆部位打磨出金属光泽并清洗干净。

第 2 步：在螺栓对称位置贴上 2 个应变片，将螺栓装入夹具中并固定到拉伸试验机上。

第 3 步：将应变片连接到采集器和计算机上，并将相关参数输入到计算机软件中，开启拉伸试验机并行数据采集工作。

第 4 步：采集到的数据以应力曲线形式输出到计算机，经过数据分析，得到测试结果。

（2）声弹性效应超声波测量法，试验流程如图 4 所示。

第 1 步：将螺栓上下两个端面打磨平整且平行，去除杂质，以保证获得良好的测量状态；

第 2 步：使用游标卡尺量取螺栓有效长度、夹持长度、原始长度，螺栓有效应力面积输入 MXⅡ超声波应力测试仪中，然后将螺栓按实测夹持长度装上拉伸试验机并固定好。

第 3 步：对螺栓进行标定试验。将磁性测量探头涂上耦合剂吸附在螺栓上端面，温感探头吸附在螺栓光杆部位，按照预设台阶进行拉伸，每个拉伸保持阶段时间 5 min，直到拉伸试验完成。

第 4 步：将采集到的数据进行向量回归法计算，得出该螺栓标定的载荷系数，将载荷系数输入到 MXⅡ螺栓应力测试仪，即完成螺栓的标定试验。

3.2 试验结果对比分析

对螺栓试样进行电阻应变片法和声弹性效应超声波法应力的测试，在所有准备工作完成之后，进行拉伸试验。两种方法在同一根螺栓上同步进行试验，分别记录下每种方法测得的数据结果，表 1 为电阻应变法测试结果，表 2 为声弹性效应超声波法测试结果。

由表 1 电阻应变片法的测试结果可以看出，试验一共设置 8 个加载台阶，试验机加载载荷为加载程序完成之后保持阶段的稳定值，即实际加载值。每个加载台阶的应力值为螺栓左右测点之和的平均值，由于在实际试验中，螺栓的受力轴线和拉伸试验机的轴线很难保持一致，因此会造成螺栓左右测点的应力值偏差过大，将螺栓实测应力值换算成载荷值与试验机加载值相比较可知，其相对误差随着载荷的增加而增大，绝对误差范围在 4.2~12.7 kN。

表 1　电阻应变片试验结果

加载台阶	1	2	3	4	5	6	7	8
试验机加载值/kN	49	98	118	146	170	194	232	269
左侧点应力/MPa	1	41	61	92	116	143	191	260
右测点应力/MPa	147	250	290	343	387	431	496	637
测点应力平均值/MPa	74	145.5	175.5	217.5	251.5	287	343.5	398.5
换算成载荷值/kN	52.3	102.8	124	153.7	177.8	202.9	242.8	281.7
绝对误差/kN	4.2	4.8	6	7.7	7.8	8.9	10.8	12.7
相对误差/%	8	4.6	4.8	5	4.4	4.4	4.4	4.5

由表 2 声弹性效应超声波法的测试结果可以看出，随着试验机载荷的增加，MXⅡ超声波应力测试仪实测值与试验机加载值的绝对误差范围较小，为 0.3~4.4 kN，并且误差相对较为平稳，无太大波动。

表 2　声弹性效应超声波试验结果

加载台阶	1	2	3	4	5	6	7	8
试验机加载值/kN	49	98	118	146	170	194	232	269
MXⅡ仪器测试值/kN	51.5	98.9	118.6	145.8	168.9	193.7	231.7	273.4
绝对误差/kN	2.5	0.9	0.6	1.8	1.1	0.3	0.3	4.4
相对误差/%	4.8	0.9	0.5	1.2	0.7	0.2	0.14	1.6

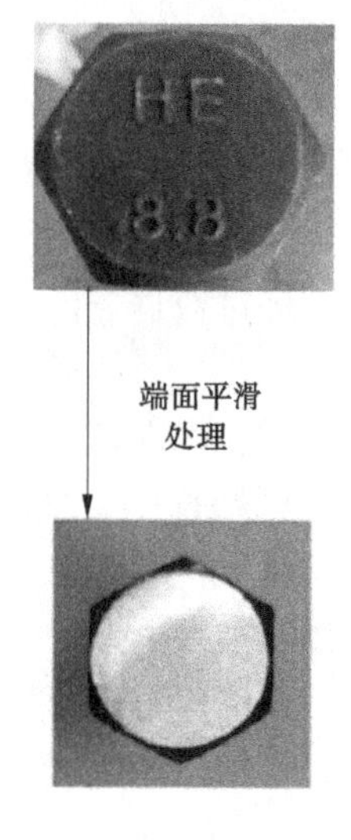

(a)螺栓端面

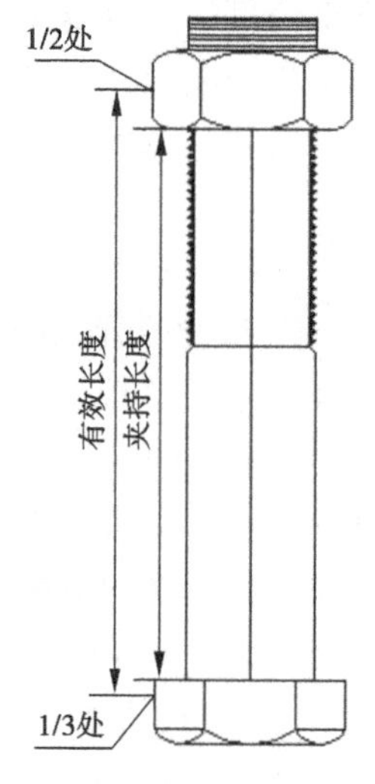

(b)量取螺栓尺寸

(c)螺栓装上拉伸试验机

(d)螺栓标定试验进行中

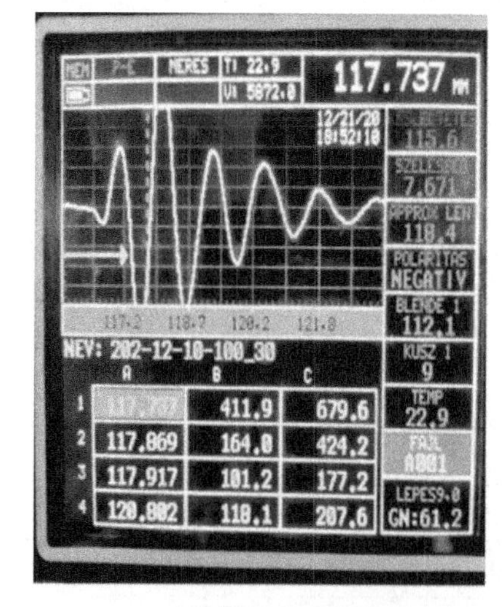

(e)试验数据的采集分析

图 4　超声波测量螺栓应力试验流程

图 5 为螺栓轴向应力两种不同方法载荷测试的结果对比。结合图 5、表 1 和表 2 可以发现，两种方法所测的载荷曲线走势相同，均为单调增加，但也存在一定的差别，超声波法所测的载荷与试验机加载载荷更为接近。

图 6 为螺栓轴向应力两种不同方法测试结果的绝对误差的对比，绝对误差是拉伸试验机的示值减去实际测量值的差值，它反映出了测量值偏离真值的大小。通过分析对比两种测量方法产生的绝对误差可以发现，超声波法的测量绝对误差呈上下波动形，误差范围也比较小。电阻应变片法的测量绝对误差随加载值的增大呈单调递增趋势且线性良好，经过数据分析拟合出了应变片测量法的误差方程，如图 6 所示。

图 7 为螺栓轴向应力两种不同方法测试结果的相对误差的对比，相对误差是绝对误差值与实际测量值的比值的百分数，通常来讲，相对误差的数值更能够反映出实际测量值的可靠程度。通过分析对比两种测量方法产生的相对误差，发现超声波法和应变片法的测量相对误差值都稳定在上下震荡幅度很小的同一水平线上面，并且超声波法的测量相对误差范围更小，在 0.2%~4.8%波动，这反映出了超声波法的测量结果更加可靠且误差范围更小。

结合图 6 和图 7 对同一种检测方法的绝对误差和相对误差分析可以发现，应变片法的测量绝对误差随着加载值的增加而增大，但相对误差较为稳定。超声波法的测量绝对误差数值波动范围大，相对误差数值波动范围较小且稳定。

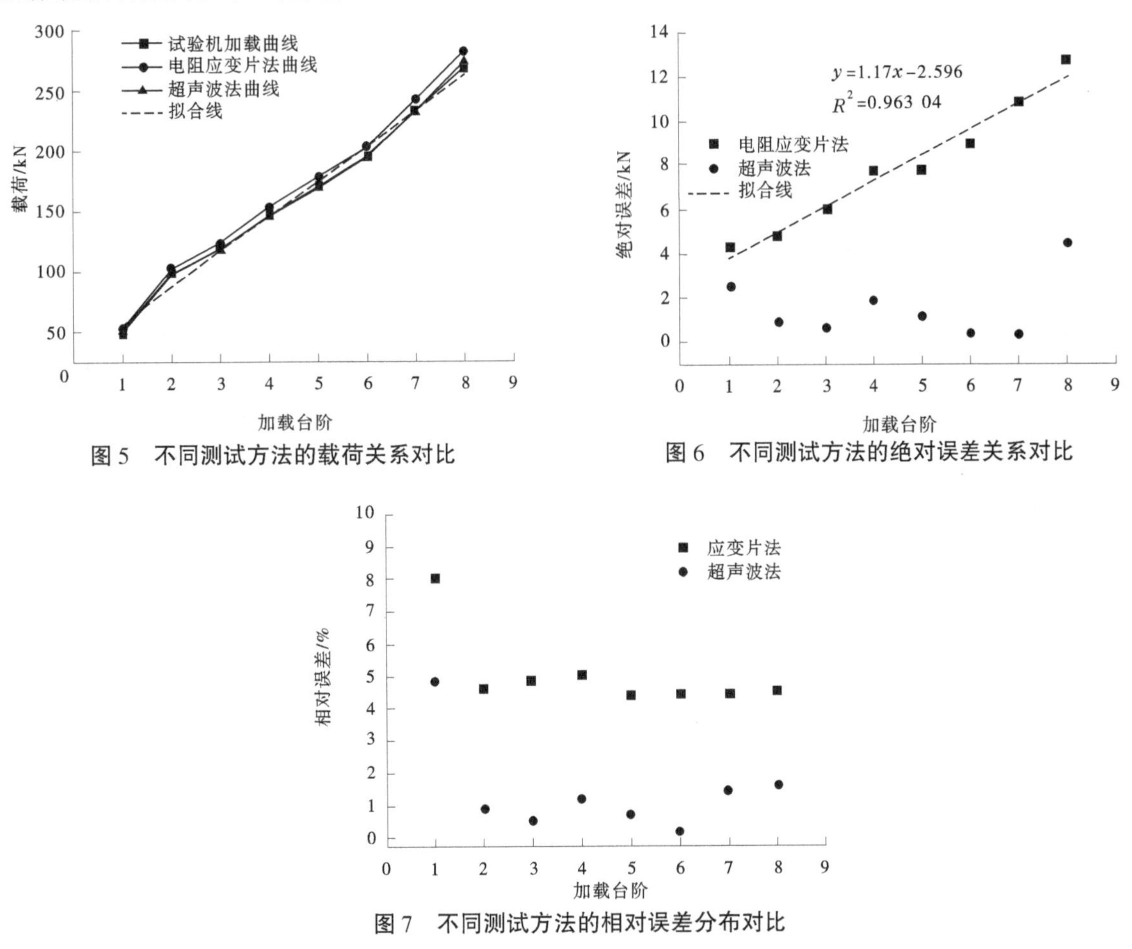

图 5　不同测试方法的载荷关系对比

图 6　不同测试方法的绝对误差关系对比

图 7　不同测试方法的相对误差分布对比

4　结论

（1）对比应变片法和超声波法的试验数据发现，两种方法在每个拉伸台阶下对应的载荷值与拉伸试验机实际加载载荷偏差不大，且呈良好的线性关系，超声波法所测载荷值与拉伸试验机实际加载值更加吻合。对比两种不同测试方法产生的误差发现，电阻应变片法产生的测量误差随着加载台阶的增加呈线性增加，误差范围在4.2~12.7 kN，超声波法产生的测量误差为一些上下震荡的离散的点，没有线性规律但较为稳定，误差范围为0.3~4.4 kN。

（2）电阻应变片法和超声波法均可用于螺栓轴向应力的测量，且测量精度较高。试验条件下，两种方法的测量结果可以相互验证对比，具有良好的互补性。在实际工程应用中，由于受空间限制，应变片很难粘贴，若在螺栓轴心打孔放入应变计，则会削弱其强度。因此，结合实际情况分析，超声波法测量螺栓轴向应力具有更重要的现实意义。

（3）通过螺栓的实测对比试验发现应变片法的最小绝对误差为4.4 kN即5.9 MPa，超声波法的最小绝对误差为0.3 kN即0.5 MPa，最小相对误差范围在0.2%~4.8%。充分说明了超声波法测量螺栓轴向应力是可行的而且精度很高。超声波法可以快速自动测出螺栓轴向应力，能够有效解决金属结构闸门在役联接螺栓轴向应力的测量难题，也可以从根本上避免螺栓紧固时的随机性（实用性创新点）。

参考文献

[1] 危文广．在役弧形钢闸门安全性态综合评估分析研究［D］．南昌：南昌大学，2019.

[2] 钱声源，田宏吉，王家骐，等．某在役弧形闸门不平衡启门力数值分析研究［J］．人民长江，2015，46（22）：83-87，94.

[3] 李光，莫亚梅，吴努．螺栓轴向应力测量技术的研究概况及展望［J］．南通大学学报（自然科学版），2009，8（3）：67-71.

[4] 韩玉强，吴付岗，李明海，等．声弹性螺栓应力测量影响因素［J］．中南大学学报（自然科学版），2020，51（2）：359-366.

[5] 岑鑫．电磁超声换能器及其螺栓应力检测技术研究［D］．成都：西南交通大学，2021.

[6] 何星亮．基于高频柱面超声导波的螺栓轴向应力测量技术研究［D］．重庆：重庆大学，2021.

[7] 刘恒，陈兵，邱菲菲，等．电磁超声螺栓轴向应力测量的有限元分析与试验［J］．无损检测，2021，43（12）：12-16.

浅析检验检测机构监管政策的作用

王世忠　王逸男

（黄河水利委员会黄河水利科学研究院，河南郑州　450003）

摘　要：近年来国家颁布了“双随机、一公开”监管和《检验检测机构监督管理办法》（第39号令）等意见和办法，根据本人参加资质认定评审工作的经历，发现相当大一部分检验检测机构未领会新型监管机制的意义；对区分检验检测违法行为危害程度，采取不同的行政管理方式以及“四不实，五虚假”依法应承担民事责任、行政责任和刑事责任等认识和掌握不足。以期通过交流，提升从业主体监管认知，增加法律责任意识，逐步实现“使守法守信者畅行天下、违法失信者寸步难行”的行业氛围。

关键词：监管机制；处罚规定；办法；检验检测机构

检验检测是国家质量基础设施的重要组成部分，是国家重点支持发展的高技术服务业、科技服务业和生产性服务业，在服务市场监管、提升产品质量、推动产业升级、保护生态环境、促进经济社会高质量发展等方面发挥着重要作用。

目前，我国检验检测行业在持续高速发展的同时，存在“散而不强”“管理不规范”等问题，部分领域、部分机构的不实和虚假检验检测行为，严重损害了市场竞争秩序和行业公信力。上述问题的产生，一方面有从业主体法律责任意识淡薄、恶意开展竞争、管理不规范等原因，另一方面也有法律规范滞后于“放管服”改革进程的因素。监督管理制度不够健全，对检验检测机构事中事后监管方面缺乏具体规定，特别是在检验检测机构主体责任、行为规范和信用监管等方面缺乏明确的统一要求，导致检验检测机构的主体责任、连带责任和失信惩戒措施等难以落地。

《国务院关于在市场监管领域全面推行部门联合“双随机、一公开”监管的意见》（国发〔2019〕5号）、《国务院关于加强和规范事中事后监管的指导意见》（国发〔2019〕18号）明确提出，要构建以“双随机、一公开”监管为基本手段、以重点监管为补充、以信用监管为基础的新型监管机制。

1　新型监管，提升监管效能

1.1　以“双随机、一公开”监管为基本手段

“双随机、一公开”监管的“一单两库”，是指《市场监管总局随机抽查事项清单》、检查对象名录库和执法检查人员名录库。随机抽查事项分为重点检查事项和一般检查事项。重点检查事项针对涉及安全、质量、公共利益等领域，抽查比例不设上限；抽查比例高的，可以通过随机抽取的方式确定检查批次顺序。一般检查事项针对一般监管领域，抽查比例应根据监管实际情况设置上限。

县级以上地方人民政府结合本地实际及行业主管部门的抽查要求，统筹制订本辖区年度抽查工作计划，涵盖一般检查事项和重点检查事项，明确工作任务和参与部门。年度抽查工作计划根据工作实际动态调整。以水利工程建设监理和甲级质量检测单位“双随机、一公开”抽查工作为例，水利部办公厅一般每年年初公开发布抽查工作通知，包括抽查工作计划、抽查事项清单、抽查记录表；年末水利部将在水利部门户网站和全国水利建设市场监管平台公开抽查结果，并以“一企一单”方式将

作者简介：王世忠（1968—），男，高级工程师，国家级资质认定评审员，主要从事检验检测质量管理工作。

抽查问题整改要求通知相关单位，对问题严重的单位予以通报批评，对存在违法行为的单位予以行政处罚，对失信行为按照《水利建设市场主体信用信息管理办法》进行管理。2019—2021 年，水利部双随机每年上半年和下半年分两批进行。

通过在市场监管领域全面推行部门联合“双随机、一公开”监管，增强市场主体信用意识和自我约束力，对违法者“利剑高悬”；“进一次门，办多件事”，切实减少对市场主体正常生产经营活动的干预，对守法者“无事不扰”。强化企业主体责任，实现由政府监管向社会共治的转变，以监管方式创新提升事中事后监管效能。

1.2　以重点监管为补充

对社会关注度高、风险等级高、投诉举报多、暗访问题多的领域实施重点监管。

1.3　以信用监管为基础

按照“谁检查、谁录入、谁公开”的原则，将检查结果通过国家企业信用信息公示系统和全国信用信息共享平台等进行公示，接受社会监督。对抽查发现的违法违规行为依法加大惩处力度，涉嫌犯罪的及时移送司法机关。2021 年 9 月 1 日起施行的《市场监督管理严重违法失信名单管理办法》（市场监管总局令第 44 号）第七条第四款规定，出具虚假或者严重失实的检验、检测、认证、认可结论，严重危害质量安全违法行为，列入严重违法失信名单。对被列入严重违法失信名单的当事人实施管理措施，一是依据法律、行政法规和党中央、国务院政策文件，在审查行政许可、资质、资格、委托承担政府采购项目、工程招标投标时作为重要考量因素；二是列为重点监管对象，提高检查频次，依法严格监管；三是不适用告知承诺制；四是不予授予市场监督管理部门荣誉称号等表彰奖励。

2　分类处罚，夯实主体责任

原《检验检测机构资质认定管理办法》（质监总局令第 163 号）等规章偏重于技术准入，监管重点在于资质能力的维持，对双随机监管、重点监管、信用监管等新型市场监管机制要求缺乏具体规定。

为了体现加强监管、规范秩序的要求，国家市场监督管理总局制定出台了《检验检测机构监督管理办法》（第 39 号令）（以下简称《办法》），自 2021 年 6 月 1 日起试行，强化检验检测系统性监管。

2.1　根据损害轻重，承担不同法律责任

《办法》第五条规定，检验检测机构及其人员应当对其出具的检验检测报告负责，依法承担民事、行政和刑事法律责任。依据《民法典》及《产品质量法》等，违法出具的报告造成的损害应当依法承担连带民事责任。《产品质量法》第五十七条第二款规定：“产品质量检验机构、认证机构出具的检验结果或者证明不实，造成损失的，应当承担相应的赔偿责任；造成重大损失的，撤销其检验资格、认证资格。”《消防法》第六十九条第二款规定：“消防技术服务机构出具失实文件，给他人造成损失的，依法承担赔偿责任；造成重大损失的，由原许可机关依法责令停止执业或者吊销相应资质、资格。”明确虚假或不实检验检测应承担损害赔偿责任。

《办法》第二十六条规定，检验检测机构出具虚假或不实检验检测报告的，“法律、法规对撤销、吊销、取消检验检测资质或者证书等有行政处罚规定的，依照法律、法规的规定执行。”《产品质量法》第五十七条第一款规定：“伪造检验结果或者出具虚假证明的，责令改正，对单位处五万元以上十万元以下的罚款，对直接负责的主管人员和其他直接责任人员处一万元以上五万元以下的罚款；有违法所得的，并处没收违法所得；情节严重的，取消其检验资格、认证资格；构成犯罪的，依法追究刑事责任。”明确虚假或不实检验检测机构和责任人承担行政和刑事法律责任。虚假或不实检验检测报告的违法成本，不是个别检验检测机构理解的“限期改正，罚款 3 万”违法收入就洗白了。

作为部门规章，《办法》主要对检验检测机构及其人员违反从业规范的行政法律责任进行具体规定，包括责令限期改正，罚款，撤销、吊销、取消检验检测资质或证书。根据《刑法》第二百二十

九条“提供虚假证明文件罪”“出具证明文件重大失实罪”的规定，对虚假检验检测行为要追究刑事责任。2020 年 12 月 26 日，十三届全国人大常委会通过的中华人民共和国刑法修正案，更是将环境监测虚假失实行为明确作为《刑法》第二百二十九条的适用对象。正所谓“挣钱少，责任大”。

2. 2 根据危害程度，采取不同处罚方式

对于检验检测机构违反义务性规定的情形，《办法》区分风险、危害程度，采取了不同的行政管理方式。一是提醒纠正一般性违规事项。对于违反一般性管理要求的事项，指导监管执法人员采用《办法》第二十四条规定的“说服教育、提醒纠正等非强制性手段”。二是督促改正较严重的违法违规行为。《办法》第二十五条仅对可能损害检验检测活动委托方或不特定第三方权益、较易引发争议的一般违法行为设置处理处罚规定，包括违反国家强制性规定实施检验检测尚未对结果造成影响的、违规分包、出具检验检测报告不规范等。三是依法严厉打击不实和虚假检验检测行为。强调对《办法》列举的不实和虚假检验检测，市场监管部门要严格按照《产品质量法》《食品安全法》《道路交通安全法》《大气污染防治法》《农产品质量安全法》《医疗器械监督管理条例》《化妆品监督管理条例》等实施吊销资质或证书等行政处罚。

打击不实和虚假检验检测行为是制定《办法》的主要目的之一。《办法》根据《产品质量法》《食品安全法》《道路交通安全法》《大气污染防治法》等法律、行政法规规定，在第十三条列举了 4 种不实检验检测情形，第十四条列举了 5 种虚假检验检测情形，有利于从业机构明确必须严守的行业底线，也有利于各级市场监管部门突出打击重点。根据《办法》第二十二条规定，市场监管部门将对不实和虚假检验检测违法行为的行政处罚信息纳入国家企业信用信息公示系统等信用平台，归集到企业名下，以推动实施失信联合惩戒。

3 结语

为贯彻落实党中央、国务院关于推进“放管服”改革、优化营商环境决策部署，2021 年 4 月 8 日，国家市场监督管理总局颁布了《检验检测机构监督管理办法》（第 39 号令）。《办法》立足于解决现阶段检验检测市场存在的主要问题，着眼于促进检验检测行业健康、有序发展，对压实从业机构主体责任、强化事中事后监管、严厉打击不实和虚假检验检测行为具有重要的现实意义。

检验检测机构内审不符合原因分析案例的剖析

王世忠　王逸男

（黄河水利委员会黄河水利科学研究院，河南郑州　450003）

摘　要： 检验检测机构内部审核作为保证其基本条件和技术能力持续符合资质认定要求的关键手段，其重要性不言而喻。内部审核中不符合项整改六步措施包括立即纠正、原因分析、纠正措施、跟踪验证、举一反三和提供整改有效性证据，其中在原因分析中找出产生问题的最根本原因并采取纠正措施是重中之重，如同医生找到病因对症下药。正确运用原因分析的理论、方法，抓住主要矛盾的主要方面，以期提高行业资质认定内部审核的质量和水平。

关键词： 不符合；原因分析；案例剖析

内部审核作为检验检测机构申请资质认定、复查换证以及监督检查的必查内容，检验检测机构一般都会策划进行，然而，相当大一部分检验检测机构只知其然不知其所以然，由于不掌握不符合项的的原因分析原理和方法，未能查找到不符合项的最根本原因，使纠正措施流于形式，只治其表，未治其里，造成每年进行的内部审核不符合项的反复出现。检验检测机构不能保证其基本条件和技术能力能够持续符合资质认定和要求，不能确保管理措施有效实施，隐含巨大的风险。

1　不符合根源分析

当识别出不符合时就要分析不符合产生的原因，找到问题的根源，采取措施消除原因，才能杜绝此类事件不再重犯。因而原因分析是纠正措施中最关键、最困难的环节。

根据质量因素起作用的主次程度，导致不符合发生的原因可分为直接原因、间接（或称次要）原因和根本原因，每种原因有时可能不止一个。原因分析时要仔细分析产生不符合的所有可能原因，进而从中识别出根本原因。

（1）直接原因。产生不符合或不能阻止产生不符合发生的第一起作用的原因。

（2）间接原因。过程中其他对产生不符合有贡献或允许不符合发生的原因，其本身不会直接导致问题的发生。

（3）根本原因。引起产生不符合或不能阻止不符合发生的最根本的原因，它是问题真正的和初始的根源。根本原因一般情况下多于一个。

最常见的问题是原因分析不深入，未能找到根本原因，停留于表面，导致同样的问题再次发生。检验检测机构内部审核发生的不符合通常有如下原因：

（1）管理体系文件未涉及评审标准中部分条款的内容。

（2）管理体系文件的规定与评审标准要求偏离。

（3）管理体系文件对某项活动有明确的规定，但检验检测机构或某个工作人员违反规定。

（4）管理体系文件对某项活动有明确的规定，但检验检测机构未执行。

（5）管理体系文件对某项活动有明确的规定，检验检测机构有执行，但是执行不到位。

（6）检验检测机构的某个人员个人工作失误。

作者简介： 王世忠（1968—），男，高级工程师，国家级资质认定评审员，主要从事检验检测质量管理工作。

在进行原因分析时，可按照以上6个方面由浅及深，找到问题产生的根源。

2 不符合类型分析

2.1 不符合标准对标

根据不符合事实描述，对标《通用要求》及相应领域的补充要求和管理体系文件条款。

《通用要求》及相应领域的补充要求对标原则：①慎用原则；②就近原则；③就小不就大原则；④便于纠正原则；⑤抓根本原则；⑥增值原则。如就小不就大原则，主要指应从评审发现的不符合事实最近的要素去寻找还不够，应进一步去寻找最合适的小条款。

例如，自动采集数据的自动化设备没有确认记录，除遵循就近原则，不能判在4.5.11（记录的一般要求）外，而应首先找到4.5.16，然后再去寻找最贴切的小条款a)，应判在4.5.16a)。

管理体系文件对标原则：对程序不对手册。对标《程序文件》《作业指导书》等操作性文件，不对标《质量手册》规定性文件。

2.2 不符合类型对标

2.2.1 根据管理体系建立或实施分类

（1）体系性不符合：文-标不符（体系文件规定不符合《通用要求》）。

（2）实施性不符合：文-实不符（实施不符合体系文件规定）。

（3）效果性不符合：实-效不符（效果不符合目标）。

2.2.2 根据严重程度分类

根据不符合的严重程度，不符合分为严重不符合和一般不符合。出现下列三种情况之一为严重不符合：

（1）体系运行出现系统性失效。如某一要素、某关键过程重复出现的失效现象。

（2）体系运行出现区域性失效。如一个部门、场所的全面失效现象。

（3）影响数据和结果或体系运行的后果严重的不符合（不合格）现象。

除以上外，考虑一般不符合。

2.2.3 不符合风险评估

在不符合对标的基础上，进行风险评估。审核发现不符合应立即停止工作、改正；需要时，追溯结果。发现不符合追溯对以前结果是否受到影响，如果受到影响，采取措施，采取措施前要进行风险评估，能承受的今后注意；评估后，会造成巨大的品牌影响或巨大的经济损失，承受不了的，追回报告，可以追回发新报告；不能追回的，声明作废。

3 不符合原因分析案例剖析

引起产生不符合或不能阻止不符合发生的最根本的原因，是问题真正的和初始的根源。找问题根源应多从文件、制度上寻找，不要把问题个人化，更不要把所有问题都归结为“检验检测人员工作责任心不强”“工作不认真”。

根据不符合事实描述，通过为什么、为什么、为什么层层剖析，查找到不符合产生的最根本原因所在。有没有规定，有规定为什么没有做，做了为什么没有达到效果，分清个人原因、质量监督/监控原因、检测室原因、管理层原因。以下实际案例，原因分析没有找到最根本的原因，应正确运用原因剖析中的方法，找出真正的“病因”，对症下药挖出“病根”，不至于同样的错误一犯再犯，才能实现彻底整改不符合的目标。

案例1：

不符合事实描述：甲机构提供不出电导率仪AXYQ-076仪器设备维护记录，不符合《通用要求》4.4.2。

原因分析：由于对《通用要求》4.4.2的规定学习贯彻不到位，未填写电导率仪AXYQ-076仪器设备维护记录，造成此问题发生。

纠正措施：①对采样人员进行《通用要求》4.4.2 相关内容的宣贯和培训，并验证培训有效性；②采样人员按照相关规定对电导率仪 AXYQ-076 进行维护并填写维护记录。

备注：案例中没有追溯结果，没有对标体系文件，没有提供宣贯和培训记录。

原因剖析：

为什么没有记录？有没有建立检验检测设备和设备管理程序？该程序文件是否有仪器设备的维修与保养章节？如无，即体系性不符合。有文件为什么没有记录？是否组织宣贯？有无宣贯记录？为什么没有组织宣贯？体系文件未宣贯是谁的责任？机构对该责任是否有对应的奖惩办法？如无，即实施性不符合。有宣贯为什么没有记录？其他仪器有维护记录，该仪器没有，效果性不符合。继续查个人或连带人员履职情况，是否设置仪器管理员？有无仪器管理员任命文件？设置了仪器管理员为什么没有记录？该仪器管理员是否明确仪器管理员职责？有无质量监督员？质量监督员为什么没有发现？有无人员监督/监控程序？有无监督/监控记录？

案例 2：

不符合事实描述：甲机构提供不出工号为 AJ-15 张＊，HJ 973—2018 固定污染源废气一氧化碳测试人员培训记录，不符合《通用要求》4.2.6。

原因分析：由于对《通用要求》4.2.6 的规定理解不透彻，未对张＊HJ 973—2018 固定污染源废气一氧化碳测试人员进行培训，造成此问题发生。

纠正措施：①对大气分析室相关人员进行《通用要求》4.2.6 相关内容的宣贯和培训，并验证培训有效性；②大气分析室按照相关规定对张＊HJ 973—2018 固定污染源废气一氧化碳测试人员进行培训，并填写培训记录。

原因剖析：

体系文件有无相应的人员管理程序、人员监督和监督程序、人员培训与考核管理程序？有无宣贯？（为什么同案例 1）；有无年度培训计划？有无组织该标准方法培训？为什么没有计划和/或培训？根据管理体系职能分配表，应是谁的责任？本人是否知道自己的职责？为什么没有履职？机构对该责任是否有对应的奖惩办法？张＊是否有相关参数能力确认？能力确认附表中有无考核、原始记录、典型报告？有无仪器使用记录？张＊是否出具相关参数结果和数据，是否需要追溯结果？有无质量监督？（为什么同案例 1）。

案例 3：

不符合事实描述：2022 年 6 月 9 日，检查乙机构＊＊室 RS-JYB 桩基静载荷测试分析仪（201105）校准证书未做校准结果确认；该仪器使用记录显示 2021 年 11 月 11 日 19：07 在项目 1 使用结束，并于 2021 年 11 月 11 日 10：00 在项目 2 开始使用；RS-JYB 桩基静载荷测试分析仪（201603）仪器绿标签显示该仪器有效截止日期为 2022 年 4 月 7 日；RS-WP 基桩动测仪（WP16）无设备状态标识。

不符合类型：☐ 体系性不符合　☑ 实施性不符合　☐ 效果性不符合

不符合程度：☐ 严重不符合　☑一般不符合

原因分析：相关人员未认真执行《通用要求》4.4.3 条款的相关要求，未按照《仪器设备管理程序》（＊＊＊＊-CX09—2021）中“仪器设备检定/校准确认表”规定要求严格执行；填写使用记录时不认真。

纠正措施：科室负责人组织相关人员认真学习《通用要求》4.4.3 条款和《仪器设备管理程序》（＊＊＊＊-CX09—2021），按照程序文件的要求对所有仪器设备进行排查，在此基础上补充完善相关试验场所的“仪器设备检定/校准确认表”及仪器使用记录。

原因剖析：

＊＊室仪器设备校准未做结果确认，仪器设备一直在使用，仪器设备校准超过有效期，仪器设备

未粘贴标识。不符合程度定位一般不符合不妥，体系运行出现区域性失效，应属于严重不符合。案例中不符合程度定位错误，方向偏离，未找到最根本原因，纠正措施治标不治本。

据评审员调查，该机构管理是以检测室单位独立核算，各室均设置有授权签字人、内审员、设备管理员、质量监督员、档案管理员，根据需要设置样品管理员、设备操作员。检验检测人员经常出差，机构没有集中组织新版体系文件宣贯。新版体系文件发布后，通知各检测室根据生产情况自行组织宣贯，体系文件电子版发各室负责人，要求传达到每一位员工。机构组织抽查各室宣贯培训记录。

＊＊室是否真正组织新版体系文件宣贯？室负责人是否熟悉体系文件仪器设备管理程序？设备管理员、质量监督员是否熟悉体系文件仪器设备管理程序？室负责人、设备管理员、质量监督员没有履行职责，机构是否有对应的奖惩办法？RS-JYB 桩基静载荷测试分析仪（201105）、RS-JYB 桩基静载荷测试分析仪（201603）、RS-WP 基桩动测仪（WP16）立即停用，确定仪器设备状态。如果确认结果不符合标准方法，出了多少份报告？是否对结果造成影响？风险分析可以接受，会对机构带来较大影响，收回报告，声明报告作废。

案例 4：

不符合事实描述：2022 年 6 月 9 日检查乙机构＊＊室时，查检验检测报告 2022＊＊＊0004，仪器为干燥箱 6566，查干燥箱 6566 仪器使用记录，没有该试验的使用记录。查检验检测报告 2022＊＊＊0018，检验人：闫＊＊，仪器：电子天平 JS30-1，查该试验仪器使用记录，该试验仪器使用人孟＊＊，此问题多个报告存在；原始记录检测日期 2022 年 4 月 29 日，仪器使用记录显示该试验日期 4 月 28 日。

不符合类型：□体系性不符合　☑实施性不符合　□效果性不符合

不符合程度：□严重不符合　☑一般不符合

原因分析：相关人员未认真学习《通用要求》4.5.11 条款的要求，未按照《记录管理程序》（＊＊＊＊-CX22—2021）严格执行。

纠正措施：组织相关人员认真学习《通用要求》4.5.11 条款和《记录管理程序》（＊＊＊＊-CX22—2021），在检测工作中根据实际情况据实填写设备使用记录，不得迟填、漏填、代填。

原因剖析：

不符合项表面问题是未按照《记录管理程序》严格执行，体系运行出现区域性失效，该程序在＊＊室多处出问题，应定位在严重不符合；检验检测报告未按照标准等规定保存原始数据，违反《检验检测机构监督管理办法》（市场监管总局令第 39 号）第十三条，属于不实检验检测报告，影响数据和结果且后果严重的不符合现象应定位在严重不符合。非相关人员未认真学习的问题，而是部门质量管理出了问题；室负责人未认识到不符合的严重性，是缺乏风险意识问题。没有填写试验的使用记录怎么纠正？为什么出现多处仪器使用记录使用人非报告试验人员？检验检测报告的编写人员、审核人员、授权签字人为什么没有发现？质量监督员是否真正履职？原始记录错误，发现后只能另外做出说明并记录，而不能更改先前那个错误的记录，否则就是“原始记录不原始”，掩盖了已发现的问题。纠正措施计划应围绕这些问题编制，并举一反三。

案例 5：

不符合事实描述：2022 年 6 月 9 日检查乙机构＊＊室时，查 2021 年内部审核不符合报告不符合事实描述，检验检测人员谢＊＊使用未受控的 GB/T 3524—2015、GB/T 700—2006 复印件。今年再次要求谢＊＊提供使用的标准规范，提供的 GB/T 3524—2015、GB/T 700—2006 仍为复印件，未受控。

不符合类型：□体系性不符合　☑实施性不符合　□效果性不符合

不符合程度：□严重不符合　☑一般不符合

原因分析：相关人员未认真学习《通用要求》4.5.3 的相关要求，未按照《文件控制程序》（＊＊＊＊-CX13—2021）规定要求严格执行。

纠正措施：部门负责人组织相关人员认真学习《通用要求》4.5.3 和《文件控制程序》（＊＊＊＊-CX13—2021），按照程序文件以及试验方法标准的要求给试验人员提供受控的标准规范。

原因剖析：

体系运行出现系统性失效，2022 年查出 2021 年内部审核不符合未纠正，属于严重不符合。2021 年内部审核＊＊室未整改，＊＊室负责人、负责该室的内审员没有履职是最根本原因。如果按照 2022 年既定的纠正措施整改，如果内审员依然签署“经检查，已按要求整改，未发现类似问题发生”，乙机构 2023 年内部审核可能问题依旧，如果国家“双随机”“飞检”发现类似严重不符合问题，可能给予“限期整改，期限一个月；整改不到位或逾期未整改的，记入全国水利建设市场监管平台不良行为记录”处罚。

案例 6：

不符合事实描述：2022 年 6 月 10 日检查乙机构＊＊室时，待检样品编号 KS2022-＊＊9，仪器电脑试验记录已检。

原因分析：试验人员未认真学习《通用要求》4.1.3 条款及程序文件对样品的管理要求。

纠正措施：组织相关人员认真学习《通用要求》4.1.3 条款及程序文件对样品的管理要求。及时清理已检样品。加强试验人员责任心及试验过程管理。

原因剖析：

《检验检测机构监督管理办法》（市场监管总局令第 39 号）第十四条规定，未经检验检测出具检验检测报告，属于虚假检验检测报告。第二十六条规定，法律、法规对撤销、吊销、取消检验检测资质或者证书等有行政处罚规定的，依照法律、法规的规定执行；法律、法规未作规定的，由县级以上市场监督管理部门责令限期改正，处 3 万元罚款。2021 年 9 月 1 日起施行的《市场监督管理严重违法失信名单管理办法》（市场监管总局令第 44 号）第七条第四款规定，出具虚假或者严重失实的检验、检测、认证、认可结论，严重危害质量安全违法行为，列入严重违法失信名单。对被列入严重违法失信名单的当事人实施管理措施，一是依据法律、行政法规和党中央、国务院政策文件，在审查行政许可、资质、资格、委托承担政府采购项目、工程招标投标时作为重要考量因素；二是列为重点监管对象，提高检查频次，依法严格监管；三是不适用告知承诺制；四是不予授予市场监督管理部门荣誉称号等表彰奖励。

不符合项开到 4.1.3，机构应对该室组织专项内部审核。如果虚假数据现象是个案，根据机构处罚制度或个人诚信承诺，严厉处罚当事人。如果普遍存在数据造假现象，机构的体系文件、质量管理、信用承诺形同虚设，机构存在被撤销、吊销、取消检验检测资质风险，最高管理者应采用最严厉的手段组织整改。

4 结语

内部审核不符合项整改六步骤，原因分析是关键，只有针对最根本原因采取纠正措施，才能使机构持续保持基本条件和技术能力符合资质认定和要求，得以持续改进、螺旋上升。

参考文献

[1] 国家认证认可监督管理委员会．检验检测机构资质认定评审员教程［M］．北京：中国质检出版社，中国标准出版社，2018.

[2] 冷元宝．检验检测机构资质认定内审员工作实务［M］．郑州：河南人民出版社，2018.

黔中水利枢纽工程水质监测站网优化研究

常　赜　王腾飞　黄伟杰　罗　欢　何　瑞　孙玲玲　张琼海

（珠江水利委员会珠江水利科学研究院，广东广州　510610）

摘　要： 水质监测及水质自动监测站网建设是水质安全监控和水污染事故预警预报的重要手段。黔中水利枢纽工程是贵州省中部地区重要的水源工程，承担着黔中地区十多个县（市、区）城乡的生活和生产用水。随着工程正式投入使用，水质监测监控需求及形势发生了较大的改变。本研究在历史监测断面基础上，秉承传承性及科学性，对水质自动监测站网布设进行了优化，充分考虑了上游来水、库区及坝下水环境现状、污染源分布情况及跨市、县断面选取，优化后的水质监测站网具有合理性和代表性，可满足饮用水源保护区水质监控需求及水污染事故预警的要求。

关键词： 黔中水利枢纽工程；水质监测站网

1　研究背景

水质监测站网在很大程度上反映的是人类活动对水质的影响，因此如何客观、准确、快速反映影响因子、影响范围及影响程度是建设监测站网需要解决的主要问题[1]。结合国内外水环境监测情况可以看出，水环境监测逐步由常规水质监测向综合性动态监测发展。在以往的规划和建设中，监测站网布局较为均衡，对于区域的差异性考虑较少。随着经济的发展，现阶段更加重视从规划的角度，提升重点关注区域的监测能力，可以使有限的资源用到最需要的地方[2]。

由于自然和社会环境状况的差异，监测站网规划更加向常规监测和区域高密度监测相结合的模式发展。在一般性水质监测站网的基础上，从探索和研究的角度，结合经济发展需求，以3~5年或5~10年为一个周期，在数十平方千米至数百平方千米区域内，高密度设置监测站点，一方面监控区域内污染排放情况和降解规律，并对微量有毒有机物、激素类污染物进行跟踪监测，另一方面研究水生生物变化，研究区域水环境演化过程、趋势，站网设置的综合作用得到充分的体现，监测效率和监测效果得到最大化[3]。

2　工程区概况

黔中水利枢纽工程是贵州省有史以来首个跨地区、跨流域、长距离输水的大型水利工程，位于贵州省中部地区，处于长江和珠江两大流域的分水岭地带。工程以灌溉和城市供水为主，兼顾发电、县城及乡镇供水、人畜饮水。工程承担了黔中地区十多个县（市、区）城乡的生活和生产用水，对保障该区域经济社会的可持续发展具有重要意义。

黔中水利枢纽工程建设涉及范围水系主要为三岔河及其支流扈家河、水公河、后寨河等，红水河支流鸡场河等。工程涉及的水库为桂家湖水库、革寨水库、凯掌水库。灌区主要涉及桂家湖水库、革寨水库（见图1）。

施工阶段在黔中水利枢纽工程共布设6个常规水质监测断面，2017年监测断面增加为10个。由于当时工程尚未正式投入使用，目前断面设置主要与水库取水点结合，并未全面充分考虑三岔河上游

作者简介： 常赜（1993—），男，工程师，主要从事水利数值模拟及环境工程研究工作。

污染源情况、入库口、总干渠及桂松干渠以及背景断面的设置，断面布设未完全遵循《水环境监测规范》和《地表水环境质量监测技术规范》中的要求。因此，无法全面掌握平寨水库水质情况及入库污染物情况，获得长期可靠的数据进行分析。

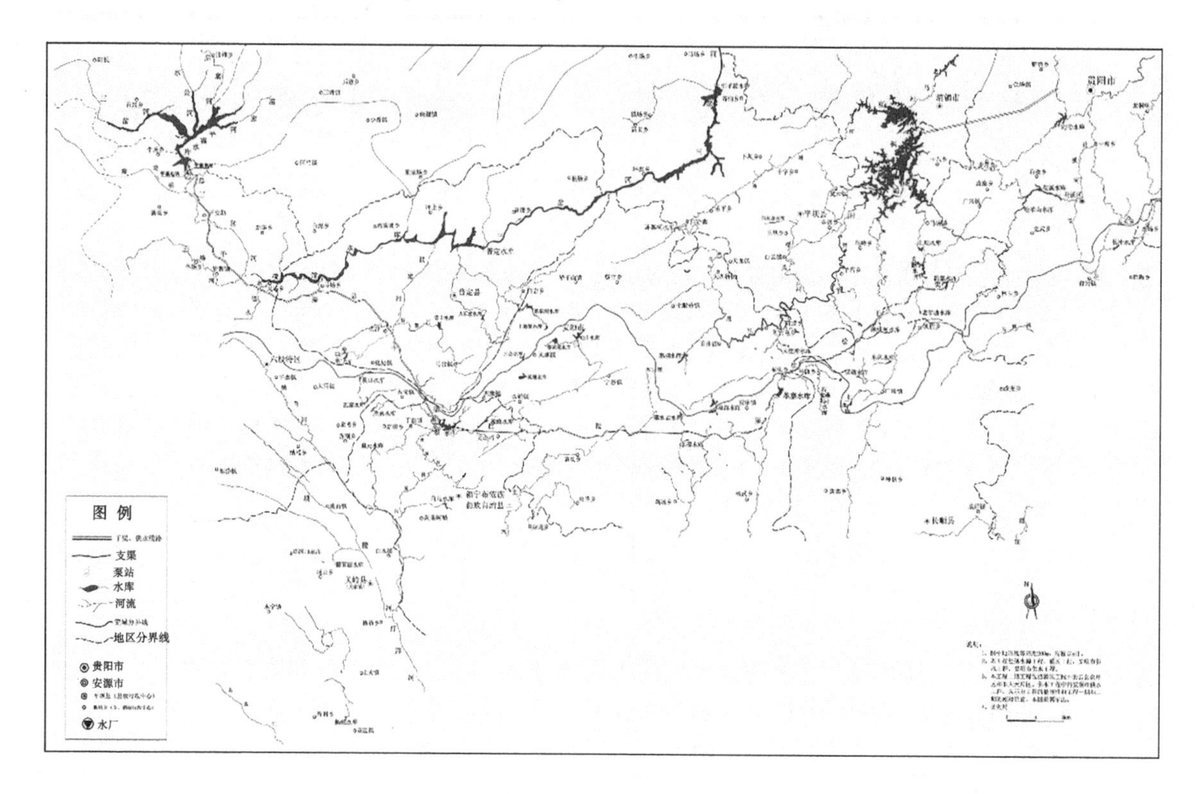

图 1 黔中水利枢纽工程所在区域水系

3 水质监测站网布设优化原则

（1）满足掌握水质的时空变化动态及进行区域水质评价的需要。

（2）充分考虑工程涉及各市、县交界区域合理布点，以方便进行水质保护监督管理的基本信息需要和当地政府水利部门做出快速应急反应。

（3）尽量沿用历史点位，秉承数据的传承性。

（4）本着统一、高效、可操作的原则，实行按流域统一规划，以便做到在技术上和经济上合理。

（5）按功能分类进行站网设置和调整，力求做到多用途、多功能，具有较强的代表性，满足水质管理、取水许可管理、重要供水水源地管理等多层次的需要。

4 优化方案

根据水行政主管部门的职责和水利改革与发展任务中“强化水环境监测，按照水资源管理标准监督控制排污量，改善供水水质”和“加强水环境保护工作”的要求，水质站网规划的目标是突出重点，分类设置。

本次断面布设涵盖了三岔河流域干流和支流。设置监测断面需要考虑上游来水、库区及坝下水环境现状；而且断面布置应充分考虑三岔河流域污染源主要分布在本工程坝址以上的河段，集中在流经城镇等人口聚集地这一特点，即在平寨水库坝址上游设置了更多的监测断面。由此本次三岔河区域、平寨水库水环境质量监测断面的设置是可以满足日常水质监测要求的，断面设置具有合理性和代表性。

对桂家湖水库、革寨水库、凯掌水库等水库的取水口、入库口、出库口以及背景断面进行了布点监测。这些监测断面涵盖了工程涉及的全部水库，具有合理性和代表性。

对总干渠、桂松干渠上设置断面，应充分考虑监测跨市、县断面情况，满足水质评价要求，因而具有合理性和代表性。

4.1 常规水质监测断面布设方案

4.1.1 设置断面

共设水质监测断面32个（含24个常规监测断面及8个供水水源地断面），根据《黔中水利一期工程集中式饮用水水源保护区划分方案》，本次总体方案设8个供水水源地水质监测站，分别位于平寨水库、总干渠岩脚镇、总干渠化处镇、桂家湖水库、镇宁长脚寨、革寨水库、桂松干渠麻杆站分水口和凯掌水库取水口，均在省级饮用水水源保护区内。点位布设见图2。除10个历史断面外，其余均为新设，断面布设在符合规程规范的基础上，充分考虑实际交通采样情况，具有可操作性及可靠性。

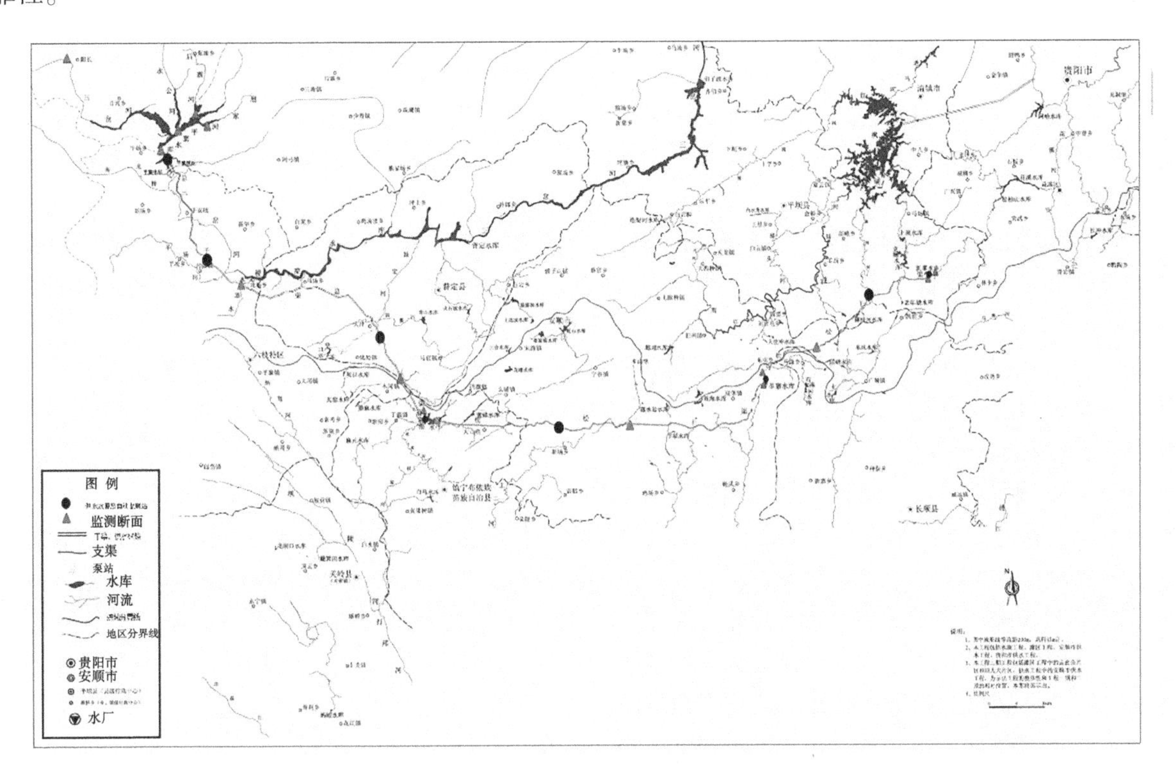

图2 黔中水利枢纽一期工程水质监测断面规划分布

4.1.2 监测项目及频次

水功能区监测断面的监测项目为地表水环境质量标准中表1基本项目，为便于数据统一管理，增设表2中的补充项目5项，共计29项。监测频率为每年12次，每月1次。

《贵州省人民政府办公厅关于印发〈贵州省进一步加强城乡集中式饮用水水源地保护管理工作方案〉的通知》黔府办发〔2017〕20号）第七条规定，地级以上集中式饮用水水源地每年开展一次109项监测指标水质全分析；县级以上集中式饮用水水源地每两年开展一次109项指标水质全分析。因此，针对供水水源地水质监测断面每月采样检测一次29项，一年共计11次，并每年对各供水水源站进行1次109项监测指标水质全分析。

4.2 水质自动监测站布设方案

4.2.1 设置断面

水质自动化监测站设置在黔中水利枢纽一期工程重要水源地各水库入库控制断面及取水口处，基本覆盖了主要城市的供水水质监控。本总体方案建设水质自动监测站8个，布点设置在平寨水库入渠口（总干渠渠首）、桂家湖水库取水口、革寨水库取水口、凯掌水库取水口、干渠、桂松干渠取水口等主要供水水源地，采用分期实施，逐步实现，黔中水利枢纽一期工程主要水源地水质自动化监控的规模基本合理。

4.2.2 监测项目及频次

饮用水水源地水质自动监测站由采水系统、配水系统、分析测试系统、数据采集与传输系统、控制系统、子站站房等部分构成，其中分析测试系统是本次自动站建设的核心内容，在按照水环境质量自动监测站的常规配置，配备包括五参数（水温、pH、溶解氧、电导率、浊度）、高锰酸盐指数和氨氮的同时，为及时监控水库的富营养化程度，在湖库水体增加总氮（磷）、总氮、叶绿素、透明度的监测。

通过自动监测站进行实时监控水质变化，水质参数监测项目为水温、pH、溶解氧、电导率、浊度、高锰酸盐指数、氨氮、总磷、总氮、叶绿素 a 和透明度，共 11 项。根据贵州省国控水资源中水功能区水质自动监测站监测频次要求，本次设计中 8 处自动监测站要求监测频次为 6 次/d 。

5 结论与展望

通过本监测方案实施建设，将使水资源水质监测分析、评价、预测水平和能力明显提高，极大地促进水质监测方式的改革，提高工作效率，更好地为供水水源地的安全保障、流域水资源管理开发利用和保护提供更丰富的信息。

（1）水质监测站网的优化，将使现状的 10 个监测站点扩大到 32 个，建立覆盖黔中水利枢纽一期工程所有大、中水库干支渠的水质监测网络，从而达到对地表水以及入河排污口排污实施水质有效监督。

（2）水质自动化监测站设置在重要水源地控制断面，基本覆盖了主要城市的供水水质监控，有利于污染源的迅速控制、水质污染事故的及时预防和对下游水质污染的预报，对于保障饮用水安全和社会稳定起着重要作用。

（3）水资源监测能力建设将明显提高水资源和水质监测分析、评价、预测水平与能力，使收集、积累水文资料的广度和深度显著增强，应对突发性水事件的快速反应能力得到提高，可有效减轻突发性水事件对人民生命财产造成的损失，为落实科学发展观，构建社会主义和谐社会做出贡献。

（4）在未来工作中，要以水环境信息的实时获取、分析为目标，推广建设统一的水环境信息管理系统，构建共享信息网络，开展水质遥感监测研究等，使水环境监测信息利用效率、利用效果得到普遍提高，更好地服务于水资源保护和管理工作。

参考文献

[1] 武万峰，徐立中，徐鸿．水质自动监测技术综述［J］．水利水文自动化，2004，1（1）：14-18.

[2] 王银川．我国水质监测技术的发展与应用概况［J］．城市建设理论研究，2012（6）：1-3.

[3] 刘京，周密，陈鑫，等．国家地表水水质自动监测网建设与运行管理的探索与思考［J］．环境监控与预警，2014，6（1）：10-13.

原子荧光法双道同测砷硒的实验探讨

曾　丹　王秀坤

（淄博市水文中心，山东淄博　255000）

摘　要：目前实验室检测水中砷、硒最通用的方法是采用原子荧光光度法分别检测，分析步骤烦琐。本实验利用双道原子荧光光度计同时检测混合样品中的砷和硒，实验结果表明，在一定的实验条件下，双道同测的校准曲线、检出限满足检测要求，精密度、准确度均较好。

关键词：原子荧光；双道同测；砷；硒

砷（As）、硒（Se）是地表水、地下水的常规监测项目，在自然水体中含量较低。砷是人体非必需元素，其化合物有剧毒。硒是生物体必需的营养元素，但是过量的硒也会引起中毒。

水中砷、硒测定的方法有多种，目前实验室常用检测方法分别为《水质砷的测定 原子荧光光度法》（SL 327.1—2005）、《水质硒的测定 原子荧光光度法》（SL 327.3—2005），两个项目根据各自的方法规定采用不同的测试条件，分别单独检测。由于砷、硒检测环境和使用试剂条件比较接近，可以考虑两个项目同时测定，本次实验利用双道原子荧光光度计对同时测定砷和硒的可行性、测试条件、准确性、精密性进行探讨研究。

1　实验原理

在待测水样中加入硫脲，使待测样品中砷均转变为三价砷，硒均转变为四价硒，酸性条件下采用硼氢化钾做还原剂，可生成气态氢化砷和氢化硒，再利用高纯氩气将其载入原子化器进行原子化，以双道高强度空心阴极灯作为激发光源产生荧光，利用仪器同时检测砷、硒原子荧光强度，并计算样品中的砷、硒含量。

2　实验内容

2.1　设备

AFS-9700 双道原子荧光光度计（北京海光），砷、硒高强度空心阴极灯以及分析软件系统。

2.2　试剂

实验用水全部为超纯水（电导率≤1 μS/cm）；载气为高纯氩气；载流溶液：5%盐酸溶液；硼氢化钾溶液（2%）：称取 10 g 硼氢化钾溶解于 500 mL 氢氧化钠溶液（0.5%）中；硫脲-抗坏血酸溶液：称取 10 g 硫脲和 10 g 抗坏血酸充分溶解于 200 mL 水中；砷+硒标准溶液：使用生态环境部标液研究中心、水利部水环境监测研究中心有证标准样品按要求逐级稀释而得。

2.3　标准系列点

仪器具有自动稀释配线功能，因此配制一个浓度为 1 0 μg/L 的最大浓度点即可。

作者简介：曾丹（1986—），女，工程师，主要从事水环境监测及质量评价、水资源保护及评价等。

2.4 工作条件

砷：载气流量 300 mL/min，屏蔽气流 900 mL/min，负高压 270 V，灯电流 45 mA；硒：载气流量 400 mL/min，屏蔽气流 1 000 mL/min，负高压 280 V，灯电流 55 mA；原子化器高度均设置为 8 mm，原子化器温度均设置为 200 ℃，读数时间均设置为 10 s，延迟时间均设置为 4 s。砷、硒单道测量时与砷硒双道同测时各条件设置均保持一致。

标准系列浓度均设置为 0、1.0 μg/L、2.0 μg/L、4.0 μg/L、8.0 μg/L、10.0 μg/L。

2.5 实验样品

选取不同浓度砷、硒标准物质各 4 支，配制成 6 个混合样品（见表 1），各加入 10%硫脲-抗坏血酸溶液，摇匀备用。同时准备室内空白试样：在 90 mL 盐酸溶液（5%）中加入 10 mL 硫脲-抗坏血酸溶液，放置 30 min 后上机。另选取地表水体 2 处作为天然样品做砷、硒单通道和砷硒双通道同测平行分析。

表 1 实验样品

样品编号	标准物质号	标准值及不确定度/（μg/L）	来源
样品 1	砷：200443	55.0±3.3	生态环境部标液研究中心
	硒：203718	9.69±0.89	
样品 2	砷：190539	22.0±1.8	水利部水环境监测研究中心
	硒：171176	7.40±0.59	
样品 3	砷：190539	22.0±1.8	水利部水环境监测研究中心
	硒：171177	13.8±1.1	
样品 4	砷：161074	18.2±1.8	水利部水环境监测研究中心
	硒：161071	13.3±1.1	
样品 5	砷：200437	35.5±4.8	生态环境部标液研究中心
	硒：203718	9.69±0.89	
样品 6	砷：200437	35.5±4.8	生态环境部标液研究中心
	硒：171177	13.8±1.1	水利部水环境监测研究中心

2.6 上机

按上述设定值设定好仪器工作条件，预热 30 min 后，按仪器操作手册进行检测。

步骤 1：A、B 双道分别单独工作，检测样品空白和混合样品中砷、硒的含量。

步骤 2：A、B 双道同时工作，检测样品空白和混合样品中砷、硒的含量。每个混合样配制 6 组平行样，并选取样品 2、4、6 测加标回收率。

3 实验过程及结果分析

3.1 校准曲线绘制及线性检验

单道检测和双道同时检测的校准曲线见图 1～图 4，从中可见，单道检测和双道同测的工作曲线相关系数 r 均在 0.999 0 以上，校准曲线线性均良好。

3.2 检出限

按仪器操作方法连续测定 11 次空白样，仪器软件自动计算砷检出限为 0.022 2 ng/mL，硒检出限为 0.017 7 ng/mL。两个项目的检出限均小于 SL 327 标准中的方法检出限。

3.3 准确度分析

对表 1 中的 6 个标准混合样品分别进行单道检测和双道同测，检测结果见表 2。从中可见，单道

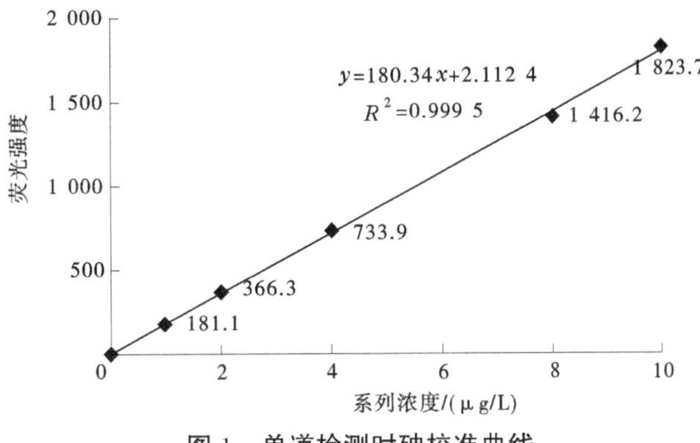

图 1 单道检测时砷校准曲线

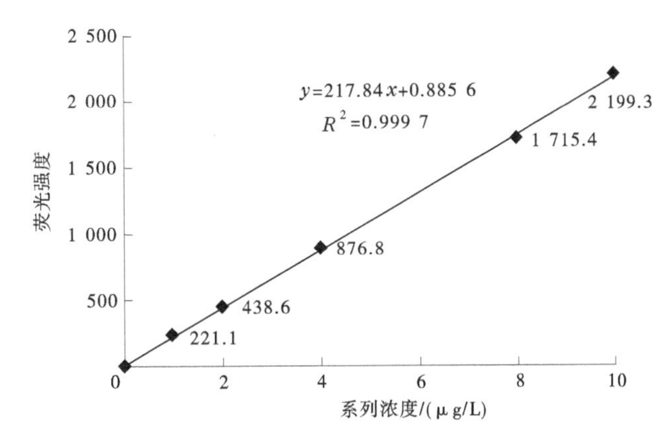

图 2 双道同测时砷校准曲线

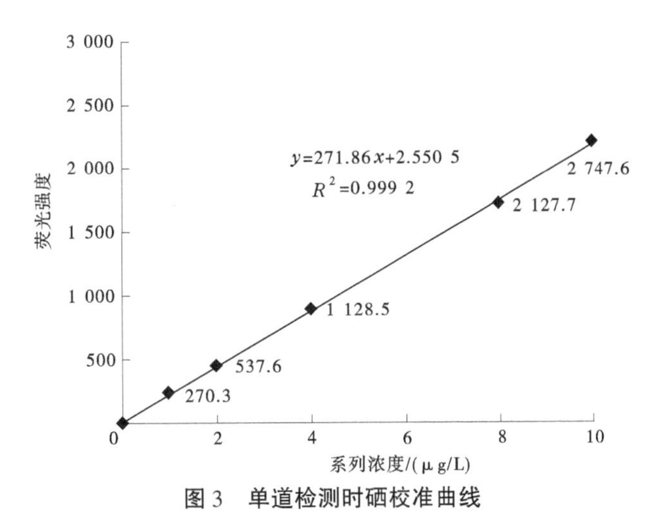

图 3 单道检测时硒校准曲线

检测和双道同测的检测结果均在样品不确定度范围内。砷单道检测的相对误差为 0.45%~5.63%，双道同测的相对误差为 0.45%~5.92%；硒单道检测的相对误差为 0.72%~5.68%，双道同测的相对误差为 1.03%~5.07%。从相对误差可看出，两个项目双道同测的准确度均较好，且双道检测标准样品的准确度和单道检测基本一致。

对样品 2、4、6 进行双道同测的加标回收率测试，结果见表 2。砷加标回收率分别为 93.0%、103%、106%，硒加标回收率分别为 95.7%、98.4%、106%，满足《水环境监测规范》（SL 219—2013）中的相关要求，两个项目加标回收率显示双道同测的准确度也较高。

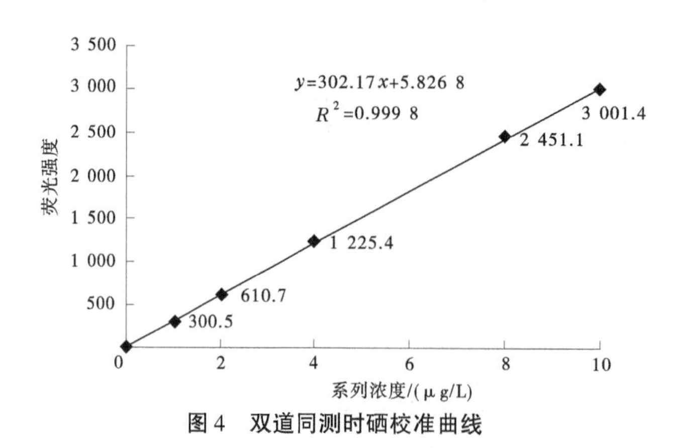

图 4　双道同测时硒校准曲线

3.4　精密度分析

对上述实验中双道同测的平行数据进行分析，计算各个样品的相对标准偏差，结果见表 3。砷的 6 个样品相对标准偏差范围为-1.84%~2.92%，硒为-2.35%~1.83%，说明双道同测检测砷、硒的精密度较好。

表 2　准确度分析数据

元素	项目	样品 1	样品 2	样品 3	样品 4	样品 5	样品 6
砷	标准值/（μg/L）	55.0	22.0	22.0	18.2	35.5	35.5
	A 道单测/（μg/L）	56.4	21.9	21.3	17.6	37.5	33.9
	相对误差/%	2.55	0.45	3.18	3.30	5.63	4.51
	双道同测/（μg/L）	53.2	22.7	22.1	19.2	33.4	34.6
	相对误差/%	3.27	3.18	0.45	5.49	5.92	2.54
	加标量/（mL）		2.0		2.0		2.0
	加标后测量值/（μg/L）		29.4		25.1		40.1
	加标回收率/%		106		93.0		103
硒	标准值/（μg/L）	9.69	7.40	13.8	13.3	9.69	13.8
	B 道单测/（μg/L）	9.14	7.33	13.3	14	10.1	13.9
	相对误差/%	5.68	0.95	3.62	5.26	4.23	0.72
	双道同测/（μg/L）	9.79	7.67	13.1	13.7	9.89	13.2
	相对误差/%	1.03	3.65	5.07	3.01	2.06	4.35
	加标量/（mL）		1.0		1.0		1.0
	加标后测量值/（μg/L）		11.3		17.4		16.5
	加标回收率/%		98.4		106		95.7

表 3　精密度分析数据

元素	项目	样品 1	样品 2	样品 3	样品 4	样品 5	样品 6
砷	相对标准偏差/%	2.92	-1.79	-1.84	-0.27	2.25	0.43
硒	相对标准偏差/%	-2.35	-2.27	-0.75	-0.37	0.55	1.83

3.5 天然水体测定分析

选取淄博市有代表性的河流断面2处作为天然水体样品进行平行测定，测定结果见表4。从中可见，2处地表水体在单通道检测和双通道同测时砷、硒均值相对偏差均小于5%。

表4 天然水体检测结果对比 单位：mg/L

样品编号	元素	单通道检测值				双通道同测检测值			
		1	2	3	均值	1	2	3	均值
地表水体1	砷	0.001 8	0.002 0	0.002 1	0.002 0	0.002 1	0.002 1	0.002 0	0.002 1
	硒	0.000 6	0.000 4	0.000 7	0.000 6	0.000 5	0.000 6	0.000 6	0.000 6
地表水体2	砷	0.004 8	0.005 2	0.004 9	0.005 0	0.005 1	0.005 2	0.005 1	0.005 1
	硒	0.002 1	0.001 9	0.001 9	0.002 0	0.002 2	0.001 9	0.001 9	0.002 0

4 实验结论

（1）在实验选用的仪器设备和设定的实验条件下，双通道同时检测砷、硒的校准曲线的线性、最低检出限均满足原子荧光法的相应要求。

（2）在检测配制的砷、硒混合标准样品时，双道同测的实验数据也显示出良好的精密度和准确度，针对天然水体进行的对比测试也显示双道同测实验结果可靠。

（3）双道同测相对于单道检测能有效缩短分析时间，提高水样分析的速度和效率，并且可以大幅减少药品试剂用量，降低实验成本。

参考文献

[1] 丁丽霞，曹晓敏，杨珊姣．原子荧光光度法砷硒同测的研究［J］．河南科技学院学报（自然科学版），2006，34（1）：55-57.
[2] 孙岩．原子荧光光谱法测定水中砷硒痕量［J］．东北水利水电，2016，34（4）：22-23，38.
[3] 万永平．双道原子荧光光谱法同时测定水中砷、硒含量［J］．交通医学，2003（4）：451-452.
[4] 杨淑珍，李倩．用原子荧光光谱法同时测定地面水中砷和硒的方法探讨［J］．新疆有色金属，2003（S1）：64-65.

基于多元分析的怒江支流勐波罗河水质评价及污染特征识别

赵上伦　张　宁　刘晓平　杨世维

（云南省水文水资源局保山分局，云南保山　678000）

摘　要： 勐波罗河作为国际河流怒江的重要一级支流，水资源现状研究基础严重滞后于流域资源保护和开发利用的需求。运用 kruskal-wallis 检验、聚类分析等方法分析研究各水文断面沿程水质的时空变化特征；应用主成分分析法对重污染河段的污染因子及污染源进行识别。结果表明，勐波罗河流域水质状况呈源头段水质较好，城区污染严重，随后水质逐步复苏的空间特征。重污染河段以点源污染为主，有机污染物和氮、磷营养盐为主要污染特征，且近年来呈现污染增加趋势。建议改进污水处理工艺，提升处理能力以减少点源污染贡献，同时增加水体流动性提升自净能力。

关键词： 怒江；水质；季节性 Kendall 趋势检验；主成分分析；污染特征

勐波罗河是我国西南国际河流怒江的重要一级支流，全长 193 km，流域面积 6 643 km^2。近年来，勐波罗河上游（当地称东河）在城镇化和工业化程度相对较高的保山城坝区流程存在河道污染、淤积，水质持续恶化，水体富营养化严重等水污染现象，勐波罗河水体污染也对怒江水体构成潜在的威胁。为了解勐波罗河水质沿程变化规律及趋势，保障区域水资源系统的空间布局，对勐波罗河流域水质现状及变化趋势进行客观、科学的评价，有助于水质变化归因和水质恢复力量投入的规划[1]。

基于勐波罗河流 2015—2021 年 6 个站点的水质监测数据，利用统计学 kruskal-wallis 检验、聚类分析及季节性 Kendall 趋势检验[2] 等方法研究了沿程水质的时间、空间变化特征。利用主成分分析法（PCA）、回归分析等对重污染河段的主要污染因子及污染源进行识别[3]。针对流域水环境质量时空分异，提出水质改善和管理措施，为流域水质演变规律和成因机制分析提供基础支撑。

1　数据与方法

1.1　研究区概况

勐波罗河发源于保山坝北部老营乡猴子石卡梁子，流经保山市的隆阳、昌宁、施甸和临沧市的凤庆、永德等 5 个县（区），在昌宁、施甸、永德 3 县交界处与临沧境内的永康河汇合后流入怒江（见图 1）。据《保山市水资源公报》[4]（2020 年）数据显示，勐波罗河干流水质全年Ⅰ~Ⅲ类河段占评价河长的 70.6%，Ⅴ类和劣Ⅴ类水河长占 29.4%，超Ⅲ类河段主要分布在北庙水库坝址至丙麻段。

1.2　研究方法

1.2.1　水质指标统计及站点聚类

通过分析水文 2015—2021 年勐波罗河干流 6 个断面（分别为老营、北庙水库、杨家桥、丙麻、柯街、旧城）的监测数据，选取 COD_{Mn}、BOD_5、NH_3-N、TP、DO 等 5 项水质指标，以及对应时段实测径流序列为基础数据。经初步分析，资料系列具有较好的一致性。利用非参数 kruskal-wallis 检验[5]比较各站点水质指标差异。以各站点的主要水质指标为基础，利用欧氏距离模型计算样点相似

作者简介： 赵上伦（1965—），男，高级工程师，主要研究方向为水文水资源管理、规划。
通信作者： 张宁（1980—），男，高级工程师，主要研究方向为水文水资源分析评价。

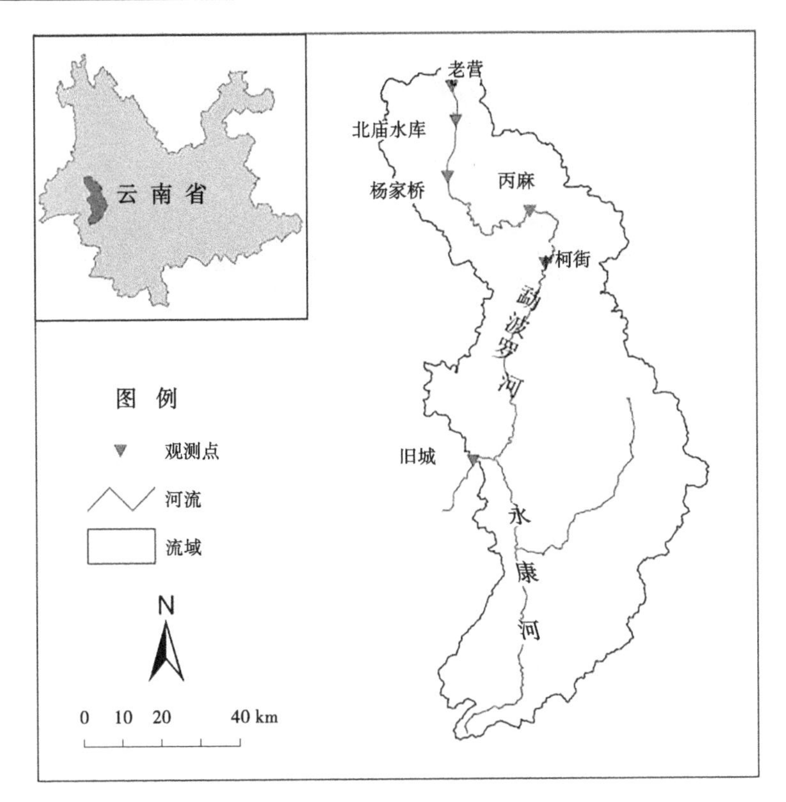

图1 研究区示意图

性，并用 Ward 最小方差聚类对样点进行聚类，以分析水质在河流沿程的变化趋势。

Ward 最小方差聚类是一种基于最小二乘线性模型准则的聚类方法。聚类目标是使组内平方和（方差分析的方差）最小化。聚类簇内方差的和可计算为簇成员之间距离的平方和除以对象的数量。在进行聚类分析前对数据进行了标准化处理，以消除量纲的影响[6]。分析采用 R 软件（版本 4.1.2）进行。

1.2.2 季节性 Kendall 趋势检验

季节性 Kendall 趋势检验法是一种仅考虑监测数据秩次的非参数检验方法，该方法的基本思路是：根据多年监测成果，分别将对应各季节（或月份）的统计量相加，计算总统计量。如果季节数和年数足够大，那么可通过标准化统计量 Z 与置信水平下的临界值比较来进行显著性检验[7]。本研究中显著性水平取 $\alpha=0.05$，相应的临界值为 1.96，若 $|Z|$ 大于 1.96，则认为变化趋势显著。

1.2.3 主成分分析法

主成分分析（PCA）也称主分量分析[8]，通过对选取的不同水污染指标进行分析，把具有一定相关性的多项指标转化为少数相互无关的综合指标（主成分），实现多指标的降维，使降维后的每个主成分都能够反映原始监测指标的大部分信息，且所含信息互不重复。将复杂的监测数据成果归结为几个主成分，可以简化问题，同时得到更有指示作用的污染指标来解释水质变化。

1.2.4 水质-流量回归分析

河流流量对水质也有一定影响。一般认为，当河流污染以点源污染为主时，水质状况将因流量增加产生的稀释、自净作用而提升；当以面源污染为主时，水质状况将因流量增加而呈现下降趋势[9]。因此，通过拟合断面水质与对应流量的关系，可以对主导污染源类型做定性判断。

2 结果与分析

2.1 水质空间分异特征

结合流域各水功能区达标情况以及主要污染物特征，选取 2015—2021 年监测的 NH_3-N、COD_{Mn}、DO、BOD_5 和 TP 等指标[10]，采用非参数 kruskal-wallis 检验比较了 6 个站点水质指标的差异（见

图 2)。所分析的 5 项水质指标中，BOD_5、COD_{Mn}、NH_3-N 和 TP 指标浓度中值均在杨家桥段最大，分

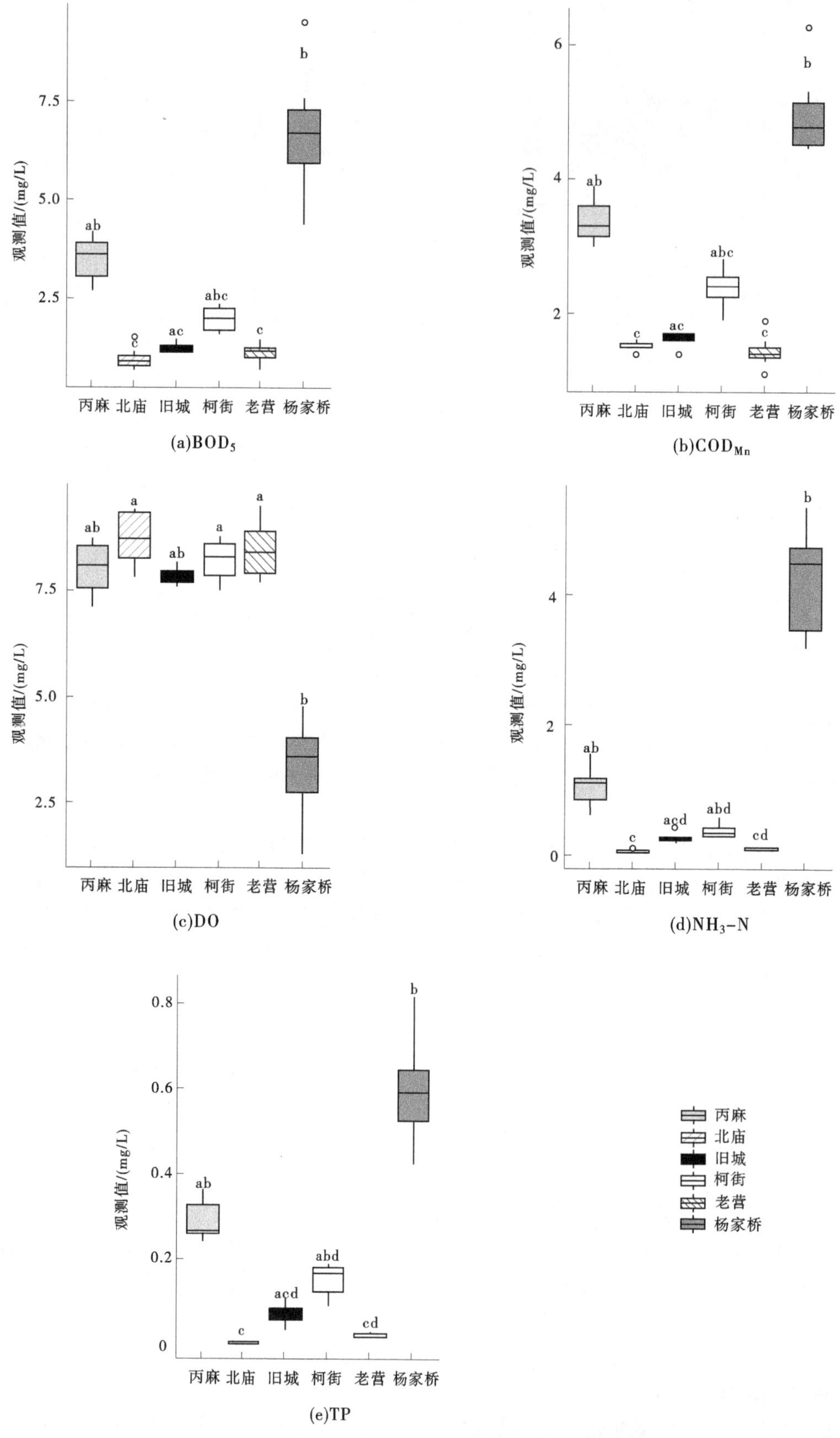

图 2　勐波罗河各断面水质参数质量浓度变化趋势

别为6.73 mg/L、4.98 mg/L、4.20 mg/L、0.59 mg/L；除 COD_{Mn} 的浓度范围波动在丙麻、杨家桥站最大外，其余4项水质指标浓度波动范围均以杨家桥为最大，由此可见，勐波罗河水质在空间分布上差异较大，尤其是杨家桥站点，与上游老营、北庙水库，以及下游柯街、旧城等站点差异显著（$p<0.05$）。勐波罗河流过杨家桥后，离开保山市区，由于其他支流的汇入，水流量增加，在水流自净作用下，经丙麻站污染浓度有所降低，但 kruskal-wallis 检验显示杨家桥与丙麻站水质指标差异不显著（$p>0.05$）。

采用 Ward 最小方差聚类法对6个断面的5项水质参数聚类（见图3）。从图3看，基本反映出水质沿河流流程由好变差再变好的空间特征。老营、北庙水库站所处的上游河段水质整体较好，经过市区后水质严重变差（杨家桥站），后经过河道自净，在丙麻段略有好转，随后流经柯街、旧城站后水质逐步恢复至水功能区水质目标。

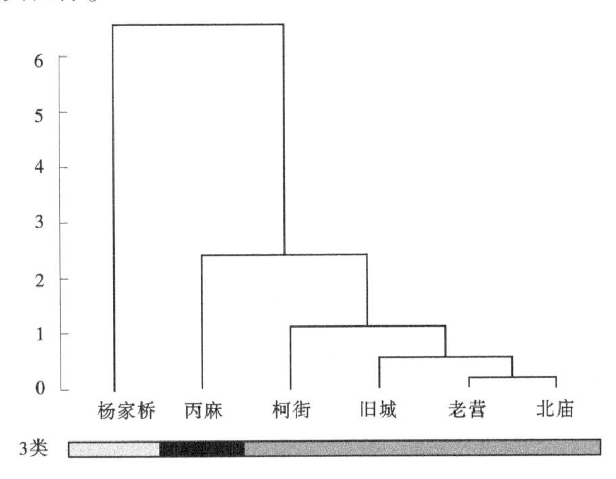

图3　勐波罗河水质观测点的 Ward 最小方差聚类结果

2.2　流域污染指标年际变化特征

根据水质聚类结果，选取北庙水库、杨家桥、丙麻、旧城4个站点进一步分析污染指标的年际变化特征（见图4）。可以看出，各污染因子浓度在杨家桥站点变化最大，丙麻站次之，其余站点年际差异不大，且水质变化范围均在相应指标的Ⅲ类水标准（GB 3838—2002）以内。

为分析流域污染物浓度变化趋势，对这4个代表站的流量和 NH_3-N、COD_{Mn} 浓度进行了季节性 Kendall 趋势检验。趋势检验结果见表1。

如表1所示，水质指标方面，杨家桥站的 NH_3-N、COD_{Mn} 呈显著上升趋势，说明该站点水质有进一步恶化的趋势；而旧城站的两项指标呈显著下降趋势，说明水质有向好的趋势。上游北庙水库段污染物浓度处于Ⅱ类水的较低水平，NH_3-N 有增加趋势，但不显著。径流量方面，北庙水库与旧城的径流量呈现显著减少的趋势，其余站点无明显趋势。

2.3　典型水质类型特征辨识

从上述分析看，杨家桥段是流域污染最为严重的河段。运用 PCA 分析将不同污染因子进行降维处理[11]，分析其污染构成。在杨家桥站42组水质指标中，选择 pH、DO、COD_{Mn}、COD_{Cr}、NH_3-N、TP、BOD_5 和 LAS 等8项指标进行分析。首先对数据进行 KMO 检验，结果为0.735（>0.5）。另外 Bartlett 球形检验显著性 $p=0.000$，说明8项水质指标间的相关性较强，适合进行 PCA 分析。对数据进行 Z-Score 标准化处理后得到了各主成分的特征值和方差贡献率（见表2）。

按照 Kaiser-Harris 准则，特征值大于1，是有用因子的通用标准，特征值小于1的成分所解释的方差比包含在单个变量中的方差更少[12]。因此，选取特征值大于1的主成分，前3位主成分特征值分别为4.377、1.66和1.023，其方差贡献率分别为54.7%、20.7%和12.8%，且累计方差贡献率达88.2%，说明前3个主成分对总体的解释度很高，包含原8项指标的大部分信息。

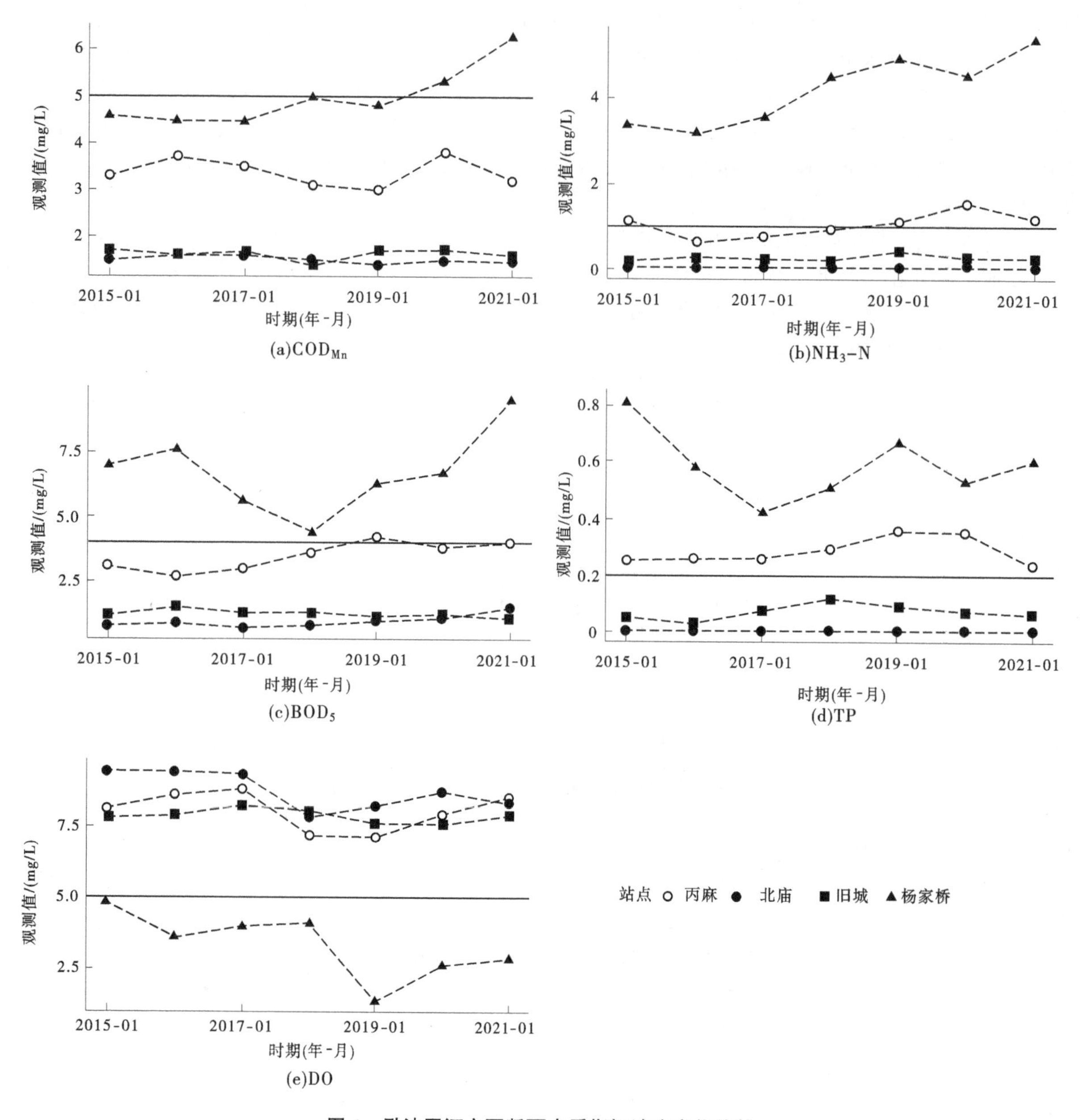

图 4 勐波罗河主要断面水质指标浓度变化趋势

表 1 主要污染物浓度趋势检验结果（2015—2021 年）

站点	NH_3-N		COD_{Mn}		Q	
	Z 统计量	趋势	Z 统计量	趋势	Z 统计量	趋势
北庙水库	1.57		-0.85		**-3.99**	↓
杨家桥	**3.24**	↑	**2.53**	↑	-0.67	
丙麻	1.3		0.31		—	
旧城	**-1.99**	↓	**-1.99**	↓	**-3.21**	↓

注：表中箭头“↑”表示上升趋势，“↓”表示下降趋势，加粗字体表示通过 $\alpha=0.05$ 的显著性检验。

表 2 各成分特征值及方差贡献率

序号	特征值	方差贡献率/%	累积方差贡献率/%
1	4.377	54.709	54.709
2	1.660	20.749	75.458
3	1.023	12.785	88.243
4	0.437	5.460	93.703
5	0.192	2.405	96.108
6	0.149	1.868	97.976
7	0.105	1.307	99.283
8	0.057	0.717	100

通过对初始因子的载荷矩阵旋转变换得到的主成分矩阵（见图 5）。其中第 1 主成分与 BOD_5（0.94）、COD_{Mn}（0.88）和 COD_{Cr}（0.80）高度相关，这三个污染因子反映了水体有机污染状况，说明 YJQ 段第 1 污染特征指标可归纳为有机污染物；第 2 主成分与 NH_3-N（0.91）、LAS（0.89）、TP（0.75）高度相关，3 个污染因子中的氮、磷指标反映了水体富营养化状况，说明第 2 污染特征指标可归纳为水体富营养化指标；第 3 主成分与 DO（0.91）高度相关，水中溶解氧含量是衡量水体自净能力的重要指标，第 3 特征指标可归纳为水体自净能力[13]。

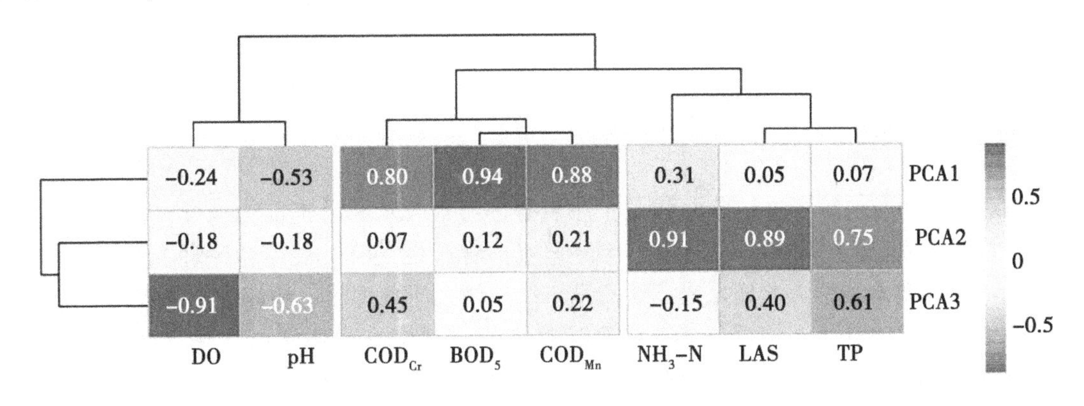

图 5 主成分载荷矩阵

通过对 8 个污染因子的载荷贡献率分析，认为杨家桥段污染主要为有机污染和氮、磷等富营养盐的大量蓄积。同时，由于水体流动性较差，削弱了水体的自净能力[14]。

2.4 污染源辨识

根据污染浓度-流量倒数散点拟合的二者线性关系可以看到，杨家桥段的 COD_{Mn} 和 NH_3-N 浓度与月平均流量的关系总体上呈现污染物浓度随流量的增加而下降的关系（见图 6），因此可以判断为杨家桥段以点源污染为主。这与东河污染问题通报基本一致。2020 年，隆阳区生活污水收集率仅为 31.16%，每天约 4.5 万 t 污水直排东河。另外，杨家桥各水质指标之间较高的相关关系，也说明各污染因子的来源具有相对较高的一致性[15]。

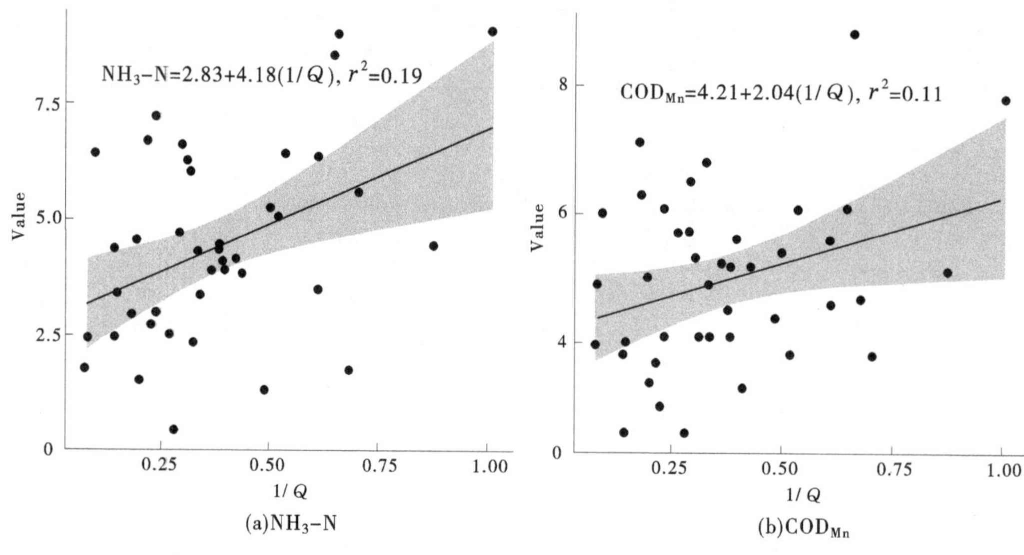

图 6　2015—2021 年杨家桥流量（Q）与 COD_{Mn}、NH_3-N 浓度关系

3　结论与建议

3.1　结论

（1）勐波罗河干流水污染具有明显的空间特征，杨家桥段污染最重，丙麻站次之。污染程度呈现源头段低，经城区后明显升高，后又逐步降低的沿程变化特征。

（2）杨家桥段污染主要为有机污染和氮、磷等富营养盐的大量蓄积，且近年来呈现污染增加趋势。

（3）杨家桥段是受人类活动影响（如点源排污、闸坝调控等）最为剧烈的河段，易于形成水污染聚集中心。

3.2　修复建议

（1）北庙水库坝址以上径流区加强生态保护，做好水源涵养林、水土保持工程建设以及清洁小流域治理工作[16]。

（2）针对杨家桥段点源污染较重的情况，加快推进污水收集和处理能力建设，同步提升污水处理除氮除磷工艺处理技术。同时，对周边小支流排查，对污染支流开展综合治理，建设生态拦截工程[17]，通过外流域调水或加大北庙水库下泄流量，保障城区河段清洁水源补偿，稳步提升水质。

（3）严格水域岸线等生态空间管控，对河道拦水坝等减缓水流速度而导致营养物质沉积等[18]问题进行整治。实施城区东河干支流清淤工程，强化内源治理，加强东河流域生态湿地恢复工程。

参考文献

[1] 王熹，王湛，杨文涛，等. 中国水资源现状及其未来发展方向展望［J］. 环境工程，2014，32（7）：1-5.

[2] 彭文启. 现代水环境质量评价理论与方法［M］. 北京：化学工业出版社，2005：38-39.

[3] 张文彤. SPSS11 统计分析教程（高级篇）［M］. 北京：北京希望电子出版社，2002：190-193.

[4] 保山市水务局. 保山市水资源公报［R］. 保山，2020.

[5] Murphy Brian，Morrison Robert D. Introduction to environmental forensics［M］. Third edition. Amsterdam：Academic Press，2015.

[6] Borcard Daniel，Gillet François，Legen，Pierre. Numerical ecology with R. Second edition［M］. Cham，Switzerland：Springer，2018.

[7] 孙松，季节性 Kendall 趋势检验法在黄坛水库水质趋势分析中的应用［J］. 环境研究与监测，2011（2）：53-55.

[8] 廖宁，李洪，李嘉，等. 基于主成分分析的西南山区典型河道型水库富营养化评价讨论［J］. 中国农村水利水

电，2019（11）：104-109.

[9] 郭丽峰，郭摇勇，罗摇阳，等．季节性 Kendall 检验法在滦河干流水质分析中的应用［J］．水资源保护，2014，30（5）：60-67.

[10] 李哲强，侯美英，白云鹏．基于 SPSS 的主成分分析在水环境质量评价中的应用［J］．海河水利，2008（3）：49-52.

[11] 杨荣金，王逸卓，李秀红，等．官厅水库水质评价及时空变化特征［J］．水资源保护，2021（37）：139-143.

[12] 尹波，刘明理，鲁若愚．主成分抽取数量确定方法的改进［J］．统计与决策，2010（16）：4-6.

[13] 李栗莹．城市水污染控制与水环境综合整治策略探究［J］．环境与发展，2020，32（10）：47-49.

[14] 李跃勋，徐晓梅，何佳，等．滇池流域点源污染控制与存在问题解析［J］．湖泊科学，2010，22（5）：633-639.

[15] 郝守宁，田军林，董飞. 基于多元统计分析的尼洋河水质评价［J］．中国农村水利水电，2020（1）：67-71.

[16] 保山市水务局．保山市北庙水库饮用水水源地保护规划［R］．保山，2014.

[17] 保山市环境保护局．国际河流（怒江）一级支流勐波罗河上游保山市隆阳区东河段污染综合治理规划［R］. 保山，2011.

[18] 洪夕媛，雷坤，孙明东，等．永定河流域张家口段水质模拟及水环境容量研究［J］．环境污染与防治，2021，43（10）：1249-1254，1262.

非接触式液位计检定装置计量标准的建立及应用

窦英伟[1]　高　伟[1]　姜松燕[1]　马新强[1]　黄若晨[2]

(1. 山东省水文计量检定中心，山东潍坊　261199；
2. 河海大学水文水资源学院，江苏南京　210098)

摘　要：目前我国水位监测类仪器在水文监测中发挥着重要作用，尤其是近年来，随着声、光、电等新型技术在水文行业的应用，非接触类水位监测仪器的比重逐年增加。本文通过介绍智能化高精度非接触式液位计检定装置的工作原理及研发过程，从国家量值溯源体系的角度建立了计量标准，并通过了计量行政主管部门的现场考核，确保了此类仪器监测数据的准确性和法制性。经法定计量技术机构校准，本检定装置测量范围为0~12.500 m，最大允许误差±1 mm，能够满足新型非接触式水位监测仪器实验室检定要求，为此类仪器计量管理工作的开展提供了技术保障。

关键词：水位；非接触式；计量标准；智能化

1　绪论

1.1　论文研究来源、目的和意义

水位是河流或其他水体（如湖泊、水库、人工河、渠道等）的自由水面相对于某一基面的高程，单位以米（m）表示[1]。水位观测是水文要素观测的重要组成部分，通过水位观测可以了解水体的状态，得到的水位数据可以直接为工程建设、防汛抗旱等服务[2]。水位类监测仪器可分为接触式水位监测仪器和非接触式水位监测仪器，接触式水位监测仪器主要包括浮子式、压力式等水位计，非接触式水位监测仪器主要包括超声波水位计、雷达式水位计、激光水位计等。近年来，随着信息技术及物联网技术的发展，国家对水文监测智慧化程度要求越来越高，非接触式水位计因其具备可靠性、测量精度较高，受温度、湿度、雾等外界自然因素影响小，适应性强，应用面广，安装简单方便等显著优势而被大量使用[3-4]，目前非接触式水位计在我国水位监测领域扮演着越来越重要的角色，为水库调度、防汛救灾、优化水资源配置提供了重要的数据支撑。

本文所研究内容依托山东省大江大河水文监测系统建设工程省水文仪器检定中心建设项目，以智能化和高精度为建设目标。在建设完毕后邀请山东省计量科学研究院对装置的准确度进行校准，量程和最大允许误差满足设计要求。在对装置的稳定性以及检定或校准结果的验证、重复性试验、不确定度评定进行分析并形成技术报告后，向山东省市场监督管理局提出建立计量标准的申请，通过了专家组的现场考核，取得了《非接触式液位计检定装置计量标准考核证书》。

1.2　技术背景

目前，《水利部计量工作管理办法》修订工作正在进行，已进入意见征求阶段，明确要求超声波水位计、雷达式水位计要通过检定方式进行监管。全国水位监测仪器数量众多，仅山东省非接触式水位监测传感器便超过1万台，要实现周期检定，急需建立自动化程度和准确度更高的检定装置来满足检定工作量和工作效率的要求，并在全国范围内大力推广。

课题来源：山东省大江大河水文监测系统建设工程（鲁发改农经〔2019〕999号）。

作者简介：窦英伟（1987—），男，工程师，国家一级注册计量师，主要从事水资源计量研究工作。

2 检定装置研发

2.1 工作原理

被检仪器和标准仪器固定安装在搭载平台上，在伺服电机和齿轮齿条的牵引下，搭载平台在垂直轨道上以一定速度上下运行，反射池位于搭载平台正下方，在某一位移处，被检仪器和标准仪器测得的距反射池的距离分别作为被检仪器示值和标准值，计算两者之间的误差（见图1）。

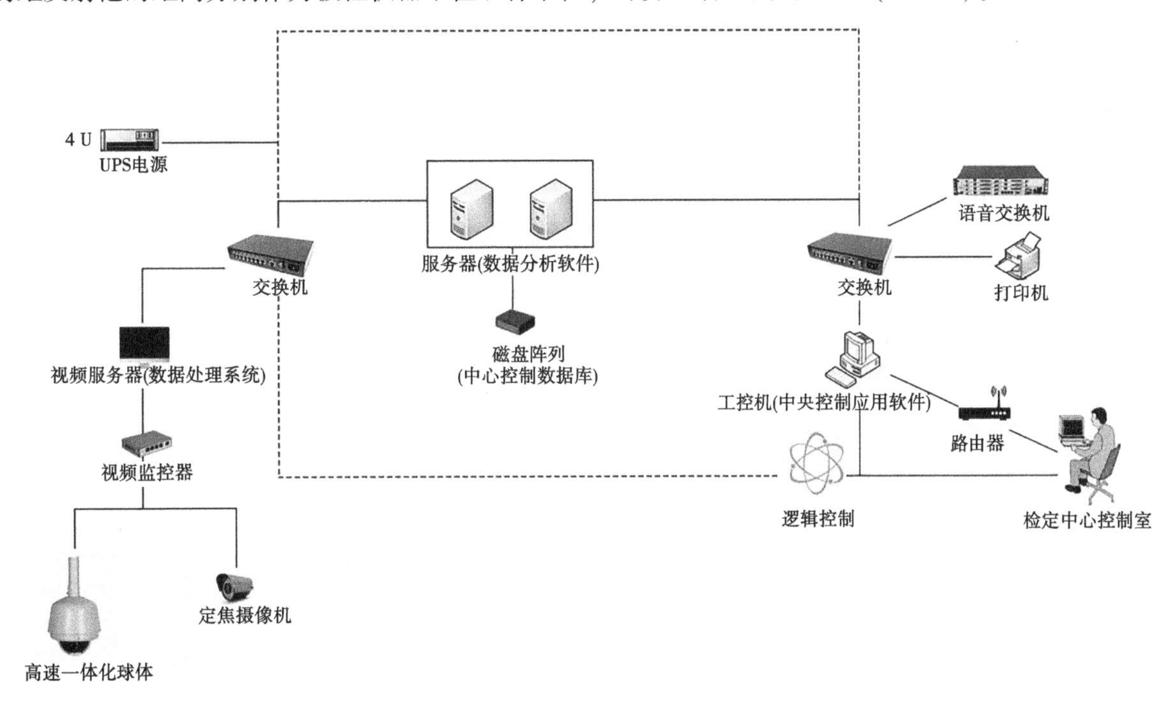

图1 信息拓扑图

2.2 装置组成

智能化高精度非接触式液位计检定装置由被检仪器搭载平台、激光测距传感器、铟钢尺、齿轮齿条传动装置、数据采集及处理系统（含图像识别系统）、反射池等组成（见图2）。装置最大量程12.5 m，伺服电机配合减速机，可在齿轮齿条轨道上实现1 mm微小变量上下位移的精确控制。激光测距传感器和铟钢尺进行量值溯源后，均可作为主标准器参与检定工作，通常以激光测距传感器为主，在检定过程中，通过铟钢尺进行验证分析，以进行异常值剔除。反射池直径5.6 m，可确保25°波束角的水位传感器在最大量程下发射的波束达到反射池水面，基本可满足目前市面上各种规格非接

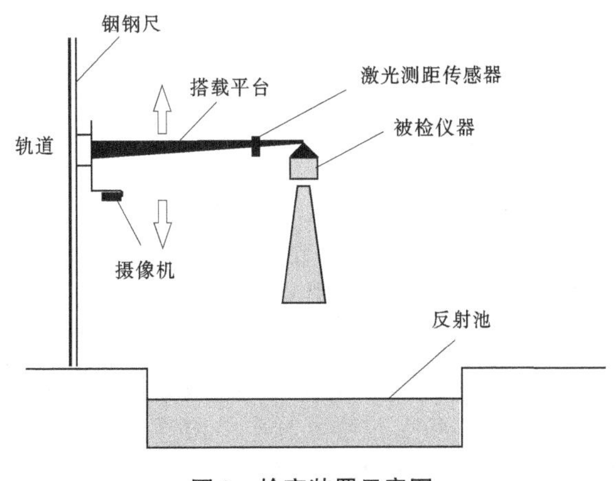

图2 检定装置示意图

触式液位计的检定需求。装置配备了自动检定和手动检定 2 套程序，自动检定系统根据被检仪器型号和量程，自动配置检定方案，仪器安装完毕后可一键启动检定工作，装置自动按照检定方案完成所有位移点的检定，整个检定过程无须人工参与，在提高工作效率的同时，降低了人工参与检定过程带来的影响。手动检定也可满足客户定制检测方案或试验的需求。

3 计量标准建立

3.1 计量标准器及配套设备

根据《计量标准考核规范》（JJF 1033—2016）要求，结合所依据的检定规程，以非接触式液位计检定装置为主标准器，同时配备了电子秒表、钢直尺、绝缘电阻测试仪、温湿度传感器等配套设备（见表 1），可依据《水运工程 超声波水位计》［JJG（交通）034—2015］和《液位计》（JJG 971—2019）开展检定或校准工作。

表 1 计量标准器及配套设备一览表

名称		型号	测量范围	不确定度或准确度等级或最大允许误差	制造厂及出厂编号	检定周期或复校间隔	检定或校准机构
计量标准器	非接触式液位计检定装置	FJCSW	0~12.500 m	准确度等级：1 级	张家港晟泰克智能仪器有限公司 SW-02	1 年	济南市计量检定测试院
主要配套设备	电子秒表	PC 100	—	MPEV：0.10 s	深圳市惠波工贸有限公司 JDZX-3028001	1 年	潍坊市计量测试所
	钢直尺	300 mm	0~300 mm	MPEV：0.1 mm	亲和测定大连有限公司 HDJC-SB-10	1 年	潍坊市计量测试所
	绝缘电阻测试仪	UT 511	—	5 级	UNI-T C210023957	1 年	潍坊市计量测试所
	温湿度传感器	MZ-TWS11 PPLCM	-40~+90 ℃；10%~98%RSH	最大允许误差：温度±0.5 ℃，湿度±2%RH	苏州芒种物联科技有限公司 MZ10T18111500 22311111676	1 年	潍坊市计量测试所

3.2 计量标准的稳定性考核

采用激光干涉仪作为核查标准对非接触式液位计检定装置进行稳定性考核。非接触式液位计检定装置为新建计量标准，每隔 40 d 左右，在计量标准量程范围内选取某一位移点，用该计量标准对核查标准分别进行一组 10 次的重复测量，取其算术平均值作为该组的测量结果。在 2021 年 3—8 月间共观测 5 组，每组均选择 5 000 mm 处位移点（该位移点通过激光干涉仪精确定位）进行稳定性考核，重复测量 10 次，取 5 组测量结果中每个位移点算术平均值的最大值和最小值之差，作为该计量标准在该时间段内该位移点的稳定性，具体考核结果见表 2。

表 2　计量标准的稳定性考核记录

考核时间	3 月 4 日	4 月 15 日	5 月 22 日	7 月 5 日	8 月 12 日
核查标准	名称：激光干涉仪　型号：SJ6000　编号：18141				
测量条件	温度：16 ℃ 湿度：63%RH	温度：18 ℃ 湿度：68%RH	温度：24 ℃ 湿度：71%RH	温度：24 ℃ 湿度：74%RH	温度：25 ℃ 湿度：73%RH
测量次数	测得值/mm	测得值/mm	测得值/mm	测得值/mm	测得值/mm
1	5 000.2	5 000.1	5 000.3	5 000.2	5 000.1
2	5 000.3	5 000.3	5000.2	5 000.2	5 000.1
3	5 000.2	5 000.1	5 000.3	5 000.3	5 000.2
4	5 000.2	5 000.3	5 000.1	5 000.5	5 000.3
5	5 000.2	5 000.2	5 000.3	5 000.2	5 000.2
6	5 000.2	5 000.3	5 000.2	5 000.3	5 000.3
7	5 000.1	5 000.5	5 000.3	5 000.5	5 000.5
8	5 000.1	5 000.1	5 000.1	5 000.2	5 000.2
9	5 000.2	5 000.2	5 000.3	5 000.3	5000.5
10	5 000.2	5 000.3	5 000.5	5 000.2	5 000.3
$\bar{y}_i$	5 000.19	5 000.24	5 000.26	5 000.29	5 000.27
变化量/mm	0.10				

3.3　检定或校准结果的重复性试验

检定或校准结果的重复性是指在重复性测量条件下，用计量标准对常规被检定或被校准对象（以下简称被测对象）重复测量所得示值或测得值间的一致程度。通常用重复性测量条件下所得检定或校准测量结果的分散性来定量表示，即用单次检定或校准结果 y_i 的实验标准差 $S(y_i)$ 来表示。

在重复性条件下，用计量标准对被测对象进行 n 次独立重复测量，若得到的测量结果为 y_i（$i=1, 2, \cdots, n$），则其重复性 $S(y_i)$ 为

$$S(y_i)=\sqrt{\frac{\sum_{i=1}^{n}(y_i-\bar{y})^2}{n-1}}$$

式中：$\bar{y}$ 为 n 次测量结果的算术平均值；n 为重复测量次数，n 应尽可能大，一般应不小于 10 次。

2021 年 5 月 27 日，在重复性条件下，用计量标准对液位计在 500 mm 位移处进行 10 次独立重复测量，每个位移点重复测量 10 次，测量数据见表 3。

3.4　检定或校准结果的不确定度分析

3.4.1　检定方法概述

非接触式液位计检定装置最大允许误差为±1 mm，以装置示值为标准值，以被检仪器超声波水位计示值作为测量值，计算两者之间的误差。

表 3　检定或校准结果的重复性试验记录

试验时间	2021 年 5 月 27 日		
被测对象	名称	型号	编号
	非接触式液位计	HOH-S-CFB	M201209004
测量条件	温度：28.5 ℃　湿度：80.5%RH　大气压力：101.030 kPa		
测量次数	测得值/mm		
1	502.00		
2	502.00		
3	502.00		
4	502.00		
5	502.00		
6	502.00		
7	502.00		
8	502.00		
9	502.00		
10	501.00		
$\bar{y}$	501.90		
$S(y_i)$	0.10		

3.4.2　测量模型

$$\Delta L = L_i - L$$

式中：ΔL 为被检仪器示值误差；L_i 为测量值；L 为标准值。

3.4.3　不确定度来源和不确定度分量评定

（1）非接触式液位计检定装置测量误差引入的标准不确定度。

非接触式液位计检定装置最大允许误差为±1 mm，不确定度区间半宽为 1 mm，设为均匀分布，取 $k=\sqrt{3}$，则

$$u(L)=\frac{1}{\sqrt{3}}=0.577(\mathrm{mm})$$

（2）非接触式液位计检定装置分辨力引入的标准不确定度。

非接触式液位计检定装置分辨力为 0.1 mm，区间半宽为 0.05 mm，设为均匀分布，取 $k=\sqrt{3}$，则

$$u(L_x)=\frac{0.05}{\sqrt{3}}=0.029(\mathrm{mm})$$

（3）被检仪器分辨力引入的标准不确定度。

超声波水位计分辨力为 1 mm，区间半宽为 0.5 mm，设为均匀分布，取 $k=\sqrt{3}$，则

$$u(L_y)=\frac{0.5}{\sqrt{3}}=0.289(\mathrm{mm})$$

（4）合成不确定度 u_c（ΔL）。

$$u_c(\Delta L)=\sqrt{u^2(L)+u^2(L_x)+u^2(L_y)}=0.646(\mathrm{mm})$$

（5）扩展不确定度 U。

取 $k=2$，则

$$U=u_c(\Delta L)\times 2=1.292\ \mathrm{mm}$$

4　计量工作开展情况

山东水文一直以来致力于水文计量事业的发展，不断提升计量技术能力，拓展计量业务范围，计量工作开展成效显著。2015 年，原山东省质量技术监督局同意授权原山东省水文局建立山东省最高等级社会公用计量标准，开展转子式流速仪的计量检定工作，授权区域为山东省。2016 年 12 月，通过现场考核，取得专项计量授权证书（编号为〔鲁〕法计〔2016〕0022 号），率先在全国打开了水文仪器法制计量的大门。

2019 年，争取国家资金 4 000 万元，在潍坊寒亭建成流速测深、水位、雨量、流向、墒情、玻璃量器等计量检定实验室，其中流速测深仪器检定装置集机器学习、三维建模、智慧管理、物联互通于一体，准确度和智能化程度达到国际领先水平；水位计检定装置实现了各种类型水位计的高精度检定；雨量计检定装置填补了水利行业的空白。2021 年 12 月，新建流速测深检定装置、接触式水位检定装置、非接触式水位检定装置、雨量计检定装置 4 个计量标准，并通过了山东省市场监督管理局考核，取得计量标准考核证书，提升了计量能力，进一步完善了山东水利计量管理体系。

5　结语

目前，水位监测仪器主要作为一种产品来进行质量监督，当然，质量监督的范畴会更广，除准确度外，还对产品的机械性能、电气性能、环境适应性等进行全方位检测。但是，从作为水位监测数据采集者的角度来讲，水位监测仪器更应该作为一种工作计量器具进行计量管理，山东水文一直在推动水文计量管理工作。智能化高精度非接触式液位计检定装置的研制成功以及计量标准的建立，不仅是从技术上满足了超声波、雷达等非接触式液位计的检定和试验需求，更是从法制计量的角度完善了水利计量管理体系，对于水利产品由检验检测向检定校准转变具有重要的推动意义。

参考文献

[1] 蒋桂芹．干旱驱动机制与评估方法研究［D］．北京：中国水利水电科学研究院，2013.

[2] 安兆利．自计水位计与人工水尺观测比测分析［J］．地下水，2022，44（3）：244-246.

[3] 史占红，戚珊珊，林仪，等．非接触式水位计校准装置的研制与应用［J］．水利信息化，2018（5）：38-43.

检验检测机构有效管理评审的三个关键要点

冷元宝[1,2]　杨　磊[1,2]

（1. 黄河水利委员会黄河水利科学研究院，河南郑州　450003；
2. 黄河水利委员会科技推广中心，河南郑州　450003）

摘　要：描述了管理评审的现状，指出了管理评审的本质和存在问题，重点说明了管理评审对确保管理体系适宜性、充分性和有效性的重要作用；分析了管理评审存在的三个关键问题，即：输入信息调查分析少、输出决议空话套话多、改进措施落实不到位；结合案例分析，阐述了有效管理评审的三个关键要点，即：输入信息必须调查分析、输出决议必须要实要细、改进措施必须据实有效；消除管理评审“虚”的顽疾，恢复管理评审本来面目和积极作用，除高度重视管理评审三个关键要素外，还应提高最高管理者的风险意识、建立有效的机构运行机制等。

关键词：管理评审；资质认定；输入信息；输出决议；决议验证

1　引言

笔者从事检验检测机构资质认定评审和监督检查及研究多年，一直认为管理体系运行最“虚”的部分应该是“管理评审”。

“管理评审”可以说是管理体系必不可少的重要组成部分，但是在实际运作过程中，不少机构对“管理评审”的态度都是被动临时的。所谓被动，就是“因为评审标准的要求，才进行管理评审”；所谓临时，就是“因为外审快来了，不得不做管理评审材料”。其实，管理评审的主要工作是对管理体系进行评价，确保管理体系的适宜性、充分性和有效性。

适宜性，是指评价管理体系实施后，是否符合机构的实际情况，是否具备适宜于内外环境变化的能力。如市场变化、顾客变化、法律法规的更新、新技术新设备的引进、组织机构的变化等。

充分性，是指评价管理体系是否满足市场、顾客、相关方、员工、社会当前和潜在的需求与期望，评价管理体系各个过程展开的充分性、资源利用的有效性、众多相互关联的过程的顺序是否明晰，职责是否有效落实，过程的输入输出和转化活动是否得到有效控制等。

有效性，是指评价管理体系运行结果达到设定的目标的程度，包括方针和目标的实现，是对管理结果的度量。

从 PDCA 角度来看，管理评审是管理体系的 A 环节，是持续提升的重要节点，着眼点主要在判定管理体系是否适宜机构未来的发展。所以，对许多机构来说，很“虚”的“管理评审”，其实是一件机构发展高瞻远瞩的重要事情，除最高管理层务必高度重视外，还必须针对在输入信息、输出决议、决议验证关键环节存在的普遍问题，做出切实有效的改进和提高。

2　管理评审存在的三个关键问题

2.1　输入信息调查分析少

按《检验检测机构资质认定能力评价 检验检测机构通用要求》（RB/T 214—2017）（以下简称

作者简介：冷元宝（1963—），男，正高级工程师（二级），副总工程师，主要从事工程地球物理和检验检测技术的研究及管理工作。

《通用要求》），管理评审输入应包括“检验检测机构相关的内外部因素的变化、以前管理评审所采取措施的情况、实施改进的有效性”等至少15个方面的内容。目前，大多数机构都把各自部门或岗位流水账似的总结作为输入内容，唯独缺乏对这些内容进行调查分析得出的真正有用的真知灼见，任何不经过调查分析的输入信息和输出决议都是不切合或不完全切合实际的。

2.2 输出决议空话套话多

“公司能基本按照《通用要求》和管理体系文件的要求有效运行。在检测技术人员法律法规和规程规范的培训学习方面还需要加强；场所环境还有待改善；人员和仪器设备档案还需要完善和提升；各岗位人员履职责任心还有待加强；全员风险意识还需要提升；……。”

2.3 改进措施落实不到位

管理评审中列出的问题，由于空话套话多，责任不清，计划性不强，当然无法落实和闭合。在管理评审时提出了一些问题，由于缺乏对提出问题的跟踪落实，也没有验收和效果评价，从而造成管理评审只是履行了一种形式，而未起到完善和改进管理体系的作用。

3 有效管理评审的三个关键要点

3.1 输入信息必须调查分析

管理评审输入材料按《通用要求》应包括以下内容：①检验检测机构相关的内外部因素的变化；②目标的可行性；③政策和程序的适用性；④以往管理评审所采取措施的情况；⑤近期内部审核的结果；⑥纠正措施；⑦由外部机构进行的评审；⑧工作量和工作类型的变化或检验检测机构活动范围的变化；⑨客户和员工的反馈；⑩投诉；⑪实施改进的有效性；⑫资源配备的合理性；⑬风险识别的可控性；⑭结果质量的保障性；⑮其他相关因素，如监督活动和培训。上述内容由关键岗位和相关职能部门责任人提交管理评审输入材料或报告。相关关键岗位负责人负责组织对收集的输入材料进行整理，汇总存在的问题，提出需要评审的事项或专题，对不满足评审要求的输入材料退回责任人补充修改完善。

在《通用要求》中，关于管理评审输入的要求可以看作是对调查提出的详细要求，无论是对以往管理评审所采取措施情况的调查，还是对内外部因素变化情况的调查，亦或是对实施改进的有效性等其他方面的调查，都是为了了解管理体系的现状，以便分析和为决议输出提供坚实的依据。

在获得调查的输入信息经评估后，一般可以得出管理体系运行现状结论。如果发现以往管理评审未对既往的输出决议采取措施，得出的结论应该是对管理体系的运行有效性持怀疑态度。同样的道理，当发现其他类似不好的状况时，也会得出同样的结论，且发现的问题越多、越严重，怀疑程度越高；反之，当未发现当前管理体系有不好的状况或是可接受的情况时，可以认为当前的管理体系是持续适宜、充分和有效的。

由于机构不断发展及内外部因素的持续变化，因此是否能够确保机构的管理体系在将来一段时间内也持续地适宜、充分和有效，是应该经过分析的，这种分析也应是基于调查基础上的。例如，当预测到机构架构的重大变化时，或当预测到某项与机构运营有关的法律法规标准变化时，亦或是经过考虑认为机构某些方面存在不足时，都应分析这些因素的影响以及相互之间的关系，在切合实际的基础上寻找出解决办法。

因论文篇幅有限，下面只重点把某公司实际管理评审过程中调查分析出的问题罗列出来：

（1）标准查新的周期是半年进行一次查新，查新时发现新标准后，离新标准实施的时间较短，对采购、学习新标准，时间上比较紧张。

（2）××项目的检测任务量近期持续增长，经市场调查发现是由政府政策性的调整引起的，目前任务量有积压，客户反馈报告时间长，关于这个项目的投诉意见比较集中，已安排加班，仍无法解决。

（3）档案室空间将满，下半年档案移交后，无法上架归档存放。

（4）使用检测管理系统后启用了电子签名，但管理体系文件中没有规定使用电子签名的内容。

（5）××检测业务专业性较强，检测项目参数较多，部门负责人直接管理的检测人员超过 20 人，管理压力和管理的效率不能满足日常工作需要。

3.2 输出决议必须要实要细

管理评审一般以会议形式进行，当然也可以与日常管理会议结合进行，这样可能更快捷地解决实际问题。一般最高管理者主持管理评审会议，根据会议议程逐项评审，必要时由提出输入材料的责任人或相关岗位人员做出补充说明，参会人员发表意见，最高管理者综合意见建议，可以当即做出最终决议。

对于复杂、重大或关键性的问题，最高管理者可以提出进一步调查研究、收集材料的方向，要求相关负责人提出开展后续专题评审的计划。若邀请有上级主管部门领导，对机构的主要经营范围变化、重大投资决策、重要人事任免等，参会领导可以发表意见，但不构成机构的管理评审决议。对参会的服务商或供应商、机构的主要外部客户提出的意见和建议，最高管理者可以作为决议的重要参考，以便更全面地掌握外部供应或市场信息，做出符合实际情况的合理决议。

不论以何种形式，管理评审输出决议必须要实要细，即决议内容要明确、有责任部门或责任人及时间节点等。下面是某公司实际管理评审的输出决议：

（1）对公司《质量手册》进行修改，将标准查新的周期修改为每季度查新一次。质量部负责组织修改，并对审批发布的修改文件组织宣贯培训，××××年××月××日前完成。

（2）对《结果报告程序》进行修改，增加使用电子签名的规定，确保符合《电子签名法》的要求。技术部负责组织修改，并对审批发布的修改文件组织宣贯培训，××××年××月××日前完成。

（3）组织采购××项目的检测设备××台，综合部负责组织采购，××检测部负责人负责设备技术指标的评价并具有一票否决权。××××年××月××日前完成。

（4）采购密集档案柜××组，尺寸按档案室的净空考虑，综合部负责组织采购。××××年××月××日前完成。

（5）设置××检测一部和二部，对原××检测部按检测项目类别××和××进行拆分，在公司范围内采用竞聘的方式选拔一名部门负责人。技术负责人××负责部门业务的拆分，综合部负责人××负责组织内部岗位竞聘，××××年××月××日前完成。

3.3 改进措施必须据实有效

管理评审输出改进措施的验证环节往往缺失，而这个环节十分重要，是检验管理评审是否真实有效的试金石，必须做实做细做好。表 1 是某公司管理评审实际验证记录表。

表 1 某公司管理评审验证记录表

问题	（1）标准查新的周期是按半年进行一次查新，查新时发现新标准后，离新标准实施的时间较短，对采购、学习新标准，时间上比较紧张。 （2）××项目的检测任务量近期持续增长，经市场调查发现是由政府政策性的调整引起的，目前任务量有积压，客户反馈报告时间长，关于这个项目的投诉意见比较集中，已安排加班，仍无法解决。 （3）档案室空间将满，下半年档案移交后，无法上架归档存放。 （4）使用检测管理系统后启用了电子签名，但管理体系文件中没有规定使用电子签名的内容。 （5）××检测业务专业性较强，检测项目参数较多，部门负责人直接管理的检测人员超过 20 人，管理压力和管理的效率不能满足日常工作的需要	责任部门	综合部

续表 1

措施计划			
负责部门或岗位	负责人	改进内容	完成期限
质量部	×××	对公司《质量手册》进行修改，将标准查新的周期修改为每季度查新一次。质量部负责组织修改，并对审批发布的修改文件组织宣贯培训	××××年××月××日前完成
综合部 检测部	××× ×××	启动扩大检测能力的工作。首先组织采购××项目的检测设备××台，综合部负责组织采购，××检测部负责人负责设备技术指标的评价并具有一票否决权；按照“人、机、料、法、环、测”关键环节依相关程序文件进行	××××年××月××日前完成
综合部	×××	采购密集档案柜××组，尺寸按档案室的净空考虑，综合部负责组织采购	××××年××月××日前完成
技术部	×××	对《结果报告程序》进行修改，增加使用电子签名的规定，确保符合《电子签名法》的要求。技术部负责组织修改，并对审批发布的修改文件组织宣贯培训	××××年××月××日前完成
技术负责人 综合部	××× ×××	设置××检测一部和二部，对原××检测部按检测项目类别××和××进行拆分，在公司范围内采用竞聘的方式选拔一名部门负责人。技术负责人××负责部门业务的拆分，综合部负责人××负责组织内部岗位竞聘	××××年××月××日前完成

审核意见：

同意

审核人：××× 日期：××××年××月××日

批准意见：

同意

批准人：××× 日期：××××年××月××日

实施记录：

（1）质量部对公司《质量手册》进行修改，将标准查新的周期修改为每季度查新一次，于××××年××月××日完成。见附件 1（略）。

（2）首先组织采购××项目的检测设备××台，综合部负责组织采购，××检测部负责人负责设备技术指标的评价并具有一票否决权；按照“人、机、料、法、环、测”进行能力确认和授权。于××××年××月××日完成。见附件 2（略）。

（3）综合部、检测部组织采购了检测设备、档案柜，于××××年××月××日完成。见附件 3（略）。

（4）技术部对《结果报告程序》进行了修改，增加使用电子签名的规定，确保符合《电子签名法》的要求，于××××年××月××日完成。见附件 4（略）。

（5）技术负责人负责对检测项目进行类别拆分，综合部负责组织内部岗位竞聘，选拔出部门负责人，于××××年××月××日完成。见附件 5（略）。

记录人：××× 日期：××××年××月××日

验证意见：

验证方式：☑提供见证的材料 ☑现场跟踪检查见证

验证结论：☑有效 □无效

有关说明（必要时）：

验证人：××× 日期：××××年××月××日

4 结语

要想消除管理评审“虚”的顽疾，发挥管理评审应有的效能，除上述管理评审的三个关键要点外，最高管理者的风险意识必须提高，机构还要建立起真正有效的机制，即把《管理评审程序》及其表格编制好，做到既符合资质认定部门管理规定和标准要求，又职责明晰、内容清晰、好用实用，机构人员还愿用。只要认真做，一定能恢复管理评审本来面目和积极作用。

参考文献

[1] 冷元宝．检验检测机构资质认定内审员工作实务［M］．郑州：河南人民出版社，2018.

南欧江水电站砂岩骨料混凝土的试验研究

樊孟军　乔　国

（中国水利水电第一工程局有限公司，吉林吉林　132100）

摘　要：本文依托湄公河流域老挝南欧江七级水电站工程，对老挝南欧江流域的泥质砂岩做人工骨料配制混凝土的性能进行了相关研究。通过对砂岩基本性能分析及配制混凝土力学性能的研究，优选了满足工程建设用的施工配合比参数，为该水电站建设提供技术支持，也为老挝境内水电工程建设提供借鉴。

关键词：砂岩骨料；吸水率；碱活性抑制；抗压强度；极限拉伸值

1　引言

“一带一路”倡议提出以来，中国在东南亚地区的水电工程建设进入快速发展期。依托湄公河流域丰富的水利资源，位于中国云南江城与老挝北部丰沙里接壤的南欧江梯级水电站项目，建成以后将有助于老挝实现“东南亚蓄电池”的战略规划目标。作为老挝南欧江水电站梯级开发项目，工程建设所用砂石，主要依托流域内山体的开采，其地质岩石情况主要为三叠系中统紫红色与灰白色长石石英砂岩、紫红色粉砂岩，以及泥质粉砂岩与粉砂质泥岩互层。由于南欧江流域的地质岩石分布在老挝地区具有一定的典型性，因此通过对本工程砂岩作混凝土骨料的研究，可解决工程中的诸多施工和质量难题，也可为老挝境内水电工程建设提供相关技术参考。

2　工程概况

南欧江七级水电站工程位于老挝丰沙里省境内，为南欧江规划七个梯级水电站的最上游一个梯级即第七个梯级。坝址位于南欧江左岸支流南康河（Nam Khang）口下游约 3.4 km。距中国昆明 752 km（经中国的勐康口岸）。南欧江七级水电站以发电为主，工程等别为一等大（1）型工程，最大坝高约 143.5 m，两台机组总装机容量 210 MW，正常蓄水位 635 m，对应库容 16.94 亿 m^3，死水位 590 m，相应库容 4.49 亿 m^3，调节库容 12.45 亿 m^3，具有多年调节性能。工程主要枢纽布置由混凝土面板堆石坝、左岸溢洪道、右岸泄洪放空洞、左岸引水系统、坝后岸边厂房和 GIS 开关站等组成。

3　砂岩骨料混凝土研究与分析

南欧江水电站工程所用砂石骨料，依托电站进场公路 90 km 处的哈欣石料场进行开采。出露地层为三叠系中统（T2）和第四系（Q）。三叠系中统按岩性组合可分为 3 层：三叠系中统第一层（T2Ⅰ）：紫红色粉砂质泥岩，薄层状，主要分布在料场西部高程 520 m 以下的平缓山坡部位，总厚度>200 m。三叠系中统第二层（T2Ⅱ）：紫红色、灰白色长石石英砂岩，夹少量紫红色粉砂岩，中厚层–厚层状，完整性较好，钻孔岩芯主要呈柱状，主要分布在料场中部地形较陡部位，总厚度 80～100 m。三叠系中统第三层（T2Ⅲ）：紫红色长石石英砂岩、泥质粉砂岩、粉砂质泥岩互层，岩性复杂，互层–中厚层状，完整性相对较差，钻孔岩芯主要呈短柱状，部分呈碎块状、柱状，主要分布在

作者简介：樊孟军（1987—），男，工程师，主要从事混凝土方面的研究工作。

料场东部，总厚度>300 m。生产骨料用母岩构成以红褐色泥质粉砂岩、泥质长石石英砂岩为主，岩石的风化程度不一，砂岩表面致密性差，饱和吸水率差异较大，母岩强度范围由 30 MPa 到 170 MPa 不等，造成骨料生产成品质量存在较大差异性。

砂岩本身具有多孔、吸水率高、强度低的特点，不是作为混凝土用骨料的最佳选择。考虑工程实际情况，场内无理想混凝土石料且外购骨料成本过高，而该砂岩在老挝地区分布广泛，开展对砂岩作为人工骨料用于混凝土应用的研究，在降低工程成本、加快工程进度方面有着重要的作用。通过对料场砂岩的初步取样检测情况，该砂岩的碱骨料试验结果显示其具有潜在碱骨料反应，因此则需采取进一步的抑制措施控制砂岩碱骨料反应。研究过程中通过控制粉煤灰的掺量来达到抑制碱活性膨胀的效果。同时，通过针对砂岩骨料吸水率偏高引起的混凝土拌和物性能变化问题以及对混凝土硬化后的力学性能特点进行研究，找出规律并加以控制。

3.1 试验方案及目的

（1）通过对砂岩骨料强度、坚固性、颗粒级配、有害化学成分等试验，掌握其基本材料性能；通过对砂岩的碱活性反应试验，判断其是否为具有危害的碱活性骨料，并开展相应的碱活性抑制试验，以达到工程应用的目标；通过对砂岩骨料与不同类型外加剂的适应性试验，为工程使用的混凝土配合比设计选择合适的外加剂。

（2）对工程主要使用的 C25、C30、C40 混凝土进行施工配合比设计，分析混凝土各项性能，如拌和物性能、混凝土抗压强度、劈拉强度、轴心抗压强度、弹性模量、轴心抗拉强度、极限拉伸值、抗冻和抗渗性能等，优化提出了用于工程建设的施工配合比参数。同时，对该砂岩骨料混凝土性能特点及应用规律进行总结，更好地服务于工程应用。

3.2 原材料使用情况

（1）水泥使用中国西南水泥有限公司生产的 P·O42.5 普通硅酸盐水泥。检测结果见表 1、表 2。

表 1 水泥物理力学性能检测结果

编号	水泥品牌等级	比表面积/(m^2/kg)	安定性	凝结时间/min		抗折强度/MPa		抗压强度/MPa	
				初凝	终凝	3 d	28 d	3 d	28 d
SN-1	P·O42.5	356	合格	129	178	5.0	7.8	25.5	49.5
标准依据	GB 175—2007	≥300	合格	≥45	≤600	≥3.5	≥6.5	≥17.0	≥42.5

表 2 水泥化学指标检测结果

编号	水泥品牌等级	烧失量/%	不溶物/%	三氧化硫/%	氧化镁/%	氯离子/%	碱含量/%
SN-1	西南 P·O42.5	2.15	—	2.01	1.80	0.019	0.46
标准依据	GB 175—2007	≤5.0	—	≤3.5	≤5.0	≤0.06	≤0.60

注：水泥中碱含量按 Na_2O+0.658K_2O 计算值表示。

（2）粉煤灰使用老挝洪沙粉煤灰厂生产的“F 类”Ⅱ级粉煤灰。检测结果见表 3。

（3）外加剂采用云南宸磊建材有限公司生产的 HLNOF-Ⅱ萘磺酸系缓凝高效减水剂和 SHWOF-Ⅱ聚羧酸缓凝高性能减水剂。外加剂材质检测结果见表 4、表 5。

表 3　粉煤灰检测结果表

编号	粉煤灰品种	细度/%	需水比/%	含水量/%	烧失量/%	游离 CaO/%	SO_3/%	碱含量/%
FMH-1	F 类Ⅱ级	21.2	103	0.1	1.86	0.76	1.40	1.55
依据标准	DL/T 5055—2007	≤25.0	≤105	≤1.0	≤8.0	≤1.0	≤3.0	—

注：粉煤灰中碱含量按 Na_2O+0.658K_2O 计算值表示。

表 4　HLNOF-Ⅱ萘磺酸系缓凝高效减水剂试验结果

检测项目	减水率/%	泌水率比/%	含气量/%	抗压强度比/%			碱含量/%	细度/%	氯离子/%	硫酸钠/%
				3 d	7 d	28 d				
萘磺酸减水剂	20.3	86	1.6	178	161	146	5.95	3.2	1.91	14.8
标准依据	≥15	≤100	<3	≥125	≥125	≥120	—	—	—	—

表 5　SHWOF-Ⅱ聚羧酸缓凝高性能减水剂试验结果

检测项目	减水率/%	泌水率比/%	含气量/%	抗压强度比/%			碱含量/%	细度/%	氯离子/%	硫酸钠/%
				3 d	7 d	28 d				
聚羧酸减水剂	28.3	42	1.9	—	182	166	0.90	—	0.03	0.72
标准依据	≥25	≤70	<2.5	—	≥140	≥130	—	—	—	—

（4）骨料来自南欧江七级电站进场公路 90 km 处 K90 哈欣石料场，石料场位于坝址右岸下游，距离坝址直线距离约 5 km。岩石抗压强度差异大，吸水率差异性也较大。料场钻孔中共取了 6 组岩样进行室内岩石物理力学性试验，其中弱风化泥质长石石英砂岩 3 组（含 1 组轻微砂化砂岩），微风化-新鲜泥质长石石英砂岩 3 组，统计成果见表 6。

表 6　岩石抗压强度试验结果

岩石名称及风化程度	组数	物理性试验					力学性试验		
		比重/(g/cm^3)	干密度/(g/cm^3)	空隙率/%	自然吸水率/%	饱和吸水率/%	抗压强度/MPa		软化系数
							干抗压	湿抗压	
砂岩弱风化	1	2.67	2.31	13.48	3.70	4.62	52.2	31.2	0.60
砂岩（弱风化）	2	2.71	2.53	6.83	1.43	1.54	130.5	83.9	0.65
砂岩（微-新）	3	2.71	2.64	2.58	0.45	0.52	177.7	134.0	0.75

根据试验成果，弱风化轻微砂化长石石英砂岩比重为 2.67 g/cm^3，干密度为 2.31 g/cm^3，干抗压强度为 47.3~60.3 MPa，平均为 52.2 MPa，湿抗压强度为 22.1~46.1 MPa，平均为 31.2 MPa，软化系数为 0.6；弱风化泥质长石石英砂岩比重为 2.71 g/cm^3，干密度为 2.40~2.65 g/cm^3，平均为 2.53 g/cm^3，干抗压强度为 73.8~240.1MPa，平均为 130.5 MPa，湿抗压强度为 36.9~150.7 MPa，平均为 83.9 MPa，软化系数为 0.64~0.65，平均为 0.65；微风化-新鲜泥质长石石英砂岩比重为 2.70~2.72 g/cm^3，平均为 2.71 g/cm^3，干密度为 2.61~2.66 g/cm^3，平均为 2.64 g/cm^3，干抗压强度为 125.4~235.9 MPa，平均为 177.7 MPa，湿抗压强度为 78.9~192.3 MPa，平均为 134.0 MPa，软化系数为 0.69~0.85，平均为 0.75。料场分布的弱风化-新鲜泥质长石石英砂岩属坚硬岩。

料场开采岩石所生产成品骨料品质检测结果见表 7、表 8。

表 7 机制砂品质检测结果

产地	细度模数	石粉含量/%	堆积密度/(kg/m^3)	表观密度/(kg/m^3)	吸水率/%	泥块含量/%	云母含量/%	坚固性/%
SZ-1 K90 料场	2.58	19.8	1 620	2 600	2.3	0	1.4	9

表 8 粗骨料品质检测结果

检测项目	表观密度/(kg/m^3)	针片状含量/%	含泥量/%	饱和面干吸水率/%	压碎指标/%	超径含量/%	逊径含量/%	硫酸盐含量/%
5~20 mm	2 630	7	0.9	1.96	8.3	1	6	0.41
20~40 mm	2 620	5	0.6	1.83	—	3	9	0.44

3.3 碱骨料反应与抑制有效性试验

(1) 砂岩碱骨料反应试验采用砂浆棒快速试验法进行，试验结果见表 9。

表 9 碱骨料反应试验（砂浆棒快速法）检测结果

序号	产地	水泥碱含量/%	砂浆水灰比 W/C	试件龄期/d	膨胀率/%		结果评定
					单值	平均值	
1	南欧江 K90 料场	0.9	0.47	14	0.217	0.214	该骨料为具有潜在危害反应的活性骨料
					0.219		
					0.206		

评定标准：①若试件 14 d 的膨胀率小于 0.1%，则骨料为非活性骨料。②若试件 14 d 的膨胀率大于 0.2%，则骨料为具有潜在危害反应的活性骨料。③若试件 14 d 的膨胀率为 0.1%~0.2%，对这种骨料应结合现场使用历史、岩相分析、时间观察时间延至 28 d 后的测试结果，或混凝土棱柱体法试验结果等进行综合评定。

碱骨料反应试验中，试件的 14 d 龄期膨胀值为 0.214%，大于判定值 0.2%，该砂岩为具有潜在危害反应的活性骨料，不可直接进行工程应用，需进一步制定有效的抑制措施。

(2) 抑制碱骨料反应试验。对上述该砂岩的碱骨料反应制订抑制试验方案，采用部分粉煤灰置换水泥的方法，分别在不同粉煤灰掺量下取代水泥进行砂浆棒膨胀试验，通过砂测试砂浆棒的 28 d 膨胀率，以确定抑制方案的有效性。抑制碱骨料反应试验结果见表 10。

通过对老挝洪沙Ⅱ级粉煤灰在 10%、15%、20%掺量下进行的抑制碱骨料反应试验得出：当粉煤灰掺量达到 15%时，试件 28 d 龄期膨胀率 0.091%，小于判定膨胀值 0.10%的要求，因此对该砂岩的碱活性抑制措施试验方案评价为有效，同时得出该碱活性抑制措施有效性的粉煤灰最低掺量为 15%，即该砂岩通过在最低掺量 15%的粉煤灰有效抑制的情况下可作为混凝土骨料用于本工程施工。

3.4 配合比研究

(1) 混凝土配制强度：$f_{cu.o}=f_{cu.k}+t\sigma$，计算结果见表 11。

表 10　碱骨料反应抑制措施试验（砂浆棒快速法）检测结果

序号	抑制材料品种及掺量	水泥碱含量/%	砂浆水灰比 W/C	试件龄期/d	膨胀率/%		效果评定
					单值	平均值	
1	老挝洪沙 F 类Ⅱ级粉煤灰；掺量 10%	0.9	0.47	28	0.109	0.114	无效
					0.121		
					0.112		
2	老挝洪沙 F 类Ⅱ级粉煤灰；掺量 15%	0.9	0.47	28	0.088	0.091	有效
					0.094		
					0.091		
3	老挝洪沙 F 类Ⅱ级粉煤灰；掺量 20%	0.9	0.47	28	0.082	0.079	有效
					0.078		
					0.077		

评定标准：若试件 28 d 的膨胀率小于 0.10%，则该掺量下抑制材料对该种骨料的碱骨料反应危害抑制效果评定为有效。

表 11　混凝土配制强度

混凝土强度等级 $f_{cu,k}$/MPa	强度保证率/%	概率度系数 t	标准偏差 σ/MPa	配制强度 $f_{cu,o}$/MPa
C25	95	1.645	4.0	31.6
C30	95	1.645	4.5	37.4
C40	95	1.645	5.0	48.2

（2）砂岩骨料与外加剂适应性试验。对 HLNOF-Ⅱ萘磺酸系减水剂和 SHWOF-Ⅰ聚羧酸减水剂分别进行适应性试验，通过混凝土拌和物的坍落度、1 h 经时变化、黏聚性及泌水情况等，评价适应性试验效果。试验结果见表 12。

表 12　外加剂适应性试验结果

减水剂类型	掺量/%	水胶比	混凝土拌和物评价	含气量/%	设计坍落度/cm	出机坍落度/cm	1 h 后坍落度/cm	1 h 坍损/cm
SHWOF-Ⅰ聚羧酸缓凝高性能减水剂	1.0	0.50	黏聚性较好，流动性较差，无泌水情况	1.8	18±2	12	8	4
	1.6	0.50	黏聚性较好，流动性较差，无泌水情况	2.0	18±2	16	11	5
	2.0	0.50	黏聚性强，流动性较好，无泌水情况	2.1	18±2	19	14	5
HLNOF-Ⅱ萘磺酸系缓凝高效减水剂	0.8	0.50	黏聚性较好，流动性较好，无泌水情况	1.9	18±2	17	12	5
	1.0	0.50	黏聚性较好，流动性较好，无泌水情况	2.1	18±2	20	15	5
	1.2	0.50	黏聚性强，流动性较差，少量泌水情况	2.3	18±2	21	15	6

在砂岩骨料与减水剂的适应性试验过程中，SHWOF-Ⅰ聚羧酸减水剂在达到设计坍落度时，所用掺量达到了2.0%，所拌混凝土的黏聚性、流动性均较好，无泌水情况，1 h坍落度经时损失控制在5 cm左右；HLNOF-Ⅱ萘磺酸系减水剂在达到设计坍落度时，所用掺量在0.8%~1.0%，所拌混凝土的黏聚性、流动性均较好，无泌水情况，1 h坍落度经时损失控制5 cm左右。根据试验效果来看，使用聚羧酸减水剂的掺量明显偏高，其在达到通常使用情况的2倍用量下，混凝土才表现出应有的流动性，这反映出聚羧酸减水剂被砂岩骨料吸附后的降效现象明显，适应性效果不佳；而萘磺酸系减水剂在掺量控制以及制拌混凝土拌和物性能上均表现良好，具备较高的经济性。综合比较可选择HLNOF-Ⅱ萘磺酸系减水剂作为配合比设计的选用方案。

（3）混凝土试拌选用0.40、0.45、0.50、0.55、0.60五个水胶比进行，砂岩骨料采用以饱和面干状态为基准，通过对各水胶比下的混凝土抗压强度检测分析，建立胶水比与抗压强度的关系曲线，利用其线性回归方程求取所设计等级对应的水胶比参数。试验结果见表13。

表13 混凝土试拌试验结果

序号	水胶比	砂率/%	减水剂掺量/%	每方材料用量/（kg/m³）							实测坍落度/cm	抗压强度/MPa	
				水	水泥	粉煤灰	砂	小石	中石	减水剂		7 d	28 d
E01	0.40	39	1.0	164	349	62	698	492	601	4.11	184	41.0	49.9
E02	0.45	40	1.0	164	310	55	735	496	606	3.65	185	35.3	45.2
E03	0.50	41	1.0	164	279	49	769	498	608	3.28	178	29.8	38.5
E04	0.55	42	1.0	164	253	45	800	497	608	2.98	175	23.1	33.5
E05	0.60	43	1.0	164	232	41	830	495	605	2.73	180	20.1	28.8

混凝土强度与水胶比（$C+F$）/W的关系曲线见图1。

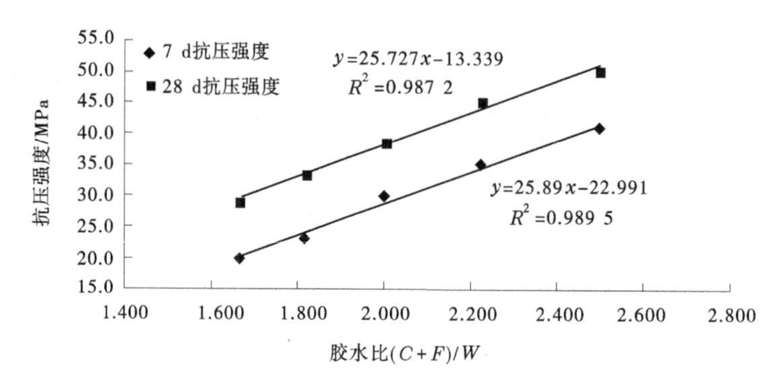

图1 混凝土抗压强度与胶水比（$C+F$）/W关系

利用水胶比与强度的线性回归方程，求取所设计混凝土对应的水胶比，成果见表14。

表14 混凝土水胶比计算表

混凝土等级	龄期	减水剂类型及掺量	粉煤灰掺量/%	强度与水胶比回归方程	强度回归方程确定的水胶比
C25	28 d	HLNOF-2缓凝高效减水剂掺量1.0%	15	$f_{cu}=25.727\times\frac{C+F}{W}-13.339$	0.57
C30					0.51
C40					0.42

对上述通过混凝土强度回归方程确定的水胶比，提出工程使用的混凝土施工配合比见表 15，并对该混凝土施工配合比进行劈拉强度、抗渗性能、抗冻性能、轴心抗压强度、弹性模量、轴心抗拉强度、极限拉伸值进行试验，成果见表 16、表 17。

表 15　混凝土施工配合比

混凝土等级	水胶比	级配	设计坍落度/cm	粉煤灰掺量/%	砂率/%	减水剂掺量/%	每方材料用量/（kg/m³）						
							水	水泥	粉煤灰	砂	小石	中石	减水剂
C25	0.57	Ⅱ	18±2	15	42	1.0	164	245	43	804	500	611	2.88
C30	0.51	Ⅱ	18±2	15	41	1.0	164	273	48	772	500	611	3.21
C40	0.42	Ⅱ	18±2	15	39	1.0	164	332	59	706	497	608	3.91

表 16　混凝土力学性能表（1）

序号	等级	级配	水胶比	坍落度/cm	1 h 坍落度/cm	含气量/%	容重/（kg/m³）	龄期/d	抗压强度/MPa	劈拉强度/MPa	抗冻	抗渗
1	C25	Ⅱ	0.57	18	13	2.0	2 370	7	22.8	1.75	—	—
								28	31.9	2.39	F50	>W8
2	C30	Ⅱ	0.51	18	12	1.9	2 370	7	28.3	2.03	—	—
								28	37.4	2.82	F50	>W8
3	C40	Ⅱ	0.42	19	13	2.2	2 360	7	37.9	2.72	—	—
								28	49.8	3.59	F100	>W8

表 17　混凝土力学性能表（2）

序号	等级	级配	水胶比	坍落度/cm	1 h 坍落度/cm	含气量/%	容重/（kg/m³）	龄期/d	轴心抗压强度/MPa	弹性模量/万 Pa	轴心抗拉强度/MPa	极限拉伸值/10^{-4}
1	C25	Ⅱ	0.57	18	13	2.0	2 370	7	—	—	—	—
								28	25.6	1.94	2.54	0.96
2	C30	Ⅱ	0.51	18	12	1.9	2 370	7	—	—	—	—
								28	30.2	2.21	2.85	1.08
3	C40	Ⅱ	0.42	19	13	2.2	2 360	7	—	—	—	—
								28	39.4	2.65	3.61	1.22

从混凝土性能试验结果（见图 2~图 5）来看：①由抗压强度与胶水比建立的线性回归方程得出的各等级混凝土水胶比值普遍偏大，混凝土抗压强度普遍较高，这对于混凝土在经济成本控制方面有优势，可在配合比设计中适当提高混凝土的水胶比，降低总胶凝材料成本，同时，由于大水胶比会对混凝土的耐久性带来负面影响，因此还应考虑混凝土的抗冻抗渗等指标对水胶比进行综合选定。②该砂岩混凝土所选定水胶比在满足抗压强度的同时，所检测试件的劈拉抗拉强度值和轴心抗拉强度值显著偏低，这对抵抗混凝土早期内部收缩是不利的，尤其在工程现场的一些大尺寸薄壁结构的混凝土裂缝中有所表现，其往往由混凝土结构边缘薄弱点形成小段裂缝，后随时间推移逐渐发展形成贯穿裂缝，这种现象在日温差变化较大、风速较高的隧洞进出口边墙及二衬薄壁结构部位较为常见。③从试验数据看，该砂岩混凝土的弹性模量明显偏低，同时该砂岩混凝土的极限拉伸值均普遍较高，这对于大体积混凝土在裂缝控制方面有利。从现场浇注的厂房基础混凝土以及进水口基础的大体积混凝土来看，仅在厂房基础的边缘模板拆除位置发现较少浅层短裂缝外，未见有贯穿缝出现的情况。④该砂岩混凝土在抗冻性能方面表现较差，试验过程中 C25 混凝土和 C30 混凝土均在经历 50 次的冻融循环后，试件表层骨料出现裸露且产生了大面积的剥落，结合母岩强度和骨料吸水因素分析，由于砂岩骨料的饱和面干吸水率大的特点，所制混凝土试件在饱水情况下，其骨料内部孔隙水是较多的，抗冻试验机内的试件在-17 ℃的情况下，该孔隙水会迅速冻结产生体积膨胀，形成较大的内部拉应力，此时由于该砂岩混凝土测试得到的劈拉强度和轴心抗拉强度值普遍偏低，试件在反复经受这种内部拉应力的条件下，形成混凝土浆体和骨料的破碎剥落现象。在工程应用中，需针对混凝土使用环境采取相应的措施，阻断混凝土内部毛细通道，减少孔隙水的渗入，以增强混凝土的抗冻能力。

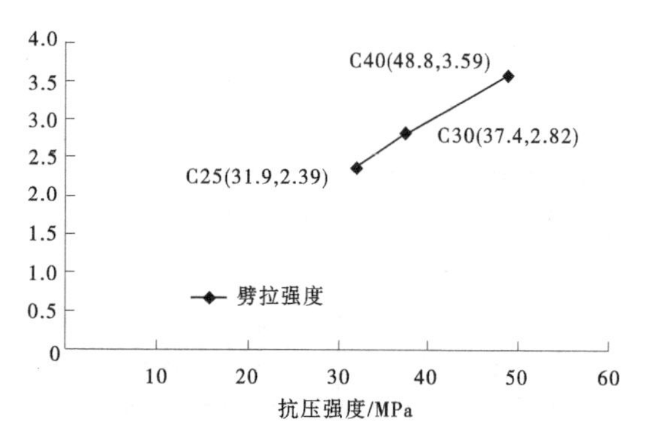

图 2　混凝土抗压强度与劈拉强度

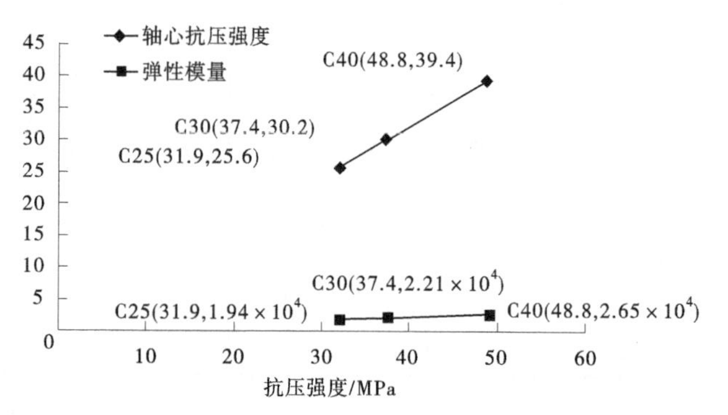

图 3　混凝土抗压强度与轴心抗压强度及弹性模量

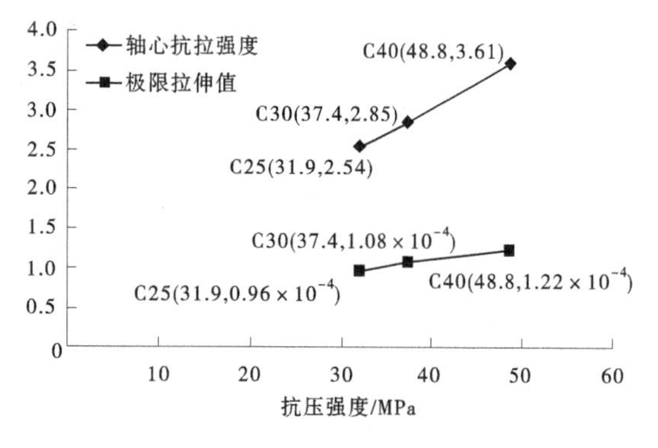

图 4　混凝土抗压强度与轴心抗拉强度及极限拉伸值

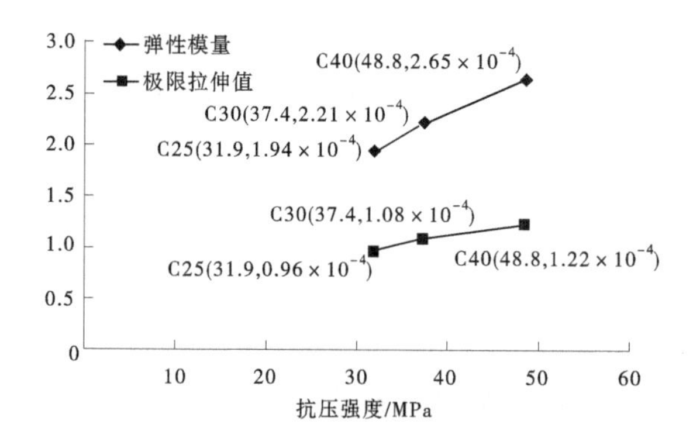

图 5　混凝土抗压强度与弹性模量及极限拉伸值

4　结语

本文研究总结了南欧江水电站工程砂岩骨料的材料性能及其混凝土性能，总结如下：

（1）老挝南欧江水电站流域内的岩石以泥质砂岩为主，具有高吸水率特性，母岩强度跨度范围较大，能够满足C40及以下等级混凝土工程使用；与外加剂的匹配选择方面应以第二代萘磺酸系减水剂为主，避开受砂岩吸附及石粉影响较大的聚羧酸系减水剂，以达到良好的应用效果。

（2）碱骨料试验确定该砂岩为具有潜在危害反应的活性骨料，不可直接用于混凝土施工。在碱骨料抑制试验中，采用老挝红沙粉煤灰作为掺合料，在其掺量达到胶材用量的15%时，试件28 d膨胀率小于合格评价值0.10%，抑制试验评定有效。可参考此方案作为该砂岩在工程应用中的碱活性抑制方案。

（3）混凝土性能方面，该砂岩混凝土具有抗压强度高、劈拉强度低、轴心抗拉强度低、弹性模量低、极限拉伸值大、抗冻性能差的特点。在工程应用上应针对薄壁结构混凝土，制定更为严格的保温保湿措施，适当延长脱模时间以控制混凝土裂缝的产生。在防渗面板及受水环境侵蚀等结构上，可掺加引气剂引入闭孔微气泡，以阻断混凝土内部毛细通道，减少环境水的渗入，提高混凝土耐久性能。

受研究范围所限，老挝地区砂岩在许多混凝土应用中的性能研究尚未开展。在以后的研究中，需要开展更为广泛的研究与更深入的分析工作，以期更好地服务于东南亚地区"一带一路"的水电建设。

参考文献

[1] 吴启福．东南亚SL水电站砂岩骨料的高吸水率对混凝土的影响［J］．低碳技术，2018（11）：117-118.

[2] 李宝仁，张军，朱安龙，等．高碱活性砂岩骨料在混凝土防渗面板中的应用［J］．水电工程施工、试验及检测，2016（6）：61-65.

[3] 张学．砂岩骨料在斯登沃代水电站建设中的应用［J］．四川水力发电，2017（S1）：90-93.

[4] 刘伟宝，陆采荣，梅国兴，等．软弱砂岩骨料碾压混凝土的配制及其特性研究［J］．海洋工程，2014（11）：105-110.

采用快速检测方法判定骨料碱活性的试验研究

刘晨霞[1]　陈改新[1]　纪国晋[1]　马晓旭[2]

（1. 流域水循环模拟与调控国家重点试验室，中国水利水电科学研究院，北京　100038；
2. 北京科海利工程技术有限公司，北京　100038）

摘　要：选取某工程6组灰岩骨料样品，采用多种试验方法综合判定骨料的碱活性。岩相分析表明，骨料中存在一定的碱活性组分。化学组成法结果表明，5组为非碱-碳酸盐反应活性骨料，1组具有潜在碱-碳酸盐反应活性。砂浆棒快速法结果表明，2组为碱-硅酸反应活性骨料，4组为非碱-硅酸反应活性骨料。小岩石柱法结果表明，6组均为非碱-碳酸盐反应活性骨料。混凝土棱柱体法结果表明，2组为碱活性骨料，4组为非活性骨料。通过以上试验结果，综合判定2组骨料为碱活性骨料，4组骨料为非活性骨料。

关键词：灰岩骨料；碱-骨料反应；碱-碳酸盐反应；化学组成法

1　引言

碱-骨料反应（Alkali Aggregate Reaction，AAR）[1] 是指混凝土中来自水泥、外加剂、掺合料或拌和水中的碱与骨料中的活性组分发生膨胀性化学反应，从而导致混凝土开裂、破坏。碱骨料反应分为碱-硅酸反应（Alkali-Silica Reaction，ASR）和碱-碳酸盐反应（Alkali-Carbonate Reaction，ACR）。碱-骨料反应（AAR）是引起混凝土耐久性下降的主要原因之一。半个世纪以来已在世界范围内造成了数以亿美元计的巨大损失，我国近年来也出现了因AAR所导致的工程破坏[2-4]。总结国际和国内的经验，目前预防AAR的措施有两条：一是使用非活性骨料；二是使用活性骨料的同时使用低碱水泥，或者用混合材抑制。因此，加强骨料碱活性的检测是预防AAR的关键。

综观骨料碱活性的检测方法，大体上可根据其判别依据分为三类：一是通过岩相鉴定检验骨料中是否含有活性组分的岩相法，二是以骨料与碱作用后所产生的膨胀率大小作为判据的测长法，三是依骨料在碱液中的反应程度作为判据的化学法。尽管各国学者对骨料碱活性检验方法进行了大量研究，但AAR的复杂性和各国的骨料类型、分布的差异决定了鉴定不能仅凭一种方法，而应多种方法配合使用。骨料碱活性的最终判定以测长法为准。

由于ACR远没有ASR普遍，近年来对AAR的研究主要集中在ASR方面，对ACR方面的研究偏少，近年来国内对AAR方面的研究主要涉及AAR的影响因素[5]、碱骨料反应抑制措施有效性的试验研究等方面[6-8]，进一步对AAR检测方法的深入研究不多。2009年加拿大发布了化学组成法[9]，它是确定骨料是否存在碱-碳酸盐反应活性的方法，其原理是通过测定骨料中CaO：MgO的比值可确认出骨料中的白云质石灰石，通过测定骨料中的Al_2O_3含量可确定其中的黏土含量。当白云质石灰石骨料中黏土或酸性不溶残余物含量较高时，就可能发生碱-碳酸盐反应，产生有害膨胀，根据测长法的大量试验结果，绘制出碳酸盐骨料碱活性分区图。测定骨料中CaO、MgO、Al_2O_3的含量，分析数据落在潜在危害区的，则表明该骨料具有潜在危害性。但地域不同，骨料存在差异，化学组成法是否适用于我国不同地域的骨料，还需进行大量的试验研究。

作者简介：刘晨霞（1977—），女，副高级工程师，研究方向为水工高性能混凝土。

大型水电工程对筑坝混凝土材料要求很高，骨料质量的优劣直接关系到混凝土的耐久性和工程的安全运行。由于许多工程工期紧张，而测长法一般需要时间较久，如果快速检测方法与测长法检测结果比较一致的话，就可以根据快速方法检测结果对骨料的碱活性进行快速判定，加快工程进度。鉴于此，本文选取某工程灰岩骨料，分别采用岩相法、化学组成法和测长法对骨料的碱活性进行综合判定，对所选灰岩骨料研究岩相分析、化学组成法与测长法试验结果的一致性，积累试验数据，从而为准确快速判定骨料的碱活性与水工建筑物耐久性评价提供依据。

2 试验方法与原材料

2.1 试验方法

对某工程6组灰岩骨料样品碱活性试验内容包括：对各组骨料样品分别进行岩相分析、化学成分分析和骨料碱活性检验（砂浆棒快速法、碳酸盐小岩石柱法、混凝土棱柱体法）。试验方法如下：

（1）岩相试验。确定岩石样品的主要矿物组成，重点关注岩石中是否含有碱碳酸盐反应活性矿物（10~50 μm白云石微晶体分布在由黏土矿物和1~3 μm微晶方解石所构成的基质中），以及微晶质和隐晶质石英。岩相试验依据《水工混凝土试验规程》（SL 352—2020）中“3.36 骨料碱活性检验（岩相法）”进行。

（2）化学成分分析。用每组岩样加工骨料获得的均匀混合石粉测定岩样的主要化学成分（CaO、MgO、SiO_2、Fe_2O_3、Al_2O_3、Na_2O、K_2O）和烧失量，按照加拿大标准CSA A23.2-26A中的绘图法，分析岩样存在碱碳酸盐反应活性矿物的可能性。化学成分分析试验依据《非金属矿物和岩石化学分析方法 第3部分：碳酸盐岩石、矿物化学分析方法》（JC/T 1021.3—2007）进行。

（3）砂浆棒快速法。对灰岩骨料样品进行砂浆棒快速法试验，并延长龄期至28 d，判定骨料样品是否具有碱-硅酸反应活性。砂浆棒快速法试验依据《水工混凝土试验规程》（SL 352—2020）中“3.38 骨料碱活性检验（砂浆棒快速法）”进行。

（4）小岩石柱法。从每组岩样的大块岩石上（边长大于25 cm），按层理构造沿三个相互垂直方向各取2个直径（9±1）mm、长（35±5）mm的圆柱体进行试验，根据浸泡膨胀量判断岩样中是否存在碱碳酸盐反应活性矿物。小岩石柱法试验依据《水工混凝土试验规程》（SL 352—2020）中“3.37 碳酸盐骨料的碱活性检验（岩石柱法）”进行。

（5）混凝土棱柱体法。对每组岩样进行混凝土棱柱体法试验，通过棱柱体试件1年的膨胀量，判断骨料是否具有潜在危害性碱活性反应。混凝土棱柱体法试验依据《水工混凝土试验规程》（SL 352—2020）中“3.39 骨料碱活性检验（混凝土棱柱体法）”进行。

2.2 原材料

（1）水泥：使用基准水泥，水泥的碱含量为0.51%，水泥的压蒸膨胀率为0.09%，满足骨料碱活性检验用水泥压蒸膨胀率小于0.20%的要求。检测结果见表1。

表1 基准水泥化学成分和压蒸膨胀率检测结果 %

样品名称	R_2O^*	MgO	压蒸膨胀率
基准水泥	0.51	2.6	0.09

注：* R_2O（碱含量）= Na_2O+0.658K_2O。

（2）骨料：试验采用某水电工程的6组灰岩骨料样品，样品编号为1#~6#。

（3）化学试剂：分析纯NaOH试剂。

3 试验结果与分析

3.1 岩相分析

岩相法是指通过肉眼和显微镜观察，鉴定各种砂石骨料的种类和矿物成分，从而检验骨料中活性成分的种类和含量。岩相法对下一步选择合适的检测方法来检验骨料的碱活性有重要的指导作用。

岩相法试验时，首先对骨料按类分拣、称重，再磨制薄片用偏光显微镜进行观察，确定骨料的矿物成分。6 组岩石样品的物理性质和主要碱活性组分汇总见表 2。

表 2　岩石物理性质及主要碱活性组分

序号	样品编号	物理性质					主要碱活性组分
		形状	颜色	风化	硬度	其他	
1	1#	块状	灰色	无	中	与稀盐酸反应剧烈	隐-微晶硅质、玉髓、石英占 5%~10%
2	2#	块状	褐灰色	无	中	与稀盐酸反应剧烈	隐-微晶硅质、玉髓、石英占 5%~10%
3	3#	块状	褐灰色	无	中	与稀盐酸反应剧烈	隐-微晶石英占 1%~2%；细小菱形白云石<1%
4	4#	块状	灰色	无	中	与稀盐酸反应剧烈	隐-微晶石英占 3%~5%；细小菱形白云石占 4%~5%
5	5#	块状	灰色	无	中	与稀盐酸反应剧烈	隐-微晶石英占 3%~4%
6	6#	块状	深灰色	无	中	与稀盐酸反应剧烈	隐-微晶石英占 4%~7%

各岩样的显微镜下照片如图 1~图 6 所示。

图 1　1#岩样显微镜下图片（正交偏光）

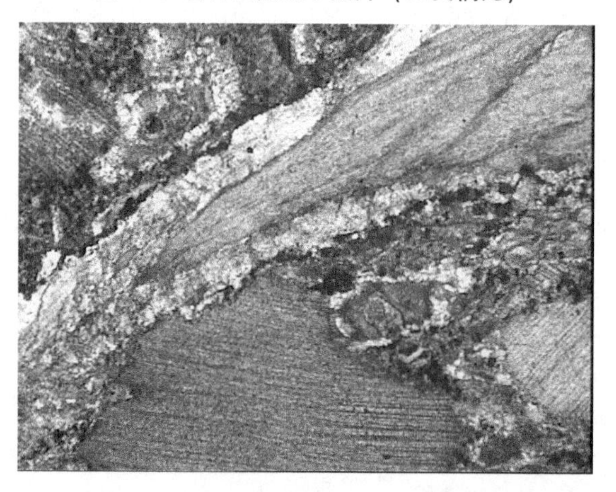

图 2　2#岩样显微镜下图片（正交偏光）

图 3　3#岩样显微镜下图片（正交偏光）

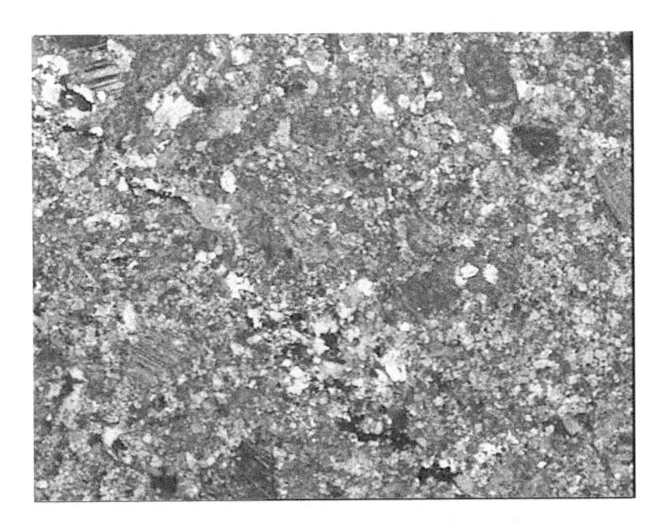

图 4　4#岩样显微镜下图片（正交偏光）

图 5　5#岩样显微镜下图片（正交偏光）

图 6　6#岩样显微镜下图片（正交偏光）

岩相法检测结果表明，1#～6#骨料中均含有一定量的隐-微晶石英和硅质，隐-微晶石英和硅质具有潜在的碱-硅酸反应活性。3#和 4#骨料样品中发现有少量的细小菱形白云石，不规则分布于泥粉晶生物屑间，细小菱形白云石具有潜在的碱-碳酸盐反应活性。骨料样品中的碱活性组分对混凝土体积稳定性的影响需结合其他方法做进一步的分析研究。

3.2　化学成分分析

用骨料样品加工获得的均匀混合石粉测定岩样的主要化学成分（CaO、MgO、SiO_2、Fe_2O_3、Al_2O_3、Na_2O、K_2O）和烧失量，按照化学组成法，判断骨料样品存在碱-碳酸盐反应活性的可能性。同时，通过多组岩样主要化学成分的对比，分析骨料的均匀性。6 组骨料样品的化学成分分析结果见表 3，CaO/MgO 比值汇总见表 4。

表 3　骨料样品化学成分分析结果

样品编号	化学成分/%							
	SiO_2	Al_2O_3	Fe_2O_3	CaO	MgO	K_2O	Na_2O	L. O. I
1#	9.69	1.34	0.75	48.69	0.86	0.240	0.093	37.91
2#	8.68	1.29	0.54	49.15	0.55	0.170	0.038	39.01
3#	5.06	0.50	0.48	50.61	1.55	0.130	0.034	41.29
4#	6.39	0.65	0.28	47.23	3.82	0.100	0.031	41.03
5#	4.56	0.45	0.24	51.69	1.27	0.051	0.038	41.62
6#	3.60	0.24	0.15	52.77	0.61	0.039	0.022	41.77

表 4　骨料样品 CaO/MgO 比值汇总

样品编号	1#	2#	3#	4#	5#	6#
CaO/MgO 比值	56.6	89.4	32.7	12.4	40.7	86.5

从表 3 可以看出，6 组灰岩骨料样品中 SiO_2 含量为 3.60%～9.69%，Al_2O_3 含量为 0.24%～1.34%，Fe_2O_3 含量为 0.15%～0.75%，CaO 含量为 47.23%～52.77%，MgO 含量为 0.55%～3.82%，K_2O 含量为 0.039%～0.240%，Na_2O 含量为 0.022%～0.093%，烧失量(L. O. I)为 37.91%～41.77%。

从表 4 可以看出，6 组灰岩骨料样品的 CaO/MgO 比值分别为 56.6、89.4、32.7、12.4、40.7 和

86.5。根据各骨料样品的 Al_2O_3 百分含量与 CaO/MgO 的比值，确定这 6 组骨料在基于化学组成的非碱-碳酸盐反应活性骨料与潜在碱-碳酸盐反应活性骨料界限图中的位置，如图 7 所示。由图 7 可见，1#、2#、3#、5#和 6#均在非碱-碳酸盐活性骨料区域内，4#骨料在潜在碱-碳酸盐活性骨料区域内。因此，根据化学组成分析法，1#、2#、3#、5#和 6#灰岩骨料样品具有潜在碱-碳酸盐反应活性的可能性不大，而 4#骨料样品需进行其他方法进一步验证其是否具有碱-碳酸盐反应活性。

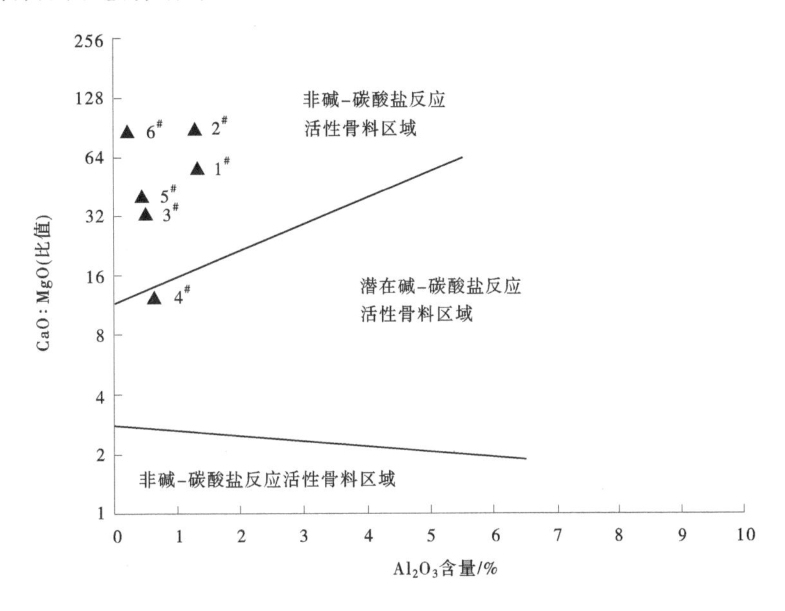

图 7　6 组灰岩骨料样品的 Al_2O_3 百分含量和各骨料 CaO 与 MgO 比值

3.3　砂浆棒快速法试验结果

使用基准水泥，依据规程中规定的骨料各级配成型砂浆棒试件，测试砂浆试件在 80 ℃碱溶液中的长度变化。6 组灰岩骨料样品的砂浆棒快速法试验结果见图 8。

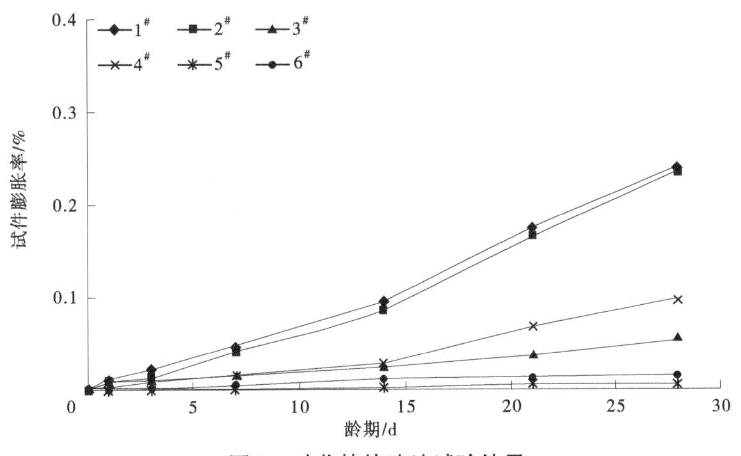

图 8　砂浆棒快速法试验结果

6 组灰岩骨料样品（1# ~ 6#）14 d 砂浆棒试件膨胀率分别为 0.095%、0.086%、0.025%、0.028%、0.002%和 0.011%，28 d 砂浆棒试件膨胀率分别为 0.241%、0.236%、0.054%、0.097%、0.004%和 0.014%。根据 28 d 试验结果，判定 1#和 2#灰岩骨料样品为碱-硅酸反应活性骨料，判定 3#~6#灰岩骨料样品为非碱-硅酸反应活性骨料。

3.4　小岩石柱法试验结果

对 6 组岩石样品各取 6~8 个试件，经碱液浸泡后，取其膨胀值最大的一个最终结果，其余结果舍弃。骨料样品的小岩石柱法试验结果见图 9。

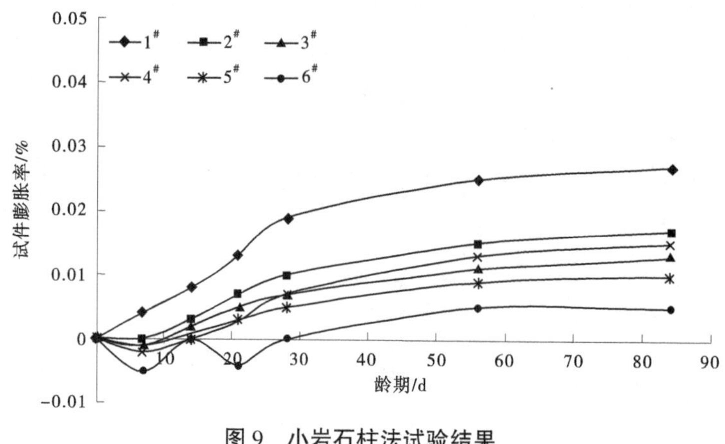

图 9　小岩石柱法试验结果

浸泡 84 d 试件膨胀率在 0.10%以上时，该岩样应评为具有潜在碱活性危害，不宜作为混凝土骨料。必要时应以混凝土试验结果做出最后评定。

1#~6#岩样浸泡 84 d 小岩石柱试件最大膨胀率分别为 0.027%、0.017%、0.013%、0.015%、0.010%和 0.005%，均小于 0.10%的判据，判定这 6 组灰岩骨料样品均为非碱-碳酸盐反应活性骨料。

3.5　混凝土棱柱体法试验结果

6 组灰岩骨料样品的混凝土棱柱体法的试验结果如图 10 所示。由图 10 可以看出，1#和 2#灰岩骨料样品混凝土试件一年膨胀率分别为 0.051%和 0.119%，均大于 0.04%的判据，应判定 1#和 2#骨料样品为具有潜在危害性反应的活性骨料。3#~6#骨料样品混凝土棱柱体试件一年膨胀率分别为 0.030%、0.025%、0.007%和 0.010%，均小于 0.04%的判据，应判定 3#~6#灰岩骨料样品为非活性骨料。

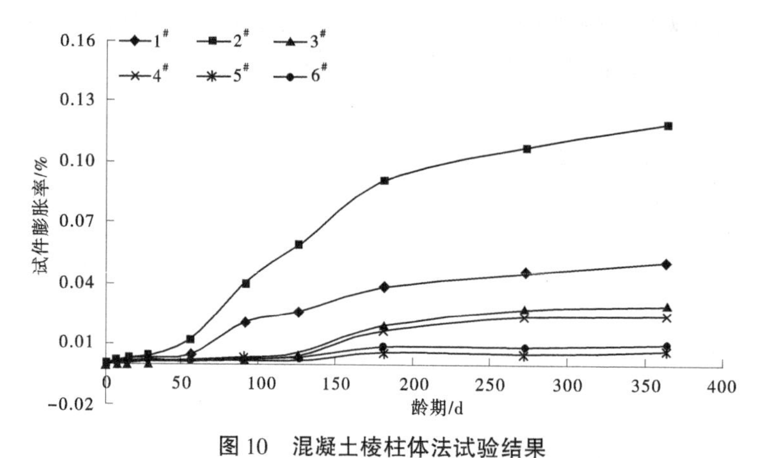

图 10　混凝土棱柱体法试验结果

4　结论

针对国内采用化学组成法与测长法试验结果对比分析骨料碱活性的研究较少，以及目前碱骨料反应的鉴定方法多侧重于单方面的碱活性因素的评价的问题。本文选取国内某水电工程的 6 组灰岩骨料样品，首先通过岩相分析和化学组成法对骨料的碱活性进行预判，之后采用多种测长试验方法综合判定骨料的碱活性。研究了灰岩骨料样品化学组成法与测长法试验结果的一致性，从而为准确快速判定骨料的碱活性提供依据。具体结论如下：

（1）岩相分析结果表明，1#~6#灰岩骨料样品中均含有一定量的隐-微晶石英和硅质，隐-微晶石英和硅质具有潜在的碱-硅酸反应活性，其中 1#和 2#骨料样品中的隐-微晶石英和硅质含量相对较多。3#和 4#骨料样品中发现有少量的细小菱形白云石，不规则分布泥粉晶生物屑间，细小菱形白云石具有潜在的碱-碳酸盐反应活性。6组灰岩骨料样品是否为活性骨料需结合其他方法做进一步的判定。

（2）化学成分分析结果表明，6组灰岩骨料样品的CaO/MgO比值分别为56.6、89.4、32.7、12.4、40.7和86.5。按照加拿大标准CSA A23.2-26A中的绘图法，1#、2#、3#、5#和6#骨料为非碱-碳酸盐反应活性骨料，而4#骨料需进行其他方法进一步验证其是否具有碱-碳酸盐反应活性。

（3）砂浆棒快速法试验结果表明，6组灰岩骨料样品（1#~6#）14 d砂浆棒试件膨胀率分别为0.095%、0.086%、0.025%、0.028%、0.002%和0.011%，28 d砂浆棒试件膨胀率分别为0.241%、0.236%、0.054%、0.097%、0.004%和0.014%。可以看出，1#和2#骨料样品为后期反应较快的骨料，根据28 d试验结果，判定1#和2#灰岩骨料样品为碱-硅酸反应活性骨料，判定3#~6#灰岩骨料样品为非碱-硅酸反应活性骨料。

（4）碳酸盐小岩石柱法试验结果表明，1#~6#岩样小岩石柱试件84 d最大膨胀率分别为0.027%、0.017%、0.013%、0.015%、0.010%和0.005%，均小于0.10%的判据，判定这6组灰岩骨料样品均为非碱-碳酸盐反应活性骨料。

（5）混凝土棱柱体法试验表明，1#~6#灰岩骨料样品混凝土棱柱体试件一年膨胀率分别为0.051%、0.119%、0.030%、0.025%、0.007%和0.010%，其中1#和2#骨料样品混凝土试件一年膨胀率均大于0.04%的判据，判定1#和2#骨料样品为具有潜在危害性反应的活性骨料。3#~6#骨料样品混凝土棱柱体试件一年膨胀率均小于0.04%的判据，判定3#~6#骨料样品为非活性骨料。

综合以上试验结果，我们可以看出，对于化学组成法判定的非活性骨料在测长法试验中也判定为非活性骨料，即快速检测方法与测长法试验结果一致。岩相分析中对于碱活性组分含量较少的骨料在测长法试验中也为非活性骨料。因此，根据岩相分析和化学组成分析判定为非活性的骨料可以尽快进行工程使用，节省检测时间。另外，本文表明对于骨料碱活性存在疑虑的骨料，采用多种检测方法相互对照进行综合评定是非常必要的。

参考文献

[1] 刘崇熙，文梓芸. 混凝土碱-骨料反应 [M]. 广州：华南理工大学出版社，1995.

[2] DENG M, HAN S F, Lu Y N, et al. Deterioration of concrete structures due to alkali-dolomite reaction in China [J]. Cement and Concrete Research, 1993, 23 (5): 1040-1046.

[3] TONG Liang, DENG Min, LAN Xianhui, et al. A case study of two airport runways affected by alkali-carbonate reaction, Part one: Evidence of deterioration and evaluation of aggregates [J]. Cement and Concrete Research, 1997, 27 (3): 321-328.

[4] TONG Liang, DENG Min, LAN Xianhui, et al. A case study of two airport runways affected by alkali-carbonate reaction, Part two: Microstructure investigations [J]. Cement and Concrete Research, 1997, 27 (3): 329-336.

[5] 陶宗硕，邓敏，王光银. 岩石结构特征对白云质灰岩碱活性的影响 [J]. 中国建材科技，2022 (2): 42-45.

[6] 冯乃谦，封孝信，郝挺宇. 抑制碱-碳酸盐反应膨胀的研究 [J]. 混凝土与水泥制品，2004 (1): 1-5.

[7] 高超，彭小燕，周永祥，等. 粉煤灰与硅灰复合抑制碱骨料反应的试验研究 [J]. 混凝土世界，2016 (87): 76-78.

[8] 王深圳，王怀义，杨桂权，等. 新疆和田地区天然火山岩粉混凝土的耐久性研究 [J]. 混凝土世界，2021 (147): 60-65.

[9] CSA A23.2-26A Determination of potential alkali-carbonate reactivity of quarried carbonate rocks by chemical composition, concrete materials and methods of concrete construction test methods and standard practices for concrete eleventh edition, 2009.

汉江中下游春季水华监测预警指标阈值的分析研究

张德兵　罗　兴　唐　聪

（长江水利委员会水文局长江中游水文水资源勘测局，湖北武汉　430000）

摘　要：近年来汉江中下游干流春季水华频发，严重影响区域水生态安全。为预防和应对汉江中下游水华危机，需要实时掌握水体水华程度及发展趋势，而水华程度的表征指标藻密度监测过程复杂，监测结果时效性不足。本文根据实测资料对藻密度相关水华监测指标进行了分析筛选，确定了汉江中下游春季水华监测预警指标、层级与阈值，为预防和应对汉江中下游春季水华危机提供了科学依据。

关键词：汉江中下游；水华监测；预警指标；预警阈值

1　分析依据的监测资料

2018 年 2 月上旬开始，汉江中下游水体呈浅褐色-红褐色，藻类出现异常增殖现象[1]。为确保汉江中下游城乡居民的用水安全，按照长江水利委员会的统一安排，自 2018 年 2 月 13 日起，在汉江中下游沙洋至武汉共 300 余 km 的江段上开展了藻类应急监测。本次监测共设置了沙洋取水口、沙洋取水口下 3~5 km、岳口、仙桃大桥、汉川、宗关共 6 个断面（见图 1），监测参数包括流量、水温、pH、溶解氧饱和度、叶绿素 a、藻密度、藻类优势种 7 项参数，连续开展了 27 次采样同步监测。

图 1　汉江中下游水华应急监测断面位置示意图

2　预警指标的筛选

作为汉江中下游水华程度的预警指标需要具备两个主要条件：一是监测数据易获取，最好能实现在线监测；二是与藻密度具有显著的定量关系。以下根据实测系列资料分别分析断面流量、水温、pH、溶解氧饱和度、叶绿素 a 与藻密度的定量关系[2]。

作者简介：张德兵（1967—），男，教授级高级工程师，副总工程师，主要从事水环境监测研究工作。

2.1 水温指标

点绘仙桃大桥断面水温与藻密度关系线（见图 2）。总体上，水温与藻密度基本不存在线性定量关系。

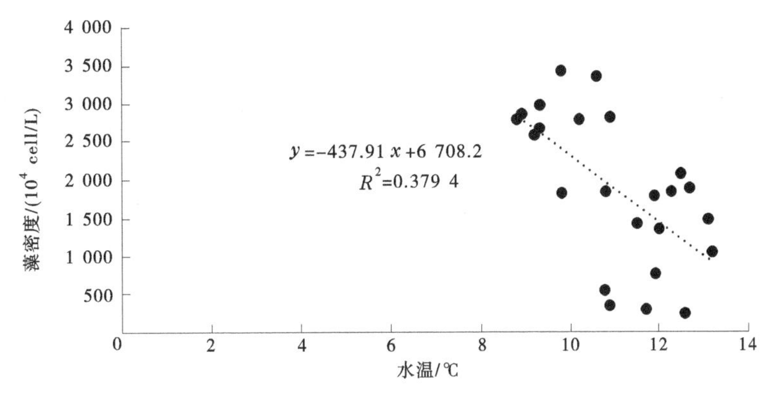

图 2　仙桃大桥断面水温与藻密度关系线

2.2 流量指标

点绘仙桃大桥断面流量与藻密度关系线（见图 3）。总体上，流量越大藻密度越小。因此，可通过断面流量调度缓解水华程度。

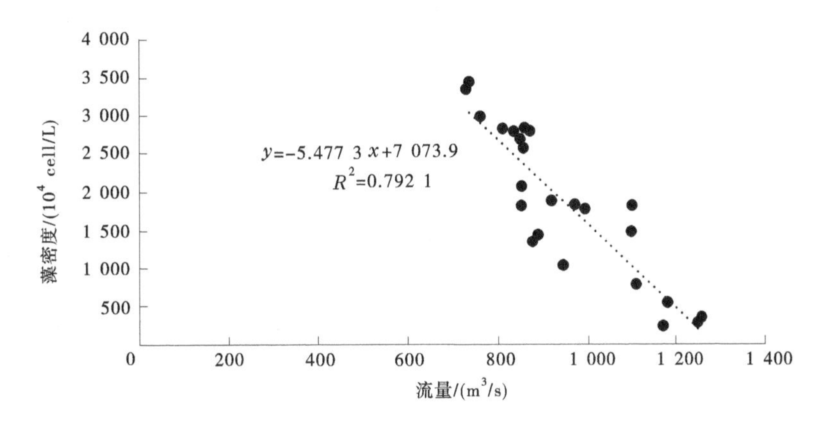

图 3　仙桃大桥断面流量与藻密度关系线

2.3 pH 指标

点绘仙桃大桥断面 pH 与藻密度关系线（见图 4）。藻密度与 pH 存在正相关关系，但定量相关性不高。

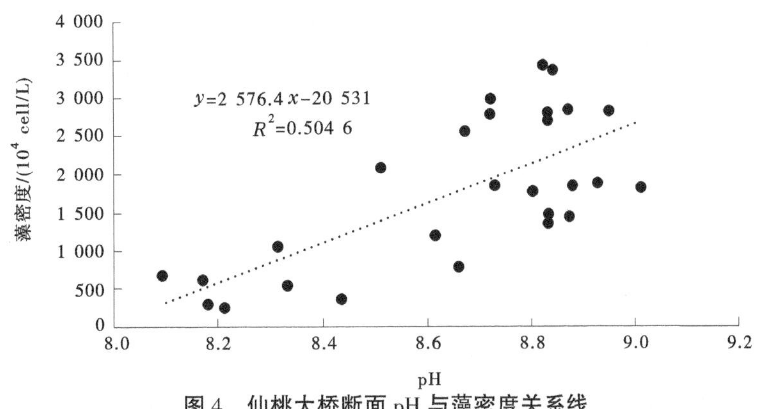

图 4　仙桃大桥断面 pH 与藻密度关系线

2.4 溶解氧饱和率指标

点绘仙桃大桥断面溶解氧饱和率与藻密度关系线（见图 5）。藻密度与溶解氧饱和率存在正相关关系，但定量相关性不高。

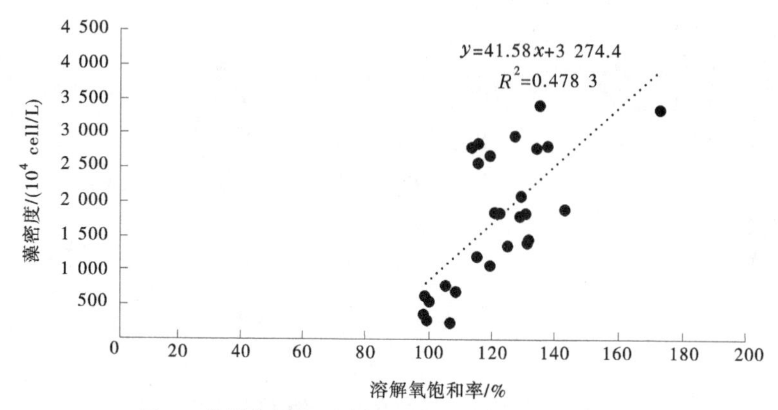

图 5　仙桃大桥断面溶解氧饱和率与藻密度关系线

2.5 叶绿素 a 指标

点绘各断面叶绿素 a 与藻密度关系线（见图 6~图 11）。

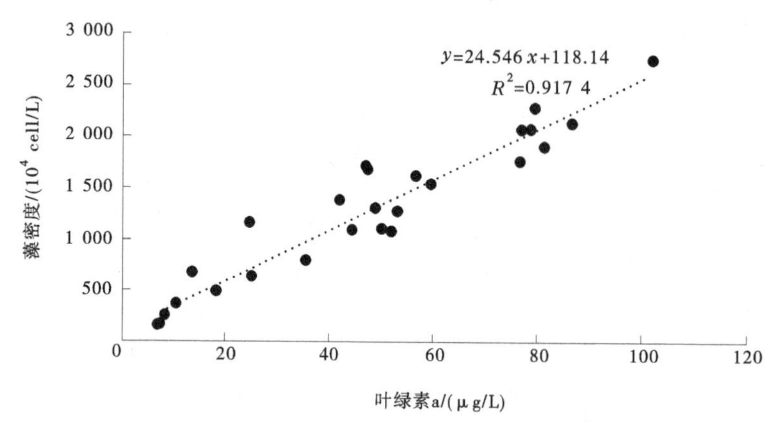

图 6　沙洋取水口断面叶绿素 a 与藻密度关系线

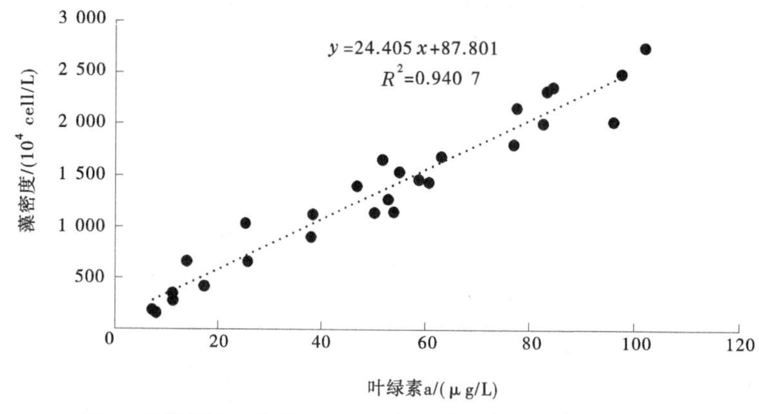

图 7　沙洋取水口下游 3~5 km 断面叶绿素 a 与藻密度关系线

2.6 相关关系汇总

通过以上分析表明，水温、pH、溶解氧饱和率指标与藻密度定量关系不显著；流量与藻密度相关性较高；叶绿素 a 与藻密度存在显著相关性（R^2 均大于 0.9）。因此，可选取易获取、可快速监测的叶绿素 a 作为水华的预警指标。各断面叶绿素 a 与藻密度定量关系见表 1。

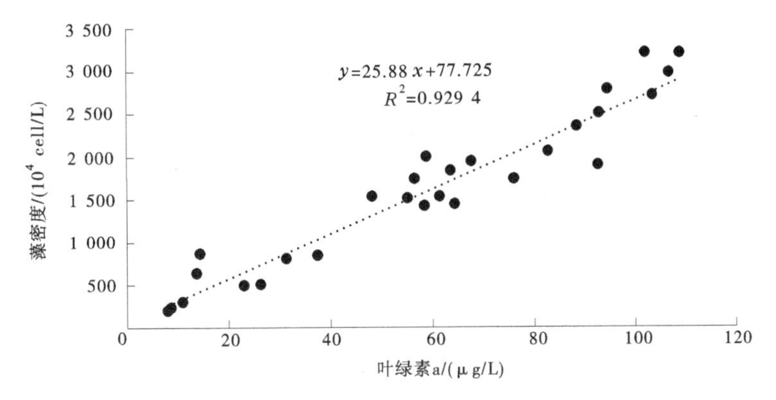

图 8　岳口断面叶绿素 a 与藻密度关系线

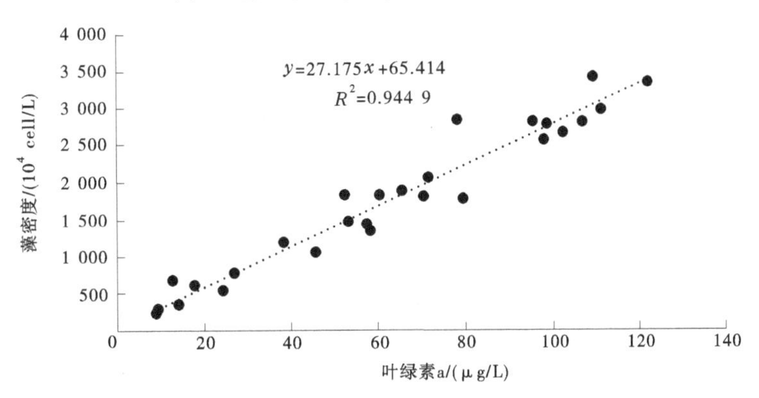

图 9　仙桃大桥断面叶绿素 a 与藻密度关系线

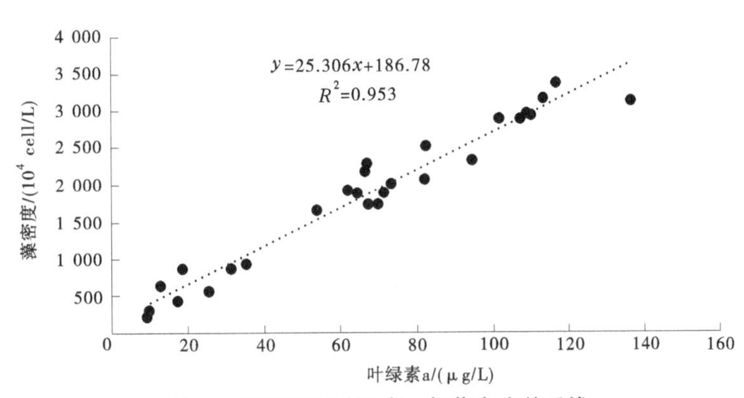

图 10　汉川断面叶绿素 a 与藻密度关系线

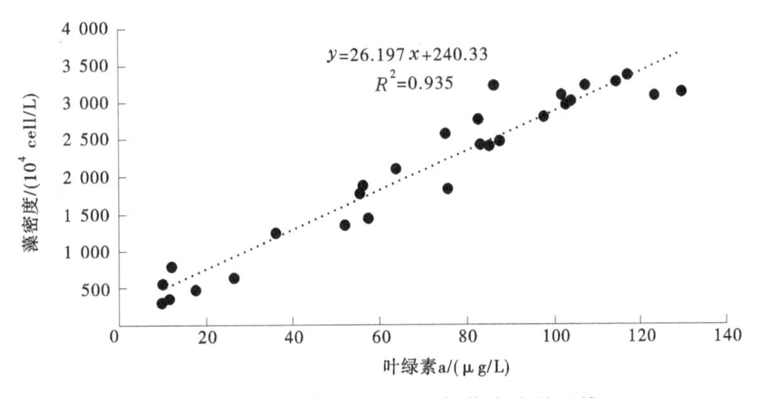

图 11　宗关断面叶绿素 a 与藻密度关系线

表 1　各断面叶绿素 a（Y）与藻密度（D）定量关系统计

断面位置	公式	R^2	样本数
沙洋取水口	$D=24.546Y+118.14$	0.917 4	27
沙洋取水口下 3~5 km	$D=24.405Y+87.801$	0.940 7	27
岳口	$D=25.88Y+77.725$	0.929 4	27
仙桃大桥	$D=27.175Y+65.414$	0.944 9	27
汉川	$D=25.306Y+186.78$	0.953	27
宗关	$D=26.197Y+240.33$	0.935	27
平均	$D=25.585Y+129.37$	0.937	

3　预警阈值的推算

3.1　预警等级

根据近年来汉江中下游春季水华发生过程实际监测情况，拟设置水华预警层级为 5 级，分别为蓝色预警、橙色预警、黄色预警、浅红色预警、红色预警，预警时长为日，见表 2。

表 2　汉江中下游水华预警分级

级别		水化程度
Ⅰ	蓝色预警	无水华，理想状态
Ⅱ	橙色预警	无明显水华，不采取措施可能发生水华
Ⅲ	黄色预警	轻度水华
Ⅳ	浅红色预警	中度水华
Ⅴ	红色预警	重度水华

3.2　预警阈值

3.2.1　水华程度评价分级标准

《水华遥感与地面监测评价技术规范（试行）》（HJ 1098—2020）规定了淡水水体蓝藻水华程度评价方法等内容。甲藻、硅藻及其他藻类水华监测与评价可参考使用该标准。该标准将水华分成 5 个等级，具体如下：

Ⅰ级：无水华（$0\leqslant D<2.0\times10^6$）；

Ⅱ级：无明显水华（$2.0\times10^6\leqslant D<1.0\times10^7$）；

Ⅲ级：轻度水华（$1.0\times10^7\leqslant D<5.0\times10^7$）；

Ⅳ级：中度水华（$5.0\times10^7\leqslant D<1.0\times10^8$）；

Ⅴ级：重度水华（$D\geqslant1.0\times10^8$）。

3.2.2　阈值的分析计算

多年的监测结果表明，汉江中下游春季为硅藻水华，直接采用《水华遥感与地面监测评价技术规范（试行）》中蓝藻水华评价分级标准有些不合适。如 2018 年 2 月汉江中下游流域又一次暴发严重的水华，长江水利委员会及时启动应急预案，利用汉江中下游梯级水库群进行了水量调度，是有资料记载以来最长的一次，受到湖北省政府及社会各界的广泛关注，但按蓝藻水华评价分级标准仅为“轻度水华”。由于监测时间滞后，本次监测到水华从顶峰到消退的半幅变化过程（见图 12），以 2018 年汉江中下游水华实际监测结果为基础，本报告拟定汉江中下游硅藻水华过程分成 5 个等级，具体如下：

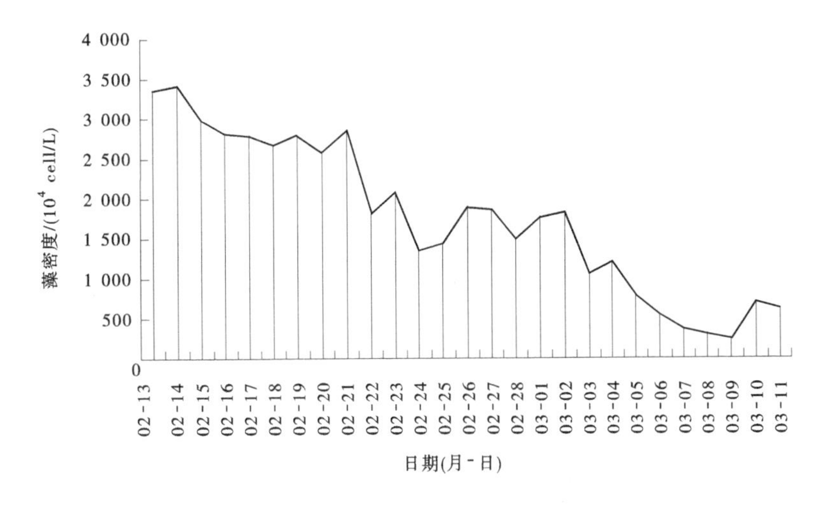

图 12　仙桃大桥断面藻密度监测变化过程线

Ⅰ级：无水华（$0 \leqslant D<500\times10^4$）；

Ⅱ级：无明显水华（$500\times10^4 \leqslant D<800\times10^4$）；

Ⅲ级：轻度水华（$800\times10^4 \leqslant D<2\ 000\times10^4$）；

Ⅳ级：中度水华（$2\ 000\times10^4 \leqslant D<3\ 000\times10^4$）；

Ⅴ级：重度水华（$D \geqslant 3\ 000\times10^4$）。

再根据叶绿素 a（Y）与藻密度（D）定量关系式：$D=25.585Y+129.37$ 推求各级水华叶绿素 a（Y）预警阈值，见表 3。

表 3　汉江中下游春季水华预警状态分级

序号	预警层级	叶绿素 a 预警阈值/（μg/L）	水华程度	对应的藻密度/（10^4 cell/L）
1	蓝色预警	$0 \leqslant Y<14.5$	无水华	$0 \leqslant D<500$
2	橙色预警	$14.5 \leqslant Y<26.2$	无明显水华	$500 \leqslant D<800$
3	黄色预警	$26.2 \leqslant Y<73.1$	轻度水华	$800 \leqslant D<2\ 000$
4	浅红色预警	$73.1 \leqslant Y<112.2$	中度水华	$2\ 000 \leqslant D<3\ 000$
5	红色预警	$Y \geqslant 112.2$	重度水华	$D \geqslant 3\ 000$

注：Y 代表叶绿素 a 的实时监测值，μg/L。

3.3　预警状态

当叶绿素 a 监测指标预警状态为蓝色（$0 \leqslant Y<14.5$）时，代表无水华，处于理想状态。

当叶绿素 a 监测指标预警状态为橙色（$14.5 \leqslant Y<26.2$）时，代表无明显水华，不采取措施有发生轻度水华的风险。

当叶绿素 a 监测指标预警状态为黄色（$26.2 \leqslant Y<73.1$）时，代表已发生轻度水华，需要增加监测频次，采取适当措施缓解水华爆发趋势。

当叶绿素 a 监测指标预警状态为浅红色（$73.1 \leqslant Y<112.2$）时，代表已发生中度水华，需要开展跟踪调查监测，启动汉江流域生态应急调度预案。

当叶绿素 a 监测指标预警状态为红色（$Y \geqslant 112.2$）时，代表已发生重度水华，需要流域机构会商，必要时开展引江济汉应急调度，确保红色预警尽快解除。

4　结语

（1）水华暴发强度的判别标准主要依据水体中藻密度的大小，但是藻密度监测过程十分复杂、耗时，目前还没有较好的在线实时监测手段，无法对汉江中下游水华发生趋势和程度进行及时的研判。

（2）目前尚无全国统一的硅藻水华分级评价标准，本文以 2018 年 2—3 月汉江中下游水华过程监测系列资料为基础，结合水华实际情况，按照水华变化过程初步拟定了汉江中下游硅藻水华分级标准。

（3）通过对 2018 年 2 月 13 日至 3 月 18 日汉江中下游水华应急实测指标的数据发掘，确定了汉江中下游春季水华监测预警指标、层级与阈值。

（4）建议建设汉江中下游水华预警监测系统，在主要水华控制断面设立叶绿素 a 在线监测仪及数据实时传输和分析系统，为应对汉江中下游水华危机提供科学依据。

参考文献

[1] 殷大聪，郑凌凌，宋立荣．汉江中下游硅藻水华优势种分类地位再探讨［C］//中国水利学会 2019 学术年会论文集：第一分册. 2019.

[2] 钱宝．从流域水环境与水利工程影响角度分析汉江水华成因［J］．长江技术经济，2020（4）：98-103.

直排式真空预压法在海相软土地基处理中的效果分析

张　超　李　熹

（上海勘测设计研究院有限公司，上海　200434）

摘　要：本文从滨海地区海相软土地基处理的过程监测和处理效果出发，结合工程案例，对直排式真空预压法在海相软土地基处理的关键监测参数和处理后土体强度改善效果进行了分析。研究发现，直排式真空预压法对海相软土加固处理效果较好，可有效提高原状土不排水抗剪强度 2.09~2.65 倍，处理后地表承载力不小于 65 kPa，地基固结度在 86.2%~87.5%。在 18 m 塑料排水板深度范围，真空预压显著作用深度为 14~15 m，前期各项监测指标变化速度较高，表明直排式真空预压法在海相软土地基处理中前期土体固结效率较高。

关键词：直排式；真空预压法；海相软土；地基处理；效果

1　引言

滨海地区地基土浅部常常会遇到覆盖软弱土层的情况，软弱土层的物理性能和承载能力较差。大量研究表明[1-5]，可采用真空预压加固的地基处理方法改善软弱土层的工程性质。翁志伟等[3]进行了真空预压传统式与直排式的对比分析，发现直排式真空预压法能够提高真空传递效能和加固效果，具有施工方法简单、成本低、时间短和处理效果好的特点。孙佳锐等[4]研究了直排式真空预压法加固地基的固结沉降，指出孔隙水压力和沉降监测指标能够很好地判断地基处理过程中的固结进度。张文勇[5]分析了直排式真空预压法在实际工程中的应用，表示真空预压法中的直排式在地基处理效果上较好，具有推广应用的价值。本文结合工程案例，对直排式真空预压法在海相软土的地基处理过程中的关键监测指标进行分析，同时对处理后地基土体强度进行对比评价，探究直排式真空预压法在海相软土的地基处理过程中的效果，为相关工程应用提供参考。

2　工程概况

2.1　地质条件

某滨海项目采用直排式真空预压法进行软土地基处理，场地地貌类型属于海积平原，场地典型地质剖面图如图 1 所示。真空预压处理深度范围内土层分布类型自上而下主要有三层，①素填土，土层厚度 0.6~4.6 m，厚度均值 2.9 m，强度较小，高压缩性，不均匀；②黏土，土层厚度 0.4~3.4 m，厚度均值 1.7 m，高压缩性，强度低，工程性质差，属软弱土；③淤泥，土层厚度 13.3~15.8 m，厚度均值 14.5 m，土质较均匀，层位较稳定，高压缩性，工程性质差。③层的海相软土淤泥属于欠固结土，具有含水量大、高压缩性、强度低等特点。为更好地发挥地基土的工程性能，采用直排式真空预压法进行软土地基处理。

2.2　直排式真空预压法

工程采用直排式真空预压法进行海相软土的地基加固处理，埋设 B 型塑料排水板深度 18 m，直

作者简介：张超（1991—），男，工程师，主要从事岩土工程方面的研究工作。

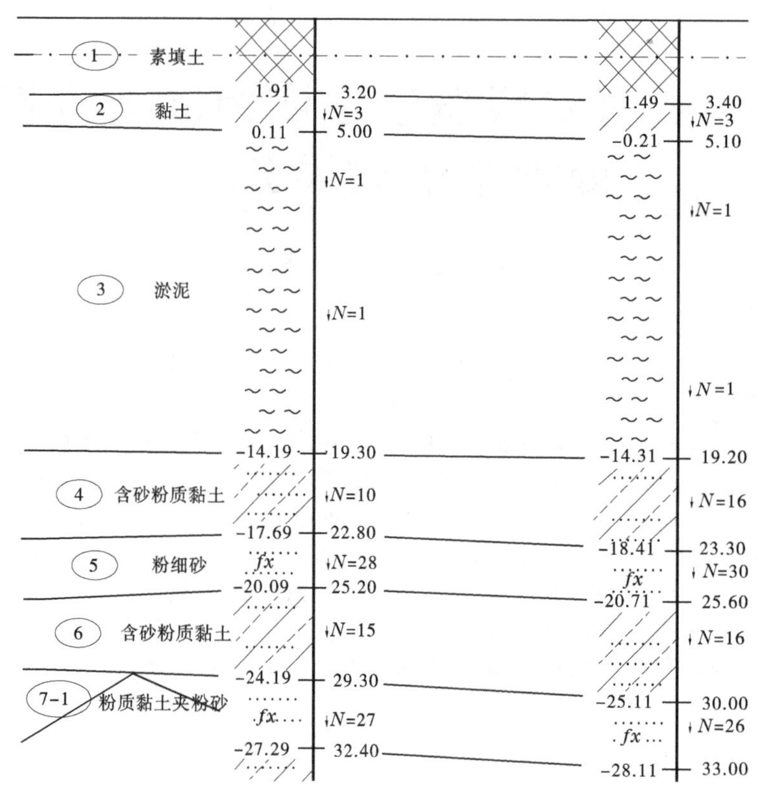

图 1　地质剖面

排式真空预压加固断面示意图如图 2 所示。地基加固处理时，首先对场地进行清理整平，划分加固区和确定塑料排水板埋设点位；其次按照确定点位插塑料排水板（左右间隔 1 m）作为竖直排水体，埋设监测仪器；然后开挖密封沟，铺设水平真空管网、无纺土工布和密封膜，埋设集水井，完成预压准备工作；最后启动真空系统，抽出密封膜下的空气，营造负压环境，使土体中的孔隙水流入塑料排水板，促使土体快速固结。

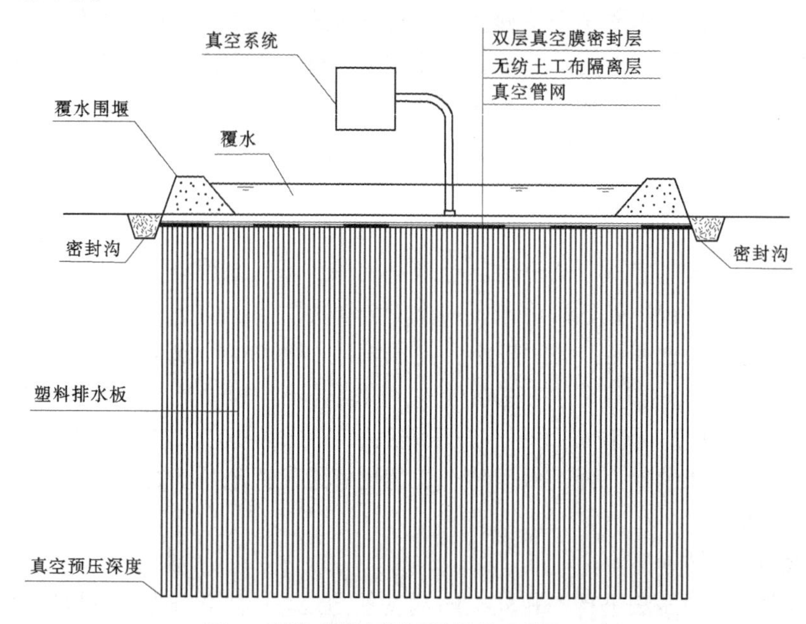

图 2　直排式真空预压地基处理断面示意

2.3 设计参数及要求

由于本工程海相沉积软土形成的时间比较短，压缩性高，强度低，而且渗透性较差，在自重压力作用下处于未完全固结状态，为典型的欠固结土，通过打设竖向排水板的方法，可以缩短排水距离，加速其自重固结。为保证地基的稳定性并达到设计要求的加固效果，必须科学地制定施工工期，严格控制膜下真空度，使地基土强度的提高与地基应力的增长相适应，本工程中软土地基处理要求和标准如下：

（1）真空预压处理过程中膜下真空度不小于 85 kPa，持续时间 150 d。

（2）由实测地表沉降计算固结度不小于 85%，且以连续 10 d 的地表沉降值小于 1.5 mm 作为真空预压作业停止标准。

（3）地表承载力不小于 65 kPa。

3 真空预压处理过程监测分析

3.1 孔隙水压力监测分析

孔隙水压力是指在预压荷载作用下地基中产生的超静水压力，其增长与消散的规律，可以反映在加固过程中土体在不同时段不同深度的有效应力的发展变化规律，判断土体加固过程中的整体稳固性，同时也可判断加固效果和推断终止加固的时间。因此，孔隙水压力的现场监测分析对施工中加载速率和持荷时间的控制具有重要的意义，根据孔隙水压力随时间变化的规律，既可推算土的固结系数，也可推算不同时间的固结度，还可以推算土体强度增加程度，从而随时调整预压荷载的大小。进行孔隙水压力监测分析，也是控制加载速率和时间的重要手段。在真空预压前，在加固区域设置孔隙水压力监测点，沿深度方向每 3 m 布置一个传感器，共计布设 6 个，按一定频率进行观测孔隙水压力变化，孔隙水压力各深度变化曲线如图 3 所示。

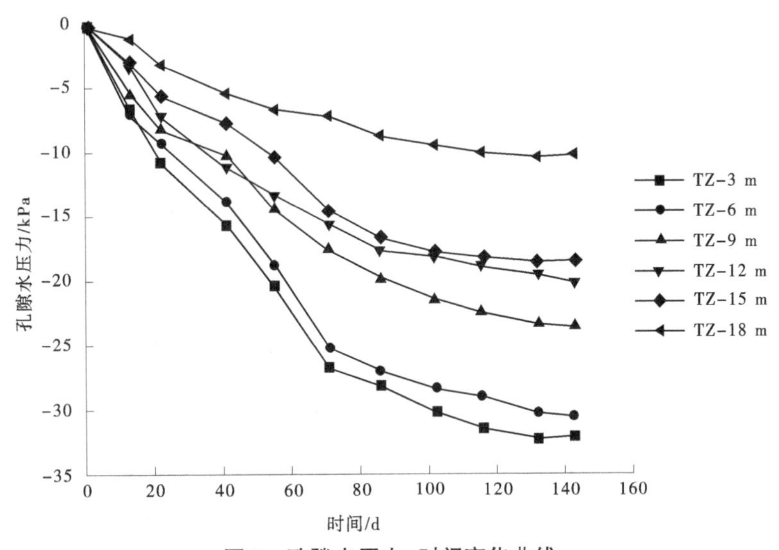

图 3 孔隙水压力-时间变化曲线

对于采用真空预压加固的软土地基，因土体处于封闭状态，打设竖向排水板施加真空预压荷载后，软土层内的孔隙水在挤压和负压的双重作用下沿排水板排出表面，并集中于密封膜上部，其超静水压力也随着土体预压固结沉降而同步降低。由图 3 可以看出，真空预压加固作业前期，孔隙水压力消散较快，当真空作业时间达到 2/3 总的真空作业加固时间后，孔隙水压力消散速度变缓，表明土体应力和整体稳固性的增长幅度变缓，真空预压固结力发挥的作用变小，可以推断加固作业接近尾声。孔隙水压力在深度 15 m 以上消散程度较大，在 15 m 以下消散程度较小，表明随着深度的增加孔隙水压力消散难度增加，真空预压作用的影响深度分界线在深度 15 m 左右。

3.2 表层沉降监测分析

沉降观测是真空预压加固作业中最基本且最重要的监测指标之一，地基土的沉降主要是由土体的固结和侧向变形引起的。土体的固结遵循随时间而发展的基本规律，而土体的侧向变形则是在荷载施加后立即发生的。在施工加荷过程中，如果沉降速率突然增大，说明地基可能产生较大的塑性变形，由此，可以根据沉降速率来控制施工加载速率。对于真空预压工程，由于预压过程中有效应力增量是各向相等的，剪应力不增加，不会引起土体的剪切破坏，故可以连续抽真空至最大压力而不必进行加载速率的控制。工程上也常用通过沉降量计算出的卸载前地基达到的平均固结度来评价真空预压的效果。

通过表层沉降监测，了解软土地基处理不同时期的已加固土体的固结情况，得出卸载前地基的固结沉降与预压荷载下的最终固结沉降的比值，评估地基处理的加固效果，为卸载前评估软土固结度是否达到设计预期要求做参考。本工程中，在真空预压加固 150 d 期间，对表层土体沉降进行长期监测，设置 5 个表层沉降监测点，监测真空预压作业期间表层土体沉降情况。真空预压区卸载时沉降量和沉降速度如表 1 所示，按指数曲线法[4]推算最终沉降量，计算土体固结度，结果见表 1。真空预压区表层沉降-时间曲线如图 4 所示。

表 1 真空预压区沉降成果统计

测点	预压时间/d	卸载时沉降/cm	最终沉降/cm	固结度/%	沉降速率/(mm/d)
CJ1	150	114.8	131.2	87.5	1.1
CJ2	150	114.9	133.2	86.2	1.2
CJ3	150	134.6	154.5	87.1	1.1
CJ4	150	132.8	153.0	86.8	1.2
CJ5	150	133.5	154.8	86.2	1.3

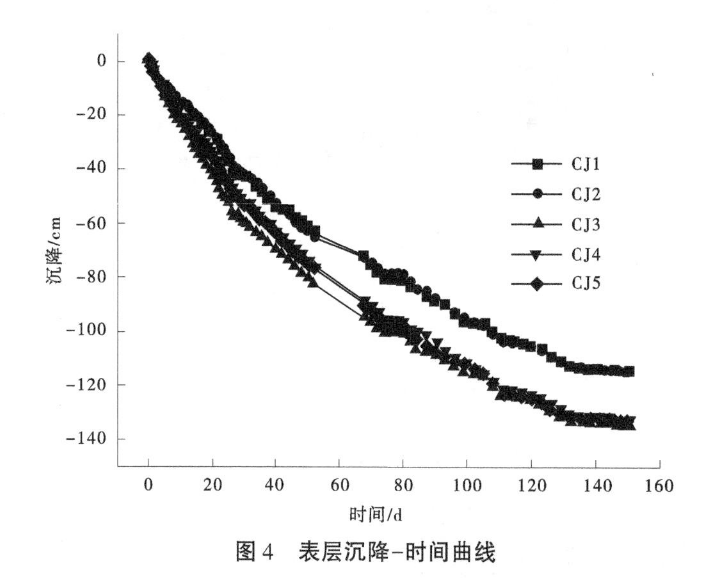

图 4 表层沉降-时间曲线

由图 4 可知，在真空预压荷载稳定均匀作用下，各观测点沉降与时间规律性很好，加固区域抽真空前期 50 d 内，土体表层沉降速度相对较快，当真空作业时间进行 100 d 后表层沉降速度开始变缓，表层沉降-时间曲线出现拐点，表明真空预压土体前期固结是一个收敛渐变的过程，表层沉降速度的变缓预示土体的主固结阶段完成，即将进入次固结阶段。停止真空作业时，5 个表层沉降监测点沉降值在 114~135 cm 范围内，最终沉降值在 131~155 cm 范围内，固结度在 86.2%~87.5%，真空作业后 10 d 沉降速度在 1.1~1.3 mm/d。

3.3 分层沉降监测分析

分层沉降（土层不同深度的沉降）也是真空预压软基加固施工中重要的监测指标之一。通过土层不同深度的沉降监测，能从中了解各土层的压缩情况，判断加固达到的有效深度及各个深度土层的固结程度，从而指导施工工艺的合理安排，保障工程安全。在真空预压作业期间，对分层土体沉降进行监测，设置1个分层沉降监测点，沿深度方向每隔2 m设置一个监测点位，监测真空预压作业期间各层土体沉降情况，分层沉降-时间曲线如图5所示。

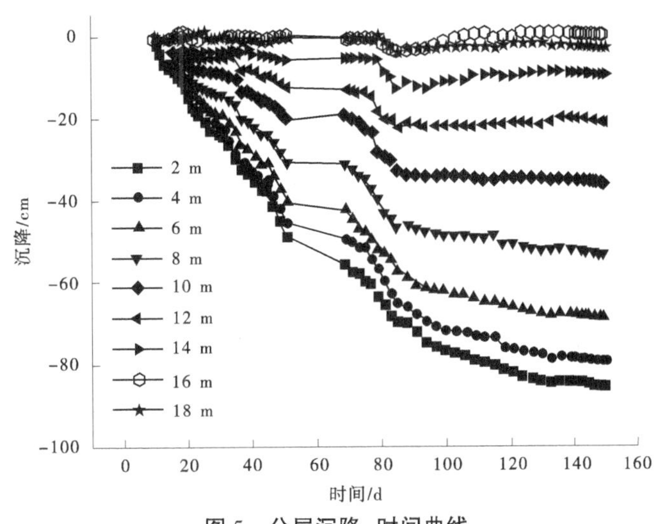

图5 分层沉降-时间曲线

由图5可知，加固区域抽真空前期，土体各深度土层的沉降速度相对较快，当真空作业时间达到2/3总加固时间后分层沉降速度开始变缓，分层沉降与时间曲线在加固作业100 d左右出现拐点，沉降速度特征与表层沉降速度特征一致，表明各层土体将由主固结阶段逐步转为次固结阶段。通过分析各个深度土层的分层沉降相对差值可知，2 m和4 m处沉降差值约为6 cm，4 m到14 m最终沉降差值约为70 cm，14 m到18 m最终沉降差值约为6 cm，土体固结沉降主要在③层淤泥层，加固末期淤泥层各深度沉降值保持稳定，表明在淤泥软土层真空预压效果较好。随淤泥软土深度增加，分层沉降相对值降低，且14 m以下降低程度较为明显，表明深度14 m以上部位受真空固结压力作用效果明显，14 m以下真空度及固结压力作用效果减弱。

4 真空预压处理地基土体强度试验分析

4.1 十字板剪切试验分析

十字板剪切现场试验可以较为客观地检验地基土体固结处理前后的强度，评价地基处理后土体的改善程度。在地基处理区相近的部位设置4组十字板剪切试验对比点位，沿深度方向每隔1 m测试真空预压处理前后的原状土不排水抗剪强度（C_u）。真空预压处理前（JQ）与真空预压处理后（JH）原状土十字板剪切强度对比曲线如图6所示。

由图6可知，真空预压处理后的原状土不排水抗剪强度均有明显提高。淤泥软土层地基处理前原状土不排水抗剪强度在6.8~20.5 kPa，处理后原状土不排水抗剪强度增长到25.0~45.7 kPa，整体平均增长2.09~2.65倍。

4.2 平板载荷试验分析

平板载荷试验可以检验真空预压加固处理后土体承载力能否达到设计要求。在真空预压加固处理后的场地内选取4个点位进行平板载荷试验，试验采用1 m×1 m的正方形荷载板，采用慢速维持荷载法，进行竖向抗压浅层平板载荷试验，最大试验载荷为130 kPa。根据试验观测结果绘制$P\sim S$曲线，如图7所示。由现场试验结果可得知，表层承载力均不小于65 kPa，能够满足设计要求。

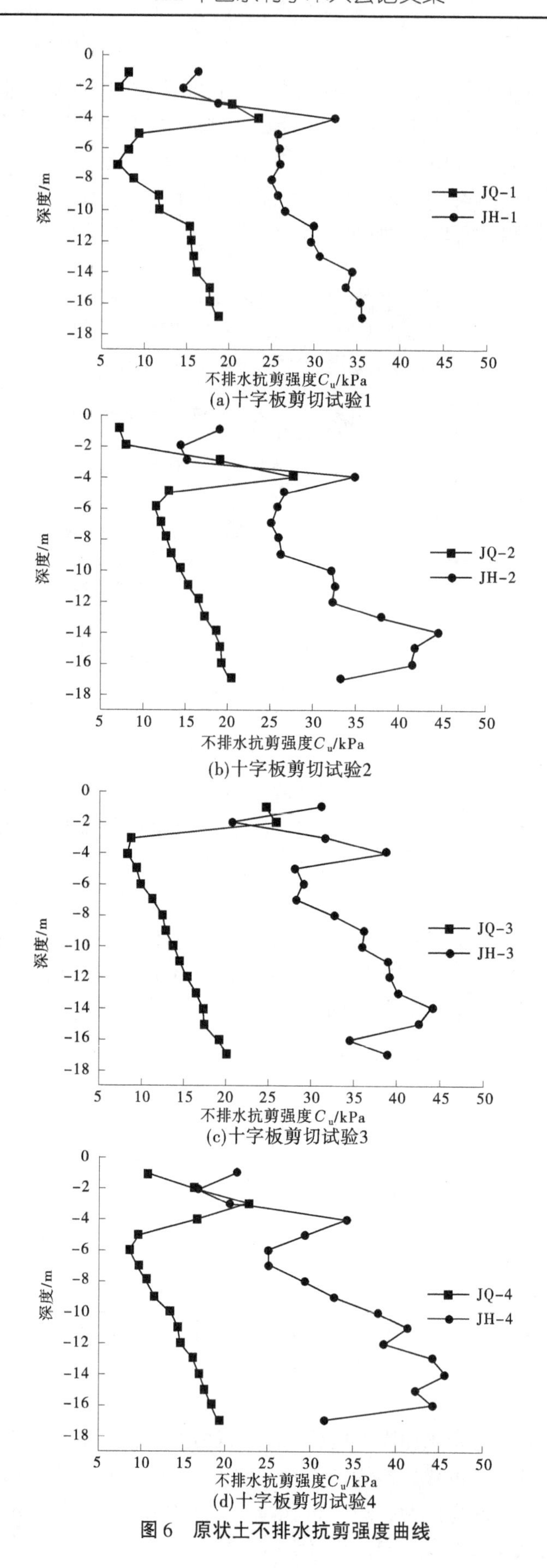

(a)十字板剪切试验1

(b)十字板剪切试验2

(c)十字板剪切试验3

(d)十字板剪切试验4

图6 原状土不排水抗剪强度曲线

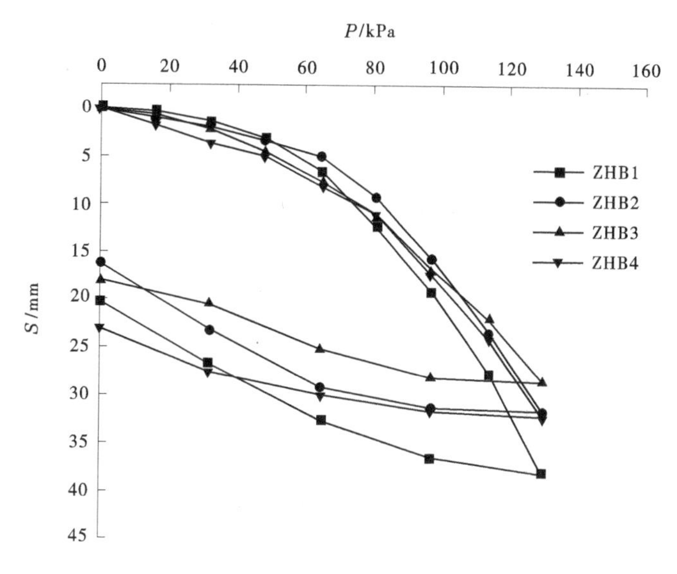

图 7　平板载荷试验 $P\sim S$ 曲线

5　结论

本文以真空预压的软基处理实际工程为依托，对直排式真空预压法在海相软土地基处理过程中的孔隙水压力、表层沉降和分层沉降等关键监测数据进行了分析，同时进行了直排式真空预压法处理后海相软土地基土体强度改善效果对比。通过本文的分析，可以得到以下几点结论：

（1）对于直排式真空预压法，通过使用严格的真空密封工艺和性能优良的真空设备，按照相关技术规范要求开展施工，可以在海相软土地基加固处理中取得明显的效果。从实测数据的规律性来看，真空预压荷载满载后地基土沉降稳定且分布均匀，有效地缩短了满载预压加固时间，提高了海相软土地基的加固效果，最终固结度能达到 86.2%~87.5%，最终沉降速度维持在 1.1~1.3 mm/d，处理后地表承载力不小于 65 kPa，各项指标的规律性符合被加固软土特性，达到了设计要求的地基处理加固效果。

（2）在真空预压前期，孔隙水压力消散速度、表层沉降速度和分层沉降速度均较快，当真空预压进行到总作业时间的 2/3 时，孔隙水压力、表层沉降和分层沉降指标出现拐点，表明土体由主固结阶段逐步转为次固结阶段。

（3）采用直排式真空预压法进行软土地基加固处理时，随深度的增加真空预压效果会减弱。在本工程中，直排式真空预压法影响深度分界线在 14~15 m，影响深度分界线以上，真空预压效果更为显著。

（4）在本工程真空预压软基处理过程中，③层淤泥软土层的分层沉降量占比大，处理效果较好，淤泥质软土的原状土不排水抗剪强度整体比处理前提高 2.09~2.65 倍。

（5）在直排式真空预压法施工中，必须严格按照设计加固深度、排水板间距、预压荷载、满载预压时间等参数要求进行施工。由于被加固软基土层结构及土质特性的差异，应同步对加固效果开展关键参数的监测和检测工作，并依据各项参数实测值情况及时与真空预压加固设计参数取值、真空预压加固施工工艺、加固效果进行综合对比分析，从而达到科学指导施工的目的。

参考文献

[1] 李千．吹土填海造陆地基的真空预压法监测与应用效果研究［J］．土工基础，2020，34（5）：633-638.
[2] 汪中卫．吹填区软土真空预压加固效果对比测试分析［J］．建筑科学与工程学报，2021，38（6）：18-24.
[3] 翁志伟，张皓铭．真空预压传统式与直排式的对比分析［J］．中国水运（下半月），2018，18（6）：229-230.
[4] 孙佳锐，王常明，吴长江．直排式真空预压法加固吹填土地基的固结沉降分析［J］．岩土工程技术，2019，33（2）：92-96.
[5] 张文勇．直排式真空预压法在地基处理中的应用［J］．中国水运（下半月），2017，17（4）：258-259.

ICP-MS 同时测定水中 26 种重金属元素

袁思光

（中国南水北调集团中线有限公司河北分公司，河北石家庄　050000）

摘　要： 利用电感耦合等离子体质谱仪（ICP-MS）建立同时测定地表水中钠、钙、锰、铁、铜、砷、硒、镉、锑、铅等 26 种重金属元素的方法，实验结果表明：各元素标准曲线相关系数均大于 0.999，线性关系良好，检出限为 0.01～5.97 μg/L，相对标准偏差为 0.22%～4.0%，相对误差为 0.035%～7.9%，加标回收率为 89.8%～106%。本方法分析快速、准确，适用于多种重金属元素的同时测定。

关键词： 电感耦合等离子体质谱仪；地表水；重金属

1　引言

工矿企业排出的废水是地表水重金属含量超标的主要原因，导致了水环境污染的加剧。重金属污染范围广、持续时间长，在地表水体中难以被降解，在自然环境中会产生富集效应，能通过食物链在植物、动物和人体内传递并富集，重金属污染不仅影响了环境和水体资源，同时也对人体健康构成潜在危害。一旦地表水重金属污染程度较高，重金属含量数值超过人体所能够承受的极限，就会致使慢性中毒、癌症以及基因突变等危害事件的发生。

电感耦合等离子体质谱仪（ICP-MS）是一种多元素分析技术，能够检测样品中无机元素的含量，相比较原子荧光光谱法、原子吸收光谱法等重金属检测方法，具有样品适应性强、分析灵敏度高、干扰少、极宽的动态线性范围和高效的样品分析能力等特征，可同时测量周期表中大多数元素，检出限更低，在痕量及微量元素，尤其是重金属元素检测方面发挥着重要作用。

ICP-MS 仪器主要包括两大部分：电感耦合等离子体（ICP）是一种高温离子源，能够把引入的样品变成离子状态；质谱仪（MS）是离子检测器，离子被提取出来，进而通过质量过滤器，直接测定通过质量过滤器的离子数量即可测定待测元素浓度，使用两种不同模式检测离子，进而保证检测的线性范围可以从 ppm（10^{-6}）级到低于 ppt（10^{-9}）级。

本文通过实验，采用 ICP-MS 同时检测水中 26 种重金属元素，对标准曲线、检出限、精密度、正确度、加标回收率等进行了研究。

2　实验部分

2.1　主要仪器

ICP-MS：美国 Agilent 公司 7800 型；ICP-MS 自动进样器：美国 Teledyne 公司 Cetac ASX-560。

2.2　试剂和标准溶液

标准储备液：铍、硼、铝、钛、钒、铬、锰、铁、钴、镍、铜、锌、砷、硒、钼、银、镉、锑、钡、铊、铅标准溶液浓度为 100 μg/mL（国家有色金属及电子材料分析测试中心），锶标准溶液浓度为 10 mg/L（坛墨质检标准物质中心），钠、钾、钙、镁标准溶液浓度为 1 000 mg/L（北京北方伟业计量技术研究院），用 1%硝酸溶液逐级稀释配置成混合标准使用液。

作者简介： 袁思光（1984—），女，高级工程师，主要从事水质监测及环境保护方面的工作。

调谐液：浓度为 1 μg/L 的铈、钴、锂、镁、铊、钇混合溶液（安捷伦公司）。

内标：浓度为 100 μg/mL 的铋、锗、铟、锂、镥、铑、钪、铽混合溶液（安捷伦公司），使用1%硝酸溶液稀释至适当浓度。

硝酸为优级纯，水为超纯水，由美国 Millipore 明澈 24UV 超纯水机制得。

2.3 ICP-MS 工作参数

RF 功率：1 550 W；等离子体气体流量：15 L/min；辅助气体流量：0.9 L/min；载气流量：1.0 L/min；测量次数：3；采样深度：10 mm；样品引入速度：0.5 r/s；蠕动泵速：0.1 r/s；稳定迟延：45 s，雾化室温度：2.0 ℃，积分时间：Be、B、As、Se、Cd、Sb 为 0.999 9 s，其他为 0.3 s。在分析样品前，用调谐液对仪器的灵敏度、氧化物、双电荷进行调谐并校正质量轴和分辨率，使仪器硬件达到最优状态。

2.4 样品预处理

清洁水样在样品采集后，加入适量 1∶1硝酸，将酸度调节至 pH<2，可直接进样。

2.5 内标元素及内标浓度的选择

通过在线加入内标元素，检测过程中校正待测元素的信号变化，消除非质谱型干扰，补偿灵敏度的变化。选择样品中不存在的元素作为内标，基于质量数相近、电离能匹配、化学性质相近等原则为每一个待测元素选择合适的内标。加入的内标浓度最好在标准曲线的中间范围。本实验采用内标溶液浓度为 500 μg/L。

3 结果与讨论

3.1 标准曲线

选用适当的线性工作范围，准确吸取适量的各元素标准溶液，用 1%硝酸稀释成标准溶液使用液，再配制成标准溶液系列，在优化的仪器条件下测定，以质量浓度为横坐标、信号响应值为纵坐标绘制标准曲线。结果见表 1，相关系数为 0.999 6～1.000 0，动态范围宽，仪器性能良好，能满足各元素测定的线性要求。

表 1 标准曲线

元素	质量数	内标元素	线性方程	相关系数	线性范围/（μg/L）
Be	9	Li	y=0.020 7x+0.000 979 58	1.000 0	0.5～50
B	11	Li	y=0.006 4x+0.004 8	0.999 8	10～500
Na①	23	Sc	y =8.301 2 x+0.651 2	0.999 9	5～100
Mg①	24	Sc	y =3.602 1x+0.007 4	0.999 6	5～100
Al	27	Sc	y=0.001 0x+0.000 835 84E	0.999 9	10～500
K①	39	Sc	y=1.961 4x+ 0.277 7	0.999 8	5～100
Ca①	44	Sc	y=0.109 8x+0.009 8	0.999 9	5～100
Ti	47	Sc	y = 0.000 990 24x+0.000 047 586E	0.999 9	10～500
V	51	Sc	y = 0.035 6x+0.001 5	0.999 9	0.5～50
Cr	52	Sc	y=0.046 8x+0.029 2	0.999 9	0.5～50
Mn	55	Sc	y = 0.023 4x+0.001 2	0.999 9	10～500
Fe	56	Sc	y=0.040 1x+0.028 7	1.000 0	10～500
Co	59	Sc	y=0.086 1 x+0.003 1	0.999 9	10～500
Ni	60	Ge	y = 0.030 1x+0.001 6	0.999 9	0.5～50
Cu	63	Ge	y = 0.084 9x+0.004 4	1.000 0	10～500
Zn	66	Ge	y = 0.012 1x+0.027 6	1.000 0	10～500

续表 1

元素	质量数	内标元素	线性方程	相关系数	线性范围/（μg/L）
As	75	Ge	$y=0.0078x+0.00064249$	0.999 9	0.5~50
Se	78	Ge	$y=0.00046747x+0.00013996$	0.999 8	0.5~50
Sr①	88	Ge	$y=58.1490x+0.0060$	0.999 7	0.1~5
Mo	95	Rh	$y=0.0014x+0.000097562$	0.999 9	0.5~50
Ag	107	Rh	$y=0.0050x+0.00028726$	0.999 9	0.5~50
Cd	111	In	$y=0.0018x+0.000068395$	0.999 8	0.5~50
Sb	121	In	$y=0.0047x+0.00041602$	0.999 8	0.5~50
Ba	137	In	$y=0.0016x+0.00018654$	0.999 9	10~500
Tl	205	Bi	$y=0.0111x+0.00044113$	1.000 0	0.5~50
Pb	208	Bi	$y=0.0076x+0.00074520$	0.999 9	0.5~50

注：①单位为 mg/L。

3.2 检出限和测定下限

参照《环境监测分析方法标准制定技术导则》（HJ 168—2020）中方法检出限的计算方法：$MDL=t_{(n-1,0.99)}S$。用1%硝酸作空白溶液，平行测定7次，如空白试验中未检出目标元素，则用标准溶液配制浓度值为估计方法检出限值3~5倍的样品，平行测定7次，$t_{(n-1,0.99)}$值为3.143，计算各元素的标准偏差S，$3.143S$即为检出限，测定下限为检出限的4倍，结果见表2。由此可知，每种元素的检出限和测定下限均低于标准方法中各元素限值，仪器灵敏度高，完全能够满足标准对应测定项目的要求。

表 2　方法检出限测定结果

单位：μg/L

元素	标准偏差	检出限	测定下限	HJ 700—2014 方法检出限	HJ 700—2014 方法测定下限
Be	0.008	0.03	0.12	0.04	0.16
B	0.054	0.17	0.68	1.25	5.00
Na	0.833	2.62	10.5	6.36	25.4
Mg	0.360	1.13	4.52	1.94	7.76
Al	0.179	0.56	2.24	1.15	4.60
K	0.630	1.98	7.92	4.50	18.0
Ca	1.901	5.97	23.9	6.61	26.4
Ti	0.049	0.15	0.60	0.46	1.84
V	0.011	0.03	0.12	0.08	0.32
Cr	0.019	0.06	0.24	0.11	0.44
Mn	0.013	0.04	0.16	0.12	0.48
Fe	0.058	0.18	0.72	0.82	3.28
Co	0.003	0.01	0.04	0.03	0.12
Ni	0.015	0.05	0.20	0.06	0.24
Cu	0.007	0.02	0.08	0.08	0.32

续表 2

元素	标准偏差	检出限	测定下限	HJ 700—2014 方法检出限	HJ 700—2014 方法测定下限
Zn	0. 173	0. 54	2. 16	0. 67	2. 68
As	0. 011	0. 03	0. 12	0. 12	0. 48
Se	0. 066	0. 21	0. 84	0. 41	1. 64
Sr	0. 055	0. 17	0. 68	0. 29	1. 16
Mo	0. 011	0. 03	0. 12	0. 06	0. 24
Ag	0. 006	0. 02	0. 08	0. 04	0. 16
Cd	0. 008	0. 03	0. 12	0. 05	0. 20
Sb	0. 006	0. 02	0. 08	0. 15	0. 60
Ba	0. 018	0. 06	0. 24	0. 20	0. 80
Tl	0. 002	0. 01	0. 04	0. 02	0. 08
Pb	0. 006	0. 02	0. 08	0. 09	0. 36

3. 3 精密度和正确度

采用每个元素标准曲线范围内的低、中、高 3 个已知浓度的样品，分别进行重复测定，测定次数均为 6 次，分别计算各浓度样品的平均值、相对标准偏差、相对误差，结果见表 3。26 种元素的相对标准偏差均小于 5%，质控样品测定值的相对误差小于 8%，说明方法准确可靠。

表 3 精密度和正确度测定结果

元素	样品浓度/(μg/L)	测定平均值/(μg/L)	标准偏差/(μg/L)	相对标准偏差/%	相对误差/%
Be	5	4. 685	0. 091	1. 9	6. 3
	20	19. 026	0. 65	3. 4	4. 9
	45	43. 503	0. 56	1. 3	3. 3
B	50	49. 896	0. 49	1. 0	0. 21
	100	100. 621	1. 3	1. 3	0. 62
	450	453. 077	6. 5	1. 4	0. 68
Na①	4. 5	4. 511	0. 095	2. 1	0. 24
	40	39. 158	1. 2	3. 1	2. 1
	80	78. 014	1. 4	1. 8	2. 5
Mg①	4. 5	4. 514	0. 099	2. 2	0. 31
	40	38. 513	1. 5	3. 9	3. 7
	80	77. 042	1. 3	1. 7	3. 7
Al	50	51. 251	0. 69	1. 3	2. 5
	100	100. 722	1. 2	1. 2	0. 72
	450	452. 801	5. 0	1. 1	0. 62

续表 3

元素	样品浓度/（μg/L）	测定平均值/（μg/L）	标准偏差/（μg/L）	相对标准偏差/%	相对误差/%
K①	4.5	4.741	0.095	2.0	5.4
	40	40.023	1.6	4.0	0.058
	80	82.044	1.6	2.0	2.6
Ca①	4.5	4.640	0.092	2.0	3.1
	40	39.481	1.5	3.8	1.3
	80	77.261	1.2	1.6	3.4
Ti	50	50.309	0.99	2.0	0.62
	100	100.972	0.92	0.91	0.97
	450	453.937	4.8	1.1	0.87
V	5	4.833	0.078	1.6	3.3
	20	19.683	0.21	1.0	1.6
	45	44.609	0.21	0.47	0.87
Cr	5	4.875	0.093	1.9	2.5
	20	19.824	0.22	1.1	0.88
	45	44.984	0.25	0.56	0.035
Mn	50	48.866	0.29	0.59	2.3
	100	99.040	0.54	0.54	0.96
	450	454.591	5.8	1.3	1.0
Fe	50	48.879	0.21	0.43	2.2
	100	98.477	0.49	0.50	1.5
	450	453.830	5.7	1.3	0.85
Co	50	48.976	0.33	0.67	2.0
	100	102.244	0.88	0.86	2.2
	450	450.505	5.0	1.1	0.11
Ni	5	4.855	0.046	0.95	2.9
	20	19.797	0.20	1.0	1.0
	45	44.671	0.27	0.60	0.73
Cu	50	49.531	0.19	0.38	0.94
	100	102.476	0.73	0.71	2.5
	450	454.720	5.1	1.1	1.0
Zn	50	49.589	0.28	0.56	0.82
	100	100.872	0.55	0.54	0.87
	450	455.909	4.4	0.97	1.3

续表 3

元素	样品浓度/(μg/L)	测定平均值/(μg/L)	标准偏差/(μg/L)	相对标准偏差/%	相对误差/%
As	5	4. 770	0. 037	0. 78	4. 6
	20	19. 512	0. 18	0. 92	2. 4
	45	44. 135	0. 20	0. 45	1. 9
Se	5	4. 837	0. 18	3. 7	3. 3
	20	19. 444	0. 29	1. 5	2. 8
	45	44. 013	0. 43	0. 98	2. 2
Sr①	0. 45	0. 456	0. 016	3. 5	1. 3
	2	1. 894	0. 051	2. 7	5. 3
	5	4. 703	0. 015	3. 2	5. 9
Mo	5	4. 721	0. 058	1. 2	5. 6
	20	19. 243	0. 20	1. 0	3. 8
	45	43. 661	0. 11	0. 25	3. 0
Ag	5	4. 607	0. 059	1. 3	7. 9
	20	19. 099	0. 19	1. 0	4. 5
	45	43. 406	0. 095	0. 22	3. 5
Cd	5	4. 754	0. 079	1. 7	4. 9
	20	19. 552	0. 20	1. 0	2. 2
	45	44. 353	0. 14	0. 32	1. 4
Sb	5	4. 743	0. 060	1. 3	5. 1
	20	19. 356	0. 20	1. 0	3. 2
	45	43. 842	0. 16	0. 36	2. 6
Ba	50	49. 508	0. 33	0. 67	0. 98
	100	100. 609	0. 72	0. 72	0. 61
	450	453. 584	8. 3	1. 8	0. 80
Tl	5	4. 689	0. 054	1. 1	6. 2
	20	19. 231	0. 17	0. 88	3. 8
	45	44. 550	0. 31	0. 70	1. 0
Pb	5	4. 698	0. 056	1. 2	6. 0
	20	19. 352	0. 18	0. 93	3. 2
	45	43. 851	0. 16	0. 36	2. 6

注：①单位为 mg/L。

3.4 加标回收率

采集地表水样品，在样品中加入一定量的 26 种元素的标准溶液，对加标前后的样品各测定 6 次，计算加标回收率，结果见表 4。测定结果回收率在 89. 8%~106%，说明样品中基体物质与 26 种元素相互的测定没有干扰，测定准确度高。

表 4　加标回收率测定

元素	样品平均值/（μg/L）	加标量/（μg/L）	加标后平均值/（μg/L）	加标回收率（%）
Be	0	5	4.707	94.1
B	11.305	10	21.016	97.1
Na①	5.076	6	11.355	105
Mg①	7.910	5	12.746	96.7
Al	19.275	20	38.572	96.5
K①	2.204	6	8.156	99.2
Ca①	40.076	20	58.026	89.8
Ti	0.784	5	5.485	94.0
V	2.837	5	7.719	97.6
Cr	0.108	5	4.771	93.3
Mn	0.635	5	5.212	91.5
Fe	12.047	10	21.094	90.5
Co	0.029	5	4.649	92.4
Ni	0.567	5	5.215	93.0
Cu	1.266	5	5.786	90.4
Zn	0	5	4.759	95.2
As	1.888	5	6.827	98.8
Se	0.350	5	5.293	98.9
Sr①	0.184	1	1.155	97.1
Mo	3.625	5	8.603	99.6
Ag	0	5	4.567	91.3
Cd	0	5	4.847	96.9
Sb	1.411	5	6.347	98.7
Ba	67.963	50	121.135	106
Tl	0	5	4.802	96.0
Pb	0.031	5	5.048	100

注：①单位为 mg/L。

4　结论

本实验采用 ICP-MS 同时检测水中的 26 种重金属，结果表明，标准曲线线性关系良好、方法检出限低、精密度高、正确度高、加标回收率符合要求，说明了方法的可靠性，可为建立快速、准确的水中重金属检测方法提供参考。ICP-MS 操作简便快速，干扰少，分析效率高，分析范围广，可用于大批量样品中多种重金属元素含量的同时测定，更能满足目前重金属项目不断增加的检测需求。

参考文献

[1] 魏瑞丽. ICP-MS 法测定水质 12 种元素方法确认与验证 [J]. 绿色科技，2019（18）：105-106，110.
[2] 章文文. ICP-MS 测定地表水中痕量金属元素 [J]. 广州化工，2019，47（9）：143-145，178.
[3] 潘玉虎，龙安玉. 地表水重金属污染监测现状及对策 [J]. 环境与发展，2018（11）：152-153.
[4] 水质 65 种元素的测定 电感耦合等离子体质谱法：HJ 700—2014 [S].

大型露天风化倾斜层状岩体变形试验研究

郭　冲[1,2]　杜卫长[1,2]　朱永和[1,2]　方旭东[1,2]　赵顺利[1,2]

（1. 江河工程检验检测有限公司，河南郑州　450003；
2. 黄河勘测规划设计研究院有限公司，河南郑州　450003）

摘　要：针对露天条件下风化程度高的层状岩体变形特性参数获取困难的问题，采用露天堆载法，在马来西亚某水电站工程开展了现场岩体变形试验。结果表明，风化程度较高的陡倾角层状岩体的变形模量受岩体风化程度及产状影响显著；岩体的压力-变形关系曲线类型均为下凹型，与岩体的层理、裂隙分布状况及试验加载方式等有关；现场岩体波速测试结果与岩体变形测试结果具有较好的对应性，现场岩体变形试验测试结果是可靠的。

关键词：层状岩体；变形模量；刚性承压板法；露天岩体变形试验

水利水电工程中，工程区往往存在大量的风化卸荷岩体，准确获取风化卸荷岩体的变形特性参数对坝基承载变形特性的研究及工程设计、施工都至关重要[1]。当前确定岩体变形参数的方法主要有理论计算法、现场试验法、经验参数法和数值分析法等[2-5]，其中最可靠、常用的方法为试验法。试验法可分为动力法和静力法两类[6]，动力法通过研究地震波或声波在岩体中的传播规律，建立运动参数与岩体变形参数之间的关系；静力法通过测量荷载作用下的岩体变形值，根据弹性力学公式推算岩体变形指标。目前，相关科研工作者针对层状岩体变形特性开展了一定的研究工作，如张强勇等[7]通过刚性承压板法试验研究了大岗山水电站坝区岩体的变形特性；郭喜峰等[8]利用刚性承压板法和钻孔变形试验，对不同岩性、不同风化程度岩体开展了大量原位试验，获得了不同岩体变形参数范围。李维树等[9]通过对坝基弱风化岩体开展岩体变形试验等，探讨弱风化岩体作为建基面的可能性。当前研究的重点大多为工程探洞内的岩体，其完整性相对较高，针对露天条件下风化程度较高的倾斜层状岩体变形特性的研究较少。

为研究露天条件下风化程度较高的倾斜层状岩体的变形特性，通过露天堆载法在马来西亚某水电站工程坝址区开展层状岩体变形试验研究。根据试验成果，提出可靠的岩体变形参数，分析不同风化程度和岩层产状条件下岩体变形参数的变化规律，为工程设计提供重要依据。

1　工程概况

马来西亚某水电站工程为混凝土面板堆石坝，坝高 195 m，总库容约 300 亿 m^3，属于大（1）型水库。采用地面厂房，总装机 1 285 MW。工程位于西北婆罗洲盆地，工程区表层多为第四纪残坡积物覆盖，出露基岩地层为白垩纪页岩、粉砂岩和砂岩。根据钻孔揭露，上部为第四纪残坡积物，其下为页岩、粉砂岩，基岩上部为强风化、弱风化页岩，下部为微风化-新鲜页岩。

2　大型露天岩体变形试验方案及实施

2.1　试验点的选择

为研究坝址区不同风化程度岩体的变形特性，在坝址区边坡分别选择全风化岩体、强风化上带及

基金项目：江河工程检验检测有限公司自主研究开发项目（JH-ky04-2022）。

作者简介：郭冲（1992—），男，工程师，主要从事岩土工程勘察和研究工作。

强风化下带岩体进行变形试验。试验区域位于坝址区域 180 m 高程平台和 250 m 高程平台，其中 180 m 高程平台试验岩体为全风化页岩和强风化上带页岩，250 m 高程平台试验岩体为强风化下带页岩。各典型试验区域分别布置 1 组现场大型露天岩体变形试验，试验点区域地质情况见表 1。

表 1 试验点区域基本地质情况

试点编号	岩体风化程度	岩体产状	岩性描述
E_{CW}	全风化	314°∠26°	全风化页岩，浅黄色，层状构造，局部含有少量浅黄色泥质充填物
E_{SWU}	强风化上带	280°∠40°	强风化上带页岩，灰黄色，层状构造，局部有闭合型裂隙分布
E_{SWD}	强风化下带	123°∠78°	强风化下带页岩，层状陡倾角发育，灰黄色和黑色交替出现

2.2 试验方案

在考虑试验点位地质条件基础上，为尽可能地模拟岩体的受力状态，同时保证试验过程的安全性，试验选择安全性较高的堆载法，试验方法为刚性承压板法。

2.2.1 技术指标

根据现场岩体开挖揭露情况，在充分考虑不同风化程度页岩的强度特性和裂隙发育情况的基础上，为获取有效的岩体变形特性试验数据，本次岩体变形试验的最大试验压力确定为 1.5 MPa，等分 5 级进行加载测试。

2.2.2 堆载法试验平台的构建

现场露天岩体变形试验的静载试验平台尺寸为 6.0 m×6.0 m，平台下部开挖宽约 2.5 m，深约 1.2 m 试验槽，荷载平台的支墩距地面高度约为 0.3 m。承载支墩上部搭载 9 根 35#B 型工字钢作为次梁，次梁下部布置 3 根试验主梁。

在承压板上叠置钢垫板并依次放置钢垫板、千斤顶、传力柱、主梁、次梁、荷载吨包。整个系统具有足够刚度和强度，所有承压部件中心保持在同一轴线上，轴线与加压方向一致。用高压油管连通千斤顶、高压油泵以及压力表，施加接触压力使整个系统接触紧密。平台构建及系统布置示意图如图 1 所示，现场静载试验平台构建过程如图 2 所示。

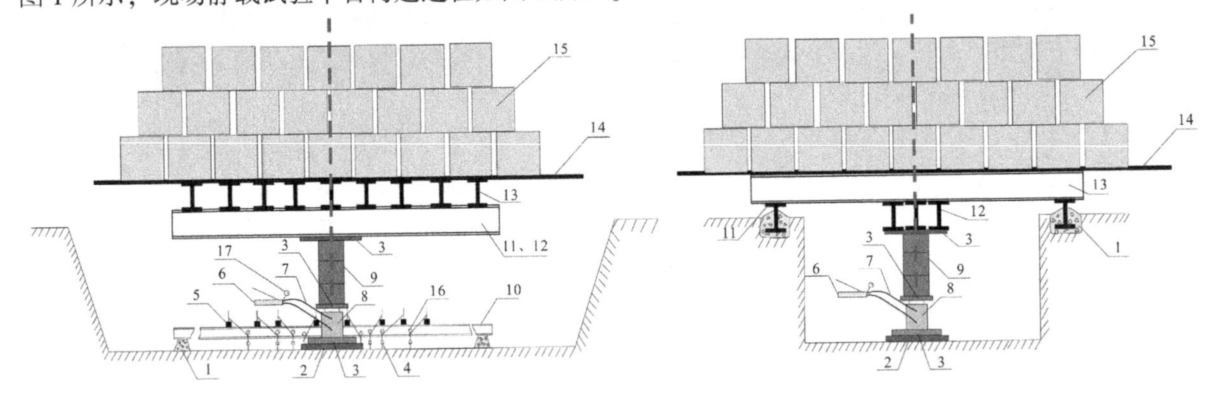

1—支墩；2—承压板；3—钢垫板；4—测量标点；5—磁性表架；6—油泵；7—油管；8—液压千斤顶；9—传力柱；10—测量支架；11—辅助梁；12—主梁；13—次梁；14—承重木板；15—吨包；16—测表；17—压力表。

图 1 岩体变形试验平台构建及系统布置示意图

2.3 试验实施

由于堆载法现场岩体变形试验荷载较大，现场试验难度较高，为保障试验的科学性，按以下要求进行操作：

（1）为使试验区域岩体保持原位状态，除机械开挖试验坑槽外，还需去除开挖表面的松弛带，整平试验区域，并在承压板和陡倾角层状岩体之间采用高强水泥浆液进行辅助耦合黏结。

（2）为保证承压板的有效刚度，将 3 块单块厚度为 5 cm 的钢板进行重叠水平放置，钢板之间同

图 2 现场露天静载试验平台构建过程

样采用高强水泥浆液进行辅助黏结。

（3）为准确获取试验区域及周边岩体的实时变形状况，在承压板周边及岩体变形影响范围内安装变形测表，现场试验装置布置情况如图 3 所示。

图 3 现场试验装置布置情况

3 大型露天岩体变形试验成果及分析

3.1 成果计算方法

采用承压板上测表变形的平均值作为岩体在各级压力作用下的变形量，绘制压力 p 与变形 W 的关系曲线，根据对 $p\sim W$ 关系曲线类型的划分，确定曲线类型[10]，计算岩体变形参数，刚性承压板试验法的变形参数按式（1）计算：

$$E=\frac{\pi}{4}\cdot\frac{(1-\mu^2)PD}{W} \tag{1}$$

式中：E 为变形模量或弹性模量，MPa，以全变形 W_0 代入计算时为变形模量 E_0，以弹性变形 W_e 代入计算时为弹性模量 E_e；P 为按承压面单位面积计算的压力，MPa；W 为岩体表面变形，cm；D 为承压板直径，cm；μ 为岩体泊松比，其取值参考室内岩石试验结果。

3.2 岩体变形试验成果

试验结束后，绘制各组岩体的压力与变形关系曲线，结果如图 4 所示，计算各组岩体的变形参数，

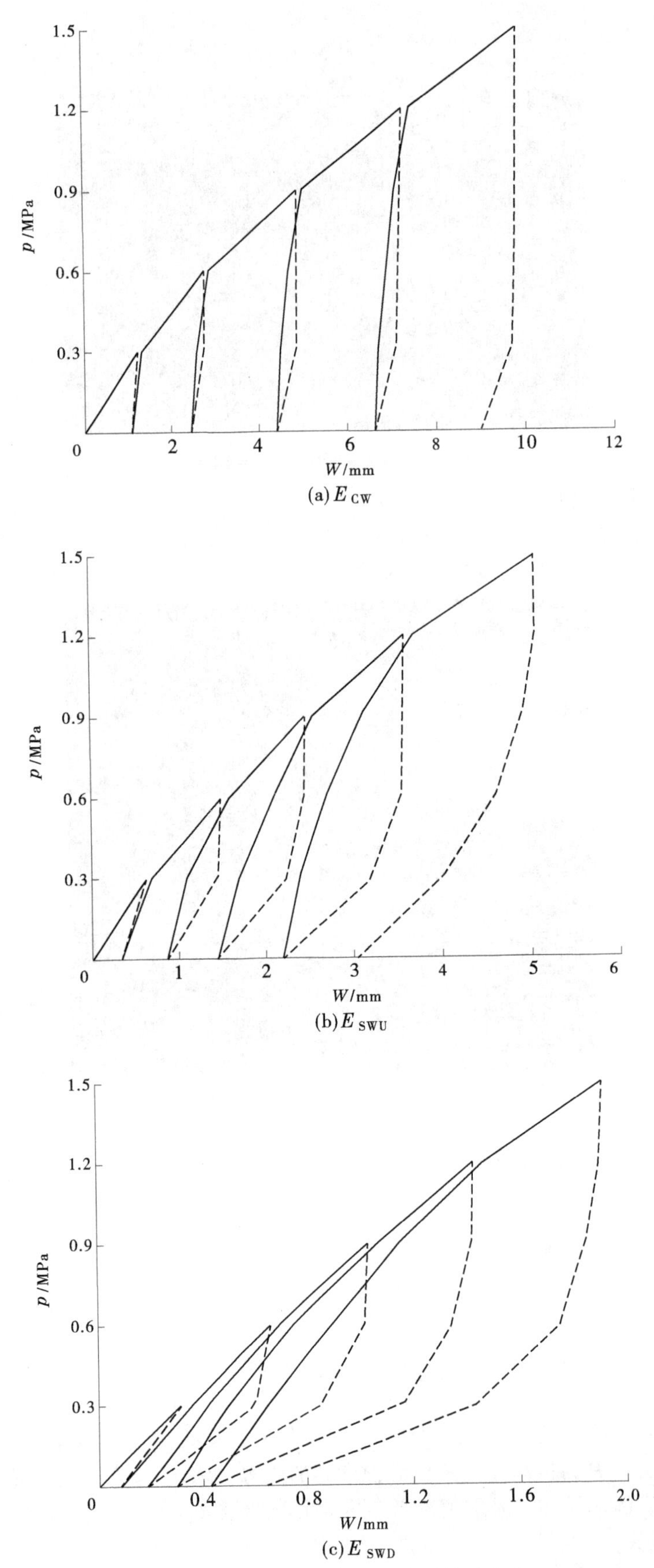

图 4　岩体变形试验压力与变形关系曲线

结果见表2。由图4可知，各试点的压力-变形关系曲线类型均为下凹型。下凹型曲线[10]反映出岩体具有层理、裂隙，且随深度增加岩体的刚度减弱的特征。当垂直结构面加压，或随压力增加，岩体的裂隙张开或产生新的裂缝时，也可能出现该类型曲线。

表2　大型露天岩体变形试验结果

试点编号	项目	应力分级/MPa					μ
		0.3	0.6	0.9	1.2	1.5	
E_{CW}	变形/10^{-2} mm	127.3	278.0	490.4	728.7	986.3	0.36
	变形模量/MPa	81.4	74.5	63.3	56.9	52.5	
E_{SWU}	变形/10^{-2} mm	65.0	150.3	247.5	359.3	506.2	0.32
	变形模量/MPa	164.3	142.1	129.5	118.9	105.5	
E_{SWD}	变形/10^{-2} mm	32.0	66.2	103.3	143.0	191.6	0.30
	变形模量/MPa	338.4	327.1	314.5	302.9	282.6	

3.3　岩体变形试验成果分析

由表2可知，随着试验压力的逐级增大，倾斜层状岩体的变形模量逐渐减小，这与岩体的层理、裂隙分布状况和随压力增大岩体裂隙张开或产生新的裂缝有关。

为进一步验证现场岩体变形参数测试结果的可靠性，岩体变形试验完成后，在试验坑槽内部岩体完整区域布置了岩体声波测试，三个变形试验区域岩体波速测试结果见表3。受岩体复杂性和试验因素的影响，获取岩体变形模量与岩体波速相关性的通用估算公式较为困难。当前行之有效的方法为结合实际工程，通过大量试验建立适用于本工程的岩体变形模量与波速相关关系[11-12]。本工程当前阶段现场试验数据有限，暂无法直接进行岩体变形模量与波速相关性研究。为此，在考虑岩性和试验方法因素影响的基础上，选择文献［12］中乌江构皮滩工程岩体变形模量与波速相关关系，验证本试验中岩体变形模量与波速的相关性。岩体变形模量与波速相关关系[12]为：

$$E_0 = 0.012\ 2e^{1.438\ 1v_P} \tag{2}$$

式中：E_0为岩体变形模量，GPa；v_P为岩体纵波速，km/s。

根据岩体波速测试范围值，结合式（2）对岩体变形模量进行估算，结果见表3。

表3　岩体波速测试结果及变形模量估算值

试点编号	岩性	岩体波速/（m/s）	变形模量估算值/MPa	变形模量实测值/MPa
E_{CW}	全风化页岩	1 121~1 332	61.2~82.8	52.5~81.4
E_{SWU}	强风化上带页岩	1 443~1 678	97.2~136.3	105.5~164.3
E_{SWD}	强风化下带页岩	2 233~2 521	302.7~458.0	282.6~338.4

由表3可知，全风化页岩岩体波速范围值为1 121~1 332 m/s，由岩体波速估算的岩体变形模量范围值为61.2~82.8 MPa，岩体变形模量实测结果与估算值较为吻合；强风化上带页岩岩体波速范围值为1 443~1 678 m/s，由岩体波速估算的岩体变形模量范围值为97.2~136.3 MPa，岩体变形模量实测值与估算值整体上较为接近；强风化下带页岩岩体波速范围值为2 233~2 521 m/s，由岩体波速估算的岩体变形模量范围值为302.7~458.0 MPa，岩体变形模量实测值基本位于估算值范围内。岩体波速测试结果与现场岩体变形试验测试结果呈较好的对应关系，说明现场岩体变形试验测试结果是准确可靠的。

4 结语

通过马来西亚某水电站工程大型露天岩体变形试验，初步获得了工程坝址区不同风化程度页岩的变形特性，为工程设计提供了试验依据。

（1）风化倾斜层状岩体的变形模量受岩体风化程度及产状的影响较为显著。压力-变形关系曲线类型均为下凹型，与岩体的层理、裂隙分布状况及试验加载方式等密切相关。

（2）现场岩体波速测试结果与岩体变形测试结果具有较好的一致性，现场岩体变形试验测试结果是准确、可靠的。

（3）地质条件、试验方法等因素对风化倾斜层状岩体变形试验结果的影响尚需进一步研究。

参考文献

[1] 董学晟，田野，邬爱清. 水工岩石力学［M］. 北京：中国水利水电出版社，2004.

[2] PALMSTROM A，SINGH R. The Deformation Modulus of Rock Masses：Comparisons Between in Situ Tests and Indirect Estimates［J］. Tunneling and Underground Space Technology，2001，16：115-131.

[3] SONMEZ H，GOKCEOGLU C，ULUSAY R. Indirect Determination of the Modulus of Deformation of Rock Masses Based on the GSI System［J］. International Journal of Rock Mechanics and Mining Sciences，2004，41（5）：849-857.

[4] 蒋小伟，万力，王旭升，等. 利用 RQD 估算岩体不同深度的平均渗透系数和平均变形模量［J］. 岩土力学，2009，30（10）：3163-3167.

[5] 盛谦，黄正加，邬爱清. 三峡节理岩体力学性质的数值模拟试验［J］. 长江科学院院报，2001，18（1）：35-37.

[6] 闫长斌，刘振红，岳永峰. 南水北调西线工程岩体变形特性现场试验研究［J］. 人民黄河，2014，36（3）：76-79.

[7] 张强勇，王建洪，费大军，等. 大岗山水电站坝区岩体的刚性承压板试验研究［J］. 岩石力学与工程学报，2008，27（7）：1417-1422.

[8] 郭喜峰，晏鄂川，吴相超，等. 引汉济渭工程边坡岩体变形特性研究［J］. 岩土力学，2014，35（10）：2927-2933.

[9] 李维树，谭新，黄志鹏. 长江小南海水利枢纽坝基弱风化岩体工程力学性质研究及可利用探讨［J］. 岩石力学与工程学报，2008（S2）：3899-3904.

[10] 李迪. 岩体压力-变形曲线分析［J］. 岩土工程学报，1980（2）：49-59.

[11] 宋彦辉，巨广宏，孙苗. 岩体波速与坝基岩体变形模量关系［J］. 岩土力学，2011，32（5）：1507-1512，1567.

[12] 李维树，黄志鹏，谭新. 水电工程岩体变形模量与波速相关性研究及应用［J］. 岩石力学与工程学报，2010，29（S1）：2727-2733.

水利工程工地试验室存在的主要问题及对策

李玉起　孙文娟　罗德河

（珠江水利委员会珠江水利科学研究院，广东广州　510611）

摘　要：水利工程为我国经济社会发展发挥着基础性支撑作用，随着国家经济快速发展，水利工程建设投资也在不断增加。水利工程质量检测是控制水利工程建设质量的重要抓手，为满足工程建设进度和质量控制的要求，需要在工程建设现场设立试验室。通过梳理分析历次质量监督巡查、稽查对质量检测单位违规行为问题，总结了工地试验室常见的主要问题，以及这些问题所呈现的特点，并提出了相应的对策，以期对质量检测行业健康发展有所帮助。

关键词：水利工程；工地试验室；问题；对策建议

1　引言

水利工程是国民经济基础设施的重要组成部分，在防洪安全、水资源合理利用、生态环境保护、推动国民经济发展等方面具有不可替代的重要作用。国家历来重视水利工程建设，2020 年，水利建设完成投资 8 181.7 亿元，较上年增加 1 469.9 亿元，增加 21.9%[1]。水利工程质量检测主要是水利工程质量检测单位依据国家有关法律、法规和标准，对水利工程实体以及用于水利工程的原材料、中间产品、金属结构和机电设备进行的检查、测量、试验或者度量，并将结果与有关标准、要求进行比较以确定工程质量是否合格[2]，是水利工程建设中不可或缺的组成部分，是保障水利工程建设质量的重要手段之一。目前，我国在水利工程建设过程中设置了 4 道质量检测关口：施工单位自检、监理单位平行检测、建设单位第三方检测和质量监督机构质量抽检。通过层层把关，以达到建设工程质量控制的目的。

根据水利工程建设需要，越来越多的水利工程需要在现场设立工地试验室，以满足工程建设进度和质量控制的要求，而这也给水利工程质量检测机构带来挑战，如检测人员、设备检定、校准等问题。在水利行业高质量发展的新形势下，水利行业主管部门通过“双随机一公开”、质量监督巡查、稽查、飞检等加强了对质量检测机构的管理，质量检测机构也暴露了诸多违规行为，通过详细梳理和分析，以期对质量检测行业发展有所帮助。

2　工地试验室常见的问题

工地试验室是水利工程质量检测单位的派出机构，依法依规在工程建设现场设立的试验室，独立开展检测活动。由于现场工作条件、交通等诸多因素，通过质量监督巡查、稽查等各种检查，发现工地试验室常见的质量管理违规行为问题如下。

2.1　质量保证体系方面

（1）现场场地、人员、设备等配置不满足工程质量检测需要和合同约定。如：①压力试验机测量范围及精度不满足要求。试验室粗骨料软弱颗粒含量采用 2 000 kN 压力试验机进行试验，该设备测量范围为 100~2 000 kN，示值准确度为±1%，设备量程测量范围及精度不满足粗骨料软弱颗粒含量试验 0.15 kN、0.25 kN、0.34 kN 的加压荷载要求[3]。②授权文件未规定部分检测人员岗位职责。

作者简介：李玉起（1976—），男，高级工程师，主要从事工程建设质量与安全管理工作。

现场试验室授权文件中仅明确试验室负责人和技术负责人，未对其他人员工作职责和满足检测工作需要的人员能力配置进行规定。

（2）试验室检测人员不具备检测资格。如某现场试验室主要检测人员共 11 人，其中 2 人具备水利水电工程中级职称，1 人具有混凝土水利工程质量检测员资格证，但其他从事检测工作的 8 人未按照职业资格管理规定取得从业资格。

（3）未对抽样人员进行能力确认和授权。母体试验室未对工地试验室抽样人员进行能力确认和岗位授权；未对新标准修订条款进行能力验证。如现场试验室标准体系增加《土工试验方法标准》（GB/T 50123—2019）和《水工混凝土试验规程》（SL/T 352—2020）2 个标准，未对修订条款进行能力验证。校准证书的确认不满足规范要求。

（4）质量检测单位未做到独立公正开展检测业务。如施工过程中施工自检单位又委托现场第三方检测单位对聚乙烯塑料冷却水管、预应力无黏结钢绞线、格宾网等材料进行检测，造成他们之间不能互相印证。

2.2 仪器设备方面

（1）仪器设备未按规定进行检定、校准。如：①工地试验室现场有 3 套砂筛及台秤未检定；数显混凝土抗渗仪、水泥胶砂流动测定仪、水泥负压筛析仪有测试证书，未进行确认，直接标识为“检定合格”，其余经测试、校准仪器的确认书上的审核人不是技术负责人，也无有关的授权委托书。②取土环刀内部校准时参照母体单位编制的《试验检测作业指导书》，未按照《切土环刀校验方法》（SL 110—2014）规程规定的指标进行校准，缺少刃口角度、同轴度 2 个主要指标。

（2）试验室的工作环境、温度、湿度不符合要求。如：①未将不相容区域进行有效隔离。工地试验室摇筛机和电子天平放在同一工作区域，也未制定两台仪器不能同时使用的管理办法，摇筛机工作时产生的震动量影响电子天平称量精度。②混凝土标准养护室湿度控制不满足要求。现场检查发现，混凝土标准养护室喷雾加湿器出现故障，不能正常使用，影响了混凝土试件养护，部分混凝土试件表面出现干燥现象。

2.3 质量检测专业技术工作方面

（1）检测参数缺项。如工地试验室未按合同开展普通水泥净浆“浆液密度”参数和固结灌浆灌前灌后声波检测。

（2）检测人员承担超出本人授权范围和资格的试验检测工作。如：检测人员不具备检测资格但签发了检测报告。某工地试验室目前在岗人员中有 7 名检测人员，其中 5 人未按照行业职业资格管理规定取得从业资格，但在试验室开展了检测工作，且以检测员身份签发了填筑碾压质量检测报告。

（3）试验检测过程不符合相关规定。如：①水利工程喷射混凝土大板取样后在养护室进行标准养护，未按规范要求进行同条件下养护。②粗骨料检测记录无仪器设备名称及编号信息，且计算过程中饱和面干表观密度试验结果未乘以水的密度，试验结果处理有误。③工地试验室出具的混凝土试块检测报告中检测混凝土龄期分别有“90 d、87 d、39 d、37 d、33 d”，不符合有关规范规定。

（4）试验检测使用错误或失效的标准、规程规范。如：①计量认证资质认定证书附表中“锚杆长度”检测参数许可的检测方法标准为《锚杆锚固质量无损检测技术规程》（JGJ/T 182—2009），而实际检测工作中却使用《水电水利工程锚杆无损检测规程》（DL/T 5424—2009）标准开展检测。

（5）未单独建立检测结果不合格台账。如某工地试验室虽已建立项目法人检测结果不合格台账，但未建立独立的监理平行检测结果不合格台账。

（6）检测报告使用未经批准的签名章。如工地试验室出具的粉煤灰检测报告、钢筋检测报告等多份检测报告，检测报告人员签字均使用未经批准的签名章。

3 存在问题的特点

按照水利部印发的《水利工程建设质量与安全生产监督检查办法》有关规定，将质量检测违规行为问题分为一般、较重和严重三类。通过统计分析近年来对重大水利工程建设质量监督巡查质量检测情况，其存在的问题呈现以下几个特点：

（1）质量管理违规行为以较重和严重问题为主。通过统计近年来巡查工地试验室发现的 39 个问题，分析发现，一般、较重和严重问题均有发生，其中较重和严重问题占比达 85%（见图 1），较重和严重问题的比例为 1∶0.91，数量几乎相当，这说明工地现场试验室质量管理还较薄弱。

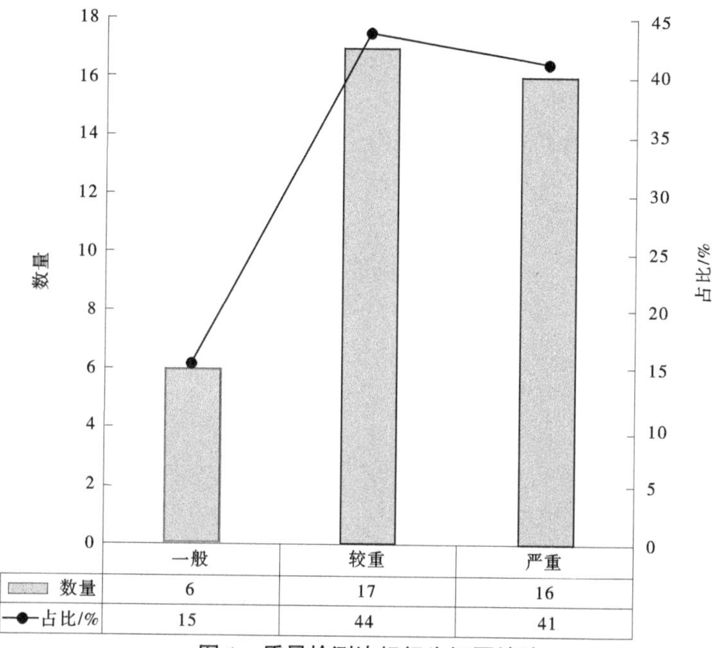

图 1　质量检测违规行为问题统计

（2）质量检测管理环节中专业技术工作问题最为突出。从质量检测管理的质量保证体系、仪器设备管理和质量检测专业技术工作三大环节中看，涉及质量检测专业技术工作的违规问题占比达 58%，其中又以试验检测过程不符合相关规定的问题最为突出，主要是取样数量、养护、试验结果处理等试验过程不规范。其次是质量保证体系的问题，占比为 24%，主要是检测人员的问题。仪器设备管理问题相对最少，占比 18%，主要是检定、校准的问题（见图 2）。

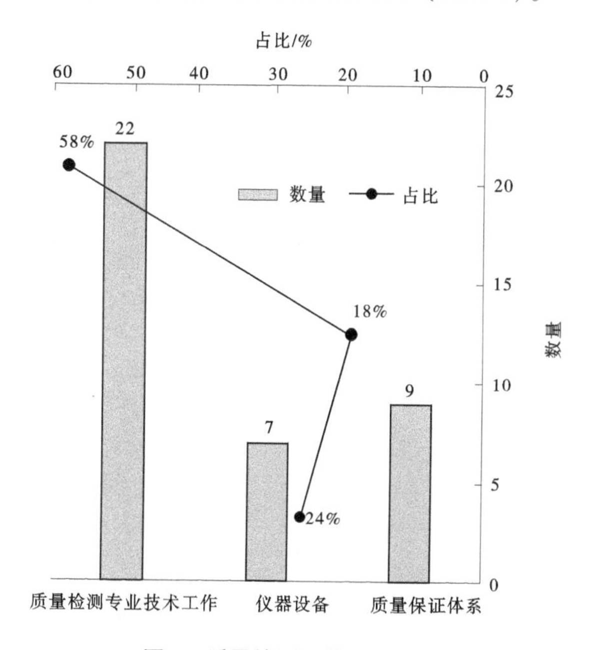

图 2　质量检测环节问题统计

4 对策

（1）加强现场质量检测人员管理。首先要想办法解决人员检测资格问题，建议水利行业主管部门高度重视，采取多种渠道进行教育和培训，使得从事质量检测人员具有合法的检测员资格。其次检测单位要根据工地试验室条件艰苦、人员流动性大的特点，加大检测人员岗前培训，制定有关技能考核和奖惩制度。

（2）加强现场试验设备管理。建立定期设备巡视制度，及时发现和处置到期未检定、校准的仪器设备，及时正确确认校准证书结果。

（3）加强质量检测人员能力培训。从检查发现的问题中可以看出，检测过程不符合相关规定这类问题较突出，而且这类问题被定性为严重，这充分反映检测人员技术水平不高，将会给质量检测机构带来较大质量风险[4]，应对检测人员进行系统的、规范的培训和考核，尤其要注意对修订规范的有关内容的理解。按照“一人一档”要求建立检测人员培训档案。

（4）加强母体试验室对工地试验室的检查和指导。完善检测单位内控管理制度，尤其注重成果抽查和责任追究。针对上级检查发现的问题，应在整个检测机构内部检测人员间进行举一反三，以避免类似问题在其他工地试验室重复出现。

5 结论

工地现场试验室作为质量检测机构开展工作的一种特殊方式，其检测能力的好坏不仅关系水利工程建设的质量，也影响着质量检测机构的生存发展。在我国经济由高速增长阶段转向高质量发展阶段的新形势下，采用问题清单的形式强化对质量管理违规行为查处已成为常态，因此质量检测机构必须予以重视，控制好质量风险，才能维护好自身的发展，为检测行业健康发展贡献力量。

参考文献

[1] 中华人民共和国水利部 . 2020 年全国水利发展统计公报［M］. 北京：中国水利水电出版社，2020：1-2.
[2] 张黎 . 水利工程质量检测管理规定探析［J］. 东北水利水电，2018，36（6）：57-58，61.
[3] 中华人民共和国水利部 . 水工混凝土试验规程：SL/T 352—2020［S］.
[4] 田收 . 新形势下工程质量检测机构诚信发展的实践与思考［J］. 工程质量，2022，40（1）：15-18，22.

某混凝土重力坝坝基扬压力影响因素分析

李姝昱[1,2]　李延卓[1,2]　马培培[1,2]

（1. 黄河水利委员会黄河水利科学研究院，河南郑州　450003；
2. 水利部堤防安全与病害防治工程技术研究中心，河南郑州　450003）

摘　要： 坝基扬压力监测是混凝土安全监测的一项重要内容。扬压力监测资料分析时可采用定性和定量相结合的分析方式。以某混凝土重力坝河床坝段扬压力测孔 G2 为例，通过绘制扬压力与环境量套绘过程线，定性分析扬压力与环境量变化的相关关系。通过建立扬压力回归模型，实现扬压力影响因素的定量分析。两种分析方式结论一致，G2 测孔扬压力主要受上游水位和温度的影响，下游水位、降雨对扬压力的影响不明显。

关键词： 重力坝；扬压力；监测资料分析；水位；温度；降雨

1　引言

混凝土坝与地基接触面难免有孔隙，而地基和混凝土也都有一定的透水性，因而在一定的上下游静水头作用下会形成稳定渗流场，坝基面以上坝体就承受该渗流场导致的扬压力[1]。坝基扬压力对大坝的稳定、变形、应力都有一定的影响，是混凝土坝渗压观测的一项主要内容。坝高 100 m 左右的重力坝，坝基面上作用的扬压力大约是坝体重量的 20%。因此，整理分析坝基扬压力的观测资料对于验算大坝的稳定和耐久性，监视大坝的安全，了解坝基的帷幕、排水效应和坝基情况的变化等，都有重要意义[2-3]。

影响混凝土坝坝基扬压力的荷载因素主要有：①上游库水压力，它是坝基扬压力变化的主要因素。②下游水压力，它对下游处的坝基扬压力有一定的影响。③降雨，它对岸坡坝段坝基扬压力也有一定的影响。④基岩温度，它的变化会引起节理裂隙的宽度变化，从而引起扬压力的变化。⑤时效因子，坝前淤积、坝基帷幕防渗和排水效应等会随时间发生变化，还需要考虑时效对扬压力的影响。根据坝基扬压力以及环境量监测资料，可以实现坝基扬压力影响因素的分析，以某混凝土重力坝坝基扬压力测孔监测数据为例，通过对测压孔水位以及环境量测值曲线变化规律的分析，实现扬压力影响因素的定性分析；通过建立测压孔水位与影响因素的回归模型，实现扬压力影响因素的定量分析。

2　坝基扬压力影响因素的定性分析

某水利枢纽主坝为混凝土重力坝，坝长 713.2 m，最大坝高 106.0 m，坝顶高程 353 m。水库设计洪水位 335 m，校核洪水位 340 m，正常高水位 324 m，极限死水位 300 m。选取该工程河床坝段 G2 测压孔监测数据进行分析。

绘制 G2 测压孔水位与上游水位套绘过程线，如图 1 所示。上游水位呈现明显的年周期变化规律，一般在每年的 6 月底到 10 月初降至汛期运用水位 305.00 m；在每年的 10 月中下旬到第二年的 6 月，水位维持在非汛期运用水位 318.00 m。G2 测压孔水位也呈现出较为明显的年周期变化规律，上游水位升高，测压孔水位升高；上游水位下降，测压管水位下降；且测压管水位相对于上游水位的变

基金项目： 黄河水利科学研究院基本科研业务费专项项目（HKY-JBYW-2021-10）。

作者简介： 李姝昱（1988—），女，高级工程师，主要研究方向为工程安全监测及评价。

化有一定的滞后。

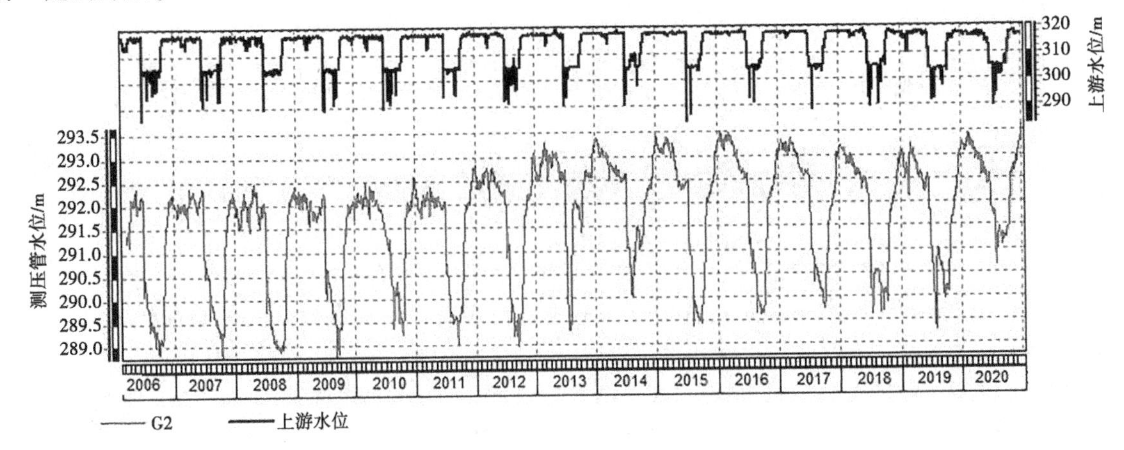

图 1　G2 测压孔水位与上游水位套绘过程线

绘制 G2 测压孔水位与下游水位套绘过程线，如图 2 所示。下游水位无明显周期性变化，根据过程线的变化规律，下游水位对 G2 测压孔水位的影响不明显。

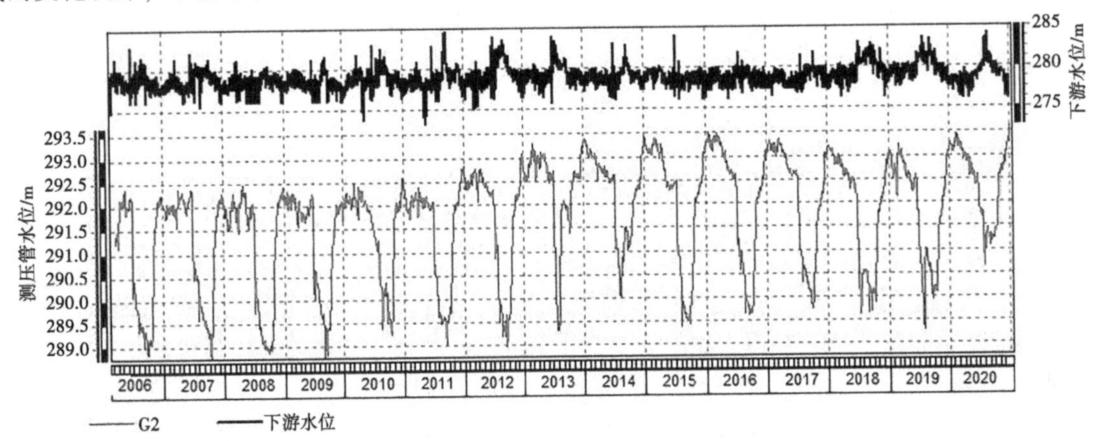

图 2　G2 测压孔水位与下游水位套绘过程线

绘制 G2 测压孔水位与测压管内水温套绘过程线，如图 3 所示。渗流受地基裂隙变化的影响，裂隙变化受基岩温度的作用。基岩温度变化较小，且基本上呈年周期变化，本文用测压管内实测水温来反映温度对坝基扬压力的影响。温度升高，地基裂隙开度减小，扬压力降低；温度降低，地基裂隙开度增大，扬压力升高。

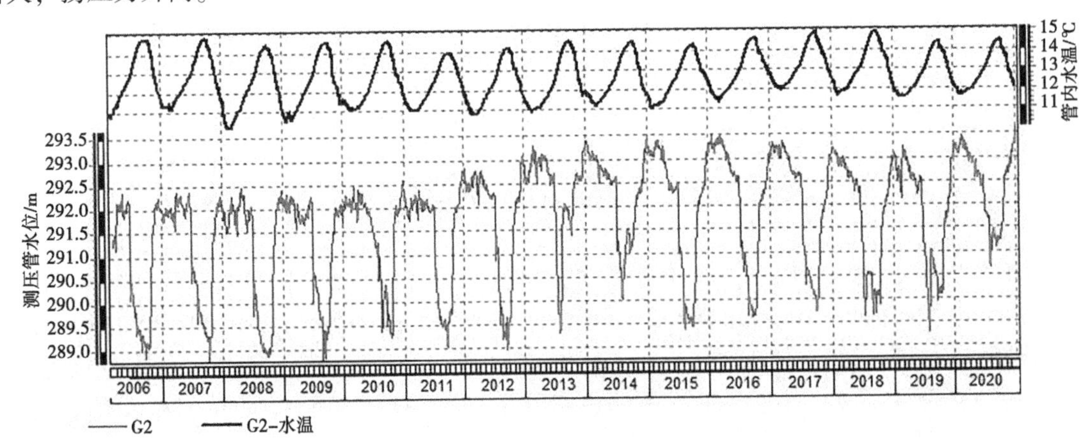

图 3　G2 测压孔水位与测压管内水温套绘过程线

绘制 G2 测压孔水位与降雨量套绘过程线，如图 4 所示。在降雨过程中，有一部分入渗产生地下水，地下水主要通过节理裂隙渗流影响两岸坝段坝基的扬压力。G2 测压孔位于河床坝段，从过程线变化规律来看，降雨对其变化影响较小。

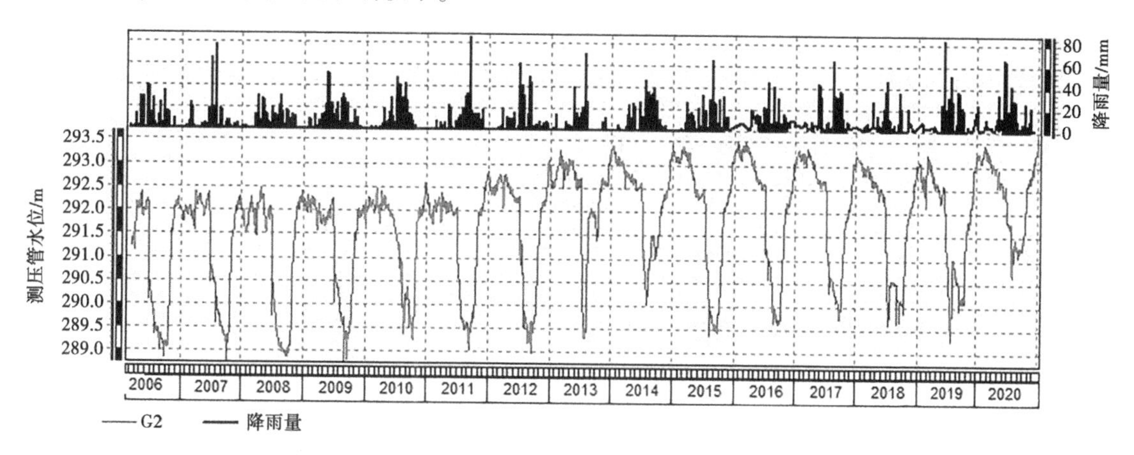

图 4　G2 测压孔水位与降雨量套绘过程线

3　坝基扬压力影响因素的定量分析

3.1　回归模型

建立扬压力（H）统计模型时，考虑上游水位、下游水位、温度、降雨和时效均会对扬压力（H）有影响。因此，在分析时采用下列模型：

$$H = H_h + H_T + H_p + H_\theta \tag{1}$$

式中：H 为扬压力测孔水位拟合值，m；H_h 为扬压力测孔水位的水位分量，m；H_T 为扬压力测孔水位的温度分量，m；H_p 为扬压力测孔水位的降雨分量，m；H_θ 为扬压力测孔水位的时效分量，m。

（1）水位分量 H_h。

上下游水位变化对扬压力的影响都有一个滞后的过程，本次模型试算考虑选择监测日前一个月内的上游水位；因下游水较低，且变化较小，取当日测值作为因子；水位分量为

$$\left.\begin{aligned} H_h &= H_{hu} + H_{hd} \\ H_{hu} &= a_1(h_{u1} - h_{u0}) + \sum_{i=2}^{6} a_i h_{ui} \\ H_{hd} &= a'_1(h_{d1} - h_{d0}) \end{aligned}\right\} \tag{2}$$

式中：H_{hu} 为上游水位分量，m；H_{hd} 为下游水位分量，m；h_{u1}、h_{u2}、h_{u3}、h_{u4}、h_{u5}、h_{u6} 分别为观测日当天上游水位、观测日前 1 天的上游水位、观测日前 2 天的上游水位、观测日前 3 天至前 4 天的平均上游水位、观测日前 5 天至前 15 天的平均上游水位、观测日前 16 天至前 30 天的平均上游水位，m；h_{d1} 为观测日当天下游水位，m；h_{u0} 为测点测值系列第一天对应的上游水位，m；h_{d0} 为测点测值系列第一天对应的下游水位，m；a_i 为上游水位因子回归系数，$i = 1 \sim 6$；a'_1 为下游水位因子回归系数。

（2）温度分量 H_T。

扬压力测孔水位与孔内水温变化有一定关系，温度降低时，扬压力测孔水位升高；温度升高时，扬压力测孔水位降低。考虑温度变化对扬压力影响的滞后过程，选择监测日前一个月内的测压孔内水温，温度分量取为

$$H_T = \sum_{i=1}^{6} b_i T_i \tag{3}$$

式中：b_i 为温度因子的回归系数，$i=1\sim6$；T_1、T_2、T_3、T_4、T_5、T_6 分别为观测日当天测压孔水温、观测日前 1 天的测压孔水温、观测日前 2 天的测压孔水温、观测日前 3 天至前 4 天的测压孔水温、观测日前 5 天至前 15 天的测压孔水温、观测日前 16 天至前 30 天的测压孔水温，℃。

（3）降雨分量 H_p。

降雨对坝基扬压力也有一定影响，且影响有滞后，选择监测日前一个月内的降雨量。降雨分量取为：

$$H_p = \sum_{i=1}^{6} c_i p_i \tag{4}$$

式中：p_1、p_2、p_3、p_4、p_5、p_6 分别为观测日当天降雨量、观测日前 2 天的平均降雨量、观测日前 3 天至前 4 天的平均降雨量、观测日前 5 天至前 15 天的平均降雨量、观测日前 16 天至前 30 天的平均降雨量，mm；c_i 为降雨量因子回归系数，$i=1\sim6$。

（4）时效分量 H_θ。

时效分量 H_θ 的组成比较复杂，它与库前泥沙淤积、扬压力测孔周围的岩性、裂缝分布及产状有密切的联系，时效分量采用如下形式：

$$H_\theta = d_1\theta + d_2\ln\theta \tag{5}$$

式中：d_1、d_2 分别为时效因子回归系数；θ 为观测日至始测日的累计天数除以 100，每增加一天，θ 增加 0.01。

（5）扬压力统计模型。

综上所述，坝基扬压力的模型可表示为

$$H = a_0 + a_1(h_{u1} - h_{u0}) + \sum_{i=2}^{6} a_i h_{ui} + a_1'(h_{d1} - h_{d0}) + \sum_{i=1}^{6} b_i T_i + \sum_{i=1}^{6} c_i p_i + d_1\theta + d_2\ln\theta \tag{6}$$

式中的符号意义同前。

3.2 模型分量分析

为了定量分析和评价水位、温度、降雨、时效等各分量对坝基扬压力的影响，采用逐步回归法，根据式（6）建立 G2 测压孔扬压力统计模型，模型系数见表 1。下游水位模型系数为 2.62E−14，该值很小，可忽略下游水位对扬压力的影响，与过程线定性分析中下游水位对 G2 测压孔水位的影响不明显相一致。根据建立的扬压力统计模型，分离出 G2 测压孔 2018 年变幅的水位、温度、降雨、时效分量，见表 2。2018 年扬压力变幅中，水位分量占 80.03%，温度分量占 11.22%，降雨分量占 6.46%，与过程线定性分析的结论相一致。总体来看，G2 测孔扬压力主要受上游水位和温度的影响，下游水位、降雨对扬压力的影响不明显。

表 1　G2 测压孔扬压力回归模型系数

a_0	a_1	a_2	a_3	a_4	a_5	a_6	a_1'	b_1
2.54E+02	3.74E−02	1.64E−02	1.31E−02	2.09E−02	3.18E−02	4.35E−02	2.62E−14	−4.13E−02
b_2	b_3	b_4	b_5	b_6	c_1	c_2	c_3	c_4
0.00E+00	0.00E+00	−6.65E−02	−1.60E−02	0.00E+00	−3.24E−03	−2.00E−03	−1.45E−03	−2.98E−03
c_5	c_6	d_1	d_2	R	S	F	Q	
−1.21E−02	−7.47E−03	2.56E−02	−2.77E−02	9.39E−01	4.05E−01	2.05E+03	8.21E+02	

表2　扬压力测孔孔水位2018年变幅及各分量占比

测压孔	年份	实测/m	拟合值/m	水位/m	温度/℃	降雨/mm	时效/d	各分量占比/%			
								水位	温度	降雨	时效
G2	2018	3.59	3.39	2.72	0.38	0.22	0.08	80.03	11.22	6.46	2.29

4　结语

（1）通过G2测孔扬压力与环境量变化规律定性分析得出，测压孔水位主要受上游水位变化的影响，上游水位升高，坝基扬压力测孔水位上升，上游水位下降，坝基扬压力测孔水位降低，并且坝基扬压力变化滞后于库水位的变化。温度对测压孔水位也有一定影响，温度升高，扬压力降低；温度降低，扬压力升高。下游水位、降雨对扬压力影响不明显。

（2）通过G2测孔扬压力统计模型分离出2018年变幅中各模型分量，水位分量占80.03%，温度分量占11.22%，降雨分量占6.46%，与过程线定性分析的结论相一致，G2测孔扬压力主要受上游水位和温度的影响，下游水位、降雨对扬压力的影响不明显。

（3）坝基扬压力是作用在大坝上的主要荷载之一，其大小直接影响坝体的稳定。坝基扬压力监测是混凝土安全监测的一项重要内容。在实际工程应用中，要将扬压力、环境量监测资料以及工程运行情况相结合，进行渗流的成因分析、因子选择以及计算成果解释，使监测资料分析成果能够反馈大坝的安全运行状态，为结构安全的整体评价提供可靠的依据。

参考文献

[1] 沈长松，王世夏，林益才，等．水工建筑物［M］．北京：中国水利水电出版社，2008.
[2] 吴中如．水工建筑物安全监控理论及其应用［M］．北京：高等教育出版社，2003.
[3] 顾冲时，吴中如. 大坝与坝基安全监控理论和方法及其应用［M］．南京：河海大学出版社，2006.

某水工输水隧洞运行期安全监测资料分析

李延卓[1,2]　李姝昱[1,2]　马培培[1,2]

（1. 黄河水利委员会黄河水利科学研究院，河南郑州　450003；
2. 水利部堤防安全与病害防治工程技术研究中心，河南郑州　450003）

摘　要：为保证水工隧洞及其相关建筑物的安全运行，设置必要的安全监测尤为重要。通过对安全监测数据的分析，能够更加全面地了解隧洞的运行状况。选取典型断面和重要的监测项目，对某水工隧洞运行期安全监测数据进行分析，为科学掌握隧洞的动态变化提供技术支撑。

关键词：水工隧洞；安全监测；监测数据；动态变化

1　引言

水工隧洞作为地下隐蔽工程，根据功能和用途可分泄洪（排沙）洞、输水隧洞、引水隧洞、尾水隧洞、导流洞等，为保证水工隧洞及其相关建筑物的安全运行，设置必要的安全监测尤为重要[1-2]。水工隧洞监测项目和测点布置以实用、有效、简单、可行为原则，合理选择监测断面、测点位置及适宜的监测仪器设备，尽可能采用多种监测手段，保证监测资料的完整性、可靠性，全面系统地掌握建筑物的运行状态，从而达到安全监测的目的。为此，安全监测就需要在了解水工隧洞级别、用途、工作条件、地质条件、施工方法、支护方式等多种因素的基础上进行设置。

在水工隧洞运行期，洞周围岩、支护衬砌在水压力（内水和外水）的作用下，应力、应变、渗透压力等性态均会发生一定变化。不同水压力作用下，围岩、支护衬砌性态变化是否会影响水工隧洞的稳定，是运行期安全监测需要关注的问题。因此，运行期安全监测应重点监测围岩的变形与稳定、围岩支护及衬砌结构、水压力等。结合工程实例，选取典型监测断面进行研究和分析，掌握围岩压力、围岩变形、外水压力、衬砌应变等的变化发展规律，为更加全面地掌握工程的日常运行情况提供参考，为工程安全评价提供科学依据[3]。

2　工程概况

某水工引水隧洞全长31.9 km，进口明渠及连接段长685.3 m，隧洞段全长30 734.8 m，出口明渠连接段长503.7 m。隧洞为无压明流隧洞，隧洞纵坡1/1 016，洞身断面为圆形，衬砌后内径为6.0 m。隧洞主要建筑物级别为2级，设计洪水标准为50年一遇；次要建筑物级别为3级，设计洪水标准为20年。隧洞施工采用人工钻爆法开挖，钢筋格栅、锚杆、连接筋、钢筋网喷射混凝土初期支护，现浇混凝土或TBM预制钢筋混凝土管片二次衬砌，TBM掘进和预制钢筋混凝土管片衬砌等施工工艺。

3　地质条件

隧洞位于地震活动较为强烈的地区，地震动峰值加速度为0.3*g*。最大水平应力方向与隧洞轴线

基金项目：黄河水利科学研究院基本科研业务费专项项目（HKY-JBYW-2021-10）。

作者简介：李延卓（1987—），男，高级工程师，主要研究方向为工程安全监测及评价。

垂直，为 NE7°~20°，与区域构造应力方向基本一致。隧洞沿线为断褶隆起而成的低山丘陵区，海拔 870~1 100 m，总体地势南高北低。

隧洞围岩由第四系中新统乌苏群（Q_{2WS}）含土砂砾石层、泥质岩类（J_{2X}）、砂岩类、砂砾岩，二叠系下统乌郎组（P_{1W}）凝灰岩、凝灰质安山岩、熔结凝灰岩组成。

Q_{2WS} 含土砂砾石结构密实，中下部土体呈弱胶结，具有一定的自稳能力，围岩类别为 V_1 类。J_{2X} 岩组岩石以钙质或泥钙质胶结为主，属软岩，抗风化能力弱，水理性质不良，泥岩具有膨胀性，围岩类别以Ⅳ~Ⅴ类为主。P_{1W} 岩组强度较高，围岩以Ⅲ~Ⅳ类为主。断层破碎带围岩为Ⅴ类。隧洞区断层不发育，规格为小—中等。侏罗系地层岩层状变化较大，褶曲较发育，层间错动现象普遍，剪劈理、裂隙发育。

地下水类型主要为：①第四系孔隙潜水，主要赋存于大冲沟内堆积的第四系冲洪积砂砾石层中，冰雪融水及大气降水补给，向沟谷下游排泄；②基岩表层风化裂隙潜水；③基岩裂隙水，侏罗系 J_{2X} 岩组岩组砂岩、砾岩与泥质岩相间排列，其间发育多层含水结构，没有统一的地下水位，中下部含水层具有一定的承压性。

4 监测设施布置

运行期监测工作主要包括围岩变形监测，隧洞衬砌外水压力监测、混凝土钢筋应力监测、混凝土应变监测、接缝开合度监测、围岩土压力监测。运行期共布置了 6 个监测断面，Ⅰ—Ⅰ监测断面、Ⅱ—Ⅱ监测断面、Ⅲ—Ⅲ监测断面、Ⅳ—Ⅳ监测断面、Ⅴ—Ⅴ监测断面、Ⅵ—Ⅵ监测断面。选取Ⅱ—Ⅱ监测断面进行研究和分析，重点分析该监测断面中土压力计、多点位移计、应变计等监测项目。其监测设施布置情况见表 1 及图 1。

表 1　Ⅱ—Ⅱ监测断面仪器布置情况表

仪器位置	仪器名称	仪器数量	单位	仪器编号
Ⅱ—Ⅱ监测断面	无应力计	1	支	ST8-N201
	钢筋计	4	支	ST8-R201~204
	测缝计	2	支	ST8-J201~202
	孔隙水压力计	1	支	ST8-P201
	应变计	4	支	ST8-S201~204
	土压力计	3	支	ST8-E201~203
	三点位移计	3	套	ST8-M3-101~103 ST8-M3-201~203 ST8-M3-301~303

5 监测资料分析

5.1 围岩变形

多点位移计在测的 9 个测点中，仅 ST8-M3-201、ST8-M3-301 这 2 个测点的仪器稳定性和数据采集装置准确度测试合格，根据自动化监测数据，扣除突变和明显异常测值，绘制 ST8-M3-201、ST8-M3-301 围岩变形过程线，见图 2、图 3。

由图 2、图 3 可以看出，Ⅱ—Ⅱ监测断面右侧拱的 ST8-M3-201，左侧拱的 ST8-M3-301 从仪器埋设至隧洞通水运行，施工期围岩变形测值逐渐增大，隧洞通水后变形增大趋势减弱并逐渐趋于稳定，符合隧洞围岩变形的规律。这 2 个测点变形测值整体较小且变幅不大，统计特征值得到：ST8-M3-301 极大值为 1.3 mm，最早出现在 2018 年 3 月 15 日；ST8-M3-201 变形极大值为 0.7 mm，最早

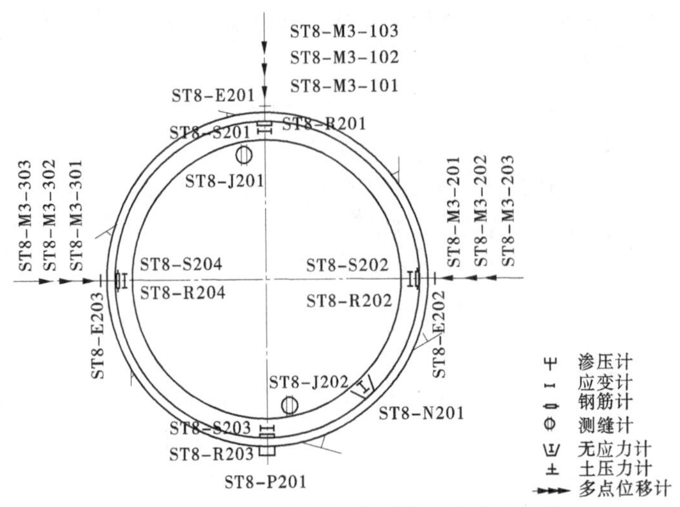

图 1 Ⅱ—Ⅱ监测断面监测断面仪器布置图

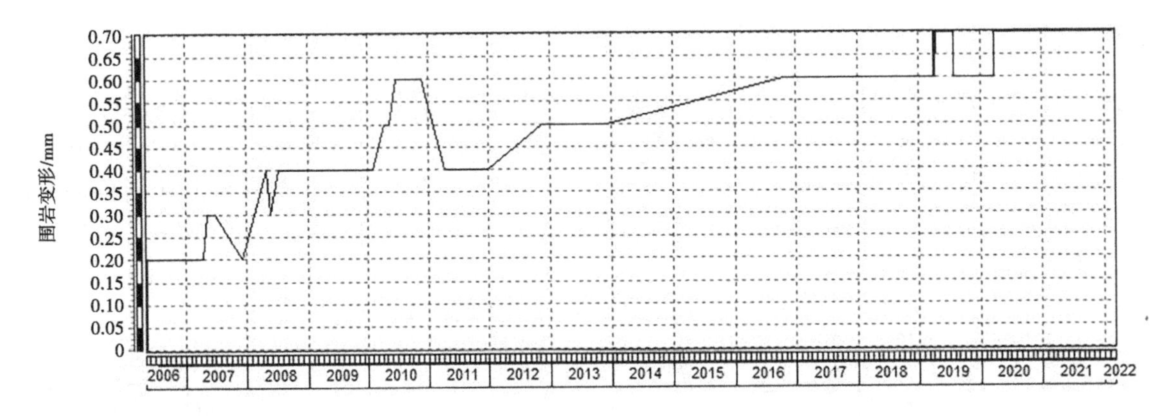

图 2 ST8-M3-201-变形实测过程线

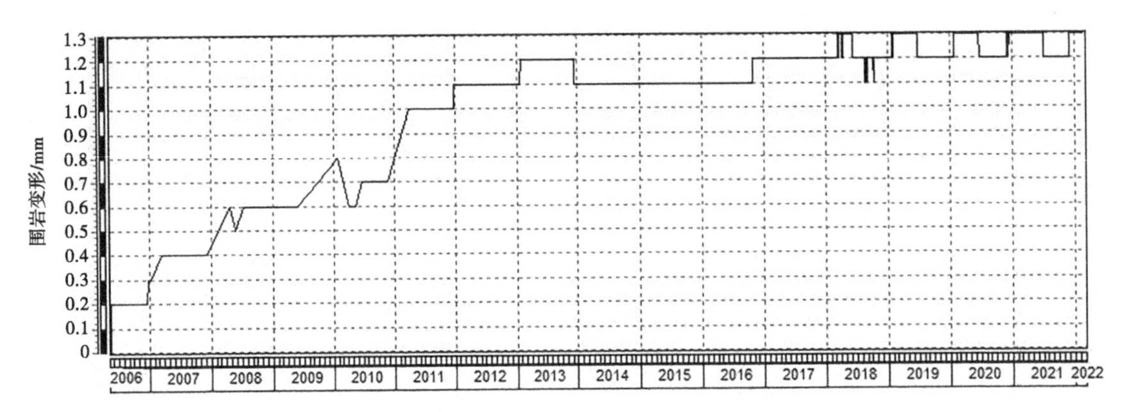

图 3 ST8-M3-301-变形实测过程线

出现在 2019 年 3 月 31 日；2 个测点的极大值都出现在隧洞通水后的运行时期。ST8-M3-301 最大年变幅为 0.3 mm，出现在埋设初期 2006 年；ST8-M3-201 最大年变幅为 0.2 mm，出现在埋设初期 2006 年和隧洞通水期 2010 年；运行期多个年份测点变幅为 0 mm。

5.2 围岩压力

Ⅱ—Ⅱ监测断面 3 支土压力计测值在扣除突变和明显异常之后，过程线在数据连续性好的年份具有周期变化规律，测值评价为基本可靠，见图 4。围岩压力与温度有一定的相关性，温度降低，围岩压力降低；温度升高，围岩压力增大。ST8-E203 在埋设初期变幅较大，隧洞通水运行后围岩应力变化较为稳定。ST8-E201、ST8-E203测值较为接近，隧洞通水后均为负值，高温季节ST8-E202测值为正值，高于ST8-E201、ST8-E203。

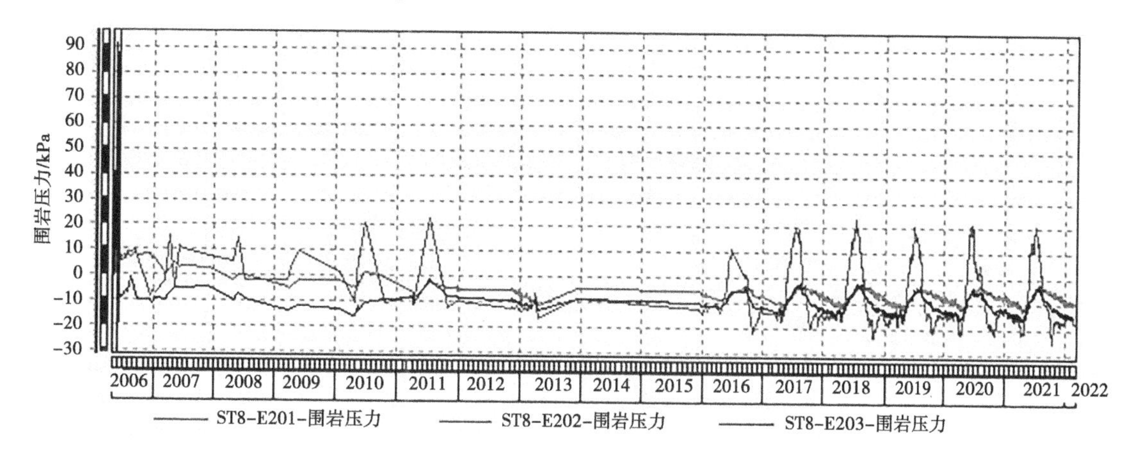

图4 Ⅱ—Ⅱ监测断面围岩压力测值过程线

5.3 混凝土应变

对Ⅱ—Ⅱ监测断面的混凝土应变测值进行统计，见图5。应变计ST8-S201~204在2016年前的数据连续性差，数据周期变化规律不明显，自2016年开始测值曲线具有周期变化规律。测值与温度有一定的相关性，均表现为温度升高，拉应变减小或压应变增大；温度降低，拉应变增大或压应变减小。ST8-S203、ST8-S204测得的均为拉应变，ST8-S201、ST8-S202测得的既有拉应变，也有压应变。ST8-S201~204在隧洞通水后，测值增大并逐渐趋于稳定。

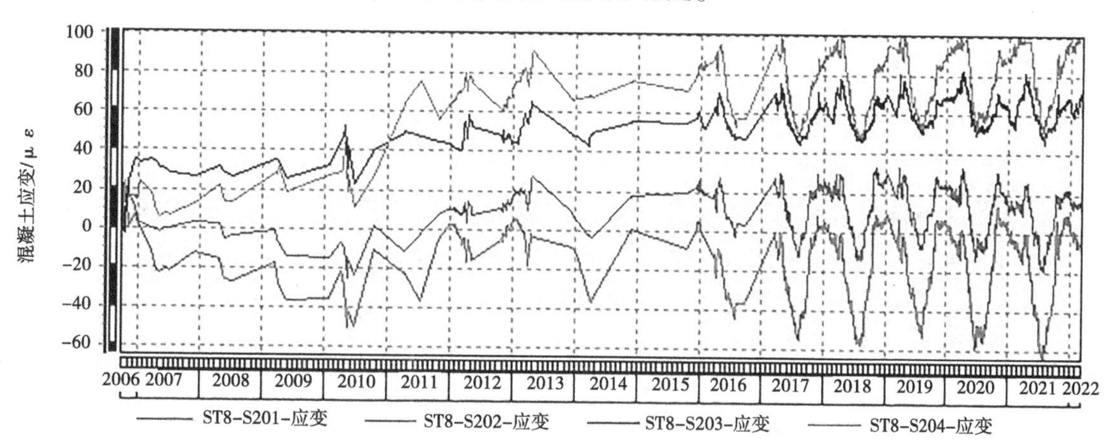

图5 Ⅱ—Ⅱ监测断面混凝土应变测值过程线

对Ⅱ—Ⅱ监测断面4支混凝土应变特征值进行统计分析，见图6。ST8-S204在2013年4月22日的测值最大为91.3 με，在2015年均值最大为82.1 με；ST8-S201在2010年5月12日测值最小为-50.0 με，在2010年变幅最大为39.1 με；ST8-S203在2015年变幅最小为5.8 με；ST8-S201在2010年均值最小为-32.5 με。

由以上分析可知，Ⅱ—Ⅱ监测断面的应变计、无应力计测值曲线自2016年开始年周期变化规律明显，应变计在低温季节测值增大，高温季节测值减小，无应力计测值规律相反。应变计测值范围为-63.3~100.0 με，ST8-S203、ST8-S204测得的均为拉应变，ST8-S201、ST8-S202测得的既有拉应变，也有压应变。无应力计测值范围为0.3~53.6 με。

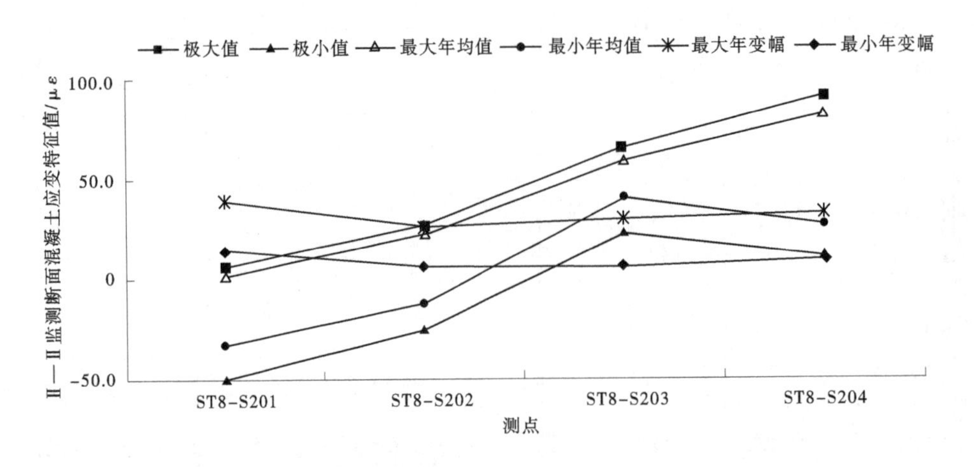

图6　Ⅱ—Ⅱ监测断面混凝土应变特征值分布

6　结语

通过监测资料分析，围岩变形从仪器埋设至隧洞通水运行，施工期围岩变形测值逐渐增大，隧洞通水后变形增大趋势减弱并逐渐趋于稳定，符合隧洞围岩变形的规律；围岩压力在埋设初期变幅较大，隧洞通水运行后围岩应力变化较为稳定；混凝土应变计、无应力计测值曲线年周期变化规律明显，应变计在低温季节测值增大，高温季节测值减小，无应力计测值规律相反。运行期围岩压力变化较为稳定。

参考文献

[1] 沈长松，王世夏，林益才，等. 水工建筑物［M］. 北京：中国水利水电出版社，2008.

[2] 中华人民共和国水利部. 水工隧洞安全监测技术规范：SL 764—2018［S］. 北京：中国水利水电出版社，2018：65-70.

[3] 吴忠明，沈亚兴，杨发栋，等. 锦屏二级水电站1号引水隧洞施工期安全监测资料初步分析［J］. 大坝与安全，2013（3）：36-40.

气相分子吸收光谱法在线氧化消解测定水质总氮研究

周昌兴

（中国南水北调集团中线有限公司河北分公司，河北石家庄　050035）

摘　要：总氮是反映水体所受污染程度和湖泊、水库水体富营养化程度的重要指标之一，因此对总氮的快速分析与评价具有重要意义。相比较传统的分光光度法，气相分子吸收光谱法的检测精度高，而且检测下限低，不受水中杂质和颜色的干扰。在检测成本控制上，气相分子吸收光谱法一般只需要采用少量常规试剂，耗材少，但是检测速度快、成本低，同时更为环保。

关键词：总氮；紫外在线消解；气相分子吸收光谱法

总氮是指水体中各种形态的氮（氨氮、硝酸盐氮、亚硝酸盐氮和各种有机态氮）的总量，是反映水体所受污染程度和湖泊、水库水体富营养化程度的重要指标之一，其测定有助于评价水体被污染和自净状况[1-4]。水体中含氮量的增加将导致水体质量下降。特别是对于湖泊、水库水体，由于含氮量的增加，使水体中浮游生物和藻类大量繁殖而消耗水中的溶解氧，从而加速湖泊、水库水体的富营养化和水体质量恶化。

目前，测定水中总氮的方法主要有连续流动分光光度法、碱性过硫酸钾消解紫外线分光光度法、气相分子吸收光谱法。碱性过硫酸钾消解紫外线分光光度法存在使用压力蒸汽灭菌器为消解仪器，温度难于控制，稳定性较差；消解过程中样品中氨氮易以氨气形式逸出，使测试的准确性、稳定性及重现性降低；消解不彻底、氧化剂分解不彻底都会影响吸光度的测定；双波长测定重现性差，测定结果偏大等缺点，影响结果的因素较多[5]。连续流动法前期试剂配制烦琐、耗时长，对水样洁净程度、试剂的纯度要求高。而采用气相分子吸收光谱法对水中的总氮进行测定[6-7]，所用器具和化学试剂较少，不使用对人体有害特别是易致癌的化学试剂，符合环保要求；由于测定成分从液相分解成气体后，转入气相进行测定的同时就是简便地分离干扰过程，所以一般不必进行复杂的化学分离，特别是不用去除样品的颜色和较高浑浊物的干扰，方法抗干扰性强；检测过程中，一般水样无须前处理，而对于总氮含量高的水样，仪器可自动稀释，实现了总氮的自动化检测。

1　气相分子吸收光谱法原理

样品经过碱性过硫酸钾氧化消解后，含氮化合物全部转化为硝酸根，在加热情况下，三氯化钛还原硝酸根离子为 NO 气体[8]，在 214.4 nm 波长下测定，该气体的吸光度和待测成分的浓度呈线性关系，符合朗伯-比尔定律。由此得到总氮的含量。

为了实现总氮的自动分析检测，在流路部分需要完成水样和试剂的自动进样、混合，流路的清洗等过程。系统采用连续流动注射分析技术完成上述过程。

2　主要仪器和试剂

GMA376 气相分子吸收光谱仪。

作者简介：周昌兴（1973—），男，高级工程师，主要从事水质检测与水环境保护等方面的工作。

三氯化钛溶液：1 体积浓盐酸、1 体积水与 4 体积三氯化钛混合。避光保存。

总氮氧化试剂：2.5 g 葡萄糖、5 g 柠檬酸三钠溶于事先配好的盐酸溶液中（$V_{盐}$ 酸：$V_{水}$ = 1∶2）中。

总氮消解溶液：7 g 过硫酸钾、1.9 g 硼砂溶于 200 mL 去离子水中，溶解后加 1 g 氢氧化钠固体继续溶解。

国家级有证标准溶液、标准样品。

3 实验与分析

3.1 标准曲线的绘制与测试结果

取总氮标准使用液（4 mg/L）50 mL，放置仪器设定好位置的进样盘上，让仪器自动稀释总氮标准使用液（4 mg/L），浓度点分别为 0、0.2 mg/L、0.4 mg/L、0.8 mg/L、1.6 mg/L、3.2 mg/L、4.0 mg/L 浓度梯度，以吸光度为纵坐标、总氮浓度为横坐标绘制标准曲线 $y = 0.030\ 82x + 0.000\ 96$，$R = 0.999\ 89$，标准曲线见图 1。

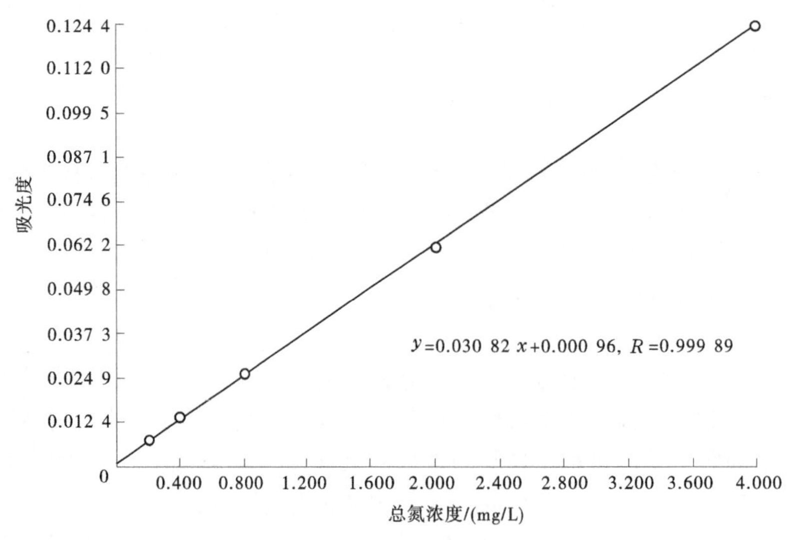

图 1 总氮标准曲线

3.2 检出限

按《环境监测分析方法标准制订技术导则》（HJ 168—2020）中的规定[4]，重复测定空白样品 7 次，并计算 7 次平行测定的标准偏差，按式（1）计算方法检出限，以 4 倍检出限作为方法测定下限，结果见表 1。气相分子吸收光谱仪测定总氮的检出限为 0.002 mg/L，符合《水质 总氮的测定 气相分子吸收光谱法》（HJ/T 199—2005）的要求。

$$\mathrm{MDL} = t_{(n-1,\ 0.99)} \times S \tag{1}$$

式中：MDL 为方法检出限；n 为样品的平行测定次数；t 为自由度为 $n-1$，置信度为 99%时的 t 分布（单侧）；S 为 n 次平行测定的标准偏差。

3.3 准确度和加标回收率

用生态环境部标准样品研究所的不同浓度质控样进行准确度测试，测试结果见表 2。由表 2 可知，实测标准物质浓度在标准样品保证值范围内，不同浓度总氮样品测量结果相对标准偏差均小于 5%，相对误差较小，满足检测要求。

向实际水样分别加入不同体积的总氮标准使用液（4 mg/L）（实际样品加标量为其测定值的 0.5~3 倍）进行回收率实验，按样品分析步骤全程序，每个样品平行测定 6 次。计算水样浓度的平均值、相对标准偏差、加标回收率，结果见表 3。由表 3 可知，实际水样加标回收率测试结果满意，加标回收率在 97.0%~97.4%，方法具有良好的重现性和再现性，满足水质检测要求。

表 1　方法检出限、测定下限测试数据表

平行样品编号	试样	
测定结果/（mg/L）	1	0.005 1
	2	0.006 1
	3	0.005 5
	4	0.005 8
	5	0.006 0
	6	0.005 6
	7	0.005 8
平均值 $\bar{x}$/（mg/L）	0.005 7	
标准偏差 S/（mg/L）	0.000 34	
t 值	3.143	
计算的方法检出限/（mg/L）	0.002	
测定下限/（mg/L）	0.008	

表 2　方法准确度测试数据

平行号		有证标准物质/标准样品		
		浓度 1	浓度 2	浓度 3
测定结果/（mg/L）	1	2.290 6	1.738 5	2.922 0
	2	2.284 2	1.733 4	2.939 0
	3	2.295 2	1.733 4	2.922 0
	4	2.281 8	1.733 4	2.966 2
	5	2.290 8	1.731 7	2.905 0
	6	2.289 6	1.723 2	2.922 0
平均值 x/（mg/L）		2.288 7	1.732 3	2.929 0
有证标准物质/标准样品浓度 μ/（mg/L）		2.28	1.71	2.90
相对误差 RE/%		0.19	0.65	0.50

4　结论

紫外在线消解-气相分子吸收光谱法测定水中总氮，无须使用高温高压，使水样在短时间内实现快速、连续的氧化消解，工作曲线的相关系数均大于 0.999 0，对标准样品重复性相对偏差小于 5.0%，加标回收率均在 97.0%～97.4%，检出限、方法的精密度小于相关环境质量标准限值，检测取得了较好结果，符合《水质 总氮的测定 气相分子吸收光谱法》（HJ/T 199—2005）国标方法的要求。该方法所需试剂少、配制简单，具有很好的检出效果，同时减少了时间和人力的投入，对实际水样中的总氮进行快速、准确的分析与评价具有重要的意义。

表 3　方法加标回收率测试数据

平行号		实际样品			
		样品	加标样品 1	加标样品 2	加标样品 3
测定结果/(mg/L)	1	1.184 2	1.687 7	2.221 0	2.664 4
	2	1.197 2	1.676 7	2.242 7	2.651 1
	3	1.214 5	1.672 4	2.147 0	2.659 8
	4	1.175 5	1.677 1	2.125 3	2.636 4
	5	1.223 2	1.685 4	2.125 3	2.671 1
	6	1.166 9	1.673 7	2.142 7	2.641 0
平均值/(mg/L)		1.193 6	1.678 8	2.167 0	2.654 0
加标量 μ/(mg/L)			0.50	1.00	1.50
加标回收率 P/%			97.0	97.3	97.4

参考文献

[1] 水质 总氮的测定 碱性过硫酸钾消解紫外分光光度法：HJ 636—2012 [S].

[2] 李国光. 探讨测定水质中总氮主要影响因素 [J]. 资源节约与环保，2017 (5)：36，38.

[3] 黄旬. 总氮检测在实际工作中出现的问题探讨 [J]. 化工设计通讯，2017，43 (9)：191.

[4] 扈庆，李显芳. 水体中总氮检测的方法研究 [J]. 环境科学与管理，2012，37 (3)：146-147，166.

[5] 郭姿珠. 水体中总氮测定方法的研究 [D]. 长沙：中南大学，2008.

[6] 臧平安. 气相分子吸收光谱法测定水中硝酸盐氮 [J]. 中国环境监测，1995 (3)：4-6.

[7] 缪柠璐，张烜宇，马媛媛. 气相分子吸收光谱法和紫外分光光度法测定水中总氮的方法比较 [J]. 福建分析测试，2019，28 (4)：30-33.

[8] 臧平安. 气相分子吸收光谱法测定水中硝酸盐氮 [J]. 中国环境监测，1995 (3)：4-6.

多波束测量系统在水下工程检测中的应用

常　衍[1]　杨帅东[1]　刘夕奇[2]　邓　恒[3]

（1. 珠江水利委员会珠江水利科学研究院，广东广州　510611；
2. 武汉大学土木建筑工程学院，湖北武汉　430062；
3. 广东华南水电高新技术开发有限公司，广东广州　510611）

摘　要：针对水下环境复杂造成的水下空间信息检测困难，效率低、精度不高等问题，开展多波束测量系统水下检测应用研究。通过对多波束系统的介绍以及不同水下工程检测应用场景研究分析，结果表明，应用该系统可以方便、高效、准确地进行水下对象空间位置、尺寸、高程检测，在水下工程检测领域具有较好的应用前景。

关键词：多波束系统；惯性导航系统；水下工程检测

1　引言

随着水下工程增加，水下工程检测也越来越受到重视。水下能见度低、环境复杂，增加了水下检测的难度，导致检测精度不够，部分检测甚至需人工水下摸排，增加了安全隐患风险。

海洋测绘设备的不断研发带动水下空间位置检测的发展。目前海洋测绘发展的主要技术手段有单波束、侧扫声呐、多波束等系统。单波束测深系统通过单个声束来探测水下深度，测点分散，无法反映微地貌和水下建筑物/构筑物。侧扫声呐其换能器阵装在船壳内或拖曳体中，走航时向两侧下方发射扇形波束的声脉冲，利用回声测深原理探测海底地貌和水下物体。侧扫声呐是一种较为新型的二维成像声呐技术，虽然能发现微地貌和水下建筑物/构筑物，但无法准确获取空间位置。多波束探测每发一次声波就能获得多达上千个海底测点的深度数据，把测深技术从“点-线”测量变成“线-面”测量，促进了海底三维地形的测量效率和海底遥测质量的大幅度提高[1]，多波束测得的点云数据为水下工程检测提供了基础。

2　多波束系统

2.1　多波束简介

多波束测深系统的研制起源于20世纪60年代美国海军研究署资助的军事研究项目[2]。1964年，美国国家海洋调查局（NOAA）进行了多波束系统窄波束回声探测仪（NBES）海上试验[3]。1976年，美国通用仪器公司研制出第一台多波束扫描测深系统，简称SeaBeam[4]。该系统有16个波束，波束宽度为2.66°×2.66°，扇面开角为42.67°，工作频率为12 kHz，最大测量深度为11 000 m[5]。20世纪80年代，美国海洋研究集团加强并完善了数据采集、综合处理和图像显示功能，技术性能得到进一步提高。经过50多年的发展，多波束测深系统在研制和生产上都有了相当高水平的进步，各公司先后推出了多种型号的多波束测深系统[6]。

目前，具有代表性的多波束品牌以国外的产品为主，有丹麦RESON公司的SeaBat系列，德国Atlas公司的Fansweep系列，挪威Kongsberg公司的EM系列，R2Sonic公司推出的Sonic系列等[7]。

作者简介：常衍（1986—），男，高级工程师，主要从事测绘、工程安全监测检测等工作。

近些年国内主要有南方测绘、中海达等公司研发出多波束测深系统，由于起步较晚，目前测量精度和稳定性与国际领先产品还有一定差距。Teledyne RESON 研发的 SeaBat T50-P 系列浅水高分辨率多波束测深仪内置惯导系统，该系统最高能有 1 024 个波束，最大扫宽角度等距模式 10°~150°，等角模式 10°~170°，波束宽度为 0.5°×0.5°，工作频率 190~420 kHz，最大 ping 率为 50 pings/s，最大测量深度为 900 m，测深分辨率为 6 mm。Teledyne 30 型惯导横摇/纵摇精度为 0.01°，艏向 0.01°，涌浪 5 cm/5%，真实涌浪 2 cm/5%。

多波束测深系统的问世，是测深技术发展进程中一次革命性的突破，极大地提升了测量的效率。同时，在多波束测深系统各部分组件的共同作用下，能够很好地适应水下复杂的测量环境，也能够保证精度，尤其是在航道测量和海洋调查过程中，多波束测深系统已经得到了广泛的认可。

2.2 多波束的使用

SeaBat T50-P 系统由硬件和软件两部分组成。其中硬件部分主要包括声速剖面仪、表面声速仪、DGPS 罗经、换能器及处理单元、一体化惯导（三维姿态仪）、网络交换机、计算机等，如图 1 所示。软件部分主要是 PDS2000 多波束数据采集及后处理软件[8]。

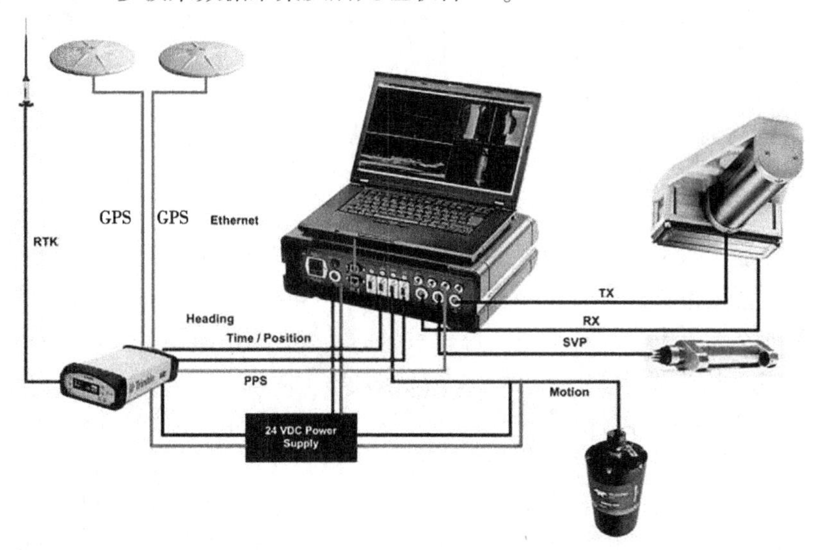

图 1 多波束系统组成图

首先运行多波束数据采集控制软件，设置控制参数；然后使换能器处于发射工作状态，使波束能稳定进行底跟踪（在采集软件中，新建工程→设置坐标系→创建船型参数→添加设备及驱动→测试端口→计划测线导入或输入→水深格网创建及设置）；最后，在线运行，在线窗口中可以添加导航视图、实时 3D 视图、实时多波束剖面图等。数据采集软件自动记录多波束数据。多波束测量计划测线一般沿航道走线布设[9]。多波束数据采集系统如图 2 所示。

3 多波束系统在水下检测中的应用场景

3.1 河道疏浚检测

河道清淤工程验收一般依据《水利水电工程 单元工程 施工质量验收评定标准——堤防工程》（SL 634—2012）中河道疏浚章节，该部分一般项目要求局部欠挖深度小于 0.3 m，面积小于 5.0 m²。采用传统单波束测深仪进行河道疏浚检测时能检测河床高程，由于单波束测深仪测点分散，一般检测时 2~7 m 测量一个点，较难准确地判断欠挖区域面积。采用多波束进行疏浚检测，最高能有 1 024 个波束，每秒能发射出 50 次，检测点间距可小于 0.1 m，配备高精度姿态仪使得检测点坐标经过姿态改正后空间相对位置衔接准确。多波束能准确测量出河道疏浚区域的点云数据，为欠挖区域面积测量提供依据，最终能依据规范准确判断河道疏浚质量。多波束检测某河道的清淤情况，检测数据如图 3 所示，欠挖区域小于 5.0 m²，符合规范要求，如图 4 所示，欠挖区域大于 5.0 m²，不符合规范要求。

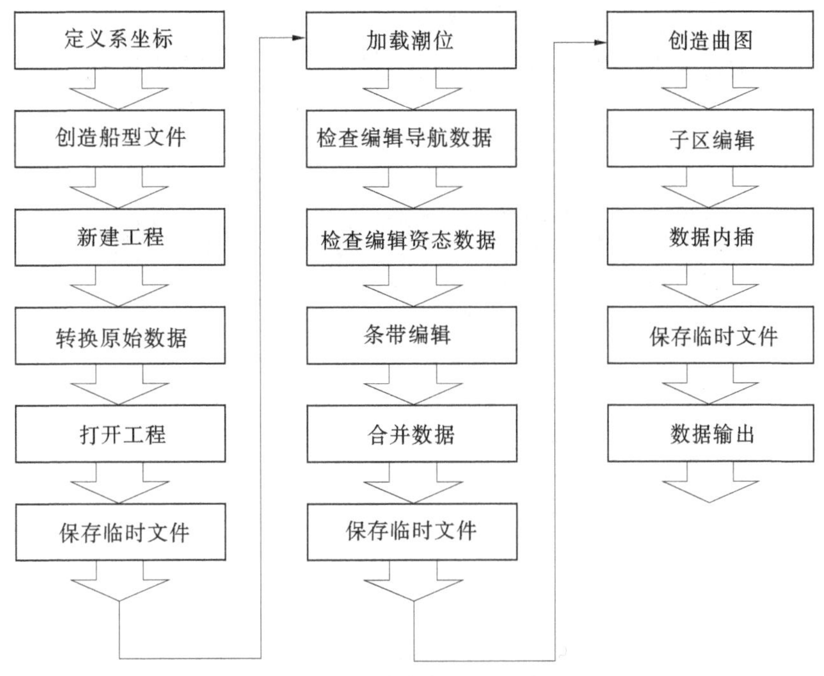

图 2 多波束数据处理总流程

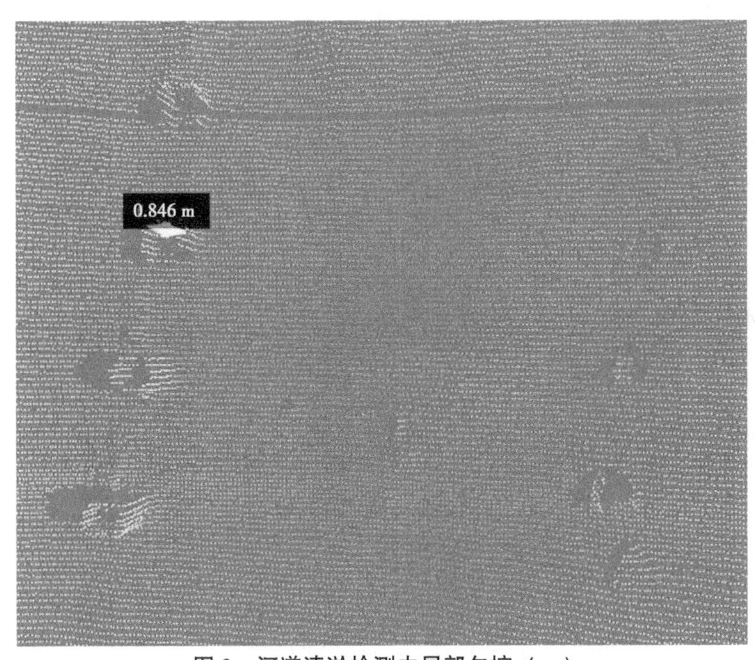

图 3 河道清淤检测中局部欠挖（一）

3.2 **抛石检测**

《水利水电工程 单元工程 施工质量验收评定标准——堤防工程》（SL 634—2012）防冲体护脚章节，防冲体抛投施工质量标准中需要抛投断面符合设计要求，采用单波速测深仪能测出河床断面，但无法判断抛石的位置。采用多波束测深仪测量河床点云，可通过点云形状特征判断抛石所处河床中的位置（见图 5）。

3.3 **水下建筑物/构筑物检测**

水下建筑物/构筑物尺寸检测主要受制于环境影响难以施测，主要原因在以下几方面：①水下建筑物处于水下肉眼无法察觉；②水下建筑物/构筑物较深或水流较快，棱镜或 RTK 杆无法准确竖立在建筑物/构筑物检测点上；③部分水下建筑物远离岸边超出全站仪测量量程范围；④大桥底下水下建筑物/构筑物受到桥梁遮挡，GNSS 信号较差。受以上环境影响无法采用传统的测量技术进行水下建

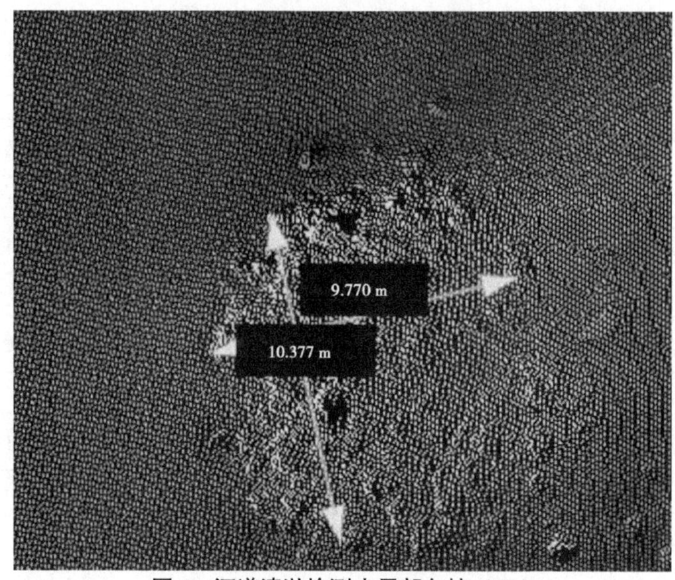

图 4　河道清淤检测中局部欠挖（二）

图 5　堤岸抛石检测中抛石范围

筑物/构筑物检测。

为解决以上难点，选用多波束水下测量系统进行水下建筑物/构筑物尺寸检测。多波束可以直接测量出建筑物/构筑物的空间位置点云数据，通过点云数据建立三维模型，通过模型形状尺寸可初步判断出建筑物的类别，从而解决了肉眼无法直接观察到建筑物和需要在建筑物上竖立测量标识的缺陷。多波束测量定位依靠惯性导航系统（INS），惯性导航系统由连续运行参考站系统（CORS）和惯性测量单元（IMU）组成，空旷地区可使用 CORS 获取准确的位置信息，在桥梁等建筑物底下短暂的无 GNSS 信号时可采用 CORS+IMU 推算精准的坐标，从而解决了大桥底下 GNSS 信号差难以准确定位的难点。

以某大桥水下承台尺寸进行检测为例，该桥承台位于水下约 6 m 深处，水深肉眼无法判断承台位置，承台上方水面位置由于受桥面遮挡 GNSS 信号较差。采用 SeaBat T50-P 浅水高分辨率多波束测深仪内置惯导系统开展承台尺寸检测，多波束测量船只分别从承台附近四周行驶，对承台四边分别进行扫测，并根据检测结果与设计尺寸比较，实测承台长度 14. 811 m，最宽处宽度 11. 131 m，设计承台长度 14. 80 m，最宽处宽度 11. 10 m，如图 6~图 9 所示，多波束检测水下建筑物/构筑物尺寸精度较好。

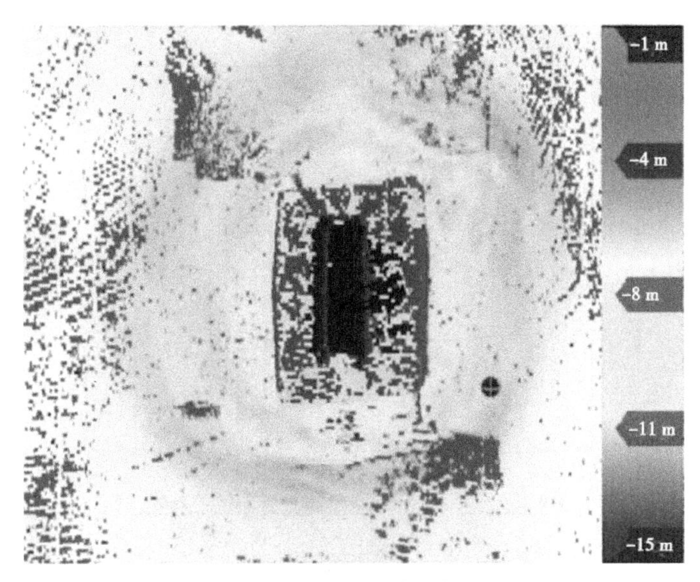

图 6　承台及周边地形点云图

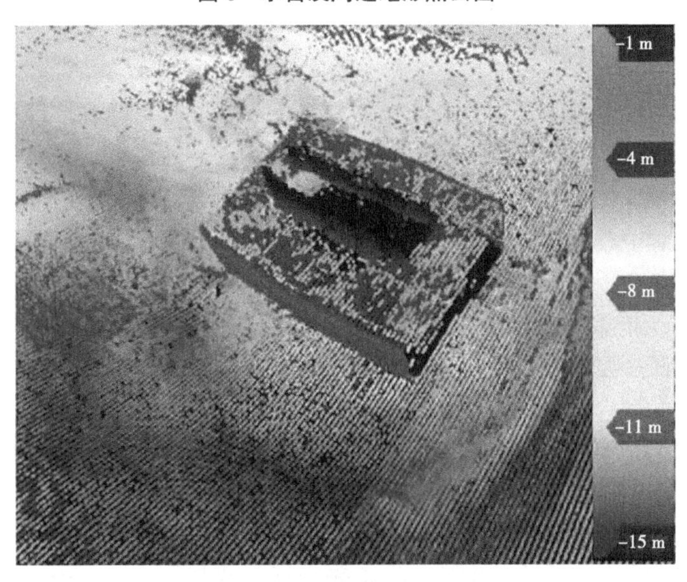

图 7　承台及周边地形点云图

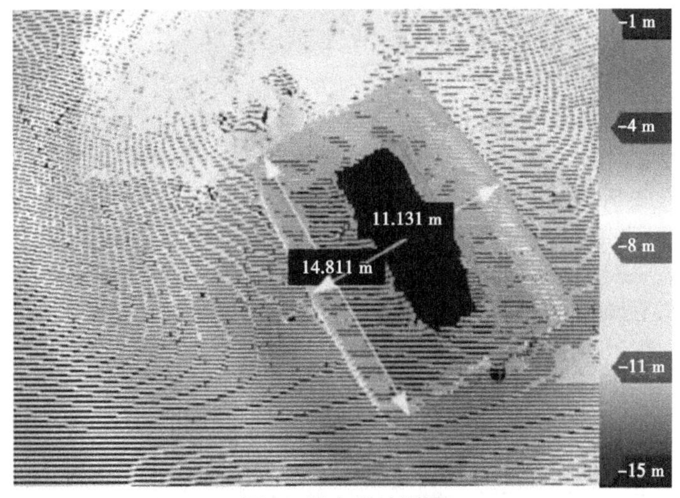

图 8　承台尺寸测量

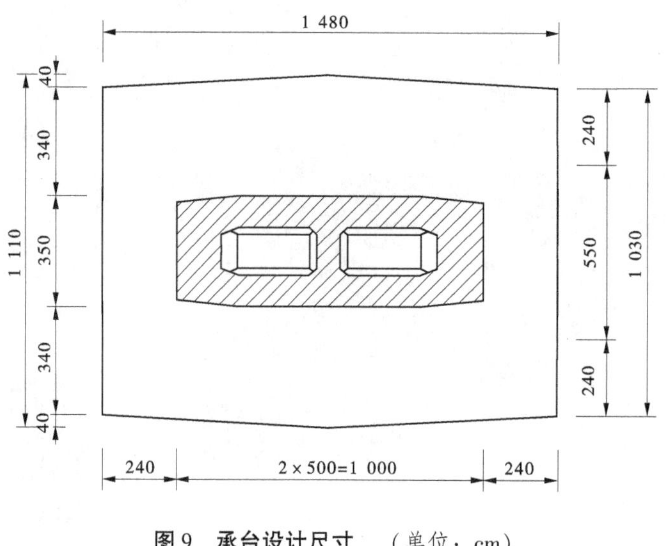

图 9 承台设计尺寸 （单位：cm）

4 结语

多波束系统在水下工程检测中具有效率快、精度好、分辨率高等特点，目前具有不可以替代的作用，主要因为多波束具有以下特点：

（1）多波束测量时最大扫宽角度为 150°，随着水深增加，测量宽度线性增加，在平整的河床上测量宽度可达到水下发射中心至河床深度的 7.46 倍。与单波束测深仪每次只能测量一个点相比，检测效率有明显提升。

（2）多波束测量定位依靠惯性导航系统（INS），不仅能在短暂的无 GNSS 信号时提供准确的定位信息，同时能准确测量多波束发送接收器测量瞬间的姿态，通过姿态数据进行测量数据的改正，从而提高水下测量的精度。

（3）多波束系统最高能有 1 024 个波束，最大 ping 率为 50 pings/s，即每秒最多能测出 51 200 个点，密集的点云数据能详细描绘出水下地貌及建筑物/构筑物。

目前，多波束系统由于价格昂贵，应用普及率低，但随着国产多波束的研发，以及无人船搭载多波束，多波束测深系统在水下工程检测中的应用将来会越来越普及。

参考文献

［1］李海森，周天，徐超．多波束测深声呐技术研究新进展［J］．声学技术，2013，32（2）：73-80.

［2］吴自银，郑玉龙，初凤友，等．海底浅表层信息声探测技术研究现状及发展［J］．地球科学进展，2005，20（11）：1210-1217.

［3］易亦夏．水下测深系统信息处理计算研究［D］．南京：南京航空航天大学．2010.

［4］Robert C T. Deep seafloor mapping systems – a review［J］. MTS Journal，1987，20（4）.

［5］张小妍．多波束信号实时处理技术研究［D］．南京：南京航空航天大学，2010.

［6］江晗．海底多波束信号频域处理技术研究［D］．南京：南京航空航天大学，2008.

［7］栗献锋，万新，刘念．库区内取水口多波束水下地形扫描技术［J］．中国水运，2021，21（4）：69-71.

［8］王陆培．多波束测深系统 Seabat T50-P 在海底障碍物探测中的应用［C］//华东区海峡两岸交流研讨论文集．2019.

［9］周懦夫．多波束测深系统在库区大水深河道监测中的应用探讨［C］//2016 中国水生态文明城市建设高峰论坛论文集．中国水利学会，2016：104-110.

钻孔摄像法、钻芯法及声波透射法在混凝土灌注桩完整性测试中的应用

李 伟 何松峰 吴 娟 吴龚正 李海峰

（珠江水利委员会珠江水利科学研究院，广东广州 510610）

摘 要： 本文在混凝土灌注桩桩身完整性检测中综合采用钻孔摄像法、声波透射法和钻芯法多种检测方法，验证混凝土灌注桩内部缺陷。首先利用声波透射法准确定位缺陷位置，然后进行钻孔取芯验证，最后采用钻孔摄像进行直观扫描分析，最终确定桩身缺陷位置及类型。通过工程案例分析研究，联合采用钻孔摄像法、声波透射法、钻芯法等三种方法对混凝土灌注桩桩身内部缺陷进行验证，可有效提升灌注桩桩身完整性的测试效果。

关键词： 钻孔摄像法；声波透射法；钻芯法；桩身完整性；验证检测

1 前言

目前，对桩身完整性进行检测的方法有声波透射法、低应变法、高应变法、钻芯法等[1]。声波透射法较低应变法、高应变法采集信号更加准确、直观，声波透射法能较准确、快速地判定桩身完整性及缺陷部位[2]。但单独基于双边剔除法或斜率法来判断桩身缺陷，较易导致对缺陷的误判[3]；而且，声波透射法在检测大直径灌注桩的桩身完整性时，存在着较大的检测盲区[4]，根据现行检测规范中的布孔要求，桩径越大，声波透射法的检测盲区越大，可能漏检的缺陷尺寸越大[5]，也即检测盲区越大。钻芯法是混凝土灌注桩成桩质量检测的重要方法之一，可以直观对桩身混凝土的骨料分布、胶结状态、缺陷形式等进行反馈，也可以对持力层的岩性质量、裂隙发育、岩质硬度等进行详细分析[6]，具有科学、直观、可靠、易于判别的特点；但是，钻芯法取样一般周期长，钻芯质量受操作人员经验水平影响较大，且钻芯过程难以全程监管，对桩身中较小缺陷、局部缩径等无法有效识别，也存在测试盲区[7]。钻芯法是用芯样特征来表征桩身质量的方法，在实际工作中由于钻芯法自身特点及工艺水平限制会存在争议情况，如由于机械原因造成芯样破碎而产生误判，对水平裂缝难以进行准确判别等[8]。综上可知，在混凝土灌注桩桩身完整性检测中，采用单一某种方法都存在一定的局限性，存在误判、漏判或错判的风险。因此，在灌注桩桩身完整性检测中，探索应用多种方法相互印证的检测方式很有必要。

本文结合工程检测案例，利用声波透射法检测缺陷并分析缺陷分布，采用钻芯法定位桩顶钻孔取芯，采取数字式全景钻孔摄像方法对桩身质量进行扫描、分析、判断，综合三种检测方法开展进一步的验证，以求更加准确直观地反映桩身质量。

2 技术原理

2.1 钻孔摄像法

数字钻孔摄像，是指利用钻孔方式将摄像设备深入到被探测结构体内部，观察并记录孔壁的结构

作者简介： 李伟（1989—），男，工程师，主要从事水利工程质量控制、工程质量监督管理、工程质量检测技术研究工作。

特征，通过视频转换、图像识别、参数计算等方式，获取孔壁内结构面的几何参数[9]。数字技术实现了视频图像的数字化，再通过全景图像的逆变换算法，还原真实的钻孔孔壁，最后形成钻孔孔壁的数字柱状图像[10]。该方法广泛应用于地下岩体的结构面调查、帷幕灌浆前及灌浆后效果检查、芯墙基岩固结灌浆质量检查等工作中[11-12]。

本次测试使用武汉长盛工程检测技术开发有限公司的 JL-IDOI（C）智能钻孔三维电视成像仪进行图像采集。该设备探头摄像机为 1 200 万像素，测斜范围±90°，最高分辨精度 0.1°，测深 0~200 m，深度分辨率 1 mm。采用 DSP 图像采集与处理技术，系统高度集成，探头全景摄像，剖面实时自动提取，图像清晰，深度自动准确校准，可对所有观测孔全方位、全柱面视频录制及成像（垂直孔/水平孔/斜孔/俯、仰角孔）。

2.2 钻芯法

钻芯法是通过专用钻探设备对混凝土灌注桩进行钻芯，根据钻取混凝土芯样、岩芯芯样来验证桩身完整性、桩身混凝土强度、桩长、桩端持力层质量、桩底沉渣厚度等的检测手段。

2.3 声波透射法

声波透射法指在混凝土桩身中预先埋置一定数量的声测管，通过超声波在桩身混凝土介质中传播并对被测混凝土介质的声学参数进行数理统计，利用桩身混凝土声学参数的变化来判别桩身的完整性，评定桩身缺陷的位置、范围和程度[1]。

本次测试使用的是武汉中岩科技股份有限公司生产的 RSM-SY7 基桩多跨孔超声波自动循测仪，采用 4 通道超声换能器，可同步自发自收，声学参数采样间隔为 0.1~200 μs 可调，增益精度为 0.5 dB，声幅准确度≤3%，声时准确度≤0.5%，接收灵敏度≤10 μV。

3 工程案例分析

3.1 桩基概况

某枢纽工程交通桥墩柱，采用端承型混凝土灌注桩，设计桩径 2 000 mm，桩长为 59.0 m，混凝土设计强度等级为 C30。

3.2 声波透射法测试结果

采用声波透射法检测桩身完整性，平测，布置 1#~4#共 4 个声测孔，多发多收。根据测试波形图可知，桩号为 Z14-5#的混凝土灌注桩，在桩身 55.0~58.0 m 处 6 个测试剖面均出现波形严重畸变、波幅及波速明显降低的现象，判为Ⅳ类桩。声波透射法波列图如图 1、图 2 所示。

其中 1—2 剖面 55.2~57.6 m 段声时延长、波速及波幅明显降低、信号基本缺失，呈现疑似断桩或孔洞夹泥波形信号；1—3 剖面 55.4~57.2 m 段声时明显延长、波速及波幅明显降低、波形严重畸变、信号基本缺失，呈现疑似断桩或孔洞夹泥波形信号，57.2~58.6 m 段声时变化不明显但波幅明显降低、波形明显畸变，呈现疑似蜂窝或离析波形信号；2—3 剖面 55.2~57.0 m 段声时明显延长、波速及波幅明显降低、波形严重畸变、信号基本缺失，呈现疑似断桩或孔洞夹泥波形信号；1—4、2—4 剖面 55.0~57.6 m 段声时延长、波速及波幅明显降低、波形严重畸变、信号基本缺失，呈现疑似断桩或孔洞夹泥波形信号；3—4 剖面 55.0~58.2 m 段声时变化不明显但波幅明显降低、波形明显畸变，呈现疑似蜂窝或离析波形信号。根据上述对声波透射波形结果分析可知，桩身 55.0~58.0 m 缺陷为孔洞夹泥，缺陷位置偏近于 1#、2#声测孔并经过 4 个声测孔的中心。

3.3 钻芯法测试结果

为提高桩基检测结果判定的可靠性，采用钻芯法对声波透射法检测结果进行验证。因工程现场布置紧凑及工程紧，故仅安排钻取 1 孔进行验证。综合考虑该桩 2—3 和 3—4 剖面波形异常情况较其他剖面轻微，根据 3.2 节的分析，选择钻孔位置如图 3 所示，现场取芯情况如图 4 所示。

施工方进行的取芯验证孔芯样图显示，混凝土芯样连续、完整、胶结较好，芯样侧表面较光滑，骨料分布基本均匀，芯样呈长-短柱状，断口基本吻合。少部分芯样存在断口，但无法确认是否为桩身本身横向裂缝所致。根据取芯结果，整桩未发现存在大尺寸缺陷的芯样。

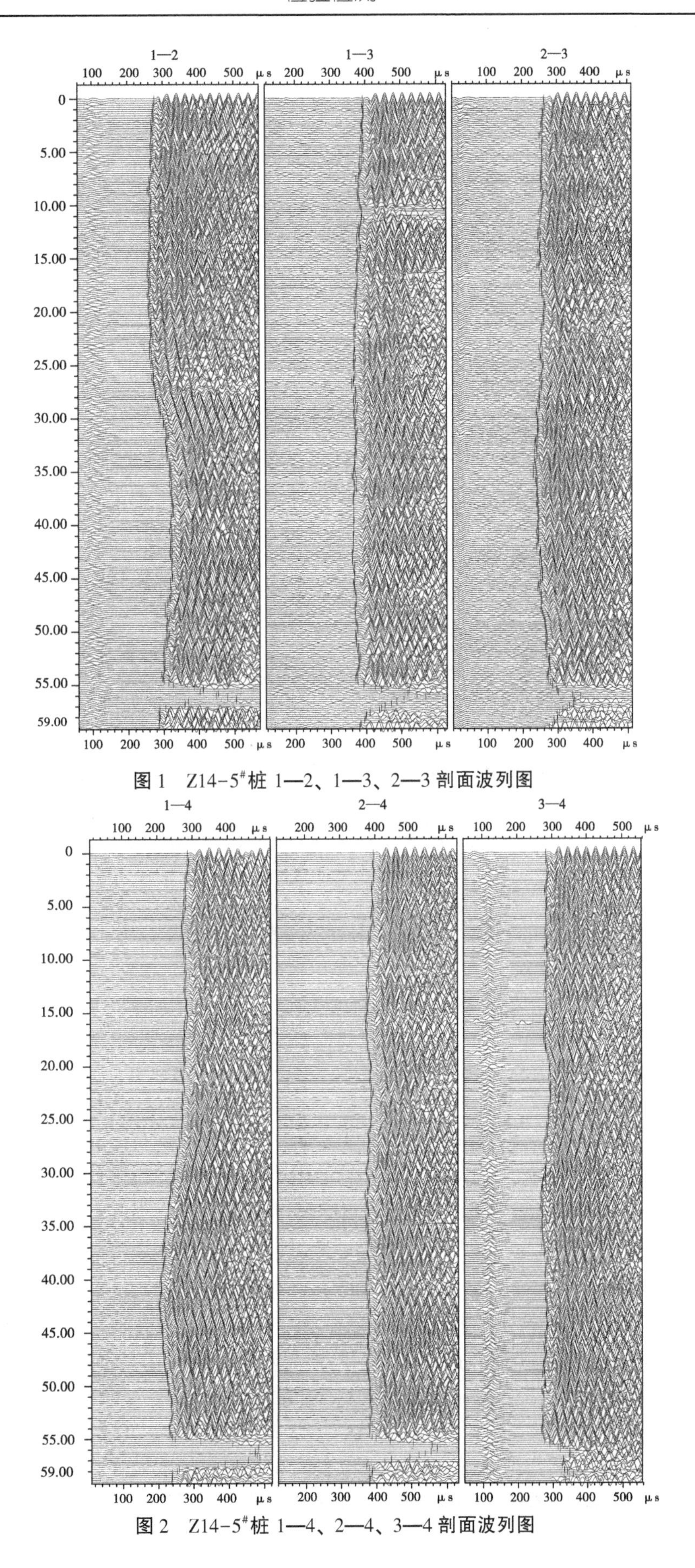

图 1　Z14-5#桩 1—2、1—3、2—3 剖面波列图

图 2　Z14-5#桩 1—4、2—4、3—4 剖面波列图

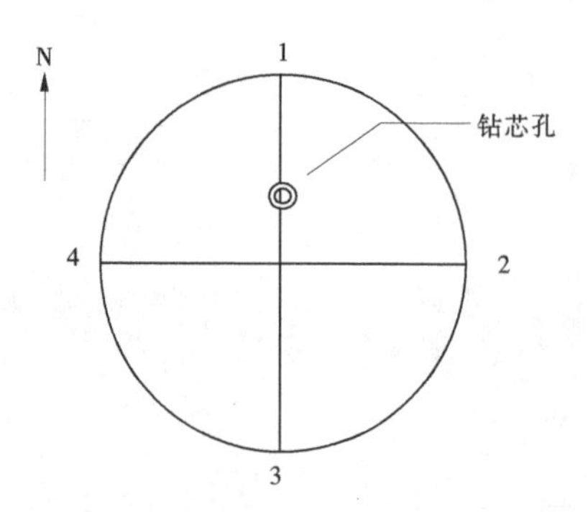

图 3　Z14-5#桩钻芯孔位置（图中 1~4 为声波孔位置）

图 4　Z14-5#桩芯样

3.4　钻孔摄像法测试结果

该混凝土灌注桩桩长较长、钻芯周期长，由于未采取有效手段确保钻芯人员按回次编录并真实摆放芯样，因此决定利用既有钻芯孔作为测试通道，采用全景数字钻孔摄像技术对钻芯后的孔壁进行数字化图像展开，以求真实观察桩身异常和缺陷，并定量分析混凝土质量及破碎、断裂、裂隙的尺寸。

为验证声波透射法和钻芯法的检测结果，进一步查明缺陷位置、类型及严重程度，采用钻孔摄像法对 Z14-5#桩进行验证，验证结果如图 5、图 6 所示。钻孔摄像结果显示：在 57.4~58.0 m 位置处存在大尺寸沟槽孔洞，在视频中可以明显观察到孔内有大量沉沙；在 58.1 m 左右可以观察到有明显的横向裂隙；在 58.9~59.0 m 处可以看到底层润管砂浆层，桩长符合设计要求。由于仅布置 1 个钻芯孔，故本次钻孔摄像可能未能完全展示整个缺陷孔洞的全貌，因此在验证孔的摄像图上显示为 55.0~57.4 m 段混凝土连续、胶结正常。但钻孔摄像法检测到 57.4~58.0 m 位置处的连续孔洞，已与本文 3.2 节中声波透射法对混凝土灌注桩桩身中大尺寸孔洞的分析形成印证。根据声波透射法、钻芯法、钻孔摄像法的综合验证结果，参建各方一致认可该桩有严重质量问题，为Ⅳ类桩，需做进一步处理。

图 5　Z14-5#桩孔内摄像展开图（49.4~59.0 m 段）

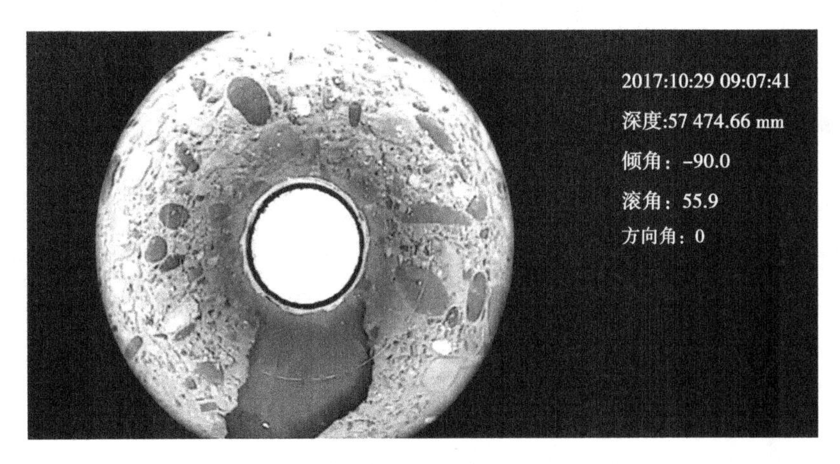

图 6　Z14-5#桩缺陷展示效果（57.4 m 处）

3.5　问题讨论

3.5.1　声波透射法的注意点

根据桩基检测规范的要求，桩身直径的尺寸不同，声测管的最少布设数量也不同，布设原则如图 7 所示。而基于经济性考虑，一般施工方都会根据最少布设数量进行声测管布设。桩基声波透射法检测用径向换能器在水平方向呈无指向性，而混凝土是由水泥水化产物、粗骨料、细骨料等组成的不均匀聚合体，其内部存在多种声学界面，这就导致声波在混凝土介质中传播时，能量随传播距离的增加呈指数规律衰减，两声测管组成的单个剖面的有效测试范围占桩横截面的比例随桩径增大而变小。因此，声波透射法在桩身截面范围内的有效测试范围是有限的，如图 7 阴影部分所示，图 7 中的空白部分即为测试盲区。而盲区的测试一直以来是工程界关注的事项[13]。

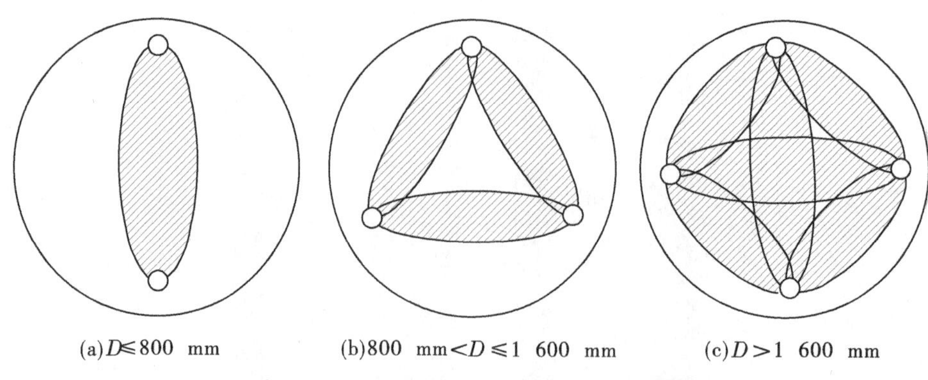

图 7　声测管布设（图中阴影部分为声波有效测试范围）

根据本次测试的结果来看，桩深 58.1 m 处的水平裂缝并未在声波透射法的波形图中得到明显表征。

测试盲区和横向裂隙，均会导致桩身横截面阻抗的变化。而低应变法正是基于一维波动力理论，其测试信号主要反映桩身阻抗变化。因此，当进行声波透射法检测时，如可同步进行低应变检测则更佳，因低应变检测快速、简单，对于检测成本及工程工期影响较小。低应变检测结果与声波透射法进行印证，当两者不一致时，可采用钻芯法或钻孔摄像法进行验证。通过多种方法的交叉验证，可以有效地减少检测盲区及横向裂隙存在的不利情形。在成本可控的范围内，通过合理增布声测管，可以有效减少测试盲区。

3.5.2　钻芯法的注意点

本次联合验证试验，钻芯法的缺点十分明显，分述如下：①钻芯法成本较高，对于长桩检测周期长，对工期影响大；②钻芯法是“一孔之见”，不能有效反映全断面的情况，存在较大的测试盲区；③钻芯法受钻芯操作工人人为影响比较大，除了机器设备操作水平的偏差，还可能存在因人为因素影响导致“芯样造假”的问题。

因此，对于存疑的灌注桩，要根据声波透射、低应变等无损检测方法的检测结果，合理布置验证钻芯孔，确保钻芯法的有效性。对于野外钻芯试验，可通过布设定位执法仪、4G+无线监控等方式，对钻芯过程进行有效监控、摄录，保证试验工作的公正性。

3.5.3　钻孔摄像法的注意点

钻孔摄像法主要通过摄像机进行检查观测，而孔内水体能见度状况是影响观测效果的主要因素。本次采用钻孔摄像法的实施过程中，原钻芯孔内水体浑浊、能见度低，无法进行有效摄录。通过多次高压水冲洗并撒放明矾，孔内水体才满足钻孔摄像清晰度要求。

本次测试过程中，钻孔摄像法可清晰观测到孔洞缺陷的深度、深度范围，也可推算出裂隙的倾角方位，这对于缺陷后期修复方案的选择有较强的指导意义。

钻孔摄像法对于混凝土蜂窝、沟槽及松散等缺陷的表征较钻芯法更为准确，不易受到工人操作水平的影响。本次测试清晰观测到深度 58.1 m 处的水平裂缝，而声波透射法、钻芯法均未能检测到该缺陷，钻孔摄像法可对桩身水平裂缝以及易遇水崩解岩石、易脆裂岩石等基础持力层的准确界定提供基于视觉检测的证据[14]。

4　结语

本文通过案例，验证了声波透射法、钻芯法和钻孔摄像法等多种检测方法综合运用于验证混凝土灌注桩内部缺陷的可行性及测试效果。通过联合验证试验获得以下结论：

（1）综合采用声波透射法、钻芯法及钻孔摄像法等多种检测方法对桩身完整性进行检测，具有多种方法优缺点互补和检测结果准确可靠的优点。

（2）根据声波透射法分析缺陷位置分布、定位钻孔位置时，要合理规划钻孔摄像观测孔数量，增大有效测试范围，保证结果有效性。

（3）钻孔取芯前需对操作人员及现场人员进行专业培训，对测试过程全程数字化监管，确保按规范进行编录摆放芯样。

（4）钻孔摄像法的检测结果可为质量问题的原因分析、后续处理等提供依据，降低漏判、误判的概率，减少工程质量安全隐患的发生。

参考文献

[1] 中华人民共和国住房和城乡建设部．建筑基桩检测技术规范：JGJ 106—2014［S］．北京：中国建筑工业出版社，2014.

[2] 李千．声波透射法结合钻芯法在桥梁桩基检测中的应用［J］．福建建材，2020，10：26-29.

[3] 张继华，孙华圣，陈家瑞，等．声波透射法检测桩基完整性原理及工程应用［J］．淮阴工学院学报，2017，26（1）：47-51.

[4] 韩亮，王向平，付永刚，等．桥梁基桩声波透射法检测盲区危害性分析［J］．西部探矿工程，2020（12）：29-32.

[5] 郭全生，王向平，韩亮．关于基桩声波透射法中检测盲区的探讨［J］．工程质量，2017，35（9）：77-80.

[6] 卢博瑶，方聪，张浩，等．冲孔灌注桩工程基桩钻芯法检测分析［J］．建筑结构，2018，48（S2）：865-867.

[7] 刘育先．声波透射法与钻芯法两种桩基检测方法的对比［J］．广东土木与建筑，2010（8）：61-62.

[8] 吕林．孔内摄像技术和钻芯法在基桩检测中的综合应用［J］．建筑监督检测与造价，2013，6（3）：17-20.

[9] 蔡理平，李彬，李春生，等．钻孔摄像技术在地下岩体结构面调查中的应用研究［J］．工程勘察，2017（S2）：515-519.

[10] 王川婴，葛修润，白世伟．数字式全景钻孔摄像系统及应用［J］．岩土力学，2001，22（4）：522-525.

[11] 魏立巍，秦英译，唐新建，等．数字钻孔摄像在小浪底帷幕灌浆检测孔中的应用［J］．岩土力学，2007，28（4）：843-848.

[12] 姚德兀，舒连刚，许军才．钻孔摄像在心墙岩基固结灌浆检测中的应用［J］．安徽建筑，2017（5）：399-400.

[13] 梁洪国，李明．声波透射法在桩基检测中的应用浅析［J］．山西建筑，2010，36（17）：95-96.

[14] 罗敏娜．混凝土灌注桩钻芯法检测常见缺陷类型的准确界定［J］．广东土木与建筑，2019，26（8）：105-108.

有限元计算在弧形钢闸门应力、应变检测中的应用

隋　伟　张　昊　徐　爽　郭子健

（中水东北勘测设计研究有限责任公司，吉林长春　130061）

摘　要： 受限于实际检测中的测点数量和测点位置，对水工钢闸门的应力应变检测一般只检测其关键位置，所得检测结果不能反映闸门受力变化的全貌，且部分如面板底缘等位置不便进行直接测量。通过有限元软件，模拟闸门在特定水头下的应力应变情况，可以定性反映整个闸门的变化情况，对检测测点布置和闸门的日常使用维护具有指导意义。

关键词： 水工钢闸门；有限元；应力应变检测

1　有限元软件模拟水头作用下钢闸门的理论依据

水利工程钢闸门（弧门）由面板、主梁、次梁、边梁和支臂等结构组成，此类结构的板长度与宽度方向远大于板厚，可作为板壳结构处理，此外，施加在面板上的水压力随水深线性分布，可通过压力方程式模拟面板上的水压力，借此分析各个部件的状态变化。

2　模拟分析

2.1　模型建立

选取某水电站弧形钢闸门为模拟对象，闸门高 10.885 m、宽 12 m，弧门半径 13 m，设计水头 10.385 m。

以面板、主梁、支臂等结构为板壳结构，支铰等结构为实体结构，建立弧形钢闸门计算模型，闸门材料为 Q345，按表 1 对模型赋予材料特性。测得闸门重心与支铰中心连接线距离为 5.56 m。

表 1　闸门材料特性

部件	材料	容重/（kN/m³）	弹性模量/Pa	泊松比
闸门各部件	Q345	78.5	2E11	0.3

2.2　模型装配

从部件创建实例，将建立的门叶、支臂、支臂支撑等结构装配到合并，删除其相交边界，实例类型选择非独立，便于后续网格的划分。根据闸门处于最低点时的位置，以支铰中心连线为旋转中心，将模型旋转至合适角度。

2.3　分析步设置

设置静力通用分析步。在场输出管理器中选中应力、应变及位移，在历程输出管理器中选中作用力、反作用力，方便在最后的云图输出显示中选取需要的数据。

2.4　相互作用设置

闸门支铰处与固定在混凝土闸墩上的连接轴为铰接，故用于分析步的类型为通用接触，选取支铰与轴承接触类型为表面与表面接触，分别设置轴承和支铰为主面、从面，运用有限滑移滑动公式，完

作者简介： 隋伟（1980—），男，高级工程师，所长，主要从事水工建筑材料研究及应用工作。

成相互作用的设置。

切向行为的接触公式选择无摩擦，法向行为保持默认设置，完成相互作用属性的设置。

2.5 荷载设置

2.5.1 边界条件的创建

因支铰在静水压力作用的过程中相对轴承不发生顺水流方向的位移，设置轴承所在混凝土墩为完全固定，同时给予面板底缘对面板向上的支撑，完成边界条件的设置。

2.5.2 荷载的创建

对整个闸门施加竖直向下的重力，对闸门面板施加随水深增加的压强，压强的变化通过解析场的计算公式确定，完成荷载的创建。

在施加静水压力时，根据上游水头为 10.385 m，选取底缘一点建立直角坐标系并创建一基准平面，参考此平面向上偏移 10.385 m，以获得的新参照面拆分面板，即可得到水头与闸门面板相交直线。压力施加区域为直线下方面板部分。

因为水压力垂直于闸门面板且随着水深增加，所以压强在平行面板方向为线性增大，可以利用压强的分布解析公式。在长度单位选择 mm 时，测得面板上交界线节点在 Z 方向上的坐标为 959，故解析场所得在 Z 方向坐标 z 的节点处压强为（$959-z$）/100 000，以此布置压强完成面板迎水侧水压力设置。

2.6 网格划分及作业提交

为了使板壳单元与实体单元更好地过渡，将面板等板壳单元划分为四边形，支铰等实体单元划分为四面体，共划分单元 80 962 个。几何阶次使用二阶方程计算。提交作业。

3 模拟过程的关键点

在进行有限元模拟的各个步骤中，不同的参数设置会对所得结果造成较大影响。

（1）对于面板、主梁等长度和宽度远大于厚度的结构，使用实体结构模拟会造成比例变形等问题，用板壳结构对其进行建模，用实体结构对支铰等构件进行建模，轴承选用不可变形的刚体，可以取得较好的效果。

（2）材料属性设置中的单位选取至关重要，必须保持单位度量的统一，如选取长度单位为 mm 时，对应的力值单位和压强单位分别为 t 和 MPa。

（3）在装配过程中，应注意各个部件的相对位置及整个构件相对坐标轴中的位置和角度，进行合理的旋转和移动，为后续设置中关键点的数值选取提供便利。

（4）设置支铰与轴承的连接方式为铰接，相对于完全固定更符合工程实际情况；考虑到面板下翼缘支撑在溢流面上，应对相应位置添加向上的支持力。

（5）对板壳结构和实体结构选择不同且合适的网格划分方法，便于其连接过渡。随着网格划分的愈加精细，所得结果可以更加精确，但过多的网格容易造成分析步太多，使得计算不收敛。

4 结果分析

闸门各主要构件材料的容许应力见表 2。由图 1 主应力计算云图可以看到闸门最大应力发生在支臂与下主梁翼缘连接处，为 122.7 MPa。由图 2 剪应力计算云图可以看到闸门最大剪应力发生在 1#和 4#竖梁与面板底缘连接区域，为 118.5 MPa。由图 3 应变计算云图可以看到闸门最大应变发生在面板位于 7#和 8#小横梁之间的区域。

取容许应力的修正系数确定为 $K=0.95$。

表 2 闸门各主要构件材料的容许应力 单位：MPa

应力种类	抗拉、抗压和抗弯 σ		抗剪 τ	
	调整前	调整后	调整前	调整后
主要构件	230	218.5	135	128.25

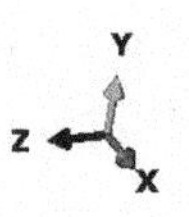

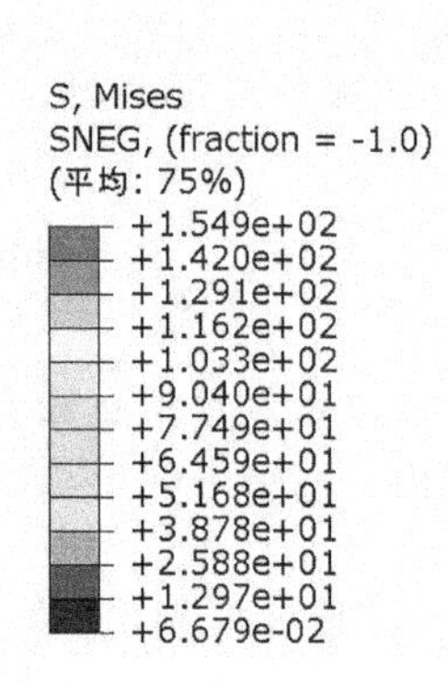

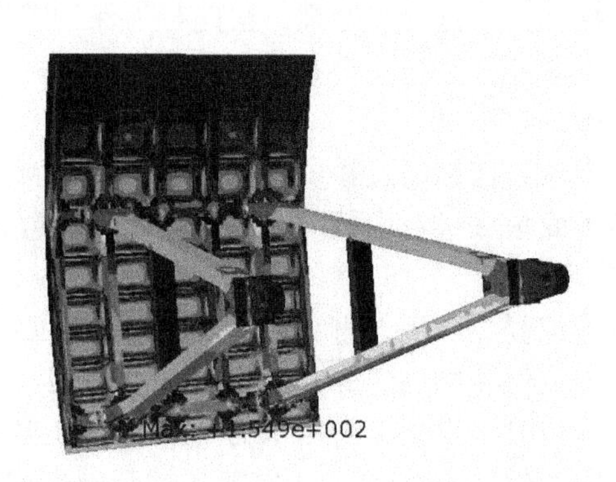

图 1　正应力计算云图

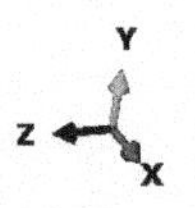

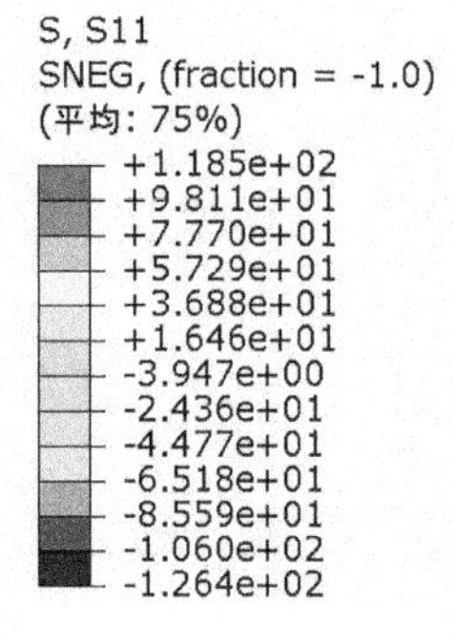

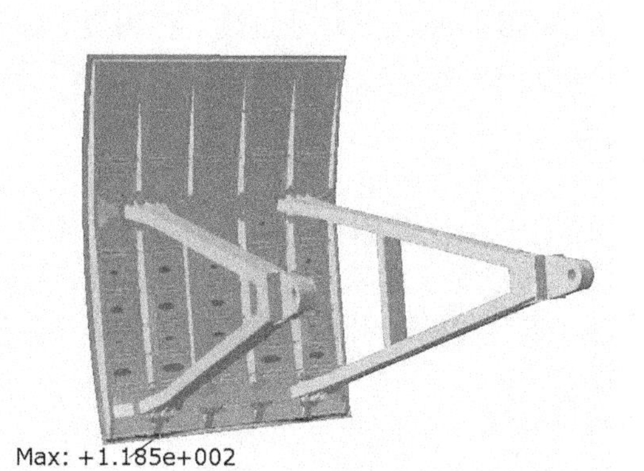

图 2　剪应力计算云图

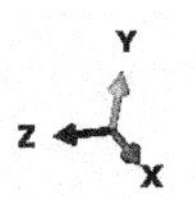

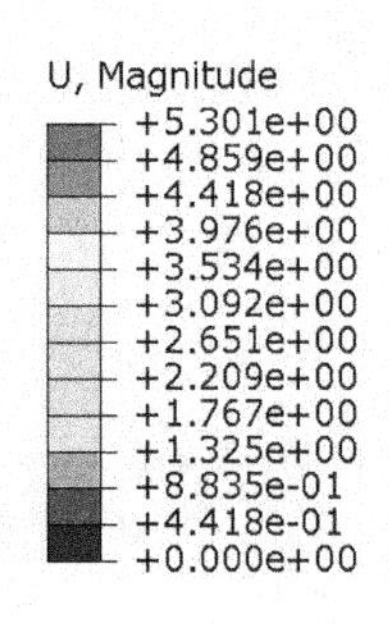

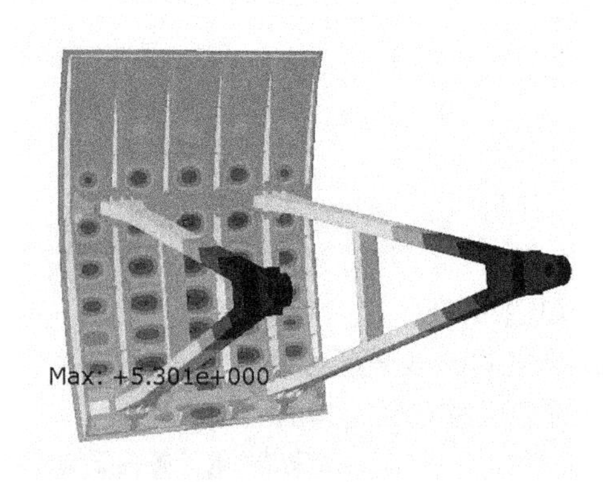

图 3　应变计算云图

根据《水利水电规范钢闸门设计规范》（SL 74—2019）规定，受弯构件最大挠度与计算跨度之比，露顶式工作闸门和事故闸门主梁，不应超过 1/600，实例中闸门主梁最大变形为 3. 612 mm，小于主梁长度 11 800/600=19. 7（mm）。

闸门设计工况的最大测试应力值、变形值均小于容许值。

5 对实际检测的意义

利用有限元软件模拟水利工程钢闸门在固定水头作用下的应力应变，可以为金属结构检测提供便利及依据。

（1）通过应变片、传感器等仪器的布置测量计算闸门应力、应变，往往只在闸门面板、主梁、支臂等位置选择有代表性的关键位置布置测点，不能反映闸门整体的受力变化，使用有限元软件可以模拟求得整个闸门的应力、应变情况，便于后续的选取特定点进行分析。

（2）对于面板边缘、底缘、顶缘等不便布置仪器的部位，可以依靠对模拟所得数据的筛选分析得以补充。

（3）在本案例中，可以在支臂与下主梁翼缘附近区域、$1^{\#}$和 $4^{\#}$竖梁与面板底缘连接区域、面板上 $7^{\#}$和 $8^{\#}$小横梁之间的区域布置应变片及仪器，与模拟结果进行对比，并与实际检测中常规布置所得数据进行对照，分析其差异及有效性。

（4）在有蓄水要求不方便模拟不同水头下闸门的应力、应变情况时，通过分析模拟所得各水头下闸门的变化情况，分析其规律，并与现有水头下实测数据对比，得到不同水头下闸门的安全系数。

（5）在闸门启闭力计算中一般需要得到闸门重心与支铰的距离代入公式求解，重心坐标可以选取整个构件并直接获得，为计算提供参考。

参考文献

[1] 庞敏敏．基于 Fluent-Abaqus 的水利工程闸门结构设计分析［J］．水电站机电技术，2020，43（9）：50-54.

[2] 杨微，刘彬．基于 ANSYS workbench 的哈达山溢流坝弧形闸门受力分析［J］．水利建设与管理，2020，40（10）：21-27.

[3] 叶建光．基于 Abaqus 某水闸预应力闸墩及锚固洞空腔位置影响分析研究［J］．水利科学与寒区工程，2020，3（5）：141-147.

黄埔江防汛墙安全检测与评价

冯　露[1,2]　刘宏超[1,2]　张今阳[1,2]

（1. 安徽省（水利部淮河水利委员会）水利科学研究院，安徽合肥　230000；
2. 安徽省建筑工程质量监督检测站有限公司，安徽合肥　230000）

摘　要：上海市黄浦江防汛墙担负着保护城市中心城区免受风暴、洪水侵蚀的重任，关乎几千万人民的生命财产安全，在城市安全历史上发挥着举足轻重的作用。黄浦江干流的防汛墙从始建至今已运行近60年，其间虽多次进行过改造和加固，但运行期间未进行过安全检测与评价。本文以黄浦江干流某非经营专用段防汛墙为例，对安全检测与评价工作展开叙述，通过对检测及评价结果的分析为主管单位实施防汛墙安全运行管理的支撑与依据，为保障沿海城市居民生命财产安全提供可靠的数据基础。

关键词：防汛墙；安全检测；安全评价

1　前言

在我国东部沿海地区，往往会发生由于受台风、暴雨突然侵袭而造成的江水倒灌等突发灾害，故上海地区将沿河地面以上阻挡潮水漫溢的一种混凝土挡水建筑物称为防汛墙，用以保证城镇和重要工矿企业，沿江河、海岸区（部分海塘）的防洪安全[1]。上海市黄浦江防汛墙担负着保护城市中心城区免受风暴、洪水侵蚀的重任，关乎几千万人民的生命财产安全，在城市安全历史上发挥着举足轻重的作用。

黄浦江干流的防汛墙从始建至今已运行近60年，其间虽多次进行过改造和加固，但运行期间未进行过安全检测与评价，依据《上海市黄浦江防汛墙安全鉴定暂行办法》的要求，上海市防汛墙鉴定周期为15年。据不完统计，近年来上海市防汛墙出险加固及维修中，有50%岸段存在不同程度的渗流问题[2]。因此，对防汛墙的运行情况进行检测和评价成为加强养护管理、保障汛期安全的重要手段和措施。本文以某黄浦江干流某非经营专用段防汛墙为例，对防汛墙开展安全检测工作并进行评价，为工程的后续建设管理工作提供依据。

2　安全检测的步骤与内容

2.1　安全检测的步骤

根据水利部及上海市相关法律法规，安全检测工作分以下几个步骤开展：

（1）工程现状的调查与分析，撰写工程现状调查分析报告。

（2）进行工程现场安全检测，编写现场安全检测报告。

（3）工程安全复核与计算，编写安全复核计算分析报告。

（4）综合以上编写工程安全评价报告。

（5）组织专家审查相关报告，提出防汛墙安全评价结论，形成安全评价报告书。

作者简介：冯露（1986—），女，高级工程师，主要从事工程质量检测鉴定、工程项目管理方向研究工作。

2.2 安全检测的内容

防汛墙的检测按照结构部位划分为护坡、桩基、墙身、闸门、承台和底板、墙后地坪与墙前覆土部分。通过对防汛墙的外观质量检查、混凝土抗压强度、钢筋配置情况、混凝土碳化深度及钢筋锈蚀程度评估、断面尺寸、地基隐患探测、防汛闸门外观质量等项目的逐项检测检查，发现运行状态下存在的问题，找出影响防汛墙安全的隐患，通过对检测结果的梳理，重点复核防汛墙防洪标准、抗渗稳定、结构安全及地基沉降等方面，根据安全复核计算结果得出安全评价的结论[3]。

3 以某非经营专用段为例的安全检测

该段防汛墙位于黄浦江右岸，设计采用千年一遇防洪标准，工程位于地震基本烈度7度区域，地震动峰值加速度为0.10g，现阶段作为码头围墙使用。该段属于黄浦江市区防汛墙段，市区防汛墙工程为Ⅰ等工程，1级堤防，防汛墙为1级水工建筑物。该岸段防汛墙共分95幅，实测全长1 225 m，为L形钢筋混凝土挡墙，按照不同位置共设计3种断面类型。第1幅至第59幅于1988年5月竣工，第60幅至第95幅于1997年7月竣工。防汛墙结构形式如图1所示。

3.1 现状调查与分析

现状调查与分析主要采用调取以往项目资料和现场巡查的方法综合进行，该段防汛墙为直立挡墙，防汛墙墙前为工厂装卸码头平台，部分墙前为浆砌块石护坡，平台和墙间为混凝土路面。防汛挡墙身为钢筋混凝土结构，整体外观一般，无倾斜和较大的不均匀沉降等缺陷，未发现明显基础部位管涌等，部分墙体存在竖向裂缝、分缝拉大等现象。

根据巡查结果发现，该段防汛墙工程管理评价方面，管理单位按要求制定了相应的规章制度，配置专人负责实施。目前运行状态正常且防汛墙管理范围明确，管理单位有专人定期巡查，能及时发现隐患。

因此，本段防汛墙运行管理基本符合要求且运行管理不存在严重影响堤防安全的隐患，故将运行管理评价为B级。

3.2 现场安全检测

根据现状调查初步分析结果，该段防汛墙现场安全检测项目包括不仅限于以下几项：

（1）外观质量检查，包括墙前护坡、墙身及墙后地坪和墙前覆土部分检查，含墙体裂缝、钢筋出露、混凝土破损等。

（2）钢筋混凝土结构检测，包括混凝土抗压强度、钢筋配置情况、混凝土碳化深度、钢筋锈蚀评估。

（3）断面测量，对典型断面进行检测，包括墙后地坪高度、墙身尺寸、墙前护坡或泥面线。

（4）墙后地坪，采用探底雷达法和高密度电法相结合的方法对防汛墙进行墙后底部淘空、垫层散失及墙后渗漏情况检测。

通过所述相关项目的现场检测得出，该段防汛墙墙前护坡存在混凝土老化、表面裂缝、砌筑砂浆老化、砌缝内砂浆脱落等问题。部分墙身存在钢筋锈涨裂缝、钢筋外露、止水材料老化脱落等问题。混凝土抗压强度及钢筋配置情况良好，根据地质雷达探测并结合高密度电法辅助比对，表明墙下地质情况良好。由于建成年代久远，堤防断面及墙身垂直度与设计值有一定偏差。金属结构闸门检测发现局部锈蚀、表面涂层局部锈蚀起壳，止水压板及橡皮均有锈蚀、老化、龟裂等不良现象，主要构件未发现弯曲变形。

根据《堤防工程安全评价导则》（SL/Z 679—2015），该段防汛墙工程质量未完全达到标准要求，且未发现影响工程安全的质量缺陷，该段防汛墙工程质量评价为B级。

3.3 安全复核计算

该段防汛墙从防洪标准、抗渗稳定、结构安全三方面进行安全复核计算，结合最新规划数据、现场检查成果，判断其运行状态是否满足相关规范的要求。

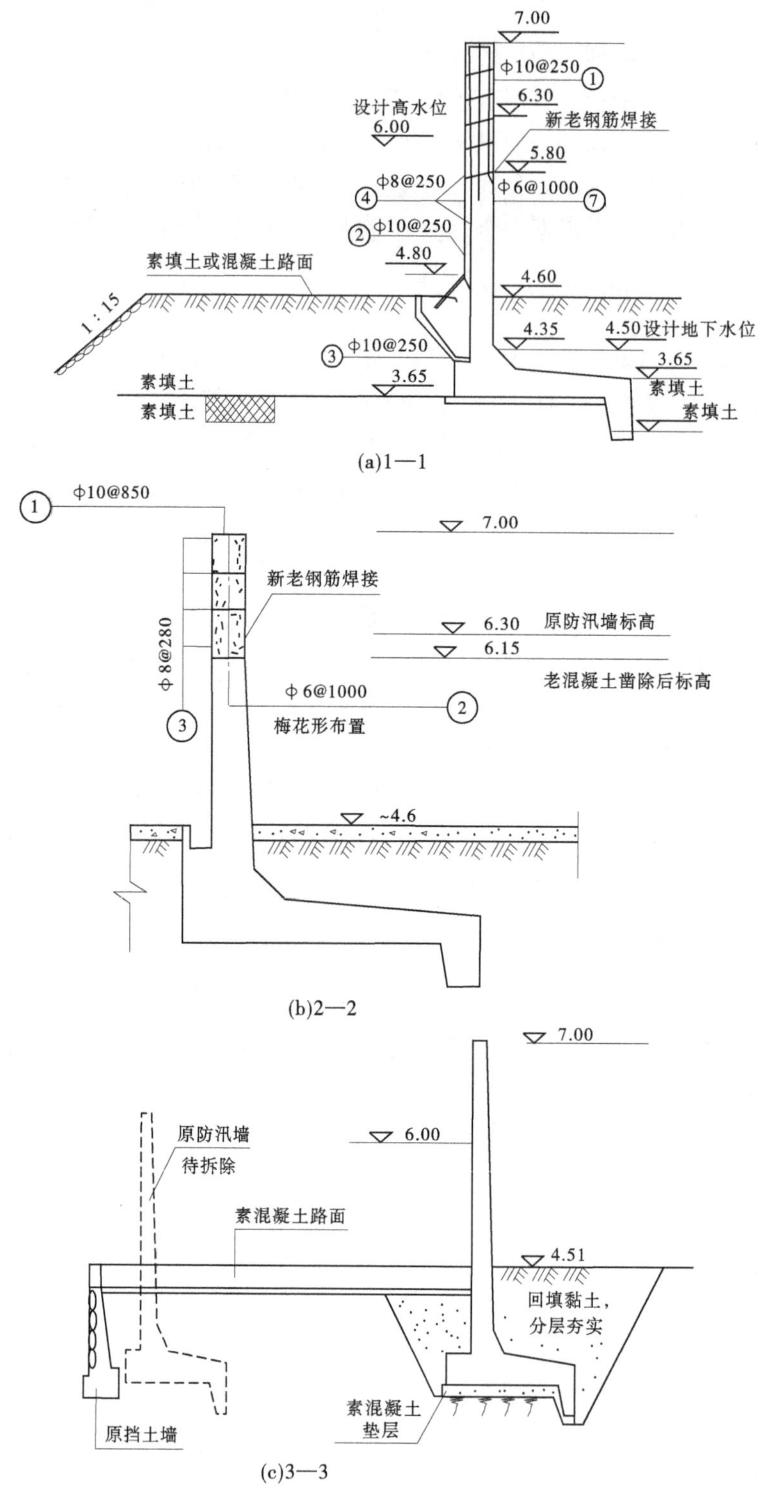

图 1 防汛墙 1—1、2—2、3—3 结构形式示意图

3.3.1 防洪标准

本段防汛墙位于黄浦江东岸，防汛墙的设计顶高程定为 7.00 m，实测防汛墙墙顶高程为 6.653~6.991 m，比设计标高低 9~347 mm，部分防汛墙沉降量已超过规范沉降允许值（0.2 m）。全线堤段堤顶高程不满足要求，但可通过加高加固达到设计堤顶高程，防洪标准复核定为 B 级。

3.3.2 抗渗稳定

防汛墙在两种工况下，除 2—2 断面外，其余断面防渗稳定均不满足要求，故本段防汛墙渗流安全性定为 C 级。

3.3.3 结构安全

整体稳定，1—1、2—2 断面在低水位工况下不满足规范要求，地震工况时均满足规范要求；3—3 断面在低水位以及地震工况下均满足规范要求；抗滑系数满足要求，但基底不均匀系数不满足要求。最小配筋率不满足要求，考虑荷载长期作用影响的最大裂缝宽度满足要求。暂未发现危及堤防稳定的隐患，结构安全性定为 B 级。

安全性复核评定结果如表 1 所示。

表 1 防汛墙安全性复核评定

评定类别	评定等级
防洪标准	B
渗流安全	B
结构安全	B

3.4 安全评价

根据以上各项评定结果，本段防汛墙安全性复核评定如表 2 所示。

表 2 防汛墙安全性评定

<table>
<tr><th colspan="2">分项名称</th><th>防汛墙等级</th></tr>
<tr><td colspan="2">运行管理</td><td>B</td></tr>
<tr><td colspan="2">工程质量</td><td>B</td></tr>
<tr><td rowspan="3">安全复核</td><td>防洪标准</td><td rowspan="3">B</td></tr>
<tr><td>渗流安全</td></tr>
<tr><td>结构安全</td></tr>
<tr><td colspan="2">防汛墙安全类别评定</td><td>二类</td></tr>
</table>

3.5 安全评价结论与建议

（1）防汛墙中存在混凝土起壳、钢筋锈蚀、钢筋外露、竖向裂缝、分缝处错位开裂等现象，建议予以修复。

（2）应恢复废弃防汛闸门的使用功能。

（3）建议该段防汛墙全线加高，以达到防洪标准。

（4）本段防汛墙墙前部分为码头装卸平台，应严格控制岸后加载，以免其产生的附加荷载对防汛墙造成不良影响。

4 结语

安全检测与评价的结果为保障沿海城市居民生命财产安全提供可靠的数据基础，可作为防汛墙主管单位实施防汛墙安全运行管理的支撑与依据，可适时根据评价结果采取相应的后续处理及维护方案，确保了城市的防汛安全，保障了城市的民生。综上所述，防汛墙的安全检测与评价工作具有十分重要的经济效益、社会效益和民生效益。

参考文献

[1] 杨林德，徐日庆，陈宝．上海市防汛墙岸堤变形规律的研究［J］．岩土工程学报，1997，19（3）：89-94.

[2] 顾相贤．上海市黄浦江防汛墙建设五十年回顾与展望（下）［J］．上海水务，2004，20（3）：26-28.

[3] 韩志强．防汛墙的检测与安全鉴定［J］．建筑技术，2012，43（4）：333-335.

土工织物与填料的界面拉拔摩擦试验研究

胡宁宁　戚晶磊

（上海勘测设计研究院有限公司，上海　200434）

摘　要：本文研究了土工织物与填料之间的界面拉拔摩擦特性。利用自主研发的拉拔摩擦设备，参考水利部标准《土工合成材料测试规程》（SL 235—2012），开展了同一土工织物在不同填料作用下的拉拔摩擦试验，对试验结果进行了比较分析，结果表明，土工织物与砂质黏土之间的界面摩擦系数较大，标准砂次之，砂砾石最小；同时开展了样品在同一填料不同拉拔速率下的试验，比较了结果的差异性，结果表明，在0.5~1.0 mm/min区间内拉拔速率对摩擦系数结果影响较小。

关键词：土工织物；填料；拉拔摩擦；拉拔速率

1　前言

土工合成材料有六大基本作用，其中一项为加筋作用。土工合成材料埋入土体内部，能够起到扩散土体应力，增加土体模量，传递拉应力，限制土体侧向位移的作用；还可以增加土体与其他材料之间的界面摩擦力，进而提高土体结构及建筑物的稳定性[1]。土工合成材料中具有加筋作用的材料有土工织物、土工格栅、土工格室、土工网及一些特殊复合材料，考察其与土体之间的界面摩擦特性对于工程结构稳定至关重要。目前，国内测试标准中常用的试验方法有直剪摩擦试验和拉拔摩擦试验，其中直剪摩擦试验使用直剪仪对土工合成材料与填料进行直接剪切试验，模拟二者之间的作用过程，适用于土工合成材料单面和土体发生剪切的情况；当土工合成材料双面均与填料发生界面摩擦时，选择拉拔试验分析界面摩擦特性更为合适[2]。

拉拔摩擦试验可以获得土工合成材料与现场填料的摩擦系数和摩擦剪切强度，原则上试验所用的填料应从工程现场取得，不同填料对土工合成材料的拉拔摩擦系数和摩擦强度参数影响较大。黄文彬等[3] 研究了土工织物-软土和土工织物-砂界面的拉拔摩擦试验，结果表明，不同填料的界面摩擦会影响摩擦角和黏聚力的结果。吴迪等[4] 利用砂石和石灰粉煤灰作为填充料，得到石灰粉煤灰的拉拔摩擦系数比砂石的拉拔摩擦系数大一倍。蔡其茅等[5] 开展了土工合成材料-黏土和土工合成材料-砂土界面的拉拔摩擦试验，结果表明，土工合成材料-黏土的界面摩擦角大于土工合成材料-砂土的界面摩擦角。

拉拔速率对界面剪切特性也有一定的影响，水利部标准《土工合成材料测试规程》（SL 235—2012）规定了0.5~1.0 mm/min的试验速率[6]。祁航翔等[7] 进行了土工格栅和土在不同拉拔速率下的试验，得出随着拉拔速率的增加，界面摩擦系数呈现先增大后减小的趋势，界面黏聚力呈现出先增大后减小趋势，而界面摩擦角受速率影响较小。徐超等[8] 利用土工格栅、土工织物与砂土的直剪及拉拔试验，得出剪切速率小于7 mm/min时，其对直剪试验结果的影响可忽略。黄文彬等[3] 研究了拉拔速率对土工织物-土界面特性的影响规律及机制，认为土工织物-土界面摩擦角随着拉拔速率的增大表现出较大的惰性，而界面黏聚力表现得较敏感。本文通过开展土工织物在同一填料不同拉拔速

作者简介：胡宁宁（1990—），男，工程师，主要从事土工合成材料界面摩擦特性和老化性能的研究。

率下的摩擦试验，观察试验速率对摩擦系数的影响。

2 试验设备、材料及内容

2.1 试验设备

本次试验所用的设备为自主研制的土工合成材料拉拔试验仪，拉拔箱的尺寸为 300 mm×300 mm×200 mm，拉拔方向的前后两面中间处开有贯穿窄缝，保持摩擦面积不变时最大拉拔位移为 100 mm，法向应力可调节，应力范围为 0~1 000 kPa，拉拔速率可调节。

2.2 试验材料

本次试验所用的土工织物为聚丙烯高强编织布，其技术指标列于表 1。试验选用三种不同的填料，分别为砂质黏土、机制标准砂和级配间断的砂砾石，见图 1。

表 1 聚丙烯高强编织布技术指标

材料名称	单位面积质量/(g/m^2)	拉伸强度纵向/(kN/m)	拉伸强度横向/(kN/m)	CBR 顶破强度/kN	等效孔径 O_{90}/mm	垂直渗透系数/(cm/s)
高强编织布	506	96.62	92.48	9.85	0.413	3.51×10^{-2}

(a)砂质黏土

(b)标准砂

(c)砂砾石

图 1 三种不同填料

2.3 试验内容

（1）按照《土工合成材料测试规程》（SL 235—2012）中的拉拔摩擦试验方法，法向应力选择 50 kPa、100 kPa、150 kPa、200 kPa 四级，拉拔速率选择 1.0 mm/min，分别测试高强编织布与三种不同填料的拉拔摩擦系数及界面摩擦参数。

（2）采用高强编织布与标准砂作为试验材料，分别在 0.5 mm/min、1.0 mm/min 和 2.0mm/min 的试验速率下，测试二者之间的拉拔摩擦系数。

3 试验结果

3.1 不同填料摩擦试验结果

利用拉拔摩擦试验仪可得到最大拉拔力 F，分别求出各级法向压力下的剪应力 τ，计算各级摩擦系数 f，并绘制出 $\tau\sim P$ 曲线。根据曲线可得到土工织物和填料的界面黏聚力 C 和内摩擦角 φ。采用高强编织布与三种不同填料开展拉拔摩擦试验，分别得到不同填料与土工织物的拉拔摩擦系数及界面摩擦参数。

高强编织布与砂质黏土的摩擦试验结果见表 2 及图 2。随着法向压力的增加，最大拉拔力和界面剪应力相应增大，摩擦系数逐渐减小，变化范围在 0.52~0.72，界面黏聚力为 14.76 kPa，内摩擦角为 24.1°。

表 2　高强编织布与砂质黏土的摩擦试验结果

检测序号	法向压力 P/kPa	最大拉拔力 F/kN	剪应力 τ/kPa	摩擦系数 f	界面黏聚力 C/kPa	内摩擦角 φ/(°)
1	50	6. 46	35. 9	0. 72	14. 67	24. 1
2	100	10. 98	61. 0	0. 61		
3	150	14. 75	81. 9	0. 55		
4	200	18. 62	103. 4	0. 52		

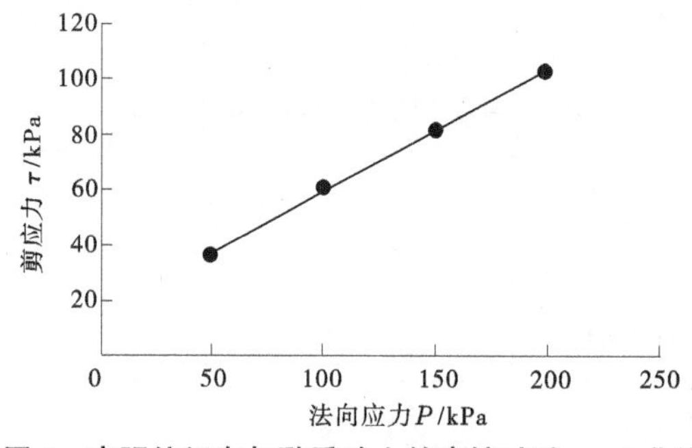

图 2　高强编织布与黏质砂土的摩擦试验 $\tau\sim P$ 曲线

高强编织布与标准砂的摩擦试验结果见表 3 及图 3。随着法向压力的增加，最大拉拔力和界面剪应力相应增大，摩擦系数逐渐减小，变化范围在 0. 38～0. 51，界面黏聚力为 10. 64 kPa，内摩擦角为 18. 1°。

表 3　高强编织布与标准砂的摩擦试验结果

检测序号	法向压力 P/kPa	最大拉拔力 F/kN	剪应力 τ/kPa	摩擦系数 f	界面黏聚力 C/kPa	内摩擦角 φ/(°)
1	50	4. 62	25. 7	0. 51	10. 64	18. 1
2	100	8. 17	45. 4	0. 45		
3	150	10. 71	59. 5	0. 40		
4	200	13. 58	75. 4	0. 38		

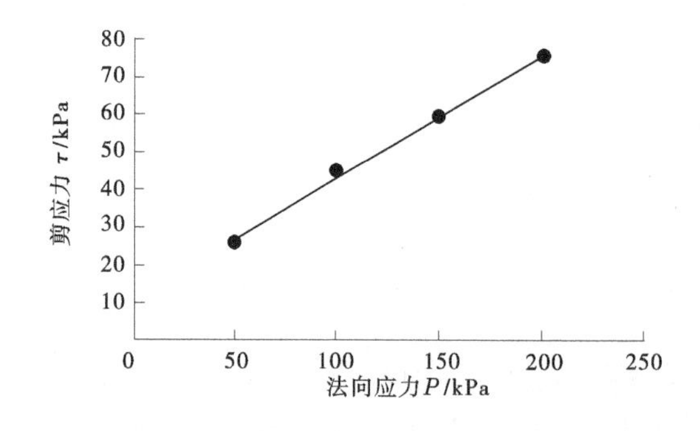

图 3　高强编织布与标准砂的摩擦试验 $\tau\sim P$ 曲线

高强编织布与砂砾石的摩擦试验结果见表 4 及图 4。随着法向压力的增加，最大拉拔力和界面剪应力相应增大，摩擦系数逐渐减小，变化范围在 0. 27～0. 40，界面黏聚力为 8. 92 kPa，内摩擦角为 12. 9°。

表 4　高强编织布与砂砾石的摩擦试验结果

检测序号	法向压力 P/kPa	最大拉拔力 F/kN	剪应力 τ/kPa	摩擦系数 f	界面黏聚力 C/kPa	内摩擦角 φ/（°）
1	50	3.58	19.9	0.40	8.92	12.9
2	100	5.86	32.6	0.33		
3	150	7.83	43.5	0.29		
4	200	9.81	54.5	0.27		

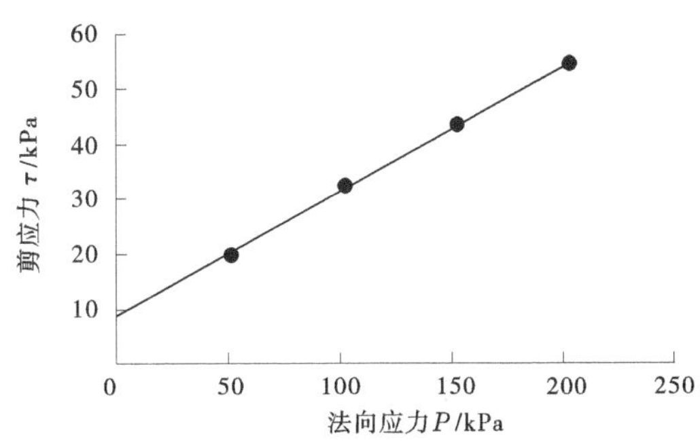

图 4　高强编织布与砂砾石的摩擦试验 $\tau \sim P$ 曲线

对比以上结果可知，高强编织布与砂质黏土之间的界面摩擦系数最大，标准砂次之，砂砾石最小，这与填料的密实度和颗粒级配有关，由于砂质黏土颗粒级配良好，密实度较高，摩擦系数相应较大，砂砾石级配间断，不易压实，得出的摩擦系数较小。

3.2　不同拉拔速率试验结果

采用高强编织布与标准砂作为试验材料，分别在 0.5 mm/min、1.0 mm/min 和 2.0 mm/min 的试验速率下，测试土工织物的拉拔摩擦系数 $f_{0.5}$、$f_{1.0}$ 和 $f_{2.0}$，验证拉拔速率对摩擦系数的影响，得到的试验结果见表 5。

表 5　不同拉拔速率对应的摩擦系数结果

序号	法向压力 P/kPa	摩擦系数 $f_{0.5}$	摩擦系数 $f_{1.0}$	摩擦系数 $f_{2.0}$
1	50	0.50	0.51	0.54
2	100	0.46	0.46	0.48
3	150	0.41	0.40	0.43
4	200	0.37	0.38	0.41

数据显示，在 0.5 mm/min 和 1.0 mm/min 速率下，拉拔摩擦系数几乎没有变化，而在 2.0 mm/min 速率下，摩擦系数有小幅度增加，表明拉拔速率对摩擦系数有一定影响。随着拉拔速率增大，最大拉拔力和界面剪应力相应增大，从而导致摩擦系数增大。

4　结论

本次从两个方面研究了土工织物与填料之间的界面拉拔摩擦特性，开展了同一土工织物在不同填料作用下的拉拔摩擦试验，对试验结果进行了比较分析；同时开展了样品在同一填料不同拉拔速率下的试验，比较了不同拉拔速率下结果的差异性，得出如下结论：

（1）土工织物与砂质黏土之间的界面摩擦系数较大，标准砂次之，砂砾石最小。在开展室内拉拔摩擦试验时，应采用工程现场的实际填料进行模拟，求出摩擦系数和界面摩擦参数，供设计人员参考，从而避免室内试验结果与现场实际情况有明显偏差。

（2）砂性填料之间没有黏聚力，土工织物的使用，可以与砂性填料之间产生界面黏聚力，增加界面强度，有助于结构的稳定性。

（3）《土工合成材料测试规程》（SL 235—2012）推荐 0.5~1.0 mm/min 的拉拔速率，在此区间内，摩擦系数受拉拔速率影响较小。随着拉拔速率的进一步增大，摩擦系数会有所增大，具体对应关系有待进一步研究。

参考文献

[1]《土工合成材料工程应用手册》编写委员会．土工合成材料工程应用手册［M］．北京：中国建筑工业出版社，2000.

[2] 公路工程土工合成材料试验规程：JTG E50—2006［S］．北京：人民交通出版社，2006.

[3] 黄文彬，陈晓平．土工织物与吹填土界面作用特性试验研究［J］．岩土力学，2014（10）：2831-2837.

[4] 吴迪，陈凡．土工合成材料界面作用特征的拉拔试验研究［J］．江西建材，2017（16）：263，268.

[5] 蔡其茅，吴松伟．垃圾填埋场土工合成材料界面摩擦特性的拉拔试验研究［J］．新型建筑材料，2012（6）：82-85，91.

[6] 土工合成材料测试规程：SL 235—2012［S］．北京：中国水利水电出版社，2012.

[7] 祁航翔，王家全，林志南，等．拉拔速率对土工格栅-砾性土界面摩擦特性的影响分析［J］．广西科技大学学报，2021（2）：13-19.

[8] 徐超，孟凡祥．剪切速率和材料特性对筋-土界面抗剪强度的影响［J］．岩土力学，2010（10）：3101-3106.

水利工程土工合成材料应用的新进展与新材料

张仁龙

（上海勘测设计研究院有限公司，上海　200434）

摘　要：土工合成材料被广泛地应用到了水利工程中。本文系统性地梳理和总结了土工合成材料的发展过程、材料类别和其在工程中的作用功能和机制。并结合目前行业的发展趋势，介绍了特种土工合成材料这一发展方向，以及现有土工合成材料在新领域的应用，为土工合成材料在水利工程中的应用提供参考借鉴。

关键词：土工合成材料；特种土工合成材料；纳米材料；石墨烯；绿色屋顶

1　简介

土工合成材料被定义为由高分子材料制成的平面产品，可以作为完整的人造项目，结构或者系统的一部分，并能与土壤、岩石，或者其他岩土工程相关的材料一起使用[1]。随着国内土工合成材料的快速发展和对其需求的进一步增长，我国对于土工合成材料的工程应用和实验标准的要求越来越规范与严格，与之相对应的就是各种标准的建立和出台。我国的国家标准、行业标准和其他相关标准参考并借鉴了国外成熟标准组织的要求，这些相关组织包括国际标准化组织（ISO）、美国材料试验协会标准（ASTM）、德国国家标准（DIN）、英国国家标准（BS）、新加坡标准（SS）等，除此之外，基于我国具体的情况并结合各省当地不同的环境与天气，最终制定出了可以适用于我国各省当地特色的地方标准。

从国内外来看，土工合成材料行业已发展成为技术含量高、应用领域广、产品附加值高、产业带动性强的一类产业，在亚洲、欧洲以及北美洲等地区形成了一定的市场规模及一批具有实用价值的创新成果。

2　土工合成材料的类别

据相关机构针对土工合成材料所做的市场研究发现，到2030年，全球土工合成材料市场将从2020年的135亿美元增长至超过332亿美元，未来几年复合年增长率为6.8%。作为这一广阔市场的主角，土工合成材料的原料是高分子聚合物，这些聚合物主要有聚乙烯（PE）、聚酯（PER）、聚酰胺（PA）、聚丙烯（PP）和聚氯乙烯（PVC）。它们是由煤、石油、天然气或石灰石中提炼出来的化学物质所制成，并进一步加工成纤维或合成材料片材，最后被制成各种产品。主要包括8个产品类别：土工织物（Geotextiles）、土工膜（Geomembranes）、土工网（Geonets）、土工格栅（Geodrids）、土工合成材料膨润土垫（Geosynthetic Clay Liners，GCL）、土工泡沫（Geofoam）、土工格室（Geocells）和土工复合材料（Geocomposites）（见图1）。

相对应的，我国国家标准《土工合成材料应用技术规范》[3]将应用到水利工程中的土工合成材料分成四大类：土工织物、土工膜、土工复合材料和土工特种材料，每一大类又可以各分为数种。

3　土工合成材料的功能和应用发展

土工合成材料有人称其为木材、水泥和钢筋之外的第四种主要建筑材料，其开始应用的确切年代

作者简介：张仁龙（1990—），男，主要从事土工合成材料检验检测工作。

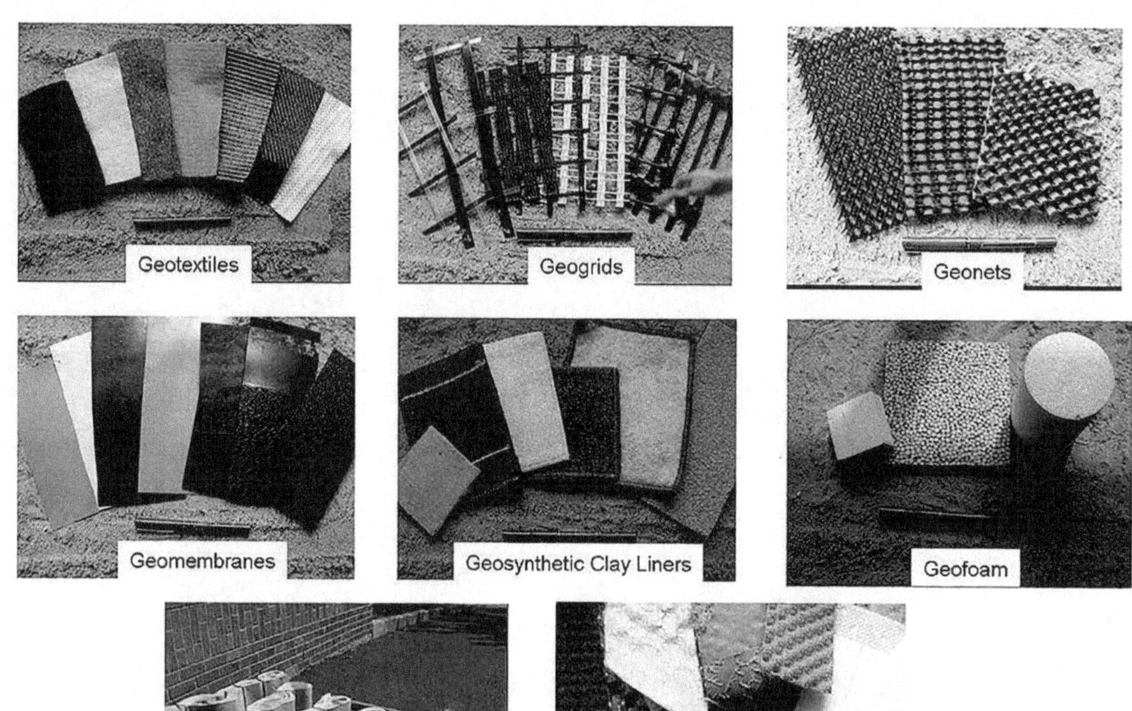

图1　土工合成材料[2]

已难以考证。但从部分早期有里程碑意义的工程事例可窥其梗概。最早可以追溯到20世纪二三十年代的美国，所采用的是类似于土工膜的形式，为在棉布上撒沥青而制成的材料。

我国土工合成材料起步较晚，但是发展形势十分可喜，经过多年来的不断优化和完善，已经使得土工合成材料的整体性能得到了显著的提升，从而充实和扩大了土工合成材料的适用范围[4]。

3.1　土工合成材料的发展历程

该技术在我国的进展可以大致归纳为以下四个阶段。

3.1.1　自发应用时期

这一时期从时间维度上主要是20世纪60—70年代，主要特点为该种材料只是在个别工程上得到应用，市场上既没有一定规格的产品，也没有具体成型的设计方法，只是属于按照以往岩土工程的经验，群众的一种自发性应用。

3.1.2　技术引进时期

到了20世纪80年代，这一现状得到了改变。作为我国采用正规土工合成材料的开端，80年代初，美国杜邦公司向铁道科学院赠送了20 000 m^2 的纺黏无纺土工织物，该种材料被试用在了治理铁道长期存在的翻浆冒泥病害，其成功率达到了90%以上。自此开始，受国外技术和产品的启发，材料的制造、测试和应用研究以及设计均取得了较大的进展，研究进展包括测试设备的研发、规程的制定，但仍存在着规格不统一的问题。

3.1.3　组织建立时期

在这一时期，我国成立了“中国土工合成材料工程协会”这一由水利部领导的全国性组织，并于1990年通过申请，被正式接纳为国际土工合成材料学会IGS的第6个国家会员国，随后建立了国际学会中国委员会（CCIGS）来方便进行国际沟通和技术交流。在这一时期，土工合成材料新产品的开发以及应用领域继续扩大。

3.1.4 步入标准化时期

该材料在 1998 年特大洪水期间的防汛抢险中发挥了显著的作用。在时任总理朱镕基同志的多次书面指示下，水利部率先编制了土工合成材料应用技术规范，从此结束了我国无标准的状态。随后行业技术标准、产品标准和材料测试标准也相继发布。截至 1998 年底，土工合成材料和技术进入到了规范化时期。

如今我国已拥有国家标准，设计和施工标准约 8 种，产品标准约 20 种和测试标准约 3 种。

3.2 土工合成材料的工程应用

土工合成材料的应用解决了岩土工程主要涉及的土体稳定、变形和渗流三大方面问题的需要。归纳起来，它们具有以下一些工程中经常要求处理的功能（见图 2）。

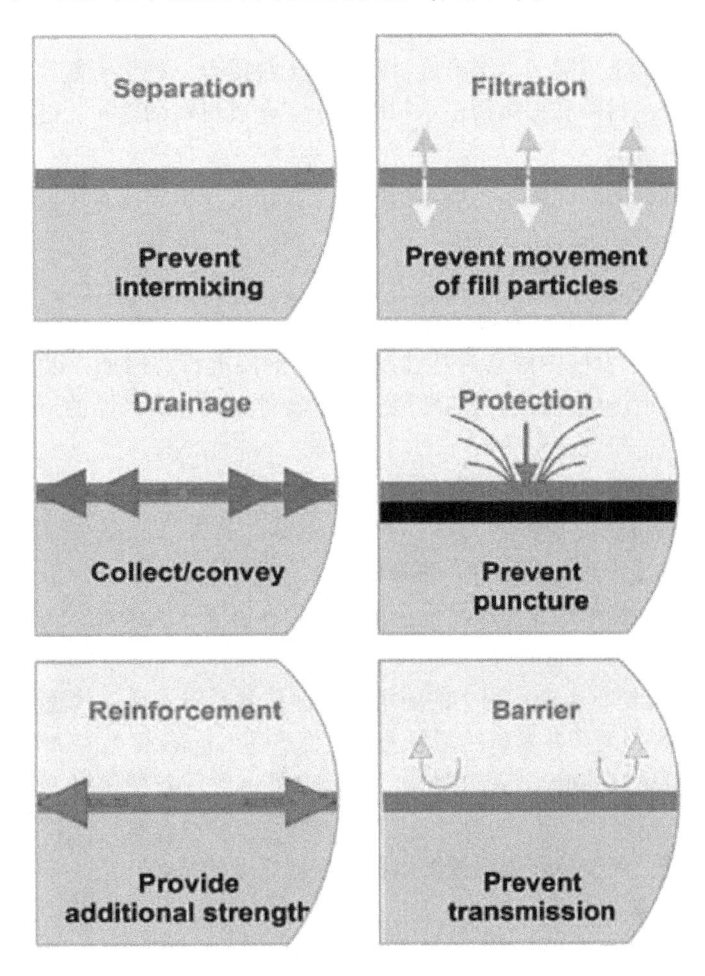

图 2 土工合成材料的工程作用[5]

3.2.1 隔离功能（Separation）

将柔性土工合成材料（如多孔土工织物）放置在不同的材料之间，以便两种材料的完整性和功能都可以得到保持甚至改善。常应用于铺砌的道路、未铺砌的道路和铁路基础。同样的，使用厚无纺布土工布来实现对土工膜的缓冲和保护也属于这一类。此外，对于大多数土工泡沫和土工格室的应用，所要实现的主要功能就是隔离。

3.2.2 加筋功能（Reinforcement）

通过将土工织物、土工格栅或者土工格室（所有这些材料都具有良好的张力）应用到土壤（压缩性好，但张力差）或者其他脱节和分离的材料里来实现整个系统强度的综合改善。其被广泛应用于陡坡的兴建、软地基的加固和加筋土挡墙的建造等。

3.2.3　反滤功能（Filtration）

为土壤和土工织物之间的平衡相互作用，允许在与所考虑的应用场景兼容的情况下以及在土工织物的使用寿命周期内，在土工织物平面上实现没有土壤损失情况下足够流体的流动。此功能的应用包括高速公路的排水系统、挡土墙排水、垃圾填埋场渗滤液收集系统、淤泥围栏以及袋子、管道和容器的柔性形式。

3.2.4　排水功能（Drainage）

为“土壤-土工合成材料”平衡系统、允许在与所考虑的应用兼容的情况下以及在材料使用寿命内，在土工合成材料平面内实现足够流体的流动而不会造成土壤的损失。土工合成材料的这一特性主要被应用于挡土墙、运动场地、水坝、运河以及水库的建设。

3.2.5　包容功能（Containment）

涉及的土工合成材料为土工膜，土工合成材料彭润土垫或者一些土工复合材料，从而起到液体或者气体屏障的作用。填埋场衬垫和覆盖物正是利用了土工合成材料的这一关键特性。

3.2.6　保护功能（Protection）

防止或者减少周围材料的局部损坏。通常利用土工膜作为环礁湖或者垃圾填埋场土壤的衬里。

4　土工合成材料和相关应用的新进展

4.1　**特种土工合成材料**（Specialty Geosynthetic）

在过去的 3~5 年，鉴于发展中国家对基础设施建设的需求日益增加，以及全世界对环境的日益关注，全球土工合成材料市场展现出巨大的发展。其中特种土工合成产品的市场在未来 5 年内也会显示出显著的增长。

特种土工合成产品的进步与发展可以看作是建立在双重基础上：

（1）基础设施建设项目的快速扩张。

（2）技术的进步可以生产出性能更好、更新的土工合成材料。

据统计，接下来 5 年，技术研发和产品更新主要集中在以下 5 大领域。

4.1.1　茂金属聚丙烯（Metallocene PP）

茂金属催化剂在 PP 无纺布生产过程中的使用，推进并生产出了新一代重量更轻的土工织物，例如道达尔（Total）在 2015 年生产并发布的新型土工织物产品 Lumicene MR2001 和 MR2002，其相关性能已经可以与传统上重量更大的 PP 产品相媲美。除此之外，此种新型材料一旦埋地，不会改变所接触土壤的化学平衡。

对于产品生产商来说，茂金属催化剂的使用也存在着以下优势：

（1）可以提高生产效率。

（2）无须使用过氧化物就可以获得窄分子量分布和高熔体流动指数。

（3）减少工厂产生的可萃取物和烟雾。

而且据有关机构预测，茂金属化学领域的进一步创新将继续扩大新型轻质材料的种类，使其可以满足更多的需求。

4.1.2　石墨烯（Graphene）

石墨烯被誉为更广泛行业未来材料革命的枢纽，尽管其大规模生产仍然存在壁垒。2016 年 4 月，澳大利亚一家小型科研公司（IIM）与澳大利亚最大的土工织物公司（Geofabrics Australasia）共同合作开发出了具有先进泄漏检测功能的一种声称足以改变游戏规则的石墨烯涂层土工织物，实现了石墨烯涂料在土工织物上的商业应用。这家科研公司同时提到石墨烯材料将在不增加额外重量的同时大幅度增加土工织物的强度，这有助于未来的合成材料产品满足法规中更严格的强度要求。

4.1.3　纳米纤维（Nanofibres）

土工合成材料行业目前一个正在发生的以及得到普遍认同的趋势是纳米纤维无纺布的发展。由于纳米纤维结构固有的低密度和较大的表面积与质量比，可以生产出极轻的无纺布，特别是在涉及土工复合材料的应用领域，纳米纤维材料的使用不会增加任何额外的重量。这些同时保证了对液体和气体的卓越过滤性能。与石墨烯一样，目前的挑战在于将实验室级纳米纤维制造过渡到商业规模。但在未来的5~10年内，我们有充分的理由期待纳米纤维可以实现商业规模化的制造生产，从而将导致新的更有价值的产品出现。

4.1.4 泄漏检测（Leak Detection）

另外有两种纳米材料：纳米炭黑颗粒和碳纳米管，正在被应用在土工合成材料的研发当中。利用的是它们的导电性来对土工合成材料进行增强，从而可以检测垃圾填埋场和煤灰密封结构中的泄漏问题这一重大的环境问题。

4.1.5 生产方法改进（Production Improvements）

目前，土工合成材料的制造是通过针刺工艺。这一工艺会在材料制造的过程中对纤维施加压力，从而导致使用过程中拉伸强度（韧性）的降低。目前新技术的研究方向是希望通过更高的拉伸比来提高韧性，降低伸长率。类似的发展也发生在土工膜上，美国 Raven Industries 等公司研发部门的目标是制造更大的多层吹制薄膜。这些将提供更快的生产、更坚固的薄膜，因此在应用方面更大和更灵活。

4.2 绿色环保的城市屋顶建设

我国明确提出到2035年建成“三张交通网”和“两个交通圈”的交通强国。与之同时，大城市的人口规模与流入量形成了井喷式的增长，根据最新10年一次的人口普查，重庆、上海、北京、成都等城市常住人口都已超过2 000多万人。然而在有限的城市空间内怎么改善城市的生态环境与扩大绿化覆盖面逐渐成为人类必须面对和解决的关键课题。随着习近平同志提出绿色环保、低碳发展、保护自然、“绿水青山就是金山银山”等绿色环保的理念，许多城市也提出了“践行低碳环保，倡导绿色生活”的目标，城市生活环境绿化越来越被重视。随之而来的全新理念，有着城市建筑第五立面美称的“屋顶绿化”就被提出了。屋顶绿化不仅仅单指屋顶上的绿植种植，也包含了立交桥、阳台、天台、墙体表面等一切不与地面和土壤接触的各类建筑物或者建筑物特殊空间的绿化。屋顶绿化有着许多不可忽视的重要作用：①缓解城市热岛效应，发挥生态效用；②减少建筑材料屋顶热辐射，创造优质居住环境；③改善城市环境，增加城市绿色覆盖率，创造城市绿色景观；④吸附城市漂浮灰尘，减少城市噪声，净化城市空气；⑤保温隔热，减少空调的使用率，达到节能减排的效果等。

随着科技与技术的发展，各种不同的土工合成材料被大量地运用在绿色屋顶中。土工合成材料相比较于传统的防水材料具有许多优势。其不仅可以减轻屋顶承重，同时还具有良好的排水、过滤、加固、分离和保护作用。土工合成材料也更清洁与环保，具有更好的工作性能。一般绿色屋顶的结构由上至下分为种植层、过滤层、防水层、阻隔层与建筑表面（见图3）。其中土工膜可以防止植物根部对建筑造成裂缝或者损坏，这是传统防水材料无法实现的。而且通过土工膜的渗漏检测、CBR顶破与刺破检测，土工膜作为防水系统是可持续长期监控的。此外，土工布有助于防止土壤颗粒沉降迁移，保持土壤的完整性与功能性，并具有良好的排水性。在种植层运用土工布也能防止杂草的生长，对于土壤颗粒破坏土工膜也有一定的保护作用。土工格室可用于有坡度的山墙屋顶之上，能有效地减少水的过量堆积，防止织物根部的侵蚀。土工格栅可用于加固土壤，并分担土壤的应力。

5 结语

土工合成材料由于其多样的功能性，存在着成本效益以及易于安装，被广泛应用到工程中。随着材料科学的持续发展和新材料的产生，更多性能更好的土工合成产品被制造出来。同时，许多国家增加政府支出以改善基础设施来提高人们的生活水平，以及提高环境安全标准以减少沉积物控制和土地侵蚀，这也增加了对土工合成材料的需求。因此，可以肯定的是，在未来土工合成材料市场将会继续保持增长[6]。

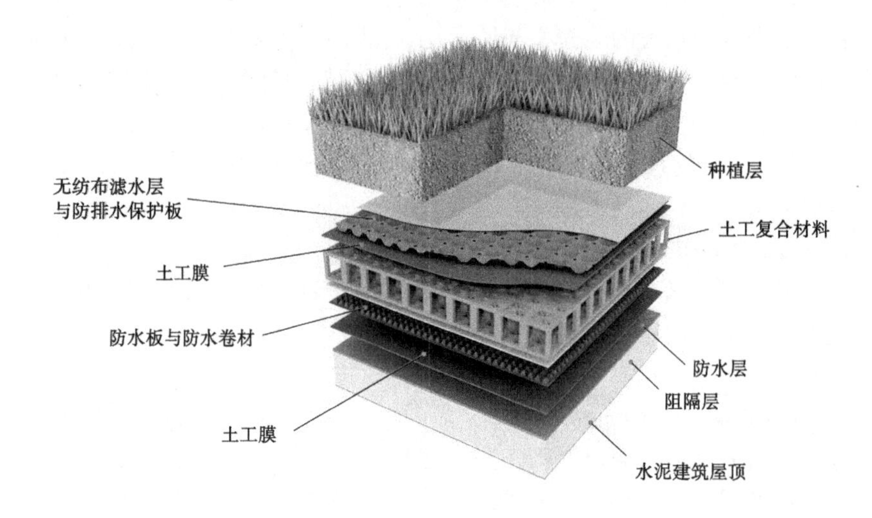

图 3　绿色屋顶结构

参考文献

[1] ASTM D1995-1992e1. Standard Test Methods for Multi-Modal Strength Testing of Autohesives（Contact Adhesives）[S]. 1998.

[2] Koerner R M. Designing With Geosynthetics（6th ed.）[J]. Xlibris Publishing Co，2012：914.

[3] 土工合成材料应用技术规范：GB/T 50290—2014 [S].

[4] 王建立. 土工合成材料在水利工程中的应用 [J]. 水电科技，2020，3（2）：7-9.

[5] Introduction to Geosynthetics [J]. Technical Report，GEO fabrics Limited.

[6] Zornberg J G. Recent Examples of Innovation in Projects using Geosynthetics [J]. 1 Congreso Geosintec Iberia，2013.

层状强风化软质页岩力学试验性能研究

朱永和[1,2] 邓伟杰[1,2] 杨 林[1,2] 陈艳国[1] 尚 柯[1] 郭玉鑫[1,2]

（1. 黄河勘测规划设计研究院有限公司，河南郑州 450003；
2. 江河工程检验检测有限公司，河南郑州 450003）

摘 要：采用改进现场载荷试验装置对马来西亚巴蕾水电站坝址区强风化页岩进行现场载荷试验，通过试验数据绘制 $p \sim s$ 曲线。试验表明：载荷试验卸荷阶段获得的回弹值较小，层状页岩强风化上带、下带页岩地基承载力弹性变形较小，施加压力时岩体变形就表现为非线性弹塑性特征，所以在层状页岩数值模拟地基载荷数值模拟时，宜采用非线性弹塑性本构模型。利用岩石单轴饱和抗压强度和点荷载强度指数进行折算确定强风化上带、下带页岩地基承载力，再根据规范提供的方法反算不同风化页岩实际折减系数建议值，对坝址区持力层的选择具有指导性意义。

关键词：层状软质页岩；岩体承载力；饱和单轴抗压强度；点荷载强度指数；经验公式

1 引言

软质岩石的定义是在饱和条件下单轴抗压强度小于或等于 30 MPa 的岩石，目前国内常用现场岩石载荷试验法、标准贯入试验法、岩石饱和单轴抗压试验以及数值模拟[1] 等方法来确定岩体地基承载力。现场岩体载荷试验方法是确定岩基承载力最为准确、可靠的方法之一，岩体载荷试验可以精确地测出岩体极限荷载、岩体变形参数，准确描述出岩体在整个加载过程中的弹塑性特征，所以对软质岩体进行载荷试验具有理论指导意义。针对页岩岩石强度低、层理发育、易风化、遇水易软化等特点，勘察阶段常采用室内饱和单轴抗压强度和不同风化程度进行适量折减推算出坝基承载力值。国内不少学者通过不同试验测试手段来确定岩石承载力值，董平等[2] 利用点荷载试验测出点荷载强度指数推算岩石单轴抗压强度进而计算岩基承载力，再将推算值与岩基载荷试验实测值进行对比分析。高文华等[3] 通过软质岩石单轴抗压强度试验和现场岩体载荷试验获得不同中风化板岩的饱和单轴抗压强度和极限承载力实际折算系数。何沛田等[4] 则结合软岩岩体破坏特征和低围压作用的三向应力状态下压缩强度试验成果来确定岩石地基的承载力。众多学者对软岩的承载力进行不同程度、不同方位的研究，但针对不同风化程度软质页岩研究不够充分。

本文以马来西亚巴蕾水电站工程坝址区软质页岩为研究对象，采用改进现场岩体载荷试验、室内饱和单轴抗压强度试验和点荷载强度试验方法开展试验研究，以研究其内在规律并设法构建坝址区不同风化程度页岩承载力经验公式[5-7]。

2 工程地质概况

2.1 地形地貌

Baleh 水电站坝址区总体地形坡度约 20°，大坝范围内河道岸坡向上约 10 m，有一条狭长的较平缓地带，总体宽约 20 m，高程约 53 m。该平缓地带沿岸坡至坝肩，地形起伏不大，总体在大坝中部高程以下地形坡度约 12°，中上部高程坡度约 40°，靠近坝肩地形坡度有所减缓，坡度约为 23°。典型地形地貌见图 1。

作者简介：朱永和（1990—），男，工程师，主要从事岩土、混凝土试验及性能改良和工程稳定性研究工作。

图 1　坝址区典型地形地貌

左岸北部由一条狭窄的山脊（走向 85°~265°）组成，在上述河流弯道处终止。这个山脊的北侧是陡峭的，被几条流入西流的 Baleh 河的浅水沟所剖切。在山脊的南侧，四条河流东南流入北流的 Baleh 河，形成陡峭而狭窄的山谷，沿东南方向急流。其中，最北侧冲沟位于大坝上游约 180 m，冲沟出口靠近上游围堰轴线。该冲沟自出口沿北西方向，向上延伸至溢洪道进口和发电进水口所在区域，冲沟内有少量泉水流出，总体相对干燥。其余 3 条冲沟位于大坝范围内，向山体延伸不长，出口底高程约 53 m，沟内均有少量泉水流水。

2.2　地质构造

复杂的构造运动形成了紧密的褶皱和断层，岩体呈现扭曲的层状结构。多变的构造运动使原始的层面和页岩叠层变得模糊，产生变化的岩石剖面。小规模的石英脉发生在断层区域。在坝址区附近，褶皱轴趋于 NNE—SSW 方向。工程线性构造在整个区域内强度多变，线性构造通常有两个主要方向：NNW—SSE 和 E—W。NW—SE 的线性构造最强烈，界限明确，与 SE 向平行，地貌上表现为狭窄河谷。其他线性构造一般 E—W 走向，在工程北段与普泰河的直线段平行。

2.3　地层岩性

坝址区位于西北婆罗洲盆地，Rajang 河分水岭与 Lupar Line 之间为白垩纪的杂砂岩、页岩、石英岩和砾岩。该区域其余部分主要是厚层杂砂岩、泥岩和页岩。以上岩石一起构成 Belaga Formation（Belaga 组），它包括四个单元，即 Layar Menber（上白垩统拉亚段）、Kapit Member（古新世至始新世加帛段）、Pelagus Member（中、上始新统坡拉古斯段）和 Metah 段（上始新统）。

工程区属 Belaga 组的 Layar 段，表层多为第四纪残坡积物覆盖，出露基岩地层为白垩纪页岩、粉砂岩和砂岩，根据钻孔揭露，上部为第四纪残坡积物，其下为页岩、粉砂岩；基岩上部为强风化、弱风化页岩，下部为微风化-新鲜页岩。

3　试验方法原理及结果分析

3.1　岩基载荷试验

现场岩体载荷试验采用圆形刚性承压板法进行，承压面积为 2 000 cm^2，满足规程承压面不应小于 500 cm^2 的要求。刚性承压板法试验是利用承压板进行岩体极限强度参数原位测试方法的一种。用千斤顶通过承压板向半无限岩体表面施力，测定岩体在半无限边界条件下所能承受的极限载荷。该试验方法适用于Ⅲ级以下（含Ⅲ级）的岩体。

3.1.1　安装步骤

本次现场露天变形试验的静载平台尺寸为 6 m×6 m，下部开挖宽约 2.5 m、深约 1.2 m 试验槽，荷载平台的支墩距地面高度为 20~30 cm。支墩搭载 9 根 35#B 型工字钢作为次梁，次梁下部布置 3 根主梁。安装过程应尽量使支座、次梁及主梁水平，以免偏载发生倾覆，安装示意图如图 2 所示。

安装步骤如下：

（1）将试点表面清洗干净，铺垫一层水泥浆，放置承压板并挤压出多余水泥浆，使承压板与承压面之间紧密接触，且承压板粘贴牢固，在试验完成前不得移动。控制水泥浆厚度小于承压板直径的

1%，尽量减少水泥浆对岩体变形的影响。

（2）在承压板上叠置钢垫板并依次放置垫板、千斤顶、传力柱、垫板、主梁、次梁、荷载吨包。

（3）整个系统具有足够刚度和强度，所有承压部件中心保持在同一轴线上，轴线与加压方向一致。

（4）用高压油管连通千斤顶、高压油泵以及压力表，施加接触压力使整个系统接触紧密。

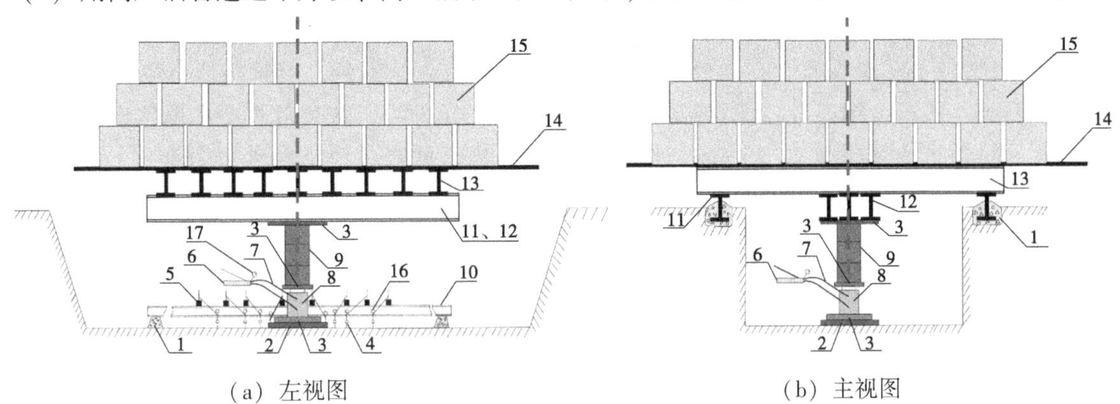

1—水泥砂浆支墩；2—承压板；3—钢垫板；4—测量标点；5—磁性表架；6—油泵；7—油管；8—液压千斤顶；9—传力柱；10—测量支架；11—辅助梁；12—主梁；13—次梁；14—承重木板；15—吨包；16—测表；17—压力表。

图 2　岩体载荷试验现场安装示意图

3.1.2　试验过程

（1）加压方式宜采用逐级连续加载，直至试点破坏。

（2）载荷的级差应由大到小递减，先预估极限载荷 P_{max}，载荷小于 $0.5P_{max}$ 时，级差为 $0.1P_{max}$；载荷为（0.50~0.75）P_{max} 时，级差为 $0.05P_{max}$；载荷大于 $0.75P_{max}$ 时，级差为 $0.025P_{max}$。

（3）当载荷与变形关系曲线不再呈直线或承压板周围岩面出现裂缝时，应减小载荷级差，最小级差可取 0.01~0.02 MPa。

（4）试验加压前应对测表进行初始稳定读数观测，应每隔 10 min 同时测度各测表一次，连续 3 次读数不变，可开始加压试验，并应将读数作为各测表的初始数值。

（5）加载应采用变形控制，每级压力加压应立即读数，以后每隔 10 min 读数一次，当刚性承压板上所有测表相邻两次读数差与同级压力下第一次变形读数和前一级压力下最后一次变形读数差之比小于 5%时，可施加下一级荷载。

（6）加载结束后分 3~5 级缓慢卸载，每级卸载后应测读一次变形。卸载完成后，每隔 10 min 测读测表一次，持续 1 h。

3.1.3　计算方法

采用承压板上测表变形的平均值作为岩体在各级压力作用下的变形量，绘制压力 p 与变形 s 的关系曲线，根据试验过程中岩体表现出来的变形和强度特性，确定岩石的极限载荷值。当存在失效测表时，采用另外 3 个测表（变形均匀时）或另一对称的测表（变形不均匀时）计算变形值。

荷载极限压力按下式计算：

$$P = \frac{F}{A} \tag{1}$$

为进一步对试验成果进行分析，可利用半无限边界条件下的弹性理论解求取载荷试验 $p \sim s$ 曲线直线段的模量，求解公式如式（2）所示。

$$E_t = \frac{\pi}{4}\frac{(1-\mu^2)D}{K} \tag{2}$$

式中：E_t 为载荷试验曲线直线段模量，MPa；p 为按承压面单位面积计算的压力，MPa；F 为作用于试点上的法向载荷，N；K 为载荷试验曲线直线段斜率，cm/MPa；D 为承压板直径，cm；μ 为体泊松比。

3.1.4　试验成果

本次载荷试验研究岩体特征为：强风化上带页岩载荷试验点 PLT⊥-1 位于左岸坝肩 180 平台内侧，灰黄色，层状构造，主要矿物成分为黏土矿物、石英、长石、绢云母等，风化裂隙发育，局部有 3 处长 12~20 cm 闭合型裂隙分布；承压面平整，锤击有响声，稍有回弹感，铁锹可以挖动，电镐易挖动。层理面产状为 296°∠54°，试验点位周围岩体层理发育，受风化作用影响。强风化下带页载荷试验点 PLT⊥-2 位于左岸坝肩 250 平台进水口，页岩呈灰黄色、黑色，层状构造，主要矿物成分为黏土矿物、石英、长石、绢云母、铁质矿物等。层理面陡倾角发育，灰黄色页岩和黑色成层状交替发育，黑色页岩呈条带状且层厚 2~15 mm，黑色页岩与灰黄色页岩层理结合处多分布平行闭合裂隙。黑色页岩硬度较大，灰黄色页岩硬度稍小，铁锹难以挖动，电镐易挖动。风化裂隙发育，局部有张开型裂隙分布。试验点附近岩体层理面产状平均为 123°∠78°。

岩体原位载荷试验的破坏与岩石无侧限的单轴抗压试验的破坏机制是不同的，主要区别在于岩体受泊松效应约束影响。岩体承压面在荷载作用下会产生应力集中变形，使得岩体发生整体沉降变形，造成岩体局部发生张裂现象[8]。当荷载增加时，承压面周边应力集中产生的轴向裂纹迅速扩张，岩体变形也随之增大。岩体由非破坏性沉降变形向破坏性变形转变，随着荷载不断增加，承压板周边的裂纹持续发展或周边岩体发生明显隆起，此时可判定岩体已破坏。岩体承压面在外部荷载作用下的破坏机制是典型挤压破坏，一般坝基受压后的破坏机制属于冲切和挤压性滑动破坏。

页岩载荷试验过程中，随着施加压力的增大，试点周围径向裂纹逐渐显现，见图 3、图 4。强风化上带页岩当压力加到第十级 1.80 MPa 时，出现宽 1~2 mm、长度为 5 cm 的径向裂隙。当压力加到 2.00 MPa 时，试点周边裂隙条数增多且出现明显局部隆起，径向裂隙不断持续发展。根据《水利水电工程岩石试验规程》（SL/T 264—2020）中的相关要求，判定已达到试验的终止条件，试验不再进行。判定岩体的极限应力为 2.00 MPa，直线段模量为 221.7 MPa。强风化下带页岩极限应力为 3.86 MPa，直线段模量为 359.2 MPa，见表 1。

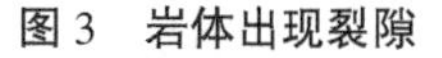
图 3　岩体出现裂隙

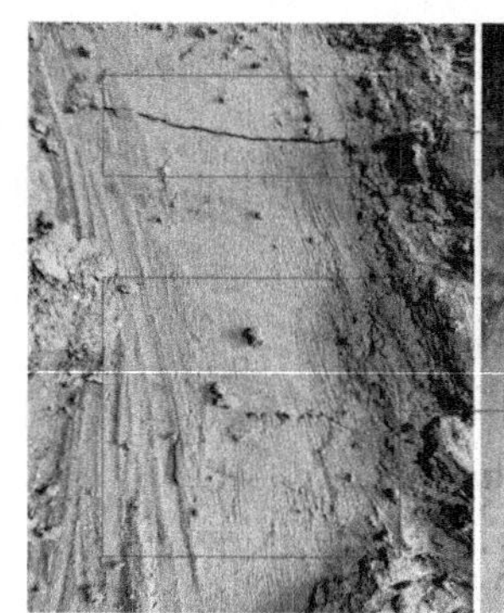

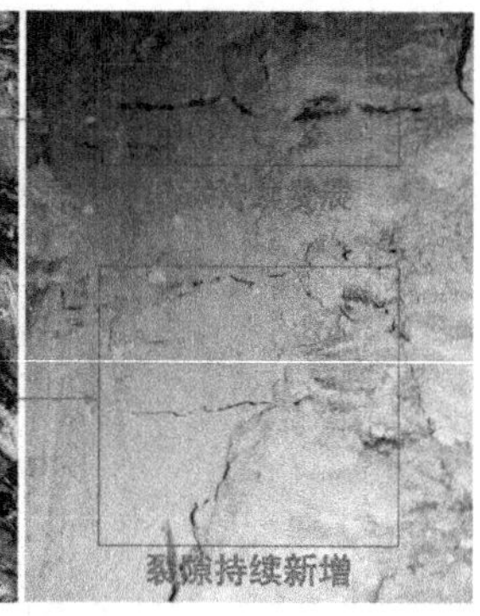

图 4　岩体裂隙持续发展

表 1　坝址区强风化上、下带页岩载荷试验成果

取样位置	试点编号	岩性	μ	测试项目	试验结果	说明
左岸坝址区 180 平台内测	PLT⊥-1	强风化上带页岩	0.32	最大试验压力 p_{max}/MPa	2.00	试件已破坏
				最大变形量 s_{max}/（10^{-3}cm）	468.8	
				最大回弹量 s_t/（10^{-3}cm）	172.5	
				直线段模量 E_t/MPa	221.7	

续表 1

取样位置	试点编号	岩性	μ	测试项目	试验结果	说明
坝址区 250 平台进水口	PLT⊥-2	强风化下带页岩	0.32	最大试验压力 p_{max}/MPa	3.86	试件已破坏
				最大变形量 s_{max}/（10^{-3}cm）	360.6	
				最大回弹量 s_t/（10^{-3}cm）	103.8	
				直线段模量 E_t/MPa	359.2	

3.2 岩石饱和单轴抗压强度试验

岩石饱和单轴抗压强度是指经过强制饱和处理后层状岩石标准试件在单轴抗压状态下破坏的极限强度，它取决于试件岩石的胶结程度、岩石结构面以及矿物成分组成。胶结越密实，矿物颗粒越细，结构面越稀少，岩石的强度越高。岩芯试验通常采用取芯机进行取样，其制备方法和要求符合《水利水电工程岩石试验规程》（SL/T 264—2020）的有关规定。

将试样置于 YE-2000A 型微机电液伺服万能试验机的承压板中心，上下承压板与试件之间放置与试件相同直径的刚性垫块，垫块厚度与直径之比不应小于 0.5。调整球形座，使刚性垫块与试验机上下承压板均接触，受力居中。试验中以每秒 0.5～1.0 MPa 的速度加载，直至试件破坏，试验前后同时记录试件状态描述、破坏变形形态以及最大破坏荷载（见图 5）。

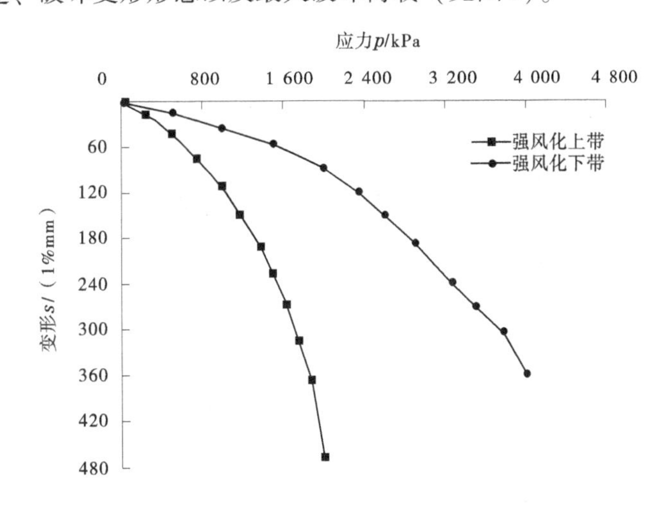

图 5　坝址区 180、250 平台强风化上、下带页岩载荷试验 p~s 曲线

岩石在无侧限的单轴压应力状态下，岩石内部原生裂隙将产生应力集中，且局部开始扩展。随着压力增大，局部扩展加剧，岩石的非破坏变形向破坏变形转变。当压力值到达峰值时，试件产生的内部应力超过微裂隙的拉张力。试件在抗压峰值下试件产生无侧限膨胀张拉应变超过岩石本身拉张变形，最后导致试块产生拉张破坏（见图 6）。本研究层状软质页岩单轴抗压强度试验中承受压力方向为平行和垂直层理方向，试件破坏特征表现为弹性变形直接发展为急剧、迅速破坏，破坏后应力下降较大，其破坏的机制主要是由于岩石内部层状裂隙的发生和扩展，岩石体积发生膨胀[9]。

岩石单轴抗压强度计算公式：

$$R = \frac{P}{A} \tag{3}$$

式中：R 为岩石单轴抗压强度，MPa；P 为破坏载荷，N；A 为试件截面面积，mm^2。

平行层理抗压　　　　垂直层理抗压

垂直层理抗压

图 6　软质页岩试件及典型破坏形式

通过岩石单轴抗压强度试验可知，强风化上带页岩饱和单轴抗压强度范围为 1.41~6.32 MPa，平均值为 3.47 MPa，软化系数范围为 0.12~0.51，平均值为 0.25。强风化下带页岩饱和单轴抗压强度范围为 5.30~10.0 MPa，平均值为 7.56 MPa，软化系数范围为 0.15~0.54，平均值为 0.38（见表 2）。依据《工程岩体分级标准》（GB/T 50218—2014）3.3.3 章节规定可将强风化上带页岩定为极软岩，强风化下带页岩定为软岩。

表 2　软质页岩单轴抗压强度试验成果

试验地点	风化程度	岩石饱和抗压强度/MPa			软化系数	
		组数	单值	平均值	单值	平均值
坝址区 180 平台内测	强风化上带	28	1.41~6.32	3.47	0.12~0.51	0.25
坝址区 250 平台进水口	强风化下带	29	5.30~10.0	7.56	0.15~0.54	0.38

根据《水利水电工程地质勘察规范》（GB 50487—2008）中相关规定对较软岩（饱和单轴抗压强度区间值 15~30 MPa）的允许承载力可通过三轴压缩试验确定或按岩石单轴饱和抗压强度的 1/5~1/10 进行取值，规范中并未对软岩、极软岩的允许承载力取值进行规定。通过大量单轴抗压试验研究可知，层状软岩极限承载力可通过岩石单轴饱和抗压强度的 0.39~0.73 进行取值。

3.3 岩石点荷载强度试验

岩石点荷载强度试验是将试件置于点荷载仪上下一对球端圆锥之间，施加集中载荷直至破坏，据此求得岩石点荷载强度指数的一种间接确定岩石强度的试验方法。试验每组试件15~20个，选择试件尺寸较小一侧为加载方向，试验时应连续均匀加载，使试件控制在10~60 s内破坏，当破坏面贯穿整个试件并通过两加载点时，方为有效试验。

未经修正的岩石点荷载强度指数计算公式：

$$I_s = \frac{P}{D_e^2} \tag{4}$$

修正后的点荷载强度指数计算公式：

$$I_{s(50)} = \frac{P_{s(50)}}{D_e^2} \tag{5}$$

点荷载强度指数换算饱和单轴抗压强度计算公式：

$$R_c = 22.82 I_{s(50)}^{0.75} \tag{6}$$

径向试验 $D_e = D$；轴向试验$D_e = \sqrt{\frac{4A}{\pi}}$；方块和不规则块体试验$D_e = \sqrt{\frac{4WD}{\pi}}$。

式中：I_s 为未经修正的点荷载强度指数，MPa；P 为破坏荷载，N；R_c 为岩石饱和单轴抗压强度，MPa；$I_{s(50)}$ 为修正后的点荷载强度指数，MPa；$P_{s(50)}$ 为 D_e 为 2 500 mm^2 时对应破坏荷载值；D_e 为等价岩芯直径；A 为通过两加载点的最小截面积，mm^2；W 为通过两加载点的最小截面宽度或平均宽度，mm。

试验中利用点荷载试验方法对马来西亚巴蕾水电站坝址区不同风化页岩进行岩基强度分析研究，对页岩物力力学性能的定量评价分析提供可靠数据。本次研究强风化页岩上带页岩共计18组，点荷载强度指数范围0.055~0.224 MPa，平均值为0.070 MPa；强风化页岩下带页岩共计6组，点荷载强度指数范围0.149~0.357 MPa，平均值为0.238 MPa（见表3）。大量试验结果表明，单轴抗压强度一般是点荷载强度的25~35倍，因此《工程岩体分级标准》（GB/T 50218—2014）中做出相应规定，饱和单轴抗压强度 R_c 是点荷载强度指数 $I_{s(50)}^{0.75}$ 的22.82倍[10]。通过大量点荷载强度试验表明，软质页岩极限承载力可通过点荷载强度指数进行取值。

表3　软质页岩点荷载强度试验成果

试验地点	风化程度	点荷载强度指数 $I_{s(50)}$ /MPa			换算单轴饱和抗压强度 R_c/MPa	
		组数	单值	平均值	单值	平均值
坝址区180平台内测	强风化上带	18	0.055~0.224	0.085	2.57~7.42	3.59
坝址区250平台进水口	强风化下带	6	0.149~0.357	0.238	5.46~10.5	7.78

4 结论

通过对层状软质页岩的多种试验方法研究，从不同角度阐述软质页岩的力学特性。经研究可得以下结论：

（1）点荷载试验可以算出岩石点荷载强度指数，通过公式换算得出单轴抗压强度。利用点荷载强度指数可以直接推算出岩体地基承载力。

（2）层状强风化软质页岩饱和单轴抗压强度是点荷载强度指数值的25~35倍，页岩岩体极限承载力是饱和单轴抗压强度值的0.39~0.73倍。

（3）点荷载试验、单轴抗压试验评价岩基强度和承载力，可以做到现挖现测，对每个开挖层面的岩体进行具体指导。与岩石载荷试验相比，点荷载和单轴抗压更简单便捷、经济实用。三种力学试验方法配合使用，对坝址区持力层的选择具有重要的指导性意义。

参考文献

[1] 叶海林，方玉树，顾宏伟，等. 岩石地基承载力确定方法评述［J］. 后勤工程学院学报，2007（3）：1-6.
[2] 董平，曹健，姜永基. 点荷载试验评价孔底岩基强度和承载力的方法［J］. 岩土力学，2001（1）：92-95.
[3] 高文华，朱建群，张志敏，等. 软质岩石地基承载力试验研究［J］. 岩石力学与工程学报，2008（5）：953-959.
[4] 何沛田，黄志鹏，邬爱清. 确定软岩岩体承载能力方法研究［J］. 地下空间，2004（1）：89-93，141.
[5] 李亮，傅鹤林，冷伍明. 岩石地基承载力标准值的确定［J］. 长沙铁道学院学报，1998（1）：12-17.
[6] 王吉盈，崔文鉴. 岩石地基承载力的合理确定［J］. 铁道工程学报，1994（1）：62-68.
[7] 罗坤，杨育文. 中风化软质岩石地基承载力及桩端阻力的取值探讨［J］. 勘察科学技术，2009（2）：12-14，18.
[8] 李培勇，杨庆，栾茂田. Hoek-Brown 岩石破坏经验判据确定岩石地基承载力的修正［J］. 岩土力学，2005（4）：664-666.
[9] 黄子爵. 岩石地基承载力的确定分析［C］//重庆岩石力学与工程学会第一届学术讨论会论文集. 1992：75-77.
[10] 朱甲龙. 浅谈岩石地基承载力确定方法［J］. 治淮，2014（7）：14-15.

区域辐射差异对土工合成材料光老化的影响研究

傅　峰

（上海勘测设计研究院有限公司，上海　200434）

摘　要：太阳辐射量是土工合成材料光老化的主要影响因素，本文通过研究典型地区的太阳辐射量，提出应用于不同地区的土工合成材料，应根据工程所在地区的太阳辐射量来修正实验室加速老化的循环周期，从而满足材料设计使用年限，保证工程安全。

关键词：光老化；太阳辐射能；区域差异

土工合成材料通常分为土工织物、土工膜、土工复合材料、土工特种材料四类，起着加筋、防护、过滤、排水、防渗及生态防护等作用[1]。经过几十年发展，现已成为继钢材、水泥、木材之后的第四大建筑材料。从成分来说，土工合成材料大多是以人工合成的高分子聚合物加工而成的，因此在实际工程中易受温度、湿度、光照、酸碱度等影响产生老化现象，从而影响材料的物理力学性能，影响工程质量[2]。因此，研究土工合成材料的老化问题显得日趋重要，在影响土工合成材料老化的各种外因中，太阳光的辐射起着最为重要的作用[3-4]。

1　光老化研究现状

土工合成材料的光老化试验方法基本有两大类，一类是自然气候暴露试验，该试验方法由于耗费周期长，且不可控因素多，目前国内外已开展的相关研究较少[5-6]。另一类是实验室光源暴露，该试验通过在实验仪器里模拟材料的实际使用环境，并通过放大某些影响因子，从而达到加速老化的目的[7-8]。这类试验耗时短，且因素可控，在工程使用中，常采用此方法确定土工合成材料的老化程度。研究表明，在特定地区两类试验之间存在一定的相关性[9]，并通过计算得到荧光紫外老化试验的加速倍数，从而实现用实验室光源的老化试验结果去预测自然老化试验时间。

但在工程实际中，一般未考虑地区辐射量的差异。以土工织物为例，目前工程实际应用中常采用荧光紫外灯［UVB－313 灯管，循环条件为 4 h 光照，黑板温度（60±3）℃，4 h 冷凝，黑板温度（50±3 ℃）］，以循环 96 h 后拉伸强度保持率≥90%判断合格与否。此操作由于未考虑太阳辐射能的区域差异，所以在假设其他影响因素不变的前提下，以循环 96 h 为某个地区的基准试验，当工程处于比基准试验太阳辐射能更大地区时，其实际老化失效时间变少，基准试验合格的材料，在该地区实际服役期限可能不合格，从而导致工程失效。因此，有必要研究太阳辐射量的地区差异，根据工程所在地区的太阳辐射量，在基准试验的基础上来调整实验室紫外加速老化的时间，从而更好地模拟工程实际，保证工程质量安全。

2　典型地区太阳辐射量分析

2.1　全国太阳辐射量区域分布

我国太阳总辐射总体呈“高原大于平原、西部干燥区大于东部湿润区”的分布特点，与各地的纬度、海拔、地理状况和气候条件有关。我国总面积 2/3 以上地区年日照时数大于 2 000 h，全国太阳辐射总量等级和区域分布见表 1。

作者简介：傅峰（1991—），女，工程师，主要从事工程材料检测及性能研究工作。

表 1　全国太阳辐射总量等级和区域分布

名称	年总量/（MJ/m²）	年总量/（kW·h/m²）	年平均辐照度/（W/m²）	占国土面积/%	主要地区
Ⅰ类地区	≥6 300	≥1 750	≥200	约 22.8	内蒙古额济纳旗以西、甘肃酒泉以西、青海 100°E 以西大部分地区、西藏 94°E 以西大部分地区、新疆东部边缘地区、四川甘孜部分地区
Ⅱ类地区	5 040~6 300	1 400~1 750	160~200	约 44.0	新疆大部、内蒙古额济纳旗以东大部、黑龙江西部、吉林西部、辽宁西部、河北大部、北京、天津、山东东部、山西大部、陕西北部、宁夏、甘肃酒泉以东大部、青海东部边缘、西藏 94°E 以东、四川中西部、云南大部、海南
Ⅲ类地区	3 780~5 040	1 050~1 400	120~160	约 29.8	内蒙古 50°N 以北、黑龙江大部、吉林中东部、辽宁中东部、山东中西部、山西南部、陕西中南部、甘肃东部边缘、四川中部、云南东部边缘、贵州南部、湖南大部、湖北大部、广西、广东、福建、江西、浙江、安徽、江苏、河南
Ⅳ类地区	<3 780	<1 050	<120	约 3.4	四川东部、重庆大部、贵州中北部、湖北 110°E 以西、湖南西北部

2.2　典型地区的太阳辐射量分析

由于太阳辐射量具有随机性，根据各年的太阳辐射数据来计算相关的工程设计参数其结果会有很大的误差。因此，要根据多年的气象数据得出具有代表性的太阳辐射数据。

Ⅰ类地区全年日照时数为 3 000~3 300 h，以西藏日喀则和甘肃敦煌为例。

根据日喀则气象站相关资料（1999—2018 年），绘制其总辐射年际变化图年内变化图如图 1、图 2 所示，计算得到其多年平均总辐射量为 2 208.00 kW·h/m²。

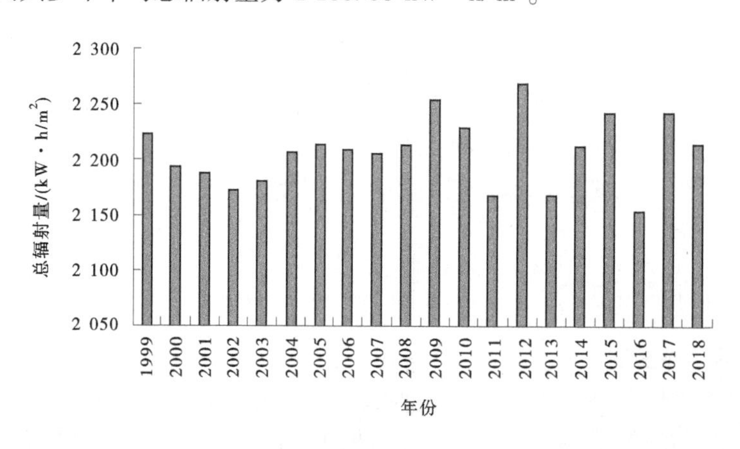

图 1　总辐射量年际变化

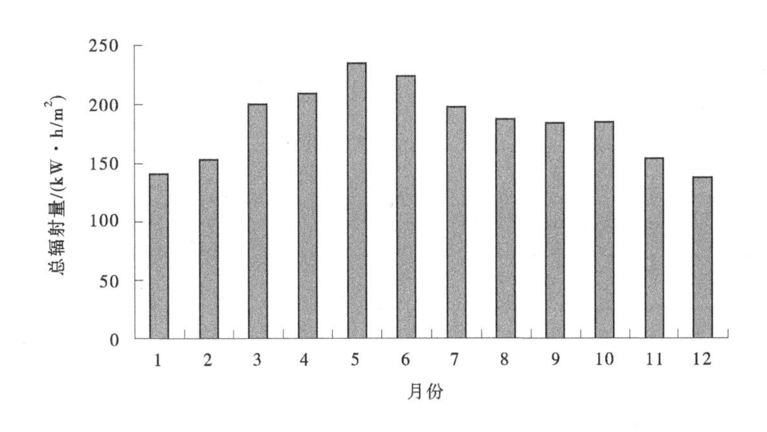

图 2　总辐射量年内变化

敦煌市地处甘肃西北部内陆，四季分明，昼夜温差大，日照时间长，属典型的暖温带干旱性气候。根据敦煌气象站 1977—2007 年气象资料分析，其累年月太阳总辐射量如表 2 所示，经计算得到多年平均年太阳总辐射量为 1 771.49 kW·h/m^2。

表 2　敦煌地区累年月太阳总辐射量

月份	总辐射量/（kW·h/m^2）	月份	总辐射量/（kW·h/m^2）
1	82.25	7	207.48
2	100.12	8	192.53
3	143.99	9	161.04
4	175.67	10	128.91
5	211.30	11	87.97
6	208.71	12	71.53
—	—	全年	1 771.49

Ⅱ类地区全年日照时数为 2 200~3 000 h，以甘肃酒泉以东大部为例。根据甘肃省太阳能总辐射分布图分析可知，中部地区（金昌、武威、民勤的全部，古浪、天祝、靖远、景泰的大部，定西、兰州市、临夏部分地区，环县部分地区及甘南州玛曲的部分地区）太阳辐射量为 1 500.00~1 600.00 kW·h/m^2，南部（天水、陇南、甘南地区大部）地区相对较低，太阳总辐射量为 1 300.00~1 450.00 kW·h/m^2。

Ⅲ类地区全年日照时数为 1 400~2 200 h，以安徽芜湖和上海为例。

安徽芜湖属亚热带湿润季风气候，安徽省各地年总辐射量在 1 261.11~1 516.67 kW·h/m^2。淮北年总辐射量在 1 397.22~1 516.67 kW·h/m^2，最大值出现在亳州；江淮 1 375.00~1 447.22 kW·h/m^2，江南 1 261.11~1 369.44 kW·h/m^2，黄山周围是全省最低值区。采用美国国家航空和太空管理局（NASA）资料分析，芜湖多年平均太阳辐射量为 1 368.20 kW·h/m^2。

上海市位于中纬度地区的太平洋西海岸，属亚热带海洋性季风气候。上海日照条件较为充足，多年平均日照时数为 2 014 h。根据宝山气象站 1961—2007 年的太阳辐射观测数据统计，其累年月太阳总辐射量如表 3 所示，其多年均太阳年总辐射量为 1 280.19 kW·h/m^2。

表 3　上海地区累年月太阳总辐射量表

月份	总辐射量/（kW·h/m^2）	月份	总辐射量/（kW·h/m^2）
1	68.07	7	154.84
2	74.24	8	149.01
3	97.74	9	113.06
4	117.14	10	100.02
5	136.50	11	76.16
6	125.56	12	67.83
—	—	全年	1 280.19

Ⅳ类地区全年日照时数 1 000～1 400 h，以四川东部为例，其年均太阳总辐射量在 1 000.00 kW·h/m^2 左右。

3　太阳辐射区域差异对室内老化的循环周期影响

由太阳辐射量分析可知，上述典型区域太阳总辐射量最高为 2 208.00 kW·h/m^2，最低为 1 000.00 kW·h/m^2，地区分布差异较大。因此，采用实验室光源暴露试验评价材料的老化性能时，要考虑工程所在区域的太阳辐射量差异。以土工布为例，同一类材料用于不同地区的工程中，为了满足同一设计使用年限，在加速倍数等其他条件不变的情况下，则室内老化循环周期修正系数应该与总辐射量与基准辐射量的比值一致。假设以上海地区的为基准试验，循环 96 h 后拉伸强度保持率≥90%判断合格，则老化循环周期在其他典型地区相应的修正系数如表 4 所示。

表 4　太阳辐射量区域差异修正系数

典型地区	年均太阳总辐射量/（kW·h/m^2）	修正系数
日喀则（Ⅰ类地区）	2 208.00	1.7
敦煌（Ⅰ类地区）	1 771.49	1.4
甘肃中部（Ⅱ类地区）	1 600.00（取区间上限）	1.2
安徽芜湖（Ⅲ类地区）	1 368.20	1.1
上海（Ⅲ类地区）	1 280.19	1.0
四川东部（Ⅳ类地区）	1 000.00	0.8

4　结论与展望

（1）不同地区的太阳辐射量差异较大，在室内加速老化试验时应考虑该因素的影响，以满足材料实际服役期限。

（2）根据典型区域多年均太阳总辐射量的不同，提出了基于基准试验的室内老化循环周期修正系数。

（3）本文仅研究太阳辐射量的影响，对于实际气候中的温湿度等差异未考虑，后续应开展综合研究。

参考文献

[1] 龚晓南，李海芳．土工合成材料应用的新进展及展望［J］．地基处理，2002，13（1）：10-15.

[2] 陈玉英．土工合成材料的应用［J］．河南水利与南水北调，2004（2）：25.

[3] 杨旭东，丁辛．土工合成材料的老化性能研究［J］．合成材料老化与应用，2001（2）：34-39.

[4] 郑智能，凌天清，李东升．土工合成材料的光氧老化试验研究［J］．重庆交通大学学报（自然科学版），2004，23（6）：67-69.

[5] 塑料 太阳辐射暴露试验方法 第1部分：总则：GB/T 3681.1—2021［S］.

[6] 塑料 太阳辐射暴露试验方法 第2部分：直接自然气候老化和暴露在窗玻璃后气候老化：GB/T 3681.2—2021［S］.

[7] 塑料 实验室光源暴露试验方法 第3部分：荧光紫外灯：GB/T 16422.3—2022［S］.

[8] 土工合成材料测试规程：SL 235—2012［S］.

[9] 蒋文凯，王钊，姚焕玫．土工合成材料光老化试验的研究［J］．路基工程，2006（2）：37-40.

基于孔隙介质理论的堤防隐患数值模拟研究

宋朝阳[1,2]　何鲜峰[1]　李姝昱[1]　潘纪顺[2]　陶俊杰[3]

（1. 黄河水利科学研究院，河南郑州　450003；2. 华北水利水电大学，河南郑州　450046；
3. 河南省水利第一工程局集团有限公司，河南郑州　450000）

摘　要：确保堤防安全对防洪防汛工作具有重要意义。目前基于地震波速度的堤防隐患探测并未对影响地震波速度的因素进行定量的分析。针对此问题，本文基于孔隙介质理论，求解了非饱和土中的地震波速度，分析了地震波速度与地震波频率和非饱和土孔隙水饱和度的关系，进而利用地震 CT 数值计算了堤防非饱和土孔隙水饱和度。计算结果表明，在堤防非饱和土孔隙水饱和度高于或者低于背景孔隙水饱和度的情况下，反演结果能够准确显示异常区域的位置，以及异常区域孔隙水饱和度。本文为利用孔隙水饱和度分析判断堤防隐患提供了参考。

关键词：孔隙介质；饱和度；波速；地震 CT

1　引言

我国堤防时空跨度大，遗留隐患多，加上运行时间较长，致使许多堤防带病运行。堤防裂缝、孔洞常被水或者空气填充，而水、空气与堤身填筑料的物性差异为利用高密度电法、探地雷达法和瞬变电磁法等物探方法进行隐患探测提供了条件[1-6]。目前基于地震波速度的隐患探测主要依据堤防非饱和土地震波速度异常分析隐患类型、位置和大小，但对于地震波速度异常的原因，并没有给出定量的分析。本文基于孔隙介质理论[7-8]，求解堤防非饱和土的地震波速度[9-10]，分析地震波频率和非饱和土含水饱和度对波速的影响。进而利用地震 CT 对堤防非饱和土饱和度进行了反演，通过对饱和度的分析判断堤防隐患位置和大小。

2　非饱和土波速求解

假定堤防非饱和土是由固体、液体和气体组成的三相统计各向同性介质，根据混合物理论有如下非饱和土的动力控制方程[11]：

$$
\begin{cases}
-\overline{Q}^{\mathrm{f}}_{i,i} = \alpha_{11}\dot{u}_{k,k} + \alpha_{12}\Delta\dot{p}_{\mathrm{f}} \\
-\overline{Q}^{\mathrm{g}}_{i,i} = \alpha_{21}\dot{u}_{k,k} + \alpha_{22}\Delta\dot{p}_{\mathrm{f}} + \alpha_{23}\Delta\dot{p}_{\mathrm{g}} \\
(\lambda+2\mu)u_{k,ki} + \mu u_{i,kk} = -\left(1-\dfrac{\gamma}{s}\right)b^{\mathrm{f}}\overline{Q}^{\mathrm{f}}_i + \dfrac{\gamma}{s}\rho_{\mathrm{f}}\dot{\overline{Q}}^{\mathrm{f}}_i + \left(\bar{\rho}_{\mathrm{s}} + \dfrac{\gamma}{s}\bar{\rho}_{\mathrm{f}}\right)\ddot{u}_i - b^{\mathrm{g}}\overline{Q}^{\mathrm{g}}_i \\
-s\Delta p^{\mathrm{f}}_{i,i} = b^{\mathrm{f}}\overline{Q}^{\mathrm{f}}_i + \rho_{\mathrm{f}}\dot{\overline{Q}}^{\mathrm{f}}_i + \bar{\rho}_{\mathrm{f}}\ddot{u}_i \\
-(1-s)\Delta p^{\mathrm{g}}_{i,i} = b^{\mathrm{g}}\overline{Q}^{\mathrm{g}}_i + \rho_{\mathrm{g}}\dot{\overline{Q}}^{\mathrm{g}}_i + \bar{\rho}_{\mathrm{g}}\ddot{u}_i
\end{cases}
\tag{1}
$$

基金项目：黄河下游堤防险情驱动机制及安全监控与预警理论和方法研究（U2243223）；黄河水利科学研究院基本科研业务费专项（HKY-JBYW-2021-10）。

作者简介：宋朝阳（1988—），男，主要从事地球物理和水利工程方面的研究工作。

式中，

$$
\begin{cases}
\alpha_{11} = sn\left(1 + \dfrac{1-n}{n}\alpha_1 - \alpha_2\right) \\
\alpha_{12} = sn\left(\beta_{\mathrm{f}} + \dfrac{1-n}{n}\beta_1 - \beta_2\right) \\
\alpha_{21} = sn\left(\dfrac{1-s}{s} + \dfrac{1-s}{s}\dfrac{1-n}{n}\alpha_1 + \alpha_2\right) \\
\alpha_{22} = sn\left(\dfrac{1-s}{s}\dfrac{1-n}{n}\beta_1 + \beta_2\right) \\
\alpha_{23} = (1-s)\,n/p^{\mathrm{g}}
\end{cases}
\tag{2}
$$

式中：下标 s、f、g 分别表示固相、液相及气相；介质绝对密度分别为 ρ_{s}、ρ_{f}、ρ_{g}、n 为孔隙度；s 为饱和度；β_{s} 为土颗粒材料的压缩系数；β_{p} 为由接触点上的集中力引起的土颗粒的压缩系数；β 为土骨架的不排水压缩系数；β_{f} 为流体的压缩系数；k_{f}、k_{g} 分别为液体与气体相对于固体的渗透系数；$-\overline{Q}^{\mathrm{f}}_{i,i}$、$p^{\mathrm{g}}_{i,i}$ 分别为体积流和压力；u 为位移。

对式（1）进行散度运算，可求得非饱和土中 3 种纵波（P1、P2、P3）速度。

3　波速与频率、孔隙度的关系

在求取纵波波速的基础上，利用数值计算分析了纵波速度与非饱和土孔隙水饱和度的相关关系。本文非饱和土参数来源于文献［11］，部分参数见表 1。

表 1　非饱和土计算参数

孔隙度	ρ_{s}/ (kg/m^3)	ρ_{f}/ (kg/m^3)	ρ_{g}/ (kg/m^3)	β_{s}/ Pa^{-1}	β_{f}/ Pa^{-1}	β_{p}/ Pa^{-1}	k_{f}/ (m/s)	k_{g}/ (m/s)
0. 5	2 600	1 000	1. 29	5×10^{-8}	2.5×10^{-8}	1×10^{-9}	4×10^{-4}	6×10^{-4}

3. 1　波速与频率的关系

取非饱和土孔隙度为 0. 5，地震波频率变化范围为 $10^{-2}\sim10^{10}$ Hz。由图 1 可知，在非饱和土中 P1 波速度最大，P3 波速度最小，P2 波速度介于两者之间。3 种纵波速度在低频段和高频段基本保持不变，在中间频段变化明显。其中 P1 波在低频段的波速为 998 m/s，在高频段的波速为 1 291 m/s。

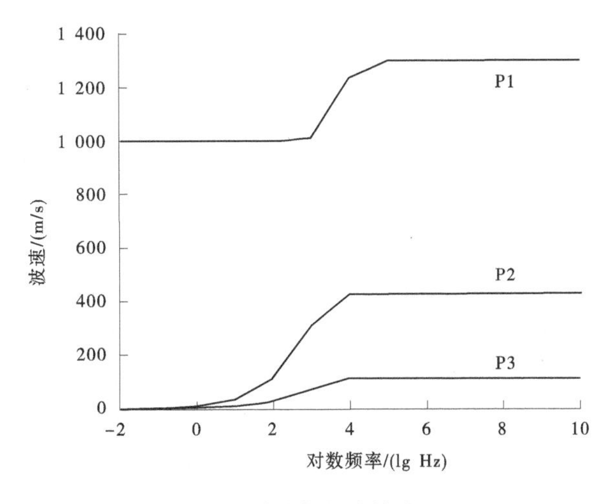

图 1　波速与频率的关系

3.2 波速与饱和度的关系

取非饱和土孔隙度为0.5，地震波频率为100 Hz。P1波速度与非饱和土孔隙水饱和度的变化曲线如图2所示。随着饱和度增加，P1波的速度逐渐增大，P1波速度与非饱和土孔隙水饱和度近线性关系。当饱和度为0.1时，非饱和土P1波速度为972 m/s；当饱和度为0.7时，非饱和土P1波速度为1 150 m/s。

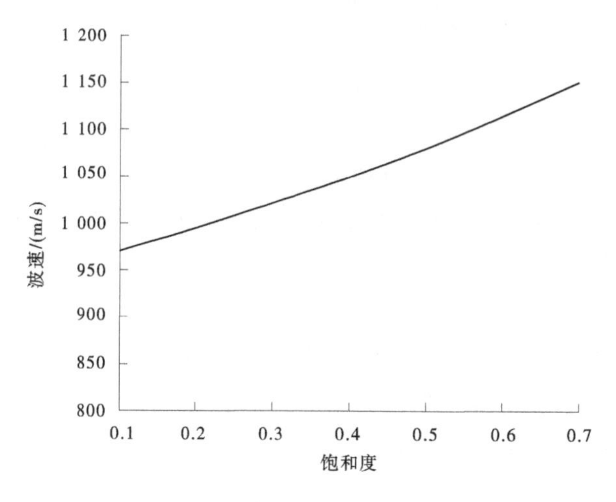

图2 波速与饱和度的关系

4 地震波CT原理

地震波CT是结合同一平面上的注水试验孔、芯样取样孔开展，由其中一只钻孔激发地震波，另一只钻孔接收地震波，在两边之间做出大量交叉的地震波射线，读取各地震波射线的初至时间，把每一条射线的激发点坐标、接收点坐标和地震波初至时间输入计算机，将断面之间划分为$M \times N$个小单元，经计算机多次迭代拟合运算，得到断面上各单元的地震波速度，做出声速等值线图和色谱图[12]。根据断面上地震波速度及分布评价堤防土体的饱和度。

ART算法是地震波CT常用的反演方法[13]，其迭代修正公式为

$$f_j^{q,\ i+1} = f_j^{q,\ i} + \mu \frac{a_{ij}}{\sum_j a_{ij}^2}(T_i - T_i^q) \tag{3}$$

式中：μ为弛豫参数，$0<\mu \leqslant 1$，当$\mu=1$时即为典型修正公式，加入弛豫参数的目的是增加计算的稳定性；f表示图像函数像元内的平均值；a_{ij}表示像元位置；T表示走时。

5 数值计算

建立非饱和土饱和度模型，主要参数见表1，模型饱和度分别为0.2和0.3，见图3。图3（a）中异常区域饱和度分别为0.4和0.7，图3（b）中异常区域饱和度分别为0.7、0.1和0.6。

利用ART算法对饱和度模型进行反演计算，反演结果见图4。对比图4（a）与图3（a）可知，对于饱和度为0.2的堤防模型，反演结果显示存在两处异常，饱和度分别为0.4和0.7，但在0.7附近存在假异常。对比图4（b）与图3（b）可知，对于饱和度为0.3的堤防模型，反演结果显示存在3处异常，饱和度分别为0.7、0.1和0.6，但在0.7附近存在假异常。

反演结果表明，基于孔隙介质理论，利用地震CT能够识别堤防非饱和土孔隙水饱和度异常区域的位置，并得到孔隙水饱和度。但在真异常附近会存在假异常，在进行分析判断堤防隐患时需要注意甄别。

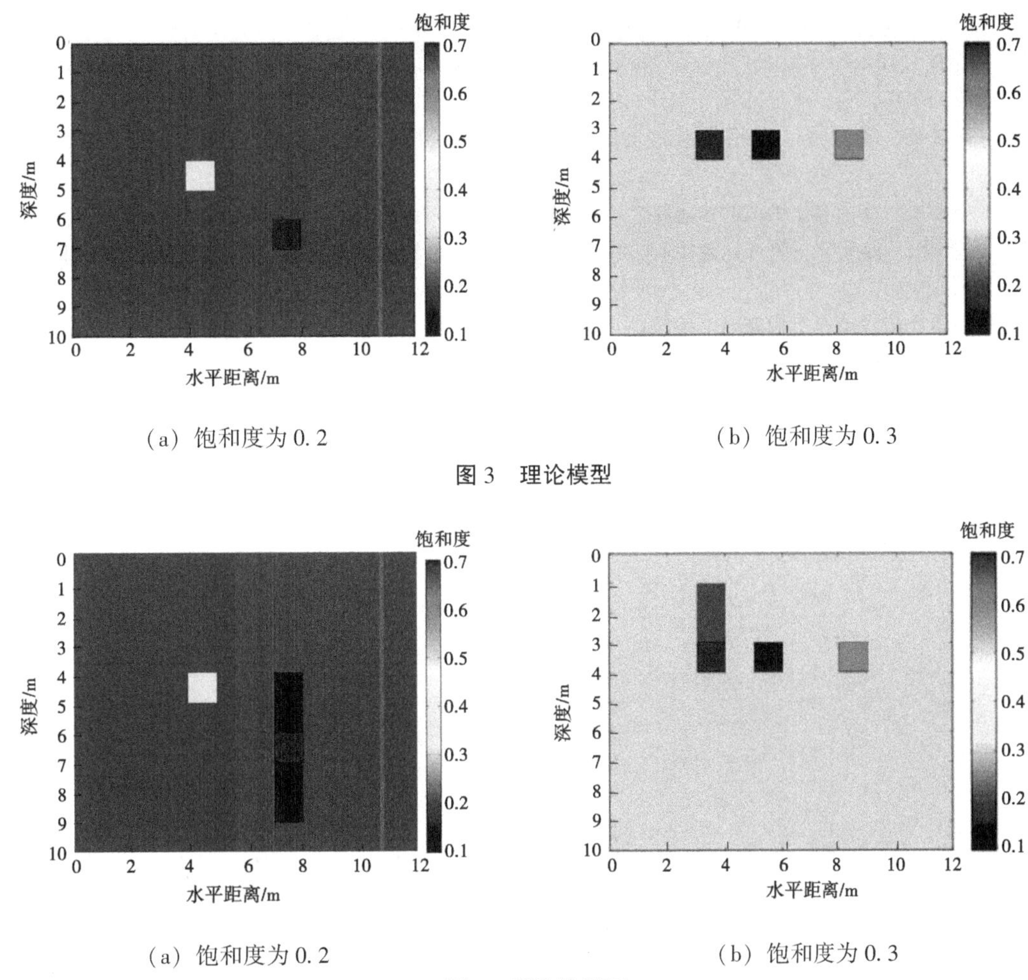

（a）饱和度为 0. 2　　（b）饱和度为 0. 3

图 3　理论模型

（a）饱和度为 0. 2　　（b）饱和度为 0. 3

图 4　反演结果图

6　结论

本文基于孔隙介质理论计算了堤防非饱和土波速与地震波频率和孔隙水饱和度的相关关系。同时利用地震 CT 对堤防非饱和土孔隙水饱和度进行了数值计算。计算结果表明，当孔隙度一定时，地震波速度与孔隙水饱和度呈近线性相关关系，且在低频段地震波速度不随地震波频率的变化而变化。利用地震 CT 的方法能够较好地识别出堤防孔隙水饱和度异常的区域，但在进行分析判断堤防隐患时，需注意甄别假异常。本研究为利用堤防非饱和土孔隙水饱和度分析判断堤防隐患提供了参考。

参考文献

[1] 周杨，李新，冷元宝，等．黄河堤防隐患探测技术研发及展望［J］．人民黄河，2009，31（4）：27-28.

[2] 冷元宝，黄建通，张震夏，等．堤防隐患探测技术研究进展［J］．地球物理学进展，2003，18（3）：370-379.

[3] 宋朝阳，王锐，李长征，等．高密度电法探测堤防隐患研究［J］．人民黄河，2020，42（7）：104-106，141.

[4] 潘纪顺，刘宇锋，李长征，等．堤防 CT 成像的数值模拟研究［J］．人民黄河，2021，43（3）：47-51.

[5] 王运生，冷元宝．地震透射层析成像在水库工程中的应用［J］．勘察科学技术，1992（1）：56-58，55.

[6] 郝燕洁，张建强，郭成超．堤防工程险情探测与识别技术研究现状［J］．长江科学院院报，2019，36（10）：73-78.

[7] BIOT M A. Theory of propagation of elastic waves in a fluid-saturated porous solid. Ⅰ［J］. Low-frequency range：The Journal of the Acoustical Society of America，1956a，28（2）：168-178.

[8] BIOT M A. Theory of propagation of elastic waves in a fluid-saturated porous solid. Ⅱ［J］. Higher frequency range：The

Journal of the Acoustical Society of America, 28 (2): 1956b, 179-191.
[9] VARDOULAKIS I, BESKOS D E. Dynamic behavior of nearly saturated porous media [J]. Mechanics of Materials, 1986, 5 (1): 87-108.
[10] 徐长节, 徐良英, 杨园野. 三相非饱和土参数对波的传播的影响研究 [J]. 岩土力学, 2015, 36 (S2): 340-344.
[11] 徐长节, 史焱永. 非饱和土中波的传播特性 [J]. 岩土力学, 2004 (3): 354-358.
[12] 潘纪顺, 宋朝阳, 冷元宝, 等. 地震波 CT 在混凝土防渗墙质量检测中的应用 [J]. CT 理论与应用研究, 2016, 25 (3): 311-317.
[13] 杨文采. 地震层析成像在工程勘测中的应用 [J]. 物探与化探, 1993, 17 (3): 182-192.

混凝土标准养护室智能化测控系统设计

习晓红　李　省　付子兵

（江河工程检验检测有限公司，河南郑州　450003）

摘　要：针对单变量控制模式的精度不高和均匀度不足的问题，采用多变量模式对混凝土养护的温湿度偏差及温湿度均匀性进行控制。通过智能传感网络、精细分段控制、均匀性控制、组合式超声雾化等技术的应用，研制出一套混凝土标准养护智能测控系统。系统的工作过程为：多方位监测温湿度并传入控制器，由微控制器根据变量定义法则确定控温控湿输出装置的工作模式，对养护室的温湿度及均匀性实施智能控制。该系统在某大型水利枢纽工程现场试验室得以应用，运行结果表明系统的温湿度及均匀性均良好，各项指标符合规范要求，为混凝土标养提供了保证条件。

关键词：混凝土；标准养护；多变量控制；均匀性；超声雾化

混凝土标准养护室是混凝土室内性能研究的必备设施。经过标准养护的混凝土试件，取得其不同龄期的性能试验数据，作为判定混凝土性能的依据。混凝土标准养护室的温湿度控制水平、养护系统的长效运行情况直接影响到混凝土各项试验结果的准确性[1]。大量对比试验表明，当混凝土配合比及成型用料、拌和施工工艺等相同的情况下，养护温度降低或升高，同龄期混凝土抗压强度也会随之降低或升高[2]。由此可见，标准养护室的温度、湿度等控制水平对混凝土性能有重大影响，若养护条件波动过大或不符合规范要求，则混凝土性能必将遭到误判，易产生严重后果。

1　混凝土标准养护系统研究现状

在《水工混凝土试验规程》（SL 352—2020）中，混凝土标准养护要求的温度控制在（20±2）℃，湿度控制在95%以上，养护必须为雾状养护，保证试件表面为潮湿状态，但不应被水直接淋刷，其他要求应满足 SL 138 的规定[3]。

目前混凝土养护中温湿度自动控制多是采用单限值控制模式，到达设定值即停止工作，控制过程无缓冲限，极易造成控制设备的频繁动作而烧毁[4]。另外，查阅文献发现，鲜有关于温湿度均匀性控制的报道[5]，其相关的监测装置也涉及较少，混凝土标准养护室常存在空间温湿度不均匀的问题，靠近控温出口处或加湿出口的试件温湿度满足要求，而四周其他地方的试件无法保障，局部温湿度差异较大。针对这些现状，本文中研制的温湿度均匀性智能测控系统，能够较好地解决自动控制中遇到的问题，采用水媒、空气媒等相结合的方法，既满足环境温湿度控制要求，又满足温湿度均匀性要求。

2　温湿度控制系统原理及变量定义

2.1　控制系统原理

本文设计的智能测控系统是一个多变量反馈式控制系统，系统涉及的变量包含输入量、控制量和输出量，主要对温度偏差、湿度偏差、温度差异度和湿度差异度等4个量进行控制，如图1所示。

作者简介：习晓红（1984—），女，高级工程师，主要从事水利水电工程、岩土工程及混凝土性能检测技术研究工作。

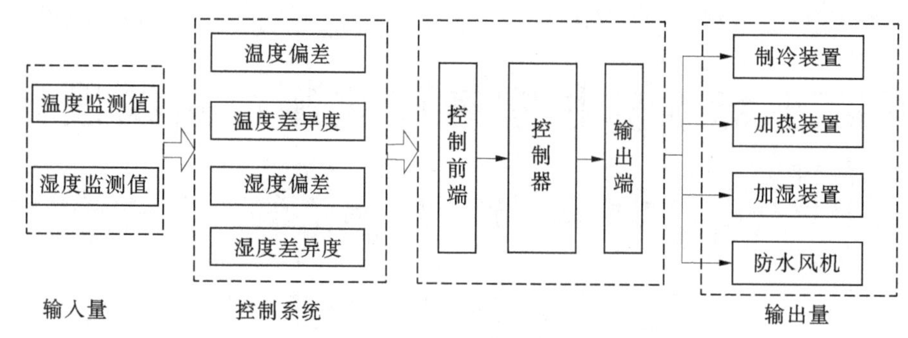

图 1 温度湿度智能控制系统

基于系统变量图，智能控制系统[6] 主要包括温湿度传感器输入、温/湿度偏差控制、温/湿度差异度控制和显示输出等功能，控制系统整体功能框图如图 2 所示。

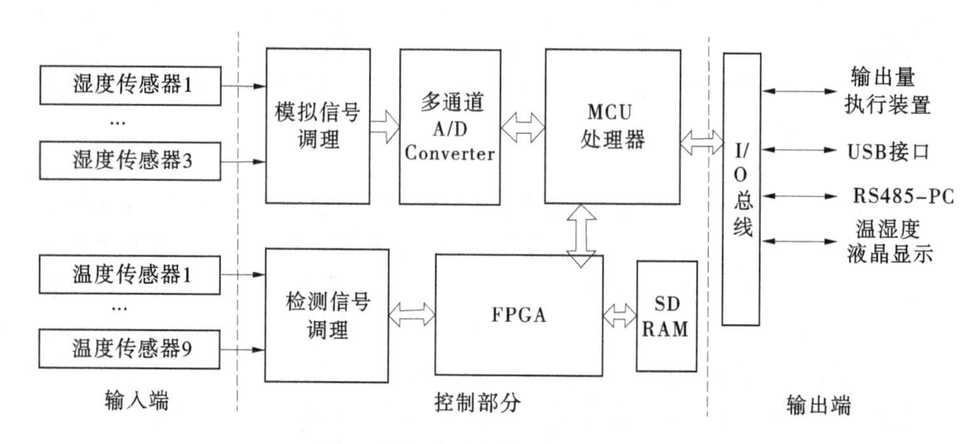

图 2 温湿度均匀性测控系统功能

2.2 输入量定义

输入量为 9 路温度监测值、3 路湿度监测值，为标准养护室提供实时温湿度监测数据和控制基础数据，便于观测整个养护空间的温度、湿度状况，如图 3 所示。

$$\begin{cases} X_1 = T_{ti} \\ X_2 = H_{tj} \end{cases} \tag{1}$$

式中：X_1 为温度监测值集；X_2 为湿度监测值集；$i=1, 2, \cdots, 9$，$j=1, 2, 3$；t 为实时监测时间。

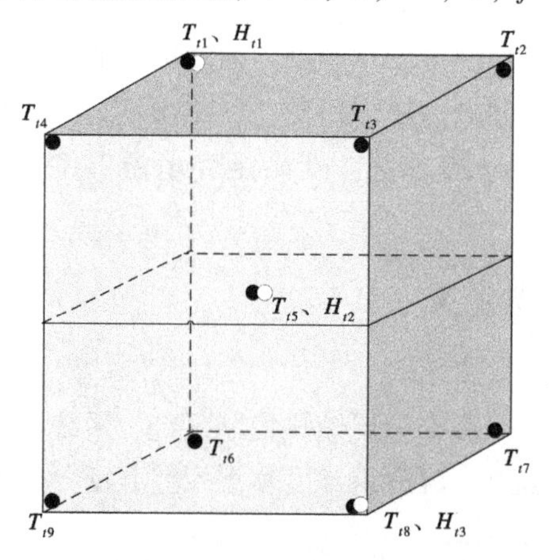

图 3 标准养护室内温/湿度测点布置

2.3 控制量定义

控制量包括温度偏差 ΔT、湿度偏差 ΔH、温度差异度 $T_{\Delta\max}$ 和湿度差异度 $H_{\Delta\max}$ 等四个变量。

温度偏差 ΔT，即为空间中心实测温度与设定值的差值，其具体定义为式（2）。

$$\Delta T = T_0 - T_{t5} \tag{2}$$

式中：T_{t5} 为中心实测温度，T_0 为设定温度。

湿度偏差 ΔH，即为中心实测湿度与设定值的差值，其具体定义为式（3）。

$$\Delta H = H_0 - H_{t2} \tag{3}$$

式中：H_{t2} 为中心实测湿度；H_0 为设定湿度。

温度差异度 $T_{\Delta\max}$ 为 9 路温度间的最大偏差，它表征养护室的温度均匀性，具体定义为式（4）。

$$T_{\Delta\max} = \max(T_{ti}) - \min(T_{ti}) \tag{4}$$

式中：max（T_{ti}）为实测温度最大值，min（T_{ti}）为实测温度最小值，$i=1$，2，…，9。

湿度差异度 $H_{\Delta\max}$ 为 3 路监测湿度间的最大偏差，它表征养护室的湿度均匀性，具体定义为式（5）。

$$H_{\Delta\max} = \max(H_{tj}) - \min(H_{tj}) \tag{5}$$

式中：max（H_{tj}）为实测湿度最大值；min（H_{tj}）为实测湿度最小值，$j=1$，2，3。

2.4 输出量定义

混凝土养护控制智能系统的输出状态包括加热装置、制冷装置、加湿装置、防水风机等 4 种执行状态，主要是针对温度偏差、湿度偏差、温度差异度和湿度差异度开展的对应输出措施。

3 温湿度智能控制系统实现

3.1 智能控制硬件设计

控制系统具体涉及的硬件为温湿度的传感器采集、MCU 控制器及对应的输出执行装置等。

3.1.1 温湿度传感器采集

采用温度传感器采集养护室的温度，湿度传感器采集养护室湿度，在养护室内布置立体监测网络[7]，对养护室内上、中、下等不同方位的温湿度进行监测，获取养护室的温湿度数据，为养护室系统提供输入量。

温度传感器采用 DS18S20Z 型测温芯片，是一款单总线接口的数字温度传感器，测温范围为 −55~125 ℃，在常用温度范围最大测量差为±0.2 ℃，测试中采用 3.3 V 供电，工作电流约为 0.7 mA，输出 9 位数字温度结果，其检测调理电路如图 4（a）所示。

湿度检测采用电容式湿敏传感器，由湿敏电容芯片表面中的高分子材料吸附环境中的水分子，引起介电常数发生变化，通过信号调理电路测量获得环境中的湿度。其信号调理电路有电荷放大器电路、全波整流电路和低通滤波电路，经 A/D 转换进入 MCU，如图 4（b）所示。

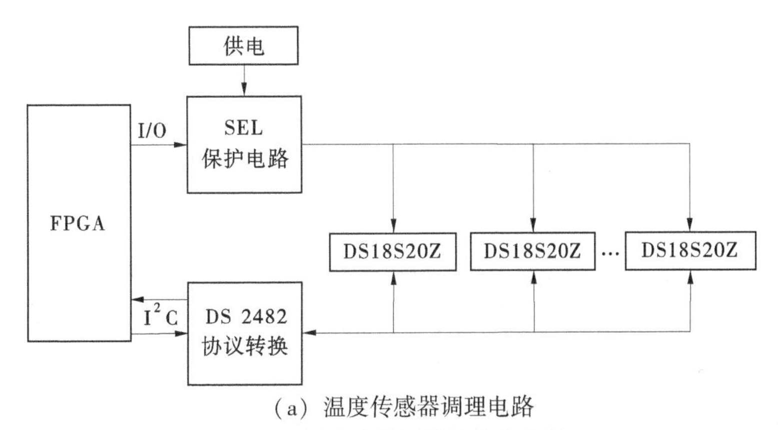

（a）温度传感器调理电路

图 4 温湿度检测模块的电路图

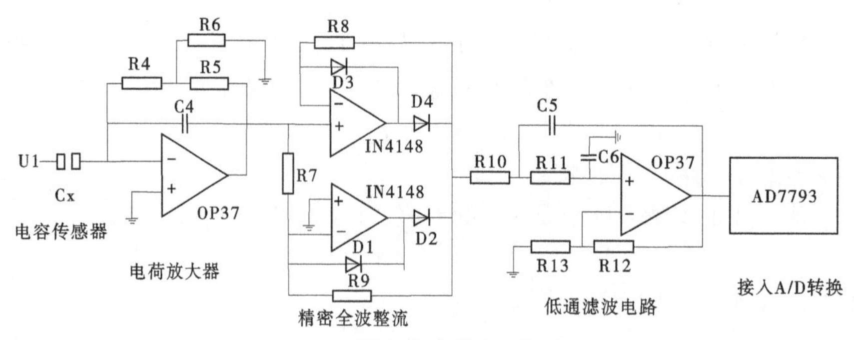

（b）湿度传感器调理电路

续图 4

3.1.2　MCU 控制器

微控制器为本系统的核心模块，可以实现对数据进行运算和处理以及对其他硬件模块进行控制的功能，硬件包含电源电路、时钟晶振电路、显示电路，SD 卡存储模块和串行通信等模块[8]，控制器最小系统设计图如图 5 所示。系统采用的主控芯片为 STC89C54RD+，整机采用 DC5V 供电，晶振模块采用三线 SPI 总线方式进行连接，显示电路采用 14 英寸液晶显示屏，串行接口通过 RXD 和 TXD 两个串口引脚通过 MAX232 和 MAX485 芯片将 TTL 电平转换为标准 RS232/RS485 通信电平。

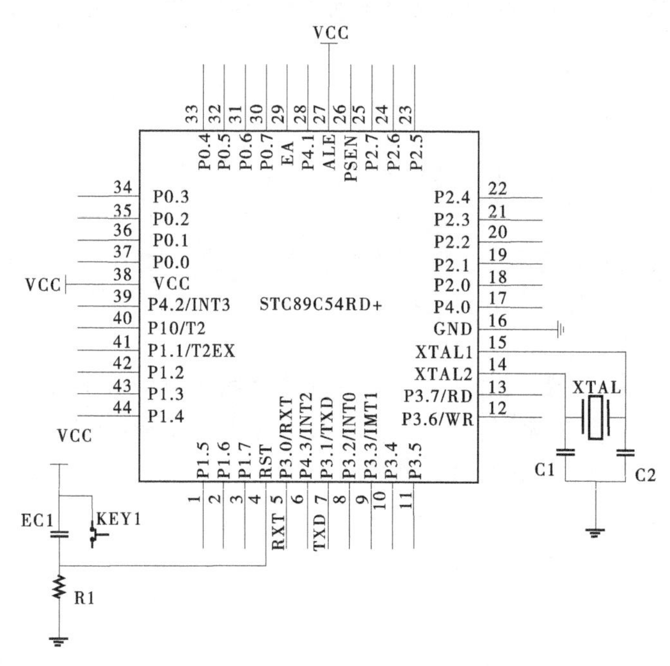

图 5　MCU 控制器最小系统设计

经过信号处理电路后的数字信号，在 MCU 控制器中进行处理，通过液晶显示电路在仪器监控界面上显示，同时可将温湿度数据存储在 SDRAM 中经 USB 口导出，也可通过 RS-485 传输到计算机进行实时监测并存储，如图 6（a）和图 6（b）所示。

3.1.3　温湿度输出装置

在智能控制系统研究中设计了采用水媒介和风媒介相结合的超声高频雾化技术作为输出量执行装置，以保证雾状养护，通过专用雾化器提供养护用雾状水，利用风机送去养护室内的恒温水管道，输出装置的功能如图 7 所示。输出装置的核心为超声雾化器的设计，采用振荡电路起振，陶瓷晶片作为超声波换能器，使养护用水达到直径在 1~10 μm 雾化颗粒。制冷输出采用专用制冷装置完成，由制冷器、雾化器、风机等组成；加热输出采用专用加热装置完成，由加热器、雾化器和风机等组成；加湿输出由雾化器和风机等组成。

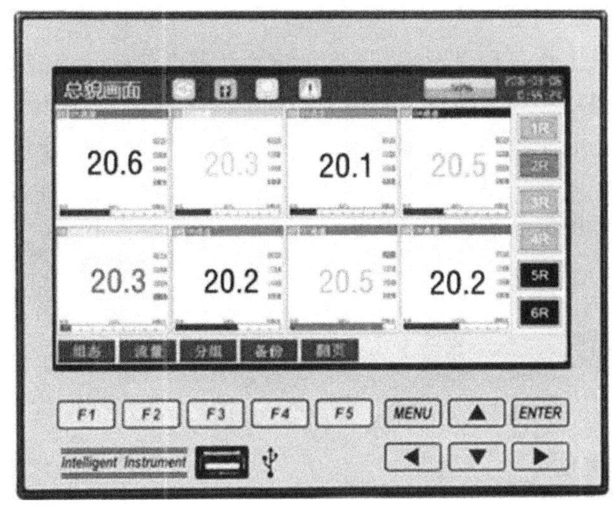

（a）智能传感器监控界面

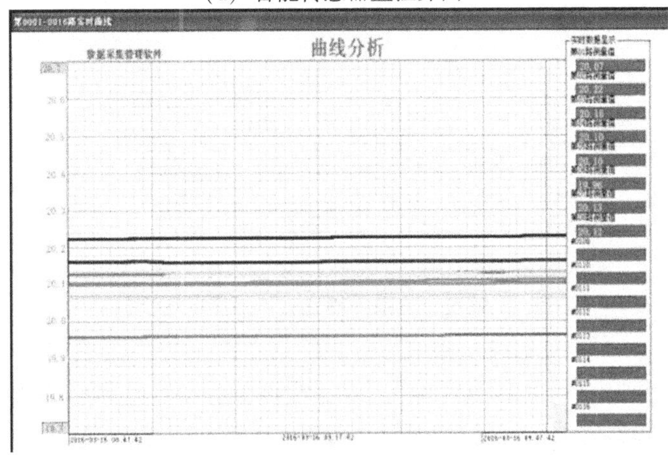

（b）温湿度显示曲线

图 6　智能传感器实时监测系统

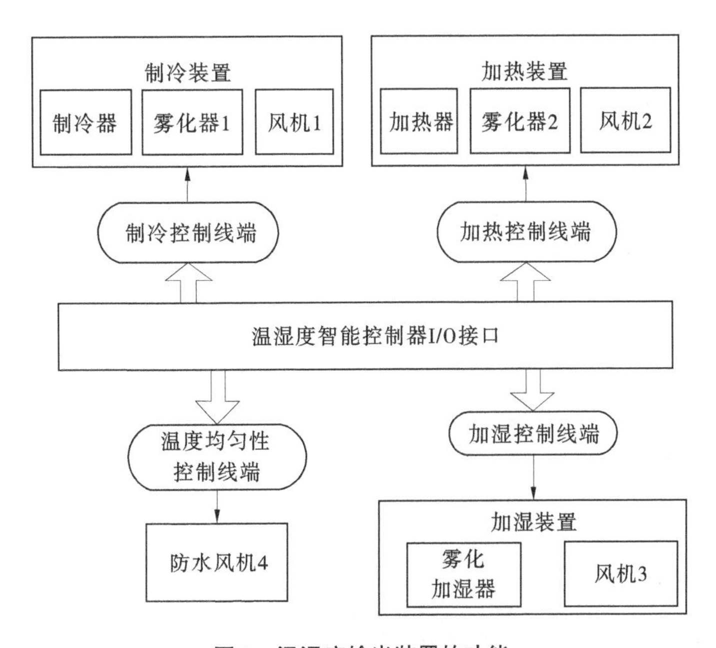

图 7　温湿度输出装置的功能

3.2 系统控制软件设计

智能养护控制系统软件工作过程见图 8，温度传感器和湿度传感器组成的立体智能网络，由 MCU 读取养护室内各方位的温湿度，为判断整个养护空间的温湿度及均匀性提供依据。在系统控制器中设定判定限值，由温度偏差控制子程序、湿度偏差控制子程序、均匀性控制子程序进行数据处理并判定结果，通过输出执行装置控制养护空间的温湿度，采用雾状水和风道增加整个养护室内的空气流动性，使整体温、湿度达标并保证其均匀性。

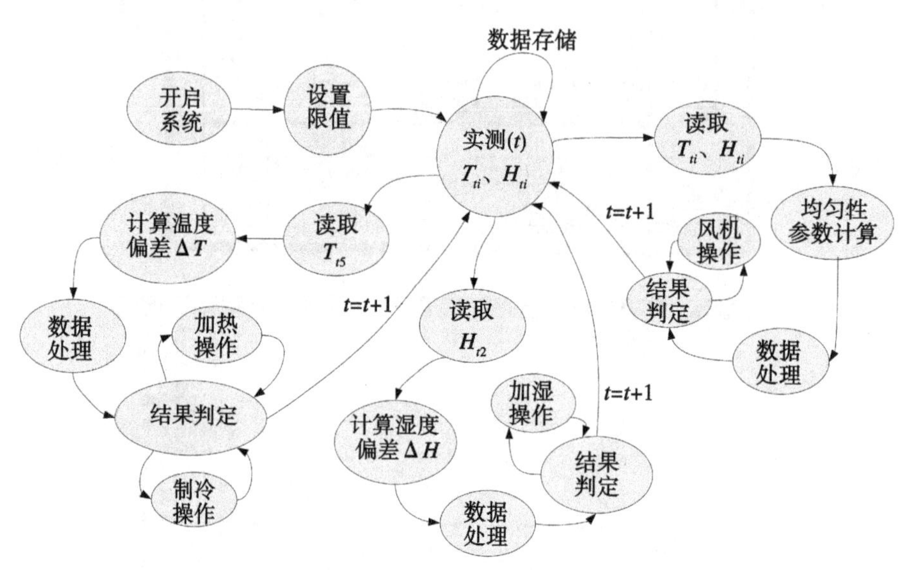

图 8 混凝土标准养护室软件整体运行状态

3.2.1 温湿度偏差控制

本文采用精细化分段控制技术对温度偏差 ΔT、湿度偏差 ΔH 等两个变量的控制，如图 9 所示，避免了制冷、加湿设备频繁启动，达到稳定运行、高效节能的控制效果。

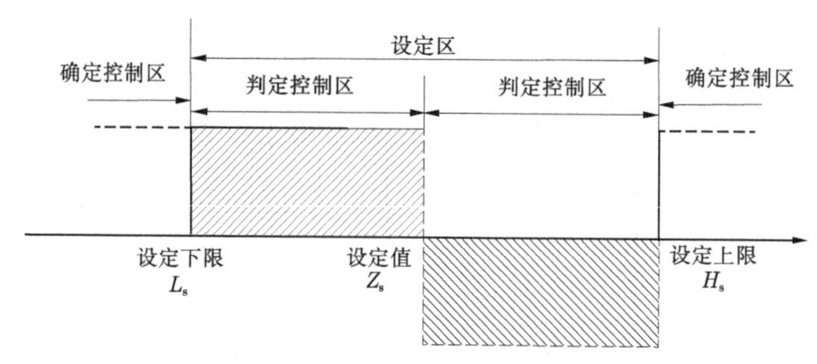

(a) 控制系统的区间设定

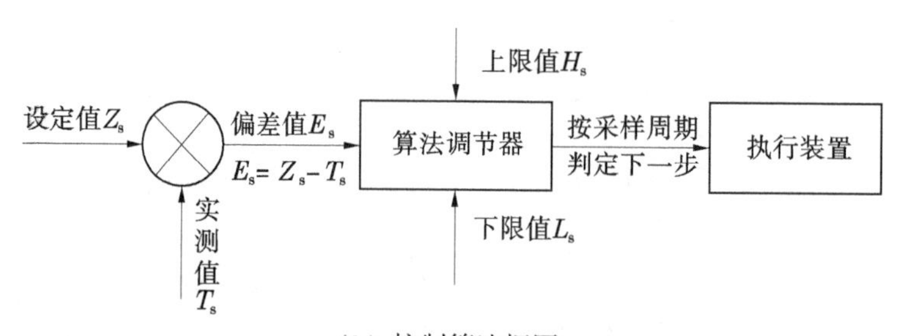

(b) 控制算法框图

图 9 分段控制模式的控制框图

本设计中将下限 L_s 设为 19.0 ℃，上限 H_s 设为 21.5 ℃，控制器采集养护空间内中心温度传感器上的信号并进行判定，在加热过程中，当温度低于 19.0 ℃时，开始加热直到 20.0 ℃停止，在 19.5~

20.5 ℃所有执行装置不启动，当温度大于21.5 ℃时，进入制冷过程，温度降至20.0 ℃时制冷停止，这样既避免了执行装置长时间疲劳工作，也避免了执行装置短期内频繁启闭。

养护室湿度应控制在95%RH以上，本系统的湿度控制下限值 L_s 为95%RH，设定值 Z_s 为98%RH，无上限值 H_s，ΔH 的控制范围应为（-3%RH~0）。控制器采集养护空间内中心湿度传感器上的信号并进行判定，在加湿过程中，当湿度低于95%RH时，ΔH<-3%RH，系统开始加湿至98%RH停止。

3.2.2 温湿度均匀性控制

养护室温湿度的均匀性是一个重要指标，温度差异度 $T_{\Delta max}$、湿度差异度 $H_{\Delta max}$ 分别反映的是多路温度、多路湿度之间的最大差值，是均匀性的具体控制指标。

在控制系统的设计中，通过输入的9个实时监测温度数据，采用C语言编制“最大值选取程序”“最小值选取程序”“比较器程序”，选定最大值和最小值，当差异度 $T_{\Delta max}$ 大于0.5 ℃时，则开启离心风机，对养护室内进行循环风工作，当差异度 $T_{\Delta max}$ 小于0.3 ℃时则停止离心风机；湿度控制同理进行，当湿度差异度 $H_{\Delta max}$ 大于2%RH时，则开启离心风机，对养护室内进行循环风工作，当差异度 $H_{\Delta max}$ 小于0.5%RH则停止离心风机。

4 控制系统的应用

4.1 控制系统性能

为了混凝土标准养护室断电5 h的保温效果，同时兼顾控制设备长期运转的耐久性，将养护室的空间结构进行合理设计，设置防护帘阻断外部空气与养护室内的对流；将控制设备放在养护室的外部，避免潮湿环境下的电气故障，安装完成后的主控制器如图10（a）所示，养护室按照设定程序进行自动运行，其运行效果如图10（b）所示。

（a）智能控制系统的主控器

24 V照明灯
中心传感器
试样架

（b）养护系统的运行效果

图10 智能养护系统的现场应用

智能控制系统研制完成后，由国家授权的计量部门对养护系统进行校准，经校准，混凝土养护系统温湿度的各项性能指标（见表1）均符合规范对混凝土养护条件的要求。

表1 混凝土温湿度均匀性控制系统性能指标

序号	指标名称	性能参数
1	温度控制范围	(20±2)℃（可调）
2	湿度控制范围	0~99%RH（可调）
3	加热功率	3.0 kW
4	制冷功率	2.5 kW

续表 1

序号	指标名称	性能参数
5	加湿功率	0.3 kW
6	自动化程度	自动运行
7	供电电源	220 V/50 Hz
8	照明电源	24 V LED
9	保温性能	5 h 内稳定

4.2 工程应用分析

本系统长期应用于某大型水利枢纽工程的现场中心试验室，其中施工期的 2019 年 7 月至 2020 年 6 月期间，统计每月的 5 日、15 日、25 日的正午 12 时的养护室中心温度、湿度数据（见表 2），将其绘制成统计曲线，如图 11（a）、（b）所示。经过一年以上的自动运行，养护室的温度、湿度符合（20±2）℃、95%RH 以上要求，长期运行平稳，温湿度波动较小，偏离较少，故障率低。

表 2 在 2019 年 7 月至 2020 年 6 月各月选取温度、湿度数据

日期（年-月）	5 日		15 日		25 日	
	温度/℃	湿度/%RH	温度/℃	湿度/%RH	温度/℃	湿度/%RH
2019-07	20.4	97.9	20.7	98.1	20.4	98.3
2019-08	20.8	97.8	21.0	97.3	20.9	97.1
2019-09	20.7	97.4	20.3	97.1	20.6	97.1
2019-10	20.5	96.4	20.5	96.2	20.1	97.3
2019-11	19.7	96.7	19.5	97.1	19.8	96.8
2019-12	20.0	97.4	19.8	97.3	19.5	96.7
2020-01	19.4	97.2	19.5	96.5	19.7	96.8
2020-02	20.1	96.4	19.4	96.3	19.8	96.9
2020-03	19.7	97.0	20.3	96.3	20.5	96.6
2020-04	20.2	96.2	20.5	96.5	20.1	97.3
2020-05	19.7	98.1	19.6	97.6	20.4	97.8
2020-06	20.1	97.7	20.4	97.7	20.5	97.3

在应用过程中，温湿度符合规范的要求，混凝土试件的性能在适宜的环境中养护，为试样性能数据的判定提供可靠的基础条件，防止混凝土试件因养护问题带来的数据误判。

5 结论

混凝土标准养护室智能测控系统经过研制和工程应用，可得出如下结论：

（1）利用多路温度、湿度传感器对养护室进行实时监测，有利于全面获取养护空间内的环境状况，为控制系统提供真实、全面的数据资源。

（2）在温湿度控制中采用分段精细化控制和均匀性控制，使得温湿度符合规范要求，且整个养

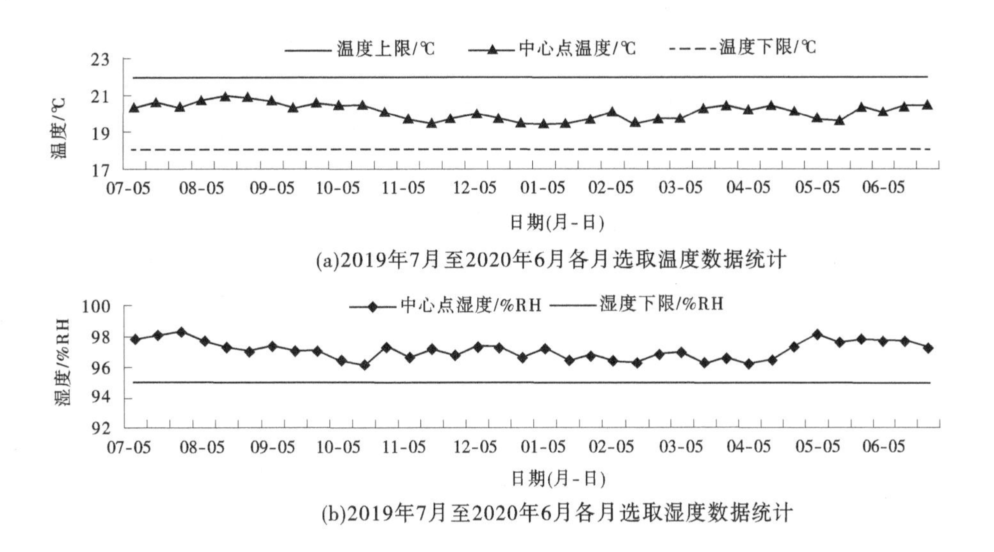

(a)2019年7月至2020年6月各月选取温度数据统计

(b)2019年7月至2020年6月各月选取湿度数据统计

图 11　智能化控制系统运行中温湿度统计

护室的温湿度均匀性良好，避免了输出装置长时间疲劳作业又防止短时间频繁启动，达到了保障温湿度精确控制、设备保养和节约能耗等目的。

（3）通过工程应用表明，智能化控制系统设计合理、结构优化，能够长期平稳运行，减少电气故障，确保混凝土标准养护的环境条件，为工程顺利进展提供技术保证。

参考文献

[1] 谢超，王起才，李盛，等．养护温度和水灰比对混凝土孔结构的影响研究［J］．混凝土，2016（6）：15-19，23.

[2] 习晓红．养护温度对混凝土抗压强度的影响［J］．资源环境与工程，2016（5）：753-756.

[3] 水工混凝土试验规程：SL 352—2020［S］.

[4] 林鹏，李庆斌，周绍武，等．大体积混凝土通水冷却智能温度控制方法与系统［J］．水利学报，2013，44（8）：950-957.

[5] 杜修力，金浏．细观均匀化方法预测非饱和混凝土宏观力学性质［J］．水利学报，2013，44（11）：1317-1325.

[6] 习晓红，曹歌，林新平，等，混凝土养护室温、湿度均匀性智能控制系统［P］．发明专利 201410660861. 2. 2016-08-17.

[7] 王化祥，张淑英．传感器原理及应用［M］．天津：天津大学出版社，2013.

[8] 汤嘉立，范洪辉，柳益君，等．基于嵌入式技术的混凝土生产实时监控系统设计［J］．混凝土，2015（6）：157-160.

多通道土膨胀力自动化测试仪研制

李　省　习晓红　高慧民　张广禹

（江河工程检验检测有限公司，河南郑州　450003）

摘　要：本文介绍了一款自主研制的多通道土膨胀力自动化测试仪，该仪器具有自动测试土样膨胀力并记录膨胀过程的功能。试验仪主要由恒定体积结构系统、测力传感系统和数据采集显示系统构成，试验仪能达到的最大测力值为 2 000 N，分度值为 0.1 N。运用本试验仪，对钠基膨润土重塑试样进行了膨胀力测试试验，并与人工平衡法进行了对比分析。试验结果表明：本仪器测试结果的平行度较好，数据稳定，基本不受外界因素的影响，试验全程无人值守，实现了数据的自动采集、存储、处理，在进行土膨胀力研究中大幅提升试验效率。

关键词：土膨胀力；恒体积；自动化；数据处理

1　引言

膨胀土是自然地质过程中形成的一类与水发生物理化学反应而引起自身体积变化的地质体，其主要特征之一是干缩湿胀，由此给公路、铁路、渠道边坡以及堤坝等工程建筑物带来巨大的危害，常称其为“工程中的癌症”，由此每年给全球带来巨大的经济损失，而我国膨胀土分布比较广泛，大量工程建设越来越多地向膨胀岩土地区发展，由膨胀岩土引起的岩土工程问题日益引起国内外岩土工程界的关注。膨胀力是膨胀土特性的重要指标之一[1]，其测量的准确性对膨胀土地基及相关的工程设计、施工等均有着重要的指导意义。

根据《岩土工程基本术语标准》（GB/T 50279—2014）的定义，膨胀力是在不允许侧向变形下，保持土体充分吸水而不发生竖向膨胀所需施加的最大压力值。常见的试验方法有膨胀反压法、加压膨胀法和平衡加压法[2]，其中国际岩石力学学会及国家标准中推荐的方法是平衡加压法[3]，即在试样吸水开始膨胀时，逐步施加荷载维持体积不变，当膨胀量大于 0.01 mm 时加下一级平衡荷载直至变形稳定，此时的荷载经公式计算得出膨胀力。

近几年学者开展膨胀力研究多采用固结仪[4]，如丁振洲等[1] 使用高压固结仪开展膨胀力变化规律试验研究，张波等利用低压固结仪开展不同膨胀状态下膨胀岩剪切蠕变试验研究。在部分文献中，有学者采用恒体积固结仪法进行膨胀力的测试，这些研究有益地推动了膨胀力研究，但在膨胀力测试方法方面，这些研究均以平衡加压法为基础，本质上未脱离人工参与下的“膨胀—压缩—测定压缩荷载”过程，在反复的压缩和膨胀过程中体积不能保持恒定从而会导致试样扰动，且测试过程复杂。

部分科研院所进行了自动化探索[5]，采用改进的竖向膨胀力测定仪，改装力传感器或土压力计，避免了人工加荷平衡，但仍需人工读数、记录，并未实现试验过程自动化。国外设备中尚未见可直接用于土膨胀力自动化测试的设备，经过加配测试系统和软件升级改造后能用于土膨胀力试验，但从经济方面而言性价比过低。

针对目前在土膨胀力测试方面存在的智能化程度低的现象，本文通过自主研制解决膨胀力试验过程存在耗费大量人力长期值守、试验数据不够精准等问题，研制出一款多通道土膨胀力自动测试仪，高效、精准地记录岩土膨胀力特性发展过程，为膨胀土地区的工程勘察和设计提供基础试验数据支撑。

作者简介：李省（1969—）男，高级工程师，从事岩土工程与材料科学试验检测及方法研究工作。

2 自动化土膨胀力测试仪的构成

自动化土膨胀力测试仪的设计基于恒定体积结构和高精度检测设计而成，主要由刚性恒体积结构系统、测力传感系统和数据采集显示系统等三部分构成，如图 1 所示[6]。为了满足多组试验研究同步开展的需要，将对试验测试仪进行多通道扩展，实现多个试样同步开展试验，实物如图 1（b）所示。

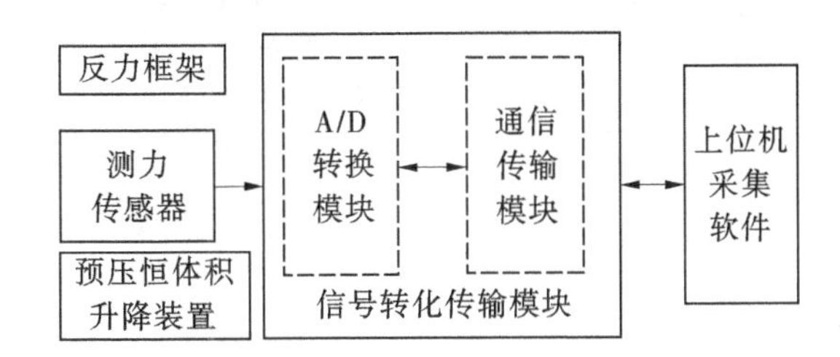

（a）膨胀力测试仪组成示意图

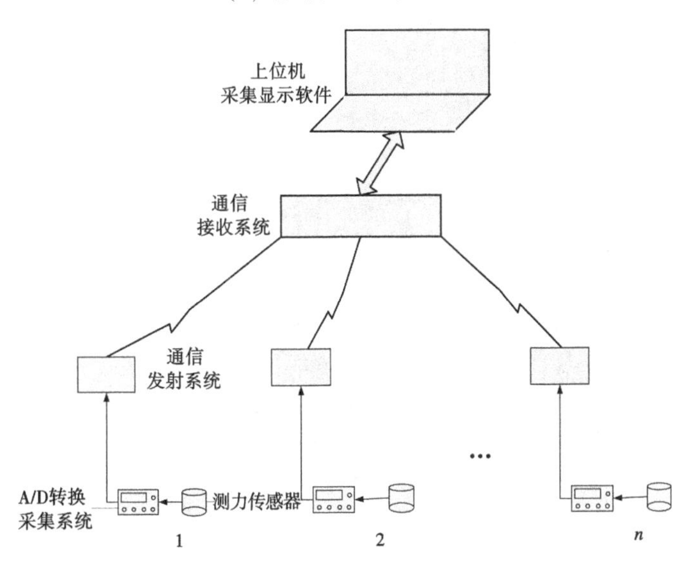

（b）多通道自动化测试仪组成

图 1 多通道土膨胀力自动化测试仪

2.1 恒定体积结构系统

恒定体积结构系统主要的功能是保证试验测试过程中试样处于稳定不变的空间内，包括结构反力框架和恒体积升降装置。

2.1.1 结构反力框架

结构反力框架的设计采用不锈钢型材构成，其受拉性能和承压性能通过力学计算选取适宜规格，加工成为图 2 所示的反力框架，通过液压千斤顶和精密压力表对结构框架施加 2 kN 的力值，在框架底座上方架设磁性表架，用千分表记录框架横梁的变形情况。

通过试验，框架的变形量差别不大，72 h 内变形均在 0.001 mm 以内，选用直径ϕ 16 mm 的不锈钢制作成二立柱式框架，其中立柱间距 200 mm，基座尺寸为长 225 mm×宽 200 mm，横梁尺寸为长 225 mm×宽 36 mm×厚 20 mm。

2.1.2 恒体积升降装置

土膨胀力的试验过程中，应尽量减小预压力对试样的扰动和对力传感器的影响，基于此要求，设计了抬升式伺服电机升降装置以完成恒体积的要求，如图 3 所示。为了保障试验过程试样处于恒体积状态，在测试膨胀力时选用伺服电机和位移传感器实时监测试样体积的变化，当试样位移变形量大于 0.005 mm 时，电机启动直至变形小于 0.001 mm。

图 2　二立柱框架的稳定性能试验

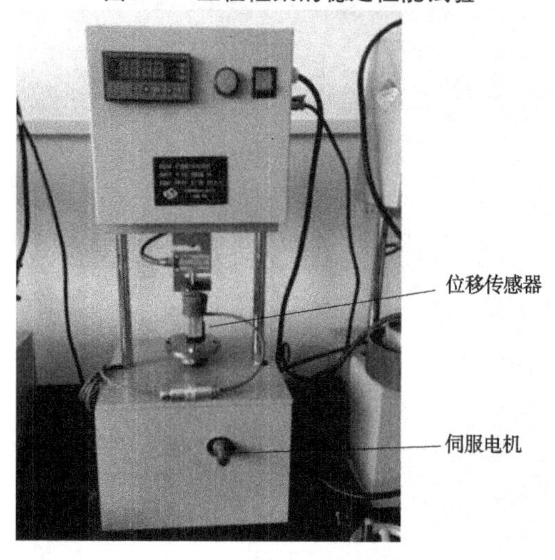

图 3　恒定体积结构实物

2.2　测力传感系统

测力传感系统由高精度力传感器和 A/D 转换模块组成，力传感器采集膨胀力，由 A/D 将信号变换成数字信号以便进行传输。针对膨胀土的膨胀特性和膨胀力的统计分析，选用形状合适、精度适宜的 S 型力传感器。该类传感器选用优质弹性钢和采用箔式应变计工艺，密封等级达到 IP65，能在高湿度环境中工作，具有较好的线行度和重复性，具有测量精度高、稳定性能好、温度漂移小、输出对称性好等性能，保证了传感器的长期稳定性。

A/D 转换模块采用 AD-S324 型，其结构示意图如图 4 所示，该模块适合工业现场电源（24 μ DC），测量信号范围±30 mV，具有模数转换、数字化标定、去皮、置零、零点跟踪、开机置零、防抖动等功能；所有设定工作通过串口完成，具有防反接、防过压、瞬间抑制等多重保护。

2.3　数据采集显示系统

数据采集显示系统采用可编程控制器（PLC）为处理器，选择台达的 DVP-EH 系列控制器，该系列最大 I/O 点数 512 点，内存容量 16 K Steps，运算执行速度 0.24 μs（基本指令），通信接口有内置 RS-232 与 RS-485，相容 MODBUS ASCII/RTU 通信协议，资料存储器 10 000 字节，档案存储器 10 000 字节，该系列应用 200 kHz 高速计数器和内置独立 200 kHz 脉冲输出功能（提供伺服定位指令），支持数字、模拟、通信、内存功能卡与资料设定器等功能，整体的数据采集显示连接图如图 5 所示。

上位机组态软件 PLC 编程采用 Delta WPLSoft，应用梯形图可以便捷地完成程序设计，PLC 的 RS485 通信程序如图 6（a）所示，系统上位机开机界面如图 6（b）所示，数据显示窗口如图 6（c）所示。

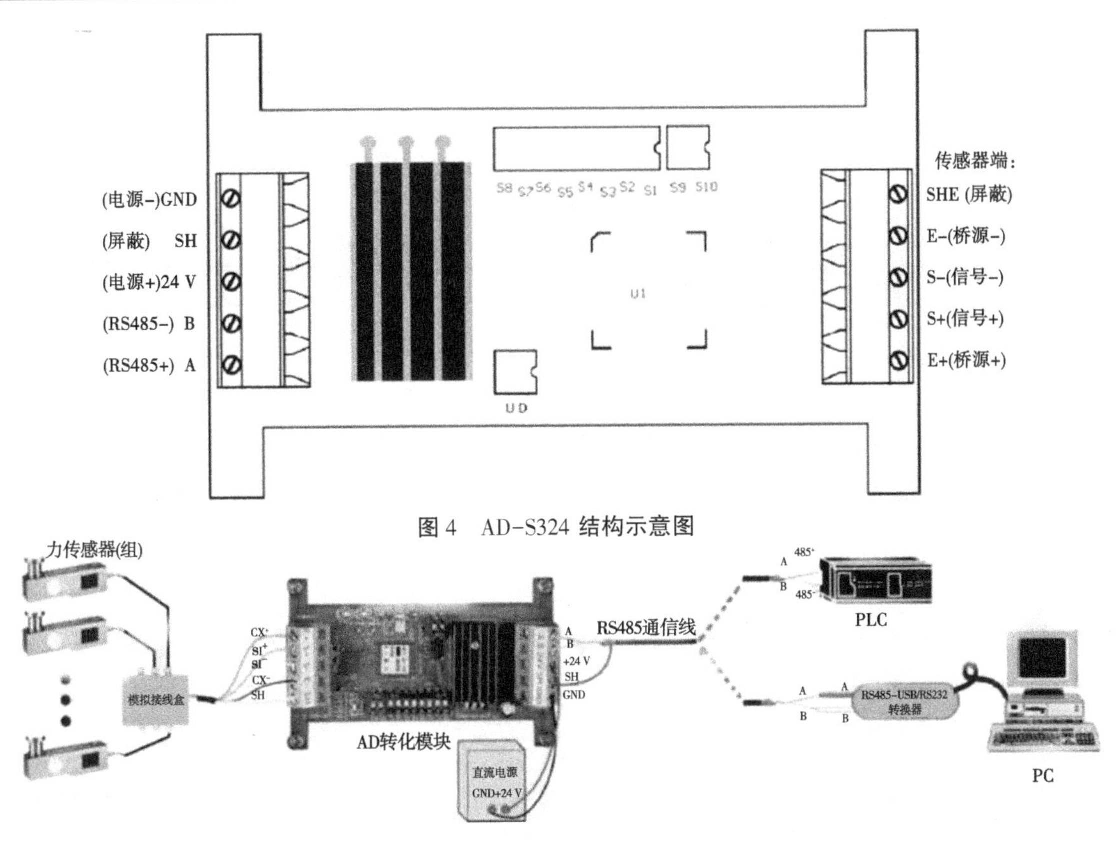

图 4 AD-S324 结构示意图

图 5 数据采集显示连接示意图

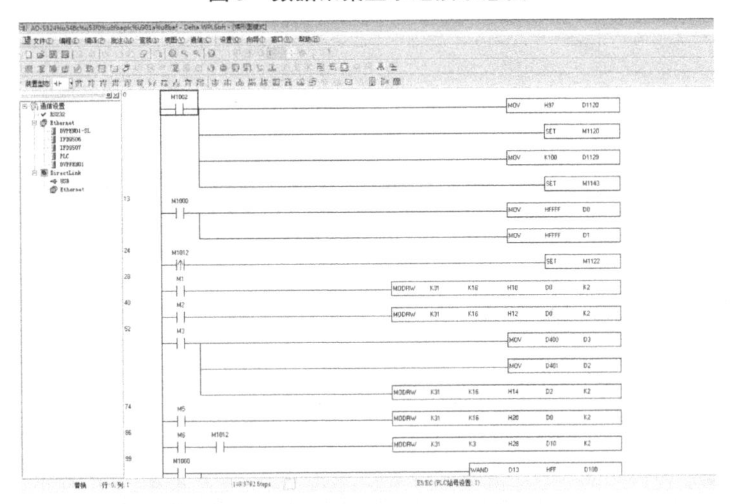

(a)PLC与前端数据的通信程序

(b)系统软件界面

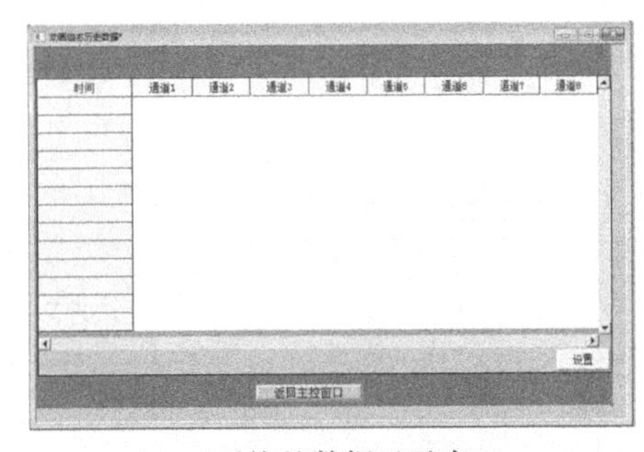

(c)系统的数据显示窗口

图 6 数据采集显示系统编程及界面

3 仪器的性能试验

经过各部分加工组装和整体调试，完成的多通道土膨胀力自动化测试仪如图 7（a）所示，采用标准测力仪和 2 kN 标准力传感器，对自动化岩土膨胀力检测仪进行性能测试，其标定的控制界面如图 7（b）所示。

（a）多通道自动化测试仪实物

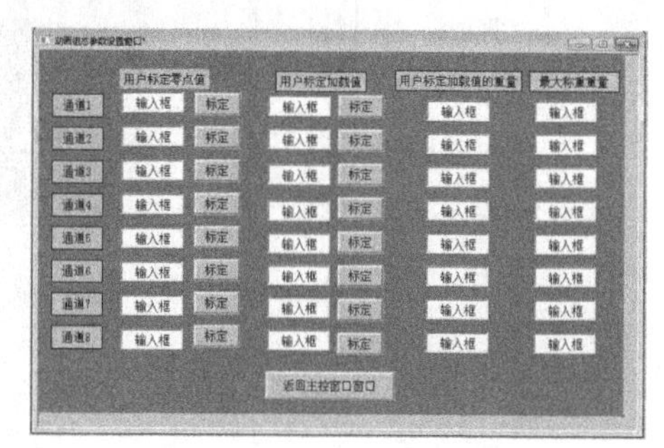

（b）自动化系统的性能标定

图 7　仪器的整体效果

性能测试结果表明，8 个通道的示值误差和重复度误差均符合国家检定规程内的指标要求。以第 2 通道为例，其传感器编号为 160125501，各测试点位的最大示值相对误差为 0.7%，最大重复性误差为 0.1%，其测试结果见表 1。

表 1　性能测试的结果

序号	标准测力仪示值/N	示值相对误差/%	重复性/%
1	100	+0.3	0
2	200	+0.4	0
3	400	+0.7	0.1
4	800	+0.6	0.1
5	1 200	+0.6	0.1
6	1 600	+0.4	0
7	2 000	+0.3	0

自动化测试仪的性能满足《土工试验方法标准》（GB/T 50123—2019）对土膨胀力性能测试的主要设备性能要求，其性能参数见表 2。

表 2　自动化检测仪的性能参数

参数	指标
测试量程	0~2 kN
测量精度	1.0 级
测量分度值	0.1 N
额定功率	750 W
工作电压	220 V，50 Hz
升降装置速比	1：24
压缩空间	50 mm
采集软件通道数	64 通道
通信接口	RS-485
资料存储器	10 000 字节
主机外形尺寸	240 mm×220 mm×600 mm

4 工程应用案例

4.1 试验研究方案

为保障试样的均匀性，采用某输水工程的衬砌工程土料进行试验，试验仪器采用规范中推荐的固结试验仪和新型膨胀力自动化试验仪两种类型进行对比，如图 8 所示。

(a) 人工式土膨胀力测试仪

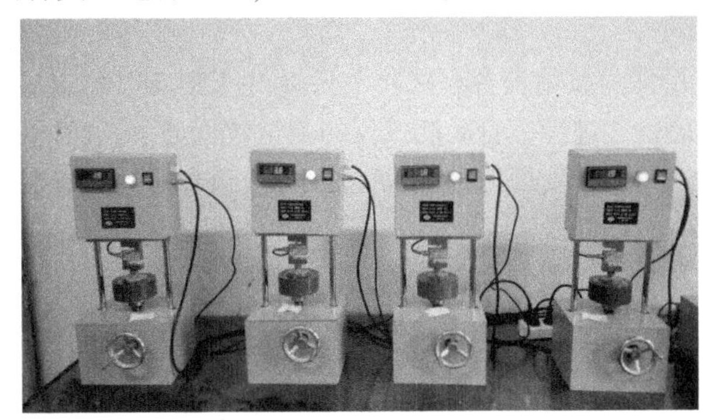

(b) 自动化土膨胀力测试仪

图 8　对比试验采用试验仪器实物

具体试验方案为，用钠基膨润土添加一部分粉土、黏土等配成膨胀性土，称量固定质量的膨润土配置成为约 100 g 的膨胀性土，其质量、密度、含水率均按照同一指标进行控制，按照表 3 进行配制试样。由 2 个试验人员进行对比试验，每人制作 8 个样品，4 个试样放置在自动膨胀力测试仪上试验，4 组采用原有试验仪进行试验。

表 3　开展试验用土样的物性指标

配制方案(膨润土：黏土：粉土)	湿密度/(g/cm^3)	干密度/(g/cm^3)	含水率/%	孔隙率/%	液限/%	塑限/%	塑性指数	自由膨胀率/%
5：3：2	1.98	1.54	37	43	31.8	20.6	11.2	345

4.2 试验结果及对比分析

两名试验人员采用人工加荷平衡法在人工式试验设备上进行多天的膨胀力测试，并记录试验过程汇总的加荷情况和试验结果[7]。同时，在采用自动化测试设备进行 4 组样品同步装样、同步开展试验，由电脑自动记录试验过程数据，试验结束后试样变形状况及试验曲线如图 9 所示。

(a) 试验结束后试样照

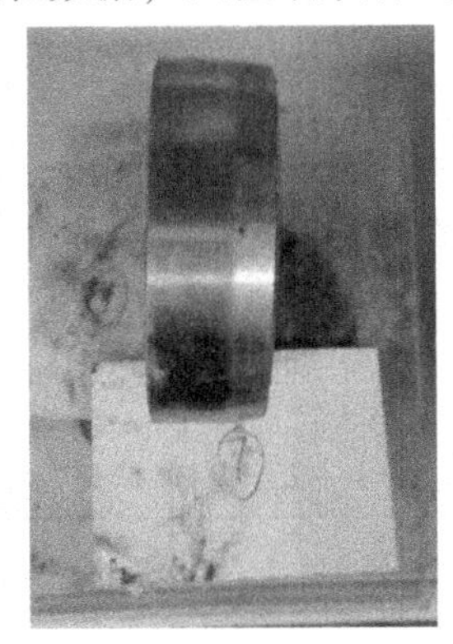

(b) 试验结束后试样侧面照

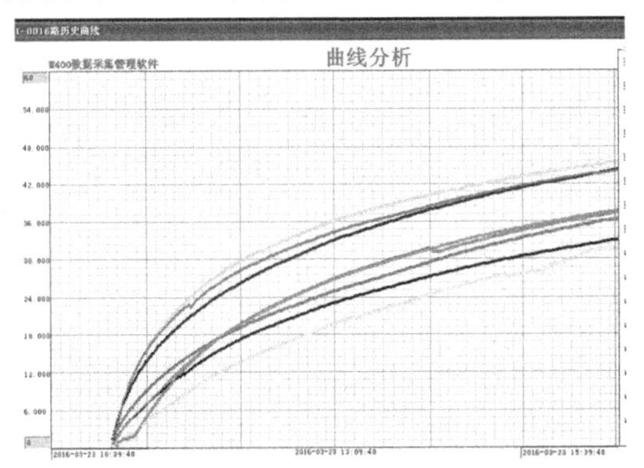

(c) 试验的测试曲线

图 9　自动化试验仪试验结束后试样状况

通过开展原膨胀力试验设备和自动膨胀力测试仪之间的仪器对比、人员比对试验，结果显示(见表4)：

（1）试验人员利用原膨胀力试验设备和自动膨胀力测试仪的检测结果范围大致相同，平均值误差较小，均在规范要求的误差范围内。

（2）自动化膨胀力测试仪完成的测试结果的平行度较好，说明测试数据稳定，基本不受测试人员的影响。

（3）人工膨胀力试验设备在试验中只提供膨胀变形稳定后膨胀力数据，自动膨胀力测试仪可记录土样膨胀发展的全过程。自动测试仪的测试数据显示，相同的土样因为制样等原因，即使最终稳定后膨胀力相同，其膨胀发展的过程也可能不同，自动膨胀力测试仪有利于开展土膨胀性方面的科学试验研究。

（4）人工膨胀力试验设备在试验过程中需要2名试验人员至少48 h以上轮流值守，而自动测试仪在测试时检测结果全程自动化，对比可得原设备耗用人力成本较大，在试验任务量大时，建议采用自动化仪器。

表4 不同试验设备的膨润土试样对比试验结果

样品编号	试验人员	试验设备	试验结果/kPa	
			试验数值	平均值
1-1	检测员 A	自动化仪器	154.1	154.1
1-2			153.8	
1-3			155.1	
1-4			153.4	
1-5		人工式设备	151.0	153.3
1-6			154.6	
1-7			153.1	
1-8			155.6	
2-1	检测员 B	自动化仪器	153.1	152.3
2-2			150.4	
2-3			152.3	
2-4			153.5	
2-5		人工式设备	161.4	160.5
2-6			157.5	
2-7			158.1	
2-8			164.8	

5 结论

本文介绍了一种自主研制的多通道自动化膨胀力测试仪，该仪器能够在无人值守的状态下，完成土膨胀力的自动测试，技术先进，符合国家检定规程的各项指标要求，可用于岩土工程力学性能的试验研究。

（1）研制的多通道土膨胀力自动化测试仪，采用基于 PLC 编程的自动控制技术，试验全程无人值守，实现了数据自动采集、存储、处理，实时显示数据和图表，生成试验成果报表；采用可拓展的多通道技术，实现单套终端采集设备控制多路测试，最大拓展至 64 通道，实现多组试验同步开展，提高了工作效率。

（2）采用高精度 S 型压力传感器，能够高效、智能、精准地检测岩土膨胀力；基于抬升式的刚性伺服升降系统，实现了试样恒体积条件，克服了人工加压平衡误差，避免了试样结构的扰动。传感器处于固定状态测力，避免传感器的波动误差，结构稳定且体积小巧，适用于室内、现场试验。

（3）将自动化测试仪在水利工程中进行应用，测试结果的平行度较好，数据稳定，基本不受外界因素影响，测试过程简便，在进行土膨胀力研究中具有良好的使用效果。

参考文献

［1］丁振洲，郑颖人，李利晟．膨胀力变化规律试验研究［J］．岩土力学，2007，28（7）：1328-1332.
［2］岩土工程基本术语标准：GB/T 50279—2014［S］.
［3］土工试验方法标准：GB/T 50123—2019［S］.
［4］李淑琴．膨胀力试验方法对比研究［J］．技术与市场，2015，22（5）：83-85.
［5］李海涛，刘军定，闫蕊，等．新型膨胀土膨胀力测试仪器的研制及测试应用［J］. 西安科技大学学报，2013，33（6）：674-679.
［6］刁晓红，吴中伟，李振灵，等．多通道岩土膨胀力自动化测试系统［P］．中国，ZL201620683582. 2. 2016-11-30.
［7］董晓娟．南水北调中线工程潞王坟段膨胀岩（土）膨胀变形规律研究［D］. 武汉：中国地质大学，2010.

大体积直接进样-UPLC-MS/MS法同时测定地下水中百菌清、2，4-二氯苯酚、2，4，6-三氯酚和五氯酚

徐 枫 夏光平 虞 霖 徐 彬 代倩子

（太湖流域水文水资源监测中心（太湖流域水环境监测中心），江苏无锡 214024）

摘 要：采用大体积直接进样-超高效液相色谱-串联质谱技术同时测定地下水中百菌清、2，4-二氯苯酚、2，4，6-三氯酚和五氯酚。水样经滤膜过滤后，以乙腈和纯水为流动相，梯度洗脱，采用大气压电离源负离子（APCI-）多反应监测（MRM）模式进行测定，外标法定量。测试结果表明：此方法线性关系良好（$r \geq 0.999$），加标回收率范围为85.2%~108.5%，相对标准偏差4.1%~9.8%（$n=6$），方法检出限介于10~16 ng/L。此方法快速简便、精密度好、灵敏度高，可用于地下水中百菌清、2，4-二氯苯酚、2，4，6-三氯酚和五氯酚的测定。

关键词：大体积直接进样；超高效液相色谱质谱仪；多反应监测；地下水

1 引言

近年来，国家对地下水开发利用情况和水质现状的管理不断加强，2018年，水利部和自然资源部建立了国家地下水监测站网，并开展水量水质监测。2017年出台的新地下水质量标准[1]，增加了大量有机污染监测指标，在现有的人力、物力前提下，保质保量及时完成监测任务需对同类指标进行检测方法优化整合，提升检测工作效率。通过查阅百菌清、2，4-二氯苯酚、2，4，6-三氯酚和五氯酚相关的国家标准[2-3]发现，目前4种有机指标的前处理技术为固相萃取、固相萃取衍生化，检测方法为气相色谱质谱联用法，该检测方法前处理时间长、操作复杂、重现性较差，且单四级杆质谱法存在无法对假阳性结果进行确证的可能性，因此亟待利用先进的检验检测技术，建立一种准确度和精密度更高、便捷可靠的检测方法。2019年生态环境部发布了液相色谱-三重四极杆质谱测定水中4种硝基酚类化合物的标准方法[4]，但其中未涉及苯酚类化合物。本文采用大体积直接进样-超高效液相色谱-串联质谱技术，建立了百菌清、2，4-二氯苯酚、2，4，6-三氯酚和五氯酚的检测方法，并成功应用于实际样品检测分析，该技术灵敏度高、MRM模式准确性高，且直接进样能有效降低人为因素干扰，能为地下水管理与保护提供技术支撑。

2 材料与试剂

仪器：超高效液相色谱-串联三重四级杆质谱仪（EionLC AD-Qtrap 5500，美国Sciex）；BEH C18色谱柱（50 mm×3.0 mm，2.6 μm，美国Waters）；Nylon材质滤膜（美国Agilent）。

试剂：乙腈（Merck，德国）；纯水（屈臣氏，中国）；百菌清、2，4-二氯苯酚、2，4，6-三氯酚和五氯酚标准品（天津阿尔塔科技有限公司，中国）。

作者简介：徐枫（1973—），女，高级工程师，主要从事水资源分析与评价工作。

3 实验方法

3.1 样品采集与前处理

用潜水泵于地下水井 1/2 处，3 倍体积洗井后采集水样至 40 mL 棕色玻璃瓶中，4 ℃冷藏保存样品，回实验室后尽快取 1.0 mL 样品过滤后置于 GC 小瓶中，尽快上机检测，如当天无法完成，需-20 ℃保存，3 d 内完成分析。

3.2 液相色谱-质谱参数

液相参数：流动相为 5 mmol/L 乙酸铵水溶液（A），乙腈（B）；流量为 0.4 mL/min；初始流动相比例为 20%（B），保持 0.5 min，4.0 min 升至 95%（B），保持到 5.0 min，5.5 min 降为 5%（B），6.0 min 结束。进样量 50 μL，柱温 40 ℃。

质谱参数：APCI 负离子模式；电晕针电流：3 μA；雾化气流速：30 psi；离子源温度：300 ℃；Collisin Gas：Medium；GS1：60 psi。

4 结果与讨论

4.1 滤膜的选择

实际测试发现，前处理用的滤膜性状会对目标化合物回收率有较高影响，为选取最合适的实验材质，实验对比了 4 种常见材质的滤膜，配制一定浓度的基质加标样品，开展 3 个平行实验。经测试，采用 Nylon 材质滤膜进行样品预处理，实验结果的加标回收率最优（见图 1）。

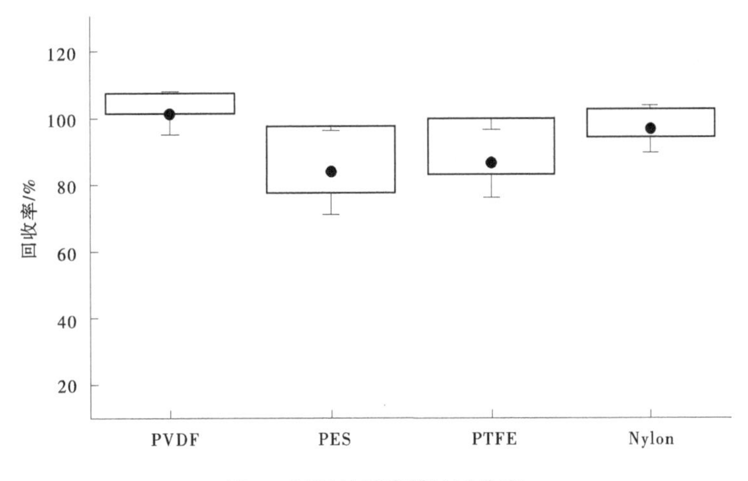

图 1 不同材质滤膜的回收率

4.2 样品 pH 值的选择

样品的 pH 值会影响化合物在质谱上的保留和响应，为获得更高的灵敏度和回收率，在色谱柱耐受范围内，利用甲酸和氨水调节 pH 值为 3、5、7、9、11 同一浓度样品进行试验（$n=3$），结果发现样品 pH 值 3~11 范围内对该类化合物回收率影响较低。从以往监测资料来看，地下水样品 pH 值范围一般在 5~9 区间，可直接测试。如有 pH 值异常的样品，需调节样品 pH 值到 3~11 范围内方可上机测试。

4.3 流动相的选择

有研究表明[8]，使用负离子模式测定时，流动相中加入乙酸铵有利于准分子离子的生成，因此试验选择甲醇-水、乙腈-水、乙腈-5 mmol/L 乙酸铵溶液三种进行对比分析（见表 1）。相较于甲醇-水作为流动相，使用乙腈-水作为流动相时，基线、峰型均有所改善，但灵敏度有所下降，当流动相中加乙酸铵时，目标化合物之间的分离效果与响应值明显优于纯水。因此，实验最终选择乙腈与 5 mmol/L 乙酸铵溶液作为流动相。

表 1　不同流动相的差异

流动相	化合物名称	保留时间/min	峰高/cps	半峰宽/min	信噪比（S/N）
甲醇-水	2，4，6-三氯酚	4.22	5 763	0.07	1 733
	五氯酚	4.86	905	0.11	181
	百菌清	4.09	932	0.05	186
	2，4-二氯苯酚	3.85	18 285	0.05	3 666
乙腈-水	2，4，6-三氯酚	3.33	2 556	0.07	769
	五氯酚	4.18	425	0.11	104
	百菌清	3.52	524	0.04	105
	2，4-二氯苯酚	2.99	9 439	0.05	1 892
乙腈-5 mmol/L 乙酸铵溶液	2，4，6-三氯酚	2.88	9 665	0.06	2 907
	五氯酚	2.74	6 550	0.05	1 313
	百菌清	3.53	1 114	0.04	223
	2，4-二氯苯酚	2.98	18 025	0.04	3 615

4.4　质谱参数优化

将 100 μg/L 标准溶液通过针泵进样方式注入离子源。APCI 负离子模式下进行母离子扫描，得到母离子后进行子离子（Product Ion）扫描，此时调节碰撞气能量使母离子为最大子离子的 1/4 左右，此时选取强度最大的两个子离子分别作为定性离子和定量离子，最后采用 MRM 模式优化 DP、EP、CE、CX 等质谱参数，优化后的质谱参数见表 2。

表 2　MRM 检测参数

化合物名称	出峰时间/min	母离子/(m/z)	子离子/(m/z)	驻留时间/ms	DP 电压/V	EP 电压/V	CE 电压/V	CX 电压/V
2，4，6-三氯酚	2.53	194.9	35.0*	20	-85	-10	-66	-11
			159.0	20	-85	-10	-27	-11
五氯酚	2.30	264.7	35.0*	20	-70	-10	-61	-11
			36.9	20	-70	-10	-56	-11
百菌清	3.16	244.8	182.1*	20	-86	-10	-40	-11
			244.8	20	-60	-10	-10	-11
2，4-二氯苯酚	2.58	160.9	125.0*	20	-58	-10	-22	-11
			35.0	20	-60	-10	-40	-11

注：* 为定量离子。

配置 20 μg/L 标准溶液利用化合物优化（Compound Optimiization）FIA 模式对离子源温度进行自动优化，温度设置范围为 50~500 ℃，以 50 ℃递增每个温度平行进样 3 次，经测试后发现 300 ℃时所有化合物响应最优。

4.5　方法参数确定

配置低、中、高三个浓度水平实际样品进行加标回收率测试，每个浓度设置 6 个平行样品，采用优化后的方法进行测试，方法回收率和相对标准偏差（RSD）测试结果见表3。百菌清、2，4-二氯苯酚、2，4，6-三氯酚和五氯酚平均回收率介于85.2%~108.5%，相对标准偏差介于4.1%~9.8%。用20%甲醇水溶液配制25.0 ng/L、50.0 ng/L、200.0 ng/L、400.0 ng/L、600.0 ng/L、800.0 ng/L和1 000.0 ng/L的标准曲线。以目标化合物浓度为横坐标，峰面积为纵坐标进行线性拟合，相关系数$R>0.999$，线性关系良好，满足定量需求，回归方程见表3。按照《环境监测分析方法标准制订技术导则》（HJ 168—2020）的相关规定，连续7次测定3~5倍检出限空白加标样品，计算相对标准偏差S，检出限为$3.143S$，测定下限为4倍检出限。经测试，百菌清、2，4-二氯苯酚、2，4，6-三氯酚和五氯酚的定量限为10~16 ng/L。本方法具有较好的方法参数，满足水环境监测规范[6]控制要求。

表3 方法检出限、定量限和线性方程

化合物	回归方程	相关系数/r	检出限/(ng/L)	定量限/(ng/L)	加标回收率/%，相对标准偏差/%		
					0.030 μg/L	0.100 μg/L	0.160 μg/L
2，4，6-三氯酚	$y=138.88359x+108.92501$	0.999	16	64	86.8，5.3	99.6，4.8	100.5，2.5
五氯酚	$y=444.97084x+667.70155$	0.999	10	40	85.2，4.8	96.0，4.6	98.1，2.1
百菌清	$y=344.36142x+452.76143$	0.999	15	60	94.6，5.3	104.2，4.7	96.5，3.8
2，4-二氯苯酚	$y=211.02688x-40.20942$	0.999	14	56	87.2，4.5	108.5，3.7	103.2，3.2

4.6 与其他方法比对

与现有国家标准和已有文献相比[7-9]，本方法的检测时间最短，能同时对4种化合物进行测定，方法检出限和回收率整体处于较优的水平，可满足地下水中百菌清、2，4-二氯苯酚、2，4，6-三氯酚和五氯酚的检测需求（见表4）。

表4 方法检出限、定量限和线性方程

研究名称	检测指标	前处理方式	检测方法	样品检测时长/min	方法检出限/(ng/L)	回收率/%
HJ 753—2015	百菌清	固相萃取/液液萃取	气相色谱-质谱法	60	8	70~120
HJ 676—2013	2，4-二氯苯酚、2，4，6-三氯酚和五氯酚	液液萃取	气相色谱法	60	1 100~1 200	60~130
HJ 744—2015	16种酚类化合物	固相萃取/液液萃取	气相色谱-质谱法	50	100~200	60~130
欧天成等[7]	挥发性酚（以苯酚计）、2，4，6-三氯酚、五氯酚	固相萃取	高效液相色谱法	120	20~80	87.3~120
刘桂明等[8]	苯酚、2，4，6-三氯酚、五氯酚	固相萃取	高效液相色谱法	120	1.00	95.7~96.9
徐虹等[9]	百菌清	液液萃取	高效液相色谱法	40	2.00	92.3~104.6
本研究	百菌清、2，4-二氯苯酚、2，4，6-三氯酚和五氯酚	大体积直接进样	高效液相色谱-串联质谱法	10	10~16	85.2~108.5

4.7 实际样品分析

2020年9月，利用优化后的方法，对上海市39个国家地下水井进行检测。结果显示，百菌清、2，4-二氯苯酚、2，4，6-三氯酚和五氯酚均未检出，回收率介于81.8%~111.0%（样品加标浓度为25 ng/L）。

5 结论

本文利用大体积直接进样-线性离子阱液相色谱串联质谱法建立了地下水中百菌清、2，4-二氯苯酚、2，4，6-三氯酚和五氯酚测定方法，该方法无须复杂的前处理便具有较高的灵敏度和准确度，且优化后的各项方法参数均处于较优的水平。以太湖流域典型地下水样品作为测试，验证得出该方法前处理简便、分析时间短、灵敏度高、稳定可靠，能够满足地下水中百菌清、2，4-二氯苯酚、2，4，6-三氯酚和五氯酚的检测分析需求，也可用于地表水和生活饮用水的测定，具有良好的推广应用前景。

参考文献

[1] 地下水质量标准：GB/T 14848—1993 [S].
[2] 水质 百菌清及拟除虫菊酯类农药的测定 气相色谱-质谱法：HJ 753—2015 [S].
[3] 水质 酚类化合物的测定 气相色谱-质谱法：HJ 744—2015 [S].
[4] 水质 4 种硝基酚类化合物的测定 液相色谱-三重四极杆质谱法：HJ 1049—2019 [S].
[5] 唐才明，黄秋鑫，余以义，等. 高效液相色谱-串联质谱法对水环境中微量磺胺、大环内酯类抗生素、甲氧苄胺嘧啶与氯霉素的检测 [J]. 分析测试学报，2009，28（8）：909-913.
[6] 中华人民共和国水利部. 水环境监测规范：SL 219—2013 [S]. 北京：中国水利水电出版社，2013.
[7] 欧天成，郭艳芬，陈少芳，等. 高效液相色谱法同时测定水中挥发性酚（以苯酚计）、2，4，6-三氯酚、五氯酚 [J]. 中国卫生工程学，2018，17（1）：55-57.
[8] 刘桂明，邓义敏. 水中苯酚、五氯酚、2，4，6-三氯酚的高效液相色谱法 [J]. 云南环境科学，2000（4）：59-61.
[9] 徐虹，曹文婷，易承学，等. 液液萃取气相色谱法测定饮用水中百菌清等 12 种农药残留 [J]. 中国卫生检验杂志，2014，24（23）：3363-3365.

土工膜密度测试方法比对研究

杨洁钦

（上海勘测设计研究院有限公司，上海 200434）

摘 要：本文分别采用了浸渍法和密度梯度法测定了土工膜的密度，并结合影响密度值试验结果的主要因素，如设备、样品、温湿度等，对两种密度试验方法的准确性进行了比对分析，可得出用密度梯度法测量土工膜密度更加准确且重复性好。

关键词：土工膜；密度；比对

1 引言

土工膜的密度通常用来考察土工膜的物理结构或组成的变化，是用来评价样品或试样均一性的一个重要技术指标[1]，也是划分土工膜种类的重要参数。测定密度的方法有很多种，而浸渍法和密度梯度法是测定土工膜密度的重要手段，用这两种方法测定密度同时具备易操作性和准确性。从试验方面考虑，只有将与试验结果准确程度密切相关的因素置于可控范围内，才能得到具有可比性、一致性和准确性的试验数据。

本文依据《塑料 非泡沫塑料密度的测定 第1部分：浸渍法、液体比重瓶法和滴定法》（GB/T 1033.1—2008）A法以及《密度梯度法测试塑料密度的试验方法》（ASTM D1505-18），分别采用浸渍法和密度梯度法来测定土工膜的密度并进行数据分析，同时通过分析影响试验结果的重要因素，从而对两种试验方法的准确性进行比对，以期望更好地提高密度测量的质量。

2 试验方法

2.1 方法原理

2.1.1 *浸渍法*

依据《塑料 非泡沫塑料密度的测定 第1部分：浸渍法、液体比重瓶法和滴定法》（GB/T 1033.1—2008）A法，取质量在1~5 g，体积不小于1 cm^3 的土工膜样品[1-2]，制样时保证边缘平滑，取3块试样分别开展试验。首先将样品称重，精确到0.1 mg，同时记录水的温度；紧接着把样品系在金属丝上，悬挂在距离容器25 mm处的上方；然后将样品浸入温度为（23±2）℃的水中，注意应当避免金属丝或样品接触容器，清除样品和金属丝上的气泡；记录悬挂的样品的质量，为表观质量；记录金属丝浸入同样深度时的质量。最后计算土工膜的相对密度。

2.1.2 *密度梯度柱法*

依据ASTM D1505-18用密度梯度法测定土工膜密度的标准试验方法进行测试，同样取3块试样分别开展试验。密度梯度法是一种利用悬浮原则测定聚合物样品密度的方法[3]。将乙醇和水进行混合，产生的混合液注入玻璃柱中，顶部出现轻液层，底部出现重液层，即呈现连续变化的密度梯度柱。将经过检定且密度已知的玻璃浮子缓慢地放入梯度柱中，以使玻璃浮子稳定地固定在与浸渍液密度相对应的位置。将样品放入到梯度柱中，使其在梯度柱内稳定；通过样品的中心，读出每个样品的

作者简介：杨洁钦（1994—），女，助理工程师，主要从事土工合成材料测试和研究工作。

高度，计算平均高度；通过浮子的中心，分别读出样品上、下两个浮子的高度；根据浮子的高度、密度和样品的位置，利用内插法计算出样品的平均密度。读数精度为 0.000 1 g/mL，密度柱密度范围（最低点到顶点）在 0.05 g/mL 之内。

2.2 试样

对不同厚度、不同工艺的高密度聚乙烯土工膜进行取样。编号 1 代表 1.5 mm 的 HDPE 双光面膜，编号 2 代表 2.0 mm 的 HDPE 双光面膜，编号 3 代表 1.5 mm 的 HDPE 双糙面膜，编号 4 代表 2.0 mm 的 HDPE 双糙面膜。

3 结果与讨论

分别采用浸渍法和密度梯度法对试样进行标准温度（23±2）℃下的密度测定，如表 1 所示。由表 1 数据可以发现，浸渍法测出的数据均比密度梯度法略小一些，并且这种现象在糙面土工膜中更加明显，比如第 3 组样品中两种方法测出的密度平均值相差达到了 0.007 9 g/cm^3。这主要是因为，与浸渍法相比，利用密度梯度法试验的样品尺寸更小，同时乙醇和水的混合液产生气泡的概率更小，因此样品表面黏附的气泡更少，测定结果则更加准确。而在浸渍法试验过程中，样品表面产生了更多不易清除的气泡，同时由于糙面土工膜表面凹凸不平，其更容易留存气泡，因此测定的密度普遍偏小。另一方面，由表 1 数据可以进一步观察到，利用密度梯度法测定的结果精度达到了 0.000 1 g/cm^3，密度测定的准确度更高。

表 1 土工膜密度试验结果 单位：g/cm^3

组号	浸渍法				密度梯度法			
	测量次数			均值	测量次数			平均数
	1	2	3		1	2	3	
1	0.951	0.950	0.955	0.952	0.954 4	0.954 6	0.954 1	0.954 4
2	0.953	0.951	0.950	0.951	0.955 0	0.954 7	0.954 2	0.954 6
3	0.949	0.947	0.946	0.947	0.9546	0.955 4	0.954 8	0.954 9
4	0.945	0.948	0.947	0.947	0.954 9	0.954 6	0.954 2	0.954 6

3.1 数据统计分析

对两种试验方法测定的密度数据进行统计分析，计算其标准差、方差、变异系数等统计学参数。从表 2 中可以看出，浸渍法试验数据的方差、标准差和变异系数都较大，说明样本数据的质量较差。而密度梯度法试验数据的各项参数均明显减小，说明密度梯度法数据的稳定性更好，提高了数据质量。综上所述，与浸渍法相比，密度梯度法由于更易清除气泡和较高的测量精度，其测定的密度值误差更小、重复性好，具有较高的可鉴性。

表 2 两种试验方法的密度数据的统计参数

试验方法	组号	平均值/（g/cm^3）	标准差/（g/cm^3）	方差/（g/cm^3）	变异系数
浸渍法	1	0.952	0.002 16	0.000 004 67	0.002 27
	2	0.951	0.001 29	0.000 001 67	0.001 36
	3	0.947	0.001 29	0.000 001 67	0.001 36
	4	0.947	0.001 29	0.000 001 67	0.001 36

续表 2

试验方法	组号	平均值/（g/cm³）	标准差/（g/cm³）	方差/（g/cm³）	变异系数
密度梯度法	1	0.954 4	0.000 208	0.000 000 043	0.000 218
	2	0.954 6	0.000 332	0.000 000 11	0.000 348
	3	0.954 9	0.000 342	0.000 000 12	0.000 358
	4	0.954 6	0.000 289	0.000 000 083	0.000 303

3.2 密度测定的影响因素

影响密度试验结果的因素主要来自于设备、样品、温湿度等，对影响试验结果的因素进行了分析，现总结如下。

3.2.1 设备使用存在的问题

为了确保试验数据的准确度，应当始终保持仪器设备在检定周期内，否则无法确保检测数据的准确性。浸渍法涉及需要定期检定的仪器主要是天平，而密度梯度法则主要需要校准玻璃浮子。

需要注意的是，玻璃浮子在梯度柱中的间距不宜过大，在 5 cm 左右为最佳。除此之外，控制好梯度柱精度的关键在于，在配制梯度柱时严格控制液体的流速，通常为 8～10 mL/min[4]。若流速过大，容易导致梯度柱范围偏窄且试样集中分布，进而干扰试样几何中心的读取，造成检测数据偏大。若流速过小，则因梯度柱太宽导致试样松散分布，读取的试样几何中心精确度不够，进而影响试验的准确性，造成检测数据偏大。这也是使用密度梯度法的难点以及容易产生人为误差的因素。

3.2.2 测试方法的影响

（1）样品的状态调节。

在进行检测之前，需要对样品在标准环境下［温度（23±2）℃，相对湿度（50±10）%］进行状态调节 40 h 以上。若未按标准规定对样品进行状态调节，将会因为样品未达到平衡状态，导致结果偏差。

如前所述，气泡的处理是造成密度值差异的重要因素之一。试验过程中，应当保持样品在浸渍液中表面和边缘无气泡，若不处理样品上的黏附气泡，则样品在浸渍液中测定的质量偏小，造成最终得到的密度值偏小，并且密度分散性很大。因此，制样时应尽量保持样品边缘光滑，表面光滑的材料如光面土工膜也更易得到准确结果。密度梯度法更容易完全清除表面气泡，从而使测定结果更加准确。除此之外，为了减少浸渍液表面张力的影响，试验中还应注意样品需被置于距离液面下 10 mm 处；其次，还应当尽快读数，防止样品吸收浸渍液造成其表观质量增大，计算的试验数据也会偏小。

（2）检测温度与浸渍液密度。

根据标准规定，测量浸渍液密度的温度应该与土工膜的试验温度保持一致。但由于多方面原因，测量浸渍液密度时的温度与检测实验室环境温度容易产生差别。根据前人对影响密度值的各种因素的不确定性评估，在众多因素中浸渍液的温度引入的不确定度最大[5]。即当测量浸渍液密度时的温度与土工膜的试验温度并不相同时，会对土工膜密度的检测数据造成较大影响。在密度梯度法中，梯度柱的配制和试验过程均在恒温水浴中完成，以确保密封玻璃管保持（23±1）℃的温度。从这方面来说，密度梯度法更能避免因浸渍液温度引起的误差。

4 结论

本文分别采用浸渍法和密度梯度法测定了土工膜的密度并进行比对，以便如实反映两种试验方法的准确性，结合影响试验结果的主要因素，得出以下结论：

（1）采用密度梯度法，对常见土工膜密度进行测定，试验结果稳定性更好，精确度更高，并且在测定糙面土工膜密度时表现更加明显。

（2）采用浸渍法测定密度受多种因素影响。需要严格控制制样、取样、试验等环节，才能够确保土工膜密度试验数据是准确可靠的。因此，在日常的检测工作中，检验人员需要具备负责任和严谨细致的工作态度，严格按照标准要求开展试验，尽量避免影响试验结果准确度的因素的引入，进而确保试验数据的准确性。

参考文献

[1] 塑料 非泡沫塑料密度的测定 第1部分：浸渍法、液体比重瓶法和滴定法：GB/T 1033.1—2008 [S].

[2] 张星，靳向煜. 聚烯烃土工膜的测试标准与方法 [J]. 产业用纺织品，2014，32（5）：41-44.

[3] ASTM. Standard test method for density of plastics by the density-gradient technique：D1505-18 [S]. 2018.

[4] 王燕来. 浸渍法测定塑料密度的测量不确定度评定 [J]. 石化技术，2019，26（4）：1-3.

[5] 杨晓莹，张永超. 对塑料密度测试结果变化的分析 [J]. 塑料制造，2011（8）：60-62.

配置在线超声乳化进样系统的连续流动分析仪测定地表水中总氮的研究

沈一波　夏光平　徐　洁　吴慧敏

（太湖流域水文水资源监测中心（太湖流域水环境监测中心），江苏无锡　214024）

摘　要：全自动连续流动分析仪在进行悬浮物含量高及藻密度高的地表水样时，常由于自动进样器取样不均匀，导致结果偏低，利用配置在线超声乳化进样系统的连续流动分析仪，可以充分解决这个问题。试验通过测定不同悬浮物含量、不同藻密度、不同浓度的地表水样，并与手工方法（HJ 636—2012）进行比对，对结果的精密度、准确度和两方法有无显著性差异进行判定。确定该方法保证了样品的代表性，测定结果是准确的，用于测定天然地表水中总氮是可行的。

关键词：超声乳化进样系统；连续流动分析仪；样品代表性；地表水；总氮

1　引言

总氮是反映水体营养化程度的重要指标之一，准确测定水中总氮含量是评判水体富营养化程度、开展水生态评估和综合治理的基础前提。目前总氮的检测方法有人工的碱性过硫酸钾消解比色法和自动化的连续流动分析仪测试法等。受降水汇流（洪水）、风浪等影响，水体中会含较多的颗粒物杂质，因富营养化，水体中亦会含有大量藻类浮游植物，因此样品检测时，保证样品代表性是检测结果准确的基础前提。传统的消解比色法具有较好的氧化消解能力，通过取样前人工混合水样后取样，可满足含有较多悬浮物、藻类等的样品测试的代表性，但因操作较复杂、耗时长，难以满足大批量及时快速检测的要求。自动化的连续流动分析仪大批量样品测试时，样品因长时间放置在样品盘上待检，所含悬浮颗粒和藻类会出现分层，即沉降或漂浮，自动进样器的取样深度固定，造成样品不具代表性，因此影响检测结果的准确性。为确保连续流动分析仪取样的均匀性和代表性，利用自动采样系统配置在线超声乳化器的方法，每一个水样进样前进行超声乳化均匀后，再取样进行在线分析，既确保样品的代表性，也保证分析效率。通过多次实验分析，判定配置在线超声乳化进样系统的连续流动分析仪测定地表水中总氮方法的可行性。

2　实验材料与方法

2.1　仪器设备

配置在线超声乳化进样系统的连续流动分析仪（检测光程 30 mm），紫外分光光度计，高压消解锅。

2.2　实验材料

一级纯水或去离子水，氢氧化钠（优级纯），盐酸（优级纯），过硫酸钾（优级纯），四硼酸钠（优级纯），磺胺（优级纯），氯化铵（优级纯），1-萘乙二胺二盐酸盐（优级纯），有证总氮标准储备液。

作者简介：沈一波（1977—），男，工程师，主要从事水资源监测工作。

2.3 实验方法

选取低、中、高不同悬浮物含量（浓度约为 30 mg/L、80 mg/L、120 mg/L）的天然地表水样，低、中、高不同藻密度（藻密度约为 3 000 万个/L、8 000 万个/L、12 000 万个/L）的天然地表水样，用配置在线超声乳化进样系统的连续流动分析仪，分别进行精密度试验和准确度试验。任意选取不同浓度的地表水样若干个，用配置在线超声乳化进样系统的连续流动分析仪和手工方法（依据 HJ 636—2012）分别测定，计算两方法的相对偏差，并进行准确度试验，统计两方法有无显著性差异。

3 实验结果与分析

3.1 在线超声乳化参数的优化

3.1.1 超声乳化时间的选择

针对较浑浊或藻类含量较多的水样，不同的超声乳化时间，会影响到水样的匀质化，当然超声乳化时间越长，水样越均匀，但会影响水样检测的效率。在试验中，选择时间 10 s、15 s、20 s 分别与手工标准方法进行比对试验，结果表明，15 s 可以满足水样匀质化的要求，本文试验最终选择的超声乳化时间为 15 s。

3.1.2 超声乳化棒深度的选择

超声乳化棒在取样杯中的超声深度，会影响超声乳化的效果，进样器所选取样杯的高度一般为 10 cm，直径 1.4 cm，为了验证不同超声棒深度的乳化效果，选择超声棒深度 8 cm、7 cm、6 cm、5 cm 分别进行测试，测试结果显示，超声棒深度 7 cm 时效果最佳，因此本文选择超声棒深度为 7 cm。

3.1.3 超声乳化强度的选择

超声乳化强度的选择，也会影响超声乳化的效果，但超声强度也不能过高，过高容易使取样杯中的水样溢出。在试验过程中，分别选择 30 W、40 W、50 W、60 W 四个不同超声强度进行试验，试验结果表面，强度为 60 W 时，取样杯中水样容易溢出，强度为 50 W 时，不会导致取样杯中的水样溢出，水样匀质化效果最好，与手工标准方法实验结果比对偏差最小，且偏差范围满足要求，因此本文试验所采用的超声乳化强度为 50 W。

3.2 方法验证

3.2.1 标准曲线

制备 6 个浓度点的标准系列，总氮质量浓度分别 0、0.20 mg/L、1.00 mg/L、3.00 mg/L、5.00 mg/L 和 10.0 mg/L，以标准物质为横坐标，仪器检测峰高为纵坐标进行线性回归，经测试，该方法线性关系 $r \geqslant 0.999$。

3.2.2 检出限

取浓度值约 0.10 mg/L 的样品，连续测定 7 次，计算标准偏差 S，检出限为 $3.143S$，定量下限为 4 倍检出限。通过试验，检出限为 0.02 mg/L，测定下限为 0.08 mg/L。

3.2.3 仪器法的精密度试验

取悬浮物（SS）含量不同的 3 个地表水样和藻密度不同的 3 个地表水样，用配置在线超声乳化进样系统的连续流动分析仪分别进行精密度试验，每个不同类型的水样重复测定 7 次，计算相对标准偏差 RSD，结果显示 RSD 均小于 2.0%。统计结果见表 1。

表 1 精密度试验结果

样品分类		RSD/%
不同悬浮物含量的水样	样品 1（低含量）	1.95
	样品 2（中含量）	0.98
	样品 3（高含量）	0.50

续表 1

样品分类		RSD/%
不同藻密度的水样	样品 1（低含量）	0.89
	样品 2（中含量）	0.50
	样品 3（高含量）	0.43

3.2.4　仪器法的准确度试验

取悬浮物（SS）含量不同的 3 个地表水样和藻密度不同的 3 个地表水样，加入已知浓度的总氮标准物质，加入量为原水样浓度的 50%～150%，用配置在线超声乳化进样系统的连续流动分析仪分别进行准确度试验，每个不同类型的水样测定 7 次，计算加标回收率，结果显示加标回收率为 95.6%～104.5%。统计结果见表 2。

表 2　准确度试验结果

样品分类		加标回收率范围/%
不同悬浮物含量的水样	样品 1（低含量）	95.6～104.5
	样品 2（中含量）	95.9～103.2
	样品 3（高含量）	95.8～103.0
不同藻密度的水样	样品 1（低含量）	96.8～104.2
	样品 2（中含量）	96.3～102.1
	样品 3（高含量）	96.0～100.5

3.2.5　不同浓度的总氮测定试验

取低、中、高各 10 个不同总氮浓度的天然地表水样，用配置在线超声乳化进样系统的连续流动分析仪和手工方法（依据 HJ 636—2012）分别进行测定，计算两方法的相对偏差。加入已知浓度的总氮标准物质，进行加标回收率测定。结果显示，浓度低于 0.5 mg/L 的样品偏差范围小于 10.0%，其他浓度的样品小于 5.0%；加标回收率范围为 91.2%～107.6%。统计结果见表 3。

表 3　不同浓度的总氮试验结果

样品分类		两方法的相对偏差范围/%	加标回收率范围/%
不同总氮浓度的水样	样品浓度低于 0.5 mg/L	0.3～9.7	91.2～107.6
	样品浓度约 1.0 mg/L	1.3～4.6	92.5～104.2
	样品浓度约 3.0 mg/L	2.6～4.3	95.3～104.0
	样品浓度约 5.0 mg/L	0.8～4.9	96.5～104.0

3.2.6　仪器法和手工法的显著性差异试验

对 55 个地表水样，分别用手工方法（依据 HJ 636—2012）和仪器法进行测定，对两种方法的数据结果分别进行正态性检验。统计结果见表 4。

表 4　正态性检验结果

方法	Shapiro-Wilk		
	统计量	df	Sig.
手工	0.925	55	0.002
仪器	0.903	55	0.000

正态性检验结果显示，手工法和仪器法的数据结果均不符合正态分布。因此，差异比较方法选择配对样本秩和检验。由于 0.357>0.05，说明手工法与仪器法的数据结果不存在显著差异。统计结果见表 5。

表 5　秩和检验结果

类型	仪器 - 手工
Z	-0.922
渐近显著性（双侧）	0.357

4　结论

由实验数据可以看出，利用配置在线超声乳化进样器的连续流动分析仪测定地表水中总氮，该方法线性关系 $r \geq 0.999$，检出限为 0.02 mg/L，精密度试验结果相对标准偏差（RSD）小于 2%，准确度试验回收率范围大于 90%，小于 110%，均在允许范围内，与手工方法（HJ 636—2012）测定结果无显著差异。

研究表明，配置在线超声乳化进样器的连续流动分析仪测定地表水中总氮，样品在进样前，通过超声乳化均匀后，再进行在线消解分析，保证了样品的代表性，测定结果准确可靠，该方法用于测定天然地表水中总氮是可行的。

参考文献

[1] 水质 总氮的测定 碱性过硫酸钾消解紫外分光光度法：HJ 636—2012 [S].
[2] 水质 总氮的测定 连续流动-盐酸萘乙二胺分光光度法：HJ 667—2013 [S].
[3] 陈军，封蓉芳，朱建丰. 全自动连续流动分析仪测定地表水中总氮 [J]. 环境与资源，2016，42 (6)：148-149.
[4] 黄小红，别娜娜，周圣东. 连续流动分析仪测定地表水中的总氮 [J]. 分析仪器，2010 (4)：36-38.
[5] 夏倩，刘凌，王流通，等. 连续流动分析仪在水质分析中的应用 [J]. 分析仪器，2012 (2)：64-68.
[6] 葛磊，赵恩峰. AA3 连续流动分析仪在线消解测定水中总氮 [J]. 科技咨询，2017 (31)：91-93.
[7] 常阅. AA3 型连续流动分析仪测定水样中总氮的方法研究 [J]. 陕西水利，2018 (1)：94-96.
[8] 王晴. 连续流动分析仪测量水中总氮的不确定度分析 [J]. 资源节约与保护，2018 (10)：8，17.

水中 N-亚硝胺的分析检测技术探讨

李志林　高　迪

（水利部海河水利委员会漳卫南运河管理局，山东德州　253009）

摘　要：近年来，随着世界工业的发展，N-亚硝胺作为一种新兴的含氮致癌消毒副产物引起了人们的广泛关注，环境水体中 N-亚硝胺的检测是当今水环境检测行业的研究热点。本文从水中 N-亚硝胺的毒性、N-亚硝胺富集和分析检测技术等方面进行了阐述，对 N-亚硝胺的富集技术与检测方法的优缺点进行分析对比，并得出结论。

关键词：N-亚硝胺；富集；分析；检测

为了消灭通过水传播的疾病来保障人体的身体健康，人们开始研究杀死水中微生物的技术，环境水体的消毒技术开始发展。现代水厂对处理水的消毒技术，多是采用臭氧来氧化或者用含氯的消毒剂进行净化，但是这都会产生具有极强基因毒性的 N-亚硝胺类消毒副产物，因此研究和改进环境水体中 N-亚硝胺富集方法和分析检测技术十分必要。本文简介了水中 N-亚硝胺类消毒副产物的毒性和水环境分布，讨论了该类物质的富集技术和分析检测方法，通过分析对比，得出结论。

1　综述

1.1　N-亚硝胺的毒性

作为目前被报道时间最早也是有很大研究热度的 N-亚硝胺类副产物，国外对 N-亚硝基二甲胺的研究时间早于国内，最早可追溯至 1994 年，在加拿大安大略湖中被检测发现。N-亚硝胺有很强的遗传毒性，会导致肿瘤的出现，肿瘤主要发生在食道和肝脏，也可能出现在膀胱、大脑和肺部等部位。因为水中 N-亚硝胺类的副产物数量和浓度水平与生物的健康有重要关系，所以 N-亚硝胺类副产物的数量和浓度水平越高，其致癌概率也越大。在 N-亚硝胺类消毒副产物中，N-亚硝基二乙基胺（NDEA）和 N-亚硝基二甲胺（NDMA）的危害性最大，致癌危险性也最大。N-亚硝基二苯胺（NDPhA）的毒性最低，但也具有致癌风险。美国联邦环境署的综合风险信息系统，经过相关调研后指出 9 种 N-亚硝胺对人类都可以致癌。全球癌症研究组织也指出 N-亚硝基二乙基胺（NDEA）和 N-亚硝基二甲胺（NDMA）对人体很可能致癌[1]。

1.2　含有 N-亚硝胺类物质的水环境

北美国家近几年来对环境水体中 N-亚硝胺类消毒副产物的研究较广泛，现在中、日等亚欧国家的研究范围也逐渐扩大。根据研究，列出了存在 N-亚硝胺的水环境，包括自来水厂、废水净化厂、浴池热水等，这些研究的水环境内，最吸引研究者的是自来水厂中 N-亚硝胺的检测。N-亚硝胺被测出的类型和浓度水平少且低的水体有地下地表水兼容厂以及居民饮用水厂，N-亚硝胺被测出的浓度和种类高且多的水样有热水池、游泳池和废水净化厂的废弃水[2]。

由于含有 N-亚硝胺的水环境所处的地理位置等因素的差异，导致了其含有的消毒副产物存在量的差异。类似游泳池水和自来水这些与人体健康联系紧密的环境水质，在分析和检测水中 N-亚硝胺的种类和浓度水平时应该更加注意。在污水处理厂的废水中有很多含有不同的品种且高浓度的 N-亚

作者简介：李志林（1989—），男，工程师，主要从事流域水资源水环境监测与评价工作。

硝胺，这些水被排放到自然水中后会污染饮用水。因此，应加强对污水处理厂废水中 N-亚硝胺的去除控制[3]。

2 N-亚硝胺的富集技术

由于 N-亚硝胺的弱挥发性和高水溶性的物理性质使得 N-亚硝胺能广泛存在于环境水体中。若要对环境水体中存在的该类消毒副产物的种类浓度展开研究，则需要稳定可靠的富集方法和分析检测技术。然而在已被报道出的存在 N-亚硝胺的各种水体中，不同待测样品中 N-亚硝胺的浓度差较大[4]，所以直接测定 N-亚硝胺的浓度水平通过色谱方法是极其困难的，若要使 N-亚硝胺的浓度水平达到痕量分析的检测范围，就需要对待测样本进行前处理，即对待测样本的 N-亚硝胺进行富集。

目前，常用的 N-亚硝胺的富集技术主要有液-液萃取法、固相萃取法和固相微萃取法等。

2.1 液-液萃取法

液-液萃取法使用有机溶剂从水样中萃取待测物质，因为其易于分离和使用的优点成为富集水样中有机物的常用方法，经过液-液萃取法获得的待测物质可以通过气相色谱、液相色谱等技术进行检测。水样中 N-亚硝胺的萃取溶剂主要有二氯甲烷和甲醇。当萃取溶剂主要是二氯甲烷时，Raksit 和 Johri 的研究发现[5]，使用“盐析效应”，即在水溶液中加入一定量的例如氯化钠等电解质物质，可以使 N-亚硝基二甲胺和二氯甲烷在水溶液中的溶解度变小，从而最大程度提高萃取回收率。不足的是需要重复萃取多次才能将 N-亚硝基二甲胺从水中完全萃取出来，于是就有研究人员试用连续液-液萃取法来取代该技术[6]。实验后与液-液萃取法对比发现，虽然该法对 N-亚硝基二甲胺萃取的结果理想，但是由于不同的 N-亚硝胺的物理化学性质不同，从而决定了连续液-液萃取法不能同时从水样中萃取出多种类型不同性质的 N-亚硝胺。连续液-液萃取法不适用的另一个原因是该技术在萃取过程中需要消耗大量的萃取剂，萃取实验中所需要的时间长，操作难度大，对操作人员的身体健康和环境的安全都有害。最后一个原因是萃取所需的大量的溶剂使浓缩倍数为 500~1 000 倍，浓缩的难度加大，检测的灵敏度也降低。特别是面对具有复杂环境机制的水样，例如污水时产生的乳化现象会使本来就低的萃取效率更低[7]。由于 N-亚硝基二甲胺、N-亚硝基二乙基胺等物质具有极强性，因此只能被甲醇洗脱。实验证明，采用液-液萃取的方法对水中 N-亚硝基二甲胺、N-亚硝基二乙胺、N-亚硝基二丙基胺和 N-亚硝基二苯胺萃取，其回收率效果满意。

2.2 固相萃取法

固相萃取法是从 20 世纪 70 年代逐渐发展起来的一种较为成熟的主要对有机物检测的样品富集、净化的技术。活性炭是固相萃取中比较常见的吸附材料。影响活性炭吸附效率的因素有很多，包括颗粒直径的大小、材料的构成成分等。通过减小材料的粒径来增大与吸附样品的接触面积，可以有效地提高吸附的效率。固相萃取法的优点是可以同时萃取很多种不同性质的 N-亚硝胺。当待测物在水样的含量低时，可以采用该方法对较大体积的水样进行萃取。相比液-液萃取法，固相萃取法具有萃取结果稳定、溶剂用量少、浓缩倍数高等优点。另外，固相微萃取法处理复杂环境机制的水样也不会产生乳化现象。固相萃取法最大的缺点是操作步骤烦琐、耗时长和受待测样品与吸附填充材料的接触时间的影响大等。

2.3 固相微萃取法

固相微萃取法不需要溶剂，易操作，不仅成本低且效率高，萃取时需要的待测水样很少，萃取时间短，这些优点可以在很大程度上减轻实验过程中产生的化学废品对环境的污染程度，可以用来检测污水中 N-亚硝胺。顶空萃取与直接萃取相比，在萃取 N-亚硝基二甲胺时的萃取回收率要高出 40%。固相微萃取法的影响因素很多，例如萃取头材料的选择、萃取的温度、pH 值、NaCl 的浓度等。

3 水体中 N-亚硝胺的分析方法

3.1 早期 N-亚硝胺的分析方法

最早采用薄层色谱法、可见光分光光度法、紫外分光光度法等对水中 N-亚硝胺进行检测，但是随着技术的发展，这些方法已被分离效果更好的气相色谱法和液相色谱法所替代。

3.2 气相色谱法

随着分离技术的发展，气相色谱可以与多种检测器串联而用来检测分析挥发性较强的且分子量较小的 N-亚硝胺。但是对于较低挥发性的 N-亚硝基二苯胺，可以利用其较差的热稳定性进行热解，得到亚硝基二苯胺而间接测出 N-亚硝基二苯胺的含量。质谱仪因其高灵敏度、适用范围大和分析检测速度快的优点，成为分析 N-亚硝胺的常用方法。该仪器由进样系统、离子源、质谱分析器、离子检测器四个部分组成，其中单四极杆质谱较为常见。作为单四极杆质谱的试剂气体的有氨气、甲烷、甲醇等。因为氨气的质子亲和势与 N-亚硝胺分子的几乎相等，对 N-亚硝胺结构的确认很有利，所以氨气是最佳试剂气体。单四极杆质谱因可靠性高且仪器运行成本低，使得仪器被广泛运用于分析痕量 N-亚硝胺中。另外，三重四极杆串联质谱极高的灵敏度和选择性能够弥补单极质谱被基质严重干扰的不足。

3.3 液相色谱法

液相色谱可以很好地分离气相色谱难以检测的挥发度低、极性强的 N-亚硝基二苯胺。液相色谱-串联质谱的方法显著提高了检测水样中 N-亚硝胺的选择性和灵敏度，使液相色谱成为更加优质的 N-亚硝胺检测手段。目前发展速度较快的技术是液相色谱-串联质谱，其适用于极性强、分子量大的 N-亚硝基二苯胺的检测。液相色谱串联质谱法相对气相色谱法无须除水步骤，而直接选用甲醇的水溶液，因此操作更加简便。超高效液相色谱法可以避免离子抑制现象，串联质谱仪可以更好地发挥强分离能力的优点。但是与气相色谱-串联质谱仪相比，液相色谱的成本高昂，维护复杂。

4 结论

综上所述，N-亚硝胺的富集技术主要有液-液萃取法、固相萃取法和固相微萃取法等，应根据待测物质的物理化学性质和方法的优缺点进行选择。其检测方法主要为气相色谱法和液相色谱法。气相色谱可以对 8 种常见的 N-亚硝胺进行分析检测，不仅灵敏度高，还对复杂水样本中的 N-亚硝胺的分析具有较好效果，面对热稳定较差的 N-亚硝基二苯胺时，也可以进行间接测量，因此气相色谱具有良好的发展前景，是检测水体中 N-亚硝胺的一种常规检测技术。液相色谱能直接测量水样本中低挥发性、大分子量且毒性强的 N-亚硝胺，如 N-亚硝基二苯胺，因此液相色谱技术将会在检测时发挥越来越大的作用。

参考文献

[1] 李婷，鲜啟鸣，孙成，等．水中 N-亚硝胺类消毒副产物的污染现状及分析技术［J］．环境化学，2012，31（11）：1767-1774.

[2] POZZI R，BOCCHINI P，PINELLI F，et al. Determination of nitrosamines in water by gas chromatography/chemical ionization/selective ion trapping mass spectrometry［J］. Journal of Chromatography A，2011，1218（14）：1808-1814.

[3] KOSAKA K，ASAMI M，Konno Y，et al. Identification of antiyellowing agents as precursors of N-nitrosodimethylamine on ozonation from sewage treatment plant influent［J］. Environmental Science & Technology，2009，43（14）：5236-5241.

[4] 徐晓丽，何莲，郑全兴．饮用水中二甲基亚硝胺检测方法研究进展［J］．应用化工，2019，48（6）：1491-1494.

[5] RAKSIT, JOHRIS. Determination of N-nitrosodimethylamine in environmental aqueous samples by isotopedilution GC/MS-SIM [J]. Journal of AOAC International, 2001, 84 (5): 1413-1419.
[6] HU R, ZHANG L, YANG Z. Picogram determination of N-nitrosodimethylamine in water [J]. Water Science & Technology, 2008, 58 (1): 143-151.
[7] 陈文文，张原，李小水，等．水中 N-亚硝胺的富集及色谱分析测试技术 [J]．环境化学，2016，35 (10): 2117-2126.

基于“互联网+”的水利工程检测试验室智慧化建设

吴立彬[1,2]　汤金云[1,2]　汤绍坤[1,2]　欧兆腾[1,2]

（1. 中水珠江规划勘测设计有限公司，广东广州　510610；
2. 水利部珠江水利委员会基本建设工程质量检测中心，广东广州　510610）

摘　要： 基于“互联网+”技术创新的应用在不断地改变水利工程质量检测行业的发展态势，建立水利检测智慧试验室可实现试验室内的检测环境、设备、样品、人员、数据等要素的全过程管理，为试验室的管理提供高效可控、统一协调的信息化、智能化服务。实践表明，利用“互联网+”技术搭建的水利检测平台充分发挥技术优势，有效保障了试验室的智慧化、精细化和规范化管理。

关键词： 互联网+；水利工程检测；智慧试验室；信息化

1　引言

自“互联网+”行动计划提出以来，各行各业都在思考着如何实施“互联网+”战略。检验检测作为高技术服务业，对社会的良性发展起着至关重要的作用。水利工程质量检测对水利工程基础建设的质量安全有重要影响，随着信息和网络技术的高速发展，对水利工程质量检测试验室提出了信息化、智能化的要求。通过计算机技术、互联网技术、物联网技术等实现水利工程质量检测的智慧化建设已是大势所趋[1-3]。“智慧试验室”可实现试验室智能化、信息化、系统化，形成一个高效的整体，使管理更加科学规范。

2　水利检测智慧试验室建设需要

2.1　水利工程检测试验室存在的问题

（1）试验室的公信力频遭质疑。一方面，试验室信息化程度较低，容易出现错误、虚假数据，以及无法溯源、检测结果反馈不及时等问题；另一方面，行业和地区传统监管方式存在局限性，对试验全过程监管力度不够，未能有效地形成对试验室人员、设备和数据的监督。关于试验室出具虚假报告的事件仍时有发生，因此非常有必要建成“智慧试验室”，提升试验室的公信力。[4-7]

（2）水利工程检测工地试验室多在野外，管理难度大。因各水利工程项目多在野外作业且建设周期长，其检测专业类别多、场地环境复杂、制约条件均不同，工地试验室往往因资源配置不足，对其管理更是鞭长莫及。借助“互联网+”技术搭建的智慧试验室能有效地优化资源配置、远程跟踪进度与质量情况、监控检测试验的时效性与准确性，对其进行动态管理，提高工地试验室的质量和管理水平。[8]

2.2　水利检测机构内在管理需求

试验室在传统管理模式下，一般以“线下”方式进行开展工作，不仅检测检验流程复杂、环节较多，而且数据由人工采集、录入及统计分析。为确保数据的可溯性，检测过程涉及的人员、设备、环境、方法标准、记录档案等多个方面，需要投入大量的人力物力来管理维护，且不一定能够得到有

作者简介： 吴立彬（1985—），男，高级工程师，主要从事水利工程质量检测、监测技术与管理工作。

效执行。另外，对于水利检测试验室，因其涉及的检测项目繁多，不仅有常规的建材、土工、水化试验，还有金属结构、机械电气、物探试验、实体结构检测等，试验室各科室、各部分运作零碎化，造成信息冗余，缺乏对整个试验室资源系统化监管、动态化管理。再者，水利检测试验室涉及的样品、仪器设备和耗材越来越多，对环境的要求也越来越高，很可能造成试验室管理混乱、样品丢失、数据出错等质量事故。“智慧试验室”的建设，有效地确保检测全过程按照质量体系文件执行，检测过程系统化、流程化、节点化。同时，样品、设备、环境等核心要素管理更加规范化、精细化，有效地解决样品管理混乱、设备利用率低等问题。

2.3 水利工程质量监管的需求

智慧试验室在将各类数据进行整合的同时，也将水利工程参建各方涵盖进来，这有利于推动工程质量监管信息化建设。各地区的水利主管部门或项目业主积极探索了水利工程质量检测信息化平台的建设，有效提升对水利项目质量的监管，解决当前水利工程质量管理存在的问题。[9-11]

3 基于“互联网+”的智慧试验室平台

3.1 智慧试验室平台架构

考虑水利工程检测业务、生产、服务及面向未来的实际，应构建具有云计算能力的智慧试验室平台。平台系统为 B/S 结构，可通过浏览器模式登陆，无须安装软件，更契合水利工地试验室的管理要求，实现数据实时共享，业务协同一致。区别于单纯处理试验数据的检测软件，智慧试验室平台是将委托管理、样品管理、检测管理、报告管理、结算管理、人员管理、设备管理、环境管理、质量体系运行以及上级监管等工作有机结合起来，建立统一的信息化平台，实现数据的线上处理和信息共享，可为相关功能模块调用，这将有效提高检测工作效率，提升试验室管理水平，并且能确保检测数据的客观公正性、科学准确性。从功能上区分，智慧试验室平台应至少包括信息管理平台、项目管理平台、试验室管理平台、大数据平台。总体结构如图 1 所示。

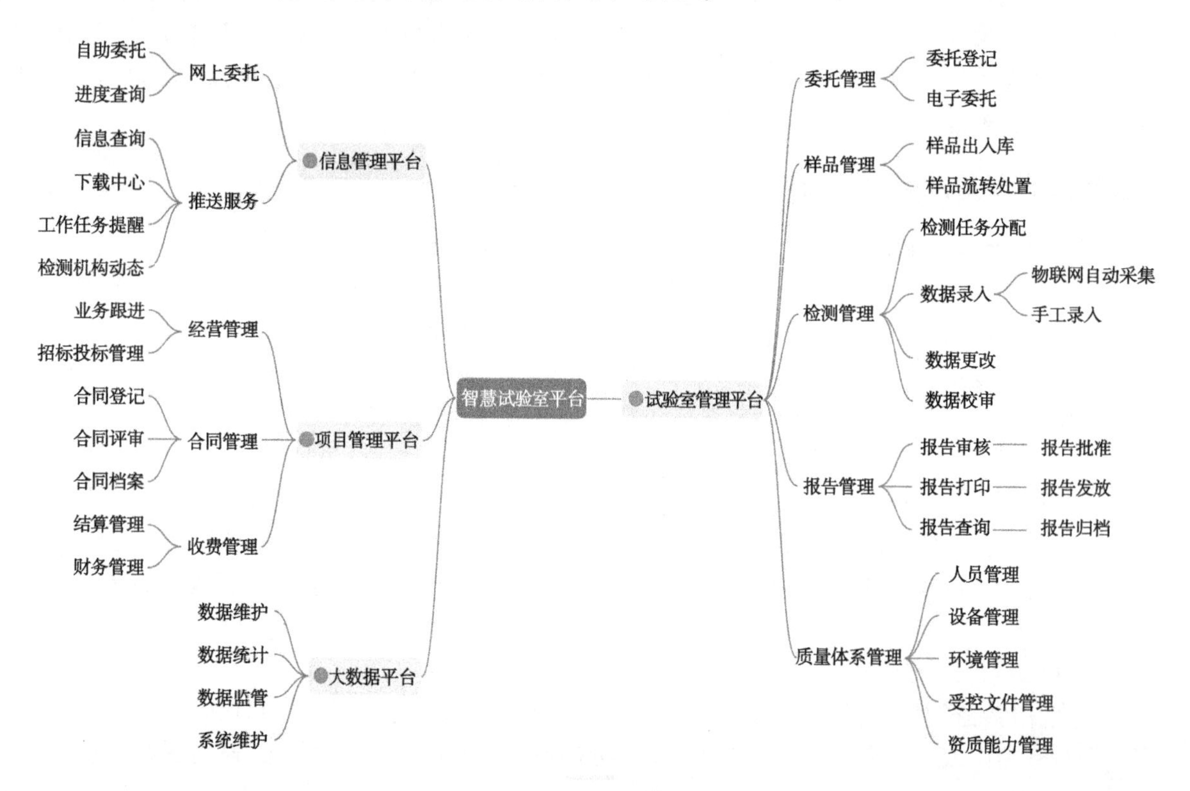

图 1 智慧试验室平台架构

3.2 信息管理平台

信息管理平台是试验室对外发布信息与交互的窗口，主要通过建设试验室的信息平台（网站、微信公众号），实现试验室与客户的信息交互，方便服务客户，可查询并获取试验室包括资质能力、送检指南、收费标准、新闻动态等。客户也可通过自助服务进行网上委托，不仅节约了办理业务的时间、减少委托录入的出错率，还能实时查询委托订单的进度。

信息管理平台的交互功能，使得检测员能及时收到工作任务提醒，按时完成检测任务。在检测工作中，也能实现检测员现场签到、现场检测信息的上传，保障检测工作的真实可靠性。

3.3 项目管理平台

项目管理平台主要由经营管理、合同管理及收费管理模块组成。经营管理模块主要是对业务跟进指定责任部门及责任人，提供经营全过程精细化管理；检测业务投标主要解决投标各环节的审批管理问题。合同管理模块提供合同签订跟踪、审批、归档的管理，并在审批过程中自动生成合同评审记录。收费模块主要是对检测报告的费用计量，实现自动化计费，提升工作效率和服务质量。

3.4 试验室管理平台

试验室管理平台涉及人、机、料、法、环的全过程管理，是智慧试验室平台最重要的组成部分。试验室管理平台对全要素进行全面管控，主要包含委托管理、样品管理、检测及报告管理、质量体系管理等功能模块，实现对水利检测试验室全过程监管，保证整个检测过程可控、可溯源，并满足《检验检测机构资质认定能力评价 检验检测机构通用要求》（RB/T 214—2017）[12] 的管理要求。智慧试验室检测流程见图2。

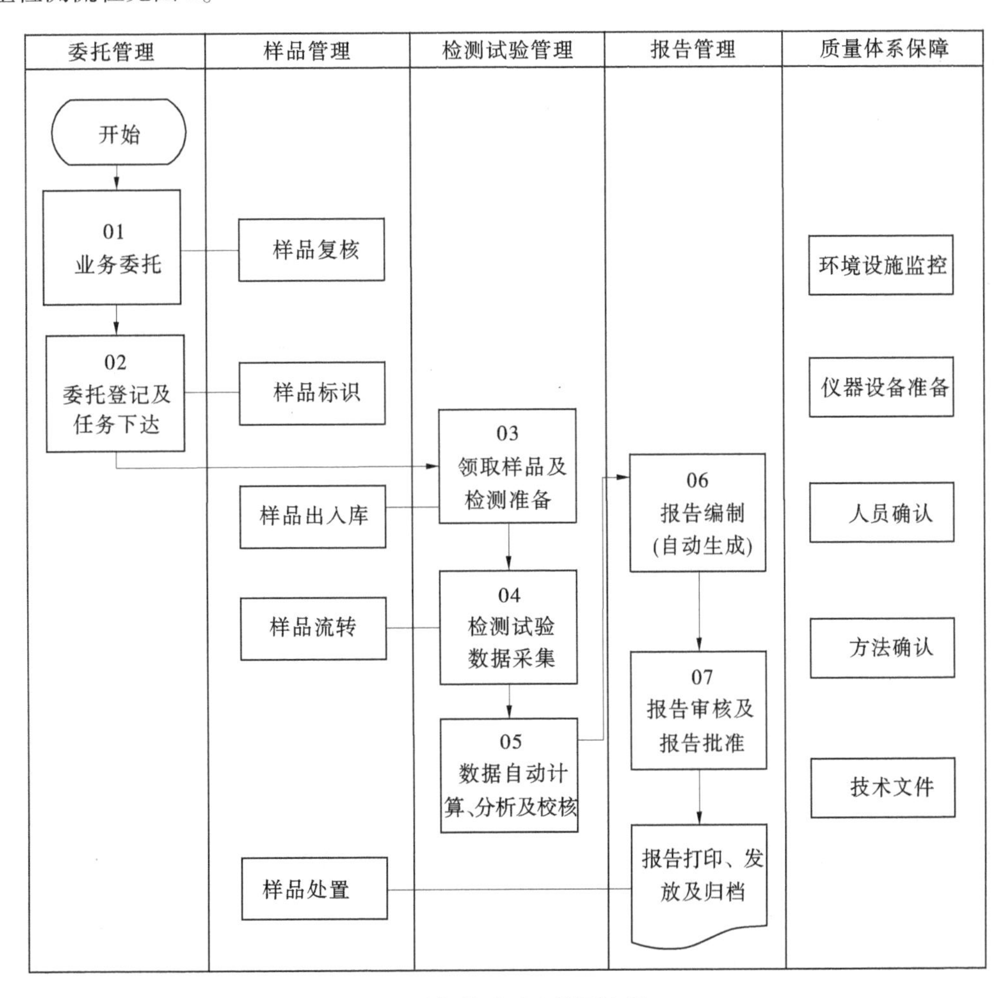

图2 智慧试验室检测流程

3.4.1 委托管理模块

委托管理模块提供单项和批量委托登记功能。在委托登记时，工程信息均提前录入到平台管理系统，仅需选择工程编号，便可自动带出对应工程信息。对于通过网上的电子委托，委托登记人员在核对样品的一致性后，直接调用电子单复核其准确性、完整性，缩短办理业务时间的同时，也减少委托登记人的工作量及录入的出错率，提升服务质量和工作效率。

3.4.2 样品管理模块

样品管理模块实现对样品的接收、识别、保管、流转、检测、处置等各个实施环节的有效控制。平台根据委托信息自动生成样品标识，实现样品出入库、流转的信息化管理，平台自动记录领样人及领取时间，结合检测管理模块的样品流转、处置，自动形成样品流转台账，实现样品的全流程标准化管理，保障了检测结果的准确性。

3.4.3 检测管理模块

检测管理模块实现检测工作流程化作业，将检测任务自动下达至各科室及各检测员，检测员在个人代办事物中可清晰获取当天需完成的检测工作任务。根据任务单的要求，领取并复核样品，按照指定标准、规范及试验方法开展检测工作，并实时将检测数据录入检测管理平台。检测管理平台同时自动获取并完整记录包括检测人员、环境、设备、方法等影响因素，通过对“人机料法环”五大要素的综合管控实现对各种试验检测过程溯源，还原检测过程，保证数据完整性。试验室将每天产生的大量试验数据传递至检测管理平台，检测平台依据国家标准、规范对检测数据进行自动化修约、计算、判定，得出试验结果，并自动生成原始记录。这样便于对数据进行实时分析，可及时发现问题并防止篡改数据，也有效地避免了人工计算和填写出现的人为错误问题。

检测管理模块通过物联网技术开发检测设备通用数据模块，打通检测设备、监控设备的数据接口，实现设备物联，对诸如力学项目试验数据的自动化采集，并自动上传至检测管理平台，检测数据的监管透明度得到有效提升，大大节约人力物力，使得检测数据实现在互联网技术下的实时传递，保证了试验数据的真实可靠。

在数据校核时，如若委托信息或实验信息有误，检测管理模块还可以实现按流程处理试验数据错误。在严格的审批流程下，检测数据的修改都将留下痕迹，保障检测数据的修改可溯，并能满足相关标准及质量管理体系规定的要求。

检测管理模块发挥“互联网+”、大数据、云平台的信息技术优势，将检测业务模块化、节点化及流程化，达到对试验室数据采集、数据分析、人员管理、样品管理、质量管理等环节全程监控，提升试验室管理水平，使试验室走向规范化、信息化管理。

3.4.4 报告管理模块

报告管理模块提供报告的统一格式、报告审批、报告打印发放、报告查询归档等。在报告的在线审核、批准中，可标记错误并按流程退回至各节点处理，检测员可实时查看试验、报告审批状态，实现数据共享。报告打印支持自动批量打印，使用方便快捷，并可通过平台获取防伪二维码。报告发放的同时可记录报告领取人信息，并与结算费用关联，使各项工作协同一致。针对水利工程检测档案归档不及时、归档管理意识淡薄的问题，报告归档系统形成一个有序结构的档案信息库，实现文件信息化管理，方便查询及数据共享利用。

3.4.5 质量体系管理模块

（1）人员管理。

人员账号信息及权限管理，实现人员证书到期预警、能力授权管理，确保人员证书有效及能力授权符合质量管理体系规定。通过平台可查询各项目人员的配置情况、流动情况，真正做到人员动态管理。

（2）设备管理。

设备管理台账包含设备维护、检定、使用、期间核查记录和档案信息等数据，可查询仪器设备历史信息，对设备检定超期进行预警。通过这些数据也能分析设备利用率、故障率等信息，为设备合理调配、采购提供参考依据。针对水利检测试验室存在设备数量及种类繁多、管理难度大、分布较离散的问题，平台通过生成的二维码标签进行统一管理和调度，有效防止设备使用率低下、丢失等问题，并在设备出入库管理中自动生成出入库管理台账。

（3）环境管理。

检测场所的温湿度监控是保证检测科学客观准确的基础条件。通过对温湿度监控，试验室可清晰获取试验室的环境条件，并通过将环境条件关联到相应的检测项目，实现环境条件的自动获取。

（4）受控文件管理。

试验室管理平台提供检测标准、质量管理体系文件等受控文件的管理，为检测员获取现行有效的文件提供了保障。

（5）资质能力管理。

资质能力管理记录和维护试验室单位资质认定状况，并通过检测项目的能力管理，创建检测项目库，包括项目名称、检测依据、检测对象、判定标准、检测费用标准、报告模板等，为平台提供基础数据，统一检测项目的相关技术记录格式，确保试验室在能力范围内开展检验检测工作。

3.5 大数据管理平台

大数据管理平台主要是检测信息、流程、报告信息及基础数据的日常维护、分析和监督管理。可对检测数据进行各种统计、汇总及数值分析，提供整个试验室各种信息的统计分析，诸如各部门报告总量、超期报告总量、不合格台账、岗位工作量、各类检测项目分布情况等，有效地提高对试验室的综合管理水平。

其中的系统管理模块主要提供系统配置功能，为平台设置可自动生成的各类编号格式、流程定义及系统运行参数。尤其水利工程往往需要在偏远地区建立工地试验室，系统管理模块提供多站点管理功能，实现各分站点统一规划、部署及管理。各工地试验室依靠互联网技术将数据均上传至同一平台，数据集中管理、审批，形成统一的质量管理体系，从而大大提升了对工地试验室的动态管理。

4 总结

水利部珠江水利委员会基本建设工程质量检测中心的智慧试验室建设与运行实践表明，中心的检测和各方面的管理工作趋于标准化、智能化，各岗位职责更明确，授权更精准。样品在试验室流转更规范，数据的自动采集与处理保证了检测工作的高效与公正，检测全过程得到有效的监管，流程更清晰。基于“互联网+”的技术方便了出差人员的实时报告审批工作，并在多个工地试验室的动态管理与服务中起到了非常重要的作用，实现了水利工程检测机构“协同、共享、高效、服务”的智慧化建设目标。

智慧试验室是水利检测试验室“互联网+”技术的信息化、智能化形态。智慧试验室对于解决水利工程检测试验室过程管理繁杂、公信力不足等问题具有巨大优势，能全面提升试验室技术水平和管理水平，水利检测试验室迈向信息化、智能化的发展方向是大势所趋，是“互联网+”、大数据及云计算先进技术助推的必然结果，通过本文的初步探讨，希望为未来水利工程检测智慧试验室的建设提供参考。

参考文献

[1] 冯攀，张煜．浅谈互联网+在检验检测服务上的质量创新［J］．陕西煤炭，2020，39（1）：198-200.

[2] 吴平．论“互联网+”与建筑工程质量检测管理服务系统建设［J］．门窗，2017（1）：67-68.

[3] 郭先超，林宗缪，姚文勇．互联网+质量检测平台设计［J］．计算机技术与发展，2016，26（5）：120-124.

[4] 邓凯斌，唐庆红．水利工程质量检测工作的现状、问题与对策研究［J］．工程技术研究，2019，4（9）：

237-238.
[5] 周春风. 高速公路工程试验检测信息化管理探析 [J]. 交通世界, 2020 (35): 13-14.
[6] 吴亚斌. 天津市水利工程质量检测管理现状分析及对策研究 [J]. 海河水利, 2021 (3): 65-67, 97.
[7] 孙军伟. 浅议水利工程质量检测常见问题及预控方法 [J]. 陕西水利, 2018 (S1): 203-204.
[8] 徐云华, 庞正磊, 毛潮钢. 土木工程试验室信息化管理平台研究及应用 [J]. 中国港湾建设, 2021, 41 (3): 77-80.
[9] 赵礼, 李艳丽, 傅国强, 等. 浙江水利工程质量智慧检测与监管研究 [J]. 中国水利, 2021 (14): 45-47.
[10] 杨建喜, 李兆恒, 王立华, 等. 基于"互联网+智慧水利"的水利工程质量检测监管系统设计 [J]. 广东水利水电, 2021 (10): 81-85, 103.
[11] 黄智刚. 水利工程质量检测信息化建设初探 [J]. 中国水能及电气化, 2019 (6): 1-3, 7.
[12] 中国国家认证认可监督管理委员会. 检验检测机构资质认定能力评价 检验检测机构通用要求: RB/T 214—2017 [S].

强夯法处理松散软黏土地基试验研究

李玉伟[1] 吴月龙[2,3] 刘文杰[1] 杨忠治[1] 陈志铭[1]

（1. 中水珠江规划勘测设计有限公司，广东广州 510610；
2. 南京水利科学研究院，江苏南京 210029；
3. 南京瑞迪建设科技有限公司，江苏南京 210029）

摘 要： 强夯法已广泛应用于工程实践，但其加固机制的复杂性导致其理论仍然落后于实践，相关设计尚需依靠现场试夯得出相关参数。针对南京某厂房软土地基，提出强夯-联合井点降水的地基处理方案，并在现场试夯过程中依靠相关监测、检测手段，得出地基处理前后的地基土物理参数、地基变形及孔压消散数据，通过综合分析合理确定夯击次数、夯点间距、间隔时间等施工参数。试验结果表明，该工法能够有效加固饱和软黏土地基，但也存在因强夯能量低而导致地基加固深度较浅等问题；强夯联合井点降水的地基处理试验为后期施工提供了依据，也为该工法的广泛应用做出有效指导。

关键词： 试夯；夯沉量；有效夯实系数；孔压；承载力

1 前言

强夯法加固软土地基的实践已经有了长足的进步，而理论发展仍需进一步完善。在强夯加固软黏土加固机制、加固后强度的时间效应问题、加固效果的检测与评价、设计计算方法等方面至今还没有一套成熟、完善的理论。因此，在设计与施工，需进行试夯工艺试验，得出合理的设计施工参数。在对饱和度较高的粉土和黏性土地基进行处理时，通过合理的降水或真空降水措施，可以使土体内的超净孔隙水压力尽快消散，有效地提升加固效果。

依据某厂房软基处理项目，对试夯前后的地基沉降量、孔压进行监测，并通过标准贯入试验、室内土工试验等测试手段，开展了强夯联合井点降水加固软黏土地基的试验研究。

2 工程地质概况

南京某厂房软基处理项目占地面积约为 26.77 万 m²，拟建场地隶属坳沟地貌单元。现场地形平缓，场地内水塘基本已被填平，原始地貌单元已遭到破坏。据勘察报告，场地覆盖层主要为黏土，下伏基岩为泥质粉砂岩。主要土层条件自上而下为：①层素填土：厚度 0.1~3.5 m，平均厚度 2.6 m，灰色，松散，以粉质黏土、粉土为主，局部含少量碎砖、石子等杂物。②层粉质黏土：厚度 0.5~6.2 m，平均厚度 2.72 m，灰黄—灰色，可塑；②-A 层粉土：厚度 2.1~5.6 m，平均厚度 3.9 m，黄褐色，中密，湿；③层粉质黏土：灰黄色，硬塑；③-2 层粉质黏土夹粉土：灰黄-黄褐色，可塑；④层强风化泥质粉砂岩：暗红-灰黄色，原岩经风化后呈密实的砂土状，强度低，易击碎，遇水易崩解。岩体基本质量等级为 V 级。

由于场地存在素填土和松散粉质黏土，为提高地基承载力，并消除地基不均匀沉降，拟采用强夯

基金项目： 水利部行业公益性基金项目（1261430210302）；国家自然科学基金（51408381）。
作者简介： 李玉伟（1986—），男，硕士，高级工程师，主要从事岩土工程检测、监测技术工作。

联合井点降水对该软土地基进行加固。

3 试验方案

3.1 试夯施工参数设置

试夯采用的点夯锤重为 20 t，铸铁圆形，直径为 2.30 m。两遍点夯，第一遍呈正方形，间距 5 m，第二遍在第一遍正中插点，满夯为夯点搭接夯，搭接宽度为锤径的 1/4。降水井井深 10 m，井点间距为 10 m。

本次强夯地基加固根据现场地质情况及设计加固深度将整块场地分为三个区域，分别取不同的夯击能，具体试夯施工参数见表 1。

表 1 试夯施工参数表

试验区	设计加固深度/m	夯击能/（kN·m）	夯点间距/m	夯点布置形式
A	≤4	1 000/1 500	5	正方形
B	4~6	2 000/2 500	5	正方形
C	≥6	2 500/3 000	5	正方形

夯击次数是强夯设计中一个重要的参数。夯击次数一般通过现场试夯确定，常以夯坑压缩量最大，夯坑周围隆起量最小为确定原则。

停夯标准：每遍点夯最后两击的平均夯沉量不大于 10 cm、夯沉量呈发散趋势或夯坑过深提锤困难时停夯。相邻两遍强夯间隔时间初步确定为 4 ~5 d。降水方法为井点降水，各区域强夯试验前提前 1 d 降水至 8 m 深，强夯施工期间及强夯完成后持续降水，以促使强夯地基内超静孔隙水压力尽快消散。

3.2 现场监测

3.2.1 夯沉量及隆起量监测

对强夯期间的夯坑夯沉量及周边隆起量进行监测，绘制有效夯实系数与击数的曲线，在 3 块实验区，各取第一点作为试验点。在每个试验点四周选取垂直的四个方向打设临时沉降标，如图 1 所示，记录每击夯沉量，以及坑周四个方向，距离锤边 1 m、2.5 m、3.5 m、5.5 m 处的隆起量。

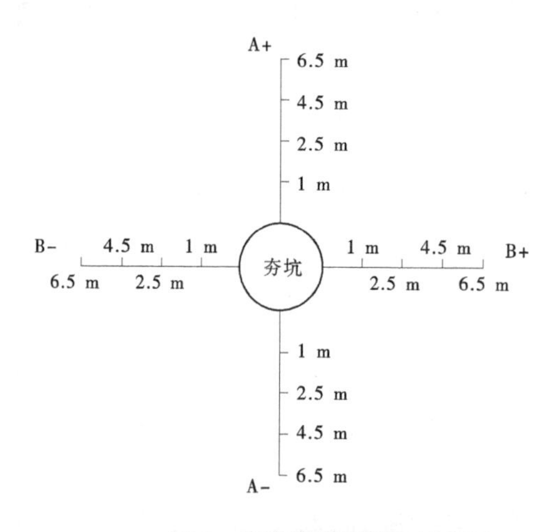

图 1 夯坑周围沉降标示意图

通过对实测资料的整理分析，计算夯后每击有效夯实系数 α，绘制成夯沉量及隆起量曲线图和有效夯实系数随击数变化曲线。

$$\alpha = \frac{V - V'}{V} \tag{1}$$

式中：V 为夯坑体积；V' 为夯坑周围地面隆起体积。

3.2.2 孔隙水压力监测

为监测孔隙水压力变化情况，分别在三个试验区的夯点周围埋设相关孔隙水压力计，在强夯施工前后进行连续观测，获取施工期间地基孔隙水压力的变化规律。

3.3 加固效果检测

为快速了解强夯加固效果，研究其地基承载力增长情况，在强夯试验开始前后，采用现场钻孔取土、标准贯入试验以及室内土工试验等方法对本次试夯试验加固效果进行检测。并对相关数据进行了对比分析，以便于对试夯的效果进行更好的评价。

4 试验结果

4.1 夯沉量、隆起量及有效夯实系数的试验结果

在地质条件及加固深度不同的区域内，为深入了解不同夯击能、不同击数下的强夯地基处理效果，重点对强夯的夯沉量进行观测并予以分析。

试验中强夯分为两遍点夯，第一遍点夯处理时，不同夯击能下夯沉量的具体数据见图 2（图中夯沉量为区域内多点夯沉量的加权平均值），可以看出，随着夯击次数的增加，低能量强夯 1 000~2 500 kN·m 的单击夯沉量呈降低趋势，以 A 区 1 000 kN·m 夯击能为例，每击夯沉量分别为 0.360 m、0.285 m、0.256 m、0.220 m 及 0.223 m，随着夯击数的增加，每击夯沉量减小。而从 C 区的 2 500 kN·m 与 3 000 kN·m 能级的强夯效果来看，夯沉量随击数的增加先降低后增加，这是由于 C 区表层属于低含水量的超固结黏土，强度较高，在将该层坚硬土层打碎后，下部的相对软弱土层压缩性更大，沉降量出现反弹。

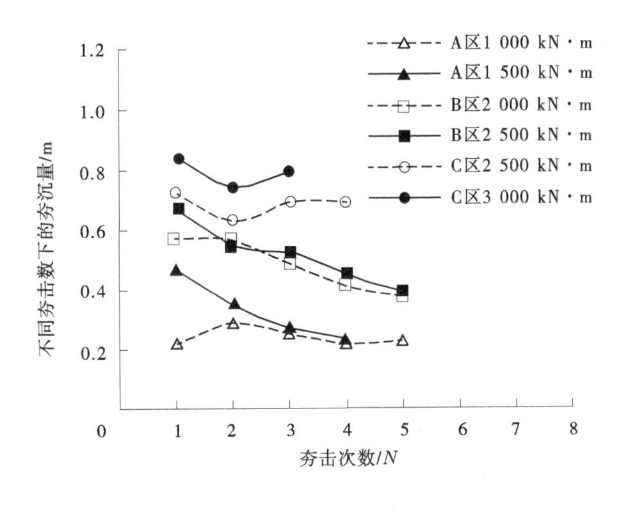

图 2 第一遍点夯时夯击能与夯沉量关系

随着夯击能的增加，强夯的效果更为明显，相应的夯沉量有一定增加，但从同一区域的强夯夯沉量来看，A 区在 1 000 kN·m 和 1 500 kN·m 夯击能条件下、B 区在 2 000 kN·m 和 2 500 kN·m 夯击能条件下，其夯沉量均增加不大，而 C 区则在 3 000 kN·m 能级的夯沉量明显增加。

在持续保持井点降水条件下，于第一遍点夯完成后，经过 5 d 的间隔期，再进行第二遍点夯。图 3 给出了在第二遍点夯过程中，不同夯击能与夯沉量的关系（图中夯沉量为区域内多点夯沉量的加权平均值）。可以得出，随着强夯能级的增加，夯沉量随之增加。与第一遍点夯不同的是，在 C 区的夯沉量并没有出现先增加后减小的情况，而是随着击数增加而减小，同时，不同能级的第一击夯沉

量比第一遍更大，而在后续的击数中，夯沉量则略有降低，这是由于在第一遍点夯后，表层的土体结构已经破坏，下层的坑间土出现一定的加密，因而第二遍点夯时夯沉量出现先剧烈后缓慢的情况。

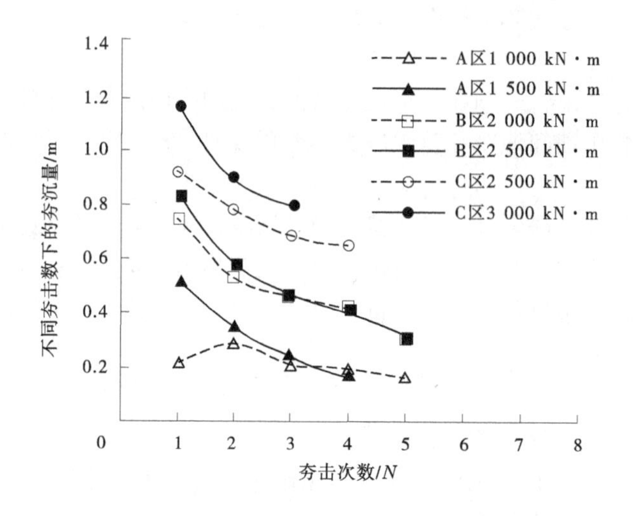

图 3　第二遍点夯时夯击能与夯沉量关系

在测量夯沉量的同时，对坑边的隆起量进行分析，图 4 给出了第一遍点夯时 C 区某点的夯沉量（图中隆起量为四个测量方向上隆起值的加权平均值）。可以看出，隆起值最大出现在距离夯坑边缘 1 m 左右，在试验区域内，部分点位的隆起值较大且出现拔锤困难的现象。

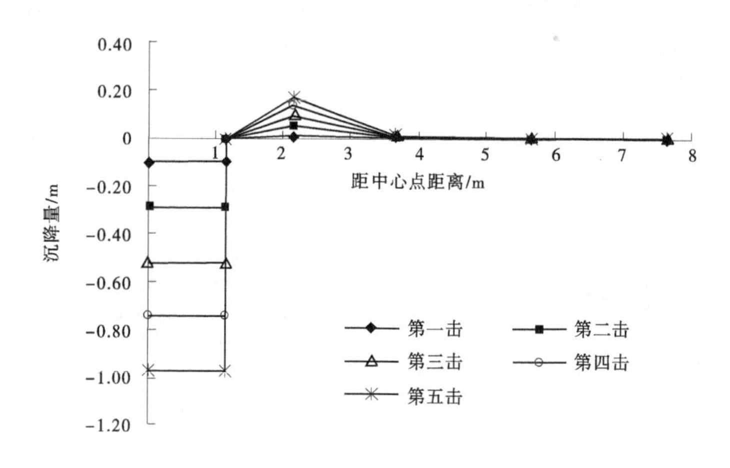

图 4　第一遍点夯时不同击数下 C 区某夯点沉降及隆起量变化

依据测量成果及式（1）进行计算，得出有效夯实系数，图 5 给出了第一遍点夯时不同夯击能下有效夯实系数 α 的变化情况，可以看出，有效夯实系数变化范围为 0.1~0.6。与其他砂质土、砂砾及碎石土地基相比，该系数较低。说明黏性土使用强夯加固时效果与其他砂质土、砂砾及碎石土相比，其加固效果较不显著。随着夯击数的增加，有效夯实系数均有降低的趋势，部分测点会出现反弹情况，大部分夯击能情况下，在第一遍点夯的第三夯时已经出现拔锤困难，坑边隆起明显情况，可以看出，三个区内的两种能级的加固效果相差不太明显。

4.2　孔隙水压力监测结果

为监测地基土内孔压消散情况，在分别三个区埋设了 1 组孔压计，并在强夯开始的 11 d 内对测值进行连续记录，经整理后的超静孔隙水压力值变化情况见图 6，可以看出，在强夯开始后，孔压并不会立即出现较大的增长，而是有一定的滞后，随着时间的增长，超静孔压先快速增长，在之后的 5

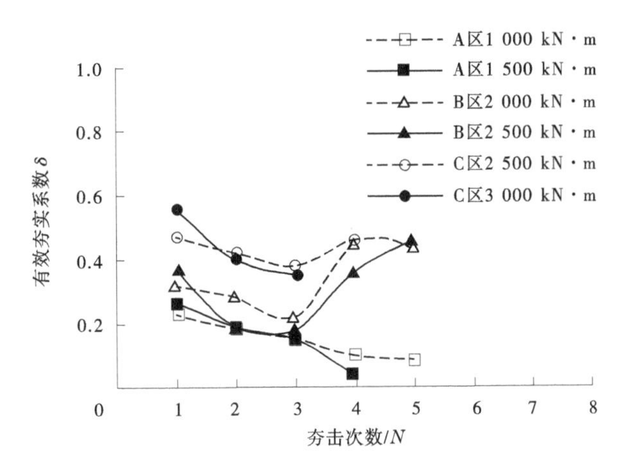

图 5　第一遍点夯时不同夯击能下有效夯实系数的变化

d 内，孔压消散先快后慢。孔压的增加随着夯击能的增加而增加，但未见其呈现线性增长关系。

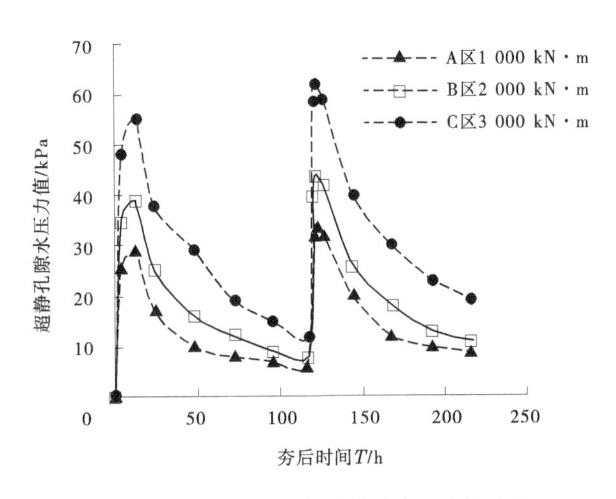

图 6　强夯开始后超静孔隙水压力值变化

在第二遍点夯后，超静孔压又出现快速增长，而且由于第一遍点夯的超静孔压未能完全消散，第二遍点夯时的孔压峰值比第一遍点夯时要高，但二遍峰值并不是第一遍残余孔压与第一遍超静孔压峰值的几何叠加，二遍点夯期峰值比叠加值略低。

经地基土内的超静孔压监测结果可以看出，孔压能够在 4~5 d 内有效消散至较低水平，虽不能完全消散，但此后可以进行第二遍点夯，从而达到较好的提高加固效率。

4.3　施工参数的初步判定

依据上述试验成果，可以看出，在三个区域的五种夯击能加固情况对比如下，A、B 两区两种夯击能加固效果类似，拟选取 A 区 1 000 kN·m 与 B 区 2 000 kN·m 夯击能，而在 C 区，为更好地保证加固深度，选取 3 000 kN·m 夯击能。考虑地基土孔压消散情况，在持续保持井点降水条件下，确定两遍点夯的间隔期定为 5 d。此外，结合现场施工状况，如拔出夯锤的难易程度等因素，确定强夯第一遍 B、C 区点夯数均为 2 击，A 区点夯数为 3 击，第二遍点夯数均为 3 击，在两遍点夯 5 d 后，可采用两遍满夯，夯击能为 500 kN·m。另外，在满夯结束后采用 16 t 滚筒式碾压机对表层土进行压实。

5　加固效果检测分析

5.1　标准贯入法试验结果

在强夯施工前及施工结束 5 d 后，分别对地基土进行现场标准贯入试验，结果表明，有效加固深度范围内的标贯击数提高 0.8 击以上。图 7 给出了三个区域强夯前后的标贯试验结果，可以看出：经强夯加固处理后地基承载力有明显提高。A 区标贯击数有一定程度提高，夯后 5 d 有效加固深度为 5.3 m 左右，表层土承载力提高 20%左右；B、C 区表层标贯击数提高明显，达到 7~10 击，表层处理效果明显。其中，B 区有效加固深度为 6.7 m 左右，承载力提高为 120%左右；C 区有效加固深度为 7.8 m 左右，承载力提高为 80%左右，深部有一定加固效果。

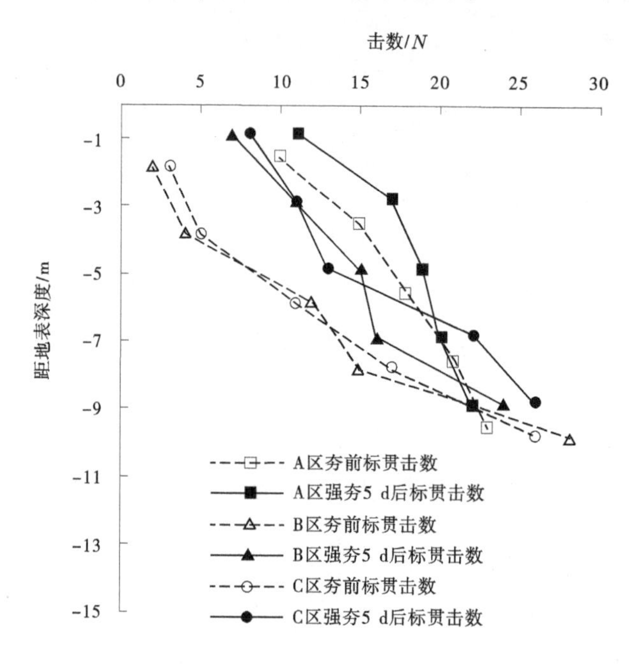

图 7　强夯开始后超静孔隙水压力值变化

依据《建筑地基基础设计规范》（GB 50007—2011），采用标贯击数 N 值与黏性土的地基承载力标准值关系，可对强夯结束 5 d 后的地基土承载力进行初步判定。

由计算结果（见表 2）可知，地基加固后由标准贯入击数试验结果推算的平均地基承载力比加固前增加了 62.14 kPa，平均增长幅度为 47.1%。A 区增长幅度为 30%，B 区增长幅度为 75%，C 区增长幅度为 67.7%。

表 2　采用标准贯入试验推求地基土加固后承载力计算

区域	加固前		加固后	
	标贯击数 N	地基承载力 f_0/kPa	标贯击数 N	地基承载力 f_1/kPa
A 区	10	233	13	302.9
B 区	4	93.2	7	163.1
C 区	3	69.9	5	116.5
均值	5.67	132.03	8.33	194.17

5.2　室内土工试验结果

强夯处理后，现场对地基土进行了钻孔取样，并于室内土工试验。表 3 给出了不同夯击区域加固后地基土土工试验结果。可以看出，取样黏性土的物理力学指标较好。

表 3 不同区域强夯处理后地基土室内土工试验结果

夯击区域	取土深度/m	天然状态			塑性指数	液性指数	直剪固快试验	
		含水率/%	干密度/（g/m³）	孔隙比			黏聚力/kPa	摩擦角/（°）
A 区	1.60~1.90	24.8	1.60	0.697	14.3	0.38	41.0	17.5
	3.40~3.60	21.6	1.69	0.613	15.5	0.10	66.0	19.7
	5.70~5.90	28.0	1.52	0.808	20.2	0.07	70.0	20.0
B 区	1.50~1.95	26.8	1.55	0.751	15.5	0.44	28.0	14.5
	3.50~3.95	28.4	1.49	0.829	14.6	0.64	32.0	14.5
	5.50~5.95	25.1	1.59	0.710	11.8	0.66	30.0	14.9
	7.50~7.95	24.6	1.61	0.686	15.1	0.25	78.0	16.9
C 区	1.50~1.95	26.4	1.56	0.745	14.6	0.32	33.0	15.4
	3.50~3.95	38.2	1.33	1.043	16.3	1.03	32.0	14.1
	5.50~5.95	35.3	1.39	0.958	15.6	0.98	65.0	15.9
	7.50~7.95	24.8	1.62	0.680	16.0	0.24	52.0	19.0
	9.50~9.95	28.6	1.47	0.851	15.2	0.45	35.0	15.3

参照《建筑地基基础设计规范》（GB 50007—2011），根据第一指标孔隙比和第二指标液性指数，可查表得出黏性土的承载力基本值，三个试夯区域的地基承载力基本值均较为理想（见表 4）。

表 4 采用土质参数推求地基土加固后承载力计算

强夯区域	孔隙比 e	液性指数	地基承载力/kPa
A 区	0.697	0.38	279.4
B 区	0.829	14.6	188.8
C 区	1.043	1.03	112

6 结论

（1）强夯的单击夯沉量随夯击能的增加而增加，在第一遍点夯过程中，同一夯击能夯沉量随击数增加无明显规律性，而在第二遍点夯时，其单击夯沉量出现随击数增加而减小的趋势。

（2）试验表明，使用强夯法加固黏性土，有效夯实系数变化范围为 0.1~0.6，加固效果有限。

（3）强夯后产生的超孔隙水压力消散先快后慢，4~5 d 即可消散至较低水平，同时需加强井点降水的施工管理，确保持续降水。

（4）强夯夯后 5 d 的标贯试验及室内土工试验结果表明：地基土加固效果较明显，符合设计提出的地基承载力及加固深度要求。夯后加固效果检验应充分考虑地基土夯后强度增长具有明显的时效性，可在夯击完成 3~4 周后实施现场加固效果检验。

参考文献

[1] 袁海平，韩治勇，石贤增，等．强夯法在皖江软土路基处理中的应用［J］．施工技术，2016，45（11）：50-54.

[2] 沈正，董祥. 强夯加固粉煤灰及下伏的淤泥质软土地基试验研究 [J]. 水运工程，2015 (11)：160-165.

[3] 中华人民共和国住房和城乡建设部. 建筑地基处理技术规范：JGJ 79—2012 [S]. 北京：中国建筑工业出版社，2013：35-42.

[4] 中华人民共和国住房和城乡建设部. 建筑地基基础设计规范：GB 50007—2011 [S]. 北京：中国建筑工业出版社，2012：21-25.

[5] 符洪涛，王军，蔡袁强，等. 低能量强夯-电渗法联合加固软黏土地基试验研究 [J]. 岩石力学与工程学报，2015，34 (3)：612-620.

[6] 高松鹤，林子方. 高真空强夯法软土地基处理试验分析 [J]. 浙江建筑，2014，31 (9)：22-24.

[7] 刘占彪，吴强. 低能量强夯联合井点降水在某工业厂房软土地基处理中的应用 [J]. 岩土工程界，2006，9 (3)：81-82，86.

[8] 周健，史旦达，贾敏才，等. 低能量强夯法加固粉质黏土地基试验研究 [J]. 岩土力学，2007，28 (11)：2359-2364.

[9] 李卫国，赵天龙. 井点降水联合低能量强夯地基处理技术在崇启通道工程中的应用 [J]. 上海公路，2012 (2)：138-140.

[10] 白冰. 强夯荷载作用下饱和土层孔隙水压力简化计算方法 [J]. 岩石力学与工程学报，2003，22 (9)：1469-1473.

[11] 陈思周. 强夯法在软黏土地基加固处理工程中的应用 [J]. 港工技术，2013 (3)：59-62.

[12] 王颖蛟，郑小艳. 夯锤形状对强夯加固效果的影响 [J]. 水利与建筑工程学报，2013，11 (4)：116-118.

[13] 王智合. 强夯法在软黏土地基加固处理工程中的应用 [J]. 港工技术，2015 (2)：197-200.

[14] 詹黔花，徐继斌，帅海乐. 强夯处理块碎石料高填方质量检测技术研究 [J]. 水利与建筑工程学报，2011，09 (4)：25-30.

[15] 韩晓雷，席亚军，水伟厚，等. 15 000 kN·m 超高能级强夯法处理湿陷性黄土的应用研究 [J]. 水利与建筑工程学报，2009，7 (3)：91-93.

生态环境监测工作流程规范化管理探讨

余明星　袁　琳　余　达　刘旻璇　朱圣清　蒋　静　黄　波　张　琦

（生态环境部长江流域生态环境监督管理局生态环境监测与科学研究中心，湖北武汉　430010）

摘　要：生态环境监测是支撑生态环境保护工作的一项重要基础性工作，由前后紧密相连的多个环节递进开展，具有典型的业务流程特征。提高监测工作质量，确保监测数据“真实、客观、准确、完整”是当前生态环境监测领域的重点监管任务，强化监测业务工作流程是提高生态环境监测机构规范化管理的有效途径。本文在解析生态环境监测工作流程的基础上，分析了监测规范化管理的技术要求，介绍了某生态环境监测机构监测工作流程规范化管理实例，并提出了进一步发展的方向，为推动生态环境监测机构开展合规性管理和优化监测工作流程提供可供借鉴的思路与经验。

关键词：生态环境监测；工作流程；规范化管理；案例分析

1　引言

生态环境监测是生态环境保护的基础，是生态文明建设的重要支撑[1]。近年来，随着生态环境监测领域改革的深入推进[2]，国家市场监管部门和生态环境主管部门加大了对生态环境监测机构的监督管理力度，各级各类生态环境监测机构也越来越重视监测工作质量管理，以适应新形势下监测工作更为严格的合规性管理要求。从工作流程上看，生态环境监测包含了多个有序的环节过程[3]，主要由布点采样、分析测试、质量控制、数据处理和综合评价等构成，具有典型的事务流程属性。

开展生态环境监测机构监测工作主要流程分析，识别主要质量偏离风险问题，按照生态环境监测质量管理工作要求，优化调整监测工作各流程环节，是环境监测机构实现规范化管理的关键和重点措施之一。本文初步解析了生态环境监测工作流程，分析了生态环境监测主要的质量管理要求，介绍了某生态环境监测机构监测工作流程规范性管理案例，为推动生态环境监测机构开展合规性管理及流程优化提供可供借鉴的思路与经验。

2　生态环境监测工作流程内容解析

生态环境监测是环境科学的一个重要分支学科，它是运用现代科技手段对代表环境污染或生态环境质量的各种生态环境要素进行监视、监控和测定，从而科学评价生态环境质量及其变化趋势的操作过程[4]。生态环境监测的工作流程一般为：确定监测目的→进行现场调查→制订监测方案→实施监测方案（优化布点、样品采集、运送保存、分析测试、数据处理）→评价监测结果→编制和管理监测报告[3-4]。这个过程环环相扣，每一个环节的科学性与准确性决定了监测结果的科学性、准确性。合理、合规、科学的流程可以控制工作风险，提升质量和提高工作效率，是提高管理水平和加强运行规范性的重要保障。对生态环境监测主要业务过程开展概化性流程分析，是优化调整监测工作流程的前提和基础，具有重要的作用和意义。生态环境监测工作流程环节划分及主要内容见表1。

作者简介：余明星（1982—），男，高级工程师，主要从事流域水生态环境监测、评价与管理工作。

表 1 生态环境监测工作流程环节划分及内容

监测工作流程环节	流程内容解析
监测目的确定	明确监测工作服务的方向，针对环境质量管理、污染源控制、环境规划等不同工作要求和目的，监测工作内容侧重点会有所不同，需要事前明确监测目的，进而选择合适的监测路径
监测现场调查	摸清监测对象和监测区域的基本概况，了解区域地形地貌、周边环境现状、环境要素地理分布、监测对象总体情况、交通和安全状况等初步情况，为有效制定后续有针对性的监测方案奠定基础
监测方案制订	明确采样、检测和数据处理具体分工、要求和计划安排，是整个监测工作的纽带和主线，是前期监测目的确定和现场查勘结果的体现，也是指导后续监测工作开展的指南。方案包含的主要内容有监测参数确定、断面点位布设、样品采集和保存、监测方法选择、仪器设备配备、质量保证措施、数据统计、结果评价和报告编制等
监测方案实施	依据监测方案，开展现场采样和监测，保存样品并运送到实验室，对样品进行不同参数分析测试，获取各参数检测数据结果并汇总。该阶段是生态环境监测的主体环节，涉及的人员、仪器、试剂耗材、操作过程繁多，产生的各类记录庞大，各部门各岗位流转衔接频繁，是规范性管理的重点，合理合规的流程设计有助于降低质量违规风险
监测结果评价	对经过校核、审核和统计处理后环境监测数据，根据环境质量标准、污染排放标准等进行评价，以评判环境质量状况或污染状况，为环境管理和保护提供决策依据
监测报告编制和管理	汇集监测工作各阶段资料，编制监测报告并根据管理需求审核签发，递交给客户。监测报告是监测工作的最终产品即数据的体现载体，是监测工作的重要成果，也是监督检查生态环境监测机构规范性的重要核查对象

3 生态环境监测工作流程管理要求

为加强生态环境监测机构规范性管理，确保监测数据“真实、客观、准确、完整”，国家或行业已出台了较为完备的法律法规、标准规范或相关制度文件，并加大了监督检查力度。2019 年起国家市场监督管理总局每年均联合生态环境部等部委，开展生态环境检验检测机构专项资质认定监督抽查工作[5-8]。取得资质认定的实验室，必须遵循资质认定的相关法律法规和技术规范，违反相应规则，轻则责令整改，重则通报、罚款、暂停或吊销证书，并承担相应法律责任，在全国诚信系统中上报不良记录。对于取得资质认定证书的环境监测机构，只有主动适应严要求的大环境，做好自身日常实验室运行管理，按规范开展参数、方法、人员、仪器等全要素管理以及采样、检测、报告、审核等全流程控制，才能维持实验室的资质认定证书和声誉。

《检验检测机构资质认定能力评价 检验检测机构通用要求》（RBT 214—2017）（以下简称《通用要求》）和《检验检测机构资质认定生态环境监测机构评审补充要求》（国市监检测〔2018〕245 号）（以下简称《补充要求》），是两个与生态环境监测机构资质认定管理最直接相关的技术类标准和要求，对规范生态环境监测机构监测行为具有重要指导作用。《通用要求》第 4 章“要求”共 5 节 49 条，对机构、人员、场所环境、设备设施、管理体系 5 个方面做了具体规定；《补充要求》共 23 条，针对环境监测机构的特殊性要求，对上述 5 个方面做了进一步补充规定。上述两个技术要求，均从要素性管理和流程性管理两个角度对生态环境监测规范化管理做出了具体规定。现对两个技术要求中关于监测流程典型环节要求进行梳理，相关条款内容见表 2。《通用要求》和《补充要求》关于监测业务工作各方面的技术规定，是开展资质认定生态环境监测实验室监测业务流程规范化管理应遵循的共性和一般要求，在监测流程管理中需重点关注和落实。

表 2　生态环境监测主要业务流程典型规范性技术要求列举

流程环节		条款	条款要点
监测方案实施	采样	4.5.17[a]	抽样计划应根据适当的统计方法制定，抽样应确保检验检测结果的有效性
		第十九条[b]	开展现场测试或采样时，应根据任务要求制订监测方案或采样计划，明确监测点位、监测项目、监测方法、监测频次等内容
	样品管理	4.5.18[a]	检验检测机构应有样品的标识系统。样品在运输、接收、处置、保护、存储、保留、清理或返回过程中应予以控制和记录
		第二十条[b]	应根据相关监测标准或技术规范的要求，采取加保存剂、冷藏等保护措施；样品应分区存放和标识；接收样品应检查和记录；样品制备、前处理和分析过程注意保持样品标识的可追溯性
	质量控制	4.5.19[a]	检验检测机构可采用定期使用标准物质、保存的样品再次检验检测、对报告数据进行审核、机构内部比对、盲样检验检测等进行监控
		第二十一条[b]	质量控制活动应覆盖生态环境监测活动的全过程
监测报告编制和管理	监测报告编制	4.5.20[a] 4.5.23[a]	检验检测机构应准确、清晰、明确、客观地出具检验检测结果，符合检验检测方法的规定，并确保检验检测结果的有效性。当需要对报告或证书做出意见和解释时，应在检验检测报告或证书中清晰标注
		第二十二条[b]	当在生态环境监测报告中给出符合（或不符合）要求或规范声明时，报告审核人员和授权签字人应具备对监测结果进行符合性判定的能力
	监测报告管理	4.5.26[a] 4.5.27[a]	检验检测报告或证书签发后，若有更正或增补应予以记录。检验检测机构应对检验检测原始记录、报告、证书归档留存
		第二十三条[b]	档案保存期应满足生态环境监测领域相关法律法规和技术文件的规定

注： a.《通用要求》；b.《补充要求》。

4　生态环境监测工作流程案例分析

4.1　监测工作流程总体介绍

某生态环境监测机构是取得国家资质认定的监测机构，随着监测业务工作不断拓展，在新的更严格的精细化质量管理形势下，之前的监测工作流程存在效率低、衔接不紧密、有管理盲区等问题，不规范运行的质量风险隐患较为突出。为进一步理顺该机构监测工作业务流程，规范、高效开展监测工作，加强过程环节控制，依据资质认定实验室运行管理要求，结合该机构监测工作实际，在现有监测工作业务流程的基础上，进一步明确和优化了各部门或关键岗位的职责与事项，融合、集中、衔接多个管理环节，提出了符合资质认定实验室规范性管理要求的新监测业务流程（见图 1）。

新监测工作流程按照经常性监测任务和新承接监测任务两种监测任务类型，划分为 5 个层级 22 个业务工作流程节点，将监测任务管理、采样管理、样品管理、监测分析、报告编制、报告管理 6 个阶段的监测工作，分解到综合管理部门、监测业务部门、质量控制部门、授权签字人和报告解释人员共 3 个部门及 2 个关键岗位，实现了监测工作流程的高效规范运转。各部门和关键岗位的职责、前后衔接关系以及业务流转方向均界定清晰，提高了监测机构运行规范化水平，降低了质量违规风险。值得注意的是，每个监测机构由于规模、机构设置、工作业务类型等诸多条件不同，可以将一般性的监

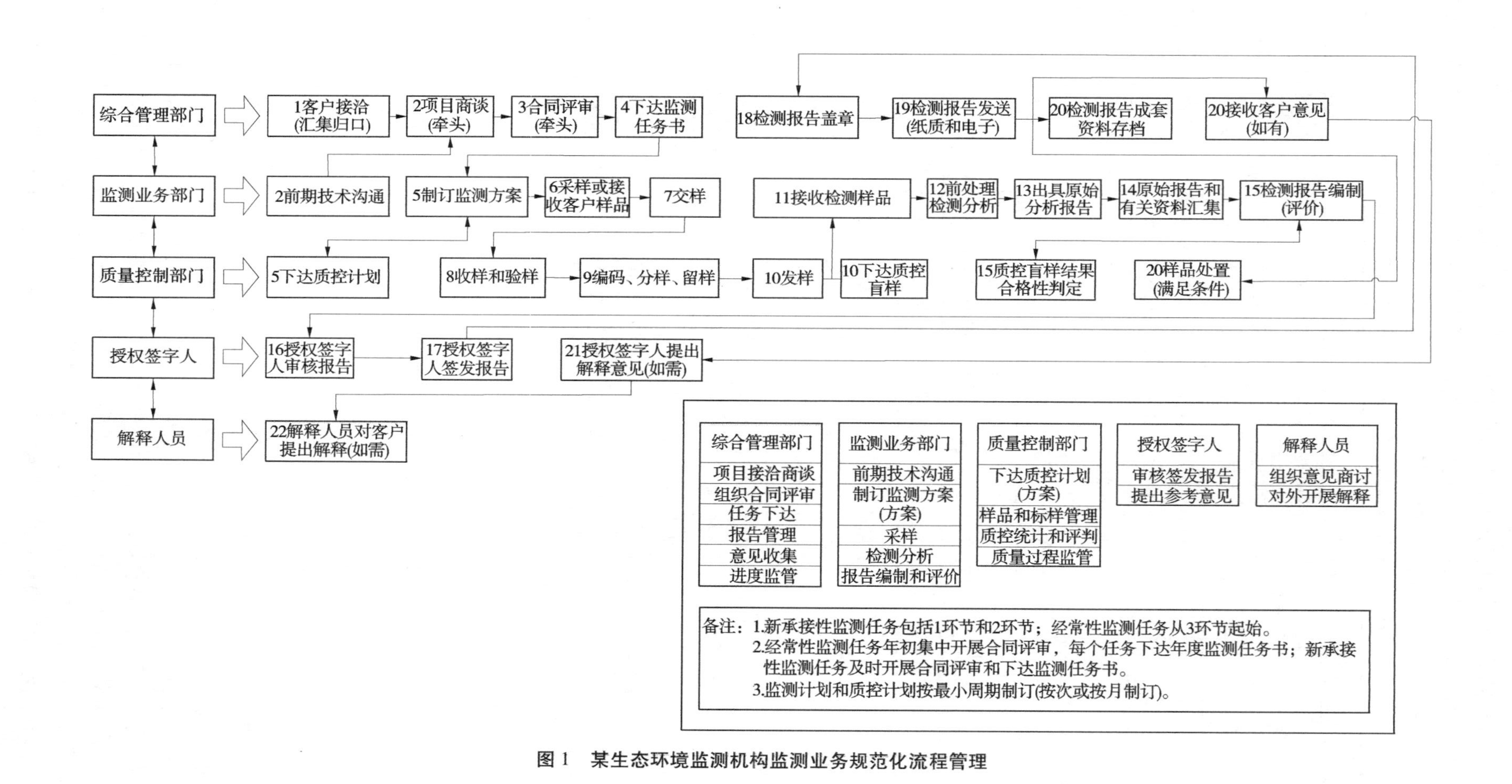

图 1　某生态环境监测机构监测业务规范化流程管理

测流程各环节根据自身实际，做适当合理归并调整，但总体上应涵盖主要的流程环节，并需要按照相关质量管理要求规范运行。

4.2 监测工作流程规范化管理运行经验

该监测机构将新的监测工作流程概化为任务管理、采样管理、样品管理、监测分析、报告编制、报告管理6个环节，对每个环节提出了规范化管理细化要求，具有较好的可操作性。具体的经验做法见表3。

表3 某生态环境监测机构监测工作流程规范化运行要求

监测工作流程	流程规范化运行要求
任务管理	对新承接任务需即时开展合同评审，周期性任务需开展一次年度合同评审。每个监测任务需下达任务单，明确分工、时限等要求，并在重要时间节点适时督办
采样管理	现场采样需有采样记录单，应如实记录现场环境等因素。现场仪器设施设备需校准，确保参数测定准确。现场记录需清晰、完整。按规范做好全程空白样、现场平行样等质量控制样品采集工作。样品采集、固定、保存、运输各环节需满足技术规范和时限要求。样品运送至监测机构后，需及时联系或提前约定样品管理员，进行样品交接相关事宜
样品管理	收样需要填写交接记录单，如实记录交接时间、交接人和交接数量。收样发样需及时，样品库内周转需高效有序。提前做好预知任务的收发样准备和衔接、沟通工作。发样的同时，需下发质控盲样，并做好质控盲样登记工作。样品标识、分区保存、留样、处置需满足技术规范要求，样品间整洁有序，样品管理各环节记录需及时、完整
检测分析	样品领取后及时开展前处理或检测分析，按下达的质量控制计划要求，同步开展实际样品和质量控制样品的检测分析工作，各参数检测时限需满足技术规范要求。样品按监测机构能力资质证书范围内的检测分析方法开展分析工作，非偏离情况下不得超范围开展检测工作。分析方法、人员资质、仪器设备检测分析前需仔细核对，确保满足分析工作要求；使用的玻璃器皿、移液枪、台秤、天平等需满足检测工作精度要求。检测过程中的记录需及时、规范，不得有不按时记录、错误记录、不按规范涂改记录、后补记录等行为。监测业务部门负责人需按检测分析环节的时限要求，审核完成所有检测分析参数原始报告，将原始报告、任务各环节的记录（任务单、采样记录、样品收发记录、质控单等）汇集，在任务单规定的时间内，一并交报告编制人编制监测报告
报告编制	报告编制人需审核提交资料的完整性，并及时反馈漏缺或不合格的资料，记录资料交接时间、人员和质量情况。报告编制人及时编制报告，准确统计质量控制数据，在1~3 d内完成报告编制工作，提交本部门校核和审核，本部门需在任务单规定的时间内上报授权签字人审查，并做好报告上交记录。报告编制人重点核查数据的合理性，在一定范围内，抽查性复核检测人员、方法、仪器设备等的正确性，并反馈监测业务部门修改；对于重大问题，出具检测报告技术审核单，提交授权签字人审核决择
报告管理	授权签字人最终总体把关和签发监测报告，重点审查是否超范围出具检测报告，数据是否合理，是否满足合同要求，是否出具资质认定章报告。授权签字人提出的不符合问题，相应责任部门需整改。综合管理部门收到签发的报告后，需即时做好登记工作，按客户和存档份数要求复印报告，并按资质认定章管理办法正确加盖印章，妥善分类、有序、安全存放，不得出现报告遗失、缺失现象。存档的同时需扫描报告成套资料，规范进行电子化存档。综合管理部门需在收到签发报告的24 h内，对外发送客户报告并做好发送记录，同时持续跟踪，以回执的方式或其他可记录的方式确认客户收到报告，并及时告知样品管理部门。客户反馈的异议信息由本报告签发的授权签字人对外解释，相关部门需配合授权签字人做好原因分析和解释等工作

5 结语

良好的流程管理是提高工作效率、确保产品质量、控制过程风险的有效途径，有助于生态环境监测机构提高质量管理水平和综合运转能力。生态环境监测机构需结合自身的监测业务工作特点和组织架构，在遵循一般性监测工作流程基础上，切合实际地建立满足自身需求的监测工作流程，并对照监测质量管理要求，充分分析现有监测流程的不足和缺陷，不断优化监测业务工作流程，以保证本监测机构规范化开展监测工作。同时可以积极探索利用信息化手段，将成熟的现行监测业务工作流程管理，移植到基于计算机和网络技术及数据库管理平台的实验室管理信息系统，进一步强化合规的监测流程管理，以不断提升生态环境监测机构监测数据质量，为生态环境保护奠定坚实的数据基础。

参考文献

[1] 陈传忠，张鹏，于勇，等．生态环境监测发展历程与展望——从“跟跑”“并跑”向“领跑”迈进［J］．环境保护，2022，50（3）：25-28.

[2] 生态环境部．关于推进生态环境监测体系与监测能力现代化的若干意见（环办监测〔2020〕9 号）［EB/OL］．（2020-05-19）［2022-09-05］．http：//sthjt. jl. gov. cn/zwzx/qghb/202005/t20200519_ 7224181. html.

[3] 李志霞．环境监测：理论篇［M］．大连：大连理工大学出版社，2010.

[4] 奚旦立，孙裕生，刘秀英．环境监测（修订版）［M］．北京：高等教育出版社，1996.

[5] 国家认监委．关于组织开展 2019 年度检验检测机监督抽查工作的通知［EB/OL］．（2019-06-05）［2022-09-05］．http：//www. cnca. gov. cn/zw/tz/tz2019/202007/t20200714_ 59600. shtml.

[6] 国家市场监督管理总局，自然资源部，生态环境部，国家药监局．关于组织开展 2020 年度检验检测机构监督抽查工作的通知（国市监检测发〔2020〕75 号）［EB/OL］．（2020-06-28）［2022-09-05］．http：// www. samr. gov. cn/ rkjcs/tzgg/ 202006/t20200628_317427. html.

[7] 国家市场监督管理总局，自然资源部，生态环境部，水利部，国家药监局．关于组织开展 2021 年度检验检测机构监督抽查工作的通知（国市监检测发〔2021〕33 号）［EB/OL］．（2021-05-31）［2022-09-05］．http：// www. gov. cn/zhengce/zhengceku/2021-06/03/content_ 5615360. htm.

[8] 国家市场监督管理总局，公安部，自然资源部，生态环境部，交通运输部，水利部，海关总署，国家药监局．关于组织开展 2022 年度检验检测机构监督抽查工作的通知（国市监检测发〔2022〕81 号）［EB/OL］．（2022-09 -02）［2022-09-05］．https：//gkml. samr. gov. cn/nsjg/rzjcs/202209/t20220902_349748. html.

库区水质对坝体混凝土质量影响浅析

王文峰

（珠江水利科学研究院，广东广州　510611）

摘　要：根据某水库安全鉴定对廊道存在析出物问题的检测，对坝前库区、廊道内、坝后及尾水的水样进行分析，主要指标有总碱度、总硬度、游离二氧化碳、侵蚀二氧化碳、重碳酸根、钙等氧化物成分、溶蚀性固形物等，经分析各指标的含量变化及廊道析出物成分组成，初步判断出廊道析出物的成因及对坝体混凝土质量的影响。本文对混凝土大坝存在溶出性侵蚀分析及工程运行管理有借鉴作用。

关键词：水质；检测；溶蚀破坏；大坝；评价

1　前言

某水库是一座以防洪、灌溉为主，兼顾发电的大（2）型水库，大坝为浆砌石重力坝，坝长345.0 m，东、西两道沉陷缝将大坝分为东坝段、中坝段和西坝段，沉降缝采用三层沥青两层油毛毡填缝。工程建设分为三个时期，第Ⅰ期施工混凝土砌石从1958年11月至1960年9月，砌至55.0 m高程，局部混凝土掺和了10%~20%烧黏土；第Ⅱ期施工浆砌石从1963年至1965年，上游侧单边加高了10 m；第Ⅲ期施工从1970年7月至1972年9月，混凝土砌石和砂浆砌石至坝顶。坝上集水面积362 km^2。水位库容、径流量及输沙量见表1，其坝体剖面图如图1所示。

表1　水位库容、径流量及输沙量

死水位	74.00 m	相应库容	8 100 万 m^3
正常水位	95.00 m	相应库容	35 800 万 m^3
汛期防限水位	94.00 m	相应库容	34 000 万 m^3
设计洪水位	96.3 m	相应库容	38 240 万 m^3
校核洪水位	98.35 m	相应库容	41 800 万 m^3
兴利库容	27 700 万 m^3	调洪库容	3 726 万 m^3
多年平均径流量	6.3 亿 m^3	多年平均输沙量	6.65 万 t

该水库在安全鉴定中发现坝体下游、一级廊道内以及第二溢洪道内少量渗水、砂浆溶蚀、第二溢洪道出现裂缝等问题。大坝运行50多年来，坝体多处有白色析出物，尤其是裂缝渗漏区较严重，因此有必要对水库水质、岩石强度、廊道析出物成分等方面进行全面检测，以分析大坝析出物的原因和对工程运行可能造成的危害进行评估，为保障工程安全运行提供技术支持。

作者简介：王文峰（1985—），男，工程师，主要从事水利工程质量检测工作。

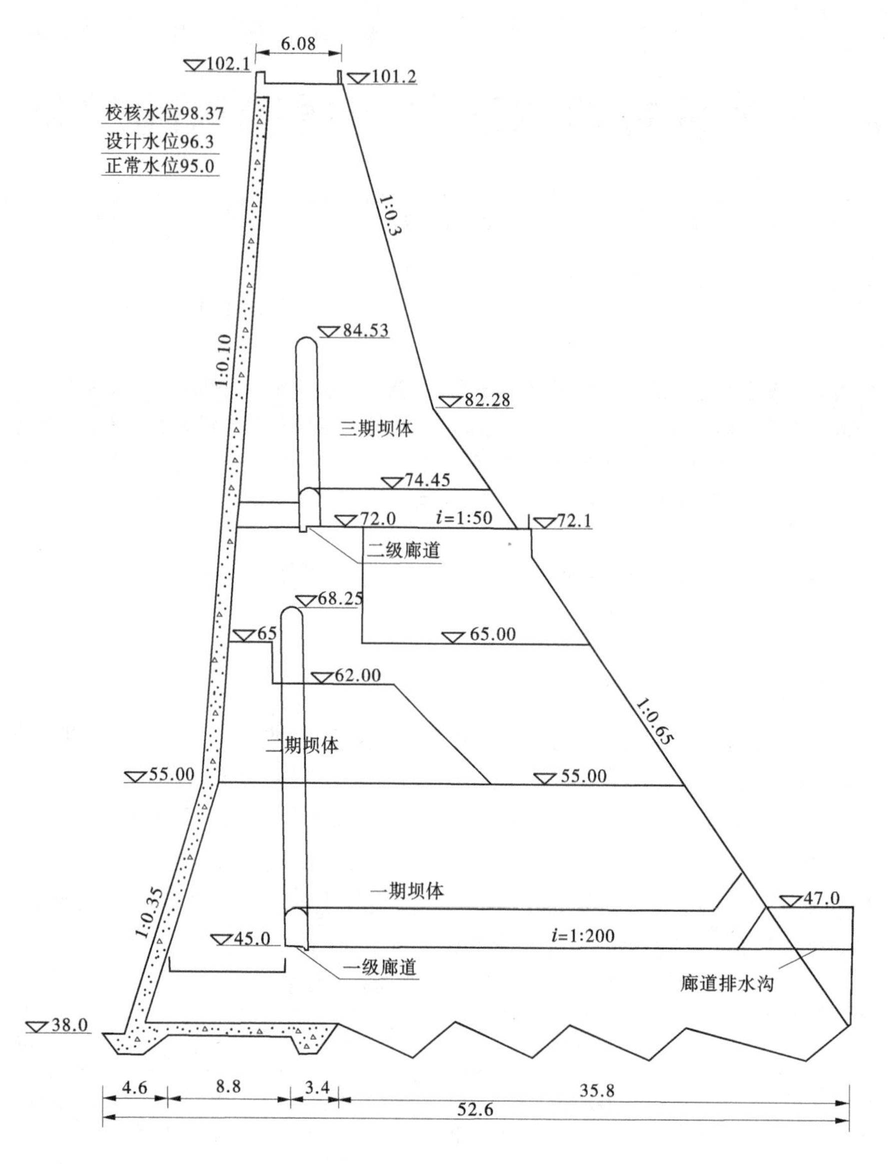

图 1　某水库坝体剖面图

2　水质特性及检测结果分析

2.1　水质采样

根据技术标准和工程实际情况，制订水样抽样检测工作方案：首先考虑比较坝前库区水与廊道水及厂房尾水中化学成分的差别；其次是坝前库区水质变化则考虑从近坝区和远坝区分别取水样进行检测，对不同坝区断面范围又分左、中、右三个不同方位分别取样，而同方位又从三个不同深度进行水样采集。对水质采样时间及采样位置和数量如表 2 所示。

表 2　采样部位及数量

采样部位	数量	水深	说明
湖库区	9	水深 5 m、10 m、15 m	—
坝前	9		
廊道	5	—	—

续表 2

采样部位	数量	水深	说明
东量水堰	1	—	—
坝址	2	—	渗透水
电站尾水	2	水深 1 m、5 m	—
湖库区	2	水深 2 m、5 m	复测
坝前	2		

2.2 水质检测结果

（1）库水基本呈弱碱性，坝体廊道内渗流水的 pH 值较水库内及厂房尾水的 pH 值高，其主要原因是在坝体内发生了溶蚀反应，生成了碱而使 pH 升高，在量水堰附近碱得到富集而使在此处的 pH 值最大，远坝区水的 pH 值略高于近坝区，分析产生这种结果的原因可能是上游入库水呈现碱性，而近坝区两岸山体的汇入水则呈弱酸性，由山体汇入的酸部分中和了上游入库水中的碱，使得近坝水的碱性有所降低。其中整个库区的硬度均为 0，HCO_3^- 均在 0~0.02 mmol/L，仅左坝址有 Fe^{3+} 含量 0.06 mg/L，其余部位均无 Fe^{3+} 含量。库区水质检测结果如表 3 所示。

表 3　库区水质检测结果

部位	pH	总碱度/（mg/L）	游离 CO_2/（mg/L）	侵蚀 CO_2/（mg/L）	HCO_3^-/（mmol/L）	Ca^{2+}/（mg/L）	Mg^{2+}/（mg/L）	Cl^-/（mg/L）	SO_4^{2-}/（mg/L）	溶蚀性固形物/（mg/L）
离主坝 5 m	7.2	42.4	48.3	0.55	0.01	35.1	15.7	15.4	2.04	217.0
离主坝 300 m	7.0	39.9	50.5	0.86	0.01	37.1	14.5	15.4	2.04	2.00
二级廊道 6 号排水口	9.0	116	33.0	0.22	0.02	59.1	16.4	8.40	2.00	398.0
东量水堰	10.7	77.3	21.9	0.23	0	31.9	14.3	11.7	2.01	122.0
一级廊道扬压力旁	9.2	74.8	19.6	0.22	0	31.9	15.8	11.7	2.01	121.0
左坝址	7.9	52.4	10.9	1.11	0.01	43.1	15.2	5.26	2.01	30.0
右坝址	8.5	34.9	26.4	0.23	0	390	14.6	247	2.02	128.0
电站厂房水深 1 m	7.7	39.9	15.4	1.10	0.01	58.1	16.9	50.00	2.01	22.0

（2）析出物的主要生成物为碳酸钙，其余各氧化物的量均明显减少，表明在反应过程中其余氧化物参与了反应过程并在反应中形成易溶于水的物质，以离子形式溶解于水中，这可以解释不同部位

检测的 pH 值结果在廊道中检测值较水库内检测值偏高的原因，库水在渗漏过程中对大坝存在着一定的影响，随着库水压力的增加，大坝渗透量可能增大，当 CaO 被带出后，坝体胶凝材料变得松散，出现空洞，对坝体安全造成一定的影响，隧道附近坝体内存在砂石部位可能既是水的富集地，也是水的渗流通路，而黏土部位为相对隔水层，水中含钙离子成分很高，引起渗流并在廊道砌体裂隙部位形成碳酸钙沉积，廊道析出物主要成果表如表 4 所示。

表 4 廊道析出物主要成果 %

采样位置	SiO_2	Fe_2O_3	Al_2O_3	CaO	MgO	烧失量	总量
一级廊道	0.33	0	0.01	55.22	0	44.08	99.64
二级廊道	0.35	0.72	0.24	55.42	0	43.13	99.86

（3）水库库水基本呈弱碱性，坝体廊道内渗流水的 pH 值较水库内及厂房尾水的 pH 值高，其主要原因是在坝体内发生了溶蚀反应，生成了碱而使 pH 升高，在量水堰附近碱得到富集而使在此处的 pH 值最大；远坝区水的 pH 值略高于近坝区，分析产生这种结果的原因主要是上游入库水呈现碱性，而近坝区两岸山体的汇入水则呈弱酸性，山体的汇入酸部分中和了上游入库水的碱，使得进库水的碱性有所降低；水库水总硬度较低，呈现出软水特性，游离二氧化碳含量较高（大于 15 mg/L）；水库水与廊道水成分有所不同和变化，分析统计总碱度增加约 3.3 倍，钙离子约增加 2.1 倍，各测点重碳酸根 HCO_3^- 离子浓度均小于 0.5 mmol/L，可判断水库水对混凝土坝（具有一定厚度的混凝土防渗墙的浆砌石块石混凝土的复合型坝）有中等溶出型分解腐蚀。下游厂房尾水具有中等强度溶出性与轻度侵蚀性 CO_2 复合型腐蚀性质。

2.3 结果分析

（1）大坝在建成蓄水后，下层库水形成的厌氧环境有利于微生物的生存活动，导致下层库水含有大量游离 CO_2，会对混凝土造成另一类侵蚀即碳酸盐侵蚀。碳酸性溶液中存在的大量游离的 CO_2，极易与碱性水化物发生反应，促成水化物溶解，导致溶蚀程度加深，碳酸钙与侵蚀性 CO_2 生成碳酸氢钙的反应是可逆反应，只有当碳酸氢钙与侵蚀性 CO_2 达到平衡时，才会终止此反应，当水中含有较多的游离 CO_2，超过平衡质量浓度时，则反应不断向着生成重碳酸盐方向进行。在流动的压力水作用下生成的碳酸氢钙易溶解被水带走，这使得碳酸钙与侵蚀性碳酸反应难以达到平衡，水泥浆体中的 CH 逐渐溶失，水泥浆体结构则遭受破坏。检测结果表明，水库水总硬度较低，呈现出软水特性，游离二氧化碳含量较高（基本大于 15 mg/L）；水库水对混凝土坝（具有一定厚度的混凝土防渗墙的浆砌石块、石混凝土的复合型坝）有中等溶出型分解腐蚀，同时具有中等侵蚀性 CO_2 复合型腐蚀性质。

（2）由于库区内的水表现为软水，水泥与水反应生成的水化产物不能在其中以稳定的形态存在，而基岩本身存在的微裂隙在施工期对坝基基岩存在的节理及裂隙虽经灌浆，但因受灌浆技术本身的限制等因素处理不彻底。在主体施工时，对大坝的两条沉降缝未明确具体施工措施，施工中仅将产生的施工垃圾及碎石块用于填充 50 cm 的孔隙，对沉降缝采用三层沥青两层油毛毡填缝，未使用延展性及抗裂性很好的材料作为止水材料，由于安全度汛需要未得到有效处理，留下了供软水流动的渗流通道，由于用于填充沉降缝的材料本身存在较大孔隙，为不连续级配材料，且用于止水的填缝材料本身存在老化及受外力作用后极易遭受破坏等问题，造成在沉降缝附近存在渗水通道的可能。

（3）上游水库对一类环境的混凝土坝（具有一定厚度的混凝土防渗墙的浆砌石块石混凝土的复合型坝）有中等溶出型分解腐蚀。大坝右部渗漏水溶解了坝基软弱带的易溶物质和混凝土结构中的 CaO，使渗漏水丧失腐蚀性而成为无腐蚀性的渗漏水。坝中（底）部渗漏水同属无腐蚀性的渗漏水。检测结果表明，坝体渗漏水中带出的混凝土结构中的 CaO，坝基渗漏水中携带的易溶物质，使得渗漏水失去了对混凝土结构的腐蚀性，与水库水相比，坝基渗漏水的 Ca^{2+} 离子急剧增加，坝体渗漏水的 Ca^{2+} 离子急剧增加。硫酸盐普遍存在于水中，主要来自矿物的溶解和金属硫酸物的氧化，SO_4^{2-} 对混凝土具有结晶型侵蚀，使混凝土中的 Ca^{2+} 与 SO_4^{2-} 生成 $CaSO_4$，从而使混凝土强度降低直至破坏，所以水的侵蚀指标对 SO_4^{2-} 含量有严格的控制。各采样结果显示，SO_4^{2-} 的各时段及各部位含量基本呈稳定状态，表明不存在硫酸盐侵蚀问题。

（4）下游河水具有中等强度溶出性与轻度侵蚀性 CO_2 复合型腐蚀性质。坝右部渗漏水溶解了坝基软弱带的易溶物质和混凝土结构中的 CaO，使渗漏水丧失腐蚀性而成为无腐蚀性的渗漏水。左右坝基存在软弱岩基或裂隙发育的可能性较大，尤其左坝址水质经检测存在微量的 Fe^{3+}，由左坝肩与山体岩层中渗透流出，在左坝址挡墙处存在明显沉淀痕迹，对坝体金属结构具有一定的腐蚀。

（5）有研究资料表明，混凝土中 CaO 被溶出 5%时，抗压强度将下降 7%；混凝土中 CaO 被溶出 24%时，抗压强度将下降 29%；当混凝土中 CaO 被溶出 25%时，抗压强度将下降 36%，抗拉强度将下降 66%；当 CaO 被溶出 33%时，混凝土变得疏松而失去强度。因此，尽快探明混凝土的溶蚀情况及其对坝体砌筑材料强度和大坝安全的影响十分必要。一、二级廊道析出钙离子总量为 9. 77 mg/s，形成钟乳石总量为 26. 76 mg/s。坝体析出钙离子总量为 10. 75 mg/s，形成钟乳石总量为 29. 44 mg/s。根据估算，所溶出的 CaO 占比仅为 0. 80%，远小于 5%，因此，大坝目前是相对安全的。

3 结论

根据对某水库现场勘查，坝体基础岩体天然存在较大节理和挤压破碎带，本身可能存在渗水的天然通道，在蓄水后水压力增大的情况下，使原本不连通的微小裂纹可能连通，从而增加了溶蚀性水的通道。对廊道存在的析出物进行成分检测分析，以及对水库库区、廊道内、坝后及尾水的水样总碱度、总硬度、游离二氧化碳、侵蚀二氧化碳、重碳酸根、钙等氧化物成分，溶蚀性固形物等指标进行检测分析，并对其组成成分及含量进行比较分析，判断析出物生成的原因。检测结果表明，库区水质不具有侵蚀性，对大坝多处渗漏有溶蚀作用，应对大坝渗漏进行补强处理，以保障水库大坝运行安全。

参考文献

[1] 杨保全，杨光中，叶桂萍．大坝坝基水质与渗透特征［J］．河海大学学报，2001（3）：91-94.
[2] 水工混凝土水质分析试验规程：DL/T 5152—2017［S］．
[3] 岩土工程勘察规范：GB 50021—2001［S］．
[4] 水利水电工程地质勘察规范：GB 50487—2008［S］．

改进的赤道偶极法在防渗墙渗漏检测中的应用

王艳龙[1,2]　范　永[1]　谭　春[1,2]

（1. 中水东北勘测设计研究有限责任公司，吉林长春　130061；
2. 水利部寒区工程技术研究中心，吉林长春　130061）

摘　要：针对防渗墙的渗漏检测，本文在高密度电阻率法的原理之上提出了一种改进的赤道偶极检测装置。将电极沿防渗墙两侧布置，使有效数据点直接位于防渗墙正上方，根据测得的电阻率剖面可有效判断防渗墙的完整性。将该方法应用于山东省某小型大坝防渗墙的检测中，并通过与传统温纳-斯伦贝格装置的比较，反演后得到两种采集装置判定出的异常区域的位置是一致的，验证了本文提出的改进的赤道偶极装置的准确性。

关键词：高密度电阻率法；防渗墙；渗漏检测；赤道偶极装置

1　前言

进入21世纪以来，防渗墙技术得到了蓬勃发展，在大坝防渗方面取得了巨大的成效。然而，防渗墙的渗漏问题也在逐年增加。如果不及时进行检测和加固，当汛期降雨量增加时，随着地下水位的上升，水压升高，将加剧防渗墙渗漏部位的破坏，严重时将威胁人民的生命和财产安全。因此，研究一种快速、高效、准确的防渗墙检测技术是解决这一问题的关键[1]。

由于防渗墙的密度、电阻率、波阻抗和弹性波速与周围地层有显著差异，当防渗墙内部存在缺陷时，上述几个特征值将发生显著变化，这为地球物理方法的应用提供了更好的物理前提[2]。地球物理勘探作为一种无损检测技术，能够快速、全面、准确地探测地下目标体。目前，广泛应用的防渗墙渗漏检测方法主要有直流电法、瞬变电磁法、探地雷达法、地震映像法、自然电场法和伪随机流场法等[5-7]。上述无损检测方法使防渗墙渗漏检测技术发展迅速，但也存在一定的不足。例如，地震映像法的探测深度有限，只能进行定性分析[4]，探地雷达受噪声干扰严重，杂波使信号不稳定，难以获得清晰的图像[3]，自然电场法受地形探测深度过大、多解和副作用的综合影响，可能会导致一定的误差。此外，直流电阻率法和电磁法对寻找渗漏点非常敏感，测试结果相对准确，而高密度电法是应用最广泛的方法之一。传统的电阻率层析成像技术，如温纳装置、斯伦贝格装置、偶极装置等，已被许多学者应用于防渗墙的检测中。然而上述装置的电极排列均布置于防渗墙的一侧，不能很好地检测防渗墙两侧的电势。

在前人研究的基础上，本文提出了一种改进的赤道偶极装置，并将此方法应用于山东省某小型大坝防渗墙的渗漏检测中。通过与温纳-斯伦贝格装置的比较，验证了该装置的精度和优越性。

2　方法原理

本文采用一种改进的赤道偶极装置，原理如图1所示。其中A、B为供电电极，M、N为测量电极。该装置与传统装置的区别在于，被测介质位于两个电极排列的中间，但是在被测介质的一侧供电，另一侧测量。如图1所示，排列装置中对应两个距离，其中a为两个供电电极A和B（或两个测量电极M和N）之间的距离，b为供电电极对A—B和测量电极对M—N之间的距离，即两列电极的

作者简介：王艳龙（1992—），男，助理工程师，主要从事岩土工程及试验检测方面的研究工作。

排距。当系统进行数据采集时，数据点位于整个排列的中心位置，即被测介质的正上方。当进行第一层数据采集时，A、B 或 M、N 之间的间距为 a，四个电极依次沿测线方向移动直至采集完毕；进行下一层数据采集时，A、B 或 M、N 之间的间距增大为 $2a$，整个排列依次沿测线方向移动一个极距至排列末端；按上述方式依次完成第二层、第三层至第 n 层数据采集，每层有效数据点的位置如图 1 所示。由于每层的有效数据点位于整个排列的中点，探测深度越深，数据点就越少，整个数据结构呈现倒梯形[6]。

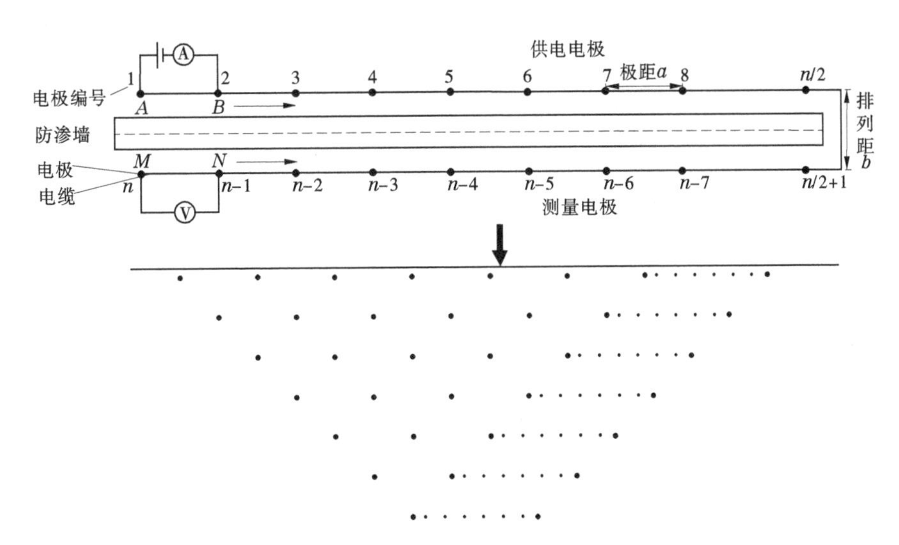

图 1　改进的赤道偶极方法原理

根据电阻率层析成像原理，M 和 N 的电势可以表示如下：

$$U_M = \frac{I\rho}{2\pi}\left(\frac{1}{AM} - \frac{1}{BM}\right) = \frac{I\rho}{2\pi}\left(\frac{1}{b} - \frac{1}{\sqrt{a^2 + b^2}}\right) \tag{1}$$

$$U_N = \frac{I\rho}{2\pi}\left(\frac{1}{AN} - \frac{1}{BN}\right) = \frac{I\rho}{2\pi}\left(\frac{1}{\sqrt{a^2 + b^2}} - \frac{1}{b}\right) \tag{2}$$

式中：I 为电流，ρ 为地面电阻率。

M 和 N 之间的电位差为：

$$\Delta U_{MN} = \frac{I\rho}{2\pi}\left(\frac{1}{AM} - \frac{1}{AN} - \frac{1}{BM} + \frac{1}{BN}\right) = \frac{I\rho}{\pi}\left(\frac{1}{b} - \frac{1}{\sqrt{a^2 + b^2}}\right) \tag{3}$$

因此，计算地电阻率的公式可以如下获得：

$$\rho = K\frac{\Delta U_{MN}}{I} \tag{4}$$

式中：K 表示电极装置的系数。

$$K = \frac{2\pi}{\frac{1}{AM} - \frac{1}{AN} - \frac{1}{BM} + \frac{1}{BN}} = \frac{\pi b\sqrt{a^2 + b^2}}{\sqrt{a^2 + b^2} - b} \tag{5}$$

根据上式，对于本文改进的赤道偶极装置，视电阻率计算公式为：

$$\rho = \frac{\pi b\sqrt{a^2 + b^2}\,\Delta U_{MN}}{I\left(\sqrt{a^2 + b^2} - b\right)} \tag{6}$$

当极距 a 扩大 n 倍时，视电阻率计算为：

$$\rho = \frac{\pi b\sqrt{(na)^2 + b^2}\,\Delta U_{MN}}{I\left(\sqrt{(na)^2 + b^2} - b\right)} \tag{7}$$

其中 n 表示隔离系数，也表示层数。

3 工程应用

将本文提出的改进的赤道偶极法检测装置应用于山东省某水库大坝防渗墙的渗漏检测中。已知该工程为小（2）型水库，大坝防渗墙为水泥土搅拌桩，桩顶距坝顶为 1 m，防渗墙总深度为 8 m。图 2 为实际工程测线布置图，共在坝顶防渗墙两侧布置 128 个电极，分为两列，每列布置 64 个电极，每列的电极间距为 2 m，两列电极排之间的距离也为 2 m，且防渗墙处于两列电极排列的正中间位置。本次数据采集使用的仪器设备为 GeoPen 公司的 E60DN 高密度电法仪。按照要求连接电缆后，为了保证数据采集和接地电阻正常，首先进行了电缆开关自检和接地电阻自检，确认无误后开始数据采集。为了验证本文提出的改进的赤道偶极装置的可靠性，采用传统的温纳-斯隆贝格装置在同一位置进行数据采集，最后将两种装置的反演结果进行比较。

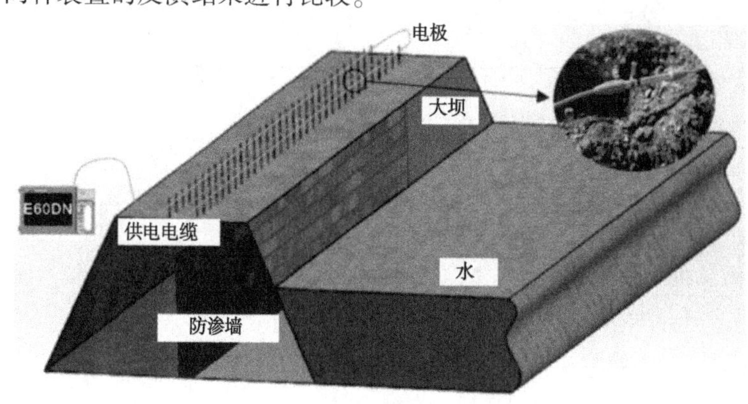

图 2　实际工程测线布置

选择最小二乘法作为采集数据的反演方法。该方法可以有效地计算数据点的电阻率，通过多次迭代和拟合，计算出的数据将逐渐接近真实的地下电阻率，最终得到真实的反演模型。图 3 为改进的赤道偶极装置的反演结果。从图 3 中可以看出，相对误差小于 5%，数据稳定可靠，就数据稳定性而言，本测试中获得的数据质量较高。图 4 为温纳-斯伦贝格装置的反演结果，可以看出相对误差也小于 5%，数据真实有效。

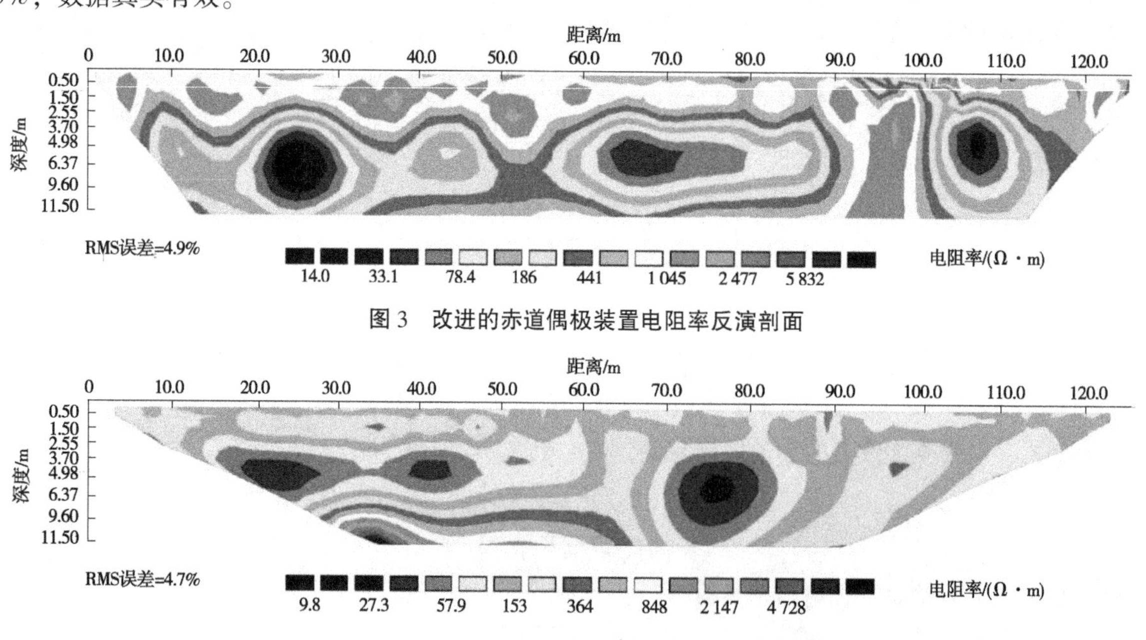

图 3　改进的赤道偶极装置电阻率反演剖面

图 4　传统的温纳-斯伦贝格装置电阻率反演剖面

大坝检测的目的是找到防渗墙的渗漏点。因此，型材的低电阻部分需要特别注意。

如图 3 所示，剖面中 20~28 m、40~42 m、68~74 m 和 104~110 m 中明显的低电阻率异常区域，形成一个低电阻闭合圆。电阻率值低于 30，表明土壤含水量高，防渗墙可能出现渗漏问题。图 4 中，20~26 m、40~42 m、72~80 m 均为低电阻率异常区，形成低电阻闭合圆，电阻率值约为 30 Ω·m，说明该区域土壤含水量较高。

根据两种方法的探测结果，有效探测深度为 11.7 m，探测区内有 4 处低阻异常区域，中心位置分别为 25 m、44 m、70 m 和 108 m，电阻率值相对较低，因此可以判断在这 4 个位置可能存在渗漏点。相比之下，70 m 附近的低电阻异常更为明显。可以推断，这里的防渗墙问题较多，渗漏更严重。如果不及时处理，可能会出现更严重的问题，危及人民生命财产安全。

比较两种方法的结果，我们发现改进的赤道偶极装置在探测防渗墙方面优于传统的温纳-斯伦贝格装置。首先，有效数据点的分布更为丰富，在有效探测深度相同的情况下，改进的赤道偶极装置的盲区小于传统的温纳-斯伦贝格装置，可以更有效地反映探测区域的边界。其次，改进的赤道偶极装置对于异常体的收敛更为准确，异常区域的电阻率值与背景电阻率值之间的差异更大，这使得异常区域的判断更加容易。

4 结论

本文设计了一种改进的赤道偶极装置，并将其应用于山东省某大坝防渗墙的渗漏检测中，得出以下结论：

（1）从反演得到的电阻率剖面中可以直接得到防渗墙的深度和连续性，为评价防渗墙的施工质量提供了良好的依据。

（2）对于防渗墙渗漏区域的判断，电阻率剖面上存在明显的低电阻率异常和严重的等值线畸变。该方法能准确反映防渗墙的隐患位置，为防渗墙渗漏检测提供有效依据。

（3）通过比较改进的赤道偶极装置和传统温纳-斯伦贝格装置的检测结果，验证了本文提出的改进的赤道偶极装置的精确性和优越性，为今后的防渗墙渗漏检测提供了方向。

参考文献

[1] 彭苑娜. 飞来峡水利枢纽主土坝河床段渗漏检测分析及处理［J］. 广东水利水电，2008（5）：55-57.

[2] 赵波. 水库堤坝中的防渗墙中地质雷达的应用［J］. 珠江水运，2016（14）：44-45.

[3] 郑民. 飞来峡水利枢纽土坝混凝土防渗墙局部渗漏分析与处理［J］. 广东水利电力职业技术学院学报，2008（1）：69-71.

[4] 祁明星，严建民. 高密度电法在水库坝基无损检测中的应用［J］. 中国煤炭地质，2009，21（10）：54-56.

[5] 刘超英，梁国钱，孙伯永. 瞬态瑞雷波法在堤防防渗墙质量检测中的应用研究［J］. 岩土力学，2005（05）：809-812.

[6] 王艳龙，杜立志，蒋华中，等. 三维高密度电阻率法偶极装置分辨率研究［J］. 物探化探计算技术，2021，43（1）：49-61.

[7] 陈仲候，王兴泰，杜世汉. 工程与环境物探教程［M］. 北京：地质出版社，1996.

[8] 王杰. 三维高密度电阻率法观测系统研究与评价［D］. 长春：吉林大学，2018.

新时期水利检验检测机构能力提升的思考

孙文娟　李玉起　李　伟

（珠江水利委员会珠江水利科学研究院，广东广州　510610）

摘　要：国家发布了《中华人民共和国国民经济和社会发展第十四个五年规划和2035年远景目标纲要》，并明确我国已转向高质量发展阶段。近年来，随着水利行业检验检测机构的蓬勃发展，对检验检测机构的检测能力要求更高、更全面、更加严格。检验检测机构应不断地提升自身的检测能力，才能适应国家推动经济高质量发展的大环境，并实现质量检测在其中的积极作用，本文以《纲要》为引领，阐述如何提高检验检测机构的检测能力，贯彻新阶段高质量发展理念。

关键词：检验检测机构；能力提升；高质量发展

1　引言

为贯彻落实《“十三五”国家战略性新兴产业发展规划》，国家将检验检测服务列为《战略性新型产业重点产品和服务指导目录》中的重要学科，也阐明了检验检测服务在国家经济发展中的重要作用。近几年我们身处的检验检测行业发生了较大的转变，包括在技术、人才、理念、资本、业务模式上均进行了充分的试探、竞争、融合和创新，在技术上强调数字化、网络化、智能化，在检验检测机构发展上注重品牌化、竞合化，而在应用上大力发展集成化和行业化。这些变化是市场发展、选择的结果，这些变化推动着国内检验检测行业向着更高的阶段发展。国家水利行业对检验检测机构提出了更高要求。面对新时代、新形势和新要求，因此提出了“以市场为导向，以人才为根本，以改革创新为动力，以核心技术为引领”的新时期高质量发展战略。笔者作为在检验检测机构工作十余年的检测人员，结合多年检验检测机构的管理经验，梳理提升检验检测能力的几个要点，探索总结检验检测机构如何高质量发展。

2　做好发展规划

检验检测机构应以“需求导向，宏微并重，突出特色，学科融合，落实到人”为发展规划基本原则。一是“回顾过去找问题”，即在过去实施的工程中寻找存在哪些未解决的难题，从而寻找技术突破口；二是“抓住当下找创新”，即在现在所从事的业务和客户需求中找出需要突破的技术难题；三是“展望将来明方向”，即在分析各类需求和规划中寻找到需要解决的技术问题，确定技术发展的方向，逐步形成高质量发展的理念和大众创新氛围，进而对检验检测建设和发展产生源动力。

以“以市场为导向，以人才为根本，以改革创新为动力，以核心技术为引领”新时期高质量发展战略为导向，以全面提升自主创新能力为核心。紧密围绕以客户需求为导向、以核心技术为引领、面向应用找落地、在生产中开展研究，全面提高科技创新能力，促进检验检测机构的科技、经济、人才平稳快速协调发展。

3　注重人才引进和优化人才结构

创新之道，唯在得人。“十四五”期间，牢固确立人才引领发展的战略地位，全面聚集人才，着

作者简介：孙文娟（1989—），女，工程师，主要从事水利工程质量检测、管理体系工作。

力夯实创新发展人才基础。把握新时代人才工作的新定位、新要求、新任务，把服务检验检测高质量发展作为人才工作的根本出发点和落脚点，坚持党管人才原则，深入实施人才强国战略和创新驱动发展战略，践行“以人才为基础”的发展战略。贯彻落实“有情怀、新观念、努力奋斗”的人才标准及“奋斗为本、突出实绩、统筹配置、能上能下”的选人用人思路，准确把握检验检测机构高质量发展对人才的要求，统筹人才、市场、学科一体化发展，着力破解人才结构与高质量发展的要求不匹配的问题。以调结构、搭平台、助推高层次人才为重点，努力打造一支数量充足、结构优化、勇于创新的高素质专业化检测人才队伍。

人才发展的总体目标是人才结构明显优化，人才各得其所、充分成长，高层次专家人才取得新突破，干部综合素质和治理能力得到提升。

4 突破科技创新

党的十八大以来，习近平总书记把创新摆在国家发展全局的核心位置，高度重视科技创新，扎实推动国家创新驱动发展战略。进入21世纪，我国科技发展突飞猛进，自主创新能力大幅提升，为经济社会发展注入强劲动力，但同时必须清醒地认识到，在某些关键领域依旧存在被其他国家“卡脖子”的情况。

当今世界正在经历百年未有之大变局，国际环境错综复杂，科技创新成为国际战略博弈的主要战场，围绕科技制高点的竞争空前激烈，检验检测行业的“卡脖子”技术问题制约着我国检验检测机构的发展。检验检测机构要靶向投入科技攻关，实现科技自立自强，就必须久久为功、持续发力，坚决打赢关键核心技术攻坚战。党的十九届五中全会在“十四五”时期经济社会发展指导思想中确立了“以推动高质量发展为主题”。发展主题决定发展的目标和方向，为推动新阶段检验检测机构高质量发展提供强有力的科技支撑。

5 落实检验检测机构管理制度

5.1 管理体系文件

检验检测机构应按照《检验检测机构资质认定能力评价 检验检测机构通用要求》的要求，建立、实施和保持与自身活动范围相适应的管理体系，有关政策、制度、计划、程序和指导书均制定成文件，管理体系文件通过发放、宣贯等方式传达至有关人员，确保被其获取、理解、执行。检验检测机构总质量负责人负责组织将管理体系、组织结构、程序、过程、资源等过程要素文件化，管理体系文件可分为四类：

（1）质量手册。

（2）程序文件。

（3）作业指导书（检测细则、仪器设备操作规程、自校规程、期间核查规程等）。

（4）质量记录表格（管理类，一般附在程序文件后）和技术记录表格（指原始记录等技术表格）。

管理体系的运作包括体系的建立、体系的实施、体系的保持和体系持续改进。检验检测机构应建立符合自身实际状况，适应自身检验检测活动并保证其独立、公正、科学、诚信的管理体系。管理体系包括管理体系文件、管理体系文件的控制、记录控制、应对风险和机遇的措施、改进和纠正措施、内部审核和管理评审等。管理体系应覆盖机构全部场所进行的检测监测活动，包括但不限于点位布设、样品采集、现场测试、样品运输和保存、样品制备、分析测试、数据传输、记录、报告编制和档案管理等过程。系统地识别和管理许多相互关联和相互作用的过程，使检验检测机构能够对体系中相互关联和相互依赖的过程进行有效控制，有助于提高其效率（见图1）。

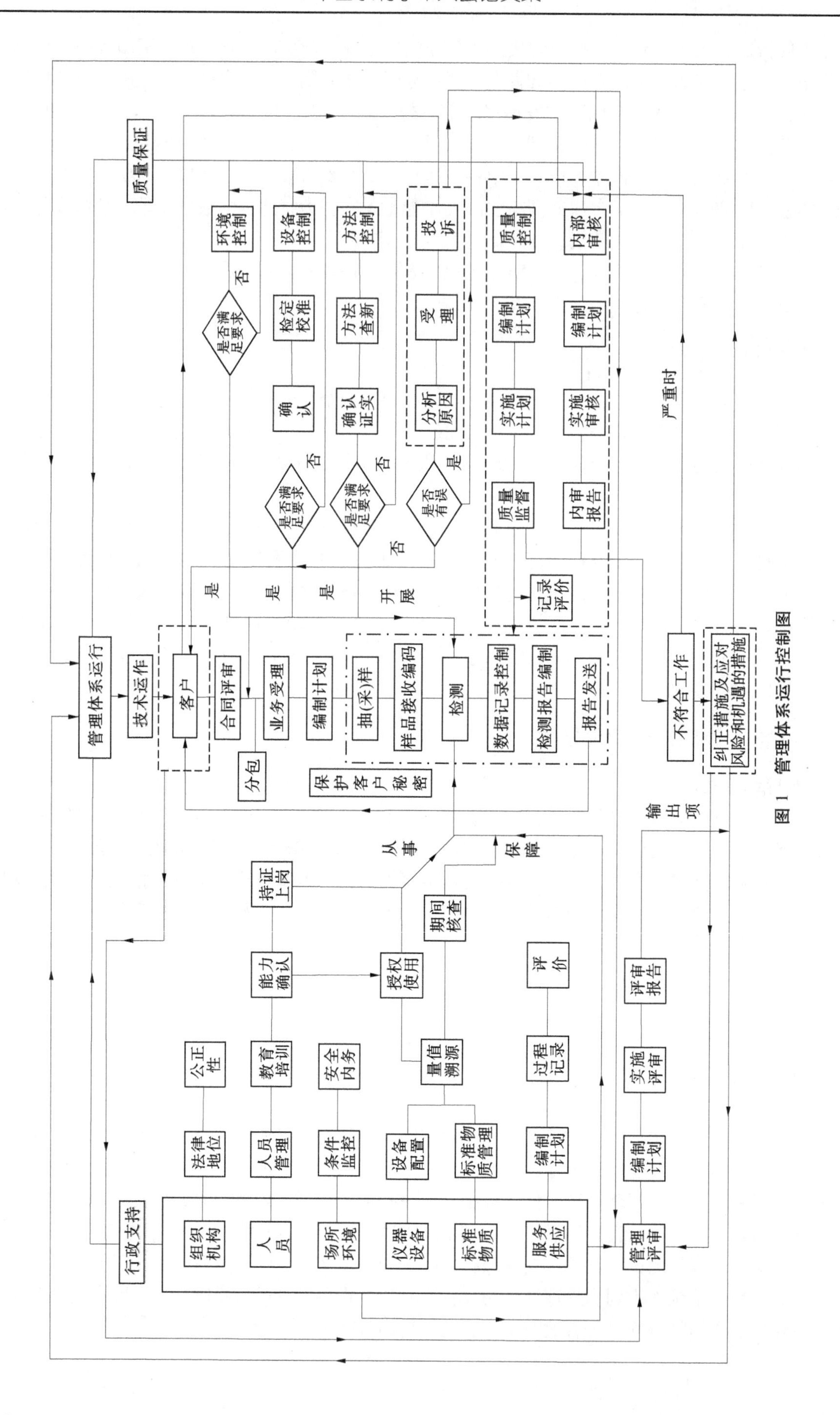

图 1 管理体系运行控制图

检验检测机构应考虑与检验检测活动有关的风险和机遇，以利于确保管理体系能够实现其预期结果；把握实现目标的机遇；预防或减少检验检测活动中的不利影响和潜在的失败；实现管理体系改进。检验检测机构各级负责人应当主动策划应对这些风险和机遇的措施，并在管理体系中实施及评价这些措施的有效性。

检验检测机构管理层基于风险的思维，对试验室所处的内外部环境进行分析，进行风险评估和风险处置，识别法律风险、质量责任风险、安全风险和环境风险等，以基于风险的思维对过程和管理体系进行管控，消除或减少非预期结果的风险，有效利用机遇，拓展资质认定领域，更好地为高质量发展提供服务。

5.2 管理评审及内审

管理评审及内审适用于检验检测机构质量管理体系评审。检验检测机构应建立《内部审核程序》《管理评审程序》，以便验证其运作是否符合管理体系和检验检测机构通用要求，管理体系是否得到有效的实施和保持，为检验检测机构做好高质量发展保驾护航。

内部审核是检验检测机构自行组织的管理体系审核，按照管理体系文件规定，对其管理体系的各个环节组织开展的有计划的、系统的、独立的检查活动。检验检测机构应建立和保持《内部审核程序》，对内部审核工作的计划、筹备、实施、结果报告、不符合工作的纠正、纠正措施及验证等环节进行合理规范，内部审核通常每年一次，由总质量负责人策划内审并制订审核方案，内部审核应当覆盖管理体系的所有要素，应当覆盖与管理体系有关的所有部门、所有场所和所有活动。

管理评审是管理层定期系统地对管理体系的适宜性、充分性、有效性进行评价，以确保其符合质量方针和质量目标。检验检测机构应建立和保持《管理评审程序》，对管理评审工作予以明确。最高管理者应确保管理评审后，得出的相应变更或改进措施予以实施，确保管理体系的适宜性、充分性和有效性，确保符合质量方针和质量目标，并为改进、完善体系提供依据。

检验检测机构应落实《内部审核程序》《管理评审程序》的实施，实现检验检测机构的自我完善和持续改进。

5.3 做好结果有效性的质控和监督

检验检测机构通过对检验检测活动及检验检测结果进行监控、验证和评价，保证检验检测系统的稳定性、可靠性及检验检测结果的准确性、可比性。

结果有效性监控方法应在结果有效性监控过程中给予描述和确认，以确保对控制对象进行有效的监控。结果有效性的质控方法包括但不限于以下方法：

（1）使用标准物质或结果有效性监控物质进行检验检测。

（2）使用经过检定或校准的具有溯源性的替代仪器进行比对。

（3）测量和检测设备的功能核查。

（4）适用时，使用核查或工作标准，并制作控制图。

（5）测量设备的期间核查。

（6）使用相同方法或不同方法进行重复检测。

（7）对保存的样品进行再次检测。

（8）对同一样品不同检测项目的结果进行相关性分析。

（9）审查报告的结果。

（10）参加国际、国家、行业或法定机构或其他质检机构组织的能力验证和实验室间比对活动。

（11）机构内部比对。

（12）盲样检测。

监督内容方法包括但不限于以下方法：

（1）人员初始能力和持续能力（资格及资格保持）。

（2）仪器设备的操作能力，会不会操作；操作熟练性、正确性。

（3）选用方法正确性、操作的熟练性，熟悉检验规程和作业指导书及执行能力。

（4）环境、设施的符合性。

（5）样品标识情况。

（6）样品制备及试剂和消耗性材料的配置情况。

（7）抽样计划及执行情况。

（8）原始记录及数据核查能力。

（9）数据处理及判定能力。

（10）结果报告的出具能力及审核能力。

5.4 分析检验检测机构管理要点

检验检测机构的管理包括质量管理、技术管理和行政管理，三者是密不可分的关系，技术管理是检验检测机构工作的主线，质量管理是技术管理的保障，行政管理是技术管理资源的支撑。如图 2 所示。

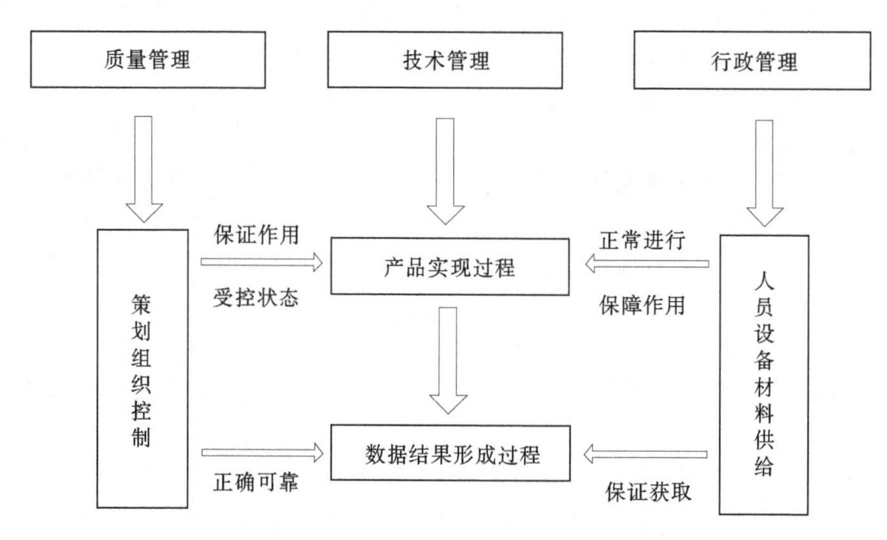

图 2 质量管理、技术管理和行政管理之间关系

6 结语

检验检测机构要实现高质量发展，必须秉持初心、保持战略定力，必须准确把握新发展阶段，深入贯彻新发展理念，加快构建新发展格局，全面推进经济建设、学科建设（科技创新）、人才建设、品牌建设、制度建设、文化建设和党的建设，将自身建设成为具有特色的国内一流检验检测机构。

参考文献

[1] 检验检测机构资质认定能力评价 检验检测机构通用要求：RB/T 214—2017 [S]

[2] 丹东市市场监管总局 提升检验检测机构能力推动经济高质量发展 [R/OL]. [2022-02-25]. https://baijiahao.baidu.com/s? id=1725553986463096664&wfr=spider&for=pc.

红外热像仪在800 MPa级高强水电钢焊接中的应用

李康立　王翠萍　李梦楠　靳红泽

（水利部水工金属结构质量检验测试中心，河南郑州　450044）

摘　要： 800 MPa级高强水电钢由于其碳当量与冷裂纹敏感指数较高，对预热、层间温度的控制有较高的要求。目前采用接触式测温仪与红外测温枪对于预热温度与层间的测量存在一定的局限性，无法对焊件整体温度情况进行监测。本文通过使用红外热像仪进行预热与焊接前后的温度监测，以望提供一种关于800 MPa级或更高强度水电钢在预热与焊接过程中进行温度监测的新手段。

关键词： 红外热像仪；高强水电钢；预热温度；层间温度

1　前言

随着国内大容量抽水蓄能电站的兴建，大HD值、高水头电站建设逐渐成为发展趋势，进而对水电站引水钢岔管、上下游连接管与蜗壳的强度要求逐渐提高，所使用的钢板开始从碳素钢向低合金高强钢过渡，某些大型水电站已经开始使用800 MPa级高强水电钢来满足减量化的需求。国外在水电项目上使用800 MPa高强钢的时间相对较早，日本最早使用800 MPa级水电用钢制作压力钢管与钢岔管，并首次在熊本县大平蓄能式水电站上使用HT780钢板（牌号为SHY685NS），并形成《焊接结构用高强钢》（JIS-G-3128）标准并于20世纪90年代开始应用。而我国有关800 MPa高强度水电用钢的使用与开发起步较晚，从最早于20世纪90年代初北京十三陵抽水蓄能水电站所使用的日本进口高强钢板（SHY685NS），到2013年呼和浩特抽水蓄能电站开始使用的国产800 MPa高强度钢板（B780CF），再到2015年开始建设的乌东德水电站所使用的SX780CF国产低裂纹敏感性的800 MPa高强度钢板，国产水电高强钢板的使用范围与规模正在不断扩大。目前国内设计的抽水蓄能电站所使用的800 MPa级压力钢管最大壁厚已经达到60～70 mm，月牙肋板的钢板达到120～140 mm，不同电站所采用800 MPa级别钢板的比例占15%～35%[1-3]。未来随着800 MPa与1 000 MPa级别钢板制造工艺的进一步优化与成熟，高强度级别钢板在水电工程领域的应用比例也会随之增加。

800 MPa级高强钢由于其合金化特点使其碳当量与冷裂纹敏感指数较高，对焊接热输入的选择以及预热、层间温度的控制有较高要求，如不对预热温度与层间温度进行控制，在焊接过程中或焊后易产生冷裂纹。目前对于预热温度的测量一般是在距焊缝一定位置的母材上使用接触式测温仪或红外测温枪进行温度的测量，测量区域较为局限，无法对焊件的整体预热温度进行监测。而红外热像仪具有非接触且可以整体观测焊件温度的特点，更加适合作为800 MPa级高强钢的温度监测手段，而目前有关红外热像仪在焊接中的应用鲜有报道。

因此，本论文以水利部水工金属结构质量检验测试中心焊接与材料处承接的某工程800 MPa高强钢压力钢管焊接工艺评定为基础，探讨红外热像仪在高强钢焊接上的应用优势，为其在800 MPa高强水电钢与冷裂纹敏感系数更高的1 000 MPa高强水电钢的焊接中提供新的温度监测方法。

2　实验材料与方法

本次焊接工艺评定涉及的原材料钢板为舞阳钢铁生产的Q690CFD（800 MPa级别）调质钢板，

作者简介： 李康立（1996—），男，工程师，主要从事高强水电钢的焊接及材料性能研究工作。

钢材执行标准为《低焊接裂纹敏感性高强度钢板》（YB/T 4137—2013），通过 SPECTRO MAXx07 直读光谱仪对其实际化学成分进行检测，材料化学成分检测结果与力学要求如表 1 与表 2 所示，对其碳当量（CEV）与冷裂纹敏感指数（Pcm）进行计算（计算公式如式（1）所示），结果分别为 0.45 与 0.20，结算结果表明 Q690CFD 碳当量与冷裂纹敏感指数均较高，因而在焊接时需要进行预热，同时对层间温度进行控制进而限制焊接后的冷却速度。

表 1　Q690CFD 名义与实测化学成分

项目	C	Si	Mn	P	S	Ni	Cr	Cu	V	Ti	Mo	Nb	B
名义	≤0.09	≤0.50	≤2.0	≤0.018	≤0.010	≤1.80	≤0.80	—	≤0.10	≤0.05	≤0.7	≤0.12	≤0.005
实测	0.078	0.26	1.64	0.013	0.005	0.014	0.36	0.014	0.002	0.011	0.11	0.034	0.001

表 2　Q690CFD 名义力学性能

钢板牌号	屈服强度 $R_p0.2$/MPa	抗拉强度 R_m/MPa	伸长率 A/%	冷弯试验（d 为弯心直径，a 为试样厚度）	冲击功 A_{kv}（−20 ℃横向）/J
Q690CFD	≥690	770~940	≥14	180°，$d=3a$，无裂纹	≥60

$$CEV = C + Mn/6 + (Cr + Mo + V)/5 + (Ni + Cu)/15 \tag{1}$$

$$P_{cm} = C + Si/30 + Mn/20 + Cu/20 + Ni/60 + Cr/20 + Mo/15 + V/10 + 5B(\%) \tag{2}$$

式中：C、Si、Mn、Cr、Cu、Mo、V、Ni、B 为钢中该元素百分比含量（%）。

本次焊接试板尺寸为 600 mm×250 mm×36 mm（长×宽×厚），且试板的宽度方向为钢板的轧制方向，坡口参数如图 1 所示，焊接工艺参数如表 3 所示。

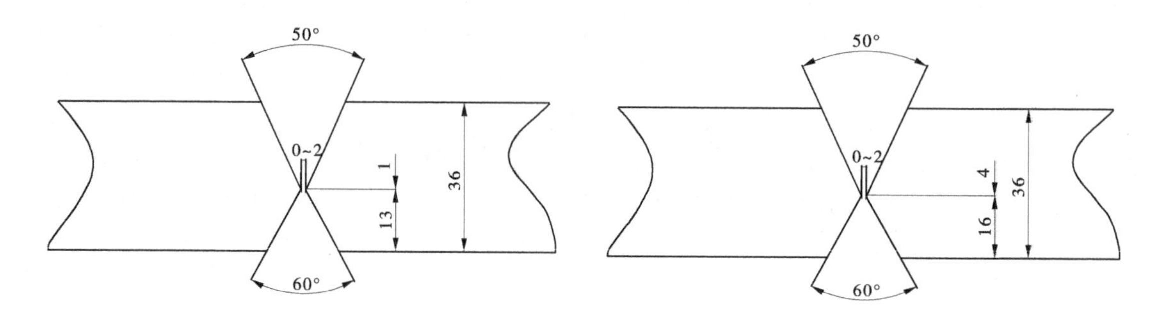

图 1　Q690CFD 焊接坡口参数示意图　（单位：mm）

表 3　Q690CFD 焊接工艺参数

最低预热温度/℃	焊接热输入/（kJ/cm）	层间温度/℃	后热温度/℃
80	15~20	80~180	150~250

为了对焊接过程的参数进行测量与控制，本次所使用的仪器与设备分别有温湿度计、秒表、焊缝检验尺、钢板尺、万用表、电压表、红外测温枪与红外热像仪（Fluke Tix 1000），其中红外热像仪所测温度为华氏度（℉），最大量程为 2 192 ℉（1 200 ℃），其换算成℃所用公式为：

$$摄氏度（℃）=［华氏度（℉）-32］\div 1.8 \tag{3}$$

3 实验结果与讨论

3.1 红外热像仪在焊接预热过程中的应用

通过红外热像仪可以对焊接试板整体预热情况进行实时监测，也可以对实时拍摄图像上的特定位置（特定测量点、特定测量线或特定测量区域）的温度进行监测。如图2与图3所示，其为对点焊引弧板后的焊接试板进行整体温度监测的结果，可以看出试板点焊处的温度最高，在垂直于焊接方向上，温度随距点焊距离的增加而逐渐降低；而在平行于焊接方向上，温度分布沿试板中心呈对称分布。

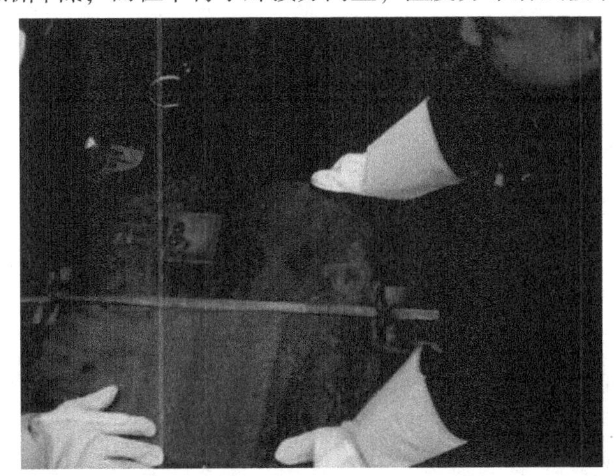

（a）焊装引弧板后的试板

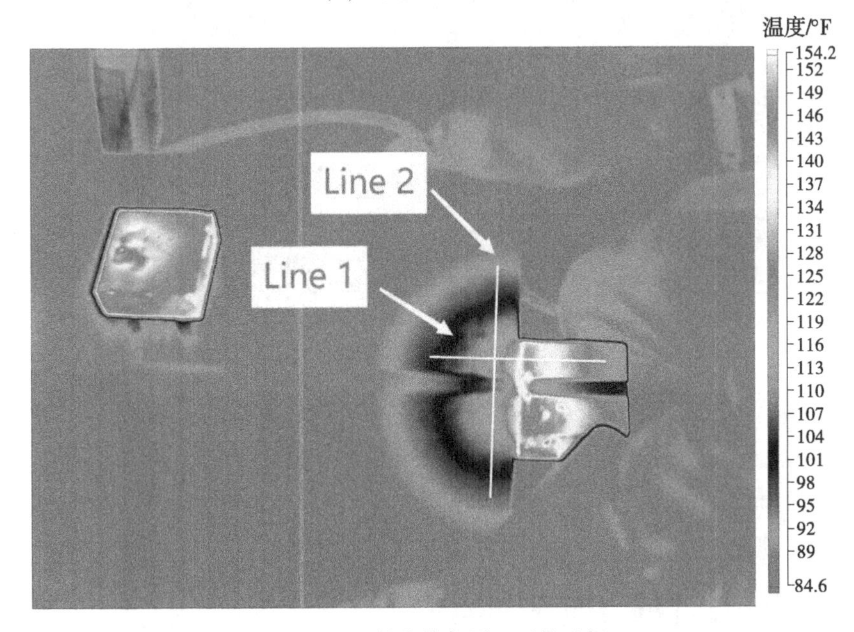

（b）红外热像仪测温下的试板

图2 引弧板安装后的红外热像仪监测结果

焊接试板的预热通过电加热的方式进行，所用预热装置为陶瓷加热板，其尺寸如图4所示。使用红外热像仪对预热中的焊接试板进行温度监测，预热温度监测位置为紧邻陶瓷加热板的平行线（如图5所示），该位置上的温度分布结果如图6所示，可以看出焊件整体预热温度较为均匀。

图7与图8为预热完成后试板表面温度分布情况，可以看出除坡口外的预热范围内（坡口左右各50 mm内）整体温度均能达到≥80 ℃的最低要求，但坡口区域因散热较快且陶瓷加热板无法贴紧坡口内侧导致无法全面受热，造成出现温度低于80 ℃的情况，在本次焊接工艺评定中，通过火焰加热的方法对坡口区域进行短暂加热，使其温度升高至80 ℃以上。

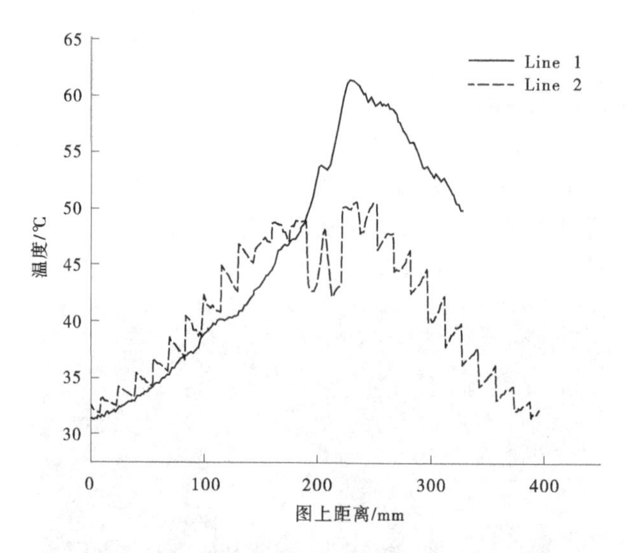

图 3　焊装引弧板的试板测量线上的温度分布

图 4　陶瓷加热板尺寸

图 5　红外热像仪测温下的预热试板

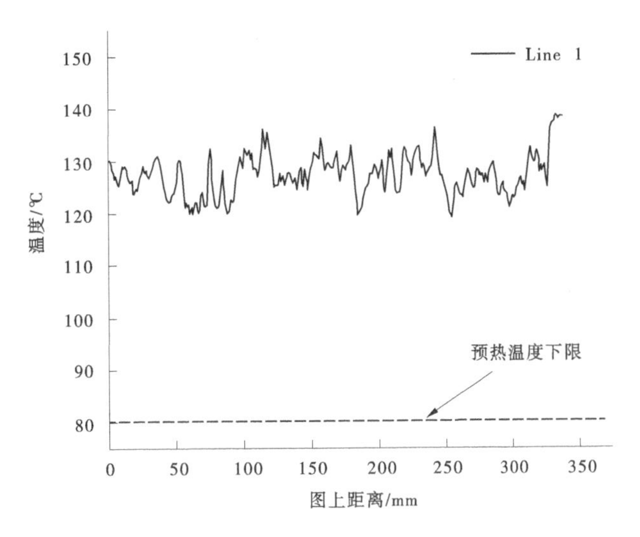

图 6　预热试板测量线上的温度分布

(a) 预热过程中的试板

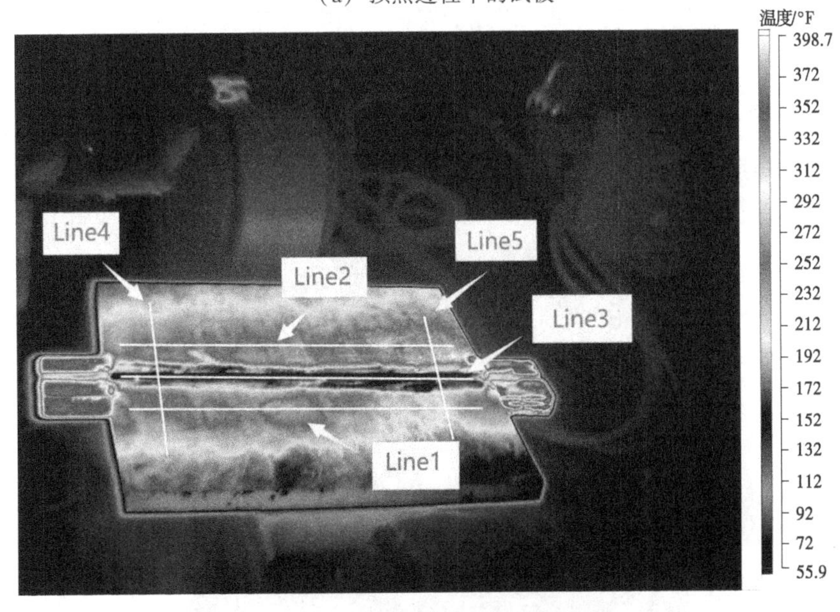

(b) 红外热像仪测温下的预热试板

图 7　预热过程温度监测过程

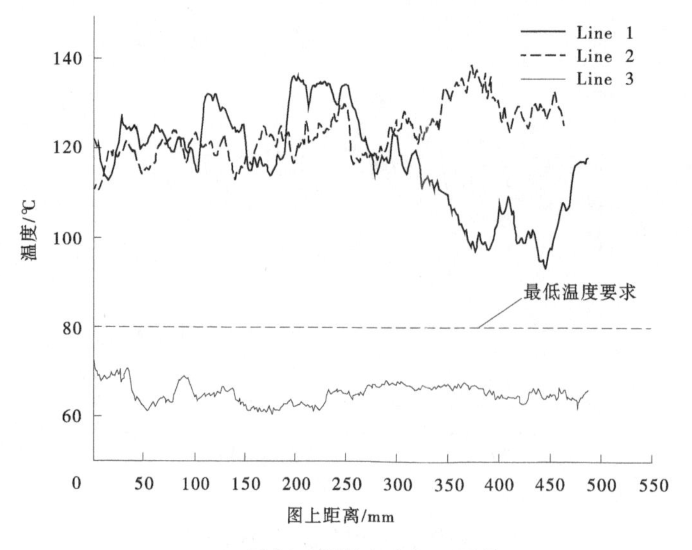

（a）平行于焊接方向的测量线

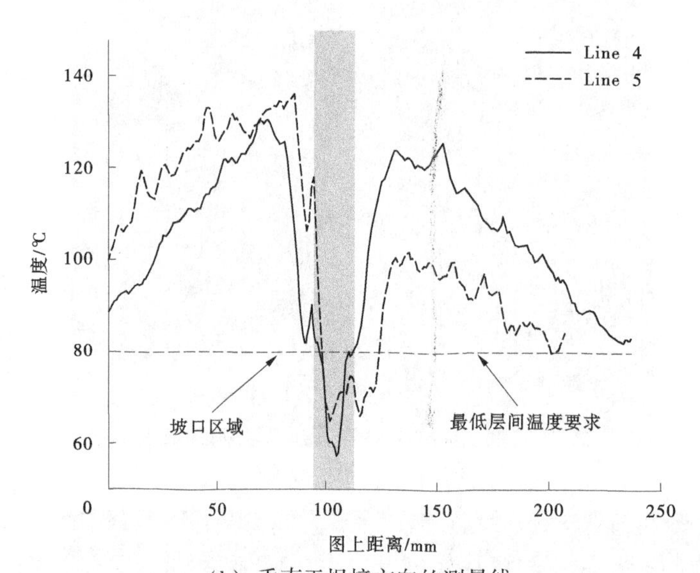

（b）垂直于焊接方向的测量线

图 8　焊接试板预热完成后测量线上的温度测量结果

3.2　红外热像仪在焊接层间温度控制中的应用

图 9 所示为在焊接过程中红外热像仪的监测结果，焊道与试板的温度分布如图 10 所示。可以看出

（a）焊接过程中的试板

图 9　焊接过程中焊接试板的温度分布

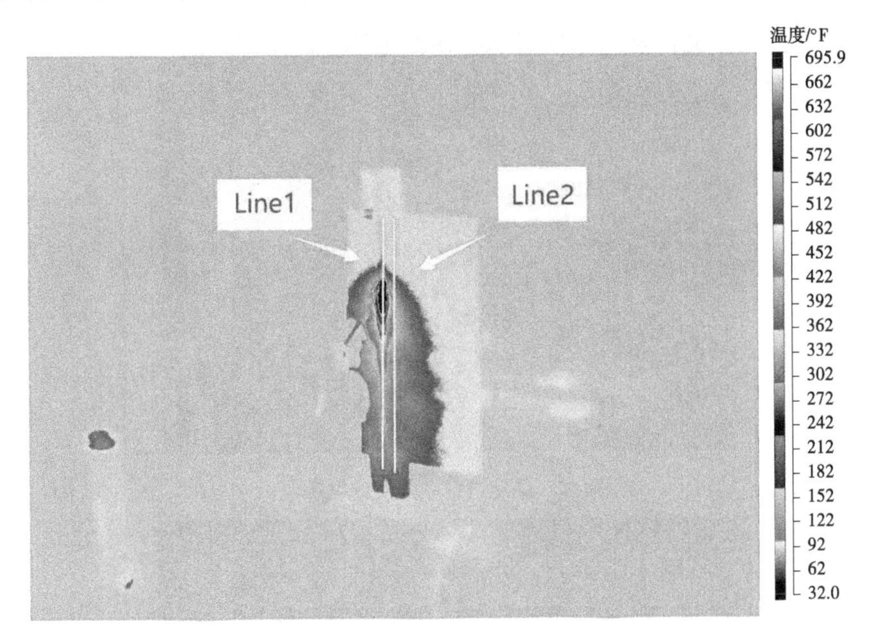

（b）红外热像仪测温下的焊接试板

续图 9

焊接熔池位置的温度最高，且整条焊道与焊道周围母材的温度均大于最低预热温度。如在焊接过程中出现局部区域低于最低层间温度的要求，需使用氧乙炔火焰对局部区域的背面进行加热（如图 11 所示），同时借助红外热像仪监测焊件整体温度，避免过度加热对最终试板的机械性能造成不利影响。

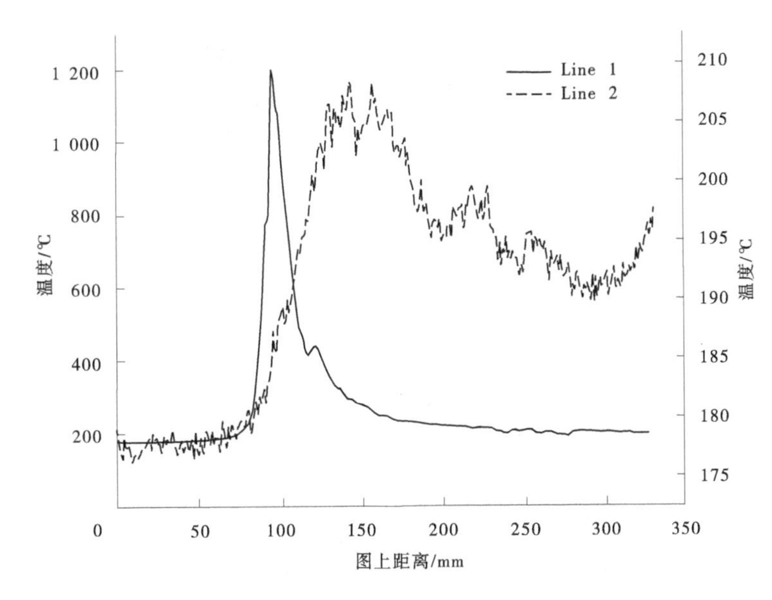

图 10　焊接过程中焊接试板的温度测量结果

在厚板焊接过程中通常采用多层多道焊接，因此需要对焊道的层间温度进行监测与控制，在对层间温度的监控过程中，除要求层间温度最低值外，层间温度也不得高于焊接规程中层间温度要求的最大值。通过红外摄像仪可以较为便捷地观察试板整体预热情况与温度分布（如图 12 与图 13 所示），从测量结果可以看出，试板在多层多道焊接时，焊道位置相较于热影响区散热较快。在监测过程中如发现局部区域低于此温度，需采用火焰加热的方式对该区域进行局部加热，如层间温度过高，需要等待层间温度下降到焊接规程的要求值后再进行焊接。

图 11　焊接过程中的局部加热

（a）焊后的试板

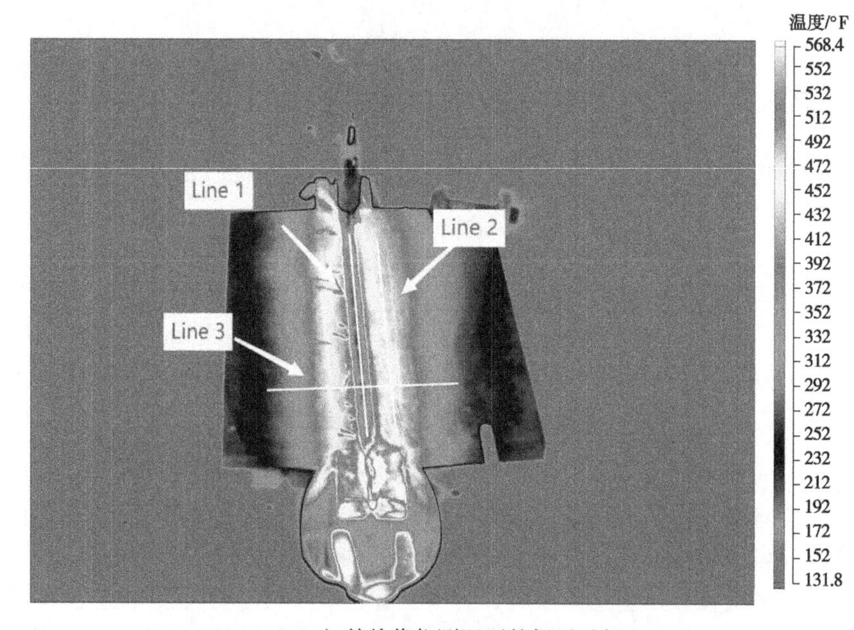

（b）红外热像仪测温下的焊后试板

图 12　焊后温度监测位置与结果

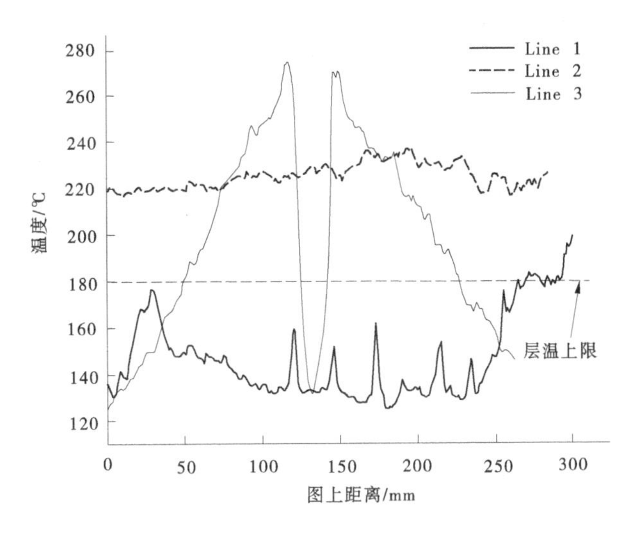

图 13　焊后试板测量线上的温度分布结果

3.3　红外热像仪在焊后后热温度的控制

高强钢焊后需进行后热处理，目的是进行消氢与去应力。本次后热温度为 150~250 ℃，后热方式与预热方式相同，使用陶瓷加热板对焊接区域进行加热，后热过程中试板的整体温度分布如图 14 所示。

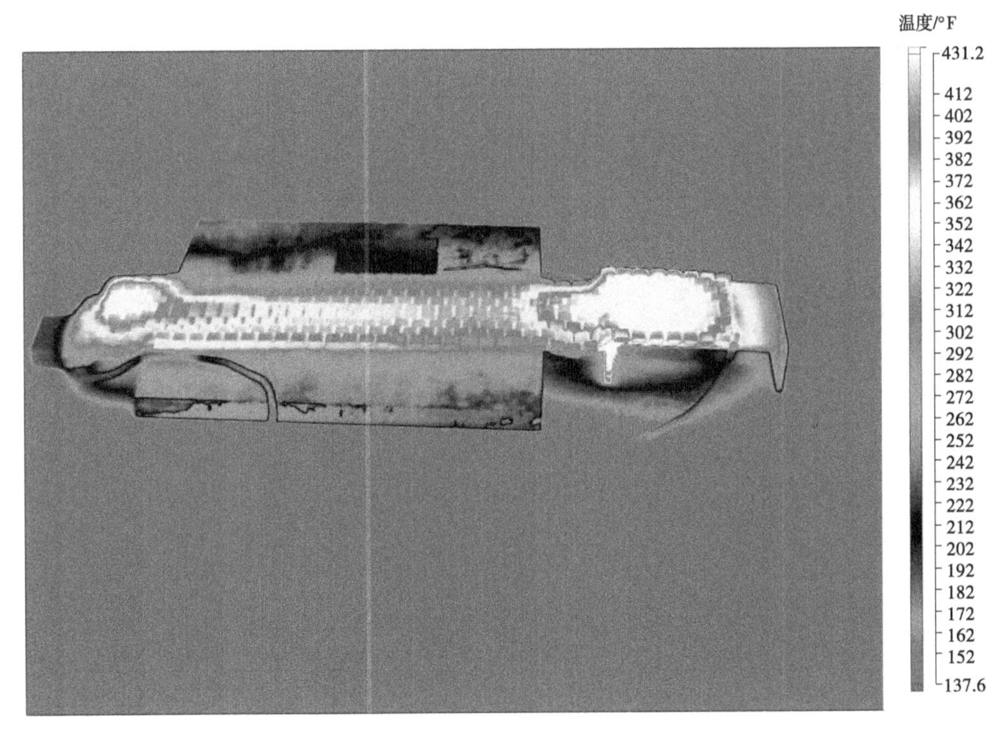

图 14　后热过程中焊接试板的温度分布

4　结语

综上所述，相较于传统的红外测温枪或接触式测温仪，红外热像仪可以较为直观地监测焊接试件整体的温度分布情况，同时更加便捷地发现在焊接过程中低于或高于层间温度要求的区域，进而准确采取后续的处理手段，保证焊件的整体温度符合规程要求，确保试件的整体焊接质量。通过红外热像仪在 800 MPa 级高强水电钢的应用基础，可以为未来 1 000 MPa 高强水电钢的焊接提供新的温度控制手段。

参考文献

[1] 姜在伟，刘心阳，汪晶杰．水电工程用 800 MPa 级高强钢焊接性能研究［J］．宽厚板，2022，28（2）：5-10.
[2] 朱晓英，梅燕，胡木生，等．国内大型水电站压力钢管用钢的探讨［J］．焊接技术，2007（S1）：43-46.
[3] 朱岩，丁建华．国内压力容器和压力钢管用厚钢板使用情况分析［J］．宝钢技术，2003（2）：44-48.
[4] 周林，屈刚，罗栓定．两种不同牌号 800 MPa 级高强钢焊接性试验比较［J］．电焊机，2013，43（10）：67-70.
[5] 刘浩，孔剑，暨柳华．水电站大型压力钢管钢材的选择分析［J］．水电与新能源，2022，36（4）：22-27.

引调水工程盾构隧洞中自密实混凝土质量检测

黄锦峰　郭威威　孙文娟

（珠江水利委员会珠江水利科学研究院，广东广州　510611）

摘　要： 党的十八大以来，在国务院统一部署下，水利部先后推进了172项节水供水重大水利工程、150项重大水利工程。这十年，全国完成水利建设投资达6.66万亿元，相比之前十年，增长了4倍。这十年来，先后开工建设了陕西引汉济渭工程、广西桂中治旱工程、南水北调中东线一期工程、引江济淮工程、珠江三角洲水资源配置工程、云南滇中引水工程、青海引黄济宁工程等跨流域、跨区域引调水工程54处，引调水工程在150项重大水利工程中占比最高，而引调水工程越来越多采用隧洞引水的方式。本文以珠江三角洲水资源配置工程试验段为例，对盾构隧洞自密实混凝土质量检测的方法进行探讨。

关键词： 引调水工程；盾构隧洞；自密实混凝土；质量检测

1　工程概况

珠江三角洲水资源配置工程是国务院要求加快建设的172项节水供水重大水利工程之一，是《珠江流域综合规划（2012—2030年）》提出的重要水资源配置工程。工程由一条干线、两条分干线、一条支线、三座泵站和一座新建调蓄水库组成。输水线路总长113.2 km，其中干线长90.3 km，深圳分干线长11.9 km，东莞分干线长3.6 km，南沙支线长7.4 km。工程设计引水流量80 m^3/s，工程多年平均引水量17.87亿 m^3[1]。

试验段项目位于深圳市光明新区，全长1.666 km，项目主要工程内容包括6 m盾构隧洞、隧洞内金属管道安装、公明水库进库闸和两座施工工作井及临时工程。隧洞内径4.8 m（设计水流流速1.66 m/s），采用盾构法施工，外衬预制管片（外径6 m、内径5.4 m）、内衬DN4800钢管（外设加劲环），钢管与管片间充填C30自密实混凝土[2]。

2　自密实混凝土配合比设计

自密实混凝土（self compacting concrete，SCC）是指在自身重力作用下，能够自行流动、密实，即使存在致密钢筋也能完全填充模板，同时获得很好的均质性，并且不需要附加振动的混凝土。珠江三角洲水资源配置工程试验段项目在钢管与管片间充填C30自密实混凝土[3]。

珠江三角洲水资源配置工程试验段C30自密实混凝土配合比设计如下：水胶比为0.40，配合比水泥：混合材：砂：石：水：外加剂为1.00：0.61：3.03：3.03：0.64：0.02，28 d抗压强度为41.1 MPa（见表1）。

3　自密实混凝土检测方法

3.1　坍落扩展度

（1）润湿平板和坍落度筒，保证坍落度筒内壁和平板上无明水；平板放置在坚实的水平面上，

作者简介： 黄锦峰（1985—），男，高级工程师，主要从事水利工程质量检测及项目管理研究工作。

表 1 C30 自密实混凝土配合比设计

<table>
<tr><td>水胶比</td><td colspan="5">配合比
（水泥：混合材：砂：石：水：外加剂）</td><td>砂率/
%</td><td>扩展度/
mm</td><td>L 形箱
比例</td><td>V 形漏斗
时间/s</td><td>表观密度/
（kg/m³）</td></tr>
<tr><td>0.40</td><td colspan="5">1.00：0.61：3.03：3.03：0.64：0.02</td><td>50</td><td>705</td><td>—</td><td>22</td><td>—</td></tr>
<tr><td colspan="8">材料用量/（kg/m³）</td><td colspan="3">抗压强度/MPa</td></tr>
<tr><td>水泥</td><td>混合材</td><td>砂</td><td colspan="3">石</td><td>水</td><td>外加剂</td><td>7 d</td><td>28 d</td><td>快速法</td></tr>
<tr><td rowspan="2">295</td><td>181</td><td rowspan="2">893</td><td>5~20</td><td>—</td><td>—</td><td rowspan="2">190</td><td>1.3</td><td rowspan="2">29.8</td><td rowspan="2">41.1</td><td rowspan="2">—</td></tr>
<tr><td>—</td><td>893</td><td>—</td><td>—</td><td>—</td></tr>
</table>

坍落度筒放在平板中心位置，下缘与 200 mm 刻度圈重合，然后用脚踩住两边的脚踏板，装料时保持坍落度筒位置不变。

（2）用铲子将混凝土加入到坍落度筒中，不分层一次填充至满，且整个过程中不施以任何振动或捣实，加满后用抹刀抹平。

（3）用抹刀刮除坍落度筒中已填充混凝土顶部的余料，使其与坍落度筒的上缘齐平，将底盘坍落度筒周围多余的混凝土清除。随即垂直平稳地提起坍落度筒，使混凝土自由流出。坍落度筒的提离过程应在 5 s 内完成；从开始装料到提离坍落度筒的整个过程应不间断地进行，并在 150 s 内完成。

（4）测定扩展度达到 500 mm 的时间 T_{500}，计时从提离坍落度筒开始，至扩展开的混凝土外缘初触平板上所绘直径 500 mm 的圆周为止，以秒表测定时间，精确至 0.1 s。

（5）用钢尺测量混凝土扩展后最终扩展直径，测量在相互垂直的两个方向上进行，并计算两个所测直径的平均值（单位为 mm），测量应精确至 1 mm，结果修约至 5 mm。如扩展开的混凝土呈椭圆形，且测得两直径之差在 50 mm 以上，需从同一盘混凝土中另取试样重新试验。

（6）观察最终坍落后的混凝土的状况，如发现粗骨料在中央堆积且扩展后的混凝土边缘有较多水泥浆析出，表示此混凝土拌和物抗离析性不好，应予记录。

（7）混凝土坍落扩展度 SF 按下列公示计算（准确至 5 mm）：

$$SF = \frac{SF_1 + SF_2}{2}$$

式中：SF 为混凝土坍落扩展度，mm；SF_1、SF_2 分别为相互垂直的两个方向上的混凝土扩展度，mm。

混凝土坍落扩展度检测的是自密实混凝土的流动性，SF 取值范围一般在 650~750 mm。

3.2 V 形漏斗试验

（1）水平放置盛料器，取（10±0.5）L 混凝土置于其中，静置（15±0.5）min。

（2）分别称取方孔筛 m_s 和托盘 m_t 的质量，精确到 1 g。

（3）将方孔筛置于托盘上，移出盛料器上节混凝土，倒入方孔筛；静置（120±5）s，用天平称量托盘、方孔筛及混凝土总质量 m_0，精确到 1 g。

（4）移走筛及筛上混凝土，称量托盘及通过筛孔流到托盘上浆体的总质量 m_1，精确到 1 g。

（5）混凝土拌和物离析率（SR）应按下式计算：

$$SR = \frac{m_1 - m_t}{m_0 - m_s - m_t} \times 100\%$$

式中：SR 为混凝土拌和物离析率（%），精确到 0.1%；m_1 为通过标准筛的砂浆质量，g；m_t 为托盘的质量，g；m_0 为倒入标准筛后托盘、方孔筛及混凝土的总质量，g；m_s 为标准筛的质量，g。

V 形漏斗试验检测的是自密实混凝土的抗离析稳定性，SR 取值范围一般在 7~25 s。

4 结论与建议

（1）混凝土坍落扩展度检测的是自密实混凝土的流动性，SF 取值范围一般在 650～750 mm。相对普通混凝土，自密实混凝土搅拌时间宜适当延长，从而保证混凝土的流动性。

（2）V 形漏斗试验检测的是自密实混凝土的抗离析稳定性，SR 取值范围一般在 7～25 s。

（3）自密实混凝土性能对用水量比较敏感，应及时检测混凝土配合比中原材料的含水率，若原材料含水率发生变化，对配合比应重新复核。

（4）自密实混凝土浇筑前应加强质量检测：自密实混凝土在每车入泵前 10 min 之内取样进行检测，至少进行一次坍落度、坍落扩展度、V 形漏斗通过时间检测，要求入仓前自密实混凝土坍落度为初始值±10 mm，扩展度损失不超过出厂前自密实混凝土坍落扩展度的 10%[4]。

（5）自密实混凝土搅拌运输车运送时间不宜大于 90 min；自密实混凝土所用粗骨料最大粒径应小于 20 mm；骨料是悬浮在浆体中，为防止自密实混凝土中骨料下沉产生离析，要求混凝土浇筑倾落高度在 5 m 以下[5]。

（6）自密实混凝土在检测过程中，对检测环境、检测要求比较高，平整光滑的检测平台、检测器具的表面湿润是检测过程中必须具备的条件，因而在检测过程中，应注意检测环境、检测条件的准备。自密实混凝土检测操作的正确性，对检测结果影响较大，在检测之前检测操作人员应对自密实混凝土检测方法进行全面的技术交底、对检测操作技能进行熟练度培训，保证每个检测指标连续、顺畅地完成。

参考文献

[1] 潘珑云，钟佛明，赵国卫．自密实混凝土在珠江三角洲水资源配置工程中的应用［J］．广东建材，2020（8）：1-4.

[2] 吴文彪．短竖井土压平衡盾构分体始发侧方出土施工技术［J］．价值工程，2019（18）：122-127.

[3] 王桂芳，武孟强，李明秋．自密实混凝土在辛克雷水电站厂房底板施工中的应用［J］．云南水力发电，2015，31（2）：62-63.

[4] 许光义．自密实混凝土在水工隧洞衬砌中的应用［J］．水利规划与设计，2017（6）：106-111.

[5] 陈宇．隧道二衬高性能自密实混凝土应用可行性分析［J］．石家庄铁路职业技术学院学报，2018，17（1）：8-12.

大坝混凝土与岩体接触面直剪试验成果分析

马杰荣　刘映炯　郭　磊

（中水珠江规划勘测设计有限公司，广东广州　510610）

摘　要：坝体混凝土与基岩胶结面的开裂是引起重力坝失稳的主要因素之一，抗剪断强度是表征混凝土坝体与基岩胶结面断裂问题的一个重要力学参数，本文以四川省某水电站坝址平硐内混凝土与岩体接触面直剪试验为例，用图解法计算出了抗剪断参数，为工程稳定计算提供了合理的参数，工程建成后正常蓄水运行多年也证明了试验成果的合理性。

关键词：剪应力；抗剪断强度；剪切位移

1　前言

该电站为引水式电站工程，大坝设计最大坝高 110 m，总库量为 1.0 亿 m^3，引水隧洞长约 6.5 km，装机容量 12 万 kW。坝址区主要地层为侏罗系下沙溪庙（J_2S_1）砂岩、粉砂岩、泥质粉砂岩三类，在坝区中粉砂质泥岩多为薄层夹层或透镜体。本次岩体力学试验各试点布置在这三类岩石上。根据岩石室内试验成果资料可见：①砂岩饱和单轴抗压强度为 45~90 MPa，属硬质岩类中硬-坚硬岩。②粉砂岩饱和单轴抗压强度为 20~50 MPa，属较软岩-中硬岩。③泥质粉砂岩和粉砂质泥岩的饱和单轴抗压强度为 3~25 MPa，属软质岩。

2　试验方案

2.1　试点布置

本次现场岩体力学试验在坝区左岸的 PDⅠ与 PDⅡ两平硐内进行。PDⅠ平硐，硐长 31.5 m，进口底板高程 596.285 m，通过的地层为 $J_{2S}{}^1$ 砂岩地层，在该平硐内布置混凝土/岩体直剪试验 1 组；PDⅡ平硐，硐长 41.4 m，进口底板高程 597.060 m，通过地层为 $J_{2S}{}^1$ 的粉砂岩与泥质粉砂岩两套地层，在该平硐内分别在粉砂岩和泥质粉砂岩布置了混凝土/岩体直剪试验各 1 组，各试验点布置见图 1。

2.2　混凝土试体制备

试体制备采用人工刻凿方式加工，基岩面起伏差小于 1.0 cm。试体尺寸 50 cm×50 cm×30 cm（长×宽×高，剪切面积约为 2 500 cm^2），每组试体数量为 5 个，按坝体设计混凝土强度 C20 浇筑试体，制备混凝土试体同时在试体预定部位埋设测量位移的标点，成型混凝土立方体试件的取样室内试验 PDⅠ-YJ1 抗压强度值为 21.7 MPa，PDⅡ-YJ1 与 PDⅡ-YJ2 平均强度值为 20.8 MPa。

2.3　设备安装与加载

安装荷载系统时，按先法向后剪切的次序进行，法向荷载与剪切荷载的合力作用点位于剪切面中心。水平推力与库水推力方向一致，试验采用双千斤顶中心荷载平推法，法向载荷由垂直千斤顶、反力设备、传力系统提供，利用平硐顶做反力支撑提供法向荷载；剪切荷载由水平千斤顶施加，硐壁作为反力墩后座，各试验点制备及设备安装见图 2，各试验点试验前、后地质描述如表 1~表 3 所示。

作者简介：马杰荣（1981—），男，高级工程师，主要从事利水电工程质量检测及岩土工作。

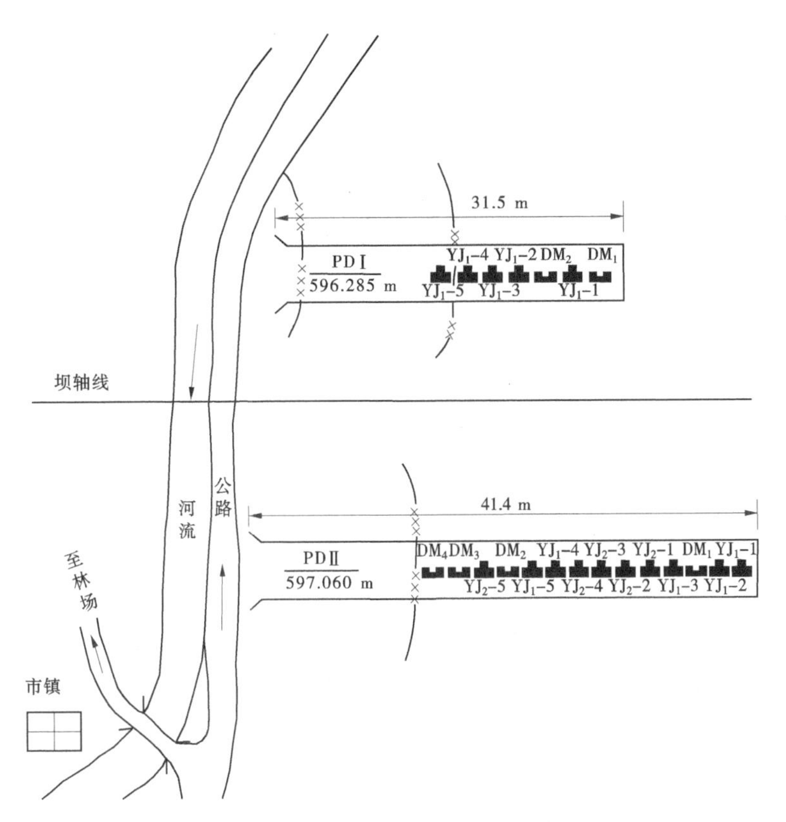

图 1　试验点平面布置

图 2　试验点制备及设备安装

表 1　PD Ⅰ-YJ1 试验点描述

试点编号	试点距硐口/m	地质描述	
PD Ⅰ-YJ1-1	26.5	试前	①试点面积 2 500 cm^2，试点面水平，起伏差小于 1.0 cm。 ②岩石为新鲜浅灰色中粒砂岩，块状构造。试点岩体完整，无裂隙切割，岩石呈饱和状态
		试后	①剪断面主要为混凝土/岩体的胶结面，而较多发生在混凝土试体中。 ②剪断面上残留较多剪破混凝土，厚度一般为 0.5~3.0 cm，未见砾卵石被剪断的现象

续表 1

试点编号	试点距硐口/m		地质描述
PDⅠ-YJ1-2	22.9	试前	①试点面积 2 500 cm^2，试点面水平，起伏差小于 1.0 cm。 ②岩石为新鲜浅灰色中粒砂岩，块状构造。试点岩体完整，无裂隙切割，岩石呈饱和状态
		试后	①剪断面主要为混凝土/岩体胶结面，断面较平整。 ②试面上残留少量剪破混凝土，厚度一般为 0.5~1.5 cm，未见砾卵石被剪断的现象
PDⅠ-YJ1-3	22.0	试前	①试点面积 2 500 cm^2，试点面水平，起伏差小于 1.0 cm。 ②岩石为新鲜浅灰色中粒砂岩，块状构造。试点面右角有 1 条缓倾角裂隙切割，裂隙倾角为 25°，岩石呈饱和状态
		试后	①剪断面主要为混凝土/岩体胶结面。 ②剪断面残留少量被剪破的混凝土，其厚度 1.0 cm 左右，未见砾卵石被剪断的现象
PDⅠ-YJ1-4	20.2	试前	①试点面积 2 500 cm^2，试点面水平，起伏差小于 1.0 cm。 ②岩石为新鲜浅灰色中粒砂岩，块状构造。试点岩体完整，无裂隙切割，岩石呈饱和状态
		试后	剪断面 95%以上为混凝土/岩体胶结面，仅见零星混凝土残留，剪断面较平整
PDⅠ-YJ1-5	18.6	试前	①试点面积 2 500 cm^2，试点面水平，起伏差小于 1.0 cm。 ②岩石为新鲜浅灰色中粒砂岩，块状构造。试点面上有 3 条裂隙切割，倾角 35°~75°，其中 2 条微张开，有地下水浸出，岩石呈饱和状态
		试后	①剪断面主要为混凝土/岩体胶结面，试面上仅有零星混凝土残留，厚度小于 1.0 cm。 ②有少量岩石被剪断，试点面及试体上的残留岩石碎块块径一般为 1~3.5 cm

表 2　PDⅡ-YJ1 试验点描述

试点编号	试点距硐口/m		地质描述
PDⅡ-YJ1-1	39	试前	①试点面积 2 500 cm^2，试点面水平，起伏差小于 1.0 cm。 ②岩石为暗紫色弱风化泥质粉砂岩，薄层-厚层状构造
		试后	①剪断面主要是岩石与混凝土接触的顶面，且试面上未见混凝土残留物。 ②岩石被剪破较多，试面岩石碎块和试体上残留岩块块径为 1~5 cm，试面剪切坑深度达 2.5 cm
PDⅡ-YJ1-2	37	试前	①试点面积 2 500 cm^2，试点面水平，起伏差小于 1.5 cm。 ②岩石为暗紫色弱风化泥质粉砂岩，薄层-厚层状构造。试面上发育有 4 条裂隙，其中 2 条微张开，有泥膜充填及地下水浸出，裂隙倾角为 60°~80°
		试后	①剪断面主要是岩石与混凝土接触的顶面，剪面未见混凝土残留物。裂隙面有地下水被挤出的现象。 ②岩石被剪破较多，试面上岩石碎块和试体上残留岩块块径为 1~5 cm，剪切坑深度达 3.0 cm 以上

续表 2

试点编号	试点距硐口/m	地质描述	
PDⅡ-YJ1-3	36	试前	①试点面积 2 500 cm^2，试点面水平，起伏差小于 1.5 cm。 ②岩石为暗紫色弱风化粉砂质泥岩，岩层中含少量灰绿色砂质条带及团块，薄层-厚层状构造
		试后	①剪断面主要是岩石与混凝土接触的顶面，试面上未见混凝土残留物。 ②岩石被剪破较多，试面岩石碎块和试体上残留岩块块径为 1~5 cm，试面剪切坑深度达 1~2 cm，其中沿层理面被剪岩石形成的剪切坑深度达 4 cm
PDⅡ-YJ1-4	28	试前	①试点面积 2 500 cm^2，试点面水平，起伏差小于 1.5 cm。 ②岩石为暗紫色弱风化泥质粉砂岩，厚层-块状构造
		试后	①剪断面主要为混凝土/岩体胶结面，剪面较平整。 ②试面上残留有少量混凝土，混凝土厚度约 1.0 cm。 ③有少量岩石被剪断，试面及试体上残留岩块仅为碎粒状
PDⅡ-YJ1-5	27	试前	①试点面积 2 500 cm^2，试点面水平，起伏差小于 1.0 cm。 ②岩石为暗紫色弱风化泥质粉砂岩，薄层-块状构造。试面的右侧有 1 层理通过倾角为 10°~12°，周边有地下水活动，岩石呈饱和状态
		试后	①剪断面主要为混凝土/岩体胶结面，剪断面较平整。 ②试面上残留有少量混凝土，混凝土厚度为 0.5~1.5 cm

表 3　PDⅡ-YJ2 试验点描述

试点编号	试点距硐口/m	地质描述	
PDⅡ-YJ2-1	33	试前	①试点面积 2 500 cm^2，试点面水平，起伏差小于 1.5 cm。 ②岩石为暗紫色弱风化粉砂岩，岩层中含少量灰绿色砂质条带及团块，厚层状构造
		试后	①剪断面主要是岩石与混凝土接触面，混凝土在试面上仅有零星残留。 ②岩石被剪破较多，残留在试面上及试体上的岩石碎块，块径为 1~5 cm。裂面受挤压，有地下水渗出的现象
PDⅡ-YJ2-2	32	试前	①试点面积 2 500 cm^2，试点面水平，起伏差小于 1.5 cm。 ②岩石为暗紫色弱风化粉砂岩，岩层中含灰绿色砂质条带及团块，厚层状构造
		试后	①剪断面主要是岩石与混凝土接触面，混凝土在试面上仅有零星残留。 ②岩石被剪破较多，残留在试面上及试体上的岩石碎块，块径为 1~5 cm
PDⅡ-YJ2-3	31	试前	①试点面积 2 500 cm^2，试点面水平，起伏差小于 1.5 cm。 ②岩石为暗紫色弱风化粉砂岩，薄层-厚层状构造。试面岩体较完整，未见裂隙切割，岩石呈饱和状态
		试后	①剪断面主要为混凝土/岩体胶结面，剪断面较平整。 ②试面上有少量混凝土残留，其厚度 0.5~1.5 cm，未见砾卵石被剪现象

续表 3

试点编号	试点距硐口/m	地质描述	
PDⅡ-YJ2-4	29.5	试前	①试点面积 2 500 cm^2，试点面水平，起伏差小于 1.5 cm。 ②岩石为暗紫色弱风化粉砂岩，中厚层-厚层状构造。试点岩体较完整，未见裂隙切割，周边有地下水活动，岩石呈饱和状态
		试后	①剪断面主要是岩石与混凝土接触面，试面上残留少量混凝土，其厚度 0.5~1.5 cm。未见砾卵石被剪断。 ②有少量岩石被剪破，残留于试面上及试体上的岩块，块径为 1~3 cm
PDⅡ-YJ2-5	25	试前	①试点面积 2 500 cm^2，试点面水平，起伏差小于 1.5 cm。 ②岩石为暗紫色弱风化粉砂岩，厚层-块状构造
		试后	①剪断面主要为混凝土/岩体胶结面，剪面较平整。 ②试面上残留有少量混凝土，混凝土厚度 0.5~1.5 cm 左右，未见砾卵石被断

3 成果与分析

（1）据“$\tau \sim \mu_S$”关系曲线（见图 3~图 5）分析可知：

PDⅠ-YJ1 试点的剪切破坏机制为脆性剪切破坏，PDⅡ-YJ1 试点呈塑性剪切破坏，而 PDⅡ-YJ2 试点则表现为两者之间，呈脆塑性剪切破坏。根据地质描述，PDⅠ-YJ1 试点的岩石为较坚硬的新鲜砂岩，PDⅡ-YJ1 试点的岩石为软弱且风化的泥质粉砂岩，而 PDⅡ-YJ2 试点的岩石为较软弱的粉砂岩。由此可见 PDⅠ-YJ1 试点、PDⅡ-YJ1 试点和 PDⅡ-YJ2 试点的剪切破坏机制符合它们的岩石力学性质。

（2）从“$\tau \sim \sigma$”关系曲线（见图 3~图 5）分析可知：

由 PDⅠ-YJ1 试点可见 5 个试验点“$\tau \sim \sigma$”关系曲线为线性关系，但 PDⅠ-YJ1-1 试点明显偏高。根据地质描述分析，PDⅠ-YJ1-1 试点是因为岩体相对新鲜、完整，最主要因素是试点中的混凝土被剪断了较多，所以其抗剪断强度值高。其法向应力 τ 与剪应力 σ（峰值）、剪应力（峰值）与剪切位移关系曲线如图 3 所示。

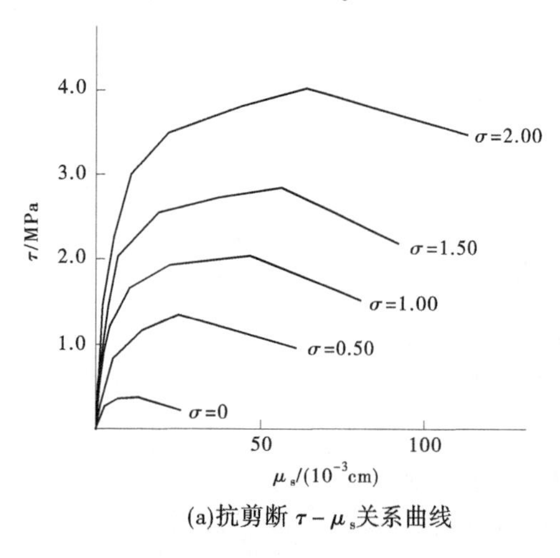

(a)抗剪断 $\tau - \mu_s$ 关系曲线

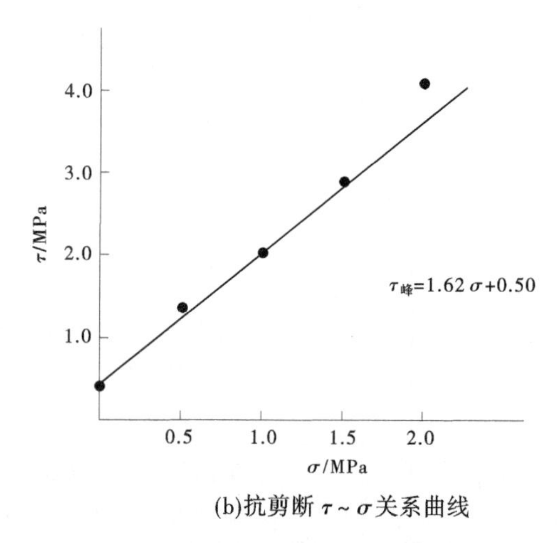

(b)抗剪断 $\tau \sim \sigma$ 关系曲线

图 3 PDⅠ-YJ1 试点试验曲线

由 PDⅡ-YJ1 试点可见 5 个试验点“$\tau \sim \sigma$”关系曲线为线性关系，但 PDⅡ-YJ1-3 试点明显偏低。根据地质描述分析，PDⅡ-YJ1-3 试点的岩石为软弱的粉砂质泥岩，岩体中裂隙发育且风化较强，其余 4 个点岩石为力学性质稍好的泥质粉砂岩，因此 PDⅡ-YJ1-3 试点的抗剪断强度值相对偏低。法向应力 τ 与剪应力 σ（峰值）、剪应力（峰值）与剪切位移关系曲线如图 4 所示。

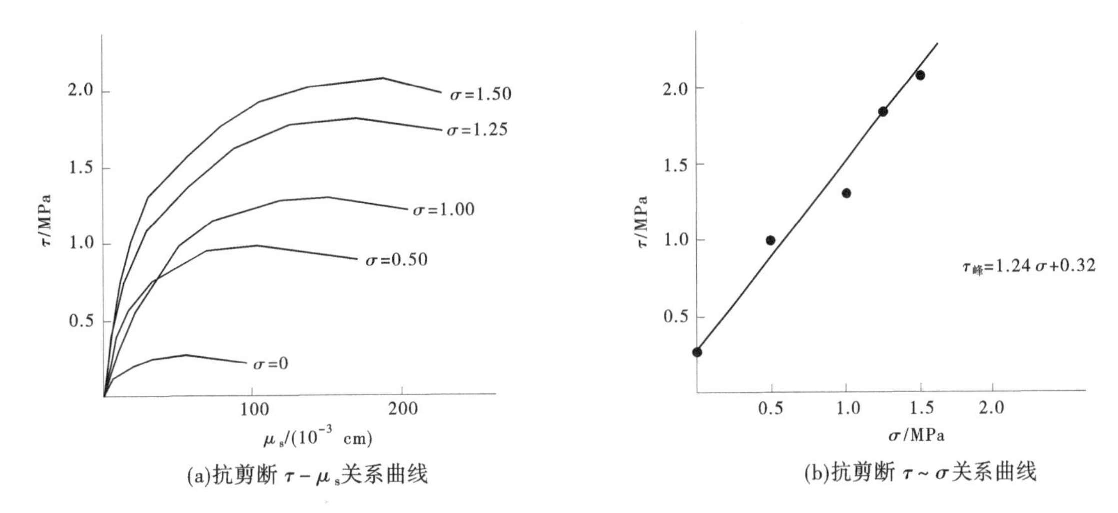

图 4　PDⅡ-YJ1 试点试验曲线

由 PDⅡ-YJ2（5 个试点）的“$\tau \sim \sigma$”关系曲线可见 5 个试验点均符合线性关系。根据地质描述，由于岩体中发育的裂隙影响，其他地质条件与剪断面情况均符合 PDⅡ-YJ2 试点的预定试验要求，使其基本符合线性关系。法向应力 τ 与剪应力 σ（峰值）、剪应力（峰值）与剪切位移关系曲线如图 5 所示。

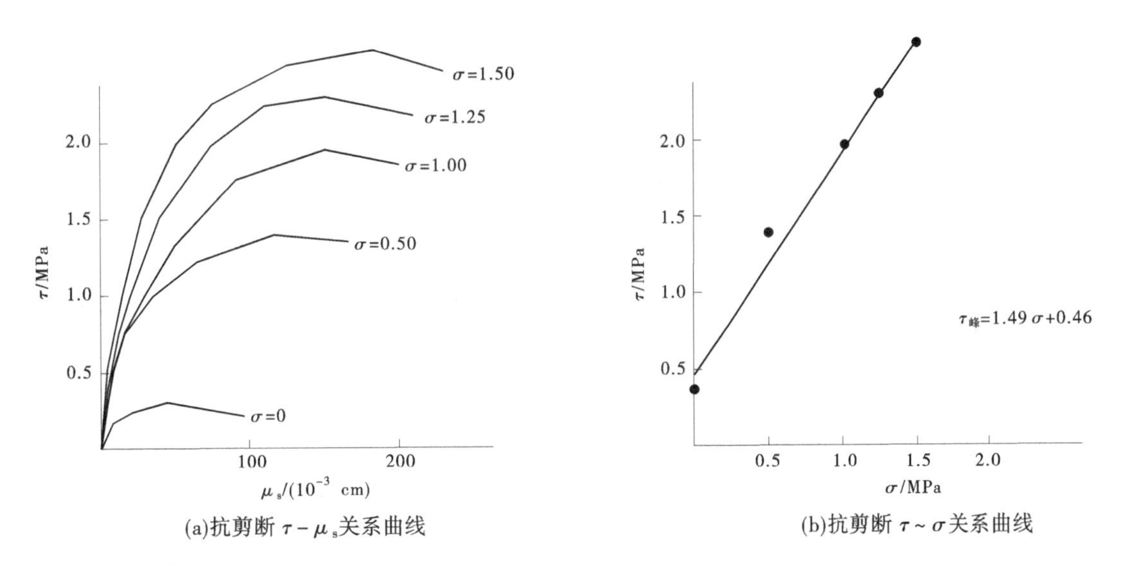

图 5　PDⅡ-YJ2 试点试验曲线

综上所述，因 PDⅠ-YJ1-1 试点的剪断面情况不符合预定剪切要求，PDⅡ-YJ1-3 试点的岩性不同，在资料整理时舍去以上两个点。其余的 PDⅠ-YJ1 的 4 个试点、PDⅡ-YJ1 的 4 个试点和 PDⅡ-YJ2 的 5 个试点，它们的“$\tau \sim \sigma$”关系曲线符合线性关系，相关性较好。

各组试样混凝土/岩体抗剪断强度指标见表 4。

表 4 试验成果表

试点编号	层位	试验条件				抗剪断强度（图解法）	
		地质条件	剪面面积/cm^2	饱和状态	剪应力施加方式	峰值	
						tan ϕ'	C'/MPa
PDⅠ-YJ1-1*	$J_{2S}{}^1$	C20 混凝土新鲜砂岩	2 500	饱和	平推	1.62	0.50
PDⅠ-YJ1-2							
PDⅠ-YJ1-3							
PDⅠ-YJ1-4							
PDⅠ-YJ1-5							
PDⅡ-YJ1-1	$J_{2S}{}^1$	C20 混凝土弱风化泥质粉砂岩	2 500	饱和	平推	1.24	0.32
PDⅡ-YJ1-2							
PDⅡ-YJ1-3*							
PDⅡ-YJ1-4							
PDⅡ-YJ1-5							
PDⅡ-YJ2-1	$J_{2S}{}^1$	C20 混凝土弱风化粉砂岩	2 500	饱和	平推	1.49	0.46
PDⅡ-YJ2-2							
PDⅡ-YJ2-3							
PDⅡ-YJ2-4							
PDⅡ-YJ2-5							

4 结论及建议

4.1 结论

（1）PDⅠ-YJ1 的 4 个试点，PDⅡ-YJ1 的 4 个试点和 PDⅡ-YJ2 的 5 个试点，它们的抗剪断强度值在“$\tau \sim \sigma$”关系曲线上呈线性关系。本试验很好地表征了混凝土/新鲜砂岩、混凝土/弱风化泥质粉砂岩、混凝土/弱风化粉砂岩的抗剪断力学性质，结果取值合理，为大坝稳定性分析提供重要依据。

（2）试验结果同时表明：剪应力与法向应力近似成正比例关系，再一次验证了库伦强度准则的正确性。

（3）现场直剪试验能按实际工程要求确定应力路径，能保证岩体胶结面的原始结构状态，并能沿可能的滑动方向进行大面积剪切，试验获得的抗剪断强度指标比室内的中型剪切试验更具代表性。

4.2 建议

由于影响抗剪断强度参数的因素很多，如岩体强度、结构面性状、节理裂隙发育程度、节理裂隙产状、风化程度、软化系数、地下水的作用等。因此，抗剪断强度应具体情况具体分析，即使是同一坝址区域岩体必要时也应进行分区评价。

参考文献

[1] 姜彤，尹纯阳，王江锋，等．裂隙位置和开度对岩体抗剪强度影响的试验研究［J］．华北水利水电大学学报（自然科学版），2022（9）：1-9.
[2] 麦华山．原位直剪试验在某核电厂强风化岩体强度参数研究中的应用［J］．工程技术研究，2021，6（17）：21-22.
[3] 水利水电工程岩石试验规程：SL/T 264—2020［S］.
[4] 工程岩体试验方法标准：GB/T 50266—2013［S］.

水闸安全鉴定中混凝土抗压强度现场检测方法讨论

韩 炜 曾 兵 林子为

（中水珠江规划勘测设计有限公司，广东广州 510610）

摘 要：混凝土抗压强度检测是水闸现场安全检测中最重要的检测指标之一，根据水闸建筑物的特点，选择合适的混凝土强度检测方法，有助于提高检测成果的真实性和准确性，为水闸安全复核提供可靠的数据支撑。本文简述了几种不同强度检测方法的使用条件，并通过实例进行了分析，可作为水闸现场安全检测混凝土强度检测工作的借鉴和参考。

关键词：水闸；安全鉴定；混凝土；抗压强度；检测

水闸现场安全检测可为水闸工程质量评价提供详实、可靠和有效的检测数据与结论。混凝土抗压强度又是水闸现场安全检测最重要和最直观反映水闸质量的指标之一。水闸混凝结构也多种多样，除了闸墩、导流墙、翼墙等大体积混凝土，还包括梁、板、柱等小体积混凝土。因此，需要针对不同位置、不同体积的混凝土，选择合适的混凝土强度检测方法。

1 混凝土强度检测方法简介

《水闸安全评价导则》（SL 214—2015）[1] 中规定的混凝土抗压强度检测方法包括回弹法、超声回弹综合法和钻芯法。

（1）回弹法是工程结构实体抗压强度检测最常用的无损检测方法之一，其原理是从混凝土的表面硬度和碳化深度推定混凝土的强度，属于表面硬度法的一种。回弹法依靠回弹仪中运动的重锤以一定冲击动能桩基定在混凝土表面的冲击杆后，测出重锤被反弹回来的距离，以回弹值作为与强度相关的指标，来推定混凝土的强度。

（2）超声回弹综合法是在结构混凝土同一测区分别测量声时值和回弹值，然后利用已建立的测强公式推算混凝土抗压强度的一种方法。它与单一的回弹法或超声法相比减少了含水率的影响，弥补了相互的不足，提高了测试精度。

（3）钻芯法是利用工程检测专用钻机，从结构混凝土钻取芯样已检测混凝土抗压强度的一种半破损方法，该方法结果直观、准确，但对结构有局部破损。

在水闸现场安全检测中，回弹法和超声回弹综合法的局限在于其只分别适用于龄期 1 000 d 和 2 000[2-3] d 以内的结构检测，而进行安全评价的水闸龄期几乎都超过了上述时长，需要进行钻芯法修正，修正时可采用对应样本修正量的方法，此时对应直径 100 mm 的混凝土芯样试件的数量不少于 6 个；当现场钻取直径 100 mm 的芯样有困难时，也可采用直径不小于 70 mm 的混凝土芯样，但芯样数量宜适当增加。对于结构构造截面过小、内部钢筋过密等原因无法采用钻芯法对回弹检测结果进行修正的混凝土结构构件，实测碳化深度大于 6 mm 时，可参照《民用建筑可靠性鉴定标准》（GB 50292—2015）附录 K 的规定采用龄期修正的方法对原构件混凝土回弹值进行修正。

2 水闸现场安全检测混凝土强度检测方法的选择

水闸混凝土结构主要包括水闸护坦、铺盖、底板、闸墩、翼墙、岸墙、交通桥以及梁板柱，针对

作者简介：韩炜（1982—），男，高级工程师，主要从事金属结构、工程质量检测技术研究工作。

不同的结构，选择合适的检测方法，不仅和检测成本相关，更关系着检测结果的准确性和可靠性。

水闸现场安全检测时，水闸的护坦、铺盖、底板往往都被水覆盖，结构钻芯和回弹法都无法直接进行，可利用上述结构地质钻孔获得该部位的芯样进行抗压强度检测。对于闸墩、翼墙、岸墙等大体积混凝土，钻芯法芯样数量在 2 组以内可以满足《水闸安全评价导则》（SL 214—2015）抽检比例规定时，全部采用钻芯法进行检测；不能满足时，采用钻芯回弹修正法进行检测。对于梁、板、柱等混凝土，以回弹法、超声回弹法检测为主，辅以钻芯修正。小型水闸可采用龄期修正的方法对原构件混凝土回弹值进行修正，中大型水闸则通过钢筋扫描仪确定上述构件钢筋位置，避开钢筋，钻取 70 mm 直径的芯样进行芯样修正。

3 实例分析

3.1 现场检测方法及检测成果

以广州南沙某位于三类水环境条件下的大型水闸安全评价为例，水闸共 8 孔，单孔净宽 10. 20 m。水闸混凝土结构包括上下游的护坦、铺盖，闸室段闸墩、排架梁柱、交通桥，两岸的岸墙。由于水闸更换了管理单位，相关资料丢失，混凝土等级等资料不全，采用现场检测方式进行了鉴定。按照《水闸安全评价导则》（SL 214—2015）的要求确定检测部位，针对结构特点确定合适的检测方法，然后按照检测方法的要求明确检测数量，见表 1。

表 1　水闸混凝土结构抗压强度检测部位、方法、数量及成果

工程部位	钻芯法	回弹法（钻芯修正）	芯样修正值/MPa	强度推定值/MPa
铺盖	2 组	—	—	27. 9
护坦	2 组	—	—	27. 4
水闸底板	3 组	—	—	28. 8
闸墩	—	回弹 120 测区，钻芯 2 组（芯样直径 100 mm）	2. 5	33. 1
排架柱、梁	—	回弹 180 测区，钻芯 2 组（芯样直径 70 mm）	0. 9	33. 7
交通桥梁	—	回弹 120 测区，钻芯 2 组（芯样直径 70 mm）	2. 2	34. 3
岸墙	2 组	—	—	26. 1

3.2 数据分析

对于采用钻芯回弹修正法检测的闸墩和交通桥梁，由于其混凝土表面未做处理，碳化深度较大，其钻芯法检测修正值较大；而对于排架梁、柱，由于其混凝土表面贴有瓷砖，碳化小，其钻芯法检测修正值也相对较小。从检测结果可以看出，所测构件的混凝土强度推定值均满足《水工混凝土结构设计规范》（SL 191—2008）“处于三类水环境条件的结构构件，混凝土强度等级不应低于 C25”的要求。

4 结论

（1）水闸现场安全检测需根据水工建筑物的特点，选择合适的检测方法。进行安全评价的水闸往往龄期超过回弹法检测适用范围，因此优先考虑钻芯回弹修正法。

（2）在满足规范检测比例要求的前提下，用最低限的钻芯数量获取钻芯修正值，修正回弹法强度换算值，是现场检测可行的有效方法。

参考文献

[1] 中华人民共和国水利部．水闸安全评价导则：SL 214—2015 [S]．北京：中国水利水电出版社，2015.
[2] 中华人民共和国住房和城乡建设部．回弹法检测混凝土抗压强度技术规程：JGJ/T 23—2011 [S]．北京：中国建筑工业出版社，2011.
[3] 中国工程建设标准化协会. 超声回弹综合法检测混凝土强度技术规程：CECS 02：2005 [S]．北京：中国建筑工业出版社，2005.

质量检测在建筑工程中的应用

薛　琦　李海峰

（珠江水利委员会珠江水利科学研究院，广东广州　510610）

摘　要：近年来，工程质量安全事故层出不穷，随着建筑规模扩大、建筑技术难度增加，建筑工程质量问题也成为人们关注的焦点。工程质量的管控分为预防、控制、审查、验收等多个环节。相关政府部门应通过对工程项目安全与质量方面的强化管控，切实维护和保护广大民众的实际利益，发挥出应有的保障功效。本文通过叙述质量检测在建筑工程中的重要性和该行业目前需改变的问题，针对这些问题给质量检测技术及该行业提出了若干建议。

关键词：建筑工程；质量检测

1　前言

近年来，工程质量安全事故频发，其中受到广泛关注的事故包括“3·15”遵义市较大坍塌事故、“8·29”临汾市重大坍塌事故等。

导致遵义市“3·15”较大坍塌事故的直接原因为：在裙楼女儿墙模板及支撑体系无有效加固的情况下，一次性浇筑混凝土高度过高，在终点端一次浇筑到压顶高度，由于压顶外挑 450 mm，导致模板及支撑体系偏心受力而外倾失稳，向外侧倾覆坍塌；导致临汾市聚仙饭店“8·29”重大坍塌事故的直接原因为：建筑结构整体性差，经多次违规加建后，承重砖柱及北楼二层屋面荷载严重超载，同时不排除强降雨影响，最终导致整体坍塌。充分认识工程检测的重要性，并将工程检测重视度进一步提高是建筑工程项目整体质量得到保障的基石。

2　建筑工程质量检测的重要性

2.1　有利于避免建筑工程施工事故的发生

建筑工程建设时，可能出现诸多安全隐患，如建筑材料质量不合格、实体结构不稳定、高空坠落隐患、易燃易爆隐患等，这些隐患的存在，不仅会影响工程建设进度，还会对施工人员的生命安全造成较大危害。通过工程质量检测工作的开展，可及时发现施工现场的安全隐患，并要求施工单位及时予以整改，从而加强对安全隐患的预防[1]。

2.2　有利于提高建筑工程施工技术水平

一般情况下，在建筑工程检测中，只有尤为重要或者是比较特殊的式样需要送至实验室进行检测，其他待检物可在施工现场进行检测。在工程检测中，对于新材料以及新工艺，施工单位可通过质量检测结果从而更加全面且深入地了解新材料以及新工艺。这样施工单位才能够进一步选用更加优质的新材料、新技术以及新工艺，并在使用过程中使其得到更有效的推广。

2.3　有利于提高施工效率

建筑工程具施工周期长的特点，对施工材料、现场、设备等进行检测，可准确了解工程建设情况，有利于施工单位及时发现存在的质量问题，进而制订出相应的解决方案，避免影响到后续施工。

作者简介：薛琦（1984—），男，工程师，主要从事水利水电工程质量检测研究工作。

在保证工程质量的同时，提升工程建设效率，避免延误工期。

2.4 有利于降低工程成本

工程检测包括对建筑结构和建筑材料质量的检测，其能有效避免在施工现场混入不合格的建筑材料，减少后续返工次数，因此降低建筑工程的投入成本。通过质量检测，可帮助施工单位选择更加合理的材料与设备，防止出现材料不符合施工要求的问题，从而防止出现工程成本浪费的问题。

3 质量检测目前需改变的问题

3.1 施工单位安全发展理念树立不牢固

部分施工单位对质量检测的认识还停留在只要资料过关就可以的阶段，更有甚者对质检采取应付了事的态度。没有牢固树立红线意识和底线思维，没有正确处理安全与发展的关系，抓安全生产工作重部署轻落实。对建筑质量问题意识淡薄，“人民至上、生命至上”的理念树得不牢，对质量安全重要性认识不足，安全监管层层失守。

3.2 检测单位资质参差不齐

在目前的建筑工程质量检测市场当中存在着诸多的问题和不足，弄虚作假和不正当竞争现象越来越严重。究其原因，可以分为主、客观两个方面予以论述。一方面，从客观角度而言，由于目前的工程检测市场的监管制度不够健全，检测审核工作不够严格、系统，违反规定付出成本较低，导致实际工作中出现了很多不良问题。例如，在数据方面进行任意的伪造改编，较低的签名判别性以及冒名代签的情况；另一方面，从主观角度来说，由于现存的工程检测企业对自身资质的忽视，使其成为一种能够租赁和利用而获取收益的资本，例如，以高价形式出让其资质，又或者把已经承接的检测项目业务运用不正当方式转包给那些没有标准资质的检测机构单位，其中以将空白检测报告随意让他人进行填写的性质最为恶劣。

3.3 检测单位的发展理念较为滞后

因为地域性原因，一些建筑工程检测机构依靠惯性，常以垄断意识来进行管理和运作，在市场竞争理念和意识上呈现出不足，形成抵触和畏惧竞争的情绪。当属于检测单位的地域之内的工程项目的时候，坐地收钱成为部分检测单位的惯用手段，由此获得源源不断的业务。鉴于以往的工程检测单位没有将市场化盈利情况当作运营考虑的问题，所以从前的发展以技术水平方面的提升作为重点，缺少先进的检测服务与市场拓展理念，尤其对于检测市场现状的调查、客户管理维护以及精细化、全面化的质量管理方面严重欠缺，不但管理能力和经营效率较低，而且在资源配置方面的调整也不到位。当检测市场的日渐开放，更多的私人检测机构不断出现，促使很多从前的建筑工程检测机构尚未进行充足的市场竞争准备，无法适时予以调整，再加上对于市场运作秩序的忽视和不了解、长远发展规划欠缺、竞争方式落后等因素的影响，导致一些工程检测机构在业务转型与改革方面面临着很大的困难和挑战。

4 质量检测建议

4.1 加强施工单位的内部管理

加强施工单位的内部管理工作，建立一套行之有效的建筑工程质量保证体系。从施工现场检测、采集数据、分析整理直至出具最终的检测报告，都应有专项负责人对每一个环节负责，在出现问题和事故的时候，责任明确，可追究负责人责任。目的是确保检测报告的客观性、真实性、科学性和可靠性。加强施工单位的内部管理，行业协会的作用不容小觑。行业协会也是桥梁和纽带，它可以及时向政府部门反映行业的意愿、建议和需求，同时向行业内的企业传达政府的有关方针政策和供求信息等，为企业做好服务工作，努力引导建筑工程质量检测行业朝着健康、有序方向发展。建筑工程质量检测协会除了为会员企业服务，还需要做好以下几方面的工作：

（1）积极宣传、贯彻国家建筑工程检测的相关法律、法规，开展行业发展、行业改革有关的调研，并向行业主管部门献计献策，提出行业规划、技术规范、经济政策、立法等方面的合理建议，并参与到有关活动中去。

（2）建立健全检测行业的自律、诚信机制。定期地组织专家团队对建筑工程质量检测机构进行信誉考核和资质认证，对检测单位的荣誉与不良行为都详细记录在案，最好是进行信息化处理，作为可以查阅、共享的网上信息，并将其作为施工单位选择检测单位的重要参考条件之一，让协会倡导施工单位选择信誉良好的质量检测单位，采取市场竞争促进优胜劣汰。

（3）督促建筑工程质量检测机构不断研发检测技术和检测设备，努力提高服务水平。积极开展有关检测项目的能力验证和比对活动，实地考察检测单位的检测水平，并将结果进行公布和披露。

（4）定期组织国内外同行组织间的经济、协作和文化交流等活动，帮助会员企业了解国内外的先进检测经验和最新的市场信息。真正做到成为沟通政府与检测单位的桥梁和纽带。

4.2 对工程质量检测单位相应法律责任加以确定

建筑工程检测单位在长期的发展过程中需要保证一定的规范性、标准性，形成更为科学合理的管理方式和构成部分，以便不断适应新的工程检测市场的需要。这其中以构建较为健全的法律法规监督管理体系最为关键，从国家和地方两个方向对检测机构行为做出细致化规定，将职能责任进行落实和明确，并以多个方面确保工程质量检测行业监督管理能够有法必依。

第一，对检测单位自身管理职责的落实明确。在检测单位当中，法人代表通常为检测单位的管理者，那么其在检测机构的运作过程中便负有直接的责任。开展检测单位工作业务的过程当中，其法人需承担终身的管理责任。在检测单位和委托单位进行检测合同的签订之时，需要将检测单位的法人代表承诺书予以提供，拥有一定的法律作用。

第二，对检测合同的管理制度文件进行不断健全，通过明确合同具体要求的方法明确双方的责任，完成对合同的备案监管，形成针对检测单位的责任。对于检测委托单位和被委托机构而言，双方需要形成具体的书面检测合同文件，尤其在合同签订人与日期方面需要予以重视，一旦发现检测合同中存有问题或者没有检测合同的时候，相应的检测报告也应当作废，并且不能再作为竣工的验收文件使用。在工程项目的见证送样当中，检测单位需要和现场监管单位联合，依照相应施工规范和方案予以合理检测审查，明确具体的送样人、时间以及数量，当然也包含取样的方法，同时由检测单位与质量管理单位分别予以保存，落实监管的责任。

4.3 进一步完善建筑工程质量检测单位的市场管理体系

建筑工程质量检测行业的有序健康发展是以较为健全的市场管理体系作为前提的。在进行国内建筑工程质量检测机构市场管理体系构建的过程当中，可以对国内外相对较为成熟系统的经验加以借鉴和利用，结合目前我国检测行业的发展现状，为适应将来行业的发展做好铺垫，进而有效提升相关的监督管理能力，科学定位检测市场当中的各个构成主体部分，消除当前检测市场之中的乱象，使其得到进一步改善。通过规范与强化检测市场的正规化运作，结合各类具体的检测需要进行各个检测单位的相应调整与合理定位，落实相应的职能责任。针对当前那些具有企业性质的检测单位而言，大多属于较为独立的第三方检测组织机构，已经占据了检测市场当中的主要地位；而由政府主导的检单位则被定性为公益性机构，倾向于发挥出监管的职能作用，并且也为社会提供相关的仲裁服务与司法鉴定等，并没有参与到市场竞争当中。如此无论是政府性质的实验室，还是企业性质的检测单位，都具有自身的职能和责任，不过对于检测人员来说，均实行统一的注册执业资格管理模式，进而有效提高检测单位的市场竞争水平，突显出政府性质检测机构的社会公益性特点。

5 结论与展望

建筑工程质量事关人民群众生命财产安全，为确保工程质量，首先应该明确工程检测单位在工程建设中所必须承担的责任，使其协助其他责任主体共同施工，为工程材料的质量负全部责任，保证工程长期有效使用。其次，要使工程检测人员建立责任意识，以饱满的热情和严谨的工作作风，科学对待工作中每道环节中的每个细节。完善工程质量责任体系，突出强化建设单位质量责任，完善工程质量保障体系。

参考文献

[1] 曹阳．建筑工程质量检测工作技术要点的探析［J］．建筑技术研究，2019，2（1）：112-113.
[2] 郭磊．浅析建筑工程质量检测影响因素及预防措施［J］．名城绘，2019（8）：1.
[3] 鲁竹云．关于建筑工程质量检测影响因素及预防措施［J］．江西建材，2017（16）：291.
[4] 马心俐．山东改造工程旧房质量检测［J］．山西建筑，2007，33（22）：89-90.
[5] 徐波．解放思想与时俱进认真做好质监机构的调整工作［J］．工程质量，2002（8）：2-5.
[6] 任云峰．浅谈建筑施工质量控制［J］．山西建筑，2006（1）：225-226.
[7] 罗宗标．市政工程质量检测机构质量管理成熟度模型的研究［D］．天津：天津大学，2012.
[8] 秦王丹．全面质量管理体系在质检机构的应用研究［D］．天津：天津大学，2012.

浅谈低热硅酸盐水泥浆液性能试验研究

鹿永久　任月娟

（长江三峡技术经济发展有限公司，湖北宜昌　443000）

摘　要：本文选用低热硅酸盐水泥、不同水灰比和单掺减水剂，采用机械搅拌配制的低热硅酸盐水泥浆液，通过浆液性能及施工质量检验与控制等方面的试验研究，提出浆液性能及工艺参数对灌浆质量的决定性作用，基于水泥基材料灌浆的不稳定性，在水泥浆液中掺入外加剂，提高浆液的可灌性和稳定性，确保了工程实体质量。

关键词：低热水泥；浆液性能；质量检验与控制；可灌性和稳定性

1　概述

灌浆是通过钻孔（或预埋管），将具有流动性和胶凝性的浆液，按一定配比要求，压入地层或建筑物的缝隙中胶结硬化成整体，达到防渗、固结、增强的工程目的，也是将某些固化材料，如水泥、石灰或其他化学材料灌入基础下一定范围内的地基岩土中，以填塞岩土中的裂缝和孔隙，防止地基渗漏，提高岩土整体性、强度和刚度。在闸、坝、堤等挡水建筑物中，常用灌浆法构筑地基防渗帷幕，是水工建筑物的主要地基处理措施。大坝灌浆技术施工是水利水电工程施工中的重要组成部分，大坝的灌浆质量直接影响着整个水利水电工程的整体质量和水利水电工程后续的全生命周期的安全运行[1]。灌浆技术的应用，特别是智能灌浆系统在乌东德水电站大坝工程中的全面应用，能够极大地提升水利水电工程的可靠性与安全性，处理施工中的突发情况，弥补缺陷，增强了建筑物的稳定性[2-3]。确保水利水电工程灌浆施工质量的好坏，确保各类型水工建筑物及基础的抗渗能力，确保水电站的安全稳定运行，本文选用低热硅酸盐水泥、不同水灰比和掺与不掺高效减水剂或高性能减水剂，采用机械搅拌2～3 min配制的水泥浆浆液，通过浆液性能及施工质量检验与控制等方面的试验研究[4-5]，提出浆液性能及工艺参数对乌东德水电站工程灌浆质量的决定性作用，为水利水电工程后续灌浆施工提供参考。

2　材料

2.1　水泥

试验选用CMD特种水泥股份有限公司生产的低热硅酸盐水泥和CHB水泥有限公司生产的低热硅酸盐水泥开展试验研究，其检验试验成果见表1及表2。

表1　水泥物理力学性能试验成果

厂家及品种	密度/(g/cm^3)	比表面积/(m^2/kg)	细度/%	安定性(雷氏法)	标准稠度/%	凝结时间/min		抗折强度/MPa			抗压强度/MPa		
						初凝	终凝	7 d	28 d	90 d	7 d	28 d	90 d
CMD P·LH42.5	3.24	330	2.6	合格(1 mm)	26.8	176	260	4.2	7.8	9.0	19.1	46.0	69.0

作者简介：鹿永久（1973—），男，高级工程师，主要从事建筑材料及混凝土试验研究工作。

续表 1

厂家及品种	密度/(g/cm^3)	比表面积/(m^2/kg)	细度/%	安定性(雷氏法)	标准稠度/%	凝结时间/min		抗折强度/MPa			抗压强度/MPa		
						初凝	终凝	7 d	28 d	90 d	7 d	28 d	90 d
CHB P·LH42.5	3.23	319	3.1	合格(1 mm)	26.1	247	313	4.6	7.7	9.2	18.6	45.0	73.4
GB 200—2003 标准要求	—	≥250	≤5.0	合格(≤5 mm)	—	≥60	≤720	—	≥3.5	≥6.5	—	≥13.0	≥42.5

表 2　水泥化学成分分析及水化热试验成果

厂家及品种	MgO/%	SO_3/%	烧失量/%	总碱量/%	水化热/(kJ/kg)		
					3 d	7 d	28 d
CMD P·LH42.5	4.74	2.02	0.36	0.42	186	226	291
CHB P·LH42.5	4.78	1.82	0.38	0.44	190	223	275
GB 200—2003 标准要求	≤5.0	≤3.5	≤3.0	≤0.60	≤230	≤260	≤310

2.2　外加剂

试验选用 SBT 新材料股份有限公司生产供应的缓凝型高效减水剂 JM-Ⅱ和缓凝型高性能减水剂 JM-PCA 开展试验研究，其检验试验成果见表 3 及表 4。

表 3　掺缓凝型外加剂混凝土性能试验成果

厂家名称		掺量/%	减水率/%	含气量/%	泌水率比/%	凝结时间差/min		抗压强度比/%		
						初凝	终凝	3 d	7 d	28 d
SBT JM-Ⅱ(C)		0.6	18.9	2.1	61	375	400	141	169	153
SBT JM-PCA		0.6	25.9	2.1	60	360	390	158	194	181
DL/T 5100—2014 标准要求	缓凝型	—	≥15	<3.0	≤100	≥120	≥120	≥125	≥125	≥120

表 4　外加剂匀质性试验成果

厂家品种	碱含量/%	硫酸钠/%	含水率/%	含固量/%	pH 值
SBT JM-Ⅱ(C)	5.28	3.85	7.43	—	7.1
SBT JM-PCA	0.57	0.76	—	23.92	6.8
DL/T 5100—2014 标准要求	应不超过生产厂控制值	不超过生产厂控制值	W>5%时，应控制在 0.90W~1.10W；W≤5%时，应控制在 0.80W~1.20W	S>25%时，应控制在 0.95S~1.05S；S≤25%时，应控制在 0.90S~1.10S	应在生产厂控制值±1.0 范围内

2.3 拌和用水

试验选用乌东德工程施工区生活用水开展试验研究，其检验试验成果见表5。

表5 水质分析试验成果

产地品种		不溶物/(mg/L)	可溶物/(mg/L)	硫酸盐（以 SO_4^{2-} 计）/(mg/L)	氯化物（以 Cl^- 计）/(mg/L)	pH 值
营地生活用水		155	326	53.15	56.64	7.05
DL/T 5144—2015	钢筋混凝土	≤2 000	≤5 000	≤2 700	≤1 200	≥4.5
	素混凝土	≤5 000	≤10 000	≤2 700	≤3 500	≥4.5

3 试验研究成果

3.1 浆液性能试验参数

依据施工现场实际状况，选择材料品种，对不同水灰比、不同掺合料和不同外加剂的浆液进行浆液物理性能参数检验与试验，其检验参数为浆液配制程序及搅拌时间、浆液温度、浆液密度、初终凝时间、流动性（流动度）或流变参数（黏度）、泌水率（稳定度）、析水率（分层度）等；浆液力学性能参数，7 d、28 d、90 d 龄期抗压强度，7 d、28 d、90 d 龄期抗折强度以及灌浆工艺性试验等。

3.2 试验方案

试验研究选用水灰比为0.50∶1、0.75∶1、1.00∶1、1.50∶1、2.00∶1五个配合比参数，掺与不掺减水剂开展水泥浆试配试验，减水剂掺量按0.4%、0.6%、0.8%进行试验。水灰比小于1.0时可掺入高性能减水剂，可适当提高减水剂掺量，水灰比大于1.0时，可依据施工条件掺入高性能减水剂或高效减水剂，减水剂掺量可依据试验确定。室内配制低热硅酸盐水泥浆液时，采用一次性投料机械搅拌，不掺减水剂的浆液拌制2 min，为确保减水剂能充分发挥减水效果，掺减水剂的浆液拌制时间延长30 s。试验研究采用的两个厂家的低热硅酸盐水泥，其品质检测结果高度吻合，性能稳定，可以互换使用。

3.3 浆液性能试验成果

由试验结果可知，浆液密度和黏度随着水灰比的增大而减小，流动度、泌水率和析水率随着水灰比的增大而增大。

（1）按试验方案选用水灰比为0.50∶1、0.75∶1、1.00∶1、1.50∶1、2.00∶1五个配合比参数，未掺减水剂配制水泥浆，并对浆液性能指标参数进行检测试验，其检测成果见图1。

由图1试验成果可知，水泥浆浆液流动度随水灰比的增加而增大，浆液黏度随水灰比的增加而减小，浆液可灌性能变好。

（2）采用同一水灰比（1∶1）、采用不同掺量（0.2%、0.4%、0.6%、0.8%）的高性能减水剂配制水泥浆，开展水泥浆性能试验，其试验成果见图2。

由图2试验成果可知，水泥浆浆液水灰比为1.0，掺减水剂可以提高水泥浆液性能和可灌性能，水灰比相同的水泥浆浆液流动度随着减水剂掺量的增加而增加，浆液黏度随着减水剂掺量的增加而略有减小。

（3）采用不同水灰比（0.5∶1、1∶1、2∶1）和同一掺量（掺量0.6%）的高性能减水剂配制水泥浆，开展水泥浆性能试验，其试验成果见图3。

由图3试验成果可知，在减水剂掺量相同的情况下，水泥浆浆液流动度随着水灰比的增加而增大，水灰比为0.5的浆液流动度增加63.5%，水灰比为2.0的浆液流动度增加9.0%；浆液黏度随着水灰比的增加而减小，浆液可灌性能提高。水灰比为0.5的浆液黏度减小46.7%，水灰比为2.0的浆

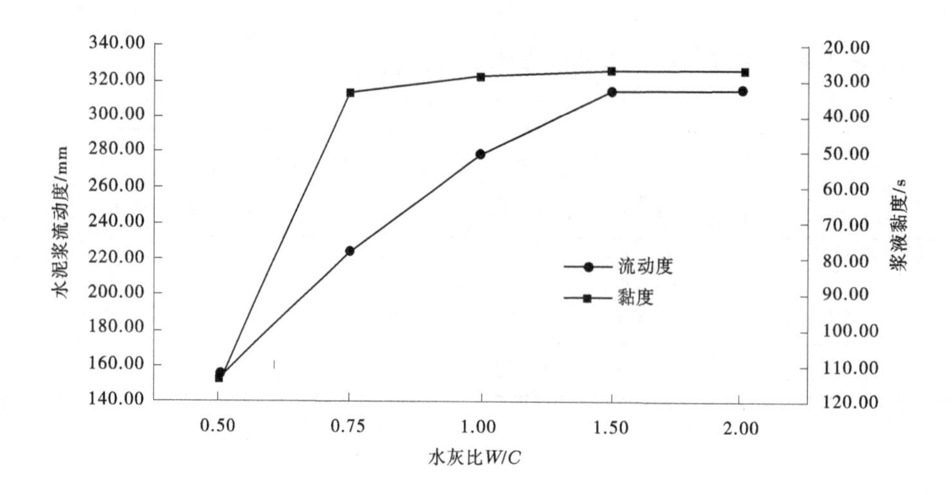

图 1 水泥浆性能试验成果（未掺减水剂）

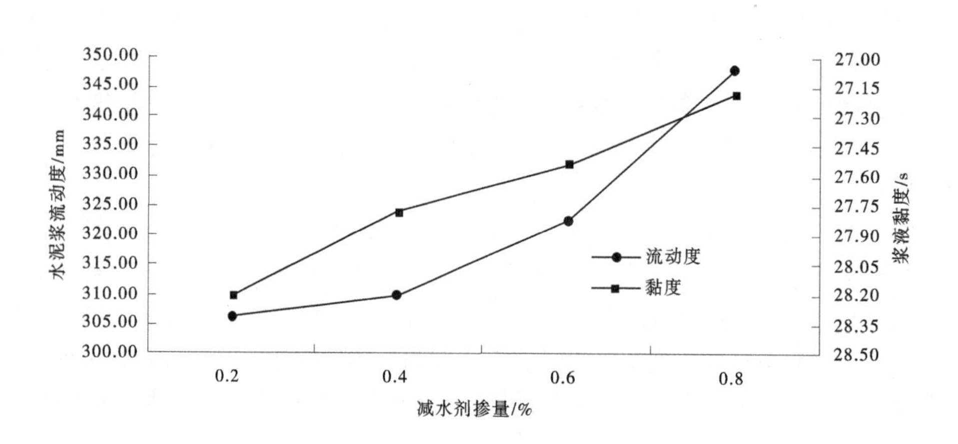

图 2 不同掺量减水剂水泥浆性能试验成果

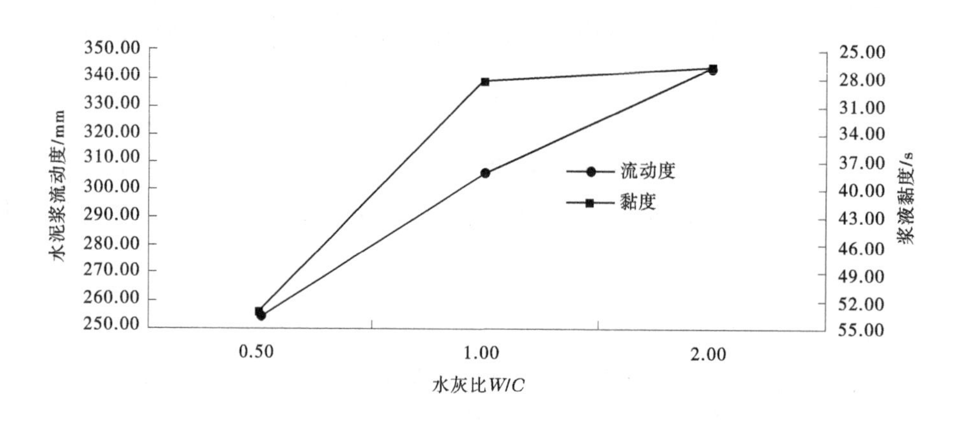

图 3 掺减水剂水泥浆性能试验成果

液黏度减小 1.0%。

（4）将不掺减水剂的水泥浆液和掺减水剂的水泥浆液性能试验成果进行分析比较，其试验成果见图 4。

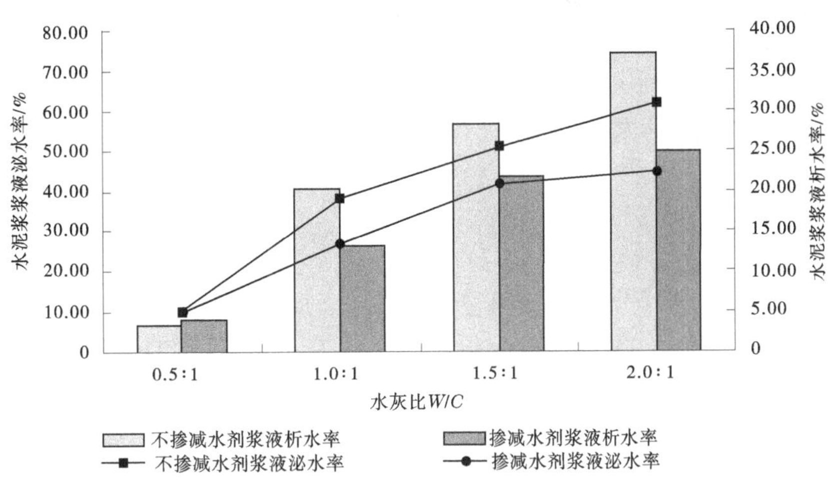

图 4　水泥浆性能（泌水率、析水率）试验成果

由图 4 试验成果可知，掺与不掺减水剂的水泥浆浆液泌水率和析水率均随水灰比的增加而增加，不掺减水剂的浆液泌水率和析水率均比掺减水剂浆液泌水率和析水率偏大，水灰比越大，泌水率和析水率也越大。水泥浆泌水率随减水剂掺量增加而增加，析水率随减水剂掺量增加而减小。

（5）掺与不掺减水剂的水泥浆各龄期强度试验成果对比见图 5、图 6，水泥浆各龄期强度试验成果线性回归分析见图 7~图 10。

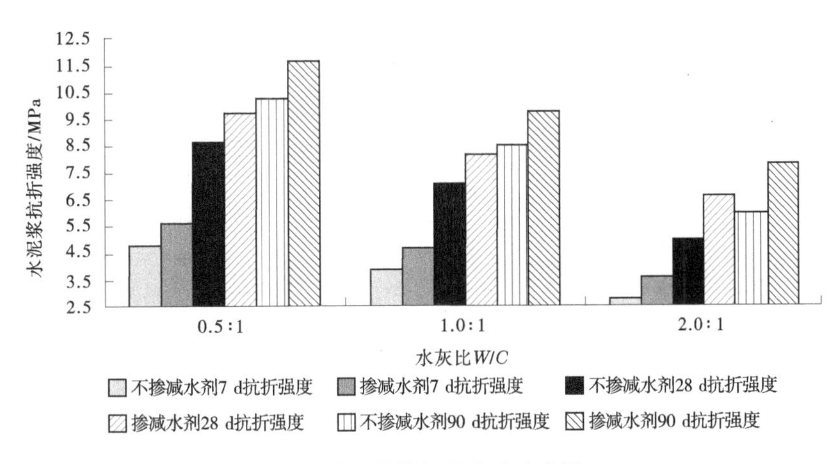

图 5　水泥浆抗折强度试验成果

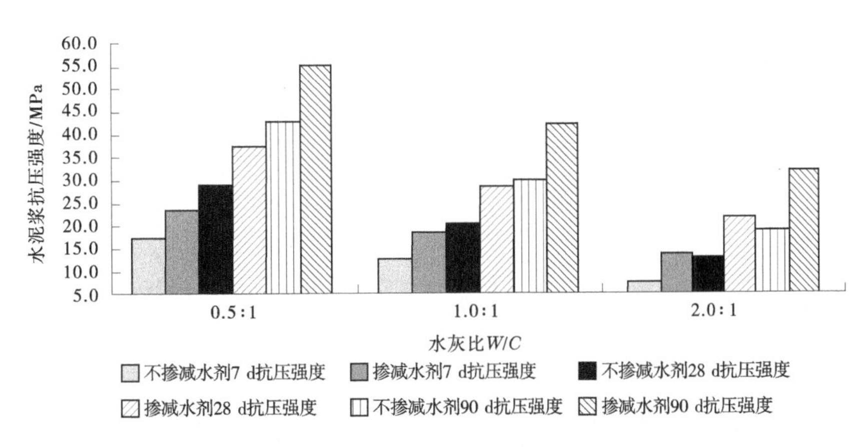

图 6　水泥浆抗压强度试验成果

由图 5 试验成果可知，水泥浆各龄期强度随着水灰比的增大而减小，掺高性能减水剂的水泥浆各龄期抗折强度比不掺减水剂的水泥浆各龄期抗折强度提高 12.6%~32.0%，掺高性能减水剂的水泥浆各龄期抗压强度比不掺减水剂的水泥浆各龄期抗压强度提高 28.1%~81.6%，水泥浆密实度大幅度提高。水泥浆强度发展规律符合水灰比规则。

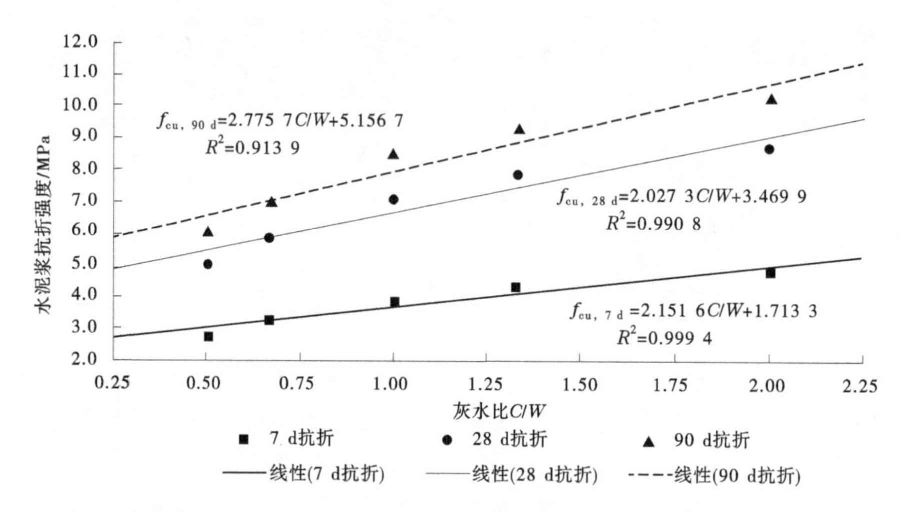

图 7　水泥浆抗折强度试验成果回归曲线

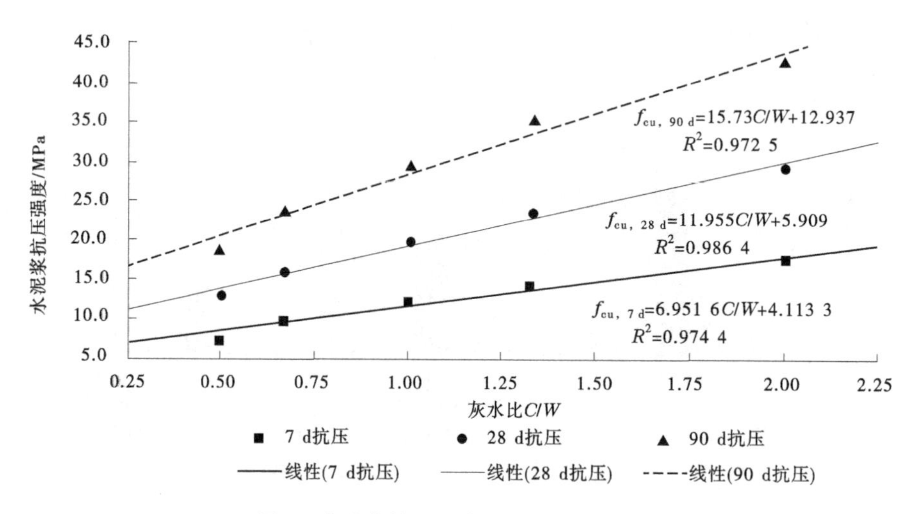

图 8　水泥浆抗压强度试验成果回归曲线

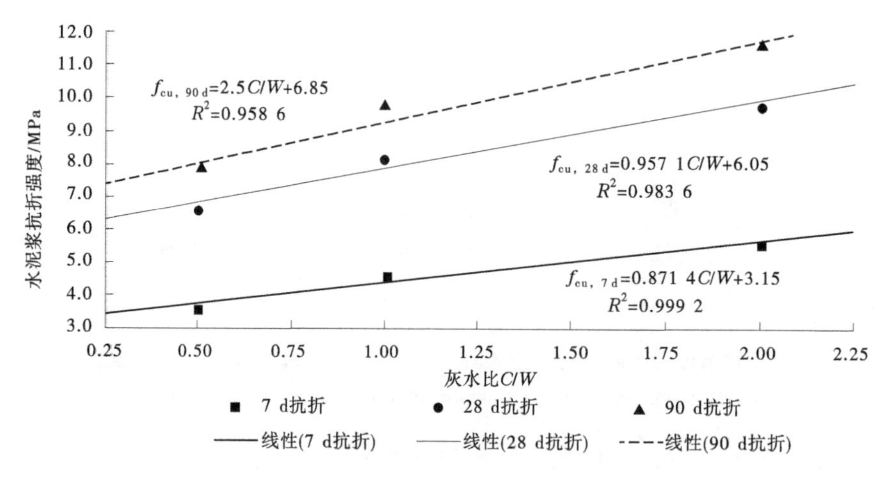

图 9　掺减水剂水泥浆抗折强度试验成果回归曲线

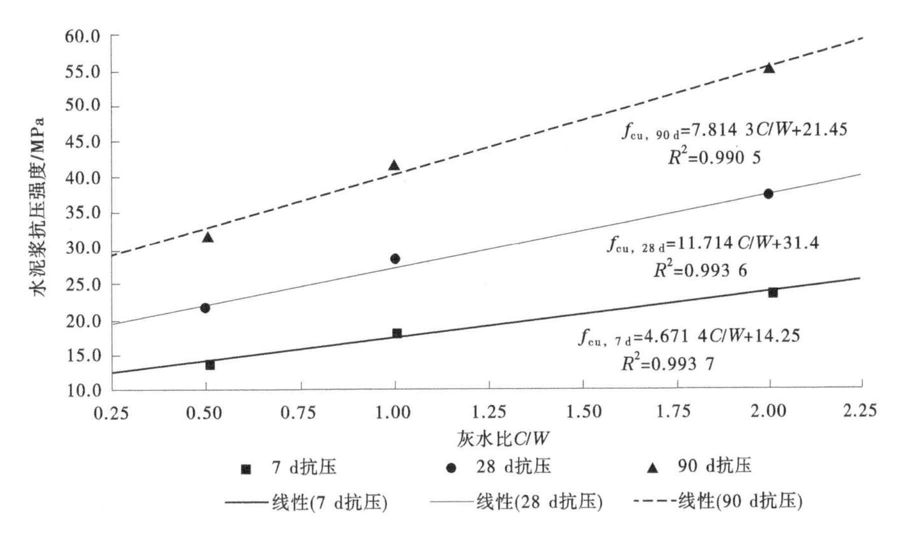

图 10　掺减水剂水泥浆抗压强度试验成果回归曲线

由图 7～图 10 试验成果可知，水泥浆各龄期强度与灰水比符合水灰比定则，各龄期强度与灰水比呈线性相关，相关性显著，回归方程稳定性很好，精度较高，试验误差较小。

4　灌浆质量成果

乌东德水电站工程全面应用智能灌浆施工技术，实现了智能化灌浆，灌浆过程中严格控制与检验浆液质量，严禁灌入不合格浆液。灌浆质量效果采用压水试验和声波或孔内电视检测手段对灌浆质量和灌浆效果进行检验。经检查，压水试验透水率及声波波速满足设计技术要求，确保灌浆质量和灌浆效果满足工程设计技术要求。

5　结论

（1）为确保水泥浆浆液的施工性能和可灌性能，浆液配制时加入一些外加剂，这就使得浆液在灌注到缝隙后的稳定性提高，减少了建筑物的质量问题。在保持浆液流动度和黏度相同的情况下，掺高性能减水剂可以减少水泥浆单位用水量 30% 左右，提高浆液质量，减少施工成本。水灰比越小，节约成本越大。

灌浆工程施工配合比为 1∶1，不掺减水剂水泥浆黏度为 28.49 s，流动度为 278.27 mm，密度为 1.528 g/cm^3，其每立方米水泥浆生产材料成本为 505.60 元/m^3；由试验成果可得，在水泥浆中掺入高性能减水后，在确保浆液施工性能和可灌性能不变的前提下，可以减少 30% 的单位用水量，水胶比（水灰比为 1.0）不变的情况下，可节约 30% 的水泥，其每立方米水泥浆生产材料成本为 353.92 元/m^3，每立方米水泥浆生产材料成本节约 30.32 元/m^3。

（2）质量检验与质量控制。

水泥灌浆施工性能及可灌性主要由流动度、密度和黏度决定，同时兼顾浆液泌水率（稳定度）、析水率（分层度）。施工现场浆液质量检验与控制以水泥浆拌和均匀性和灌浆工艺性参数为主。施工过程中主要检测水泥浆浆液温度、浆液密度、流动度或黏度、泌水率、析水率、初终凝时间、水泥石物理力学性能。掺减水剂配制的水泥浆浆液性能优于未掺减水剂的浆液性能，浆液流动度提高、黏度值降低、泌水率和析水率变小，水泥石空隙变小，密实度大幅度提高，增强了灌浆质量和防渗效果。

（3）后续研究方向。

为提高水泥浆浆液的施工性能和可灌性能，确保水电站灌浆质量和防渗效果，可以开展纯水泥+外加剂、水泥+掺合料+外加剂、水泥+掺合料+灌浆外加剂等不同胶材体系下、不同胶材细度组合下配制的低热硅酸盐水泥浆浆液性能物理力学性能研究，长龄期防渗性能研究和长期性能研究。

（4）从材料性能研究角度出发，在条件具备的前提下，可以开展不同胶材体系组合的低热硅酸盐水泥浆浆液宏观性能及微观性能有关防渗效果和长期性能的研究，为水电站灌浆关键技术的发展奠定基础。

参考文献

[1] 水工建筑物水泥灌浆施工技术规范：DL/T 5148—2012 [S].

[2] 邓红燕. 浅谈水利水电工程灌浆施工技术与质量管理措施 [J]. 科技创新与应用，2019（29）：219.

[3] 赵晓东. 水利水电工程灌浆施工及其质量管理 [J]. 中国新技术新产品，2019（9）：107-108.

[4] 王瑞英，朱等民，郭炎椿. 智能灌浆技术在乌东德水电站帷幕灌浆中的应用 [J]. 人民长江，2020，51（S2）：200-202.

[5] 何源，赵阳，朱等民. 乌东德水电站室内帷幕灌浆接触段施工工艺研究 [J]. 人民长江，2019，50（S1）：259-262.

乌东德水电站工程混凝土用外加剂性能优选

鹿永久　任月娟

（长江三峡技术经济发展有限公司，湖北宜昌　443000）

摘　要：本文以金沙江乌东德水电站工程主体工程用外加剂材料性能优选的原则、流程、方法及现场应用为例，通过外加剂匀质性技术指标、掺外加剂混凝土性能指标和适应性指标等性能优选试验，结合工程特点及工程需求，采用加权平均法对试验结果进行综合评价，优选出满足工程质量要求的混凝土外加剂。

关键词：外加剂性能优选；匀质性；混凝土性能；适应性；综合评价

随着我国基础设施建设的持续推进、现代建筑结构设计个性化的发展、建筑工业化程度的提升，特别是水利水电枢纽工程的高速发展，以及近年来绿色建筑相关政策的陆续出台，现代混凝土外加剂的发展有了更多差异化的需求：从应用领域来看，水利水电工程、海工结构、严酷地区基础设施等越来越多，对混凝土耐久性能的要求越来越高；从施工方式来看，泵送、喷射、高抛、顶升等施工仍然是目前的主要施工方式，但在混凝土原材料日益多样化、复杂化的前提下，对混凝土外加剂技术提出了更高的要求；从结构形式来看，现代混凝土建筑往高、大、精方向发展的趋势明显，除满足水工建筑的功能需求外，还要迎合日益提高的审美要求，超高、超大跨度、超厚、薄壳、预应力等结构形式越来越多，对混凝土材料及外加剂技术的要求也越来越高。从材料性能来看，应用领域、施工工艺、结构形式等对混凝土都提出了差异化的要求，包括高流动性、高层泵送性、高填充性、高早期强度、凝结时间可调、高抗渗、高耐久性等中的一种或多种。

我国是全世界混凝土生产和消费量最大的国家，作为混凝土的重要材料，目前我国混凝土外加剂的研究与生产技术处于世界前列，其产量约占全球的60%。目前，我国在建筑工程、水电工程、核电工程、大型桥梁、高速铁路和高速公路等多个方面对混凝土有着极高的要求，外加剂在很大程度上决定了混凝土的性能。随着我国建筑业的发展，大量海工工程的出现、铁路交通向着边缘地区的扩展，对混凝土提出了更高的要求。因此，水利水电工程用混凝土外加剂的性能优选试验是混凝土工程用材料质量检验与控制的源头工作，也是确保混凝土工程质量生产的首要工作，同时为混凝土施工质量检验和质量控制提供技术支持与技术服务。本文主要以金沙江乌东德水电站枢纽工程为例，简要介绍水利水电枢纽工程用外加剂材料优选的原则、方法、应用以及工程应用中需注意的问题，为建设工程优选混凝土外加剂提供参考。

1　概述

乌东德水电站是金沙江下游（攀枝花市至宜宾市）水电规划四个梯级中的最上游梯级，坝址位于云南省禄劝县和四川省会东县交界的金沙江干流。电站开发任务以发电为主，兼顾防洪、航运和促进地方经济社会发展。电站坝址控制流域面积40.61万km^2，多年平均流量3 830 m^3/s，多年平均径流量1 207亿m^3。电站总装机容量10 200 MW，多年平均年发电量389.1亿kW·h；水库正常蓄水位975.00 m，死水位945.00 m，校核洪水位986.17 m，水库总库容74.08亿m^3，调节库容30.20亿

作者简介：鹿永久（1973—）男，高级工程师，主要从事建筑材料及混凝土试验研究工作。

m^3，具有季调节性能。枢纽工程由挡水建筑物、泄水建筑物、两岸引水发电系统等组成。挡水建筑物为混凝土双曲拱坝，坝顶高程 988.0 m，最大坝高 270 m，坝顶弧长 326.95 m。

乌东德水电站主体工程混凝土浇筑总方量达 850 万 m^3。为保障混凝土工程质量，提高大坝混凝土抗裂性与耐久性，需结合乌东德水电站工程采用的低热水泥性能特点及工程实际需求，开展混凝土用外加剂材料性能优选工作，选择满足混凝土原材料波动及季节变化，符合工程特点，且及时调整优化的外加剂配方，以保障混凝土的顺利施工。此外，水电站位于四川省会东县和云南省昆明市禄劝县交界处的金沙江峡谷，属于典型的金沙江干热峡谷地带，常年受大风天气的影响，环境干燥，造成了混凝土浇筑后养护困难，尤其是大坝混凝土仓面较大，很容易因表面失水而引起塑性裂缝，因此混凝土外加剂性能优选尤为重要。

2 试验方案

2.1 试验目的

依据乌东德水电站工程采用的低热硅酸盐水泥性能特点及工程实际（干热峡谷地带、常年大风天气、环境干燥等特点）需求，以及主体工程混凝土性能要求，通过材料性能试验选择满足工程特征要求的混凝土外加剂，确保乌东德水电站主体工程混凝土浇筑质量。

2.2 技术指标选择与确认

目前我国混凝土外加剂的研究与生产技术处于世界的前列，外加剂种类繁多，材料性能各异，为准确掌握混凝土外加剂性能，需结合工程特点及实际需求、工程所在地气候条件及混凝土性能的要求，对外加剂的技术指标（检测项目参数）进行选择与确认，检测参数选择与确认时应考虑外加剂适应性、掺外加剂混凝土性能及外加剂匀质性要求。

2.3 技术指标评价标准

混凝土外加剂品质在满足混凝土设计技术指标和规程规范要求的前提下，采用技术指标加权综合评价法对外加剂品质和适应性进行综合评价，通过综合评价优选混凝土用外加剂。混凝土外加剂技术指标的权重可结合工程特点（环境条件、结构特征、地理位置）和混凝土性能（材料性能、特点及其作用）的需求进行综合确认。

2.4 外加剂性能优选

现以金沙江乌东德水电站工程用混凝土外加剂性能优选介绍外加剂性能优选的流程、检验方法及检验结果评价，以供参考。

2.4.1 样品的制作与策划

本次外加剂性能优选试验采用取样与检测分开管理，互不干涉，用于检测的外加剂样品由取样人员、监督人员和厂家人员共同到外加剂厂家生产线上取样，抽样时严格按规定的外加剂样品特性、抽样标准、抽样方法及流程进行抽样，并在监督人员的监督下制作成检测盲样，提供给第三方检测试验室进行检测。

2.4.2 外加剂性能检测

第三方检测试验室收到样品后，严格按合同文件、标准、规范规定的检测试验方法及流程开展外加剂品质检测和适应性检测，如期提交检测试验结果，并确保检测试验结果的公正性、准确性、可靠性和保密性。

3 原材料

3.1 水泥

本次外加剂优选试验，外加剂品质检验采用 CMD 公司生产的低热硅酸盐水泥 P·LH42.5，外加剂适应性检验采用 CMD 公司生产的低热硅酸盐水泥 P·LH42.5，其水泥品质检测结果见表 1，水泥化学成分分析结果见表 2。水泥品质检测结果满足《拱坝混凝土用低热硅酸盐水泥技术要求及检验》

（Q/CTG 13—2015）技术要求[1]。

表 1　水泥品质检测结果

厂家品种	密度/（g/cm³）	比表面积/（m²/kg）	安定性（雷氏法）	标准稠度/%	凝结时间/min		抗折强度/MPa			抗压强度/MPa		
					初凝	终凝	3 d	7 d	28 d	3 d	7 d	28 d
CMD P · LH42.5	3.23	319	合格（0.5 mm）	26.4	206	272	—	4.7	7.6	—	24.5	48.1
Q/CTG 13—2015 对 P · LH42.5 水泥要求	—	≤340，大于 340 的批次不超过 15%	合格（≤5 mm）	—	≥60	≤720	—	≥3.5	≥7.0	—	≥13.0	47±3.5 且超出范围批次应不超过 10%，最小值≥42.5

表 2　水泥化学成分分析结果　%

厂家品种	MgO	SO_3	烧失量	氧化钾	氧化钠	总碱量	不溶物含量
CMD P · LH42.5	4.81	1.90	0.89	0.43	0.10	0.38	0.58
Q/CTG 13—2015 对 P · LH42.5 水泥要求	4.0~5.0	≤2.5	≤3.0	—	—	≤0.55	≤0.75

3.2　粉煤灰

本次外加剂优选试验，外加剂适应性检验采用目前工程使用的 QLFY 生产的 F 类 Ⅰ 级灰，其粉煤灰品质检测结果见表 3。粉煤灰品质检测结果满足《拱坝混凝土用粉煤灰技术要求及检验》（Q/CTG 15—2015）技术要求[2]。

表 3　粉煤灰品质检测结果

厂家品种	密度/（g/cm³）	含水量/%	细度/%	需水量比/%	烧失量/%	SO_3 含量/%	f-CaO 含量/%	碱含量/%
QLFY F 类 Ⅰ 级	2.32	0.1	8.7	95	1.78	0.56	0.02	1.10
Q/CTG 15—2015 对 F 类 Ⅰ 级粉煤灰要求	—	≤1.0	≤12.0	≤95	≤5.0	≤3.0	≤1.0	宜≤2.7

3.3　人工砂

本次外加剂优选试验，外加剂品质检测和适应性检验采用工程使用的下白滩砂石料厂生产的人工砂，其人工砂品质检测结果见表 4。人工砂品质检测结果满足《拱坝混凝土用细骨料技术要求及检验》（Q/CTG 17—2015）技术要求[3]。

表 4　人工砂品质检测结果

产地品种	表观密度/(kg/m³)	饱和面干表观密度/(kg/m³)	细度模数	石粉含量/%	微粒含量/%	泥块含量/%	饱和面干吸水率/%	坚固性/%	硫化物及硫酸盐含量/%	云母含量/%
下白滩人工砂	2 770	2 730	2.74	17.8	9.1	0	1.2	1	0.04	0.2
Q/CTG 17—2015 要求	≥2 500	—	2.60±0.1	10~15	6.0~10	不允许	—	≤8 有抗冻要求；≤10 无抗冻要求	≤0.5	<2.0

3.4　人工碎石

本次外加剂优选试验，外加剂品质检测和适应性检验采用工程使用的下白滩砂石料厂生产的人工碎石，其人工碎石品质检测结果见表 5。人工碎石品质检测结果满足《拱坝混凝土用粗骨料技术要求及检验》（Q/CTG 16—2015）技术要求[4]。

表 5　碎石品质检测结果

材料用途	粒径	表观密度/(kg/m³)	饱和表观密度/(kg/m³)	饱和面干吸水率/%	含泥量/%	泥块含量/%	中径筛余量/%	超径/%	逊径/%	硫化物及硫酸盐含量/%	坚固性/%	压碎指标/%	针片状含量/%
适应性试验用料	5~20 mm	2 780	2 760	0.25	0.5	0	52	1	6	0.06	0	6.8	5
	20~40 mm	2 780	2 770	0.14	0.4	0	48	1	7	0.04	0	—	6
品质检测试验用料	5~10 mm	2 780	2 760	0.42	0.1	0	—	2	9	0.06	0	—	1
	10~20 mm	2 780	2 760	0.30	0.1	0	—	0	12	0.05	0	6.7	1
Q/CTG 16—2015 要求		≥2 550	—	≤1.5	D20/D40 ≤1.0；D80≤0.5	不允许	40~70	<5	<10	≤0.5	≤5	沉积岩≤10；火成岩≤12	≤10

4　高性能减水剂试验结果

参与优选的高性能减水剂共有 8 个厂家，共 8 个样品。

4.1　高性能减水剂匀质性试验

参与优选的高性能减水剂匀质性试验均按照《混凝土外加剂匀质性试验方法》（GB/T 8077—2012）进行检测[5]，其试验结果见表 6。

表6 高性能减水剂匀质性检验结果

序号	样品代号	外加剂品种	样品状态	固形物含量/%	pH值	碱含量/%	Na_2SO_4 含量/%
1	羧1	高性能减水剂	透明液体	21.36	5.53	0.49	0.32
2	羧2	高性能减水剂	褐色液剂	33.42	5.57	0.83	0.33
3	羧3	高性能减水剂	浅黄色液体	28.18	6.08	2.49	0.27
4	羧4	高性能减水剂	透明液体	27.39	5.66	0.96	0.26
5	羧5	高性能减水剂	乳白色液体	24.66	4.86	0.32	0.22
6	羧6	高性能减水剂	浅黄色液剂	33.39	6.23	1.40	0.20
7	羧7	高性能减水剂	浅黄色液剂	25.23	4.94	1.35	0.18
8	羧8	高性能减水剂	褐色液体	26.10	6.35	0.92	0.15
Q/CTG 18—2015 拱坝混凝土用外加剂技术要求及检验				不超过厂家控制值		≤10.00	≤8.00
DL/T 5100—2014 水工混凝土外加剂技术规程				不超过厂家控制值			

4.2 高性能减水剂混凝土性能试验

参与优选的高性能减水剂混凝土性能试验均按《水工混凝土外加剂技术规程》（DL/T 5100—2014）进行检测[6]，固定掺量均为0.60%。其检测结果见表7。

4.3 高性能减水剂适应性试验

参与优选的高性能减水剂适应性试验均采用乌东德工程具有代表性的施工配合比进行试验，其混凝土施工配合比主要参数见表8。其高性能减水剂适应性检测结果见表9。

4.4 综合性能比较

为了便于比较各厂家高性能减水剂的综合性能，采用加权综合评价法进行比较，优选出品质、性能优良的高性能减水剂厂家，为混凝土外加剂招标采购、外加剂应用及混凝土施工质量控制，提供高质量数据支撑和技术服务，为解决施工现场混凝土外加剂使用过程中出现的各种疑难杂症提供科学依据。高性能减水剂加权综合评价法计算结果见表10。

5 检测成果分析与评价

乌东德水电站工程混凝土用高性能减水剂性能优选采用盲样开展试验，采用固定掺量法（掺量为胶材用量的0.6%）进行试验，确保减水剂性能优选的规范性、公正公平性及科学可靠性。

从减水剂品质检测结果看，参与检测8个样品的匀质性指标均符合标准要求，掺外加剂混凝土性能指标中除泌水率比和收缩率比两项指标部分不符合标准要求外，其余各项技术指标均符合标准要求。只有羧8#样品减水剂泌水率比（29.2%）参数指标满足《拱坝混凝土用外加剂技术要求及检验》（Q/CTG 18—2015）技术标准要求；两种减水剂羧4#（95%）样和羧8#（95%）样收缩率比参数指标满足技术标准要求，其余均不满足技术标准要求。

从匀质性指标与掺外加剂混凝土性能指标的对应关系可得出，各样品的复配技术决定了有效固形物含量、pH值、硫酸钠、总碱量，同时决定了外加剂混凝土性能技术指标，且两类技术指标间的对应规律性较差，甚至对应关系不符合外加剂性能一般规律。检测结果也表明，高性能外加剂复配技术与外加剂适应性规律所表现出来的规律是一致的。羧5#样品固形含量、pH值最低，减水率、泌水率都不低，与拌和物出现轻微板结、泌浆不匹配，不符合规律，说明外加剂适应性不佳，从外加剂适应性试验中可以看出，调整单位用水量后混凝土拌和性能基本满足要求。

从表10高性能减水剂权重计算结果汇总可以看出，高性能减水剂各样品综合性能评价未考虑外加剂适应性检测结果，其品质检测结果评价符合工程建设的需要，是科学合理的一种评价体系。建议

表 7　高性能减水剂混凝土性能比较试验结果

序号	样品代号	品种	掺量/%	减水率/%	1 h 经时坍落度变化量		含气量/%	泌水率比/%	凝结时间差/min		收缩率比(28 d)/%	抗压强度比/%			外观描述
					0 min	60 min			初凝	终凝		3 d	7 d	28 d	
1	羧 1	高性能减水剂	0.6	28.0	210	13	1.7	58.2	+33	+23	112	177	177	147	较好
2	羧 2	高性能减水剂	0.6	28.4	215	25	0.9	62.2	+435	+445	110	194	189	155	较好
3	羧 3	高性能减水剂	0.6	26.1	204	9	1.7	37.9	+490	+480	125	196	196	172	较好
4	羧 4	高性能减水剂	0.6	26.6	218	24	1.4	69.6	+343	+338	95	180	167	149	轻微板结、泌浆
5	羧 5	高性能减水剂	0.6	28.0	208	12	0.7	33.2	+155	+112	110	194	184	160	轻微板结、泌浆
6	羧 6	高性能减水剂	0.6	28.0	210	20	1.2	67.1	+305	+288	111	187	188	161	轻微板结、泌浆
7	羧 7	高性能减水剂	0.6	27.1	211	10	1.3	47.2	+282	+273	120	194	193	161	较好
8	羧 8	高性能减水剂	0.6	28.4	215	13	2.3	29.2	+147	+163	95	188	178	156	较好
Q/CTG 18—2015 拱坝混凝土用外加剂技术要求及检验				≥25	210±10	≤60	≤2.5	≤30	0~+180	—	≤105	≥160	≥150	≥140	—

表 8　高性能(聚羧酸系)减水剂适应性试验混凝土配合比

水胶比	级配	粉煤灰掺量/%	砂率/%	坍落度/mm	待检减水剂掺量/%	基准引气剂掺量/万
0.40	二	30	39	160~180	0.6	4.5%±0.5%

注:用水量在试验前由试拌确定,砂率根据试拌情况调整。

表 9　高性能减水剂适应性比较试验结果

序号	样品代号	品种	掺量/%	用水量/(kg/m^3)	坍落度/mm				含气量/%				凝结时间/min		和易性评价					强度/MPa	
					0 min	30 min	60 min	90 min	0 min	30 min	60 min	90 min	初凝	终凝	和易性	析水	离析	板结	气泡	7 d	28 d
1	羧 1	高性能减水剂	0. 6	138	180	177	160	157	4. 7	3. 9	3. 5	2. 6	469	697	满足要求	满足要求	满足要求	满足要求	满足要求	20. 6	36. 6
2	羧 2	高性能减水剂	0. 6	135	179	175	160	155	5. 0	4. 2	3. 7	3. 0	861	1 101	满足要求	满足要求	满足要求	满足要求	满足要求	18. 0	34. 8
3	羧 3	高性能减水剂	0. 6	136	172	160	155	145	4. 2	3. 7	3. 2	2. 7	1 177	1 497	满足要求	满足要求	满足要求	满足要求	满足要求	22. 4	36. 6
4	羧 4	高性能减水剂	0. 6	133	175	165	160	145	4. 6	3. 8	3. 4	2. 9	557	793	满足要求	满足要求	满足要求	满足要求	满足要求	19. 7	35. 6
5	羧 5	高性能减水剂	0. 6	130	180	175	170	145	5. 0	4. 6	4. 5	4. 4	642	847	满足要求	满足要求	满足要求	满足要求	满足要求	16. 2	34. 5
6	羧 6	高性能减水剂	0. 6	126	176	170	145	135	4. 7	3. 8	3. 4	2. 6	699	937	满足要求	满足要求	满足要求	满足要求	满足要求	19. 5	36. 7
7	羧 7	高性能减水剂	0. 6	130	175	165	160	150	4. 0	3. 3	3. 2	3. 0	772	1 038	满足要求	满足要求	满足要求	满足要求	满足要求	21. 0	35. 1
8	羧 8	高性能减水剂	0. 6	137	180	175	156	145	4. 9	4. 3	3. 9	3. 0	668	908	满足要求	满足要求	满足要求	满足要求	满足要求	17. 8	35. 2
Q/CTG 18—2015 拱坝混凝土用外加剂技术要求及检验				—	—	—	<30	—	—	—	<30	—	600~1 080	与初凝之差小于 300 min	满足要求	满足要求	满足要求	满足要求	满足要求	—	—

其他新建或扩建工程可以参照该评价体系，从外加剂匀质性指标、掺混凝土性能指标和适应性指标建立完整的全指标评价体系，客观科学地评价外加剂性能是否满足工程需要。评价时依据工程特性、混凝土生产控制、施工工艺及混凝土性能技术指标要求，对外加剂各技术指标做出权重分配，依据建设工程实际需求可以从品质检测和适应检测两方面单独设置权重，也可以统一考虑设置权重，以确保检测结果评价科学、合理、公平公正及规范性。

表 10　高性能减水剂权重计算结果汇总

序号	样品代号	减水率/%	1 h 经时坍落度变化量/%	含气量/%	泌水率比/%	收缩率比/%	抗压强度比/%	得分	排序
1	羧 1	28.0	94	1.7	58.2	112	167	0.731 5	8
2	羧 2	28.4	88	0.9	62.2	110	179	0.764 6	4
3	羧 3	26.1	96	1.7	37.9	125	188	0.792 2	3
4	羧 4	26.6	89	1.4	69.6	95	165	0.750 0	6
5	羧 5	28.0	94	0.7	33.2	110	179	0.914 7	2
6	羧 6	28.0	90	1.2	67.1	111	179	0.733 2	7
7	羧 7	27.1	95	1.3	47.2	120	183	0.768 7	5
8	羧 8	28.4	94	2.3	29.2	95	174	0.920 9	1
权重数		0.1	0.1	0.1	0.3	0.3	0.1	—	—

6　结论

水利水电枢纽工程混凝土用外加剂性能优选可以贯穿工程项目建设的整条主线，工程建设初期的招标采购阶段、外加剂采购进场验收阶段、外加剂应用阶段以及生产过程中更换外加剂等均可以采用该评价体系，确保混凝土用外加剂的品质符合规程规范及工程设计技术要求。

关于外加剂技术指标评价的问题，混凝土外加剂检测指标优选评价时需解决两方面的问题：第一，所有检测指标（品质检测和适应性）全部满足技术标准要求，采取加权平均值法进行综合优选，起主要作用的是技术指标权重；第二，所有样品所有检测指标部分符合规程规范及工程设计技术要求，部分技术指标不符合规程规范及工程设计技术要求，采取加权平均值法进行综合优选评价，检测项目技术指标不满足技术标准要求的权重一律按“0”进行处理或都剔除不符合项目进行优选评价。

建议试验单位长期保留混凝土外加剂优选试验样品，该样品作为混凝土外加供应过程质量控制与质量保障的控制手段，为验证所供外加剂品质稳定性和均匀性提供标准样品。

参考文献

[1] 拱坝混凝土用低热硅酸盐水泥技术要求及检验：Q/CTG 13—2015 [S].
[2] 拱坝混凝土用粉煤灰技术要求及检验：Q/CTG 15—2015 [S].
[3] 拱坝混凝土用粗骨料技术要求及检验：Q/CTG 16—2015 [S].
[4] 拱坝混凝土用细骨料技术要求及检验：Q/CTG 17—2015 [S].
[5] 混凝土外加剂匀质性试验方法：GB/T 8077—2012 [S].
[6] 水工混凝土外加剂技术规程：DL/T 5100—2014 [S].

抽水蓄能电站压力钢管实时在线人工智能分析技术

方超群　耿红磊　张小阳　毋新房

（水利部水工金属结构质量检验测试中心，河南郑州　450044）

摘　要：为实现水利水电工程压力钢管实时在线的人工智能状态分析，在对压力钢管实时在线监测数据的结构特点进行分析的基础上，探索在健康状态监测时适用的人工智能算法，在采用了单类支持向量机和孤立森林的应用中表明，无监督机器学习算法为智能在线分析提供了条件，且特别适用于实时在线监测分析和健康状态安全预测预警。

关键词：压力钢管；无监督学习；实时在线；异常检测；数据预处理；人工智能

1　引言

压力钢管是水利水电工程用来输送有压水流的钢制管路，在保障水电站正常安全生产运行或引水管路安全使用方面具有重要的作用。压力钢管在服役过程中，随着金属材料疲劳、锈蚀等情况的发生，性能会不断地劣化。如何以实时在线的方式评估压力钢管在常态运行中的稳定性和可靠性，及时发现和监测运行过程中的动态风险，降低微小故障随运行工况和水情条件变化不断汇聚成重大安全生产隐患的风险，是当前水利水电工程安全运行亟待解决的问题。

本文以北京十三陵抽水蓄能电厂 1 号引水系统压力管道明管段为实例，通过压力管道明管段实时在线监测系统所采集的实时应力、振动数据为数据源，分别采用单类支持向量机和孤立森林两种算法实现对压力钢管的人工智能分析，并初步完成以在线的方式对压力钢管安全运行进行安全评估，并达到预测预警的目的。

2　数据集的获取

通过对压力钢管进行实时在线监测，可获得压力钢管在运行过程中的振动、应力、温度、位移、地震等参数信息，这些信息经过数据保存，可形成完备的压力钢管安全运行历史数据。

实时在线监测系统为线上运行，产生的为连续数据且在不断地增加，所以在进行数据的运算分析时应进行数据提取操作。为保证特征数据不被漏掉，也最大可能地包含压力钢管在机组发电、抽水以及停机状态下的参数信息，根据压力钢管的运行特性和电站开、关机的频度信息，本次将以 5 min 作为采样周期对数据库信息进行提取和运算。

机器学习算法优势得益于数据集的标准化。而在线监测系统实时感知的数据往往存在着一些缺失值，如传感器故障、通信延迟等现象，这将导致数据库数据的缺失，存在缺失数据的数据集往往与机器学习不兼容，甚至获得与期望值相反的结论，这就需要在机器学习算法的导入之前加入相关的前置运算，以实现数据集的标准化。

对于单类支持向量机，我们进行数据预处理，首先对数据进行清洗，剔除无效采样点。当剔除无效采样点后会出现数据空缺，本文直接将数据丢弃。由于各种类型的传感器感知的数据为不同的量纲

基金项目：十三陵电厂引水系统压力钢管明管段在线监测系统研究（525711190002）。

作者简介：方超群（1983—），男，高级工程师，机电设备处处长，长期从事水工金属结构检测、监测和人工智能技术研究工作。

和量纲单位，这种情况会影响到数据分析结果，为了消除指标之间的量纲影响，本文采用离差标准化的方法，对数据进行线性变换，使结果值映射到［0，1］之间。

为适应实时在线的分析模式，我们同时采用了孤立森林算法进行验证，在采用孤立森林算法时，考虑到采用任何参与运算的估算均会影响到运行参数的时效性，所以在遇到缺失值时，将缺失值用0来进行插补。除此之外，不对原始数据作任何处理。

3 基于无监督学习的异常检测

3.1 异常检测

异常检测（anomaly detection）是对不匹配预期模式或数据集中其他项目的项目、事件或观测值的识别，异常也被称为离群值、噪声、偏差等。异常检测是人工智能算法中机器学习算法的一种，它通过大量的测试值以检测是否有异常值的存在，可应用于各个行业，如设备故障的检测以及大型设备设施的实时在线监测和发现。

异常检测的算法是从数据集中学习数据特征，并为其设定“参考基准值”，当新进入的数据超过预定义为正常范围的阈值时，则将新数据与“参考基准值”偏离的程度作为输出。监督学习、半监督学习、无监督学习的方法均可用来进行异常监测，但对于传感器获得的实时在线监测数据，无法采用监督学习或半监督学习，应采用无监督学习的方法来进行智能分析。

3.2 无监督学习的异常检测算法应用场景

无监督学习异常检测算法适用于异常数据过滤、未标记数据筛选以及对严重不平衡数据的计算等场景。在这些场景中，都有一个共同的特征，即异常的数据量都是很少的部分，诸如支持向量机、逻辑回归等基于监督或半监督学习的分类算法都不适用。无监督学习的异常检测算法适用于有大量的正向样本和大量负向样本的数据集，有足够的样本让算法去学习其特征，且未来新出现的样本与训练样本分布一致。

3.3 异常检测算法分类

异常检测的目的是找到数据集中与大多数数据不同的数据，常用的算法可分为三类，第一类是基于统计学的方法来处理异常数据，这种方法一般会构建一个概率分布模型，并计算对象符合该模型的概率，把具有低概率的对象视为异常点；第二类是基于聚类的方法来做异常点检测；第三类则是基于专门的异常检测算法来运算，其目的极具针对性，这类算法的代表是单类支持向量机（One Class SVM）和孤立森林（Isolation Forest）[1]。

4 单类支持向量机

单类支持向量机属于支持向量机的范畴，但它与基于监督学习的分类回归支持向量机不同，它是无监督学习，它不需要对训练集进行标注。单类支持向量机采用支持向量域（Support Vector Domain Description）的解决思想，对于支持向量域，一般将不是异常的样本均划归为正类别，所以它采用一个超球体对数据进行划分，该算法将在特征空间中计算数据周围的球形边界，并最小化这个超球体体积，同时也最小化了异常点对整个数据的影响。

采用拉格朗日对偶求解之后，首先判断新计算的数据是否在内，如果新计算的数据点到球心的距离小于球体的半径，可判断该数据不是异常点，如果到球心的距离大于球体半径，即判断该数据为异常点。

因为数据本没有标签，所以算法不对数据进行分类判别，而是通过回答“是”或“不是”的方法根据支持向量域将样本数据训练出一个最小的大于三维特征的超球面，其中在二维中则是一个曲线，曲线会将数据包起来，曲线之外的数据即为异常点。

4.1 数据集运算

通过对四组数据集的运算，结果可视化后为图1~图4所示。其中蓝色曲面围合的点代表正常值，蓝色曲面以外的点为异常点。

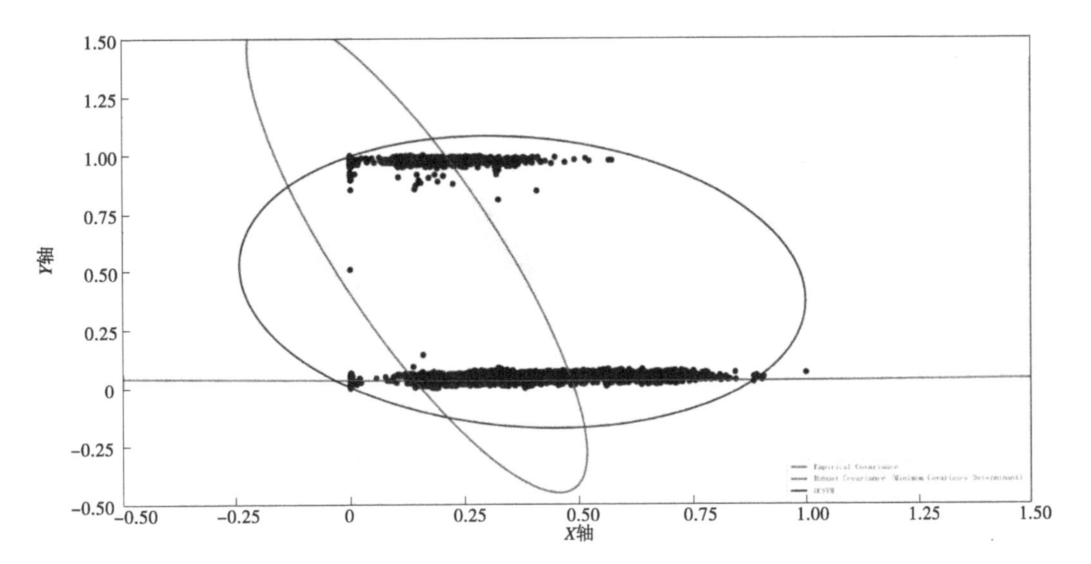

图 1　1#支管 X 轴方向“振动–应力”数据集异常检测

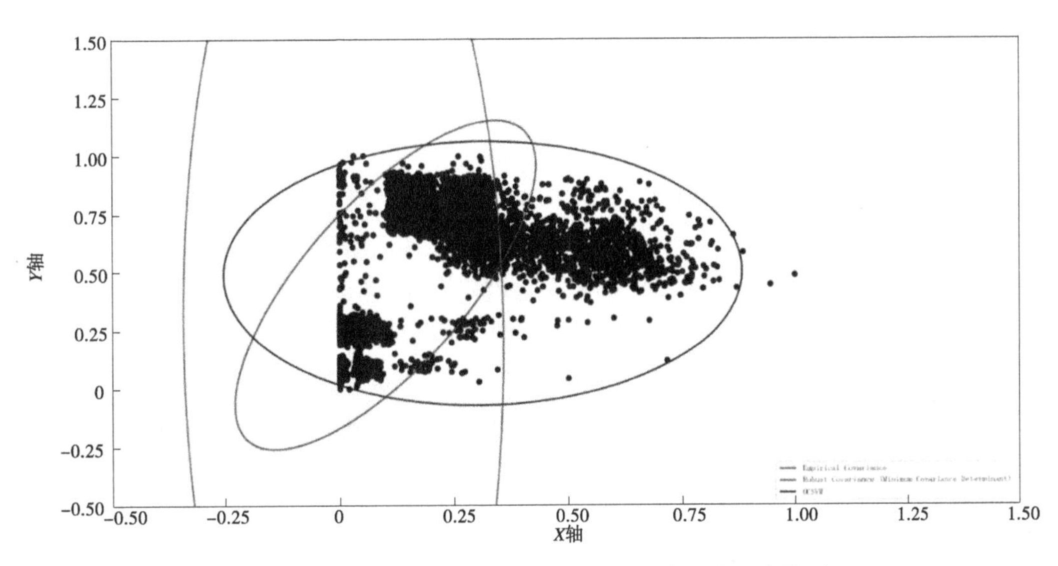

图 2　1#支管 Y 轴方向“振动–应力”数据集异常检测

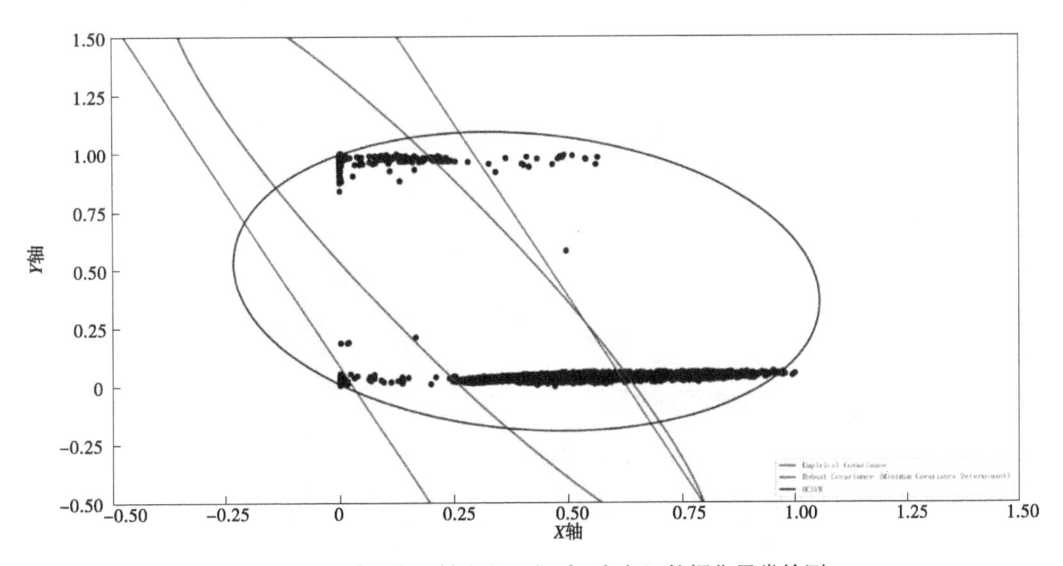

图 3　2#支管 X 轴方向“振动–应力”数据集异常检测

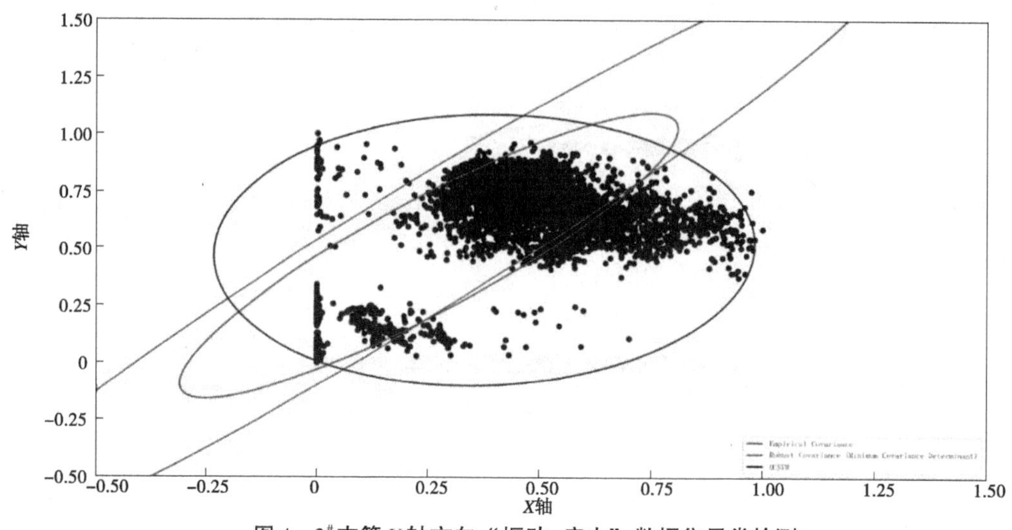

图4　2#支管 Y 轴方向“振动-应力”数据集异常检测

4.2　异常值分析

从上述可视化结果来看，几乎所有的点均包含在了二维的蓝色曲线以内，但每个数据集的运算结果中也包含一部分离群的点，这是设定的 0.001 系数的训练误差所决定的。

5　孤立森林算法

孤立森林是一种非常高效的异常检测算法，与随机森林算法相似，但孤立森林每次选择划分属性或划分点（值）时都是随机的，而不是根据信息增益或基尼指数来选择[2]。

孤立森林算法通过随机选择一个特征来“隔离”观察结果，然后在最大值和最小值之间随机选择一个分割值，所选特征的值，由于递归分区可以用树结构表示，所以分离样本所需的分裂次数等于路径从根节点到终止节点的长度，这个路径长度在这些随机树的森林上平均，用于度量常态和实现我们的决策功能。当随机树组成的森林共同产生更短的路径长度时，它将很可能是异常。

孤立森林算法适用于连续数据的异常检测，将异常定义为“容易被孤立的离群点”。可理解为分布稀疏且离密度高的群体较远的点，在数据空间里面，分布稀疏的区域表示数据发生在此区域的概率很低，因此可认为落在这些区域里的数据是异常的[3]。这就实现了实时数据的异常筛查[4]。

5.1　数据集运算

由于孤立森林算法每次选择划分属性和划分点时都是随机的，为了数据能够复现，指定随机数种子来生成伪随机数。运算后结果如图 5~图 8 所示。

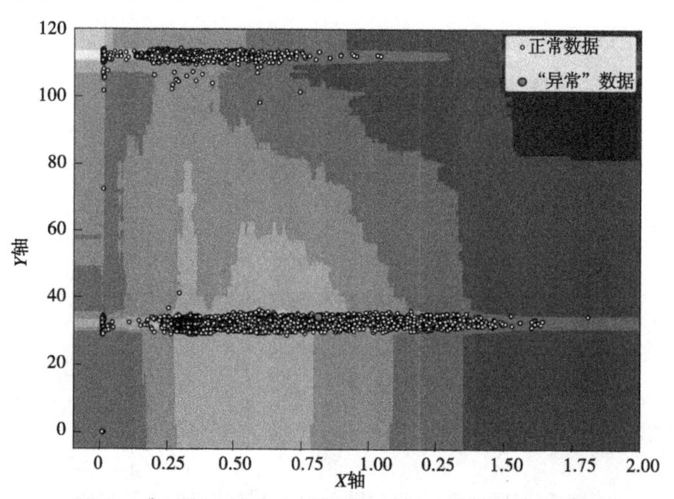

图5　1#支管 X 轴方向“振动-应力”数据集异常检测

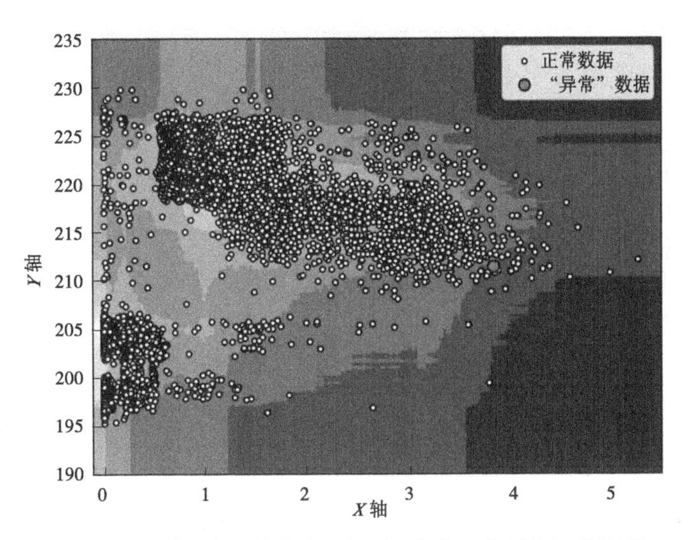

图 6　1#支管 Y 轴方向“振动-应力”数据集异常检测

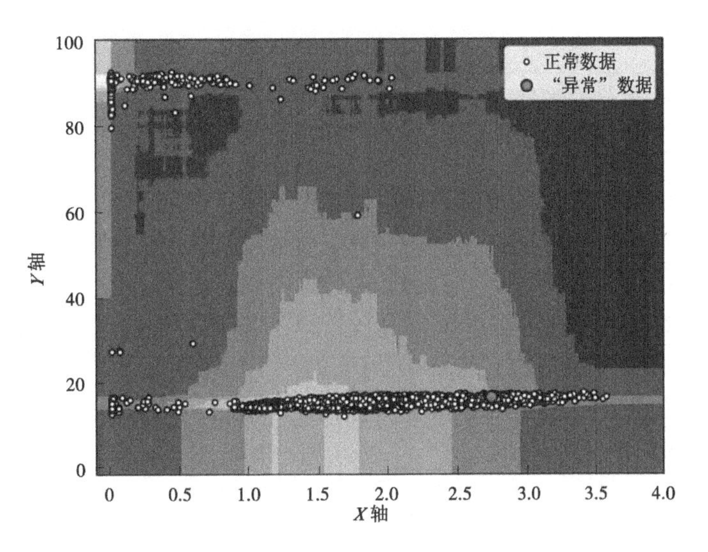

图 7　2#支管 X 轴方向“振动-应力”数据集异常检测

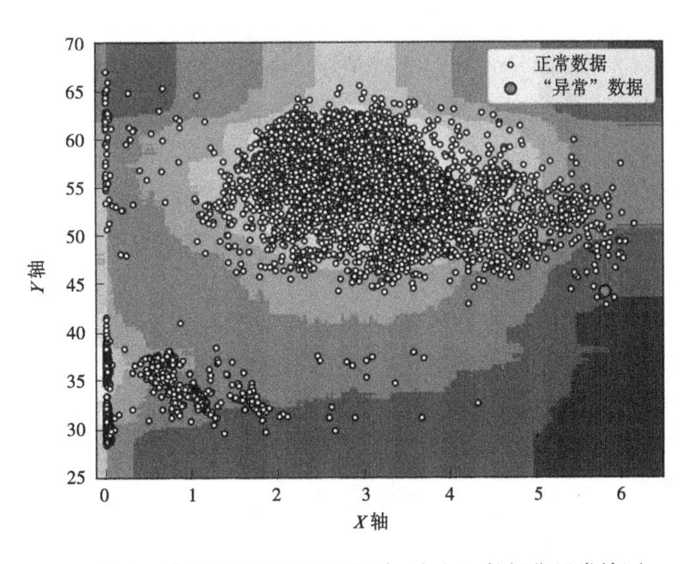

图 8　2#支管 Y 轴方向“振动-应力”数据集异常检测

5.2 异常值分析

本次运算采用配置为 Core i5-9400F 处理器的普通计算机，每个数据集均包含了 13 000 行数据，运算时间分别为 8.22 s、8.54 s、8.09 s 和 8.45 s，可见在运算速度方面，孤立森林有明显的速度优势。从可视化结果看，黑色的点为正常点，红色的点为计算出的异常点。

6 数据分析

结合采用相同数据集的 OCSVM 算法和孤立森林算法，通过查询函数进行数据定位后获得的异常点对比如表 1 所示。

表 1 采用不同算法的异常值分析

位置	OCSVM 算法			孤立森林算法		
	时间	状态	特征	时间	状态	特征
1 号 *X* 轴	9 月 5 日 20：31：58	发电	停机前 21 min	9 月 5 日 20：26：54	发电	停机前 26 min
1 号 *Y* 轴	9 月 21 日 20：49：39	发电	停机前 30 min	9 月 18 日 20：44：10	发电	停机前 34 min
2 号 *X* 轴	8 月 22 日 19：36：10	发电	运行中期	9 月 6 日 20：30：36	发电	停机前 11 min
2 号 *Y* 轴	8 月 21 日 20：20：01	发电	运行中期	8 月 16 日 21：15：59	发电	停机前 26 min

从表 1 可以看出，单类支持向量机和孤立森林算法计算后发现的异常点具有非常明显的特征，异常值所处的时间范围集中在 20：30 左右，且机组均处于停机前 30 min 左右的发电状态。作为抽水蓄能电站，停机前的工况是机组运行中对压力钢管最不利的工况，存在着流态的急剧变化和水锤影响[5-7]，由此可以判断，该人工智能分析系统具有发现压力钢管异常状态的能力。同时需要说明的是，本次发现的“异常”点只是通过调整特征参数的值从压力钢管正常运行数据中抽取的，该“异常”点仅说明了压力钢管此时的工况发生了微小变化，并不说明压力钢管出现了故障。

7 结语

根据水利水电工程压力钢管运行数据的结构特征及数据特点，通过与采用 OCSVM 和孤立森林算法计算的结果相比较，两种算法获取的异常值高度一致，说明目前两种算法对运行中的设备异常具有较为可靠的发现能力。

单类支持向量机是在单一样本数据中发现离群值的一种方法，该方法可以实现离群值的快速检测，但并未标注出离群值所处的风险因子，因此该方法可以作为小数据集和设备健康监测初期进行的尝试性预测。

孤立森林算法的特点是不需要对数据集进行标注，能够以在线的方式实现对压力钢管监测数据的异常分析，这就为发现压力钢管运行时的异常表征和及时发现事故前的征兆信息提供了计算基础，从而对实现压力钢管的安全评估和预测预警提供技术手段。

人工智能技术中的每一类算法均有各自的特征和应用范围，由于无监督学习算法不定义数学模型，对发现的“异常”点也不会进行评价和判断，所以在使用该算法时，可作为实时数据的前置分析手段，对于如何将发现的异常点进行评价，则需要用其他手段来共同完成。

参考文献

[1] WANG Z, Wu D, GRAVINA R, et al. Kernel fusion based extreme learning machine for cross-location activity recognition [J]. Information Fusion, 2017 (37): 1-9.

［2］胡仁健．面向桥结构健康管理的大数据分析方法及实现［D］．南京：东南大学，2020：7-30.
［3］朱佳俊．机器学习在智能入侵检测系统中的应用［D］．上海：上海交通大学，2020：15-19.
［4］李新鹏，高欣，阎博，等．基于孤立森林算法的电力调度流数据异常检测方法［J］．电网技术，2019（4）：1447-1456.
［5］付亮，鲍海艳，田海平，等．基于实测甩负荷的水轮机力矩特性曲线拟合［J］．农业工程学报，2018，34（19）：66-73.
［6］张飞，朱晨，徐静，等．抽水蓄能电站压力钢管焊缝应力测试与评价分析［J］．人民长江，2017，48（17）：91-95.
［7］赵慧荣．上标水电站压力明钢管的安全运行与监控［J］．大坝与安全，2009（1）：39-44.

粤港澳大湾区海洋生态环境监测存在的问题及对策

朱小平[1,3]　王建国[1,2,3]　刘艺斯[1,3]　吴　倩[1,3]　黄鲲鹏[1,3]

（1. 珠江水利委员会珠江水利科学研究院，广东广州　510610；
2. 水利部珠江河口治理与保护重点实验室，广东广州　510610；
3. 广东省河湖生命健康工程技术研究中心，广东广州　510610）

摘　要： 粤港澳大湾区建设是习近平总书记亲自谋划、亲自部署、亲自推动的重大国家战略，良好的海洋生态环境是大湾区持续发展的重要保证，也是人民最普惠的福祉。海洋生态环境监测作为生态环境保护的重要基础，亟待强化支撑、引领、服务作用。文章分析了大湾区海洋生态环境监测现状，从监测能力、市场服务、三地协同监测等方面梳理、剖析了海洋生态环境监测存在的问题和原因，并就如何补齐短板，提高海洋生态环境监测服务水平提出了对策建议。

关键词： 粤港澳大湾区；海洋生态环境监测；对策

2019年中共中央、国务院印发了《粤港澳大湾区发展规划纲要》，强调要以建设美丽大湾区为引领，加强海洋环境污染防治和生态保护修复，打造生态防护屏障，保护海洋生物多样性，实现海洋资源有序开发利用，推进大湾区生态文明建设。随着新一轮大开发、大建设、大发展、大保护的开启，大湾区的海洋生态环境管理与保护必将面临巨大挑战。海洋生态环境监测作为海洋生态环境管理与保护的"耳目""哨兵""尺子"，同样面临任务量剧增、服务水平高要求的挑战，亟待强化其支撑、引领、服务作用。全面梳理大湾区海洋生态环境监测现状，剖析存在的问题和短板，有针对性地提出对策和建议，对促进海洋生态环境监测高质量发展，满足海洋生态环境保护的需求，实现全面建成宜居宜业宜游的国际一流湾区目标有着重要的现实意义。

1　大湾区海洋生态环境监测现状

历经40余年的发展，海洋生态环境监测实现了从无到有、从单一到综合、从分散到统一的跨越发展[1]，监测领域、监测项目不断拓展和丰富，监测质量与技术水平不断提高。生态环境监测工作在海洋生态环境保护工作中的地位稳步提升，粤港澳三地生态环境监测协同发展态势开始呈现，为美丽湾区建设打下了良好基础。

1.1　海洋生态环境监测体系进一步优化

2018年国务院机构进行了全面改革，海洋生态环境监测管理职能由过去分散于原国家海洋局、原国家环保部及原农业部划归于新组建的生态环境部。地处珠江河口、南海之滨的大湾区，初步建立以国家海洋环境监测中心、珠江流域南海海域生态环境监测中心和广东省海洋监测队伍为主的海洋生态环境监测业务体系，监测组织体系得到进一步优化。

基金项目： 国家科技基础研究专项基金（2019FY101900）、国家自然科学基金（5170929、51809298）、广西水工程材料与结构重点实验室资助课题（GXHRI-WEMS-2020-11）。

作者简介： 朱小平（1984—）男，高级工程师，主要从事水生态环境监测工作。

通信作者： 王建国（1986—），男，高级工程师，主要从事河湖生态系统调查与诊断、水生生态保护与恢复工作。

1.2 海洋生态环境监测力量多元化格局初步形成

近年来，海洋生态环境监测需求因大量涉海建设、保护修复项目的实施而快速增加，为湾区内众多的民营第三方检测机构创造了发展机会，不断布局海洋生态环境监测。初步形成了由政府下属技术支撑部门、科研院所、民营第三方检测机构相互协调、各有侧重的多元化监测格局。

1.3 海洋生态环境监测数据质量明显提高

党的十九届五中全会提出，坚定不移建设制造强国、质量强国，完善国家质量基础设施。国务院及其职能部门陆续出台了系列加强检验检测机构质量管理和监督管理的规章制度，常态化开展“双随机、一公开”，压实从业机构主体责任、强化事中事后监管、严厉打击不实和虚假检验检测行为[2]。自香港、澳门回归后，粤港澳三地在国家标准体系和地方政策法律基础上不断加强生态环境监测标准体系建设与质控技术研究。香港地区按照《香港实验所认可计划》与环保署质量手册每年对监测网络进行一次系统审核，确保监测数据质量[3]。

1.4 粤港澳三地海洋生态环境协同监测开启

海洋具有整体性、复合性、流动性等特点，大湾区海洋生态环境质量是一种跨区域的公共物品[4]，不能以单纯的行政区域划分为界限。客观上要求必须以“生命共同体”理念为指导，以系统性、整体性生态思维方式，形成三地政府跨区域的协同监测机制，为大湾区海洋生态环境统一管理和保护修复提供支撑。

《粤港澳大湾区发展规划纲要》的出台，标志着粤港澳三地海洋生态环境监测协同机制的开启。2019 年 11 月，广东省生态环境厅召开粤港澳大湾区生态环境监测体系建设方案研讨会，谋划建设粤港澳大湾区生态环境监测体系。2020 年 9 月，粤港澳大湾区标准化研究中心揭牌，致力于打造大湾区政策、规则、标准“三位一体”的一流研究机构，大湾区标准化战略决策的一流高端智库，湾区标准国际化的一流公共平台。2021 年 4 月，“同一个湾区，同一个标准”粤港澳大湾区标准创新研讨会召开，粤港澳大湾区标准创新联盟在会上揭牌。随着上述系列平台、方案的实施，粤港澳三地海洋生态环境协同监测将走上快车道。

2 存在的问题

2.1 监测力量发展不平衡

粤港澳大湾区海洋生态环境监测任务艰巨，单纯依靠湾区内区域和地方海洋生态环境监测职能部门及相关科研院所的力量是不够的，亟待民营第三方检测机构形成有力补充。然而，由于起步晚、资金投入有限、人才吸引力弱等原因，与前两者监测力量相比，民营第三方检测机构在海洋生态环境监测领域存在监测技术经验积累少、监测效率低、监测质量不高等诸多问题，成为限制湾区粤港澳大湾区海洋生态环境监测力量整体提升的短板。

2.2 监测能力发展不充分

（1）人才供求矛盾突出。

不同于海水水质和沉积物监测，海洋生物种类繁多，海洋生物调查监测需要具备较完整的知识体系和长时间的专业训练，特别是物种鉴别等，专业性较强，对人才学历要求高。而目前开展海洋生物调查监测相关专业的科研院所数量有限，对于日益增长的海洋生物调查监测需求，人才缺口的问题将更加突出。

此外，现场样品采集是监测工作的基础，样品采集的规范与否直接关系到结果的代表性，规范的样品采集依赖于采样人员丰富的技术经验。由于海洋生态环境现场工作环境恶劣、任务繁重，造成招人难、留人难的困境。一些情况下，存在依靠渔民和船工实施现场采样监测的现象，给海洋生态环境监测质量和合规性带来潜在风险。

（2）技术装备相对落后。

首先，海洋生态调查监测离不开监测船舶，大湾区内只有区域监测中心和个别科研院所具备专业的监测船舶，大量检测机构通过租用渔船来开展海洋生态环境监测。由于海洋生态环境监测现场涉及化验、样品前处理等环节，而渔船普遍存在空间小、环境差等问题，难以满足现场监测采样的规范要求。

其次，在仪器设备精度和稳定性水平，航空、卫星遥感监测技术的应用程度，以及海洋生态环境监测信息一体化融合等方面与大湾区生态环境治理现代化需求还存在较大差距。

（3）新的分析方法标准开发有限。

由于海水高盐特性，在化学指标测试方面，传统的监测方法需要经过萃取、转化等烦琐、复杂的人工前处理程序。此外，海洋浮游生物镜检同样耗时耗力，以上种种情况严重制约了监测效率的提高。然而，受限于资金、人才等因素，近年来在海洋监测分析方法的改进和新方法的开发鲜有突破和进展。

2.3 监测服务市场不成熟

海洋生态环境监测船舶、仪器装备等硬件门槛偏高，社会化第三方的承接能力较弱，市场规模偏小。

大湾区生态环境监测服务市场建立时间不长，还不成熟、不规范，监测市场诚信体系还不完善，一方面招标投标过程中存在着陪标、串标等乱象；另一方面，在取消环境监测服务政府定价后，虽然行业协会出台了指导价，但是由于缺乏有效的约束力，低价竞争日趋激烈。由于实际监测成本高于收费收入，导致部分社会环境检测机构承接监测业务偷工减料，不按技术规范开展采样监测甚至出现数据造假的现象，给生态环境监测服务市场的健康发展带来严重损害。

2.4 粤港澳大湾区生态环境协同机制不健全

由于粤港澳三地在政治、经济体制方面的差异，加之大湾区协同发展刚刚起步，生态环境协同监测机制方面自然存在诸多不足。主要表现在以下几方面。

（1）监测标准互认对接机制未建立。

监测标准是开展监测活动的技术支撑，形成三地认可、协调的监测标准体系是三地开展海洋生态协同监测的重要基础。长期以来，香港特别行政区主要采用环保署内部分析标准和美国环保署的检测方法标准，澳门特别行政区主要采用内地颁布的 HJ 系列和广东省 DB 系列等标准方法。三地标准体系的不同对三地监测数据的比较、监测结果的互认带来一定的困难。

（2）监测网络割裂。

港澳均拥有独立管辖的海域，并负责管辖海域的生态环境管理和保护。三地均以管辖海域为监测对象，在点位布设、监测时间和频率方面“各自为政”，使得大湾区海域的监测结果缺乏系统性和可比性，严重限制了监测成果的效力，进而使支撑整个大湾区海域生态环境保护的作用大打折扣。

（3）数据共享不充分。

虽然粤港澳三地建有协同共治框架，并在这一框架下成功应对了多项跨境海洋环境问题，包括深圳湾治理工程、大鹏和珠江口湿地保护工程、海漂垃圾预警预报和治理、粤澳交界水葫芦治理等[4]。但是该机制多为一事一议，协同共治的领域较为局限，缺乏从全局考虑的环境协同管理措施。特别是数据共享方面，缺乏畅通及时的数据共享机制，成为大湾区海洋生态环境系统保护和治理的障碍。

3 促进海洋生态环境监测高质量发展的对策

3.1 加强组织领导和顶层设计

在粤港澳大湾区建设领导小组的领导下，按照党中央和国务院关于涉海生态环境监测方面的决策部署，结合粤港澳大湾区的实际情况，研究制定粤港澳大湾区海洋生态环境监测相关管理制度和规划，统筹各方力量、明确各部门责任、理顺各方关系，构建一个上下协同、各方参与、监管有力、开放共享的粤港澳大湾区海洋生态环境协同监测体系。

3.2 提升海洋生态环境监测能力水平

一是基于智能化、快速化探索创新海洋监测新方法，减轻监测分析人员的工作强度，提升监测效率；二是升级船舶监测设施设备，发展卫星、无人机、无人艇等大面监测能力，着力提升监测工作效率和覆盖水平；三是建设海洋生态监测站，发展野外定点精细化监测能力和配套室内测试、分析评价、样品数据保存能力，强化视频、原位在线等技术手段应用；四是在项目布局设置和资金投入方面加强对海洋生态环境监测的支持力度。

3.3 加强人才培养力度

针对海洋生态环境人才供求矛盾的问题，在粤港澳大湾区建设领导小组的领导下，在人才培养方面，应不断拓宽人才培养渠道，与企事业单位和科研院所建立生态环境监测科研及联合攻关机制，形成大湾区在海洋生态环境监测方面的合力，尽快补全目前海洋生态环境监测领域的人才缺口。

3.4 培育优化大海洋生态环境监测服务市场

一方面，坚持部门合作、加大投入和市场培育相结合，研究论证培育海洋生态环境监测市场的相关措施，吸引更多社会监测机构参与，联合科研院所、社会监测机构建立生态监测伙伴关系，不断培训壮大监测服务市场。

另一方面，加强市场监管，充分发挥部门联合“双随机、一公开”监督检查机制效力，严厉打击违法行为，震慑违法违规企业。同时，积极推进行业协会建设，形成行业自律规范。

3.5 构建粤港澳监测合作新模式

一是依托粤港澳大湾区标准化研究中心，积极创新粤港澳三地标准化合作体制机制，以促进粤港澳大湾区要素自由流通为目标，探索建立湾区标准确认机制，积极在海洋生态环境监测领域推进三地标准互认，共同打造三地通行的海洋生态环境湾区标准。

二是优化大湾区海洋生态环境监测区域布局，按照党中央和国务院生态环境部、自然资源部对海洋生态环境监测的工作部署，积极推动粤港澳三地在海洋生态环境监测领域优化构建海洋环境质量监测一张网，海洋生态预警监测一体化，评价标准体系统一化。

三是构建粤港澳海洋生态环境监测数据汇聚传输和互联共享机制。制定监测数据与信息产品共享清单，推动监测数据要素市场化配置，构建监测数据要素市场；构建统一的粤港澳海洋生态环境监测信息平台和联合发布机制，推进海洋生态监测数据的高效汇集和规范管理，全面提高监测数据服务与共享效能。

4 结语

粤港澳大湾区地处改革开放前沿，政策优势突出，经济实力雄厚，创新优势聚集，具备加快推进海洋生态环境监测体系和监测能力现代化的基本条件，未来，面对海洋生态环境监测高质量发展要求，粤港澳大湾区要在体制机制、人才培养、监测方法和技术、市场服务等方面力求先行先试，坚持新发展理念，加快形成大湾区海洋生态环境监测现代化格局，为美丽海湾建设提供有力保障。

参考文献

[1] 梁斌，鲍晨光，李飞，等．海洋生态环境监测体系发展刍议［J］．环境保护，2022，50（Z2）：34-36.

[2] 黄伟杰，朱小平，王建国，等. 科研院所非独立法人检验检测机构存在的问题及发展对策［C］//中国水利学会. 2021 年学术年会论文集. 郑州：黄河水利出版社，2021：50-53.

[3] 文小明，刘佳，陈传忠，等．粤港澳大湾区生态环境监测发展现状与展望［J］．中国环境监测，2021，37（5）：14-20.

[4] 郑淑娴，杨黎静，吴霓，等．粤港澳大湾区海洋生态环境协同共治策略探讨［J］．中国环境监测海洋开发与管理，2020，（6）：48-54.

海绵城市建设中透水混凝土的性能试验方法研究

林家宇　薛　琦　李海峰

（珠江水利委员会珠江水利科学研究院，广东广州　510610）

摘　要：在海绵城市建设过程中，透水混凝土施工作为最基础的一项，其性能评价对整体工程质量把控起到重要的作用。目前，透水混凝土的性能评价大部分引用了普通混凝土的试验检测方法，但是由于透水混凝土与普通混凝土性能上存在较大差异，采用普通混凝土试验检测方法难以准确地对透水混凝土质量进行评价，且透水混凝土与普通混凝土在施工工艺上也存在较大差异，故而在进行抗压强度、透水系数等性能试验检测时，还需注意该差异性对检测结果产生的影响。因此，本文对透水混凝土的几项重要指标的试验方法进行展开研究和探讨。

关键词：透水混凝土；强度；透水系数；路面厚度

1　引言

随着经济社会的不断进步，人们的生态环保意识逐渐增强，海绵城市理念成为近年来的热点话题，得到了国家的高度重视。海绵城市，顾名思义即将城市比拟为海绵，在面对降水过度导致的自然灾害时起到了优良的弹性和缓冲作用，在有效缓解城市内涝和“热岛效应”方面具有重要意义，这也是近年来我国坚持推行海绵城市发展规划及建设的重要原因。海绵城市建设作为城建发展的重要一环，试验检测在把控海绵城市建设质量方面有着不可或缺的地位。透水混凝土是海绵城市建设中最基本的一项，本文对贴近现场抽样的抗压强度、透水系数、路面厚度等主控项目的试验检测方法进行展开探讨，并提出相关改进建议，希望对今后的透水混凝土性能评价和相关标准制定提供借鉴。

2　透水混凝土强度试验检测方法

目前，没有专门针对透水混凝土抗压强度的试验方法标准，在试验检测过程中普遍引用《混凝土物理力学性能试验方法标准》（GB/T 50081—2019）。普通混凝土抗压强度标准试件是边长为150 mm的立方体试件[1]，考虑到尺寸对抗压强度的影响，使用了同一个配比的透水混凝土制成边长分别为100 mm、150 mm及200 mm的立方体试件各3组，对3种不同规格尺寸的透水混凝土试件进行28 d抗压强度试验，试验结果见表1。

以边长为150 mm的立方体试件为基准，将各规格试件的抗压强度平均值作为该尺寸的代表值，反向计算出其他两种边长试件的尺寸换算系数。在《混凝土物理力学性能试验方法标准》（GB/T 50081—2019）中强度等级小于C60的非标准试件，边长为100 mm和200 mm的立方体试件尺寸换算系数分别为0.95和1.05。从表2的结果可以看出，透水混凝土抗压强度的换算系数随着试件尺寸的增大而减小，这与普通混凝土的规律一致，但是，由于透水混凝土与普通混凝土在施工工艺和结构特征上存在本质性不同，两者的尺寸效应也有差异。有研究表明，与普通混凝土相比，透水混凝土内部孔隙更大，加上裂纹的随机分布，使得材料分布不均匀，随机出现缺陷的概率更高[2]，而当透水混凝土试件尺寸越大时，抗压强度减小的趋势越明显。

作者简介：林家宇（1996—），男，工程师，主要从事水利工程质量检测工作。

表1　透水混凝土28 d抗压强度试验结果

试件编号	规格尺寸/mm	28 d抗压强度/MPa	28 d抗压强度平均值/MPa
A1	100×100	41.15	40.61
A2	100×100	39.97	
A3	100×100	40.72	
B1	150×150	35.18	34.97
B2	150×150	34.75	
B3	150×150	34.99	
C1	200×200	29.55	29.89
C2	200×200	30.43	
C3	200×200	29.68	

表2　不同规格透水混凝土立方体试件尺寸换算系数推算值

组别	28 d抗压强度代表值/MPa	规格尺寸/mm	透水混凝土尺寸换算系数
A	40.61	100×100×100	0.86
B	34.97	150×150×150	1.00
C	29.89	200×200×200	1.17

在有限的条件下，已经发现两种混凝土之间存在明显差异，反观施工现场，孔隙因素引起的随机缺陷更加难以辨别和控制。因此，在拌和和摊铺等重要环节更需要引起重视。同样，在进行透水混凝土抗折强度试验时，在考虑试件尺寸效应进行换算时，应结合透水混凝土结构的特殊性，不能将透水混凝土的尺寸效应与普通混凝土的尺寸效应靠拢。现有标准规范提供的尺寸换算系数是以普通混凝土为试验对象标定得出的，在透水混凝土强度性能测试中并不适用。因此，当试验对象为透水混凝土时，需根据大量实践数据重新标定其尺寸换算系数。

3　透水混凝土透水系数试验检测方法

透水系数是评价透水混凝土功能性的一项重要指标，透水系数的优劣决定了降水是否可以被有效吸纳、蓄渗和缓释，从而实现有效控制径流，达成遵循海绵城市理念的目标。因此，对于透水系数应该严格把控其符合性。目前，普遍引用《透水水泥混凝土路面技术规程》（CJJ/T 135—2009）对透水混凝土的透水系数进行检测，图1为基于达西定律用于测量透水混凝土透水系数的定水头装置。

在《透水水泥混凝土路面技术规程》（CJJ/T 135—2009）中有提到，透水系数检测应制备3个直径为100 mm、高度50 mm的圆柱体作为样品试样[3]。在《透水混凝土》（JC/T 2558—2020）中试样尺寸为100 mm×100 mm×100 mm，是在原透水系数试验装置基础上，使用截面尺寸略大于100 mm×100 mm的方筒替换原来的圆筒[4]。本试验将同一种类不同截面尺寸的透水混凝土试样分别在两种设备中进行5次对比试验，对比结果见图2。

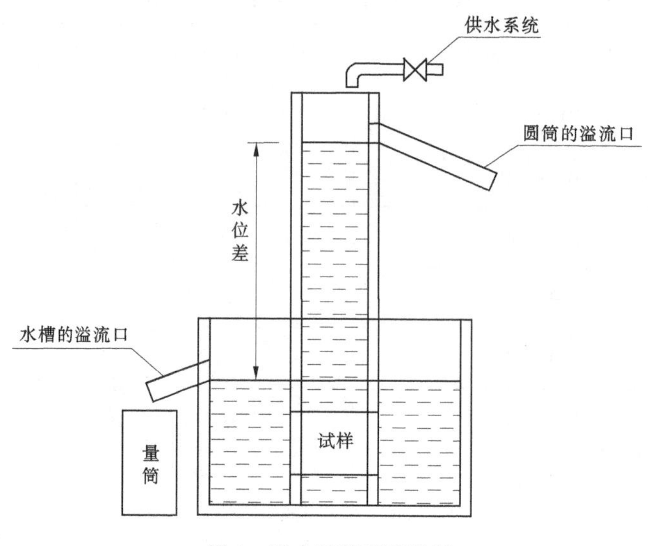

图 1　透水系数试验装置

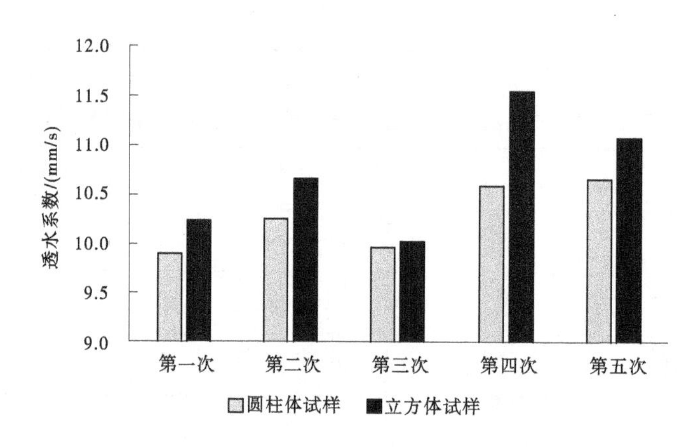

图 2　不同截面尺寸试样对比柱状图

由图 2 可以明显看出，立方体透水混凝土试样的透水系数均大于圆柱体透水混凝土试样，李昊在试验中也得出同样结论，试样的渗透系数随渗透仪器内径的增大而增大[5]。当使用内径小的渗透仪器时，试样的骨料占据试样截面的面积比例较大，因此导致最终渗透系数偏低；而当使用内径略大于上述的渗透仪器时，试样的骨料占据试样截面的面积比例也随之减小，实测的渗透系数也略大，透水混凝土内部的颗粒分布对试验的影响也降低，试验结果更具可靠性，所以将截面尺寸偏大的方筒替代原有的圆筒是可行的，但应该使用何种截面尺寸才能使结果最可靠，仍需要通过大量试验实践证明。在现场浇筑透水混凝土时，成型所需量的边长为 100 mm 的立方体透水混凝土试件再进行同条件养护 28 d，待达到龄期条件后测定试件的透水系数，沥干试件水分且擦干表面，接着进行混凝土抗压强度试验，如此一来，既省去了重复制样过程消耗的时间和人工，也让两种试验的结果更有关联性和代表性。

图 3 为公路行业常用的路面渗水仪，虽然不符合达西定律，但却引用了概念，也可以对透水混凝土的透水系数进行检测。在《公路路基路面现场测试规程》（JTG 3450—2019）中可见渗水系数 C_w 与我们所需的透水系数成比值关系，依靠经验公式计算出来的透水系数没有标准规范的引导，直接使用于透水混凝土透水性能的评价缺乏足够的说服力，因此一般会避免对现场透水混凝土透水系数使用路面渗水仪进行检测。倘若试验性质为抽检或竣工验收等已不具备制作样品，可选择现场试验来评价透水性能，可以参考路面钻芯加工成试验尺寸再进行试验，尽可能还原试验数据的真实性。

图 3 路面渗水仪

4 透水混凝土路面厚度试验检测方法

在《透水水泥混凝土路面技术规程》（CJJ/T 135—2009）中有相关说明，可以通过钻孔或刨坑方法检测透水水泥混凝土路面铺筑厚度，关于详细现场操作，可以参考《公路路基路面现场测试规程》（JTG 3450—2019）中的 T 0912—2019 挖坑和钻芯测试路面厚度方法。透水混凝土的颗粒分布较普通混凝土更复杂，裹浆黏聚力较低，因此很难在强度等级较低的透水混凝土上钻芯出比较完整的芯样，所以只能通过尺量法直接量测钻孔内壁得出实际的铺筑厚度，同理，利用钻芯法检测透水混凝土强度的可行性也取决于透水混凝土的强度和黏聚力，需要具体情况具体分析。

在检测普通混凝土厚度时，还可以利用地质雷达技术进行探测。地质雷达法是一种先进的无损检测技术，通过电磁波发射器发射高频宽频带短脉冲，经不同界面、空洞或分裂面等异常反射返回到接收天线，再根据接收到的电磁波双程走时、幅度和波形资料进一步判断介质结构，从而计算出天线距反射面的距离。但在透水混凝土检测时，由于内部孔隙较大且裂纹随机分布，这些因素会在使用地质雷达法时对发射的电磁波进行干扰，未到分界面即产生了明显的反射波，给判定铺筑厚度带来困难。因此，地质雷达在没有透水混凝土专用天线及计算程序时，直接用于评价透水混凝土铺筑厚度仍缺乏可靠性。

5 结论与展望

（1）透水混凝土较普通混凝土，在结构特征、施工工艺等方面存在明显的差异，因此在引用普通混凝土标准方法进行透水混凝土强度性能试验时，更需要注意尺寸效应对试验结果的影响，需通过大量试验数据标定出透水混凝土的尺寸修正系数。

（2）在没有指定标准方法时，使用边长为 100 mm 的立方体透水混凝土试件进行透水系数测试，更符合现今环保施工理念，在不影响数据真实性的同时，既节省了人工，还提高了工作效率。

（3）目前只能通过破损检测方法测得透水混凝土路面的厚度，无损检测欲在透水混凝土这一新兴材料中得以广泛使用仍需要不断发展和创新。

参考文献

[1] 混凝土物理力学性能试验方法标准：GB/T 50081—2019 [S].

[2] 刘宏岩，杜敏. 透水混凝土抗压强度尺寸效应细观数值模拟研究 [J]. 防灾科技学院学报，2014，16 (1)：1-4.

[3] 透水水泥混凝土路面技术规程：CJJ/T 135—2009 [S].

[4] 透水混凝土：JC/T 2558—2020 [S].

[5] 李昊，孙华. 透水混凝土路面渗透试验尺寸效应研究 [J]. 山西建筑，2021，47 (18)：127-129.

超高效液相色谱串联质谱法同时测定水中20种磺胺类抗生素

韩晓东[1] 陈 希[1] 冯 策[1] 田会方[2] 王 可[2]

（1. 中国南水北调集团中线有限公司河北分公司，河北石家庄 050035；
2. 石家庄市疾病预防控制中心，石家庄市化学毒物检测及风险预警技术创新中心，河北石家庄 050011）

摘 要：采用超高效液相色谱串联质谱（ultra performance liquid chromatography-tandem mass spectrometry，UPLC-MS/MS）建立了同时测定水中20种磺胺类抗生素的分析方法。样品经乙酸乙酯：乙腈（3∶1，V∶V）混合溶液超声提取，以0.1%的甲酸水溶液和乙腈为流动相，经XDB-C_{18}（4.6 mm×100 mm，1.8 μm）色谱柱分离，在电喷雾电离源（ESI）正离子模式下，进行多反应监测（MRM），以外标法定量。结果表明，20种磺胺类抗生素在各自范围内线性关系良好（r>0.999）。该方法的检出限为0.89~10.20 ng/L，定量限为2.96~34.01 ng/L；平均加标回收率在70.6%~98.6%，相对标准偏差为0.6%~9.0%。该方法操作简便、灵敏度高，适用于水中20种磺胺类抗生素的同步快速检测。

关键词：超高效液相色谱串联质谱；磺胺类抗生素；水

根据市场销售数据，中国是全球最大的抗生素生产国和消费国，据估计，2013年中国使用了约16.2万t抗生素[1]。常使用的抗生素有磺胺类、大环内酯类和喹诺酮类等[2]，其中磺胺类抗生素作为一类应用最早的人工合成抗菌药物，于1908年被首次合成，后来德国化学家G. Domagk在1932年首次发现其抗感染作用，随后10年发展出一系列磺胺类抗生素[3]。因其具有价格低廉、高效、抗菌谱广等优点[4]，被广泛应用于畜牧、水产养殖和医疗等方面[5]。但由于磺胺类抗生素具有作用时间长、代谢速率慢等特点，其大多会以原型或者代谢物的形式随动物粪便排出体外[6]。再通过淋溶、渗透等方式进入生态环境，对土壤和地表水造成污染[7]，不仅对水生生物产生危害，而且会对人体健康造成潜在威胁。比如：水生生物长期暴露在含有抗生素的水体中，会渐渐产生依赖性并表现出急性或慢性中毒[8]，人体长期摄入抗生素会降低免疫力，引起过敏反应甚至可能产生致癌、致畸、致突变作用[9]。为了保障人体健康，各国均规定了畜产品中磺胺类抗生素的最大残留限量[10-11]，然而对自然水体及饮用水源等水体没有相关规范。

目前，针对不同水体中磺胺类抗生素的检测方法有毛细管电泳法[12]、高效液相色谱法[13] 和高效液相色谱串联质谱法[14] 等。其中液相色谱串联质谱法因其灵敏度高、选择性强，可以同时测定多种物质，已成为分析环境水质中磺胺类抗生素的重要检测方法。近年来，国内外对磺胺类抗生素的残留检测多集中在鸡蛋、肉类及环境样品中[15-17]，且在处理水样品时多采用固相萃取法[18]，其存在前处理成本昂贵、耗时长、对目标物有吸附等缺点。因此，本研究采用液液萃取结合超高效液相色谱-串联质谱同步快速测定水中20种磺胺类抗生素。本方法操作简便、耗时短、实用性强，为水中磺胺类抗生素的定性定量分析提供了技术保障。

作者简介：韩晓东（1983—），女，高级工程师。主要从事水环境监测与评价工作。
作者简介：陈希（1984—），男，高级工程师。主要从事水环境监测与评价工作。

1 材料与方法

1.1 仪器与试剂

AB SCIEX Exion-TRIPLE QUAD 5500 液相色谱-串联质谱仪，配电喷雾离子源（ESI）；EVAP-12 氮吹仪（美国 Organomation 公司）；VXMNAL 涡旋振荡器（美国 OHAUS 公司）；Milli-Q 超纯水机（美国 Millipore 公司）；TG16-WS 台式离心机（湖南湘鑫仪器仪表有限公司）；KQ5200DE 超声波清洗器（昆山市超声仪器有限公司）；AE240（精度 1/105）电子天平（瑞士 Mettler Toledo 公司）。

磺胺类抗生素标准品（纯度>97.9%）均购自德国 Dr. Ehrenstorfer Gmb H 公司；甲酸（美国 Dikma 公司），甲醇（美国 Fisher 公司），乙腈（德国 Merck 公司），均为色谱纯；氯化钠（分析纯，天津永大化学试剂有限公司）。

1.2 色谱条件

ZORBAX Eclipse XDB-C18 色谱柱（4.6 mm × 100 mm，1.8 μm）；柱温：40 ℃；流动相：A 为 0.1%甲酸水溶液，B 为乙腈；梯度洗脱程序：0~7.5 min，21% B；7.5~7.6 min，21%~40% B；7.6~11.0 min，40% B；11.0~11.1 min，40%~75% B；11.1~15.0 min，75% B；15.0~15.1 min，21%~75% B；15.1~18.0 min，21% B。流速：0.3 mL/min；进样量：3 μL。

1.3 质谱条件

离子源：电喷雾正离子源（ESI+）；检测方式：多反应监测（MRM）模式；电喷雾电压：5 500 V；离子源温度：550 ℃；气帘气：40 psi；喷雾气：50 psi；辅助气：50 psi。20 种磺胺类抗生素的详细质谱参数见表 1。

表 1　20 种磺胺类抗生素的质谱参数

磺胺类抗生素	母离子/（m/z）	子离子/（m/z）	去簇电压 DP	碰撞能 CE
磺胺二甲基异嘧啶	279.2	124.2*，186.0	81.8*，78.1	27.5*，23.0
磺胺醋酰	215.1	92.0*，156.1	103.9*，116.0	29.0*，14.6
磺胺噻唑	256.1	156.1*，108.2	83.8*，83.8	21.0*，31.8
磺胺嘧啶	251.1	156.2*，108.0	59.7*，48.9	22.0*，33.0
磺胺吡啶	250.1	156.0*，184.2	73.3*，82.1	23.0*，23.9
磺胺甲基嘧啶	265.1	156.1*，172.0	40.3*，61.1	23.1*，23.0
磺胺甲噻二唑	271.0	156.0*，108.2	49.2*，45.1	20.8*，31.3
磺胺甲氧哒嗪	279.2	124.1*，186.2	85.1*，77.0	32.1*，24.1
磺胺二甲嘧啶	281.0	156.2*，92.1	83.2*，77.9	24.0*，37.9
磺胺对甲氧嘧啶	281.1	156.1*，108.2	55.0*，61.1	24.9*，33.2
磺胺间甲氧嘧啶	281.1	156.2*，108.2	56.9*，18.1	24.2*，35.1
磺胺氯哒嗪	285.1	156.2*，108.1	82.0*，83.1	21.6*，34.0
周效磺胺	311.1	156.0*，108.1	82.1*，73.1	24.1*，33.0
磺胺甲噁唑	254.1	156.1*，108.2	106.9*，84.9	22.3*，31.9
磺胺二甲异唑	268.0	156.2*，113.0	87.7*，100.2	19.6*，21.8
苯甲酰磺胺	277.1	156.1*，92.0	72.9*，76.9	17.8*，38.8
磺胺喹噁啉	301.1	156.0*，92.1	38.0*，47.9	23.2*，39.7
磺胺地索辛	371.2	156.2*，108.1	55.0*，39.8	27.4*，37.9
磺胺苯吡唑	315.2	156.2*，108.2	90.1*，93.5	27.7*，38.1
磺胺硝苯	336.3	156.2*，294.0	155.2*，153.8	17.1*，16.9

注：* 定量离子。

1.4 标准溶液的配制

采用乙腈溶解适量的磺胺类抗生素标准品，配制成 1 000 mg/L 的单标储备液，密封储存于-20 ℃冰箱。取适量各标准储备液，用乙腈稀释，得到 1 mg/L 的混合标准溶液。0. 1 μg/L、0. 2 μg/L、0. 5 μg/L、1 μg/L、2 μg/L、5 μg/L、10 μg/L、20 μg/L、50 μg/L、100 μg/L 的系列混合标准工作溶液采用初始流动相逐级稀释。

1.5 样品处理

准确移取 25 mL 水样于 50 mL 离心管中，加入 14 mL 乙腈：乙酸乙酯(1：3，V：V)，涡旋混匀后超声提取 10 min，加入 6 g NaCl，涡旋混匀，以 8 000 r/min 离心 5 min。移取 7 mL 上清液于 40 ℃下氮吹浓缩。采用 1. 0 mL 初始流动相复溶，过 0. 20 μm 滤膜，经 UPLC-MS/MS 测定。

2 结果与讨论

2.1 色谱条件优化

比较了 ZORBAX Eclipse XDB-C18 (4. 6 mm×100 mm，1. 8 μm)、ZORBAX Eclipse XDB-C18 (2. 1 mm×50 mm，1. 8 μm)、Phenomenex Kinetex F5 100 Å (3. 0 mm×100 mm，2. 6 μm) 3 款色谱柱对 20 种目标物分离效果。实验结果显示，与另外 2 种色谱柱相比，ZORBAX Eclispse XDB-C18 (4. 6 mm×100 mm，1. 8 μm) 色谱柱分离效果较好，且峰形尖锐，故选择此色谱柱进行分离检测。

比较了以甲醇、乙腈为有机相，水和 0. 1%甲酸水为水相时，对 20 种目标物的分离效果。结果表明，与甲醇相比，选择乙腈作为有机相时，分离度较好。以纯水为水相时，20 种目标物的峰形较差且部分目标物出现分裂缝；加入甲酸之后，峰形得到改善，且响应较好。因此，选择乙腈-0. 1%甲酸水为流动相。20 种磺胺类抗生素的总离子流色谱图 (TIC) 如图 1 所示。

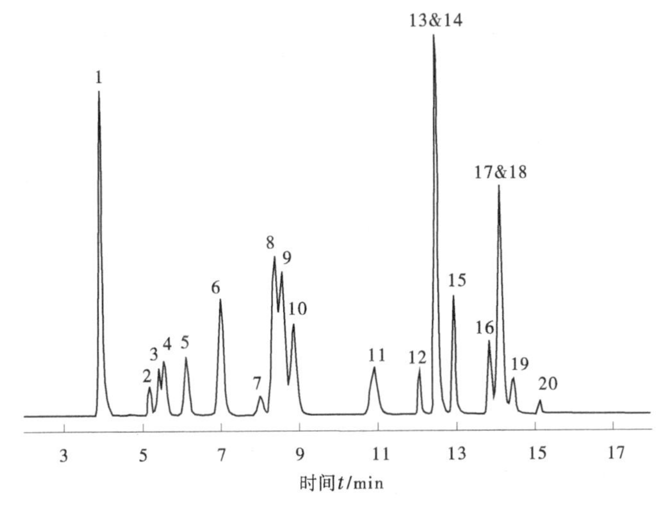

1—磺胺二甲基异嘧啶；2—磺胺醋酰；3—磺胺噻唑；4—磺胺嘧啶；5—磺胺吡啶；6—磺胺甲基嘧啶；7—磺胺甲噻二唑；8—磺胺甲氧哒嗪；9—磺胺二甲嘧啶；10—磺胺对甲氧嘧啶；11—磺胺间甲氧嘧啶；12—磺胺氯哒嗪；13—周效磺胺；14—磺胺甲噁唑；15—磺胺二甲异唑；16—苯甲酰磺胺；17—磺胺喹噁啉；18—磺胺地索辛；19—磺胺苯吡唑；20—磺胺硝苯。

图 1　20 种磺胺类抗生素的色谱图

2.2 前处理方法优化

由磺胺类抗生素的基本结构可知其呈酸碱两性，水样的 pH 很大程度地影响了目标物在水样中的存在形态和稳定性。因此，本实验采用 0. 1 mol/L HCl 和 5%氨水将水样 pH 值分别调为 5. 0~9. 0 讨论对 20 种磺胺类抗生素回收率的影响。试验结果显示，当 pH=5 时，磺胺噻唑、磺胺二甲异唑、磺胺二甲基异嘧啶的回收率均低于 30. 3%；当 pH=6 时，各目标物的回收率均有明显提升；当 pH>6 时，各目标物的回收率较在 pH=6 的条件下有所下降。因此，本实验选择将水样调至 pH=6，回收率在 61. 0%~100. 3%。

本实验考察了乙酸乙酯、二氯甲烷和乙腈 3 种提取剂的提取效率。结果显示，当以二氯甲烷作为提取剂时，20 种磺胺类抗生素的回收率均低于 52.2%。以乙酸乙酯作为提取剂时，磺胺醋酰的回收率较低，为 17.0%，而以乙腈作为提取剂时，回收率偏高。因此，比较了将乙腈和乙酸乙酯以不同比例混合的提取效果。当乙腈与乙酸乙酯体积比为 1：3时，20 种磺胺类抗生素的回收率均在 67.4%~102.7%。因此，选择乙腈：乙酸乙酯为1：3时作为最终提取剂。然后比较了提取剂体积为 10 mL、12 mL、13 mL、14 mL、15 mL 时对磺胺类抗生素提取效果的影响。当提取剂用量为 14 mL 时，萃取效果最佳，回收率为 69.1%~110.4%。

超声作为常用的提取方式之一，具有增大待测物质与萃取剂接触面积和时间，使待测物更易进入萃取剂的优点。因此，本实验分别选择超声 5 min、10 min、15 min 和 20 min 作为提取条件。实验结果表明，在超声时间为 10 min 时，20 种磺胺类抗生素的回收率最好，为 71.0%~96.0%。

2.3 基质效应

以基质空白和初始流动相分别配制标准曲线，根据基质效应计算公式：

$$\text{基质效应} = \text{基质匹配标准曲线斜率} / \text{溶剂标准曲线斜率} \times 100\%$$

当基质效应计算值在 80.0%~120.0%时，认为基质效应较弱，可忽略。结果表明，20 种磺胺类抗生素的基质效应均在 82.8%~112.6%，基质效应较弱，因此采用初始流动相配制标准曲线进行定量分析。

2.4 标准曲线、检出限和定量限

20 种磺胺类抗生素在各自浓度范围内线性关系良好，相关系数（r）均在 0.999 以上。以 3 倍和 10 倍的信噪比分别计算出检出限（LOD）和定量限（LOQ），分别为 0.89~10.20 ng/L 和 2.96~34.01 ng/L，能够满足定量分析的要求，见表 2。

表 2　20 种磺胺类抗生素的线性范围、回归方程、检出限和定量限

磺胺类抗生素	线性方程	线性范围/（μg/L）	相关系数 r	检出限/（ng/L）	定量限/（ng/L）
磺胺二甲基异嘧啶	$y = 231\,335x + 150\,410$	0.1 ~ 100.0	0.999 8	0.89	2.96
磺胺醋酰	$y = 18\,101x + 12\,846$	0.5 ~ 100.0	0.999 9	4.81	16.04
磺胺噻唑	$y = 120\,793x + 135\,952$	0.1 ~ 100.0	0.999 4	2.04	6.78
磺胺嘧啶	$y = 124\,983x + 106\,987$	0.1 ~ 100.0	0.999 8	1.72	5.73
磺胺吡啶	$y = 126\,033x + 188\,983$	0.1 ~ 100.0	0.999 2	1.36	4.53
磺胺甲基嘧啶	$y = 127\,470x + 45\,326$	0.1 ~ 100.0	0.999 8	1.62	5.36
磺胺甲噻二唑	$y = 78\,787x + 23\,932$	0.2 ~ 100.0	0.999 7	3.11	10.36
磺胺甲氧哒嗪	$y = 195\,162x + 103\,857$	0.1 ~ 100.0	0.999 7	1.28	4.27
磺胺二甲嘧啶	$y = 219\,919x + 186\,948$	0.1 ~ 100.0	0.999 4	1.23	4.10
磺胺对甲氧嘧啶	$y = 209\,850x + 125\,261$	0.1 ~ 100.0	0.999 8	1.42	4.72
磺胺间甲氧嘧啶	$y = 39\,955x + 19\,692$	0.1 ~ 100.0	0.999 9	1.68	5.61
磺胺氯哒嗪	$y = 72\,710x + 40\,468$	0.2 ~ 100.0	0.999 2	3.82	12.74
周效磺胺	$y = 425\,044x + 371\,993$	0.1 ~ 100.0	0.999 3	1.05	3.51
磺胺甲噁唑	$y = 97\,906x + 165\,582$	0.1 ~ 100.0	0.999 2	1.43	4.75
磺胺二甲异唑	$y = 112\,637x + 95\,292$	0.1 ~ 100.0	0.999 2	1.73	5.77
苯甲酰磺胺	$y = 139\,435x + 151\,879$	0.1 ~ 100.0	0.999 7	2.64	8.81
磺胺喹噁啉	$y = 77\,938x + 109\,122$	0.1 ~ 100.0	0.999 4	2.36	7.87
磺胺地索辛	$y = 279\,295x + 510\,832$	0.1 ~ 100.0	0.999 2	2.08	6.93
磺胺苯吡唑	$y = 65\,623x + 85\,599$	0.1 ~ 100.0	0.999 9	2.73	9.10
磺胺硝苯	$y = 13\,524x + 4\,847$	0.5 ~ 100.0	0.999 9	10.20	34.01

2.5 加标回收和精密度

在 100 ng/L、400 ng/L 和 1 000 ng/L 3 个浓度水平下对空白水样进行加标回收实验，每个添加水平平行测定 7 次，结果列于表 3。20 种磺胺类抗生素的平均回收率在 70.6%~98.6%，相对标准偏差（RSD）为 0.6%~9.0%，准确度、精密度均满足兽药残留检测要求，适用于水中 20 种磺胺类抗生素残留的同时检测。

表 3　20 种磺胺类抗生素的加标回收试验结果（$n=7$）

磺胺类抗生素	100 ng/L			400 ng/ L			1 000 ng/L		
	测定值（$\bar{x}\pm s$，ng/L）	回收率/%	RSD/%	测定值（$\bar{x}\pm s$，ng/L）	回收率/%	RSD/%	测定值（$\bar{x}\pm s$，ng/L）	回收率/%	RSD/%
磺胺二甲基异嘧啶	74.6±2.91	74.6	3.9	306±19.61	76.6	6.4	784±57.23	78.4	7.3
磺胺醋酰	75.7±4.92	75.7	6.5	296±26.68	74.1	9.0	778±50.57	77.8	6.5
磺胺噻唑	71.7±2.51	71.7	3.5	282±23.16	70.6	8.2	732±51.97	73.2	7.1
磺胺嘧啶	73.4±2.86	73.4	3.9	319±2.23	79.7	0.7	866±47.63	86.6	5.5
磺胺吡啶	71.3±5.28	71.3	7.4	291±18.35	72.8	6.3	795±46.11	79.5	5.8
磺胺甲基嘧啶	73.3±4.18	73.3	5.7	307±19.33	76.7	6.3	823±51.03	82.3	6.2
磺胺甲噻二唑	74.5±3.73	74.5	5.0	321±16.38	80.3	5.1	795±19.88	79.5	2.5
磺胺甲氧哒嗪	72.4±0.43	72.4	0.6	305±14.02	76.2	4.6	714±18.56	71.4	2.6
磺胺二甲嘧啶	75.2±1.65	75.2	2.2	306±15.59	76.4	5.1	797±24.71	79.7	3.1
磺胺对甲氧嘧啶	70.9±2.27	70.9	3.2	313±12.82	78.2	4.1	897±50.23	89.7	5.6
磺胺间甲氧嘧啶	81.7±3.27	81.7	4.0	328±12.14	82.0	3.7	956±19.12	95.6	2.0
磺胺氯哒嗪	76.0±4.03	76.0	5.3	310±6.82	77.5	2.2	814±13.02	81.4	1.6
周效磺胺	83.6±2.68	83.6	3.2	394±20.51	98.6	5.2	966±33.81	96.6	3.5
磺胺甲噁唑	74.9±1.87	74.9	2.5	349±15.70	87.2	4.5	928±12.99	92.8	1.4
磺胺二甲异唑	75.6±6.27	75.6	8.3	311±3.42	77.8	1.1	838±36.03	83.8	4.3
苯甲酰磺胺	82.3±1.65	82.3	2.0	372±15.62	93.0	4.2	921±27.63	92.1	3.0
磺胺喹噁啉	72.0±4.03	72.0	5.6	340±15.32	85.1	4.5	886±13.29	88.6	1.5
磺胺地索辛	89.5±5.37	89.5	6.0	360±7.56	90.0	2.1	954±18.13	95.4	1.9
磺胺苯吡唑	79.4±3.73	79.4	4.7	335±8.04	83.8	2.4	905±22.63	90.5	2.5
磺胺硝苯	93.7±2.16	93.7	2.3	394±18.52	98.5	4.7	980±44.10	98.0	4.5

2.6 实际样品测定

采用本方法对石家庄市 15 份地表水进行 20 种磺胺类抗生素残留的检测，结果均低于该方法的检出限。

3 结论

建立了液液萃取结合超高效液相色谱-串联质谱测定水中 20 种磺胺类抗生素的高通量检测新方法，20 种磺胺类抗生素在各自浓度范围内线性关系良好，检出限在 0.89~10.20 ng/L，定量限在

2. 96~34. 01 ng/L，在 3 个加标水平下的平均回收率为 70. 6%~98. 6%。本方法灵敏度高、准确度好、前处理过程简单，适用于水中 20 种磺胺类抗生素的同步快速检测。

参考文献

[1] ZHI S, ZHOU J, LIU H, et al. Simultaneous extraction and determination of 45 veterinary antibiotics in swine manure by liquid chromatography-tandem mass spectrometry [J]. J. Chromatogr B Analyt Technol Biomed Life Sci, 2020, 1154: 122286.

[2] 候美玲，董宪兵，李红丽，等. 超高效液相色谱-串联质谱法（UPLC-MS/MS）同时检测畜禽肉中抗生素及镇静剂类兽药残留 [J]. 食品与发酵科技，2020，56（3）：113-117，126.

[3] 张艳梅，钱珊珊，赵志勇，等. 固相萃取技术在磺胺类药物残留分析中的研究进展 [J]. 分析测试学报，2020，39（5）：681-687.

[4] 庞昕瑞，曾鸿鹄，梁延鹏，等. 固相萃取-超高效液相色谱-串联质谱法测定地表水中 10 种磺胺类抗生素残留 [J]. 分析科学学报，2019，35（4）：461-466.

[5] 郑璇，张晓岭，邹家素，等. 超高效液相色谱-三重四极杆质谱法测定地表水和废水中的 19 种磺胺类抗生素 [J]. 理化检验（化学分册），2018，54（6）：680-687.

[6] 宋焕杰，谢卫民，王俊，等. SPE-UPLC-MS/MS 同时测定水环境中 4 大类 15 种抗生素 [J]. 分析试验室，2022，41（1）：50-54.

[7] 高磊，王鹏，陈中祥，等. 磁性固相萃取-超高效液相色谱串联三重四极杆质谱法测定渔业水环境中的 12 种磺胺类抗生素残留 [J]. 中国渔业质量与标准，2020，10（1）：36-42.

[8] 许祥. 城市饮用水源中磺胺类抗生素污染特征分析和风险评价 [D]. 杭州：浙江工业大学，2019.

[9] DI X, WANG X, LIU Y, et al. Microwave assisted extraction in combination with solid phase purification and switchable hydrophilicity solvent-based homogeneous liquid-liquid microextraction for the determination of sulfonamides in chicken meat [J]. J. Chromatogr B, 2019, 1118-1119: 109-115.

[10] SAXENA S K, RANGASAMY R, KRISHNAN A A, et al. Simultaneous determination of multi-residue and multi-class antibiotics in aquaculture shrimps by UPLC-MS/MS [J]. Food Chem, 2018, 260: 336-343.

[11] 食品安全国家标准. 食品中兽药最大残留限量：GB 31650—2019 [S]. 北京：中国农业出版社，2019.

[12] 谭韬，刘应杰，唐倩，等. 毛细管电泳对水体中多类抗生素的同时分离检测 [J]. 重庆医学，2018，47（35）：4530-4533.

[13] 李清雪，孙王茹，汪庆. SPE-HPLC 测定水中 β-内酰胺类、喹诺酮类、磺胺类抗生素 [J]. 中国给水排水，2019，35（18）：118-122.

[14] 方灵，韦航，黄彪，等. 超高效液相色谱-串联质谱法同时测定牛奶中 38 种抗生素残留 [J]. 分析测试学报，2019，38（6）：681-686，692.

[15] 秦延平，黄丹丹，李纲，等. 超高效液相色谱-串联质谱法快速检测自来水中 18 种抗生素 [J]. 预防医学，2019，31（8）：857-861.

[16] ABAFE O A, GATYENI P, MATIKA L. A multi-class multi-residue method for the analysis of polyether ionophores, tetracyclines and sulfonamides in multi-matrices of animal and aquaculture fish tissues by ultra-high performance liquid chromatography tandem mass spectrometry [J]. Food Addit Contam A, 2020, 37 (3): 438-450.

[17] 胡婷婷，赵韫慧，刘浩，等. 液相色谱串联质谱法测定鸡蛋粉中 16 种磺胺类药物的残留量 [J]. 食品安全质量检测学报，2019，10（19）：6494-6502.

[18] 杨舒婷，林伟锐，梁建华，等. 固相萃取-高效液相色谱法测定水中磺胺二甲基嘧啶、磺胺甲基异噁唑的方法探究 [J]. 肇庆学院学报，2019，40（2）：40-44.

便携式大型三维数字测量仪在水工金属结构复杂曲面检测中的应用

张怀仁[1]　王　崴[2]　王　颖[1]

（1. 水利部水工金属结构质量检验测试中心，河南郑州　450044
2. 水利部综合事业局，北京　100053）

摘　要：水工金属结构产品精密工件加工质量是产品制造控制中的关键环节。便携式大型三维数字测量仪是一种面结构光投影测量设备，是工业生产、工业检测中先进的三维测量技术，本文采用便携式大型三维数字测量仪获取水工金属结构精密工件复杂曲面的点云数据，并与其设计的数模信息进行比对，直接获取该工件各部分的制造偏差及各部分之间的距离、角度等信息，为该工件质量控制提供有力技术支撑。

关键词：便携式大型三维数字测量仪；水工金属结构；复杂曲面；工业检测

1　引言

水工金属结构是水利水电工程的重要组成部分，主要包括闸门、阀门、拦污栅、压力钢管、清污机、启闭机和升船机等，担负着工程的防洪、灌溉、引水发电、供水、航运等控制任务，其设备的安全可靠是水利工程安全运行的决定性因素[1-3]。水工金属结构产品是依据不同工程的水力学特征和标准而专门设计的定制产品，随着水利工程建设要求的不断提高，水工金属结构产品的结构形式越来越复杂，外形尺寸越来越大、制造与安装质量要求越来越高。

检测技术作为现代工业生产的支柱，是水工金属结构行业发展的重要技术支撑，也是保证水工金属结构产品质量的重要手段[4]。数字化测量技术是当今制造业的重要技术，“中国制造 2025”要实现智能制造，就要向数字化转型，为了推进水工金属结构行业制造向智能化、数字化发展，提升制造技术信息采集和处理的数字化是重中之重，而作为制造质量控制的主要手段，检测技术的数字化是基础，又是提升制造质量和评价制造水平的重要手段。

伴随着光电子技术的迅猛进步和测量仪器在工业领域的广泛运用，基于光学和视觉的测量方法因其速度快、精度高、效率高、柔性好的特点，已成为当下制造业不可或缺的关键技术[5]。随着数字投影技术的发展，结构光三维测量技术以非接触、计算量小、成像精度高、抗干扰性好的优势逐渐成为工业生产、工业检测中有着广泛应用的三维测量技术。在质量控制过程中，利用数字化检测结果可以快速建立被测对象的三维数字模型，通过与设计模型的比对评价准确描述制造偏差，提高质量管控能力。

2　便携式大型三维数字测量仪

便携式大型三维数字测量仪是由瑞士海克斯康公司研发的一种面结构光投影测量设备。面结构光是向被测物体表面投射特设的条纹编码（如编码角点特征、格雷码等），通过已知外参关系的单目相机和数字投影仪，采用相位轮廓技术从条纹图片中还原物体表面形貌相对于测量系统的坐标；或者采

作者简介：张怀仁（1984—），男，高级工程师，副处长，主要从事水工金属结构产品试验与检测技术研究工作。

用已经标定好外参的双目相机，根据条纹编码从两个相机的图片中进行匹配，还原出表面几何形貌的三维坐标的方法。

便携式大型三维数字测量仪分辨率高达 1 200 万像素，扫描速度快、测量精度高，是水工金属结构产品精密零部件质量控制过程中数字化检测的良好手段。其结构设计稳健，抗干扰性强，即使在受客观环境影响的情况下，保证数据稳定可靠。同时，便携式大型三维数字测量仪将扫描系统与摄影测量系统相结合，即使面对大型的不规则工件，依然能够快速精确地捕捉测量细节。另外，便携式大型三维数字测量仪拥有两种规格的镜头，一种规格为 M-350 mm，测量深度：180 mm；*X*，*Y* 分辨率：69 mm；长度测量误差：36 μm；尺寸误差：9 μm；形状误差：9 μm。一种规格为 M-750 mm，测量深度：500 mm；*X*，*Y* 分辨率：201 mm；长度测量误差：88 μm；尺寸误差 22 μm；形状误差：22 μm。可根据测量工件的尺寸与复杂性进行切换，在数秒内实现水工金属结构产品精密零部件数字化测量。

3 测试结果及分析

为检验某水工金属结构产品精密工件的加工质量，采用便携式大型三维数字测量仪对该工件进行测量，考虑被测工件大小，测量采用规格为 750 mm 镜头，通过轮廓匹配，利用 Optocat 随机软件扫描获取该工件的点云信息（因工件表面光滑，在被测曲面部分喷涂 10 μm 的钛粉涂层，降低金属表面粗糙度较小的影响）。在获得该工件点云信息后，采用 PolyWorks 软件进行数据后处理，并与其设计的数模信息进行比对，获取工件各部分的制造偏差及各部分之间的距离、角度等信息。具体结果见图 1～图 4。

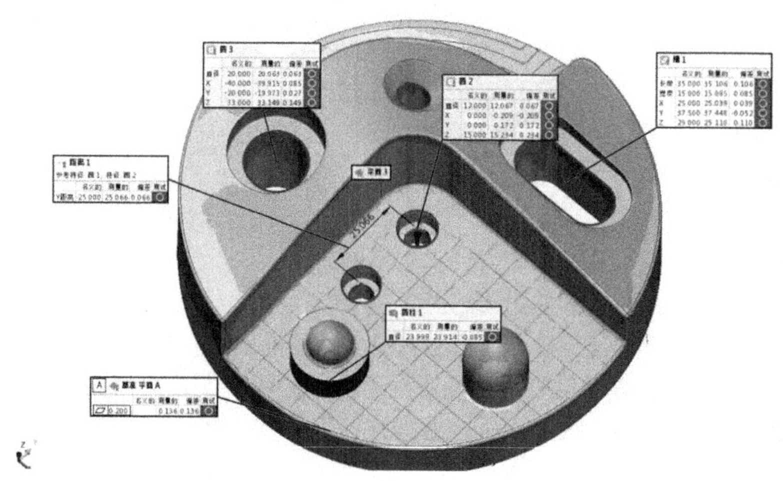

图 1 工件 a 数模对比图

特征表格

长度单位 毫米
坐标系 世界坐标系
数据对齐 最佳拟合至参考 2

名称	控制	名义的	测量的	公差	偏差	测试
圆 1	○ 0.100		0.079	0.100	0.079	通过
	直径	12.000	12.093	±1.000	0.093	通过
	X	0.000	-0.177	±1.000	-0.177	通过
	Y	-25.000	-24.894	±1.000	0.106	通过
	Z	15.000	15.126	±1.000	0.126	通过
圆 2	直径	12.000	12.067	±1.000	0.067	通过
	X	0.000	-0.209	±1.000	-0.209	通过
	Y	0.000	0.172	±1.000	0.172	通过
	Z	15.000	15.234	±1.000	0.234	通过
圆 3	直径	20.000	20.063	±1.000	0.063	通过
	X	-40.000	-39.915	±1.000	0.085	通过
	Y	-20.000	-19.973	±1.000	0.027	通过
	Z	33.000	33.149	±1.000	0.149	通过
基准 平面 A	⏥ 0.200		0.136	0.200	0.136	通过
平面 2	⊥ 0.300 A		0.112	0.300	0.112	通过
槽 1	长度	35.000	35.106	±1.000	0.106	通过
	宽度	15.000	15.085	±1.000	0.085	通过
	X	25.000	25.039	±1.000	0.039	通过
	Y	37.500	37.448	±1.000	-0.052	通过
	Z	25.000	25.110	±1.000	0.110	通过

图 2 工件 a 数模对比表

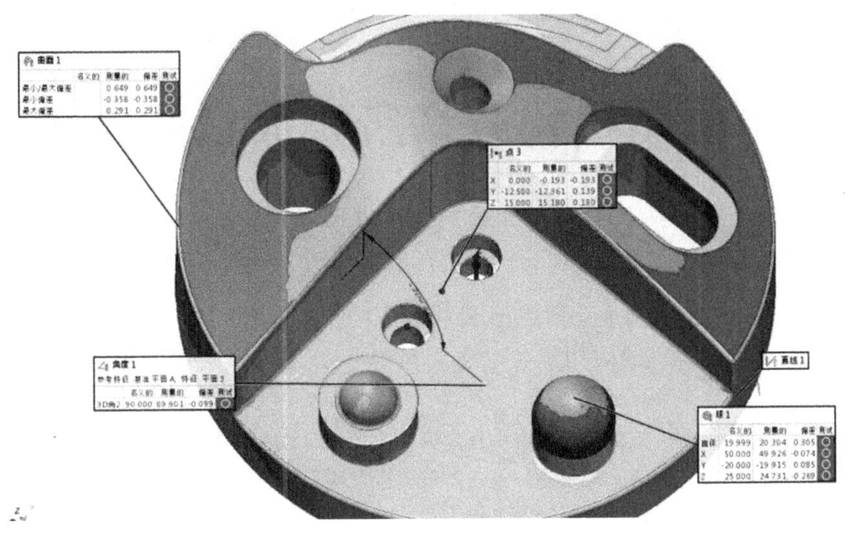

图 3　工件 b 数模对比图

特征表格

长度单位　毫米
坐标系　世界坐标系
数据对齐　最佳拟合至参考 2

名称	控制	名义的	测量的	公差	偏差	测试
球 1	直径	19.999	20.304	±1.000	0.305	通过
	X	50.000	49.926	±1.000	-0.074	通过
	Y	-20.000	-19.915	±1.000	0.085	通过
	Z	25.000	24.731	±1.000	-0.269	通过
角度 1	3D角2	90.000	89.901	±1.000	-0.099	通过
点 1	X	0.000	-0.177	±1.000	-0.177	通过
	Y	-25.000	-24.894	±1.000	0.106	通过
	Z	15.000	15.126	±1.000	0.126	通过
点 2	X	0.000	-0.209	±1.000	-0.209	通过
	Y	0.000	0.172	±1.000	0.172	通过
	Z	15.000	15.234	±1.000	0.234	通过
点 3	X	0.000	-0.193	±1.000	-0.193	通过
	Y	-12.500	-12.361	±1.000	0.139	通过
	Z	15.000	15.180	±1.000	0.180	通过
点 4	X	-15.000	-15.364	±1.000	-0.364	通过
	Y	15.000	15.336	±1.000	0.336	通过
	Z	15.000	15.312	±1.000	0.312	通过
曲面 1	最小/最大偏差		0.649	±1.000	0.649	通过
	最小偏差		-0.358	±1.000	-0.358	通过
	最大偏差		0.291	±1.000	0.291	通过

图 4　工件 b 数模比对表

根据图 1～图 4 测量数据分析，可得出如下结论：

（1）便携式大型三维数字测量仪可以获得水工金属结构精密工件复杂曲面的详细点云数据，通过数据后处理可以实现对靶标球、工件目标曲面、圆形孔、椭圆形孔及曲面间的夹角等目标特征分割提取与分析。

（2）通过便携式大型三维数字测量仪获取的数据与其设计的数模信息进行比对，在 10 m 测量范围内测量精度优于 0.2 mm，可满足水工金属结构精密工件的质量控制。

参考文献

[1] 水工金属结构术语：SL 543—2011 [S]. 北京：中国水利水电出版社，2012.

[2] 国家质量监督检验检疫总局. 水工金属结构产品生产许可证实施细则：XK07-001 [Z]. 2016-09-30.

[3] 胡木生，再丽娜. 我国水工金属结构管理现状与检测技术进展 [J]. 水利与建筑工程学报，2018 (6)：1-6.

[4] 张怀仁，郑莉，洪伟，等. 水工金结行业质检检测现状分析及建议 [J]. 中国水利，2021 (4)：52-55.

[5] 陈芳. 大尺寸零件在线视觉测量关键技术研究 [D]. 南京：东南大学，2015.

浅析检验检测机构分场所资质认定准备要点

边红娟[1,2]　吴　娟[1,2]　曲柏兵[1]

（1. 珠江水利委员会珠江水利科学研究院，广东广州　510610；
2. 水利部珠江河口海岸工程技术研究中心，广东广州　510610）

摘　要：检验检测机构分场所应当依法取得资质认定后，方可从事相关检验检测活动。本文围绕资质认定评审要求，从场所、环境、人员、设备、体系运行管理等方面着手，详细阐述了分场所如何科学、有效、规范地做好资质认定评审准备工作，为检验检测机构开展分场所资质认定提供参考。

关键词：检验检测机构；分场所；资质认定；规范

1　引言

所谓检验检测机构，是指依法成立，依据相关标准或者技术规范，利用仪器设备、环境设施等技术条件和专业技能，对产品或者法律法规规定的特定对象进行检验检测的专业技术组织。而检验检测机构的多场所指具有同一个法人实体，在多个地址开展完整或部分检测、校准和鉴定活动[1]。而多场所中的每个场所即检验检测机构的分场所。

目前，拥有多场所的检验检测机构越来越多。一方面，为扩大自身检测规模和增强检测能力，更好地适应市场和服务客户，检验检测机构在做好本部工作的同时，将服务链延伸，在经济发展相对较好、专业门类相对集中、检测需求相对较多的区域建立分部，形成多场所[2]。另一方面，为适应部分行业特殊的检测要求，如许多大型水利水电工程都远离城市，交通不便，但根据工程建设需要，参建的业主单位、施工单位等需在工程现场设置实验室，执行其本部实验室的管理体系要求，形成多场所[3]。这些检验检测机构的多场所如何进行规范有效的管理，最大程度地发挥检验检测作用，是值得关注的重要问题。

2　分场所资质认定的必要性

根据《检验检测机构资质认定管理办法》（总局令第163号）修正案的规定，检验检测机构依法设立的从事检验检测活动的分支机构，应当依法取得资质认定后，方可从事相关检验检测活动。也就是说，如果一个检验检测机构的分场所，想要向社会出具具有证明作用的检验检测数据和结果，就必须先通过资质认定评审获取资质后才能实施这一项工作。那么，分场所如何做好准备工作，才能顺利通过资质认定评审呢？

笔者结合自身所在单位已进行分场所资质认定的经历，总结提出分场所进行资质认定评审准备工作的要点，为拟进行分场所资质认定工作的检验检测机构提供参考。

3　分场所资质认定准备要点

检验检测机构的分场所与主场所之间既相互联系又彼此独立，一方面，分场所和主场所均属机构的一部分，都需按照机构统一的管理体系文件要求开展检验检测活动；另一方面，分场所独立拥有并运行与主场所不同的实验室，获取的资质认定证书能力附表与主场所也是相互独立的。因此，与主场

作者简介：边红娟（1981—），女，高级工程师，主要从事水利行业实验室的质量管理工作。

所实验室相近，分场所需从场所、人员、设备、体系运行等环节做好资质认定评审准备工作[4]。

3.1 确定场所及环境

开展检验检测活动前，机构根据业务开展范围和便于服务客户的需要，确定分场所的固定工作场所，布置满足检验检测要求的工作环境。

工作场所即实验室应有固定位置，并且机构持有较长的使用期限。实验室的建筑规模应能满足拟开展检测活动的需要，房屋建筑材料符合坚固、安全、环保及保温要求。整个实验室按房间功能特点，设置各类试验间、样品间、前处理间、缓冲区域、试剂库及废液间、设备存储间等。室内装修根据预申请项目及相关仪器设备安置要求进行合理布局，避免设备相互干扰，防止环境交叉污染[5]。同时，考虑室内通风、防震、防潮及温湿度控制情况，确保实验室环境满足检验检测工作要求。如天平室，不仅要达到环境温湿度要求，还要注意防潮、防震；试剂室还应做好通风、防潮、防晒及防盗等工作。

3.2 配备人员队伍

为保证管理体系有效运行、出具正确的检验检测数据和结果，分场所实验室同主场所一样，需配备适合的检验检测技术人员（如检验检测的操作人员、结果验证或核查人员）和管理人员（对质量、技术负有管理职责的人员，包括实验室负责人、技术负责人、质量负责人等），在满足工作需要的情况下，个别人员可由主场所人员兼任。同时，对人员进行合理明确分工，做到定人定岗定职责，确定拟申请的授权签字人、对报告做出意见和解释人员、质量监督员、设备管理员、资料管理员、样品管理员、安全管理员等岗位人员[4]。具体人员配置可根据管理体系运行模式、拟开展检测活动工作量大小、检测项目多少等进行调整。

分场所各岗位人员确定后，组织对从事抽样、检测、签发报告、提出意见和解释以及操作设备等工作的人员，按要求根据相应的教育、培训、经验、技能、参加能力验证、比对试验、质量监督等情况进行资格能力确认，经考核合格颁发上岗证（如某些特殊行业规定，还需持有专门的上岗证），确保开展检验检测工作的技术人员和管理人员具备相应的能力，减少人员因素对检验检测工作的正确性和可靠性的影响。

3.3 配置设备设施

设备设施是开展检验检测活动的必备条件，分场所需配置满足工作需要的设备设施，包括检验检测活动所必需或影响结果的仪器设备、软件、测量标准、标准物质、参考数据、试剂、消耗品、辅助设施或相应组合装置。配置的仪器设备经安装、调试、验收后，还需做好建档、检定校准、维护管理等工作，对于大型、精密或复杂的仪器设备，还需对使用人员进行专门的仪器操作培训。

无论是新购设备还是使用原有设备，都应确保满足拟开展验检检测项目的要求，如所用仪器设备的技术指标和功能满足要求、量程与被测参数的技术指标范围相适应、现场测试和采样的仪器设备在数量配备方面满足相关监测标准或技术规范对现场布点和同步测试采样要求等。而用于检验检测的设施（包括固定和非固定设施，且不限于能源、照明等），也应确保有利于检验检测工作的正常开展，满足相关标准或者技术规范的要求，避免影响检验检测结果的准确性。

3.4 建立运行管理体系

为使日常的检测活动程序化、规范化，试验室需要建立合理有效的管理体系，编制符合实际的管理体系文件，将检测工作中影响检测结果的人员、仪器、材料、方法及环境条件等因素按照规定的程序要求进行管理，最终实现检测工作的规范化、标准化。管理体系文件包括质量手册、程序文件、作业指导书、质量记录表格、技术记录表格等。

通常，对于仅开展简单检测项目或检测场所较为单一的分场所实验室，可按主场所已建立的覆盖了分场所运行有效的管理体系进行管理。必要时，可进一步识别分场所特殊的过程或要求，加入主场所的程序文件或其他文件中。当分场所不止一个或检测项目较多时，分场所实验室需在主场所管理体系的基础上，根据工作实际，针对具体检测工作的开展描述其质量活动，特别是关键过程的控制，制定检测能力配置文件，作为第三层次文件来管理，既符合不同检测场所工作实际，又突出分场所实验室管理的特点。

分场所管理体系建立后，需及时组织人员开展宣贯培训，提高人员质量管理意识，确保管理体系能够有效运行，保证其检验检测活动能够独立、公正、科学、诚信。

3.5 培训拟开展项目

当分场所的场地与环境、人员与设备及管理体系文件都准备完成后，可开始对拟开展资质认定的检测项目进行模拟操作培训。首先，从人、机、料、法、环、测等方面考虑，编制拟开展新检测项目实施计划，包括具体检测项目（或检测参数）名称、检测内容及要求，涉及的人员、仪器设备，检测依据（标准、检测方法、程序文件、作业指导书和记录表格等），检测难点/关键点/监督点，检测方法适用性评价，人员培训监督安排，检测结果的评价方式（人员比对、设备比对、实验室间比对、能力验证等）等。其次，按照制定的实施计划，进行检测项目的模拟操作培训，确保设备环境满足检测要求，人员能够熟练规范操作，具备上岗资格和能力。最后，对开展的新检测项目有关证明材料进行评审，证实分场所已具备开展新检测项目的能力。

3.6 提出资质认定申请

分场所的各项准备工作就绪后，由检验检测机构向资质认定部门提出正式的申请，并与评审组沟通确认评审日程安排和计划。分场所按计划安排充分做好人员设备档案、样品材料、授权签字人考核、现场操作等迎审准备工作。待评审通过、资质认定部门批准后，分场所实验室方可正式开展检测业务。

4 结语

检验检测机构分场所要把握资质认定申请准备工作要点，科学、有效地做好场所、环境、人员、设备、体系运行管理等一系列准备工作，才能通过资质认定评审，获取开展检验检测业务资格。这不仅能帮助检验检测机构进一步规范实验室管理，加强检测工作的质量保证，而且增强机构的检验检测能力，大大提升市场竞争力。

参考文献

[1] 实验室认可规则：CNAS-RL01 [S].

[2] 陈萍．实验室多检测场所的管理 [J]．现代测量与实验室管理，2012，(5)：45-47.

[3] 李来芳，田芳，赵建方，等．浅谈多场所实验室管理及资质获取 [C] // 中国水利学会．中国水利学会 2021 学术年会论文集．郑州：黄河水利出版社，2021：407-409.

[4] 检验检测机构资质认定能力评价 检验检测机构通用要求：RB/T 214—2017 [S].

[5] 高颜琴，赵登宇，王富强．检验检测机构资质认定申请前期准备工作 [J]．粮食加工，2022，47（2）：98-100.

长肋聚丙烯单向拉伸土工格栅蠕变特性试验研究

孙　慧[1]　李从安[1]　陈　敏[2]

（1. 长江水利委员会长江科学院 水利部岩土力学与工程重点实验室，湖北武汉　430010；
2. 黄梅县水利局，湖北黄冈　435500）

摘　要：土工格栅是一种很好的加筋材料，近年来，土工格栅越来越多地应用于引水调水和大坝建设等工程中，但是关于肋条较长的单向土工格栅蠕变特性的研究还比较少。为此选取目前广泛应用的聚丙烯单向土工格栅进行不同荷载水平下的蠕变特性试验研究。试验结果表明：在加载时间相同的情况下，荷载水平越大，则单向土工格栅的变形也越大；同样加载水平越大，试样达到失效应变越快，发生蠕变破坏也越快。结合应变与时间关系曲线，进一步分析推算出 100 多年以后聚丙烯单向土工格栅的拉伸强度为 31.34 kN/m，蠕变折减系数约为 5.42。通过以上对土工格栅蠕变特性试验研究，可为土工格栅加筋土结构的合理设计提供必要的指导。

关键词：土工格栅；蠕变特性；拉伸强度；折减系数

1　引言

土工格栅作为加筋材料的一种，具有质量轻、强度高、刚度大、韧性及耐久性好等优点，在水利工程中得到了越来越多的应用。土工格栅根据承受荷载的方向可分为单向拉伸土工格栅、双向拉伸土工格栅和三向拉伸土工格栅等。

土工格栅具有网状结构，埋入土中后，土体可嵌入格栅的孔洞中，土料与格栅表面的摩擦及其受拉时节点的被动阻抗作用，约束了土颗粒的侧向位移。这样格栅就与土共同构成了一个复合材料体系，大大增强了土体的稳定性，起到了加固土体的作用。聚丙烯（PP）单向拉伸土工格栅作为一种高分子聚合物，在工作状态中长期处于受拉条件下，会表现出明显的蠕变特性。材料在持续荷载作用下变形随时间不断增加的现象称为蠕变。蠕变是影响加筋土技术能否用于永久性工程的关键因素之一，它可能引起加筋土结构内部应力状态的改变，导致结构物丧失稳定或发生过度的变形[1]。虽然国内外对于单向土工格栅蠕变特性研究[2-6]较多，但对于长肋单向土工格栅的蠕变试验研究却不常见。

随着制造工艺的不断进步和原材料质量的提高，单向土工格栅的肋条越来越长，拉伸断裂强度越来越高，土工格栅在工程中的应用也越来越广泛。土工格栅筋材的长期蠕变特性对于结构的安全性至关重要，有必要对其进行研究[7-12]。本文选取具有代表性的长肋聚丙烯单向拉伸土工格栅进行室内蠕变试验，并对试验结果进行分析，得出应变和时间的关系曲线，进而推算出 100 多年以后土工格栅的拉伸强度，计算得出蠕变折减系数。通过以上力学特性研究，可为加筋土结构的合理设计提供必要的指导。

2　单向土工格栅蠕变试验

2.1　蠕变试验方法

蠕变试验方法参考《公路土工合成材料试验规程》（JTG E 50—2006）[13] 和《塑料土工格栅蠕

基金项目：国家重点研发专项（2017YFC1501201）；安徽省引江济淮集团有限公司科技项目资助（合同号：YJJH-ZT-ZX-20191031216）；中央级公益性科研院所基本科研业务费（CKSF2019373/YT）。

作者简介：孙慧（1980—），女，高级工程师，主要从事土工合成材料检测和环境岩土方面的研究工作。

变试验和评价方法》（QB/T 2854—2007）[14] 中的有关规定。首先，在（20 ±2）℃、（60±10）%相对湿度环境条件下，将一恒定的拉伸荷载施加于试样上，采用数据采集系统按规定的时间间隔记录试样随时间的拉伸变形，该拉伸荷载保持 1 000 h 或更长时间，如果不足 1 000 h 试样发生断裂，则记录断裂时间。然后绘制不同荷载比和达到失效应变时间的对数值关系曲线图，线性外推至需要的设计年限，确定在 20 ℃温度下，整个设计年限中达到失效应变的荷载百分比，设计年限为 1×10^6 h，也可根据实际需要确定。最后，取失效应变为 6%应变，采用单一温度环境下的蠕变测试数据外推计算出 20 ℃时，年限为 10^6 h 的长期容许荷载的下限值。

2.2 蠕变试验设备

长肋单向拉伸土工格栅蠕变试验在长江科学院 TGH-3D 型六联式微机控制土工合成材料蠕变试验机上进行。该设备由 6 个独立的加载机构和位移传感器、夹具器件、测量控制系统、底座支承结构、一个共用的环境箱附件以及数据自动采集系统组成，可同时对 6 个试样进行蠕变试验，如图 1 所示。

图 1　六联式微机控制蠕变试验机

2.3 土工格栅性质及试样制备

试验中采用了 1 种型号的聚丙烯 TGDG170 单向拉伸土工格栅进行蠕变试验，采用梯形法剪取单肋两个节点的试样单元进行试验，聚丙烯单向土工格栅示意图如图 2 所示。土工格栅试样按照《土工合成材料测试规程》（SL 235—2012）取样要求进行剪样，如图 3 所示，其基本力学性质见表 1，格栅拉力变形关系曲线如图 4 所示，从图 4 中可以看出，当拉力达到最大值时，聚丙烯单向土工格栅发生了脆性断裂破坏。在室温条件下（20 ℃）进行了聚丙烯 TGDG170 单向土工格栅的蠕变试验，蠕变加载荷载分别为无约束极限拉力的 30%、40%和 50%。

图 2　聚丙烯单向土工格栅

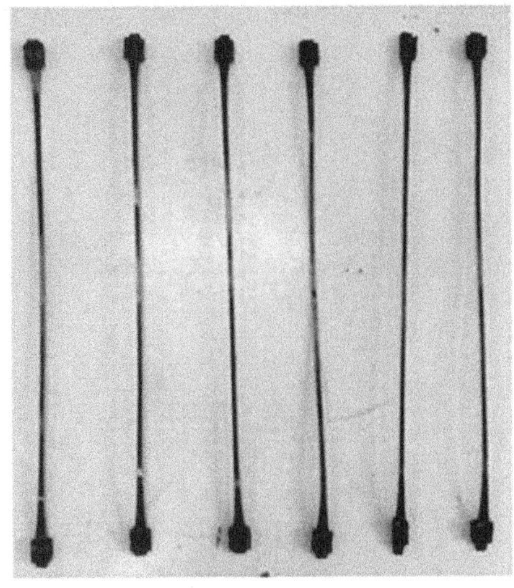

图 3　单向土工格栅试样示意图

表 1　单向土工格栅基本性能参数

产品规格	单肋长度/mm	断裂拉伸强度/（kN/m）	伸长率/%	2%应变时的拉伸强度/（kN/m）	5%应变时的拉伸强度/（kN/m）
聚丙烯 TGDG170	480	170	8.87	54.99	111.86

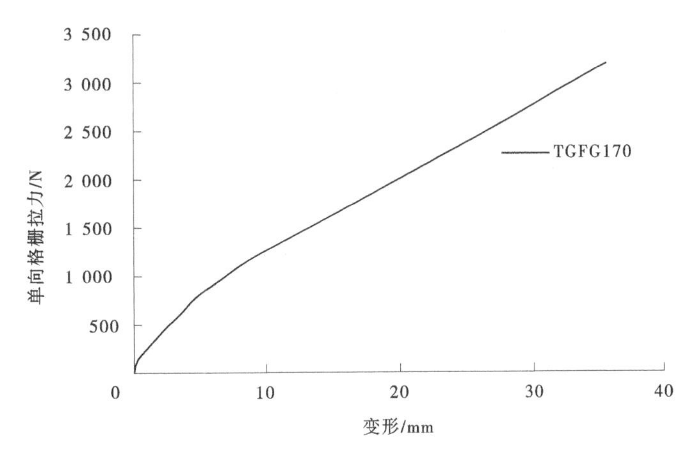

图 4　聚丙烯 TGDG170 单向格栅拉力变形关系曲线

3　蠕变试验结果及分析

3.1　蠕变试验分析

图 5 为不同荷载水平条件下的应变时间曲线。从图 5 中可以看出，在加载初期，试样变形发展缓慢；在加载时间相同情况下，荷载水平越大，则单向土工格栅的变形也越大。加载约 0.001 h 后，试样变形均发展很快；试样变形进入持续发展阶段；达到 0.01 h 后，试样已进入了蠕变变形阶段，之后变形持续增长，进入加速发展阶段，直至超过了 5%的失效应变，达到蠕变破坏的程度。荷载水平为 50%时，应变发展很快，0.26 h 就达到失效应变；而在荷载水平为 30%时，应变发展很缓慢，直到 575 h 才达到失效应变 5%，由此可见，荷载水平对试样的蠕变特性影响非常大。从图 6 土工格栅的等时荷载-应变关系曲线中，同样可以看出，荷载水平较低时，蠕变过程进行较缓慢；荷载水平较

高时，蠕变过程进展较快。

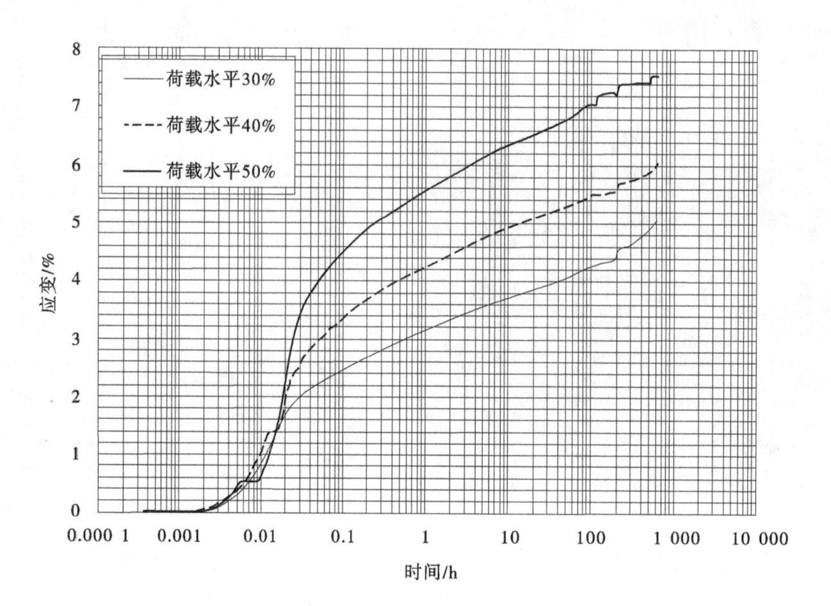

图 5　20 ℃时，不同荷载水平下聚丙烯 TGDG170 土工格栅蠕变曲线

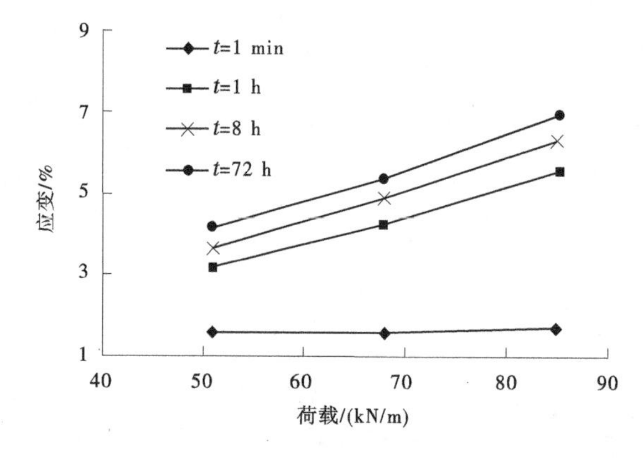

图 6　聚丙烯 TGDG170 土工格栅的等时荷载-应变关系

3.2　长期蠕变强度和折减系数

表 2 中，P/T_{av} 为试验加载的荷载比，$t_{5\%}$ 为试样在恒定荷载下达到 5%应变的时间，分别将荷载比和达到失效应变时间转换成常用对数值。并将这两组对数数据绘制于图 7 中，其中 x 轴为测试荷载比的对数值，y 轴为达到失效应变时间的对数值。由图 7 可得出如下线性关系方程式：

$$y = -14.982x + 24.963 \tag{1}$$

式中：$x=\lg(P/T_{av})$，$y=\lg(t_{5\%})$。

由式（1）可计算出设计年限 114 年的荷载比值约为 18.44%，聚丙烯单向土工格栅试样的长期蠕变拉伸强度约为 31.34 kN/m。

定义蠕变折减系数[15]为：

$$RF_{CR} = T_0/T_f \tag{2}$$

式中：T_f 为 20 ℃时土工格栅的长期蠕变强度外推值；T_0 为 20 ℃时土工格栅的极限拉伸强度。

依据式（2）可计算得出 114 年后，聚丙烯单向拉伸格栅的蠕变折减系数为 5.42。

表 2　从蠕变曲线中截取聚丙烯 TGDG170 土工格栅达到 5%应变的时间

P/T_{av}	达到 5%应变的时间 $t_{5\%}$/h		
	30%	40%	50%
Lg（P/T_{av}）	1.477 1	1.602 1	1.699 0
20 ℃时的测试/h	575.00	13.34	0.26
lg（20 ℃时的测试值）	2.76	1.13	-0.59

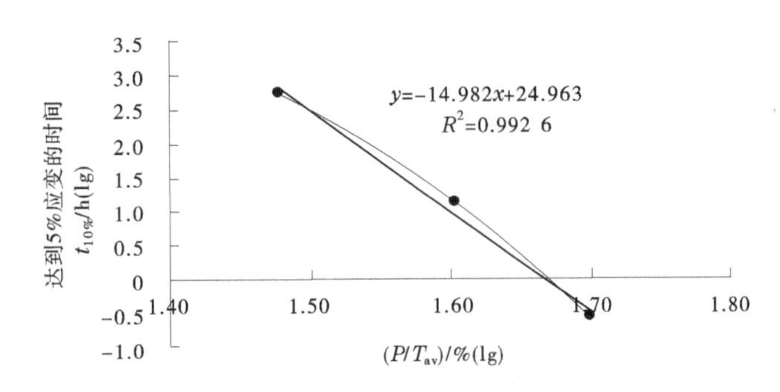

图 7　聚丙烯 TGDG170 单向土工格栅在 20 ℃下达到 5%应变时的荷载与时间的关系

4　结论

针对不同荷载水平，通过室内蠕变试验，对聚丙烯 170 单向土工格栅的蠕变特性进行了试验研究。主要可得出以下结论：

（1）通过对试验结果的分析比较，蠕变试验的荷载水平是影响土工格栅蠕变特性的重要因素。

（2）从荷载-应变曲线的变化特征可以看出，在加载初期，试样变形发展缓慢；在加载中期，不同荷载水平情况下，试样变形很快，大小相近，无明显差异；加载后期，不同荷载水平情况下，试样变形较缓，有明显差异，荷载越大，则变形越大。

（3）依据试验结果推算出该土工格栅设计年限 114 年的荷载比值约为 18.44%，聚丙烯单向土工格栅试样的长期蠕变拉伸强度约为 31.34 kN/m，蠕变强度折减系数约为 5.42。

参考文献

[1] 丁金华，周武华．HDPE 土工格栅在有约束条件下的蠕变特性试验［J］．长江科学院院报，2012，29（4）：49-56.

[2] 王钊．土工合成材料的蠕变试验［J］．岩土工程学报，1994，16（6）：96-102.

[3] GUO Yichong，XIN Chunling，SONG Mingshi，et al. Study on short and long term creep behavior of plastics geogrid［J］．Polymer Testing，2005，24（6）：793-798.

[4] YEO S S，HSUAN Y G. Evaluation of creep behavior of high density polyethylene and polyethylene-terephthalate geogrids［J］．Geotxtiles and Geomembranes，2010，28（5）：409-421.

[5] HAN Yong Jeon，SEONG Hun Kim，HAN Kyu Yoo. Assessment of long - term performances of polyester geogrids by accelerated creep test［J］．Polymer Testing，2002，21（5）：489-495.

[6] 严秋荣，邓卫东，邓昌中．高强土工格栅蠕变强度的试验研究［J］．重庆交通大学学报（自然科学版），2008（4）：597-600.

[7] 薛超，袁慧，刘双英，等．双向土工格栅的蠕变与收缩特性研究［J］．太原理工大学学报，2015，46（6）：697-701.

[8] 栾茂田，肖成志，杨庆，等. 长期荷载作用下土工格栅蠕变特性的试验研究［J］. 土木工程学报，2006（4）：87-91.
[9] 王钊，李丽华，王协群. 土工合成材料的蠕变特性和试验方法［J］. 岩土力学，2004，25（5）：723-727.
[10] 王协群，朱瑞赓. 土工织物的蠕变性能和侧限蠕变试验研究［J］. 武汉理工大学学报，2004，26（5）：45-47.
[11] 杨果林，王永和. 加筋土筋材工程特性试验研究［J］. 中国公路学报，2001（3）：14-19.
[12] 王钊. 土工合成材料［M］. 北京：机械工业出版社，2005.
[13] 公路土工合成材料试验规程：JTG E 50—2006［S］.
[14] 塑料土工格栅蠕变试验和评价方法：QB/T 2854—2007［S］.
[15] 邹维列，王钊，林晓玲. 土工合成材料的蠕变折减系数［J］. 岩土力学，2004，25（12）：1961-1963.

测量设备期间核查的 t 检查方法的应用

张志鹏[1]　　唐伟东[2]

（1. 河南省水利第二工程局集团有限公司，河南郑州　450016；
2. 河南省水利科学研究院，河南郑州　450003）

摘　要：检验检测机构测量设备利用期间核查以维持设备控制状态的可信度，采用适当的方法最大限度地降低由于设备状态失稳而产生的风险。本文根据数理统计的 t 检验法原理，按配对 t 检验的方法尝试对 600 kN 万能试验机实施的期间核查。应用该方法的基本思路是根据被核查对象配备相应的核查标准，并以此建立核查参数的初始值，按照核查间隔对预先确定的核查标准进行一组重复测量，用 t 检验规则来检验核查值与初始值的一致性，从而判断测量设备是否存在异常的因素影响检验检测的数据和结果。

关键词：测量设备；期间核查；t 检验

1　引言

检验检测机构进行设备期间核查的目的是保持仪器设备校准状态在两次校准期间的可信度，降低由于它们状态失稳所带来的对检验检测数据和结果正确性的风险。

t 检验，亦称 student t 检验，主要用于样本含量较小（通常 $n<30$），总体标准差 σ 未知的正态分布。t 检验是用 t 分布理论来推论差异发生的概率，从而比较两个平均数的差异是否显著。通过核查 600 kN 万能试验机在相邻两次检定（校准）期间其计量参数特性的稳定性，确保通过该试验机提供的检验检测数据准确、可靠。其基本思路是：在核查标准均匀稳定，操作人员技能熟练、环境条件基本一致的情况下，如果被核查的试验机稳定（保持检定/校准时的状态），则两批次测试的测量差值满足相关的 t 检验统计学公式。

2　期间核查的策划

2.1　期间核查测量设备的识别

检验检测机构的测量设备是检验检测方法对其有量值要求、需要校准的、直接出具检测结果或对检测结果有直接影响的设备。

通常认为，不是所有的测量设备都要进行期间核查，检验检测机构应对需进行期间核查的测量设备进行有效识别。对下列情况（但不限于）的测量设备应进行期间核查：对检测结果具有重要影响的；使用频繁的；使用过程中对数据存疑的；脱离机构直接控制后返还的；临近设备使用寿命的；首次投入运行的新设备，不能把握其性能的；使用或储存环境恶劣或发生重大变化的；检定/校准结果示值较之前变动大的；大修过或存在质量问题的；检验检测方法对期间核查有明确规定的；校准周期较长的；其他需要期间核查且具有相应核查标准的测量设备。

2.2　期间核查方法概述

2.2.1　核查标准

核查标准应具有良好的稳定性和重复性。若核查标准只是作为稳定的“中间媒介物”传递量值

作者简介：张志鹏（1986—），男，工程师，主要从事水利工程质量检测等工作。

时，核查标准可以不经过校准获得参考值。

根据测量设备期间核查种类的不同，可选择以下（但不限于）设备作为核查标准：准确度（或不确定度）优于或相当于被核查对象的其他同类设备或计量标准作为核查标准；具有良好稳定性的被测样品或实物，如具有良好稳定性的样品，如钢筋（力学性能）、无机非金属材料（放射性）等；具有良好稳定性、重复性和足够分辨力（或分度值）的设备；有证标准物质，附有权威机构发布的具有参考值和测量不确定度证书的标准物质。

检验检测机构通常可采用下列两种方法确定核查标准的参考值：

从溯源证书或其他证书（如标准物质证书）获得核查标准的参考值x_s。

被核查对象经校准后，立即使用核查标准对其进行核查，按照式（1）确定其参考值x_s：

$$x_s = \overline{x_0} - e \quad 或 \quad x_s = \overline{x_0} + c \tag{1}$$

式中：$\overline{x_0}$为在相同条件下，短时间内重复测量n次的算术平均值；e为检定或校准证书中被核查对象核查点的误差；c为检定或校准证书中被核查对象核查点的修正值。

2.2.2 允许误差法

检验检测机构配置性质稳定的核查标准，并对其赋值，定义其参考值x_s。机构期间核查时，在规定的条件下，短时间重复测量n次，取得算术平均值$\bar{x}$。期间核查的结果按式（2）进行判定：

$$|\bar{x} - x_s| \leq |\mathrm{MPE}| \tag{2}$$

式中：MPE为核查设备示值的最大允许误差。

若满足式（2），表明期间核查通过；但若核查结果的（示值）误差接近最大允许误差MPE，则应加大核查频次或采取其他有效措施，必要时进行再校准。

若不满足式（2），表明期间核查不通过，应立即停止使用，并采取相应措施。

检验检测机构考虑风险的因素，也可以采用$|\bar{x}-x_s| \leq 0.8|\mathrm{MPE}|$对核查结果进行判定。

2.2.3 合成不确定度法

有等级区分的测量设备如天平、压力表、数字秤、热电偶等，在进行期间核查时，可采用高等级设备和待核查设备同时对核查标准进行测量。当满足式（3）关系时，可认为核查通过。

$$|x_1 - x_0| \leq \sqrt{U_0^2 + U_1^2} \tag{3}$$

式中：x_1为待核查设备对核查标准的测量值；x_0为高等级设备对核查标准的测量值；U_1为待核查设备对核查标准的测量不确定度（可采用预评估法得出）；U_0为高等级设备对核查标准的测量不确定度（可采用预评估法得出）。

2.2.4 临界值判断法

当检验检测机构缺乏测量不确定度的评定信息，而使用该设备进行测量的检验检测方法标准提出了重复性标准差和复现性标准差，就可以按式（4）计算其临界值（CD值）。

$$\mathrm{CD} = \frac{1}{\sqrt{2}}\sqrt{(2.8\delta_R)^2 - (2.8\delta_r)^2(\frac{n-1}{n})} \tag{4}$$

式中：δ_R为方法标准中规定的复现性标准差；δ_r为方法标准中规定的重复性标准差；

测量设备的期间核查在重复性条件下，其临界值（CD值）满足式（5），则待核查设备通过核查。

$$|\bar{x} - x_s| \leq \mathrm{CD} \tag{5}$$

式中：$\bar{x}$为重复n次测量的算术平均值；x_s为核查标准的参考值。

2.2.5 t检验法

对于单台套的测量设备，检验检测机构可以采用数理统计中的配对t检验法来核查其稳定性。其原理是：在被测核查标准均匀，操作人员技能熟练、环境条件一致的情况下，如果被核查的试验机稳定（保持检定/校准时的状态），则两次测试对同一核查样品的测试误差应趋近于0。

期间核查 t 检验法的计算、判断以及其在建工检测领域的应用如下所述。

3 期间核查 t 检验方法的应用实例

3.1 概述

对于中小型检验检测机构或者建设工程（水利、交通）的临时试验室来说，相对大型的试验测量设备，如万能试验机、压力试验机等往往仅有一台套，而且这一类的机构对相应设备测量不确定度的评估能力有限，因此探索尝试使用相对简单的 t 检验法来对此类设备进行期间核查可能更具有实际意义。本例采用工程用钢筋作为核查标准，具有取材方便、保养简单、性能稳定、可操作性强的特点。

3.2 期间核查作业指导书

3.2.1 目的

通过核查600 kN万能试验机在相邻两次检定（校准）期间其计量参数特性的稳定性，确保通过该试验机提供的检验检测数据准确、可靠。

3.2.2 适用范围

适用于本机构各部门（多场所）600 kN压力试验机的期间核查。

3.2.3 职责

仪器设备使用人员负责按本指导书完成该设备的期间核查工作，部门负责人负责对核查结果进行校核和批准。

3.2.4 作业内容

（1）核查标准的准备。

各相关部门应按计划制备（收集）用于期间核查的核查标准。对于万能试验机的核查，可采用正规钢厂出产的钢筋样品作为核查标准。

钢筋样品的批量数一般根据策划的期间核查的次数适当增加1~2批次。其原则是覆盖试验机的大部分量程，并重点加密常规使用量程。每一样品批由7~9种不同直径的HRB400钢筋组成。

不同直径HRB400（抗拉强度代表值540 MPa）钢筋代表的核查量程如表1所示

表1 不同直径HRB400钢筋代表的核查量程

直径/mm	12	16	20	22	25	28	32
公称面积/mm^2	113	201	314	380	491	616	804
极限荷载/kN	61	109	170	205	265	333	434
核查量程/kN	0~100	100~200	100~200	200~300	200~300	300~400	400~500

核查标准（钢筋样品）的制作应从同一炉号的一根钢筋上截取。核查标准制作完毕后应按批次刷油密封保存，并做好编号标记及样品记录。

（2）期间核查的实施。

万能试验机使用部门应在此设备检定/校准后，经有效确认，立即用准备好的核查样品采集第一批次基础数据。测试钢筋试件的极限破坏荷载为核查数据，其分布范围应覆盖日常的测试范围，对于常用区间可适当加密。

测试时，按一批次核查标准中直径由小到大的顺序，对每一根钢筋试件进行极限荷载测试，测试步骤应按GB/T 228.1标准进行。

每一批次核查配对的钢筋数量一般为7组，也可适当增加至9组或11组，测试完成后将相应数据填入“万能试验机期间核查表”。

核查时机（时间）应按照期间核查计划进行，当有特殊情况时（如能力验证、质量投诉、仲裁等），应增加安排附加的期间核查，以保证测试数据的准确性。

执行本设备期间核查作业的人员必须由部门负责人授权的技术人员执行。

（3）核查结果计算与判定。

对于检定/校准后采集的第一组数据，将其命名为 x_0，期间核查的数据为x_n，其相对差值百分数为d(取绝对值)，其相对差值百分数的平均值为$\bar{d}$，相对差值百分数的标准差为S_d，n 为配对样本的对子数。相关公式为式（6）、式（7）：

$$d = \frac{x_0 - x_n}{x_0} \times 100 \tag{6}$$

$$t = \frac{\bar{d}}{S_d / \sqrt{n}} \tag{7}$$

选取显著性水平 $\alpha = 0.05$，将计算出的 t 值与核查判断临界表（见表 2）的 $t_{(0.05,v)}$ 进行比较，该表数值摘取自 t 检验临界表，v 为自由度，$v=n-1$ 。

表 2　期间核查临界表

v	3	4	5	6	7	8	9	10	11
$t_{(0.05,v)}$	3. 182	2. 776	2. 571	2. 447	2. 365	2. 306	2. 262	2. 228	2. 201

当期间核查数据计算出的 t 值小于临界值时，即 $t \leq t_{(0.05,v)}$ 时，判定该万能试验机的测量能力无统计学差别，即设备测量能力稳定，满足要求。

当期间核查数据计算出的 t 值大于临界值时，则说明该万能试验机测量能力处于不稳定状态，需采取进一步的技术措施，调查分析原因，或启动“不符合工作程序”。

3.3　期间核查实例

（1）600 kN 万能试验机期间核查计算过程示例如表 3 所示。

表 3　期间核查记录表示例

核查目的	2020 年公司期间核查计划			基础测试日期	2020 年 5 月 6 日
核查依据	600 kN 万能试验机期间核查作业指导书（ZDS＊＊＊—2019）			期间核查日期	2020 年 11 月 1 日
比对编号	基础数据 x_0		核查数据 x_n		相对差值 d/%
	核查标准编号	极限荷载/kN	核查标准编号	极限荷载值/kN	
1	QJG2020-12-1	63. 2	QJG2020-12-1	64. 8	2. 53
2	QJG2020-16-1	112. 4	QJG2020-16-1	111. 9	0. 44
3	QJG2020-20-1	175. 3	QJG2020-20-1	171. 2	2. 34
4	QJG2020-22-1	210. 8	QJG2020-22-1	215. 4	2. 18
5	QJG2020-25-1	272. 1	QJG2020-25-1	275. 3	1. 18
6	QJG2020-28-1	343. 9	QJG2020-28-1	352. 7	2. 56
7	QJG2020-32-1	445. 6	QJG2020-32-1	462. 3	3. 75
$\bar{d}$	d 标准差	配对样本数	自由度 v	t	$t_{(0.05,v)}$
2. 14	2. 214	7	6	2. 367	2. 447

（2）600 kN 万能试验机期间核查结论。

根据《万能试验机期间核查作业指导书》，由于 $t<t_{(0.05,6)}$，所以经本次核查作业，该万能试验机测试能力与检定/校准时无统计学差别，设备状态稳定。

4 结论和展望

检验检测机构应对历年的检定、校准数据和期间核查的数据进行统计分析，按照风险管理的原则，制订、调整、实施仪器设备计量溯源计划。对于长期核查结果稳定、可靠的测量设备可适当延长设备的校准周期。对于长期核查结果稳定、可靠的测量设备，可适当减少对其维护保养的资源投入，如减少频次、简化流程等。在合理安排测量设备期间核查、对其数据科学有效统计的基础上，可调整检验检测机构制定和实施监控结果有效性的计划。

虽然测量设备期间核查工作对于检验检测机构具有非常重要的作用，但是对于基层的、规模较小的机构或条件受限的工地现场试验室，要求其使用传统的期间核查的方法和判断依据可能会有些困难，因此本文希望通过对一种相对简单的期间核查 t 检验方法的探索，引发大家开发、探索出更多、更好、更准确、更方便的检验检测质量控制手段，为新阶段水利高质量发展做出应有的贡献。

参考文献

[1] 黄涛，王建军，冷元宝．检验检测机构/实验室设备期间核查培训教程［M］．北京：中国标准出版社，2021.
[2] 检验检测机构化学检测仪器设备期间核查指南：RB/T 143［S］.
[3] 化学实验室内部质量控制 比对试验：RB/T 208［S］.

湖北某水库鱼体中重金属含量的测定及风险评价

郭雪勤　范文重　周　伟　郑红艳　张　阁

（生态环境部长江流域生态环境监督管理局生态环境监测与科学研究中心，湖北武汉　430019）

摘　要：以湖北某水库食用鱼为研究对象，采用微波消解-电感耦合等离子体质谱法对鱼体肌肉内铜、锌等16种金属元素含量进行测定。分析结果表明，黄颡鱼等鱼体肌肉内锌含量最高，其次为锶、锰、硒、铜、钡，含量均值在0.22~5.47 mg/kg，砷、汞、铬、镍、铅、钒含量低于0.1 mg/kg，钼、钴、镉、铊含量低于0.01 mg/kg。采用目标危害系数法对鱼体重金属含量进行健康风险评价，结果显示，该水库鱼类重金属对人群的暴露风险相对较低，但若长期食用黄颡鱼，存在一定的重金属暴露风险（砷），在金属污染防控时应优先关注砷、汞，尤其是砷的防控。

关键词：水库；鱼体；重金属；健康风险评价

1　引言

随着工农业的快速发展，大量的重金属随污水排放至天然水体中，导致河流、湖泊中的重金属污染。重金属难降解，易在食物链中积累，且部分重金属元素毒性大（如镉、汞、铅、砷、铊等），在生物体内富集超过一定程度时就会对生物机体产生毒性作用。鱼类作为生活在水体内的重要水生动物，易受其生活环境的影响，并能从周围的水环境中摄食并富集重金属，成为水环境污染状况指示物[1]。同时，鱼类可以为人类提供大量的营养物质被广泛食用，如果鱼体受到污染，通过生物链的放大可对人体健康造成潜在威胁[2-3]。本研究以湖北某水库为主要研究区域，采集10种常见食用经济鱼类，调查和分析该水库的鱼体重金属含量及健康风险状况，为该水库鱼体内重金属累积状况、健康风险评价和环境质量的改进提供基础数据。

2　材料和方法

2.1　仪器与试剂

主要仪器：iCAP RQ 电感耦合等离子体质谱仪（ICP-MS），美国 Thermo Fisher 公司；Milli-Q 超纯水系统，美国 Milli-pore 公司；MARS6 全自动微波消解仪，美国 CEM 公司；AL 104 万分之一电子天平，美国 METTLER TOLEDO 公司。

主要试剂：65%浓硝酸（优级纯，德国 Merck 公司）；GNM-M321686-2013 多元素标准溶液（100 μg/mL，中国国家有色金属及电子材料分析测试中心）；汞溶液（GSB 07-1274-2000，中国环境保护部标准样品研究所）；扇贝生物成分标准物质（GBW10024（GSB-15），中国地质科学院地球物理地球化学勘查研究所）。

2.2　样品采集

2021年12月，在湖北某水库采集鱼样共计10种30尾。样品采集后，放入冷藏箱内运回实验室，并测定鱼体体长、体重、鱼龄、性别、鱼体类型等生物学特性参数（见表1），制备鱼体肌肉样品，于-20 ℃冰箱冷冻保存备用。

作者简介：郭雪勤（1985—），女，高级工程师，博士，主要从事流域水环境监测与评价工作。

表 1　样品信息

编号	鱼类生物学特性参数						
	鱼种	数量/尾	体长/cm	体重/g	鱼龄	性别	食性
1	黄颡鱼	2	205±85	236±4	—	雄（2）、雌（0）	杂食性
2	鲫鱼	4	445±148	241±19	2+~3+	雄（0）、雌（4）	杂食性
3	鲤鱼	3	354±175	241±41	1+~2+	雄（3）、雌（0）	杂食性
4	大口鲶	1	440	679	—	雄（0）、雌（1）	肉食性
5	鲢鱼	1	336	707	2+	雄（1）、雌（0）	虑食性
6	尖头鲌	1	372	479	2	雄（1）、雌（0）	肉食性
7	乌鳢	1	385	756	2+	雄（0）、雌（1）	肉食性
8	红鳍原鲌	1	244	206	1+	雄（1）、雌（0）	肉食性
9	蒙古鲌	3	425±55	344±37	1+~2+	雄（2）、雌（1）	肉食性
10	翘嘴鲌	13	502±114	381±30	2~3+	雄（7）、雌（6）	肉食性

注： 受国家渔业政策影响，实际样品采样条件有限，获得的鱼类样品数量不一。

2.3　样品前处理

采用微波消解-电感耦合等离子体质谱法测定鱼体肌肉内重金属的含量。称取不同鱼肉样品约 0.5 g（精确至 0.001 g）于微波消解罐内，加入 8.0 mL 浓硝酸，加盖放置 1 h，旋紧罐盖，按照微波消解仪标准操作步骤进行消解[4]。冷却后取出，打开罐盖排气，将消解罐置于温控赶酸器上，于 130 ℃赶酸至近干，自然冷却至室温后用 2% HNO_3（m/V）定容至 25 mL，摇匀待测。同时称取 0.1 g（精确至 0.000 1 g）扇贝标准物质（GSB-15）按照同样的步骤进行消解。

2.4　样品测定

根据仪器操作说明书点燃等离子体，预热稳定至少 30 min。用质谱仪调谐液调节仪器灵敏度至最佳状态，在优化好的仪器条件下，依次测定校准曲线和鱼肉消解液中钒等 16 种元素的信号强度。其中钒、铬、砷为一组，采用碰撞反应模式（KED）进行测定；汞含量较低，且有记忆效应，单独测定；锰、锌、锶、钡为一组进行测定；铍、钴、镍、铜、硒、钼、镉、铅、铊为一组进行测定。为校正仪器信号漂移、样品基体对测定值的影响，采用内标法进行定量，内标元素为 Rh 和 Re。

3　结果与讨论

3.1　鱼体中金属元素含量

在所采集的鱼体肌肉样品中，除镉未检出外，钒、铬、砷等元素均有检出。整体上看，锌、锶、锰、硒、铜、钡的含量范围分别为 3.29~12.4 mg/kg、0.26~3.54 mg/kg、0.10~0.93 mg/kg、0.11~0.75 mg/kg、0.13~1.59 mg/kg、0.04~1.14 mg/kg，砷、汞、镉、镍、铅、钒的含量范围分别为 0.017~0.341 mg/kg、0.001~0.098 mg/kg、0.011~0.052 mg/kg、0.011~0.067 mg/kg、0. 006~0. 057 mg/kg、0.002~0.132 mg/kg，钼、钴、铊的含量范围分别为 0.002~0.022 mg/kg、0.001~0.007 mg/kg、0.000 2~0.004 3 mg/kg（见表 2）。其均值大小为：锌>锶>锰、铜、硒>钡>砷>汞>铬、镍、铅>钒>钼、钴、镉、铊。锌在鱼体肌肉内含量最高，可能是因为锌是生物体必需的微量元素，参与生物体的多种代谢过程，生物体存在主动吸附的过程。镉、铊在鱼体肌肉内含量最低，可能与水环境中对应元素的含量较低有关，也可能受到生物体本身对非必需元素排异和排泄作用的影响[1]。

将鱼体肌肉内金属元素含量与《食品安全国家标准 食品中污染物限量》（GB 2762—2017）和《无公害食品 水产品中有毒有害物质限量》（NY 5073—2006）中铜、铬、镉、铅、砷、汞的限量值进行比较，本次采集的鱼类样品中铜、铬、镉、铅、汞含量均远低于其标准限量值，约 20%的鱼体肌肉内总砷含量高于 0.1 mg/kg，对该类鱼体样本进行无机砷的测定，无机砷均未检出（<0.02 mg/kg）。

表 2 湖北某水库鱼体肌肉中重金属含量

单位：mg/kg

元素	锌	锶	锰	硒	铜①	钡	砷③	汞③
测定范围	3. 29～12. 4	0. 26～3. 54	0. 10～0. 93	0. 11～0. 75	0. 13～1. 59	0. 04～1. 14	0. 017～0. 341	0. 001～0. 098
均值	5. 47	1. 14	0. 40	0. 30	0. 25	0. 22	0. 078	0. 036
GSB-15 测定值	75. 3	6. 50	18. 8	1. 31	1. 32	0. 63	3. 5%	0. 05
标准值	75±3	6. 5±0. 4	19. 2±1. 2	1. 5±0. 3	1. 34±0. 08	0. 62±0. 06	3. 6±0. 6	0. 040±0. 007
限量标准					50		无机砷 0. 1	甲基汞 1. 0
元素	铬②	镍	铅②	钒	钼	钴	镉②	铊
测定范围	0. 011～0. 052	0. 011～0. 067	0. 006～0. 057	0. 002～0. 132	0. 002～0. 022	0. 001～0. 007	n. d.	0. 000 2～0. 004 3
均值	0. 024	0. 020	0. 017	0. 016	0. 006	0. 002	n. d.	0. 001
GSB-15 测定值	0. 24	0. 22	0. 11	0. 28	0. 067	0. 043	1. 14	0. 0027
标准值	0. 28±0. 07	0. 29±0. 08	0. 12	0. 36±0. 10	0. 066±0. 016	0. 047±0. 006	1. 06±0. 1	0. 002 5±0. 000 4
限量标准	2. 0		0. 5				0. 1	

注：①NY 5073—2006；②GB 2762—2017；③GB 2762—2017 中规定当总砷、总汞水平不超过甲基汞限量时，不必测定无机砷、甲基汞；否则，需再测定无机砷、甲基汞。

3. 2 不同食性鱼类对同种金属元素的吸收和积累

不同鱼类对同种金属元素的吸收积累是有一定差异的，基本的规律是肉食性鱼>杂食性鱼>滤食性或草食性鱼。例如汞在蒙古鲌、翘嘴鲌、尖头鲌、乌鳢等肉食性鱼类中的含量明显高于黄颡鱼、鲫鱼、鲤鱼等杂食性鱼类和鲢鱼（滤食性鱼类）（见图 1），其主要原因是与食物链有关，营养级越高对金属元素的富集量就越高[5-6]。

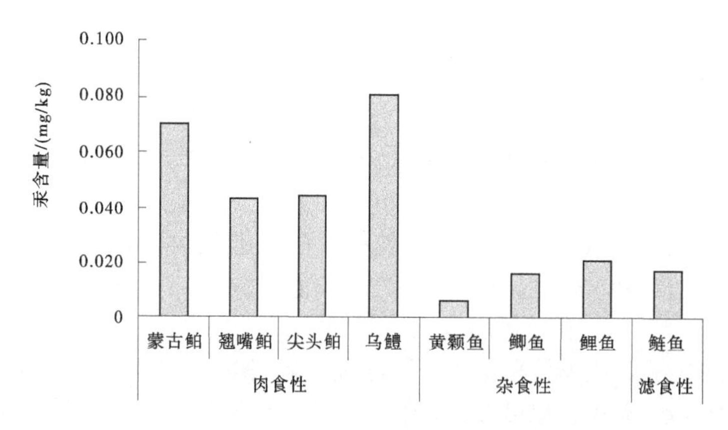

图 1 不同食性鱼体肌肉内汞含量

3.3 重金属健康风险评价

采用美国环保署（USEPA）于2000年发布的目标危害系数法[7-9]（Target Hazard Quotient，THQ）来评估人体通过食物摄入重金属的风险。该方法基于重金属污染物吸收剂量等于摄入剂量，以人体摄入污染物剂量与其参考剂量的比值作为评价标准。其计算方法如下：

单一重金属健康风险指数（THQ）按式（1）计算：

$$THQ = \frac{E_P \times E_D \times F_{IR} \times C}{R_{FD} \times W_{AB} \times T_A} \times 10^{-3} \quad (1)$$

式中：E_P 为暴露频率，365 d/a；E_D 为暴露时间，70 a；F_{IR} 为食物消化的比率，71 g/（d·人）；C 为食物中重金属的平均含量，mg/kg；R_{FD} 为参考剂量，mg/（kg·d），Cr、Mn、Co、Ni、Cu、Zn、As、Cd、Sb、Hg、Pb 的R_{FD} 分别为 1.5、0.14、0.03、0.02、0.04、0.3、0.000 3、0.001、0.000 4、0.000 16、0.004 mg/（kg·d）；W_{AB} 为人体平均体重，kg，按 60 kg 计算；T_A 为非致癌物的平均暴露时间，E_D×365 d/a。

THQ≤1，表明暴露人群无明显健康风险；THQ>1，表明暴露人群存在健康风险，THQ 值越大风险越高。由于多种重金属可以共同作用对人体健康产生危害，因此多种重金属复合风险指数（TTHQ）等于各种重金属的危害系数之和，其计算公式为：

$$TTHQ = \sum THQ \quad (2)$$

利用目标危险系数（THQ）对该水库鱼体肌肉内重金属人群暴露的健康风险进行评价（见表3）。由表3可知，黄颡鱼的砷风险（THQ_{As}）为1.002，其余鱼类 THQ 值均小于1.0；黄颡鱼的多种重金属复合风险（TTHQ）为1.060，其余鱼类 TTHQ 值均小于1，表明该水库鱼类重金属对人群的暴露风险相对较低，但若长期食用黄颡鱼，暴露重金属的健康风险（砷）可能较其他鱼类大，这与文献研究结果一致[5]。该水库鱼类的单一重金属 THQ 均值从大到小依次为：砷>汞>锌>铜>铅>锰>镍>钴>铬。9种重金属对 TTHQ 的贡献率有较大的差异，砷的贡献率（84.5%）最高，汞的贡献率（6.2%）次之，砷、汞贡献率总和>90%，故在该水库金属污染防控时优先关注砷、汞，尤其是砷的防控。

表3 湖北某水库不同鱼类肌肉中重金属健康风险评价

鱼类	THQ									TTHQ
	Cr	Mn	Co	Ni	Cu	Zn	As	Hg	Pb	
黄颡鱼	0.000 02	0.001 48	0.000 14	0.000 77	0.027 8	0.016 5	1.002	0.004 07	0.003 11	1.060
鲫鱼	0.000 02	0.004 16	0.000 10	0.001 18	0.006 95	0.032 0	0.253	0.011 5	0.007 54	0.317
鲤鱼	0.000 02	0.002 79	0.000 11	0.001 08	0.007 99	0.017 4	0.128	0.015 8	0.003 85	0.177
蒙古鲌	0.000 02	0.002 62	0.000 04	0.001 05	0.005 62	0.022 9	0.202	0.052 0	0.004 44	0.291
翘嘴鲌	0.000 02	0.003 95	0.000 09	0.001 42	0.005 01	0.021 9	0.280	0.032 0	0.003 75	0.349
鲢鱼	0.000 04	0.007 27	0.000 12	0.001 18	0.008 28	0.016 3	0.663	0.012 6	0.009 47	0.718
大口鲶	0.000 03	0.001 10	0.000 28	0.000 65	0.004 44	0.019 4	0.067	0.011 8	0.003 55	0.108
尖头鲌	0.000 01	0.002 37	0.000 08	0.000 95	0.003 85	0.017 2	0.149	0.032 5	0.012 1	0.218
乌鳢	0.000 01	0.000 85	0.000 04	0.000 71	0.004 73	0.013 0	0.414	0.059 9	0.010 7	0.504
红鳍原鲌	0.000 01	0.001 94	0.000 08	0.000 83	0.008 58	0.015 3	0.255	0.017 0	0.004 44	0.304
均值	0.000 02	0.002 85	0.000 11	0.000 98	0.008 33	0.019 2	0.341	0.024 9	0.006 29	0.404

4 结论

（1）湖北某水库黄颡鱼、翘嘴鲌等鱼体肌肉样品中，重金属的平均含量为：锌>锶>锰、铜、硒>钡>砷>汞>铬、镍、铅>钒>钼、钴、镉、铊。与国家食品安全国家标准 GB 2762—2017 和国家农业部标准 NY 5073—2006 的限量值相比，本次采集的鱼类样品中铜、铬、镉、铅、汞含量均远低于其标准限量值，约 20%的鱼体肌肉内总砷含量高于 0.1 mg/kg，对该类鱼体样本进行无机砷的测定，无机砷均未检出（<0.02 mg/kg）。

（2）同一重金属在不同鱼体肌肉内含量存在差异，如肉食性的蒙古鲌、翘嘴鲌、乌鳢汞含量明显高于杂食性的黄颡鱼、鲫鱼及滤食性的鲢鱼，营养级越高对金属元素的富集量就越高。

（3）单一重金属健康风险指数（THQ）和多重重金属复合风险指数（TTHQ）表明，黄颡鱼的 THQ_{As} 和 TTHQ 均略高于 1.0，其余鱼体肌肉内金属 THQ 和 TTHQ 均小于 1.0，表明该水库鱼类重金属对人群的暴露风险相对较低，但若长期食用黄颡鱼，存在一定的重金属暴露风险（砷）。各重金属对 TTHQ 的贡献率表现为砷最高（84.5%），汞（6.2%）次之，在该水库金属污染防控时优先关注砷、汞，尤其是砷的防控。

参考文献

[1] 曾欢，张华，熊小英，等. 鄱阳湖河湖交错区鱼类重金属含量特征及健康风险评估［J］. 环境科学学报，2021，41（2）：649-659.

[2] 张征，何力，倪朝辉，等. 三峡库区鱼体组织残毒分析［J］. 吉首大学学报（自然科学版），2006，27（1）：101-104.

[3] 杭璐，谢晓翘，刘梦莹，等. 中国部分地区水库可食用鱼中重金属含量及风险评价［J］. 湖北农业科学（自然科学版），2021，60（23）：136-139.

[4] 食品安全国家标准 食品中多元素的测定：GB 5009.268—2016［S］.

[5] 徐承香，王登会，张思强，等. 贵阳花溪农贸市场食用鱼类重金属含量及健康风险评价［J］. 生态科学，2020，39（4）：200-206.

[6] 王兆群，肖扬. 洪泽湖鱼体内重金属含量调查［J］. 环境监控与预警，2013，5（3）：47-50.

[7] 郑瑞生，王巧燕，张冰泉，等. 9 种近海鱼重金属污染状况及食用安全性评价［J］. 食品科学，2022，43（14）：353-359.

[8] 余杨，王雨春，周怀东，等. 三峡水库蓄水初期鲤鱼重金属富集特征及健康风险评价［J］. 环境科学学报，2013，33（7）：2012-2019.

[9] 沈梦楠，康春玉，李娜，等. 长春市市售 9 种鱼类中重金属含量分析及健康风险评价［J］. 淡水渔业，2018，48（4）：95-100.

白鹤滩电站水垫塘抗冲磨混凝土配合比优化试验

陈江涛　黄仁阔　胡洪涛

（长江三峡技术经济发展有限公司，湖北宜昌　443133）

摘　要：水垫塘作为峡谷高坝重要的泄洪消能设施，承载着巨大的水流动能，因此其混凝土必须具有较好的抗裂性、较高的强度及良好的抗冲磨性能。通过混凝土室内拌和试验优化配合比参数，配制出满足施工要求、性能良好的抗冲磨混凝土，解决了白鹤滩水垫塘抗冲磨混凝土施工初期裂缝偏多的问题，并带来巨大的经济效益。

关键词：水垫塘；抗冲磨混凝土；配合比优化

1　工程概况

白鹤滩水电站地处高山峡谷之间，为300 m级特高双曲拱坝，坝身最大泄流量可达30 000 m^3/s，最大泄洪功率达60 000 MW。坝体下游设置水垫塘消能，水垫塘全长约360 m，宽130 m，充水后将形成深度高达48 m的水垫，建成可承担高水头、高流速、巨泄量的泄洪消能任务。水垫塘采用反拱底板接复式梯形断面结构，底板混凝土总计方量约18万 m^3 左右，包括约150 000 m^3 C_{180}40F150W8混凝土，30 000 m^3 C_{90}50F150W8抗冲磨混凝土。

2　现场浇筑情况

水垫塘反拱底板混凝土浇筑采用塔机吊罐和胎带机入仓方式，人工振捣，表面抗冲磨混凝土采用滑模拉伸的浇筑方式。2018年6月28日开始首仓浇筑，前期浇筑的表面抗冲耐磨混凝土为C_{90}50F150W8二级配，设计坍落度为70~90 mm。2018年8月11日，对反拱底板硬化混凝土进行了裂缝普查，发现已浇筑的10个仓号中，出现了浅表裂缝，最多的有7条，最少的为2条，平均每个仓号存在浅表裂缝约4条。混凝土开裂对其冲蚀的性能影响较大，而混凝土冲蚀性能的下降会严重影响其抗冲磨性能[1]。因此，必须马上进行混凝土配合比优化，以减少和消除裂缝。

3　室内混凝土配合比优化试验

为减少和消除表面裂缝，优化混凝土施工周期，在满足混凝土和易性、强度、抗冲磨强度及耐久性等各项性能的前提下，在室内开展混凝土配合比优化试验研究。

3.1　混凝土用原材料

室内选取与现场相同的42.5低热硅酸盐水泥、F类Ⅰ级粉煤灰、高性能减水剂（缓凝Ⅱ型及标准型）以及拌和系统现场饮用水拌制混凝土。

3.2　优化前混凝土配合比

前期基于满足混凝土强度、浇筑性能、抗冲磨性能等核心指标，配制出的C_{90}50W8F150抗冲磨

作者简介：陈江涛（1993—），男，湖北宜昌，助理工程师，主要从事水工混凝土原材料及混凝土性能研究工作。

混凝土配合比的参数见表1。

表1 C_{90}50W8F150 抗冲磨混凝土配合比

混凝土设计指标	级配	设计坍落度/mm	水胶比	粉煤灰掺量/%	砂率/%	减水剂掺量/%	用水量/(kg/m³)	胶凝材料用量/(kg/m³)	外加剂型号
C_{90}50W8F150 抗冲磨混凝土	二	70~90	0.34	20	32	0.70	123	362	缓凝Ⅱ型

3.3 优化前混凝土性能

优化前 C_{90}50W8F150 抗冲磨混凝土各项性能检测结果见表2、表3。

表2 C9050W8F150 抗冲磨混凝土拌和物性能

强度等级	级配	设计坍落度/mm	坍落度实测值/mm		坍落度损失率/%	含气量实测值/%		含气量损失率/%	泌水率/%	密度/(kg/m³)	凝结时间/min	
			0 min	60 min	60 min	0 min	60 min	60 min			初凝	终凝
C_{90}50W8F150 抗冲磨混凝土	二	70~90	87	72	17.2	3.8	2.9	23.7	0	2 510	904	1 179

表3 C9050W8F150 抗冲磨混凝土力学性能

强度等级	级配	抗压强度/MPa			抗冲磨强度/[h/(kg/m²)]	磨损率/%
		7 d	28 d	90 d		
C_{90}50W8F150 抗冲磨混凝土	二	32.0	48.1	61.7	8.4	3.3

由表2、表3中混凝土各项参数，可以得到以下结论：水胶比0.34，满足设计强度需求，但单方用水量及混凝土胶凝材料用量偏多；粉煤灰掺量及砂率较合理。坍落度和含气量满足设计要求，且1 h损失较小，但混凝土初凝时间偏长。90 d抗压强度满足设计要求，但抗冲磨强度一般，磨损率较大。

3.4 初步优化思路

（1）对大体积混凝土配合比的设计，应在综合考虑项目总体设计以及施工具体情况的基础上，尽量避免水化热的早期集中释放，延缓和减小混凝土的温度峰值，减小混凝土的温度梯度，降低混凝土砂率和出机坍落度减少收缩，从而避免混凝土早期产生危害性开裂[2]。由于 C_{90}50W8F150 抗冲磨混凝土单方胶凝材料用量偏多，导致水化温升较高，内部温度不易散发，使得混凝土内外温差较大，在混凝土内部产生的压应力超过表面的拉应力时，即出现了浅表裂缝。为了降低单方混凝土胶材用量、砂率和出机坍落度，采取将前期 C_{90}50W8F150 抗冲磨混凝土骨料级配由二级配调整为小三级配（将二级配骨料比例小石：中石50：50调整为小石：中石：大石三级配骨料比例35：45：20），保持水胶比不变并提高外加剂掺量，降低混凝土单方用水量和坍落度，以达到降低单方混凝土胶材用量的目的。

（2）针对混凝土初凝时间偏长的状况，采用标准型外加剂替代缓凝Ⅱ型外加剂，在保证施工抹面、滑模移动可控的前提下，降低初凝时间，缩短施工间歇周期。

（3）针对抗冲磨强度偏低通过降低砂率、优化骨料级配，使得骨料有较大的堆积密度和小空隙率，以满足密实度要求[3]，从而获得抗冲磨性能较好的混凝土。

3.5 优化后的配合比及混凝土性能

按上述思路在室内优化后的混凝土配合比参数及性能见表4~表6。

表4 优化后 C_{90}50W8F150 抗冲磨混凝土配合比

混凝土设计指标	级配	设计坍落度/mm	水胶比	粉煤灰掺量/%	砂率/%	减水剂掺量/%	用水量/(kg/m³)	胶凝材料用量/(kg/m³)	外加剂型号
C_{90}50W8F150 抗冲磨混凝土	三	50~70	0.34	20	29	0.9	100	294	标准型

表5 优化后 C_{90}50W8F150 抗冲磨混凝土拌和物性能

强度等级	级配	设计坍落度/mm	坍落度实测值/mm		坍落度损失率/%	含气量实测值/%		含气量损失率/%	泌水率/%	密度/(kg/m³)	凝结时间/min	
			0 min	60 min	60 min	0 min	60 min	60 min			初凝	终凝
C_{90}50W8F150 抗冲磨混凝土	三	50~70	66	47	28.8	3.4	2.6	23.5	0.0	2 570	573	797

表6 优化后 C_{90}50W8F150 抗冲磨凝土力学性能

强度等级	级配	抗压强度/MPa			抗冲磨强度/[h/(kg/m²)]	磨损率/%
		7 d	28 d	90 d		
C_{90}50W8F150 抗冲磨混凝土	三	26.2	47.6	57.4	11	2.5

由表4~表6混凝土优化后各项参数，可以得到以下结论：C_{90}50W8F150 抗冲磨混凝土单方用水量减少23 kg，单方胶凝材料用量减少68 kg；混凝土初凝时间有大幅度缩短，缩短了约331 min，可极大缩短滑模拉伸周期，加快施工进度；混凝土抗冲磨强度有所提升，且磨损率下降。

配合比优化前后单方用水量、单方胶材用量、初凝时间、抗冲磨强度及磨损率比对见图1。

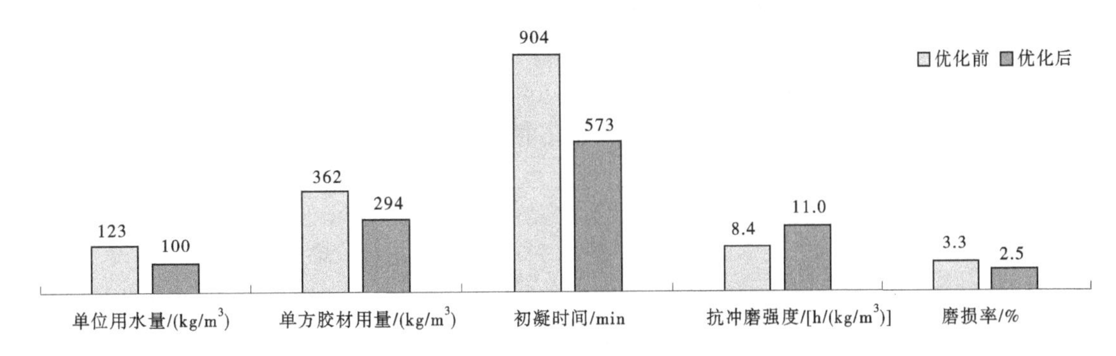

图1 混凝土配合比优化前后参数及性能比对

4 现场应用情况

水垫塘反拱底板总共有196仓，前期已浇筑完成10仓，剩余的186仓采用优化后的

C_{90}50F150W8 抗冲磨混凝土浇筑，此后对配合比优化后的反拱底板混凝土进行了裂缝普查，发现已浇筑的 24 个仓号中，除有 2 个仓号各有浅表裂缝 2 条，其余 22 个仓号未发现浅表裂缝，平均每个仓号存在裂缝不到 0.1 条，几乎消除了浅表裂缝，极大地提高了混凝土的抗裂性能，优化后的 C_{90}50F150W8 抗冲磨滑模混凝土，浇筑时每次滑模拉伸时间由原来的 3 h 降低至 1 h 左右，浇筑 1 个仓号需要的时间由原来的 90 h 左右降低至 65 h 左右，极大地提升了施工效率。

由优化前后的数据对比可知，裂缝平均每仓减少 3.9 条，环比下降 98%。滑模混凝土每次拉伸时间减少 2 h 左右，环比下降 67%。浇筑 1 个仓号需要的时间减少 25 h 左右，环比下降 28%左右，配合比优化前后现场裂缝及浇筑情况对比见图 2。

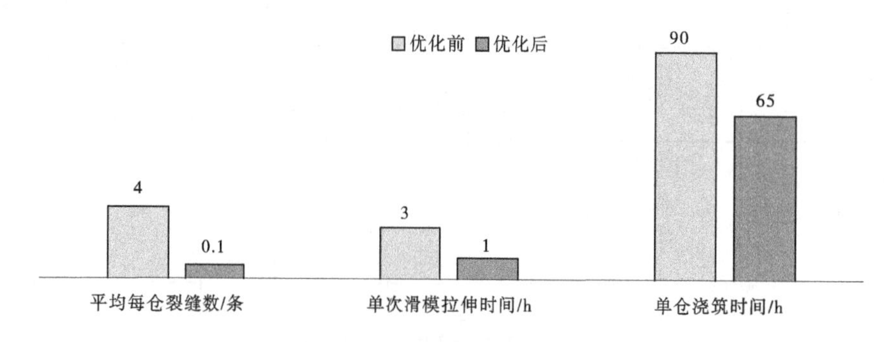

图 2 配合比优化前后现场裂缝及浇筑情况对比

5 效益分析

进行配合比优化后，混凝土裂缝显著减少，部分仓号裂缝得到消除，这将大大减少将来水垫塘的修补面积。优化后的配合比每方混凝土可节约 68 kg 胶凝材料，其中水泥 54 kg，粉煤灰 14 kg。整个水垫塘反拱底板 196 仓，C_{90}50 二级配已浇筑 10 仓，剩余 186 仓为 C_{90}50W8F150 三级配浇筑，平均每仓需浇筑 C_{90}50W8F150 抗冲磨混凝土 135 m^3 左右，浇筑 C_{90}50W8F150 三级配抗冲磨混凝土约为 23 490 m^3，由此计算出可节约水泥 1 355.94 t，粉煤灰 35.154 t。水泥按 550 元/t 计，粉煤灰按 440 元/t 计，可节约成本约 90 万元；同时，胶凝材料降低，水化放热量减少，通水冷却等温控成本大幅度降低。

6 结论

本文结合白鹤滩水电站水垫塘抗冲磨混凝土浇筑情况进行分析，通过优化施工配合比，降低胶凝材料用量，改用标准型外加剂，并通过调整骨料级配，最终拌制出满足现场施工且性能较好的混凝土，使得裂缝大幅缩减，不仅改善了混凝土施工质量，而且还取得了一定的经济效益。

参考文献

[1] 鲁少林，高小玲．水工大体积混凝土裂缝产生的原因与预防措施［J］．水电站设计，2008，24（3）：28-30，33.
[2] 马稳举，黄锡钢，桑培亮．水工大体积混凝土裂缝成因与防裂措施［J］．港口科技，港口建设，2009（9）：9-12.
[3] 张小利．水泥混凝土骨料级配对混凝土强度的影响［J］．科技风，2013（4）：162.

聚丙烯纤维复掺矿物掺合料对混凝土早期抗裂性能的影响

梁贤浩　李海峰　孙文娟　姚志超

（珠江水利委员会珠江水利科学研究院，广东广州　510610）

摘　要：本文通过复掺矿物掺合料和聚丙烯纤维研究两者对混凝土早期抗裂性能等的影响。结果表明，矿物掺合料主要通过缩短裂缝的长度来减少混凝土的开裂面积，其开裂面积减少 54%；而复掺聚丙烯纤维后则主要通过缩小裂缝的宽度来减少混凝土的开裂面积；随着聚丙烯纤维掺量的增加，开裂面积的减少幅度逐渐缩小。当聚丙烯纤维掺量为 1.5 kg/m^3 时，开裂面积减少 55%。

关键词：纤维增强混凝土；抗裂性能；聚丙烯纤维；矿物掺合料

1　前言

在大型水利水电工程、桥梁、铁路、港口码头、高层建筑、地铁及隧道工程建设中，大体积混凝土的应用越来越广泛。在实际应用中，大体积混凝土的裂缝问题无法避免，混凝土构件普遍存在带裂缝工作的现象；而裂缝会影响混凝土构件的承载性能、抗渗性能和耐久性能，降低混凝土的使用寿命[1]。混凝土的组成和结构比较复杂，裂缝产生的原因很多。只要混凝土内部拉应力超过其极限抗拉强度，就会导致混凝土出现裂缝[2]。目前工程上主要通过调整配合比来提高混凝土的抗裂性能，加入矿物掺合料、纤维、外加剂、橡胶能够在一定程度上降低混凝土的早期收缩，提高混凝土的早期抗裂性能[3-5]。纤维和矿物掺合料都是改善混凝土抗裂性和韧性的有效组成材料，而两者对混凝土抗裂性能的提升原理有所差异。本文通过对比单掺矿物掺合料及复掺聚丙烯纤维混凝土性能变化，研究了两者对混凝土早期抗裂等性能的影响。

2　材料与试验方法

2.1　原材料

水泥：阳春海螺水泥有限公司所产 P·O 42.5 硅酸盐水泥，比表面积 352 m^2/kg，初凝时间 155 min，终凝时间 230 min，3 d 抗压强度 26.1 MPa，28 d 抗压强度 48.6 MPa，3 d 抗折强度 5.2 MPa，28 d 抗折强度 8.2 MPa。

细骨料：清远北江所产天然砂，细度模数 2.4，属中砂，表观密度 2 620 kg/m^3，泥块含量 0.0%，饱和面干吸水率 1.0%。

粗骨料：清远所产 5～25 mm 碎石，表观密度 2 660 kg/m^3，堆积密度 1 530 kg/m^3，含泥量 0.3%，泥块含量 0.0%，饱和面干吸水率 0.45%，针片状含量 3%。

外加剂：深圳市迈地混凝土外加剂有限公司 PCA 聚羧酸高性能减水剂（标准型），减水率 28%，初凝时间差+160 min，泌水率比 0%，1 h 坍落度经时变化量 22 mm，7 d 抗压强度比 170%，28 d 抗压强度比 145%。

作者简介：梁贤浩（1992—），男，工程师，主要从事水利工程检测、建筑材料试验研究工作。

粉煤灰：阳西海滨电力发展有限公司所产Ⅱ级F类粉煤灰，细度21.6%，需水量比101%，烧失量1.88%，密度2.40 g/cm^3，活性指数80%。

矿渣粉：佛山市三水荣兴新型材料有限公司所产S95矿渣粉，流动度比97%，28 d活性指数95%，比表面积450 kg/m^3。

纤维：山东创金工程材料有限公司所产的聚丙烯纤维（PPF），直径31 μm，长度25 mm。

2.2 试验方法

配合比设计满足《普通混凝土配合比设计规程》（JGJ 55—2011）相关规定，综合经济性与技术原则考虑，设计配合比基本参数及坍落度见表1，其搅拌方法是先将聚丙烯纤维和砂石加入搅拌机中进行干拌，干拌均匀后加入水泥、矿物掺合料和水进行搅拌。配合比以粉煤灰掺量14%、矿渣粉掺量20%作为基础，掺入0.3 kg/m^3、0.6 kg/m^3、0.9 kg/m^3、1.2 kg/m^3、1.5 kg/m^{3}的聚丙烯纤维进行试验对比。

表1 试验配合比

配合比	材料用量/（kg/m^3）								坍落度/mm
	水泥	粉煤灰	矿渣粉	砂	碎石	水	减水剂	聚丙烯纤维/%	
0#	458	0	0	685	1 065	160	10.17	0.0	187
1#	303	65	90	685	1 065	160	10.17	0.0	189
2#	303	65	90	685	1 065	160	10.17	0.3	184
3#	303	65	90	685	1 065	160	10.17	0.6	173
4#	303	65	90	685	1 065	160	10.17	0.9	155
5#	303	65	90	685	1 065	160	10.17	1.2	146
6#	303	65	90	685	1 065	160	10.17	1.5	141

本试验根据《普通混凝土长期性能和耐久性能实验方法标准》（GB/T 50082—2009）中的规定，采用刀口法进行早期抗裂试验，准备尺寸为800 mm×600 mm×100 mm的平板试模，试模内设有7根裂缝诱导器，并在钢制底板铺设聚乙烯薄膜做隔离膜，将混凝土浇注至试模，然后将试模放置于温度(20±2)℃、相对湿度（60±5)%的试验间进行养护试验，试件成型30 min后控制试件中心正上方100 mm处风速为（5±0.5）m/s，风向平行于试件和裂缝诱导器，养护（24±0.5）h测读裂缝，结果如表3所示。抗压强度、抗折强度根据GB/T 50081—2002普通混凝土力学性能试验方法标准进行试验，试验结果如表2所示。

表2 混凝土力学性能

配合比	抗压强度/MPa	抗折强度/MPa
0#	53.9	3.8
1#	48.0	3.6
2#	48.4	3.7
3#	49.1	3.6
4#	47.8	3.5
5#	43.2	3.3
6#	41.8	3.2

3 试验结果与讨论

3.1 聚丙烯纤维与矿物掺合料对混凝土拌和物性能及力学性能的影响

混凝土配合比坍落度试验结果见表 1 及图 1，混凝土在内掺粉煤灰以及矿渣粉后，坍落度略微提高。在维持粉煤灰及矿渣粉掺量不变的情况下掺入聚丙烯纤维，随着聚丙烯纤维掺量的增加，混凝土拌和物坍落度明显下降。主要原因是由于聚丙烯纤维在拌和物中被水泥浆包裹，消耗混凝土中的水泥浆并与拌和物各部分产生拉结作用，提高其整体性从而降低了坍落度[6]。

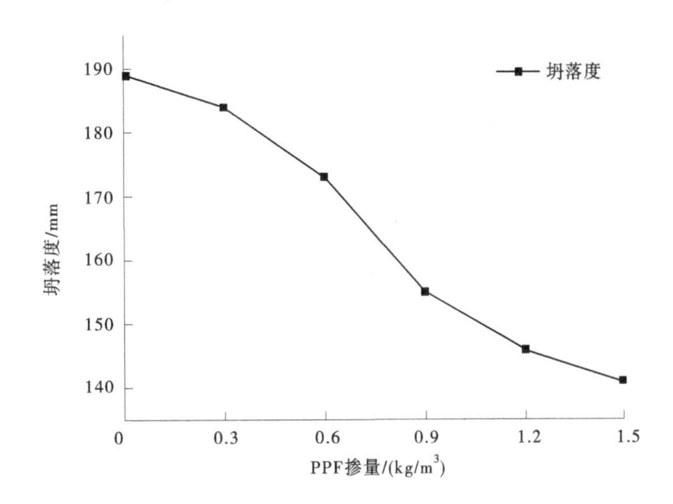

图 1 聚丙烯纤维对混凝土拌和物坍落度的影响

混凝土配合比抗压强度、抗折强度试验结果见表 2 及图 2，矿物掺合料的掺入明显降低了混凝土的抗压强度和抗折强度，而随着聚丙烯纤维的掺入，抗压强度、抗折强度均出现先升高后降低的趋势；当聚丙烯纤维掺量继续增大时，两者明显随之下降。表明少量聚丙烯纤维在混凝土基体中起到补强效应，使混凝土的力学性能试验能够有效作用到聚丙烯纤维上，从而提高混凝土的抗压强度和抗折强度。但聚丙烯纤维与混凝土的相容性较差，当其掺入量较少时不会明显影响混凝土内部的空隙率，对混凝土基体的力学性能影响不大，但是随着聚丙烯纤维的掺入量越来越高，导致混凝土的空隙率越来越大[7]，使混凝土基体的抗压强度和抗折强度出现不同程度的下降。

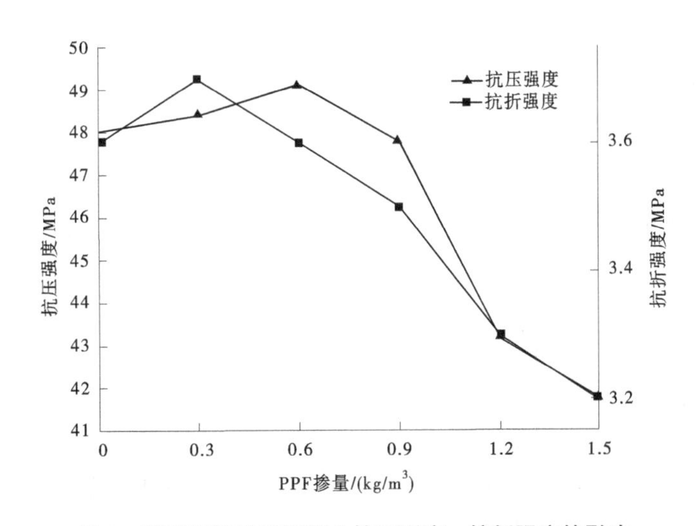

图 2 聚丙烯纤维对混凝土抗压强度、抗折强度的影响

3.2 聚丙烯纤维与矿物掺合料对混凝土早期抗裂性能的影响

混凝土早期抗裂性能结果如表 3 所示，随着粉煤灰与矿渣粉的掺入，混凝土的总开裂面积、裂缝

总长度、裂缝平均长度、裂缝平均宽度、裂缝数量均有不同程度的下降，其中裂缝平均长度明显缩短，从而降低了总开裂面积，表明矿物掺合料通过缩短裂缝长度有效提高了混凝土早期抗裂性能。由于粉煤灰和矿渣粉具有火山灰活性，不仅可以替代水泥作为胶凝材料，还能降低混凝土的水化速度，延缓了水化放热，缩小混凝土与环境的温差，使混凝土冷却时内部收缩的拉应力变小，而且粉煤灰和矿渣粉的微集料填充作用能改善混凝土的内部孔结构，减少混凝土内部水分的散失，从而有效抑制了混凝土的开裂。

表 3　混凝土早期抗裂性能

配合比	总开裂面积/mm^2	裂缝总长度/mm	裂缝平均长度/mm	裂缝最大宽度/mm	裂缝平均宽度/mm	裂缝数量/条
0#	287	1 561	91.8	0.228	0.184	17
1#	133	816	54.4	0.225	0.163	15
2#	101	842	64.8	0.155	0.120	13
3#	88	793	56.6	0.158	0.111	14
4#	74	772	64.3	0.145	0.096	12
5#	62	735	66.8	0.135	0.084	11
6#	60	764	58.8	0.137	0.079	13

在掺入粉煤灰和矿渣粉的基础上掺入聚丙烯纤维，其抗裂性能如表 3 所示，混凝土总开裂面积、裂缝平均长度、裂缝最大宽度、裂缝平均宽度均有不同程度的变化。随着聚丙烯纤维掺量的逐渐提高，裂缝数量和裂缝平均长度没有明显缩小的趋势，而裂缝平均宽度则能够明显随之缩小，表明聚丙烯纤维在混凝土早期开裂中起到的作用主要是缩小裂缝的宽度，从而减少混凝土的总开裂面积，提高混凝土早期抗裂性能。随着聚丙烯纤维掺量的提高，混凝土总开裂面积缩小分别为 32 mm^2、13 mm^2、14 mm^2、12 mm^2、2 mm^2，开裂面积的缩小幅度也随纤维掺量的提高而减小，混凝土的裂缝显微分析见图 3。由图 3（a）、（b）可以看出，未掺矿物掺合料和聚丙烯纤维的混凝土裂缝宽度明显较粗大，而且裂缝较集中，分支较少；由图 3（c）、（d）可知，掺入粉煤灰和矿渣粉后，裂缝宽度有小幅缩小；但是在复掺了聚丙烯纤维的情况下，裂缝宽度明显缩小，如图 3（e）、（f）所示，其裂缝平均宽度为 0.079 mm，且裂缝形态明显变得分散，分支较多，表明复掺聚丙烯纤维后的混凝土主要通过降低其裂缝宽度来提高抗裂性能。这可能是由于聚丙烯纤维在混凝土发生裂缝位置吸收一定的断裂能量，在一定程度上阻止了裂缝的增大[8]。

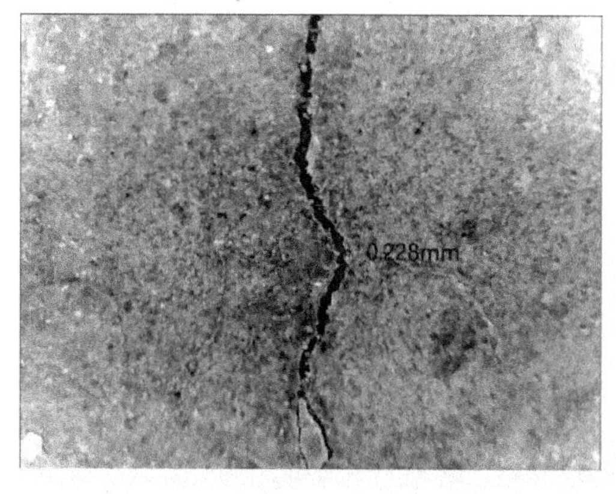

（a）0#配合比裂缝

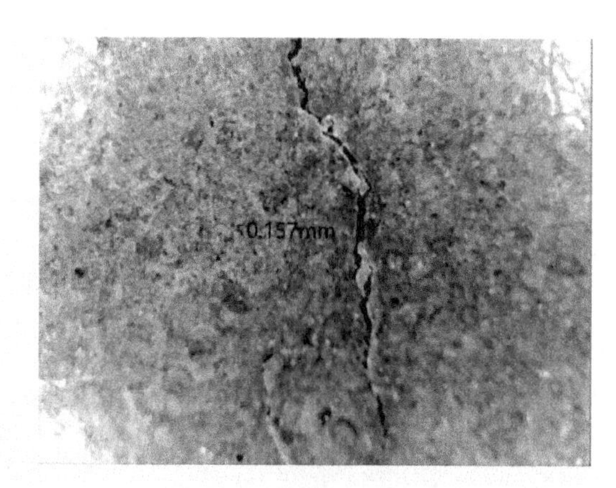

（b）0#配合比裂缝

图 3 混凝土裂缝显微分析

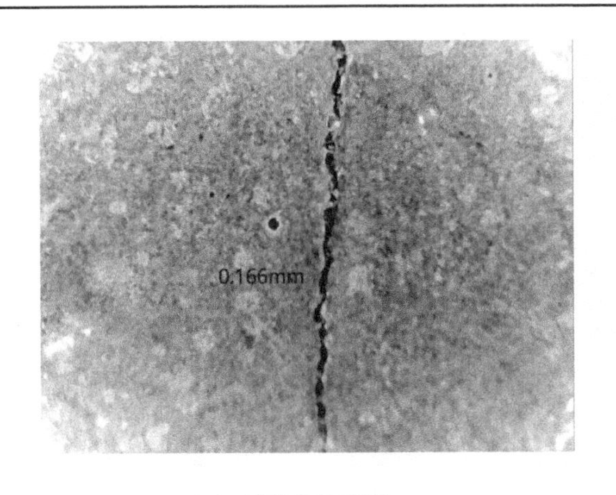

（c）1#配合比裂缝

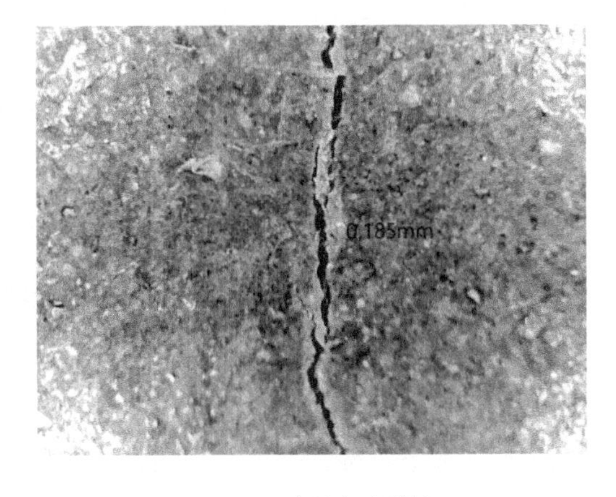

（d）1#配合比裂缝

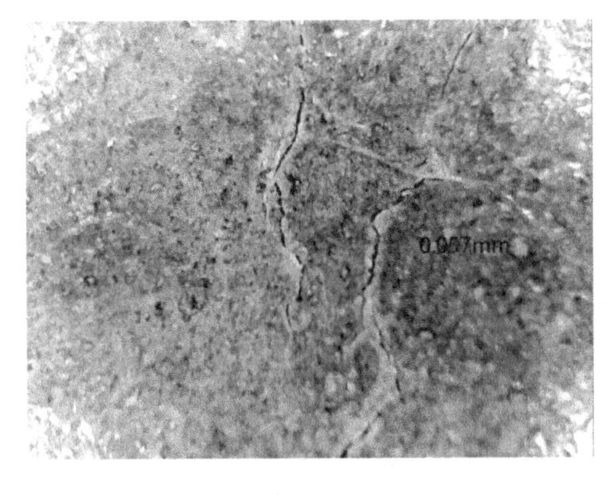

（e）6#配合比裂缝

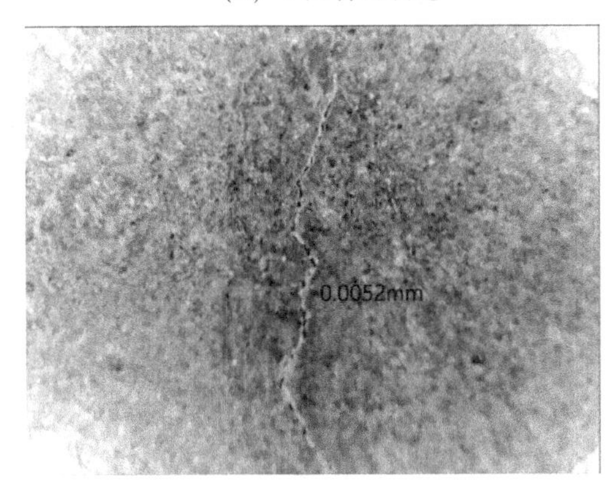

（f）6#配合比裂缝

续图 3

3.3 聚丙烯纤维在混凝土基体中的显微分析

混凝土抗折试件试验后断面的显微分析如图 4 所示。由显微分析可见，聚丙烯纤维在混凝土中能够分散得比较均匀，没有出现纤维结团的现象，而且混凝土在抗折断裂过程中，纤维均被拉长并破坏，无纤维拔出的情况出现。表明纤维与混凝土基体黏结性较好，分散均匀，且纤维的断裂伸长率高，能够在混凝土破坏过程中将应力传递至纤维上，使纤维吸收断裂能量，从而提高混凝土基体的力学性能。

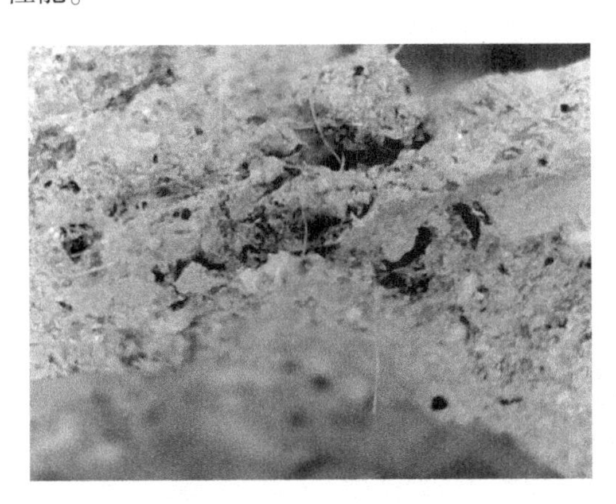

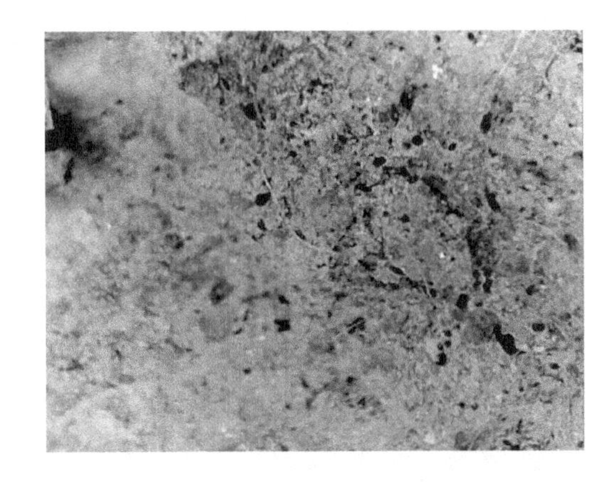

图 4　混凝土抗折试件断面纤维分析

4 结论

（1）混凝土中适当掺入矿物掺合料能提高拌合物的坍落度来改善其和易性，但是对其力学性能有负面影响，混凝土抗压强度与抗折强度均由于粉煤灰和矿渣粉的掺入而降低。

（2）在掺入矿物掺合料的混凝土中复掺聚丙烯纤维，随着聚丙烯纤维掺量的提高，混凝土坍落度逐渐下降，力学性能则呈现先上升再下降的趋势。

（3）矿物掺合料主要缩小混凝土裂缝的长度，从而有效提高混凝土的早期抗裂性能；复掺聚丙烯纤维后也能提高混凝土的早期抗裂性能，但是其作用主要是缩小裂缝的宽度，对裂缝数量和长度影响不大。

（4）聚丙烯纤维在混凝土基体中均匀分布且无结团现象，能够有效吸收混凝土硬化过程中产生的内部拉应力，从而提高混凝土的早期抗裂性能。

参考文献

[1] 张红波. 掺新型膨胀材料混凝土变形及抗裂性能研究 [D]. 南京：南京航空航天大学，2012.

[2] GILBERT R I. Cracking caused by early-age deformation of concrete-prediction and Control [J]. Procedia Engineering, 2017, 172: 13-22.

[3] 张骏，田帅，梁丽敏，等. 矿物掺合料对混凝土早期收缩及开裂性能的影响 [J]. 混凝土与水泥制品，2018 (9)：16-19.

[4] 赵联桢. 矿物掺合料对混凝土早期收缩与力学性能的影响 [D]. 南京：南京水利科学研究院，2010.

[5] 管宗甫，李小颖，李世华，等. 矿物掺合料和聚丙烯纤维对混凝土塑性收缩开裂的影响 [J]. 硅酸盐通报，2013，32 (5)：794-798，803.

[6] 李华明. 聚丙烯纤维混凝土性能研究及其在隧道工程中的应用 [D]. 成都：西南交通大学，2005.

[7] WANG K, SHAH S P, PHUAKSUK P. Plastic shrinkage cracking in concrete materials-influence of fly ash and fibers [J]. Aci Materials Journal, 2001, 98 (6): 458-464.

[8] 梅国栋. 混杂纤维混凝土抗裂性能试验研究 [D]. 武汉：武汉工业学院，2010.

新型钻孔三维电视成像技术在大型船闸工程质量检测中的应用

方　朋　郭威威

（珠江水利委员会珠江水利科学研究院，广东广州　510611）

摘　要：利用新型钻孔三维电视成像技术检测大藤峡船闸上、下闸首边墩混凝土浇筑质量。钻取试验孔定性定量分析上、下闸首边墩混凝土浇筑质量，把握混凝土浇筑层层间结合、层内密实情况。相比于传统基桩孔内成像的720×756标清SDTV图像分辨率，新型钻孔三维电视成像采用分辨率2 048×1 536的三维立体成像技术，且图像数据实时采集。新型钻孔三维电视成像技术可以有效弥补传统基桩孔内成像在清晰度及数据采集频次方面的局限性，能更加清晰、高效地检测出混凝土浇筑不密实部位，并同步观测出墩身混凝土骨料分布情况，精准判断缺陷的具体位置、表现形式及大小。

关键词：钻孔三维电视；船闸；混凝土浇筑质量；检测

1　工程背景

大藤峡水利枢纽位于珠江流域西江水系黔江干流大藤峡出口弩滩上，是一座以防洪、航运、发电、补水压咸、灌溉等综合利用的流域关键性工程。枢纽工程单级船闸布置在左岸，由上游引航道、上闸首、闸室、下闸首和下游引航道组成，船闸线路总长3 497.0 m[1]。

大藤峡水利枢纽船闸设计最大水头为40.25 m，为国内水头最高、世界水头第二的单级船闸。船闸下闸首人字闸门规模世界最大，下闸首人字闸门单扇门高47.50 m，最大封闭面积达1 566 m^2，就人字闸门的尺寸、设计水头、淹没水深、运行条件而言，大藤峡船闸人字闸门的技术规模已超过世界上已建船闸的人字闸门[2]。大藤峡水利枢纽地处西江水运咽喉要道，船闸为该枢纽唯一的过船通道，其性能关系到黔江航道能否通畅[3]。为验证船闸工程混凝土的浇筑质量，为大藤峡船闸工程通航阶段验收提供准确可靠的基础数据支撑，使用JL-ID0I（C）新型智能钻孔三维电视成像仪对船闸上、下闸首边墩进行工程微创检测。并通过对检测结果进行分析，提出合理的消缺建议，提高船闸上、下闸首边墩施工质量，保证船闸通航后安全稳定运行。

2　新型钻孔三维电视介绍

1979年，原长江流域规划办公室物探队研制了国内首台钻孔彩色电视。随着电子技术、计算机技术及图像处理技术的发展，钻孔电视设备由原来的笨重复杂到现在的轻便一体化，采集的信号也由原来的用磁带记录模拟信号到现在的自动采集数字信号并直接由相应的图像处理软件进行处理[4]。

2.1　检测原理及特点

钻孔电视由地面仪器和井下设备两个部分组成。地面仪器包括数据采集处理主机、三脚架、绞车、滑轮和深度测量装置；井下设备包括孔内全景摄像探头和连接线缆，全景摄像探头是钻孔电视成

作者简介：方朋（1994—），男，工程师，主要从事水利工程质量检测的研究工作。

像系统的关键设备，探头由微型 CCD 摄像机、可获得全景可视化图像的锥面镜、高流明 LED 光源、高强度防水承压舱和磁极定位罗盘等部件构成。检测原理见图 1。

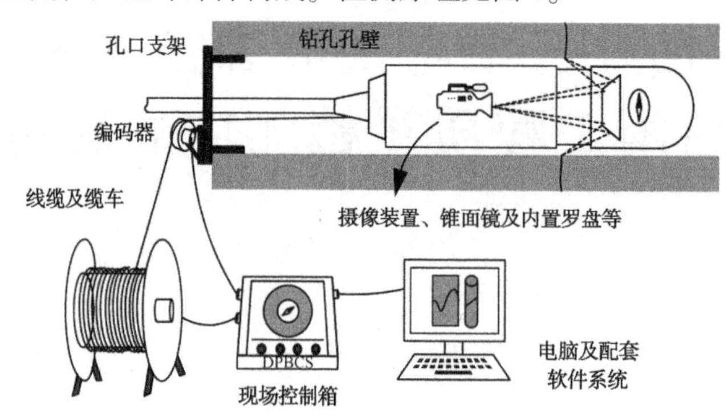

图 1 检测原理

钻孔电视测试通过 LED 光源照亮钻孔孔壁，微型 CCD 摄像机同步摄制由锥面镜反射的钻孔孔壁高清图像，将扫描到的孔壁四周及下部的图像信息通过连接线缆传送到地面的控制器和电脑上显示。检测人员可实时观看钻孔孔壁周围的图像，使用数据采集软件完成对整个图像的采集过程，此软件可以对摄制好的钻孔视频进行图像数字化，把采集到的图像信息展开和合并，记录在电脑上。进一步利用数据分析软件对全景钻孔图像进行分析和结构面的识别和判定，对全景钻孔图像数据以平面展开图、三维岩芯图以及视频信息的形式进行存储和维护，为工程提供可靠的钻孔图像和混凝土内部结构数据。

2.2 检测仪器

本次检测工作使用 JL-ID0I（C）新型智能钻孔三维电视成像仪，摒弃了传统钻孔电视的视频采集卡、控制器、电脑与探头组合的系统结构模式和剖面图人工编辑模式，而采用先进的 DSP 图像采集与处理技术。该系统高度集成，测试剖面实时自动提取，生成的全景图像能使检测人员更加清晰地辨认，并且能够自动准确校正测试的深度，可对所有的观测孔全方位、全柱面视频录制及成像。安装在全景摄像探头内的磁极定位罗盘用来标定图像的方位，通常把检测地点的磁北经磁偏角校正后的真北设为 0°，按顺时针方向增加角度。在垂直钻孔中，每一幅孔壁光学成像柱状展开图都是沿着北—东—南—西—北顺序展开的，能够保证图像方位的无缝拼接[5]。

仪器数据采集处理主机采用 12 V 直流电作为工作电压，利用图像采集和分析系统对孔壁图像自动进行采集、展开，并按深度顺序进行拼接处理，形成一整套钻孔全孔壁 360° 柱状剖面全景图像。在保证检测孔内有水且水质清澈的条件下，图像分辨精度能达到 0.1 mm，生成的图像清晰完整，不遗漏钻孔孔壁任意角度的图像信息，检测人员能够对整个钻孔孔壁的外观一览无遗。该主机系统对图像信息的后期处理能力强，可按指令输出平面展开图，立体柱状图，也可同幅显示钻芯描述结果表和钻芯柱状图[6]。仪器设备见图 2。

2.3 检测应用范围

新型钻孔三维电视成像技术作为一种钻孔原位测试的有效手段，具有直观、可靠、准确等优点，不仅能够实时直观地观测到钻孔内的各种结构构造，而且能将整个钻孔进行视频成像，并可现场生成钻孔展开图和后期三维柱状图，可以生动直观地再现孔内结构体并进行定量分析，能够连续、原状可视化地还原出测试体内部结构的特点。可应用于工程水文地质、地质找矿、岩土工程、矿山等领域；适用于垂直孔、水平孔和倾斜孔、锚索孔、地质钻孔和混凝土钻孔等各类钻孔，尤其适用于无法取得实际岩芯的破碎带地层。

3 检测目的及钻孔布置

检测目的在于通过新型钻孔三维电视成像技术，验证船闸工程上、下闸首边墩混凝土浇筑质量，

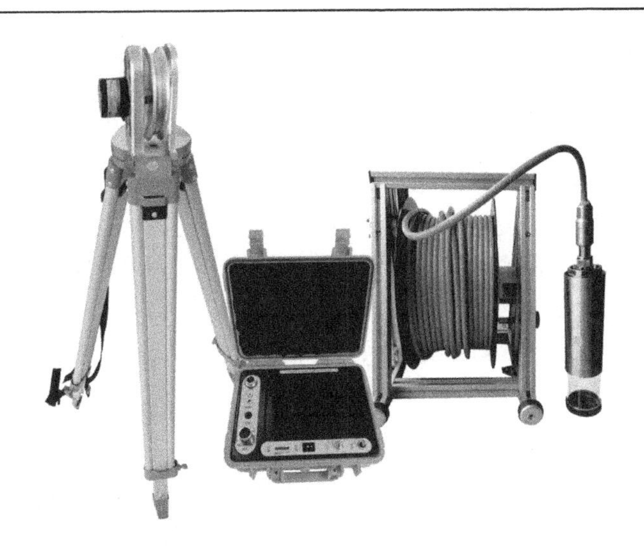

图 2　仪器设备实物

探查混凝土内空洞、裂隙、离析等缺陷的位置及程度等，为大藤峡船闸工程通航阶段验收提供基础资料。

应建设单位检测计划的要求，分别在船闸上闸首右边墩、船闸上闸首左边墩、船闸下闸首左边墩布设 3 个检测孔进行钻孔电视检测。钻孔检测范围主要为边墩的混凝土浇筑层，钻孔孔径必须大于摄像探头的直径；钻孔完成后，按照规范要求清洗孔壁，洗孔完成后要静置一段时间，让钻孔中的大部分悬浮物能完全沉淀。检测孔的具体部位及高程桩号见表 1，钻取芯样照片见图 3。

表 1　检测孔的具体部位及高程桩号

检测孔孔号	钻孔深度/m	工程部位	高程桩号
SZ-1	20. 8	船闸上闸首右边墩	航下 0+217. 805~航下 0+235. 795；1+210. 66；EL65. 00
SZ-2	46. 6	船闸上闸首左边墩	航下 0+155. 805~航下 0+181. 795；1+182. 66；EL65. 00
XZ-1	27. 3	船闸下闸首左边墩	航下 0+261. 805~航下 0+285. 795；1+182. 66；EL65. 00

图 3　钻取芯样照片

4　检测实施过程

钻孔电视现场检测实施过程分为准备工作、设备连接、设备调试、实施检测四个步骤[7]。由于钻孔部位现场环境的复杂性，为确保检测过程中下放探头的安全和探头工作所需的环境，在正式开始进行钻孔电视检测工作前，必须要对待测钻孔进行洗孔处理，达到孔壁光滑洁净的要求。向待测钻孔内注入清水将孔道冲洗干净，清除孔壁上的泥浆等污迹，保证孔内无杂质，水质清澈，为全景摄像探头营造较为理想的检测工作环境，以保证能够得到更加清晰的图像。

在洗孔工作完成后，待测孔口应临时封闭，防止从孔口进土进渣，检测孔静置 10 h 以上至孔道内水质达到要求后再进行检测。检测时先校准数据采集处理主机系统的角度传感器和深度计数器；接着开展调试工作，根据孔径大小对探头扶正器的规格进行调整，控制摄像探头时刻处于测孔的中线位置。同时还需要根据图像的精度要求对摄像探头的行进速度予以调整，保证仪器工况良好的情况下，将摄像探头放入孔口，缓慢匀速下降[8]，钻孔电视成像设备所有的参数经调试均满足工作要求后，便可以正式采集图像数据。现场检测工作照见图 4。

图 4　现场检测工作照

5　检测成果及分析

利用新型智能钻孔三维电视成像仪先后对船闸上闸首右边墩 SZ-1 号检测孔、船闸上闸首左边墩 SZ-2 号检测孔、船闸下闸首左边墩 XZ-1 号检测孔内部结构进行探查，通过原状图像特征对孔内结构进行定性描述和定量分析。

SZ-1 号检测孔钻孔电视图像显示孔道内混凝土骨料分布基本均匀，孔壁有少量气孔，混凝土胶结质量较好。SZ-1 号钻孔电视平面展开图见图 5。

SZ-2 号检测孔钻孔电视图像显示孔道内混凝土骨料分布基本均匀，局部混凝土胶结质量较差，孔壁有较少气孔；3.9 m 处存在连续较短沟槽；7.5 m 处存在微小孔洞；11.7 m 处存在较短沟槽；34.8 m 处存在连续较短沟槽；46.45~46.6 m 为孔底悬浮物，无法观测。SZ-2 号钻孔电视平面展开图见图 6。

XZ-1 号检测孔钻孔电视图像显示孔道内混凝土骨料分布基本均匀，局部混凝土胶结质量良好，孔壁未见有较多气孔；17.3 m 处存在较短沟槽及少量离析现象，18.0 m 处存在微小孔洞，24.5 m 处存在混凝土结构轻度分层现象。XZ-1 号钻孔电视平面展开图见图 7。

6　结论

（1）通过直接对检测孔的孔壁进行钻孔电视成像，避免了大口径钻孔取芯对结构的破坏影响，同时能够准确地探明钻孔孔壁结构形态，详细地反映出孔内孔壁的原位状态。

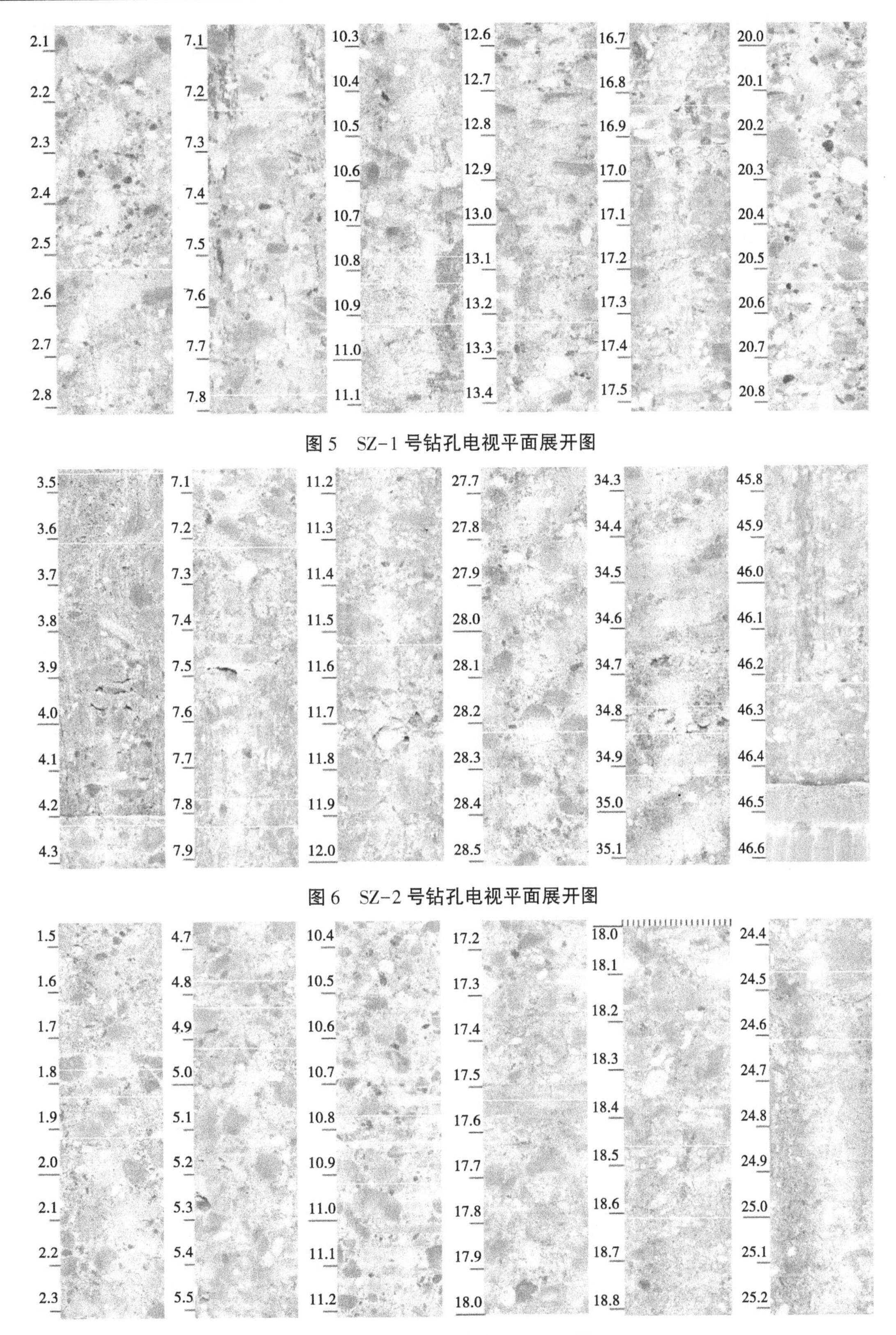

图 5　SZ-1 号钻孔电视平面展开图

图 6　SZ-2 号钻孔电视平面展开图

图 7　XZ-1 钻孔电视平面展开图

（2）在水工混凝土墩身浇筑质量检测中，应用新型钻孔三维电视成像技术，可以有效弥补钻芯等常规检测方法的局限性，特别是在墩身有质量缺陷、取芯率较低的情况下，可以很直观地看到墩身内部的构造。可更直接、清晰地反映出混凝土内部缺陷的位置、程度和形式，以便对其开展针对性的处理措施，从而提高工程质量。

（3）根据钻孔电视检测成果，船闸上闸首右边墩的浇筑质量较好，未发现明显缺陷。船闸上闸首左边墩及下闸首左边墩内虽然存在局部缺陷，但整体浇筑质量较为良好，混凝土骨料分布基本均匀，混凝土的整体胶结质量较好。建议对浅层软弱结构面予以挖除，局部加以锚固，同时已要求施工单位进行加强固结灌浆处理。

（4）新型钻孔三维电视成像技术可对孔内现象进行定性描述和定量分析，具有高分辨率、高孔壁覆盖率和操作简便等特点，能以很小的成本来发现混凝土浇筑遗留问题，并且检测人员可以通过孔壁原状全景图像来验证混凝土钻芯取样结果，能极大地提高工程勘察结果的可靠性和精确度，值得推广应用。

参考文献

[1] 张显伟，余志刚，张铁臣．大藤峡水利枢纽工程船闸监控系统［J］．东北水利水电，2021（11）：65-66.

[2] 李小明，占学道．大藤峡水利枢纽工程质量创优与管理创新［J］．中国水利，2020（4）：23-25.

[3] 吴英卓，江耀祖，姜伯乐，等．大藤峡船闸关键水力学问题研究［J］．长江科学院院报，2018，35（12）：68-73.

[4] 陆二男．钻孔电视和钻孔弹模在新加坡电力电缆隧道工程中的应用［J］．工程地球物理学报，2009（S1）：121-125.

[5] 肖毅海，王跃飞，胡惠华．基于孔内摄像的湘江长沙综合枢纽坝基岩体结构面判译与验证［J］．交通科学与工程，2012，28（2）：96-100.

[6] 谢代纯．基桩钻芯法与孔内摄像技术综合应用案例——以某桥梁灌注桩偏移检测为例［J］．福建建筑，2017（3）：85-87.

[7] 和志明，齐舜舜．钻孔电视在引洮供水二期工程复杂钻孔中的应用［J］．甘肃水利水电技术，2018，54（10）：94-97.

[8] 潘义辉，郭波，余良学．钻孔电视在某水电站坝基缓倾角节理探测中的应用［J］．云南水力发电，2018，34（2）：109-112.

基于“简道云”平台的检验检测信息化系统及其应用

李　钢　周　红　张西峰

（河南省水利基本建设工程质量检测中心站，河南漯河　462000）

摘　要：往往懂软件开发的，不懂质量检测业务，懂质量检测业务的一般又不懂软件开发，似乎这是一个不可解决的难题。但随着互联网技术的高速发展，对我们遥不可及的代码逐步变成了一个一个可调用的小功能模块，只要基本框架加逻辑关系搞清楚，只需拖拽一下，稍加设置，就让复杂的程序开发变成了可能，专业定制服务也变成了可能。利用好“简道云”平台搭建的信息化管理系统来服务工程质量检测，给我们的工程服务效率插上翅膀，给我们的检测服务装上眼睛，结合微信、钉钉应用平台推送服务，我们大有可为。

关键词：检验检测；“简道云”平台；信息化系统

1　背景

早期的检验检测机构在管理方面基本上靠大量的Excel、Word表填写汇总数据，数据分享、数据更新方面传达不及时，相关人员得到数据存在滞后性。最近这些年出现的专业定制厂商的实验室检测平台软件很好地解决了这些问题，但也带来了一些新的困扰。厂商出的软件大众化、公共化，特别是针对建筑检验检测行业的多，对水利工程检验检测存在很大的不适用性，通过厂商专业定制，除价格非常高昂外，维护也相当困难，每次标准更新、报告模板更新等都需要同厂商技术人员几经沟通后才能落实，对实验室管理运行造成很大不便。

因此，迫切需要一个自己搭建、自己运营、实时更新、实时纠偏的管理系统。“简道云”就是一个很好的应用平台，它是一个零代码轻量级应用搭建平台，旨在满足企业/部门的个性化管理需求。基于“简道云”平台开发的检验检测信息化系统帮助我们解决了实验室管理中几个比较棘手的问题。

以引江济淮工程（河南段）全过程检测实验室为试点，我们组建自己的平台开发小组，把实验室委托、收样、检测出具报告整个流程引入平台，把仪器设备管理、标准管理等主要管理纳入平台管理。依托“简道云”平台搭建相应管理模块，每个模块根据各自特点深入细化，从数据录入到智慧展板，做到各项数据实时展现，更加直观服务实验室管理。

2　基于“简道云”平台的检验检测信息化系统

2.1　“简道云”简介

“简道云”拥有表单、流程、仪表盘、知识库等核心功能。通过拖拉拽的操作方式，让企业快速搭建出符合自身需求的管理应用。“简道云”的灵活使用有助于企业规范业务流程、促进团队协作、实现数据追踪。支持使用者在钉钉、企业微信、飞书、微信等移动端接收“简道云”消息、处理相关业务，进行数据的录入、查询、共享、分析等操作。表单中提供丰富的表单字段及属性，可根据业务场景及逻辑灵活定义业务规则，搭建出符合企业需求的应用场景，如员工档案、签到签退、报名登记等。流程中能够自定义流程节点，同时可以为每个流程添加负责人，结合待办等消息提醒，轻松实现多种复杂流程的业务场景，如报销申请、周报审批、检测流转等。“简道云”提供丰富的图表及组

作者简介：李钢（1983—），男，高级工程师，主要从事工程质量检测管理、岩土工程质量检测工作。

件，分析收集到的数据，并对数据进行多维度、实时展示。同时提供 10 种实用仪表盘样式，辅助决策管理。在知识库中，可以建立起企业内部专属的知识管理体系，梳理业务资料，沉淀业务知识，制定业务规范，让团队的业务更进一步。能够根据业务场景的不同，对不同角色、部门的员工开放不同的使用权限，充分保证企业知识的安全性与合理性。“简道云”支持公共模式，同时还支持微信服务号集成模式、企业微信集成模式、钉钉集成模式和飞书集成模式。

2.2 基于“简道云”平台的检验检测信息化系统

目前市面上有 LIMIS（实验室管理系统）的定制业务，但开发和运营成本较高，不适合中小企业选用，所以经过比较我单位选用了“简道云”自行开发了检测项目管理系统。

整个管理系统分为：基础数据库、检测项目基础信息、项目合同管理、检测过程管理、检测报告管理、仪器设备管理、标准规范管理和综合统计查询，共 8 个部分。

如在样品管理及报告管理中可能出现以下情况：①人工现场书写样品标签和样品流转记录，效率低、错误率高；②样品检测状态无法实现实时更新，不利于生产进度控制；③检测报告编制时，检测结果由报告编写人员录入，效率低、错误率高且不能实现检测数据的数据库管理等，我们梳理样品流转流程，利用平台搭建取样及样品交接流程表单、检测室任务接收表单、检测室报数流程表单并利用智能助手实时更新样品状态，通过测试上线，投入运营。样品流转和交接速度至少提升了 50%，实现了样品状态实时更新与管理，实现了检测结果的线上查询与调取，检测报告编制效率提升了 80%。

在设备管理方面突出有以下三个问题：①仪器设备多，检验检测室多导致对应设备的资产台账及盘点管理、维修保养及设备状态管理、操作维保人员及技能管理复杂度和难度不断增加。②设备计量溯源易出错，上百台设备何时需要送检，送检后何时能取回，设备是否过检，设备实时状态等无法清晰直观地展现出来。③设备管理难。设备资产全流程涉及各个部门，涵盖范围广，周期长，导致流程效率低下，行为数据留痕难，且数据统计口径格式及管理维度不同，无法拉通有效数据，导致 KPI 绩效管理存在“真空现象”。利用“简道云”平台搭建一个合适的设备管理系统，梳理规范流程，实现标准统一，实现数据实时触发流转及报表呈现，为闭环管理提供决策支持。设备信息及时推送，设备状态一目了然。

2.3 基于“简道云”平台的系统信息安全

新的信息化系统将大量的终端用户设备联系到强大的后台系统上，再辅之以诸如超级计算机的先进计算能力，并配合“云计算”模式，众多数据便得以转换成信息。这些信息又可以被转化为行动，从而提高系统、流程和基础设施的效率、生产力和反应速度，总而言之，使系统更有智慧。

信息化方便快捷的同时也带来了一定的安全隐患，而“简道云”一直把安全放在首位，其通过了 ISO/IEC 27001：2013 信息安全管理体系认证，有公安部三级等级保护。数据管理应用采用 HTTPS 技术，HTTPS 是以安全为目的的 SSL 加密传输协议，通过 HTTPS 技术，可以有效保证信息在用户的浏览器到服务器之间传输的安全性。数据管理应用的云计算服务器采用的是阿里云的服务。阿里云采用大数据分析等技术提供 DDoS 防护，主机入侵防护，以及漏洞检测、木马检测等一整套安全服务。后台的数据存储采用数据加密方式存储，即使在微小概率情况下数据库被攻破，被加密过的信息也能有效保证数据的保密性，并且防止被篡改。并且后台数据库会定时进行数据备份，保证在灾难情况下数据的完整性，防止数据的丢失。“简道云”平台让我们的数据信息处于安全可控范围，满足检验检测机构数据安全及保密性需求。

3 检验检测信息化系统应用实例

3.1 业务委托管理

如何实现网上委托一直是这几年实验室发展的难点，能做到送检到委托办理不见面办公、网络协同处理对于当下疫情防控也是一种趋势。

以引江济淮工程（河南段）全过程检测实验室为例，业务整个流程技术架构如图 1 所示。

业务受理人员或者现场抽检人员可在移动端随时确认委托信息后发起流程，流程随各个环节到达相应负责人，相应负责人收到待办通知，每次检测任务下达可清晰知道任务进行情况。

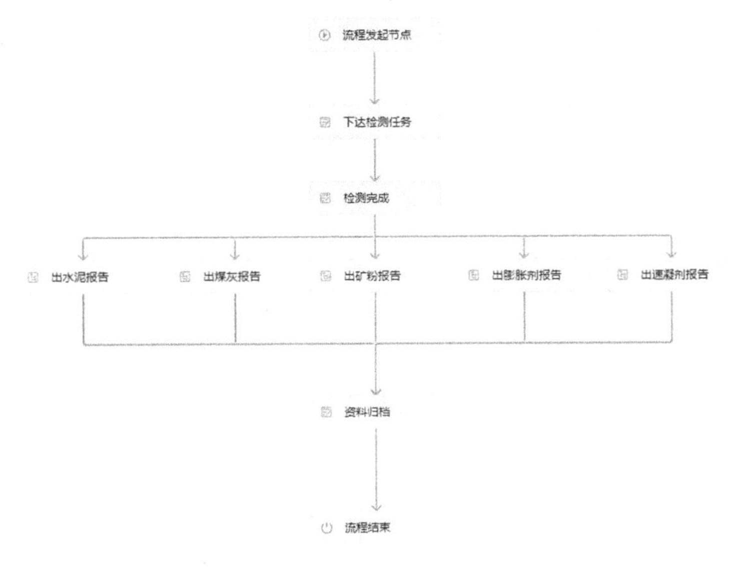

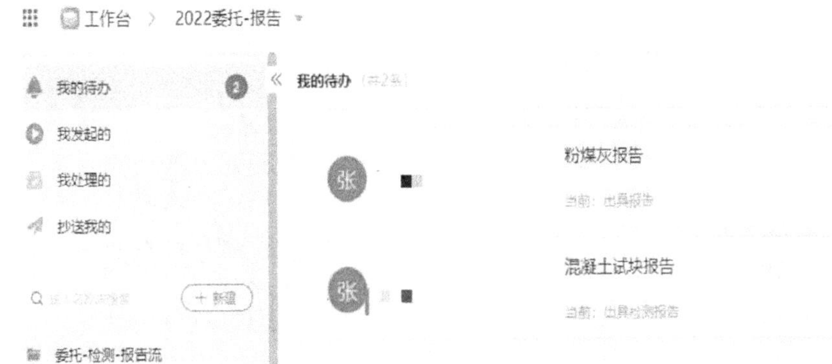

图 1　流程图与待办信息

同样，引江济淮工程（河南段）全过程检测实验室不可避免地存在大量现场随业主抽检工作，现场抽检就要求抽检的同时做好委托登记，做好样品标识，特别是对于一些现场发现特殊样要随时做好标识，确保样品溯源。第三方实验室通过几个移动终端设备做到了无纸化、标准化办公。委托实现实时化、无纸化（见图 2），委托登记方便快速，同时又减少出错。样品靠移动打印终端打印出样品标识粘贴于样品上，清晰明了（见图 3）。

通过便携式条码打印机蓝牙连接手机，打印出带有二维码的样品标识，样品标识清晰明了，同时样品相关信息可通过扫码得知（扫码查询功能设置只向本实验室相关人员开放查询）。

回到实验室按相应流程检测完成、记录填写完整后出报告环节又有相应的流程支撑，报告模板相应技术指标照规范标准引用，避免打印错误。

例如：水泥报告当选取 P · O32. 5 水泥时，相应技术指标变为 P · O32. 5 水泥指标（见图 4）。数据填写完成后生成相应报告格式（见图 5）。

审核批准签发直至资料归档流程结束。

从业务委托受理到检测人员收到样品进行检测、样品按规定时间留置，这些以前复杂烦琐的环节移植到管理平台上，业务委托远程化、样品通过邮寄方式送达，省去了不必要的时间，样品收样后被粘贴上样品标识，执行检测流程，相应人员收到检测消息通知，准确知晓检测任务量，检测后检测记录提交、检测报告网上出具直至业务发出检测报告、资料归档。这些被逻辑化、流程被数据化和智能化的同时，保留了很好的溯源性、可追溯性。

图 2　手机端委托展示

图 3　样品标识展示

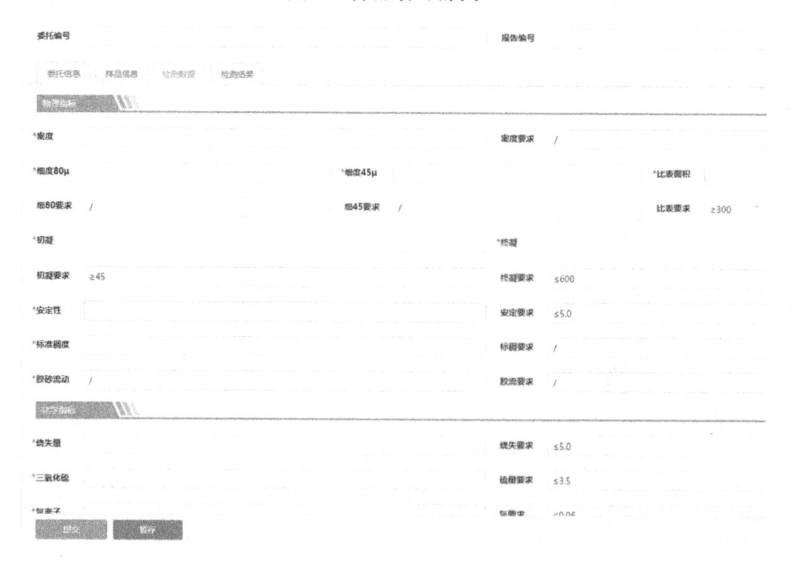

图 4　水泥检测参数要求展示

通用硅酸盐水泥检测报告

委托单位：……程施工4标　　委托编号：

工程名称：……工4标　　报告编号：

见证单位：黄河工程……水利枢纽输水及灌区工　　检验类别：见证检验

工程部位：混凝土浇筑　　委 托 人：

检测依据：《通用硅酸盐水泥》GB 175-2007　　见 证 人：

委托日期：-10　　检测日期：　　报告日期：

品　种	强度等级	生产厂名	出厂日期	出厂编号	代表批量
P·O	42.5	河南省太阳石集团有限公司		PODS220001	398t

检测项目			检测依据	技术要求	实测结果				
密度(g/cm³)			GB/T 208-2014	/	/				
细　度	比表面积(m²/kg)		GB/T 8074-2008	≥300	347				
	80μm筛筛余(%)		GB/T 1345-2005	/	/				
	45μm筛筛余(%)			/	/				
凝结时间	初凝（min）		GB/T 1346-2011	≥45	205				
	终凝（min）			≤600	273				
安定性	雷氏法			≤5.0	0.5				
标准稠度用水量（%）				/	27.8				
胶砂流动度（mm）			GB/T 2419-2005	/	/				
烧失量（%）			GB/T 176-2017	≤5.0	1.77				
三氧化硫含量（%）				≤3.5	1.30				
碱含量（%）				/	0.92				
氯离子含量（%）				≤0.06	/				
强度	抗折(MPa)	3d	GB/T 17671-1999	≥3.5	5.2	5.1	5.1	平均值	5.1
		28d		≥6.5	/	/	/		/
	抗压(MPa)	3d		≥17.0	24.2	24.5	23.5		24.0
					23.3	24.0	24.3		
		28d		≥42.5	/	/	/		/
					/	/	/		
结　论	所检项目早期结果符合《通用硅酸盐水泥》GB175-2007标准要求。								
备　注	1、若对报告有异议，应于收到报告之日起15日内，以书面形式向检测单位提出，逾期视为对报告无异议。2、送样检测，仅对来样负责。3、未加盖本公司检验检测专用章，报告无效。								

图5　水泥检测报告展示

3.2　设备管理

设备是实验室检验检测工作的硬件支持，设备状况的好坏，对所有检验检测设备的掌握情况能深层次反映实验室管理方面的水平能力。然而好的检测单位仪器设备数量往往上百台，甚至数百台。这些设备的检定、校准、确认、维护工作往往需要很大的精力。运用“简道云”平台搭建的设备管理系统给出了很不错的解决方案。

唯一性标识卡不仅给出了设备规格型号、放置地点、编号等信息。在手机扫码后设备的生产厂家、使用说明书、检定校准及确认、授权使用人、设备图片、维护保养等信息一应俱全，对该设备的运行情况、历年确认情况一目了然。YE-2000B压力试验机设备标识如图6所示。

扫描二维码后显示信息如图7所示。

外出检测仪器往往一些突发情况需要查看仪器使用说明书、查看相应规范标准中对设备检验检测

图 6　设备标识展示

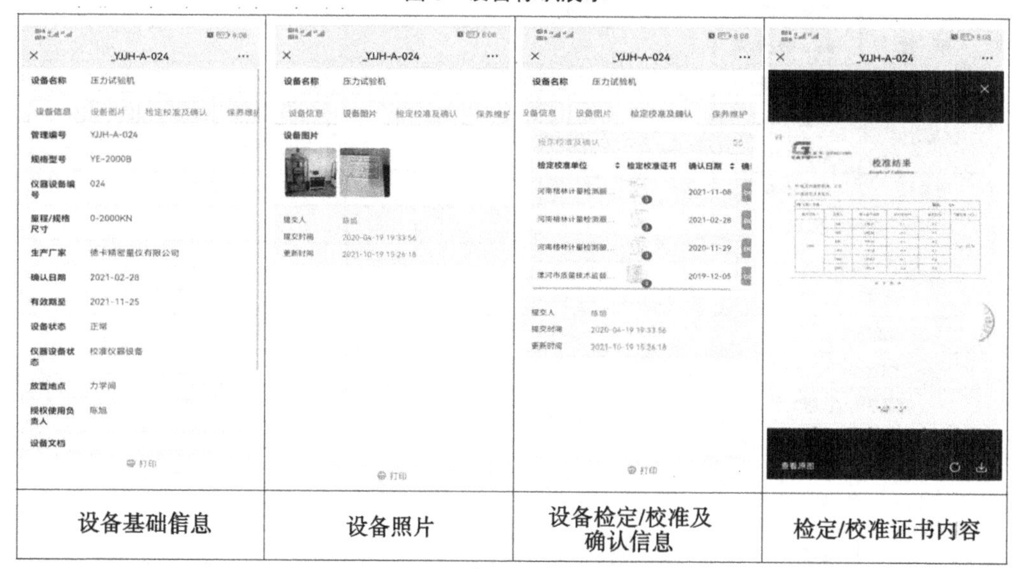

图 7　设备扫码信息展示

中的操作要求。以超声波探伤仪为例，外出焊接探伤检测过程中我们有可能会需要翻阅仪器设备使用说明书，在《焊缝无损检测 超声检测技术、检测等级和评定》（GB/T 11345—2013）中更是对检测区域、探头移动区做了详细说明。我们通过扫码查看仪器设备使用说明书、设备检测参数所对应的标准规范，做到实时比对，更加规范化了检测操作，大大提高了检测能力。

同样仪器设备是否在有效期内，每年的周期检定校准时间安排我们也做了相应的智能提醒，在仪器设备到期之前 15 日内会按我们要求通过微信、钉钉推送提醒，推送给设备管理员，推送符合要求的仪器设备等。在时间轴线上智能化管控。设备有效期一览表展示如图 8 所示。

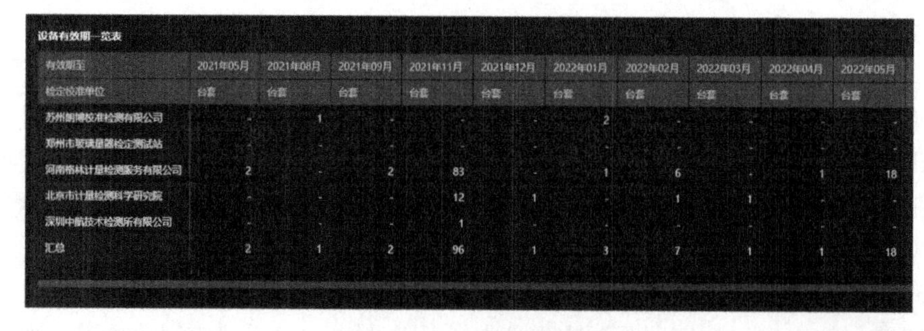
设备有效期一览表

有效期至	2021年05月	2021年08月	2021年09月	2021年11月	2021年12月	2022年01月	2022年02月	2022年03月	2022年04月	2022年05月
检定校准单位	台套	台套	台套	台套	台套	台套	台套	台套	台套	台套
苏州朗博校准检测有限公司	-	1	-	-	-	2	-	-	-	-
郑州市玻璃量器检定测试站	-	-	-	-	-	-	-	-	-	-
河南格林计量检测服务有限公司	2	-	2	83	-	1	6	-	1	18
北京市计量检测科学研究院	-	-	-	12	1	-	1	1	-	-
深圳中航技术检测所有限公司	-	-	-	1	-	-	-	-	-	-
汇总	2	1	2	96	1	3	7	1	1	18

图 8　设备有限期一览表

3.3 标准管理

检验检测标准是检测工作的重要组成部分，对标准的学习是检测工作的一大部分，标准管理的好坏直接影响到检测水平的高低。借鉴图书管理系统应用平台搭建的标准管理系统使标准管理条理化、清晰化。各种标准清晰受控，标准存量、标准电子版查阅一目了然，纸质版标准的借阅、发放也非常方便，对哪些标准存量多少、谁借阅也一清二楚。同时标准查新系统也大大缩短了标准查新的时间，降低不必要的劳动。标准查新有新标准、新方法即将实施也会第一时间以消息的形式推送给相关人员，第一时间掌握最新政策，避免过期、作废标准应用到实验室日常工作中去。受控标准随时在线查询（见图9），受控标准随时在线预览。

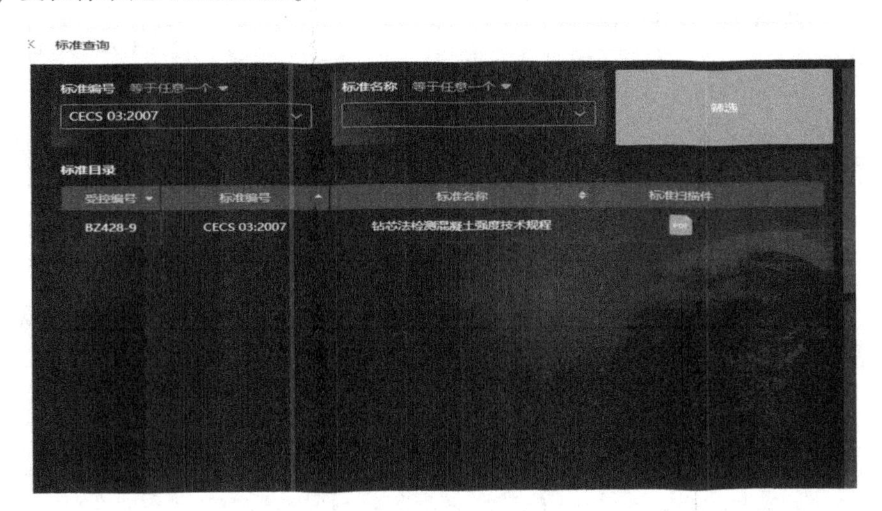

图9　受控标准查询表

3.4 信息推送和数据展板

委托管理、设备管理、标准规范管理信息推送和数据展板如图10~图12所示。

图10　委托信息推送和数据展板

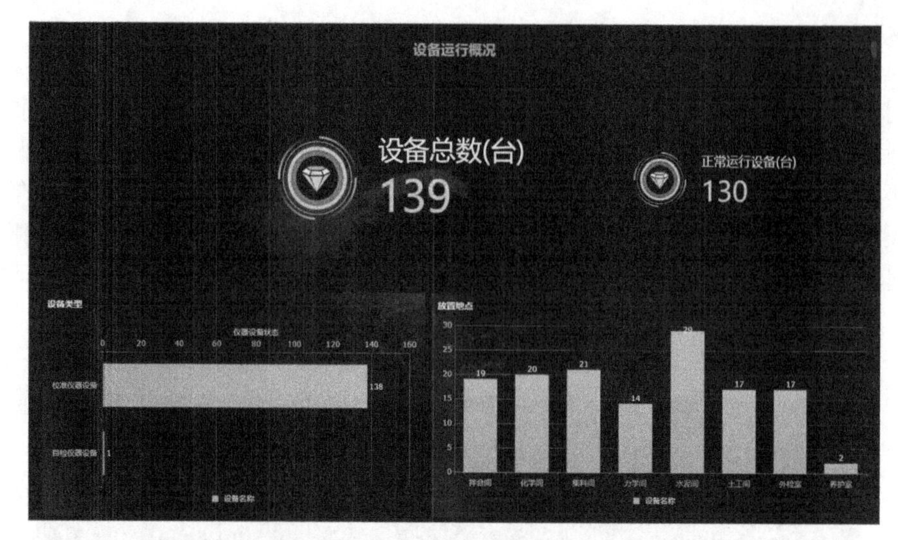

图 11　设备信息推送和数据展板

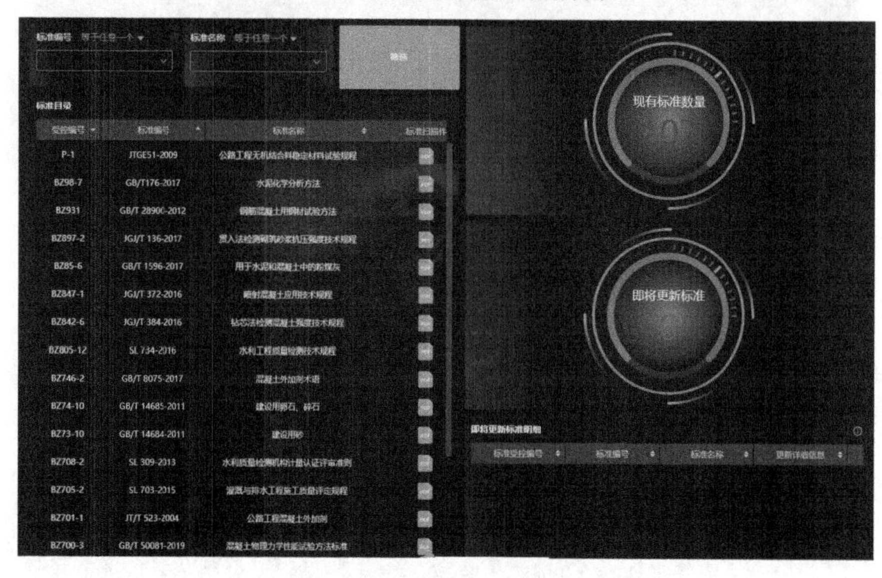

图 12　标准规范信息推送和数据展板

4　结语

应用管理系统平台的搭建跟个人对实验室管理的认识程度分不开，在规范业务流程、管控设备设施方面，实验室管理者都有自己非常好的经验，分享经验共同学习交流、共同提高实验室管理水平。借助大数据、云平台来质控也是实验室今后管理的一个方向。在实验室人员管理方面、标准维护方面建立相应的管理系统也不失为一个好的质控管理。

信息化是任何一家企业必然面临的选择，通过实验室信息管理系统可对实验室进行科学、规范和高效的管理，实现对实验室安全的全过程、全要素、全方位的管理和控制，建设实验室全生命周期安全运行机制。对实验室的资源、样品、分析任务、实验结果、质量控制等进行合理有效的科学管理，极大地减少了实验室管理的人工成本，使得错综复杂的流程管理能够有条不紊地进行。

参考文献

[1] 冷元宝．检验检测机构资质认定内审员工作实务［M］．郑州：河南人民出版社，2018.

[2] 检验检测机构资质认定能力评价检验检测机构通用要求：RB/T 214—2017［S］.

有关不同试验标准测定砂氯离子含量的讨论

谢艺明　覃仁瑞　黎杰海

（珠江水利委员会珠江水利科学研究院，广东广州　510610）

摘　要：氯离子含量是砂品质检验的重要技术指标，由于不同试验标准对砂氯离子含量试验细节存在细微的区别，导致砂氯离子含量结果存在偏差。本文通过选取3个不同来源的砂样，分别采用3种不同试验标准，分析了试验标准的仪器精度配置不同、读数精度要求不同、计算结果精确度不同对氯离子含量测定结果的影响，试验结果发现，SL/T 352—2020所使用的高精度自动电位滴定仪在工程建设领域砂氯离子含量检测中存在精度冗余，而使用GB/T 14684—2011试验过程中硝酸银标准溶液用量的读数精度要求过于宽泛，会导致试验结果含量偏高。

关键词：砂；氯离子含量；试验标准；精度冗余

1　前言

砂作为工程建设领域不可或缺的原材料，行业标准《普通混凝土用砂、石质量及检验方法标准》（JGJ 52—2006）、行业标准《建筑及市政工程用净化海砂》（JG/T 494—2016）及国家标准《建设用砂》（GB/T 14684—2011）都对砂氯离子含量有明确限制。砂中的氯离子是影响水工混凝土质量的常见有害物质之一，在影响水泥水化进程、诱发钢筋锈蚀、导致混凝土胀裂等方面危害巨大，严重时可能危及工程质量安全。在水利水电工程行业，对砂中氯离子含量的测定主要参考方法标准有以下几个：《普通混凝土用砂、石质量及检验方法标准》（JGJ 52—2006）条文6.18“砂中氯离子含量试验”、《建设用砂》（GB/T 14684—2011）条文7.11“氯化物含量”以及《水工混凝土试验规程》（SL/T 352—2020）条文3.18“细骨料氯离子含量试验”。本文通过采集不同产地的河砂、海砂，通过试验方案着重分析使用不同试验标准对氯离子含量结果的影响。

2　试验部分

2.1　试验原理

JGJ 52—2006、GB/T 14684—2011、SL/T 352—2020均采用硝酸银标准溶液滴定法，主要原理为用一定量的蒸馏水浸泡处理一定量的砂样，使氯盐充分溶解，用硝酸银标准溶液滴定，以5%铬酸钾为指示剂，当达到等量点时，微过量的硝酸银与铬酸钾反应生成砖红色沉淀或微过量的硝酸银使电位发生突跃，即达到计量终点。

2.2　样品信息

本方案采集了3个不同砂样，分别为阳江广业砂场的未处理海砂A、阳江广业砂场的已净化海砂B、韶关贞江砂场的河砂C，其物理性能见表1。

作者简介：谢艺明（1987—），女，助理工程师，主要从事水利工程质量检测工作。

表 1　三个砂样的物理性能

项目	细度模数	表观密度/（kg/m³）	堆积密度/（kg/m³）	含泥量/%	泥块含量/%	吸水率/%
未处理海砂 A	2.5	2 630	1 530	0.3	0	0.75
已净化海砂 B	2.7	2 610	1 550	0.3	0	0.82
河砂 C	2.3	2 610	1 380	0.4	0	0.63

2.3　主要仪器及材料

（1）ZDJ-4B 型自动电位滴定仪，上海雷磁，技术参数如下：容量滴定单元（滴定管分辨率：10 mL 滴定管，0.001 mL；20 mL 滴定管，0.001 mL），电位滴定单元（分辨率：0.1 mV，0.01 pH）。数据管理：自动存储滴定结果和生成滴定曲线。

（2）棕色滴定管 25 mL 和 50 mL：最小刻度 0.1 mL。

（3）电子天平：双杰仪器，感量 0.1 g 一台，感量 1 g 一台，感量 0.000 1 g 一台。

（4）蒸馏水。

（5）0.005 mol/L、0.01 mol/L、0.05 mol/L 硝酸银标准溶液（标定方法按 GB/T 601—2002 规定进行）。

（6）5%铬酸钾指示剂。

2.4　试验方法

（1）3 个试验标准的试验方法大体相同[1-3]，方法如下：①样品处理。称取 500 g 试样，装入磨口瓶中，用容量瓶量取 500 mL 蒸馏水，注入磨口瓶，盖上塞子，摇动一次后，放置 2 h，然后 5 min 摇动一次，共摇动 3 次，使氯盐充分溶解。将磨口瓶上部溶液过滤。②样品测试。用移液管吸取 50 mL 滤液至三角瓶中，加入 5%铬酸钾指示剂 1 mL，用硝酸银标准溶液滴定至终点，记录消耗硝酸银标准溶液的体积。③结果处理。终点判断标准为：JGJ 52—2006、GB/T 14684—2011 采用肉眼观察出现砖红色沉淀，终点辨色均由同一操作者观察；SL/T 352—2020 采用自动滴定曲线，通过电压对体积的二次导数变零的办法自动找出滴定终点，不受人为辨色能力的影响。氯离子含量按式（1）计算：

$$\omega_{Cl} = \frac{C_{AgNO_3}(V_1 - V_2) \times 0.035\ 5 \times 10}{m} \times 100\% \tag{1}$$

式中：ω_{Cl} 为砂中氯离子含量（%）；C_{AgNO_3} 为硝酸银标准溶液的浓度，mol/L；V_1 为样品滴定时消耗的硝酸银标准溶液的体积，mL；V_2 为空白滴定时消耗的硝酸银标准溶液的体积，mL；m 为试样质量，g；10 为全部试样溶液与所分取试样溶液的体积比。

（2）3 个试验标准存在不同之处，为了便于一目了然地看出 3 个试验标准的不同点，列表进行比较，见表 2。

表 2　试验标准比较

标准	仪器配备			试验过程	
	天平	高精度电位滴定仪	滴定管	记录硝酸银标准溶液消耗量的要求	计算结果的精度要求
GB/T 14684—2011	感量 0.1 g	—	容量 10 mL 或 25 mL，精度 0.1 mL	精确至 1 mL	精确至 0.01%
JGJ 52—2006	感量 1 g	—	容量 10 mL 或 25 mL	没有表明具体精确要求，默认精确至 0.1 mL（与滴定管最小分度一致）	精确至 0.001%
SL/T 352—2020	分度值不大于 0.1 g	配备高精度计量管，误差不大于 0.01 mL	—	精确至 0.001 mL	修约间隔 0.01%

从表2明显看出，仪器精度配置越高，计算结果的精度要求反而越低，这显然不符合常理逻辑。

2.5 试验方案

按表3设计试验方案，一共27个滴定样品，每个样品均采用平行滴定，同时进行空白滴定。

表3 试验方案

样品编号	硝酸银标准溶液浓度/（mol/L）	GB/T 14684—2011	JGJ 52—2006	SL/T 352—2020
未处理海砂A	0.005	√	√	√
	0.01	√	√	√
	0.05	√	√	√
已净化海砂B	0.005	√	√	√
	0.01	√	√	√
	0.05	√	√	√
河砂C	0.005	√	√	√
	0.01	√	√	√
	0.05	√	√	√

3 试验结果及分析

本次选取3个试样，采用3种试验方法，采用3个梯度浓度硝酸银标准溶液的方案得到数据结果整理如下（见表4～表6，图1～图3）。

表4 未处理海砂A氯离子含量试验结果

试验标准	硝酸银标准溶液浓度/（mol/L）	含量/%（统一计算至0.1×10^{-3}）	含量/%（按标准精确度要求计算）
GB/T 14684—2011	0.005	39.1	0.04
	0.01	37.9	0.038
	0.05	37.4	0.04
JGJ 52—2006	0.005	39.8	0.04
	0.01	39.1	0.039
	0.05	38.4	0.04
SL/T 352—2020	0.005	39.1	0.04
	0.01	39.2	0.039
	0.05	37.9	0.04
均值	—	38.7	0.040
标准差	—	0.74	0.00
变异系数	—	0.02	0

表 5 已净化海砂 B 氯离子含量试验结果

试验标准	硝酸银标准溶液浓度/（mol/L）	含量/%（统一计算至 0.1×10^{-3}）	含量/%（按标准精确度要求计算）
GB/T 14684—2011	0.005	13.5	0.01
	0.01	13.1	0.013
	0.05	13.0	0.01
JGJ 52—2006	0.005	13.5	0.01
	0.01	13.1	0.013
	0.05	13.0	0.01
SL/T 352—2020	0.005	14.2	0.01
	0.01	13.0	0.013
	0.05	12.9	0.01
均值	—	13.3	0.011
标准差	—	0.39	0.00
变异系数	—	0.03	0

表 6 河砂 C 氯离子含量试验结果

试验标准	硝酸银标准溶液浓度/（mol/L）	含量/%（统一计算至 0.1×10^{-3}）	含量/%（按标准精确度要求计算）
GB/T 14684—2011	0.005	2.1	0.00
	0.01	1.9	0.002
	0.05	1.8	0.00
JGJ 52—2006	0.005	2.1	0.00
	0.01	1.7	0.002
	0.05	1.7	0.00
SL/T 352—2020	0.005	1.8	0.00
	0.01	1.8	0.002
	0.05	1.8	0.00
均值	—	1.9	0.001
标准差	—	0.14	0.00
变异系数	—	0.07	0

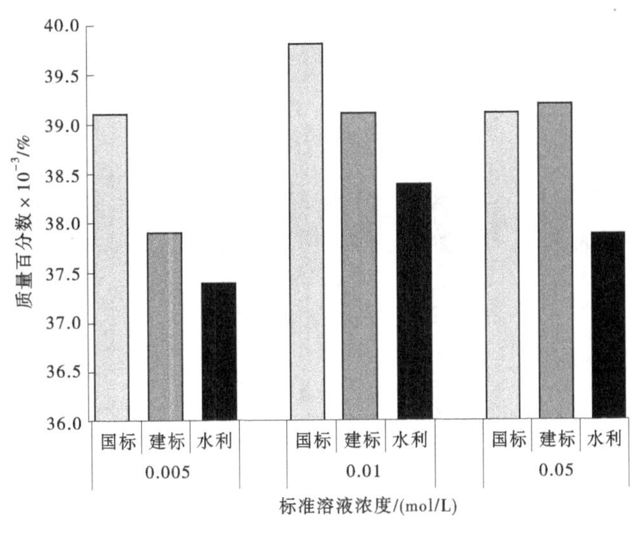

(a) 统一计算至 0.1×10^{-3}

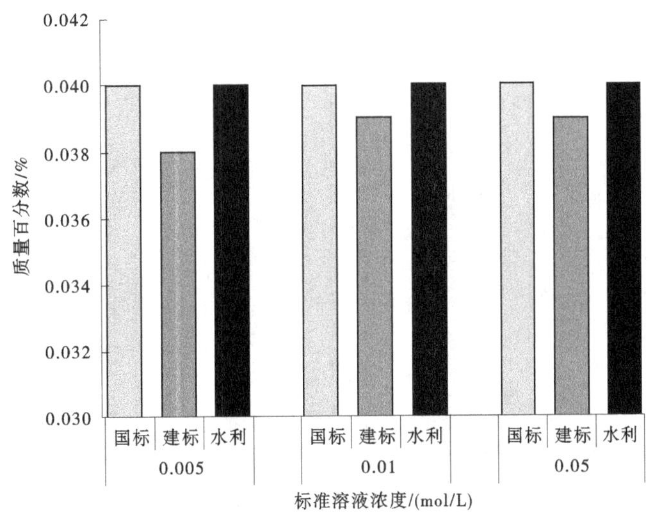

(b) 按标准精确度要求计算

图 1　两种计算方法未处理海砂 A 氯离子含量对比

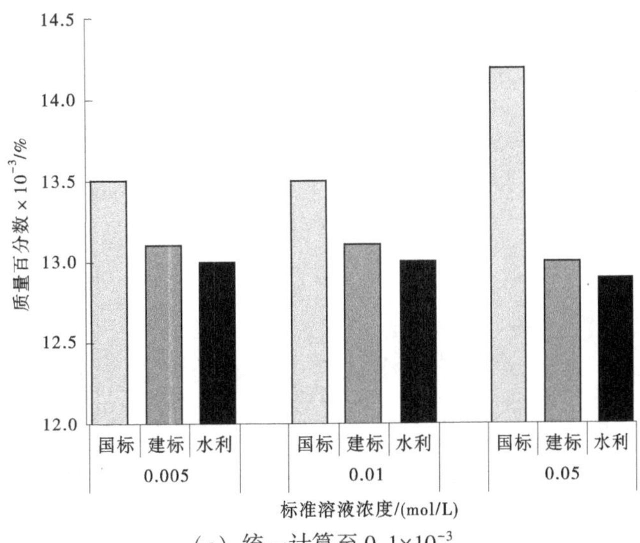

(a) 统一计算至 0.1×10^{-3}

图 2　两种计算方法已净化海砂 B 氯离子含量对比

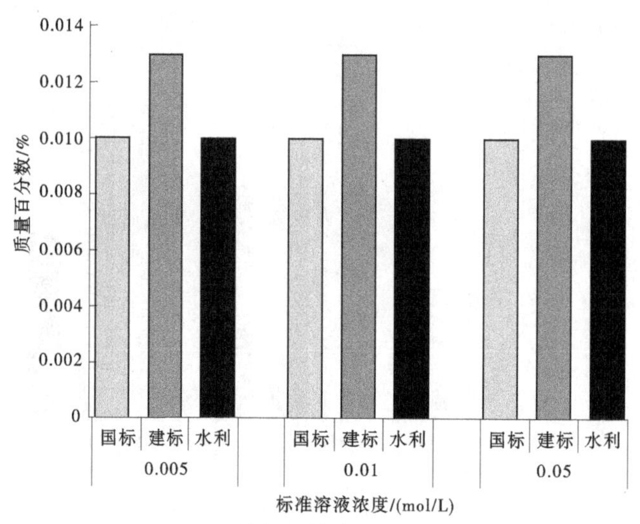

(b) 按标准精确度要求计算

续图 2

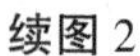

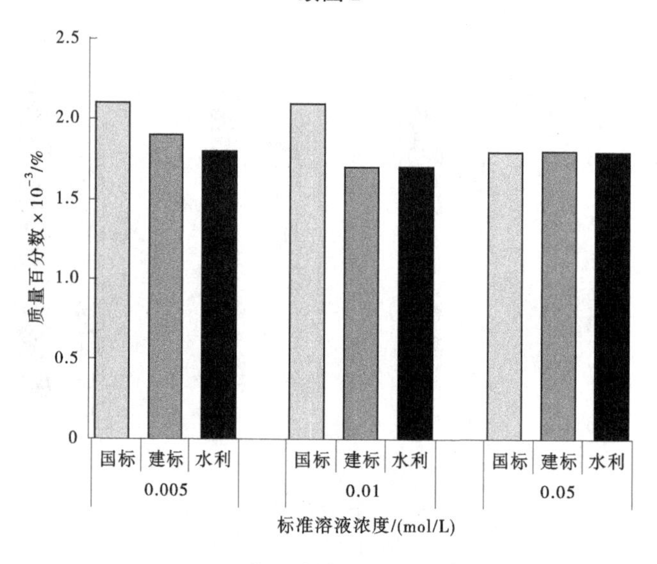

(a) 统一计算至 0.1×10^{-3}

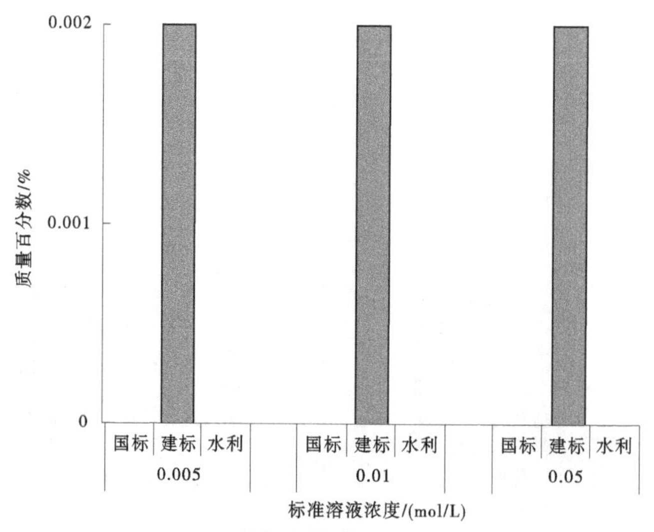

(b) 按标准精确度要求计算

图 3　两种计算方法河砂 C 氯离子含量对比

（1）观察 3 个样品结果含量（统一计算至 0.1×10^{-3}），发现同一样品，同一标准溶液浓度，采用不同试验标准时的测试结果有差异。按照 GB/T 14684—2011 进行试验测定的氯离子含量偏高，尤其是在标准溶液浓度达到 0.05 mol/L 时最为明显，这是由于 GB/T 14684—2011 要求记录硝酸银标准溶液消耗量精确至 1 mL 即可，精确度相对粗糙，肉眼观察颜色变化的幅度转换成用标准溶液用量来表示，即观察变化量的最小单位为 1 mL，当终点出现在不足 1 mL 的用量范围内，使用 GB/T 14684—2011 的记录方法，早已超出终点用量，造成用量增加，含量偏高。使用 SL/T 352—2020 试验结果较 GB/T 14684—2011、JGJ 52—2006 普遍偏低，由于 SL/T 352—2020 采用电位滴定仪能准确通过电位变化捕捉终点用量。

（2）由标准差、变异系数及两种方法计算含量的对比图可以发现，使用 GB/T 14684—2011、JGJ 52—2006、SL/T 352—2020 测得的砂氯离子含量并没有显著性差异，按照计算精确度要求，GB/T 14684—2011 和 SL/T 352—2020 结果计算都精确至 0.01%，JGJ 52—2006 计算精确至 0.001%，普通分度值 0.1 mL 的滴定管完全可以代替高精度电位滴定仪。

4 结论及建议

（1）工程建设领域中，不同试验标准中砂的氯离子含量试验方法存在差异，结合本次试验研究及结果分析，建议在试验方法相同的前提下，统一试验过程细节，如硝酸银标准溶液用量读数精确度的要求可统一精确至 0.1 mL，计算结果保留精确度可统一计算至 0.001%。

（2）砂氯离子试验在计算结果精确至 0.001%范围内，分度值 0.1 mL 的滴定管完全可代替高精度自动电位滴定仪，SL/T 352—2020 在砂氯离子含量试验中使用的高精度电位滴定仪存在精度冗余，即存在能量过剩，试验过程中硝酸银标准溶液的用量没有必要精确至 0.001 mL，精确至 0.1 mL 即可。

（3）使用 GB/T 14684—2011 进行氯离子含量试验时，记录硝酸银标准溶液用量精确至 1 mL 可考虑改为精确至 0.1 mL，与滴定管的分度值保致一致。

参考文献

[1] 中华人民共和国国家质量监督检验检疫总局. 建设用砂：GB/T 14684—2011 [S].
[2] 中华人民共和国建设部. 普通混凝土用砂、石质量及检验方法标准：JGJ 52—2006 [S].
[3] 中华人民共和国水利部. 水工混凝土试验规程：SL/T 352—2020 [S].

两种回弹法数据处理的比较

苏东坡　毛江涛

（洛阳禹兴水利工程质量检测有限公司，河南洛阳　471000）

摘　要：回弹法作为混凝土无损检测的方法，因其方便快捷的优势，已被检测单位广泛采用。但在实际检测过程中，不同行业有特定的回弹检测规程，对检测仪器、环境条件、检测方法都有不同的要求，从而导致依据不同标准进行回弹法检测混凝土抗压强度，检测结果也不同。本文主要对比水工混凝土试验规程（以下简称 SL/T 352）及回弹法检测混凝土抗压强度技术规程（以下简称 JGJ/T 23）对检测数据处理的不同之处，希望能给不同行业的从业人员选择正确的检测方法提供依据。

关键词：回弹法；水利工程；房屋建筑工程

1　规范要求差异

1.1　适用范围不同

SL/T 352[1] 与 JGJ/T 23[2] 普通测强曲线使用的范围均为 10～60 MPa 的混凝土。两者主要的区别在于前者对于泵送混凝土没有特殊规定，可以视作所有混凝土均按照该规范中 8.1.4-5 式规定的测强曲线计算。而后者附录 A 是普通混凝土强度换算表，附录 B 专门针对泵送混凝土有专门的测强曲线。

1.2　仪器设备要求不同

JGJ/T 23 对设备的要求为：回弹仪的标称能量应为 2.207 J，在洛氏硬度 HRC 为 60±2 的钢砧上回弹仪的率定值应为 80±2。SL/T 352 对设备的要求为：中型回弹仪标称能量应为 2.2 J，在洛氏硬度 HRC 为 60±2 的钢砧上回弹仪的率定值应为 80±2。

1.3　检测条件的要求不同

SL/T 352 中对检测环境条件和混凝土浇筑龄期没有具体要求。JGJ/T 23 要求使用时的环境温度应为-4～40 ℃，对于自然养护的龄期为 14～1 000 d。

2　回弹数据处理分析

2.1　回弹仪率定

本文所使用回弹仪，其标称动能为 2.207 J，因两规程对于标称能量的要求虽有不同，但 0.007 J 的能量可以忽略。使用前在洛氏硬度 HRC 为 60±2 的钢砧上，按照 JGJ/T 23 进行率定，结果见表 1。

表 1　回弹仪率定值

角度/（°）	0	90	180	270
率定平均值	80	81	80	80

率定值符合 SL/T 352 和 JGJ/T 23 要求。

作者简介：苏东坡（1992—），男，工程师，主要从事水利工程质量检测。

2.2 SL/T 352 与 JGJ/T 23 在相同的条件下数据处理的异同

本文的所有数据，均由一个回弹仪进行检测，每个构件回弹 10 个测区。检测数据按照不同的规程进行数据处理。按照控制变量法，结果的平均值处理，减掉 3 个最大值、3 个最小值取平均值，两个规程相同，不做对比；对于测面修正，因 SL/T 352 中未做规定，表 2、表 3、表 4 两者数据均选择浇筑侧面；混凝土强度推定数据处理，两者基本相同。

表 2 角度修正对回弹数据处理影响主要从角度修正进行对比，碳化深度均为 1 mm，测面为混凝土浇筑侧面。通过表 2 回弹数据分析可知，SL/T 352 在其他检测参数相同的条件下，角度修正对比与 JGJ/T 23 角度修正对比基本相同。

表 2　角度修正对回弹数据处理影响

依据标准	角度	推定值/MPa	推定值/MPa	推定值/MPa	推定值/MPa	推定值/MPa
SL/T 352	水平 0°	11.5	20.2	32.6	42.5	52.0
JGJ/T 23		11.5	20.2	32.5	42.5	51.2
SL/T 352	向下 45°	14.8	23.9	36.3	46.4	>60.0
JGJ/T 23		14.9	24.1	36.6	46.5	55.4
SL/T 352	向下 90°	15.9	25.5	38.1	47.2	>60.0
JGJ/T 23		16.1	25.7	38.2	48.6	58.2
SL/T 352	向上 45°	<10.0	15.9	27.4	37.1	45.6
JGJ/T 23		<10.0	15.7	27.2	37.1	45.4
SL/T 352	向上 90°	<10.0	14.1	25.7	35.2	43.6
JGJ/T 23		<10.0	13.9	25.7	35.2	43.3

表 3 碳化深度修正对回弹数据处理影响主要从角度修正进行对比，角度均为水平 0°，测面为混凝土浇筑侧面。通过表 3 回弹数据分析可知，SL/T 352 在其他检测参数相同的条件下，碳化深度修正对比与 JGJ/T 23 碳化深度修正对比基本相同。

表 3　碳化深度修正对回弹数据处理影响

依据标准	碳化深度/mm	推定值/MPa	推定值/MPa	推定值/MPa	推定值/MPa	推定值/MPa
SL/T 352	1	11.5	20.2	32.6	42.5	52.0
JGJ/T 23		11.5	20.2	32.5	42.5	51.2
SL/T 352	2	10.8	19.0	30.2	38.9	46.3
JGJ/T 23		10.6	18.5	29.5	37.9	45.7
SL/T 352	3	10.3	17.7	28.0	36.1	42.9
JGJ/T 23		<10.0	17.3	27.4	35.1	42.3
SL/T 352	4	<10.0	16.1	25.5	32.9	40.1
JGJ/T 23		<10.0	16.3	25.6	33.3	40.1
SL/T 352	5	<10.0	15.8	23.8	30.1	36.7
JGJ/T 23		<10.0	15.3	23.1	30.0	36.1
SL/T 352	>6	<10.0	14.0	21.0	26.8	32.8
JGJ/T 23		<10.0	13.8	21.0	27.7	33.5

表 4 泵送与否对回弹数据处理影响主要从是否进行泵送进行对比，角度均为水平 0°，检测面为混凝土浇筑侧面，碳化深度均为 1 mm。SL/T 352 中未规定泵送混凝土测强曲线，故按照 SL/T 352 中要求进行计算。因表 2 和表 3 角度修正与碳化修正两者基本相同，故对 JGJ/T 23 中关于泵送非泵送曲线进行比较。由表 4 可知，如果按照 SL/T 352 进行检测对泵送混凝土进行检测，会造成检测数据低于 JGJ/T 23 中泵送混凝土推定强度。对 JGJ/T 23，泵送测强曲线在推定强度比非泵送测强曲线计算出的数据偏高，被测混凝土强度越高，数值偏高越多。

表 4　泵送与否对回弹数据处理影响

依据标准	泵送与否	推定值/MPa	推定值/MPa	推定值/MPa	推定值/MPa	推定值/MPa
SL/T 352	不区分	11.5	20.2	32.6	42.5	52.0
JGJ/T 23	非泵送	11.5	20.2	32.5	42.5	51.2
JGJ/T 23	泵送	12.9	22.6	36.1	47.0	57.2

表 5 测面对回弹数据处理影响主要是从测面修正进行对比，依据 JGJ/T 23 进行检测，角度均为水平 0°，检测面为混凝土浇筑侧面和底面，碳化深度均为 1 mm。SL/T 352 中未规定检测面修正，故仍按照 SL/T 352 中要求进行计算。根据表 5 可得出结论，表面修正混凝土强度修正值为正，底面修正为负，强度越高，修正值绝对值越小。

表 5　测面对回弹数据处理影响

依据标准	检测面	推定值/MPa	推定值/MPa	推定值/MPa	推定值/MPa	推定值/MPa
SL/T 352	不区分	11.5	20.2	32.6	42.5	52.0
JGJ/T 23	侧面	11.5	20.2	32.5	42.5	51.2
JGJ/T 23	底面	<10.0	17.7	30.3	41.0	50.5
JGJ/T 23	表面	14.1	22.6	34.0	43.1	51.2

3　结论

通过上述涵盖 10~60 MPa 回弹数据分析得出两者数据处理的异同点。

相同点：测试条件相同的情况下，SL/T 352 和 JGJ/T 23 中回采用普通测强曲线混凝土强度推定值基本一致；其他条件一致，回弹数据测试角度、碳化深度修正基本一致；对于小于 10 MPa 的混凝土，均表述为<10 MP；对于大于 60 MPa 的混凝土，按照最小值评定抗压强度。

不同点：JGJ/T 23 中在附录 D 有测面修正，对于表面和底面修正值不同，底面修正为负，强度越高，修正值绝对值越小；JGJ/T 23 中在附录 B 泵送混凝土测强曲线，而 SL/T 352 中没有相关规定。

通过上述异同点分析，得出如下结论：SL/T 352 规范对数据处理考虑不够全面，对于泵送测强曲线，需通过试验，建立水工混凝土专用泵送曲线。对于测面修正，应考虑不同检测面对于强度的影响结果，建立专用修正值。对于 50 MPa 以上的混凝土推定强度，建议结合《高强混凝土强度检测技术规程》（JGJ/T 294—2013），按照高强回弹仪检测结果进行对比。

参考文献

[1] 水工混凝土试验规程：SL/T 352—2020 [S].

[2] 回弹法检测混凝土抗压强度技术规程：JGJ/T 23—2011 [S].

试论做好检测原始记录工作的关键

张玉成

（水利部水文仪器及岩土工程仪器质量监督检验测试中心，江苏南京　210000）

摘　要：任何产品的质量都有一个产生、形成和实现的过程，检测报告是检测机构生产的产品，也有一个质量形成的过程，其中一个关键环节就是检测原始记录，原始记录是检测报告的重要支撑材料，重要性不亚于检测报告，它是被检对象性状的真实反映，是编制检测报告的基础资料，更是必要时再现检测过程的重要依据。做好检测原始记录工作是保证检测报告质量的关键之一。

关键词：检测；原始记录；工作；关键

任何产品的质量都有一个产生、形成和实现的过程，每个环节都会影响最终的产品质量。因此，需要控制影响产品质量的各环节和各因素，特别是要加强对关键环节和关键要素的质量控制。检测报告是检测机构生产的产品，也有一个质量形成的过程，其中一个关键环节就是检测原始记录，作为检测过程及结果的原始凭证，原始记录是检测报告的重要支撑材料，重要性不亚于检测报告，它是整个检测过程和结果信息的真实记录，是被检对象性状的真实反映，是为检测结论提供客观依据的基础文件，也是编制检测报告的基础资料，更是必要时再现检测过程的重要依据。做好检测原始记录工作，提高原始记录工作质量，是保证检测报告质量的关键之一，一份无懈可击的检测报告，必定要有一份高质量的原始记录作为基础，可以说，原始记录工作的高质量是保证检测报告高质量的关键。本文旨在以产品质量检测工作通识为例，结合总结作者多年来的质检工作经验和体会，阐述检测原始记录工作的关键点和重要性，为更好地做好产品质量检测工作与各质检机构同仁共同探讨。

1　做好检测原始记录工作，建章立制是关键

《检验检测机构资质认定能力评价 检验检测机构通用要求》（RB/T 214—2017）第 4.5.11 条要求“确保每一项检验检测活动技术记录的信息充分，确保记录的标识、贮存、保护、检索、保留和处置符合要求”，这里的“技术记录”是指检测时的原始观察、导出数据、检测环境条件、检测人员、方法、样品、设备等记录，也包括检测报告；“每一项检验检测活动技术记录信息的充分”是指在尽可能接近原始条件情况下应能够重复该检验检测，这条要求既是原则，也是底线，更是非常高的工作标准。根据 RB/T 214—2017 的要求，质检机构应建立一套完善的规章制度和质量保证体系，包括质量手册、程序文件、检测作业指导书、质量记录等，把对检测活动的质量保证加以系统化、标准化和制度化，即将整个检测过程中影响检测质量的一切因素统一控制起来，包括原始记录工作。在建章立制时切记不要忽视细节，细节决定成败，特别是原始记录部分，不同质量保证体系间的差距就在于细节的管理能力，应力求制度的严密管用，形成一个有明确任务、职责、权限，相互协调、相互促进的质量管理的有机整体，确保原始记录工作符合 RB/T 214—2017 的要求。当然，作者强调细节但不提倡“一门心思搞制度”，制度是保障、是工具，制度建设是抓手、是路径，都是为更好地开展检测工作服务的。

作者简介：张玉成（1966—），女，教授级高级工程师，水利部水文仪器及岩土工程仪器质量监督检验测试中心副总工程师、技术负责人，长期从事水文仪器及岩土工程仪器产品质量检测、标准化研究、计量研究等相关工作。

2 做好检测原始记录工作，检测人员是根本

检测人员是检测工作的主体，是原始记录工作的具体执行者，所有的检测原始记录都是在检测人员手上诞生的，因此加强对检测人员的培训、考核和监督很有必要，特别是对于经验不是很丰富的新手，更应该加强对他们平时检测工作的监督，包括考核他们的原始记录工作是否满足规范性和完整性要求。比如：检测人员使用的原始记录格式是否为有效受控版本，是否编排了页码，不缺项、不漏页；原始记录的字迹是否清楚、工整、易于辨识，并留有更改余地；是否按照规定不使用铅笔、圆珠笔填写原始记录，以保证原始记录的可保存性；当原始记录错误需要更改时，是否采取了“杠改”的方法等。除了对这些基础细节的考核，更要加强对检测人员持续完成全部检测工作的能力进行监控和评价，包括检测设备的熟练操作能力、检测方法和检测依据标准的正确理解能力、样品的规范处置能力、突发事件应变和处理能力等，这些能力会直接影响到原始记录的正确性和可靠性。

3 做好检测原始记录工作，原始真实最重要

正如其名，检测原始记录的重要性源于它的原始性和真实性。检测原始记录是检测工作的重要记录凭证，不论是检测人员手工记录的原始数据，还是使用计算机和自动化设备获得的检测数据，最重要的是它的原始性和真实性。检测原始记录必须客观、真实，包括数值、有效位数和单位，一定是在检测现场检测的当时就给予记录，原始的观察结果、原始的测量数据应在观察到或获得时即刻予以记录，不能事后回忆、追记和补记，不允许随意涂改、转抄或另行整理记录，更不允许伪造原始记录，但允许在检测完成后根据需要再实施具体计算。在记录原始数据时，若出现记录有误，则应由检测人员采用“杠改”的形式进行更正，并在错误内容旁边（一般为右上方或左上方）写上正确的内容，而不是在错误处随意涂改，以致不能辨认出原有的数字和符号，更改者应签上名字或等效标识，且只能在记录的当时改正，不允许日后更改，其他人员更是无权更改，切实做到记录原始真实、改错规范。

4 做好检测原始记录工作，准确可靠是目标

原始记录的准确性和可靠性可通过严格的质量控制措施来实现，特别是关键环节和关键步骤不能出错。首先，检测时的环境条件、检测用的仪器设备和检测依据的选择应正确；其次，检测步骤和检测顺序不能混乱；再次，与检测有关的数字、计量单位、表格、符号、文字的记录应准确，各环节的计算、换算及数据的处理应正确；最后，校核（复核）与审核环节不能流于形式，校核（复核）人员发现的差错和疑问应与检测人员或计算人员协商确认后改正，若出现争议，应提交审核人员进行裁定。原始记录工作的各环节间是环环相扣、相辅相成的关系，其中任何一环的疏失，都将牵动原始记录整体质量的下降。

5 做好检测原始记录工作，方法习惯有讲究

规范的检测原始记录是有方法、有讲究的，比如：原始记录应填写在专门的检测用原始记录纸上，应把检测结果、数据和检测环境等都完整、详细地记录下来，做到从原始记录上即可查得校核（复核）、审核检测报告所需的一切资料。具体说来，检测原始记录至少应包括以下一些必要信息：①受检样品的名称、规格型号、产品编号，以及送样单位和生产单位的名称。②到样（抽样）时间、来样的方式（送样、抽样）及数量。③检测项目。④检测日期及报告编号。⑤检测类型性质（如监督抽查、委托、仲裁、新产品鉴定、标准验证、型式试验等）。⑥检测依据，包括非标方法等（编号和技术依据全称）。⑦检测使用的主要仪器设备名称、型号、编号等。⑧检测当时的环境条件，如温度、湿度等可能影响检测数据的环境参数。⑨检测原始数据，包括从检测设备和仪器仪表上直接读得的数据，被检样品输出的数据及样品性状等。⑩检测过程中发生的与检测有关的异常现象，如停水、

停电、仪器故障及处理情况。⑪检测人员、校核（复核）人员签名，签名应是真实姓名。同时，根据具体被检样品特性和检测目的，可能还会有其他特殊信息需要记录，这里不再一一罗列。总之，原始记录应做到“应记尽记”，对于确实没有可记录的内容之处，应画上一杠或写上“无”，表示此处无相应内容可记录，原始记录表上不应存在空白的空格。在进行检测原始记录工作时，某些检测人员的不良习惯对客观、及时和准确收集原始数据非常有害，这里列举几个现象作为提示，在实际工作中应注意避免：

（1）转抄原始记录。

检测之前未能准备好原始记录表，将检测原始数据和结果随手记录于身边的小纸片或非受控的纸张、本子上，事后再将其转抄至原始记录表上。

（2）誊抄原始记录。

有些检测人员因为想要保持原始记录的干净整洁，误认为第一手记录杂乱不好看，因此习惯了将原始记录重新誊抄一边。

（3）检测数据不进行修约。

检测数据的小数位数或有效数字能显示观读到多少位就记录多少位，不按标准规定进行修约。

（4）签名用姓氏代替。

有些检测人员出于某种已经养成的习惯，签名时只写自己的姓氏，认为是自己的字迹想当然就是代表自己。

（5）随时随地修改原始数据。

有些检测人员错误地认为原始记录存档在自己单位，不像检测报告一样发给用户，因此是可以有机会随时随地想修改就修改的，甚至在报告发出后仍然可要求修改。

（6）记录信息量太少。

检测原始记录没有充分的信息量，例如：仅记录数字类检测结果，对于一些非数字类的检测结果，比如检测当时的环境条件、功能性检查结果、目测的结果等认为没必要一定记录，导致整个检测活动不可完整追溯。

（7）原始记录存档不完整。

仅把检测数据和结果进行存档，至于检测前后样品的状态照片、检测过程中用到的标准物质的证书复印件、依据的企业标准复印件等，这些与检测密切相关的必要信息未能完整存档。

总之，检测原始记录是检测活动的见证性文件，是出具检测报告的重要依据，检测原始记录工作应做到原始性、规范性、可追溯性和保密性，原始记录应随检测报告存底一并整理归档，并按检测报告编号顺序依次存放，一般保存时间不少于6年，其间不得随意销毁或丢弃任何原始数据和相关资料，以备争议处理或查阅。

参考文献

[1] 检验检测机构资质认定能力评价 检验检测机构通用要求：RB/T 214—2017［S］.

高密度电法在水库坝体渗漏隐患探测中的应用研究

任蒙蒙　李　伟　李海峰　王　勇

（珠江水利委员会珠江水利科学研究院，广东广州　510610）

摘　要： 渗漏隐患在水库坝体中普遍存在，但由于渗漏通道位于坝体内部，难以掌握其具体位置。高密度电法在大坝渗漏隐患探测、水库安全鉴定等工程中的应用越来越广泛。基于高密度电法的基本原理，可对水库坝体内部的渗漏隐患情况进行综合判断。本文以某水库为例，采用高密度电法中的温纳装置进行现场探测，通过分析正、反演图像判断可能潜在的渗漏通道。由于地下环境复杂多变，结合高密度电法的测试结果，提出了探测水库坝体渗漏隐患的综合判断方法，提高探测结果的准确性。

关键词： 高密度电法；水库；渗漏隐患

1　前言

随着我国“碳达峰”“碳中和”即“双碳”战略的提出和实施，构建以新能源为主题的新型水电系统已成为国家发展的重大决策部署[1-2]。“十四五”期间，水利工程建设将处于高速发展期，大坝的数量也将迅速增加，大坝的安全稳定运行是保障人民生命财产安全的重要前提。然而，影响大坝安全稳定运行的因素较多，其中因渗漏隐患导致大坝破坏所占比例最高[3]。因此，定期检测和排查大坝渗漏隐患对其安全稳定运行和发挥经济效益具有重要意义。

大坝渗漏隐患检测方法主要分为有损检测和无损检测。有损检测主要有钻芯取样、抽压水试验等，具有过程简单、结果直观等特点；但具有破坏性和局部性，无法代表大坝整体的渗漏隐患；根据较少的检测数据，难以对大坝整体的渗流情况做出科学评判。而无损检测主要是表征材料的电、磁、声、光等特性差异，从而判断异常区域，例如高密度电法、探地雷达法、超声法等，具有采集速度快、无破坏性等特点[4-5]。随着科技的进步，无损检测技术不断发展和完善，已广泛应用于多个领域。其中，高密度电法在探测大坝渗流隐患中应用较多[6]。本文以某水库检测为例，采用高密度电法对水库渗漏隐患进行探测，通过对探测数据进行正反演计算和后处理，结合相关资料综合分析，判断水库大坝的渗漏状况。由于地下环境复杂多变，结合高密度电法的测试结果，提出了探测水库坝体渗漏隐患的综合判断方法，为高密度电法在水利工程中的广泛应用提供依据。

2　高密度电法基本原理及仪器装置

2.1　基本原理

高密度电法是在常规电阻率法的基础上发展形成的探测技术，其原理与常规直流电法相似。其基本工作原理主要是以岩土体的电学性能差异为基础，通过对岩土层断面进行二维测量和数据分析，根据不同位置的电性特征判断地下的异常区域[7-8]。高密度电法集聚了常规电剖面法和电测深法的优点，能够同时观测横向和纵向的电性变化特征，具有采集数据量大、测试精度高、勘探深度大等特点，适应于各种复杂的地质条件。

高密度电法基本工作原理示意图如图 1 所示。通过 A、B 电极在地下产生电流，然后测量 M、N

作者简介： 任蒙蒙（1992—），男，工程师，主要从事水利工程材料研发及相关性能检测工作。

两点的电位差 ΔV，从而可以计算出 M、N 两点间的视电阻率。根据该原理能够获得不同深度断面的电阻率分布状况，通过数据分析确定异常区域。

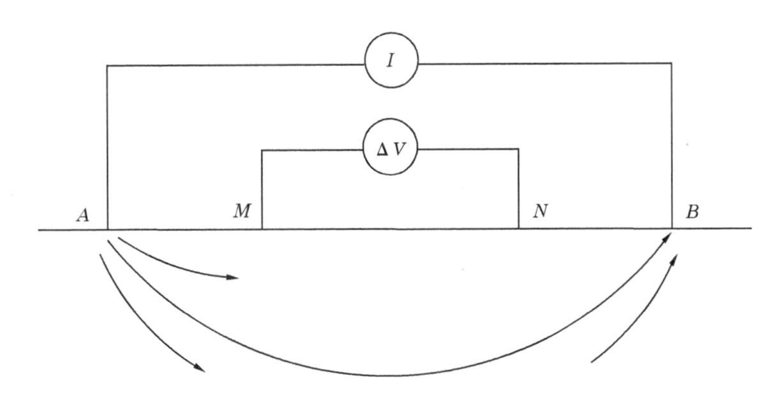

图 1　高密度电法基本工作原理示意图

2.2　仪器装置

高密度电法探测仪器采用的是中地装（重庆）地质仪器有限公司生产的多功能全波形直流电法仪（DZD-8）。该设备是一种集电流电位全波形记录、32 位 A/D、大功率控制、嵌入式实时操作系统、现场可编程阵列逻辑等多功能的数据采集系统。测试电缆电极间距为 5 m。

随着技术的发展，高密度电法的电极排列方式有 20 多种，主要有温纳、偶极、微分、斯隆贝格等，其中，由于温纳装置的纵向探测精度高而被广泛应用。本次检测采用温纳装置，电极排列组合如图 2 所示。数据采集时，将测试面划分为多个测试点，根据测试点深度选择相应的电极进行数据采集，直至整个测试面数据采集完成，所有数据将绘制成一个倒梯形断面图。

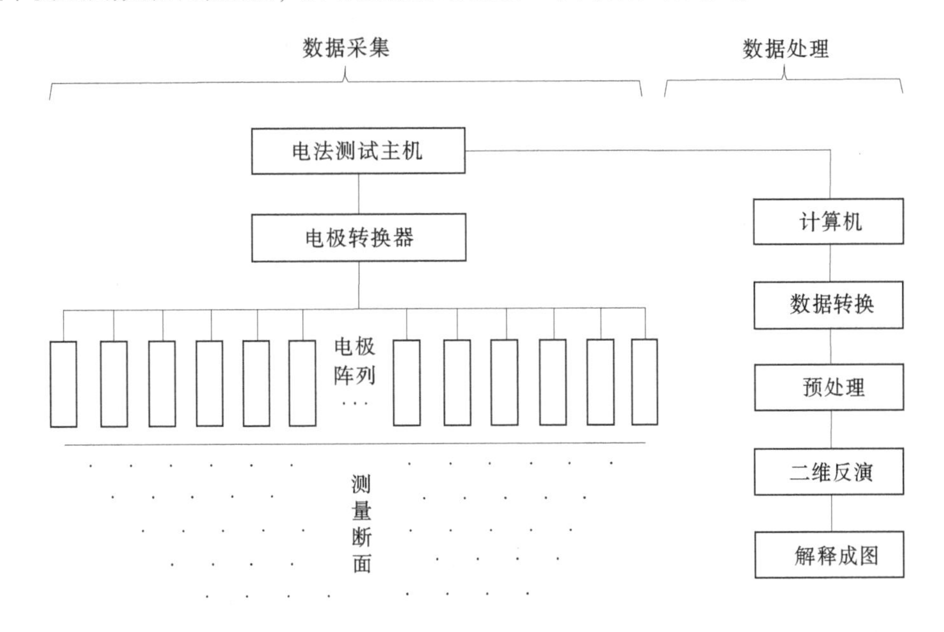

图 2　高密度电法测试装置示意图

2.3　数据处理

高密度电法是基于材料的电学特性来判定异常区域。岩土相关材料的电阻率主要与其成分、风化程度、含水率等有关。地下淡水的电阻率一般为 10～100 Ω · m。当坝体或坝基发生渗漏情况时，相应区域的电阻率将明显降低。综合相关数据分析，判定坝体低电阻异常区域可能存在渗漏隐患。

数据处理时，采用仪器自带的高密度电法分析软件，对整个测试面采集的数据进行模型正反演和数据后处理，数据处理过程采用平滑处理的最小二乘优化算法，得到测量视电阻率、正演视电阻率和反演视电阻率三种断面图。最后，结合地勘等其他资料进行分析，以判定坝体潜在的渗漏隐患。

3 工程应用实例

3.1 工程概况

某水库是一座以灌溉、防洪、供水为主，结合发电等综合效益的大（1）型水利工程，水库保护着下游300多万人和100多万亩农田以及铁路、高速等设施。水库于1958年5月开工建设，1960年5月建成。1997年经安全鉴定为三类坝。

2006年起至2008年，分别对水库主坝、副坝、溢洪道等工程进行了加高和加固，加固标准按1 000年一遇洪水设计，10 000年一遇洪水校核，正常蓄水位89.0 m，汛期防限水位为88.5 m，设计洪水位92.10 m，校核洪水位93.35 m。该水库有两个库区，分别为A库区和B库区。加高加固后，B库区由1座主坝、2座副坝、溢洪道、取水涵闸、输水洞和坝后电站组成。B库区主坝为土坝，坝顶长约868 m，坝顶宽10.0 m，坝顶高程95.04~95.20 m，坝顶防浪墙高程96.54 m，最大坝高50 m。上游坝坡为浆砌石护坡，坡比约为1：2.6，下游坝坡为草皮护坡，中间设有三道马道，马道宽度均为2.0 m，下游坡坡比分别为1：2.51、1：2.59、1：2.79、1：2.99。下游设有排水棱体，棱体顶宽为2.0 m。本次主要针对水库B库区主坝坝体（背水面）渗漏隐患进行排查。

3.2 检测方案

根据该水库B库区主坝坝体（背水面）的特点，在坝顶、一级马道坝、二级马道坝各布置了1条测线，共3条测量线。水库B库区主坝坝体（背水面）高密度电法测线布设具体参数如表1所示。

表1 水库B库区主坝坝体（背水面）高密度电法测线布设具体参数

测线编号	测线走向	电极数/个	电极间距/m	滚动次数	电极阵列	测线长度/m
测线1	坝顶（坝顶保安亭至溢洪道方向）	128	5	1	温纳	640
测线2	二级马道（坝顶保安亭至溢洪道方向）	112	5	1	温纳	560
测线3	坝顶（溢洪道至坝顶保安亭方向）	20	5	1	温纳	100

3.3 试验结果及分析

该水库B库区主坝坝体（背水面）3条测量线的测试结果如图3~图5所示。从图3可以看出，测量线1区域内存在多处低阻异常区。低阻异常区1位于80~375 m，坝顶0~17.9 m处，电阻率低，但分散且不连续；结合气象条件、常见不同类型水及土层的电阻率（如表2所示），主要原因可能是测试前一周连续降雨，坝体表面及浅土层的含水率较高[9]。低阻异常区2位于240~320 m，坝顶以下48.6~71.7 m处；低阻异常区3位于430~520 m，坝顶以下25.6~50.0 m处；两处的电阻率均偏低，呈不规则且区域性分布；两处的电阻率范围在150~230 Ω·m，主要可能是坝体土较周围区域较松散，从而导致其含水率较高，电阻率偏低。

二级马道（坝顶保安亭至溢洪道方向）的测试结果如图4所示。从图4中可看出，测量线2的365~410 m，坝顶以下17.9~30.0 m位置属于低阻异常区。该处的电阻率偏低，呈不规则且区域性分布，电阻率范围在147~178 Ω·m，与坝顶测量线1的数据吻合，可能是富水导致含水率偏高。

图5为测量线3坝顶（溢洪道至坝顶保安亭方向）的测试结果。测试结果显示该区域不存在低阻异常区。测量线3区域的土体呈二元地电结构，地层层状结构明显，从坝顶自上而下整体呈现上升趋势。坝体整体密实度良好，土体性质稳定，不存在渗漏异常点。

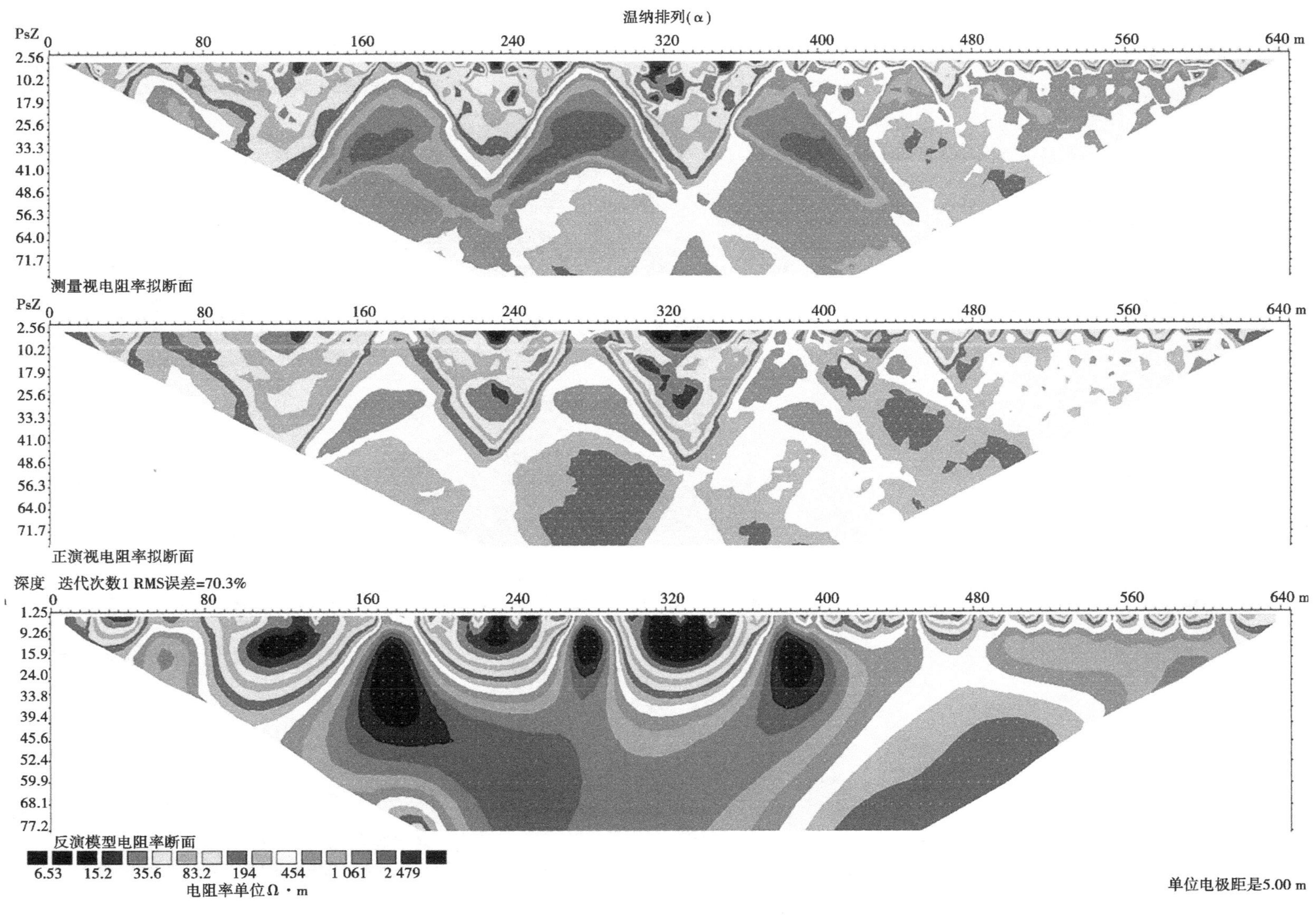

图 3 测量线 1 测试结果（坝顶：坝顶保安亭至溢洪道方向）

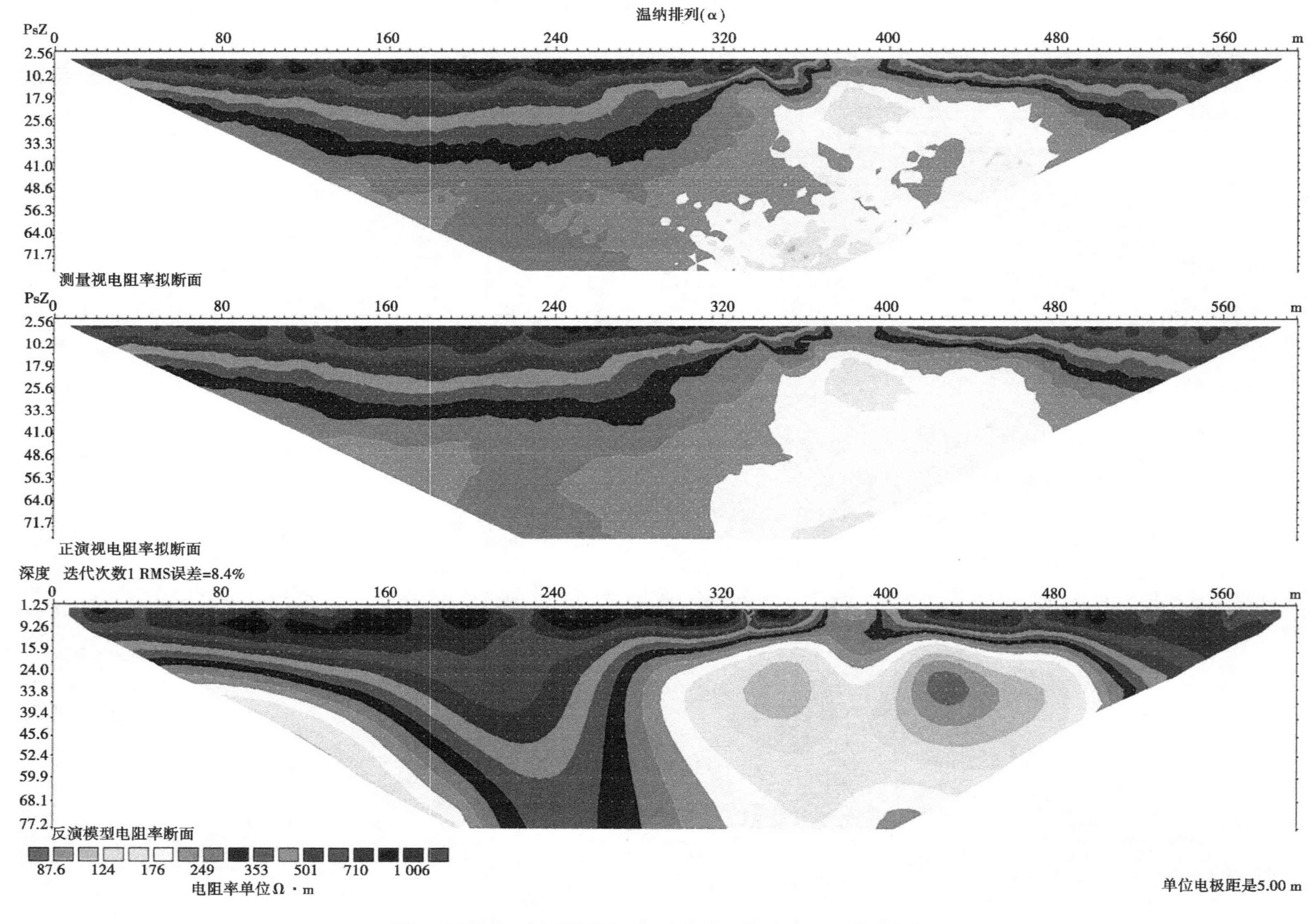

图 4 测量线 2 测试结果（二级马道：坝顶保安亭至溢洪道方向）

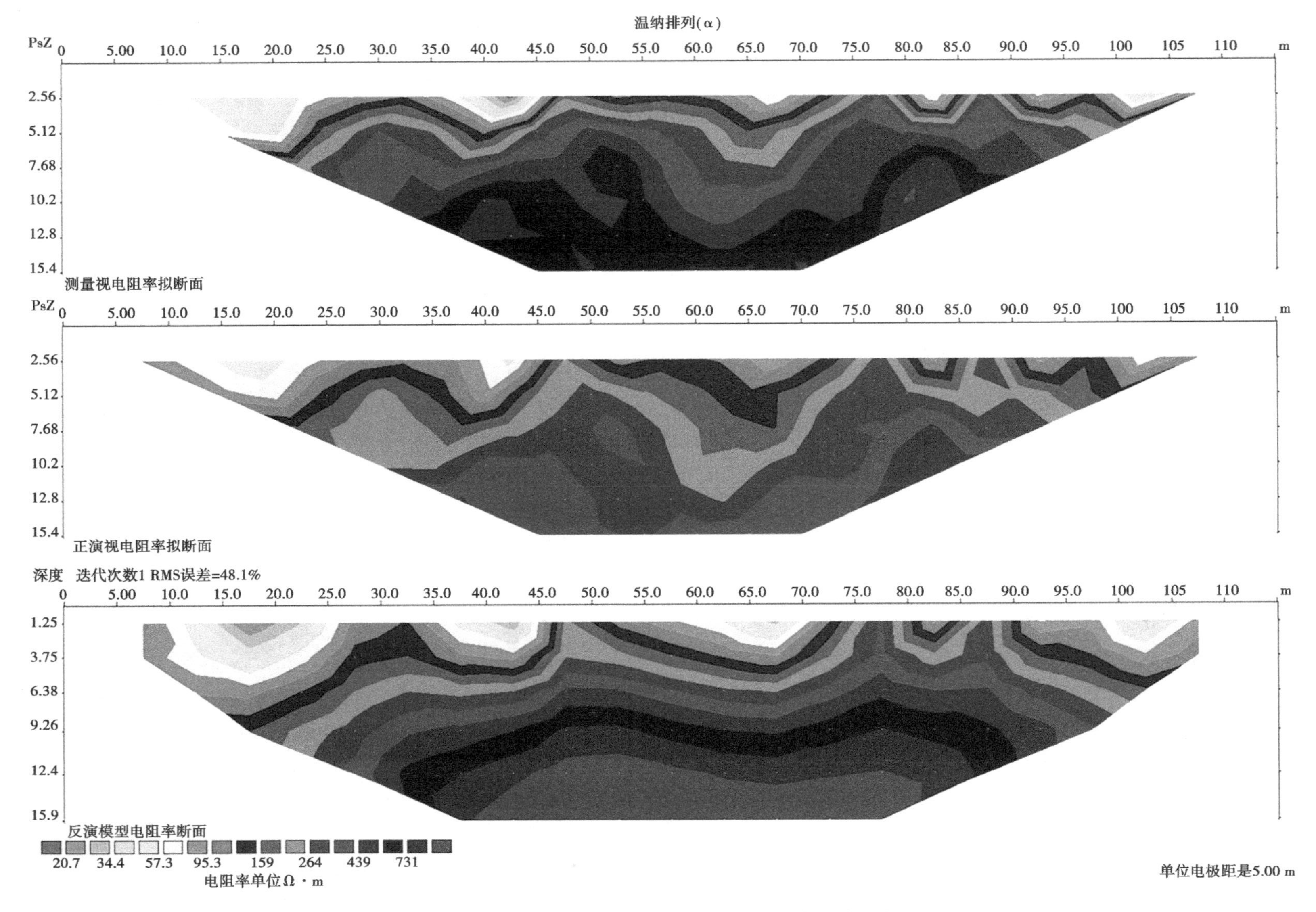

图 5　测量线 3 测试结果（坝顶：溢洪道至坝顶保安亭方向）

表 2 常见不同类型水及土层的电阻率

类型	ρ/（Ω·m）	类型	ρ/（Ω·m）
黄土层	0~200	雨水	>1 000
黏土	1~200	河水	10~1 000
含水砂卵石层	50~600	海水	0.1~1
隔水黏土层	5~30	潜水	<100

4 结语

（1）坝顶（坝顶保安亭至溢洪道方向）存在 3 处低阻异常区。低阻异常区 1 主要位于坝体表面和浅土层，可能是天气原因（连续一周降雨）导致其含水率较高，电阻率低。

（2）二级马道（坝顶保安亭至溢洪道方向）存在 1 处低阻异常区，电阻率偏低，呈不规则且区域性分布；与坝顶测量线 1 低阻异常区 2 和 3 的数据吻合，可能是富水导致含水率偏高。此处可能存在潜在的渗漏问题。

（3）由于地下环境复杂多变，仅以高密度电法的测试结果和地质条件分析，无法精确判断大坝是否存在潜在的渗漏状况。建议采用多种无损检测手段，例如探地雷达等，结合大坝的渗流监测结果、前期勘探报告等资料，综合分析研判，提高探测大坝渗漏隐患结论的准确性。

参考文献

[1] 付立娟，杨勇，卢静华．水泥工业碳达峰与碳中和前景分析［J］．中国建材科技，2021，30（4）：80-84.

[2] 古婷婷，苏立，何光元．梯级水电站水光互补发电系统稳定分析［J］．水电与抽水蓄能，2021，7（5）：96-103.

[3] 张建云，杨正华，蒋金平．我国水库大坝病险及溃决规律分析［J］．中国科学：技术科学，2017，47（12）：1313-1320.

[4] LI X，FAN L，HUANG H，et al. Application of Ground Penetrating Radar in Leakage Detection of Concrete Face Rockfill Dam［J］．IOP Conference Series：Earth and Environmental Science，2018，189（1）：022044.

[5] SJÖDAHL P，DAHLIN T，JOHANSSON S. Using the resistivity method for leakage detection in a blind test at the Rssvatn embankment dam test facility in Norway［J］．Bulletin of Engineering Geology & the Environment，2010，69（4）：643-658.

[6] JIANG X，TAN L，JIANG S，et al. A new approach for accurate detection of leakage paths from multiple-wenner arrays inverted resistivity imaging in embankment dam［J］．IOP Conference Series：Earth and Environmental Science，2021，660（1）：012070.

[7] 高攀．高密度电法和探地雷达法在溶洞勘查中应用研究［D］．合肥：合肥工业大学，2018.

[8] 姜寒阳．土石坝渗漏三维电法探测与应用研究［D］．合肥：安徽理工大学，2021.

[9] 岳宁，董军，李玲，等．基于高密度电阻率成像法的陇中半干旱区土壤含水量监测研究［J］．中国生态农业学报，2016，24（10）：1417-1427.

金属结构防腐检测方法在水电、风电工程中的应用与研究

方　芳

（长江三峡技术经济发展有限公司，北京　101149）

摘　要： 随着我国水电、风电等清洁能源项目的快速发展，工程对于金属材料、设备的质量，尤其是金属制品中涂装工艺质量的要求越来越高。它不仅体现了产品防护和装饰性能，也是产品使用寿命和设备安全运行的重要保障。本文通过归纳、总结金属结构防腐专业检测在水电、风电工程中的实践经验，从影响金属产品锈蚀、腐蚀的两个主控项目入手，对现场检测程序、评判标准，以及常见质量通病问题的产生原因及防治措施等内容进行阐述。旨在从产品的全寿命周期出发，为厂家、施工、检测等单位的质量管理和检测工作提供借鉴和参考。

关键词： 金属结构；防腐；检测；应用；研究

1　引言

在水电、风电工程中，金属材料作为工程建设重要组织部分，其产品的防锈、防腐蚀问题一直倍受关注。金属结构长期处于大气、水和风沙等环境，受到温湿度和微生物等侵蚀，以及泥沙、风沙和其他漂浮物的冲击摩擦，使得金属表面极易发生锈、腐蚀。在物理、化学作用下，其承载力会逐渐降低，最终影响到工程的安全功能。

导致金属材料出现锈蚀、腐蚀现象的因素较多，类型也较多。但由于金属材料的特性，而无法从根本上进行根治，为有效提高金属材料（制品）的防锈、防腐蚀能力，延长使用寿命，就需在生产制造过程中、在投入使用前和工程投运后等各阶段，从质量保障体系和检测监督体系着手，通过科学有效的管控措施，以提高金属材料（制品）防锈、耐腐为目的，确保金属结构质量始终处于受控状态，从而保证工程项目的安全、稳定、长期运行。

本文从防腐专业检测的角度，通过对以往水电、风电工程在金属结构防腐检测中发现的问题，对金属制品从制造加工到投入使用等各阶段的专业检测中，发现的通病问题进行归纳、提炼，从金属材料产生锈蚀、腐蚀的两个主控项目，即表面预处理和涂装施工入手，对现场检测应用标准、等级划分、检测程序及处理方法等内容进行阐述，对常见的质量通病问题防治措施进行说明，为水电、风电等工程的金属材料、设备在施工、检测阶段的质量管理工作提供参考。

2　表面预处理检测

表面预处理，是直接影响基材与防锈涂层附着力，制约基材表面防腐蚀及耐磨等性能的关键工序之一。它是金属表面加工前，对材料及制品进行的机械、化学或电化学处理的过程。其表面处理质量的优劣，对产品的生命周期和使用寿命起到关键作用。

检测指标主要包括粗糙度检测和清洁度检测。

作者简介： 方芳（1979—），女，工程师，主要从事水利水电工程和风电工程金属结构防腐专业的研究工作。

2.1 表面预处理检测条件

（1）温湿度指标：现场环境相对湿度应<85%；基体金属表面温度≥露点以上 3 ℃。

（2）照度指标：散射日光下或照度相当的人工照明条件，最低照度≥200 lx。

（3）检测实体指标：表面无油污，其憎水或局部憎水为清水性；表面无杂物，露出金属的本色。

（4）检测时效：应在表面预处理工序完成后 30 min~2 h 开展。

2.2 表面粗糙度

2.2.1 概述及评定参数

表面粗糙度，是金属材料表面在机床刀具等作用下，受刀痕、切削使其产生的塑性变形及机床振动等因素影响，产生的微观的凹凸不平的轮廓峰。它是评定工件表面质量的一项重要指标。

表面粗糙度评定参数主要包括轮廓算术平均偏差 R_a、轮廓最大高度 R_y、微观不平度十点高度 R_z，如图 1 所示。

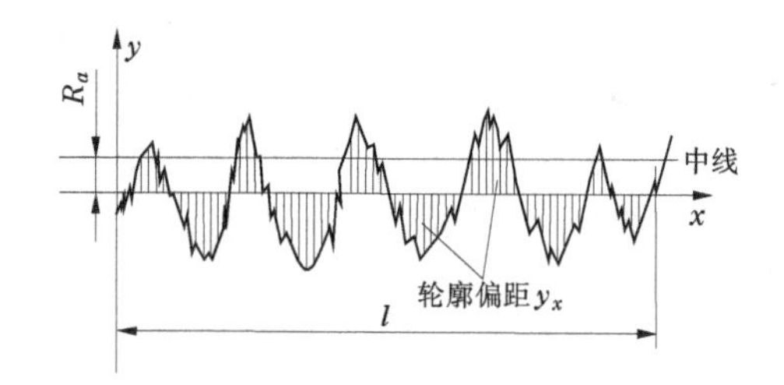

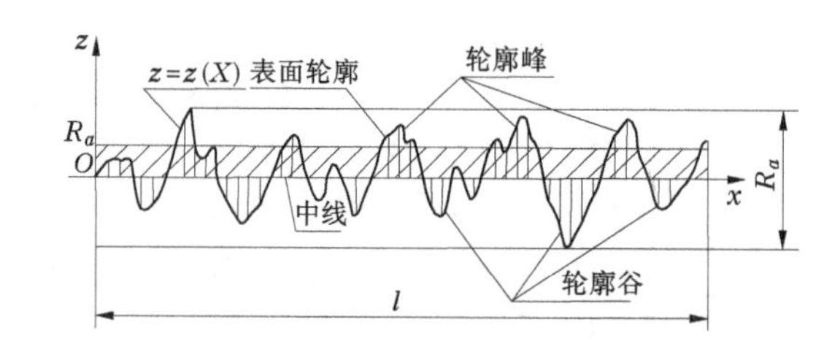

图 1 表面粗糙度评定参数示意图

2.2.2 检测样块标准值

（1）比较样块标准值。

比较样块“S”和“G”样块，分别由 4 个区域组成的一块平板。每个区域都相应编号，各区域应注明表面粗糙度的标称值和公差。如表 1、图 2 所示。

表 1 表面粗糙度比较样块公差等级划分

区域	“S”样块粗糙度参数（R_y）		“G”样块粗糙度参数（R_y）	
	标称值	公差	标称值	公差
区域 1	25	3	25	3
区域 2	40	5	60	10
区域 3	70	10	100	15
区域 4	100	15	150	20

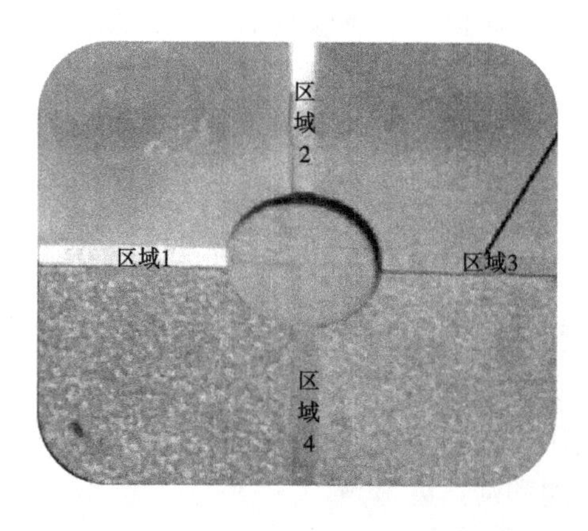

图 2 “S”和“G”样块分区示意图

（2）等级评定。

确定比较样块上与待测表面粗糙度最接近的粗糙度，从而评定待测表面的粗糙度等级。如表2所示。

表2　粗糙度等级范围

单位：μm

级别	代号	定义	粗糙度参数值 R_y	
			丸粒磨料	砂粒磨料
细细		粗糙度小于1的标称值	<25	25
细	F	粗糙度相当于和超过区域1的标称值，但不到区域2的标称值	25～<40	25～<60
中	M	粗糙度相当于和超过区域2的标称值，但不到区域3的标称值	40～<70	60～<100
粗	C	粗糙度相当于和超过区域3的标称值，但不到区域4的标称值	70～<100	100～<150
粗粗		粗糙度大于区域4的标称值	>100	>150

（3）检测方法及选取原则。

重点对现场三种常规检测方法及选取原则进行说明，如表3所示。

表3　表面粗糙度的检测方法及检测部位选取原则

序号	检测方法	选取原则
1	目测检查（目视法）	在金属表面随机抽检，逐一观察。识别工件表面粗糙度与规定的粗糙度等级范围。工件表面存在着明显影响其功能的缺陷，选择目测法检验判定
2	比较检查（比较样块法）	若用目测检查不能做出判定，采用视觉或显微镜，将被测表面与粗糙度比较样块对比判定。如，设计要求40～70 μm时，取“S”样块，放在金属表面，与样块对应的Ⅱ～Ⅲ区间进行对比、判定
3	仪器检查（触针法）	若用比较法检测不能做出判定，应采用仪器测量： ①对不均匀表面，在最有可能出现粗糙度参数极限值的部位进行测量； ②对表面粗糙度均匀的表面，应在几个均布位置上分别测量，至少测量3次； ③当给定表面粗糙度参数上限或下限时，应在表面粗糙度参数可能出现最大值或最小值处测量； ④表面粗糙度参数注明是最大值时，通常在表面可能出现最大值（如有一个可见的深槽）处，至少测量3次。 测量方向： ①图样或技术文件中规定测量方向时，按规定测量； ②当图样或技术文件中没有明确时，则应在能给出粗糙度参数最大值的方向测量，测量部位垂直于被测表面的加工纹理方向； ③对无明显加工纹理的表面，测量方向可以是任意的，一般可选择几个不同方向进行测量，取其最大值为粗糙度参数的数值

2.3 表面清洁度

2.3.1 概述及等级划分

金属表面镀层和有机涂层应满足涂（镀）层致密、均匀一致、与基体结合牢固的要求。与有机溶剂涂料相比，以水为溶剂的金属表面涂覆处理，如电镀、阳极氧化、磷化以及水性涂料涂装等，对金属表面有机物污染更为敏感。因此，材料表面涂（镀）前、处理后的清洁度至关重要。

通常，喷射清理分为四个等级，即 Sa1、Sa2、Sa2 1/2、Sa3，见表 4。

表 4　喷射清理等级

喷射清理等级	
Sa1 轻度的喷射清理	在不放大的情况下观察时，表面应无可见的油、脂和污物，且没有附着不牢的氧化皮、铁锈、涂层和外来杂质
Sa2 彻底的喷射清理	在不放大的情况下观察时，表面应无可见的油、脂和污物，且几乎没有氧化皮、铁锈、涂层和外来杂质。任何残留污染物应附着牢固
Sa2 1/2 非常彻底的喷射清理	在不放大的情况下观察时，表面应无可见的油、脂和污物，且没有氧化皮、铁锈、涂层和外来杂质。任何污染物的残留痕迹应仅呈现为点状或条纹状的轻微色斑
Sa3 使钢材表观洁净的喷射清理	在不放大的情况下观察时，表面应无可见的油、脂和污物，并且应无氧化皮、铁锈、涂层和外来杂质。该表面应具有均匀的金属光泽

2.3.2 检测方法及选取原则

对现场三种常规检测方法及选取原则进行说明，如表 5 所示。

表 5　表面清洁度的检测方法及检测部位选取原则

序号	检测方法	选取原则
1	目视检查 （目测与光学法）	光亮金属表面上的油污可用肉眼和借助放大镜或光学显微镜进行观察。其缺点是金属表面的钝态氧化膜及极薄的油污会检查不到。此方法不适用于粗糙及不光亮的金属表面，上述方法就显得无能为力，但可通过用干净、洁白的棉花、布、纸对表面部位随机进行擦拭，然后逐一进行观察，以确定金属表面是否洁净
2	表面张力法	根据表面油污对其表面自由能的影响，通过金属在一系列表面张力不同的试液中，是否浸润。以确定其表面自由能，据此判断其表面的干净程度。如，配成从 80%乙酸 20%水）（*V/V*，下同）到 1%乙醇 99%水的系列溶液，其表面张力相应地从 24.5×10^{-5}N/cm 增加到 66.0×10^{-5}N/cm
3	油漆法	在金属表面随机抽检，将除油剂滴在金属表面上，然后蒸干，逐一进行观察。如无痕迹，判定金属表面是洁净的；如出现圆环，则判定有油污存在

3 涂装检测

涂装质量控制主要体现在工艺、材料和管理三方面。

工艺方面，应加强控制表面预处理与涂装之间的时间间隔，尽可能缩短涂装时间。在潮湿或工业大气等作业环境下，涂装时间应≤2 h；在晴天或者湿度不大的作业环境下，涂装时间应≤8 h。

管理方面，涂装作业宜在通风良好的室内进行，尽量避免风沙和灰尘等外在因素对施工的影响。

材料方面，应满足产品技术文件和设计文件要求。

3.1 涂装检测时机

（1）表面预处理应经厂家自检合格并达到设计文件要求后，进行喷涂施工，一般在2~8 h内进行喷涂。喷涂方式包括刷涂、混涂、压缩空气喷涂、高压无气喷涂等。

（2）喷涂时，应重点关注作业环境温度控制。环境温度对涂料的干燥和固化影响最大。涂装施工时，基体金属表面温度应不低于露点以上3 ℃，相对湿度应控制在85%以下，作业环境温度应控制在5~35 ℃内。当作业环境温度低于0 ℃以下，宜停止施工，防止金属材料表面的细孔中有残存冰粒，影响喷涂质量和效果。

（3）涂膜固化后，用指触法检查涂膜表面，无漆液粘在手指上，或使用涂膜硬度铅笔测定法测试硬度。手指无黏液或涂膜硬度达到2H，即表干。每道涂层完成后均应等待涂膜表干后，进行检测。

3.2 涂层外观质量评定

涂层外观质量检验要求：漆膜表面应平整，色泽、厚度均一，无针孔、流挂、发白、咬底、缩孔、污染、漏喷等明显的缺陷。

3.3 干膜状态时外观常见缺陷及处理方法

具体内容如表6所示。

表6 表面清洁度缺陷示例及预控措施

缺陷（图例）	现象	原因	预防及处理方法	
皱皮、橘皮	涂层表面起皱或呈橘皮状	底层涂料未干即涂面层，或一次涂装过厚	注意涂装间隔和推荐膜厚	打磨平整再进行涂装
		被涂物温度过高，或涂装后受高热暴晒等	注意适当的温度条件，避免高热	
		干燥剂过量	调整干燥剂用量	
		高挥发剂，急剧挥发	调整干燥剂用量	
流挂	垂直涂装的涂料，一部分向下流淌，形成局部过厚的不平整表面。严重者如漆幕下垂，轻者如串珠泪痕	喷涂时不均匀，局部过厚或全面超厚	按规定要求，认真施工	返工，流挂部分重涂
		稀释剂添加过量（太稀）	按规定，不过量	
		被涂物温度过高或过低时涂装	在适当的温度下涂装	
咬底	是指上层涂料中的溶剂把底层漆膜软化、溶胀，导致底层漆膜的附着力变差，而引发的起皮、揭底现象	面层涂料溶剂过强，底面漆配套不当	避免异种涂料配套	返工
		底层涂料干燥不足，间隔时间在太短	待底层涂料干燥后再涂面层涂料	

续表 6

<table>
<tr><th>缺陷（图例）</th><th>现象</th><th>原因</th><th colspan="2">预防及处理方法</th></tr>
<tr><td rowspan="4">起泡
起泡</td><td rowspan="4">涂装涂料中混入的空气，在形成涂膜时未能避免产生气泡，漆膜干后出现大小不等的突起圆形泡，也叫鼓泡。起泡产生于被涂表面与漆膜之间，或两层漆膜之间</td><td>涂料在激烈搅拌后立即涂装，放置时间不够</td><td>避免激烈搅拌，搅拌后稍放置再涂装</td><td rowspan="4">起泡严重的涂层，应做返工处理</td></tr>
<tr><td>涂料中溶剂挥发过快，表面温度过高时涂装</td><td>适当调整稀释剂，一次涂装时宜薄，避免温度过高时进行涂装</td></tr>
<tr><td>脂肪族聚氨酯漆施工时空气湿度大于 75%，与水反应放出 CO_2</td><td>在空气相对湿度低于 75%时施工</td></tr>
<tr><td>空气压力过高，涂料中混入空气过多</td><td>调整机型或进气压力</td></tr>
<tr><td rowspan="3">起粒
起粒</td><td rowspan="3">起粒也叫颗粒、粗粒、表面粗糖，是指漆膜干燥后，其整个或局部表面分布着不规则形状的凸起颗粒的现象。其表现为：在干漆膜上产生颗粒状突起物，分布在整个或局部漆膜表面，通常大的称为“疙瘩”，小的称“痱子”。起粒不仅影响漆膜外观、光泽，而且容易使漆膜损坏，形成局部腐蚀</td><td>稀释剂使用不当，溶解力差，不能完全溶解涂料，引起颗粒</td><td>调整涂料品种</td><td rowspan="3">打磨后重涂</td></tr>
<tr><td>被涂物表面有灰尘，施工现场有粉尘</td><td>清理，并使涂装环境清洁，与喷砂场地隔离</td></tr>
<tr><td>固化剂使用不当，与油漆不相容，引起颗粒</td><td>调整涂料品种</td></tr>
<tr><td rowspan="4">针孔
针孔：漆膜表面出现如针状大小的小孔
针孔</td><td rowspan="4">漆膜上出现圆形小圈，中心有固体粒子，周围为凹入圆圈的现象，称为“针孔”。针孔直透到物质表面，实际上还有一层极薄的膜残留在表面。针孔一般面积较小，呈圆锥状</td><td>喷涂时存在水分或油，不溶成孔</td><td>除去水分和油</td><td rowspan="4">对轻微细小的针孔表面用砂纸打磨，再薄薄涂一层，严重者返工</td></tr>
<tr><td>被涂表面温度过高，溶剂挥发过快</td><td>在适当的温度条件下涂装</td></tr>
<tr><td>一次涂装过厚</td><td>按推荐膜厚涂装</td></tr>
<tr><td>高黏度涂料，搅拌后含气泡即涂装</td><td>搅拌后，稍静置后再施工</td></tr>
</table>

续表 6

缺陷（图例）	现象	原因	预防及处理方法	
片落、剥落、脱皮	涂膜从底材表面脱落，6 mm^2 以下小片脱落称为片落，稍大于 6 mm^2 的脱落叫剥落，大片脱落称脱皮	被涂表面附有油脂、水分、锈、尘埃等杂质	认真注意表面处理的质量	剥落部分认真打磨后重新涂装，脱皮严重者则全面返工
		底面漆配套不当，底漆选择性不当，附着力差	注意涂层配套系统的正确	
		面层涂装已超过规定的涂装间隔时间	按规定的涂装间隔时间施工	
		水下区域涂料耐阴极保护性差，或阴极度保护电流密度过大	注意涂层的耐电位性能及合理的阴极保护设计	
		被涂表面过于光滑	注意表面粗糙度	
发白	白色、浅色涂膜表面类似葡萄上的花斑样的模糊的沉积。结果导致光泽丧失和颜色发暗	涂膜固化期间暴露在冷凝或潮气下，特别是在低温时（胺固化环氧常出现此现象）。不正确的溶剂也可导致该现象	在正确的环境条件下施工和固化涂层体系，并遵循制造商的建议	打磨后重涂，严重者则全面返工
开裂	漆膜的开裂可以细分为细裂、开裂、龟裂。细裂是漆膜表面现象上的细小裂纹，还没有渗入整个涂层的深度；开裂是涂层中或到达底材的裂纹；龟裂是最为严重的涂层开裂现象，有时会直接穿透涂层到达底材，然后整个涂膜就会从底材上大片剥落	开裂通常是与应力相关的缺陷，可归因于表面运动、老化、吸收和解吸水分，以及涂层缺乏弹性。越厚的漆膜越高，开裂的可能性越大	使用正确的涂层体系、施工技术和干膜厚度。或者，采用柔韧性好的涂层体系	打磨后重涂，严重者则全面返工

3.4 涂层厚度检测

3.4.1 检测时机及要求

检测要求：厂家应自检合格。厂家检测时，应使用磁性测厚仪检测干膜厚度。膜厚不足时，应按要求进行补涂。每道涂层的平均干膜厚度应达到最小干膜厚度要求，同时不能超出规定的最大干膜厚度。

自检与复检方法：使用涂层测厚仪进行检测时，应对检测仪器进行校准。首先，在零校准块上进行测试，调节仪器校准到零位。然后，选择外观完整无损的校准箔（校准厚度片）进行仪器精度校准。通常用一点法或者两点法进行仪器校准，校准完成后进行数据检测。

3.4.2 数据采集方法

（1）平整表面，每 10 m^2 应不少于 3 个测点，每个测点应为三点平均值，即三点法。

（2）对平板，每平方米至少取 2 个测试区域；对梁腹，每平方米长度取 4 个测试区域；对凸缘，每平方米长度取 2 个测试区域；对管道，每平方米长度取 2 个或多个测试区域（取决于管道直径）。

（3）对近海或其他海上工件，因为环境等影响因素，通常建议取更多的读数。

（4）结构复杂、面积较小的表面，原则上每 2 m^2 取 1 个测点。取点应注意分布的均匀性、代表性。当产品规范或设计有附加要求时，应按附加要求执行。

3.4.3 涂膜厚度检测方法

根据涂膜状态，厚度测定分为湿膜厚度和干膜厚度检测。

（1）湿膜厚度测定一般在施工过程中检测，且应在涂膜制备后湿膜厚度 70%预估干膜厚度进行，以免因溶剂挥发而使涂膜发生收缩。常用湿膜厚度计有轮规、梳规和 Pfund 湿膜计三种。

（2）干膜厚度的测量方法有两种，即磁性法和机械法。这里主要介绍的是磁性测厚仪。

①检测涂膜厚度使用的磁性测厚仪精度应不低于±10%。

②测量前，应在标准块上对仪器进行校准，确认测量精度满足要求。

③测量时，应在 1 dm^2 的基准面上做 3 次测量，每次测量的位置应相距 25~75 mm。取 3 次测量值的算术平均值为该基准面的局部厚度。对于涂装前表面粗糙度大于 100 μm 的涂膜进行测量时，其局部厚度应为 5 次测量值的算术平均值。

（3）干膜厚度检验判定要求。

根据 SL 105—2007 要求，至少 85%测点测得的膜厚值必须达到或超过规定膜厚值，余下最多 15%的测点测得的膜厚值必须不低于规定膜厚值的 85%，简称“两个 85%”原则。如图 3 所示。

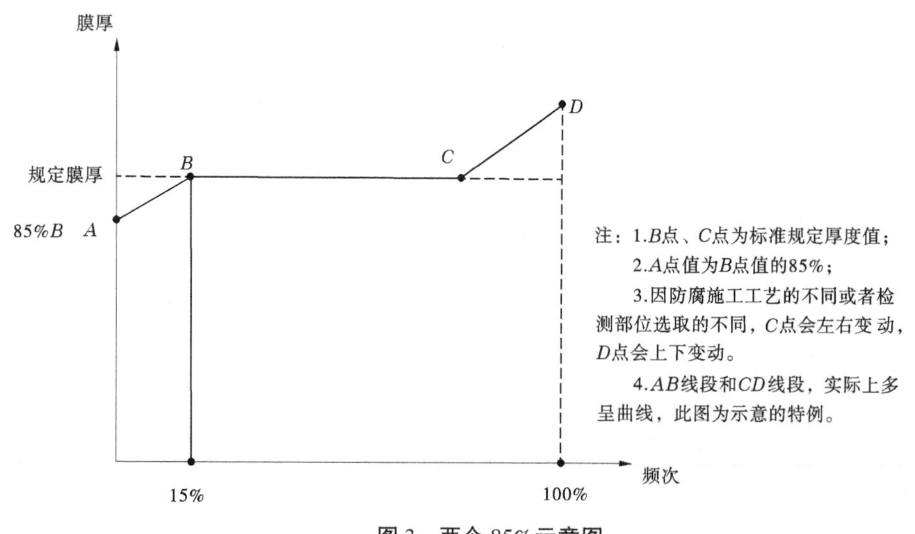

图 3 两个 85%示意图

如果不满足要求，则必须根据具体情况做局部或全面补涂。

另外，受作业环境、产品材质、膜厚要求等因素，还可采用“两个 80%”原则或“两个 90%”原则检测，即 80/20、90/10 原则检验。以海上风电浪溅区厚度检测为例，按“两个 90%”标准复检。

①检测标准及要求。

如图 4 所示，其浪溅区检测主要内容及指标包括：J 形管、导管架等主体结构底漆、中漆、面漆的涂层厚度，包括环氧玻璃鳞片 Penguard Pro GF ＊500、环氧玻璃鳞片 Penguard Pro GF ＊500、聚氨酯 Jota Pur20T＊60 。

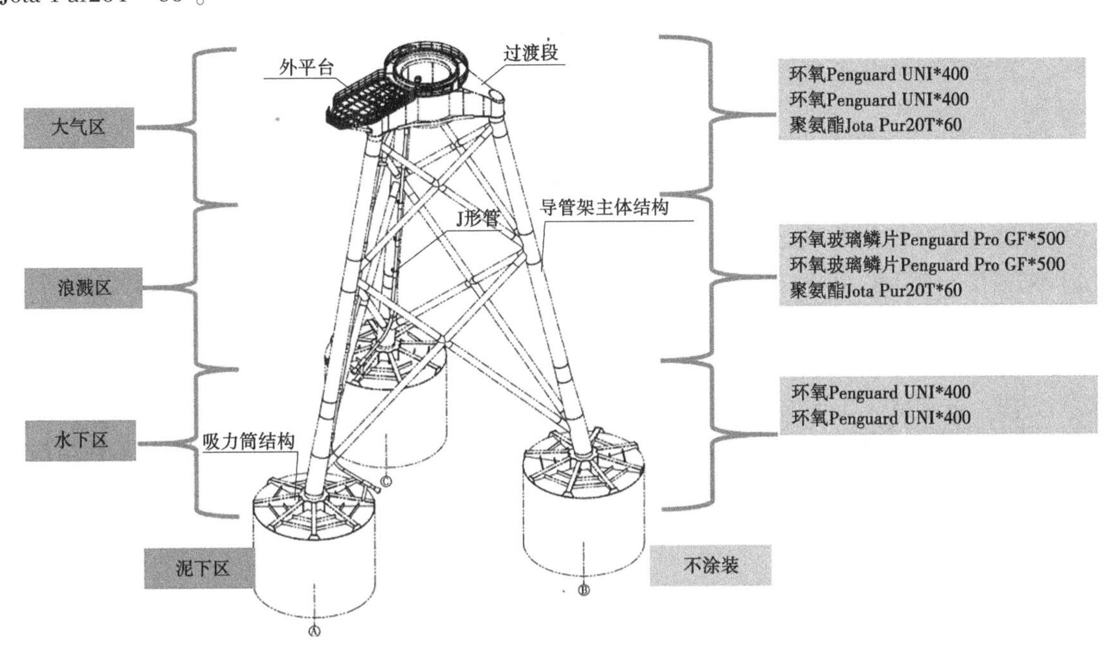

图 4　风机导管架基础总图主体结构油漆配套体系示意图

②数据采集及评定。

涂层总厚度：500+500+60＝1 060（μm）。

按面积计算检测 35 组数据，每组数据按 3 个点算均值，可得：

90%以上的测点测得的膜厚值必须达到或超过规定膜厚值，即 35×90%＝31.5（组），且必须满足 1 060.0 μm。

余下 10%的测点测得的膜厚值不得低于规定膜厚值的 90%，即 35−32＝3（组），最小值必须满足 1 060−1 060×10%＝1 060−106＝954.0（μm）。

判定：35 组数据同时满足上述两个标准，即达到检测要求，涂层厚度评定为合格；反之，涂层厚度不满足要求，检测单位应记录在册，并通知业主和监理单位。

③修补涂装要求。

修补涂装前，根据涂层外观的缺陷程度及涂层厚度是否达到设计要求，制定相应的处理方法和措施。

缺陷程度严重时，建议施以喷砂处理；中等程度时，建议施以轻扫喷砂处理，或以砂轮片打磨处理；缺陷程度轻微时，可用砂轮片打磨或钢丝刷等方法进行处理。

为保持修补漆膜的平整性，缺陷四周漆膜 10～20 cm 的范围内，应进行修整，使漆膜有一定的斜度。

3.5　涂层附着力检测

在涂装施工完成后，应对涂层外观、总厚度及附着力进行检测。附着力是涂膜和与其接触的底材之间附着的程度。影响涂层附着力的因素主要有两方面：一是涂料与底材金属表面的附着力；二是涂层本身的内聚力。

涂层与金属表面的附着力强度越大越好，与涂层本身坚韧致密的淋膜相互作用下，才能更好地防止外界腐蚀因素对金属本体的锈蚀、腐蚀作用，以达到对金属的保护。目前，测试附着力的方法很多，常用来评价涂层在底材上抗剥离的能力的测定方法有 4 种，分别为划格法、划圈法、划叉法、拉开法。

3.5.1 适用范围

（1）实验室检测：划圈法。

（2）现场检测：划格法、划叉法及拉开法。

结合工程建设现场检测工作实际，鉴于划圈法的专业性、局限性，下面重点对现场检测的三种方法进行说明。

3.5.2 检测方法及评定标准

根据相关技术标准要求，涂层厚度≤250 μm 时，用划格法；涂层厚度>250 μm 时，用划叉法。拉开法是定量测定附着力的方法，适于单层或复合涂层与底材间或涂层附着力的定量测定。

（1）划格法。在 150 mm×100 mm 试板基材上选取 3 个不同位置，以直角网格图形切割涂层穿透底材，评定涂层从底材上脱离的抗性。用于现场定性评判单层涂膜或多层涂膜与基底面附着力的大小；也可评定多涂层体系中各道涂层从其他底层涂层脱离的抗性。

检测方法：选定试板或待测产品，采用合适的切割刀具在准备好的试板上，纵横垂直交叉切割 6 条平行切割线（间距由涂层厚度和底材硬度确定）。用黏胶带粘贴涂层切断处（软底材不用黏胶带），用手指尖用力蹭黏胶带，使其紧粘涂层。在贴上黏胶带的 5 min 内，拿住胶带悬空的一端，使其与涂层表面成 60°夹角，在 0.5~1.0 s 内平稳均匀撕离黏胶带，检查切割涂层破坏情况。如图 5 所示。

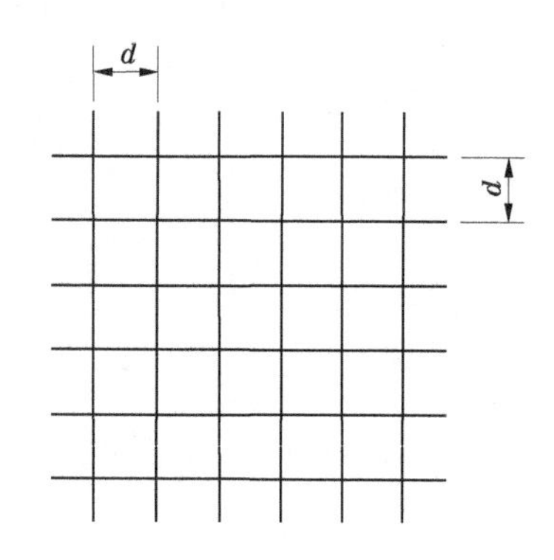

（a）切割部位俯视图(切割间距为d)

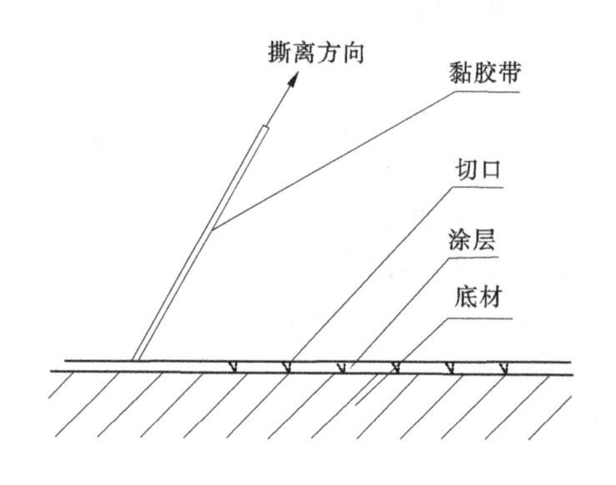

（b）黏胶带从涂层切割部位撕离示意图

图 5 切割及粘贴、撕离示意图

评定方法：通过涂层脱离面积来评定，评定标准分为 0~5 级。0 级完好无损；金属结构防腐蚀涂装 0~1 级为合格。一般用途，达到 0~2 级，则满足标准和使用要求，给予评定通过的结论；前述以外其他等级评定为不合格，须整改后重新检测。如表 7 所示。

（2）划叉法。适用于漆膜厚度大于 250 μm 的涂层，通过在漆膜上划两条切割线，来评定涂层从底材上脱离面积的一种试验方法。

检测方法：在试样上划交叉角度为 30°的“X”切口，到达基体长约 40 mm 的切痕，检查及评价剥下胶带后划叉部位的涂层剥落情况。检测方法和要求同划格法。如图 6 所示。

表 7 划格试验结果分级

分级	说明	发生脱落的十字交叉切割区的表面外观
0	切割边缘完全平滑，无一格脱落	—
1	在切口交叉处有少许涂层脱落，但交叉切割面积受影响不能明显大于 5%	
2	在切口交叉处和/或沿切口边缘有涂层脱落，受影响的交叉切割面积明显大于 5%，但不能明显大于 15%	
3	涂层沿切割边缘部分或全部以大碎片脱落，和/或在格子不同部位上部分或全部剥落，受影响的交叉切割面积明显大于 15%，但不能明显大于 35%	
4	涂层沿切割边缘部分或全部以大碎片脱落，和/或在格子不同部位上部分或全部剥落，受影响的交叉切割面积明显大于 35%，但不能明显大于 65%	
5	剥落程度超过了 4 级	—

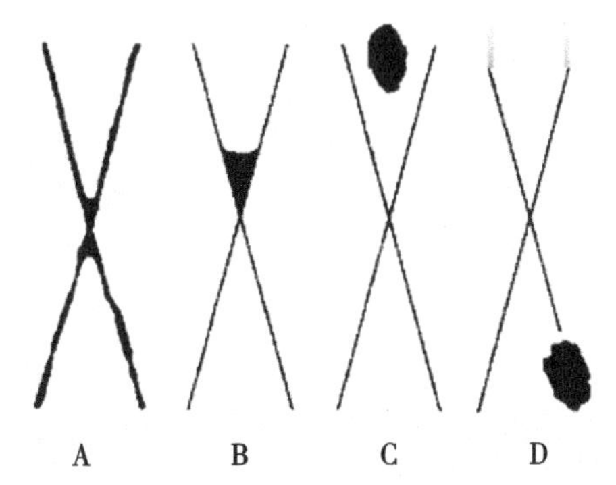

A 表示沿着刀痕均匀掉漆；B 表示在刀痕的交叉处掉漆；
C 表示与刀痕不接触的小片掉漆；D 表示与刀痕接触的小片掉漆。

图 6 涂层脱落形态示意图及说明

评定方法：参考划格法。通常 5A~3A 形态的附着力，评定为合格。前述以外其他等级评定为待定或不合格，整改后重新检测。如表 8 所示。

表 8　划叉试验结果分级

等级	划叉部位的情况	现象
5A	没有脱落或脱皮	
4A	沿刀痕有脱皮或脱落的痕迹；交点处有剥落，划叉部位稍有剥落	
3A	刀痕两边都有缺口状脱落达 1.6 mm；从划叉部位的交点到某一方向的 1.5 mm 以内有剥落	
2A	刀痕两边都有缺口状脱落达 3.2 mm；从划叉部位的交点到某一方向的 3 mm 以内有剥落	
1A	胶带下 X 区域内大部分脱落；在贴胶带的划叉部位大部分有剥落	
0A	脱落面积超过了 X 区域；剥落超出划叉部位	

（3）拉开法。是用胶黏剂将表面涂漆的专用试样在定中心装置上对接干燥后，以规定的速度（10 mm/min），在试样的胶结面上施加垂直、均匀的拉力，以测定涂层间或涂层与底材间附着破坏时所需的力，以 kg/cm^2 表示，是评价附着力的最佳测试方法。

检测方法：在 200 mm×200 mm 的试板基材上，使用胶黏剂胶涂抹于 ϕ 20 铝合金圆柱与涂层表面之间，等胶黏剂完全固化后，用涂层附着力测试仪进行测试。根据使用胶黏剂的类型不同，一般情况下，环氧树脂胶黏剂应在室温下 24 h 后进行测试；快干型氰基丙烯酸酯胶黏剂应在室温下 2 h 后进行测试。检测多用于现场定性评判单层涂膜或多层涂膜与基底面附着力的大小；也可评定多涂层体系中各道涂层从其他底层涂层脱离的抗性。每次测试应不低于 6 个不同位置。

评价方法：待胶黏剂固化后，把试验组合置于拉力试验机进行破坏强度试验，试验应在 90 s 内完成。试验过程中，应观察试柱底部涂层剥落情况，记录测量值。计算所有 6 次测定的平均值，精确到整数，用均值和范围来表示结果。

对每种破坏类型，估计破坏面积的百分数，精确至 10%。

当破坏不一致时，应重复试板的处理和涂漆过程。至少在 6 个试验组合上重复进行系列试验。

例：涂料体系在平均 5 MPa 的拉力下破坏，检查表面第一道涂层的内聚破坏面积平均大约为 20%，第一道涂层与第二道涂层间的附着破坏面积大约为 80%。

可得：5 MPa（4.5~4.9 MPa），20%B，80%B/C。

4 结论

本文从金属结构防腐专业检测的角度，对水电、风电等工程在质量检测中涉及的检测标准、等级划分、检测程序及质量通病问题和处理方法等内容进行说明，供生产制造厂家、施工安装单位及第三方检测单位参考。

（1）专业检测是对金属或其他材料与环境相互作用引起的化学或物理（或机械）化学损害进程的质量管控工作。及时发现问题，预防严重事端发生，掌握金属材料、设备工作的锈蚀、腐蚀速率，从而提升金属制品、设备使用年限和运行寿命，确保工程项目的安全稳定运行和持续发挥经济效益。

（2）选用合适的检测手段，能精准测定金属结构及防腐专业中两个主控项目的工艺质量，严控非合格品投入使用。

（3）通过归纳、总结金属结构防腐专业检测在水电、风电工程的实践经验，梳理现场检测的应用标准、检测程序、等级划分等内容，为制造厂家、施工单位自检、第三方检测单位复检提供工作借鉴，以提高各环节的检测效果和工作效率。

（4）通过梳理金属结构涂装检测中常见质量通病问题的表现形式、产生原因及通病问题防治和处理方法等内容，旨在从质量体系管理源头出发，加强金属材料设备从生产、制造、到投入使用等各阶段质量管控工作，以成本控制和工程造价为出发点，提升产品的生命周期和使用寿命。

参考文献

[1] 唐辉宇．涂装工艺的选择和前处理的重要性［J］．现代涂料和涂装，2006.

[2] 徐全伟．涂装工艺对涂层质量的影响因素［J］．交通部上海船舶运输科学研究所学报，2000.

[3] 周兵．水工金属结构防腐蚀涂装施工质量检测单元划分［J］．中国高新技术企业，2014（29）．

[4] 周兵．水工金属结构防腐施工质量检测方法探讨［J］．华电技术，2014（12）：29-31.

[5] 涂覆涂料前钢材表面处理 表面清洁度的目视评定 第 1 部分：未涂覆过的钢材表面和全面清除原有涂层后的钢材表面的锈蚀等级和处理等级：GB/T 8923. 1—2011［S］．

[6] 色漆和清漆．漆膜厚度的测定：GB/T 13452. 2—2008［S］．

[7] 色漆和清漆 划格试验：GB/T 9286—2021［S］．

[8] 色漆和清漆 拉开法附着力试验：GB/T 5210—2006［S］．

[9] 水工金属结构防腐蚀规范：SL 105—2007［S］．

无人机在混凝土外观质量调查中的应用研究

谭　春[1,2]　范　永[1]

（1. 中水东北勘测设计研究有限责任公司，吉林长春　130061；
2. 水利部寒区工程技术研究中心，吉林长春　130061）

摘　要：为了快速高效地对混凝土外观质量进行调查，本文基于无人机摄影测量技术提出了一种采用无人机摄影来调查混凝土外观质量的方法。采用大疆经纬 M300 RTK 型无人机、禅思 P1 挂载等设备，通过空中三角测量、三维重建等步骤获取了水库溢洪道三维立体模型，在模型中可清晰、准确地对混凝土蜂窝麻面、裂缝、露筋等质量缺陷进行统计，大大提升了对混凝土外观的调查效率。在今后水利工程的混凝土外观调查方面具有较好的应用前景。

关键词：无人机；RTK 定位模块；三维模型；外观质量调查

1　前言

目前，水利工程混凝土外观质量越来越受到行业中各大单位的重视，原因在于混凝土外观质量也是衡量水利工程施工技术水平的一部分，在一定程度上反映了混凝土质量及耐久性，以及施工的技术水平[1]。但就目前水利工程混凝土外观质量而言还存在一定的问题，主要表现在外观色泽不一、蜂窝麻面、孔洞、烂根、缺棱掉角、错台、裂缝、露筋、施工缝夹层等[2]。上述问题轻则影响工程验收进度，重则导致混凝土的耐久性降低，影响工程运行安全。因此，对于水利工程中混凝土的外观质量调查是十分必要的。

传统的混凝土外观质量调查手段通常采用目测、尺量、拍照描述的方式，效率较低且受现场地形影响较大，仅适合一些低矮的混凝土结构。对于一些大型混凝土工程，如大型水利枢纽、大坝面板、水闸、高边坡等，调查效率极低且存在较大的安全风险。因此，本文基于无人机摄影方法[3]，提出了采用无人机进行混凝土外观质量调查的方法。通过无人机摄影、空中三角测量、三维模型重建等，可获取混凝土结构的三维矢量模型，在三维模型中可对混凝土外观质量、结构尺寸等做出准确、高效的统计分析，大大提升了混凝土外观质量调查的效率。

2　无人机摄影测量技术基本原理

2.1　共线方程

共线方程是摄影测量中影像处理的重要依据，根据像点 a、摄影中心 S 及物点 A 的共线关系，建立像物关系模型[4-5]：

$$\begin{cases} x - x_0 = -f\dfrac{a_1(X_A - X_S) + b_1(Y_A - Y_S) + c_1(Z_A - Z_S)}{a_3(X_A - X_S) + b_3(Y_A - Y_S) + c_3(Z_A - Z_S)} \\ y - y_0 = -f\dfrac{a_2(X_A - X_S) + b_2(Y_A - Y_S) + c_2(Z_A - Z_S)}{a_3(X_A - X_S) + b_3(Y_A - Y_S) + c_3(Z_A - Z_S)} \end{cases} \tag{1}$$

式中：像点 a 为物点 A 在影像上的构象，$(x, y, -f)$ 为像点的像空间坐标，(X, Y, Z) 为像点在辅助

作者简介：谭春（1987—），男，高级工程师，主要从事岩土工程及试验检测方面的研究工作。

空间坐标系中的坐标；x_0，y_0，f 为内方位元素；X_S，Y_S，Z_S 为摄影中心的物方空间坐标；X_A，Y_A，Z_A 为对应地面点的物方空间坐标；a_i，b_i，c_i（$i=1$，2，3）为 3 个外方位角元素组成的 9 个方向的余弦。图 1 为共线方程原理示意图。

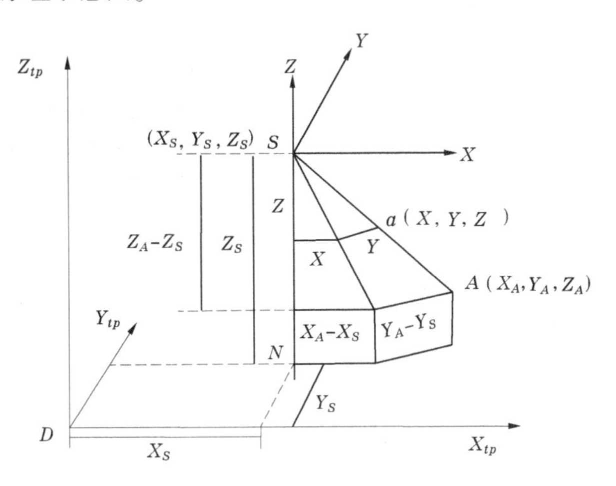

图 1　共线方程原理示意图

2.2　光束法平差

光束法平差是以共线条件方程为基础，以每张影像的光束为基本单元进行平差[6]。通过各光束在空中旋转、平移，实现模型之间公共点的最佳交会，同时将全区域统一到已知的地面控制点坐标系中去[7]。图 2 为光束法平差原理示意图。

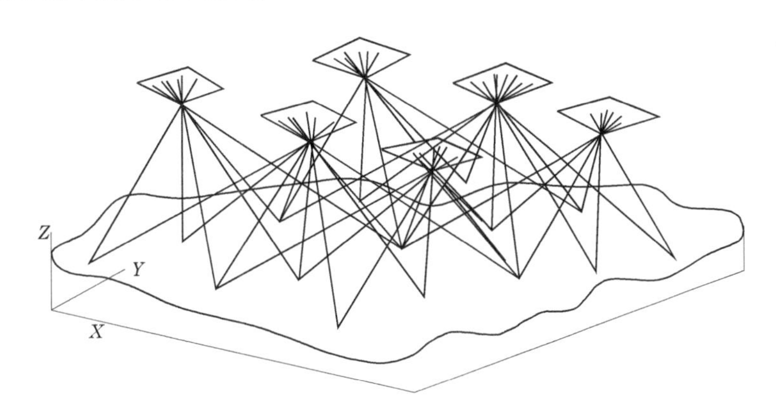

图 2　光束法平差原理示意图

3　工程应用

3.1　仪器设备

本研究使用设备如图 3 和图 4 所示，主要由大疆经纬 M300 RTK 型无人机、禅思 P1 挂载（镜头+云台）、地面控制站构成。M300 RTK 型无人机搭载 RTK 定位模块，可实现一体化、免像控的高效航测，其搭载的 P1 挂载上的镜头具备 4 500 万像素，集成全画幅图像传感器与三轴云台，配备机械全局快门，应用全新 TimeSync 2.0 输出准确曝光中间时刻，结合新一代实时位姿补偿技术，实现精准高效影像捕捉。

检测设备主要技术参数如表 1 和表 2 所示。

图 3　大疆经纬 M300 RTK 型无人机及禅思 P1 挂载

图 4　大疆经纬 M300 RTK 型无人机地面控制站

表 1　大疆经纬 M300 RTK 型无人机主要技术参数

名称	参数	名称	参数
尺寸（展开无桨叶）	810 mm×670 mm×430 mm	RTK 位置精度	1.5 cm+1×10^{-6}D①（垂直） 1 cm+1×10^{-6}D（水平）
重量（空机含电池）	6.3 kg	最大飞行时间	55 min
悬停精度（GPS）	±0.5 m（垂直）、 ±1.5 m（水平）	可承受风速	15 m/s（7 级风）

注：D 为飞行器移动距离。

表 2　禅思 P1 挂载主要技术参数

名称	参数	名称	参数
传感器尺寸	35.9 mm×24 mm（全画幅）	像元大小	4.4 μm
有效像素	4 500 万	焦距	35 mm

3.2　图像采集

无人机在航摄前，应了解作业区地形、地貌、气候条件及机场、重要设施等情况，并根据任务具体情况和《低空数字航空摄影规范》（CH/T 3005—2021）提前做好航摄系统准备、航摄计划，包括设备检校、测区情况了解、摄区范围选定、无人机和航摄荷载型号选定、地面分辨率设计、航摄日期及无人机起降点的确定等。

通过地面站搭载的飞控软件 DJI Pliot 中操作无人机开展航测，针对测区泄洪道地形复杂、RTK 信号弱等特点，决定采用手动控制无人机的方式进行贴近摄影，摄影时保证航向重叠度大于 70%，旁向重叠度大于 60%，无人机与泄洪道表面距离约 3 m，尽量保证无人机与被摄面距离一致，且镜头轴线垂直于被摄面。本次航测共获取航拍影像 1 566 张。

现场拍摄结束后需要进行影像质量检查，剔除效果较差的影像，对于存在阴影、模糊导致裂缝无法识别的区域，进行补拍。

3.3　三维实景模型建立

利用大疆智图建立泄洪道三维模型，首先新建“可见光”工程文件，批量导入无人机影像。之后提交空中三角测量，该步骤是基于中心投影的共线条件方程式解算点坐标，获得影像外方位元素和加密点地面坐标的近似值。空三结束后即可提交三维重建，在此步骤可以选择输出模型的类型、坐标、格式等，本研究选用 CGCS2000 坐标系的三维网格，输出格式为 B3DM。三维重建完成后即可得到三维模型，如图 5 所示，其中绿点即为影像获取位置。

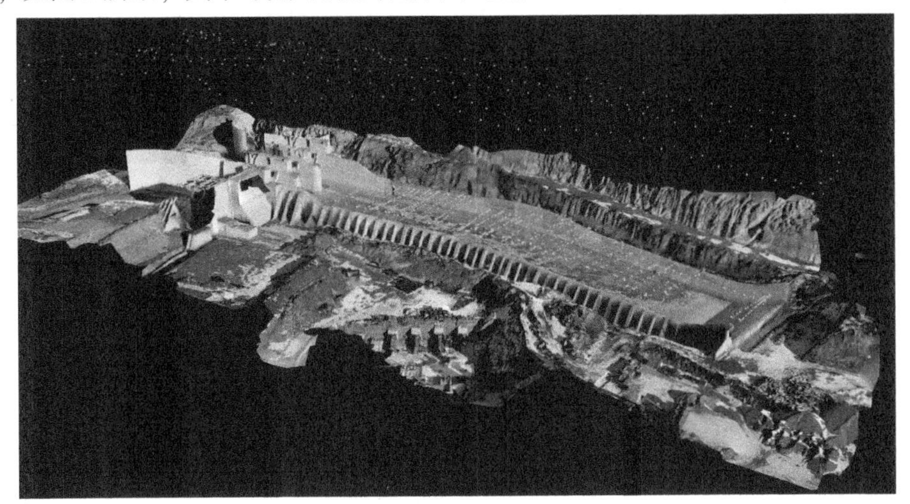

图 5　泄洪道整体模型

3.4　检测结果应用

通过对三维模型进行图像分析，可以清晰地识别出混凝土蜂窝麻面、裂缝、漏筋等外观质量问题，如图 6、图 7 所示。在此基础上，可进行结构尺寸量测、面积圈定，进一步指导实体检测。

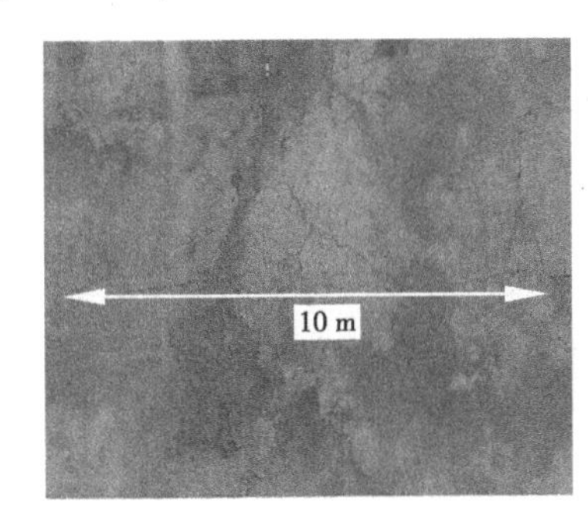

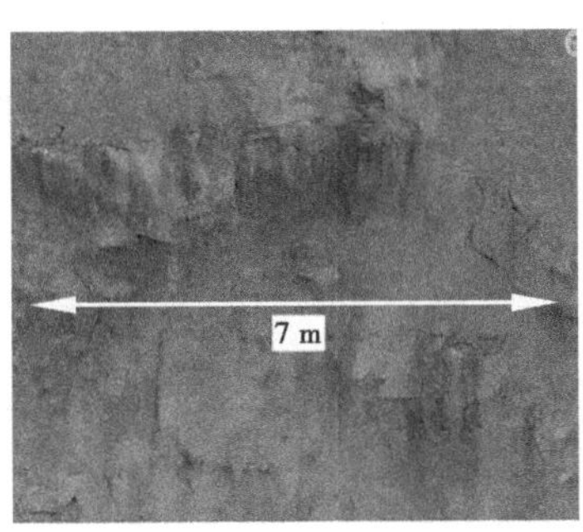

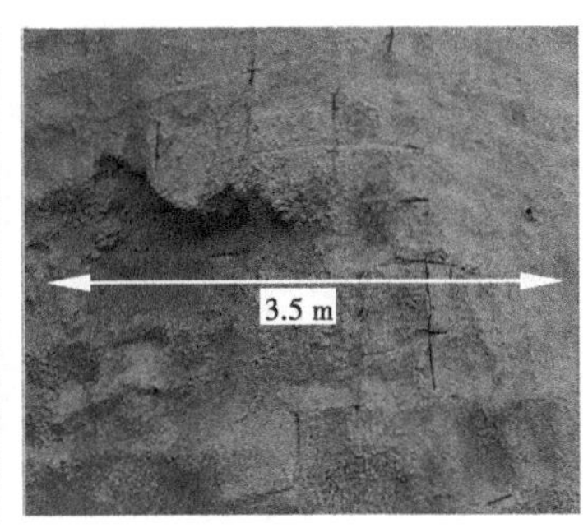

图 6　混凝土裂缝、漏筋等质量缺陷

图 7　结构尺寸测量

4 结论

本文提出了利用无人机进行混凝土外观质量调查的方式，并将其应用于某工程混凝土外观质量调查中，得出以下结论：

（1）利用无人机进行混凝土外观质量调查可大幅度提高工作效率，适用于任何地形地貌，现场调查时间仅是人力调查的 1/10，同时保证了人员的安全。

（2）利用无人机搭载 RTK 定位模块，可实现一体化、免像控的高效航测，精度在±2 cm，满足混凝土外观调查的精度要求。

（3）建立三维实景模型，技术人员可直接通过软件进行混凝土外观质量调查，进而指导下一步的混凝土实体检测工作。

参考文献

[1] 吴贝康，张献，王搅伟. 白鹤滩水电站永久水厂取水塔混凝土外观质量缺陷对策研究［J］. 人民黄河，2022，44（S1）：235-236.
[2] 李国兴，罗涛，魏丙臣. 混凝土外观缺陷产生的原因及处理［J］. 河南水利，2003（6）：36-37.
[3] 冯文灏. 近景摄影测量［M］. 武汉：武汉大学出版社，2002.
[4] 李浩，杜丽丽，贾晓敏，等. 基于数码影像的边坡工程地质编录信息系统［J］. 华南理工大学学报（自然科学版），2008（1）：145-151.
[5] 郭强. 平铜摄影成像测量系统的研究［D］. 武汉：中国科学院武汉岩土力学研究所，2009.
[6] 武汉大学测绘学院测量平差学科组. 误差理论与测量平差基础［M］. 武汉：武汉大学出版社，2003.
[7] 向华林，李秉兴. 单镜头无人机倾斜摄影测量的三维建模及精度评估［J］. 测绘通报，2022（S2）：237-240.

振动台模型试验下的堤基土液化特性研究

朱海波　洪文彬

（中水东北勘测设计研究有限责任公司，吉林长春　130061）

摘　要：砂土地基液化会导致上覆建筑发生变形破坏，给工程带来巨大的财产损失，严重威胁人民生命财产安全。目前，由于地震荷载的不可预测性，人为的施加模拟地震波又难以与实际地震情况吻合，综合考虑国内外目前关于砂土液化的研究现状，振动台模型试验可以较为准确地模拟工程实际中的地基液化情况。因此，本文通过振动台模型试验，对堤防砂土地基砂土液化特性进行研究，对于工程抗液化措施的制定和提出具有十分重要的意义。

关键词：堤基土；振动台；模型试验；液化特性；宏观现象

1　前言

地震是人类最严重的自然灾害之一，大地震往往带来巨大的人员伤亡和财产损失[1-3]。地震引起的地基液化常导致建筑物沉降、倾斜甚至毁灭性破坏，例如：1964 年日本 Ms7.5 级新潟地震[4]，1995 年日本 Ms7.2 级阪神地震[5]，1999 年土耳其 M w7.4 级 Kocaeli 地震[6]，2010—2011 年新西兰 M w5.8~7.1 级 Darfield 地震及 Christchurch 系列余震[7]，我国 1976 年 Ms7.8 级唐山地震[8]，以及 2008 年 Ms8.0 级汶川地震[9]，都发生了大面积的场地液化现象。上述震害经验表明，土壤液化是导致各类工程结构破坏的主要原因之一[10]。因此，对工程区内砂土液化特性进行研究，对于工程抗液化措施的制定和提出具有十分重要的意义[11]。

目前，由于地震荷载的不可预测性，人为的施加模拟地震波又难以与实际地震情况吻合，综合考虑国内外目前关于砂土液化的研究现状，振动台模型试验可以较为准确地模拟工程实际中的地基液化情况。因此，本文采用振动台模型试验方法，对堤基土砂土液化特性进行研究。

2　工程概况

松花江干流堤防肇源段为地震烈度Ⅶ度区，堤防全长 110.3 km，堤防级别为Ⅱ级堤防，设计标准为 50 年，堤高在 2.5~5.5 m，一般 4.0 m 左右，堤坡比 1∶2~1∶3。区内松花江堤防位于高漫滩上，除有少量风积砂岗外，地形较为平缓。堤基地层为第四系松散堆积物，多呈二元结构，上部为低液限黏土，黄色，分布较连续，厚度一般不超过 10.0 m，下部砂性土岩性主要为粉土质细砂和含细粒土细砂，连续分布，厚度大于 30.0 m，在下部砂性土中分布一层灰色低液限黏土，分布不连续，厚度一般不超过 5.0 m。

3　振动台模型试验

为了分析研究区砂土地基在地震作用下的液化情况，采用振动台试验对其液化特性进行模拟。

3.1　试验设备

试验设备包括振动台系统、模型箱、传感器、数据采集仪和计算机控制系统，振动台采用英国

作者简介：朱海波（1986—），男，高级工程师，主要从事水利水电岩土工程研究工作。

SERVOTEST 公司生产的三向六自由度地震模拟振动台，振动台平面尺寸为 3 m×3 m，工作频率为 50 Hz，最大模型重 100 kN，X：±125 mm 为 180 kN，Y：±125 mm 为 180 kN，最大倾覆力矩为 50 t · m，满载加速度为 1.5 g/m^3，适用于大型建筑及复杂结构的缩尺寸模型地震模拟试验。振动台如图 1 所示，主要参数见表 1。

图 1　试验用振动台

表 1　振动台系统主要技术参数

台面尺寸	额定推力	频率范围	额定位移	满载加速度	振动方向	额定荷载	最大倾覆力矩
3 m×3 m	180 kN	50 Hz	125 mm	1.5 g/m^3	水平两方向	100 kN	50 t · m

数据采集系统由传感器、模拟放大器、数据采集仪和计算机组成。数据采集系统基本构成如图 2 所示。

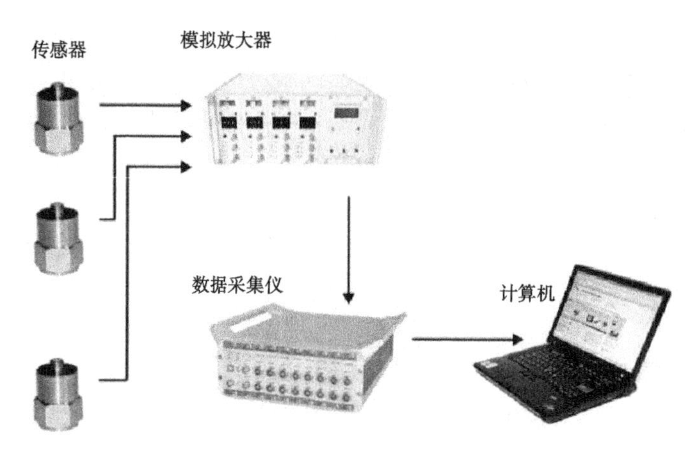

图 2　数据采集系统

考虑到振动台为单向振动台，承载能力有限，经反复比较，本次试验采用自行研制的刚性模型箱。考虑模型尺寸与振动台面尺寸及实际条件，制作了长 2.6 m×宽 1.5 m×高 1.2 m 的模型箱，边界由角钢制成，上部开口，其余边界用钢板封闭，底部用螺栓锚固在振动台面上。为减小刚性模型箱的“边界效应”，更真实地模拟天然地基，经分析比较，在模型箱内壁粘贴 2 cm 厚的泡沫板，以此吸收振动过程中刚性壁产生的反射波，从而模拟土体剪切变形。模型箱如图 3 所示。

3.2　试验方案

根据勘察资料及现场试验条件，设计砂土地基模型试验。在模型箱底部铺设 200 mm 的厚黏土层

图 3　刚性模型箱

作为基层，其上铺设 350 mm 砂土地基作为试验层，并加水至饱和，内设传感器。具体模型构造剖面示意图见图 4，饱和过程见图 5。

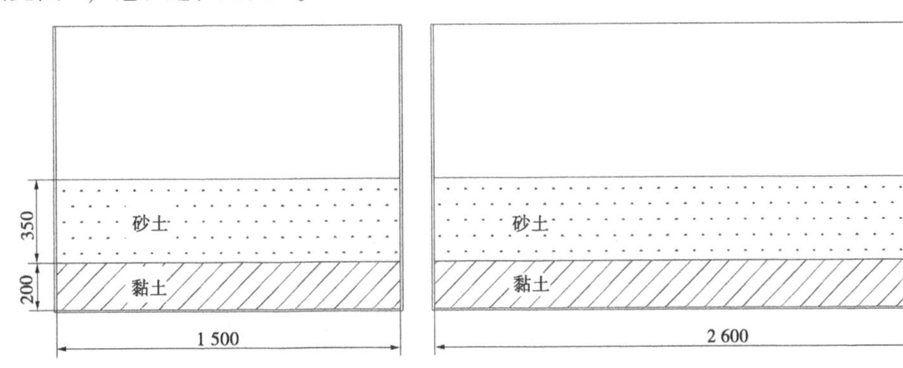

图 4　模型构造剖面示意图

图 5　饱和过程

试验采用汶川波及白噪音两种波形，由于设备本身的限制，振动台的最小加速度只能达到 0. 2g，根据试验实际情况，设计每种波形下加速度为 0. 2g、0. 4g、0. 6g 和 0. 8g，研究在加速度加大的情况下，砂土地基中的孔隙水压力变化、砂土液化的宏观现象、地基的变形规律等，共分 8 种工况，如表 2 所示。

表 2　砂土地基试验工况

白噪声	W1	W2	W3	W4
加速度	0. 2*g*	0. 4*g*	0. 6*g*	0. 8*g*
汶川波	WC1	WC2	WC3	WC4
加速度	0. 2*g*	0. 4*g*	0. 6*g*	0. 8*g*

4　试验结果与分析

4.1　宏观现象

根据试验加载现象显示，对于地震加速度较大的工况，该砂土地基模型地基在振动荷载加载时，模型地基开始发生细微的喷砂冒水现象，随着持续加载，喷砂冒水的范围不断扩大，直至整个模型地基表面全部被水覆盖，砂土地基全部液化。至振动结束，由于冒出的水无法排出，地基表面覆盖大量泥水混合物，并产生大量泡沫，在地震荷载持续作用下，砂土地基内部骨架结构发生改变，相对密实度增加，土体内部孔隙减小，孔隙水压力增大，有效应力降低，当孔隙水压力完全抵消初始有效应力时，引起宏观的喷砂冒水现象，最终砂土地基完全液化。

根据试验记录，在 0. 6*g* 及 0. 8*g* 地震加速度下，砂土地基的液化现象较为明显，0. 2*g* 地震加速度下的试样表面几乎不出现喷水冒砂现象。最明显的为 0. 8*g* 地震加速度下，可见局部冒出水量达 2 cm 深，模型地基沉降 1 cm，如图 6 所示。

图 6　砂土地基喷水冒砂现象

4.2　孔隙水压力随时间变化规律

根据试验结果，绘制了不同加速度下、不同深度处的孔隙水压力随时间变化曲线，以及孔隙水压力比随时间变化曲线，如图 7、图 8 所示。

通过图 7 和图 8 分析超静孔隙水压力以及超静孔压比可以发现，在 0. 2*g* 加速度下，砂土地基未发生液化，0. 4*g* 加速度下，埋深 20 cm 和 30 cm 处的砂土达到液化临界状态，10 cm 处砂土未发生液化，直至 0. 6*g* 加速度后，砂土地基发生液化。埋深 30 cm 处的超静孔压比增长最快，埋深 20 cm 处的超静孔压比紧随其后，而埋深 10 cm 处的超静孔压比增长缓慢，由此可见，砂土地基的液化顺序是由下而上的，在振动荷载的作用下，砂土模型地基结构受到破坏，土体孔隙减小，相对密实度增加，因此孔压增大，水分不断从下往上喷冒而出，中下层土体孔压增长最快，首先发生液化，直至顶层砂土超静孔隙水压突破初始有效应力，砂土地基表面发生喷砂冒水现象，顶层砂土也发生液化，从而整个地基全部液化。

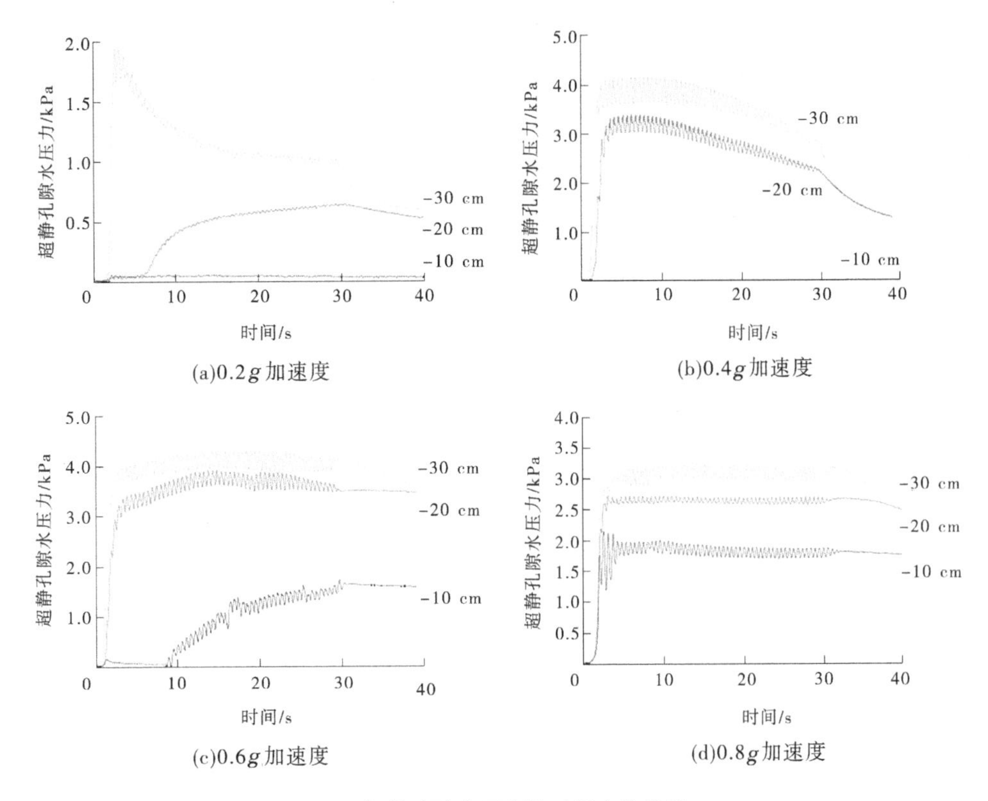

图 7　超静孔隙水压力随时间变化曲线

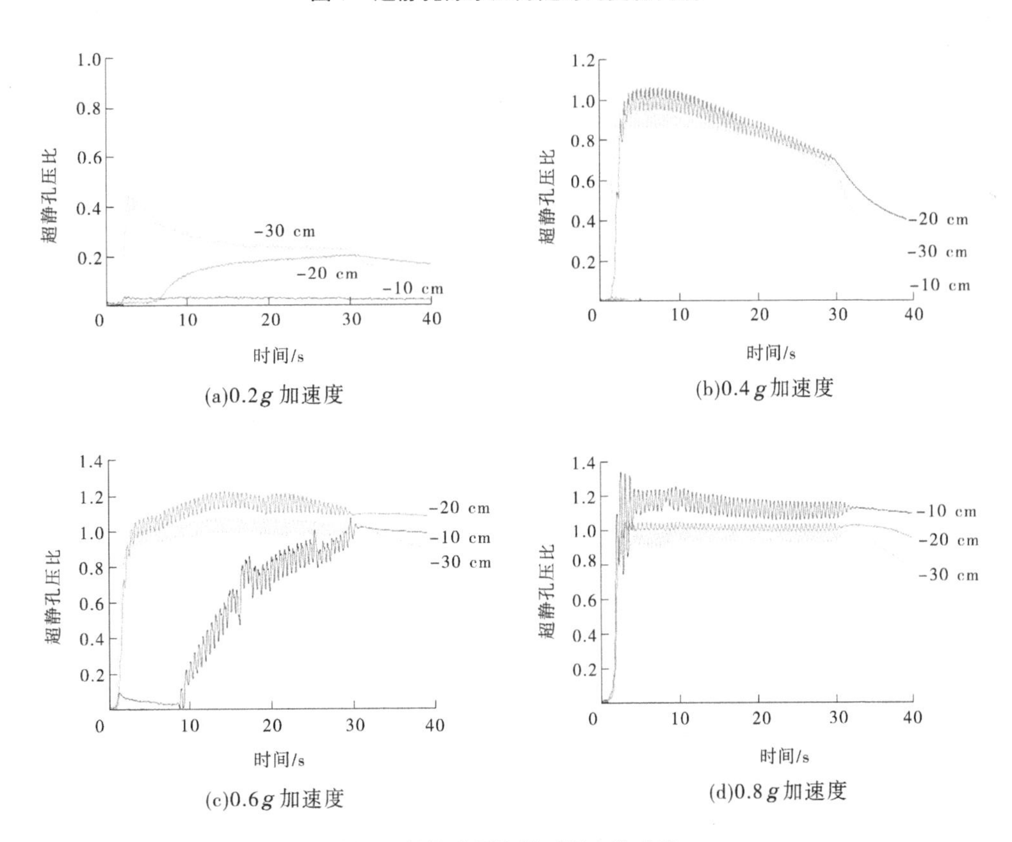

图 8　超静孔压比随时间变化曲线

待振动结束后，埋深 10 cm、20 cm 处砂层的超静孔隙水压力基本保持稳定，但埋深 30 cm 处的超静孔隙水压力有一定幅度的消散，由此说明振动结束后砂土地基中上部砂层首先达到稳定状态。说明在振动结束后，砂土模型地基尚处于不稳定状态，砂土地基的密实度有所增加，埋深越深，其密实度增加越大，故下部土层的孔隙水压力消散得较快。静置后，整个砂土地基的孔隙水压力基本趋于稳定，地基表面依然滞留有大量浑浊的泥水混合物，地基表面沉降 1 cm，液化后的模型地基相对密实度有所增加。

4.3 孔隙水压力随振动加速度变化规律

根据试验结果可知，振动加速度对砂土地基的液化效果及孔隙水压力变化有着直接影响，因此将各加速度下最大孔隙水压力绘制成曲线，如图 9 所示。

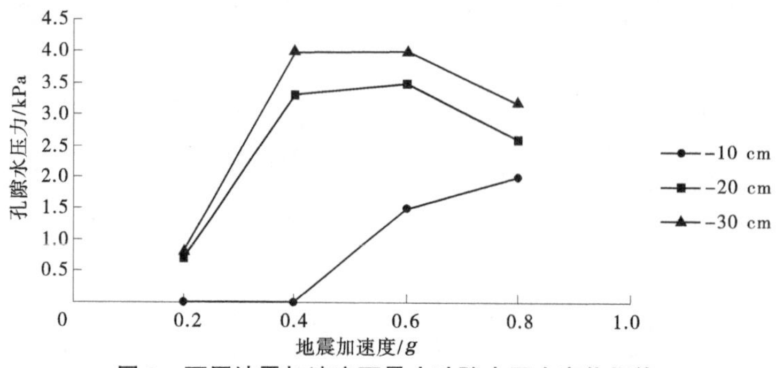

图 9 不同地震加速度下最大孔隙水压力变化规律

从图 9 可以看出，随地震加速度增加，砂土地基中的孔隙水压力整体呈上升趋势，而从现象上观察，液化现象也随地震加速度增加而愈加明显。说明随地震加速度的增加，砂土体积发生液化的程度就越高。但在 0.8g 地震加速度下，埋深 20 cm 和 30 cm 深度土层其孔隙水压力有减小的趋势，也就是说，在深处土层孔隙水压力产生了消散，这是由于在高地震加速下，砂土的液化程度明显后，深部土层的土体由于振动产生了压实作用，土层下沉，水分上冒后使得孔隙水压力上升。从不同深度的数据来看，砂土液化顺序是从下往上进行的，随着振动荷载的持续进行，砂土地基中的孔隙水不断从下往上涌动，中下层的砂土首先发生液化，上层砂土随后发生液化，直至顶层砂土的超静孔隙水压力也克服初始有效应力，地基表面发生喷砂冒水现象，整个砂土地基全部液化。

综上可知，影响振动台模型砂土地基液化失稳的因素包括地震加速度、砂土层埋藏深度、密实度、饱和程度等。

5 结论与展望

5.1 结论

本文通过振动台模型试验得到砂土地基液化特性，进一步明确堤防砂土地基液化过程，总结得到如下结论：

（1）影响振动台模型砂土地基液化失稳的因素包括地震加速度、砂土层埋藏深度、密实度、饱和程度等。

（2）随着地震加速度增加，砂土液化现象愈发明显，孔隙水压力上升，但在 0.8g 地震加速度下，砂土密实后孔隙水压力有所消散。

（3）砂土液化顺序是从下往上进行的，随着振动荷载的持续进行，砂土地基中的孔隙水不断从下往上涌动，中下层的砂土首先发生液化，上层砂土随后发生液化，直至顶层砂土的超静孔隙水压力也克服初始有效应力，地基表面发生喷砂冒水现象，整个砂土模型地基全部液化。液化后的砂土地基出现沉降变形，但密实度相对液化前有所提高。

5.2 展望

振动台模型试验是模拟砂土地基在地震作用下发生液化破坏的有效方法，可以较好地反映在地震荷载作用下，砂土地基液化的全过程及液化特性。但受模型尺寸、边界效应以及地震波的施加等因素影响，室内模型试验的存在一定局限性，试验结果不可避免地与实际情况存在一定偏差，具体影响如下：

（1）模型尺寸影响。

模型试验的尺寸按照截取的原地基进行一定比例的缩尺，尺寸缩小后会导致测试结果与实际结果存在偏差。

（2）边界效应影响。

受刚性模型箱的边界影响，地震波在边界处会产生反射，尽管在试验过程中模型箱采用柔性边界，以尽可能地减小地震波的反射对边界的影响，但随着地震加速度的增大，边界反射对试验结果的影响也随之增大。

（3）地震波的施加影响。

自然条件下的地震波传播较为复杂，而振动台模型试验所施加的震动波较为规律，且无法有效模拟施加压缩波，因此也会对试验结果造成影响。

因此，下一步研究可通过实际调查对振动台模型试验进行验证，对比验证结果，对振动台模型试验加以改进，尽可能减小上述因素对试验结果的影响，为进一步揭示砂土液化破坏机制以及工程抗液化提供更为精确的试验数据。

参考文献

[1] 陈跃庆，吕西林．几次大地震中地基基础震害的启示［J］．工程抗震，2001（2）：8-15.

[2] 王刚，张建民．地震液化问题研究进展［J］．力学进展，2007（4）：575-589.

[3] 张建新，吴恒川，唐伟．振动台试验下砂土液化相关特性的研究综述［J］．四川建材，2019，45（6）：102-104.

[4] 杨凯文，李俊超，王锋，等．饱和砂土坝基液化超重力振动台试验研究［J］．岩土工程学报，2022，44（4）：778-786.

[5] 刘惠珊．桩基震害及原因分析——日本阪神大地震的启示［J］．工程抗震，1999（1）：37-43.

[6] 蔡正银，吴诗阳，武颖利，等．高地震烈度区深厚覆盖砂层液化研究［J］．岩土工程学报，2020，42（3）：405-412.

[7] 陈同之．2011 年新西兰地震液化特征及现有液化判别方法检验［D］．北京：中国地震局工程力学研究所，2014.

[8] 施睿，雷红军，孙亚民，等．地震条件下土石坝液化破坏研究进展［J］．中国水运（下半月），2022，22（9）：122-124.

[9] 梁孟根，梁甜，陈云敏．自由场地液化响应特性的离心机振动台试验［J］．浙江大学学报（工学版），2013，47（10）：1805-1814.

[10] 李雨润，闫志晓，张健．液化场地群桩基础地震反应离心机试验及损伤数值模型研究［J/OL］．岩石力学与工程学报：1-12［2022-09-20］.

[11] 周林禄，苏雷，凌贤长，等．纤维加筋砂土抗液化试验与数值模拟［J］．工程地质学报，2021，29（5）：1567-1576.

水利水电工程小批量混凝土抗压强度质量评定探讨

蔡光年　李海峰　王　勇

（珠江水利委员会珠江水利科学研究院，广东广州　510610）

摘　要： 结合水利水电工程实践，对于水利水电工程小批量混凝土抗压强度的质量评定规程与评定标准要求不一，有时还会出现两种评定结果相反的情况。因此，有必要对不同标准、规程中的混凝土质量评定方法进行探讨，提出小批量水工混凝土抗压强度质量评定方法建议。

关键词： 小批量；混凝土抗压强度；质量评定

1　前言

现行的水利水电工程行业规程、规范、标准对普通混凝土试块试验数据统计方法存在一定差别，特别是对同一标号（或强度等级）混凝土试块 28 d 龄期抗压强度的组数小于 30 组时，广大工程技术人员对标准的理解和掌握存在不同的认识，给工程质量评定、验收工作带来不便。笔者结合某工程实际采集的小批量混凝土检测结果，分别采用《水利水电工程施工质量检验与评定规程》（SL 176—2007）、《水利水电工程单元工程施工质量验收评定标准——混凝土工程》（SL 632—2012）、《水工混凝土施工规范》（SL 677—2014）、《混凝土强度检验评定标准》（GB/T 50107—2010）中的计算方法和结果进行对比分析，从而对小批量水工混凝土抗压强度施工质量评定方法进行探讨，提出一点见解。

2　评定方法对比

2.1　《水利水电工程施工质量检验与评定规程》（SL 176—2007）

C.0.2　同一标号（或强度等级）混凝土试块 28 d 龄期抗压强度的组数 $30>n\geqslant5$ 时，混凝土试块强度应同时满足下列要求[1]：

$$R_n - 0.7S_n > R_{标} \tag{C.0.2-1}$$

$$R_n - 1.60S_n \geqslant 0.83R_{标} \quad (当\ R_{标} \geqslant 20) \tag{C.0.2-2}$$

或

$$\geqslant 0.80R_{标} \quad (当\ R_{标}<20) \tag{C.0.2-3}$$

S_n——n 组试件强度的标准差，MPa，当统计得到的 $S_n<2.0$（或 1.5）MPa 时，应取 $S_n=2.0$ MPa（$R_{标}\geqslant20$ MPa），$S_n=1.5$ MPa（$R_{标}<20$ MPa）；

R_n——n 组试件强度的平均值，MPa；

$R_{标}$——设计 28 d 龄期抗压强度值，MPa。

C.0.3　同一标号（或强度等级）混凝土试块 28 d 龄期抗压强度的组数 $5>n\geqslant2$ 时，混凝土试块强度应同时满足下列要求[1]：

$$\overline{R}_n \geqslant 1.15R_{标} \tag{C.0.3-1}$$

$$R_{min} \geqslant 0.95R_{标} \tag{C.0.3-2}$$

C.0.4　同一标号（或强度等级）混凝土试块 28 d 龄期抗压强度的组数只有 1 组时，混凝土试块

作者简介：蔡光年（1973—），男，高级工程师，从事水利水电、高速公路、铁路工程现场质量管理及试验检测工作。

强度应满足下列要求[2]：

$$R \geqslant 1.15R_{标} \qquad (C.0.4)$$

2.2 《水工混凝土施工规范》(SL 677—2014)

《水工混凝土施工规范》（SL 677—2014）采用混凝土抗压强度保证率和最低抗压强度值来评定混凝土质量，混凝土 m_{fcu} 和标准差 σ 以及强度保证率 P 计算方法根据《混凝土强度检验评定标准》（GB/T 50107—2010）以及《水利水电工程施工质量检验与评定规程》（SL 176—2007）中相关内容编写[1]。混凝土强度的检验评定应以设计龄期抗压强度为准，宜根据不同强度等级（标号）按月评定，质量评定一般以 1 个月为一统计周期，但对于一些零星的工程部位，在 1 个月内统计组数 n 值达不到 30，这种情况可以 3 个月为一统计周期[2]，设计龄期混凝土抗压强度质量标准如表 1 所示。

表 1　设计龄期混凝土抗压强度质量标准[2]

项目		质量标准	
		优良	合格
任何一组试块抗压强度最低不应低于设计值的	$f_{cu,k} \leqslant 20$ MPa	85%	
	$f_{cu,k} > 20$ MPa	90%	
无筋或少筋（配筋率不超过 1%）混凝土强度保证率不低于		85%	80%
钢筋（配筋率超过 1%）混凝土强度保证率不低于		95%	90%

2.3 《水利水电工程单元工程施工质量验收评定标准——混凝土工程》(SL 632—2012)

《水利水电工程单元工程施工质量验收评定标准——混凝土工程》（SL 632—2012）采用混凝土抗压强度保证率 P、最低抗压强度值、标准差三个参数进行评定。硬化混凝土性能质量标准如表 2 所示。

表 2　硬化混凝土性能质量标准[3]

检验项目		质量要求		检验方法	检验数量
		合格	优良		
抗压强度保证率/%	无筋（或少筋）混凝土	$P \geqslant 80$	$P \geqslant 85$	抽样、试验	大体积混凝土：28 d 龄期每 500 m^3 1 组；设计龄期每 1 000 m^3 1 组 非大体积混凝土：28 d 龄期每 100 m^3 1 组；设计龄期每 200 m^3 1 组
	结构混凝土	$P \geqslant 90$	$P \geqslant 95$		
混凝土强度最低值	≤C20	≥0.85 设计龄期强度标准值			
	>C20	≥0.90 设计龄期强度标准值			
抗压强度标准差/MPa	≤C20	≤4.5	≤3.5		
	C20～C35	≤5.0	≤4.0		
	>C35	≤5.5	≤4.5		

2.4 《混凝土强度检验评定标准》(GB 50107—2010)

非统计方法评定："3.0.4 对大批量、连续生产混凝土的强度应按本标准第 5.1 节中规定的统计方法评定。对小批量或零星生产混凝土的强度应按本标准第 5.2 节中规定的非统计方法评定"[4]。

[5.1.3] 当样本容量不少于 10 组时，其强度应同时满足下列要求：

$$m_{fcu} \geqslant f_{cu.k} + \lambda_1 \cdot S_{fcu} \qquad (5.1.3\text{-}1)$$

$$f_{cu.min} \geqslant \lambda_2 \cdot f_{cu.k} \qquad (5.1.3\text{-}2)$$

λ_1、λ_2为合格评定系数，按表 3 取用。

表 3 混凝土强度的合格评定系数

试件组数	10~14	15~19	≥20
λ_1	1.15	1.05	0.95
λ_2	0.90	0.85	

[5.2.1] 当用于评定的样本容量小于 10 组时，应采用非统计方法评定混凝土强度。

[5.2.2] 按非统计方法评定混凝土强度时，其强度应同时符合下列规定：

$$m_{fcu} \geqslant \lambda_3 \cdot f_{cu,k} \tag{5.2.2-1}$$

$$f_{cu,min} \geqslant \lambda_4 \cdot f_{cu,k} \tag{5.2.2-2}$$

λ_3、λ_4 为不合格评定系数，应按表 4 取用。

表 4 混凝土强度的非统计法合格评定系数

混凝土强度等级	<C60	≥C60
λ_3	1.15	1.10
λ_4	0.95	

3 工程实践

某些中小型水利工程，特别是输水工程中分部工程验收时，同一标号（或强度等级）混凝土试块 28 d 龄期抗压强度的组数小于 30 组的情况大量存在，如：某水利工程在 2020 年 1 月至 2022 年 4 月某暗挖隧洞工程混凝土施工中，混凝土抗压强度试件取样 23 组，其中 C35 混凝土 1 组、C30 混凝土 18 组、C25 混凝土 4 组，实测强度结果见表 5，不同质量评定标准要求的评定结果见表 6~表 8。

表 5 混凝土试块实测抗压强度记录

序号	工程部位	强度等级	浇筑方量/m^3	留置数量/组	报告编号	强度值/MPa
1	T1 隧洞锁扣段初衬底板	C25	60	1	G-K2020-01-RJ-059	27.3
2	T1 隧洞锁扣段二衬底板	C30	160	2	G-K2020-01-RJ-060	32.7、32.5
3	T2 隧洞锁扣段初衬底板	C30	75	1	G-K2020-01-RJ-075	26.4
4	T1 输水隧洞 SD0+33.3~SD0+53.3 二衬底板	C30	111	2	G-K2020-01-RJ-086	33.2、34.1
5	T1 输水隧洞 SD0+53.3~SD0+73.3 二衬底板	C30	108	2	G-K2020-01-RJ-093	34.4、34.4
6	T1 输水隧洞 SD0+73.3~SD0+89.5 二衬底板	C30	94	1	G-K2020-01-RJ-100	34.8
7	T1 输水隧洞仰拱底板	C30	50	2	G-K2020-01-RJ-101	32.8、32.4
8	T1 隧洞仰拱底板	C25	4	1	G-K2020-01-RJ-140	28.2
9	T1 导管锁扣段初衬底板	C25	50	1	G-K2020-01-RJ-147	28.4
10	T1 隧洞导洞底板垫层	C25	36	1	ST2020-HNSK-6-23	28.4
11	T1 隧洞导洞缩径段	C30	100	2	ST2020-HNSK-7-1	34.3、33.4
12	T1 输水隧洞导洞导台	C30	168	2	ST2020-HNSK-7-4	32.5、34.4
13	T1 输水隧洞导洞导台	C30	170	2	ST2020-HNSK-7-7	33.7、33.9
14	T1 输水隧洞导洞导台	C30	120	2	ST2020-HNSK-7-8	34.3、35.1
15	T1 输水隧洞 TBM 导台	C35	30	1	ST2020-HNSK-7-9	38.3

表 6 混凝土试块抗压强度统计与质量评定表（30>n≥5）

评定标准	《水工混凝土施工规范》（SL 677—2014）第 11.5.4	《水利水电工程单元工程施工质量验收评定标准——混凝土工程》（SL 632—2012）	《水利水电工程施工质量检验与评定规程》（SL 176—2007）
强度等级/MPa	30	30	30
组数/组	$n=18$	$n=18$	$n=18$
设计强度/MPa	$f_{cu,k}=30.0$	$f_{cu,k}=30.0$	$R_{标}=30.0$
混凝土平均强度/MPa	$m_{fcu}=33.3$	$m_{fcu}=33.8$	$R_n=33.8$
标准差/MPa	σ_0计算值 1.92，取值 2.00	σ_0计算值 1.92，取值 2.00	S_n 计算值 1.92，取值 2.00
最小值/MPa	$f_{cu,min}=26.4$	$f_{cu,min}=26.4$	$R_{min}=26.4$
保证率/%	$P=97$	$P=97$	$P=97$
$R_n-0.7S_n$/MPa	—	—	33.3−0.7×2.0=31.9
$R_n-1.60S_n$/MPa	—	—	33.3−1.60×2.0=30.1
$0.83R_{标}$/MPa	—	—	0.83×30=24.9
$0.9R_{标}$/MPa	27	27	—
评定方法	$F_{cu,min}\geqslant0.9f_{cu,k}$ $P\geqslant90\%$	$F_{cu,min}\geqslant0.9f_{cu,k}$ $P\geqslant90\%$ $\sigma_0\leqslant5.0$ MPa	$R_n-0.7S_n>R_{标}$ $R_n-1.60S_n\geqslant0.83R_{标}$
计算结果及评定结论	最小强度值（26.4 MPa）<设计值（30 MPa）的 90%（27 MPa） 保证率为 97%>90% 不能同时满足以上两个条件， 评定为：不合格	最小强度值（26.4MPa）<设计值（30 MPa）的 90%（27 MPa） 保证率为 97%>90% 抗压强度标准差为 2.0（MPa）≤5.0（MPa） 不能同时满足以上 3 个条件， 评定为：不合格	$R_n-0.7S_n$（31.9 MPa）> $R_{标}$（30.0 MPa） $R_n-1.60S_n$（30.1 MPa） >$0.83R_{标}$（24.9 MPa） 满足以上条件， 评定为：合格

表 7 混凝土试块抗压强度统计与质量评定表（5>n≥2）

评定标准	《水工混凝土施工规范》（SL 677—2014）第 11.5.4	《水利水电工程施工质量检验与评定规程》（SL 176—2007）	《混凝土强度检验评定标准》（GB 50107—2010）
强度等级/MPa	25	25	25
组数 n/组	4	4	4
设计强度 $R_{标}$（$f_{cu,k}$）/MPa	25.0	25.0	25.0
实测平均值 R_n（m_{fcu}）/MPa	28.08	28.08	28.08
标准差 S_n（S_{fcu}）	—	—	—
最小值 $F_{cu,min}$/MPa	27.3	27.3	
$0.90\times f_{cu,k}$/MPa	22.5	22.5	
$0.95\times f_{cu,k}$/MPa	23.75	23.75	
$1.15\times f_{cu,k}$/MPa	—	28.75	
评定方法	$F_{cu,min}\geqslant0.9f_{cu,k}$	$m_{fcu}\geqslant1.15f_{cu,k}$ $F_{cu,min}\geqslant0.95f_{cu,k}$	$m_{fcu}\geqslant1.15f_{cu,k}$ $F_{cu,min}\geqslant0.95f_{cu,k}$
计算结果及评定结论	27.3 MPa>22.5 MPa 满足以上条件 评定结果：合格	28.08 MPa<28.75 MPa（否） 27.3 MPa>23.75 MPa（是） 不能同时满足上式条件 评定结果：不合格	28.08 MPa<28.75 MPa（否） 27.3 MPa>23.75 MPa（是） 不能同时满足上式条件 评定结果：不合格

表 8　混凝土试块抗压强度统计与质量评定表（$n=1$）

评定标准	《水工混凝土施工规范》（SL 677—2014）第 11.5.4	《水利水电工程施工质量检验与评定规程》（SL 176—2007）	《混凝土强度检验评定标准》（GB 50107—2010）
强度等级/MPa	35	35	35
组数 n/组	1	1	1
设计强度 $f_{cu,k}$/MPa	35	35	35
实测平均值 m_{fcu}/MPa	35.1	35.1	35.1
最小值 $F_{cu,min}$/MPa	—	—	35.1
评定方法	$m_{fcu}>0.90f_{cu,k}$（任何一组试块抗压强度最低不应低于设计值的 90%）	$m_{fcu}\geqslant 1.15f_{cu,k}$	$m_{fcu}\geqslant 1.15f_{cu,k}$ $f_{cu,min}\geqslant 0.95f_{cu,k}$
计算结果及评定结论	35.1 MPa>31.59 MPa 满足以上条件 评定结果：合格	35.1 MPa<40.25 MPa 不满足上式条件 评定结果：不合格	35.10 MPa<40.25 MPa（否） 35.1 MPa>33.25 MPa（是） 不同时满足以上 2 个条件 评定结果：不合格

当混凝土试件样本为 $30>n\geqslant 5$ 时，《水工混凝土施工规范》（SL 677—2014）与《水利水电工程单元工程施工质量验收评定标准——混凝土工程》（SL 632—2012）混凝土抗压强度评定结果为“不合格”，但《水利水电工程施工质量检验与评定规程》（SL 176—2007）计算值进行评判结果为“合格”。出现判定结果矛盾。

当混凝土试块强度统计、评定组数（$5>n\geqslant 2$）时，《水工混凝土施工规范》（SL 677—2014）中的判定系数偏小。

只有 1 组强度试件时，《水工混凝土施工规范》（SL 677—2014）要求最低值不小于设计龄期强度标准值的 0.9，GB 50107—2010 要求最低值不小于设计龄期强度标准值的 0.95；两个标准要求不一致。

4　结论及建议

（1）对于小样本组数的混凝土强度的质量评定，《水工混凝土施工规范》（SL 677—2014）、《混凝土强度检验评定标准》（GB 50107—2010）、《水利水电工程施工质量检验与评定规程》（SL 176—2007）要求不一，特别是只有 1 组试块强度的情况下，甚至会出现评定结果截然相反的现象。水利水电工程混凝土试块质量评定应以《水利水电工程施工质量检验与评定规程》（SL 176—2007）为准。

（2）当评定组数（$5>n\geqslant 2$）时，《水工混凝土施工规范》（SL 677—2014）中的判定系数偏小，建议 $F_{cu,min}\geqslant 0.9f_{cu,k}$ 修订为 $F_{cu,min}\geqslant 0.95f_{cu,k}$。

（3）《水利水电工程施工质量检验与评定规程》（SL 176—2007）对于小组数（$30>n\geqslant 5$）混凝土强度质量进行评定时，建议加上最低强度值不应低于标准值 90%的规定。

（4）预拌混凝土厂、预制混凝土构件厂和采用现场集中搅拌的混凝土，应按《混凝土强度检验评定标准》（GB 50107—2010）的统计方法评定混凝土强度。对零星生产预制构件的混凝土或现场搅拌的批量不大的混凝土，可按该标准规定的非统计方法评定。

参考文献

[1] 水利水电工程施工质量检验与评定规程：SL 176—2007 [S]. 北京：中国水利水电出版社，2007.
[2] 水工混凝土施工规范：SL 677—2014 [S]. 北京：中国水利水电出版社，2015.
[3] 水利水电工程单元工程施工质量验收评定标准——混凝土工程：SL 632—2012 [S].
[4] 混凝土强度检验评定标准：GB 50107—2010 [S].

原子荧光法测定水质汞的探究

石敬波

（河北省保定水文勘测研究中心，河北保定　071000）

摘　要：随着我国经济发展、物质条件的提高，人民群众对所居环境要求也逐步提高，为了响应党的十八大报告的生态文明建设，我们加强了对水质汞的测定。用原子荧光法分析水质汞是较为常用的方法，但是原子荧光法的仪器条件很宽泛，本文采用 SL 327. 2—2005 标准[1-3] 要求对各种仪器条件主要是灯电流、光电倍增管副高压的调校探究不同情况下的水质汞分析中曲线斜率、荧光值范围等。

关键词：水质；汞；原子荧光法

水质中汞含量的多少直接决定水质的好坏，能正确地分析测定汞含量对水质分析尤为重要。原子荧光法测定水质汞很方便、高效、快捷，适合较为繁重的水质监测工作。本文采用 SL 327. 2—2005 标准对水质汞分析做了较为详细的介绍，主要研究了不同灯电流、光电倍增管负高压不同条件下的分析曲线、荧光值；对各类使用原子荧光法分析汞采取不同仪器条件（灯电流、光电倍增管负高压）有借鉴作用。

1　材料

1. 1　仪器

原子荧光光度计 AFS-8220、汞高强度空心阴极灯、明澈-D24 纯水系统、千分之一天平、容量瓶、比色管、移液管、其他玻璃量器等。

1. 2　分析原理

汞经过预处理，将各种形态的汞转化成二价汞，加入硼氢化钾与二价汞反应产生原子态汞，用氩气将原子态汞导入原子化器，用汞高强度空心阴极灯作为激发光源，汞原子受激发产生荧光，检测原子荧光强度与汞含量关系计算汞含量。

1. 3　步骤分析

汞标准样品采用生态环境部研发标准样品（GSB 07-1274-2000-102917）先稀释为 0. 010 mg/L 的汞标准使用溶液，汞盲样同样采用生态环境部研发标准样品（GSB 07-3173-2014-202053）并按要求制备，采用 5 %盐酸溶液作为载流溶液；2 g/L 硼氢化钾溶液作为还原剂，其余药品均按标准方法制备。

分别吸取汞标准使用溶液（0. 010 mg/L）0. 0 mL、4. 0 mL、10. 0 mL、20. 0 mL、25. 0 mL 加入 100 mL 容量瓶中，用 5%盐酸溶液稀释并定容。此系列为汞标准系列，浓度分别为 0. 0 μg/L、0. 40 μg/L、1. 00 μg/L、2. 00 μg/L、2. 50 μg/L，放置 15 min 后测定。

设置好仪器参数，汞空心阴极灯激发光波长 253. 7 nm、原子化高度 8 mm、载气流量 400 mL/min、屏蔽气流量 800 mL/min 提前预热半小时以上，分别在不同的灯电流 15 ~ 55 mA、光电倍增管负高压 240 ~ 330 V 条件下测试。

作者简介：石敬波（1988—），男，工程师，主要从事水文、水环境、水生态研究工作。

2 实验结果

2.1 曲线分析

分别在灯电流 20 mA、30 mA、40 mA、50 mA，光电倍增管负高压为-265 V、-280 V、-300 V、-320 V 共计 16 种范围内分析荧光度值与浓度值关系，由实验结果得知，随着灯电流、光电倍增管负高压逐步提高，荧光度值逐步提高，曲线斜率也逐步提高，相关系数均在 0.999 以上，符合实验要求，见表 1~表 4。

表 1　光电倍增管负高压-265 V 数据

灯电流	0	0.10 μg/L	0.40 μg/L	1.00 μg/L	2.00 μg/L	2.50 μg/L	曲线方程	相关系数
20 mA	0	61.30	245.63	640.28	1 299.45	1 658.65	I=661.42C-10.53	0.999 8
30 mA	0	67.56	369.26	1 006.06	2 044.23	2 515.15	I=1 021.14C-20.77	0.999 8
40 mA	0	149.17	555.03	1 383.33	2 633.20	3 400.23	I=1 340.64C+12.85	0.999 7
50 mA	0	159.12	620.11	1 646.97	3 233.94	4 155.25	I=1 654.58C-15.68	0.999 8

表 2　光电倍增管负高压-280 V 数据

灯电流	0	0.10 μg/L	0.40 μg/L	1.00 μg/L	2.00 μg/L	2.50 μg/L	曲线方程	相关系数
20 mA	0	111.64	509.74	1 284.44	2 552.32	3 252.25	I=1 296.01C-10.94	0.999 9
30 mA	0	151.47	655.09	1 773.21	3 540.12	4 400.25	I=1 773.27C-19.91	0.999 9
40 mA	0	210.19	845.93	2 119.82	4 200.62	5 355.12	I=2 128.52C-6.57	0.999 9
50 mA	0	167.73	926.62	2 418.44	4 866.95	6 012.45	I=2 418.44C-32.79	0.999 9

表 3　光电倍增管负高压-300 V 数据

灯电流	0	0.10 μg/L	0.40 μg/L	1.00 μg/L	2.00 μg/L	2.50 μg/L	曲线方程	相关系数
20 mA	0	142.30	829.56	2 103.62	4 295.12	5 398.12	I=2 170.94C-42.82	0.999 9
30 mA	0	179.06	936.64	2 741.23	5 482.55	6 800.25	I=2 760.11C-70.15	0.999 8
40 mA	0	200.12	1 273.12	3 512.33	7 165.23	8 512.32	I=3 503.64C-59.79	0.999 2
50 mA	0	444.91	1 733.16	4 552.81	9 012.85	11 120.23	I=4 474.70C+2.63	0.999 9

表 4　光电倍增管负高压-320 V 数据

灯电流	0	0.10 μg/L	0.40 μg/L	1.00 μg/L	2.00 μg/L	2.50 μg/L	曲线方程	相关系数
20 mA	0	401.77	1 523.33	3 836.45	7 600.29	9 801.25	I=3 879.44C-18.93	0.999 9
30 mA	0	471.31	2 108.42	5 224.21	10 748.24	13 060.53	I=5 285.94C-17.16	0.999 8
40 mA	0	539.42	2 557.27	6 456.61	12 800.15	16 560.23	I=6 572.08C-86.46	0.999 7
50 mA	0	1 367.72	4 471.39	9 143.39	18 023.23	22 557.62	I=8 846.10C+414.44	0.999 5

由实验结果得知，当灯电流、光电倍增管负高压较高时，原子荧光反应较强烈。相关系数均为 0.999 以上，符合国家计量技术规范《测量不确定度评定与标示》（JJF 1059.1—2012）。

2.2 盲样分析

经过曲线分析，之后紧跟汞盲样分析，每条曲线分析汞盲样，以确定实验是否符合《水环境监测规范》，汞盲样同样采用生态环境部研发标准样品（GSB 07-3173-2014-202053），临用前小心打开安剖瓶，用 10 mL 干燥洁净移液管从安剖瓶中准确量取 10 mL 浓样至 250 mL 容量瓶中，用 3 %硝酸稀释定容至刻度，混匀后立即使用。不同灯电流、光电倍增管负高压下，汞盲样均在标准值范围内，见表 5。

表 5　汞盲样测定值

灯电流	-265 V	-280 V	-300 V	-320 V
20 mA	2.13	1.98	1.95	1.92
30 mA	2.05	1.99	2.02	2.12
40 mA	2.06	2.05	2.03	2.05
50 mA	2.11	2.08	2.04	2.11

由实验得知在仪器条件合理情况下，汞分析结果符合《水环境监测规范》（SL 219—2013），平行性、重现性较好。

3 结论分析

使用原子荧光法分析水质汞较为快捷方便、灵敏度高、节省试剂，适合大量水样分析，自动化程度较高，稳定性较好，适合广大水质、环境分析工作者[4-5]。值得注意的是，灯电流增加，原子荧光强度增加；光电倍增管负高压增加，原子荧光强度同样增加。不同灯电流、光电倍增管负高压汞盲样测定值均符合要求且稳定性良好。

（1）分析水质汞时一定要提前预热，最好预热 1 h 以上，可以采取大电流预热，小电流测量，以便电流稳定，减小误差。

（2）灯电流增加，原子荧光度值随之增加，在方法范围内均能准确测量样品；光电倍增管负高压增加，原子荧光值同样也随之增加。读者分析样品时可根据情况选择适合自己仪器条件。

（3）因为汞含量通常比较小，需要多做空白以消除机器误差，确保荧光值稳定。

参考文献

[1] 生活饮用水标准检验方法：GB/T 5750.6—2006［S］．北京：中国标准出版社，2007.

[2] 中华人民共和国国家质量监督检验检疫总局．生活饮用水卫生标准：GB 5749—2006［S］．北京：中国标准出版社，2007.

[3] 水环境监测规范：SL 219—2013［S］．北京：中国水利水电出版社，2013.

[4] 谢勇坚，叶立和．氢化物发生-原子荧光光谱法测定作业场所空气中的汞［J］．中国卫生检验杂志，2002，12（4）：440-441.

[5] 原子荧光法分析方法手册［Z］．北京：北京海光仪器公司，1999.

检验检测机构资质认定复查评审申请材料、流程及要点解析

盛春花　徐　红　霍炜洁　李　琳

（中国水利水电科学研究院，北京　100038）

摘　要：检验检测机构依法取得资质认定后方可从事相关检验检测活动。检验检测行业是高技术服务业，在推动产业升级和提升产品质量、科技水平的进程中发挥着至关重要的作用。截至2021年底，我国获得资质认定的检验检测机构达5万多家，检验检测机构数量持续增长，行业规模不断扩大，需要资质认定管理部门改变管理模式、提高资质认定审批效率。本文结合工作实际，详细介绍检验检测机构资质认定一般程序及告知承诺程序复查评审申请材料、流程、注意事项，让检验检测机构申请复查评审少走弯路，尽快获证。

关键词：检验检测机构；资质认定；复查评审；告知承诺

1　引言

检验检测机构资质认定（CMA）是指市场监督管理部门依据法律、行政法规规定，对向社会出具具有证明作用的数据、结果的检验检测机构的基本条件和技术能力是否符合法定要求实施的评价许可。检验检测机构资质认定（CMA）属于行政许可事项。

截至2021年底，我国获得资质认定的各类检验检测机构共有51 949家，覆盖了建筑工程、能源电力、电工电子、农林牧渔、医药卫生、环境环保、食品安全、采矿冶金、司法鉴定等行业。检验检测机构数量持续增长，行业规模不断扩大，为进一步简政放权、优化检验检测市场营商环境，完善检验检测机构资质认定管理制度，提高检验检测机构资质认定审批效率，依照《国务院关于在全国推开"证照分离"改革的通知》《检验检测机构资质认定管理办法》等相关规定，国家市场监督管理总局制定并发布了《检验检测机构资质认定告知承诺实施办法（试行）》。

自国家认证认可监督管理委员会颁布《国家认证认可事业发展"十二五"规划》以来，检验检测服务业作为高技术服务业备受关注，国家陆续出台了一系列政策，加快检验检测行业的前进步伐，规范检验检测管理。最新的《检验检测机构资质认定管理办法》（总局令第163号2021年4月2日修改）规定："检验检测机构资质认定程序分为一般程序和告知承诺程序。除法律、行政法规或者国务院规定必须采用一般程序或者告知承诺程序的外，检验检测机构可以自主选择资质认定程序。"并在第十一条明确规定了检验检测机构资质认定一般程序的详细内容、流程及时限；采用告知承诺程序实施资质认定的，按照《检验检测机构资质认定告知承诺实施办法（试行）》规定执行。

告知承诺，是指检验检测机构提出资质认定申请，国家市场监督管理总局或者省级市场监督管理部门（以下统称资质认定部门）一次性告知其所需资质认定条件和要求以及相关材料，检验检测机构以书面形式承诺其符合法定条件和技术能力要求，由资质认定部门做出资质认定决定的方式。

下面详细介绍一般程序及告知承诺程序复查评审申请材料、流程、注意事项。

作者简介：盛春花（1968—），女，高级工程师，主要从事检验检测机构资质认定管理工作。

2 一般程序及告知承诺程序复查评审申请材料

选择告知承诺程序复查评审的，检验检测机构应先提交加盖机构公章的《检验检测机构资质认定告知承诺书》，其他申请材料与采用一般程序复查评审申请材料一致。

国家市场监督管理总局的检验检测机构资质认定网上审批系统中明确资质认定复查换证评审方式：告知承诺、文件审查、现场评审。这三种评审方式需要提交的共同材料是：检验检测机构资质认定申请书及附表；典型检测报告；法人证照；固定场所文件；资质认定证书复印件；从事特殊领域检验检测人员资质证明（适用时）；其他证明材料（适用时）；采用告知承诺方式复查评审的，申请前需提交由法定代表人签字、单位盖章的《检验检测机构资质认定告知承诺书》。

2.1 检验检测机构资质认定申请书及附表

检验检测机构资质认定申请书包含检验检测机构概况、申请类型、申请资质认定的专业类别、检验检测机构资源、附表、希望评审时间、检验检测机构自我承诺等。检验检测机构有直接主管部门的，应在申请书概况中明确填写相关信息，封面需要加盖检验检测机构公章和上级主管理部门公章(如果有)。申请书中填写的检验检测机构名称与单位公章名称要完全一致，地址应与提供的产权证书或证明材料上地址一致；检验检测机构自我承诺需要单位法定代表人或被授权人签名。

随申请书提交的附表 1~附表 5 分别是：附表 1 检验检测能力申请表、附表 2 授权签字人汇总表(需本人签名)、附表 2-1 授权签字人基本信息表（需本人签名)、附表 3 组织机构框图、附表 4 检验检测人员表、附表 5 仪器设备（标准物质）配置表。这里需要重点强调附表 1 检验检测能力申请表和附表 5 仪器设备（标准物质）配置表的填报。

附表 1 检验检测能力申请表中“依据的标准（方法）”可以是国家、行业、地方、团体、国际标准等，如果是其他标准方法，应在“说明”中注明，团标需提供先进性证明材料；以产品标准申请检验检测能力的，对于不具备检验检测能力的参数，应在“限制范围”中注明；只能检验检测“产品标准”的非主要参数的，不能以产品标准申请；不含检验检测方法的各类产品标准、限值标准不需列入资质认定的能力范围，但在出具检验检测报告或证书时可作为判定依据直接使用。

多实验场所的检验检测机构，按不同实验场所分别填写附表 1 检验检测能力申请表和附表 5 仪器设备（标准物质）配置表。附表 5 的前 6 列与附表 1 检验检测能力申请表的 3~8 列须一一对应；附表 5 中的仪器设备必须在本机构已经完成的资质认定信息采集“仪器设备信息表”中存在；如果检测参数不需要仪器设备/标准物质，可以不填。

2.2 典型检验检测报告或证书

每个类别检验检测项目需提供 1 份检验检测报告，典型检验检测报告要有代表性，可以是存档报告复印件或扫描件，本认证周期内不对外开展检验检测工作的可以提供模拟报告。

2.3 法人证照

独立法人机构提供企业营业执照或者法人登记/注册证书；非独立法人机构提供所属法人单位法人地位证明文件、检验检测机构设立批文、法人授权文件、最高管理者的任命文件；所有证照均需在有效期内，如果是复印件，均需加盖单位公章。

2.4 固定场所产权/使用权证明

检测检验机构工作场所性质包括自有产权、上级配置、出资方调配、租赁等，不管是哪种性质，均需提供相关的证据，证明工作场所合法且对其具有完全的使用权，如检测检验机构固定场所不动产权属证书、使用权证明材料、租赁协议等，提交的证明材料上地址应与申请书中地址相一致。如果是复印件，要加盖单位公章。

2.5 从事特殊领域检验检测人员资质证明（适用时）

如压力管道压力容器检验、锅炉检验、无损检测等培训上岗证明。

2.6 其他证明材料（适用时）

如申报能力中有团体标准时，提供的团体标准先进性证明。

2.7 《检验检测机构资质认定告知承诺书》

检验检测机构资质认定复查换证评审方式选择“告知承诺”的，需先提交由法定代表人签字、单位盖章的《检验检测机构资质认定告知承诺书》。

3 资质认定复查评审网上申请流程

以国家市场监督管理总局的检验检测机构资质认定网上审批系统为例。

3.1 登录平台，申请资质认定复查评审

登录“检验检测机构资质认定网上审批系统”（网址 http://cma.cnca.cn/cma/），依据系统提示：单一资质认定（CMA）证书获证机构，业务申请使用“单一业务申请”；二合一/三合一资质认定（CMA）证书获证机构，业务申请使用“同步评审申请”。

单击“单一业务申请”或“同步评审申请”下的“复查换证”或“资质认定复查换证”。

3.2 选择评审方式

单击“复查换证新增”，“选择证书”，选定“评审方式”，如果评审方式选择“文件审查”或“现场评审”，则直接单击“下一步”。如果评审方式选择“告知承诺”，则系统自动弹出包含审批依据、申请条件、应当提交的申请材料、告知承诺的办理程序、监督和法律责任、诚信管理等必读材料，下载告知承诺书后，由法定代表人签字并加盖单位公章后上传，做完这一切后才能往下走。

3.3 检验检测机构概况

准备检验检测机构法定代表人、最高管理者、技术负责人、机构资源等材料，进入“检验检测机构概况”界面，完善相关信息，确定希望评审时间后，继续“下一步”。

3.4 人员信息

进入“人员信息”界面，导出模版，按要求完善相关信息，再导入保存，“下一步”。与检验检测工作无关的人员无须列入（如财务、后勤人员）。

3.5 场所

进入“场所（授权签字人、仪器设备、检测能力、仪器设备（标准物质）配置表）”界面，导出“授权签字人汇总表”“仪器设备信息表”“检验检测能力表”“仪器设备（标准物质）配置表”，分别完善后再导入保存，“下一步”。“仪器设备（标准物质）配置表”的前6列一定要与检验检测能力申请表的3~8列一一对应，且仪器设备编号必须在“仪器设备信息表”中存在。

3.6 附件

进入“附件”界面，下载相关电子版，按系统要求签字、盖章后再分别上传。上传文件仅支持pdf或jpg格式，多页材料必须合成为一个文件再上传，且单个文件不能超过100 M；带*是必须“添加附件”，附件1~5、7~8需先下载再“添加附件”，其他直接“添加附件”。

所有材料上传成功后保存、提交，完成机构申请。

4 申请复查换证的注意事项

4.1 申请条件

（1）资质认定证书有效期为6年，需要延续资质认定证书有效期的，应当在其有效期届满3个月前提出申请。

（2）检验检测机构申请延续资质认定证书有效期时，可以选择以告知承诺方式取得相应资质认定，但特殊食品、医疗器械检验检测除外。

（3）选择采用告知承诺程序申请资质认定复查换证的，机构必须符合《中华人民共和国计量法实施细则》第三十条和《检验检测机构资质认定管理办法》第二章规定的条件，并且近2年内没有

因检验检测违法违规行为受到行政处罚。

（4）选择采用告知承诺程序申请资质认定复查换证的，按照市场监管总局有关规定执行，资质认定部门做出许可决定前，申请人有合理理由的，可以撤回告知承诺申请，但告知承诺申请撤回后，申请人再次提出申请的，只能按照一般程序办理。

4.2 事中事后监督

（1）选择以告知承诺方式取得资质认定证书的，资质认定部门在做出资质认定决定后 3 个月内会组织相关评审专家按照最新的《检验检测机构资质认定管理办法》（总局令第 163 号 2021 年 4 月 2 日修改）规定以及《检验检测机构资质认定能力评价 检验检测机构通用要求》（RB/T 214—2017）等，对机构承诺内容是否属实进行现场核查，并做出相应核查判定；对于检验检测项目涉及强制性标准、技术规范的，及时进行现场核查。

（2）市场监管部门在落实“双随机、一公开”监管要求时，对以告知承诺方式取得资质认定的机构承诺的真实性进行重点核查，发现虚假承诺或者承诺严重不实的，撤销相应资质认定事项，予以公布并记入其信用档案。

4.3 惩罚

（1）以欺骗、贿赂等不正当手段取得资质认定的，资质认定部门会依法撤销资质认定。被撤销资质认定的检验检测机构，3 年内不得再次申请资质认定。

（2）检验检测机构申请资质认定时提供虚假材料或者隐瞒有关情况的，资质认定部门不予受理或者不予许可，同时检验检测机构在一年内不得再次申请资质认定。

（3）对于机构做出虚假承诺或者承诺内容严重不实的，由资质认定部门依照《行政许可法》的相关规定撤销资质认定证书或者相应资质认定事项，并予以公布。

被资质认定部门依法撤销资质认定证书或者相应资质认定事项的检验检测机构，其基于本次行政许可取得的利益不受保护，对外出具的相关检验检测报告不具有证明作用，并承担因此引发的相应法律责任。

（4）对于检验检测机构做出虚假承诺或者承诺内容严重不实的，由资质认定部门记入其信用档案，该检验检测机构不再适用告知承诺的资质认定方式。

5 结语

熟悉一般程序及告知承诺程序复查评审申请材料、流程、注意事项，可以让检验检测机构申请复查评审少走弯路；走告知承诺程序申请复查评审能让检验检测机构快速获证，但资质认定部门也加强了对其监管力度，应慎重选择。

参考文献

[1] 中国国家认证认可监督管理委员会．检验检测机构资质认定能力评价 检验检测机构通用要求：RB/T 214—2017.［S］．北京：中国标准出版社，2017.

[2] 邢奇凤．告知承诺新模式下北京市检验检测机构资质认定复评审的要点解析［J］．中国认证认可，2022（7）：56-58.

硫化橡胶压缩永久变形的影响因素

黎杰海[1]　刘广华[1,2]　彭果平[1]

（1. 珠江水利委员会珠江水利科学研究院，广东广州　510610；
2. 水利部珠江河口海岸工程技术研究中心，广东广州　510610）

摘　要：通过不同的试样尺寸大小，在不同试验温度下、相同的压缩率、相同的恢复时间对同一橡胶制品的压缩永久变形进行试验。对试验结果分析表明：硫化橡胶在相对较高温度条件下，压缩永久变形大；试样尺寸小，压缩永久变形大；随着试验时间的增长，压缩永久变形变化不明显，但仍有增大的趋势。由于影响橡胶压缩永久变形的因素众多，对橡胶制品进行压缩永久变形试验时，应根据实际应用，包括橡胶产品的规格、产品的使用环境等去选择合适的试样大小类型开展试验。

关键词：硫化橡胶；压缩永久变形；压缩率；试样类型

1　引言

橡胶在压缩状态下，会发生物理和化学变化，当压缩力消失后，这些变化阻止橡胶恢复到其原来的状态，于是就产生了压缩永久变形。压缩永久变形的大小，取决于压缩作用的温度和时间，以及恢复高度时的温度和时间。在高温下，化学变化是导致橡胶发生压缩永久变形的主要原因[1]。压缩永久变形是橡胶制品其中的一个指标，与橡胶制品密封性能有着紧密的联系。压缩永久变形结果值越小，表明橡胶回弹性能越好，即密封性能越好。橡胶制品应根据具体使用环境和介质等的不同选择合适的橡胶种类，例如氟硅橡胶有较好的耐油性，可用于油缸中的密封材料[2]。本文主要针对硫化橡胶材料的试样尺寸对压缩永久变形结果的影响进行分析探讨。

《硫化橡胶或热塑性橡胶 压缩永久变形的测定 第1部分在常温及高温条件下》（GB T 7759. 1—2015）有两种类型，分别为A型：试样直径为（29. 0±0. 5）mm，高度为（12. 5±0. 5）mm的圆柱体；B型：试样直径为（13. 0±0. 5）mm，高度为（6. 3±0. 3）mm的圆柱体[1]。由于试验过程诸多因素对试验结果造成影响，现对试样尺寸对硫化橡胶压缩永久变形进行相关试验分析，作图分析不同试样尺寸对压缩永久变形的影响。

2　试验方法

2.1　试验制备

按照《硫化橡胶或热塑性橡胶 压缩永久变形的测定 第1部分 在常温及高温条件下》（GB T 7759. 1—2015）中A型和B型的要求制作试样，每种类型制取试样30个，试样具体信息见表1。

表1　试样信息

类型	试样尺寸及种类	编号	数量/个
A型	圆柱体：Φ 29. 0 mm×12. 5 mm；三元乙丙橡胶	1~30	30
B型	圆柱体：Φ 13. 0 mm×6. 3 mm；三元乙丙橡胶	31~60	30

注：由于硫化橡胶种类众多，本文选取三元乙丙橡胶作为研究对象。

作者简介：黎杰海（1991—），男，工程师，主要从事水工新材料及新技术研究和水利工程质量检测工作。

2.2 试验设备

采用高低温交变湿热养护箱和换气式老化试验箱进行试验温度的控制，高低温交变湿热养护箱温度控制范围为-40~150 ℃，精度 0.5 ℃，换气式老化试验箱温度控制范围为室温 0~25 ℃，精度 0.5 ℃。采用防水卷材厚度仪测量试样的高度，防水卷材厚度仪测量范围为 0~20 mm，测量精度为 0.01 mm。

2.3 试验方法

选用 23 ℃和 70 ℃为试验温度，试验时间选用 24 h、48 h、72 h、96 h、168 h，压缩率均采用 25%，达到规定时间立即松开试样，取出试样，使其在 23 ℃环境下在木板上恢复 30 min，然后测试试样高度。

按照 GB T 7759.1—2015 的方法分别对 A 型和 B 型试样进行压缩永久变形试验并计算结果，压缩永久变形 C 按下式计算：

$$C = \frac{h_0 - h_1}{h_0 - h_s} \times 100\%$$

式中：h_0 为试样初始高度，mm；h_1 为试样恢复后的高度，mm；h_s 为限制器高度，mm。计算结果精确到 1%。

3 试验结果与讨论

3.1 试验温度及压缩永久变形结果

试验温度、试验时间及压缩永久变形试验结果见表 2 和表 3。

表 2 试验温度、试验时间及压缩永久变形试验结果值（一）

试样类型	试验温度 23 ℃，压缩永久变形/%				
	24 h	48 h	72 h	96 h	168 h
A 型	5	8	14	17	19
B 型	8	12	18	22	24

表 3 试验温度、试验时间及压缩永久变形试验结果值（二）

试样类型	试验温度 70 ℃，压缩永久变形/%				
	24 h	48 h	72 h	96 h	168 h
A 型	9	13	17	19	21
B 型	17	21	24	26	29

3.2 试验结果分析

根据试验结果得曲线图 1 和图 2。

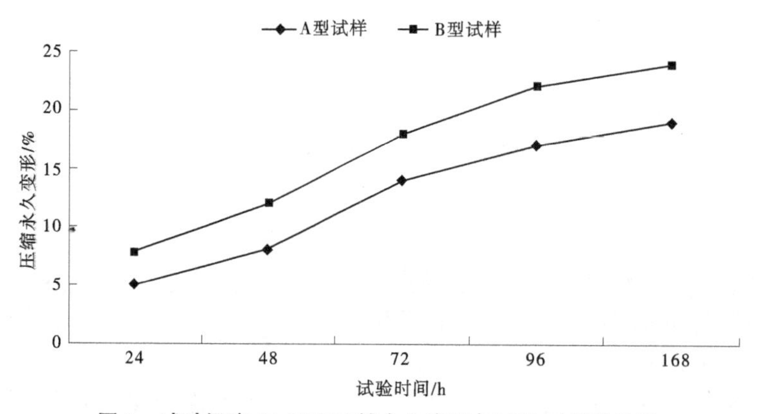

图 1 试验温度 23 ℃下压缩永久变形与试验时间的关系

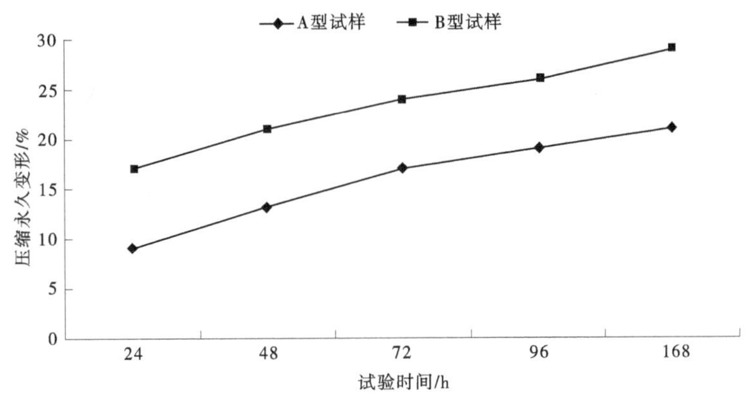

图 2　试验温度 70 ℃下压缩永久变形与试验时间的关系

分析表 2、表 3、图 1、图 2 可知，无论试样形状大小不一，23 ℃试验温度的压缩永久变形比 70 ℃试验温度的压缩永久变形小，说明硫化橡胶在高温条件下，橡胶内部分子发生化学变化，导致压缩永久变形增大。

在相同温度下，试样类型 A 的压缩永久变形比试样类型 B 的压缩永久变形小，说明试样尺寸越小，压缩永久变形越大，原因是试样截面直径小，试样受压程度大，橡胶恢复形变的能力就减少，压缩永久变形就大。

由图 1 和图 2 中可以看出，在不同温度下，随着试验时间的增长，压缩永久变形变化不明显，但仍有增大的趋势。

4　结论及建议

（1）由上述分析结果得出，影响橡胶压缩永久变形的因素众多，不应简单地遵循国家标准的要求选取试验所需试样的大小，应根据实际应用，包括橡胶产品的规格、产品的使用环境等去选择合适的试样大小类型开展试验对产品进行性能评价。

（2）在密封性能要求严格时，应选用厚度和宽度更大的产品作为密封配件，特别在高温环境下使用的密封橡胶，更应该采用加厚、加宽的橡胶制品。

参考文献

［1］中华人民共和国国家质量监督检验检疫总局．硫化橡胶或热塑性橡胶 压缩永久变形的测定 第 1 部分 在常温及高温条件下：GB T 7759. 1—2015［S］．

［2］崔俞，冯圣玉，杜华太，等．橡胶压缩永久变形性能影响因素分析及研究［J］．航天制造技术，2014（3）：6-9.

深埋输水隧洞盾构管片壁后注浆体质量的无损检测技术及应用

李建军　李　伟　吴光军　李海峰　李伟挺

（珠江水利委员会珠江水利科学研究院，广东广州　510610）

摘　要：本文以探测盾构注浆体质量的无损检测为目标，分别采用探地雷达法和冲击回波法在管片表面和内衬混凝土表面进行注浆体质量检测，通过解析雷达波、冲击回波频谱图、等值线图等，分析了两种方法的探测效果及适用性。结果显示：探地雷达法用于探测壁厚注浆体理论可行，但受密布钢筋的信号屏蔽作用影响，需由专业技术扎实、探测经验丰富的人员进行探测和分析；由于管片与注浆体间存在较大的声阻抗逆差，大部分波信号在管片底部即被反射，无法对注浆体进行探测，但是由于受钢筋影响小，可用于探测内衬混凝土内部一定尺寸缺陷的位置和结构厚度。

关键词：盾构施工；壁后注浆；探地雷达；冲击回波

1　前言

盾构法具有机械自动化程度高、受气候因素影响小、对地面的扰动作用低等优势，长期广泛运用于城市地铁隧洞的开挖建设中[1]。近年来，随着盾构施工工艺日益成熟和国内一批大型调、配水资源工程上马，该工艺在水利工程建设施工中也得到了应用。如南水北调配套工程[2]、珠江三角洲水资源配置工程[3]、环北部湾广东水资源配置工程等就采用了盾构法进行施工。未来，盾构法施工工艺将在水利水电工程，尤其是输水隧洞工程的建设中扮演重要角色。盾构施工法是采用盾构机施工，施工过程包括前部开挖推进、管片拼装、再推进、再拼装，往复循环[4]。盾构隧洞模型如图1所示。由于盾构机外径大于拼装管片外径，因此在拼装完成后必须对管片与围岩间空隙及时进行同步注浆充填，使围岩及时获得支撑[5]。但是，在实际建设施工过程中，常常由于注浆不够、注浆不均匀、围岩渗流、地质软弱等，造成充填体不密实、有空腔，以及有泥水混入的软弱部位等，给工程安全带来巨大安全隐患[6]。因此，对管片后的注浆体质量进行全面、细致、精准的质量评价，是保障施工质量和维护工程安全的关键[1]。

目前，对于城市交通隧洞盾构法施工管片壁后注浆体的质量评价主要有钻芯法、探地雷达法、以及冲击回波法等[4]。其中，钻芯法是按一定比例在盾构管片上随机布点，通过钻取管片后灌浆体芯样，分析芯样表面状态和孔内影像等资料，评价管片壁后注浆体质量，考虑到水利工程隧洞的输水功能需求，钻芯取样这种具有结构破坏性的方法并不适用，且检测取样具有位置随机性和数量局限性，仅能对单点或局部的注浆质量进行分析，代表性有限[7]。因此，本文分别采用探地雷达法和冲击回波法两种无损检测手段对某深埋输水隧洞工程的某区间管片壁后注浆体质量进行评价，通过将测试结果进行对比分析，归纳总结了两种无损检测方法的适用范围及其在深埋输水隧洞盾构管片壁后注浆体质量检测评价中的注意事项，为盾构管片壁后注浆体质量评价提供参考。

作者简介：李建军（1984—），男，主要从事水利工程质量检测工作。

通信作者：吴光军（1991—），男，硕士研究生，主要从事水利工程质量检测技术研究及应用。

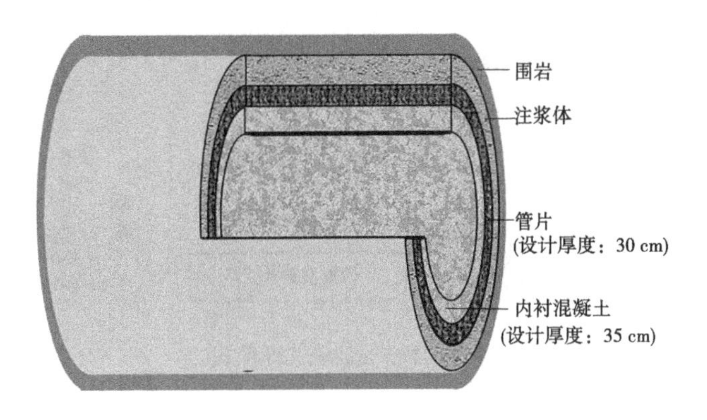

图 1　盾构隧洞模型

2　试验原理

2.1　探地雷达法

地质雷达法是一种利用高频或特高频波段电磁波在遇到不同介电常数物质界面后会发生反射，并向探地雷达发送电磁信号，通过电磁信号频率、相位、强度、时长等分析目标体状态的方法[8]。探地雷达工作原理如图 2 所示。电磁波在不同介质中传播时，遇到不同电性介质的分界面时会产生反射，接收到的时域信号也会随即发生相应变化，因此可根据回波的双程走时、强度、相位等信息解析分界面位置[9]。从图 2 中可以看出，目标体上界面深度可根据传播时间、传播速度等按下式计算得出[10]：

$$r = ct/(2 \times \sqrt{\varepsilon_r})$$

式中：r 为界面深度；c 为处于真空时的光速；t 为传播时间；ε_r 为介电常数；c/ε_r 为传播速度。

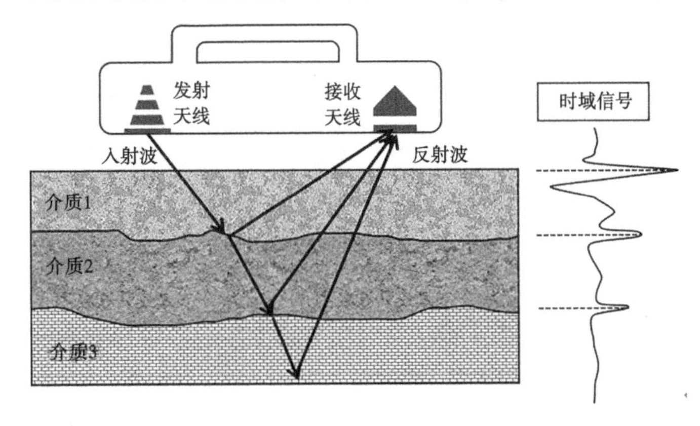

图 2　探地雷达工作原理

借助探地雷达在管片表面进行连续扫描，通过解析雷达发送的电磁波反射信号响应规律，可判断出各层结构的界面分布及密实度状态，实现对盾构壁厚注浆体质量的评价。

2.2　冲击回波法

冲击回波法是利用小球或小锤轻敲混凝土表面产生瞬时弹性应力波，通过解析接收波频谱曲线获取反射时间，再结合现场标定波速，实现目标物厚度、脱空和缺陷测定的方法[11]。冲击回波法工作原理如图 3 所示。机械冲击产生纵波在结构内部传播时，当遇到声阻抗有明显差异的分界面时，会发生反射、绕射和折射现象，即当应力波在遇到缺陷时，应力波需要绕过缺陷才能被底部边界反射回到接收器，表现为传播路径、传播时间的增加或减少[12]。因此，通过解析信号频谱曲线（FFT 或 MEM）获取反射时间，再结合标定获取的应力波速及结构物厚度等物理量，对结构内部是否存在缺陷进行分析和评判。

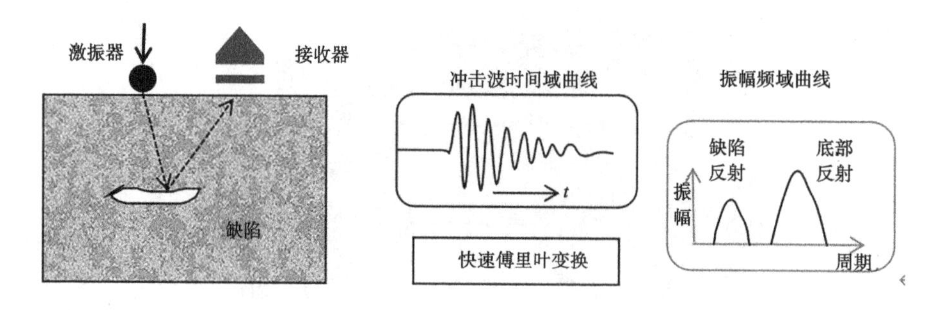

图 3 冲击回波法工作原理

3 试验描述

3.1 检测仪器设备

探地雷达：本文使用的仪器是中电科（青岛）电波技术有限公司生产的 LTD-2600 型探地雷达，采用的工作频率为 900 MHz，该仪器具有分辨率高、支持大量数据存储、高密度连续探测及实时显示波形图等优势。相关仪器设备见图 4。

冲击回波：本文使用的仪器是 Olson 公司生产的扫描式冲击回波测试系统，相关仪器设备见图 4。

(a)探地雷达

(b)冲击回波测试系统

图 4 试验检测仪器设备

3.2 测线布置及试验参数

由于现场正在进行内衬混凝土施工，所以分别在该施工区间的管片表面和内衬混凝土表面布设 1 条测线，采用探地雷达扫描仪沿测线进行连续探测，采用冲击回波测试仪沿测线间隔 0.20 m 布设 1 个测点进行试验。相关试验参数设置如表 1 所示。

表 1 试验参数设置

试验方法	采集方式	采样点数	增益方式	天线频率/MHz	介电常数/(PF/cm)	波速/(km/s)
探地雷达法	连续采集	扫描线	指数增益	900	8	0.10×10^{6}
冲击回波法	单点采集	每 0.20 m 采集 1 次	—	—	—	3.6

4 结果分析

4.1 探地雷达法检测结果

借助检测系统自带的数字滤波、背景消除、自动补充调节增益的功能模块，对采集信号进行干扰波滤除，并利用调色板功能赋予反射波信息颜色，突显目标体结构内部状态。通过分析相位、振幅、波形特征的变化响应，得到响应雷达探测剖面图。探测结果如图 5 所示。

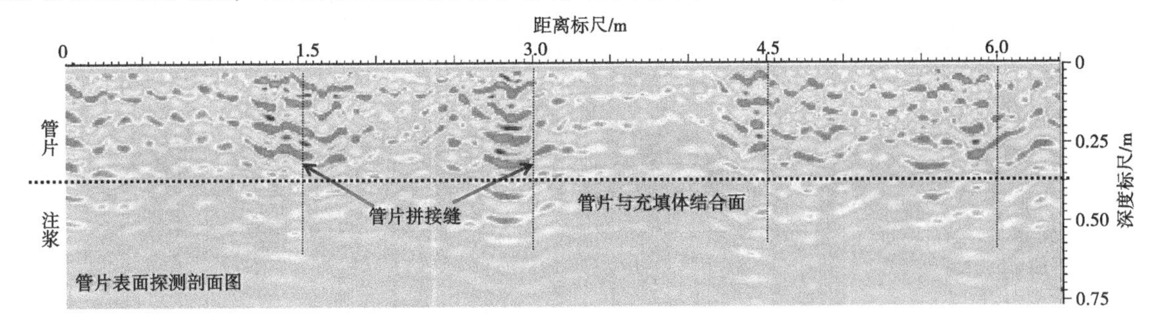

图 5　盾构管片表面探测雷达波形

图 5 的雷达剖面波形显示，采用探地雷达直接在管片表面进行探测时，在 1. 5 m、3. 0 m、4. 5 m 等位置产生了强烈的反射响应。这是由于管片宽度为 1. 5 m，且在拼装接缝处存在空隙，管片尺寸及拼装如图 6 所示。在雷达电波信号靠近接缝处时，电磁波从混凝土进入空气，由于物体介电常数发生改变，在接缝处混凝土表面发生反射在波形图上表现出强烈的反射响应，这种干扰响应在靠近接缝处最明显。因此，探地雷达法无法对管片接缝处下部混凝土及注浆体质量进行评价。

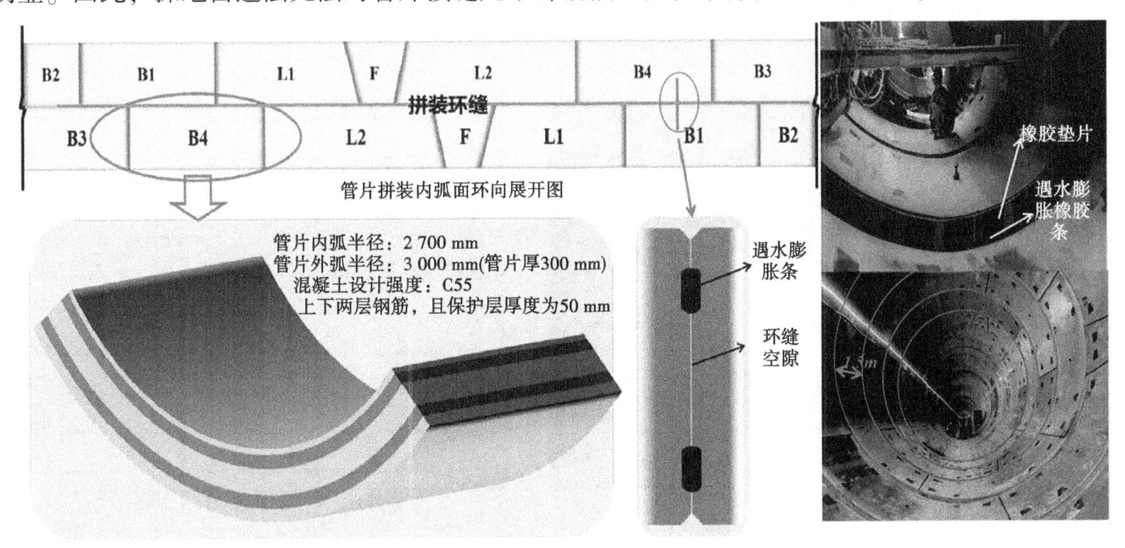

图 6　管片尺寸及拼装

此外，由于管片中分布着高度密集的钢筋层，对雷达天线发出的电磁波具有很强的干扰作用，大部分电磁波在钢筋层处发生反射将信息反馈给接收器，且密集的钢筋层具有屏蔽电磁信号的作用[9]，导致实际可用于探测钢筋层以下部位的电磁波信号减弱，仅有少量由缺陷和底部界面反射的电磁波信号能被接收，难以在雷达图像上进行显示。如图 5 所示，在管片中间部位，虽然没有接缝信号干扰，但接收到的缺陷和底部界面反射的电磁波信号较弱，难以对下部结构的密实状态做出有效判断。

采用探地雷达在内衬混凝土表面进行测量时，较管片混凝土，内衬混凝土内部钢筋分布较分散，对电磁信号的屏蔽削减作用降低。从图 7 的雷达图像中可以清晰看到内衬混凝土、管片、注浆层间的反射界面，且反射信号波形均匀，无错层、错断现象，总体上能够反映出结构内部缺陷位置，但无法实现缺陷大小和形状的定量评价。

4. 2　冲击回波法检测结果

现场在设计厚度为 30 cm 的盾构管片表面进行测试，首先利用直径为 12. 5 mm 的冲击锤在沿线上距离接收器 10 cm 处进行敲击测试，检测结果如图 8 所示。从图 8 中可以看出，在深度为 0. 30 m 附近有较明显的连续反射界面，从表 2 中可以看出，显示的反射界面为管片与充填注浆体结合面。楚泽

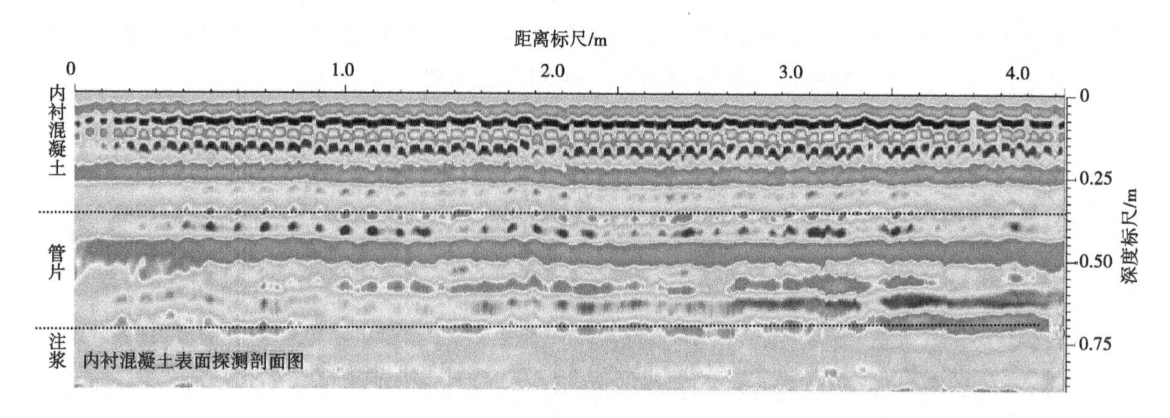

图 7　内衬混凝土表面探测雷达波形

涵等[13] 的研究证明了在水泥胶凝体系中，结构抗压强度与声阻抗、声波速度等呈正相关，即强度越高声阻抗越大。管片混凝土强度等级为 C55，注浆体为强度等级为 M2.5 的砂浆。因此，当弹性波从混凝土进入砂浆体时，由于两者间存在较强的声阻抗逆差，故而在截面处形成强烈的反射。由于界面明显且连续，所以能以绕射和折射进入注浆体的信号有限。根据现场资料查验，注浆层厚度在 0.15~0.30 m，因此注浆体与围岩界面深度应在 0.45~0.6 m 范围内，但该区间内的等值线图并无反射界面显示，说明冲击回波信号仅有少量进入注浆体，无法在等值线图或频谱图中看到注浆体中的反射界面，因此冲击回波法无法检出管片后注浆体及围岩的缺陷。

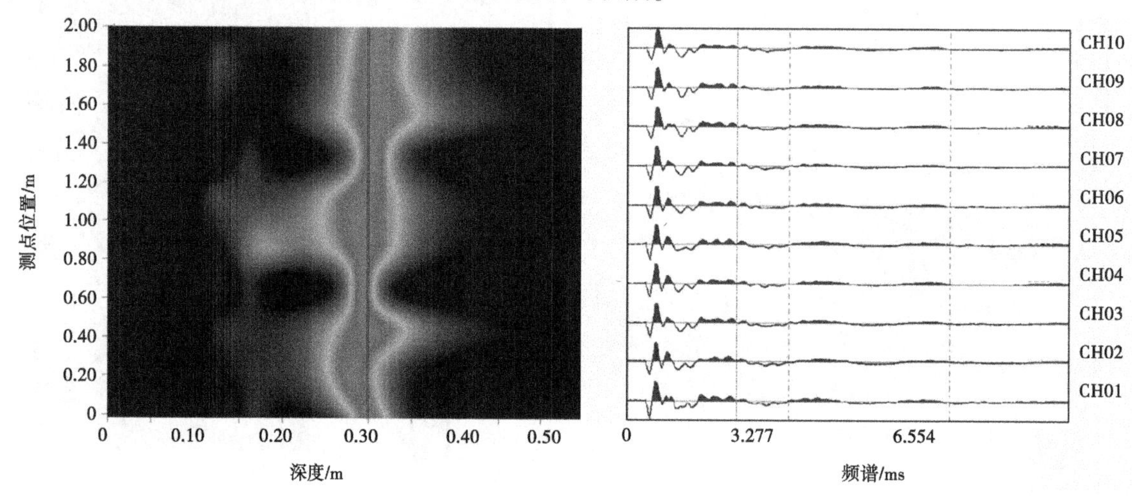

图 8　管片表面冲击回波测试等值线图及频谱

表 2　管片冲击回波缺陷显示结果

通道号	MEM 卓越周期/ms	相对振幅	缺陷深度/m	管片设计厚度/m
1	0.168	0.74	0.302 4	0.3
2	0.170	0.54	0.306 0	0.3
3	0.168	0.42	0.302 4	0.3
4	0.163	1.00	0.293 4	0.3
5	0.164	0.40	0.295 2	0.3
6	0.163	0.39	0.293 4	0.3
7	0.170	0.73	0.306 0	0.3
8	0.171	0.41	0.307 8	0.3
9	0.170	0.45	0.306 0	0.3
10	0.168	0.46	0.302 4	0.3

此外，在深度约 0.1 m 和 0.2 m 的钢筋层位置未有明显反射，即冲击回波测试系统信号受混凝土内分布的钢筋干扰小。这是因为钢筋直径较小，信号在以绕射方式穿过密集钢筋层时传播路程变化不大。

图 9 是利用冲击回波测试系统在强度等级为 C35、厚度为 0.35 m 的内衬混凝土内表面测试获得的等值线图和频谱图。从图中可以清晰看到深度为 0.35 m 处内衬混凝土与管片混凝土的界面反射信号，以及内衬混凝土内部的缺陷反射信号。由于被检内衬混凝土内部存在孔隙、空洞等缺陷，对于尺寸较大的缺陷会在上层界面处产生反射信号，如图 9 中标注的缺陷；而对于尺寸较小的缺陷，在缺陷位置出的反射信号较弱，弹性波主要以绕射方式经过缺陷位置，在测试波等值线图上表现为底部反射信号延迟。这是由于弹性波在结构中的理论传播距离小于实际传播距离，传播时间是由分析检测点弹性波频谱信号获得，所以波的实际传播速度小于理论传播速度，而在波形分析中仍采用理论波速代替实际速度进行分析，导致等值线图中反映的底部反射延迟。

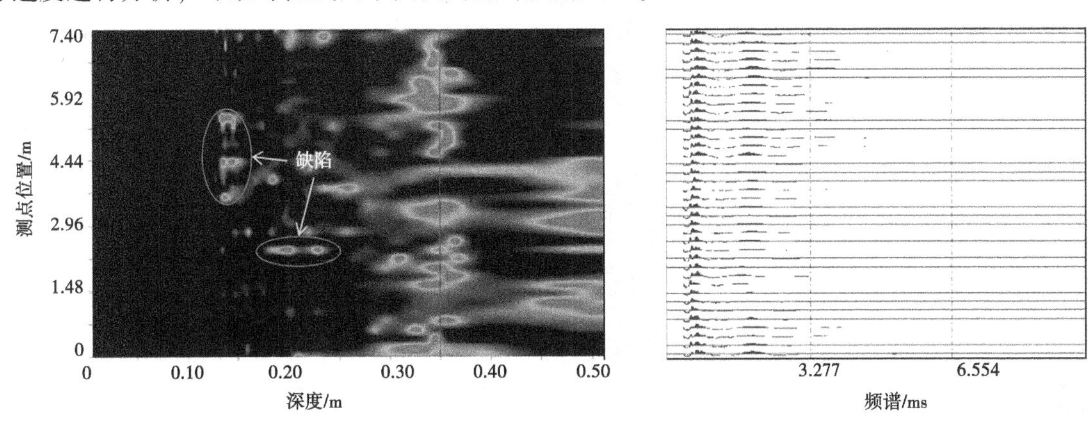

图 9　内衬混凝土表面冲击回波测试等值线图及频谱

冲击回波系统在探测内衬混凝土内部缺陷及厚度方面效果显著，可以实现对尺寸较大缺陷位置的大体判定，但是对于尺寸较小或内部有损伤的混凝土结构，由于界面反射信号弱，整体表现为底部界面反射延时，而无法判定缺陷具体部位。相关文献资料及试验结果显示，当缺陷位置深度与缺陷横向尺寸的比值小于一定数值时，会在缺陷迎波面产生反射信号，否则弹性波主要以绕射的方式经过缺陷[14]，冲击回波法可探测的最小缺陷尺寸原理如图 10 所示。

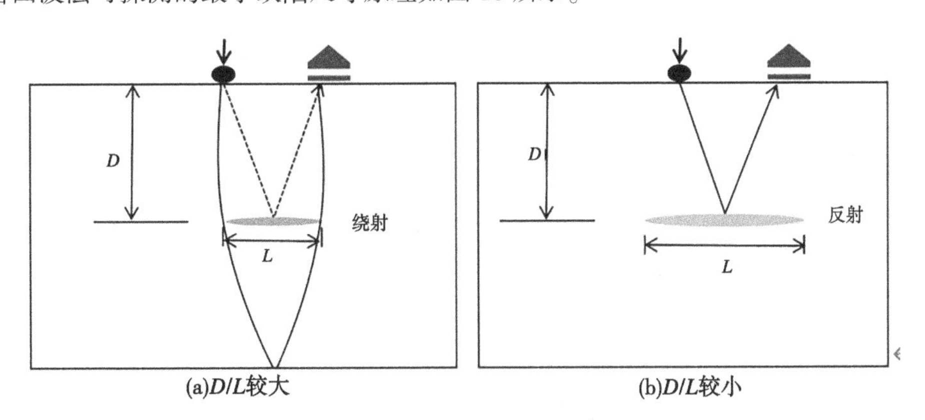

图 10　可测最小缺陷尺寸原理

姚非等[14] 的研究认为，采用冲击回波单面测试法可以检出深度/宽度小于 3 的缺陷迎波面位置，但耿豪劼等[15] 的试验得出了不同结果，当混凝土厚度为 0.2 m，缺陷深度为 0.825 m，缺陷宽度超过 35 mm 时，即可在缺陷表面形成反射波。张景奎[16] 则认为冲击回波对横向尺寸与深度比值小于 1/4 的深层缺陷和深度小于 10 cm 浅表层缺陷识别效果较差。因此，可以认为采用冲击回波对于混凝土表层缺陷的探测效果一般，对于内部较大尺寸缺陷效果显著，且冲击回波法能够分析识别较大尺寸缺陷的大体位置，但无法对缺陷大小，尤其是沿波传递方向的截面尺寸给予定量分析和评价。

5 结论

（1）由于管片混凝土中分布着密集的钢筋，对雷达信号具有很强的屏蔽干扰，导致可用以探测注浆体的电磁波信号有限，很难对注浆体质量进行评价，但对内衬、管片、注浆体等结构厚度的探测效果较好，但是用于结果分析的雷达图像复杂，需要由经验丰富、专业知识扎实的专业技术人员进行试验和分析。

（2）采用冲击回波法检测时，由于管片与注浆体间存在较大的声阻抗逆差，因此大部分波信号在管片底部即被反射，能够用于探测注浆体的信号有限。因此，此方法并不适用于管片壁后注浆体的质量检测。

（3）冲击回波对内衬混凝土内部缺陷的探测效果较好，受结构内部钢筋干扰较小，可用于尺寸较大缺陷的位置判定，但无法对尺寸较小的缺陷或损伤进行分析。

（4）探地雷达法和冲击回波法仅能对缺陷的大体位置进行探测，对于缺陷尺寸及内部损伤无法进行定量评价。

参考文献

［1］王净伟，杨信之，阮波．盾构隧道施工对既有建筑物基桩影响的数值模拟［J］．铁道科学与工程学报，2014，11（4）：73-79.

［2］崔晓青，徐祯祥，牛晓凯，等．南水北调盾构法施工下穿既有地铁工程关键技术研究［C］// 中国施工企业管理协会岩土锚固工程专业委员会．中国施工企业管理协会岩土锚固工程专业委员会，2014.

［3］张武，王辉．珠江三角洲水资源配置工程复合衬砌结构钢-混凝土组合梁界面特性试验研究［J］．水利水电技术（中英文），2020（S02）：269-278.

［4］武超．盾构管片背后注浆缺陷检测技术研究［D］．石家庄：石家庄铁道大学，2019.

［5］张社荣，郭紫薇，曹克磊，等．基于盾构隧道施工力学特性的注浆加固方案比较分析［J］．城市轨道交通研究，2021（9）：147-152.

［6］齐新成．盾构穿越苏扶铁路时管片背后注浆技术［J］．江西建材，2009（3）：84-86.

［7］马若龙，姜文龙，吕阿谈，等．管片壁后灌浆质量无损检测新技术研究及应用［J］．人民黄河，2021（8）：139-143.

［8］曾昭发，刘四新，冯晅．探地雷达原理与应用［M］．北京：电子工业出版社，2010.

［9］萧健澄．盾构隧道壁后注浆质量无损检测研究［J］．铁道建筑，2011（12）：75-77.

［10］孟庆生，邱浩浩．试述地质雷达在引水隧道质量检测中的应用［J］．黑龙江交通科技，2014，37（2）：100，102.

［11］郭贵强，乔瑞社，解伟，等．基于冲击回波法的水工混凝土板内部缺陷检测试验研究［J］．水力发电，2015，41（4）：95-99.

［12］李炎隆，王军忠，陈俊豪，等．冲击回波法对混凝土内部损伤检测的试验研究［J］．应用力学学报，2020，37（1）：149-154.

［13］楚泽涵，彭玉辉．水泥抗压强度与养护条件及声阻抗间关系．［J］．测井技术，1992，16（6）：424-431.

［14］姚菲，苏建洪．冲击回波法识别盾构中注浆层质量的试验研究［J］．山西建筑，2015，41（36）：166-167.

［15］耿豪劼，刘荣桂，蔡东升，等．冲击回波法检测混凝土构件内部缺陷大小研究［J］．混凝土，2021（11）：150-154，160.

［16］张景奎，崔德密．冲击回波法检测混凝土结构厚度与缺陷的试验研究［J］．长江科学院院报，2018，35（2）：125-128，134.

碱性过硫酸钾法测定总氮的方法改进

李君霞　刘　芬　张　辉　王静蕾

（生态环境部黄河流域生态环境监督管理局生态环境监测与科学研究中心，河南郑州　450004）

摘　要：文中对《水质 总氮的测定 碱性过硫酸钾消解紫外分光光度法》（HJ 636—2012）中碱性过硫酸钾和盐酸的用量进行了研究，优化了碱性过硫酸钾溶液的用量。结果表明，把碱性过硫酸钾溶液的用量减少到4.0 mL，降低了试剂空白吸光度，提高了分析的准确度，并延长了比色皿的使用寿命。

关键词：总氮；碱性过硫酸钾；盐酸；空白吸光度；准确度

总氮（Total Nitrogen，TN）是指水体中所有含氮化合物中的氮含量，即有机氮、氨氮、亚硝酸盐氮和硝酸盐氮的总量。它是《地表水环境质量标准》（GB 3838—2002）中针对湖库水的一项重要指标。湖库水作为饮用水水源或备用水源，水体中含氮量的增加将导致水体质量下降，反映了水体受污染的程度。其测定有助于评价水体被污染和自净状况[1]。水体富营养化问题正越来越受到人们的重视，总氮是反映水体富营养化的主要指标之一，总氮超标可能导致赤潮的发生，将给环境带来巨大的威胁。

目前，在用的水质总氮检测方法有《水质 总氮的测定 气相分子吸收光谱法》（HJ/T 199—2005）、《水质 总氮的测定 碱性过硫酸钾消解紫外分光光度法》（HJ 636—2012）、《水质 总氮的测定 连续流动-盐酸萘乙二胺分光光度法》（HJ 667—2013）、《水质 总氮的测定 流动注射-盐酸萘乙二胺分光光度法》（HJ 668—2013）。其中《水质 总氮的测定 碱性过硫酸钾消解紫外分光光度法》（HJ 636—2012）操作步骤简单，仪器设备少，而且不用加强酸、强碱以及汞盐等环境危害物质，与其他方法相比有明显的优势。但是在实际实验中，受到多种因素的影响，时常会发生空白值不能满足标准要求（空白吸光度小于0.030）的情况。许多研究者为了获取较低的试剂空白吸光度而进行了一些研究。例如，有人研究不同生产厂家的过硫酸钾、不同的碱性过硫酸钾配置方法及碱性过硫酸钾的放置时间对样品空白吸光度的影响[2]。有人研究使用不同的消解器皿，来提高方法的精密度和准确度[3]。有人研究蒸馏水、消解温度、消解时间等对实验结果的影响[4-8]。本文对方法中使用到的试剂，如碱性过硫酸钾试剂、盐酸试剂，进一步优化，找到最佳的用量和配比，解决了空白值高、不稳定的问题，保证了高的准确度，并延长了比色皿的使用寿命。

1　实验部分

1.1　仪器

TU1810紫外可见分光光度计（北京普析通用仪器有限责任公司），立式高压蒸汽灭菌器（上海申安医疗器械厂）。

1.2　试剂

过硫酸钾（Sigma）；氢氧化钠；盐酸；硝酸盐氮标准溶液：GSB 05-1144-2000-102122（500±0.02）mg/L（生态环境部标准样品研究所）；总氮标准样品：GSB 07-3168-2014-203269 （0.525±

基金项目：国家重点研发计划项目（2021YFC3200105）。

作者简介：李君霞（1985—），女，工程师，主要从事环境监测工作。

0.053）mg/L（生态环境部标准样品研究所）；总氮标准样品：GSB 07-3168-2014-203247（0.411±0.051）mg/L（生态环境部标准样品研究所）。

1.3 实验原理

在120~124 ℃的碱性介质条件下，用过硫酸钾作氧化剂，将水样中的氨氮、亚硝酸盐氮和大部分有机氮化合物氧化为硝酸盐。然后，用紫外分光光度法分别于波长220 nm和275 nm处测定其吸光度，按式（1）计算校正吸光度硝酸盐氮的吸光度值A，总氮（以N计）含量与校正吸光度A成正比。[9]

$$A = A_{220} - 2A_{275} \tag{1}$$

2 结果与讨论

紫外法（HJ 636—2012）是分别量取0.00 mL、0.20 mL、0.50 mL、1.00 mL、3.00 mL和7.00 mL硝酸盐氮标准使用溶液（10 mg/L）于25 mL具塞磨口玻璃比色管中。加水稀释至10.00 mL，再加入5.00 mL碱性过硫酸钾溶液，塞紧管塞，用纱布和线绳扎紧管塞。将比色管置于高压蒸汽灭菌器中，加热至120 ℃开始计时，保持温度在120~124 ℃ 30 min。自然冷却至室温，颠倒混匀2~3次。在比色管中加入1.0 mL盐酸溶液，用水稀释至25 mL标线，盖塞混匀。使用10 mm石英比色皿，在紫外分光光度计上，以水作参比，分别于波长220 nm和275 nm处测定吸光度。[10]

从标准方法上看，实验中用到的试剂比较简单，只有碱性过硫酸钾溶液和（1+9）盐酸溶液。很多学者的研究表明，过量的NaOH在220 nm下具有一定的吸光度[11-13]。（1+9）盐酸对吸光度的影响很小[11-14]，但是合适的盐酸用量，可以把过量的NaOH中和完全，避免过量的NaOH对测试结果的影响。本文分别对两个试剂进行研究分析，试验一系列的试剂用量对试剂空白吸光度和实验结果的准确度的影响，来选择最佳的试剂用量。

2.1 碱性过硫酸钾用量对检测结果的影响

在60 ℃以上的水溶液中，过硫酸钾分解成氢离子和氧。分解出的原子态氧在120~124 ℃条件下，可使水中含氮化合物转化成硝酸盐。加入氢氧化钠用以中和氢离子，使过硫酸钾分解完全。[15]

（1）过硫酸钾水解方程式。

过硫酸钾与水反应生成硫酸氢钾和氧气：

$$K_2S_2O_8 + H_2O \rightarrow 2KHSO_4 + [O]$$

硫酸氢钾电离出钾离子和硫酸氢根离子：

$$KHSO_4 \rightarrow K^+ + HSO_4^-$$

硫酸氢根离子电离出氢离子和硫酸根离子：

$$HSO_4^- \rightarrow H^+ + SO_4^{2-}$$

（2）氢氧化钠水解方程式。

$$NaOH \rightarrow Na^+ + OH^- \qquad H_2O \rightarrow H^+ + OH^- \qquad H^+ + OH^- \rightarrow H_2O$$

紫外法（HJ 636—2012）是在10 mL水样中加入的碱性过硫酸钾量5.0 mL。本文在0.00 mg/L、0.20 mg/L、0.50 mg/L、1.00 mg/L、3.00 mg/L和7.00 mg/L标准系列（使用硝酸盐氮标准溶液配制）和标准样品［GSB 07-3168-2014-203269（0.525±0.053）mg/L］中分别加入2.0 mL、3.0 mL、4.0 mL、5.0 mL、6.0 mL、7.0 mL的碱性过硫酸钾，来考察碱性过硫酸钾用量对检测结果的影响。

从表1中可见，不同碱性过硫酸钾用量下，曲线线性和空白吸光度均满足方法要求，但是在2.0 mL和7.0 mL的用量下，标准样品的检测结果不在真值范围［（0.525±0.053）mg/L］内，故碱性过硫酸钾含量过高和过低，水样的测试结果不准确。

表 1 不同碱性过硫酸钾用量对检测结果的影响

碱性过硫酸钾用量/mL	标准曲线	线性	空白（Abs）	标准样品/（mg/L）
2.0	Y=0.100 5x+0.000 9	0.999 8	0.011	0.598
3.0	Y=0.100 5x+0.003 0	0.999 9	0.009	0.517
4.0	Y=0.100 1x+0.003 6	0.999 9	0.011	0.523
5.0	Y=0.100 4x+0.003 5	0.999 9	0.019	0.503
6.0	Y=0.100 6x+0.002 1	0.999 9	0.016	0.516
7.0	Y=0.101 8x-0.000 4	0.999 9	0.020	0.593

由图 1 可见，碱性过硫酸钾的用量对水样在 220 nm 处吸光度影响大。当碱性过硫酸钾用量太少时，氧化水样中无机氮和有机氮不彻底，造成检测结果不准确。而过多的碱性过硫酸钾对水样在 220 nm 处的吸光度影响较大，在 270 nm 处的吸光度影响不明显，同样引起了测试结果偏大，结果不准确。在（1+9）盐酸用量 1.0 mL 的条件下，碱性过硫酸钾的用量应在 3.0~6.0 mL 范围。从测试结果来看，综合考虑空白水样吸光度和测试结果的准确度，选择碱性过硫酸钾的用量是 4.0 mL。

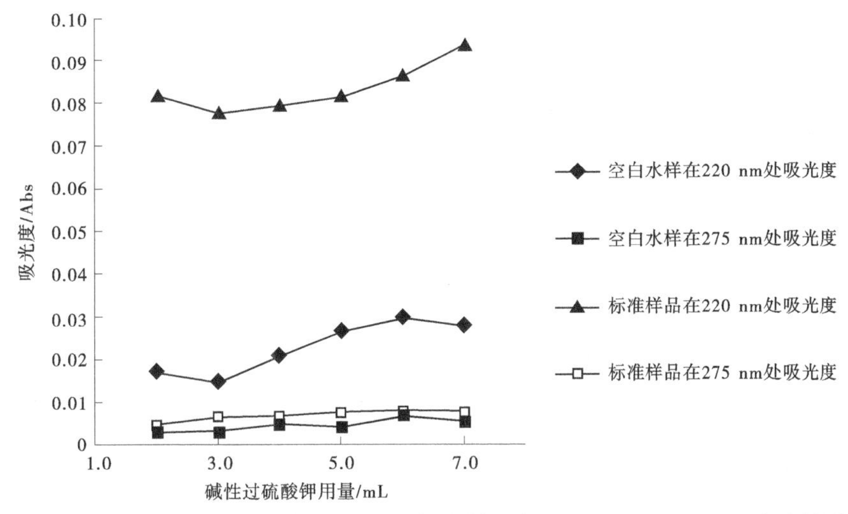

图 1 不同碱性过硫酸钾用量对空白试剂和标准样品在 220 nm、275 nm 处吸光度的影响

2.2 盐酸用量对检测结果的影响

在固定碱性过硫酸钾用量为 4.0 mL 的条件下，在 0.00 mg/L、0.20 mg/L、0.50 mg/L、1.00 mg/L、3.00 mg/L 和 7.00 mg/L 标准系列（使用硝酸盐氮标准溶液配制）和标准样品［GSB 07-3168-2014-203247（0.411±0.051）mg/L］中分别加入 0 mL、0.2 mL、0.5 mL、1.0 mL、1.5 mL、2.0 mL 的（1+9）盐酸，来考察盐酸用量对检测结果的影响。

氢氧根在 220 nm 处有较大的吸收，方法中使用盐酸来中和掉过量的碱。在不添加（1+9）盐酸（盐酸用量是 0.00 mL）情况下，水样中过量的碱没有被消耗掉，此时水样在 220 nm 处的吸光度明显升高（见图 2），引起空白值过高，不满足方法要求。从表 2 中可见，当盐酸用量是 0.00 mL、0.20 mL 和 0.50 mL 时，标准样品的测试结果超出真值范围［(0.411±0.051) mg/L］。在盐酸用量为 1.00 mL、1.50 mL 和 2.00 mL 时，空白值的吸光度满足方法要求，标准样品的测试结果在真值范围内，但是随着用量的增加，空白吸光度和样品测试结果都在增大，甚至接近真值上限，综合考虑试剂用量和样品测试结果的准确度，在碱性过硫酸钾用量为 4.0 mL 的条件下，（1+9）盐酸的用量选择 1.0 mL。

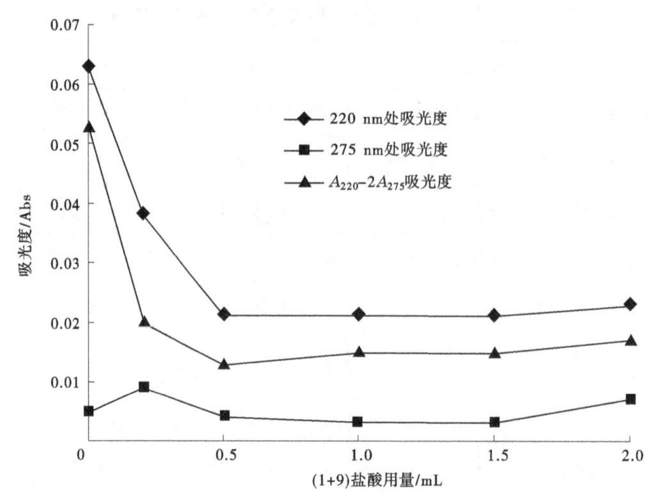

图 2 不同（1+9）盐酸用量下空白水样在 220 nm 处、275 nm 处、$A_{220}-2A_{275}$ 处吸光度值

表 2 不同（1+9）盐酸用量对检测结果的影响

（1+9）盐酸用量/mL	标准曲线	线性	空白（Abs）	标准样品/（mg/L）
0.0	Y=0.100 6x+0.004 6	0.999 9	0.053	0.481
0.2	Y=0.100 6x+0.002 5	0.999 9	0.020	0.333
0.5	Y=0.100 4x +0.007 5	0.999 3	0.013	0.354
1.0	Y=0.101 0x−0.000 4	0.999 9	0.015	0.410
1.5	Y=0.102 0x+0.001 8	0.999 9	0.015	0.453
2.0	Y=0.099 5x+0.002 1	0.999 9	0.017	0.451

3 结论

紫外法（HJ 636—2012）测定总氮时，碱性过硫酸钾和盐酸的用量均应在合适的范围内，否则会引起空白值高、检测结果准确度降低等问题。在保证实验线性、空白吸光度及准确度满足方法要求条件下，实验中可以通过减少碱性过硫酸钾的用量或者增加盐酸的用量来避免以上问题。本文建议当碱性过硫酸钾的用量为 4.0 mL 时，（1+9）盐酸用量为 1.0 mL；当碱性过硫酸钾的用量为 5.0 mL 时，需要适当增加（1+9）盐酸用量。4.0 mL 的碱性过硫酸钾可以保证总氮浓度为 7 mg/L 的样品中有机氮和无机氮的氧化，保证检测结果的准确性。1.0 mL 的（1+9）盐酸用量能够将消解水样中的氢氧根完全中和，避免过量的氢氧根在 220 nm 处有吸收，造成高的空白吸光度。

参考文献

[1] 汪曼，李津津，张晓淳. 碱性过硫酸钾法测定总氮中试剂的选择［J］. 广州化工，2015，43（15）：165-166.
[2] 崔雪瑾，向晓洁，冯燕飞. 碱性过硫酸钾对总氮测定的影响［J］. 中国石油和化工标准与质量，2012（8）：56-62.
[3] 薛程，吕晓杰，王允. 水中总氮测定方法存在问题的研究及改进［J］. 中国环境监测，2018，34（3）：123-127.
[4] 王毛兰，胡春华，周文斌. 碱性过硫酸钾法测定水质总氮的影响因素［J］. 光谱实验室，2006，23（5）：1046-1049.
[5] 任妍冰，曹雷，杨慧林，等. 碱性过硫酸钾紫外光度法测定水中总氮时影响空白值的因素［J］. 江苏环境科技，2008（S1）：48-50.
[6] 曹群，孙鸿燕，许士雄. 水样总氮测定空白值偏高的探讨［J］. 环境监测管理与技术，2008（3）：60-61.

[7] 郭姿珠，邓飞跃，雍伏曾．水中总氮测定方法的改进［J］．中国给水排水，2007，(22)：82-84.
[8] 赵多．总氮测定中的一点体会［J］．中国环境监测，2001 (3)：61.
[9] 国家环保总局．水和废水监测分析方法(第四版)(增补版)[M]. 北京：中国科技科学出版社，2002，12 (2014，4 重印)．
[10] 生态环境部．水质 总氮的测定 碱性过硫酸钾消解紫外分光光度法：HJ 636—2012［S］．北京：中华人民共和国生态环境部，2012.
[11] 谭爱平，钟陵，黄滨．测定总氮的影响因素探讨［J］．中国环境监测，2006 (1)：58-60.
[12] 冯博，崔巍．紫外分光光度法进行总氮测定的影响因素分析［J］．吉林水利，2009 (3)：29-30.
[13] 吴志旭，陈林茜．水中总氮测定有关问题的探讨［J］．化学分析计量，2006 (1)：57-58.
[14] 孙晶艳，郑少奎．水质总氮测试中高空白值形成规律与对策［J］．安全与环境学报，2007 (5)：93-96.
[15] 李碧科，孙炎，孙军波，等．碱性过硫酸钾消解测量水中总氮的研究［J］．节能环保与生态建设，2018：11-12.

液压启闭机泵站噪声及振动特性测量方法研究

耿红磊　方超群　胡　锟　毋新房

（水利部水工金属结构质量检验测试中心，河南郑州　450044）

摘　要：泵站是液压启闭机的动力单元，是液压启闭机的关键组成部分。泵站运行过程中的噪声与振动不仅直接影响到操作人员的正常操作和劳动防护，还包含泵站的运行状态、潜在故障等信息，但目前液压启闭机泵站噪声及振动测量方法尚无明确的标准，因此液压启闭机泵站噪声和振动测量研究对泵站安全运行有重要意义。本文重点介绍了液压泵站空气噪声、振动加速度级、振动烈度的测量方法和数据处理方法，结合具体测量实例进行分析，对液压泵站的振动和噪声测量具有参考价值。

关键词：液压泵站；空气噪声；振动加速度级；振动烈度

1　项目研究背景

液压启闭机在水利行业已得到广泛应用，对于推进水利工程发展具有重要作用[1]。泵站是液压启闭机的关键组成部分，其性能直接影响着设备的安全稳定运行，但是液压泵站在运行时产生的振动和噪声不仅会污染启闭机室内的工作环境，而且会影响液压启闭机的工作性能和使用寿命[2]。

本文对液压泵站振动、噪声测量方法进行分析研究，结合具体测量实例进行分析，具有较强的可操作性，可为从事相关研究人员和测量人员提供参考[3]。

2　泵站基本参数

本文测量泵站底边长 3.40 m，宽 2.36 m，高 1.76 m。泵站主要设备技术特性如表 1 所示。

表 1　泵站技术特性

油泵		电动机	
型号	PV032	型号	Y180M-4
额定压力	32	额定功率	18.5
额定流量	32	额定转速	1 460
数量/套	2	数量/套	2

3　噪声测量

3.1　测量参数

描述机械辐射空气噪声能力的最佳参数是声功率级，它是仅由设备本身决定而与环境无关的量[4]，但声功率级对测试环境要求较高，现场测试往往无法达到要求，目前出厂设备噪声测量时都是测量设备表面平均声压级[3]。

3.2　测量仪器

本次噪声测量使用仪器为泰仕 TES-1350A 数字式噪音计，满足《电声学 声级计 第 1 部分：规

作者简介：耿红磊（1985—），男，高级工程师，主要从事水工金属结构检测、监测与评价工作。

范》（GB/T 3785.1—2010）中二类声级计的要求，仪器经过计量检定且在检定有效期内。

3.3 测量方法

（1）确定基准体和测量表面。

首先将被测液压泵站看作为一个正六面体，也称为基准体，确定基准体时可以不考虑对辐射噪声影响不大的凸出部分。测量表面与基准体各对应面相平行，间距为 d，一般取 1 m。

（2）确定测点位置。

测点应均匀分布在测量平面上。根据基准体的大小和噪声辐射的空间均匀性确定测点位置和数量。基准体底边长度为 2~4 m 时测点位置如图 1 所示，图中黑色为测点位置[5]，图中 3、4、5、8 号测点位于电机一侧，1、2、6、7 号测点位于油箱一侧。

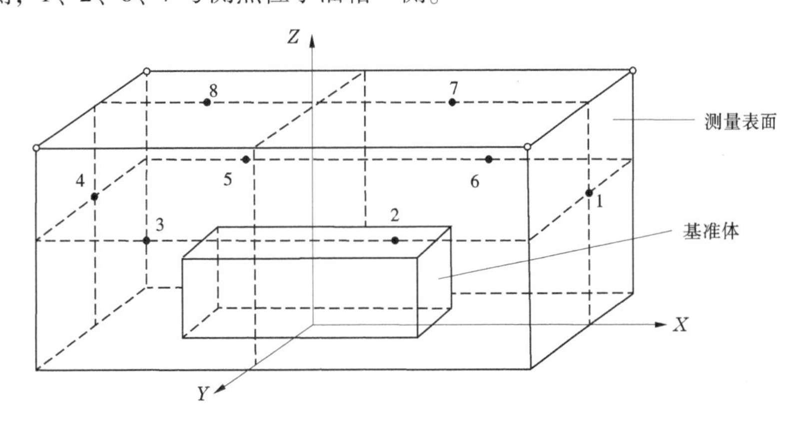

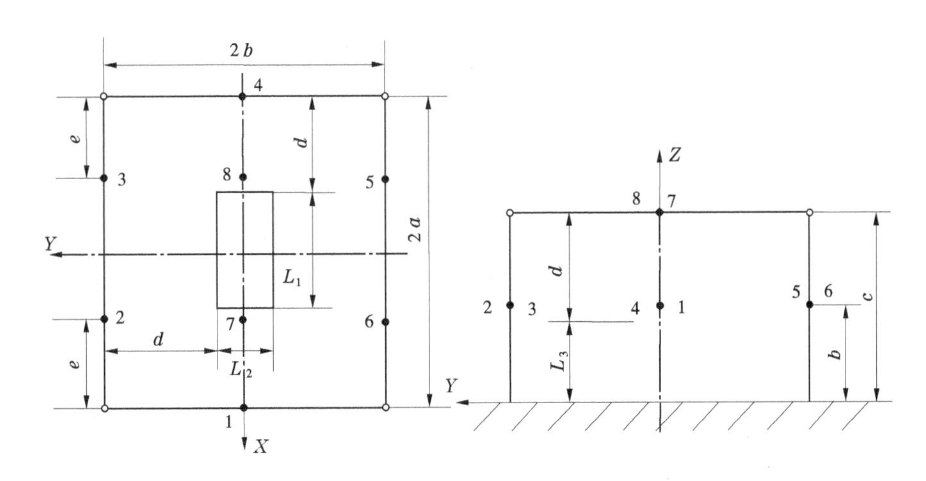

$a=\frac{1}{2}L_1+d$ ； $b=\frac{1}{2}L_2+d$ ； $c=\frac{1}{2}L_3+d$ ； $e=\frac{1}{2}a$

图 1　噪声测量测点位置

（3）测量工况。

测量工况 1：2 号油泵电机组关闭，空载启动 1 号油泵电机组运行 10 min，然后调节电磁溢流阀，使压力逐渐升压至 32 MPa，运行稳定后开始采集测量数据。

测量工况 2：1 号油泵电机组关闭，空载启动 2 号油泵电机组运行 10 min，然后调节电磁溢流阀，使压力逐渐升压至 32 MPa，运行稳定后采集测量数据。

（4）测量环境要求。

测量时，测点处空气流速应低于 5 m/s。当空气流速大于 1 m/s 时，传声器应加防风罩。测量时应无雨无雪。

（5）背景噪声修正。

噪声测量时要求测量表面各测点背景噪声 A 声级平均值应比设备工作时该测点 A 声级平均值低 4 dB 以上。背景噪声修正系数按式（1）计算[6]：

$$K_{li} = L_{pi} - 10\lg(10^{0.1L_{pi}} - 10^{0.1L_{ki}}) \tag{1}$$

式中：K_{li} 为第 i 测点背景噪声修正量，dB（基准值 20 μPa）；L_{pi} 为第 i 测点测得的声压级或频带声压级，dB；L_{ki} 为第 i 测点测得的背景噪声，dB。

对设备进行噪声测量时，应尽量在背景噪声较小时进行测量工作。参考标准《声学 机器和设备发射的噪声在一个反射面上方可忽略环境修正的近似自由场测定工作位置和其他指定位置的发射声压级》（GB/T 17248.2—2018）的相关规定，噪声测量中，被测声源开启和关闭时测点处测得的声压级数值之差大于 15 dB 时，可不考虑背景噪声修正。

（6）环境反射修正。

测量场所应选用除地面外无反射条件的场所；否则，应做环境反射修正。测点到设备的距离为 1 倍和 2 倍测量距离长度时，其 A 声级的差值小于 5 dB 时需进行环境修正，为简化现场测量流程，提高测量结果的准确性，对设备进行噪声测量时，应选取反射面较少的空间内，保证测量环境满足测点到设备的距离为 1 倍和 2 倍测量距离长度时，其 A 声级的差值大于 5 dB 的要求。本次噪声测量所选测点到设备的距离为 1 倍和 2 倍测量距离长度时，其 A 声级的差值大于 5 dB，无须进行环境反射修正。环境反射修正系数可由 GB/T 3767 附录 A 得到。

（7）测量表面平均声压级 $\overline{L}_p$ 的计算。

当测点均匀分布时，$\overline{L}_p$ 按式（2）计算[6]：

$$\overline{L}_p = 10\lg\left[\frac{1}{N}\sum_{i=1}^{N}10^{0.1(L_{pi}-K_{li})}\right] \tag{2}$$

式中：$\overline{L}_p$ 为测量表面平均声压级或频带声压级，dB（基准值 20 μPa）；N 为测点总数；L_{pi} 为第 i 测点测得的声压级或频带声压级，dB；K_{li} 为第 i 测点背景噪声修正量，dB。

当测点为不均匀分布时，测量表面平均声压级 $\overline{L}_p$ 按式（3）计算[6]：

$$\overline{L}_p = 10\lg\left[\frac{1}{S}\sum_{i=1}^{N}\frac{1}{S_i}10^{0.1(L_{pi}-K_{li})}\right] \tag{3}$$

式中：S 为等效测量表面积，m^2；N 为测点总数；L_{pi} 为第 i 测点测得的声压级或频带声压级，dB；K_{li} 为第 i 测点背景噪声修正量，dB；S_i 为第 i 点所占有的测量表面积，m^2。

对于在一个反射面上的基准体，其等效测量表面积按式（4）计算[6]：

$$S = 4(ab + bc + ca) \tag{4}$$

式中：a 为 1/2 的基准体长与测量距离之和，m；b 为 1/2 的基准体宽与测量距离之和，m；c 为基准体高与测量距离之和，m。

3.4 数据处理

下面给出某液压泵站设备空气噪声测量数据与数据处理结果，该设备要求运行时空气噪声不超过 82 dB（A）。

本次空气噪声测量共布置 8 个测点，测点位置与图 1 中 1~8 号测点位置一致。泵站在测量工况下的背景噪声与工况噪声声压级如表 2 所示，由式（3）计算出该设备工况 1 下背景噪声修正后平均声压级为 53.1 dB（A），工况 2 下背景噪声修正后平均声压级为 53.3 dB（A），满足不大于 82 dB（A）的要求。

表 2　各测点背景噪声及工况噪声测量结果　　单位：dB（A）

测点	背景噪声	工况 1 修正前噪声	工况 1 修正后噪声	工况 2 修正前噪声	工况 2 修正后噪声
1	35.6	50.3	50.1	50.7	50.6
2	35.4	51.1	51.0	52.2	52.1
3	35.6	53.8	53.7	54.6	54.5
4	35.3	56.1	56.1	57.2	57.2
5	35.7	55.1	55.0	54.1	54.0
6	35.7	51.8	51.7	51.6	51.5
7	35.6	53.3	53.2	53.0	52.9
8	35.7	54.6	54.5	54.0	53.9

4　振动加速度级测量

4.1　测量参数

振动加速度级按式（5）计算：

$$L_a = 20\lg(a/a_0) \tag{5}$$

式中：L_a 为振动加速度级，dB；a 为加速度有效值，dB；a_0 为振动加速度级基准，$a_0 = 10^{-6}\ \mathrm{m/s^2}$。

4.2　测量仪器

本次振动加速度测量使用仪器为 B&K 公司生产的 LAN-XI 数据采集系统，仪器经过计量检定且在检定有效期内。

4.3　测量方法

（1）测点布置。

测点选择在能代表机器整体运动的刚性较强的机器表面、轴承座和机脚上，按规定在每个安装面均布置测点。不得安装在刚性差、局部振动过大的部位。每台设备至少选择 4~8 个测点，较大或重要的设备可适当增加测点[8]。

本次机脚振动加速度级测量中，设备直接安装在基座上，安装面只有 1 个，因此在液压泵站 4 个安装机脚处各布置 1 枚加速度传感器，安装方式为磁铁吸附，方向为垂向。

（2）测量频率范围。

测量系统分析频率范围设置为 10~8 kHz。

（3）测量工况。

测量工况同 3.3 节噪声测量工况。

4.4　数据处理

下面给出某液压泵站设备振动加速度级测量数据与数据处理结果，该设备要求运行时振动加速度级不超过 120 dB。

分别测量了两个工况下的振动加速度，测得的各测点振动加速度 1/3 倍频程谱如图 2~图 9 所示，由图 2~图 9 可知，在两个工况下，各测点在各个频带内的振动加速度级均不大于 120 dB。由式（5）计算出该设备两个工况下机组 10~8 000 Hz 频带内振动加速度总级大小如表 3 所示，满足不大于 120 dB 的要求。

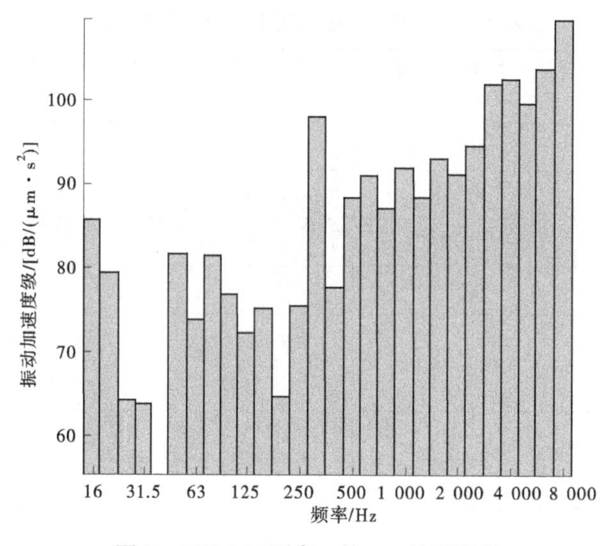

图 2　工况 1 下测点 1 的 1/3 倍频程谱

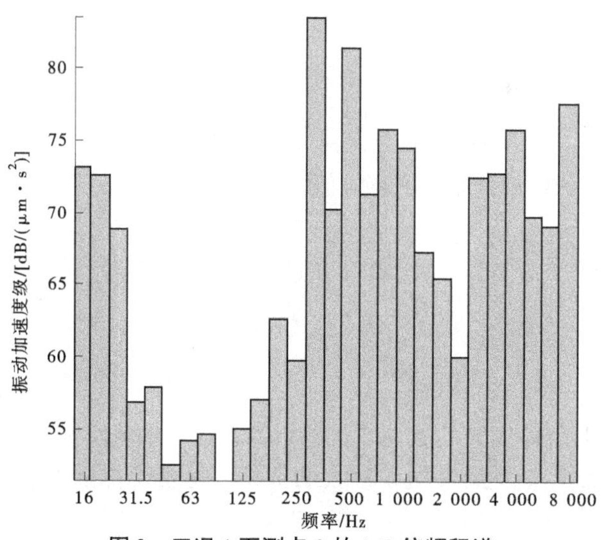

图 3　工况 1 下测点 2 的 1/3 倍频程谱

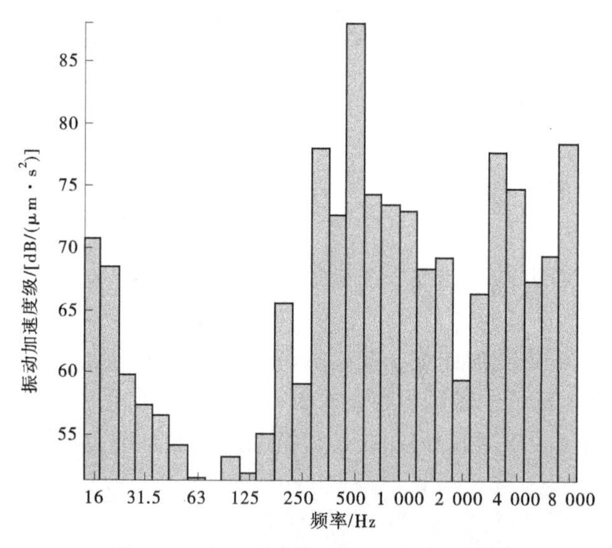

图 4　工况 1 下测点 3 的 1/3 倍频程谱

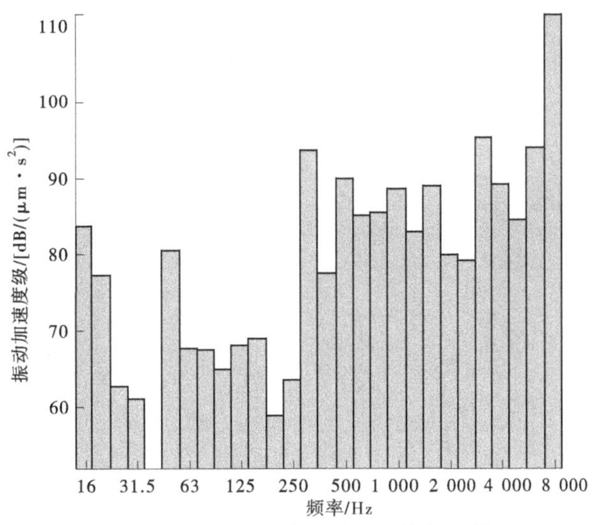

图 5　工况 1 下测点 4 的 1/3 倍频程谱

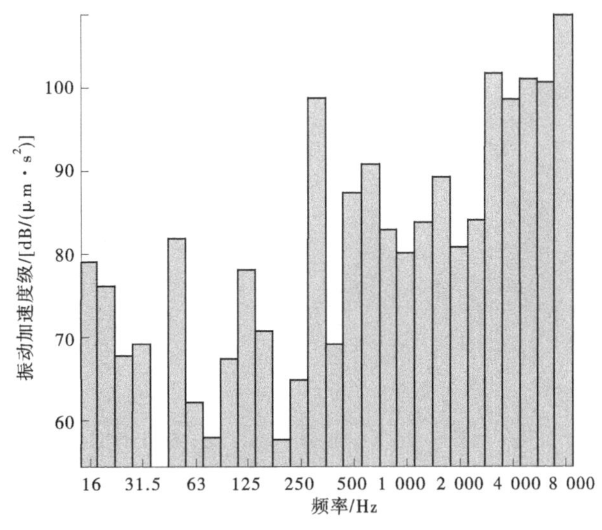

图 6　工况 2 下测点 1 的 1/3 倍频程谱

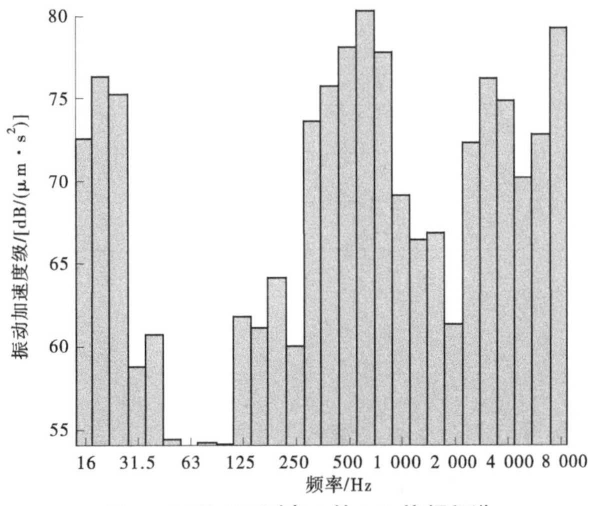

图 7　工况 2 下测点 2 的 1/3 倍频程谱

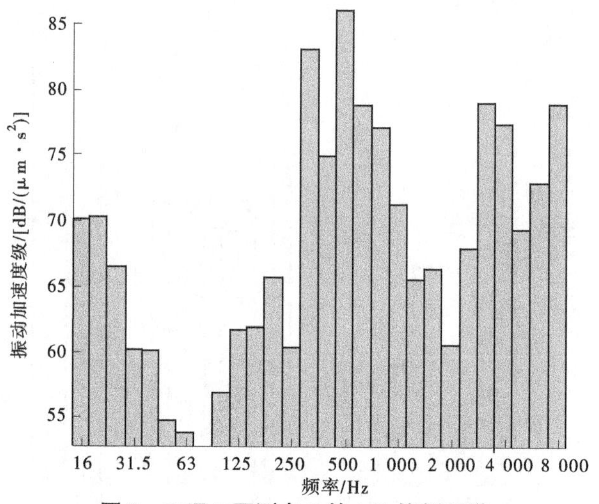

图 8 工况 2 下测点 3 的 1/3 倍频程谱

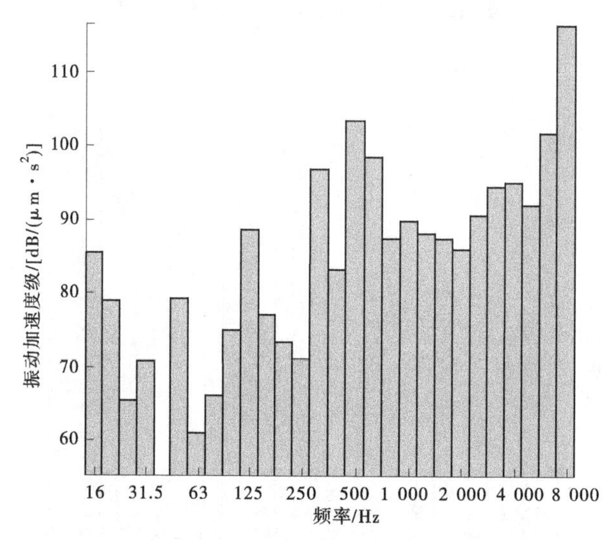

图 9 工况 2 下测点 4 的 1/3 倍频程谱

表 3 各测点 10~8 000 Hz 频带内振动加速度总级结果

测点	工况 1 振动加速度总级/dB	工况 2 振动加速度总级/dB
1	113.6	111.4
2	88.1	87.7
3	90.0	90.4
4	113.8	118.1

5 振动烈度测量

5.1 测量参数

振动烈度表示振动强烈程度，它包含有频率的信息，反映了振动系统的能量，兼顾了振动过程的时间历程，常用来检测振动的严重程度及损坏效应[7]。振动烈度按式（6）计算[9]：

$$v_s = \sqrt{\left(\frac{\sum V_x}{N_x}\right)^2 + \left(\frac{\sum V_y}{N_y}\right)^2 + \left(\frac{\sum V_z}{N_z}\right)^2} \tag{6}$$

式中：v_s 为振动烈度，mm/s；V_x、V_y、V_z 为分别为 X、Y、Z 三个相互垂直的方向上的振动速度均方根值，mm/s；N_x、N_y、N_z 为分别为 X、Y、Z 三个方向上的测点数。

振动速度均方根按式（7）计算[9]：

$$V_{\mathrm{rms}} = \sqrt{\frac{1}{T}\int_0^T V^2(t)\,\mathrm{d}t} \tag{7}$$

式中：V_{rms} 为振动速度均方根值，mm/s；$V(t)$ 为振动速度随时间变化的函数，mm/s；T 为测量周期，s。

5.2 测量仪器

本次振动烈度测量使用仪器为 B&K 公司生产的 LAN-XI 数据采集系统，仪器经过计量检定且在检定有效期内。

5.3 测量方法

（1）测点布置。

泵站机脚振动加速度测量和泵站振动烈度测量可同时进行，在泵站振动测量时，应将振动加速度传感器布置在泵站的安装机脚以及设备的电机、泵等振动较大的部位。本次振动烈度测量中，在液压泵站 4 个机脚及 2 个电机法兰位置各安装 1 枚三向加速度传感器，安装方式为磁铁吸附。

（2）测量频率范围。

测量系统分析频率范围设置为 10~1 000 Hz。

（3）测量工况。

测量工况同 3.3 节噪声测量工况。

5.4 数据处理

下面给出某液压泵站设备振动烈度测量数据与数据处理结果，该设备要求运行时振动烈度不超过 1.8 mm/s。

分别测量了两个工况下的振动烈度，测得的各测点振动速度有效值如表 4 所示。由式（5）计算出该设备工况 1 下机组振动烈度为 0.28 mm/s，工况 2 下机组振动烈度为 0.26 mm/s，满足不大于 1.8 mm/s 的要求。

表 4 各测点振动速度有效值

测点	工况 1 运行振动速度有效值/（mm/s）			工况 2 运行振动速度有效值/（mm/s）		
	X 方向	Y 方向	Z 方向	X 方向	Y 方向	Z 方向
1	0.174 4	0.125 1	0.221 1	0.113 9	0.094 2	0.084 7
2	0.009 5	0.014 3	0.070 7	0.014 0	0.022 8	0.070 6
3	0.007 4	0.010 2	0.050 0	0.096 8	0.017 6	0.050 1
4	0.081 5	0.065 2	0.155 2	0.135 3	0.081 2	0.250 8
5	0.740 9	0.167 6	0.193 4	0.312 3	0.098 2	0.060 6
6	0.370 6	0.101 3	0.131 4	0.677 1	0.178 6	0.233 7

6 结论

文章参考了相关国家标准，对某液压启闭机泵站噪声及振动特性进行了实地测量，通过对空气噪声、振动加速度级和振动烈度的测量参数、测量方法和数据处理的分析与测量研究，得到了设备运行状态噪声及振动特性满足标准要求的结论。针对液压启闭机泵站噪声及振动测量，本文泵站测量实例测量结论如下：

（1）泵站噪声测量中，该泵站工况 1 下平均声压级为 53.1 dB（A），工况 2 下平均声压级为

53. 3 dB（A），满足噪声不大于 82 dB（A）的要求。

（2）泵站振动加速度级测量中，该泵站工况 1 下机组 10~8 000 Hz 频带内振动加速度总级最大为 113. 8 dB，工况 2 下机组 10~8 000 Hz 频带内振动加速度总级最大为 118. 1 dB，满足振动加速度级不大于 120 dB 的要求。

（3）泵站振动烈度测量中，该泵站工况 1 下机组振动烈度为 0. 28 mm/s，工况 2 下机组振动烈度为 0. 26 mm/s，满足振动烈度不大于 1. 8 mm/s 的要求。

由于液压启闭机泵站设备类型、安装方式、测量环境、测量仪器和测量方法等的不同往往会导致设备振动和噪声的测量结果也有差异，本文详细描述的液压泵站的振动和噪声测量过程和数据处理方法，对液压泵站的振动和噪声测量具有一定的借鉴意义。

参考文献

[1] 周锋．液压启闭机在水利水电工程中的应用［J］．工程技术研究，2022，7（8）：100-102.

[2] 严根华，FIEBIG W. 液压泵振动与噪声的分析和控制研究［J］．振动．测试与诊断，1999（4）：40-43，71.

[3] 钱文，朱宜生，周兆逊，等．舰船设备振动噪声测量方法探讨［J］．环境技术，2022，40（2）：154-163.

[4] 原春晖，朱显明．舰艇机械设备噪声振动特性的测试方法［J］．舰船科学技术，2006（S2）：30-33，53.

[5] 朱胤燊，刘玉石，陈凤清．舰船设备振动、噪声测试方法探析［J］．环境技术，2019（S2）：101-106.

[6] 声学 声压法测定噪声源声功率级和声能量级 反射面上方近似自由场的工程法：GB/T 3767—2016［S］．

[7] 中国造船工程学会．船舶工程辞典［M］．北京：国防工业出版社，1988：818.

[8] 舰船设备噪声、振动测量方法：GB/T 4058—2000［S］．

[9] 船舶机舱辅机振动烈度的测量和评价：GB/T 16301—2008［S］．

[10] 声学 机器和设备发射的噪声在一个反射面上方可忽略环境修正的近似自由场测定工作位置和其他指定位置的发射声压级：GB/T 17248. 2—2018［S］．

水闸安全检测的影响因素及对策的探讨

马志飞　商灵宝

（北京海天恒信水利工程检测评价有限公司，北京　100038）

摘　要：水闸是我国除害兴利水利基础设施的组成部分，它的运行安全直接关系国民经济发展、社会秩序和人民生命财产安全，因此如何做好水闸的安全检测工作尤为重要。本文旨在通过对水闸安全检测工作存在问题的分析，总结水闸安全检测工作的影响因素，提出解决对策，就如何避免安全检测工作不能达到预期效果进行探讨。

关键词：水闸；安全检测；影响因素；对策；探讨

1　概述

我国已建成各类型水闸数十万座，大量水闸已进入安全检测周期，因此安全检测工作已成为检测机构的重要工作内容。在安全检测过程中，由于未有效开展合同评审、技术资料收集不全面、检测工作存在不符合、管理单位配合不到位及内外部因素干扰，造成了安全检测工作返工，不能按要求提交成果等后果。本文根据以往检测工作经验，结合案例，总结影响安全检测工作的诸多因素，帮助检测机构和检测人员更好地完成水闸的安全检测工作。

2　水闸安全检测工作影响因素

2.1　未按要求开展合同评审或评审内容格式化

合同评审是检测机构了解客户需求，对自身技术及资质情况是否满足客户要求的重要活动。由于合同评审活动未按要求开展或评审格式化，往往会对检测工作带来以下影响：

（1）对客户要求及重点关注内容不清楚，造成检测重点及方向出现偏差，无法满足客户的要求。

（2）对自身的技术能力和资质情况是否满足客户的要求未进行评审，往往会造成技术力量准备不充分及超资质检测，给检测单位自身带来了风险。

（3）对客户的工期要求没有进行充分评估，造成不能按时提交检测成果的后果。

（4）对水闸管理范围不了解，造成检测工作的不全面或漏项。检测过程中通常按照经验关注闸室段的内容，忽略上下游连接段、道路、护坡及堤防等内容，无法为安全复核提供全面的数据支撑，不能全面反映工程质量。

2.2　资料收集不全面

资料收集是安全检测工作顺利开展的重要前提，近年建成的水闸资料保存是相对完整的，尤其是中大型水闸。但对于年限久的水闸，尤其是中小型水闸，资料较少或根本没有相关资料，这对安全检测工作产生了较大的影响，造成工程的基本信息未知、检测产品资料缺失、检测数据不完整及检测结果无法评价的情况。如钢闸门的腐蚀检测，没有板厚的设计资料，就无法对闸门的腐蚀程度进行评价。

作者简介：马志飞（1983—），男，工程师，主要从事水利工程质量检测工作。

2.3 检测工作不符合

检测机构是否建立和保持完整、适用的不符合处理程序将直接影响检测成果的准确性和正确性。下面阐述了由于检测方法、检测比例、检测人员技术水平及经验等方面的不符合造成的影响。

（1）检测方法的不符合。

选择正确的检测方法是保证检测成果正确性的必要条件，检测方法出现偏差，会影响检测成果的准确性，给客户及安全复核提供错误的依据。下面列举 2 个检测方法选择偏差的案例。

例 1：检测人员依据 JGJ/T 23—2011 标准，采用回弹法检测龄期 5 000 d 的混凝土闸墩共 5 个构件，未进行取芯修正。闸墩设计强度为 C25，检测结果推定混凝土抗压强度值范围为 25.2～26.1 MPa，检测结论满足设计要求。后期安全复核也使用了该检测数据对闸墩的结构安全进行了复核计算。

例 2：某水闸钢闸门主要结构件型号不清，在进行材料检测时，使用硬度计进行硬度检测，判断材料材质为 Q235B。

（2）检测比例的不符合。

检测人员没有准确掌握安全检测抽样检测比例，会造成漏检及检测结论代表性不足。

（3）检测人员的不符合。

由于检测人员的技术水平不够、经验不足、专业基础不扎实，对水闸折旧年限、报废标准不清，对检测结果分析能力欠缺，往往会导致检测结论错误。

例 3：检测人员采用超声波法检测平面钢闸门主梁腹板与边梁腹板组合焊缝的内部缺陷时，发现了未焊透缺陷，检测人员认为该焊缝为二类焊缝，可部分焊透，评为合格。

2.4 管理单位配合不到位

水闸安全检测工作实际上会对现场管理单位的工作造成一定的干扰和影响，如变压器的检测需要断开高压侧和低压侧的线路，造成短时间停电的情况；启闭机的运行需要运行管理单位协调防办并指派操作人员。检测期间也会涉及用水、用电等配合，一旦沟通不畅，配合不到位，就可能造成某些检测项目滞后或无法正常开展的局面。

2.5 内外部因素的干扰

内外部因素的干扰，尤其是客户的意见，时常会影响安全检测结论的判定。

例 4：某水闸 1995 年竣工，2010 年进行了第二次安全鉴定，结论为二类闸，管理单位筹措资金于 2015 年对该水闸进行了大修，2020 年该水闸进行第三次安全鉴定工作。在鉴定和安全检测工作开展前，客户暗示这个水闸刚进行了大修，安全检测应该是一类闸或二类闸。检测机构经过检测后发现水闸混凝土和金属结构存在较多质量缺陷，均评定为不安全（C 级），安全复核中的金属结构安全评为 C 级，该水闸应评为三类闸，如果按照客户的意见将该水闸评为一类闸或二类闸，将会给工程的运行带来较大安全隐患。

3 水闸安全检测工作影响因素的对策

3.1 如何避免因未开展合同评审或评审格式化的影响

（1）检测机构在安全检测合同签订前，应认真开展合同评审，与客户充分沟通，了解客户需求，保证客户提出的质量要求或其他合理要求。合同评审不能事后补做，不能局限于形式，内容格式化。

（2）对自身技术能力、资源配置及资质情况等多方面进行评审，对存在分包情况应征得客户书面同意。若有关要求发生修改或变更，需进行重新评审。如对客户要求或合同有不同意见，应在签约之前协调解决。

（3）了解客户工期要求，详细告知客户检测期间影响工期的各种情况。安全检测周期最好包含一个完整的运行期，可以全面反映水闸在各个运行期的状态。对于在工期要求内，不具备检测条件的项目，合同评审时与客户做好沟通，通过采用其他方法对水闸质量进行评价。

（4）了解水闸的管理范围及水闸不同时期的建设内容。水闸后期维护保养、大修、除险加固及遗留问题处理等建设内容，都是安全检测需要重点关注的内容。

3.2 全面的收集资料

（1）按照“导则”要求，提出收集资料清单。

（2）运行管理单位指定专人对接，逐一落实清单内容。

（3）咨询原设计单位、建设单位及相关检测单位。

（4）走访水闸运管人员及当地居民，了解工程建设过程。

3.3 如何避免因不符合工作产生的影响

（1）选择正确的检测方法。

检测人员应了解选用检测方法的适用范围及局限性，按照工程设计引用的标准方法开展检测，没有明确要求的，优先采用国家和水利行业强制性标准及标准强制性条文要求的规程或者方法，标准方法应现行有效。现场检测宜采用无损检测方法，如采用有损检测方法宜选择结构构件受力较小的部位，不应损害结构的安全性并及时修复。检测方法应在检测机构资质认定范围内，不得超资质检测。

例1的案例中，检测人员依据JGJ/T 23—2011标准，采用回弹法检测龄期为5 000 d的混凝土抗压强度时主要存在两点问题：首先，检测人员未优先采用水利行业标准SL/T 352—2020进行检测；其次，检测人员忽略了回弹法检测混凝土抗压强度的龄期为14～1 000 d的范围要求，对龄期较长的老龄混凝土可以采用钻芯对其进行修正或检测条件允许下直接采用钻芯法检测混凝土抗压强度。对由于结构特殊性不具备钻芯修正或钻芯法检测时，可采用修正系数对老龄混凝土强度进行修正。

例2的案例中，主要说明了检测人员选择的方法不全面。对于材质检测，按照规范要求，在无法取样进行机械性能试验时，材料检测需要分析化学成分，同时测量硬度换算得到材料的抗拉强度值，综合以上两种方法分析才能确定材料的型号。

通过以上2个检测案例不难发现，只有选择正确的检测方法，才能得到正确的数据和结论，为安全复核提供正确的支撑。

（2）确定正确的抽样比例。

按照《水闸安全评价导则》（SL 214—2015）（以下简称“导则”）要求，水闸检测应选取全面反映工程实际安全状态的闸孔进行抽样检测。抽样比例应综合闸孔数量、运行情况、检测内容和条件等因素确定。抽样应具有代表性，闸孔检测抽样时，对边孔、有缺陷的部位、使用频率高的闸孔应进行全部检测。外观质量无明显差异，质量较好的可随机抽样，比例不低于表1中的最小抽样比例。

表1 多孔水闸闸孔抽样检测比例

多孔水闸闸孔数	≤5	6～10	11～20	≥20
抽检比例/%	100～50	50～30	30～20	20

要重点考虑特殊情况，如检测比例涉及病险分类与加固范围的，应根据实际情况具体分析，抽样的代表性要足够，抽样的比例不受表1的比例限制。

（3）如何避免由于人员技术水平及经验不足造成检测结果的错误。

安全检测工作技术性强、涉及面广、技术经验重要，检测人员应具有相应的检测资格。例3案例主要是由于检测人员对规范学习理解得不够，对焊缝类别判断不准确，导致误判。根据规范规定，平面钢闸门的主梁腹板和边梁腹板的组合焊缝为一类焊缝，一类焊缝的组合焊缝应为完全焊透焊缝，不能存在未焊透内部缺陷。对于检测人员的技术水平和经验不足情况，应加强检测人员的技术培训，拓展学习范围。检测工作开展前应组织技术交底，由经验丰富的技术人员宣贯安全检测的重点、难点及注意事项，避免造成数据失真、结果错误及不能真实反映工程质量的情况发生。

对于出现的不符合工作，检测单位要评价不符合工作带来的影响，处理不符合。当评价表明不符合可能再度发生，或对检测机构的运作与其政策和程序的符合性产生怀疑时，应立即执行纠正措施程序。当不符合可能影响检测数据和结果时，应通知客户，并取消不符合所产生相关结果。

3.4 与配合单位建立良好的沟通，顺利完成检测工作

检测工作的顺利开展离不开运行管理单位及上级主管单位的支持。安全检测前，首先可由上级主管单位根据安全检测计划下发文件，告知安全检测范围、时间，明确运行管理单位的责任和义务。其次要与现场管理单位保持良好、融洽的沟通关系，详细告知本次安全检测需要配合的工作，在满足检测的前提下尽量不影响运行管理单位的工作。

相信通过做好以上几点，运行管理单位会积极配合安全检测工作，达到工作顺利开展的目的。

3.5 避免内外部因素的干扰

（1）检测机构应建立和保持维护公正和诚信的程序，做好全员宣贯。

（2）检测机构及人员应公正、诚信地从事检验检测活动，确保检测机构及其人员与客户、数据使用方不存在影响公平公正的关系。

（3）避免本机构的相关部门和人员的不正当的干预。

（4）加强员工廉洁教育，提升员工风险意识，遵守职业操守。

4 建议

（1）以往水闸建筑物基础的不均匀沉降检测时，发现很多水闸没有永久的观测点及坐标点，这种情况在中小型水闸中尤为明显。这样检测沉降就没有实际意义，因为检测到的数据不知是施工原因造成建筑物本身的尺寸偏差，还是基础沉降产生的。因此，建议运行管理单位在工程建设或首次安全检测时，建立永久观测点，作为初始数据并长期保存，以便后续的检测与之比对，掌握真实、准确的建筑物沉降情况。

（2）在以往的安全检测过程中，经常发现钢筋数量和直径不满足设计要求的情况，而安全复核以设计钢筋数量和直径进行，这样就可能会存在偏差。建议“导则”修编时增加钢筋数量和直径的检测内容，这样可以为安全复核提供准确的数据支撑。

5 结语

相信通过以上对安全检测影响因素的总结及对策的探讨，使检测机构和检测人员得到启示，少走弯路，对安全检测工作有更充分的认识，为客户及安全复核提供满意的检测结果及数据支撑。

参考文献

[1] 中华人民共和国水利部. 水闸安全评价导则：SL 214—2015 [S]. 北京：中国水利水电出版社，2015.

水分蒸发抑制剂对白鹤滩水电站大坝四级配混凝土性能影响研究

黄仁阔　陈江涛　胡洪涛

（长江三峡技术经济发展有限公司，湖北宜昌　443133）

摘　要：白鹤滩地处干热河谷气候，常年大风高温，混凝土运输、施工过程中水分损失过快。本文以白鹤滩水电站大坝四级配混凝土为基准，开展内掺水分蒸发抑制剂对混凝土的性能影响研究，结果表明：掺水分蒸发抑制剂混凝土抗压和劈拉强度表现出略微增长趋势，极限拉伸、轴拉强度、抗冻、抗渗相对于基准混凝土基本一致，干缩相对于基准混凝土略有缩小，自生体积变形两者基本一致。

关键词：白鹤滩水电站；大坝四级配混凝土；水分蒸发抑制剂；混凝土性能影响

1　引言

白鹤滩水电站位于金沙江下游四川省宁南县和云南省巧家县境内，距巧家县城45 km，上接乌东德梯级，下邻溪洛渡梯级，是长江开发治理的控制性工程，工程以发电为主，兼顾防洪，并有拦沙、发展库区航运和改善下游通航条件等综合利用功能，是西电东送骨干电源点之一[1]。

白鹤滩库区属金沙江边河谷亚热带，具有典型的干热河谷特征。坝区多年平均气温21.7 ℃，多年平均降水量715.9 mm，多年平均蒸发量2 306.7 mm；每年大于七级以上大风的天数达239 d；多年平均相对湿度53%[2]。干热河谷气候条件下，白鹤滩水电站大坝四级配混凝土采用了掺高效减水剂和高掺Ⅰ级粉煤灰，低坍落度、单方混凝土低用水量等技术方案，而在运输、浇筑过程中的水分蒸发问题特别突出，快速失水引起的湿度梯度和应力集中会造成混凝土塑性开裂和干燥开裂。多层浇筑时，层间结合面若浇筑时间偏长，容易因水分快速损失加速混凝土表层初凝结壳，会导致层与层之间界面形成薄弱面，增加安全隐患[3-4]。因此，加强混凝土的养护，减少混凝土表层的水分蒸发，抑制因水分蒸发引起的开裂和降低初凝时间，对提高水工混凝土耐久性和结构安全具有重要的意义。

谢迁等从混凝土养护剂角度探讨了不同种类养护剂的作用机制及效果[5]，认为其能显著改善混凝土的综合性能，且省工省时、节能节水。刘家平、王瑞等采用乳化长链脂肪醇的技术制备出可以在空气/水界面上自铺展形成连续、无缺陷的单分子膜的塑性混凝土水分蒸发抑制剂[6-7]。鹿永久和熊明等针对水分蒸发抑制剂对混凝土强度影响开展了部分研究[8-9]，但未对水分蒸发抑制剂对混凝土耐久性和变形性能影响进行论证。

鉴于此现状，本研究主要采用白鹤滩水电站大坝四级配混凝土，开展水分蒸发抑制剂对大坝混凝土力学、耐久性和变形性能的影响试验，为水分蒸发抑制剂在白鹤滩工程中的应用可行性提供技术支撑。

2　技术方案

试验选取大坝$C_{180}40F_{90}300W_{90}15$四级配混凝土配合比，采用低热水泥、Ⅰ级粉煤灰、灰岩砂石

作者简介：黄仁阔（1991—），男，工程师，主要从事水工混凝土原材料及混凝土性能研究工作。

骨料、高效减水剂、引气剂，出机坍落度按 30～50 mm 控制，引气剂掺量以含气量达到（5.0±0.5）%为准，开展掺与不掺水分蒸发抑制剂混凝土性能比对，水分蒸发抑制剂采用内掺的方式，掺量为 400 g/m^3（Ereducer®-101 母液）。

试验内容包括：混凝土拌和物性能，7 d、28 d、90 d 和 180 d 龄期混凝土抗压强度和劈拉强度，28 d 和 180 d 龄期极限拉伸值和轴拉强度，90 d 龄期抗冻性能和抗渗性能，干燥收缩性能和自生体积变形性能。

3 试验

3.1 原材料

（1）水泥。试验采用 42.5 低热硅酸盐水泥，水泥性能检测结果见表 1。

表 1 水泥性能检测结果

生产厂家及品种	比表面积/(m^2/kg)	标准稠度/%	安定性	抗压强度/MPa		抗折强度/MPa		MgO/%	SO_3/%	碱含量/%	烧失量/%	水化热/(kJ/kg)	
				7 d	28 d	7 d	28 d					3 d	7 d
P·LH 42.5	321	25.4	合格	22.5	46.6	5.0	7.7	4.54	2.04	0.39	0.70	194	235
GB 200—2003	≥250	—	合格	≥13.0	≥42.5	≥3.5	≥6.5	4.0~5.0	≤3.5	≤0.55	≤3.0	≤230	≤260

（2）粉煤灰。试验采用Ⅰ级粉煤灰，粉煤灰品质检测结果见表 2。

表 2 粉煤灰品质检测结果

生产厂家及品种	细度/%	需水量比/%	烧失量/%	碱含量/%	SO_3/%	CaO/%	f-CaO/%
F 类Ⅰ级	5.7	93	3.62	1.80	0.42	3.43	0.3
DL/T 5055—2007	≤12.0	≤95	≤5.0	—	≤3.0	—	≤1.0

（3）高效减水剂和引气剂。试验采用高效减水剂引气剂已检各项指标的检测结果均满足规范要求。

（4）水分蒸发抑制剂。试验采用的水分蒸发抑制剂已检各项指标的检测结果均满足《混凝土塑性阶段水分蒸发抑制剂》（JG/T 477—2015），水分蒸发抑制剂检测结果见表 3。

表 3 水分蒸发抑制剂检测结果

外加剂品种	密度/(g/cm^3)	pH 值	氯离子含量/%	水分蒸发抑制率/%	抗压强度比/%	
					7 d	28 d
水分蒸发抑制剂	0.989 0	6.76	0.06	30.0	125	118
JG/T 477—2015	1.00±0.02	7.0±1.0	≤0.2	≥25	≥100	≥100

（5）砂石骨料。试验采用的灰岩砂石骨料均满足规范要求。

3.2 混凝土配合比

试验选取大坝 $C_{180}40F_{90}300W_{90}15$ 四级配混凝土配合比，进行掺与不掺水分蒸发抑制剂混凝土性能影响研究，配合比参数见表 4。

表 4　混凝土配合比参数

编号	混凝土设计强度	级配	水胶比	粉煤灰掺量/%	减水剂掺量/%	水分蒸发抑制剂/g	砂率/%	混凝土材料用量/（kg/m³）				
								水	水泥	粉煤灰	砂	石
基准	$C_{180}40F_{90}300W_{90}15$	四	0.42	35	0.50	0	22	79	122	66	485	1 724
YZJ		四	0.42	35	0.50	400	22	79	122	66	485	1 724

注：1. 引气剂掺量以达到含气量设计要求为准。

2. 混凝土设计含气量均为（5.0±0.5）%，设计坍落度均为 30~50 mm。

3. 四级配：特大石：大石：中石：小石=23：30：24：23。

4. 表中“基准”表示未掺水分蒸发抑制剂，“YZJ”表示掺水分蒸发抑制剂。

4　试验结果及分析

4.1　拌和物性能

依据《水工混凝土试验规程》（DL/T 5150—2017）开展混凝土拌和物性能试验，试验结果见表 5。

表 5　混凝土拌和物性能试验结果

编号	坍落度/mm	含气量/%	1 h 后		1 h 经时损失率		泌水率/%	凝结时间/min	
			坍落度/mm	含气量/%	坍落度/%	含气量/%		初凝	终凝
基准	36	5.0	18	3.5	50.0	30.0	2.6	780	1 045
YZJ	35	5.2	20	3.6	42.9	30.7	1.1	753	1 034

由表 5 的试验结果可知，在相同的配合比参数下，内掺水分蒸发抑制剂对混凝土的坍落度、含气量、凝结时间以及含气量经时损失基本无影响，泌水率和坍落度经时损失有所降低。

4.2　力学性能

依据 DL/T 5150—2017 开展混凝土力学性能试验，试验结果见表 6。

表 6　混凝土力学性能试验结果

编号	抗压强度/MPa				劈拉强度/MPa				极限拉伸值/（$\times10^{-6}$）			轴拉强度/MPa		
	7 d	28 d	90 d	180 d	7 d	28 d	90 d	180 d	28 d	90 d	180 d	28 d	90 d	180 d
基准	13.3	29.3	45.2	51.3	1.08	1.97	2.97	3.25	88	112	120	2.49	3.31	3.81
YZJ	15.7	31.4	49.8	53.6	1.17	2.17	2.90	3.30	80	110	118	2.32	3.32	3.70

由表 6 的试验结果可知，与基准混凝土相比，掺水分蒸发抑制剂的混凝土抗压强度和劈拉强度略高，极限拉伸值和轴拉强度略低，相差均不大。

4.3　耐久性性能

依据 DL/T 5150—2017 开展混凝土耐久性性能试验，试验结果见表 7 和表 8。

表 7　混凝土抗冻性能试验结果

编号	龄期/d	设计抗冻等级	质量损失率（%）/相对动弹模量（%）						试验结果
			50 次	100 次	150 次	200 次	250 次	300 次	
基准	90	$F_{90}300$	0/95.5	0.1/92.3	0.2/89.4	0.3/84.1	0.3/81.3	0.5/80.4	>F300
YZJ		$F_{90}300$	0/96.8	0.1/93.5	0.2/90.5	0.2/89.7	0.2/87.4	0.3/84.2	>F300

表 8 混凝土抗渗性能试验结果

编号	龄期/d	设计抗渗等级	最大水压力/MPa	渗水高度/mm							试验结果
				1	2	3	4	5	6	平均	抗渗等级
基准	90	$W_{90}15$	1.6	4	3	4	5	4	3	3.8	>W15
YZJ		$W_{90}15$	1.6	3	4	3	4	3	4	3.5	>W15

由表 7 和表 8 试验结果可知，与基准混凝土相比，掺水分蒸发抑制剂的混凝土抗冻和抗渗结果基本一致，相差均不大。

4.4 干缩

依据 DL/T 5150—2017 开展混凝土干缩试验，试验结果见表 9。

表 9 混凝土干缩性能试验结果

编号	干缩率/（$\times10^{-6}$）										
	1 d	3 d	7 d	14 d	21 d	28 d	42 d	60 d	90 d	180 d	360 d
基准	20	30	61	111	133	168	192	234	255	263	267
YZJ	13	28	57	101	127	158	186	225	234	242	246

由表 9 试验结果可知，与基准混凝土相比，掺水分蒸发抑制剂的混凝土干缩率略小。

4.5 自生体积变形

依据 DL/T 5150—2017 开展混凝土自生体积变形试验，试验结果见表 10 和图 1。

表 10 混凝土自生体积变形试验结果

编号	自生体积变形/（$\times10^{-6}$）														
	1 d	2 d	3 d	4 d	5 d	6 d	7 d	10 d	14 d	18 d	21 d	24 d	28 d	34 d	38 d	42 d
	48 d	56 d	60 d	65 d	72 d	80 d	90 d	120 d	150 d	180 d	210 d	240 d	270 d	300 d	360 d	—
基准	0	3.0	3.5	4.1	4.3	5.6	6.5	8.7	8.7	5.9	4.5	3.5	0.9	-3.6	-5.2	-6.9
	-7.2	-5.8	-4.0	-3.7	-1.9	-0.1	2.0	2.9	4.1	5.6	7.7	8.0	8.5	8.6	8.8	—
YZJ	0	3.3	3.8	4.5	4.6	5.6	6.4	9.2	9.1	6.1	5.0	4.1	1.0	-2.6	-4.6	-4.9
	-5.9	-4.6	-2.8	-1.4	-0.8	0.4	2.5	3.4	4.7	6.1	8.4	8.6	8.9	9.0	9.2	—

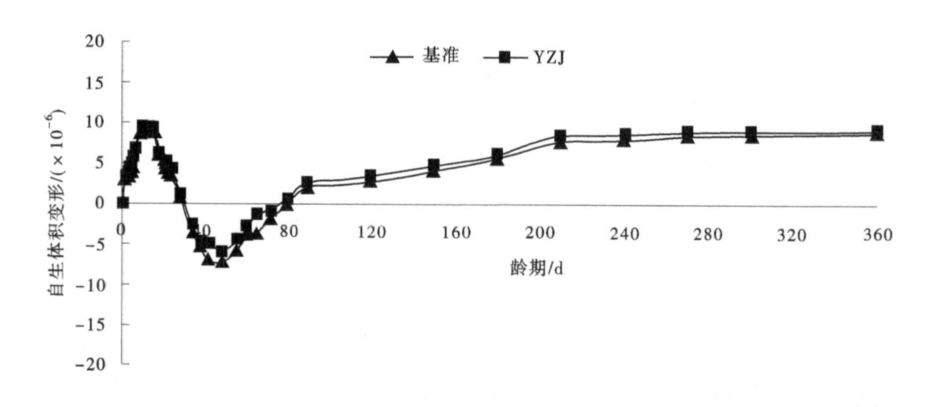

图 1 混凝土自生体积变形试验结果

由表 10 和图 1 试验结果可知，基准混凝土和掺水分蒸发抑制剂混凝土的自生体积变形均表现为先膨胀后收缩再膨胀，趋势完全相同，各龄期自生体积变形试验结果均相近，表明掺水分蒸发抑制剂对混凝土的自生体积变形试验结果无影响。

5 结语

针对白鹤滩水电站大坝四级配混凝土，采用内掺法开展掺水分蒸发抑制剂混凝土的拌和物性能、力学性能、耐久性能、变形性能试验研究，并在相同的配合比参数下，与不掺水分蒸发抑制剂的基准混凝土进行了对比分析，结果表明：

（1）采用大坝混凝土配合比，掺水分蒸发抑制剂混凝土的抗压强度、劈拉强度、极限拉伸值、抗冻性、抗渗性等各项性能均满足设计要求。

（2）内掺水分蒸发抑制剂对混凝土的坍落度、含气量、凝结时间以及含气量经时损失基本无影响，泌水率和坍落度经时损失有所降低。

（3）掺水分蒸发抑制剂的混凝土抗压强度和劈拉强度略高，极限拉伸值和轴拉强度略低，相差均不大。

（4）掺水分蒸发抑制剂对混凝土的抗冻、抗渗性能无影响。

（5）掺水分蒸发抑制剂的混凝土干缩率略小。

（6）掺水分蒸发抑制剂的混凝土自生体积变形趋势与基准完全相同，各龄期自生体积变形试验结果均相近。

参考文献

[1] 樊启祥，汪志林，吴关叶．金沙江白鹤滩水电站工程建设的重大作用［J］．水力发电，2018，44（6）：1-6，12.

[2] 罗龙海，王玮，陈洋．大型水电站施工期环境保护与管理——以白鹤滩水电站为例［J］．水电与新能源，2018，32（2）：70-74.

[3] 李磊，王伟，田倩，等．《混凝土塑性阶段水分蒸发抑制剂》JG/T 477—2015 标准解读［J］．混凝土与水泥制品，2016（3）：75-78.

[4] 王伟，李明，李磊，等．水分蒸发抑制剂对水工混凝土分层浇筑时性能的影响［C］//中国大坝工程学会．水利水电工程建设与运行管理技术新进展——中国大坝工程学会 2016 学术年会论文集，2016：462-469.

[5] 谢迁，陈小平，温丽瑗．混凝土养护剂的发展现状与展望［J］．硅酸盐通报，2016，35（6）：1761-1766，1771.

[6] 刘加平，田倩，缪昌文，等．二元超双亲自组装成膜材料的制备与应用［J］．建筑材料学报，2010，13（3）：335-340.

[7] 王瑞，刘加平，李磊. 一种混凝土养护剂的制备方法［P］. CN 103408324A，2013.

[8] 鹿永久，王瑞，王伟，等，水分蒸发抑制剂对乌东德水电站混凝土强度的影响研究［J］．新型建筑材料，2018（10）：8-11.

[9] 熊明．单分子层水分蒸发抑制剂在水工混凝土浇筑中的应用研究［J］．水利技术监督，2021（3）：85-88.

免装修混凝土配合比设计与性能研究

曾　涛　于俊洋　胡洪涛　黄仁阔　陈江涛

（长江三峡技术经济发展有限公司，湖北宜昌　443133）

摘　要：免装修混凝土是通过在模板制作、安装和混凝土配合比设计、拌和、浇筑过程中，采取一系列的精细化控制手段，使混凝土浇筑硬化后表面密实平整、色泽均匀、无裂缝，以混凝土自然质感为饰面效果的混凝土。白鹤滩工程地下洞室系统规模大、施工项目多、工期紧，为节省时间、节约投资，同时提高混凝土外观质量，开展了免装修混凝土配合比设计优化室内试验，借助图像处理的手段对混凝土外观进行评价，综合考虑力学性能及耐久性能，提出推荐施工配合比，为厂房免装修混凝土施工提供技术支持。

关键词：免装修混凝土；配合比；图像处理；混凝土性能

免装修混凝土是通过在模板制作、安装和混凝土配合比设计、拌和、浇筑过程中，采取一系列的精细化控制手段，使混凝土成型后表面密实平整、色泽均匀、无裂缝，以混凝土自然质感为饰面效果的混凝土[1-2]。

白鹤滩水电站是当今世界在建规模最大、技术难度最高的水电工程，建成后为仅次于三峡水利枢纽工程的世界第二大水电站。为保证工程质量，节约装修成本，加快工程进度，提升混凝土结构外露面的美观性，助力白鹤滩水电站精品工程建设，白鹤滩水电站左、右岸引水发电系统主厂房机墩层、风罩层、水轮机层等部位均采用不掺粉煤灰的免装修混凝土。为了保证免装修混凝土的质量满足设计要求，根据免装修混凝土的技术要求和应用部位，白鹤滩试验中心开展了普通硅酸盐水泥和低热硅酸盐水泥不掺粉煤灰免装修混凝土配合比设计室内试验。

试验希望通过原材料性能检测、配合比设计与优化和图像处理技术等手段，配制出施工性能良好、外观质量良好、力学性能及耐久性合格的免装修混凝土，提出推荐免装修混凝土配合比，为工程施工提供参考。

1　原材料及配合比设计

1.1　原材料性能

试验采用的P·LH 42.5低热硅酸盐水泥（以下简称“低热水泥”）和P·O 42.5普通硅酸盐水泥（以下简称“普硅水泥”）物理性能检测结果见表1。

表1　水泥物理性能检测

厂家及强度等级	标准稠度/%	比表面积/(m^2/kg)	凝结时间/min		抗压强度/MPa			抗折强度/MPa			安定性
			初凝	终凝	3 d	7 d	28 d	3 d	7 d	28 d	
华新P·LH42.5	23.8	330	220	295	21.1	46.3	4.7	7.1	合格	23.8	330
白鹤滩P·042.5	27.0	335	176	246	29.8	51.7	5.8	8.5	合格	27.0	335

作者简介：曾涛（1995—），男，助理工程师，主要从事水工混凝土原材料及混凝土性能研究工作。

试验所用的减水剂为龙游五强混凝土外加剂有限责任公司生产的ZB-1C800高性能减水剂、江苏博特新材料有限公司生产的PCA-1高性能减水剂，引气剂为长安育才GK-9A引气剂。减水剂和引气剂已检各项指标的检测结果均满足三峡企业标准《拱坝混凝土用外加剂技术要求及检验》（Q/CTG 18—2015）要求，外加剂品质检测结果见表2。

表2　外加剂品质检测结果

品种及型号		掺量/%	减水率/%	泌水率比/%	含气量/%		坍落度/mm		凝结时间差/min		抗压强度比/%		
					初始值	1 h经时保留值	初始值	1 h经时保留值	初凝	终凝	3 d	7 d	28 d
减水剂	ZB-1C800	0.6	29.3	59.1	2.4	—	210	195	+130	+145	—	238	179
减水剂	PCA-1	0.6	27.4	49.5	2.3	—	200	170	+195	+200	—	225	182
引气剂	GK-9A	0.004	7.1	63.0	4.2	3.7	—	—	+20	+35	98	99	98

试验所用的骨料为现场砂石骨料生产系统生产的玄武岩砂石骨料，按《水工混凝土砂石骨料试验规程》（DL/T 5151—2014）进行检测，所检指标的结果均满足《水工混凝土施工规范》（DL/T 5144—2015）要求。细骨料品质检测结果见表3，粗骨料品质检测结果见表4。

表3　细骨料技术指标

品种规格	细度模数	石粉含量/%	表面含水率/%	吸水率/%	表观密度/(kg/m³)	云母含量/%	硫化物/%	坚固性/%	泥块含量/%
玄武岩人工砂	2.65	13.3	5.8	2.1	2 820	0	0.14	3	0.14

表4　粗骨料技术指标

规格/mm	超径/%	逊径/%	中径筛余/%	含泥量/%	表观密度/(kg/m³)	针片状含量/%	压碎值/%	吸水率/%	坚固性/%	硫化物/%
5~20（玄武岩）	3	6	57	0.2	2 880	无	3	4.6	0.86	0.07
20~40（玄武岩）	3	2	45	0.1	2 860	无	2	—	0.53	0.06

1.2　混凝土配合比设计

根据所需免装修混凝土的设计强度和所用原材料的性能指标，按《水工混凝土配合比设计规程》（DL/T 5330—2015）[3] 的相关规定选取混凝土配合比的基本参数如下：普硅水泥混凝土试验水胶比为0.43和0.45，低热水泥混凝土试验水胶比选取0.41和0.43；骨料级配为一级配和二级配；选取一级配砂率为47%，二级配砂率为44%；龙游减水剂掺量为0.5%，博特减水剂掺量为0.65%。混凝土配合比技术要求见表5。根据所选混凝土配合比的基本参数和外加剂掺量不同组合，初步计算混凝土配合比，参数见表6。

表5　混凝土配合比技术要求

强度等级	级配	龄期/d	抗冻	抗渗	混凝土种类	坍落度/mm	是否掺粉煤灰
C30	一、二	28	F100	W10	泵送	140~160 160~180	否

表 6　混凝土室内试验配合比

序号	级配	水胶比	水用量/(kg/m³)	水泥用量/(kg/m³)	砂率/%	减水剂厂家及掺量/%	引气剂掺量/(/万)	设计坍落度/mm	实测坍落度/mm	实测含气量/%	析水	含砂情况	拌和物性能
普 MZX-0	二	0.43	170	395	44	龙游 0.5	0	140~160	156	2.5	无	中	良好
普 MZX-1	二	0.43	156	363	44	龙游 0.5	0.30	140~160	156	7.0	无	中	良好
普 MZX-2	二	0.45	156	347	44	龙游 0.5	0.15	140~160	155	5.5	无	中	良好
低 MZX-3	二	0.41	135	329	44	龙游 0.5	0.15	160~180	182	5.5	无	中	一般
低 MZX-4	二	0.43	135	314	44	龙游 0.5	0.15	160~180	178	5.3	无	中	良好
低 MZX-5	二	0.41	135	329	44	龙游 0.5	0	140~160	143	3.0	无	中	良好
普 MZX-6	二	0.43	175	407	44	龙游 0.5	0	160~180	172	5.2	无	中	良好
普 MZX-7	一	0.43	185	430	47	龙游 0.5	0	160~180	178	2.4	轻微	中	一般
低 MZX-8	二	0.41	148	361	44	龙游 0.5	0.15	160~180	182	2.4	无	中	一般
低 MZX-9	一	0.41	156	380	47	龙游 0.5	0	160~180	181	2.3	无	中	良好
低 MZX-10	二	0.41	146	356	44	博特 0.65	0	160~180	175	2.4	无	中	良好

注：(1)二级配小石:中石=50:50。

(2)配合比编号中“普”代表普硅水泥，“低”代表低热水泥。

2 试验方法

按配合比初步计算成果进行试拌，测定混凝土拌和物的工作性能，选择工作性能满足设计要求的配合比进行成型养护，脱模后对混凝土试件外观进行定量评价，选择外观质量优良的配合比方案，在此基础上进一步测定硬化混凝土的力学性能和耐久性。

2.1 试件的成型

依据《水工混凝土试验规程》（DL T 5150—2017）[4] 进行成型 150 mm×150 mm×150 mm 的标准立方体试件。

2.2 混凝土外观质量评价方法

采用 MATLAB 软件对进行混凝土表面图像进行处理与分析，通过定量计算混凝土孔隙率和和孔径分布，对混凝土外观进行评价。

2.3 混凝土力学性能与耐久性检测方法

养护至规定龄期依据《水工混凝土试验规程》（DL T 5150—2017）开展试验，其中混凝土力学性能测试龄期为 7 d、28 d，耐久性能试验测试龄期为 28 d。

3 试验结果与分析

3.1 混凝土外观质量评价

本研究采用 MATLAB 的图像处理模块对混凝土外表的孔隙率、孔径分布等参数进行定量计算，以对比各试验配合比混凝土的外观质量。选择混凝土坍落度满足要求、砂率适中、无析水、拌和物性能良好的试验组成型混凝土实验试件，1 d 龄期后脱模，待试件表面干燥后，对试件进行拍照，混凝土脱模后的外观如图 1 所示。

(a)普MZX-0　　(b)低MZX-10

图 1　脱模后混凝土外观

图像灰度化是将真彩（RGB）图像转换成灰度图像，其原理是去除 RGB 图像中的彩度和色调，仅保留图像的亮度成分[5]。本文采用加权平均值法对混凝土外观图片进行灰度化处理，再通过 Otsu 法确定灰度图的灰度阈值。取得灰度阈值后对图像进行二值化处理，即使图像中混凝土浆体与孔隙呈现 2 种极端颜色（黑或白），以提高测量的识别度，从而提高计算精度，降低计算量。当某像素点的灰度值大于阈值时，则该像素点被赋值为 1，反之则赋值为 0，为 0 的区域则为混凝土图表面的孔隙区域，得到二值化图像，如图 2 所示。

根据像素点值计算样品表面的孔隙率，即白色面积占整个图像面积的百分数，并计算其孔径分布和孔径标准差，结果如表 7 所示，孔径分布曲线如图 3 所示。

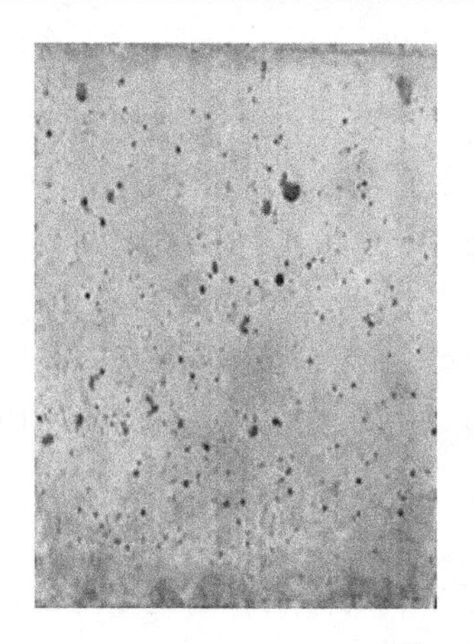

(a)普MZX-0

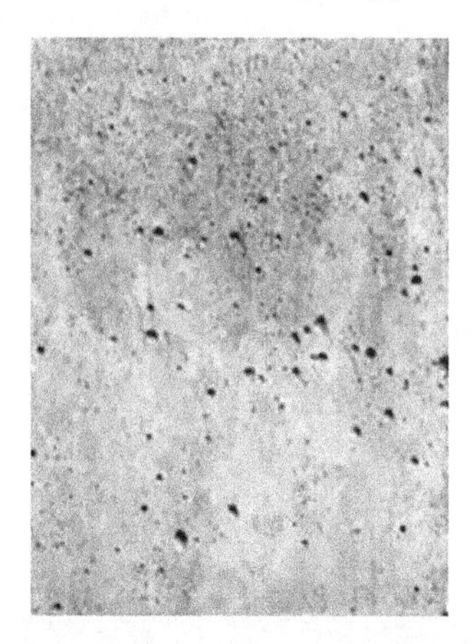

(b)低MZX-10

图 2　混凝土外观二值化图像

表 7　混凝土表面孔隙特征参数

编号		普 MZX-0	普 MZX-1	普 MZX-2	普 MZX-6	低 MZX-4	低 MZX-5	低 MZX-9	低 MZX-10
孔隙标准差		546.69	990.24	534.66	610.43	755.50	610.74	629.50	557.76
孔隙率/%		0.88	1.04	1.03	1.11	2.01	2.25	2.58	1.71
平均孔径/μm		1 127	1 593	1 117	1 146	1 170	1 354	1 247	1 182
各孔径占比/%	<1 000 μm	45.4	24.1	47.1	40.5	44.4	32.9	37.8	40.0
	1 000~2 000 μm	50.0	51.4	48.2	51.5	48.2	52.9	52.7	53.5
	2 000~3 000 μm	4.4	17.8	4.5	7.2	6.6	12.0	8.2	5.7
	3 000~4 000 μm	0.2	4.7	0.2	0.8	7.4	1.9	1.1	0.8
	>4 000 μm	0	2.0	0	0	0	0.3	0.2	0

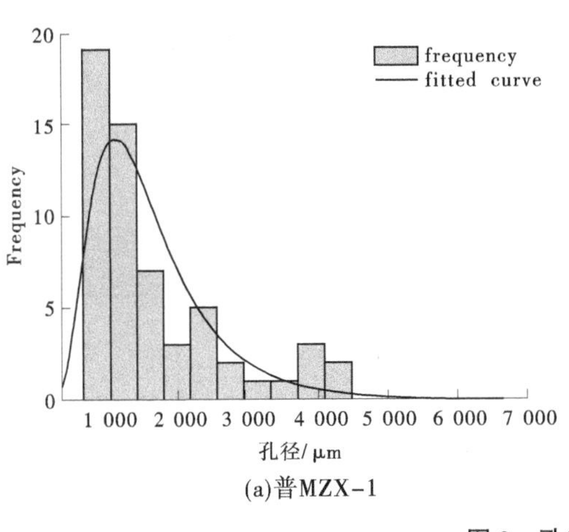

(a)普MZX-1

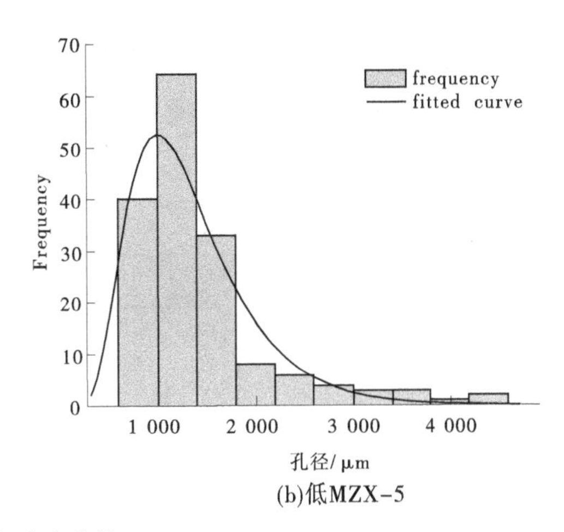

(b)低MZX-5

图3　孔径分布曲线

由计算结果可知，普硅水泥混凝土的外观孔隙率为0.88%~1.11%，低热水泥混凝土的外观孔隙率为1.71%~2.58%，普硅水泥混凝土的外观孔隙率整体小于低热水泥混凝土外观孔隙率。从平均孔径及孔径分布图可知，除普MZX-1试验组外，普硅组平均孔径较低热组更小，且普硅水泥混凝土表面孔的孔隙孔径集中于0~3 000 μm区间段，3 000 μm以上仅有少量分布，低热水泥试验组相较于普硅组，3 000 μm孔径以上分布较多，说明低热混凝土表面存在更多大孔。孔径标准差反映的是孔径的均匀程度，孔径大小越一致，标准差越小，由计算结果可知，除普MZX-1试验组外，普硅组的孔径标准差普遍小于低热组，普硅组孔径更均匀。

综上所述，普硅水泥混凝土的外观孔隙情况与低热水泥混凝土相比，孔隙率更小，孔隙孔径更小且分布更加均匀。此外，观察可知低热水泥组外观偏黑，且存在黑白色差，普硅水泥组成型的混凝土表面整体泛白、少色差。普硅水泥混凝土表面外观质量优于低热水泥混凝土，免装修混凝土配合比宜采用普通硅酸盐水泥。

3.2　混凝土力学性能和耐久性能

脱模后对试件进行标准养护，养护至规定龄期后开展力学性能试验和耐久性能试验。试验结果见表8。

表8　混凝土性能

配合比编号	抗压强度/MPa		抗渗性能	抗冻性能		
				质量损失率/%，相对动弹模量/%		抗冻等级
	7 d	28 d		50次	100次	
普MZX-0	44.7	55.9	>W10	0，74.7	2.6，48.8	<F100
普MZX-1	30.8	37.8	>W10	0，94.1	0.3，90.7	>F100
普MZX-2	33.3	42.4	>W10	0，98.2	0.1，97.7	>F100
普MZX-6	40.8	51.8	>W10	0，87.3	1.9，51.3	<F100

28 d龄期时，各试验组混凝土的抗压强度及抗渗等级均可满足设计指标的要求，抗冻性能方面未掺引气剂的试验组抗冻性较差，冻融100次循环后，相对动弹模量下降到60%以下，两组均为达设计要求。其余两组中，普MZX-2试验组冻融100次循环后，质量损失率为0.1%，相对动弹模量为97%，高于普MZX-1组的0.1%和91.7%。

3.3　推荐配合比

综合外观评价与混凝土性能试验结果，以普MZX-2试验组参数为基础配合比提出C30免装修混凝土推荐施工配合比，参数见表9。

表 9　混凝土推荐配合比

序号	设计指标	水胶比	级配	设计坍落度/mm	砂率/%	减水剂掺量/%	引气剂掺量/(1/万)	用水量/(kg/m^3)
1	C30F100W10	0.45	二	140~160	44	0.5	0.15	163
2		0.45	二	160~180	44	0.5	0.15	167

4　结论

本研究通过配合比设计与优化、图像处理等手段选择出了施工性能良好、外观质量良好、力学性能及耐久性合格的免装修混凝土施工配合比，基于试验结果给出了推荐配合比，主要得到的结论如下：

（1）普硅水泥混凝土表面孔隙率更小，孔径更小，表面外观质量整体优于低热水泥混凝土，免装修混凝土配合比宜采用普通硅酸盐水泥。

（2）引气剂的掺入可大大提升混凝土的抗冻性，但过量的引起剂可能会造成混凝土表面气孔过大，本试验最优引气剂掺量为 0.15‱。

（3）由于室内成型混凝土试块尺寸较小，试模和脱模剂较局限，试块脱模后表面气泡不能完整准确地反映现场混凝土浇筑情况，后续建议选用光洁度较高的模板和专用脱模剂，开展施工现场混凝土浇筑工艺性试验，观察拆模后混凝土表面气泡情况。

参考文献

[1] 钟琴，陈荣，杨沫．免装修混凝土在地下厂房的应用研究［J］．人民黄河，2020，42（S1）：151-152，181.
[2] 刘林，羊辉，鲜江．白鹤滩水电站百万千瓦机组风罩墙免装修混凝土的质量控制［J］．四川水力发电，2020，39（5）：38-40，44.
[3] 水工混凝土配合比设计规程：DL/T 5330—2005［S］．
[4] 水工混凝土试验规程：DL T 5150—2017［S］．
[5] 袁誉飞，梁啟成，黄照明，等．MATLAB 图像处理技术在加气混凝土孔结构研究中的应用［J］．混凝土，2012（2）：51-54.

减少水泥水化热（溶解热法）测定误差的探讨

李春艳　周官封　葛千子

（中国水电十一局有限公司中心试验室，河南郑州　450001）

摘　要： 水泥作为混凝土中应用最为广泛的胶凝材料，其水化热自然成为影响混凝土早期开裂的重要因素之一。目前，国内依据《水泥水化热测定方法》（GB/T 12959—2008）对水化热进行检测，试验精度要求较高，由于工作人员对该标准一些表述未能准确理解，结合在检测过程中遇到的问题、与其他检测单位的交流心得，拟着手研究溶解热法测定水泥水化热时的操作技巧，以期形成一套详尽的作业指导书。

关键词： 水泥水化热；溶解热法；测定误差

1　前言

随着建筑技术的发展，大体积混凝土已经成为混凝土构件不可缺少的组成形式，混凝土结构浇筑后，由于胶凝材料水化反应会产生大量的水化热，使混凝土内部温度升高，产生较大的温度应力，当温度应力超过混凝土的极限抗拉强度时，混凝土就会产生裂缝，从而对混凝土的安全性、耐久性产生不利影响。

水泥作为混凝土中应用最为广泛的胶凝材料，其水化热自然成为影响混凝土早期开裂的重要因素之一。因此，如何准确测定水泥水化热，为工程选用合适的水泥品种，成为亟待解决的问题。

目前，国内依据《水泥水化热测定方法》（GB/T 12959—2008）对水泥的水化热进行检测，然而，由于试验精度要求高，规范规定仍有细节未准确说明，结合检测过程中遇到的问题，以及与其他检测单位的交流，特成立检测部研究小组，主要研究溶解热法测定水泥水化热时的操作技巧，形成适合水化热的试验操作方案，从而在原材料方面为工程保驾护航。

2　影响因素及应对措施

水泥水化热试验精度高，对人员、设备和试验环境等都有一定要求，结合其他检测机构和以往检测的经验，试验结果的不确定度较高，返工试验的次数较多，经总结、分析，得出如下结论：

（1）人员：主要指试验人员仪器设备操作的规范性与熟练性，如试验药品的配置、温度计的读取、药品的研磨、添加药品的速度等。

（2）仪器设备：主要包括自动恒温水泥水化热测定仪、贝氏温度计、研钵、电子天平等。

（3）材料：主要指水泥规格、品种，以及试验用的一些药品，如硝酸溶液、氧化锌等。

（4）操作方法：主要指试验过程的步骤，以及一些细节性问题。

（5）试验环境：主要指试验检测间的温湿度及通风、恒温水槽的温度、硝酸溶液的温度、高温炉的温度、水泥养护温度、研磨温湿度等。

经反复试验，得出：人员操作的熟练程度、仪器设备搅拌棒的搅拌速度及环境条件（湿度）为影响试验结果的主要因素，见表1。

作者简介： 李春艳（1982—），女，高级工程师，技术质量室主管，主要从事管理体系、技术质量管理及建筑原材料化学分析试验工作。

表 1　影响试验结果的主要因素

要因	应对措施		说明
人员	加强人员学习与培训，制定简单易懂的操作方法		—
搅拌速度/（r/min）	200	测量 1 d 龄期水泥水化热，观察不同的搅拌速度对试验结果的影响	规范要求：合适的搅拌速度
	300		
	400		
环境湿度/%	50	测量 1 d 龄期水泥水化热，观察不同湿度对试验结果的影响	规范要求：不小于 50%
	60		
	70		

3　方案实施

材料：采用海拉尔蒙西水泥有限公司生产的 P. O 42. 5 水泥；

环境条件：试验室温度保持在（20±1）℃，相对湿度为 60%，室内应备有通风设备；试验期间恒温水槽内的水温应保持在（20±0. 1）℃。

3.1　确定搅拌速度

试验步骤如下。

3. 1. 1　热量计热容量的标定[1]

（1）试验前 24 h 开启循环水泵，使恒温水槽温度保持在（20±0. 1）℃，从安放温度计的插孔加入酸液［硝酸和氢氟酸共计（425±0. 1）g，酸液温度调整为 13 ℃，加入酸液过程的快慢，可导致酸液温度升高 0. 5~1 ℃］，插入温度计（禁止搅拌棒碰触温度计），试验过程中，温度计不可拔出，另外一孔用胶塞封住，开启搅拌棒，速度先后调整为 200/300/400 r/min，连续搅拌 20 min 后，读取温度，此后，每隔 5 min 读取一次温度，直至连续 3 次，上升的温度差值相等时为止。

（2）将按照规范制作并称量好的氧化锌（7±0. 001）g，通过加料漏斗徐徐加入保温瓶内，加料过程必须在 2 min 内完成，且加料不宜过快，否则会影响氧化锌的溶解，加料中途不得有损失，加料完毕盖上胶塞，避免温度散失。

（3）根据需要在溶解期分别测读 20 min、40 min、60 min、80 min、90 min、120 min 时温度计的读数。

（4）按式（1）计算：

$$C = \frac{G_0[1\ 072.0 + 0.4 \times (30 - t_a) + 0.5 \times (t - t_a)]}{R_0} \tag{1}$$

式中：C 为热量计热容量，J/℃；G_0 为氧化锌重量，g；t 为氧化锌加入热量计时的室温,℃；t_a 为溶解期第一次测读数 0°加贝氏温度计 0 ℃时相应的摄氏温度（如使用量热温数值等于 A°的读数）,℃；R_0 为经校正的温度上升值,℃。

3. 1. 2　未水化水泥溶解热的测定

（1）同热量计热容量的标定的第一步。

（2）初测温度测出后，立即将预先称好的 4 份（3±0. 001）g 未水化水泥试样中的一份在 2 min 内徐徐加入酸液中，按照水泥品种的不同，根据需要准时测读温度计读数，第二份试验重复第一份的操作。（注意，4 份质量尽量保持一致。）

（3）余下两份试样放入高温炉内 900~950 ℃灼烧 90 min，灼烧完成后放入干燥器内冷却至室温，称量，灼烧质量以两份质量平均值确定。

（4）按式（2）计算：

$$q_1 = \frac{R_1 C}{G_1} - 0.8(T' - t'_a) \tag{2}$$

式中：q_1 为未水化水泥试样的溶解热，J/g；C 为对应测读时间的热量计热容量，J/℃；G_1 为未水化水泥试样灼烧后的质量，g；T'为未水化水泥试样装入热量计时的室温,℃；t'_a 为未水化水泥试样溶解期第一次测读数 θ'_a 加贝氏温度计 0 ℃时相应的摄氏温度（如使用量热温度计时，t'_a 的数值等于 θ'_a 的读数）,℃；R_1 为经校正的温度上升值,℃。

3.1.3 部分水化水泥溶解热的测定

（1）在测定未水化水泥溶解热的同时，制备部分水化水泥试样。称量 100 g 水泥加入 40 mL 蒸馏水，充分搅拌 3 min 后，取近似相等的浆体两份或多份，装入试样瓶或袋中，置于（20±1）℃的水中养护至规定龄期。

（2）同热量计热容量的标定第一步。

（3）从养护水中取出一份达到试验龄期的样品，取出水化水泥试样，迅速将水泥试样捣碎至全部通过 0.6 mm 方孔筛，混合均匀放入称量瓶中，并称出（4.200±0.050）g 试样 4 份，存放入湿度大于 50%的密闭容器中，称好的样品应在 20 min 内进行试验。两份做溶解热测定，另两份灼烧。从开始捣碎至放入称量瓶中的全部时间应不大于 10 min。（注意：接触水泥样品的金属研钵和锤子应润湿，捣碎过程中，可用湿布覆盖，防止样品水分蒸发，4 份质量应保持一致，水泥试样可在温度计温度趋于稳定时制作。）

（4）读出初测期结束的温度后，立即将称量好的一份样品在 2 min 内徐徐加入酸液中，盖上胶塞，根据水泥品种，准时测读温度计读数，第二份重复第一份的操作。

（5）余下两份灼烧，按照上述未水化水泥样品的操作进行。

（6）按式（3）计算：

$$q_2 = \frac{R_2 C}{G_2} - 1.7(T'' - t''_a) + 1.3(t''_a - t'_a) \tag{3}$$

式中：q_2 为经水化某一龄期后水化水泥试样的溶解热，J/g；C 为对应测读时间的热量计热容量，J/℃；G_2 为某一 龄期水化水泥试样灼烧后的质量，g；T''为水化水泥试样装入热量计时的室温,℃；t''_a 为水化水泥试样溶解期第一次测读数 θ''_a 加贝氏温度计 0 ℃时相应的摄氏温度,℃；t'_a 未为水化水泥试样溶解期第一次测读数 θ'_a 加贝氏温度计 0 ℃时相应的摄氏温度,℃；R_2 为经校正的温度上升值,℃。

（7）部分水泥水化试样溶解热测定应在规定龄期的±2 h 内进行。

每次试验完成后，倒出筒内废液，用清水冲洗保温瓶内筒，温度计和搅拌棒，并用纱布擦干，供下次试验使用。

3.1.4 水泥水化热计算

$$q = q_1 - q_2 + 0.4(20 - t'_a) \tag{4}$$

式中：q 为水泥试样在某一水化龄期放出的水化热，J/g；q_1 为未水化水泥试样的溶解热，J/g；q_2 为水化水泥试样在某一水化龄期的溶解热，J/g；t'_a 为未水化水泥试样溶解期第一次测读数 θ'_a 加贝氏温度计 0 ℃时相应的摄氏温度，0 ℃。

按照以上操作步骤，得出 1 d 龄期水泥水化热试验结果如表 2 所示。

由表 2 试验结果，结合水泥水化热检测经验，得出，当转速为 200/300 r/min 时，试验结果与真实情况相差较大，分析其原因，当转速为 200/300 r/min 时，硝酸溶液中易出现沉淀，水化反应未正常完成，而转速为 400 r/min 时，药品和试样能够较好地溶解于溶液中，故试验结果可信度较高。

根据以上试验结果，确定搅拌棒搅拌速度为 400 r/min。

表 2 1 d 龄期水泥水化热试验结果

检测项目	搅拌棒速度/（r/min）	检测结果/（J/g）	水化热/（J/g）
热量计热容量的标定	200	1 923	—
	300	1 743	—
	400	1 648	—
未水化水泥溶解热	200	2 014	—
	300	2 114	—
	400	2 092	—
1 d 水化水泥溶解热	200	1 938	76
	300	1 822	292
	400	1 929	162

3.2 确定环境湿度

选择环境湿度为 50/60/70%进行 3 d 水泥水化热试验，搅拌棒速度为 400 r/min，试验步骤同上。试验结果如表 3 所示。

表 3 不同湿度下龄期为 3 d 的水泥水化热试验结果

检测项目	环境湿度/%	检测结果/（J/g）	水化热/（J/g）
热量计热容量的标定	50	1 631	—
	60	1 647	—
	70	1 668	—
未水化水泥溶解热	50	2 054	—
	60	2 089	—
	70	2 147	—
3 d 水化水泥溶解热	50	1 829	225
	60	1 855	234
	70	1 915	232

通过以上试验结果，分析可得，环境湿度对水化热结果的影响不大，但对溶解热的有所影响，故试验过程中，满足规范规定的环境湿度不小于 50%，且前后同组试验湿度应保持一致。

3.3 人员比对

通过反复试验，形成了一套适合试验室的检测方案，为验证方案的实施效果，进行了一组人员比对，比对试验结果如表 4 所示。

表 4 水泥水化热试验人员比对试验结果

试验编号	水泥种类	水化热（溶解热法）/（J/g）			试验人员
		1 d	3 d	7 d	
A	P. O 42. 5	162	238	282	葛××、周××
B	P. O 42. 5	157	230	281	李××、周××

A、B 两组为不同试验人员，按照商定试验方案及试验措施进行的试验。由两组试验结果可看出，不同人员操作的试验，结果偏差较小，在规范要求平行试验结果不得大于 10J/g 的范围内，比对试验结果满意，证明该套试验方案能够满足水泥水化热试验的要求，具备可实施性。

4 结语

通过研究降低水泥水化热试验误差的试验措施，形成了一套符合规范要求且适应于试验室的检测方案，为快速得到较为准确的水泥水化热结果提供了保障。在测试过程中，检测人员积极思考，讨论分析引起水化热试验结果不确定的因素，并付诸行动，提高了动手操作的能力，同时营造了同事之间团结合作的氛围。

参考文献

[1] 水泥水化热测定方法：GB/T 12959—2008 [S].

检验检测新技术助推水利行业高质量发展研究

宋迎宾[1,2]　罗资坤[3]　屈　乐[3]　高文玲[3]　蒲万藏[3]

（1. 黄河水利委员会黄河水利科学研究院，河南郑州　450003；
2. 水利部堤防安全与病害防治工程技术研究中心，河南郑州　450003；
3. 河南黄科工程技术检测有限公司，河南郑州　450003）

摘　要： 近年来，检验检测机构作为国家质量基础设施的重要组成部分，服务我国高质量发展的作用日益凸显。水利检验检测全面服务于水利工程质量安全、水环境监测水利产品与设备质量，是水利高质量发展的重要基础支撑。本文就水利工程质量检测新技术与新方法进行探究，介绍了最新的无损探测、无人机、水下机器人、物联网等新技术，以及基于“互联网+智慧水利”的水利工程质量检测信息化平台。新技术、新方法的引入使工程质量的评定更科学、更准确。可实现质量检测和质量管理的良好融合，能显著提升质量管理水平和工作效率，对解决当前水利工程质量管理中存在的问题具有重大现实意义。

关键词： 水利工程；质量检测；无损检测；地球物理；智慧水利

1　引言

我国的水资源分布不均匀，为使水资源的使用更加便捷，有效地保障水利工程的建设质量，质量检测就显得非常关键和重要[1-2]。对水利工程进行质量检测，不仅能够了解其质量和使用效果，同时，能够发现其是否存在一定的潜在安全隐患，避免出现不良的安全事故或者影响水利工程的正常使用[3]。随着科技的不断发展，现代化的水利工程检测技术也在不断提升。

在我国水利工程质量检测技术发展的过程中，也一直在针对检测过程中出现的问题进行调整和创新[4]。这样就对检测技术提出了非常高的要求，只有保障检测技术的先进性和应用性，才能够在质量检测的过程中发现质量问题，及时地处理，保障水利工程的建设质量，提升水利工程的使用寿命和应用安全性。目前，存在多种新型的水利工程检测技术，相关工作人员应加强对先进技术的应用，了解水利工程的实际质量情况，根据工程的情况来给出合理的施工和维护方式，增强整体工程质量效果，减少工程中存在的故障和隐患，同时，保障人们的生命安全。开展水利工程质量检测新方法的研究，可以对现有检测技术进行有效补充，也可为制定行业相关的技术规程提供技术支持[5]。通过研究，搞清检测新方法的检测原理，研制出或引进相应的检测设备，研究出可操作的检测技术方法，尽早形成行业内的检测方法标准，在一定程度上填补现有检测技术方法的空白。将新检测技术真正用于工程质量检测实践，从而为控制水利工程建设质量和有效管理提供更有力的技术保障。

因此，质量检测新技术与新方法的发展和应用非常关键，是保障水利工程建设质量的重点工作内容，下面进行详细的分析和论述。

2　无损检测技术介绍

水利工程质量无损检测技术已经实现了标准化检测。在我国水利工程质量检测的过程中，无损检

基金项目： 黄科院基本科研业务费专项（HKY-JBYW-2019-11）。
作者简介： 宋迎宾（1991—），男，主要从事新型水工建筑材料与结构性能研究。

测技术已经有了近20年的发展，在近些年的应用过程中，无损质量检测已经实现了检测过程的标准化建设，目前我国无损检测标准化已经走在了世界前列。我国相关部门通过多年的努力，已经在回弹法、取芯法以及超声回弹法等方法上进行了标准化的制定和应用。同时我国的相关行业协会已经逐渐地推出协会标准以及行业标准，通过这样的形式在很大程度上促进了我国水利工程质量技术的提升，保证了我国水利工程的建设质量[6]。

2.1 超声波无损质量检测技术

在水利工程质量检测的过程中，超声波无损检测技术是具有广泛代表性的一项检测技术。超声波无损检测技术主要是通过人工的方式在水利工程建筑结构内部进行弹性波的激发，发射出的弹性波是有一定频率限制的[7]。当弹性波触及建筑结构内部的材料时，超声波会产生一定强度的反射波，通过反射波的数据传输，水利工程内部结构的相关参数会被传输。我们就是通过这些传输参数来进行研究和分析，很多情况下，超声波的波动信号能够让专业工作人员分析和判断出水利工程建筑内部的力学性能和内部损坏情况。超声波无损质量检测技术的主要优点有3个，首先是超声波激发便利，其次是检测操作便捷，最后是超声波无损检测的经济成本较低。正是有了上述3个优势，超声波无损质量检测技术在目前水利工程质量检测中应用非常广泛，同时也有非常大的应用前景。

2.2 激光无损质量检测技术

在水利工程质量检测新技术中，激光无损质量检测技术同超声波无损检测技术相比，也有其特殊的一面，因此在应用范围上也较为广泛。激光无损质量检测技术的主要优点有4个：首先，激光无损检测有着非常强的方向性；其次，激光无损检测技术有着非常高的亮度；再次，激光无损检测技术的相干性以及衍射性非常好；最后，激光无损检测技术有着较好的微侧强度。正是有了上述4个优点，才让激光无损质量检测有着非常宽阔的适用空间，目前激光无损质量检测技术已经成为水利工程质量检测技术中的首选技术之一[8]。我们在应用激光质量检测的时候，通过相应的光电转化设备将光能有效地转化为电能。一旦激光的光强出现变化的时候，相应的电流也会出现变化。因此，我们在应用激光质量检测的时候，要事先设定光电流同光位移之间的相对关系，这样就可以通过光电流的有效变化算出水利工程结构的弯沉位移，分析出工程的质量问题。激光无损质量检测技术中的光时差原理主要就是利用了光的传播速度非常快的原理，利用激光进行短距离的时差记录，进而找出水利工程的建筑质量问题。

2.3 频谱无损质量检测技术

目前在我国的水利工程质量检测技术应用的过程中，频谱无损质量检测技术也有了一定程度的应用。频谱质量检测技术主要就是通过不同的检测介质内部波频率的不同进行质量检测的一种检测技术。该技术的应用原理是借助放射线来采集通过介质内部的不同波长频率反射情况，对此类情况进行综合分析，从而确定结构受损位置和相关参数。该技术的应用，可以帮助检测人员明确目前水利工程建筑结构深度的结构参数，进而分析出建筑结构内部的质量情况。在应用频谱无损质量检测的过程中，我们要通过力锤的作用对水利工程建筑的表面进行一定的冲击，通过冲击产生的震源来分析各种频率的占有成分。然后我们通过相应的传感器来检测各种不同的波的频率，在应用检测器的过程中，还要应用频域互谱技术以及相关分析技术来进行辅助分析，通过上述技术的应用，能够得出不同水利工程建筑结构深度的结构参数，进而分析出建筑结构内部的质量情况。

2.4 无损质量检测技术对比应用

有研究通过对比试验[9]，验证了无损检测的技术可行性和使用有效性。文章系统探讨了3种典型的无损检测技术，通过函数模拟和转换信号时频，数据化分析了其检测结果，通过搭建信号传播信道改善了空气耦合换能器测量方式，通过灵敏度补偿增强了可视化设备检测结果精度。较传统方法，空气耦合检测技术能够及时精准地反映被检测结构的质量情况，试验过程中，还对水利工程现场地基部分样品利用超声波技术进行检测，随着超声波波长以及发送信号强度的改变，所获取的反馈信号波长可以更加精准地验证检测结果。对于加厚样品，可以精准输出信号时频和波形幅值，向厚度相同的样品构件发射超声波，接收到的波形幅值与缺陷波形保持较好一致性。文中所用方法的信号波形最高可穿透 30 mm 厚构件，而另外两种方法的最高穿透厚度为 20 mm、15 mm。

虽然这三种无损检测技术能够明显提升检测效果，但仍在一定程度上受到应用场所的限制，超声波检测需要有良好的介质环境，空气耦合检测受周边环境的影响较大，并且技术难度较高，可视化设备对操控程序具有更高的稳定性要求。

综上所述，无损检测技术的应用，实现了在不损坏原构件的前提下，极大地提高了水利工程质量检测的准确性和效率，为保障水利行业的发展提供了有力支持[10]，且具有高效、快速、无损、成果客观定量的特点，尤其对隐蔽工程可起到类似于现代医学上 B 超、CT 的检验作用[11]。但仍存在数据离散型较大、结果精度不高等缺点，通常作为粗略测试，因此必须结合实际情况合理选用无损检测技术。

3 无人机、水下机器人与物联网新技术

为应对新时期水利工程规模大、致险因素复杂、病害隐蔽等特点，在安全检测和隐患排查技术方面，除地球物理传统方法、精细探测技术和时移探测技术外，根据工程表观、水下和内部检测需要，将地球物理探测技术结合无人机、水下机器人及物联网新技术，发展出了无人机载智能化快速巡检技术、水下综合一体化检测技术及水下高密度电法等，通过解释工程表观和内部的地球物理特征信息，可快速有效地判断工程安全状态和存在的病险，是水利工程安全检测的新技术、新方法，也是运行期大规模、大体积工程快速精细探测与隐患辨识的全新解决方案，可为水利工程安全运行和信息化运行管理提供可靠的技术支撑[12]。

3.1 无人机载智能化快速巡检技术技术

无人机技术和摄影测量技术在电网巡检、输电线路巡检、桥梁检测和建筑检测中已经开展了不少研究，并取得较好的综合应用成果[13]。针对类似南水北调工程距离长、跨度大、巡检体量大但表观常规检测效率低的情况，无人机载智能化快速巡检技术可实现外观破损病害、表观渗漏点等快速高效识别和一体化智能快速巡检。但该技术的应用必须依靠专业飞手进行现场操控，对飞手的经验要求较高；技术应用时要求天气晴朗、风力较小，才能确保取得较好的巡检效果。无人机载智能化快速巡检装备包括机载多功能光电吊舱、地面工作站、无人机等，可实现快速、智能化、一体化多参数数据信息采集与传输，能够满足当前工程检测的要求。

3.2 水下综合一体化检测技术

水利工程在通水运行多年后，特别是调水型渠道在持续大流量调水情况下，容易引发部分渠段衬砌面板破损、结构开裂、渗漏等问题，从而造成均匀沉降，危及结构安全，为工程带来潜在安全威胁，因此必须定期对水下构筑物进行水下检测和安全评估。水下综合一体化检测技术将水下机器人技术与地球物理检测技术科学结合，能很好地实现对水下构筑物特定目标的高效精准检测。但在实际应用中，实际动态水域环境越复杂，对水下机器人和检测装置的协同操作有着越高的要求；且该技术更适合对水下构筑物特定部位进行精细检测，其大范围水下检测的工作效率还有待提高。

3.3 水下地层精细探测技术

除调水工程水下构筑物易出现安全隐患外，水库、河湖等具有蓄水功能的工程在多年运行后会出现泥沙淤积现象，导致水体水量和环境容量降低，影响工程应对突发性洪水等自然灾害的能力，或影响航道的通航能力和行洪道的行洪能力。为快速、全面获取水下地形和淤积层信息，采用水下地层精细探测成套技术，通过电性与弹性类探测方法结合，提取水下地层多物性参数，结合水下钻孔取芯信息，综合多参数数据智能处理与分析，最终获取水下地层信息。但在浅水区域开展探测工作时，需要考虑多次波对有效弹性波信号的影响，且该技术一般情况下需要钻探取芯信息以对物探成果进行标定。

综上所述，新技术可有效辨识工程表观出现的病险和隐患现象，但如何探测堤坝渗漏等工程内部

隐患，一直是工程安全运行过程中重点关注的问题之一[14]。以往常规物探方法在探测较为复杂的渗漏问题时效果不理想[15]，因此在水库堤坝中采用综合物探时移隐患检测辨识技术，需结合测区水文地质资料综合分析研究，能较准确辨识堤坝隐患部位，再通过钻探验证，方可为水库堤坝的安全运行和除险加固提供科学指导。

4 水利工程质量检测信息化平台

当前形势下，我国的质检工作面临极其复杂的形势。第一，检测机构少，形成检测任务和检测能力的矛盾。第二，监督管理体系不健全，造成某些检测部门弄虚作假。在行业管理和检测过程中，相关部门不重视对信息技术的应用，难以形成行业主管牵头的，依托网络平台，对行业管理检测行为进行深度研究的格局。为此，质量检测信息化平台的开发是水利工程质量检测的重要革新，应用信息化手段提高检测效率，规范检测行为，促进了水利质检行业的发展[16]。

质量检测信息化平台主要有六大功能[17]，即合同信息检测、质检管理、检测费用管理、质量管理系统、维护系统和自动化业务实施。合同信息的检测的功能是录入管理水利工程企业签订的合同。管理质量检查是对施工过程中的质量问题进行检查。业务平台可以自动生成票据，自动生成收汇报告，并向委托单位以短信形式发送票据信息。质量管理体系的功能包括施工技术管理、考核质量检验机构、效验材料设备仪表等[18]。维护系统的任务是对平台信息更新，同时对存在的问题进行解决。业务自动化的内容包括提供工程信息给质检机构、保证办公自动化的实施等，同时以微信、文件共享、短信等方式实现项目质量信息共享的目标。

作为水利工程企业和质检机构对外交流信息的平台[19]，信息平台主要发布检测标准、新闻事件、工程案例、工程动态、联系方式、收费标准等信息。利用这个平台，水利工程受托单位可以进行信息查询，达到信息的透明化，让广大客户产生充分的信赖感，积极主动参与到质检行为中来，基于"互联网+智慧水利"的水利工程质量检测监管系统作为质量管理的手段，实现质量检测和质量管理的良好融合，使工程质量的评定更科学、更准确。不仅可以提高工程检测管理及统计分析的技术水平，实现建设单位、检测单位、监理单位、施工单位在质量检测过程中的全流程管理，规范检测单位检测行为，还可以对相关数据进行全面的掌握，显著提升项目质量管理水平和工作效率，对于解决当前水利工程质量管理中存在的问题具有重大的现实意义[20]。

5 结论

中国水利水电工程的大力发展，为检测技术发展提供了巨大的机遇与挑战，同时也催生了更多检测新技术的研究与发展。无损检测的结果不仅作为普遍使用的一种质量处理的依据，而且越来越多的工程已将其作为施工过程中的质量控制手段，使无损检测技术介入全过程管理工作中；地球物理关键探测技术与无人机技术、水下机器人技术、物联网技术等新技术较充分地融合，形成了针对特定工程部位的成套检测体系，大大提高了工程表观巡检效率和隐患病害准确辨识，同时为库区及河湖淤积综合利用提供了科学支撑；基于"互联网+智慧水利"的水利工程质量检测监管系统作为质量管理的手段，实现质量检测和质量管理的良好融合，使工程质量的评定更科学、更准确，对于解决当前水利工程质量管理中存在的问题具有重大的现实意义。需求和技术的发展，必将推动工程质量检测技术达到更高水平。

参考文献

[1] 毛卓良．水利工程质量检测新方法研究［J］．低碳世界，2021，11（6）：111-112.
[2] 钱伟，马明．水利工程质量检测新技术研究［J］．工程技术研究，2020，5（1）：214-215.
[3] 来记桃，李乾德．长大引水隧洞长期运行安全检测技术体系研究［J］．水利水电技术（中英文），2021，52（6）：

162-170.
[4] 刘照．水利工程质量检测新技术研究［J］．科技创新与应用，2018（35）：148-149.
[5] 路伟亭，姚亮．水利工程质量检测若干新方法的研究与应用［J］．治淮，2013（3）：35-36.
[6] 何承浩，彭艳梅．水利工程质量检测新方法的研究与应用［J］．智能城市，2019，5（24）：190-191.
[7] 陈思可．水利工程质量检测新方法的具体应用［J］．工程技术研究，2022，7（11）：51-53.
[8] 毛卓良．水利工程质量检测新方法研究［J］．低碳世界，2021，11（6）：111-112.
[9] 张健萍．三种无损检测技术在水利工程质量检测中的应用［J］．黑龙江水利科技，2022，50（3）：175-178.
[10] 陈薇，蒋科，张振忠，等．水利工程中常用无损检测方法分析［J］．科技创新与应用，2022，12（22）：154-157.
[11] 谭显江，张志杰，杨磊，等．水利水电工程施工期工程质量物探检测技术系统性应用分析［J］．水利水电快报，2022，43（2）：40-46.
[12] 李兆锋，陈江平，陈敏，等．水利工程运行安全检测关键技术及其应用［J］．水利水电快报，2022，43（6）：66-72.
[13] 李佳翰，劉永發，杜正宇，等．水利隧道檢測與維護管理新思維［Z］．中国台湾：20128.
[14] 张建清．工程物探检测方法技术应用及展望［J］．地球物理学进展，2016，31（4）：1867-1878.
[15] 李兆锋，杨宏智，魏杰，等．高密度电阻率法和被动源面波法在水库堤坝隐患辨识中的应用［J］．能源与环保，2022，44（5）：94-98.
[16] 赵礼，李艳丽，傅国强，等．浙江水利工程质量智慧检测与监管研究［J］．中国水利，2021（14）：45-47.
[17] 洪侃，刘刚．浙江省水利工程质量安全检测系统平台的开发研究［J］．黑龙江水利科技，2016，44（10）：29-32.
[18] 沈继凯．信息技术在水利工程管理中的应用探究［J］．居舍，2021（34）：166-168.
[19] 张立全．水利工程质量检测信息化平台的构成及应用［J］．珠江水运，2021（3）：101-102.
[20] 王宏，余熠，石达扎西，等．西藏水利工程质量检测监督管理系统设计与实现［J］．水利信息化，2021（3）：75-80.

锚具槽预制免拆模板高延性混凝土配合比试验研究

姚志超　李　伟　傅成军

（珠江水利委员会珠江水利科学研究院，广东广州　510610）

摘　要：针对锚具槽预制免拆模板的高延性要求，本文利用石英砂、聚丙烯纤维、P·O 42.5 水泥及粉煤灰来制备符合施工要求的高延性混凝土，本试验对 3 个不同水胶比的水泥胶砂试件进行抗压强度和抗折强度试验，并对其水胶比和强度进行线性回归分析，最终选取符合现场使用要求的高延性混凝土配合比。

关键词：高延性混凝土；配合比

1　前言

珠江三角洲水资源配置工程横跨佛山市、广州市、东莞市、深圳市。由西江水系鲤鱼洲取水口取水，向东延伸经高新沙水库、松木山水库、罗田水库至终点公明水库。主要供水目标是广州市南沙区、深圳市和东莞市的缺水地区。输水线路总长度 113.2 km。

珠江三角洲水资源配置工程土建施工 B3 标段为输水干线高新沙水库至沙溪高位水池的一部分。该标段起点为广州市南沙区黄阁镇的 GS04#工作井，线路自西向东布置，从南侧穿过庆盛自贸区，在广深港客运专线狮子洋隧道以北、在建虎门二桥南侧穿过莲花山水道和狮子洋，在东莞市沙田镇虎门港北侧进入东莞市沙田镇 GS08#工作井。该工程标段输水隧洞使用盾构法进行施工，而且其内衬混凝土使用环向预应力的结构在国内属于首次，对锚具槽的强度与韧性要求都比较高，因此锚具槽的预制免拆模板要使用高延性混凝土进行制作。本次混凝土施工配合比设计试验研究的指导思想是：一是充分满足工程设计所提出的技术指标要求；二是混凝土的工作性能满足施工要求；三是在科学验证的基础上，把单位胶凝材料用量控制在较低水平，降低工程造价；四是为确保混凝土施工质量而涉及的有关技术措施和手段，提供科学依据。

2　试验要求与试验材料

2.1　试验要求

高延性纤维混凝土设计及施工要求为：

（1）高延性纤维混凝土不低于 CF50，由 P.O 42.5 普通硅酸盐水泥、Ⅰ级粉煤灰、石英砂和纤维配制而成，其中纤维体积含量为 2%。要求拌制混凝土的纤维浆体不成团、不结块，纤维充分分散，拌和物的砂浆流动度直径控制在（180±10）mm。

（2）高延性纤维混凝土强度指标不低于内衬混凝土的强度指标，且要确保搬运、安装过程不损坏或开裂。

2.2　试验材料

（1）水泥样品为英德海螺水泥有限责任公司生产的 P·O 42.5 水泥，其物理检测结果列于表 1。

作者简介：姚志超（1990—），男，工程师，主要从事水利工程质量检测工作。

表 1　水泥物理检验结果

检测项目		技术要求	检测值
			海螺 P·O 42.5
密度/（g/cm^3）		—	3.12
比表面积/（m^2/kg）		≥300	357
标准稠度用水量/%		—	27.2
安定性		合格	合格
凝结时间/min	初凝	>45	160
	终凝	≤600	265
抗折强度/MPa	3 d	≥3.5	5.6
	28 d	≥6.5	8.1
抗压强度/MPa	3 d	≥17.0	30.8
	28 d	≥42.5	53.6

从水泥性能检测结果来看，海螺 P·O 42.5 水泥各项检测指标满足《通用硅酸盐水泥》（GB 175—2007）标准要求[1]。

（2）粉煤灰是由广州恒运企业集团股份有限公司生产的 F 类Ⅱ级粉煤灰，其品质检测结果列于表 2。

表 2　粉煤灰品质检测结果

检测项目	规范要求/设计要求	检测值
	GB/T 1596—2017	恒运Ⅱ级
密度/（g/cm^3）	≤2.6	2.26
细度（0.045 mm 筛余）/%	≤30.0	29.6
含水量/%	≤1.0	0.0
需水量比/%	≤105	102
活性指数/%	≥70.0	70.0
烧失量/%	≤8.0	2.76
三氧化硫/%	≤3.0	0.93
氧化镁/%	—	0.28
游离氧化钙/%	≤1.0	0.30
氯离子含量/%	—	0.009
碱含量/%	—	0.84

从表 2 检测结果可以看出，配合比设计使用的粉煤灰各项检测指标均满足《用于水泥和混凝土中的粉煤灰》（GB/T 1596—2017）中 F 类Ⅱ级粉煤灰相关技术指标要求[2]。

（3）本次配合比设计使用聚羧酸高性能减水剂，减水剂产品为广东博众建材科技发展有限公司生产的 BOZ-300（缓凝型）聚羧酸高性能减水剂，其品质检测结果列于表 3。

表 3 减水剂品质检测结果

检测项目		技术要求	检测值
			BOZ-300（缓凝型）
掺量/%		—	1.0
含固量/%		S>25%时，应控制在 0.95S~1.05S； S≤25%时，应控制在 0.90S~1.10S。 （21±2.1）	21.14
密度/（g/cm³）		D>1.1 时，应控制在 D±0.03； D≤1.1 时，应控制在 D±0.02。 （1.040±0.02）	1.041
pH 值		应在生产厂家控制范围内（2~6）	4.14
硫酸钠含量/%		不超过生产厂家控制值（≤5%）	0.22
氯离子含量/%		不超过生产厂家控制值（≤0.2%）	0.02
总碱量/%		不超过生产厂家控制值（≤10.0%）	1.64
减水率/%		≥25	27
含气量/%		≤6.0	3.1
泌水率比/%		≤70	25
凝结时间差/min	初凝	>+90	+475
	终凝	—	+505
抗压强度比/%	7 d	≥140	148
	28 d	≥130	159
1 h 经时变化量	坍落度/mm	≤60	24
	含气量/%	—	—
收缩率比/%	28 d	≤110	106

从表 3 检测结果可以看出：减水剂各项检测指标均满足《混凝土外加剂标准》（GB 8076—2008）相关技术指标要求[3]。

（4）细骨料为石英砂，其品质检测结果列于表 4。

表 4 细骨料品质检测成果

检测项目			技术要求			检测值	
						低铁石英砂 3.0	
表观密度/（kg/m³）			≥2 500			2 620	
堆积密度/（kg/m³）			—			1 360	
有机质含量			浅于标准色			浅于标准色	
筛孔尺寸/mm	5.00	2.50	1.25	0.63	0.315	0.16	细度模数
累计筛余/%	0.0	0.0	0.0	0.0	0.0	31.3	0.31

（5）配合比设计使用的纤维是深圳市维特耐新材料有限公司生产的聚丙烯纤维，其品质检测结果列于表 5。

表 5　纤维品质检测结果

检测项目	技术要求	检测值
		WK-8 聚丙烯纤维
外观	合成纤维外观色泽应均匀、表面无污染	合成纤维外观色泽均匀、表面无污染
直径/μm	—	285.22
长度/mm	—	10.04
断裂强度/MPa	≥400	501
断裂伸长率/%	≤30	12
初始模量/MPa	$\geq 5.0\times10^3$	5.8×10^3
耐碱性能（极限拉力保持率）/%	≥95.0	95.9
熔点/℃	160~176	175
密度/（g/cm^3）	0.90~0.92	0.91
含水率/%	≤2.0	1.3

从表 5 检测结果可以看出，配合比设计使用的纤维各项检测指标均满足《水泥混凝土和砂浆用合成纤维》（GB/T 21120—2018）中相关技术指标要求[4]。

（6）配合比设计拌和用水采用饮用水，其品质检测结果列于表 6。

表 6　拌和用水品质检测成果

检测项目	技术要求	检测值
		饮用水
pH 值	≥4.5	7.31
不溶物/（mg/L）	≤2 000	<4
可溶物/（mg/L）	≤5 000	84
氯化物/（mg/L）	≤1 200	70.8
硫酸盐/（mg/L）	≤2 700	12.1
碱含量/（mg/L）	≤1 500	59.8

从表 6 检测结果可以看出，混凝土拌和用水各项检测指标均满足《水工混凝土施工规范》（SL 677—2014）相关技术指标要求[5]。

3　混凝土配合比试验选择及确定

3.1　配合比设计基本参数试验

高延性混凝土需要通过试验选定配合比，应具有良好的柔和性和适宜的流动性。拌和物出机流动度控制在 170~190 mm。当混凝土原材料、生产工艺以及工序既定的情况下，硬化混凝土的力学性能与耐久性能均与水胶比密切相关。水胶比与强度关系试验致力于通过试验获取相对准确的规律性数据，为工程施工提供理论依据。

试验采用“海螺”牌 P·O 42.5 水泥、恒运Ⅱ级粉煤灰（掺量 30%）、低铁石英砂、聚丙烯纤维、BOZ-300（缓凝型）聚羧酸高性能减水剂（掺量 2.0%）进行水胶比与强度关系试验，试验成果列于表 7。

表 7　高延性混凝土水胶比与强度关系试验成果

序号	试验配合比参数			检测结果						
	水胶比	用水量/kg	纤维/kg	流动度/mm	含气/%	表观密度/(kg/m³)	抗压强度/MPa		抗折强度/MPa	
				出机			7 d	28 d	7 d	28 d
1	0. 22	290	26	186	—	2 060	57. 9	83. 0	9. 3	10. 9
2	0. 25	311	26	190	—	2 060	54. 4	73. 6	8. 0	9. 8
3	0. 28	329	26	196	—	2 050	45. 2	58. 8	6. 8	8. 0

根据表 7 水胶比与强度关系试验成果，进行胶水比与强度关系回归分析，如图 1 所示。

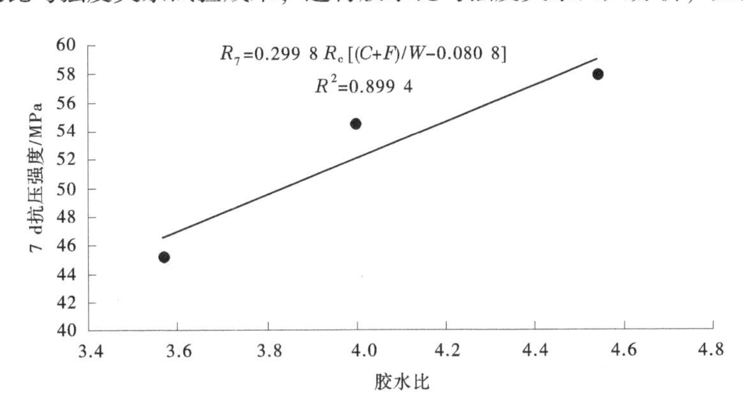

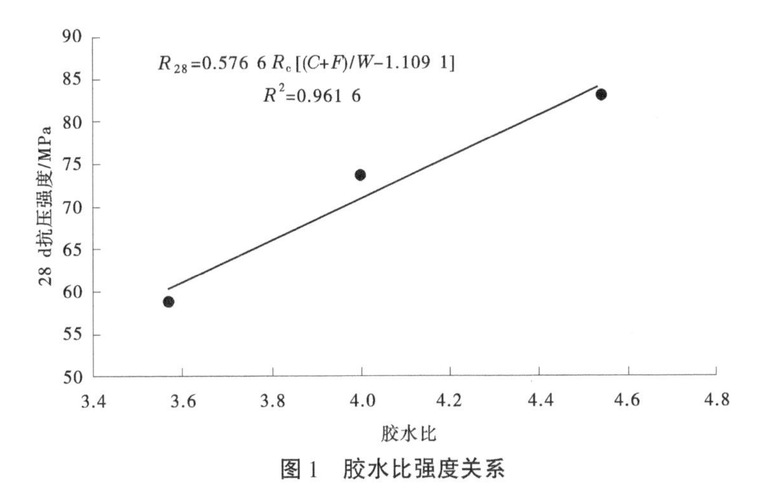

图 1　胶水比强度关系

得出回归方程列于表 8。

表 8　高延性混凝土水胶比与强度回归方程式

煤灰掺量/%	回归方程式	n	相关系数
30	$R_7=0.2998R_c[(C+F)/W-0.0808]$	3	0. 899 4
	$R_{28}=0.5766R_c[(C+F)/W-1.1091]$	3	0. 961 6

3. 2　施工配合比设计及性能验证

根据珠江三角洲水资源配置工程土建施工 B3 标高韧性纤维混凝土重要性及出现质量问题的不可逆性特点，并考虑到施工过程中原材料的不均匀性，施工配合比按水泥 28 d 抗压强度 42. 5 MPa 推出，推出施工配合比见表 9。

表 9　高延性混凝土施工配合比

<table>
<tr><th rowspan="2">混凝土种类</th><th rowspan="2">设计指标</th><th>掺合料掺量/%</th><th>外加剂掺量/%</th><th rowspan="2">水胶比</th><th rowspan="2">配合比</th><th colspan="6">单位材料用量/（kg/m³）</th><th rowspan="2">表观密度/（kg/m³）</th><th rowspan="2">流动度/mm</th></tr>
<tr><th>粉煤灰</th><th>BOZ-300（缓凝型）</th><th>水</th><th>水泥</th><th>粉煤灰</th><th>石英砂</th><th>纤维</th><th>减水剂</th></tr>
<tr><td>高延性混凝土</td><td>CF50</td><td>30</td><td>2.0</td><td>0.25</td><td>1：0.43：0.52：0.36：0.029：0.028</td><td>311</td><td>874</td><td>372</td><td>452</td><td>26</td><td>24.9</td><td>2 060</td><td>170~190</td></tr>
</table>

对所推出的混凝土配合比进行相应龄期力学性能进行验证，其结果如下：

所推出配合比与水胶比强度关系试验中某些配合比一致，已进行过力学性能检测，在此不再单独验证，其具体结果如表 10 所示。

表 10　高延性混凝土力学性能及耐久性能验证结果

抗压强度/MPa		抗折强度/MPa	
7 d	28 d	7 d	28 d
54.4	73.6	8.0	9.8

注：石英砂按干料状态计，施工时按实测含水率换算使用。

根据对所推出的施工配合比进行验证、验算后得知：所推出混凝土配合比各项性能指标均能达到设计要求，并能够满足施工要求，所以推荐该施工配合比。

3.3　使用及注意事项

（1）在现场工程施工过程中应注意检测原材料品质，确保工程所有原材料均合格，且需注意其品质是否稳定，若检测结果与本次配合比样品品质指标相差较大，则应对配合比进行现场校正。

（2）在使用过程中，应该提前检验每批次减水剂的减水率是否有较大波动，检验外加剂与胶凝材料的适应性，以避免因减水剂品质影响混凝土质量。

（3）现场施工过程中，若原材料品质有较大波动，应对混凝土配合比进行相应调整。

4　结语

通过对 3 个不同水胶比的高延性混凝土进行试验，随着水胶比的增大，抗压强度和抗折强度明显有所降低。最终根据试验结果，选取了水胶比为 0.25 的高延性混凝土配合比为最终配合比。该配合比在各项性能上都充分满足项目使用要求，发挥了更好的经济效益。

参考文献

[1] 通用硅酸盐水泥：GB 175—2007 [S].
[2] 用于水泥和混凝土中的粉煤灰：GB/T 1596—2017 [S].
[3] 混凝土外加剂标准：GB 8076—2008 [S].
[4] 水泥混凝土和砂浆用合成纤维：GB/T 21120—2018 [S].
[5] 水工混凝土施工规范：SL 677—2014 [S].

不同鱼类组合摄食与排泄对水体氮、磷等营养盐指标的影响研究

肖新宗[1]　邢明星[1]　唐剑锋[2]

（1. 中国南水北调集团中线有限公司，北京　100038；
2. 生态环境部长江流域生态环境监督管理局生态环境监测与科学研究中心，湖北武汉　430019）

摘　要： 本文通过室内实验来评估鱼类排泄物对水体生态系统的潜在影响，研究不同鱼类组合（鲢鳙鲴和鲢鳙鲂）方式下摄食对目标藻类（栅藻）的变化及其排泄物对水质的影响。实验结果表明，实验水体除叶绿素 a 的值能有效降低外，鱼类的摄食与排泄使得实验组水体中的总氮、总磷、氨氮和高锰酸盐指数浓度均显著升高。黄尾鲴的摄食活动可减少水体中排泄物含量，鲢鳙鲴组排泄物沉积量只有鲢鳙鲂组的 50.52%。栅藻的被消化率在两种鱼类组合中的变化趋势相似，至实验结束两组栅藻的被消化率分别达到 42.67%和 40.33%。

关键词： 生物操纵；栅藻；鱼类排泄物；黄尾鲴

1　引言

关于鱼类对藻类消化的问题，以及排泄物是否会对水体会造成二次污染，污染程度如何，一直是学者以及相关管理者非常关心的科学问题。鲢、鳙摄食蓝藻后的排泄物，除了一部分活性藻类直接参与水体叶绿素浓度的贡献，消化部分或以 NH_4^+ 的形式进入水体，或形成颗粒碎屑重新进入水体的食物网再循环中，导致了水体颗粒态磷、总磷和氨态氮浓度的增加。在构建生物操纵的食物网链结构的研究中，鲴鱼因独特的食性成为现今与鲢、鳙等水生生物组合混养以治理水体的热点。鲴鱼生活在水体下层，与鲢鳙不同，属于刮食性鱼类，主要以有机碎屑、固着藻类、沉积腐质以及沉积物表面鱼类粪便为食。有研究表明，鲴鱼对水质具有较好的净化作用，对 TP、TN 和铜绿微囊藻密度的去除率分别为 22%~25%、20%~38%、18%~30%。郭艳敏等[3] 将鲴鲢鳙混养，发现鲴鱼摄食鲢、鳙鱼的排泄物，降低排泄物中微囊藻活性。因此，将细鳞斜颌鲴作为水环境中物质和能量的中转者，与非经典生物操纵法结合对控制藻类“水华”和水质恶化问题具有重要的研究意义。目前研究较多的是鱼类对微囊藻等蓝藻的控制作用及其对水质的影响，对其他藻类的研究鲜有报道。为评估鱼类排泄物对水体生态系统的潜在影响，研究不同鱼类组合方式下藻类（栅藻）的变化及其对水质的影响，为鱼类联合控藻以改善水质提供依据，我们开展了此次研究。

2　实验材料与方法

2.1　实验材料

实验用鱼：鲢，体重（50.25±14.83）g，体长（18.08±1.71）cm；鳙，体重（133.7±19.54）g，体长（22.97±1.56）cm；三角鲂，体重（16.33±6.34）g，体长（11.43±1.31）cm；黄尾鲴，体

作者简介： 肖新宗（1984—），男，高级工程师，主要从事水质、水生态监测与研究。
通信作者： 唐剑锋（1986—），男，高级工程师，主要从事水生态监测、修复与研究。

重（12.93±3.28）g，体长（11.99±0.91）cm（见图1）。这些鱼类均从湖南醴陵市国家鲴鱼良种场购入。

左上：鲢，右上：鳙，左下：黄尾鲴，右下：三角鲂

图1　实验鱼类图

实验装置：白色塑料圆桶，体积150 L，高70 cm、顶部直径66 cm、底部直径55 cm（见图2）。

图2　实验装置

实验用水：采用自来水（提前5 d进行充氧曝气除氯）与培养的纯藻在圆桶中混合而成，实验水容积为100 L。

实验用藻：实验所用栅藻为从中科院水生生物研究所购得的纯种栅藻（*Scenedesmus* sp.）藻种，采用BG11培养基加土壤浸出液扩大培养以实验备用，培养温度为（25±0.5）℃，光照强度为2 000 lx，24 h曝气，光暗比为12 h：12 h。

2.2　实验方法

每个藻种实验设置3组鱼类组合。实验分为鲢鳙鲴组、鲢鳙鲂组和对照组，每组也设3个平行，$1^{\#}\sim3^{\#}$放鲢鳙鲴（3尾鲢，1尾鳙，4尾黄尾鲴）、$4^{\#}\sim6^{\#}$桶放鲢鳙鲂（3尾鲢，1尾鳙，4尾三角鲂）、

7#～9#桶不放鱼，作为对照组。

实验前对鲢、鳙、黄尾鲴、三角鲂驯养 2 周，以使鱼适应新环境，再放在清水中饥饿处理 3 d，以排空肠道。选其中健康活泼、大小相近的个体作为实验材料。实验水桶上方均装有可调日光灯来调节光照，实验时光照保持在 2 700 lx，每日光照时间为 08：00～18：00，24 h 曝气。为防止实验鱼跳出水桶，将实验水桶桶口用网片盖起来。实验时间为 2021 年 9 月 28 日至 10 月 12 日，共计 14 d，取样时间为上午 9：30～10：00，每 2 d 进行一次取样监测。测定的指标有总氮、总磷、氨氮、高锰酸盐指数、叶绿素 a、单位面积沉积碎屑质量、消化率。

2.3 指标测试与分析方法

TN 采用过硫酸钾氧化-紫外分光光度法测定，TP 采用钼锑抗比色法测定，氨氮采用纳氏比色法测定，高锰酸盐指数采用氧化还原滴定法测定；叶绿素 a 采用丙酮提取法测定。

实验桶底沉积碎屑质量：

$$G = S\frac{m_a - m_0}{s}$$

式中：m_a 为实验开始第 a 天玻璃皿的质量和沉积碎屑的质量，g；a 取 2，4，6，8，10，12，14；m_0 为实验开始前玻璃皿的质量，g；s 为玻璃皿的面积，cm^2；S 为实验桶底面积，cm^2。

实验前对直径为 90 mm 的玻璃皿称重、标记，然后每个实验水桶放进 7 个玻璃皿。实验开始后，每隔 1 d 取出一个玻璃皿（取出前加盖，防止碎屑流失），将玻璃皿中含有碎屑的悬浊液，在恒温电磁搅拌器上搅拌均匀，用 100 mL 量筒定容，定容后取 10 mL 的悬浊液，加入 1.5%的鲁哥试剂固定，进行藻类的计数，活藻总数记为 z；量筒中剩余悬浊液用 GF/C 膜过滤，将玻璃皿与滤膜干燥、称重。

消化率的计算公式为：

$$A = \frac{(C_t - C_0)V - Z}{(C_t - C_0)V} \times 100\%$$

式中：V 为实验水的体积，L；C_0 和 C_t 分别为实验开始和结束时的藻密度，cells/L；Z 为鱼排泄物中活藻总数，cells。

$$Z = 10z\frac{S}{s}$$

2.4 实验数据处理

数据采用 Excel 2016 和 R 软件（version 4.1.1）处理并采用单因素方差分析。

3 结果与讨论

如图 3 所示，鱼类实验组的总氮浓度处于一直上升状态，鲢鳙鲴组与鲢鳙鲂组的总氮浓度处于交替上升状态，至实验第 8 天鲢鳙鲴组总氮增长幅度放缓，鲢鳙鲂组总氮浓度呈线性上升状态。对照组总氮浓度基本呈现波动状态，变幅不大。整个实验期鱼类实验组的总氮浓度均显著高于对照组（$P<0.01$），说明鱼类在自身代谢过程中，排泄物会导致水体中总氮含量增加，由于存在检测误差，鲢鳙鲴组与鲢鳙鲂组对水体总氮贡献无明显差别。

从图 4 可看出，鱼类实验组水体中总磷值的增长趋势与总氮相似。鲢鳙鲴组与鲢鳙鲂组的总磷浓度处于交替上升状态，至实验第 8 天鲢鳙鲴组总磷增长幅度放缓，鲢鳙鲂组总磷浓度呈线性上升状态。对照组总磷浓度整体呈现较低水平，变幅不大。整个实验期鱼类实验组的总磷浓度均显著高于对照组（$P<0.01$），说明鱼类在自身代谢过程中，排泄物也会导致水体中总磷含量增加，但鲢鳙鲴组与鲢鳙鲂组对水体总磷贡献在自第 12 天开始有明显不同，第 14 天时，鲢鳙鲂组较鲢鳙鲴组对水体总磷贡献高约 50%。

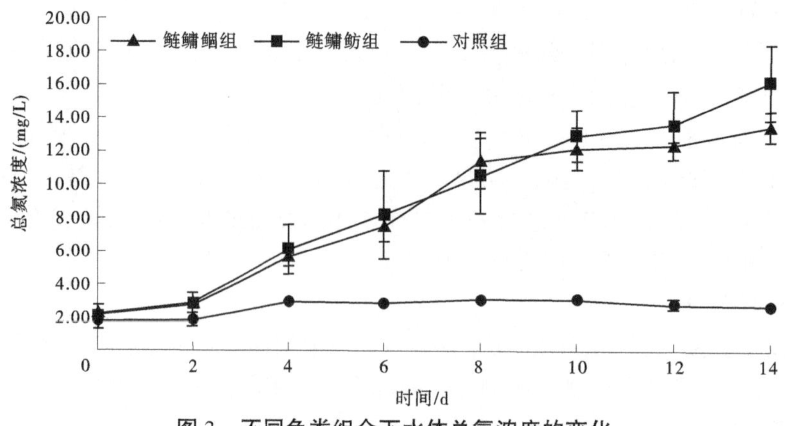

图 3　不同鱼类组合下水体总氮浓度的变化

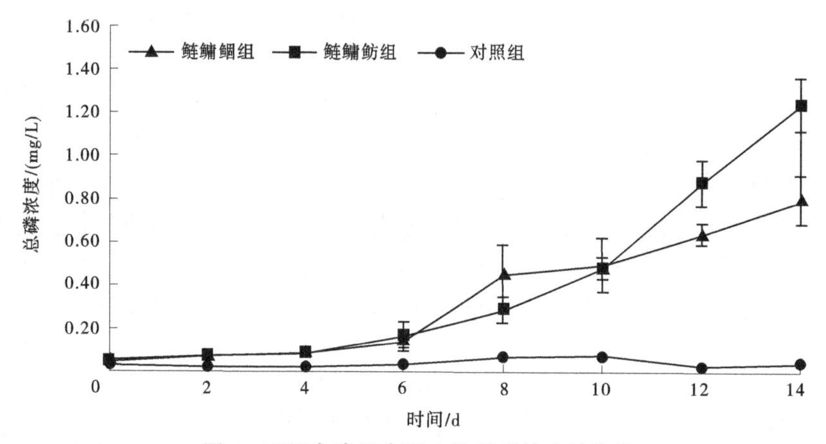

图 4　不同鱼类组合下水体总磷浓度的变化

从图 5 可看出，鲢鳙鲷组与鲢鳙鲂组水体中的氨氮值呈先升高后下降的趋势，对照组的氨氮值同样呈现先升高后下降的趋势，均从实验第 10 天开始出现峰值，之后浓度下降逐渐趋缓。说明鱼类的排泄中含大量氨氮，鱼类数量越多前期氨氮值越高，后期随着栅藻的生长，以及鱼类不断摄食栅藻，水体的氨氮浓度开始降低，但显著高于初始值（$P<0.01$）。

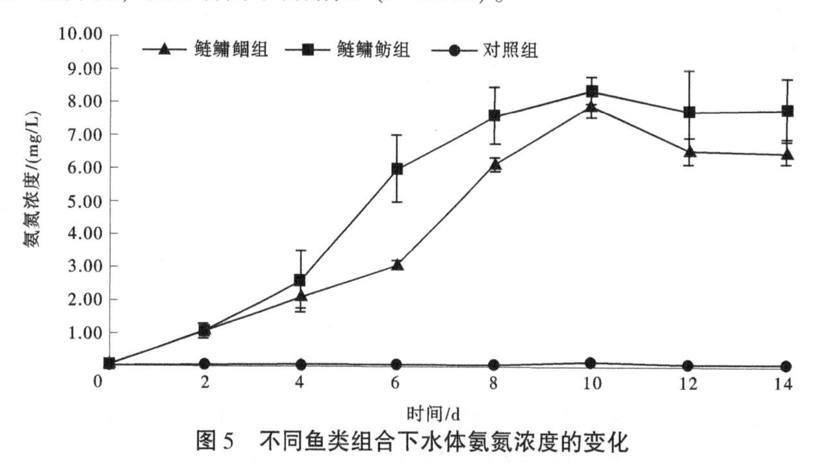

图 5　不同鱼类组合下水体氨氮浓度的变化

从图 6 可看出，鲢鳙鲷组与鲢鳙鲂组水体中的高锰酸盐值随实验进程一直在升高，对照组的高锰酸盐值呈波动状态，可能因为藻类在生长—繁殖—衰亡过程，有机质的变化导致水体中高锰酸盐指数略有波动。其中鲢鳙鲷组合的平均浓度增加了 2.82 倍，鲢鳙鲂组合增加了 3.00 倍，无明显差异。

从图 7 可看出，鲢鳙鲷组与鲢鳙鲂组水体中的叶绿素 a 值随实验进程在降低，对照组的叶绿素 a 值在实验前期一直在上升，后期有所下降，但最终值仍高于初始值。叶绿素 a 浓度和藻密度具有正相

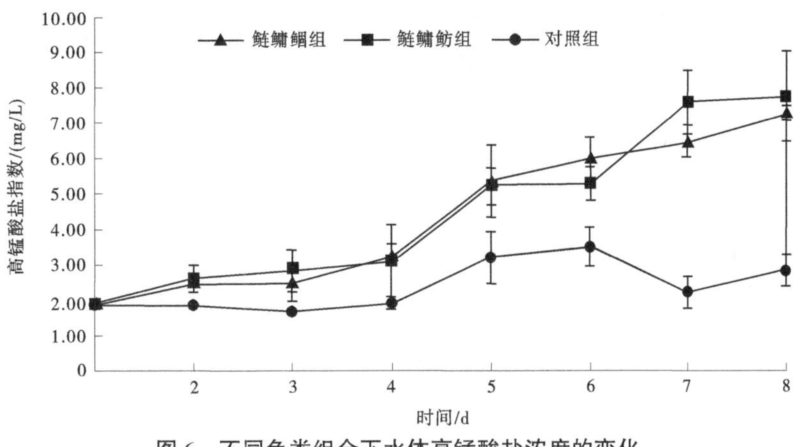

图 6　不同鱼类组合下水体高锰酸盐浓度的变化

关性，通过鱼的大量摄食，从而间接地减小了叶绿素 a 的浓度，降低幅度在 40.69%~61.78%。

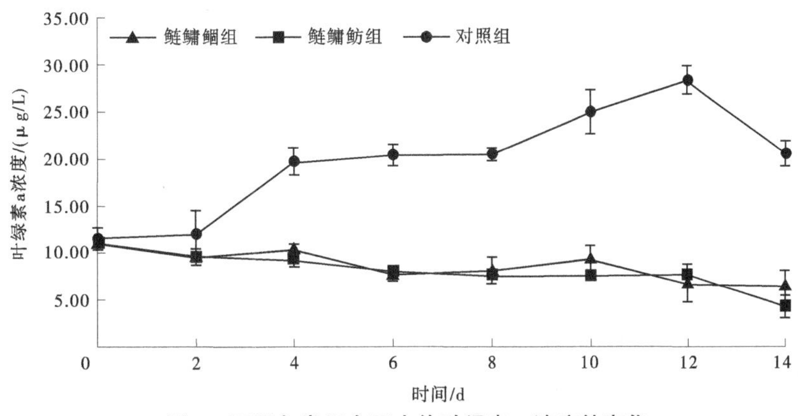

图 7　不同鱼类组合下水体叶绿素 a 浓度的变化

如图 8 所示，实验前期，鲢鳙鲴组和鲢鳙鲂组排泄物的沉积量均增长迅速，鲢鳙鲴组排泄物的沉积量在第 2 天达到最大值，随后呈现缓慢减少的趋势，而鲢鳙鲂组排泄物的沉积量在第 10 天达到最大值，随后开始减少。第 6 天开始，鲢鳙鲴组排泄物的沉积量显著低于鲢鳙鲂组（$P<0.01$），但均显著高于对照组（$P<0.01$），第 14 天相差最大为 22.52 g，实验结束时鲢鳙鲴组排泄物沉积量含量只有鲢鳙鲂组的 50.52%。有研究指出，由于鲴鱼与鲢鳙营养生态位的差异，大多不能被放养的“四大家鱼”和其他自然增殖鱼类所利用的特殊饵料资源如沉积有机碎屑，却是鲴鱼的最佳饵料。食碎屑鱼类（如鲴、鲤等）对排泄物有机碎屑的摄食，加快水中物质循环和变废为利的作用，有利于水体的物质循环和对水质的净化作用。

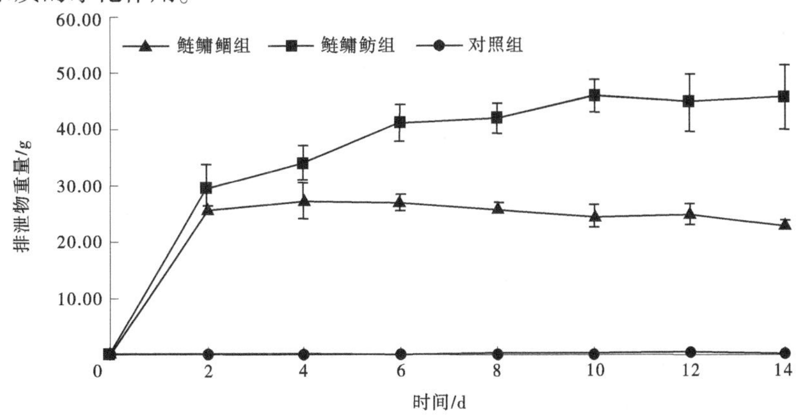

图 8　不同鱼类组合下水体排泄物重量的变化

不同鱼类组合下栅藻的消化率如图 9 所示，鲢鳙鲴组栅藻的被消化率与鲢鳙鲂组栅藻的被消化率变化趋势相似，消化率呈现小幅增长态势，在实验后期，增长趋势有所放缓，至实验结束两组栅藻的被消化率分别达到 42.67%和 40.33%，两组之间无显著差异（$P>0.05$）。

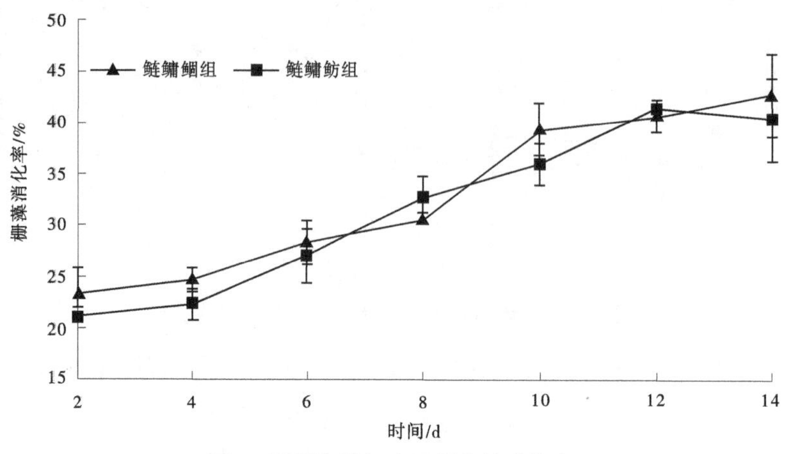

图 9　不同鱼类组合下栅藻的消化率

4　结论

（1）实验证明，鱼类的排泄使得实验组水体的总氮、总磷、氨氮和高锰酸盐指数浓度均显著高于对照组。投放两种鱼类组合均能有效降低实验水体中叶绿素 a 的值，鲢鳙鲴组合较鲢鳙鲂组能减少其排泄物对水体总磷的贡献约 50%。

（2）黄尾鲴的摄食活动减少了水体中排泄物含量，避免了排泄物在微生物的分解作用下重新进入水体，造成对水体的污染，鲢鳙鲴组排泄物的沉积量明显少于鲢鳙鲂组，鲢鳙鲴组排泄物沉积量只有鲢鳙鲂组的 50.52%。

（3）栅藻的被消化率在两种鱼类组合中的变化趋势相似，消化率呈现小幅增长态势，至实验结束两组栅藻的被消化率分别达到 42.67%和 40.33%，两组之间无显著差异（$P>0.05$）。

参考文献

[1] JANCULA D, MÍKOVCOVÁ M, ADÁMEK Z, et al. Changes in the photosynthetic activity of Microcystis colonies after gut passage through Nile tilapia (Oreochromis niloticus) and silver carp (Hypophthalmichthys molitrix) [J]. Aquaculture Research, 2008, 39 (3): 311-314.

[2] STARLING F L R M. Control of eutrophication by silver carp (Hypophthalmichthys molitrix) in the tropical Paranoa Reservoir (Brazil): A mesocosm experiment [J]. Hydrobiologia, 1993, 257: 143-152.

[3] 郭艳敏，高月香，张毅敏，等. 鲴对食微囊藻鲢鳙排泄物及藻活性的作用研究 [J]. 中国环境科学，2016，36 (12)：3784-3792.

[4] 王银平，谷孝鸿，曾庆飞，等. 控（微囊）藻鲢、鳙排泄物光能与生长活性 [J]. 生态学报，2014，34 (7)：1707-1715.

[5] 周创，张毅敏，高月香，等. 不同水温下鲴鱼对铜绿微囊藻的控制作用及对水质的影响 [J]. 环境工程学报，2014，8 (6)：2294-2298.

探地雷达在水工隧洞混凝土衬砌施工质量检测中的应用

武宝义　阳小君

（北京海天恒信水利工程检测评价有限公司，北京　100038）

摘　要：水工隧洞混凝土衬砌需承受围岩压力及内外水压力，其质量直接关系到工程的运行安全。采用常规方法难以对水工隧洞混凝土衬砌质量进行系统检测和评价，探地雷达法具有无损检测、高精度、全面快速、连续等优点，弥补了常规检测方法的不足。本文以某工程检测为实例，介绍了探地雷达法检测水工隧洞混凝土衬砌质量技术。

关键词：探地雷达；水工隧洞；衬砌质量；检测技术

1　前言

水工隧洞是水利水电工程中在山体或地下开挖的，用于输水、发电、灌溉、发电、泄洪、导流、放空、排沙等具有封闭断面的过水通道。隧洞混凝土衬砌需承受围岩压力及内水压力，如水工隧洞常处于地下水位以下且围岩渗透性好，则还需承受较大的外水压力。水工隧洞一般具有断面小、洞线长的特点，其施工工序多，干扰大，施工条件差，隧洞混凝土衬砌往往存在厚度不足、围岩与衬砌混凝土接触面有脱空、混凝土衬砌后注浆回填不密实、缺少钢筋等质量缺陷，这些质量缺陷会使衬砌混凝土与围岩不能共同均匀承受外力，恶化了衬砌混凝土的受力条件和耐久性，衬砌混凝土实际承载能力和使用年限可能达不到设计要求，这将对水工隧洞的后期运行带来严重的危害。

采用探地雷达法对水工隧洞混凝土衬砌厚度、脱空、回填不密实、钢筋分布等情况进行无损检测，可有效、准确、及时地发现水工隧洞的混凝土衬砌质量缺陷，并能对此类质量问题的性质及规模做出评价，为水工隧洞混凝土衬砌后的病害处理提供有力依据。

2　工程概述

某工程属Ⅳ等小（1）型水库枢纽工程，其主要建筑物包括大坝、右岸溢洪道和左岸输水泄洪隧洞。主要建筑物为4级，次要建筑物为5级。水库总库容640.5万m^3，设计洪水标准50年一遇，500年一遇校核。

输水泄洪隧洞布置于工程左岸，主要任务是施工期导流、泄洪、输水并兼顾洪水期排沙，最大泄洪能力141 m^3/s。输水泄洪隧洞总长282.5 m，纵坡为1/50，洞身采用圆形断面，洞径为3.5 m，衬砌混凝土厚度40~60 cm，双层钢筋布置，环向钢筋间距15 cm。

3　检测方法

根据输水泄洪隧洞线路长度情况，考虑尽量减少检测工作对工程的破损，依据《水利水电工程勘探规程 第1部分：物探》（SL/T 291.1—2021），采用探地雷达法对隧洞混凝土衬砌质量（混凝土厚度、混凝土与围岩间的脱空、钢筋布置等）进行检测。

作者简介：武宝义（1974—），男，高级工程师，主要从事水利工程咨询与检测工作。

3.1　**探地雷达法检测原理**

探地雷达法是利用电磁波的反射原理，使用探地雷达仪器向地下或结构物内发射和接收具有一定频率的高频脉冲电磁波，通过识别和分析反射电磁波来检测与周边介质具有一定电性差异的目标体的一种电磁检测方法[1]。电磁波在介质中传播时，其路径、电磁场强度与波形将随着传播介质的电性质及几何形态而变化[1]。因此，根据接收到波的旅行时间、幅度与波形资料可推断介质的结构。

3.2　**仪器设备及天线选用**

检测设备使用美国劳雷 SIR30E 雷达，根据输水泄洪隧洞衬砌混凝土厚度及检测要求，选用 900 MHz 频率天线在“距离模式”下对衬砌混凝土厚度进行检测，采用 450 MHz 频率天线在“距离模式”下进行衬砌混凝土与围岩之间的脱空等缺陷检测，有利于对更深目标体的探测。

3.3　**探地雷达检测方式**

采用连续剖面法，发射和接收一体化天线与隧洞衬砌混凝土表面紧密贴合，以固定速度沿测线同步移动，得到探地雷达时间剖面图像。横坐标为地表测线位置，纵坐标为雷达脉冲从发射天线出发经地下界面反射回到接收天线的走时。对衬砌混凝土厚度和混凝土与围岩间进行脱空检测，对重点关注区段进行钢筋分布检测。该方法测量效率高、结果直观，是目前探地雷达常用的观测方法。

由于该隧洞直径较小，专业检测检测车辆无法入内，故现场制作简易可移动检测平台，检测人员在平台上进行检测。

3.4　**电磁波波速标定**

采用直接法对探地雷达波速进行标定。检测前，在地质雷达测线上，对衬砌混凝土进行钻孔，尺量衬砌混凝土的实际厚度，实测该部位衬砌混凝土反射回波的双程走时，计算波速，进行电磁波波速标定。

3.5　**里程标记**

为了保证地质雷达图像上各测点的位置与实际检测里程的位置相对应，检测前在隧洞检测剖面上，每 5 m 做 1 个标记，标注里程以供核对，用标注点对雷达距离编码器进行校核，测试时每 10 m 进行一次距离校准。

3.6　**测线和断面布置**

沿隧洞轴线方向在拱顶、拱肩、侧腰各布置 1 条检测测线（桩号 0+0～0+280.00），测线布置见图 1。检测过程中如发现有质量异常部位，则对异常部位进行局部加密检测。

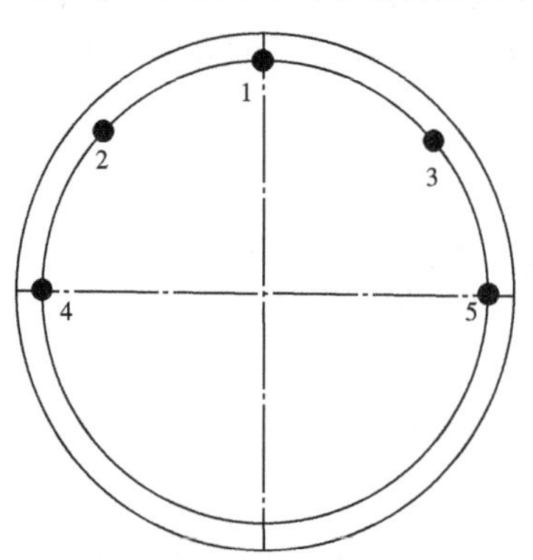

图 1　探地雷达测线布置示意图及测线编号（面向下游）

在检测结果异常部位布置垂直洞轴线方向的检测断面，每断面布置 20 条测线。

桩号 0+120～0+130 段施工过程中曾发生塌方，沿洞轴线方向于洞顶、两拱肩、两腰部位采用 900 MHz 和 450 MHz 频率天线进行加密检测。

在桩号 0+120～0+125 段，垂直于洞轴线方向布置 20 环切测量剖面，组成三维雷达探测区域，所有剖面起于 5 测线，沿逆时针测量（面向下游），天线频率 450 MHz，水平深度为 0.5 m。

探地雷达检测共完成测线长 1 970 m。

4 检测结果

（1）测线2~5检测结果显示，混凝土厚度满足设计要求，混凝土与围岩之间无脱空。

（2）综合900 MHz雷达天线检测结果，对1测线450 MHz频率天线雷达检测结果进行综合分析得出：桩号0+134~0+146、0+152~0+159、0+223~0+228、0+258~0+280共4处混凝土衬砌厚度不满足设计要求；桩号0+58~0+61、0+97~0+102、0+201~0+206、0+208~0+216、0+223~0+229、0+249~0+256、0+260~0+265共7处混凝土衬砌存在脱空缺陷。

混凝土衬砌厚度不满足设计要求部位及脱空缺陷统计分别见表1和表2。测线1混凝土衬砌厚度及脱空位置和范围典型检测成果见图2和图3。

表1 顶拱混凝土衬砌厚度不满足设计要求部位统计

序号	桩号	长度/m	设计厚度/cm	雷达检测厚度/cm	钻孔取芯桩号	钻芯实测厚度/cm	说明
1	0+134~0+146	12	40	30~40	0+140.0	33	
2	0+152~0+159	7			—	—	
3	0+223~0+228	5		23~30	0+226.0	25	检测成果见图2
4	0+258~0+280	22	60	48~60	0+263.0	57	

表2 顶拱混凝土衬砌脱空缺陷统计

序号	桩号	长度/m	雷达检测脱空范围/cm	钻孔取芯桩号	钻芯检测脱空范围及深度/cm	说明
1	0+58~0+61	3	95~130	0+61.0	103~120 脱空 17	
2	0+97~0+102	5	90~125	0+100.0	90~120 脱空 30	
3	0+201~0+206	5	95~175	0+203.0	117~170 脱空 53	检测成果见图2
4	0+208~0+216	8	75~110	—	—	
5	0+223~0+229	6	65~90	0+226.0	69~84 脱空 15	
6	0+249~0+256	7	80~155	—	—	检测成果见图3
7	0+260~0+265	5	85~145	0+263.0	87~140 脱空 53	

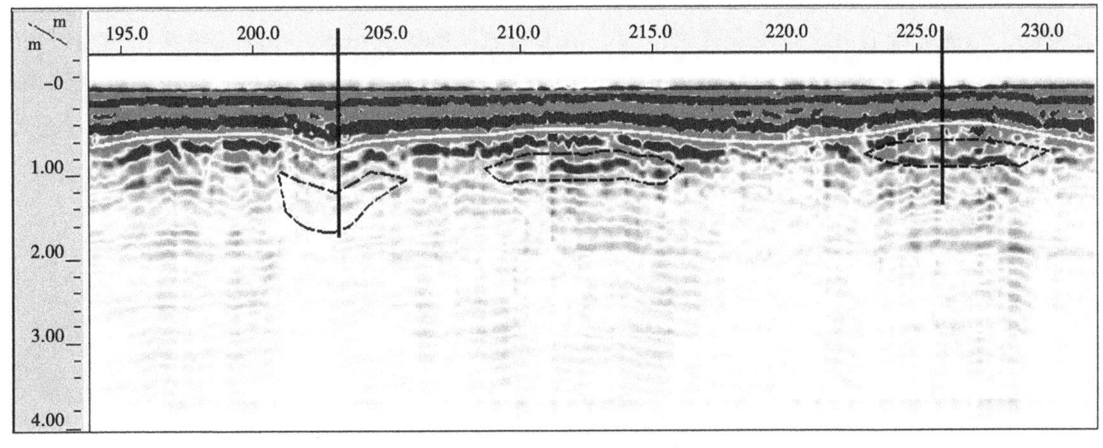

图2 1测线桩号0+195~0+230段混凝土衬砌厚度及脱空检测成果

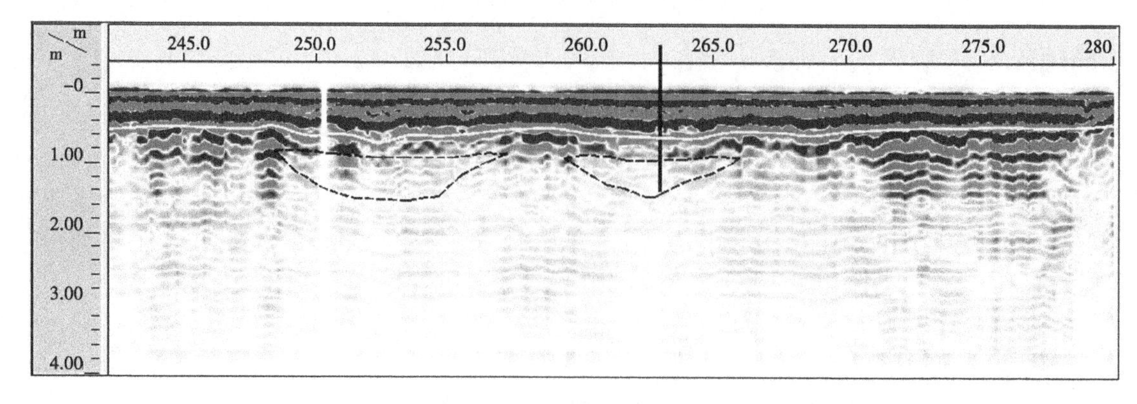

图 3　1 测线桩号 0+245～0+280 段混凝土衬砌厚度及脱空检测成果

（3）桩号 0+120～0+130 段混凝土衬砌内钢筋。

①检测桩号 0+121.5～0+122.5 段拱顶 1 测线有一个直径 1 m 的波速异常区，无钢筋反射信号，推测该处 1 m 直径范围内无钢筋。三维雷达探测结果图像见图 4。

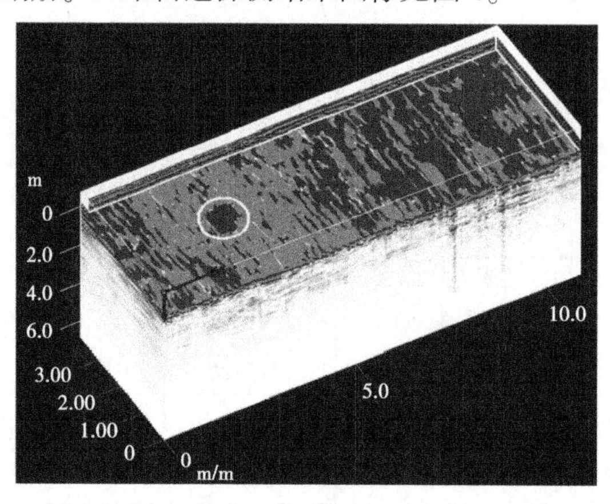

图 4　三维雷达立体切片（水平切片深度为 0.5 m）

②桩号 0+120～0+130 段 2～5 测线检测钢筋间距总体较均匀，环向钢筋数量 67 根，满足设计要求。

拱顶（1 测线）和拱肩（2 测线和 3 测线）内外层钢筋保护层厚度起伏变化均较大（10 cm 左右）；腰部（4 测线和 5 测线）钢筋保护层厚度起伏变化较小。

（4）无损检测异常部位钻孔验证。

在桩号 0+61.0、0+100.0、0+203.0、0+226.0、0+263.0 等异常部位布置 5 个钻孔对无损检测结果进行验证，检测衬砌混凝土厚度及衬砌混凝土与围岩之间的脱空见表 1 和表 2。钻孔检测以上部位衬砌混凝土厚度不满足设计要求，混凝土衬砌与围岩之间存在较大 15～53 cm 的空腔，检测结果与探地雷达检测结果一致，验证了探地雷达法检测隧洞衬砌混凝土厚度及脱空的有效和准确性。桩号 0+100.0 和 0+203.0 部位钻孔取芯显示隧洞混凝土衬砌脱空见图 5。

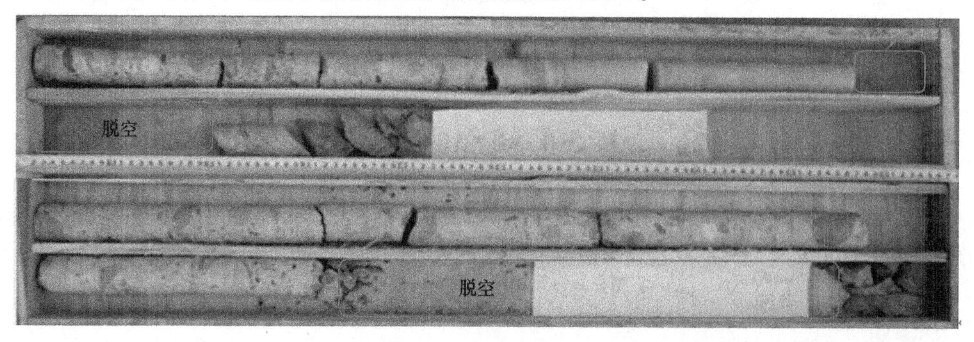

图 5　隧洞衬砌混凝土桩号 0+100.0 和 0+203.0 部位钻孔取芯验证脱空

5 检测结论

（1）采用探地雷达法无损检测输水泄洪隧洞衬砌混凝土质量显示：桩号0+134~0+146、0+152~0+159、0+223~0+228、0+258~0+280共4段混凝土衬砌厚度不满足设计要求；桩号0+58~0+61、0+97~0+102、0+201~0+206、0+208~0+216、0+223~0+229、0+249~0+256、0+260~0+265共7段混凝土衬砌存在脱空缺陷。

（2）三维雷达探测隧洞桩号0+121.5~0+122.5段顶部有一个直径1 m的波速异常区，无钢筋反射信号，显示该处1m直径范围内无钢筋。

（3）桩号0+120~0+130段钢筋分布总体较均匀，钢筋数量满足设计要求，但顶拱及两拱肩钢筋保护层厚度起伏变化大，腰部钢筋保护层厚度起伏变化较小。

6 结语与建议

（1）探地雷达法应用在水工隧洞混凝土衬砌质量检测上具有快捷、高效和分辨率高的特点，可作为水工隧洞混凝土衬砌质量无损检测的主要手段，同时可结合钻孔方法等进行验证，提高解释的可靠性和探测精度。

（2）根据混凝土衬砌厚度、钢筋布置情况，选择2~3种不同频率的天线对目标体代表部位进行测试，并辅以钻芯验证，根据试验结果选择合适频率的天线和参数进行正式检测工作，确保检测精度。

（3）探地雷达法易受各种干扰的影响，所以在数据采集和解释工作中应注意识别判断，并尽量避免和消除干扰对解释成果的影响。

（4）探地雷达法可绘制三维雷达立体切片图，圈定波速异常区域，分析反射信号，判断钢筋分布情况。

（5）水工隧洞作为水利工程的主要施工难点，受到环境、工艺等因素影响，容易出现质量问题，返修难度大。目前，在检测标准方法上，水利行业有相应探地雷达法检测混凝土缺陷的技术规程，但在施工、评定及验收等规范标准中无明确要求采用探地雷达法全面系统检测水工隧洞混凝土衬砌质量的要求，建议有关部门在规范修订中进行完善。

参考文献

[1] 杨峰，彭苏萍．地质雷达探测原理与方法研究［M］．北京：科学出版社，2010.

提高混凝土抗冻耐久性的防护材料研究

隋　伟[1]　肖　阳[1]　张　聪[1]　褚文龙[1]　梁　龙[2]

（1. 中水东北勘测设计研究有限责任公司，吉林长春　130021；
2. 北京琦正德科技有限责任公司，北京　102600）

摘　要：寒区热电厂冷却塔水工混凝土耐久性失效以冻融破坏为主，传统的防水防腐涂料对冷却塔混凝土抗冻保护作用有限，以防腐来代替抗冻是寒区热电厂冷却塔混凝土选材的技术误区。结合工程实践和实验数据发现具有抗冻能力的防水防腐涂料适用于寒区冷却塔混凝土的耐久性保护。

关键词：寒区；冷却塔；水工混凝土；抗冻性；防水防腐

1　前言

由于热电厂冷却塔特殊的运行条件：高温、高湿，含有酸、碱、盐等腐蚀性循环水等，会对混凝土造成一定的腐蚀损害。为保证混凝土耐久性，除混凝土配合比设计外，还会为混凝土表面增加一道防腐面层，作为保护混凝土耐久性的附加措施。满足这一设计的材料以具有防水防腐功能的涂料为主。

但实际发现，在寒区的冷却塔，虽然按设计要求都涂刷了具有防水防腐功能的涂料，少则 1~3 年，多则 5 年，不但混凝土表面涂刷的涂料剥落殆尽，而且混凝土也出现严重的剥蚀现象[1]，说明这道防水防腐附加措施没有起到保护混凝土的作用，但涂料的复检又都满足国标相关要求，说明以防水防腐作为设计的选材并不能起到对寒区混凝土的保护作用。

勘测发现：寒区冷却塔混凝土的腐蚀剥落以冻融破坏为主，与其他影响混凝土耐久性的因素相比，冻融破坏是寒区冷却塔混凝土耐久性失效的主要原因[2]。因此，无论是在冷却塔建造设计之初，还是维修加固阶段，混凝土表面的防腐蚀附加措施围绕抗冻来选材施用，是保证寒区冷却塔混凝土耐久性的关键因素。

2　防水防腐涂料抗冻性能检测方法

传统防水防腐涂料的技术指标主要是以抵抗一定浓度酸、碱、盐等溶液的腐蚀作为检测标准，而针对寒区负温条件下的抗冻指标很低甚至大部分没有。涂料抗冻性的检测方法有专门的行业标准：《建筑涂料涂层耐温变性试验方法》（JG/T 25—2017）。

测试方法是把涂料涂到一块 150 mm×200 mm×（4~6）mm 无石棉水泥平板上进行冻融测试，到设定的冻融循环次数后，检查无石棉水泥平板上涂层是否有粉化、开裂、剥落、起泡现象，并与留样试板对比颜色和光泽变化[3]。

与混凝土抗冻检测方法比较，二者之间存在以下差异：

（1）根据标准要求，实验用 150 mm×300 mm×（4~6）mm 无石棉水泥平板的制作参照《无石棉纤维水泥平板》（JC/T 412.1—2018），即该平板是用非石棉类纤维作为增强材料制成的纤维水泥平板。抗冻最高等级要求 A 类是 100 次、B 类是 25 次[4]。而依据《普通混凝土长期性和耐久性能试验方法标准》（GB/T 50082—2009）抗冻混凝土试件是由水泥、粗细骨料构成的 100 mm×100 mm×400

作者简介：隋伟（1980—），男，高级工程师，主要从事水工建筑材料的研究及应用工作。

mm 的棱柱体，抗冻等级至少在 F100 次以上。

（2）冻融试验，不管是无石棉水泥平板还是涂刷过涂料的无石棉水泥平板，其冷冻条件都是将浸泡后的无石棉水泥平板放到支架上冷冻，不是浸泡在水里进行冷冻而是放在支架上。而混凝土的冻融条件是浸泡在水中而不是放到支架上，其冻融循环温度和条件比涂料的更加苛刻。

所以涂料的抗冻检测指标不能满足混凝土苛刻的冻融循环条件，以涂料的抗冻指标来作为保护混凝土抗冻性的附加措施远远低于混凝土自身对抗冻性的要求，所以针对寒区混凝土，传统的防水防腐涂料的抗冻性不能起到保护混凝土的作用。

3 以防水防腐来代替抗冻的工程案例

某电厂位于辽宁省境内，冬季负温最低达到-20 ℃，刚建成只运行了一个冬季，涂刷在混凝土表面的防水防腐涂料就出现严重的剥落现象，而且混凝土也出现严重的冻融破坏问题。现场图片见图 1、图 2。

图 1　现场图片 1

图 2　现场图片 2

该事故引起业主和设计单位的高度重视，立即对冷却塔重新做防水防腐处理，但所用涂料仍然用原先的涂料，对于剥蚀的混凝土表面，用配制该涂料的树脂制作成树脂胶泥进行混凝土表面修复，然后再涂刷该防腐涂料。运行一年后，混凝土又出现严重的剥蚀现象，修复的混凝土表面，不但涂料层发生剥落，胶泥修复层也出现酥软剥落现象（见图 3、图 4）。

图 3　现场图片 3

图 4　现场图片 4

4 原因分析

因为在冷却塔混凝土表面发现了白色结晶物，对该冷却塔的水质做了分析，具体数据见表 1。

表 1　冷却塔循环水检测指标

检测项目	铵盐	钾	钠	镁	钙	重碳酸盐	硝酸盐	氯化物	硫酸盐	磷酸盐	总硬度
检测结果/(mg/L)	0. 105	29. 9	131	29. 4	80. 5	215	8. 17	88. 7	300	3. 44	330

根据对现场冷却塔循环水取样的水质分析发现，在整个循环水溶液的离子浓度数据中，硫酸盐含量与氯化物含量较为突出，明显高于其他离子含量。接下来的抗冻试验制定为盐冻检测即单面冻融测试。

该项目没有钻芯取样进行冻融检测，而是采用现场成型混凝土试样，使用防水涂料（MN-J55B）和拟采用的抗冻蚀涂料（砼益佳-U587）分别进行单面冻融测试，检测方法按照《普通混凝土长期性能和耐久性能试验方法标准》(GB/T 50082—2009) 单面冻融法进行检验。单面冻融单位测试表面面积剥落物总质量检测结果见表 2，技术要求小于等于 1 500 g/m^2，对比趋势图见图 5；超声波相对动弹性模量损失率见表 3，技术要求大于等于 80%，趋势图见图 6。

表 2　单面冻融单位测试表面面积剥落物总质量　　单位：g/m^2

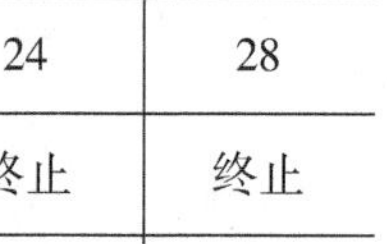

试验样品冻融次数	0	4	8	12	16	20	24	28
W	0	2. 95	799. 35	1 526. 30	终止	终止	终止	终止
S	0	18. 55	1 640. 30	终止	终止	终止	终止	终止
U587	0	1. 65	4. 85	13. 15	20. 65	22. 65	23. 05	23. 5
T	0	10. 90	358. 20	494. 70	951. 95	1 522. 6	终止	终止

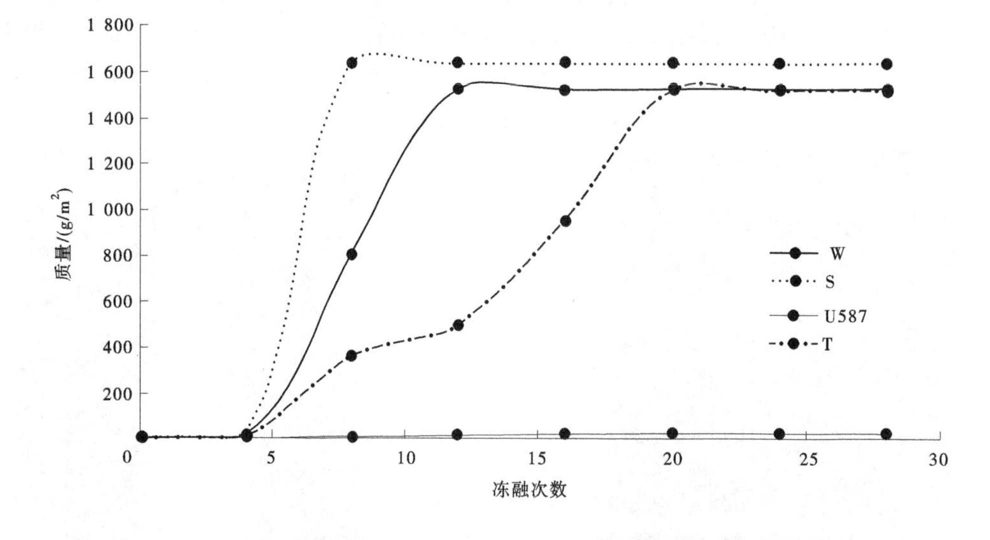

图 5　单面冻融单位测试表面面积剥落物总质量对比

表 3　超声波相对动弹性模量损失率

试验样品冻融次数	0	4	8	12	16	20	24	28
W	0	98.5	94.0	76.5	终止	终止	终止	终止
S	0	94.7	89.6	终止	终止	终止	终止	终止
U587	0	100.0	99.8	99.5	99.3	99.0	98.6	97.9
T	0	99.8	97.6	94.3	90.1	84.3	终止	终止

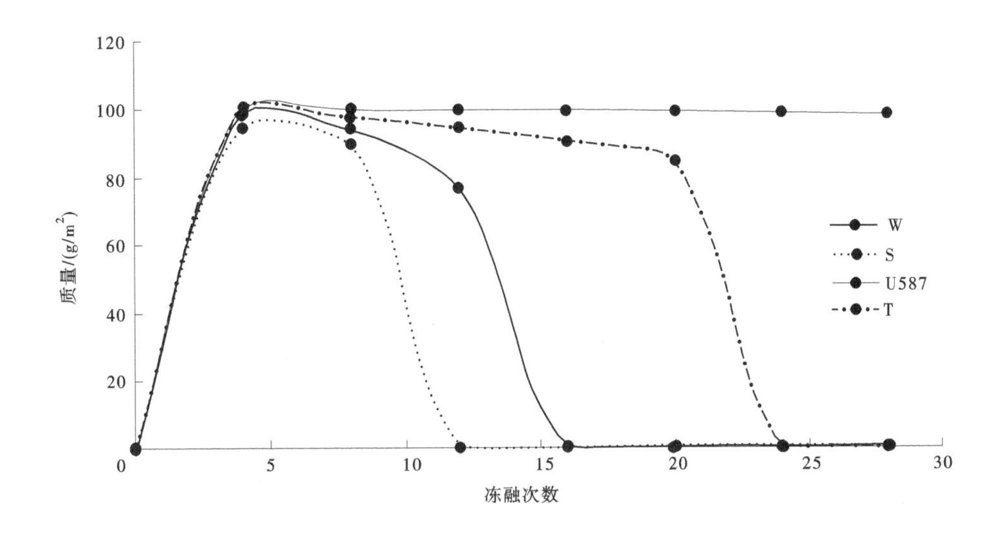

图 6　超声波相对动弹性模量损失率趋势

图表中 W 为受检样品在水中进行单面冻融循环试验，S 为受检样品在盐溶液中进行单面冻融循环试验，U587 为受检样品经抗冻涂料：砼益佳-U587 表面处理后在盐溶液中进行单面冻融循环试验，T 为受检样品经 MN-J55B 防水涂料表面处理后在盐溶液中进行单面冻融循环试验，其中 MN-J55B 防水涂料是第一次防腐和第二次维修用的同一种涂料。

由表 2、表 3 中数据可知：

（1）未涂刷任何涂料的混凝土试样在水冻融条件下，当达到 12 次冻融循环时，无论是单面冻融剥蚀量还是动弹性模量损失率均已经超出要求标准，没有达到 28 次冻融循环要求。

（2）未涂刷任何涂料的混凝土试样在盐溶液条件下，在第 8 次冻融循环结束时，单面冻融剥蚀量就已经超标，没有达到 28 次冻融循环要求。

（3）涂刷 MN-J55B 防水防腐涂料的混凝土试样在盐溶液条件下，在混凝土达到 20 次冻融循环时，单面冻融剥蚀量已经超标，在第 16 次冻融循环时，涂刷在混凝土试件表面的 MN-J55B 防水防腐涂料已经剥蚀殆尽，失去了保护混凝土的功能。

（4）涂刷抗冻涂料砼益佳-U587 混凝土试样在盐溶液条件下，在达到标准要求的 28 次冻融循环后，无论是单面冻融剥蚀量还是动弹性模量损失率远远低于标准要求。

5　结语

（1）涂料的防腐不能代替抗冻，寒区水工混凝土耐久性失效主要是冻融破坏引起的，因此在对混凝土表面的防护附加措施进行选材时，涂料除具备防腐功能外，更需具备抗冻功能，做到在冻融循环时不脱落，自身具有与混凝土相同甚至更强的抗冻能力，甚至能提高混凝土自身的抗冻性能。

（2）冷却塔循环水是一种各种盐类的混合溶液，其冻融条件要比自来水冻融条件更为苛刻，因此涂料的抗冻能力应该包含抗盐冻能力，这为今后寒区冷却塔混凝土防腐防水选材上提供了技术依据。

参考文献

[1] 梁龙，刘绍中，孙玉龙．火力发电厂冷却塔混凝土的耐久性保护研究［J］．商品混凝土，2008（2）：17-19.
[2] 葛勇，葛兆明．严寒地区热电厂冷却塔混凝土破坏状况调查与原因分析［C］// 沿海地区混凝土结构耐久性及其设计方法科技论坛与全国第六届混凝土耐久性学术交流会论文集．2004：563-568.
[3] 建筑涂料涂层耐温变性试验方法：JG/T 25—2017［S］．
[4] 无石棉纤维水泥平板：JC/T 412.1—2018［S］．

完善检测技能竞赛全周期管理，助力技能强国

张来新[1,2]　王卫光[1]　逄世玺[1]

（1. 珠江水利委员会珠江水利科学研究院，广东广州　510611；
2. 水利部珠江河口海岸工程技术研究中心，广东广州　510611）

摘　要：2021年4月，在全国职业教育大会上，总书记做出重要指示：要加大制度创新、政策供给、投入力度，弘扬工匠精神，提高技术技能人才社会地位，为全面建设社会主义现代化国家、实现中华民族伟大复兴的中国梦提供有力的人才和技能支持。国内国际也开展了诸多技能大赛，但对专业型技能大赛的宣传总结缺乏分析总结，不能很好地发挥技能竞赛的预期目的和作用，笔者就如何解决这一问题提出了对技能竞赛全周期管理的理念，并以云南省第十八届职工职业技能大赛滇中引水重点工程水利工程试验员技能竞赛为例，详尽分析了全周期管理的要点，以更好发挥竞赛的引领和导向作用，可供检测技能竞赛或类似大赛提供借鉴，为技能强国建言献策。

关键词：技能；管理；全周期；竞赛

1　背景

2021年4月，在全国职业教育大会召开时，习近平总书记对职业教育工作做出重要指示，强调要加大制度创新、政策供给、投入力度，弘扬工匠精神，提高技术技能人才社会地位，为全面建设社会主义现代化国家、实现中华民族伟大复兴的中国梦提供有力的人才和技能支持。总书记的重要指示，为提高技术技能人才社会地位，培养更多高素质技术技能人才，形成“人人出彩、技能强国”的发展局面提出了要求，指明了方向。[1] 随着对技能人才的需求升级，各类技能竞赛和评选也引起更多关注，自2015年开始的“大国工匠”的筑梦故事更是家喻户晓。

虽然技能竞赛赛事、赛项都不少，如有着“技能奥林匹克”之称，每两年举办一次的世界技能大赛，已举办45届。包含了结构与建筑技术、创意艺术和时尚、信息与通信技术、制造与工程技术、社会与个人服务、运输与物流等6大类共计46个竞赛项目，但在国内却甚少人知。而国内由教育部发布了《关于举办2022年全国职业院校技能大赛的通知》，本届大赛将在27个赛区进行102个赛项，近2.8万人进行角逐。[2] 这些赛项已基本结束，但却基本未见诸相关宣传或相关报道，因此较难发挥出引领、提高、促进、发展的作用。那么究竟如何发挥技能竞赛的引导作用呢？笔者认为需要从技能竞赛的全周期管理来分析和提炼。下文将以云南省第十八届职工职业技能大赛滇中引水重点工程水利工程试验员技能竞赛为例进行分析。

2　竞赛概况

2021年9月，云南省滇中引水工程劳动和技能竞赛领导小组办公室以滇中引水劳竞办〔2021〕10号《关于开展云南省第十八届职工职业技能大赛滇中引水重点工程水利工程试验员技能竞赛的通知》，明确为深入贯彻落实习近平总书记对技能人才工作的重要指示精神，进一步推动产业工人队伍建设改革，全面提升滇中引水广大参建者的技能素质和专业水平，加快培养高素质技能人才，建设一

作者简介：张来新（1973—），男，正高级工程师，检测与量测首席专家，研究方向为水利水电工程技术、检测与量测技术。

批知识型、技能型、创新型劳动者大军营造劳动光荣的社会风尚和精益求精的敬业风气，为滇中引水工程建设提供专、精、尖人才，打造千年精品工程，举办云南省试验员技能竞赛。同时明确：对获得"技术状元"（大赛第 1 名）荣誉的选手，经审核符合条件的，由云南省总工会授予云南省"五一"劳动奖章。2021 年 11 月 16 日至 17 日，由云南省职工经济技术创新工程领导小组、云南省总工会、云南省人力资源和社会保障厅主办，云南省滇中引水工程建设管理局、云南省滇中引水工程有限公司、中铁十二局集团有限公司承办，云南省滇中引水工程建设管理局楚雄分局、中铁十二局滇中引水楚雄段施工 2 标项目经理部、云南省水利工程行业协会、滇中引水建设工程工会联合会楚雄段分会、珠江水利委员会珠江水利科学研究院、长江水利委员会长江科学院协办的云南省第十八届职工职业技能大赛水利工程试验员技能竞赛决赛，在滇中引水工程楚雄段施工 2 标举行。

本次技能大赛决赛项目由理论知识考试、实践操作技能、专业技术答辩三部分组成，具体为：

理论知识考试试卷由组委会赛前下发的《云南省第十八届职工职业技能大赛滇中引水重点工程水利工程试验员技能竞赛理论试题题库》中抽选形成，以闭卷方式进行选手笔试答题。

实践操作技能竞赛有两项内容，一为选手必选项目细骨料颗粒级配试验；二是在钢筋保护层厚度及钢筋间距检测和锚杆锚固质量无损检测中随机抽选一项。

专业技术答辩项目，由选手在组委会赛前下发的《云南省第十八届职工职业技能大赛滇中引水重点工程水利工程试验员技能竞赛答辩试题题库》50 道题目中随机抽取一道题目进行口述答辩。

3 技能竞赛全周期管理

3.1 赛前策划

赛前策划重点在明确竞赛人员范围、竞赛具体项目，找准竞赛设置的各赛项需要达到的目标；编写形成各竞赛项目的比赛要点、形成流程图；制备相关标准样品、样品标准值核验；场地、保密及其他事项准备等工作。

赛项首先需要确定本次竞赛设置专业范围即竞赛人员有哪些。如云南省明确第十七届为金属焊接人员和测量人员，第十八届则为试验人员，专业范围清晰、明确。其次，需要考虑竞赛专业的专业技能需要掌握哪些知识和能力。根据相关要求，试验工必须了解必要的计量知识、数理统计知识、检测仪器设备知识、工程材料知识，以及相关法律、法规知识，还应熟悉记录及检验报告填写知识，同时还需掌握必要的作业安全知识。再次，需要确定竞赛具体项目。要确定竞赛项目，就需要先确定本次竞赛需要达到或实现的目标是什么。云南省的竞赛通知中写明本次竞赛目的之一就是提高滇中引水工程试验工的技能素质和专业水平，同时提高建设单位在材料试验检测方面的监管水平，全面提速滇中引水工程建设，培养技术能手和标兵。因此，在设置竞赛项目时必须注意，一要能推动项目后期建设需要；二要体现对试验工的全面知识和能力的考核；三在具体项目上还需具有一定的观赏性，并能区分出试验员的检测素养与习惯。综合考虑滇中引水工程后续项目开展情况，隧洞施工及混凝土施工是占比及工作量最大、质量控制难度较高的两类工作，因此考虑从这两类施工试验检测内容中选择实操竞赛项目。依据座谈和调研情况，由于滇中引水工程战线长、施工单位多，非水利建设单位也多，锚杆施工是下一步重点，且针对《水工混凝土试验规程》（SL 352—2020）、《混凝土中钢筋检测技术标准》（JGJ/T 152—2019）刚发布实施，正需要进行人员培训及宣贯，同时也考核试验检测人员对新标准学习和理解能力，考虑到还需有一定的观赏性，最终选定了竞赛实操项目（见表 1）。确定了具体项目后，根据项目内容，启动准备流程，编制了各项目比赛要点、评分表、场地平面布置图，砂石料赛场平面布置图（见图 1），钢筋及锚杆实操竞赛场地平面布置图（见图 2）。样品制备及核验等工作因篇幅原因不在此叙述。

表 1　竞赛项目与内容

项目	执行标准	检测数量	要求	说明
细骨料颗粒级配试验	SL 352—2020	平行样	见规范及细则	必做项目
混凝土保护层厚度和钢筋间距检测	JGJ/T 152—2019	1 个构件不少于 3 条测线	见规范及细则	抽选项目
锚杆无损检测	DL/T 5424—2009	2 根锚杆	见规范及细则	抽选项目

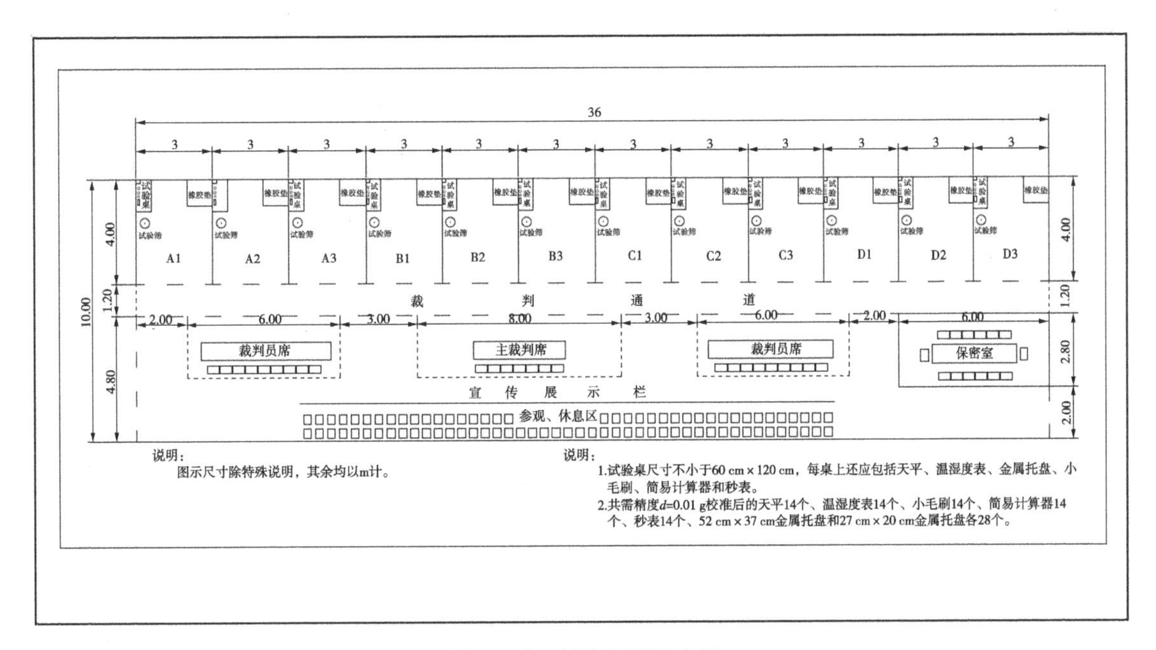

图 1　砂石料赛场平面布置

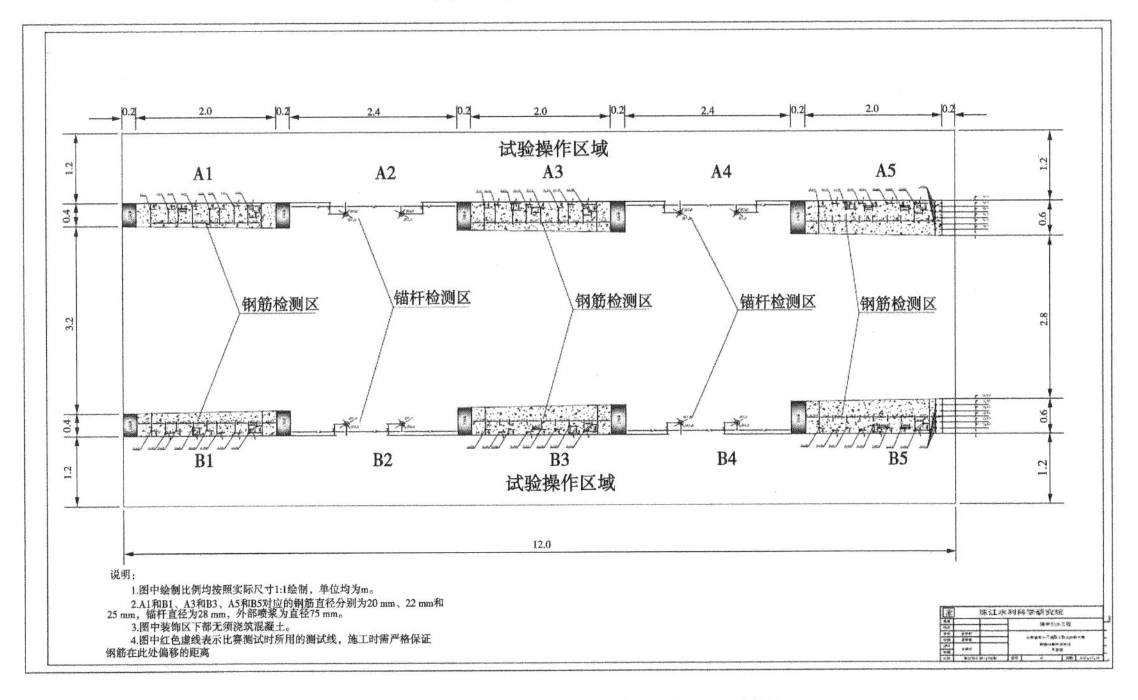

图 2　钢筋及锚杆实操竞赛场地平面布置

3.2　赛中落实

赛中落实对技术工作来说主要需注意按照比赛日程表落实裁判、解决争议，重点在对每赛项参赛人员的情况收集，对照比赛要点和评分表，逐项记清每个参赛人员在比赛中的问题和缺点，尽可能的详尽，为后续分析和评价做好一手资料的收集工作。其次需注意的是及时统一评分表中的细节和要求。最后就是按照评分进行统计评定出名次。

3.3 赛后交流

在实际操作中，往往在比赛名次出来后就预示比赛的全部工作结束了，缺少了对竞赛评定的分析总结和交流工作。这恰恰失去了举办竞赛大多数的意义。竞赛设置都具有明确的目的性，同时也是使竞赛者得到最好提升的机会。因此，笔者认为对竞赛后的总结交流更为重要。即在日程比赛完成后，由裁判组对竞赛人员的评分进行汇总分析，分析出共性的问题并进行排序，专项安排组织赛后交流，一方面由技术裁判组对排序出的问题进行讲解，使标准统一；另一方面可安排获奖人员交流好的做法和经验，推广好经验、好做法。但遗憾的是，竞赛中往往会忽视该步骤，而使提高和进步的机会白白浪费。云南省十八届试验员赛事也未能做好赛后交流工作，但笔者对细骨料检测项目进行了简单分析，对问题分析汇总见表 2。

表 2　细骨料颗粒级配赛项出现问题分析情况

问题排名	问题描述	被扣分人数/人	被扣分人数占比/%
1	阅读比赛要点	35	87.5
2	未按要求进行四分法缩分取样	28	70.0
3	对天平未进行显示值准确性检查	25	62.5
4	对各级称量再筛分时未判断每分钟通过量	21	52.5

由表 2 可以简单地看出所有人较共性的问题所在，可对今后的检测工作提出具体要求，提升和改进工作。但遗憾的是未安排进行交流。

3.4 赛后评价

赛后评价类似于工程的后评价，即对整个竞赛的组织及实施情况进行总的分析，总结优点，对不足和缺陷进行补救或在今后的工作中进行改正，以总结提升。对竞赛工作，笔者认为前期的项目选择和策划是很重要的环节之一，同样的做得最不足的是竞赛后的沟通交流及后评价工作。这些不足会降低竞赛的目标提升，使竞赛成为“一则喜讯、一阵开心”，远达不到提升人员素质和推进工作的目标。

4 结语

我国正在加大改革开放的力度，建设“一带一路”需要各方面人才，高技术技能人才是不可或缺的一类。社会需要弘扬工匠精神，努力提高技术技能人才社会地位，为全面建设社会主义现代化国家、实现中华民族伟大复兴的中国梦提供有力的人才和技能支持。随之而来开展的诸多技能大赛，有力宣传了“正能量”，但分析总结不足、赛后交流和后评价缺失，使各项竞赛不能很好地发挥技能竞赛的预期目的和作用。笔者认为，结合工程实际和进展要求加强竞赛项目的选定，做好赛后交流和竞赛的后评价，能更好发挥竞赛的引领和导向作用，为技能强国发挥好“正能量”。

参考文献

[1] 中国教育报评论员. 全面提高技术技能人才社会地位——三论学习贯彻习近平总书记职业教育工作重要指示精神[N]. 中国教育报，2021-04-16.

[2] 教育部：全国职业院校技能大赛将于 5 月至 8 月举行，6 月同时举办国际赛暨首届世界职业院校技能大赛 [N]. 界面新闻 快讯，2022-05-10.

水资源配置工程大型水泵第三方模型测试技术

朱 雷[1] 孙崧皓[2] 张建光[1] 陈宇航[2] 张海平[1]

(1. 中国水利水电科学研究院水力机械实验室，北京 100038；
2. 北京中水科水电科技开发有限公司，北京 100038)

摘 要：水泵第三方模型测试是客观地验证和评价水泵水力性能是否满足合同要求，减少合同争议的重要技术手段。随着“国家水网”工程的推进实施，我国水泵技术参数向高扬程、大功率的方向发展，“同台对比试验”和“第三方模型验收试验”等第三方模型测试已用于评价原型水泵的性能和稳定性。本文总结了相关实践经验，系统地介绍了第三方模型测试的类型、试验规则和试验内容，供相关的水资源配置工程参考借鉴。

关键词：水泵；模型试验；水力性能；第三方验收试验；同台对比试验；水资源配置工程

1 概述

水资源配置工程是解决我国水资源分布不均匀、保障国家水安全的重要工程措施。水利部印发的《关于实施国家水网重大工程的指导意见》要求，到2025年建设一批国家水网骨干工程，进一步提升水安全保障能力。目前，南水北调后续工程[1]、滇中引水[2]、引汉济渭[3]、引江济淮[4]、环北部湾水资源配置[5] 等国家水网主骨架和大动脉工程正在科学有序地推进实施。在水资源配置工程中，大型水泵作为输水系统的“心脏”，应确保其安全、高效地运行，因此水泵的水力性能是决定引调水工程是否能发挥预期效益的关键性因素之一。

对于大型水泵，模型试验技术是验证和评价其水力性能是否满足设计要求的重要技术手段[6]。在大型水资源配置工程中，水泵技术参数向高扬程、大功率的方向发展，例如滇中引水石鼓水源泵站设计扬程超过200 m[7]，环北部湾地心泵站离心泵单机功率超过40 MW，均位于世界前列。在工程实践中，大型水泵通常依据泵站上下游水位、设计流量和安装高程等基础条件开展定制化的水力开发。这种开发方式需要经过多轮“设计—试验—优化”的迭代过程，需要投入大量的人力和物力，可以生产出适合泵站的优秀水力模型，确保水泵的能量、空化、压力脉动等性能指标实现革新性的突破。近年来，“同台对比试验”和“第三方模型验收试验”等三方模型测试技术已经在引汉济渭、黄河东线马镇引水、珠江三角洲水资源配置等工程中得到良好的示范应用，为这些重大水利工程优选出性能优异的水泵机组，有力地推动了我国水泵技术的进步。

本文总结了我国大型水泵第三方模型测试的实践经验，论述了模型试验的技术和理论依据，系统地介绍了第三方模型测试的类型、试验规则和试验内容，供相关的水资源配置工程参考借鉴。

2 水泵模型测试

2.1 模型测试的必要性

水力机械模型测试是依据流体力学的流动相似理论，通过对缩小比尺的模型机进行水力性能测试以评价原型机性能的技术手段。目前，多数泵站采用对原型水泵进行现场试验的方法来验证水泵性能

基金项目：中国水科院科技项目（HM0163A012018）。

作者简介：朱雷（1985—），男，高级工程师，主要从事水力机械试验研究工作。

是否达到合同要求。但是现场试验受泵站工程条件、运行调度和试验成本等因素的限制，现场测试与模型试验相比存在 2 个方面的劣势：①试验结果的精度低于模型试验，特别是在大口径输水管路上测量原型泵的流量，目前缺少高精度的测量方法和流量计原位标定方法；②受现场条件限定，试验工况仅覆盖特征运行工况等很窄的范围，而偏离运行区工况因影响机组安全等原因无法测试，无法准确地确定极端条件下水泵机组的运行稳定性和安全性。对于调水工程来说，业主和设计单位都期望通过技术手段将水泵性能的评价提前至水泵设备移交甚至制造之前，以避免在工程投运后机组出现性能缺陷而影响工程安全，并由此产生的巨额改造成本和经济损失。实践证明，模型测试是在水力机械投运之前评价原型性能的最准确和有效的技术手段。

2.2 理论依据

在理想的状态下，两个系统中的相似流动应满足必要的相似准则，通常要求雷诺数 Re、欧拉数 Eu、斯特劳哈尔数 St 等相等。但是由于原模型之间存在比尺效应，无法做到两个流动完全满足全部的相似准则[8]。为了准确地获得原型的性能参数，应遵循适当的理论或标准，合理地将试验结果换算至原型条件下（见图 1）。

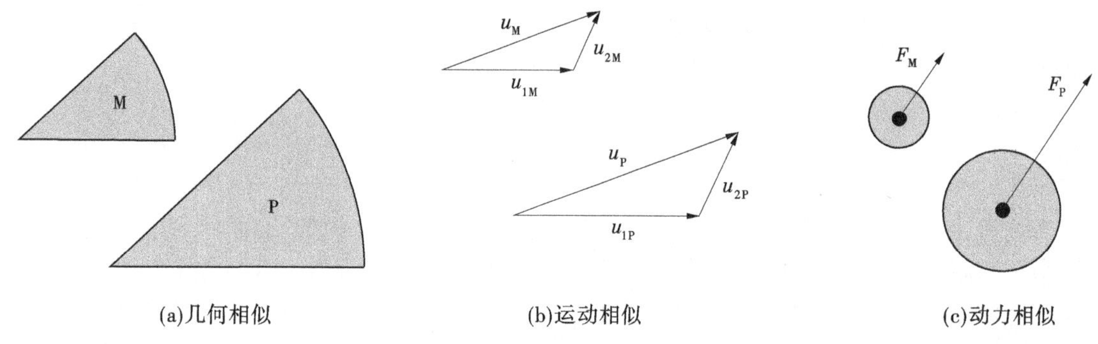

图 1 原模型流动相似条件

水泵性能测试要求原模型之间严格满足几何相似条件，动力相似上应满足 Eu 和 St 相似准则，一般要求原型和模型相似工况点应具有相同的压力系数 ψ 和流量系数 φ，见式（1）、式（2）。在雷诺数 Re 相似准则受原模型比尺的限制无法满足条件下，采用考虑比尺效应的原模型换算方法[9]，可以根据模型试验效率 η_M 确定原型水泵效率 η_P。为了保证换算结果的合理性和准确性，要求模型叶轮尺寸的进口直径 $D_2 \geqslant 250$ mm、最小试验比能 E 不小于 100 J/kg 且试验雷诺数 $Re \geqslant 4.0 \times 10^6$。满足上述相似性要求的原型水泵的扬程 H_P 和流量 Q_P 可以根据式（3）、式（4）从模型试验结果换算得到，原型功率 P_P 在确定原型效率后可依据式（5）从模型试验结果换算得到。

$$\psi = \frac{H}{u^2/(2g)} \tag{1}$$

$$\varphi = \frac{Q}{\pi/4 \times {D_1}^2 u} \tag{2}$$

$$H_P = H_M \left(\frac{g_M}{g_P}\right)\left(\frac{n_P D_{P1}}{n_M D_{M1}}\right)^2 \tag{3}$$

$$Q_P = Q_M \left(\frac{H_P g_P}{H_M g_M}\right)^{1/2}\left(\frac{D_P}{D_M}\right)^2 \tag{4}$$

$$P_P = P_M \frac{\rho_{1P}}{\rho_{1M}}\left(\frac{H_P g_P}{H_M g_M}\right)^{3/2}\left(\frac{D_P}{D_M}\right)^2 \left(\frac{\eta_{hP}}{\eta_{hM}}\right) \tag{5}$$

3 水泵第三方模型测试

水泵第三方模型测试是由独立于买方和卖方的实验室或机构所开展的水泵模型测试。由于检测机构是买卖利益之外的独立的第三方，因此能够以公正、公平、权威的非当事人身份开展测试工作，有效地保证测试结果的客观性和真实性，维护买卖双方的利益。

3.1 水泵模型试验分类

在水资源配置工程建设周期内，为了获得最优水力性能的水泵，可在工程的不同阶段开展水泵模型同台对比试验、初步模型试验、厂内验收试验和第三方模型验收试验等不同类型的试验验证，见图2。其中，初步模型试验和厂内验收试验可在卖方的试验台进行测试，同台对比试验和第三方模型验收试验宜选择第三方试验台进行测试。

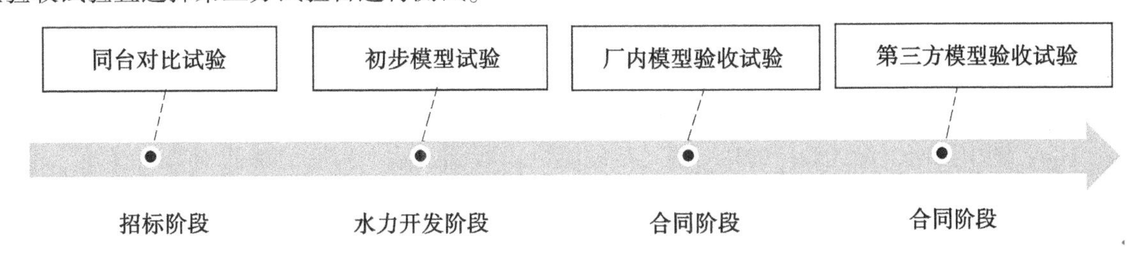

图2 工程周期内的水泵模型试验类型

3.2 第三方模型试验原则

水泵第三方模型测试的检测机构应具备计量检验资质，并且在检测能力、试验台精度和稳定性、试验标准和规范、试验人员、数据采集和量值溯源、试验数据和成果出力、知识产权保护和保密管理等方面具备合格的能力和规范的程序。水泵第三方模型试验应遵守以下原则：

（1）模型试验台应为闭式试验台，试验流量和应涵盖水泵全特性运行范围，试验台精度应满足模型效率试验综合不确定度不超过0.25%，允许重复性误差为±0.15%。

（2）试验台应具备流量、扬程和力矩等原位标定能力，试验过程中使用的测量仪器及其标准装置（或仪表）应溯源至相应的国家基准，仪器设备的检定校准证书应在有效期内。

（3）模型试验宜依据 IEC 60193 或 GB/T 15613 等模型试验规范执行，其中原型效率宜依据 IEC 60193 或 IEC 62097 推荐的考虑比尺效应的换算方法进行换算。

（4）试验前及过程中应对传感器进行原位标定，并对仪器和数采系统进行检查。

（5）检测机构应建有完善的知识产权和保密管理制度，并负有保护卖方的知识产权的责任，严禁向试验无关方泄露试验结果和模型尺寸等数据。

4 同台对比试验

对不同厂家或机构所研制的水泵模型进行比对性试验时，选择第三方试验台开展同台对比试验可以更好地保证试验结果的客观性。在水泵招标阶段，由招标人组织在指定的第三方试验台上进行同台对比试验，可以检验模型性能是否达到投标保证值，评价不同投标人模型水轮机水力性能，为水泵设备评标提供技术依据。同台对比试验已经用于引汉济渭工程、榆林黄河东线马镇引水工程等多个水资源配置工程的投标水泵比选和评价，有效地保证了水泵的安全高效运行。

4.1 同台对比试验规则

为了客观比较不同水泵模型的性能，水泵同台对比试验通常按以下规则执行：

（1）对所有被测模型水泵的试验应在同一试验台进行，且保证不同模型的试验标准、试验内容、试验执行人员保持一致。

（2）试验方应严格执行招标文件规定的全部内容，按照招标文件公正、保密地完成模型水泵同台对比试验。

（3）同台对比试验在项目单位授权代表的监督和见证下由试验方独立完成，投标人不得干预试验进程和试验结果。

（4）除转动部分和导水机构外，模型水泵其他部件的安装和调试由同台对比试验方负责，投标人应派技术代表协调指导安装工作，并检查安装质量。

（5）对于每一个模型，试验前项目单位、试验方、投标人对模型水泵开箱检查其完整性和关键尺寸，试验结束后在各方见证下将模型水泵装箱密封。

（6）模型水泵在同台对比试验期间不得更改设计。

（7）试验各参与方对试验结果和数据负有保密责任，试验报告由试验方完成后以密封的方式递交招标人。

4.2 同台对比试验案例

国内某大型水资源配置工程组织开展招标阶段水泵模型同台对比试验，在同一试验台上对不同厂家开发的 5 台水泵模型进行了比对性试验。试验结果表明，5 台水泵原型最优效率平均值优于 92.0%，实现了国际最高水平水泵制造厂家的同台竞技。图 3 是 5 个模型的效率比较图，以基准值作为基数 100，图中给出了最优效率的相对值。从图中可以看到，除 1 台模型略低于基准值外，其余 4 台模型均优于基准值。

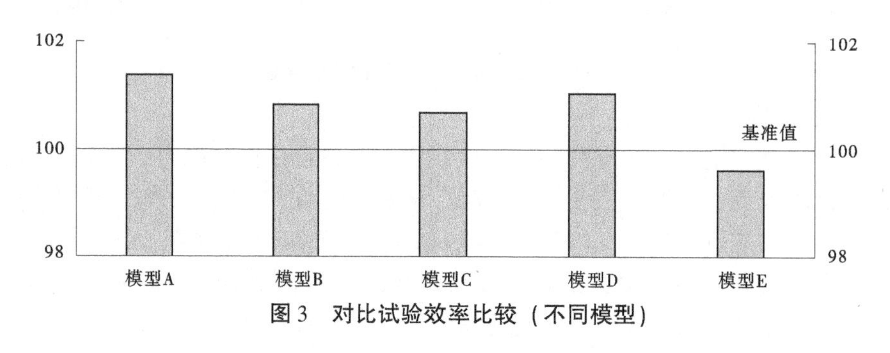

图 3 对比试验效率比较（不同模型）

5 第三方验收试验

第三方验收试验是在第三方试验台上进行的有买方代表见证的水泵模型验收试验。第三方模型验收试验可以检验水泵设计优化成果，验证合同保证值能否得到满足。当合同中有奖励或惩罚条款时，买方还可依据试验结果决定是否需要执行奖罚条款，有利于减少合同争议。第三方模型验收试验已经用于珠江三角洲水资源配置、东雷抽黄工程等多个水资源配置工程的水泵模型验收，有效地保证了合同的顺利实施。

5.1 第三方验收试验规则

为了保证合同的顺利执行和试验结果的准确性，水泵第三方模型验收试验通常按以下规则执行：

（1）在组织试验阶段，买方、卖方及第三方实验室等试验参与方确定试验大纲、试验日程、试验参与人员和职责、试验安装准备、仪器设备和试验数据处理、模型尺寸检查等方面内容。

（2）试验前应提交确定保证值的基础数据、水泵模型尺寸及设计资料、初步模型试验报告及数据等资料，且资料通过买方组织的技术审查。

（3）试验的各参与方应任命各自的试验负责人并明确其责任和权利，试验负责人协调处理试验准备和实施阶段出现的相关问题。

（4）试验应由第三方实验室独立完成，卖方可派技代术表参加验收试验并负责解答技术问题。

（5）试验方的试验负责人应向买方和卖方提供试验台及测试设备的说明，包括标定和测量方法、标定和试验数据的处理、试验结果记录等的详细信息。

（6）验收试验中用于数据采集的仪器设备应采用原级方法进行标定，标定的结果应得到确认。

（7）验收期间应进行模型进行尺寸检测并记录签字。

（8）正式验收（见证）试验应测量、验证和检查技术规范或大纲所规定的全部模型数据，所有结果应作为合同性质的值存入最终试验报告。

（9）模型验收试验的数据应得到各方的确认，试验中产生的测量数据、标定结果以及其他必要的文件资料应由模型验收试验各方授权代表签字。

（10）验收会议纪要及验收结论等重要的文件记录应由各方负责人签字，签字的试验数据和文件各方保存完整一份。

5.2 第三方验收试验案例

国内某大型水资源配置工程组织了水泵第三方模型验收试验，对水泵的能量特性、空化特性、压力脉动特性、驼峰特性等性能进行了试验见证和验收。图4给出了效率和空化试验结果，从图上可以看出，原型和模型效率均优于保证值，达到合同要求，空化除最低扬程点（H1）外，其余工况点初生空化余量NPSHi和临界空化余量NPSHc均低于泵站空化余量NPSHp，且达到合同规定的安全裕度。根据最低扬程点的运行概率和重要性，可以采取限制水泵运行范围或优化水力设计等措施确保水泵安全运行。

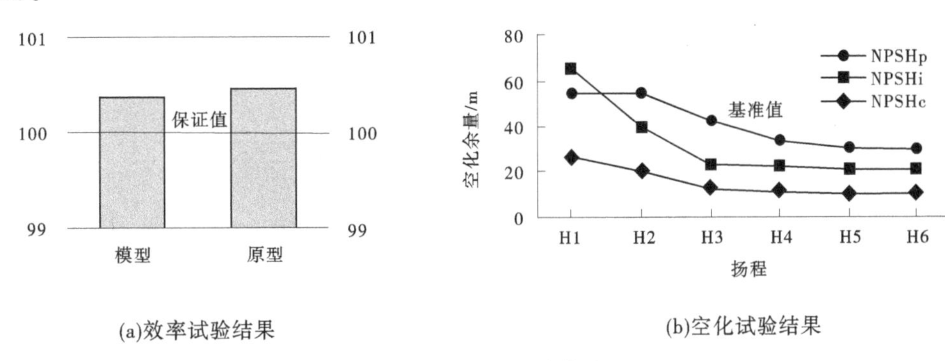

(a)效率试验结果　　(b)空化试验结果

图4　效率和空化验收结果

6 水泵模型测试内容

水泵模型测试内容一般包括水泵能量特性、空化特性、压力脉动特性、驼峰特性、零流量特性、水泵异常低扬程试验、进水管压差试验、水推力试验和四象限全特性试验（含“S”特性）。不同类型试验的试验内容见表1，其中：

表1　模型试验类型和项目

序号	试验项目	试验类型			
		初步试验	同台对比	厂内验收	第三方验收
1	水泵能量特性	√	√	√	√
2	水泵空化特性	√	√	√	√
3	水泵驼峰特性	√	√	√	√
4	水泵零流量特性	√	√	√	√
5	水泵异常低扬程试验	√	√	√	√
6	压力脉动特性	√	√	√	√
7	进水管压差试验	√	—	□	□
8	水推力试验	√	—	□	—
9	四象限全特性试验（含“S”特性）	√	√	√	√

注：“√”代表宜做，“□”代表选作，“—”代表可不做。

（1）初步试验内容应尽可能全面地涵盖水泵的完整性能，包括全部试验项目和完整的工况范围。买卖双方可以在试验前约定初步试验的结果是否用于评价合同值，如果涉及合同值，则试验结果需要在验收试验过程中得到双方确认。

（2）同台对比试验主要用于招标阶段评选性能优良的水力模型，根据实践经验，选定的模型在合同阶段需要进一步进行优化，因此进水管压差试验和水推力试验可以不做，且试验结果不能作为模型验收的依据。

（3）水泵模型验收可以选用厂内验收或第三方验收的方式进行，通常在完成厂内验收试验且结果满足合同要求后进行第三方验收试验，当卖方不具备厂内验收的能力时，也可以在初步验收后直接进行第三方验收试验，第三方验收可以选作进水管压差试验和水推力试验，试验结果作为最终验收结果。

7 结语

（1）水泵第三方模型测试可以更加客观地评价水泵性能，维护买卖双方的利益，主要包括“同台对比试验”和“第三方验收试验”等形式。

（2）“同台对比试验”通常在水泵招标阶段进行，可以检验模型性能是否达到投标保证值，评价不同投标人模型水轮机水力性能。

（3）“第三方验收试验”通常在合同执行阶段进行，可以检验水泵设计优化成果，验证合同保证值能否得到满足。

（4）水泵第三方模型测试的内容一般包括水泵能量特性、空化特性、压力脉动特性等 9 个方面，可以根据试验目的和合同要求确定内容和范围。

参考文献

[1] 李慧，何奇峰，李云玲．系统观念下推动南水北调工程规划路径探析［J］．水利规划与设计，2022（2）：97-101.
[2] 李波，曹正浩．滇中引水工程水资源配置方案研究［J］．水利水电快报，2020，41（1）：13-16.
[3] 侯红雨，张永永，姜瑾．引汉济渭工程受水区水资源配置研究［C］//中国水利学会．中国水利学会 2015 学术年会论文集（下册）．南京：河海大学出版社，2015：41-47.
[4] 祝东亮．引江济淮工程调水对受水区水资源影响分析［J］．治淮，2019（7）：9-10.
[5] 杨健，韩羽，王保华．环北部湾水资源配置工程总体方案研究［C］//中国水利学会．中国水利学会 2021 学术年会论文集第五分册．郑州：黄河水利出版社，2021：122-126.
[6] 陆力，彭忠年，王鑫，等．水力机械研究领域的发展［J］．中国水利水电科学研究院学报，2018，16（5）：442-450.
[7] 桂绍波，金德山，李玲，等．滇中引水石鼓水源泵站过渡过程计算研究［J］．水利规划与设计，2019（11）：145-150.
[8] 吴望一．流体力学：下册［M］．北京：北京大学出版社，1982：235.
[9] 水轮机、蓄能泵和水泵水轮机-模型验收试验：IEC 60193—2019［S］．

新拌混凝土综合测定仪在水工混凝土性能指标快速检测中的应用

周公建　吕永强　武宝义

（北京海天恒信水利工程检测评价有限公司，北京　100038）

摘　要：新拌混凝土综合测定仪是为检测工程施工现场新拌混凝土技术指标的即时检测仪器。它是根据新拌混凝土流变学原理，通过检测新拌混凝土的黏稠度来分析混凝土基本性能指标（水胶比、坍落度、扩展度等），预判新拌混凝土 28 d 龄期抗压强度值。该技术的应用对于实现混凝土质量预控有着重要的实践指导意义。

关键词：新拌混凝土；快速检测；混凝土质量；结果预判

1　前言

新拌混凝土综合测定仪主要用于混凝土出机口、混凝土运输罐车、泵送过程及浇筑现场对新拌混凝土性能指标的随时检测，也可以在混凝土搅拌站或搅拌车的出料口进行混凝土性能指标的检测，便于及时掌握新拌混凝土的质量状况。

目前，对于混凝土拌和物质量主要以锥形筒坍落度检测手段进行评价和验收，由于常规坍落度检测操作不便，现场检测场地限制以及人为误差大等因素影响，已不能满足现代化水利工程施工技术的发展要求；在混凝土浇筑过程中成型混凝土立方体试块并经标准养护至 28 d 龄期后进行力学性能检测，这种检测手段为事后控制，混凝土浇筑前无法预知混凝土的抗压强度情况，这无疑对于混凝土施工质量管理是一个严重的缺陷。近些年一些强度不足、质量低劣的混凝土工程，常在施工完成后被发现，不得不花费很大代价来补强加固，拆除重建的也偶尔发生。

新拌混凝土综合测定仪快速检测新拌混凝土性能指标将替代费时费力和测量误差较大的传统测量手段，且能够提前预估混凝土 28 d 龄期的抗压强度，弥补 28 d 龄期混凝土抗压强度检测结果滞后的不足，改变了先浇筑混凝土，后提交混凝土抗压强度结果的质量控制模式，有效预防劣质混凝土拌和物被浇筑成混凝土实体结构[1]，对于指导工程实践具有重要的意义，为水工混凝土现代化施工提供质量保证。

2　基本原理

新拌混凝土综合测定仪是专门为建设工程施工现场新拌混凝土性能指标检测而研制的即时检测仪器设备，由主电机和测试探头组成。新拌混凝土综合测定仪通过其探头在混凝土中的旋转测得阻力来表示混凝土的稠度值，根据混凝土流变学原理，通过检测混凝土的黏稠度来分析混凝土基本性能指标，并转变成 28 d 抗压强度值。经过大量的试验，结果表明，混凝土的稠度与混凝土的水灰比、坍落度、强度之间存在着良好的相关性。

该仪器最初由英国公司开发研制，2000 年初逐步引入国内建筑市场，在交通、工民建行业有相

作者简介：周公建（1971—），男，高级工程师，董事长，主要从事水利工程咨询与检测工作。

关推广应用，2002 年我公司进口该设备，在水利工程新拌混凝土质量控制中得到过初步应用，目前国内已有厂家研发制造。该方法具有仪器设备携带及使用方便、检测速度快、分析结果可靠、测试结果数字化等突出优点。

3 设备设置与使用

新拌混凝土综合测定仪测量前确认电池有充足电量，连接好测试探头，并设置好混凝土的骨料粒形（卵石或碎石）、骨料最大粒径、水胶比、外加剂掺量、掺和料掺量、水泥强度等级、设计强度等级等参数。设备调试设定后，就可快速完成被测混凝土拌和物的水胶比、坍落度、扩展度、温度、28 d 龄期抗压强度预测值。

选择均匀具有代表性的静态混凝土进行检测，在料斗或料堆中要尽可能选择中部取样。抽样检测应将混凝土倒入直径不小于 30 cm、深度不小于 20 cm 的容量筒中进行检测，其中混凝土深度应保证在 16 cm 以上。

手持测定仪，将测试探头垂直插入被测混凝土拌和物中 10 cm（测试头上的标线位）深度，即可按动“测试”键进行测试。测试时应尽量避免测量仪器晃（抖）动，使测试探头始终保持垂直状态。测试完毕后通过数据记录查询混凝土拌和物的坍落度、温度、扩展度、水胶比及预判混凝土 28 d 龄期抗压强度结果。

4 仪器验证与工程应用

4.1 室内试验验证

在试验室内对 C25、C30、C40 三个强度等级的新拌混凝土质量进行试验检测结果验证，每个强度等级的新拌混凝土进行 4 组不同稠度的拌和物试验检测。混凝土配合比使用的水泥为石林牌 P · O42. 5 普通硅酸盐水泥，细骨料采用人工砂，粗骨料采用 5~20 mm 和 20~40 mm 人工碎石，外加剂采用聚羧酸高性能减水剂。试验过程使用的原材料均通人工制备，品质符合《水工混凝土施工规范》（SL 677—2014）要求，砂石骨料状态符合《水工混凝土试验规程》（SL/T 352—2020）饱和面干要求，混凝土配合比设计见表 1。

表 1 室内试验验证试验混凝土配合比

试验编号	强度等级	各材料用量/（kg/m³）						设计水胶比	设计坍落度/mm
		水泥	水	砂	小石	中石	外加剂		
1	C25	302	145	750	554	678	3. 62	0. 48	70~90
	C30	341	150	695	559	683	4. 09	0. 44	70~90
	C40	395	162	649	545	666	4. 74	0. 41	70~90
2	C25	323	155	733	542	662	3. 88	0. 48	110~130
	C30	375	165	670	539	659	4. 50	0. 44	110~130
	C40	420	172	614	539	659	5. 04	0. 41	110~130
3	C25	344	165	698	538	658	4. 13	0. 48	150~170
	C30	398	175	636	534	653	4. 78	0. 44	150~170
	C40	444	182	581	533	651	5. 33	0. 41	150~170
4	C25	365	175	681	525	642	4. 38	0. 48	190~210
	C30	420	185	620	521	636	5. 04	0. 44	190~210
	C40	468	192	565	519	634	5. 62	0. 41	190~210

试验室内按照设计配合比拌制混凝土拌和物，采用新拌混凝土综合测定仪检测其水灰比、坍落度、28 d 龄期抗压强度预测值。同时对各组混凝土拌和物成型立方体抗压强度试件，标准养护到28 d龄期后，进行抗压强度试验。检测结果见表 2。

表 2　室内混凝土拌和物性能检测结果

试验编号	强度等级	设计水胶比	设计坍落度/mm	传统方法检测结果		新拌混凝土综合测定仪检测结果		
				坍落度/mm	28 d 龄期抗压强度/MPa	坍落度/mm	水胶比	预测 28 d 龄期抗压强度/MPa
1	C25	0.48	70~90	87	33.6	76	0.51	29.8
	C30	0.44	70~90	82	39.2	93	0.46	36.8
	C40	0.41	70~90	91	48.3	84	0.44	45.7
2	C25	0.48	110~130	118	35.4	108	0.52	36.2
	C30	0.44	110~130	124	41.2	110	0.45	37.9
	C40	0.41	110~130	109	46.2	120	0.43	44.9
3	C25	0.48	150~170	152	34.7	163	0.52	33.8
	C30	0.44	150~170	159	37.9	166	0.47	37.5
	C40	0.41	150~170	164	49.3	162	0.43	45.8
4	C25	0.48	190~210	197	36.9	186	0.51	38.6
	C30	0.44	190~210	186	38.4	197	0.47	36.2
	C40	0.41	190~210	193	48.6	188	0.44	45.9

新拌混凝土综合测定仪预测 28 d 龄期混凝土抗压强度结果与混凝土立方体试件抗压强度检测结果对比分析见表 3。从表 3 中可以看出，新拌混凝土综合测定仪预测混凝土抗压强度与混凝土立方体试件实测抗压强度基本一致，偏差绝对值最大为 11.3%，最小为 1.1%，满足混凝土质量预控的技术要求。

表 3　混凝土 28 d 龄期预测值与立方体试件抗压强度检测结果对比分析

试验编号	1			2			3			4		
强度等级	C25	C30	C40	C25	C30	C40	C25	C30	C40	C25	C30	C40
28 d 实测强度/MPa	33.6	39.2	48.3	35.4	41.2	46.2	34.7	37.9	49.3	36.9	38.4	48.6
预测强度/MPa	29.8	36.8	45.7	36.2	37.9	44.9	33.8	37.5	45.8	38.6	36.2	45.9
偏差/%	-11.3	-6.1	-5.4	2.3	-8.0	-2.8	-2.6	-1.1	-7.1	4.6	-5.7	-5.6

4.2　工程应用情况

目前该项技术在国内商品混凝土生产站得到了广泛应用，检测效果反映良好。近些年，我公司在云南和海南等省份水利工程施工现场，先后采用英国制造的 FCT101 型和国内厂商制造的 FCT201 型新拌混凝土综合测定仪对新拌混凝土性能指标进行了快速测定，对于现场检测预判 28 d 龄期抗压强度不满足设计要求的新拌混凝土，现场通知有关施工单位采用在混凝土拌和物中加入高等级砂浆进行处理，达到了对混凝土质量进行预控的目的，取得了显著成效。

云南某项目渠道衬砌混凝土采用新拌混凝土综合测定仪进行现场检测。混凝土设计抗压强度等级为 C25，混凝土拌和物水胶比为 0.43，设计坍落度 180~220 mm。细骨料采用人工砂，粗骨料最大粒径为 20 mm，设立每立方米混凝土水泥用量 372 kg，用水量 160 kg，细骨料 766 kg，粗骨料 1 102 kg，减水剂 3. 72 kg。现场从混凝土搅拌车出机口抽取混凝土拌和物，装入容量为 30 L 的容积升内，深度至 2/3 处。快速检测混凝土拌和物水胶比为 0. 46，坍落度为 176 mm，温度 33 ℃，预判 28 d 龄期混凝土抗压强度为 29. 8 MPa。在现场检测同时成型立方体抗压强度试件 1 组，标准养护至 28 d 龄期后，进行室内抗压强度试验，试验结果单值分别为 32. 2 MPa、30. 7 MPa、32. 9 MPa，平均值为 31. 6 MPa。新拌混凝土综合测定仪预判混凝土 28 d 龄期抗压强度结果与立方体抗压强度试件试验结果相差 1. 8 MPa，二者相对误差为 5. 7%。

5 结语

对于新拌混凝土速测定技术，利用综合测定仪进行大量现场混凝土拌和物坍落度检测，结果与传统方法检测结果基本一致，坍落度相对偏差均在《水工混凝土施工规范》（SL 677—2014）规定范围内，水胶比检测值与配合比设计值检测结果有一定偏差，但基本在 0. 3 范围内，28 d 龄期抗压强度预判值与立方体试件试验值对比相对误差在 1%~11%。应用试验表明，该技术测试准确度较高。

在混凝土施工过程中，检测人员可以利用新拌混凝土综合测定仪在现场便捷地对新拌混凝土性能指标进行检测和评定，做出是否使用或如何使用该批混凝土的决定。对于应急使用混凝土，在配合比设计中可以利用新拌混凝土综合测定仪预判 28 d 龄期抗压强度，实现混凝土配合比提前使用，节省大量时间。

新拌混凝土综合测定仪预判混凝土 28 d 龄期抗压强度结果优势尤为突出，在现场混凝土施工过程中可以避免不合格的混凝土拌和物投入使用以及后续造成工程结构实体质量缺陷问题，将混凝土的质量隐患及时消灭在萌芽阶段。该项检测技术的应用对新拌混凝土的质量预控意义重大，经济效益和社会效益显著。

参考文献

[1] 刘俊岩，周波，曲华明．新拌混凝土质量检测技术的应用［J］．济南大学学报（自然科学版），2002，16（3）：251-253.

进水流道优化对低扬程潜水贯流泵装置效率的重要性

黄　立[1]　陈炜侃[2]　吕浩萍[1]　周宏伟[1]

（1. 珠江水利委员会珠江水利科学研究院，广东广州　510611；
（2. 珠海市斗门区城乡防洪设施管理和技术审查中心，广东珠海　519100）

摘　要：本文从低扬程卧式潜水贯流泵站效率测试的实测数据的差异出发，结合泵站实际构造不同，分析判断主要问题出在进水流道设计不佳，必然导致涡流及易产生涡带，以国内先进的消涡经验为参考，给出成本较低且有效的解决方案。

关键词：低扬程；贯流泵；进水流道；涡流；涡带

1　引言

潜水贯流泵（卧式结构）是将潜水电机与贯流泵技术结合而产生的新型机电一体化产品，既保持了贯流泵本身的优点，又利用潜水电机技术，克服了传统贯流泵电机冷却、散热、密封等难题。该类泵工况适应于大流量、低扬尘场合，主要用于城市雨水排水、工农业用水、水道增压，尤其适用于排涝与灌溉综合考虑的水利、防洪工程。

全贯流潜水电泵选用多极电机，采用直联式结构，能耗低，效率高，除具有搅拌的功能外，还兼有推流和创建水流的作用；因其扬程低、流量大、潜水运行、可靠性高及泵站的工程造价低，且可建成全地下泵站，保持地面环境风貌等特点，广泛应用于城市水利工程[1]。

但潜水贯流泵并不完全好，主要原因：一方面是泵坑垂直高度大，施工难度大，施工环境要求略高；另一方面是理想的流道比较复杂，土建施工难度比较高，水平流道对水力性能有影响。

潜水贯流泵装置的各种过流部件对泵装置内、外水力性能均会造成影响，有经验人士认为贯流泵装置内部支撑片的数量应与导叶片数一致，宜采用椭球体的灯泡体尾部形式，应采用流线形进线孔，进水流道过渡形式宜采用渐缩方管式等[2]。通过以上优化后，可使最优工况点的效率提高约 2. 5%。

潜水贯流泵在室外环境使用方便等因素，成为越来越多客户的选择。但出于节省成本或降低土建施工难度等方面的考虑，不少中小型泵站并未为潜水贯流泵设计进水流道，其装置效率测试结果往往并不理想。本文从实测数据出发，结合理论，以验证进水流道在潜水贯流泵站设计中的重要性，以期为在实际工程中应用提供参考。

2　泵站效率测试结果及分析

2.1　测试结果

泵站效率的测试，可摸清目前泵站的运行效能，同时对今后泵站工程设计建设以及技术改造工作的开展起到积极的推动作用。为保证本文的比较论述具备代表性，本次选取的 4 座泵站均位于珠海市斗门区白蕉联围，分别为白藤、天生河、西南卡、东南卡泵站。

作者简介：黄立（1982—），男，工程师，主要从事水利金结/机电检测、试验工作。

该4座泵站均为低扬程排涝泵站，均安装潜水贯流泵（卧式结构），均为建成后试运行年限约1年。根据各泵站测试结果，计算出泵站装置效率见表1。

表1 泵站装置效率计算结果

序号	泵站名称	水泵型号	转速/（r/min）	测试扬程/m	测试流量/（m^3/s）	测试功率/kW	装置效率/%
1	白藤	1900QGWZ-125	184	1.856	14.30	380.2	68.44
2	天生河	1900QGWZ-125	184	1.649	13.48	371.2	58.75
3	西南卡	1400QGLN-125J	295	1.596	6.340	243.8	40.73
4	东南卡	1400QGLN-125J	295	1.848	6.425	264.2	44.10

2.2 测试结果分析

4座泵站机组测试过程中均未达到设计净扬程，且其长期运行工况一般不超过平均扬程，因此上述水泵机组测试时，4座泵站装置效率均不高；相近扬程的工况下，使用口径较大、转速较低的1900QGWZ-125泵的装置效率较高，使用口径较小、转速较高的1400QGLN-125J泵的装置效率较低。

鉴于水泵定型前均经过水力学模型试验且经过验收的，口径及转速不应是其装置效率偏低的直接原因。本次测试中，发现4座泵站的进水流道设计有异，其中白藤、天生河2座泵站水泵的进水流道均设计了混凝土渐缩方管（末端成圆状与水泵相接），而西南卡、东南卡2座泵站均为开放式进水流道，具体如图1、图2所示。

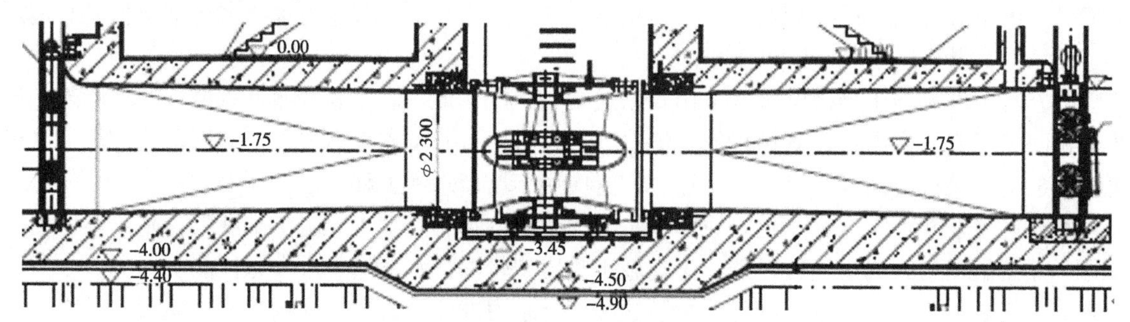

图1 白藤、天生河泵站进水流道（侧视图）

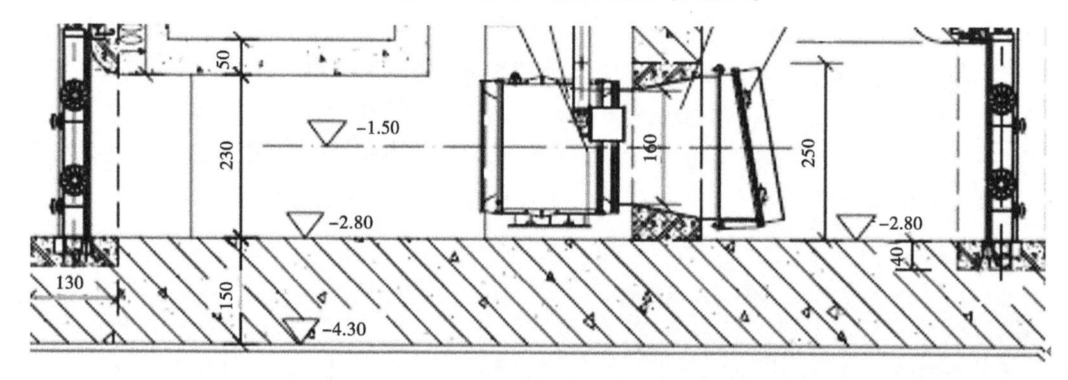

图2 西南卡、东南卡泵站进水流道（侧视图）

根据《泵站设计规范》（GB 50265—2010）的要求，泵站进水流道布置应符合下列规定：流道线形平顺，各断面面积沿程变化应均匀合理；出口断面处的流速和压力分布应比较均匀；在各种工况下，流道内不应产生涡带。

上述西南卡、东南卡泵站进水流道末端并未与水泵相接，两者之间存在一个开放空间，进水水流经过进水流道前段后，过流断面突然扩大（泵坑内运行水位高于进水流道顶板），水泵进口正好处于过流断面扩大后的水流扩散区域，经计算机模拟造成水头损失约达 0.09 m 之多。

3 进水流道的重要

业内经验显示，进水流道控制尺寸合理，流道线形平顺，各断面面积沿程变化尽可能均匀，压力比较均匀，将水流平顺地引向水泵的进口，为水泵提供良好的进水条件，尽量减少水头损失的情况下，由进水流道造成的水头损失一般可控制在 0.036~0.042 m[3]。

也有经验设计当进水流道的入口速度不到 1 m/s 时，本站流道的数值模拟计算得到进水流道的水力损失为 0.050 8 m[4]。再有经验人士对潜水贯流泵装置过流部件水力性能分析时指出，进水流道上的门槽可导致近壁面流线紊乱，无门槽设计进水流道近壁面流线较为平顺，水力损失较小，流速分布均匀度较高，能提供较好的水泵入流条件[2]。

水泵的装置效率取决于流道效率和水泵效率：

$$\eta_{zz} = \eta_{id}\eta_{sb} \tag{1}$$

对于确定的泵站扬程，式（1）中的流道效率完全决定于流道水力损失：

$$\eta_{1d} = \frac{h_{zz}}{h_{zz} + \square h_{1ds1ss}} \tag{2}$$

由式（1）、式（2）可以看到，泵装置扬程愈低，流道水力损失对流道效率的影响愈大[5]。西南卡、东南卡泵站的设计扬程较低，设计净扬程分别只有 2.25 m、2.22 m。因此，两泵站流道水力损失对泵站装置效率的影响特别显著。

4 进水流道设计的不足

涡带是一种进水流道内常见的有害流态，在涵洞式进水流道极有可能出现，若涡带伸入水泵，可能引起机组甚至水工建筑振动，影响工程安全。为了避免附顶涡带，进水流道顶板应当向进口方向翘起，上翘角应大于 5°，以防在吸水口顶部形成气囊，或便于启动时排出流道内的存气[6]。

西南卡、东南卡泵站的进水流道不仅无翘起，且其末端为开放式结构，实际运行时，泵坑内可见明显的涡流回旋；同时，经计算机模拟，进水流道运行时存在涡带的可能性很高。涡流及涡带如图 3 所示。

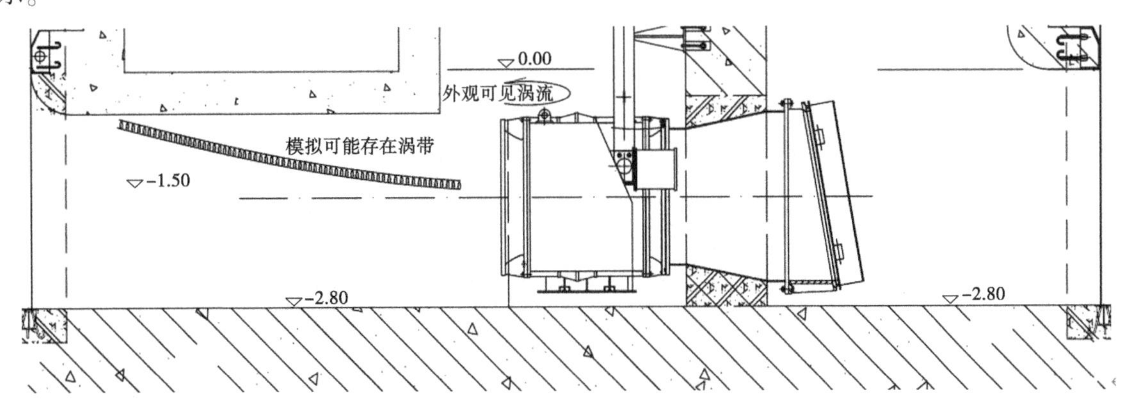

图 3 涡带与涡流

随着卧式潜水贯流泵口径的增大，水泵进口的静水压力差也随之增大，很难使水泵进口的压力分布均匀，并使水泵叶轮、泵轴和轴承受力不均，从而影响水泵性能；加上上述泵坑涡流和进水流道涡带的存在，更是令水泵运行雪上加霜，装置效率难以提高。

5 设计改进建议

有运行经验证明，当 670 kW 口径 1 400 mm 水泵在淹没深度降至 1 m 左右时，进水开始出现漩涡，水泵振动加大，噪音增加，出水流量减小；经判断为进水流道中的水流出现了明显的液面涡带，涡带呈漏斗状进入全贯流泵的叶轮，为吸入空气产生的[7]。

为了消除页面涡带及由漩涡发生的涡带，可在泵的进口部分设计改造具有压水功能的渐缩方变圆管，混凝土结构、钢管结构或钢衬混凝土结构均可。该方法在 CFD 的分析结论及实际经验中均被证明是有效的。渐缩方变圆管改进如图 4 所示。

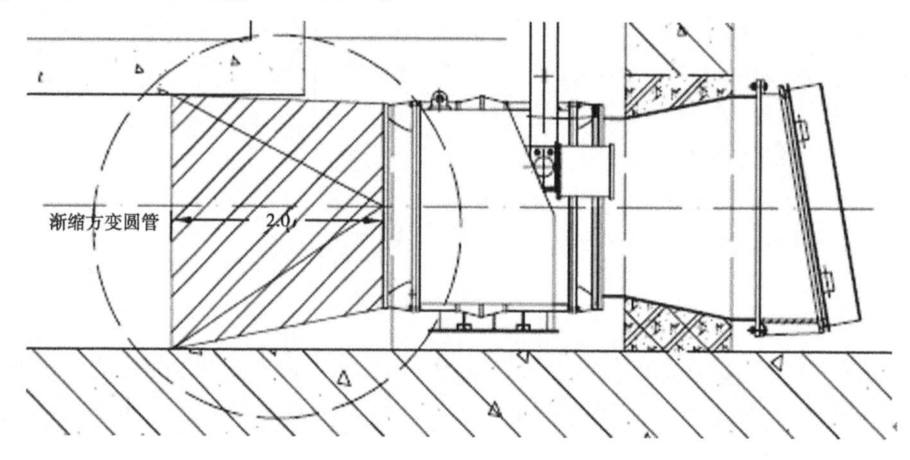

图 4 渐缩方变圆管改进（虚线圆内）

国内有实际运行经验证明，这类简单装置，无论是钢制的还是钢筋混凝土结构，对消除进水口漩涡均能够起到较好作用[7]。同时，加装该渐缩方变圆管后，把进水流道与泵坑隔绝开来，使得泵坑内的水体永远处于静止状态，不再被进水扰动形成涡流，不再参与消耗水泵的能源，使得水泵的功耗更集中于抽水做功，经模拟可减少水力损失约 0.047 m，提高了水泵的装置效率。

但由于西南卡、东南卡泵站水泵出口处同样未设计出水流道，水流经过短暂距离的小扩散后直接经拍门出外江，此设计同样会造成水流紊乱，导致水力损失，篇幅有限，本文不再一一分析阐述。

6 结论

上述内容说明泵站进水流道的出口流态决定了水泵的进水条件，不良的进水流道导致水泵流道水头损失占比较高，直接影响到水泵的能量性能、汽蚀性能和安全运行；且水泵进口附近的涡流回流会导致泵坑内局部的淤积，淤积还会进一步影响泵坑内的流态，使得水泵工作状况随淤积程度逐渐恶化。

因此，泵站设计时，应注意泵站设置及建筑物的正确选型与配套，进行优化设计，确保水泵进水流道内部进水流线均匀分布、流态较好，减小甚至消除漩涡，避免流态紊乱，改善进水条件和减少流道的水力损失；改善水泵进水流态除了可提高水泵性能，还可减少泥沙淤积，提高整个泵站的运行效率。

为保证水泵能经常在较高效的区域运行，建议可对泵站的进水流道进行改造，主要为在进水流道及水泵进口之间改造渐缩方变圆管段，一般做法有混凝土结构、钢管结构或钢衬混凝土结构等，可从耐久性、稳定性、维护方便及投资维护成本等方面全面考虑做出选择。

参考文献

[1] 李平峰，冯兰海．贯流潜水三相异步电动机结构设计中的几个问题［J］．电机技术，2011（3）：30-32.

［2］夏臣智，成立，蒋红樱，等．潜水贯流泵装置过流部件水力性能分析与优化［J］．农业工程学报，2018，34（7）：45-51.
［3］王宁，张伟进，朱红耕．如皋焦港泵站大型潜水卧式贯流泵装置 CFD 分析与建议［J］．科技论坛，2019（11）：18-20.
［4］戴明亮．浅析潜水贯流泵在大型泵站中的应用［J］．城市道桥与防洪，2022（2）：147-149.
［5］刘建龙，陶爱忠．大型潜水贯流泵机组的研发设计和应用［J］．华电技术，2011（8）：12-18.
［6］汤方平，刘超，周济人，等．低扬程贯流泵装置模型试验研究［J］．农业机械学报，2001（1）：12-18.
［7］曹良军，刘长益，钟跃凡．全贯流潜水电泵的应用及出水端自耦式安装的稳定性分析［J］．水机电气，2015（2）：87-91.

浅析水质检验检测机构授权签字人的职责与能力

任海平　肖新宗

（中国南水北调集团中线有限公司河南分公司，河南郑州　450008）

摘　要：水质检验检测机构的各个岗位中，授权签字人是一个技术岗位，也是关键岗位，是对出具的检测数据和结果最终质量把关的实施者和责任者。授权签字人能力能否满足要求，对保证报告的真实性、客观性、准确性和可追溯性具有至关重要的作用。

关键词：授权签字人；检验检测机构；要求

1　前言

授权签字人是由检验检测机构提名，在其授权的能力范围内经检验检测机构授权签发检验检测报告或证书的人员[1]。授权签字人不是具体的行政职务，但对检验检测机构来说，是一个重要的技术岗位，也是关键岗位。一个能够有效胜任的授权签字人，应是具有相应的职责和权力，具有相应的工作经历，熟悉相应的检测管理程序及记录、报告的编制程序，掌握有关的检测项目的限制范围，掌握有关仪器设备的校准/检定状态，具有对相关检测结果进行评价的能力，熟悉实验室资质认定评审标准及管理要求。

2　产生条件

授权签字人的产生应有以下步骤：首先，检验检测机构根据业务工作需要，从专业领域及履历符合的业务技术骨干中推选出合适人员进行能力确认，在向资质认定管理部门提交的申请书中明确机构推荐的授权签字人和拟授权范围；其次，资质认定评审组在现场评审时，对检验检测机构申请的授权签字人进行考核，经考核合格后，由资质认定管理部门在批准的资质认定证书和附表中明确授权签字人及签字范围；最后，由检验检测机构以文件的形式明确机构的授权签字人及其签字领域。

现阶段，水资源问题已经成为全球面临的严峻环境问题，水质检测机构对于水资源保护具有决定性影响。水质检测机构授权签字人是质量控制的“关键人”，在水质检测过程中发挥极其重要的作用，最高管理者在任命授权签字人时，应充分考虑该签字人在水质与水环境监测领域相关专业知识等因素。

3　职责

要履职好这一岗位，就要准确理解其职责和要求。在检验检测机构中，授权签字人是个关键岗位，要对最终出具的检测数据和结果进行确认把关，可以说是最终关隘，是形成检测报告最终质量把关的实施者和责任者，由此，这个岗位的重要性可见一斑。

水质检验检测机构的授权签字人主要职责为：一是在资质认定证附表规定的范围内，也就是授权的水质类别和参数，如地表水的高锰酸盐指数、地下水的铁锰、生活饮用水中菌落总数等，签发检验检测报告，并保留过程记录；二是要审核检测报告中检测方法的有效性，依据批准现行有效的水质检

作者简介：任海平（1981—），男，高级工程师，主要从事南水北调中线工程水质监测及保护相关工作。

测方法开展检测活动；三是水质样品根据所处的位置环境条件不同，代表性也不相同，而且水质样品的检测均具有时效性，因此应对检验检测数据和结果的真实性、客观性、准确性和可追溯性负责；四是对签发的检测报告具有最终的技术审查职责，审查相关结果的关联性、合理性、有效性等，对不符合要求的结果和报告具有否决权。

4 能力要求

水质检验检测机构的授权签字人除规定的硬性条件外，应是所涉及领域的资深人员，应有较强的业务能力和技术水平，应具备对检测报告审查把关能力，才能胜任其岗位要求。

4.1 具备水质相关领域的专业知识和经验

水质检验检测机构主要涉及水（地表水、地下水、生活饮用水、大气降水、污水及再生水）和水生生物两大类别，由于检测对象的不同，不同的类别所涉及的检测方法，都存在明显的差异，授权签字人不可能对每个领域都特别精通。为了保证授权签字人能够对报告的准确性、完整性、合法有效性进行正确判定，就要求授权签字人在所授权的签字领域中必须具有较高的业务理论知识和丰富的经验，是本领域资深的人员，对本领域的检测方法有较为深入的了解，能够对检测结果做出有效判断。

4.2 熟悉水质检测过程的关键环节

检测数据得出的准确与否，与检测过程涉及的“人、机、料、法、环、测”等诸多因素密不可分，水质检测尤为如此，如采集水样未按指定位置或方法要求进行采样，水样运输过程未按低温条件要求保存，水样处置环节未按方法要求进行萃取，在任何一个环节出现问题，都可能造成检测结果的失真、偏离或错误。因此，要熟悉掌握关键环节的关键点，严格按程序执行操作，才能对检测过程的符合性和检测结果的准确性做出正确有效的评价。

4.3 具有对检测报告的审查能力

授权签字人要遵守三级审核程序和“谁签字谁负责”的原则，在接收到一份检测报告时，不能盲目批准签字，要对签发的报告进行逐项审查。

检测报告的审核可从以下几个方面进行：

（1）整体符合性审核。

符合性审核包括完整性和代表性审核。检验检测机构的成果是以各类检测数据，最终以检测报告的形式发送给客户，所以授权签字人必须依据合同（委托协议）的要求，对检测报告的整体符合性进行全面的、认真细致的审核。如内容和形式上是否符合规定；报告名称是否正确，描述是否规范，信息是否充分，项目是否齐全，检测方法是否合适，检测频次是否达到要求，数据是否有漏测漏报，结果表达是否符合规范，是否与检测任务单的要求相一致等。

（2）数据合理性审核。

由于水质样品本身的性质及相互关系，一部分被测参数之间有紧密的相关性。因此，可以结合分析参数间的相互关系来审核报告。以生活饮用水检测为例，各种离子在水体中处于一种相互联系、相互制约的平衡状态之中，任何一种平衡因素的变化，都必然会使原有的平衡发生改变，从而达到一种新的平衡。因此，利用化学平衡理论，如电荷平衡、沉淀平衡等，可以及时发现较大的分析误差和失误，控制和核对数据的正确性，弥补分析质量控制不能对每份样品提供可靠控制的不足。表 1 中列出了水体的各种化学平衡和误差计算公式[2]。

还可以根据水中化学物质的不同形态关系进行合理性分析，一般情况下，水中部分化学物质有下列关系，如总氮>无机氮，总氮>有机氮，总氮>硝酸盐氮>氨氮>亚硝酸盐氮；化学需氧量>高锰酸盐指数；化学需氧量>五日生化需氧量；总大肠菌群>粪大肠菌群等。

检测记录中出现异常数据的分析判断，还可以结合检验检测机构内部质量控制内容进行审核。如按给定的室内标准误（偏）差的要求，对检测数据的精密度、准确度和检出限等进行审核。表 2 中列出了地表水水样分析的精密度和准确度的允许差[3]。

表 1　水体中各种化学平衡、误差计算公式及评价标准

化学平衡	误差计算公式	评价标准
阴离子与阳离子	$\frac{\sum 阴离子毫摩尔-\sum 阳离子毫摩尔}{\sum 阴离子毫摩尔+\sum 阳离子毫摩尔}\times 100\%$ 阴离子：Cl^-，SO_4^{2-}，HCO_3^-，NO_3^-，F^-，… 阳离子：K^+，Na^+，Ca^{2+}，Mg^{2+}，Fe^{3+}，Mn^{2+}，…	<±10%
溶解性总固体与离子总量	$\left[\frac{溶解性总固体计算值（mg/L）}{溶解性总固体测定值（mg/L）}-1\right]\times 100\%$ 计算值=$K^++Na^++Ca^{2+}+Mg^{2+}+Fe^{2+}+Mn^{2+}+$ $Cl^-+SO_4^{2-}+NO_3^-+$（60/122）HCO_3^-	<±10%
溶解性总固体与电导率	$\frac{溶解性总固体计算值（或测定值）}{电导率}$	0.55~0.70
电导率与阴离子或阳离子	[（阴离子毫摩尔×100/电导率）-1]×100% 或[（阳离子毫摩尔×100/电导率）-1]×100%	<±10%
钙镁等金属与总硬度（按 $CaCO_3$ 计）	$\left[\frac{总硬度计算值（mg/L）}{总硬度测定值（mg/L）}-1\right]\times 100\%$ 计算值=（$Ca^{2+}/20+Mg^{2+}/12+Fe^{3+}/18.6+Mn^{2+}/27.5$）×50	<±10%
沉淀溶解平衡	$\frac{(Ca^{2+})\times(CO_3^{2-})}{(Ca^{2+})\times(SO_4^{2-})}$	$\frac{3.8\times10^{-9}}{2.4\times10^{-3}}$
	$\frac{(Pb^{2+})\times(CrO_4^{2-})}{(Pb^{2+})\times(SO_4^{2-})}$	$\frac{1.8\times10^{-14}}{1.7\times10^{-8}}$

注：a. 在灼烧过程中，大约有 1/2 重碳酸盐分解，以二氧化碳（CO_2）形式挥发，故以 60/122 计算。

b. 计算：c（$B^z\pm/Z$）以 mmol/L 表示。从 mg/L 换算成以 mmol/L 表示的（$B^z\pm/Z$）按如下计算：$SO_4^{2-}/98\div2$；$Cl^-/35.5$；$Ca^{2+}/40\div2$；$Mg^{2+}/24\div2$；$Fe^{3+}/55.8\div3$；$Mn^{2+}/55\div2$；$HCO_3^-/61$；等等。

B 表示化合物，Z 表示化合价。

表 2　地表水监测精密度和准确度允许差

编号	项目	样品含量范围/（mg/L）	精密度/%		准确度/%			适用的监测分析方法
			室内（$\lvert d_i\rvert/\bar{x}$）	室间（$\bar{d}/\bar{\bar{x}}$）	加标回收率	室内相对误差	室间相对误差	
1	水温		d_i=0.05C	—	—	—	—	水温计测量法
2	pH 值	1~14	d_i=0.5 单位	d_i=0.1 单位	—		4	玻璃电极法
3	硫酸盐	1~10	≤15	≤20	90~110	≤±10	≤±15	离子色谱法、铬酸钡光度法
		10~100	≤10	≤15	90~110	≤±8	≤±10	EDTA 容量法、离子色谱法、铬酸钡光度法
		>100	≤5	≤10	95~105	≤±5	≤±5	EDTA 容量法、硫酸钡重量法
4	氯化物	1~50	≤10	≤15	90~110	≤±10	≤±15	离子色谱法、硝酸汞容量法
		50~250	≤8	≤10	90~110	≤±5	≤±10	硝酸银容量法、硝酸汞容量法
		>250	≤5	≤5	95~105	≤±5	≤±5	

（3）要具有对检测结果进行综合评价的能力。

当检测结果的数据可能存在可疑值、违背统计规律而产生的离群值、检验人员的失误造成计算错误值、违反检测样品各项指标间的相关性时，授权签字人应当具有识别判断的能力。如测定数据中有可疑值，经检查非操作失误所致，可采用 Dixon 法、Grubbs 法等检验同组测定数据的一致性，再决定其取舍。

5 结语

水质检验检测机构主要是为国家政府机构服务，其出具的水质检测报告将被作为区域水功能区管理，反映水质基本状况，是向社会公布的重要信息来源。因此，水质检测报告的质量，关系着政府的公信力，关系着民生，因此水质检验检测机构授权签字人作为签发检测报告的最后一道关口，显得尤为重要。授权签字人作为检测报告的审核者、把关者，不仅要对自己负责，对检验检测机构负责，还要对资质认定部门负责。因此，要履职尽责，以专业的理论知识和丰富的经验进行有效判断，以高度的责任心和严谨的科学态度对待每一个检测数据，确保检测报告的完整可靠，不断提高检测报告的审核能力，更好地为检验检测机构和社会公众服务。

参考文献

［1］检验检测机构管理和技术能力评价：RB/T 046—2020［S］.
［2］生活饮用水标准检验方法 水质分析质量控制：GB/T 5750. 3—2006［S］.
［3］水环境监测规范：SL 219—2013［S］.

安徽某拟建水库泥质卵砾石渗透特性研究

张胜军[1]　占世斌[2]　周蕙娴[1]　仰明尉[1]

（1. 水利部长江勘测技术研究所，湖北武汉　430011；
2. 长江水利委员会长江工程建设局，湖北武汉　430010）

摘　要：安徽省某拟建水库工程区广泛分布的泥质卵砾石对水库工程防渗方案选择影响重大。为了研究泥质卵砾石的渗透特性，选取钻孔注水、试坑渗透、渗透变形试验方法进行现场渗透性试验，分析了该层土的物理性质和影响该层渗透性的主要因素。研究表明：工程区泥质卵砾石大于 20 mm 组分含量占 51.0%~71.8%，小于 0.075 mm 组分含量占 7.9%~29.3%，渗透系数在 10^{-4} cm/s 量级，属中等透水性；泥质卵砾石中黏性土与卵砾石的接触面是最主要的渗流通道。研究结果为拟建水库工程的渗漏分析和防渗方案选择提供了依据。

关键词：泥质卵砾石；渗透系数；现场试验

1　引言

安徽省某拟建水库位于长江流域水阳江支流华阳河中上游，水库正常蓄水位 146.8 m，最大坝高 32 m，坝型拟定为当地材料坝，总库容 6 324 万 m^3，是一座具有防洪、供水、灌溉、发电等综合利用的中型水库。

水库工程区位于皖南低山丘陵地貌区，区域内广泛分布一套红褐色泥质卵砾石，厚度数米到数十米不等，直接覆盖于下伏基岩之上，是水库区两侧库岸的重要组成部分。因此，泥质卵砾石的渗透特性是该工程的主要研究课题之一。

2　泥质卵砾石的成因分析

拟建水库工程区的泥质卵砾石，在区域地质资料上被定为戚家矶组下段（Q_2q^1）。戚家矶组地层标准剖面分两部分（见图 1）：下部为蠕虫状褚红色泥质卵砾石，卵砾石粒径变化大，但一般磨圆较好，局部有弱定向性；泥质卵砾石上覆褚红色蠕虫状黏土、砂质黏土，偶见砾石。

图 1　泥质卵砾石典型照片

作者简介：张胜军（1968—），女，高级工程师，主要从事岩土勘察及检测工作。

对于该套地层的成因，成书于 20 世纪 80 年代的《安徽省区域地质志》及 2000 年以前的文献[1]均沿用李四光 1934 年的推测，将其定为大姑—庐山冰期的冰水沉积物。2000 年后的文献对该层时代及成因均提出了质疑，于振江等[2] 对该层通过古地磁测年测得戚家矶组底界、中段底界和上段底界年龄分别为 2.60 Ma、1.80 Ma 和 1.00 Ma 左右，即该层形成时代远早于 Q_2，甚至最早可追溯到早更新世，应被命名为 $Q_{1-2}q$；其成因也被定为山麓相冲洪积[3-5]。

3 泥质卵砾石的物理性质

3.1 颗粒级配

工程区 18 个探坑样品颗分试验成果见表 1，典型的级配曲线见图 2。

表 1 泥质卵砾石颗分试验成果

编号	各组分质量百分数/%							不均匀系数 C_u	曲率系数 C_c
	>200 mm	200~60 mm	60~20 mm	20~5 mm	5~2 mm	2~0.075 mm	<0.075 mm		
TK1	15.0	25.8	26.2	6.2	2.0	5.7	19.1	12 278.0	481.7
TK2		44.1	27.2	8.1	2.4	7.1	11.1	1 871.1	200.4
TK3		22.6	29.1	7.6	2.2	10.0	28.5	69 080.0	0.8
TK4		32.3	32.8	6.7	1.7	6.0	20.5	57 155.6	1 491.6
TK5	6.0	33.8	21.9	8.2	1.7	13.6	14.8	9 460.3	63.4
TK6		19.3	41.2	18.5	1.2	4.7	15.1	3 823.7	339.4
TK7	9.9	49.2	12.7	7.4	0.9	6.1	13.8	8 876.9	392.1
TK8		26.4	24.9	15.0	6.1	15.8	11.8	1 120.6	7.2
TK9		31.2	32.6	14.3	2.1	11.0	8.8	335.6	21.7
TK10	4.6	31.5	29.9	10.9	1.8	10.4	10.9	882.5	55.6
TK11		40.6	27.2	11.0	1.8	7.1	12.3	2 259.3	161.5
TK12		31.4	24.7	10.9	3.3	7.4	22.3	58 362.5	131.9
TK13		17.2	33.8	9.1	2.0	8.6	29.3	108 433.3	0.8
TK14		32.6	37.9	9.2	0.5	3.8	16.0	8 994.7	1 464.8
TK15		24.2	34.4	9.1	1.9	13.5	16.9	5 131.3	8.5
TK16		16.1	37.9	21.9	1.1	5.8	17.2	6 923.3	507.5
TK17	10.0	31.9	24.9	12.9	2.3	10.1	7.9	255.4	14.7
TK18		36.9	27.9	13.0	2.7	9.4	10.1	763.6	39.6

试验结果表明：泥质卵砾石中大于 20 mm 组分含量占 51.0%~71.8%，平均为 62.2%；小于 0.075 mm 组分含量占 7.9%~29.3%，平均为 15.9%。该层以卵石和粗砾为主，不均匀系数 C_u 为 255.4~108 433.3，曲率系数 C_c 为 7.2~1 491.6，其中两组为 0.8，说明该层级配极不均匀，级配曲

线不连续。

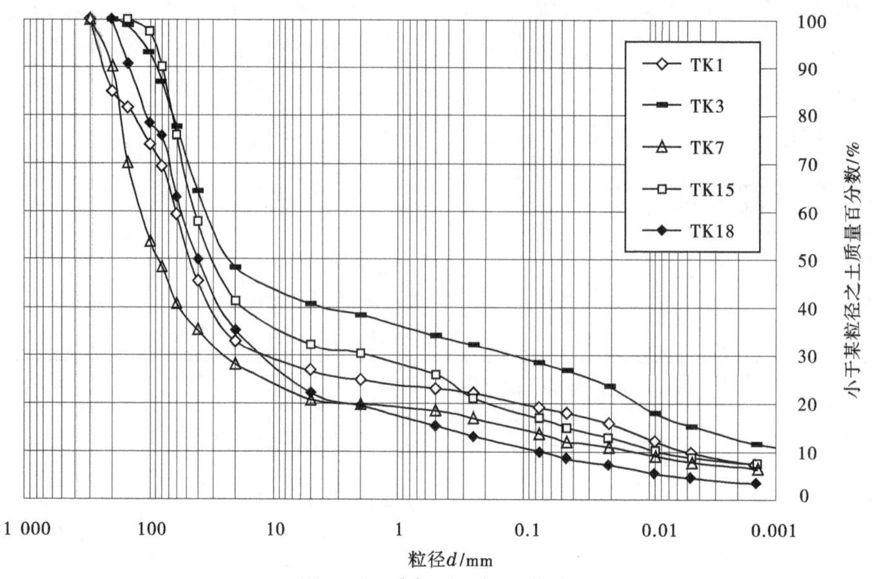

图 2 泥质卵砾石级配曲线

3.2 物理性质

按照《土工试验方法标准》(GB/T 50123—2019)[6] 对工程区泥质卵砾石 18 个探坑进行原位密度试验，同时对泥质卵砾石中细颗粒组分进行界限含水率试验，试验成果见表 2。

表 2 泥质卵砾石物理性试验成果

统计	含水率	湿密度	孔隙比	饱和度	液限	塑限	塑限指数
	w/%	ρ/ (g/cm^3)	e	S_r/%	w_L/%	w_p/%	I_p
范围值	8. 1~11. 9	2. 08~2. 33	0. 256~0. 436	62~100	34. 9~72. 9	16. 7~31. 5	17. 7~41. 4
平均值	10. 2	2. 24	0. 326	86	54. 5	24. 6	29. 9

试验结果为：泥质卵砾石中细颗粒组分高液限黏土占 61. 1%，其余为低液限黏土。

3.3 泥质卵砾石结构特征

拟建水库泥质卵砾石中卵砾石岩性以细砂岩为主，偶含灰岩。磨圆较好，为亚圆状—次棱角状，分选性较差，卵石排列在局部具有一定的方向性。

泥质卵砾石细颗粒黏性土矿物组成以高岭土为主，次为伊利石、蒙脱石等，对细颗粒组分进行自由膨胀率试验，约 35%的样品具有弱膨胀性。

4 泥质卵砾石的渗透性研究

渗透系数代表土渗透性强弱的定量指标，是进行渗流计算时必须用到的基本参数。由于泥质卵砾石特殊的结构特征，为避免样品采取及搬运过程造成的失真，本次研究以钻孔注水试验、试坑渗透试验为主，并在工程现场开展渗透变形试验。

注水试验是指向钻孔或试坑内注水，通过定时量测注水量、时间、水位等相关参数，测定目的层介质渗透系数的试验。注水试验主要适用于松散地层，特别是在地下水位埋藏较深和干燥的土层中。

4.1 钻孔注水试验

对工程区泥质卵砾石按照《水利水电工程注水试验规程》(SL 345—2007)[7] 开展钻孔注水试验，试验成果见表 3。

表 3　泥质卵砾石钻孔注水试验成果

编号	试验段深度/m	试验段长/m	渗透系数 k / (cm/s)
ZK16	0.00~5.10	5.1	5.77E-04
	5.10~10.80	5.7	2.17E-03
ZK18	16.20~23.40	7.2	1.38E-05
	24.36~28.00	3.64	1.45E-04
ZK22	5.00~10.20	5.2	1.37E-04
	8.60~15.20	6.6	4.16E-05
	13.10~20.60	7.5	5.02E-04
	17.60~25.10	7.5	1.15E-04
	22.10~30.20	8.1	7.63E-05
	28.10~35.30	7.2	5.78E-05
	35.30~40.20	4.9	1.52E-04
ZK23	0.00~5.30	5.3	4.83E-05
	7.80~15.10	7.3	1.00E-04
	15.10~22.40	7.3	1.15E-04

钻孔注水试验结果表明：泥质卵砾石渗透系数 10^{-4}cm/s 量级占 57.1%，10^{-5}cm/s 量级占 35.7%，渗透系数均值为 3.04×10^{-4}cm/s，整体属中等透水性。

4.2　试坑渗透试验

在工程区开挖了 18 个不同深度探坑对泥质卵砾石进行试坑渗透试验，采用双环注水法。双环法试验是野外测定包气带非饱和松散岩层的渗透系数的常用的简易方法。原理是在一定的水文地质边界以内，向地表松散岩层进行注水，使渗入的水量达到稳定，即单位时间的渗入水量近似相等时，再利用达西定律的原理求出渗透系数 k 值。双环注水法现场渗透试验见图 3，试验成果见表 4。

图 3　双环注水法现场渗透试验

表 4　泥质卵砾石双环注水试验成果

编号	试验深度/m	渗透系数 k/（cm/s）	编号	试验深度/m	渗透系数 k/（cm/s）
TK1	0.8	4.27E-03	TK10	5.3	2.77E-04
TK2	1.6	4.54E-04	TK11	6.6	1.06E-04
TK3	1.7	2.25E-03	TK12	2.8	4.46E-04
TK4	2.8	3.28E-04	TK13	3.2	1.14E-03
TK5	4.4	1.51E-04	TK14	0.4	6.76E-03
TK6	2.2	1.42E-04	TK15	2.2	1.25E-03
TK7	2.6	4.43E-04	TK16	2.4	9.98E-04
TK8	4.5	5.38E-04	TK17	4.3	9.77E-04
TK9	3.7	8.93E-05	TK18	6.1	4.98E-04

注：TK14（试验深度 0.4 m）属于耕植层。

双环注水法试验结果为：泥质卵砾石渗透系数 10^{-3} cm/s 量级占 27.8%，10^{-4} cm/s 量级占 66.7%，除耕植层外，17 个探坑渗透系数均值为 8.45×10^{-4} cm/s，属中等透水性。

4.3　渗透变形试验

为减小样品尺寸效应的影响，在工程区泥质卵砾石试坑附近开展渗透变形试验，参照《水电水利工程粗粒土试验规程》（DL/T 5356—2006）[8] 进行样品制备及垂直渗透试验，试验样品尺寸约 50 cm×50 cm×50 cm。坑槽开挖制样见图 4，管涌型渗透破坏现象见图 5，渗透坡降 lg$i$ 与渗透流速 lg$v$ 关系曲线见图 6，渗透变形试验成果见表 5。

图 4　坑槽开挖制样

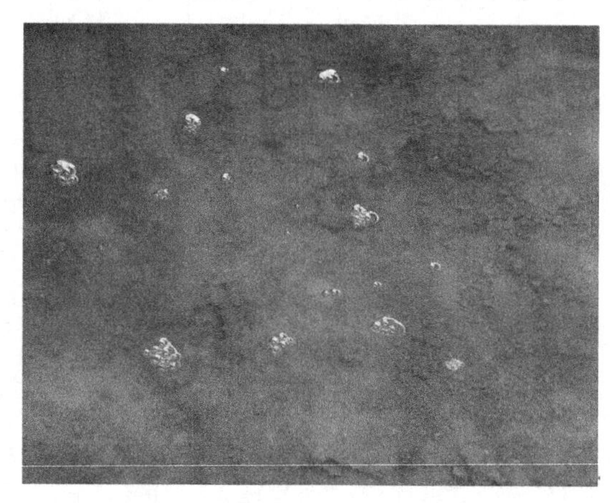

图 5　管涌型渗透破坏现象

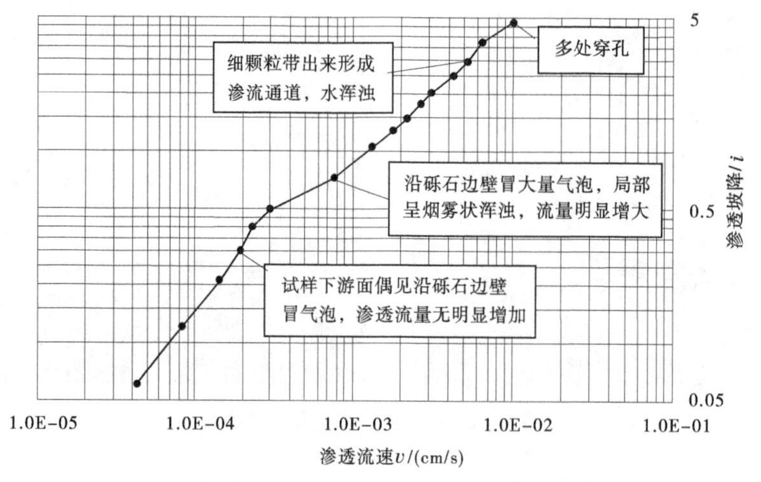

图 6　渗透坡降 lg$i$ 与渗透流速 lg$v$ 关系曲线

表5 泥质卵砾石渗透变形试验成果

编号	取样深度/m	渗透系数 k/（cm/s）	临界坡降 i_k	破坏坡降 i_F	破坏形式
TK4	2.5~3.0	3.52E-04	0.61	4.2	过渡型
TK12	2.5~3.0	4.22E-04	0.59	4.0	过渡型
TK13	3.0~3.5	1.06E-03	0.32	1.7	过渡型
TK15	2.0~2.5	1.38E-03	0.22	1.0	管涌型
TK16	2.2~2.9	8.67E-04	0.26	1.2	管涌型
TK17	4.1~4.6	9.03E-04	0.27	1.5	管涌型
TK18	5.8~6.3	4.21E-04	0.50	3.0	管涌型

渗透变形试验结果为：泥质卵砾石临界坡降0.22~0.61，平均值0.4；破坏坡降1.0~4.2，平均值2.4；渗透系数10^{-4}cm/s量级占71.4%，渗透系数均值为7.72×10^{-4}cm/s，与双环注水试验结果接近，渗透破坏形式为管涌型—过渡型。

试验发现，渗透破坏一般沿卵砾石边壁发生，表现为细颗粒被带出形成孔洞状渗流通道。对渗透破坏后的样品进行分析，大部分样品已经发生了渗透破坏，但细颗粒集中的部位仍然干燥，说明泥质卵砾石中黏性土与卵砾石的接触面是最主要的渗流通道。

4.4 泥质卵砾石渗透性影响因素分析

对泥质卵砾石18个试坑双环注水试验渗透系数与土体物理指标进行统计，得到渗透系数k与孔隙比e关系见图7，渗透系数k与>20 mm颗粒含量关系见图8，渗透系数k与<0.075 mm颗粒含量关系见图9。

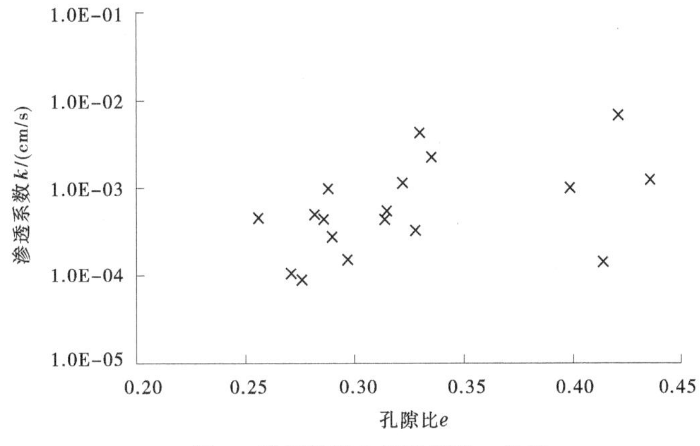

图7 渗透系数k与孔隙比e关系

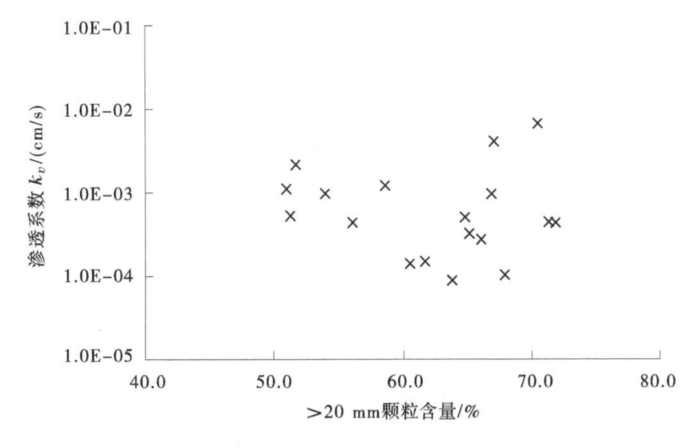

图8 渗透系数k与>20 mm颗粒含量关系

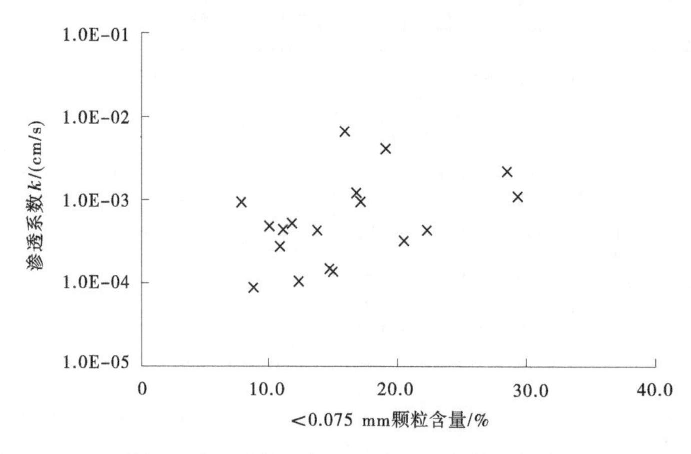

图 9　渗透系数 k 与<0.075 mm 颗粒含量关系

从图 7~图 9 可以看出：18 个试坑双环注水试验渗透系数与土体孔隙比表现为正相关，与>20 mm 颗粒含量及<0.075 mm 颗粒含量无明显相关性。可从以下方面对泥质卵砾石的渗透性影响因素进行分析，其主要影响因素为：

（1）颗粒级配。影响土体渗透系数的主要因素之一为粒径大小和级配，由于水体通过土体必定与土体孔隙直径的大小相关。工程区内泥质卵砾石中，粗砾、卵石组分含量较大，平均为 62.2%。又因级配极不均匀，级配曲线极不连续等特点，卵砾石之间不可避免出现直接接触面，接触面处必然存在孔隙，为水流提供必要的路径，对渗透系数产生巨大影响[9]。工程区泥质卵砾石<0.075 mm 颗粒含量平均为 15.9%，而一般认为细颗粒含量<30%时不参与骨架作用，对渗透系数不起控制作用[10]，本次现场渗透变形试验也验证了这一点。

（2）土体结构。从宏观上来看，工程区泥质卵砾石中的细颗粒组分部分具弱膨胀性，具有吸水膨胀、失水收缩特性。当泥质卵砾石含水率发生变化时，充填于卵砾石之间的细粒土成分发生干缩变化，容易在卵砾石与黏性土接触面附近形成缝隙。在长期循环作用下，泥质卵砾石结构被重塑，内部会出现孔隙，影响该层的渗透性。

4.5　泥质卵砾石渗透性分析

对比表 3、表 4 可以看出，拟建水库工程区泥质卵砾石的渗透系数在 10^{-5}~10^{-3}cm/s，钻孔注水试验成果（均值 3.04×10^{-4}cm/s）较现场双环注水试验成果（均值 8.45×10^{-4}cm/s）稍小。

两种试验成果中泥质卵砾石的渗透系数都是以 10^{-4}cm/s 量级为主，分别占比为 57.1%（钻孔注水试验）和 66.7%（双环注水试验），说明两种试验还是较好地揭示了本区泥质卵砾石的渗透性，试验成果是可信的。

综上分析，拟建水库工程区泥质卵砾石属中等透水性，渗透系数取值建议采用双环注水试验渗透系数均值 8.45×10^{-4}cm/s。

5　结论

（1）拟建水库工程区泥质卵砾石为早-中更新世山麓相冲洪积物，大于 20 mm 组分含量占 51.0%~71.8%，小于 0.075 mm 组分含量占 7.9%~29.3%，级配极不均匀，级配曲线不连续。

（2）拟建水库工程区泥质卵砾石的渗透系数在 10^{-4}cm/s 量级，属中等透水性。

（3）现场渗透变形试验进一步揭示了泥质卵砾石的渗透特性，该层中黏性土与卵砾石的接触面是最主要的渗流通道，为拟建水库工程的渗漏分析和防渗方案选择提供了依据。

参考文献

[1] 黄耀华．安徽境内长江北岸第四纪冰川遗迹［J］．中国科学院地质力学研究所所刊，1987，10：137-143.

[2] 于振江，彭玉怀．安徽省第四纪岩石地层序列［J］．地质学报，2008，82（2）：254-261.
[3] 潘国林，吴泊人，李郑．安徽省膨胀土分布及工程地质特征研究［J］．地质灾害与环境保护，2012，23（2）：54-59.
[4] 汪庆玖，叶小华，孟艨，等．安徽省沿江地区典型岩溶塌陷区盖层-岩溶组合特征［J］．中国岩溶，2017，36（6）：859-866.
[5] 卞世俊．港口湾水库灌区渠道主要工程地质问题［J］，江淮水利科技，2017（3）：41-42.
[6] 土工试验方法标准：GB/T 50123—2019［S］．北京：中国计划出版社，2019.
[7] 水利水电工程注水试验规程：SL 345—2007［S］．北京：中国水利水电出版社，2007.
[8] 水电水利工程粗粒土试验规程：DL/T 5356—2006［S］．北京：中国电力出版社，2006.
[9] 刘振宇，冯文凯，谭欢，等．全、强风化砂岩填料粗细比对渗透系数影响研究［J］．水利与建筑工程学报，2016，14（5）：26-29.
[10] 水利水电工程地质勘测规范：GB 50287—2008［S］．北京：中国计划出版社，2009.

钢筋计测量不确定度评定与分析

陈欣刚　郭　唯　沈希奇　鲍艳香

（水利部水文仪器及岩土工程仪器质量监督检验测试中心，江苏南京　210012）

摘　要：目前评价水利工程中安全监测仪器的指标有非线性度、重复性误差、滞后误差和综合误差，但是对测量不确定度却未作要求。本文通过对钢筋计测量方法的研究，分析了影响钢筋计检测结果误差各种因素的来源，对钢筋计检测结果测量不确定度进行了评定，旨在提高水利行业的检测质量和服务水平。

关键词：钢筋计；不确定度；分析

1　引言

人们以前一直以测量误差来判定仪器测量是否准确，测量不确定度，简称不确定度，是与测量结果关联的一个参数，表示被测量数值的分散性程度[1]。它可以用于“不确定度”方式，也可以是一个标准偏差或其给定的倍数或给定置信度区间的半宽度。测量不确定度是目前对于测量结果误差的最新分析和表述。根据所用到的信息，表征赋予被测量值分散性的非负参数[2]。在过去很长一段时间内，我们均是以测量误差来表述测量结果，随着科学技术的不断进步，在测量不确定度的发展过程中，我们从传统上理解它是“表征被测量真值所处范围的一个估计值”；也有一段时期理解为“由测量结果给出的被测量估计值的可能带来误差的度量程度”。这些曾经使用过的定义，从概念上来说是一个发展和演变过程，它们涉及被测量真值和测量误差这两个理想化的概念，在实际工作中，我们是难以测量出来未知量的，而目前可以具体测量的是现有定义中测量结果的变化，即被测量之值的分散性。早在20世纪70年代初，国际上已有越来越多的计量学者认识到使用“不确定度”代替“误差”更为科学，从此，不确定度这个术语逐渐在测量领域内被广泛应用。

钢筋计长期埋设在水工结构物或其他混凝土结构物内，测量结构物内部的钢筋应力，有些钢筋计亦可同步测量埋设点的温度。钢筋计是大坝安全监测仪器[3]的一种，也用于桥梁、地下构筑物等钢筋混凝土结构监测。被广泛应用在建筑、水利、电力、交通等各个行业。根据测量原理的不同分为差动电阻式、振弦式钢筋计、光纤光栅式钢筋计等。本文以振弦式钢筋计为例对测量不确定度进行分析。在出厂前都是制造厂商提供主要性能参数以及计算力值参数，通过材料试验机对仪器进行主要性能检测，计算并获得各种参数。因此，对钢筋计进行测量结果的不确定度评定显得更具有实际价值，而钢筋计在实际工程中的监测测量结果，对被测建筑物的性状分析有着重要的参考意义。

2　测量原理

振弦式仪器是将外部载荷作用在仪器承压膜的受力元件上，用传感器测定承压膜的变形。仪器在构造上用夹线器将钢弦两端固定，钢弦的自振频率因钢弦长度变化而不同，测定钢弦自振频率的变化可以求得钢弦应变。振弦式钢筋计敏感部件为振弦式应变计，将钢筋计与所要测量的钢筋焊接或用螺纹连接在一起，当钢筋受到轴向应力发生变化时，振弦式应变计输出的信号频率发生变化，电磁线圈

作者简介：陈欣刚（1980—），男，高级工程师，主要从事水文仪器及岩土工程仪器质量检测及标准化相关工作。

激振钢弦并测量其振动频率，频率信号经电缆传输至读数仪，经换算可求得轴向的应力变化。

本次不确定度评定中需考虑的测量设备：1 台 SHT4106 型微机控制电液伺服万能试验机，1 台 VW-403 型振弦式指示仪。

3 数学模型

$$P = K(F_i - F_0) + K\delta_V + \delta_W + \delta_X + \delta_Y \tag{1}$$

式中：P 为钢筋计传感器所承受的万能试验机拉力，kN；K 为钢筋计的标定系数，0.083 (kN/kHz^2)，由制造厂商给出；F_0 为初始状态的输出频率模数，kHz^2；F_i 为在 i 级荷载 P_i 下的输出频率模数，kHz^2；δ_V 为 VW-403 型振弦式指示仪的分辨力对测量结果的影响，kHz^2；δ_W 为 SHT4106 型微机控制电液伺服万能试验机的示值相对误差对测量结果的影响，kN；δ_X 为 SHT4106 型微机控制电液伺服万能试验机相对分辨力对测量结果的影响，kN；δ_Y 为 SHT4106 型微机控制电液伺服万能试验机示值进回程相对误差对测量结果的影响，kN。

试验时，实验室采取温度控制措施，实验室温度保持不变，温度对钢筋计及测试仪表设备的影响忽略不计。

数学模型式（1）是一个线性模型，合成方差 $u_c^2(p)$ 可以表示为：

$$u_c^2(p) = c_1^2u^2(f_0) + c_2^2u^2(f_i) + c_3^2u^2(\delta_V) + c_4^2u^2(\delta_W) + c_5^2u^2(\delta_X) + c_6^2u^2(\delta_Y) \tag{2}$$

式中：c_i 为灵敏系数，等于被测量 p 对各对应输入量的偏导数，即

$$c_1 = \frac{\partial p}{\partial f_0} = k,\ c_2 = \frac{\partial p}{\partial f_i} = k,\ c_3 = \frac{\partial p}{\partial \delta_V} = k,\ c_4 = \frac{\partial p}{\partial \delta_W} = 1,\ c_5 = \frac{\partial p}{\partial \delta_X} = 1,\ c_6 = \frac{\partial p}{\partial \delta_Y} = 1 \tag{3}$$

将式（3）代入式（2），则合成标准不确定度为：

$$u_c(p) = \sqrt{k^2u^2(f_0) + k^2u^2(f_i) + k^2u^2(\delta_V) + u^2(\delta_W) + u^2(\delta_X) + u^2(\delta_Y)} \tag{4}$$

4 输入量标准不确定度和不确定度分量

4.1 标准不确定度评定

在室温为 20 ℃、相对湿度为 60% 的正常工作条件下，BGK-4911-32 型振弦式钢筋计试验的原始记录数据见表 1。

表 1　钢筋计原始数据

量程/kN	实测值/（Hz^2/1 000）									
	进程 1	回程 1	进程 2	回程 2	进程 3	回程 3	进程 4	回程 4	进程 5	回程 5
0.0	4 275.3	4 275.7	4 275.7	4 275.3	4 275.3	4 275.7	4 275.7	4 275.3	4 275.3	4 275.7
48.0	4 847.9	4 845.2	4 848.3	4 846.6	4 848.3	4 844.8	4 848.6	4 845.8	4 848.3	4 845.6
96.0	5 422.3	5 420.0	5 422.3	5 422.3	5 422.8	5 421.9	5 423.1	5 421.6	5 422.3	5 422.3
144.0	6 002.0	6 002.5	6 000.5	6 002.9	6 003.9	6 002.0	6 003.5	6 002.5	6 002.6	6 002.0
192.0	6 577.1	6 578.7	6 575.6	6 579.2	6 575.6	6 579.7	6 575.6	6 578.2	6 577.8	6 577.2
240.0	7 163.1	7 163.1	7 159.9	7 159.9	7 162.0	7 162.0	7 162.3	7 162.3	7 162.8	7 162.8

根据式（1）给出的数学模型，共有 6 个分量，其中前两个分量可用测量列结果（见表 1）的统计分布估算，并用实验标准偏差表征，结果见表 2。

表 2 $\overline{F}_i$ 的实验标准偏差计算

F_i	$\overline{F}_i$/（kHz²）	F_i 的实验标准差 $s(F_k)=\sqrt{\dfrac{\sum_{i=1}^{n}(f_i-\bar{f})^2}{n-1}}$	$F_{\bar{i}}$ 的实验标准差 $u(\overline{F_k})=\dfrac{s(F_k)}{\sqrt{n}}$
F_0	4 275.5	0.211	0.070
F_1	4 846.8	1.492	0.497
F_2	5 422.1	0.843	0.281
F_3	6 002.4	0.934	0.311
F_4	6 577.9	1.521	0.507
F_5	7 162.0	1.188	0.396

由式（2）可知，频率模数所引入的不确定度分量（以 10 次测量的平均值为测量结果）有：

（1）F_0 引入的标准不确定度分量：

$$\begin{aligned} u_1(p) &= c_1u(f_0) = ku(f_0) \\ &= 0.083(\mathrm{kN/kHz^2}) \times 0.070(\mathrm{kHz^2}) \\ &= 0.006\ \mathrm{kN} \end{aligned}$$

自由度为：$v_1=n-1=9$。

（2）实验标准偏差最大的测试点所引入的不确定度分量。

由表 2 可知，测量数据在 F_4 对应的不确定度分量是最大的，大小为：

$$\begin{aligned} u_2(p) &= c_2u(f_4) = ku(f_4) \\ &= 0.083(\mathrm{kN/kHz^2}) \times 0.507(\mathrm{kHz^2}) \\ &= 0.042\ \mathrm{kN} \end{aligned}$$

自由度为：u_3（p）$=n-1=9$。

4.2 不确定度分量评定

（1）振弦式指示仪的分辨力为 $\delta_V=1\ \mathrm{kHz^2}$。所引入的标准不确定度分量为 u_3（p）：分辨力引入的最大可能误差为 $\delta_V=\pm\dfrac{0.5}{\sqrt{3}}\mathrm{kHz^2}$，假设其满足矩形分布，则其标准不确定度为：

$$u(\delta_V)=\frac{a_1}{k_1}=\frac{0.5}{\sqrt{3}}=0.289(\mathrm{kHz^2})$$

由于钢筋计的标定系数 $K=0.083\ \mathrm{kN/kHz^2}$，于是对应的不确定度分量为：

$$u_3(p)=c_3u(\delta_V)=0.083(\mathrm{kN/kHz^2})\times 0.289(\mathrm{kHz^2})=0.024\ \mathrm{kN}$$

自由度为：$v_3\to\infty$。

（2）微机控制电液伺服压力试验机最大示值误差按 JJG 139—2014 的规定。所引入的标准不确定度分量为 $u_4(p)$：《拉力、压力和万能试验机检定规程》（JJG 139—2014）规定，试验机级别为 0.5 级的示值相对误差为±0.5%[4]，为安全起见，取最大测量点示值的相对误差，其区间的半宽度为：

$$a_2=\frac{240\ \mathrm{kN}\times 0.5\%}{2}=0.6\ \mathrm{kN}$$

假设其满足正态分布，取包含因子 $k_2=3$，得其不确定度分量为：

$$u_4(p)=c_4u(\delta_W)=\frac{a_2}{k_2}=\frac{0.6\ \mathrm{kN}}{3}=0.2\ \mathrm{kN}$$

自由度为：$v_4\to\infty$。

（3）微机控制电液伺服压力试验机的相对分辨率所引入的标准不确定度分量为 $u_5(p)$：《拉力、压力和万能试验机检定规程》（JJG 139—2014）规定，0.5 级试验机的相对分辨力为 0.25%，为安全起见，取最大测量点示值的相对分辨力，其区间的半宽度为：

$$a_3 = \frac{240\ \text{kN} \times 0.25\%}{2} = 0.3\ \text{kN}$$

假定其为矩形分布，则其对应的不确定度分量为：

$$u_5(p) = c_5 u(\delta_X) = \frac{a_3}{k_3} = \frac{0.3\ \text{kN}}{\sqrt{3}} = 0.173\ \text{kN}$$

自由度为：$v_5 \to \infty$。

（4）微机控制电液伺服压力试验机进回程示值的误差所引入的标准不确定度分量为 $u_6(p)$：根据《拉力、压力和万能试验机检定规程》（JJG 139—2014）规定的进回程示值相对误差为±0.75%，为安全起见，取最大测量点的进回程示值的相对误差，其区间半宽：

$$a_4 = \frac{240\ \text{kN} \times 0.75\%}{2} = 0.9\ \text{kN}$$

假设其满足正态分布，包含因子 $k_4=3$，则对应的不确定度分量为：

$$u_6(p) = c_6 u(\delta_Y) = \frac{a_4}{k_4} = \frac{0.9\ \text{kN}}{3} = 0.3\ \text{kN}$$

自由度为：$v_6 \to \infty$。

5 合成标准不确定度

表 3 给出了钢筋计校准时的测量不确定度分量汇总。

表 3 测量不确定度分量汇总

输入量	标准不确定度	概率分布	灵敏系数	不确定度分量
F_0	0.070（Hz^2）	正态	0.083（kN/kHz^2）	0.006（kN）
F_4	0.507（Hz^2）	正态	0.083（kN/kHz^2）	0.042（kN）
δ_V	0.289（Hz^2）	矩形	0.083（kN/kHz^2）	0.024（kN）
δ_W	0.200（kN）	正态	1	0.200（kN）
δ_X	0.173（kN）	矩形	1	0.173（kN）
δ_Y	0.300（kN）	正态	1	0.300（kN）

将以上不确定度分量代入式（4），得到合成的标准不确定度为：

$$u_c(p) = \sqrt{k^2u^2(f_0) + k^2u^2(f_i) + k^2u^2(\delta_V) + u^2(\delta_W) + u^2(\delta_X) + u^2(\delta_Y)} = 0.403\ \text{kN}$$

6 被测量分布的估计

由表 3 可知，共有 6 个不确定度分量，其中有 3 个分量在合成标准不确定度中的占比较大，故可以判定被测量的分布接近于该 3 个较大分量合成后的分布，由表 3 可知正态分布的分量相对较大，所以估计合成后的分布也是正态分布。

7 扩展不确定度

7.1 确定包含因子 k_p

根据置信水平 $p=0.95$，有效自由度 $v_{eff}=\infty$，查 t 分布表得到 t 分布临界值 $t_p(\gamma)$，包含因子：$k_p=t_{95}$（$v_{eff}=\infty$）$=1.960\approx 2.0$

$$k_p = t_{95}(v_{eff} = \infty) = 1.960 \approx 2.0$$

7.2 计算扩展不确定度

$$U_{95} = k_p u_c(p) = 2.0 \times 0.403 = 0.806(\text{kN})$$

8 测量不确定度

在室温为 20 ℃，微机控制电液伺服万能试验机显示的力值为 0~240 kN 条件下，钢筋计测量结果的不确定度为：

$$P = 0.806\ \text{kN},\ k = 2$$

9 结论

本文通过对钢筋计检测装置和检测方法的研究，分析了造成钢筋计测量结果误差来源的各项影响因素，从而对钢筋计的测量不确定度进行了分析和评定。测量结果不确定度，作为实验室间比对、测量审核、能力验证等实验室能力符合性判定的重要技术参数，其规范性表达和分析评定合理必要性也越来越突出。

参考文献

[1] 国家质量监督检验检疫总局．测量不确定度评定与表示：JJF 1059.1—2012［S］．北京：中国质检出版社，2013.
[2] 国家质量监督检验检疫总局．通用计量术语及定义：JJF 1001—2011［S］．北京：中国质检出版社，2012.
[3] 国家质量监督检验检疫总局．岩土工程仪器系列型谱：GB/T 21029—2007［S］．北京：中国标准出版社，2010.
[4] 国家质量监督检验检疫总局．拉力、压力和万能试验机检定规程：JJG 139—2014［S］．北京：中国质检出版社，2015.

辉长岩骨料在托巴水电站工程中应用研究

刘忠富[1]　袁木林[2]

（1. 中水东北勘测设计研究有限责任公司，吉林长春　130061；
2. 吉林省水网发展集团有限公司，吉林长春　130028）

摘　要：辉长岩用于水工混凝土骨料料源缺乏工程，是一种新材料的开发和应用技术。结合托巴水电站导流洞开挖的辉长岩，进行岩石的岩性分析，采用砂浆棒快速法和混凝土棱柱体法对辉长岩进行碱活性试验，岩石的抗压强度、软化系数试验，骨料的物理力学性能试验，检测结果表明辉长岩骨料作为混凝土骨料在技术上是可行的。

关键词：辉长岩；岩性及碱活性分析；抗压强度和软化系数；砂石骨料性能试验

1　引言

辉长岩用于水工混凝土骨料料源缺乏工程，是一种新材料的开发和应用技术。在可行性研究阶段，中南设计院已经论证了其作为主体工程混凝土骨料的可行性。但由于辉长岩骨料用于大坝（碾压）混凝土中没有工程经验可借鉴，为了进一步研究辉长岩作为混凝土骨料的可行性，在施工阶段，利用导流洞施工开挖的岩石加工成混凝土骨料，进行岩石及骨料各项物理力学性能试验，表明辉长岩岩石和骨料各项技术指标满足规范要求。

2　工程实例

托巴水电站属一等大（1）型工程，枢纽主要建筑物由挡水建筑物、泄洪建筑物、右岸地下输水发电系统等组成。挡水建筑物采用碾压混凝土重力坝，最大坝高 158.0 m。地下厂房安装 4 台单机容量为 350 MW 的混流式机组，工程总装机容量 1 400 MW。

主体工程及导流工程混凝土总量约为 378 万 m^3，需要混凝土骨料接近 400 万 m^3。因此，混凝土骨料质量对托巴电站工程建设质量至关重要。

3　辉长岩岩性及碱活性分析

本工程骨料是由地下厂房和导流洞开挖料加工而成的[1]，辉长岩外观灰绿色，岩石矿物组成主要为长石、辉石、橄榄石、角闪石和绿泥石，含有少量石英晶体、方解石、绿帘石和微晶石英，具辉长结构，块状构造。经化学成分分析，其主要成分为 SiO_2（含量 47.12%～60.19%），其次分别为 Al_2O（315.53%～20.61%）、Fe_2O（37.28%～13.67%）、CaO（3.55%～10.87%）、MgO（2.95%～6.21%）、Na_2O（3.88%～6.18%）等，另含有少量 SO_3、K_2O。

3.1　骨料碱活性检验

采用砂浆棒快速法和混凝土棱柱体法对辉长岩样品进行碱活性检验[2]。

（1）砂浆棒快速法。

骨料碱活性检验（砂浆棒快速法）是根据待检样品可能含有硅酸盐矿物的特点而选定的快速测

作者简介：刘忠富（1972—），男，副高级工程师，主要从事水利水电工程材料及岩土工程试验研究。

长检验法，该方法能在 14 d 内鉴定出骨料是否会在砂浆中产生具有潜在危害性膨胀的碱-硅酸反应，延长至 28 d 试验结果，见表 1。

表 1　骨料碱活性检验成果（砂浆棒快速法）

试件编号	不同龄期试件膨胀率/%			
	3 d	7 d	14 d	28 d
THK-1	0.012	0.063	0.167	0.274
THK-2	0.007	0.054	0.160	0.266
THK-3	0.004	0.058	0.164	0.271

（2）混凝土棱柱体法。

骨料碱活性检验（混凝土棱柱体法）适用于碱-硅酸反应和碱-碳酸反应，结合砂浆棒快速法的试验结果对岩样可进行综合评定，见表 2。

表 2　骨料碱活性检验成果（混凝土棱柱体法）

试件编号		THL-1	THL-2	THL-3
各龄期膨胀率/%	1 周	0.004	0.006	0.001
	2 周	0.004	0.006	0.004
	4 周	0.009	0.007	0.004
	8 周	0.012	0.007	0.005
	13 周	0.014	0.007	0.006
	18 周	0.016	0.008	0.011
	26 周	0.017	0.017	0.014
	39 周	0.016	0.014	0.021
	1 年	0.018	0.024	0.021

3.2　试验成果分析

试验成果表明：

（1）砂浆棒快速法，3 组辉长岩样品的砂浆试件 14 d 膨胀率分别为 0.167%、0.160% 和 0.164%，28 d 膨胀率分别为 0.274%、0.266% 和 0.271%，按照《水工混凝土砂石骨料试验规程》（DL/T 5151—2014）评定：3 组辉长岩样品可能具有碱-硅酸反应的危害性。

（2）混凝土棱柱体法，辉长岩样品成型的棱柱体试件 1 年膨胀率为 0.018%~0.024%，按《水工混凝土砂石骨料试验规程》（DL/T 5151—2014）判定为非活性骨料。

（3）依据《水工混凝土耐久性技术规范》（DL/T 5241—2010）中“当采用砂浆棒快速法进行碱活性检验时，若评定结果为骨料具有碱活性，则应继续进行混凝土棱柱体试验法检验，并以混凝土棱柱体试验法评定结果为准”，根据辉长岩混凝土棱柱体法试验结果，可评定辉长岩为非活性骨料。

4　岩石强度和软化系数试验

辉长岩岩石致密，抗压强度 119~127 MPa，属于坚硬—中硬岩石，其吸水性能和透水性能均较小，软化系数 0.8~0.84，岩石力学性能较好，具体试验结果见表 3。

表3 岩石抗压强度及软化系数

序号	取样位置	天然抗压强度/MPa	饱和抗压强度/MPa	软化系数
1	导流洞施工1#支洞	119	100	0.84
2	导流洞施工2#支洞	125	104	0.83
3	导流洞施工3#支洞	126	100	0.80
4	上坝道路	127	103	0.81

5 骨料的物理力学性能试验

将现场岩石加工成砂石骨料，按照《水工混凝土砂石骨料试验规程》（DL/T 5151—2014），进行砂石骨料各项指标检测[3]，由试验结果可见，砂石骨料各项性能满足《水工混凝土施工规范》（DL/T 5144—2015）各项指标要求，具体如表4、表5所示。

表4 砂料物理力学性能检测成果

骨料品种	表观密度/（kg/m^3）	饱和面干吸水率/%	细度模数	石粉含量/%	坚固性/%	硫酸盐、硫化物含量/%	有机质含量/%
砂	2 670	1.7	2.67	14.6	4	0.31	0.0
DL/T 5144—2015	≥2 500	—	2.4~2.8	6~18	≤10	≤1	不允许

表5 粗骨料物理力学性能检测成果

骨料粒径/mm	表观密度/（kg/m^3）	吸水率/%	含泥量/%	泥块含量/%	针片状颗粒含量/%	中径筛余量/%	压碎指标/%	坚固性/%	硫酸盐及硫化物含量/%
5~20	2 780	0.46	0.3	0	5	56	3.1	4	0.31
20~40	2 770	0.46	0.2	0	6	55	—	4	0.33
DL/T 5144—2015	≥2 550	—	≤1	不允许	≤15	40~70	≤16	≤12	≤0.5

6 结语

通过对辉长岩岩性及碱活性分析，岩石的抗压强度和软化系数试验，以及砂石骨料各项物理力学性能试验，辉长岩作为混凝土骨料技术上是可行的。

（1）辉长岩岩石抗压强度较高，吸水和透水性能均较小，软化系数较小，具有良好的物理力学性能，抗压强度和软化系数完全满足水工混凝土骨料指标要求。

（2）岩石在加工成砂石骨料后，表观密度大，压碎指标较小，抗风化能力较强，各项指标均满足《水工混凝土施工规范》（DL/T 5144—2015）各项指标要求。

（3）在以后混凝土施工过程中，可采用掺活性掺和料、使用低碱水泥、控制混凝土总碱量等措施抑制混凝土碱骨料反应。

参考文献

[1] 郑晓东，管志涛，李超，等．隧道花岗岩洞渣骨料在 C50 混凝土预制 T 梁中的应用研究［J］．混凝土与水泥制品，2020（12）．
[2] 易俊新，刘志鹏，郑红．浅析混凝土骨料碱活性试验及评定方法［J］．江西建材质量检测与控制，2018（7）．
[3] 吴东升，吴倩良，姜二朋．浅议水工混凝土中砂石骨料的检验［J］．江苏水力，2014（S1）．

水工钢闸门和启闭机设备管理等级评定方法及相关问题探讨

刘　涛　罗朝林　何启莲　黄　立　吕浩萍

（水利部珠江水利委员会珠江水利科学研究院，广东广州　510611）

摘　要：闸门和启闭机设备是水利工程的重要组成部分，关系工程的安全运行和效益的发挥。根据部颁《水工钢闸门和启闭机安全运行规程》（SL/T 722—2020）对钢闸门及启闭机设备管理进行详细评定，有利于了解设备真实状态，促进运行管理水平提升，保证工程安全。本文阐述钢闸门及启闭机设备管理等级评定的流程、内容和主要的方法，并就政策导向、评定资质、人员、设备等相关问题进行探讨，提出设立评定单位入门门槛、水管单位领导牵头成立评定小组、评定所用检测设备需经检定/校准合格后使用等建议。

关键词：闸门；启闭机；等级评定；设备管理

1　引言

20世纪80年代末，为贯彻国务院发布的《全民所有制工业交通企业设备管理条例》，水利部制定了《水利部设备管理规定》，水利部水管司制定了《水利工程闸门及启闭机、升船机设备管理等级评定办法》，逐渐在水利工程中推广设备管理等级评定。随着部颁《水利水电工程闸门及启闭机、升船机设备管理等级评定标准》（SL 240—1999）在1999年施行，即将这一做法以标准的形式固定下来，全国各大中型水利工程陆续开展了闸门及启闭机设备管理等级评定[1]。随着水利部清理规范标准，SL 240—1999于2020年7月15日废止，其内容被同日实施的《水工钢闸门和启闭机安全运行规程》（SL/T 722—2020）合并纳入，形成现行在用标准，用以指导各水管单位的闸门和启闭机设备的等级评定[2]。

作为水利工程的“咽喉”，闸门及启闭机设备直接关系到工程的安全和效益。通过评定，可以全面梳理闸门及启闭机的设备状况、运行环境，摸清管理维护方式及管理水平，为设备维护提供参考。目前正在持续推进的水利工程标准化管理，在部颁的水闸工程标准化评价指标中，已将是否定期开展闸门、启闭机设备等级评定作为一个重要的赋分项，以对水管单位进行督促考核。通过评定，有利于提升水管单位管理能力，加强设备的运行管理，提高设备完好率和安全运行水平，延长设备使用寿命，防止灾害性事故发生，充分发挥工程的效益[3]。

2　评定内容及方法

2.1　工作流程

评定前，运管单位已建立闸门及启闭机设备基础记录档案。通过对基础资料的收集整理，将闸门及启闭机设备根据实际情况从大到小划分为单位工程、单项设备、评级单元3个层级；评定时，则从评级单元开始，按层级从小到大进行评定。评定前，制订适宜的评定计划和工作方案，明确具体评定

作者简介：刘涛（1985—），男，注册咨询师，高级工程师，主要从事水利水电工程设备检测、评估和技术咨询工作。

及检测项目。然后按照项目准备现场评定时需要填写的评定记录表，要求各评定人员按统一标准填写和记录。同时，因有部分评定项目较隐蔽，单靠目视等简单手段无法查明设备状态，比如电流、电压、电阻、扭矩、压力、腐蚀深度、锈蚀面积、焊缝内部缺陷等参数，因此还需准备专用的检测仪器。准备工作完成后，评定人员在运管人员的配合下，即可开展现场评定工作，记录评定检测内容及数据，并根据评定检测结果，对设备状况进行综合评定，计算设备完好率，进行管理定级，提出相应的建议供运管单位参考。评定流程及项目划分如图 1 所示。

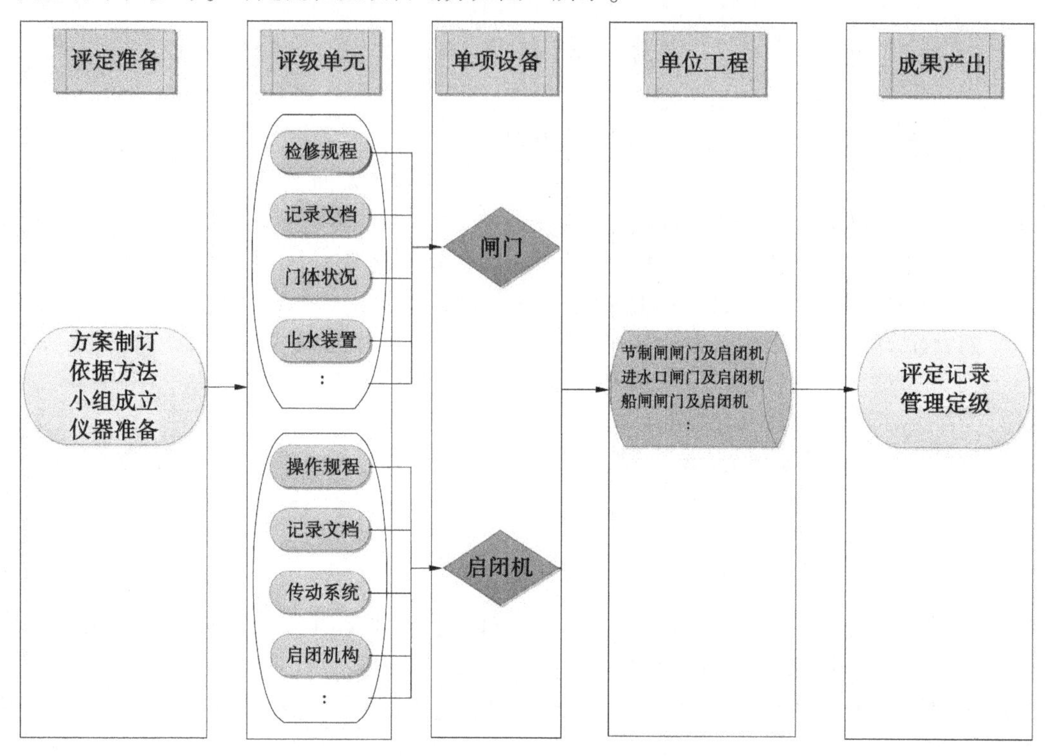

图 1　闸门及启闭机设备管理等级评定工作流程

2.2　评定项目及方法

2.2.1　评级单元

评级单元按下列标准评定一、二、三类。

一类单元：评级项目 80%（含）以上符合要求；

二类单元：评级项目 70%（含）以上符合要求；

三类单元：达不到二类单元者为三类单元。

（1）闸门、拦污栅评级单元。

根据实际工况，将工程闸门、拦污栅的评级单元分别划分为检修规程及检修记录、外观及运行环境、防腐蚀状况、闸门门叶和拦污栅栅体、行走支承装置、止水装置、充水装置、锁定装置、闸门埋设件、运行状况、安全防护等单元，分别进行评定。

①检修规程及检修记录。此单元主要是对运管单位的技术水平以及档案管理的有效性进行评定，着重逐一核对是否有检修规程，检修规程内容是否齐全，涉及的标准、项目、周期、计划、措施等是否有效可行；检修记录涉及检修前检测、检修实施、安装调试、竣工验收及相关文件图纸等均须完整。

②外观及运行环境。此单元评定主要通过目视、触摸的手段检查闸门整体外观及周边环境状况，通过巡查，总体以完好、整洁、美观、有序为评价标准。

③防腐蚀状况。除通过外观巡查发现问题外，此单元有具体的数值要求，须通过直尺、卡尺、超声测厚仪等仪器定量检测闸门各位置的锈蚀深度和面积，并计算锈蚀面积占比和锈蚀深度，以判断是

否符合要求。

④闸门门叶和拦污栅栅体。以目视的办法，检查门叶和栅体是否变形、部件状况是否完整、连接是否牢靠。

⑤行走支承装置。通过目视等手段，有必要时，在运行人员的配合下，往复运行，对各行走支承轮进行检查，支承轮应无缺损，能灵活转动、无卡阻，工作可靠。

⑥止水装置。通过目视、按压等方式检查止水装置是否严密，止水橡皮有无老化开裂痕迹，压板和压板螺栓有无变形松动。

⑦充水装置。主要以目视的手段，有必要时，对阀体进行运行，观察其运行状况。

⑧锁定装置。评定锁定装置是否安全可靠、操作灵活，且需注意锁定装置的两端受力要均衡。

⑨闸门埋设件。主要以目视手段检查埋设件状况，同时辅以卡尺、直尺等量具对蚀坑、啃轨等进行定量测量。

⑩运行状况。主要是通过观察，闸门运行应平稳、顺畅，振动不明显；对于漏水的状况，有必要时，应按规范要求，以量杯、秒表等量具定量检测漏水量。

⑪安全防护。此单元主要评定门槽盖板、安全围栏、爬梯等安全防护装置是否设置以及是否规范。

(2）启闭机评级单元。

启闭机的评级单元主要划分为操作规程及操作记录、检修规程及检修记录、电气设备与应急装置及操作控制系统、机架、电动机、制动器、传动轴、联轴器、轴承、减速器、开式齿轮、卷筒、钢丝绳与滑轮组、液压启闭机构、螺杆启闭机构、移动式启闭机行走机构、启闭机保护装置、安全防护、运行环境等单元，分别进行评定。

①操作规程及操作记录。此项着重评定管理单位的技术水平。必要时，可对操作人员进行询问，以评定操作人员对技术规程的熟悉程度。同时，通过考察归档情况，评定运管单位的档案管理水平。

②检修规程及检修记录。此单元评定方法同闸门。

③电气设备与应急装置及操作系统。由操作人员对启闭机进行一次操作，评定操作过程是否按照操作规程进行，同时评定运行时启闭机的整体状况。此项评定包括对现地控制装置、集中控制装置、远程控制装置进行必要的检查，评定运行时的操作可靠性、动作准确性。同时对接地电阻、绝缘电阻、保护装置整定值等项目，应采用相应仪器进行检测。

④机架。主要采用目视的手段，检查其是否有危害安全的裂纹、变形或损失。必要时，可采用扭矩扳手，检查机架的固定螺栓，测量其扭矩是否达到设计值要求。

⑤电机。电机是启闭机的其核心部件，应着重考察。此项需要采用电流表、电压表、接地电阻测试仪、绝缘电阻测试仪、红外测温仪、声级计等仪器对电机各项电气性能进行检测，定量评定各参数是否符合相应规范。

⑥制动器。评定制动器的状况，主要是观察其运作是否正常，能否有效制动。检查制动轮的表面是否有裂纹，闸瓦、弹簧、轴销等部件是否完好。对液压制动器，要观察其是否有油液渗漏。

⑦传动轴、联轴器、轴承。主要通过目视检查，查看部件状况，必要时，须测量联轴节连接同轴度及轴承运行温度。

⑧减速器。目视查看油位及油质，必要时，对油质及运行噪声进行定量测量。

⑨开式齿轮。目视检查部件状况，必要时，测量齿轮面硬度及硬度差，以判断是否符合要求。

⑩卷筒。目视卷筒应无损伤、变形或错位。

⑪钢丝绳与滑轮组。此项主要通过检查吊具有无破损或变形，评定其本身的完好性。

⑫移动式启闭机行走机构。在操作人员的协助下，评定行走机构运行的状况。

⑬液压启闭机构。主要以目视的手段对液压启闭机进行静态和动态状况评定，必要时，定量测量油缸沉降量，以判断是否满足要求。

⑭螺杆启闭机构。主要以目视的手段对螺杆启闭机进行静态和动态状况评定，必要时，定量测量其螺纹磨损量和直线度，以判断是否满足要求。

⑮启闭机保护装置。主要以目视和实际测试的手段，查看保护装置表计精度是否满足要求，必要时，应触发各保护装置启动，以验证其有效性。

⑯安全防护。此单元主要评定启闭机室与外界的隔离性和对人员、设备的保护，启闭机室的消防、安全等设施是否设置齐全，以及设置是否规范。

⑰运行环境。巡视检查启闭机室内及周围环境是否整洁、照明设施是否完整。

2.2.2 单项设备

每台闸门或启闭机，作为一个独立的单项设备。单项设备是由各评级单元所组成，通过对以上各评级单元进行评定检测，按照闸门/启闭机的评定项目，汇总各评级单元的分类级别，按照以下标准对单项设备评级。

一类设备：单项设备中的评级单元全部为一类单元者，评为一类设备；

二类设备：单项设备中的评级单元全部为一、二类单元者，评为二类设备；

三类设备：达不到二类设备者，评为三类设备。

2.2.3 单位工程

单位工程是闸门及启闭机的汇总，按照此单位工程内包含的闸门和启闭机单项设备的评定级别，对该单项工程进行评定。

单位工程按下列标准评定一、二、三类。

一类单位工程：单位工程中的单项设备 70%（含）以上评为一类单项设备，其余为二类单项设备者，评为一类单位工程；

二类单位工程：单位工程中的单项设备 70%（含）以上评为一、二类单项设备者，评为二类单位工程；

三类单位工程：达不到二类单位工程者，评为三类单位工程。

3 问题探讨及建议

通过对以上闸门、启闭机设备管理等级评定相关内容及方法的分析，可以看出，设备管理等级评定主要着重于设备表观状态的评价及运管单位设备管理水平的反映，多是通过目视、巡查、观测、运行等手段，对设备静态状况和部分动态状况进行直观的评定，对某些隐蔽项目，如绝缘电阻、接地电阻、腐蚀余量等项目，则须动用专用检测设备进行定量检测及评定。相对于设备安全检测，技术难度看似较低，但有其实施的目的和必要性。下面就其有关问题进行简要探讨及建议。

3.1 政策导向

3.1.1 等级评定的定位

水利部发布的《水利工程管理考核办法》中，已将闸门启闭机设备等级评定列为考核项目之一，起到一定作用。从多个省市数十年实施的经验来看，设备的好坏和工程管理水平基本呈正相关[4]。目前接续水管单位考核的水利工程标准化管理，则延续了对设备管理等级评定的考核赋分要求，足见其重要性。但同时，通过分析历年的设备等级评定文件要求及详细实施内容的演变可知，对设备管理等级评定要求实际是逐步放宽了，实施的可行性进一步增加。

（1）实施年限逐渐放宽。2004 年 11 月水利部建管司印发的水利工程管理考核工作手册要求工程管理单位每年进行 1 次自检，2008 年 6 月水利部颁布《水利工程管理考核办法》对自检没有规定，要求由水利部和流域机构认定等级的管理单位每隔 3 年进行 1 次复检。2020 年的部颁标准《水工钢闸门和启闭机安全运行规程》（SL/T 722—2020）则规定，宜每 5 年进行 1 次。对于管理单位实施的额外成本和负担大大降低。

（2）技术难度降低、可行性增加。通过对比 SL 240—1999 和 SL/T 722—2020 两个标准的评定详细条款变化，可明确判断设备等级评定的技术难度有所降低，以明确区别于设备安全检测。管理单位的管理、技术人员或运维单位的技术人员基本通过目视、巡查、触摸、观测等手段即可进行评定，表格填写难度也降低不少，与以前需要大量采用量测仪器对隐蔽项目进行定量专业检测不同，目前的评定内容，更适合水利单位缺少专业检测人员的实际情况，可由管理、运行或维护人员直接进行实施，更具现实可行性。

3.1.2 评定单位要求

设备管理等级评定可由管理单位自我进行，也可委托具备相关能力的外单位实施，具体由管理单位自行选择。但若外委，目前对具体实施单位的资质并没有明确要求，因此可能导致管理单位无所适从，进而影响评定质量[5]。笔者通过对部分水管单位的初步调研，且结合目前水利工程管养分离的大趋势，管理单位自身人员较少，须应对大量日常管理工作，一般无暇抽专人评定，因此倾向于外委。如果采用外委的形式，需要对接受委托的评定单位资质设置一定的门槛，保证评定质量。笔者建议可以考虑以工程咨询或检测单位资质作为评定单位的入门门槛。

3.2 执行层面

3.2.1 评定人员组成

由于对闸门、启闭机设备的评定，除涉及技术，还涉及管理、档案、运行等多专门部门配合，笔者建议评定时成立专门的评定工作组，由管理单位领导牵头负责，各部门抽调精兵强将配合推进，同时，可考虑适当借用外部力量，聘请专家对评定质量进行把关。

3.2.2 评定仪器

评定时，需采用部分专业仪器对设备进行检测，但对评定用仪器并没有明确质量、精度要求。建议可参照计量认证体系的仪器管理要求，对评定使用的相关检测仪器，需经检定或校准合格，达到相关规范要求的精度，且在计量有效期内的方可使用，以保证检测数据的有效性，为评定做好数据支撑。

4 结语

设备管理等级评定是促进水利工程管理水平提高的重要手段。本文简要阐述水工钢闸门及启闭机评定的内容及方法，就评定的定位和实施方式等方面进行探讨，提出对评定单位入门门槛、评定人员组成、评定所用仪器设备条件等方面的建议，可供评定相关执行办法制定和开展现场评定参考，希望能为提高闸门和启闭机设备的运行管理水平起到一定促进作用。

参考文献

[1] 中华人民共和国水利部．水利水电工程闸门及启闭机、升船机设备管理等级评定标准：SL 240—1999［S］．北京：中国水利水电出版社，1999.
[2] 中华人民共和国水利部．水工钢闸门和启闭机安全运行规程：SL/T 722—2020［S］．北京：中国水利水电出版社，2020.
[3] 佚名．潘家口水利枢纽工程闸门及启闭机设备管理等级评定会议纪要［J］．水利管理技术，1994（5）：18.
[4] 吴晓华．松涛水闸设备管理等级评定与病险成因初探［J］．水利建设与管理，2001（2）：51-52.
[5] 罗少彤，张国新．关于水工闸门启闭机设备管理等级评定工作的建议［J］．广东水利水电，2013（4）：15-17.

水利部水工金属结构质量检验测试中心实验室信息管理系统开发应用

王　颖[1]　张怀仁[1]　王　崴[2]

（1. 水利部水工金属结构质量检验测试中心，河南郑州　450044；
2. 水利部综合事业局，北京　100053）

摘　要：检验检测机构的核心就是做好实验室质量管理，实验室信息管理系统是实验室质量管理的有力抓手，在检验检测领域已广泛应用。本文以水利部水工金属结构质量检验测试中心实验室信息管理功能需求分析、系统开发、应用成效为例，为水利行业检验检测机构实验室信息管理系统建设提供参考。

关键词：实验室管理系统；信息管理；质量管理

1　引言

检验检测机构是国家质量基础设施的重要组成部分，为我国高质量发展提供了重要的技术支撑[1]。检验检测机构的核心是做好实验室的质量管理，以此保障机构能在科学、公正、准确、满意的基础上进行结果分析，出具检验报告[2-3]。水利部水工金属结构质量检验测试中心（以下简称质检中心）现为水利部具有独立法人资格的实验室机构，承担质量监督检验、第三方及政府委托检验、质量仲裁检验、产品安全检测与评价等检验检测工作。传统的管理机制效率较低、信息无法及时传送等已成为制约质检中心检验检测业务迅速增长的瓶颈。

实验室信息管理系统（LIMS）是集现代化管理思想与基于计算机的高速数据处理技术、海量数据存储技术、自动化仪器分析技术为一体，用于实验室信息管理和控制的一套信息管理系统[4]。实验室信息管理系统（LIMS）以数据库为核心，以《检测和校准实验室能力的通用要求》(ISO/IEC17025）规范为基础，利用计算机技术与检验检测实验室管理需求相结合，将网络、信息化技术与实验室业务流程相结合，统筹实验人员、仪器设备、待检样品、检验方法等因素组成的分布式体系管理系统，将网络、信息化技术与实验室业务流程相结合，把人、机、料、法等资源纳入系统管理之中，从而实现实验室信息化质量管理。实验室信息管理系统是连接行政科室、实验室及客户的信息平台，对提高实验室工作效率、降低运行成本起到至关重要的作用，且由于实验室质量管理随着市场发展要求越来越高，实验室信息管理系统在检验检测机构中应用也越来越广泛。

2　质检中心实验室信息管理系统功能需求分析

实验室信息管理系统通常包括应用系统开发和数据库开发两方面的内容[5]。质检中心实验室信息管理系统因为检测工作大部分以移动实验室开展的特殊性，功能模型要求更为复杂，为实现质检中心实验室的全过程质量管理目标，质检中心实验室信息管理系统开发应能实现以下几个方面的要求。

2.1　系统采用 B/S 架构模式开发

质检中心实验室信息管理系统采用 B/S 架构进行设计开发，采用微服务设计理念，分布式部署

作者简介：王颖（1986—），女，工程师，主要从事水工金属结构测试与检验。

通信作者：张怀仁（1984—），男，高级工程师，主要从事工业精密测量。

模式，实现了人、机、料、法等要素的统一管理，便于系统内多源异构信息资源的统一定义与统筹管理，解决了高并发、海量数据高效应用的问题，用户交互体验较好。

采用“主板+插件”的模式构建质检中心实验室信息管理系统，把中心分散质量管理要求构架或连接到同一平台上，并以其枢纽形成一个有机的、紧密联系的整体。

2.2 系统开发要注重业务应用与协同

质检中心实验室信息管理系统所采用的基础架构平台具备良好的开发和建模界面，方便运维人员对系统进行调整或二次开发。各业务系统间应能够进行数据互通，杜绝信息孤岛和数据黑洞现象的发生。在软件开发方面要实现：①提供跨业务子系统的统一工作台界面，支持不同风格和用户自定义工作台界面；②系统采用 B/S 架构，采用目前主流的 JaveEE 技术实现；③软件要求自主开发，代码与变量要求统一命名风格；④实现统一的身份认证与单点登录功能；⑤形成产品平台标准化体系，提供数据库标准化文档，通信数据格式标准化文档。

2.3 系统开发兼顾当前业务需要与未来业务扩展需求

质检中心实验室信息管理系统在基于当前业务需要的同时，也要兼顾未来业务扩展的需求统一构建，以满足质检中心业务长远发展对于信息化工作的需求。平台架构须满足：①整体构建、协同运营；②快速开发、灵活调整；③充分的扩展能力保障；④用户对信息系统的自我掌控能力。

3 质检中心实验室信息管理系统开发与应用

通过对质检中心程序文件、质量手册、管理制度、技术文件等的梳理分析，确定质检中心实验室信息管理流程如图 1 所示。

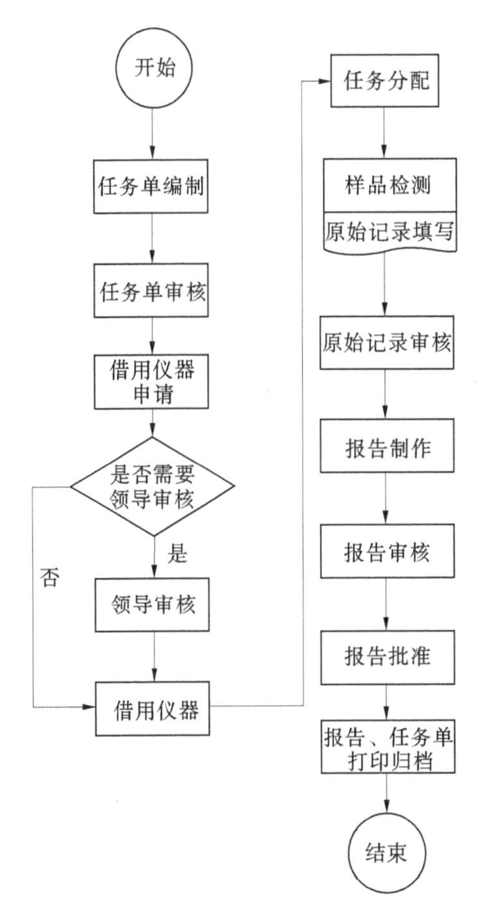

图 1 质检中心实验室信息管理流程

3.1 检测业务管理模块

检测业务是质检中心的核心业务，质检中心所有质量管理工作的开展均是围绕这一核心业务而进行的，为实现实验室信息管理系统对中心检测业务的有效管理，质检中心实验室信息管理系统检测业务管理模块包括：

（1）检测任务单编制。检测任务单编制涉及所有处室的全部人员，任务单编制需包括受检样品的委托单位、样品名称等相关信息。

（2）检测任务单审核与批准。检测任务单编制完成后应按照要求流转至下一步执行人或执行机构进行审核。检测任务单审核涉及各处室负责人或分管领导。

（3）仪器设备借用。检测任务单审核与批准完成后，检测任务接收人需要根据受检样品检测需求提交仪器设备借用申请。

（4）检测报告制作及审批。检测任务完成后依据受检样品原始检测记录填写相关检测信息，依据填写的受检样品检测信息自动生成的检测报告，相关人员对样品原始检测记录及自动生成的检测报告审核与批准。

3.2 仪器设备管理模块

（1）仪器设备管理台账。对质检中心所有仪器设备建账管理，包括仪器设备名称、原值、溯源方式、最近一次检定/校准日期等基本信息。

（2）仪器设备计量检定周期管理。根据仪器设备管理台账中的基本信息，自动对即将超过使用有效期的仪器设备进行标记，提醒仪器设备管理人员及时处理。

（3）仪器设备的降级与报废。仪器设备管理人员根据业务处室提出的仪器设备降级或报废申请逐级审批后进行相应处理，并将降级或报废信息在仪器设备管理台账中更新，保证检测业务中所用仪器设备精度要求。

3.3 系统接口及数据同步模块

实验室最为重要的特点之一就是它需要使用大量的实验仪器来进行检测，质检中心在采用实验室信息管理系统之前，检测数据都是通过人工录入的方式经多级的审核形成正式的检测报告。质检中心拥有超过 100 台套仪器设备可以通过数据工作站方式或者 RS232 串口链接进行仪器实验数据的自动采集，因为每一个仪器接口都拥有单独的数据报告格式和通信方式，质检中心实验室信息管理系统可实现通过使用仪器接口进行实验数据的自动采集，减少人工录入数据的误差，提高检测工作效率。

带有数据工作站的仪器，利用随机软件的数据导出，将检测数据按照设定的格式输出，用户在实验室管理系统中通过上传文本，系统后台就会按照预定的规则，对上传的文本文件进行解析，并将检测数据自动导入到检测报告中。带有 RS232 串口作为信号输出串口的仪器设备，用户在实验室管理系统中直接利用 RS232 串口通信读取仪器设备检测数据，根据预定的规则将检测数据自动导入到检测报告中。

3.4 人员管理模块

（1）人员权限管理。系统管理人员可根据人员的岗位职责设置包括报告查阅、报告审批等管理权限，人员的职责和权限可随岗位的变迁进行调整。

（2）技术人员档案管理。根据周期上传的技术人员职称、职位、奖惩考核材料、资格证书等基本信息，自动形成技术人员档案。

3.5 系统的开放及扩展

随着质检中心检测业务的发展和新技术发展，系统在设计之初就充分考虑到未来的硬件、功能、应用及集成扩展等方面的延伸。充分考虑了系统的开放性、可扩展性，从而在满足业务不断发展的需求下持续改进，最大程度保证系统的稳定性和可靠性。为便于系统的扩展，在平台搭建时从以下几个方面适当侧重：

（1）组件化结构设计。采用全组件化结构设计，通过标准接口联系在一起。每个功能组件在功能上独立，同时可根据用户需求灵活配置、组合，实现平滑升级扩容，功能实体可使业务和开发人员根据具体使用要求增加或减少系统应用模块。标准接口使多个组件对接时在开放性、稳定性、扩展性与集成性上有着很好的适配空间。

（2）分层架构设计。采用横向分层和纵向分层架构设计，层与层之间相互分离，每层的应用和服务是总系统的一个插件，独立开发和部署，通过标准化接入的方式接入。将业务和可服用服务进行分割，在业务升级时不会对系统产生影响，从而保证系统的稳定性和可扩展性。

（3）微服务技术应用。将功能分解到各离散的服务中心，每个服务可以独立部署和执行，支持无中断更改，对多语言友好，可隔离故障，使控制流更改更容易，具有高内聚性和低耦合性，易于扩展。随着业务量和数据量的增加，系统更新维护的安全性和稳定性能得到很好的保障。

（4）分布式部署。逻辑上部署在多台服务器（虚拟机）上，将模块拆分，使用接口通信，降低模块之间的耦合度，结合微服务思想，计算资源可以动态变动，从而实现极大的可扩展性和稳定性。

4 应用成效

质检中心实验室信息管理系统截至目前已投入运行近 4 年，在运行的过程中，通过不断的改进、扩展与完善，取得的成果包括：

（1）符合 ISO/IEC 17025 的标准要求，实现与中心业务密切相关的实验室人（人员）、机（仪器、设备）、料（样品、材料）、法（方法、标准）、环（环境、通信）的全面资源管理，提高中心业务工作的规范化程度，避免人工操作的随意性，使各项检测工作可溯源性更强。

（2）通过选择融合了先进的实验室管理理念、规范和方法的成熟、先进的平台系统，结合系统的实施，促进了质检中心管理体系、管理方式、工作流程的优化。同时通过对检测业务流程中各个环节的条件、成本、期限、人员等的控制，实现对质量管理工作的可知、可控和可预测，提升了质检中心的质量管理能力。

参考文献

[1] 李琳，邓湘汉，霍炜洁，等．检验检测服务水利高质量发展分析［J］．人民黄河，2021（12）．

[2] 谢澄．我国检验检测机构发展现状及趋势［J］．中国计量，2017（8）．

[3] 顾龙权．检测实验室质量管理体系的建立及其运行［D］．南京：南京理工大学，2008.

[4] 张霄．质检机构实验室信息管理系统的开发应用［D］．重庆：重庆大学，2009.

[5] 王群．实验室信息管理系统——原理、技术与实施指南［M］．哈尔滨：哈尔滨工业大学出版社，2005.

实验室化学分析方法不确定度评定初探

霍炜洁[1]　盛春花[1]　李　琳[1]　刘　彧[1]　黄亚丽[2]

（1. 中国水利水电科学研究院，北京　100038；
2. 河北科技大学，河北石家庄　050018）

摘　要：检测结果的不确定度评定可以优化检测过程和结果表达，并进一步改善实验室管理，具有十分重要的实践意义。本文梳理化学测量领域不确定度评定的程序和要求，对化学分析过程典型不确定度来源进行分解，列举分析常见的化学分析方法不确定度评定案例，以期为水质监测实验室不确定度评定的实施以及实验室规范管理提供参考。

关键词：水质监测；化学分析；不确定度；评定

随着检测行业越来越广泛地深入环境保护、建筑工程、建筑材料、食品安全、资源保护等民生领域，检测结果愈来愈受到社会的广泛关注，社会广泛采信下的检测数据质量意义重大。

采用误差理论和精密度评价不能全面反映检测数据的质量，测量不确定度是当前国际上评价实验室单项检测能力的重要依据，其对结果的可信性、可比性和可接受性有重要影响，是评价测量活动质量的重要指标之一[1]。化学测量领域已广泛应用到不确定度评定，如化学计量基准和标准的建立、化学分析方法的制定与评价、分析仪器检定和校准、化学计量器具型式评价、科研及生产过程中的质量控制与保证等。

国际标准《检测及校准实验室能力通用要求》（ISO/ IEC 17025：2017）[2] 中已要求检测实验室应有评定检测结果不确定度的能力以及制定不确定度评估程序。为实施其等效标准《检测和校准实验室能力的通用要求》（GB/T 27025—2019）[3] 中对测量不确定度评定的要求以及满足化学测量领域实验室技术需求，遵循《测量不确定度表达指南》[4]、《化学分析中不确定度的评估指南》[5] 等国际通用方法，我国先后制定《化学分析测量不确定度评定》（JJF 1135—2005）[6]、《化学检测领域测量不确定度评定利用质量控制和方法确认数据评定》（RB/T 141—2018）[7]、《化学不确定度评估》（RB/T 030—2020）[8] 等标准来规范化学分析方法测量不确定度评定，中国合格评定国家认可委员会（CNAS）各项标准也相继出台。

测量结果的不确定度评定可以优化检测过程和结果表达，改善实验室管理，但在实际工作中，不确定度评定仍存在概念不易理解、人员培训不足、理论仍停留在学术层面等问题，对其持续论证和研究十分必要。本文梳理化学分析领域不确定度评定的程序和要求，列举分析不确定度评定实例，旨为水质监测实验室不确定评定的实施以及实验室规范管理提供参考。

1　不确定度的概念及评估过程

不确定度是与测量结果相关联的参数，表征了合理地赋予被测量值的分散性。不确定度由多个分量组成，可用测量列结果的统计分布估算的为不确定度 A 类评定；基于经验或其他信息假定概率分布估算的为不确定度 B 类评定[6]。A 类评定通过重复性检测，计算测定结果的标准偏差作为不确定度分量；B 类评定涉及范围较广，包括多个测量环节中引入的不确定度，需要基于经验判断。

作者简介：霍炜洁（1980—），女，高级工程师，主要从事水质监测、水生态修复以及实验室资质认定管理工作。

不确定度评估的主要过程如下：

（1）详细说明被测量。

描述被测量，包括被测量和被测量所依赖的输入量，如被测数量、常数、校准标准值等。如在高锰酸盐指数（I_{Mn}）的测定中，其浓度计算如下：

$$I_{Mn}=\frac{\left[(10+V_1)\dfrac{10}{V_2}-10\right]\times C\times 8\times 1\,000}{100}$$

式中：V_1 为样品滴定时消耗的高锰酸钾溶液体积；V_2 为空白试验标定时消耗的高锰酸钾体积；C 为草酸钠标准溶液；V_1、V_2 和 C 为被测量高锰酸盐指数（I_{Mn}）所依赖的输入量，评估前需要明确输入量可能引入的不确定度来源。

（2）识别不确定度来源。

可以通过列表或绘制因果关系图识别输入量引入的不确定度，不确定度来源需考虑周全，但对其精简也十分必要，应使重要的影响因素不重复、不遗漏，通常可舍去贡献小于最大分量 1/10 的分量[6]。常见的不确定度来源包括样品、干扰物质、检出限、环境条件、仪器分辨力、标准物质不确定度、检测方法和程序中的估计和假定、多次测定的随机误差等。

以邻苯二甲酸氢钾（KHP）标定氢氧化钠（NaOH）溶液为例，通过列表展示标定过程的不确定度来源，如表 1 所示。

表 1　邻苯二甲酸氢钾（KHP）标定氢氧化钠（NaOH）溶液的不确定度来源

符号	名称	符号	名称
rep	重复性	m_{KHP}	KHP 的质量
P_{KHP}	KHP 的纯度	V_T	滴定 NaOH 消耗的 KHP 体积
M_{KHP}	KHP 的摩尔质量	c_{NaOH}	NaOH 溶液的浓度

将表中的内容转化为因果关系图，如图 1 所示。

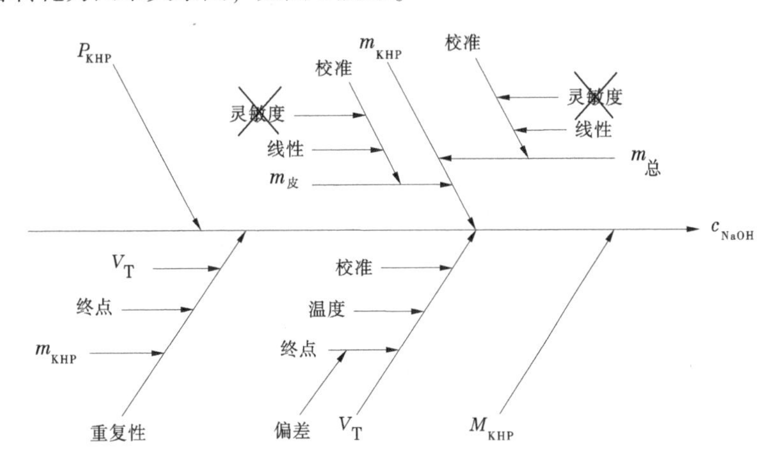

图 1　邻苯二甲酸氢钾（KHP）标定氢氧化钠（NaOH）溶液不确定度因果关系

在得出最终的结果 c_{NaOH} 过程中，不确定度来源分别包括标定操作的重复性、试剂 KHP 的纯度、KHP 的摩尔质量、KHP 的称取以及滴定过程消耗的 KHP 体积等。

（3）量化不确定度分量。

量化不确定度分量的大小即估算不确定度分量对合成不确定度的贡献。

A 类评定基于重复测量产生随机误差的不确定度分量计算，用实验标准偏差表征；B 类评定无须对被测量在重复性或复现性条件下进行重复测定而评定，其不确定度信息来源主要有以往检测数据、过程经验和常识、技术说明书、检定或校准证书等，也可利用方法确认数据、质量控制数据[6] 等实验数据评估。所获得的信息按照矩形分布函数、三角分布函数、正态分布函数等去计算，或者按照已有文件中的不确定度公式计算。

矩形分布函数适用于证书或其他技术规定给出了界限，但未给出置信水平或分布形状，每个值都以相同概率落在上下限之间的任何地方，不确定度为 $u(x)=\frac{a}{\sqrt{3}}$[6]，如 COD 标准物质证书给出的浓度范围为（25±5）mg/L，计算使用标准物质或标准溶液引入的不确定度为 $u(x)=\frac{5}{\sqrt{3}}\approx 8.66$（mL）。

三角分布函数适用于可能值不仅限于矩形分布，给出界限±a，但可能值出现在$-a$ 至$+a$ 中心附近的可能性大于接近区间边界，不确定度为 $u(x)=\frac{a}{\sqrt{6}}$[6]，如溶液配制过程中使用的 10 mL A 级容量瓶允差为±0.2 mL，日常检查出现极限值的情况极少，则该容量瓶引入的标准不确定度为 $u(x)=\frac{0.2}{\sqrt{6}}\approx$ 0.08（mL）。

（4）合成不确定度和扩展不确定度的计算。

在计算出各不确定度分量的基础上，合成标准不确定度，有的分量是独立的，有的分量间存在协同效应，都可按照公式转化为标准偏差并按合成规则合成。合成标准不确定度与给出概率的包含因子的乘积即为扩展不确定度。

2 常见化学分析方法不确定度的计算

2.1 取样体积引入的不确定度计算

于慧霞等[9] 用51 孔定量盘法测定生活饮用水中总大肠菌群，在不确定度评定中，计算取样体积引入的不确定度分量。试验中使用 100 mL 的量筒量取 100 mL 的水样，量筒根据《常用仪器检定规程》（JJG 196—2006）完成校准，100 mL 量筒的允差为±1 mL，按矩形分布计算量筒引入的标准不确定度为 $\frac{1.0}{\sqrt{3}}=0.5774$ mL；此外，实验室温度（25 ℃）与量筒校准时温度（20 ℃）存在温差，在量取水样时，水的膨胀（水的膨胀系数 2.1×10^{-4} mL/℃）产生不确定度，按均匀分布计算其不确定度 $\frac{100\times2.1\times10^{-4}\times5}{\sqrt{3}}=0.068$（mL）。取样过程包括上述两个不确定度分量，对这两个不确定度分量进行合成计算，为 $U_c(V)=\sqrt{0.5774^2+0.068^2}=0.5814$（mL）。

朱燕超等[10] 用紫外分光光度法测定水中总氰化物的浓度时采用相同的方法来评定取样体积、馏出液体积和显色时取样体积引入的不确定度，环境温度为 24 ℃，250 mL 量筒，量筒在 20 ℃校准时的容量允差为±2 mL，其不确定度分别为 $\frac{2.0}{\sqrt{3}}=1.15$ mL，$\frac{250\times2.1\times10^{-4}\times4}{\sqrt{3}}=0.12$（mL），两种取样体积不确定度分量合成为 $U_c(V)=\sqrt{1.15^2+0.12^2}=1.16$（mL）。只不过不同玻璃量器的允差按照检定规程相应的容积取值。

2.2 标准溶液配制过程引入的相对不确定度

2.2.1 标准溶液或标准物质自身不确定度

标准溶液或者标准物质证书上提供扩展不确定度，扩展不确定度与扩展因子的商即是标准溶液或标准物质的不确定度分量。如三氯乙烯标准溶液的浓度为 1 000 mg/L，其标准溶液证书提供的扩展相对不确定度为2%（$k=2$），则该三氯乙烯标准溶液的不确定度为 $\frac{2\%}{2}=1.00\%$[11]。石油类标准溶液的标准值为 1 000 mg/L，扩展不确定度 22 mg/L，证书给出的是相对扩展不确定度，按正态分布置信概率 $p=95\%$，包含因子 $k=2$，相对不确定度为 $\frac{u(c_0)}{c_0}=\frac{22}{2\times 1\,000}=0.011(k=2)$ [12]。

2.2.2 标准溶液稀释引入的不确定度

仪器分析过程中，标准溶液通过逐级稀释获得中间液和标准使用液，进而配置工作曲线。标准溶液有相对扩展不确定度，配置标准曲线的时使用容量瓶、大肚吸管或移液管。玻璃量器的不确定度按均匀分布计算，来源为不同容积的容量瓶和移液管以及移液器等引入不确定度分量。甲醛标准系列溶液制备过程引入的不确定度分析如下[13]：

（1）甲醛标准溶液引入的不确定度。

由标准溶液的证书可知其浓度为 9.6 mg/mL，相对扩展不确定度为 3%（$k=2$），计算相对标准不确定度为 $U_1=\frac{3\%}{2}=0.015$。

（2）用 1 mL 移液管移取 1 mL 甲醛标准溶液定容至 1 000 mL 容量瓶中配置中间溶液 a，1 mL 移液管和 1 000 mL 容量瓶相对标准不确定度分别为 0.005 和 0.000 2，由此计算该不确定度为 $U_2=\sqrt{0.015^2+0.000\,2^2+0.005^2}=0.015\,8$。

（3）用 1 mL 移液管移取 1 mL 中间溶液 a 定容至 100 mL 容量瓶中配置中间溶液 b，1 mL 移液管和 100 mL 容量瓶相对标准不确定度分别为 0.005 和 0.000 6，由此计算该不确定度为 $U_3=\sqrt{0.015\,8^2+0.000\,6^2+0.005^2}=0.016\,6$。

（4）分别使用 1 mL、2 mL 和 5 mL 移液管逐级稀释中间溶液 b 配制标准系列溶液，1 mL、2 mL 和 5 mL 移液管的相对标准不确定度分别为 0.005、0.007 和 0.003，最终由标准系列溶液制备过程引入的 B 类相对标准不确定度为 $U_4=\sqrt{0.0166^2+0.005^2+0.007^2+0.003^2}=0.018\,9$。

2.3 最小二乘法拟合工作曲线引入的不确定度

仪器分析需要用最小二乘法拟合出工作曲线，甘晓娟等[11] 在离子色谱法测定水中三氯乙酸过程中，配制标准系列浓度如表 2 所示。

表 2 三氯乙酸工作曲线

标准系列 x/（mg/L）	0.050	0.100	0.300	0.500	0.700	1.00
响应值 y	0.003 76	0.005 59	0.022 04	0.041 54	0.058 21	0.081 45
计算公式	$y=0.083\,966\,3x-0.001\,653\,04$ $r=0.999\,1$					

通过各点浓度和仪器响应值拟合标准曲线 $y=0.083\,966\,3x-0.001\,653\,04$。利用贝塞尔公式计算拟合曲线偏差 s

$$s=\sqrt{\frac{\sum_{i=1}^{n}[(y_i-(a+bx_{0i})]^2}{n-2}}$$

计算拟合曲线代入的不确定度

$$u_s=\frac{s}{b}\sqrt{\frac{1}{p}+\frac{1}{n}+\frac{(\bar{x}-\bar{x}_0)^2}{\sum_{i=1}^{n}(x_{0i}-\bar{x}_0)^2}}=0.012\,286$$

然后计算相对不确定度

$$u_r(x)=\frac{u_s}{\bar{x}}\times 100\%=2.47\%$$

式中：p 为待测样品测定次数；n 为标准溶液测量次数；y_i 为各标准溶液峰面积；x_{0i} 为各标准溶液浓度值；$\bar{x}$ 为待测样品浓度均值；$\bar{x}_0$ 为回归曲线各点浓度均值。

2.4 重复测定引入的不确定度

重复测定导致检测数据具有分散性，体现了测定过程的随机误差，该不确定度评定为 A 类评定。A 类评定方法通常比其他评定方法所得到的不确定度更为客观，并具有统计学的严格性，但要求有充分的重复次数，而且重复测量的数据应相互独立。通常用贝塞尔公式计算重复测量引入的标准不确定度。如吹扫捕集/气相色谱-质谱法测定水中 1，2-二氯苯的不确定度评定[14]，同一样品重复测定 6 次，利用贝塞尔公式计算标准偏差，即为重复测定引入的标准不确定度（见表 3）。

表 3 重复测定样品引入的标准不确定度

分析项目	重复测定结果/（μg/L）						u（R）/（μg/L）	u_{rel}（R）
	C1	C2	C3	C4	C5	C6		
1，2-二氯苯	8.092 4	8.213 4	8.122 2	8.425 6	8.137 3	8.619 1	0.210	0.025

$$u(R)=\sqrt{\frac{\sum_{i=1}^{6}(c_i-\bar{c})^2}{6-1}}=0.210\ \mu g/L$$

$$u_{rel}(R)=\frac{u(R)}{\bar{c}}=0.025$$

3 结论

以上简要列举了化学分析过程中常见的不确定度评定案例，通过不确定度评定来源分析可知不确定度与质量控制密切关联，不确定度维护和管理需要控制的主要因素有：①人员。其参与的采样、样品制备、前处理、检测过程、仪器读数、结果计算等过程中是否存在人为偏移，检测人员能力水平，尤其对重复性测定不确定度影响较大。②仪器设备。仪器的分辨力和准确度水平应满足检测方法要求，仪器需经过必要的检定、校准和核查，证书信息是 B 类评定的重要依据。③环境条件。主要包括温度和湿度，温度影响各种溶液的密度，玻璃量器的容量允差也是在特定的环境条件下才有效，在满足标准方法规定的环境条件下检测，才能保证测量结果的可比性和有效性。④检测方法。方法确认和验证的数据，如精密度和准确度是不确定度评定的主要信息，也可依据减少影响不确定度因子的原则，优化开发简便而准确的检测方法。⑤样品。通过规范采样及样品保存，可降低样品的随机性对不确定度的影响。

不确定度可控制检测质量，识别异常检测数据，在实验室质量管理中，可通过规范采样、仪器管理、记录控制和不符合工作控制等手段，加强显著影响测量不确定度的因素管理，控制本实验室的测量不确定度在合理的水平内。实验室应在不确定度量化和评定的过程中推动检测能力和技术水平提升，保障出具的数据能够量值溯源和准确可靠。

参考文献

[1] 石学敏．基于质控数据的化学分析测量不确定度评定研究［J］．标准科学，2022（5）：123-127.

[2] General requirements for the competence of testing and calibration laboratories. 检测及校准实验室能力通用要求：ISO/IEC 17025：2017［S］.

[3] 检测和校准实验室能力的通用要求：GB/T 27025—2019［S］.

[4] 2018 Uncertainty of measurement—Part 3：Guide to the expression of uncertainty in measurement 测量不确定度表达指南：ISO/IEC GUIDE 98-3［S］.

[5] EURACHEM/CITAC Guide Quantifying Uncertainty in Analytical Measurement. 化学分析中不确定度的评估指南 [S].
[6] 化学分析测量不确定度评定：JJF 1135—2005 [S].
[7] 化学检测领域测量不确定度评定利用质量控制和方法确认数据评定：RB/T 141—2018 [S].
[8] 化学不确定度评估：RB/T 030—2020 [S].
[9] 于慧霞，王艳春，董丽．生活饮用水中总大肠菌群不确定度的评定 [J]．中国卫生检验杂志，2014，11 (24)：3187-3190.
[10] 朱燕超，赵春梅．基于水中氰化物测量不确定度评定的检测质量管理 [J]．福建分析测试，2020，29 (2)：21-26.
[11] 甘晓娟，贾紫永．离子色谱法检测水体中三氯乙酸的不确定度评定 [J]．给水排水（增刊），2019，45：185-186.
[12] 伦显琼．紫外分光光度法测定地表水中石油类的不确定度评定 [J]．广东化工，2019，7 (46)：209-212.
[13] 杨志远，杨英霞，徐昭炜，等．空气中甲醛含量的测定及不确定度评定 [J]．中国检验检测，2019 (5)：29-36.
[14] 许高平，冯在玉，任婉璐．吹扫捕集/气相色谱-质谱法测定水中1，2-二氯苯的不确定度评定 [J]．广州化工，2022，50 (7)：118-120.

精密度、正确度、准确度、精度、精确度的规范使用

徐 红 宋小艳 李 琳 霍炜洁 盛春花

（中国水利水电科学研究院，北京 100038）

摘 要：通过从术语定义的角度，梳理1982年、1991年、1998年、2011年四个版本《通用计量术语及定义》中精密度、正确度、准确度、精度、精确度等常用计量术语的定义与内涵及其发展历程，阐述它们之间的区别和联系，以便进一步规范使用这些常用计量术语。

关键词：精密度；正确度；准确度；精度；精确度

我国已先后制定了四个版本的通用计量术语及定义，分别是《常用计量名词术语及定义》（JJG 1001—1982）[1]、《通用计量名词及定义》（JJG 1001—1991）[2]、《通用计量术语及定义》（JJF 1001—1998）[3]、《通用计量术语及定义》（JJF 1001—2011）[4]，JJF 1001—2011是目前现行有效的版本。精密度、正确度、准确度是计量工作中的常用计量术语，由于在汉语中“精密”“精确”“正确”“准确”的含义极为相近，导致很多计量工作者对精密度、正确度、准确度、精度、精确度这些计量术语有一些模糊的认识，在计量工作中对这些用词也极易混淆，本文从通用计量术语及定义的角度，探讨精密度、正确度、准确度、精度、精确度这五个关于“度”的定义内涵及其发展过程，以便进一步规范使用这些常用计量术语。

1 精密度

我国制定的四个版本通用计量术语及定义中，除了JJF 1001—1998外，其余三个版本均给出了精密度的术语定义，见表1。在JJF 1001—1998标准文本“中文索引”有“精密度 5.5”，但正文5.5却是“测量准确度”，应是出现了编辑性笔误。

JJG 1001—1982和JJG 1001—1991对精密度的术语定义是相同的，即精密度（precision）：表示测量结果中的随机误差大小的程度。在术语定义后面备注了两条：①精密度是指在一定的条件下进行多次测量时，所得测量结果彼此之间符合的程度。②精密度可简称为“精度”。JJG 1001—1982明示了精密度通常用随机不确定度来表示。JJG 1001—1991未明示具体表示形式。

JJF 1001—2011定义了术语测量精密度，即测量精密度 measurement precision［VIM2.15］简称精密度（precision）：在规定条件下，对同一或类似被测对象重复测量所得示值或测得值间的一致程度。该定义是在JJG 1001—1982和JJG 1001—1991中精密度的备注（1）的内容基础上进一步进行了修改完善。它指出测量精密度通常用不精密程度以数字形式表示，如在规定测量条件下的标准偏差、方差或变差系数，同时，明确了该术语“测量精密度”有时用于指“测量准确度”，这是错误的。

从以上定义可以看出，精密度是描述多次测量结果的重复性程度的尺度，由JJF 1001—2011给出的精密度表示形式可以得知，精密度是个定量值，通常用于反映随机误差的大小而与真值或参考量值无关。通常用偏差衡量精密度的高低，最常用的是标准差。精密度越低，标准差越大。在检验中大多用室内重复性、中间精密度、协同试验、极差试验、标准差、变异系数等方法确定精密度的好坏[5-6]。

作者简介：徐红（1981—），女，正高级工程师，主要从事标准化计量等方面工作。

在实际使用时，有时将精密度误用为不精密度。

表 1　精密度术语定义

标准名称及编号	精密度术语定义	备注
《常用计量名词术语及定义》（JJG 1001—1982）	精密度（precision）：表示测量结果中的随机误差大小的程度	（1）精密度是指在一定的条件下进行多次测量时，所得测量结果彼此之间符合的程度。精密度通常用随机不确定度来表示。 （2）精密度可简称为“精度”
《通用计量名词及定义》（JJG 1001—1991）	测量精密度（precision of measurement）：表示测量结果中随机误差大小的程度	（1）测量精密度是指在规定条件下对被测量进行多次测量时，所得结果之间符合的程度。 （2）测量精密度可简称为精度
《通用计量术语及定义》（JJF 1001—1998）	—	标准文本“中文索引”精密度 5.5（但正文 5.5 测量准确度）
《通用计量术语及定义》（JJF 1001—2011）	测量精密度 measurement precision [VIM2.15] 简称精密度（precision）：在规定条件下，对同一或类似被测对象重复测量所得示值或测得值间的一致程度	（1）测量精密度通常用不精密程度以数字形式表示，如在规定测量条件下的标准偏差、方差或变差系数。 （2）规定条件可以是重复性测量条件、期间精密度测量条件或复现性测量条件。 （3）测量精密度用于定义测量重复性、期间测量精密度或测量复现性。 （4）术语“测量精密度”有时用于指“测量准确度”，这是错误的

2　正确度

除了 JJF 1001—1998 外，JJG 1001—1982、JJG 1001—1991 和 JJF 1001—2011 均给出了正确度的术语定义，见表 2。JJG 1001—1982、JJG 1001—1991 给出的正确度术语定义是基本相同的，即测量正确度（correctness of measurement）：表示测量结果中系统误差大小的程度。术语对应的英文是 correctness。JJF 1001—2011 给出的正确度术语定义与 JJG 1001—1982、JJG 1001—1991 不同，即测量正确度 measurement trueness，trueness of measurement [VIM2.14] 简称正确度（trueness）：无穷多次重复测量所得量值的平均值与一个参考量值间的一致程度。术语对应的英文是 trueness，并且备注了测量正确度不是一个量，不能用数值表示，测量正确度与系统测量误差有关，与随机测量误差无关。术语“测量正确度”不能用“测量准确度”表示，反之亦然。

由以上定义可以得知，测量正确度不是定量，而是定性描述多次重复测量所得量值的平均值与一个参考量值间的一致程度，与系统误差有关。正确度度量通常以与参考量值之间的偏倚（bias）表示，偏倚小则说明正确度高，偏倚大则说明正确度低，在检验中大都用标准方法、标准物质、回收率、偏倚试验等验证正确度的高低[7]。在实际使用中，容易将正确度与准确度、精度、不确定度相混淆。

表 2 正确度术语定义

标准名称及编号	正确度术语定义	备注
《常用计量名词术语及定义》(JJG 1001—1982)	正确度 (correctness)：表示测量结果中的系统误差大小的程度	正确度是指在规定的条件下，在测量中所有系统误差的综合。理论上对已定系统误差可用修正值来消除，对未定系统误差可用系统不确定度来估计
《通用计量名词及定义》(JJG 1001—1991)	测量正确度 (correctness of measurement)：表示测量结果中系统误差大小的程度	测量正确度反映了在规定条件下，测量结果中所有系统误差的综合。理论上对已定系统误差可用修正值来消除，对未定系统误差可用不确定度来估计
《通用计量术语及定义》(JJF 1001—1998)	—	—
《通用计量术语及定义》(JJF 1001—2011)	测量正确度 measurement trueness, trueness of measurement [VIM2.14] 简称正确度 (trueness)：无穷多次重复测量所得量值的平均值与一个参考量值间的一致程度	(1) 测量正确度不是一个量，不能用数值表示。 (2) 测量正确度与系统测量误差有关，与随机测量误差无关。 (3) 术语"测量正确度"不能用"测量准确度"表示，反之亦然

值得一提的是，国际上制定的计量学基本术语，从 1978 年到 2007 年，共发布了国际法制计量组织 (OIML) 于 1978 年出版的《法制计量学名词》(简称 VML-1978)、ISO Guide 99：1993 International vocabulary of basic and general terms in metrology (VIM)、ISO/IEC Guide 99：2007 International vocabulary of metrology — Basic and general concepts and associated terms (VIM) 共 3 个版本的计量术语标准，3 个不同版本的标准中始终没有涉及术语"correctness"，仅在 ISO/IEC Guide 99：2007 中定义了术语"measurement trueness，trueness of measurement"。

3 准确度

JJG 1001—1982、JJG 1001—1991、JJF 1001—1998 和 JJF 1001—2011 均给出了准确度的术语定义，见表 3。准确度也是这五个关于"度"的术语中唯一一个在四个版本中均被定义的术语，可见其在计量工作中应用的重要性和广泛性。JJF 1001—2011 定义：测量准确度 measurement accuracy，accuracy of measurement [VIM2.13]：简称准确度 (accuracy)，被测量的测得值与其真值间的一致程度。明示了概念"测量准确度"不是一个量，不给出有数字的量值。当测量提供较小的测量误差时就说该测量是较准确的。

从 JJF 1001—2011 定义可以看出，准确度是描述测量值接近真值程度的尺度，是一个定性概念。测量结果的准确度通常是指随机误差和系统误差的综合，通过精密度和正确度两个指标表征，才能完整地体现出测量结果的准确程度[5]。计量器具一般都用准确度等级来表示其相应的计量性能指标。在实际使用中，容易将准确度与正确度、精度、不确定度等相混淆。

表 3　准确度术语定义

标准名称及编号	准确度术语定义	备注
《常用计量名词术语及定义》(JJG 1001—1982)	准确度（精确度）(accuracy)：是测量结果中系统误差与随机误差的综合，表示测量结果与真值的一致程度	从误差观点来看，准确度反映了测量的各类误差的综合。若已修正所有已定系统误差，则准确度可用不确定度来表示
《通用计量名词及定义》(JJG 1001—1991)	测量准确度（accuracy of measurement)：表示测量结果与被测量的（约定）真值之间的一致程度	（1）测量准确度反映了测量结果中系统误差和随机误差的综合。 （2）准确度又称精确度
《通用计量术语及定义》(JJF 1001—1998)	测量准确度（accuracy of measurement)：测量结果与被测量真值之间的一致程度	（1）不要用术语精密度代替准确度。 （2）准确度是一个定性概念
《通用计量术语及定义》(JJF 1001—2011)	测量准确度 measurement accuracy, accuracy of measurement［VIM2. 13］：简称准确度（accuracy)，被测量的测得值与其真值间的一致程度	（1）概念“测量准确度”不是一个量，不给出有数字的量值。当测量提供较小的测量误差时就说该测量是较准确的。 （2）术语“测量准确度”不应与“测量正确度”、“测量精密度”相混淆，尽管它与这两个概念有关

4　精度

JJG 1001—1982 和 JJG 1001—1991 计量名词术语及定义中指出精密度可简称为“精度”，把两者等同起来，但在现行有效的《通用计量术语及定义》(JJF 1001—2011）中已不再提及“精度”一词。“精度”一词，从新中国成立初期沿用至今，在很多技术文献或书刊中常有出现，长期以来颇受争议但常用不衰，尤其在口语中极易将“精密度”“精确度”简化为“精度”广泛使用。

“精度”一词有各种各样的解释：①认为“精度”是精密度、正确度、准确度的总称，如人们常说“实验方法或仪器改进后，减小了实验误差，提高了测量精度”；②认为是准确（精确度）的简称，过去计量仪器所用“精度等级”一词就是一例。精度的最初说法来自于新中国成立后全国向苏联学习热潮中的 1970 年苏联发布的计量术语标准 ГОСТ16263-70 中的俄语“Сход$_{\text{им}}$ос$_{\text{тьизм}}$ере$_{\text{ний}}$”，Сход$_{\text{им}}$ос$_{\text{ть}}$ 原意为会合、聚合、收敛性，译文为“反映在相同条件下测量结果相互间接近程度的那个量”，对俄文的英文注释为“precision of measurements”。一时间，测量精度、仪器精度、加工精度、精度指标、精度等级、仪器精度分析和计算精度等无处不在。显然，把俄文译为“测量精度”被有的学者[8-9]指出是一种误导，因为它实质是指测量精密度。

应特别注意，JJG 1001—1991 认为“精度”是“精密度”的简称。1993 年，该标准的编制组解释说，精密度或精度是测量误差应用和发展过程中常用的术语，鉴于它有时被用得过于泛指或笼统，国际上早已建议回避使用[10]，在计量工作中要尽量回避精度的提法[11]。

5　精确度

在 JJG 1001—1982、JJG 1001—1991 中定义“准确度又称精确度”，精确度经常被理解为既精密又准确的含义，但在 JJF 1001—1998、JJF 1001—2011 中已不再有“准确度又称精确度”的说法。计量部门已规定“准确度”是主名词，一般不用“精确度”一词[12]，建议今后在不再使用该术语。

6 实例

引起测量结果误差的原因是多方面的，但从误差的性质和来源上可分为系统误差和随机误差两大类。因此，测量准确度，实际上包括正确度和精密度两部分。准确度高，正确度和精密度一定高；但正确度低，精密度再高，准确度也不会高。以测量数据图 1 为实例，直观说明精密度、正确度和准确度三者之间的关系。图 1（a）测量数据是正确度高，但精密度低，所以准确度低；图 1（b）测量数据精密度高，但正确度低，所以准确度低；图 1（c）测量数据是正确度和精密度都高，所以准确度也高。由此可见，精密度和正确度若只是其中一个高，也不能保证准确度高。正确度和精密度是保证准确度的先决条件，精密度和正确度低说明所测结果不可靠，失去了衡量准确度的前提。

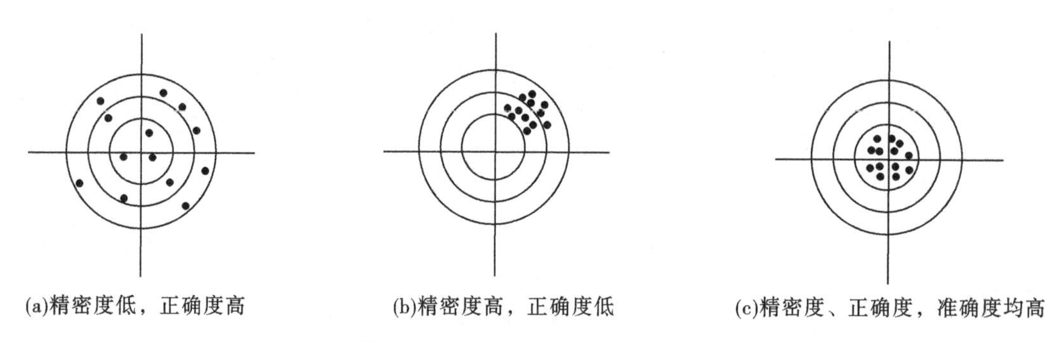

(a)精密度低，正确度高　　(b)精密度高，正确度低　　(c)精密度、正确度，准确度均高

图 1　精密度、正确度和准确度三者之间的关系

7 结论

计量基本术语是计量学的重要组成部分，反映计量学的基本概念。精密度、正确度、准确度是常用的计量术语，精密度是描述多次测量结果的重复性程度的尺度，是定量值，通常用于反映随机误差的大小而与真值或参考量值无关；测量正确度是定性描述多次重复测量所得量值的平均值与一个参考量值间的一致程度，与系统误差有关；准确度是描述测量值接近真值程度的尺度，是一个定性概念，通过精密度和正确度两个指标表征，正确度和精密度是保证准确度的先决条件。精度、精确度在 JJF 1001—2011 中均已不再定义，在今后工作中要避免使用它们。

参考文献

[1] 常用计量名词术语及定义：JJG 1001—1982 [S].

[2] 通用计量名词及定义：JJG 1001—1991 [S].

[3] 通用计量术语及定义：JJF 1001—1998 [S].

[4] 通用计量术语及定义：JJF 1001—2011 [S].

[5] 测量方法与结果的准确度（正确度与精密度）第 1 部分：分则与定义：GB 6379.1—2004 [S].

[6] 袁晓鹰，周尊英. 准确度、正确度和精密度试验间的区别与关系 [J]. 煤质技术，2008（3）：30-31，33.

[7] 测量方法与结果的准确度（正确度与精密度）第 4 部分：确定标准测量方法正确度的基本方法：GB 6739. 4—2004 [S].

[8] 计兵."准确度"和"精度"[J]. 宇航计测技术，1995，15（6）：60-62.

[9] 张善钟，张之江，于瀛洁. 关于精密度、正确度、准确度和精度 [J]. 宇航计测技术，1996，16（2）：51-55.

[10] 杨光荣. GJB2715《国防计量通用术语》简介 [J]. 航天标准化，1998（1）：22-26.

[11] 许自富，刘东，阮安路. 不确定度、准确度、精度辨析 [J]. 计测技术，2007，27（2）：37-39.

[12] 陆申龙. 准确度、正确度和精度的正确涵义 [J]. 实验室研究与探索，1992（1）：29-30.

大体型高强钢岔管组原位水压试验检测及监测

李东风　伍卫平　林立旗　高志萌　毋新房

（水利部水工金属结构质量检验测试中心，河南郑州　450044）

摘　要： 残余应力测试和声发射监测技术应用于大体型高强钢岔管组原位水压试验。采用X射线衍射法对重点测区水压试验前后的环向和轴向残余应力进行了测试，并对残余应力均衡化效果进行了评价；采用声发射技术（Acoustic Emission，AE）对整过水压加载过程进行实时在线监测，分析了声发射撞击计计数、幅值在升压及保压阶段的变化趋势，并对声发射定位源区采用相控阵超声技术（Phased Array Ultrasonic Testing，PAUT）进行了复验，发现了焊接缺陷，两者结果吻合一致。残余应力测试技术和声发射监测技术可以很好地应用于岔管的水压试验中，用于评价水压试验对残余应力均衡化效果及实现岔管体中缺欠的实时在线监测，保证水压试验的安全并对结构进行安全评价。

关键词： 高强钢；岔管组；水压试验；残余应力测试；声发射；相控阵超声

1　前言

在水利水电工程中，钢岔管作为分流结构，通常由薄壳和刚度较大的加强构件组成，管壁厚，构件尺寸大，焊接工艺要求高，其制作、安装质量直接关系着结构运行的安全可靠性。因此岔管制作完成后，一般都要进行水压试验，一方面可以通过水压试验暴露岔管的结构缺陷，检验结构的整体安全度，验证钢材性能及焊接工艺等的可靠性；另一方面还可以在缓慢加载条件下，达到使缺陷尖端发生塑性变形从而钝化缺陷尖端的效果。与此同时，水压试验作为一种消应的重要技术手段，可以削减焊接残余应力及不连续部位的峰值应力。

为了评估水压试验对残余应力均衡化的效果和保证水压试验的安全，一般会采用一些检测和监测手段，如内水压力加载下的工作应力测试、结构缺陷扩展的声发射安全监测、焊接残余应力对比测试以及水压试验过程变形观测等。

本文以某水利枢纽工程大体型600 MPa级高强钢岔管组原位水压试验为例，进行焊接残余应力测试和声发射监测[1-5] 分析。

2　高强钢岔管组基本体型特征和水压试验加载布置

2.1　岔管组体型结构

某水利枢纽工程中两台月牙肋加强“卜”形钢岔管（编号分别为BP1、BP2）材质均为600 MPa级的07MnMoVR高强钢，有关体型结构参数见表1。

岔管组的自重、闷头、水体合计重量达520 t，由于体型大，两台岔管在安装现场安装后原位整体进行水压试验。

基金项目： 水利部水工金属结构质量检验测试中心2021年技术创新研究项目（2#），2021年第二批国家标准计划项目（20213316-T-469）。

作者简介： 李东风（1979—），男，高级工程师，主要研究方向为水工金属结构无损检测及信号分析。

表 1　岔管组体型结构参数

岔管编号	支管内径/mm	主管内径/mm	构件名称	壁厚/mm
BP1	ϕ 4 400/ ϕ 2 200	ϕ 4 800	基本锥	40
			月牙肋	80
			主管	40
			支管	30/40
BP2	ϕ 3 800/ ϕ 2 200	ϕ 4 400	基本锥	40
			月牙肋	80
			主管	40
			支管	30/40

2.2　水压试验加载设置

钢岔管水压试验分为两个阶段：预压阶段、正式水压试验阶段。设计工作压力为 2.0 MPa，最大试验压力为 2.5 MPa，整个水压试验加载曲线见图 1。

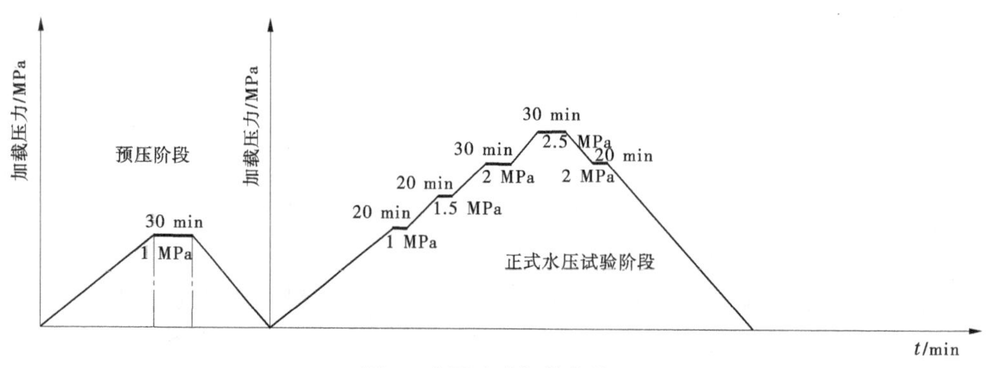

图 1　水压试验加载曲线

3　水压试验检测及监测的主要内容和技术特性

3.1　残余应力测试

焊接残余应力的测量方法可分为机械释放破坏性测量法和非破坏无损伤测量法两种。根据该工程钢岔管的技术特点，决定采用无损的 X 射线衍射法。

X 射线对晶体晶格的衍射发生干涉现象，通过测出晶格的面间距，确定被测构件的残余应力。它的优点是可以测量出应力的绝对值，测试结果准确，重复性、再现性好。

3.2　声发射监测

材料中局域源快速释放能量产生瞬态弹性波的现象称为声发射（Acoustic Emission，AE）[6]。由于材料内部结构发生变化而引起材料内应力突然重新分布，使机械能转变为声能，产生弹性波。材料在应力作用下的变形与裂纹扩展，是结构失效的重要机制，这种直接与变形和断裂机制有关的源，被称为声发射源。

声发射监测技术是一种动态非破坏的检测技术，可提供缺陷随荷载、时间、温度等外变量而变化的实时或连续信息，适合于在线监控及早期或临近破坏预报；可解决常规无损检测方法所不能解决的问题。

通过水压试验过程实时在线的声发射监测，确定声发射源的位置，评价声发射源的活性和强度等级，并实时在线地发出预警，为岔管水压试验的安全进行提供技术保障，对钢岔管的运行状况进行综合的评价。

4 测试方案

4.1 焊接残余应力测试方案

共选取 8 个测区 A、B、C、D、E、F、G、H，测区具体位置如图 2 所示，测点标记示意图如图 3 所示。

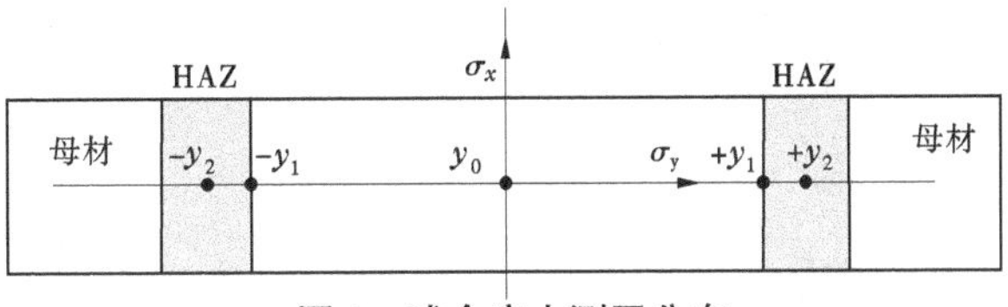

图 2 残余应力测区分布

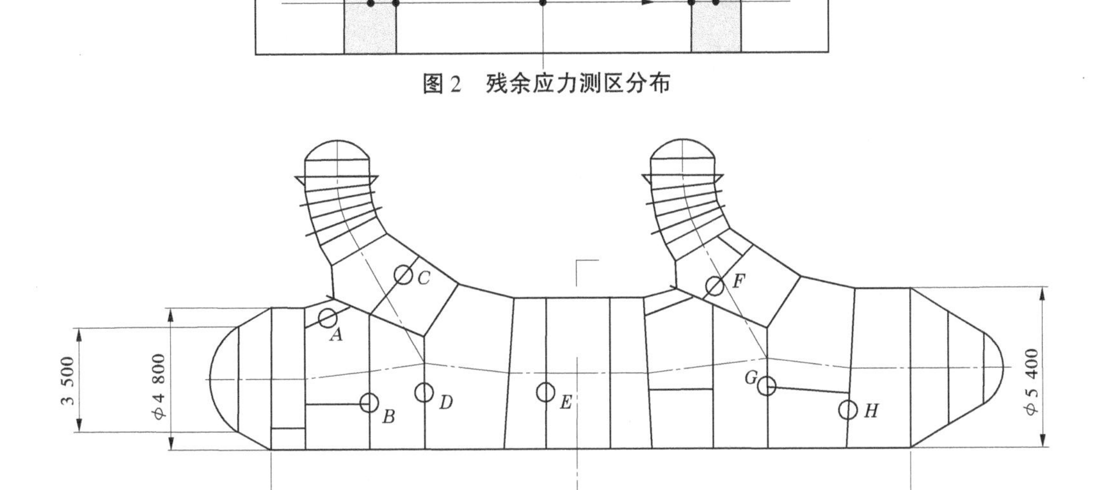

图 3 残余应力测点标记示意图

测区内测点数目：单一焊缝（纵缝或环缝），每个测区布置 5 个测点，分别位于焊缝中心、焊缝两侧熔合线及焊缝两侧热影响区；丁字焊缝测区，在纵缝和环缝的对应位置共布置 10 个测点。每个测点测量两个垂直方向的残余应力值。

4.2 声发射监测方案

采用德国 ASMY- 6 型 38 通道声发射检测系统进行监控。传感器为 VS150-RIC 型高灵敏度压电传感器，共振频率为 150 kHz，频率范围为 100 ~ 450 kHz，内置增益为 34 dB 的前置放大器（见表 2）。

表 2 声发射系统工作参数设置

闸门 阈值/dB	采样 频率/MHz	采样 点数/个	带通滤 波器/kHz	预触发/ 点个数	持续鉴别 时间 Dur. Dis T. /μs	重整时间 Rearm T. /μs
45	5	8 192	50 ~ 300	200	400	3 200

声发射传感器布置见图 4。

5 数据分析

5.1 焊接残余应力测试数据分析

岔管 BP2 和 BP1 中的测区 A 和 F 位置有一定的可比性，A、F 测区均为单一焊缝（环缝）。测量值是正值的为拉应力，测量值是负值的为压应力。本文主要分析测区 A 和 F 中各 5 个测点环向、轴向残余应力，水压前后的有关数据见图 5、图 6。

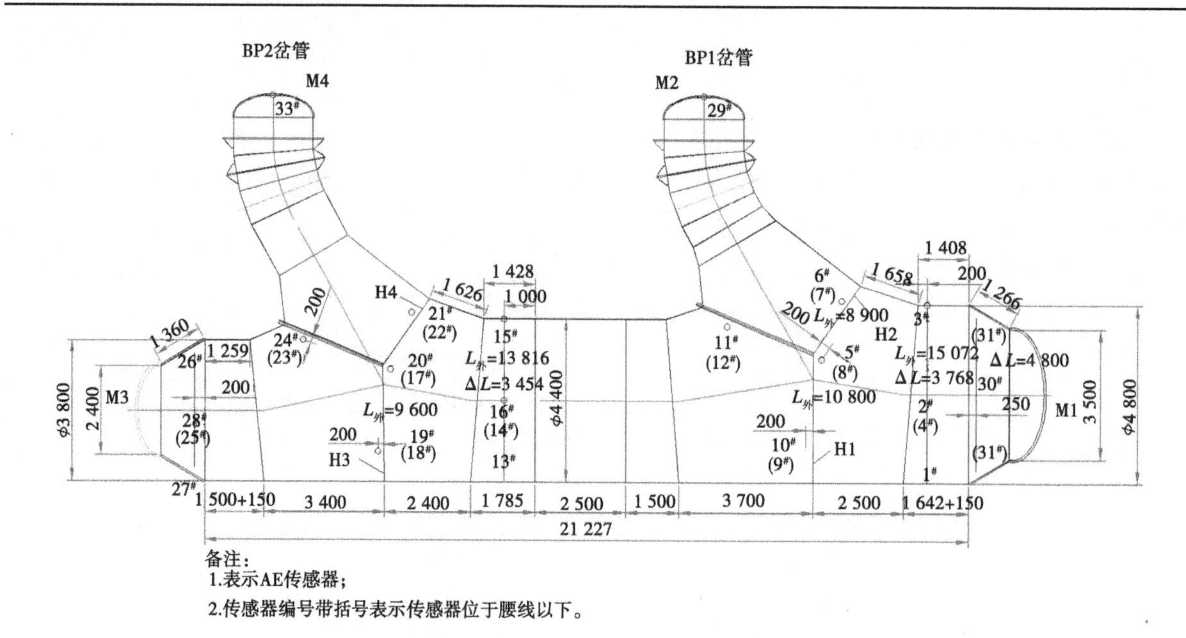

图 4　声发射传感器布置

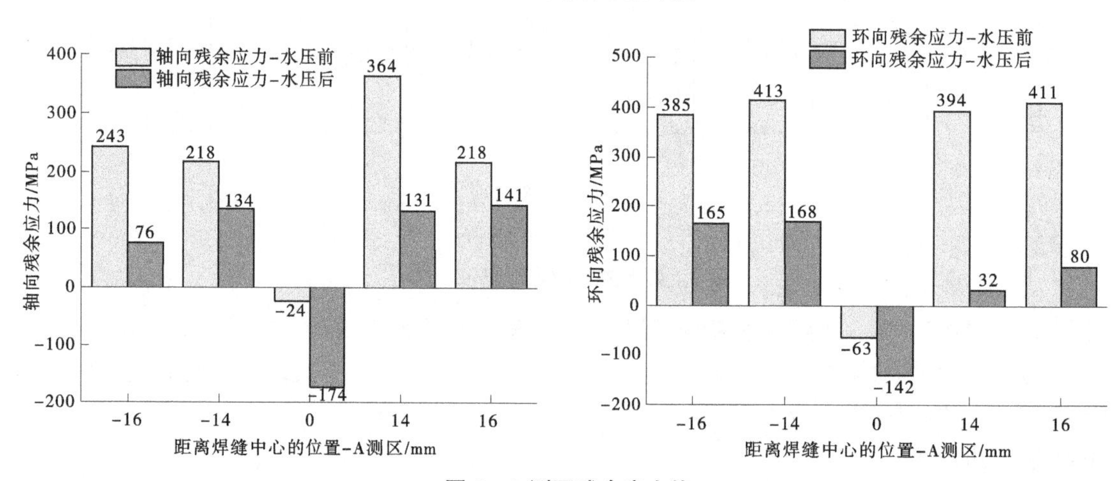

图 5　A 测区残余应力值

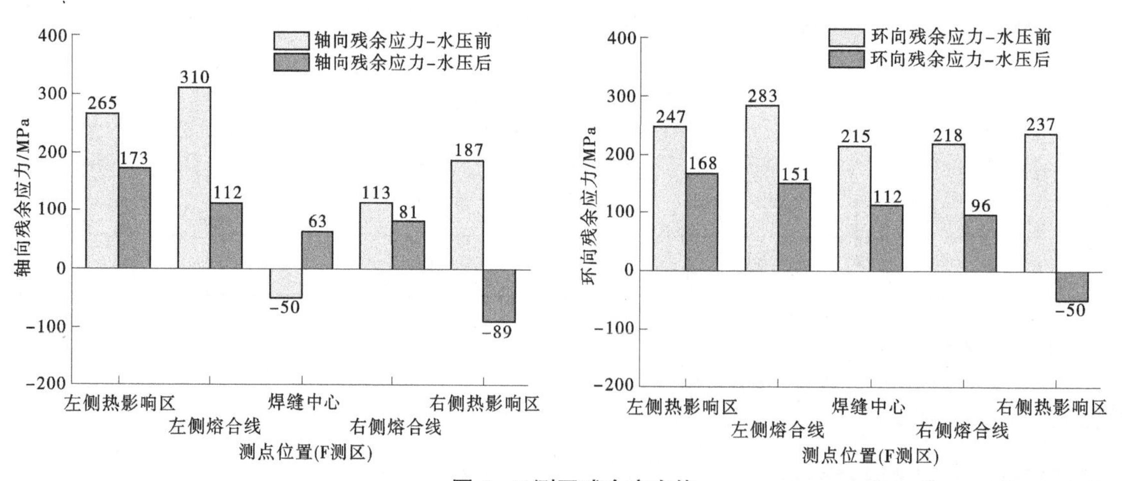

图 6　F 测区残余应力值

构造残余应力特征参数：残余应力平均值 σ_a、残余应力幅度差 Δ 来评价水压试验对残余应力均衡化的效果[7-8]。

测区内水压试验前残余应力的算术平均值，用$\sigma_{a,before}$表示；所有测区水压试验后残余应力的算术平均值，用$\sigma_{a,after}$表示；平均值反映了测区内残余应力的平均水平。

水压试验前测区内残余应力最大值（$\sigma_{max,before}$）和最小值（$\sigma_{min,before}$）之差定义为水压前残余应力幅度差，记为Δ_{before}，即$\Delta_{before}=\sigma_{max,before}-\sigma_{min,before}$，水压试验后测区内残余应力最大值（$\sigma_{max,after}$）和最小值（$\sigma_{min,after}$）之差定义为水压后残余应力幅度差，记为$\Delta_{after}$，即$\Delta_{after}=\sigma_{max,after}-\dot{\sigma}_{min,after}$，残余应力幅度差反映了测区内的残余应力波动范围。

由表3可以看出，测区水压试验后的残余应力均值要远远小于水压前；残余应力幅度差整体上也是水压后要小于水压前（除了F测区环向残余应力）；残余应力均衡化效果良好。

表3　残余应力均衡化统计结果　　单位：MPa

测区	轴向				环向			
	$\sigma_{a,before}$	$\sigma_{a,after}$	Δ_{before}	Δ_{after}	$\sigma_{a,before}$	$\sigma_{a,after}$	Δ_{before}	Δ_{after}
A	204	62	538	315	308	61	476	310
F	165	68	360	262	240	95	65	218

5.2　声发射监测数据分析

由于预压过程压力达到1.0 MPa，正式打压时，在压力达到1.0 MPa及以前，声发射满足Kaiser效应，未发现有意义的声发射定位源。因此，分析重点为正式水压试验过程之1.0~2.5 MPa压力阶段的数据，也即1.0~1.5 MPa、1.5~2.0 MPa、2.0~2.5 MPa升压过程和1.5 MPa、2.0 MPa、2.5 MPa保压过程。

图7为升压阶段声发射特征参数分布图。可以发现在3个升压阶段，随着内水压的增大，声发射撞击计数率快速增加，高幅值信号也快速增加。

图8为保压阶段声发射特征参数分布。可以发现在3个保压阶段，声发射撞击计数率的差异远远小于升压的三个阶段间的差异；且高幅值撞击也没有非常明显的增加。

在BP1岔管主锥及闷头M1附近区域发现了活性的声发射信号，并形成了有效的声发射定位，声发射事件定位图见图9。

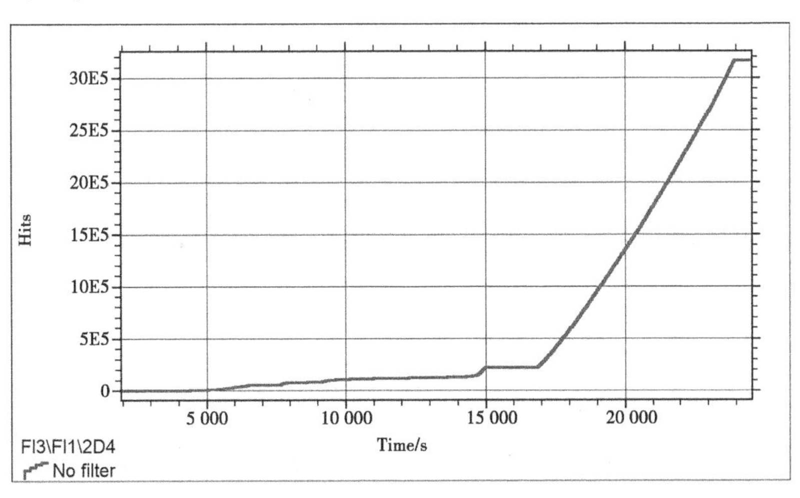

(a)撞击随时间经历图

图7　升压阶段声发射特征参数分布图（1.0~1.5 MPa、1.5~2.0 MPa、2.0~2.5 MPa）

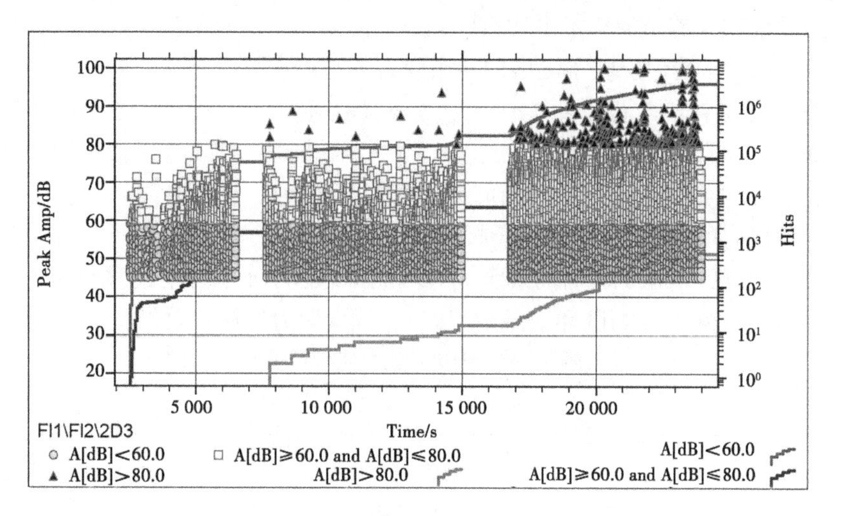

(b)幅值与时间相关图

续图 7

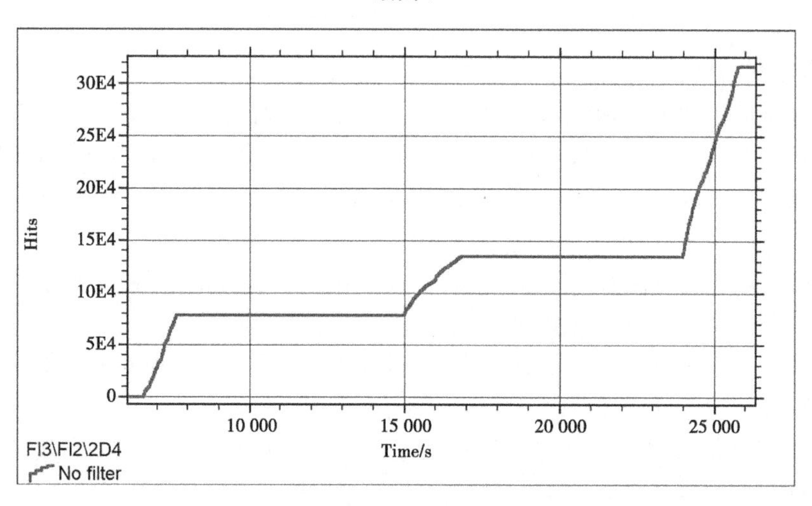

(a)撞击随时间经历图

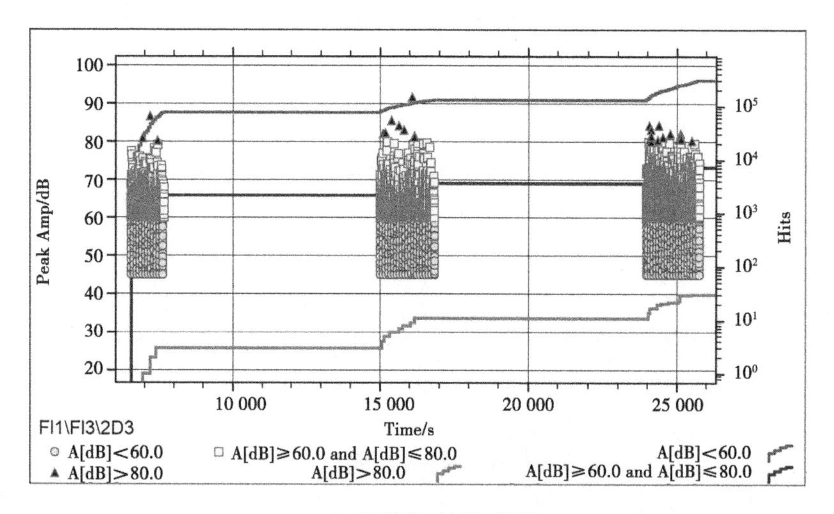

(b)幅值与时间相关图

图 8　保压阶段数据分布图（1.5 MPa、2.0 MPa、2.5 MPa）

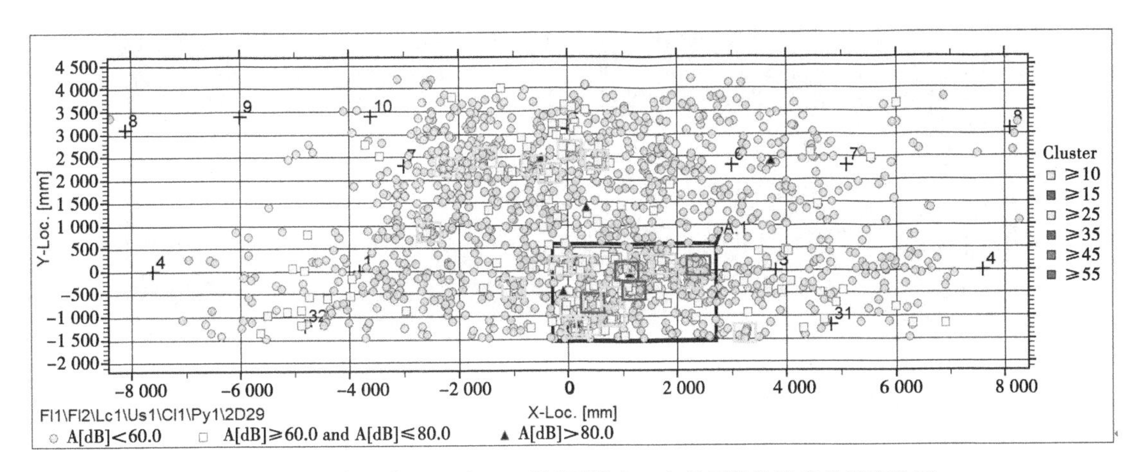

图 9　BP1 岔管主锥及闷头 M1 附近区域在三个保压阶段的声发射定位图

依据声发射检测标准的要求，需要采用其他无损检测手段对上述活跃区进行复验，本文采用超声相控阵技术（PAUT）进行复验。仪器为 Olympus 公司的 OmniScan 型超声相控阵仪，选择 5L32A31 型 32 晶片线性阵列探头，阵元间距 $p=0.6$ mm；楔块采用 55°的 A12N55S 型；采用复合型扇形扫描（Compound Scan），单次聚焦法则激发 16 晶片，使用晶片数为全部的 32 个，扫描角度范围为 40°~70°，角度步进为 0.5°，聚焦深度为 30 mm，扫查分辨率为 1 mm，采用单面双侧扫查。

缺陷位于渐变段与岔管 BP1 的主管管口环缝上，该部位结构见图 10。该焊缝为一次性临时焊缝，水压试验结束后需要割除，因此不影响岔管本体的质量。发现 2 处比较严重的焊接缺陷，其中一处为侧壁未熔合，长度为 57 mm，最大反射回波深度为 28.2 mm；另外一处为气孔，长度为 69 mm，最大反射回波深度为 21.8 mm。PAUT 图谱见图 11。

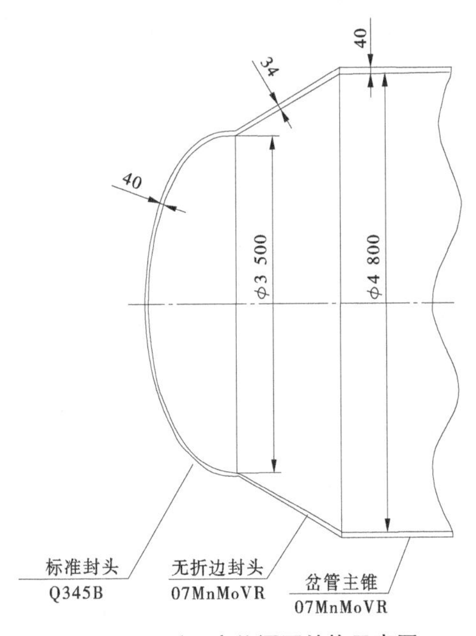

图 10　活跃定位源区结构示意图

6　结论

本文将 X 射线衍射法残余应力测试技术和声发射（AE）在线监测技术应用到大体型 600 MPa 级高强钢岔管组原位水压试验中，对重点测区水压试验前后的环向和轴向残余应力进行了测试，采用测区残余应力均值、残余应力幅度差两个指标对残余应力均衡化效果进行了评价；采用声发射技术对整个过水压加载过程进行实时在线监测，分析了声发射撞击计计数、幅值在升压及保压阶段的变化趋

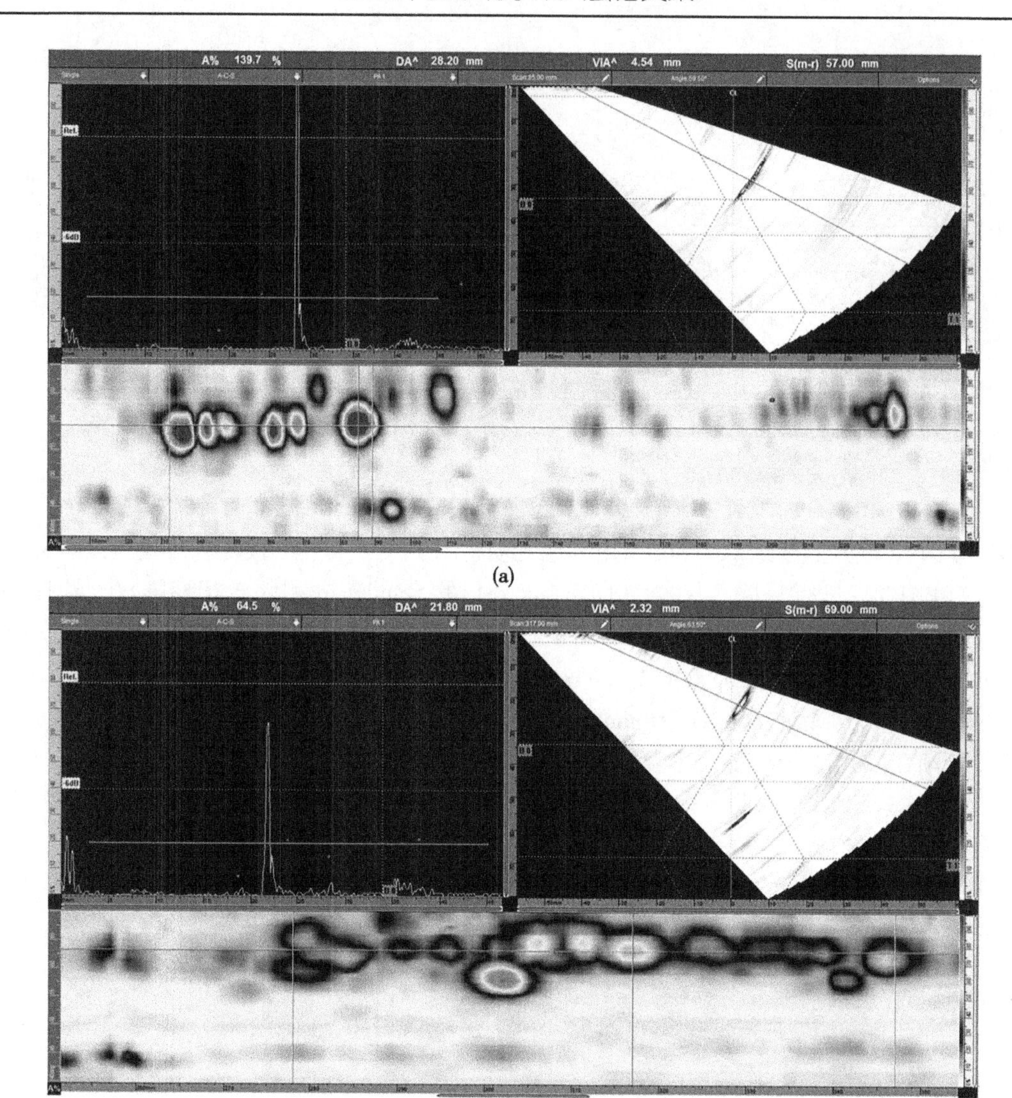

(a)

(b)

图 11 PAUT 检测图谱

势，对活跃信号对应的损伤区域进行了声发射定位，并对声发射定位源区采用相控阵超声技术（PAUT）进行了复验，准确地实现了缺陷的定位和定量。得到如下一些结论：

（1）测区水压试验后的残余应力均值要远远小于水压前；残余应力幅度差整体上也是水压后要小于水压前；残余应力均衡化效果良好。

（2）在 3 个升压阶段，随着内水压的增大，声发射撞击计数率快速增加，高幅值信号也快速增加。在 3 个保压阶段，声发射撞击计数率的差异远远小于升压的三个阶段间的差异，且高幅值撞击也没有非常明显的增加。

（3）PAUT 技术可以较好地实现声发射定位源的复验，对缺陷进行成像检测，实现准确的定位和定量。

参考文献

[1] WU Weiping, FAN Qinhong . Acoustic emission monitoring and phased array ultrasonic testing for the steel bifurcated pipe of 800 MPa grade strength in hydraulic test, 2020 International Conference on Intelligent Control [J] . Measurement and Signal Processing (ICMSP 2020), 258-262 (2020) .

[2] WU W, CAO S, LI D, et al . Localization of Acoustic Emission Sources in the Steel Bifurcated Pipe of Hydropower Station, Advances in Acoustic Emission Technology : Proceedings of the World Conference on Acoustic Emission-2019 [J] . Springer Proceedings in Physics, 2021, 259: 449-463.
[3] WU W, CHENG S, LI D, et al. Study of Acoustic Emission Attenuation Characteristics of the Steel Bifurcated Pipe in Hydropower Station. Advances in Acoustic Emission Technology : Proceedings of the World Conference on Acoustic Emission-2017 [J] . Springer Proceedings in Physics, 2019, 218: 317-326.
[4] 陈明辉，伍卫平，李东风．声发射技术在水电站中的应用［J］．理化检验-物理分册，2018，54（11）：811-814.
[5] 曹树林，张伟平，杜刚民．声发射检测技术在水利水电工程上的应用［J］．大坝与安全，2004（1）：30-32.
[6] Christian U Grosse, Masayasu Ohtsu. Acoustic emission testing [M] . Berlin: Springer, 2008.
[7] 余健，刘蕊．呼和浩特抽水蓄能电站高强钢岔管残余应力测试与研究［J］．水电与抽水蓄能，2017，3（2）：108-111.
[8] 靳红泽，曹佳丽，杜雅楠，等．钢岔管水压试验消除焊接残余应力效果评价方法探讨［J］．水电与抽水蓄能，2021，7（4）：71-74.

浅析水利检验检测机构合规运营要点

李 琳 宋小艳 霍炜洁 徐 红 盛春花

（中国水利水电科学研究院，北京 100038）

摘 要：水利检验检测机构为水利高质量发展起到重要的基础支撑作用。本文分析了水利行业第三方检验检测机构的发展现状，指出了水利检验检测机构存在的主要问题，提出了水利检验检测机构合规运营“识底线、知红线、抓落实”的要求，从提升机构人员的合规意识、合理编制管理体系文件、把好技术管理的关键环节及提升对合规运营保障等方面阐述了水利检验检测机构合规运营的要点，期望对水利检验检测机构合规运营有所助益。

关键词：水利检验检测机构；检验检测机构资质认定；合规运营

1 引言

所谓的合规，是指经营活动与法律法规、规则、准则及标准等规范性文件保持一致[1]。笔者理解的检验检测机构合规运营，是检验检测机构在运营过程中应履行机构所有的合规义务。通过有效的合规运营，不仅表明组织承诺并致力于遵守合规义务，而且还展示出组织具有不断改进的持续合规能力[2]，促使机构在自我承诺、自我约束、持续改进中健康发展。

国家市场监督管理总局统计直报系统导出数据显示：截至2020年底，水利行业获得检验检测机构资质认定证书的检验检测机构共有484家，共拥有各类仪器设备10.7万台套，实验室面积79.0万m^2，全年出具检验检测报告175.2万份，全年实现营业收入34.3亿元。检验检测机构全年营业收入近6年持续增长，从2015年的17.6亿元增长到34.3亿元，水利检验检测机构的检测领域不断扩展，从水利工程质量检测、水环境监测和水利产品与设备质量检测，近年向市政工程、公路检测、水生生物、环境监测等领域扩展，水利检验检测行业正处于蓬勃发展期[3]。

水利检验检测全面服务于水利工程质量安全、水环境监测和水利产品与设备质量安全，关系着国计民安。为深入落实国家质量强国战略，水利高质量发展已经成为水利改革发展的重要工作内容，作为水利高质量发展的重要基础支撑，水利检验检测机构自身的高质量发展尤为重要。笔者认为合规运营是检验检测机构得以高质量发展的基础，特别有必要对其开展分析研究。因此，笔者对水利检验检测机构存在的主要问题、合规运营的要求及合规运营的关键点等进行了浅析。

2 水利检验检测机构存在的主要问题

近年国家市场监管部门及行业内部持续加强对检验检测市场的整顿力度，并提出了“要把认证检测市场监管作为日常监管工作的重要内容，发挥综合监管作用，常抓不懈，进一步落实好放管服改革要求，营造良好市场准入、竞争、消费环境”（国市监认证〔2018〕173号）的要求，检验检测机构的合规运营摆在了更加重要的地位。水利部历来重视对水利检验检测机构的监督管理，并于2021年、2022年两年与市场监督管理总局联合开展检验检测机构监督抽查。根据近年对水利国家级检验检测机构的监督抽查结果，总结起来主要存在以下几方面问题：部分机构未在其官方网站或者以其他

作者简介：李琳（1979—），女，正高级工程师，主要从事检验检测机构资质认定管理及研究、标准化研究、计量工作。

公开方式对其遵守法定要求、独立公正从业、履行社会责任、严守诚实信用等情况进行自我声明；部分机构的机构名称、法定代表人、最高管理者、授权签字人、技术负责人、标准等的变更后未及时履行相关手续；部分机构无法提供相关报告所对应的原始记录；部分机构管理体系文件内容不完整、版本更新不及时及未按管理体系文件要求进行检测工作等。这些问题的存在都与合规运营息息相关，阻碍了水利检验检测机构的健康发展。

3 水利检验检测机构合规运营要求

3.1 识别出合规运营的“底线”

检验检测机构应该识别出合规运营必须遵守的法律法规、规范性文件和标准规范中的要求，这是检验检测机构合规运营的“底线”。在法律法规层面，检验检测机构应遵守《中华人民共和国计量法》《中华人民共和国行政许可法》《中华人民共和国认证认可条例》《中华人民共和国产品质量法》等，在规范性文件方面，检验检测机构应遵守《检验检测机构资质认定管理办法》《检验检测机构监督管理办法》《市场监管总局关于进一步推进检验检测机构资质认定改革工作的意见》《市场监管总局关于进一步深化改革促进检验检测行业做优做强的指导意见》等要求。对于水利行业检验检测机构，还应遵守《水利行业检验检测机构资质认定现场评审细则》《水利行业检验检测机构资质认定评审程序规定》《关于印发水利计量认证需规范和统一的有关问题的通知》等；在标准规范方面，检验检测机构应该遵守《检验检测机构资质认定能力评价 检验检测机构通用要求》(RB/T 214—2017) 要求，不同机构根据自身的检测能力还要遵守其他相关标准规范的要求。

3.2 明确合规运营的行为“红线”

检验检测机构应将从法律法规、规范性文件和标准规范中识别出来的合规运营的“底线”条款整理出来，具体落实到检验检测机构的管理体系中，融入检验检测机构的实际运营中，明确合规运营的行为“红线”。管理体系文件是管理体系运行的纲领和规则，机构要将“红线”明确落实到体系文件的规章制度、组织机构、岗位职责和相关程序文件、作业指导书和记录表格中。例如，检验检测机构必须满足资质认定关于机构设立的要求，包括机构法人地位、独立性和公正性的要求，机构必须遵守《反垄断法》、相关保密规定等，在实际运营过程中能提醒或避免工作人员触碰到这些“红线”。

3.3 严格将合规要求落实到位

合规要求只有有效落实执行，才能保障机构的合规运营。一是要加强对体系文件的宣贯。机构应采用多种手段来加强对检验检测机构体系文件的宣贯，让机构人员能知悉机构的相关规定，知道“底线”，了解自己在体系中的职责和权限，各司其职，不触碰“红线”。二是要加强监督。机构应该建立监督机制，配置覆盖机构业务范围的监督员，做好机构的合规性检查，全方面掌握体系运行情况。三是要建立完善的奖惩机制。对遵守规矩、表现突出的人员要奖励，对违反规定的人员进行处罚，赏罚分明，确保体系能合规有效运行。

4 水利检验检测机构合规运营要点分析

4.1 提升机构人员的合规意识

检验检测机构的人员素质和业务水平决定了检验检测工作质量。水利检验检测机构通过国家级检验检测机构资质认定的机构数量为 94 家，检验检测从业人员约 7 000 人，提升机构人员的合规意识，是解决问题的根本。机构可通过培训等多种方式提升机构人员对资质认定相关法律法规、规范性文件和标准规范的了解与理解，并知晓在运营过程中如何做，尽量避免违规情况发生。

4.2 合理编制管理体系文件

管理体系文件是机构人员开展检验检测活动的依据。管理体系文件应满足资质认定在检验检测过程、人员、环境、设备设施、数据和信息管理、出具检验检测报告、分包、资质认定标志的使用等方面的要求。此外，机构还应按要求及时办理有关变更手续，变更主要包括机构名称、地址、法人性质、法定代表人、最高管理者、技术负责人、资质认定检验检测项目取消、检验检测标准或方法等内容的变更，应及时申请变更，还有按要求上报开展检验检测活动以及统计数据等信息、参加能力验证等要求；编制管理体系文件要注意体系运行要闭合、活动可追溯，做到“凡事有章可循，凡事有据可查，凡事有人负责，凡事有人监督”，确保合规要求得到落实。

4.3 把好技术管理的关键环节

技术管理是检验检测机构工作的主线。根据历年对水利检验检测机构监督检查和资质认定评审反馈的问题，笔者认为技术管理有三个关键环节：

一是对检验检测机构技术人员的能力确认。检验检测机构技术人员的能力确认直接关系到检测工作准确性，依据《检验检测机构资质认定能力评价 检验检测机构通用要求》（RB/T 214—2017）要求，检验检测机构应对抽样、操作设备、检验检测、签发检验检测报告或证书以及提出意见和解释的人员，依据相应的教育、培训、技能和经验进行能力确认。很多机构对人员能力确认的理解不一、做法不一，可能造成对检验检测人员能力确认不充分，甚至错误的做法。如何正确对检验检测机构人员进行确认，笔者认为可以通过审核人员的学历、经历、培训等已经取得的上岗资格和实际操作能力、工作经历以及现任岗位的胜任能力等来确认，检验检测人员能力确认应留有记录，如表 1 所示。能力确认要清楚、明

表 1　检验检测人员能力确认表

表格编号：

<table>
<tr><td>姓名</td><td></td><td>性　别</td><td></td><td>出生年月</td><td></td></tr>
<tr><td>专业</td><td></td><td>文化程度</td><td></td><td>职称</td><td></td></tr>
<tr><td>从事检验检测活动年限（年）</td><td></td><td>岗位名称</td><td colspan="3"></td></tr>
<tr><td>教育经历</td><td colspan="5"></td></tr>
<tr><td>工作经历与能力</td><td colspan="5"></td></tr>
<tr><td>培训及考核情况</td><td colspan="5"></td></tr>
<tr><td>确认结果</td><td colspan="5">确认人：　　　　日期：</td></tr>
<tr><td>结论与意见</td><td colspan="5">技术负责人：　　　　日期：</td></tr>
</table>

确，如进行某项参数检测、某范围报告签发等。确认方式可以灵活多样，可通过查看人员档案记录、提问、现场考核、操作演示、参加能力验证、实验室间比对等方式确认。比如查人员档案，发现有超声无损检测Ⅱ级证书，且证书在有效期内，就可以确认他具有从事超声无损检测能力。

二是对检测方法的使用。检测方法的使用是检测工作的核心。①要定期进行标准规范查新，确保检测工作使用现行有效的标准规范。②使用更新的标准规范前，要先确认所用的检测方法是否涉及实质性变化，如果没有涉及，要先通过《检验检测机构资质认定网上审批系统》向市场监督管理总局进行标准变更备案，备案通过后才可使用，如果未进行变更备案而使用其出具盖检验检测机构资质认定标志的检测报告，则视为超范围出具检测报告。③机构首次采用新的标准方法开展检测前，需要对标准方法要求的技术能力进行验证，不仅需要确认相应的人员、仪器设备、环境设施等资源是否满足要求，而且还需要对标准方法的技术指标进行验证，如检出限、定量限、标准曲线、正确度、精密度等。必要时还需要进行能力验证和实验室间比对，以证明具备该标准方法所要求的检测能力[4]。霍炜洁等以《水质 石油类的测定 紫外分光光度法（试行）》（HJ 970—2018）为例[4]，从“人、机、料、法、环、测”六个方面详细阐述了如何正确进行检测方法的验证。④在质量管理过程中，要有管理环节来检查检测工作所使用的方法是否与客户约定的方法一致、是否正确等。

三是对检验检测报告的审核。检验检测报告的审核是把控检验检测质量的最后一关，对检验检测机构来说非常重要。检验检测报告审核的主要内容包括报告格式及编号、检验检测项目参数、检验检测标准规范、检验检测仪器设备、检验检测人员、检验检测报告信息量、检验检测数据等，重点关注报告信息量及检验检测数据审核[5]。一般情况下，检验检测机构应建立检验检测报告管理程序文件，对检验检测报告的编制、审查、发放等各个环节明确要求。检验检测报告一般有编写人、审核人、批准人三级审核，这三级审核的人员职责和权限应明晰，不是每一级的审核者都要将报告整体都审查，要有分工，从报告信息全面性、检验检测项目完整性、报告结论用语规范性、报告合规性等方面对检验检测报告把好关。

4.4 提升对合规运营的保障

一是利用信息化手段，将体系运行中存在的不合规的行为规避掉。例如，水利行业目前部分检验检测机构建立了实验室信息化管理系统（LIMIS），将实验室规章制度、检验检测程序都用信息化系统来实现，从采样到检验检测到出报告都有规范的系统流程，检验检测参数及检验检测人员有明确的对应关系，用户的权限也非常明确，所有工作都在系统上可追溯，所有工作都受到系统的“规范管理”，做到人人不能“违”。二是要加强监督机制和奖惩机制，通过监督和奖惩提升人员对管理体系的落实，对违反管理体系规定的人员严肃处理，做到人人不想“违”、不敢“违”，提高机构合规运营效率。

5 结语

随着检验检测行业的迅猛发展，水利检验检测行业面临的机遇与挑战并存。在不断变化的市场中，在水生态文明建设和大规模水利工程建设的过程中，水利检验检测机构发挥着越来越重要的技术支撑作用，水利检验检测机构的合规运营更为重要。水利检验检测机构应紧跟国家检验检测机构资质认定改革的步伐，持续识别合规的要求，合理规避检验检测风险，紧抓落实，不断提高管理体系规范化管理水平，并能积极采用新型仪器设备和新的信息化技术，促进检验检测机构在自我承诺、自我约束、持续改进中健康发展。

参考文献

[1] 左兆迎，徐广成．我国检验认证机构合规文化建设研究［J］．质量与检测，2020（3）：96-97.

[2] 合规管理体系指南：GB/T 35770—2017［S］.

[3] 李琳，邓湘汉，霍炜洁，等. 检验检测服务水利高质量发展分析［J］. 人民黄河，2021，43（436）：143-144.
[4] 霍炜洁，李琳，盛春花，等. 水质分析标准方法验证报告要点探讨——以紫外分光光度法测定水中石油类为例［C］//中国水利学会. 中国水利学会 2021 学术年会论文集第三分册. 郑州：黄河水利出版社，2021：529-535.
[5] 盛春花，霍炜洁，李琳，等. 浅议检验检测报告审核要点［C］//中国水利学会. 中国水利学会 2021 学术年会论文集第三分册. 郑州：黄河水利出版社，2021：524-528.

真空激光准直系统在大坝变形监测中的应用

王建成[1]　张　科[2]　吴明优[3]

(1. 中水珠江规划勘测设计有限公司，广东广州　510610；
2. 贵州乌江水电开发有限责任公司思林发电厂，贵州铜仁　565113；
3. 贵州快立捷科技有限公司，贵州贵阳　550081)

摘　要：真空激光准直系统是大坝安全监测的重要组成部分，是大坝安全稳定运行的有力保障。思林水电站坝顶真空激光准直系统已正常运行多年，在大坝安全监测过程中发挥了巨大作用，根据测量计算原理，获得了大量的安全监测数据。本文通过研究多年坝顶真空激光准直监测数据，分析大坝坝顶上下游方向和垂直方向不同坝段、不同时间的变形情况，得出了大坝坝顶监测数据变化规律，提出了下一步大坝安全监测的重点。

关键词：真空激光准直系统；大坝安全监测；数据分析

1　概况

思林水电站位于贵州省思南县境内乌江干流河段，工程属Ⅰ等大（1）型工程，大坝坝顶全长310.0 m，坝顶高程452 m，坝顶宽14 m，最大坝高124 m，左、右岸坝肩开挖边坡的高度分别约为140 m和110 m，尾水边坡高差约90 m。枢纽工程由碾压混凝土重力坝、左岸通航建筑物、右岸引水发电系统等组成，分为左、右岸非溢流坝段和河床溢流坝段，在河床溢流坝段设7孔溢流表孔，每孔设13 m×22.5 m（宽×高）的弧形工作闸门。思林水电站以发电为主，其次为航运，兼顾防洪和灌溉等。

思林水电站2009年12月已正常运行发电，大坝已安全运行至今，坝顶真空激光准直系统已经连续进行了近12年监测，是整个大坝安全监测系统的重要组成部分。坝顶真空激光准直系统由激光点光源（发射点）、波带板及其支架（测点）和激光探测仪（接收端点）组成，坝顶两岸端头分别设置发射端和接收端，在坝顶埋设封闭真空管道，激光发射端布置在右岸中控楼内，左岸为激光接收端。

根据坝顶结构布置，除发射端及接收端外，在溢流坝段、挡水坝段等特征坝段设测点，在溢流坝段设3个测点、在垂直升船机本体段坝段设2个测点，在左右岸非溢流坝段共设3个测点，坝顶共布置8个真空激光监测点，从右岸到左岸依次为LAB-1，LAB-2，…，LAB-8，大坝真空激光准直系统监测点布置见图1。

2　真空激光准直系统测量计算原理

真空激光准直系统在激光测坝体变形中分相对测量和绝对测量[1]，相对测量是以两端点为参考点，测量各测点相对参考点的位移，而绝对测量是相对测量后加上端点改正的测量，真空激光测量几何原理见图2。

根据真空激光测量几何原理，通过获取激光准直全长、测点至激光点光源的距离、接收端仪器读数值，可以计算监测点本次位移量[2]，具体计算示意图见图3。

基金项目：中水珠江规划勘测设计有限公司科研项目（2022KYU06）；中水珠江勘测信息系统开发。

作者简介：王建成（1981—），男，高级工程师，副总工程师，主要从事安全监测新技术的研究和应用工作。

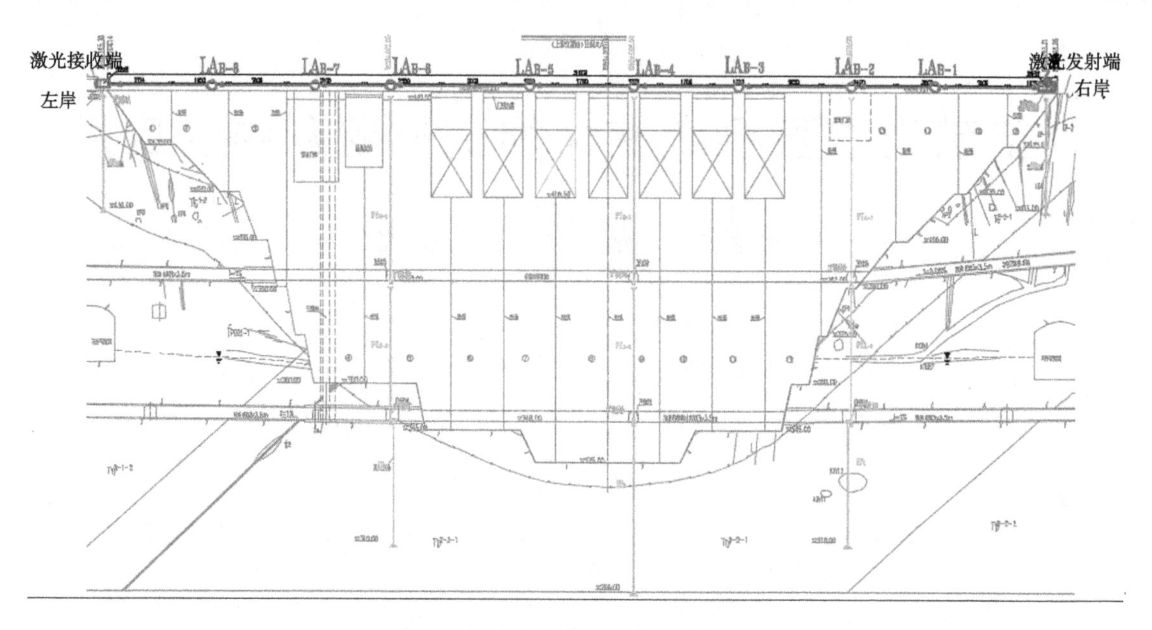

图 1　坝顶真空激光准直系统布置

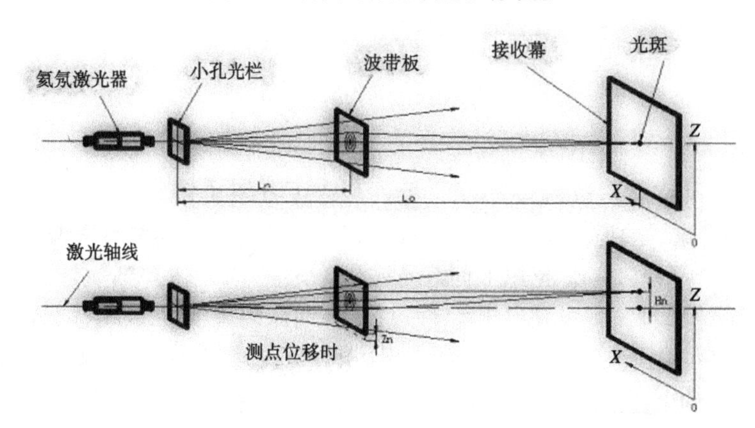

图 2　真空激光测量几何原理

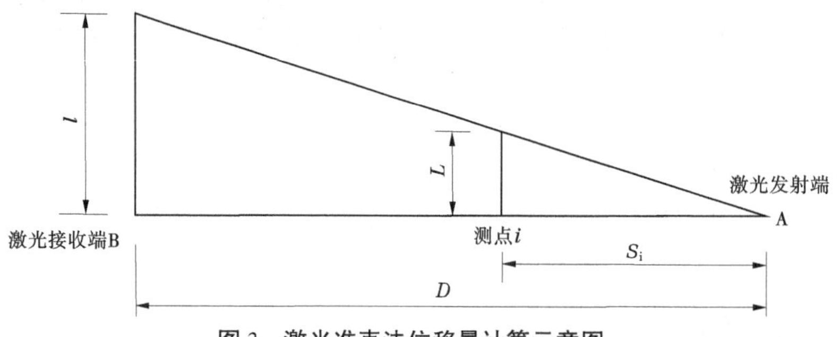

图 3　激光准直法位移量计算示意图

由图 3 可知，测点 i 的本次位移量为 L，位移量为 L 可按式（1）计算。

$$L = K_i l \tag{1}$$

$$K_i = \frac{S_i}{D} \tag{2}$$

式中：L 为 i 测点本次测值，mm；l 为接收端仪器读数值，mm；K_i 为归化系数；S_i 为测点至激光点光源的距离，m；D 为发射端到接收端的距离，即激光准直全长，m。

由图 4 可知，当激光放射端 A 和激光接收端 B 发生位移时，应对测点 i 的本次位移值 L 将进行修正，修正后的位移量 $L_{修}$ 可按式（3）计算。

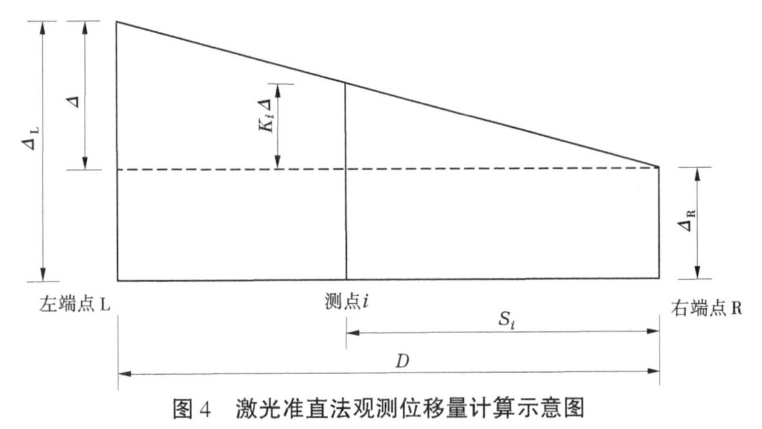

图 4　激光准直法观测位移量计算示意图

$$L_{修} = L + K_i\Delta + \Delta_R \tag{3}$$

$$\Delta = \Delta_L - \Delta_R \tag{4}$$

式中：$L_{修}$为 i 测点本次修正后的测值，mm；L 为 i 测点本次测值，mm；Δ 为左、右端点变化量之差，mm；Δ_L、Δ_R 分别为左、右端点变化量，mm。

3　监测数据变化分析

根据真空激光准直系统测量计算原理，计算每期的测量数据，每期的真空激光准直测量数据可分解为 X 方向值和 Z 方向值，根据规范[3] 要求，X 向表示上下游方向，下游为正，上游为负；Z 向表示垂直方向，沉降为正，上升为负。为了分析研究真空激光准直系统监测情况，选取 2015 年 7 月至 2021 年 7 月近 6 年的监测数据，绘制监测点 X 方向和 Z 方向位移变化过程线图，同时为了分析真空激光准直数据与坝上库水位的关系，绘制坝上水位日变化过程线图。

图 5 为坝上水位日变化过程线图，由水库水位变化过程线可知：

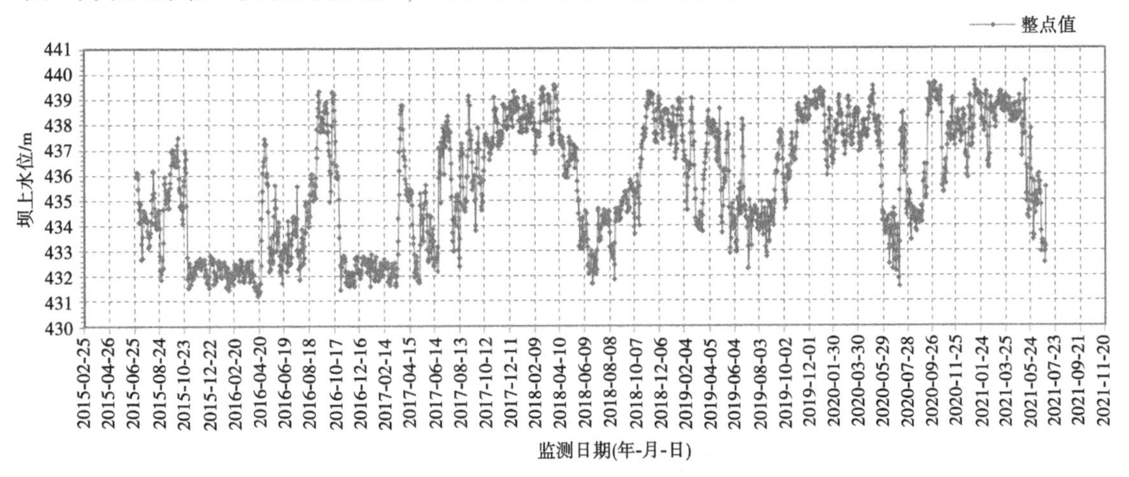

图 5　坝上水位日变化过程线

（1）水库特征水位主要有死水位 431.00 m、正常蓄水位 440.00 m、设计洪水位 445.15 m、校核洪水位 449.45 m，水库水位大致呈季节波动变化。

（2）水库起到明显的防洪调节作用，短时间内水库水位变化较大，每年 5—10 月为汛期，从 2017 年开始，汛期水位较低，枯水期水位较高。

图 6 为 8 个真空激光监测点 X 方向（上下游）位移变化过程线图，由各监测点变化过程线可知：

（1）真空激光准直系统各监测点 X 方向呈现明显的周期变化规律，以年为一个周期变化。

（2）监测点 LAB-3、LAB-4、LAB-5 位于溢流坝段，处于大坝中间，波峰波谷变形幅度较大，变化最为明显，2016 年变幅分别为 7.48 mm、8.14 mm、7.74 mm，2020 年变幅分别为 10.36 mm、

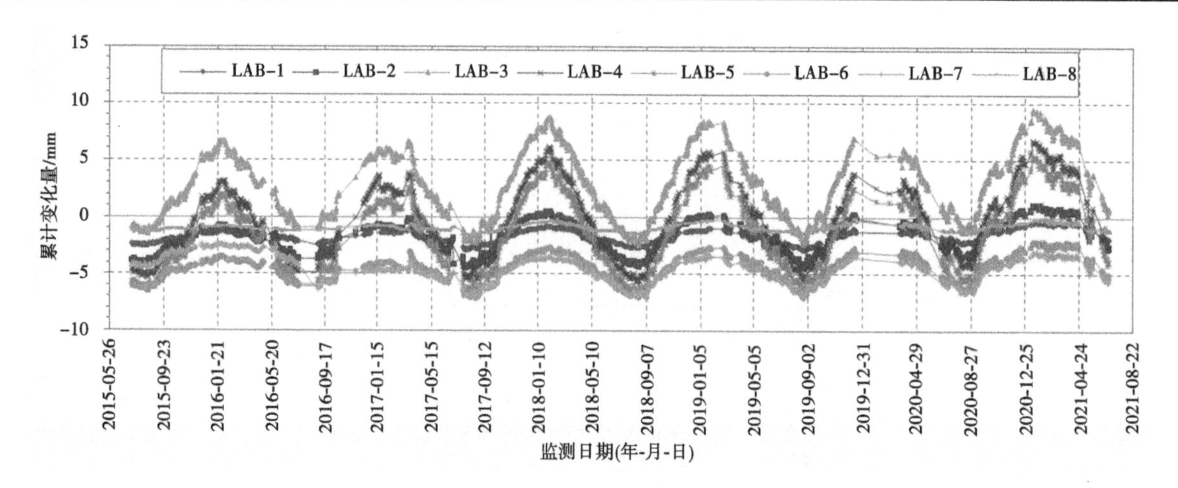

图 6 坝顶真空激光上下游方向位移变化过程线

10.94 mm、10.72 mm，且每年的变幅呈现增大趋势。

（3）LAB-1 位于大坝右岸，LAB-2、LAB-8 位于大坝左岸，LAB-6、LAB-7 位于通航设施位置，波峰波谷变形幅度较小，年变幅小于 5.00 mm，且每年的变幅变化不大。

（4）每年 7 月、8 月为主汛期，运行水位较低，当地最高温度可达 40 ℃，X 负向变形达到峰值，即上游方向最大；12 月、1 月为枯水期，运行水位较高，当地温度接近 0 ℃，X 正向变形达到峰值，即下游方向最大。坝顶水平位移受库水位变化和环境温度的影响较为显著，主要表现为在高温季节和水库低水位时段向上游移动，在低温季节和水库高水位时段向下游移动，随库水位和温度的升降呈周期性变化[4]。

图 7 为 8 个真空激光监测点 Z 方向（垂直）位移变化过程线图，由各监测点变化过程线可知：

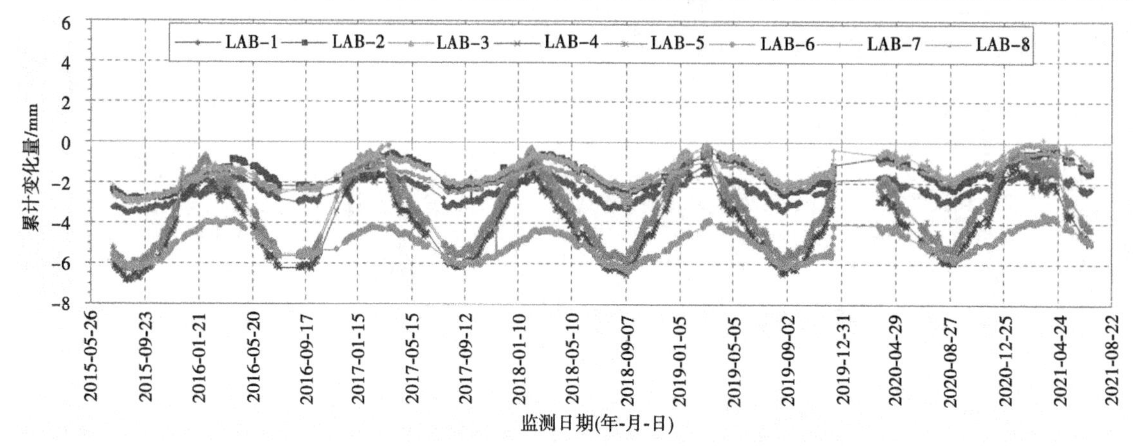

图 7 坝顶真空激光垂直方向位移变化过程线

（1）真空激光准直系统各监测点 Z 方向呈现明显的周期变化规律，同样以年为一个周期变化。

（2）监测点 LAB-3、LAB-4、LAB-5 变化最为明显，年变形幅度最大，变幅基本维持在 5.22 mm、4.87 mm、4.88 mm。

（3）监测点 LAB-6 累计变化量达到-6.36 mm，呈现周期性小幅度变化。

（4）每年 7 月、8 月为主汛期，Z 负向变形达到峰值，即上升方向最大，12 月、1 月为枯水期，Z 正向变形达到峰值，即沉降方向最大，且累计变化量基本接近 0 mm。

图 8 和图 9 为某一时间段坝顶真空激光监测点相邻两月位移变化过程线分布图，由图 8、图 9 可知：

（1）中间坝段的监测点 LAB-2、LAB-3、LAB-4、LAB-5、LAB-6 累计变化量和相对变化量比较大，大坝两端监测点变化量较小。

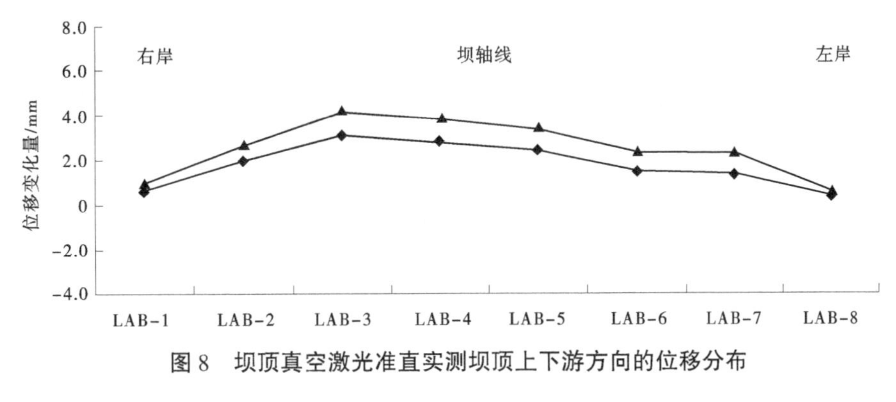

图 8　坝顶真空激光准直实测坝顶上下游方向的位移分布

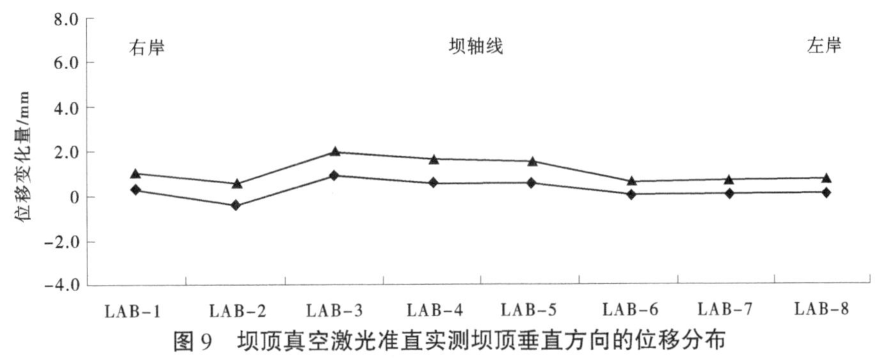

图 9　坝顶真空激光准直实测坝顶垂直方向的位移分布

（2）同一个监测点 *X* 方向的累计量变化比 *Z* 方向的累计量变化大。

4　结论

通过对思林水电站坝顶真空激光准直系统监测数据的研究分析，可以得出以下结论：

（1）坝顶上下游方向和垂直方向与水库水位变化成正比，与环境温度的变化成反比，库水位和环境温度变化越大，各方向变化也相应地增大，下一步可通过监测数据和库水位、温度数据相关性关系，计算出大坝最为稳定状态下的库水位值和温度值。

（2）上下游方向变化和垂直方向变化呈现以年为周期的规律变化，上下游方向变化幅度明显大于垂直方向变化幅度，中间溢流坝段坝段变形幅度明显大于左右岸变形，说明上下游方向变形对大坝影响较大，中间溢流坝段坝段变形是坝顶安全监测的重点。

（3）随着水电站大坝运行时间的增加，大坝坝顶变形幅度也在增大，大坝安全监测工作应越来越受重视。

参考文献

[1] 黄会宝，江华贵，张泽彬，等．真空激光准直在瀑布沟水电站大位移量监测中的应用［C］//中国大坝协会 2013 年学术年会暨第三届堆石坝国际研讨会．昆明：中国大坝协会，2013：891-896.

[2] 混凝土坝安全监测资料整编规程：DL/T 5209—2020［S］.

[3] 混凝土坝安全监测技术规范：DLT 5178—2016［S］.

[4] 高广合．大坝真空激光准直监测系统研究与分析［J］．黑龙江水利科技，2020，48（4）：100-101.

抽水蓄能电站机组性能验收测试关键技术研究

周　叶　曹登峰

（中国水利水电科学研究院，北京　100038）

摘　要：我国抽水蓄能电站的开发建设正在进入加速发展时期，随着抽水蓄能电站的设计建设工作的推进，电站投运后机组运行安全性、经济性成为大家关注的焦点。论文结合作者在多个抽水蓄能电站性能验收的实践，从试验流程、标准依据、检测方法和实施关键等几个方面进行了介绍和分析，并针对水泵水轮机和发电电动机性能检测中的关键技术问题进行了研究和总结，如水泵水轮机效率测试采用的热力学法的介绍，试验实施过程的安全性分析和试验结果扩展应用等。此外，论文对发电电动机的效率测量方法量热法进行了简单的说明，针对其分项损耗的分析计算过程难点也进行了分析研究。论文提供的测量方法示例和技术难点总结，可为国内其他抽水蓄能电站的类似试验和检测项目的开展提供参考和指导。

关键词：抽水蓄能电站；水泵水轮机；热力学法；量热法；性能验收试验

1　前言

过去十多年我国水电行业在海外建设的常规水电站，绝大多数业主都要求开展第三方现场性能验收试验，以核实真机性能是否达到合同考核及设计要求，虽然大多数水电站出厂前或设计初期都开展了一系列的试验和检验，如水泵水轮机大多会经过模型转轮试验，但原模型机组的性能由于电站流道土石结构、水文条件、设计加工和安装过程的变化和差异，以及部分性能原模型换算技术仍在研究过程中，为了获取真机性能参数，现场真机检测仍然是获取机组真实参数和性能的最佳方式。

根据能源局 2021 年 9 月提出的抽水蓄能中长期发展规划的要求，未来我国抽水蓄能电站的开发建设将进入加速发展的时期，各个行业也将抽水蓄能电站的设计、制造和建设作为重要业务支撑点，虽然当前已有大量抽水蓄能电站设计制造、安装、施工和调试标准，如《抽水蓄能电站基本名词术语》（GB/T 36550—2018）、《抽水蓄能电站检修导则》（GB/T 32574—2016）等，但对抽水蓄能电站机组投运后的各项性能指标，以及与合同保证值的比较和考核，其各项性能验收试验的检测要求、检测方法和考核办法仍存在大量的技术难点。

因此，论文结合作者在多个抽水蓄能电站性能验收的实践，从试验流程、标准依据、检测方法和实施关键几个方面进行了介绍和分析，并针对发电电动机和水泵水轮机性能检测中的关键技术问题进行了研究和总结。

2　抽水蓄能机组性能验收测试

2.1　实施过程

常规水电机组的全部试验过程包括安装试验、无水调试、有水调试和性能测试四个阶段，无水调试后通过充水试验，机组正式充水后就开始有水调试，此时有首次手动启动试验、调速系统功能测试、升流升压试验等，再通过同期、带负荷试验和甩负荷试验后，机组就可以进入 72 h 带负荷试运

作者简介：周叶（1980—），男，正高级工程师，研究方向为水电机组现场调试与性能验收测试、机组运行保障技术。

行[1]。与常规机组不同，抽水蓄能电站有水调试阶段主要包括水泵方向调试、发电方向调试、工况转换调试几部分的内容，所有调试通过后，机组进入 15 d 试运行，最终开展交接试验后进行移交。通常而言，抽水蓄能机组有水调试试验内容如表 1 所示。

表 1　抽水蓄能机组有水调试试验项目列表[2]

1. 水泵工况调试	2. 发电工况调试	3. 工况转换调试
（1）SFC 拖动试验	（1）首次冲转（发电）试验	（1）发电与发电调相工况转换试验
（2）水泵方向动平衡试验	（2）手动开停机试验	（2）水泵转抽水调相试验
（3）抽水工况同期模拟试验	（3）发电工况动平衡试验	（3）水泵转发电工况试验
（4）抽水工况同期并网试验	（4）水轮机空载热稳定试验	（4）水泵转发电工况（急转）试验
（5）电制动试验	（5）调速器空载试验	
（6）抽水调相停机保护试验	（6）机组过速试验	
（7）抽水调相自启停试验	（7）发电机升流升压试验	
（8）抽水调相轴承热稳定试验	（8）励磁空载试验	
（9）发电组保护带负载试验	（9）发电工况同期模拟/并网试验	
（10）溅水功率试验	（10）发电工况机械及电气保护试验	
（11）首次泵水试验	（11）调速励磁系统负载试验	
（12）水泵机械保护试验	（12）机组甩负荷试验	
（13）水泵断电试验	（13）机组带负荷试验	
（14）水泵自启停试验	（14）发电工况自启停试验	
（15）水泵工况轴承热稳定试验	（15）发电工况轴承热稳定试验	
	（16）发电调相停机保护试验	
	（17）发电调相自启停试验	
	（18）发电调相轴承热稳定试验	

2.2　性能验收测试内容

在此整理的抽水蓄能机组主要性能测试内容如表 2 所示，性能测试中机组稳定性试验则几乎贯穿所有试验过程，如过速、甩负荷、动水关阀等，其他性能试验可在机组 15 d 试运行后择期开展。

表 2　抽水蓄能机组主要性能验收测试项目列表

试验类别	测试项	说明
水泵水轮机	水轮机能量指标试验	
	水轮机工况和水泵工况效率试验	考虑到抽蓄机组水头较高，通常采用热力学法
	水泵抽水量试验	
	水泵最大入力试验	
	振动、摆度、压力脉动测量	贯穿整个试验过程
	导叶漏水量检测	

续表 2

试验类别	测试项	说明
发电电动机	出力试验	
	损耗及效率试验	采用量热法开展
	温升试验	
	阻抗及时间常数测量	不含突然短路测量的参数
	电压波形畸变率	
	噪音测量	结合稳定性试验同步开展
	转动惯量测量	
	三项突然短路试验	
其他	动水关阀试验	

3 水泵水轮机性能测试

3.1 测量方法

考虑到水泵水轮机水头较高按照 GB/T 20043—1991 的要求，高水头条件下适用的水泵水轮机流量及效率测量方法为热力学法。热力学法是将能量守恒原理（热力学第一定律）应用在转轮与流经转轮的水流之间能量转换的一种方法。根据标准中水力比能的定义，利用单位水能和单位机械能，可以无须测量水轮机流量即得到水轮机的效率[3-4]。水泵水轮机效率测量示意图见图 1。

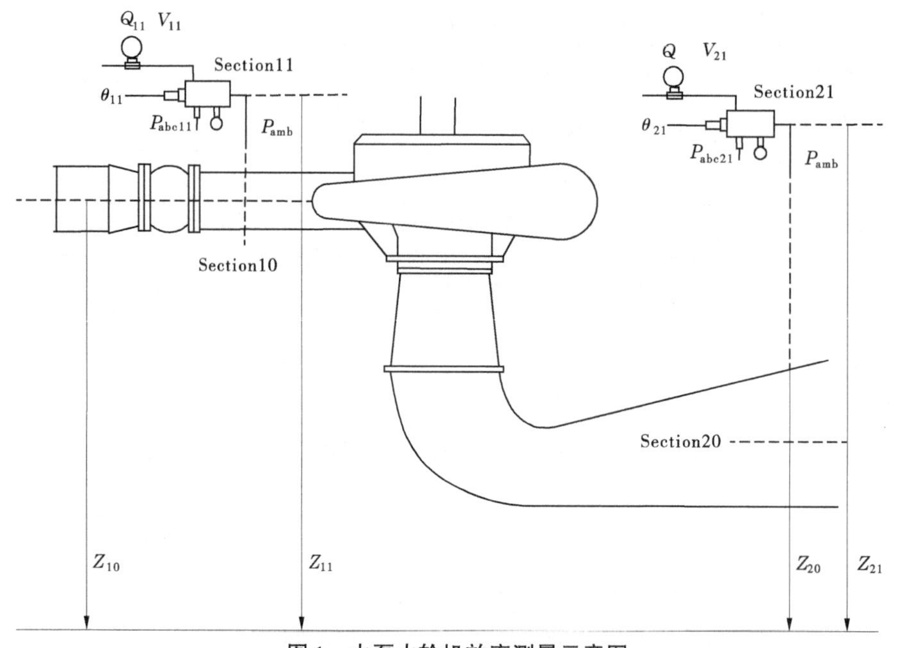

图 1 水泵水轮机效率测量示意图

对于蜗壳进口单位水能测量，由于在主流中直接测量有一定困难，利用蜗壳进口测压环管取出水样后，通过一个绝热导管导入测量容器。根据标准规定，对水轮机工况，若高压侧管路直径小于 2.5 m，一般设一个测点；对水泵工况，至少应提供 2 个径向相对的测点。故可利用蜗壳进口测压环管完成取水，共 4 个测点，如图 2（a）所示。全部引水管外侧用绝热材料缠绕，减少散热，试验后，将对引水管的热交换做评估和修正[5-6]。

对于低压侧单位水能采用直接法进行测量。在测量过程中，将测量支架固定在水泵水轮机低压测量断面，从而测量出在不同断面平均的单位水能。根据标准规定，对封闭式圆形测量断面，需布置3或4个测点。故测量支架采用4根钢管来采集水样，为了能够均匀采集水样，采用两端开口和均布的方式，总共采集到4个点的水样数据，在温度测量处进行混合平均。效率计算时，采用测量的平均值计算单位水能。尾水测量支架需固定至临时焊接在管路中的支撑上，如图2所示。

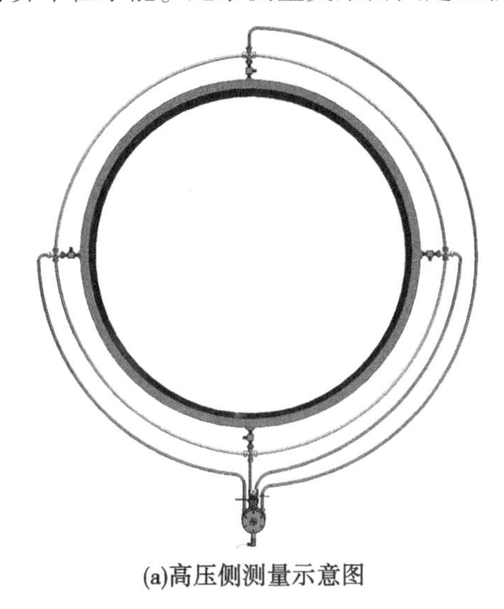

(a)高压侧测量示意图

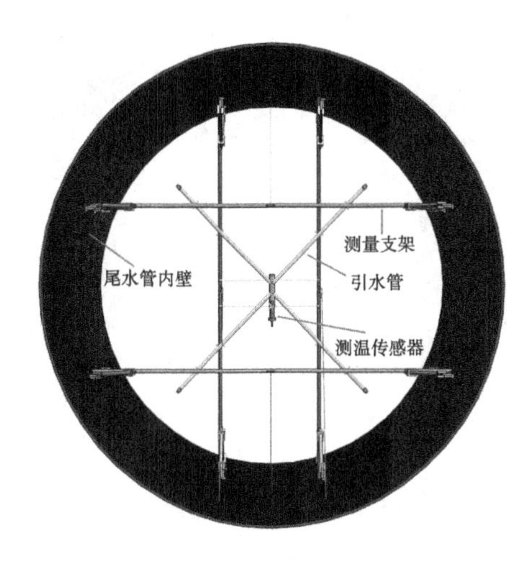

(b)低压侧测量示意图

图2　高低压侧测量示意图

3.2　试验过程及难点分析

水轮机工况下，在试验水头下阶梯式调整负荷，同步采集测量参数。根据机组最大出力，依次调节机组负荷，每一阶段负荷稳定后，保持2 min数据采集。在最高效率点附近可以适当增加工况点以确认当前水头水轮机最高效率。在水泵工况下，负荷稳定后，保持2 min数据采集，以确定水泵抽水流量。

考虑到抽水蓄能机组在两种工况下运行，且水头较高，这给整个测量系统的结构强度和耐压特性都提出了很高的要求，这里总结分析试验难点如下：

（1）安全性分析。以600 m水头的水泵水轮机为例，其压力钢管水压达到了6 MPa，对于高压取水孔的密封性和耐压性要求很高，高压侧取水测量系统需要测量水温、流量、压力，存在一系列的设备连接。试验时，需要采用局部膨胀法调节阀门控制水流压力和温度，在手动调节过程中，整个高压侧测量系统在外力的作用下，是否存在接头断开、测量设备被压力挤射等风险，需要提前进行优化设计、计算和验证，以避免出现恶性事故。低压侧测量支架位于尾水扩散段的尾水测压处，考虑到水泵水轮机的双向水流工作原理，如果出现支架断裂和冲走，同样会给机组带来巨大损失。总体而言，需要对高低压侧测量支架及设备进行严格计算校核，以避免造成不可预料的后果。

这里以某电站测量支架载荷计算为例，图2（b）中的尾水测量支架引水面积0.91 m^2，测量支架承受的水流作用力如式（1）所示[7]：

$$F = C\rho v^2 A \tag{1}$$

式中：C为常数，通常取1；ρ为水的密度，当前取1 000 kg/m^3；A为钢管迎水面积，取0.91 m^2。因此，水流作用力的主要决定因素为水流速度，通过对水轮机工况和水泵工况下流量的估算，可得到两种工况下的水流作用力，结合支架与尾水管的有效焊接面积，可得到焊接面承受的最大压强。最终考虑支架及焊缝的综合屈服强度，可得到支架的安全系数。

（2）试验结果扩展性分析。试验时将同时开展水泵水轮机热力学效率试验和指数试验，同时采集热力学相关参数、蜗壳压差、尾水压差数据。试验后，分别计算水轮机和水泵工况下的热力学法流量和指数流量，计算不同水头和负荷下的水泵水轮机流量，对压差测流系数进行率定。这样可以在机组正常运行过程中，通过蜗壳压差和尾水压差，随时换算得到机组的流量。

对水轮机工况，可以得到机组在不同负荷下的水泵水轮机流量和蜗壳压差系数，实现对 Winter-Kennedy 系数的标定，但在水泵工况下，通常手动调节抽水流量的范围较小，很难获取到不同流量下的尾水压差数据。因此，可以考虑近似取测流系数 n 为 0.5，再进行 K 值的标定。

图 3 为水轮机工况下对蜗壳压差的测量照片和标定结果示例。

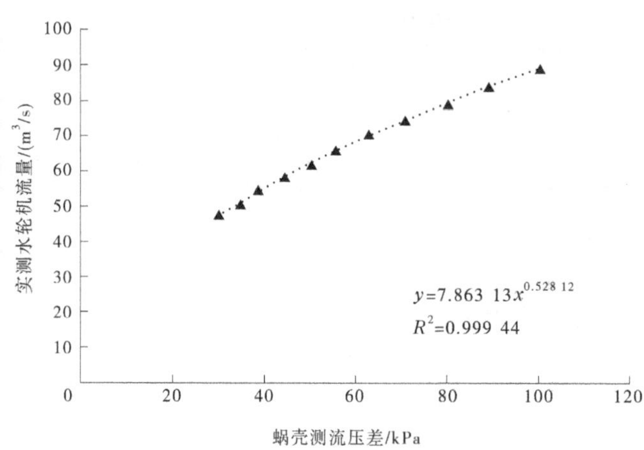

图 3　水泵水轮机工况下蜗壳压差的测量现场与照片示例

4　发电电动机性能测试

4.1　测量方法

发电电动机性能测试包括发电机出力/容量试验和发电电动机效率试验，采用的方法与常规发电机相同，通过量热法（Calorimetric Method）来测量[8]，即在电机内部产生的各类损耗都将变成热量，传给冷却介质，使冷却介质温度上升，用测量电机所产生的热量来推算电机损耗。按照国家标准的要求，量热法的计算过程可分为总体损耗法和分项损耗法，电机的损耗主要组成包括[9]：① 集电环装置的损耗；②上导轴承冷却介质带走的损耗；③发电机上盖板外表面向厂房散出的损耗；④发电机下盖板外表面向水轮机顶盖散出的损耗；⑤空气冷却器冷却介质带走的损耗；⑥发电机水泥围墙散出的损耗；⑦应计入发电机的励磁系统损耗；⑧下导及推力轴承冷却介质带走的损耗。

4.2　关键技术研究

（1）测量精度要求。试验时发电机在要求的试验工况下稳定运行，各冷却介质的流量稳定，进口温度稳定，发电机各部分温升达到稳定，达到热平衡的稳定状态。具体要求包括：①电机发热部件的温升在 1 h 内变化均不超过 1 K；②冷却介质热稳定状态以 IEC60034-2-2 规定为准。

因此，试验时需手动减小冷却水流量，以增大发电机各部温升，提高电机效率计算的准确度。流量调节大小可根据当前机组在额定工况正常运行时的流量与冷却水进出口温差进行估算。在忽略冷却系统效率偏差的情况下，可近似认为热稳定时流量与温差的乘积为常量，最终调节冷却介质进出口温差至少达到 3~5 K，以满足测量精度要求。试验时，仍需密切监视发电机各部温升，若发现任一部位温升过高，或冷却水压力过大，在达到报警值前适当增大对应冷却水流量。

（2）电动机效率换算。考虑到电动机工况很难进行多个入力的调节，因此除额定工况外，其他各种工况的电动机效率，其电气参数中，有功功率根据各工况按额定工况的比例计算得出，功率因数取额定值，机端电压取额定值，机端电流根据有功功率、无功功率和机端电压计算得出，励磁电流采用励磁系统的 V 形曲线读取，也可以采用不同负荷下励磁电压和励磁电流曲线拟合得出，如图 4（a）所示。不同负荷下的电动机损耗如定子铁损、转子铜损、杂散损耗、励磁损耗等采用机端电压、机端电流和励磁电流进行换算得出。

对励磁系统损耗，可以采用不同励磁电流下励磁系统输入功率和输出功率进行测量和拟合得出，如图 4（b）所示。

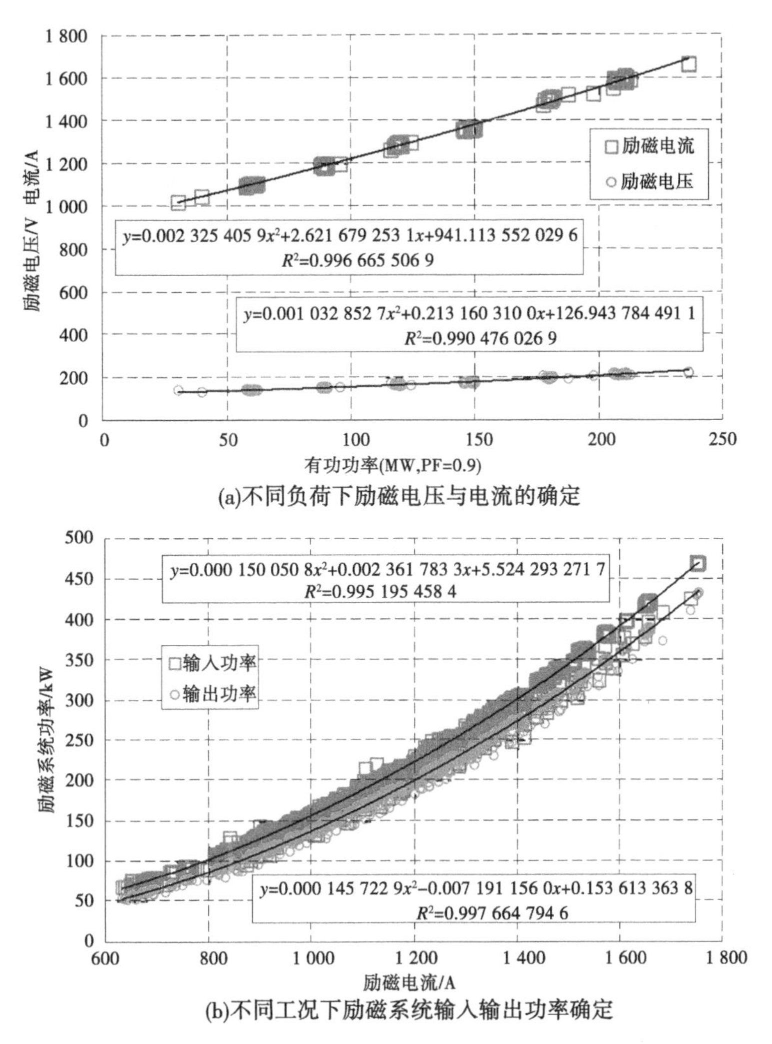

(a)不同负荷下励磁电压与电流的确定

(b)不同工况下励磁系统输入输出功率确定

图 4　励磁系统参数的测量与拟合结果

5　总结

随着抽水蓄能电站的设计与建设，尤其是随着变速抽水蓄能机组重难点技术的研究推进，抽蓄电站建设投运后机组运行安全性、经济性成为大家关注的焦点，为了保证抽水蓄能电站投运后，机组各项性能指标能够得到严格、准确和公正的检测与考核，并获得现场原型机组的真实运行特性，保证我国抽水蓄能技术的高质量发展，抽水蓄能机组性能验收测试成为整个抽水蓄能水电工程建设中的最后一个必要环节。

通过了解抽水蓄能机组的入力、扬程、流量和效率等参数，可以得到机组在不同运行工况、不同水头和扬程条件下的性能特性和效率曲线，既可以同设计投标阶段的设计参数和合同保证值进行比较，以考核设计、制造和安装调试效果是否满足合同要求；另外，当获取机组运行效率曲线和性能特性后，可以在机组或机组群运行时，结合机组监控系统和 AGC 进行优化调节，以保证其在最优效率区间运行，降低电站综合耗水率，提高运行经济性，为“双碳”目标实现助力。

抽水蓄能机组性能试验的内容很多，如发电电动机参数和时间常数试验、动水关阀试验等。论文由于篇幅限制，仅仅对其中特有的水泵工况的相关试验，以及实施难度较大、国内较少开展的水泵水轮机热力学法、电动机量热法等方法进行技术难点分析，并给出了解决方案和技术总结，可为国内其他抽水蓄能电站的类似试验和检测项目的开展提供参考与指导。

参考文献

[1] 水轮发电机组启动试验规程：DL/T 507—2014 [S].

[2] 可逆式抽水蓄能机组启动试运行规程：GB/T 18482—2010 [S].

[3] 水轮机、蓄能泵和水泵水轮机水力性能现场验收试验规程：GB/T 20043—2005 [S].

[4] Field acceptance tests to determine the hydraulic performance of hydraulic turbines, storage pumps and pump-turbines: IEC 60041 [S]. 1991.

[5] 单鹰，唐澍，蒋文萍．大型水轮机现场效率测试技术 [M]．北京：中国水利水电出版社，1999.

[6] ZHOU Y, PAN L P, CAO D F, et al. Research of key technology for turbine efficiency measurement based on thermodynamics method [C]. IOP Conf. Ser.: Earth Environ. Sci., 2019, 240: 072015.

[7] CAO Dengfeng, ZHOU Ye, PAN Luoping, et al. Efficiency measurement on horizontal Pelton turbine by thermodynamic method [J]. IOP Conf. Series: Earth and Environmental Science, 2021, 774.

[8] 量热法测定电机的损耗和效率：GB/T 5321—2005. [S].

[9] 周叶，李科，潘罗平，等．基于量热法的水电机组发电机效率试验研究 [J]．中国水利水电科学研究院学报，2020，18（4）：20-25.

检验检测机构在新模式监督检查中常见问题浅析

李银行[1,2]　冷元宝[1,2]

（1. 河南新绘检测技术服务有限公司，河南郑州　450003；
2. 黄河水利委员会黄河水利科学研究院，河南郑州　450003）

摘　要：“双随机、一公开”的监管模式，自 2015 年 8 月推行以来，逐步取代了原有的日常巡查和随意检查，并逐渐形成了常态化管理，更发展为现在多部门联合组织的新型监管机制，甚至被一些检测集团公司作为监管各区域分支机构的方式。在这种机制下，检验检测机构“头悬利剑”，如临深渊。根据近几年各级部门与笔者参与的检查结果，普遍面临着责令整改、罚款，甚至撤销证书的结果。因此，检验检测机构必须戴上“紧箍咒”，依法合规运营。本文给出了监督检查中一些常见的问题案例分析，希望检验检测机构能够举一反三。

关键词：检验检测；风险；“双随机、一公开”；监督检查

1　引言

多部门联合“双随机、一公开”监督检查模式下，检验检测机构（以下简称机构）“投机取巧”的空间正在逐步压缩，不仅要满足资质认定的要求，还要同时满足行业资质标准和主管部门的要求。

机构要依法合规运营，首先必须熟练掌握法律法规的相关要求，如国家市场监督管理总局发布的《检验检测机构资质认定管理办法》（163 号令修正案）（以下简称 163 号令修正案）、《检验检测机构监督管理办法》（39 号令）（以下简称 39 号令）、水利部发布的《水利工程质量检测管理规定》（水利部令第 36 号）（以下简称 36 号令）等，然后不断识别出检验检测活动中相关的风险[1]，有效运用人员监督、设备期间核查、内审、管理评审、质量控制等方式，不断自查自纠，才能从容应对“双随机、一公开”，规避和降低被处罚的风险。

2　监督检查中常见的问题分析

2.1　行业主管部门资质/资质认定信息变更不及时

近两年监督检查中发现某些机构“标准规范变更不及时：《水泥胶砂强度检验方法》（GB/T 17671—1999）、《水工混凝土试验规程》（SL 352—2006）已作废，未能提供替代标准的变更资料”“人员变更未及时在全国水利建设市场监管平台填报”，处理意见均为“限期整改，期限一个月”。

163 号令修正案第十四条明确指出“（一）机构名称、地址、法人性质发生变更的；（二）法定代表人、最高管理者、技术负责人、检验检测报告授权签字人发生变更的；（三）资质认定检验检测项目取消的；（四）检验检测标准或者检验检测方法发生变更的；（五）依法需要办理变更的其他事项”，应当向资质认定部门申请办理变更手续；36 号令第二十七条明确指出“检测单位变更名称、地址、法定代表人、技术负责人的，应当自发生变更之日起 60 日内到原审批机关办理资质等级证书变

作者简介：李银行（1990—），男，主要从事工程质量检测研究与管理工作。

更手续”。

无论是资质或是资质认定部门，变更审批都需要相当一段时间，特别是涉及检验检测标准或者检验检测方法发生变更的，资质认定部门普遍都比较谨慎，一般会安排技术专家进行审核。因此，机构应当对信息变更的工作予以重视，安排专人负责，尽可能提早办理。机构应当定期进行标准查新，并及时获取最新版本，进行方法验证，一定要评价出标准方法是否发生了实质性变化，发生变更的事项是否影响资质认定条件和要求，选择标准变更或是资质认定扩项评审。机构也一定要与主管部门及时沟通，进行审批，不要提交了就不管不问。该项工作应纳入内审、管理评审或定期监督工作中，才能规避该方面的风险。

2.2 人员不符合资质/资质认定的要求

近两年监督检查中发现某些机构“部分质量检测人员未具备与其所从事检测项目相适应的检测知识和能力”“检测员周某某无检测员证或工程师证，作为主检人员参与检测工作”；重庆××××质量检测有限公司“该机构检测人员具有水利工程质量检测员职业资格或者具备水利水电工程及相关专业中级以上技术职称少于规定人数；关键检测人员离岗，不具备岩土工程类、混凝土工程类和量测类乙级资质检测能力”。处理意见为“限期整改，期限一个月”，后者更在整改期间不再承接水利工程检测业务，不再出具水利工程质量检测报告。

39 号令第五条“检验检测机构及其人员应当对其出具的检验检测报告负责，依法承担民事、行政和刑事法律责任”；36 号令第四条“从事水利工程质量检测的专业技术人员（以下简称检测人员），应当具备相应的质量检测知识和能力，并按照国家职业资格管理的规定取得从业资格”，第二十条“检测人员应当按照法律、法规和标准开展质量检测工作，并对质量检测结果负责”。

机构在当前资质认定管理部门和行业主管部门双重管理、联合监督下，检验检测人员必须同时具备检测、管理能力和相应资质资格。机构一定要实事求是地对检验检测人员进行能力确认，确认内容不限于人员学历、持有的资格证书、培训的经历、掌握从事检验检测项目相关的抽样、检测标准或技术规范的程度、设备操作的熟练程度等，并应采用人员监督、人员比对、质量控制、定期组织或参加内部和外部培训的方式，确保检验检测人员的初始能力和持续能力。机构宜制定检测技能提升奖励制度，鼓励检验检测人员自我学习，考取相关检测资格证书，真正做到“人证合一”，既能节省徒劳支付的“挂靠费”，又能规避此方面监督检查的风险。

2.3 设备设施不满足标准或技术规范要求

机构普遍存在设备设施不满足标准或技术规范要求的情况，例如监督检查中发现“变水头渗透装置中的渗透水管长度为 90 cm，不满足规范 100 cm 以上的要求”“WAW-300B、ETM304G 等设备低力值未进行校准”“粗粒土渗透变形试验仪未按规范要求安装”“水泥标准养护箱与混凝土标准养护室湿度不能满足规范要求”“未见期间核查计划。部分仪器设备档案信息不全”“部分仪器设备的管理、运行、校准等工作不满足要求”“个别仪器设备的检定单位无有效校准资格”等问题。处理意见为“限期整改，期限一个月”。

机构设备设施不满足标准或技术规范要求的情形一般包括以下几个方面：

（1）设备设施自身不符合标准或技术规范要求，主要体现在缺少设备设施或辅助配件、仪器设备等级（精度）、量程、控制速率等技术指标不满足标准或技术规范要求、设备设施长时间搁置导致锈蚀、电器故障等无法正常运行、用于控制环境条件（如温湿度）的设施无法使环境条件达到标准或技术规范要求。

（2）设备设施的安装不符合标准或技术规范、设备说明书的要求。

（3）设备没有进行有效的计量溯源和确认，主要体现在设备没有进行检定或校准；或者设备虽然进行了检定/校准，但是检定/校准证书信息错误百出或没有包含关键检测指标及实际检测过程所使用的量程，或者没有或不懂得进行结果确认，机构不知道检定/校准结果不符合标准或技术规范要求；选择的检定/校准机构没有有效的资质，造成校准结果无法有效溯源，检验检测机构花钱买了一堆

“废纸”。

39 号令第十三条“使用未经检定或者校准的仪器、设备、设施的并且数据、结果存在错误或者无法复核的，属于不实检验检测报告”，因此检验检测机构必须采取措施，确保仪器设备符合标准或技术规范要求，可以从以下几个方面进行：

（1）首先必须了解标准或技术规范对仪器设备的性能要求和实际的工作需要购置设备设施，并进行服务和供应品验收，建立设备档案，粘贴唯一性标识。

（2）设备设施的安装、放置需满足标准或技术规范、说明书的要求，并不会对其他设备的正常运行产生干扰。

（3）根据开展的具体的检验检测项目，统计出需要进行检定/校准的量程、检定/校准点、速率等技术指标，制订检定/校准计划，并根据计划寻找具有资质能力的检定/校准机构进行检定或校准，取得检定/校准证书后，依据检定/校准计划中的技术指标与检定/校准结果进行确认设备设施是否符合标准或技术规范的要求以及预期的需求，并粘贴相应的状态标识。

（4）根据仪器设备的实际情况制订期间核查计划，编制有效的期间核查作业指导书，并按照计划进行核查，保留核查记录。

（5）根据仪器设备的实际情况制订维护保养计划，定期进行维护保养，保留维护保养记录。

2.4 场所环境不符合资质认定、法律法规的要求

近两年监督检查中发现某些机构“设备和设施的安装和布置不规范：冻融试验机（编号为 KDR-V3）布置在力学室，干扰该试验室的温度控制”“试验分区不合理：不相容检测的区域无有效隔离，土工布厚度仪安装在混凝土性能拌和用的试配室，粗粒土垂直渗透变形仪安装在水泥物理力学性能检测用的水泥室”“实验室工作环境拥挤，试验开展较困难。（1）烘箱与天平、直剪仪等仪器混合摆放，存在交叉干扰，化学试剂、酒精混合存放在天平室，存在安全隐患；（2）实验室用电不规范，部分大功率设备未安装漏电保护器”。处理意见为“限期整改，期限一个月”。

39 号令第十三条“样品的采集、标识、分发、流转、制备、保存、处置不符合标准等规定，存在样品污染、混淆、损毁、性状异常改变等情形的，并且数据、结果存在错误或者无法复核的，属于不实检验检测报告”。笔者每年也参与国家级、省级资质认定的“双随机、一公开”，也被某些国检集团聘请参加过所属分支机构的飞行检查，普遍见到如下有趣的场景：试验室内干净整洁，主要仪器设备配备齐全，摆放相当整齐，就是比较拥挤，甚至没有了可以进行检验检测正常操作的空间；还有诸如沥青室、防水室没有通风措施，味道已经非常浓了，检测人员没有一点防护措施在里面进行制样、检测，更有盐酸、硫酸、酒精等化学试剂敞开放置，配置溶液不经处理便排入污水池中，没有一点安全和环保意识。每年都会有数十家被当地卫生职业和环保部门责令停业整顿、罚款的机构。

因此，机构必须加强场所环境的控制，可以从以下几个方面进行：

（1）合理进行试验室布局，一定严格依据标准规范，本着便于和有足够的空间开展检验检测的原则，一次性把相互干扰的设备合理区分开，并尽可能对样品区域予以划分清楚。

（2）注重场所安全和人身安全，一定要加强对危险化学药品、易燃易爆物品的管控，加强对用电、用气、用水、用火的管理，安装必要的安全装置和配备必要的消防设施；更要关注机构人员身心健康，购置必要的防护装置，安装必要的排气设施，有条件的机构，可以定期组织相关检测人员体检。

（3）关注保护环境，机构如实进行环评分析，梳理开展检验检测影响周边环境所产生的废液、废气、固废等有害物质，制定相应的处理措施，必要时委托具有资质的机构进行集中处理。

2.5 检验检测过程记录不符合资质认定、标准或技术规范要求

检验检测过程具有非常强的原始性、溯源性、逻辑性、原则性和系统性，其档案一般包括委托协议书、样品流转记录（任务单）、检验检测原始记录、环境条件监控记录、设备出入库记录、设备使用记录、标准物质使用记录、样品处置记录、检验检测报告、分包检验检测报告等。其中，检验检测

原始记录又包括抽样记录、样品制备记录、试剂配制记录、废液处理记录、状态调节记录、检验检测前设备校准记录、检验检测数据或结果检测过程原始记录、电子数据、电子图谱、工作曲线、标准曲线、结果控制记录（平行试验）等，结合笔者今年参加的某大型检测集团公司对所属机构飞行检查以及部分省、自治区发布的检查结果，机构普遍存在的问题如下：

（1）委托协议书信息不全或有误：编号为××00096 委托书中检测依据为 GB/T 11969—2008、GB/T 11968—2006 均已作废；WT2021—069 委托单检测内容信息不全，未填写具体委托检测项目内容。

（2）检验检测数据失真：编号为 2100017 蒸压灰砂实心砖原始记录试件尺寸长均为 100 mm，宽均为 115 cm。

（3）检验检测数据计算错误：编号为 FS2100738 原始记录中横向最大峰拉力单个值分别为（941、960、930、945、951）N/50 mm，平均值为 936N/50 mm，经复核计算平均值应为 945N/50 mm。

（4）原始记录未记录全过程信息：水泥物理力学试验记录表凝结时间记录不详细，仅记录了最终的结果。

（5）检验检测过程记录不符合标准或技术规范要求：××002801 混凝土配合比试验原始记录试件尺寸 100×100×100 及配合比计算不符合规范 SL/T 352—2020 要求；《混凝土配合比报告》（报告编号××—0035）未按规范进行回归分析或绘制关系曲线。

（6）原始记录缺失：编号××2021—0005 检测报告的原始记录缺失。

（7）原始记录涂改：粗骨料检测记录表（检测编号××2022—0001）的原始记录有涂改。

（8）检测报告的检测依据不符合要求：抽查石料检测报告（报告编号 BG-2206-CGL-006）检测依据使用 JGJ 52—2006，判定依据使用 GB/T 14685—2011。

（9）检测报告用印不规范：编号××—2022-0002 多页检测报告未盖骑缝章。

（10）检测报告数据结果无法溯源：编号为 2020YT00705 的报告中界限含水率原始记录无法溯源；水泥凝结时间报告（编号：YCL-2020-016）用凝结试验测定仪、岩石检验报告（编号：YCL-2020-034）用压力试验机使用情况与仪器设备使用记录不一致。

（11）缺少样品流转记录：（检测编号为××—0006、××—0007）混凝土试件抗压强度检测报告无样品流转记录。

由于篇幅有限，本文不再一一列举其他情况，可以看出，检验检测过程记录是一个非常复杂而具有逻辑的数据链，任何一个环节有失，数据链断裂，极有可能就会被认定为不实报告或虚假报告，后果可想而知。因此，机构必须要把过程记录作为管理的重点，大体可以参考以下几个方面：

（1）一定要真。机构首先必须意识到，只有真实地去开展检验检测，这个行业才有存在的意义，机构才不会怕检、避检，伪造的数据始终都是假的，始终是埋藏的定时炸弹，机构应齐心协力去扭转市场经济制约下检验检测行业“内卷”的现状，这是笔者的肺腑之言。

（2）一定要懂、要会、要写。机构首先必须了解上述从接收客户委托到把检验检测报告交到客户手中各个环节，以及应该保留下来的证据记录，培训宣贯到相应技术和管理人员；然后抽样人员、检测人员必须掌握标准或技术规范中的过程方法，会操作设备、会进行检测、会计算、会修约；检验检测人员一定要如实、及时对原始数据进行记录。鼓励机构编制自己的作业指导书，此处的作业指导书，不是指检验检测方法细则，而是把上述整个过程制定成文件，采用哪些设备，环境条件如何，如何抽样、制样、状态调节、检验检测、计算修约，以及各环节需要保留的证据记录系统地规定下来，制定成制度，发放给各相关人员学习、使用。

（3）一定要审。人无完人，总有犯错的时候，因此对这些过程记录，复核人、报告审核人、授权签字人一定要尽到职责，客观如实地去审，尽量规避错误风险。

（4）一定要查。一定要结合应用人员监督、内审等方式，定期组织或聘请外部专家进行检查，进一步规避错误风险。

（5）一定要奖惩。许多机构质量目标中基本都包括了报告合格率控制在××类似内容，但大多都没有如实进行质量目标考核。因此，机构可以把质量目标分解到各部门、个人，达到目标就奖，低于目标就罚，加强员工自我激励和警示意识，也可以进一步规避错误风险。

3 结语

“双令”的发布实施，夯实了机构对检验检测结果的主体责任、对产品质量的连带责任。因此，机构要想合规运营，从容应对新模式下“双随机、一公开”监督检查，只有从自身做起，敬畏法律法规，尊重检验检测行业，尊重自己，建立健全管理体系，以“史”为鉴，举一反三，扎实检验检测基本功，客观、真实出具检验检测数据和结果。同时，市场监督、行业监管部门、行业协会也要发挥主管部门的职能，为水利检测行业健康发展努力的机构提供良好的市场环境和发展平台，最终为新阶段水利高质量发展做出贡献。

参考文献

[1] 冷元宝，杨磊，王荆．检验检测机构的七大风险［C］//中国水利学会．中国水利学会 2021 学术年会论文集：第三分册．郑州：黄河水利出版社，2021：515-518.